ESGOTO SANITÁRIO
**COLETA
TRANSPORTE
TRATAMENTO
E REÚSO AGRÍCOLA**

Blucher

ESGOTO SANITÁRIO
COLETA TRANSPORTE TRATAMENTO E REÚSO AGRÍCOLA

2.ª edição revista, atualizada e ampliada

Coordenação: ARIOVALDO NUVOLARI

Coautores: ALEXANDRE MARTINELLI
ARIOVALDO NUVOLARI
DIRCEU D'ALKMIN TELLES
JOSÉ TARCÍSIO RIBEIRO
NELSON JUNZO MIYASHITA
ROBERTA BAPTISTA RODRIGUES
ROBERTO DE ARAUJO

Esgoto Sanitário – coleta, transporte,
tratamento e reúso agrícola
© 2011   Alexandre Martinelli
           Ariovaldo Nuvolari
           Dirceu D'Alkmin Telles
           José Tarcísio Ribeiro
           Nelson Junzo Miyashita
           Roberta Baptista Rodrigues
           Roberto de Araujo
5ª reimpressão – 2019
Editora Edgard Blücher Ltda.

Blucher

Rua Pedroso Alvarenga, 1245, 4º andar
04531-934 – São Paulo – SP – Brasil
Tel.: 55 11 3078-5366
contato@blucher.com.br
www.blucher.com.br

Segundo o Novo Acordo Ortográfico, conforme 5. ed. do *Vocabulário Ortográfico da Língua Portuguesa*, Academia Brasileira de Letras, março de 2009.

É proibida a reprodução total ou parcial por quaisquer meios, sem autorização escrita da Editora.

Todos os direitos reservados pela Editora Edgard Blücher Ltda.

FICHA CATALOGRÁFICA

Esgoto sanitário: coleta, transporte, tratamento e reúso agrícola / coordenação Ariovaldo Nuvolari – 2ª ed. rev. atualizada e ampl. – São Paulo: Blucher, 2011.

Vários autores

Bibliografia.
ISBN 978-85-212-0568-5

1. Engenharia sanitária 2. Esgotos sanitários
I. Nuvolari, Ariovaldo.

10.11549   CDD-628.3

Índices para catálogo sistemático:
1. Esgotos sanitários: Engenharia sanitária 628.3

AUTORES

ALEXANDRE MARTINELLI
Biólogo (UNESP), Mestre em Biologia Celular e Molecular (UNESP), ex-professor da graduação e professor da pós-graduação (FATEC-SP), ex-funcionário do DAIA-SMA-SP. Atualmente atua em consultoria ambiental.
E-mail: am.martinelli@gmail.com

ARIOVALDO NUVOLARI
Tecnólogo (FATEC-SP), doutor em Saneamento (FEC-UNICAMP), professor da graduação e da pós-graduação (FATEC-SP), com atuação em engenharia civil em empresas mistas e privadas: THEMAG Engenharia Ltda., Paulo Abib Engenharia S/A., SEMASA e PETROBRAS.
E-mail: nuvolari@fatecsp.br

DIRCEU D'ALKMIN TELLES
Engenheiro civil (POLI-USP), doutor em Engenharia Hidráulica (POLI-USP), ex-professor da graduação e professor da pós-graduação (FATEC-SP), professor convidado da pós-graduação (POLI-USP). Foi presidente da ABID, Diretor da FATEC-SP, membro da ABNT, com maior vivência em Recursos Hídricos no DAEE-SP, tendo prestado consultoria para diversas empresas.
E-mail: dirceu.telles@fatgestao.org.br

JOSÉ TARCÍSIO RIBEIRO (*in memoriam*)
Tecnólogo (FATEC-SP), mestre em saneamento (FEC-UNICAMP), foi professor da graduação e da pós-graduação (FATEC-SP), com maior vivência em obras de saneamento na SABESP.

NELSON JUNZO MIYASHITA
Engenheiro civil (POLI-USP) e de Segurança do Trabalho (MACKENZIE), ex-professor (FATEC-SP), com maior vivência em gerenciamento de projetos (THEMAG Engenharia).
E-mail: nelson.junzo@gmail.com

ROBERTA BAPTISTA RODRIGUES
Tecnóloga (FATEC-SP), doutora em Recursos Hídricos (POLI-USP), diretora da empresa RB Recursos Hídricos.
E-mail: roberta@rbrecursoshidricos.com

ROBERTO DE ARAUJO (*in memoriam*)
Engenheiro civil (Mackenzie), mestre em Saneamento (POLI-USP), especialista em Saúde Pública (FSP-USP), foi professor da graduação (FATEC-SP), membro da ABNT, com maior vivência em projetos na área de saneamento (SABESP).

PREFÁCIO DA 2ª EDIÇÃO

Decorridos 7 anos da publicação da 1ª edição deste livro, os seus autores verificaram a necessidade de atualização. Durante os trabalhos, infelizmente, também foram detectadas algumas incorreções, devidamente corrigidas nesta 2ª edição. Aproveitou-se a oportunidade para incluir os assuntos mais recentes, relacionados, principalmente, às novas técnicas de tratamento de esgoto surgidas nos últimos anos.

As principais mudanças em relação à 1ª edição ocorreram nos seguintes capítulos:

- Proêmio: correções, atualizações e inclusões de dados mais recentes;
- Capítulo 1: inclusão de uma tabela de conversão de unidades;
- Capítulo 5: o item 5.1 foi totalmente reescrito;
- Capítulo 7: foram feitas correções, atualizações, principalmente relacionadas com a substituição da Resolução CONAMA 20/1986 pela Resolução CONAMA 357/2005;
- Capítulo 8: foi totalmente reescrito;
- Capítulo 9: foram feitas correções, atualizações e inclusão do item 9.10 – Outras técnicas de tratamento mais recentes;
- Capítulo 11: correções e atualizações;
- Referências bibliográficas: inclusões.

Os autores agradecem à Editora Blucher pela pronta acolhida da proposta desta 2ª edição, e a coordenação agradece o empenho dos autores na execução do trabalho.

Prof. Dr. ARIOVALDO NUVOLARI
Coordenador

PREFÁCIO DA 1ª EDIÇÃO

Este livro *Esgoto sanitário: coleta, transporte, tratamento e reúso agrícola* é publicado em momento oportuno: o governo e a sociedade brasileira estão empenhados em melhorar a qualidade de vida dos cidadãos. Tal objetivo requer empenho e competência; daí a conveniência desta publicação, que, entre outros assuntos, aborda a despoluição de rios, lagos, praias e bacias.

Os técnicos que trabalham na área de esgoto estarão bem assessorados com esta obra. Seus autores, um grupo de profissionais de alto nível técnico e intelectual, envolvidos em atividades da área educacional, demonstram seu interesse e sua desenvoltura na abordagem de tema tão atual.

São seus autores Dr. Dirceu D'Alkmin Telles, Mestre Roberto de Araujo, Dr. Ariovaldo Nuvolari, Mestre José Tarcísio Ribeiro, Mestre Roberta Baptista Rodrigues e Eng. Nelson Junzo Miyashita, professores do Departamento de Hidráulica da Faculdade de Tecnologia de São Paulo, que tive a honra de chefiar por muitos anos; foram meus alunos ou na Escola Politécnica da USP ou da FATEC-SP. Conheço-os suficientemente bem para poder afirmar que conciliam uma formação teórica profunda com uma vivência prática intensa.

Tais elementos acentuam as qualidades desta obra, elaborada com tanto esmero.

Há uma ausência, o Prof. Roberto de Araujo. Ele faleceu em 5 de maio de 2000. Esteja onde estiver, há de estar feliz com a realização de um sonho.

O autor deste prefácio está gratificado ao compartilhar da publicação deste excelente livro, que, sem dúvida, auxiliará na resolução de problemas do meio ambiente, sobretudo na área de saneamento, elaborado por seus discípulos e companheiros nesta árdua tarefa da construção de um mundo melhor.

KOKEI UEHARA
Professor Emérito da EPUSP
Professor Emérito da FATEC-SP

APRESENTAÇÃO

A FATEC-SP, Faculdade de Tecnologia de São Paulo, uma das unidades de ensino superior do CEETEPS, Centro Estadual de Educação Tecnológica Paula Souza, vem há mais de trinta anos formando profissionais competentes por meio de seus cursos concebidos e desenvolvidos para atender os segmentos atuais e emergentes da atividade industrial e do setor de serviços, tendo em vista a constante evolução tecnológica. Seu ensino é compromissado com o sistema produtivo, seus currículos são flexíveis, compostos por disciplinas básicas, humanísticas, de apoio tecnológico e de formação específica em cada área de atuação do tecnólogo, graduado, em seus dez cursos. A aprendizagem se faz por meio de projetos práticos, estudos de casos e em laboratórios específicos que reproduzem as condições do ambiente profissional, fornecendo condições ao futuro tecnológo de participar, de forma inovadora, dos trabalhos de sua área.

Esta proposta exige um corpo docente formado por especialistas em suas áreas de conhecimento e por professores integralmente dedicados ao desenvolvimento do ensino e da investigação científica. Grande parte dos docentes da nossa instituição alia à experiência prática da aplicação da tecnologia a vivência acadêmica e a pesquisa.

Um grupo de especialistas em recursos hídricos e em saneamento ambiental, professores de nossos cursos de graduação e de pós-graduação, com prática profissional em atividades públicas e privadas, reuniu seus conhecimentos e experiências para produzir este livro. Ele foi concebido e desenvolvido de forma global, com aberturas de espaços para a inclusão das vivências dos autores de cada um de seus capítulos. Assim sendo, espera atender à demanda de estudantes de graduação e de pós-graduação, de consultores, projetistas, construtores e operadores de obras e serviços de coleta, de transporte e de tratamento de esgotos sanitários, bem como de reúso agrícola.

Sugestões e colaborações serão bem-vindas. Os autores e a FATEC-SP agradecem as colaborações do CEETEPS, Centro Estadual de Educação Tecnológica Paula Souza e da FAT, Fundação de Apoio à Tecnologia que tornaram possível a edição desta publicação.

Prof. Dr. Dirceu D'Alkmin Telles
Diretor da FATEC-SP

CONTEÚDO

0	**Proêmio — Um pouco de história.** 17
1	**As grandezas e suas unidades.** 29
	1.1 Sistema métrico decimal 29
	1.2 Sistema internacional de unidades (SI) 30
	1.3 Grandezas e unidades do escoamento 30
	1.4 Prefixos SI 30
2	**O esgoto sanitário.** 37
	2.1 Origem e destino 37
	2.2 Contribuições indevidas para as redes de esgotos 38
	2.3 Características físicas do esgoto 43
	2.4 Escoamento livre 47
3	**O sistema de esgoto sanitário.** 59
	3.1 Sistema Separador Absoluto 59
	3.2 Finalidades do sistema 60
	3.3 Estudo de concepção do sistema 61
	3.4 Partes do sistema 61
4	**As unidades do sistema.** 65
	4.1 Rede coletora 65
	4.2 Interceptor e emissário 79
	4.3 Sifão invertido 87
	4.4 Estação elevatória de esgoto 94
5	**A preparação para execução das obras.** 107
	5.1 AIA — Avaliação de Impacto Ambiental 107
	5.2 Providências preliminares para execução da obra 112
	5.3 Instalação do canteiro de serviços 118
	5.4 Gestão da obra 124
	5.5 A contratação de obras e serviços 153
6	**A construção das redes de esgoto sanitário.** 165
	6.1 Locação da vala 165
	6.2 Remoção do pavimento 166
	6.3 Escavação convencional de vala (a céu aberto) 166
	6.4 Escavações especiais 168
	6.5 Escoramento das paredes laterais da vala 174
	6.6 Drenagem e rebaixamento de lençol freático 178
	6.7 Tipos de base de assentamento de tubulação 180
	6.8 Regularização do fundo da vala e controle da declividade ... 181
	6.9 Tipos de materiais e respectivas juntas para esgoto sanitário 182
	6.10 Execução de serviços complementares 185
	6.11 Reaterro e compactação da vala 186
	6.12 Repavimentação 187
	6.13 Limpeza final 187

7	**O lançamento *in natura* e seus impactos.**	189
7.1	Composição química e biológica do esgoto sanitário	189
7.2	Microrganismos e sua importância ambiental	192
7.3	Oxigênio dissolvido na água e sua importância ambiental	197
7.4	Demanda Bioquímica de Oxigênio – DBO	199
7.5	Demanda Química de Oxigênio – DQO	201
7.6	Resíduos sólidos nas águas e sua importância ambiental	202
7.7	O nitrogênio e sua importância ambiental	203
7.8	O fósforo e sua importância ambiental	207
7.9	O enxofre e sua importância ambiental	207
7.10	O gás natural e sua importância ambiental	208
7.11	A alcalinidade das águas e sua importância ambiental	209
7.12	Óleos e graxas e sua importância ambiental	210
7.13	Cloretos e sua importância ambiental	210
7.14	Os metais e sua importância ambiental	210
7.15	Os fenóis e sua importância ambiental	213
7.16	Leis, regulamentações e normas	214
8	**Comportamento dos poluentes orgânicos em corpos d'água superficiais e sistema ALOCSERVER.**	225
8.1	Degradação aeróbia em rios e córregos	225
8.2	O modelo QUAL2E	234
8.3	Modelo de balanço de vazão de diminuição – RM1	235
8.4	Modelo de balanço de cargas – RM2	237
8.5	AlocServer – Sistema de planejamento e gestão de recursos hídricos e bacias hidrográficas	240
9	**As diversas opções de tratamento do esgoto sanitário.**	255
9.1	Como e quando se deve tratar o esgoto sanitário	255
9.2	O que se pode fazer nos casos mais simples	256
9.3	O sistema de lodos ativados	264
9.4	Tratamento e disposição final da fase sólida (lodos primários e secundários)	335
9.5	Lagoas aeradas	377
9.6	Lagoas de estabilização	381
9.7	Filtros biológicos	398
9.8	Tratamento de esgoto por escoamento superficial no solo — método da rampa	400
9.9	Reator anaeróbio de fluxo ascendente (UASB, RAFA, DAFA)	401
9.10	Outras técnicas de tratamento mais recentes	403
9.11	Tabelas-resumo de áreas de ocupação	427
10	**Desinfecção de efluentes das ETEs.**	431
10.1	Introdução	431
10.2	Necessidade de desinfecção das águas residuárias	432
10.3	Desinfecção com cloro	437
10.4	Desinfecção com ozônio	449
10.5	Desinfecção com dióxido de cloro (ClO_2)	467
10.6	Permanganato de potássio	479
10.7	Cloraminas	484
10.8	Ozônio/peróxido de hidrogênio (peroxona)	492
10.9	Radiação ultravioleta	497

11 Aspectos da utilização de corpos d'água que recebem esgoto sanitário na irrigação de culturas agrícolas..........507
    11.1   Introdução..........507
    11.2   Agricultura irrigada: métodos e características..........512
    11.3   A qualidade da água e a agricultura..........518
    11.4   Utilização na agricultura irrigada..........523

12 Controle de odores em sistemas de esgoto sanitário...........529
    12.1   Introdução..........529
    12.2   Causa dos odores..........530
    12.3   Efeito dos odores..........530
    12.4   Diretrizes para avaliação dos odores..........530
    12.5   Classificação dos odores..........531
    12.6   Concentração e caracterização dos odores..........532
    12.7   Medição dos odores..........534
    12.8   Controle dos odores..........535
    12.9   Tratamento de gases odoríferos..........537
    12.10   Oxidação química de compostos odoríferos..........539

Referências bibliográficas..........549

UM POUCO DE HISTÓRIA

Ariovaldo Nuvolari

Já nos tempos mais remotos, desde que os homens começaram a se assentar em cidades, a coleta das águas servidas, que hoje chamamos de esgoto sanitário, passava a ser uma preocupação daquelas civilizações. Em 3750 a.C., eram construídas galerias de esgotos em Nipur (Índia) e na Babilônia. Em 3100 a.C. já se tem notícia do emprego de manilhas cerâmicas para essa finalidade (Azevedo Netto, 1984). Na Roma Imperial, eram feitas ligações diretas das casas até os canais. Porém, por se tratar de uma iniciativa individual de cada morador, nem todas as casas apresentavam essas benfeitorias (Metcalf e Eddy, 1977).

Na Idade Média, não se tem notícia de grandes realizações, no que diz respeito ao saneamento e em especial aos esgotos. Esse aparente desleixo e o desconhecimento da microbiologia até meados do século XIX certamente foram as causas das grandes epidemias ocorridas na Europa, no período entre os séculos XIII e XIX, coincidindo com o caótico crescimento de algumas cidades (Sawyer e McCarty, 1978).

A história registra, entre os anos de 1345 e 1349, uma terrível pandemia de peste bubônica na Europa, com 43 milhões de vítimas fatais, numa época em que a população mundial não chegava aos 400 milhões. Sabe-se hoje que a peste bubônica é transmitida por pulgas infectadas por ratos, o que demonstra que a limpeza não era exatamente um atributo daquelas populações. Um outro exemplo é o crescimento populacional em algumas cidades inglesas no século XIX (Tab. PR-1) e as ocorrências trágicas de epidemias nesse período (Tab. PR-2).

TABELA PR-1 Crescimento populacional em cidades inglesas no século XIX

Cidades inglesas	População (1.000 hab.) ano de 1801	População (1.000 hab.) ano de 1841	Crescimento (%)
Manchester	35	353	909
Birminghan	23	181	687
Leeds	53	152	187
Sheffield	46	111	141

Fonte: Huberman (1976)

TABELA PR-2 Algumas epidemias registradas na Europa do século XIX

Ano	Ocorrência
1826	Terrível pandemia de cólera em toda a Europa
1831	Epidemia de cólera na Inglaterra com 50.000 vítimas fatais
1848	Epidemia de cólera na Inglaterra com 25.000 vítimas fatais

Fonte: Metcalf e Eddy (1977)

TABELA PR-3 Evolução da população mundial

Ano	Países desenvolvidos (em bilhões)	Países em desenvolvimento (em bilhões)	Total (em bilhões)
8000 a.C.	-	-	0,005
1 d.C.	-	-	0,2
1650 d.C.	-	-	0,5
1850 d.C.	-	-	1,0
1930 d.C.	-	-	2,0
1950 d.C.	0,8	1,6	2,4
1960 d.C.	0,9	2,0	2,9
1970 d.C.	1,0	2,6	3,6
1980 d.C.	1,2	4,0	5,2
1990 d.C.	1,2	4,2	5,4
2000 d.C.	1,2	4,8	6,0
Provisões futuras			
2010 d.C.	1,3	5,9	7,2
2025 d.C.	1,4	7,0	8,4

Fontes: Adaptado de Reichardt (1985) e EMBRAPA (1996)

A correlação entre o crescimento populacional e o recrudescimento dos problemas com a saúde pública hoje fica fácil de perceber, quando se apresentam os números desse crescimento.

Pela Tab. PR-3, pode-se perceber que população mundial demorou cerca de 10.000 anos para atingir a cifra de 1 bilhão de habitantes. Percebe-se ainda que o crescimento populacional acentua-se nos séculos XIX e XX, nos quais, em apenas 80 anos (1850-1930), a cifra de 1 bilhão foi duplicada. Hoje, estima-se um crescimento mundial em torno de 43 milhões de pessoas ao ano, o que determina um acréscimo de 1 bilhão de pessoas em apenas 23 anos. O fato considerado mais grave é que a maior percentagem de crescimento se dá nos países "em desenvolvimento", justamente aqueles em que a infraestrutura urbana é geralmente deficiente e, portanto, mais sujeitos à degradação ambiental e a problemas de saúde pública (EMBRAPA, 1996).

Em Londres (Inglaterra), somente a partir de 1815 os esgotos começaram a ser lançados em galerias de águas pluviais; em Hamburgo (Alemanha), a partir de 1842, e em Paris (França), a partir de 1880 (Metcalf e Eddy, 1977), originando o chamado sistema unitário. A Inglaterra certamente foi um dos países europeus mais castigados por epidemias. As causas dos surtos epidêmicos naquele país hoje parecem bem evidentes, podendo-se citar:

- tendo sido o berço da Revolução Industrial, a Inglaterra sofreu intensa migração populacional do campo em direção às cidades;
- as cidades ainda não contavam com a necessária infraestrutura urbana para atender a esse novo contingente populacional;
- nos rios ingleses, de curta extensão, contavam-se diversas cidades ao longo de seus cursos, não apresentando, portanto, condições naturais propícias à autodepuração;
- não somente os ingleses mas o mundo desconheciam a microbiologia e a relação entre certas doenças e a qualidade das águas.

Certamente, também pelos motivos apontados, a Inglaterra foi o primeiro país a iniciar pesquisas e adotar as necessárias medidas saneadoras (Tab. PR-4).

Concomitantemente, em 1872 na França, Jean Louis Mouras descobre as vantagens de se acumular o lodo dos esgotos em um tanque, antes de lançá-lo numa fossa absorvente; surge o tanque séptico (Andrade Neto, 1997).

Com o grande crescimento das cidades em todo o mundo, ocorrido a partir do final do século XIX e início do século XX, outros países seguiram o exemplo inglês e começaram a se preocupar com o tratamento de seus

Um pouco de história

TABELA PR-4 Pesquisas e medidas saneadoras na Inglaterra dos séculos XIX e XX

Ano	Ocorrência
1822	Primeiro levantamento das condições sanitárias do Rio Tâmisa.
1848	Editadas as primeiras leis de saneamento e saúde pública.
1854	John Snow prova cientificamente a relação entre certas doenças e a qualidade das águas.
1857	Criado o Conselho de Proteção das Águas do Rio Tâmisa.
1865	Primeiros experimentos sobre microbiologia de degradação de lodos.
1882	Início das investigações sobre os fundamentos biológicos que deram origem ao processo de lodos ativados para o tratamento de esgotos.
1914	Ardern e Lockett apresentam o processo de lodos ativados para tratamento de esgotos.

Fonte: Metcalf e Eddy (1977)

esgotos. Em 1887, por exemplo, foi construída a Estação Experimental Lawrence, em Massachusetts, nos EUA (Metcalf e Eddy, 1977).

O sistema separador absoluto, caracterizado pela construção de canalizações exclusivas para os esgotos, foi concebido em 1879 e implantado pela primeira vez na cidade de Memphis no Tenessee, EUA (Azevedo Netto, 1973).

Pode-se afirmar que, a partir dessas primeiras experiências, os países mais desenvolvidos, em especial a Inglaterra, a maioria dos outros países europeus, os EUA, o Canadá, a extinta União Soviética e mais recentemente o Japão, começaram a tratar os esgotos de suas cidades. Na Tab. PR-5 são listadas as primeiras ETEs construídas.

Nas cidades brasileiras, salvo alguns casos isolados, somente a partir da década de 1970 começou a ocorrer um maior avanço na área do saneamento. No entanto, já em 1933, o engenheiro J. P. de Jesus Netto, funcionário da Repartição de Águas e Esgotos de São Paulo, apresentou um estudo no qual demonstrava a intensa degradação das águas do Rio Tietê, tendo utilizado a estiagem ocorrida naquele ano para alertar sobre o "perigo de infecção aos ribeirinhos entre São Paulo e Pirapora, numa extensão de 73 quilômetros, pelo leito do rio" (Pegoraro, s/d). Deve-se ressaltar que, nessa época, o Rio Tietê fazia parte do lazer do paulistano, sendo palco de competições de remo, com vários clubes situados nas suas margens.

O trecho estudado por Jesus Neto (Tab. PR-6) foi de Guarulhos (km 0 do estudo) até Itu (km 155). Pode-se verificar que, já naquela época, o Rio Tietê apresentava-se, nas épocas de estiagem, praticamente sem nenhum oxigênio dissolvido, desde a sua confluência com o Rio Pinheiros até a Represa de Santana do Parnaíba, numa extensão de aproximadamente 33 quilômetros. A partir da Represa de Santana do Parnaíba e após a confluência com o Rio Juqueri, os dados mostram uma franca recuperação dos níveis de O.D. até Itu. Pelos dados apresentados na Tab. PR-7, em 1933 a cidade de São Paulo estaria com cerca de 900 mil habitantes.

Nas décadas de 1950 a 1970, foi possível acompanhar o que ocorria na periferia das grandes cidades paulistas. Enquanto a densidade demográfica era baixa, com terrenos grandes (600 a 1.000 m²) e casas distantes umas das outras, não existiam redes públicas de abastecimento de água potável e nem de coleta de esgotos. Os moradores desses bairros abasteciam-se de água extraída de poços rasos e depositavam seus esgotos em

TABELA PR-5 Primeiras estações de tratamento de esgotos

Ano	Inglaterra E.T.E	Vazão (m³/dia)	Estados Unidos E.T.E	Vazão (m³/dia)
1914	Salford	303		
1915	Davyhulme	378		
1916	Worcester Sheffield	7.570 3.028	San Marcos - Texas Milwaukee - Wiscosin Cleveland - Ohio	454 7.570 3.787
1917	Withington Stanford	946 378	Houston North - Texas	20.817
1918			Houston South - Texas	18.925
1920	Tunstall Sheffield	3.104 1.340		
1921	Davyhulme Bury	2.509 1.363		
1922			Desplaines - Illinois Calumet - Indiana	20.817 5.677
1925			Milwaukee - Wiscosin Indianápolis - Indiana	170.325 189.250
1927			Chicago North - Illinois	662.375

Fonte: Jordão e Pessoa (1995)

TABELA PR-6 Dados sobre o Rio Tietê, entre Guarulhos e Itu — estiagem de 1933					
Local	Curso aprox. (km)	% do teor de esgoto bruto		O. D. (mg/L)	Observações
^	^	Coliformes	germes (Agar 37°-24 h)	^	^
Guarulhos	0,0	0,12	0,0016	7,3	O teor de saturação de OD, para água limpa, na altitude média de 720 m e à temperatura de 20 °C é cerca de 8,4 mg/L.
Instituto Disciplinar	13,0	0,25	0,003	7,0	^
Ponte Grande	21,6	0,90	0,40	5,8	^
Casa Verde	26,0	8,2	0,8	3,5	^
Confl. Rio Pinheiros	43,0	10,0	0,87	0,2	^
Santana do Parnaíba	72,0	16,5	0,06	0,0	^
Pirapora	94,0	0,05	0,016	6,5	^
Itu	155,0	—	—	9,4	^

Fonte: Adaptado do Boletim do Instituto de Engenharia n. 97 (1993) *apud* Pegoraro (s/d)

fossas negras, construídas dentro dos limites de seus próprios terrenos. Com o crescimento demográfico, os lotes diminuíram de tamanho (passando a ter 500, 250 e até 125 m²). Com a distância entre os poços e fossas bem menor, o esquema anterior tornou-se perigoso, em termos de saúde pública. Aumentava a probabilidade de contaminação das águas dos poços pelos esgotos depositados nas fossas. A opção dos órgãos públicos responsáveis foi a distribuição de água potável à população, de início quase sempre desacompanhada da coleta dos esgotos, estes ainda continuando a ser depositados nas fossas. Mesmo nos locais onde já havia rede de coleta de esgotos, na maioria das vezes, estas despejavam no corpo d'água mais próximo, sem nenhum tipo de tratamento, o que decretou a degradação dos rios e córregos da Região Metropolitana de São Paulo, dificultando a coleta de água para abastecimento, nessa região de nascentes e, portanto, pequenas vazões fluviais.

Na Tab. PR-7, é apresentado o crescimento populacional da cidade de São Paulo e de sua Região Metropolitana, que abrange mais 38 municípios vizinhos. Pode-se perceber que, apesar do crescimento populacional ser considerado crítico nas décadas de 1960 e 1970, já no final do século XIX, São Paulo apresentara taxa de crescimento populacional bem superior.

Na Tab. PR-8 são apresentados alguns dados publicados pela Cetesb referentes aos seus pontos de coleta e análise no Rio Tietê, abrangendo o trecho que vai da nascente até a Barragem de Barra Bonita. Para os postos antigos, as médias foram calculadas para o período de 1986 a 2005, e para os mais novos, a partir do ano de instalação (Paganini, 2008). Para fins comparativos, foram apresentados os dados de julho de 1992, ano em que ainda não haviam sido iniciadas as obras do projeto Tietê, bem como os valores medidos em julho de 2008 (obras em andamento). Por ser o mês de julho considerado pouco chuvoso (ou de baixas vazões), teoricamente os valores deveriam apresentar-se mais críticos do que a média, o que nem sempre acontece, pois as variáveis são muitas (vazão, carga orgânica lançada etc). Pode-se observar que a partir da nascente até a captação do Semae, o rio Tietê apresenta condições aceitáveis de qualidade da água (baixos valores de DBO e de Coliformes, além de níveis razoáveis de OD). Ao adentrar a RMSP, a partir do posto situado a jusante da ETE de Suzano, as condições vão se tornando mais críticas, não atendendo aos padrões de qualidade para as respectivas classes. Os valores de DBO nesse trecho do rio podem ser considerados como sendo de um esgoto a céu aberto. O rio volta novamente a se recuperar a partir do posto TIBT02500, situado a 568 km da nascente. Ressalte-se ainda que, apesar de ter sido executado um recente aprofundamento da calha do rio, na RMSP, teoricamente aumentando as velocidades de escoamento, além de ampliada a capacidade de tratamento das ETEs situadas na RMSP (antes tratava-se cerca de 5,0 m³/s e atualmente elas têm capacidade instalada de 18,0 m³/s), não houve grandes avanços em relação à melhoria da qualidade das águas do rio Tietê, o que mostra que há ainda muito a ser feito para se conseguir tal objetivo.

Hoje, apesar de várias cidades brasileiras já contarem com Estações de Tratamento de Esgoto, a grande maioria nem coleta e nem trata seus esgotos. Fatalmente terão que fazê-lo, sob pena de ficarem sem mananciais de água apropriada para abastecimento público, e amargarem sérios problemas de saúde pública. Na Tab. PR-9, apresenta-se um breve histórico do saneamento no Brasil, com maior ênfase para a Região Metropolitana de São Paulo.

Quanto à Região Metropolitana de São Paulo, a SABESP propôs, em 1991, um plano (ver Tab. PR-10),

Um pouco de história

TABELA PR-7 Crescimento populacional na cidade de São Paulo e Região Metropolitana

ANO	Cidade de São Paulo		Região Metropolitana de São Paulo	
	População (mil habitantes)	Crescimento no período (%)	População (mil habitantes)	Crescimento no período (%)
1886	45	-	-	-
1900	240	433,3 (em 14 anos)	-	-
1910	314	30,8	-	-
1920	579	84,4	-	-
1930	888	53,4	-	-
1940	1.326	49,3	1.568	-
1950	2.199	65,8	2.663	69,7
1960	3.709	40,7	4.739	80,0
1970	5.886	58,6	8.140	71,8
1980	8.475	44,0	12.589	54,7
1990	9.611	13,4	-	-
1996	9.809	2,1 (em 6 anos)	16.500	31,0 (em 16 anos)
2008	-	-	19.697	19,4 (em 12 anos)
2009	11.038	12,5 (em 13 anos)	-	-

Fonte: Adas (1980) e IBGE (1996 e 2009), Fundação SEADE (2009)

para o denominado "Programa de Despoluição do Rio Tietê", que iniciado em 1992, foi paralisado no final de 1994, por falta de recursos.

Esse programa previa a divisão da RMSP em duas grandes áreas (vide Fig. PR-1). Uma área central densamente urbanizada, que engloba as bacias vertentes aos Rios Tietê, Pinheiros e Tamanduateí, e algumas sub-bacias vertentes aos Reservatórios Guarapiranga e Billings, para a qual foram previstas 5 ETEs: Barueri, Suzano, ABC, Parque Novo Mundo e São Miguel Paulista, prevendo-se tratar, ao final do plano, 52,4 m^3/s. As áreas periféricas, de menor grau de urbanização seriam servidas por sistemas isolados (SABESP, 1993; Rev. Engenharia, 1998). O Programa de Despoluição do Rio Tietê foi retomado em 1995 e uma das suas maiores dificuldades de implantação não foi propriamente a construção das ETEs previstas, e, sim, das redes, dos coletores-troncos e dos interceptores para a coleta e transporte do esgoto até elas. O plano teve de ser reformulado em 1995, em função das citadas paralisações nas obras. Ao final de 1998, novamente, as obras do Programa de Despoluição do Rio Tietê foram paralisadas. É preocupante essa descontinuidade dos programas de saneamento, muito comum em nosso País, sempre à mercê de injunções político-econômicas. A principal consequência da descontinuidade é sempre a crescente defasagem entre o crescimento populacional das cidades e a necessária infraestrutura urbana para atendimento dessas populações, além do desperdício de dinheiro com a eventual perda de serviços realizados, problemas contratuais com empreiteiras, necessidade de novos planejamentos etc.

As previsões apresentadas na Tab. PR-10, não se confirmaram. Segundo dados divulgados pela SABESP (2007), a situação naquele ano ainda era a seguinte:

- ETE Barueri: com capacidade instalada de 9,5 m^3/s, em processo de ampliação para 12,5 m^3/s, com vazão média efetivamente tratada de 7,76 m^3/s (durante o ano de 2007) e produção de lodo de 220 ton/dia.

- ETE Suzano: com capacidade instalada de 1,5 m^3/s, com vazão média efetivamente tratada de 0,70 m^3/s (durante o ano de 2007) e produção de lodo de 40 ton/dia.

- ETE São Miguel: com capacidade instalada de 1,5 m^3/s, com vazão média efetivamente tratada de 0,65 m^3/s (durante o ano de 2007) e produção de lodo de 50 ton/dia.

- ETE Parque Novo Mundo: com capacidade instalada de 2,5 m^3/s, com vazão média efetivamente tratada de 2,14 m^3/s (durante o ano de 2007) e produção de lodo de 100 ton/dia.

- ETE ABC: com capacidade instalada de 3,0 m^3/s, com vazão média efetivamente tratada de 1,55 m^3/s (durante o ano de 2007) e produção de lodo de 70 ton/dia.

Conforme se pode observar pelos dados apresentados, a capacidade instalada total, nas 5 ETEs, no ano de 2007 era de 18,0 m^3/s. No início de 2010, em termos de capacidade instalada, a situação ainda era a mesma. Já a vazão média total efetivamente tratada em 2007, segundo os dados acima apresentados, foi de 12,8 m^3/s, com uma

TABELA PR-8 Níveis de coliformes termotolerantes (fecais), OD e DBO medidos pela CETESB, no rio Tietê

Nome atual do posto de medição	Distância da nascente (km)	Localização do posto de medição	Coliformes Termotolerantes (em UFC/100 mL) Média (OBS. 1)	Jul/1992 (OBS. 2)	Jul/2008	OD – Oxigênio Dissolvido (em mg/L) Média (OBS. 1)	Jul/1992 (OBS. 2)	Jul/2008	DBO – Demanda Bioquímica de Oxigênio (em mg/L) Média (OBS. 1)	Jul/1992 (OBS. 2)	Jul/2008
TIET02050	0	Ponte na rodovia SP-88 (Mogi das Cruzes-Salesópolis), próximo da nascente, com dados do antigo posto TE-1010	$5,5 \times 10^2$	$3,3 \times 10^1$	$2,6 \times 10^1$	4,7	2,4	7,2	4	2,0	< 3
TIET02090	20	Captação do SEMAE, em Mogi das Cruzes (RMSP), com dados do antigo posto TE-1040	$5,7 \times 10^3$	$7,0 \times 10^3$	$1,6 \times 10^3$	5,5	6,4	5,9	4	2,0	< 3
TIET03120	35	Jusante da ETE Suzano (Suzano – RMSP).	$1,3 \times 10^5$	-	$1,2 \times 10^5$	0,5	-	0,4	15	-	16
TIET04150	77	Ponte na Av. Santos Dumont (Guarulhos – RMSP), com dados do antigo posto TE-4020.	$2,2 \times 10^6$	$5,0 \times 10^5$	$2,8 \times 10^6$	0,6	0,2	0,2	22	20	86
TIET04170	102	Ponte na Av. Aricanduva (São Paulo).	$3,7 \times 10^6$	-	$1,3 \times 10^6$	1,0	-	0,1	34	-	80
TIET04180	112	Ponte das Bandeiras na Av. Santos Dumont (São Paulo).	$1,5 \times 10^6$	-	$3,0 \times 10^6$	0,7	-	< 0,07	50	-	68
TIET04200	120	Ponte dos Remédios na Av. Marginal com a Castelo Branco (São Paulo), com dados do antigo posto TE-4080.	$8,8 \times 10^6$	$5,0 \times 10^6$	$1,1 \times 10^6$	0,1	0,0	< 0,07	60	72	71
TIES04900	160	Próximo às comportas da barragem Edgar de Souza (Santana do Parnaíba – RMSP), com dados do antigo posto TE-4100.	$3,6 \times 10^6$	$1,3 \times 10^6$	$7,8 \times 10^5$	1,0	0,0	0,4	45	32	56
TIPI04900	201	Próximo às comportas da barragem de Pirapora (Pirapora – RMSP), com dados do antigo posto TE-4200.	$1,3 \times 10^6$	$2,3 \times 10^5$	$6,9 \times 10^5$	0,3	0,0	0,6	25	34	37
TIRG02900	273	Próximo às comportas do reservatório do Rasgão (Sorocaba – SP), com dados do antigo posto TE-2100.	$7,0 \times 10^5$	$2,3 \times 10^4$	$3,4 \times 10^5$	2,1	0,0	0,5	20	13	57
TIET02350	396	A 300 m de ponte na rodovia do Açúcar (SP-308), Fazenda Santa Isabel (Sorocaba – SP), com dados do antigo posto TE-2305.	$3,0 \times 10^5$	$3,0 \times 10^4$	$7,0 \times 10^4$	5,9	7,0	8,7	16	10	17
TIET02400	443	Ponte na rodovia SP-113 (ligação Tietê-Capivari em Tietê – SP), com dados do antigo posto TE-2330.	$9,9 \times 10^4$	$5,0 \times 10^2$	$9,2 \times 10^2$	2,8	2,0	1,5	15	8	11
TIET02450	463	Ponte na estrada para a Faz. Santo Olegário (Laranjal Paulista – SP), com dados do antigo posto TE-2370.	$1,9 \times 10^4$		$6,7 \times 10^3$	2,8		3,1	17		18
TIBT02500	568	Ponte na rodovia SP-191 (ligação Santa Maria da Serra-São Manuel), com dados do antigo posto TE-2395.	$3,3 \times 10^2$	-	< 1,8	4,1	-	5,3	12	-	3
TIBB02100	598	A jusante dos braços Tietê e Piracicaba, no reservatório da Barragem de Barra Bonita.	$6,6 \times 10^1$	-	< 1,0	6,6	-	4,3	5	-	5
TIBB02700	602	Reservatório de Barra Bonita, próximo do córrego Araguazinho, com dados do antigo posto BB-2020.	$9,6 \times 10^1$	-	< 1,0	8,0	-	6,4	4	-	3

OBS: (1) Nos postos mais antigos, a média apresentada refere-se à média das médias anuais – período de 1986 a 2005; e nos mais novos a partir da instalação (conforme Paganini, 2008).
(2) Nos antigos postos: TE-2305 e TE-2330, os valores apresentados referem-se ao mês de agosto de 1992.
Fontes: Paganini (2008), CETESB (1993 e 2008).

TABELA PR-9 Histórico do saneamento no Brasil

Ano	Ocorrência
1857	Implantada a primeira rede de esgotos do País, na cidade do Rio de Janeiro, num contrato firmado entre o Imperador D. Pedro II e a City (Cia. Inglesa).
1876	Projetada e construída por ingleses a primeira rede de esgotos na cidade de São Paulo.
1887	Constituída a Cia. Cantareira de Água e Esgotos de São Paulo.
1893	Criada a Repartição de Água e Esgotos de São Paulo (houve rescisão com a Cia. Cantareira).
1897	Inaugurada a cidade de Belo Horizonte (já projetada com redes de água e esgoto).
1898	Projeto de aproveitamento das águas do Rio Cotia, para abastecimento da cidade de São Paulo.
1898	Realizado exame bacteriológico das águas do Rio Tietê.
1903	Realizados estudos para aproveitamento das águas do Rio Claro, para abastecimento da cidade de São Paulo.
1905	Saturnino de Brito é contratado pelo governo do Estado de São Paulo para estudos sobre o sistema de drenagem e de esgotos da cidade de Santos, SP.
1907	Saturnino de Brito inicia as obras de saneamento em Santos, SP.
1911	Brado de alerta sobre a crescente poluição do Rio Tietê, a jusante de São Paulo, pelo fiscal de rios da capital, Sr. José J. Freitas.
1912	Introdução do sistema separador absoluto na cidade de São Paulo.
1913	Proposto o aproveitamento das águas do Rio Tietê, para abastecer São Paulo (Roberto Hottinger, Geraldo H. Paula Souza e Robert Mange).
1913	Primeiro estudo sobre a poluição do Rio Tietê a jusante de São Paulo – tese de Geraldo H. Paula Souza.
1923	Realizado o 1.º Congresso Brasileiro de Higiene.
1928	Proposto o plano da RAE para os esgotos da cidade de São Paulo. Já previa a construção da ETE de Vila Leopoldina, tendo sido construído o antigo emissário do Tietê (entre a Elevatória de Ponte Pequena e Vila Leopoldina).
1933	Realizado levantamento sanitário do Rio Tietê a jusante de São Paulo.
1936	Criada a Revista DAE. Hoje DAE/SABESP.
1938	Inaugurada a ETE Ipiranga – São Paulo, a 1.ª da cidade. Hoje funciona como ETE-escola para os funcionários da SABESP.
1940	Decreto 10.890, de 10/01/40, cria a Comissão de Investigação da Poluição das Águas em São Paulo (1.ª legislação específica no Brasil).
1945	Proposta a criação da OMS – Organização Mundial de Saúde, por iniciativa do brasileiro Geraldo H. Paula Souza.
1948	Fundada a AIDIS – Associação Interamericana de Engenharia Sanitária.
1953	Criado o Conselho Estadual de Controle de Poluição das Águas – Lei Estadual Paulista n. 2.182 de 23/07/53.
1954	Criado o Departamento de Água e Esgotos da cidade de São Paulo – DAE-SP.
1955	Plano Greeley-Hansen para os esgotos da RMSP.
1958	Estabelecidos os padrões de potabilidade das águas (ABNT).
1959	Início de operação da ETE Leopoldina – São Paulo (tratamento primário).
1963	Estabelecidos os padrões internacionais para água potável (da OMS).
1966	Fundação da ABES – Associação Brasileira de Engenharia Sanitária.
1967	Propostos os planos HIBRACE e Hazen-Sawyer para os esgotos da RMSP.
1968	Estabelecido o Plano Nacional de Saneamento, sendo criadas a COMASP – Companhia Metropolitana de Águas de São Paulo e a FESB, atual CETESB.
1970	Criada a SANESP – Cia Metropolitana de Saneamento de São Paulo.

1972	Início de operação da ETE Pinheiros, em São Paulo (tratamento em nível primário). Hoje desativada.
1973	Criadas as Companhias Estaduais de Saneamento. Em São Paulo, a SABESP. No Paraná, a SANEPAR... e assim por diante.
1973	Proposto o plano "Solução Integrada para os esgotos da RMSP".
1974	Recuperação/ampliação da ETE Leopoldina, São Paulo (tratamento em nível primário). Hoje desativada.
1980	Proposto o plano SANEGRAN para os esgotos da RMSP.
1981	Inaugurada a ETE Suzano, São Paulo (tratamento secundário).
1986	Resolução CONAMA n. 001/86 – estabelece diretrizes para elaboração de EIA-RIMA no Brasil.
1988	Inaugurada a ETE Barueri, São Paulo (tratamento secundário).
1990	Revisados os padrões de potabilidade das águas de abastecimento – Portaria n. 36 do Ministério da Saúde.
1991	Lançado o Programa de Despoluição do Rio Tietê, SP, na RMSP, com previsão de implantação/ampliação de 5 ETEs: Suzano e Barueri (já estavam em operação); ABC, São Miguel e Parque Novo Mundo.
1992	Dos 583 municípios paulistas (até então existentes), apenas 302 eram conveniados com a SABESP. Os demais (281) possuíam serviços autônomos de água e esgoto.
1998	Inauguradas as Estações de Tratamento de Esgotos: ABC, São Miguel Paulista e Parque Novo Mundo, todas com tratamento em nível secundário e integrantes do Programa de Despoluição do Rio Tietê, na cidade de São Paulo.
2000	Revisados os padrões de potabilidade das águas de abastecimento – Portaria n.1469 do Ministério da Saúde, editada em 29 de dezembro de 2000.
2004	Novamente revisados os padrões de potabilidade das águas de abastecimento, através da Portaria n. 518/2004, do Ministério da Saúde, em substituição à Portaria 1469/2000.
2005	Editada a Resolução CONAMA 357/2005, que estabelece a classificação dos corpos d'água e as diretrizes ambientais para o seu enquadramento. Substituiu a Resolução CONAMA 20/1986.
2005	Aprovada a lei estadual paulista n.12.183/2005 que dispõe sobre a cobrança pela utilização dos recursos hídricos no Estado de São Paulo.

Fontes: Azevedo Neto (1973, 1984); Botafogo (1998) e dados coletados pelos autores

TABELA PR-10 Estimativa de vazões tratadas (em m³/s) e de produção de lodo (em t/dia de sólidos secos), nas ETEs da R.M.S.P.

ETE	1994 vazões	1994 lodo	1997 vazões	1997 lodo	2000 vazões	2000 lodo	2005 vazões	2005 lodo
Barueri	9,5	141	14,3	212	24,0	316	28,5	422
ABC	3,0	63	4,5	68	6,0	125	8,5	129
Pq. Novo Mundo	2,5	62	5,0	125	7,5	187	7,5	187
São Miguel	1,5	31	3,0	63	4,5	94	6,0	125
Suzano	1,5	22	1,5	22	1,5	22	1,9	28
Totais	18,0	319	28,3	490	43,5	744	52,4	891

Fonte: SABESP (1993)

média total de lodo produzido de 480 t/dia. Assim, pode-se constatar que muito ainda tem de ser feito para atingir o objetivo de se tratar todo o esgoto produzido na RMSP (a vazão atualmente estimada está em cerca de 40 m³/s). Já se pode perceber que esse trabalho é lento, e enquanto isso não se concretiza, face aos resultados das análises apresentadas na Tab. PR-8, a melhoria da qualidade das águas do Rio Tietê, no trecho que este corta a RMSP, só seria possível com ações diretas no próprio rio. Talvez se pudesse estudar a instalação de aeradores por difusão, seguidos de sistemas de flotação em vários trechos do rio, visando à remoção do excesso de carga orgânica que ainda

Um pouco de história

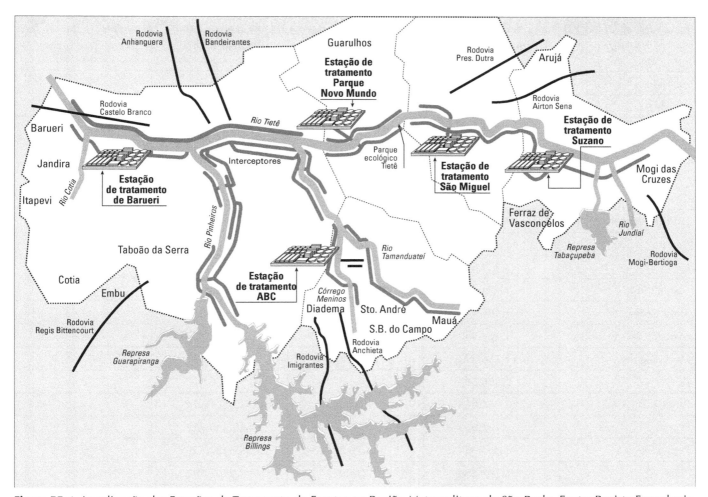

Figura PR-1 Localização das Estações de Tratamento de Esgotos na Região Metropolitana de São Paulo. Fonte: Revista Engenharia, 1998.

é nele lançada. O lodo resultante poderia ser lançado nos interceptores que levam às ETEs existentes.

Os inconvenientes citados tornam-se evidentes quando são analisados os dados apresentados nas Tabs. PR-11 e PR-12. Na Tab. PR-11, pode-se constatar, a partir de 1940, uma crescente tendência de concentração da população brasileira nas áreas urbanas. Para uma média mundial em torno de 40%, a média brasileira já era de 75,6% (dados do censo de 1991). No entanto, em alguns estados essas percentagens estão bastante acima da média: São Paulo (92,8%), Rio de Janeiro (95,2%) e o Distrito Federal (94,7%). Percebe-se também que todos os estados brasileiros apresentam população urbana maior do que a rural, com uma única exceção: o Estado do Maranhão, que apresenta apenas 40% da população vivendo em áreas urbanas.

Conforme se viu anteriormente, o censo realizado pelo IBGE, em 1991 apontava que a população urbana no nosso País já era de 75,6%. Em termos mundiais, segundo estimativas feitas por especialistas e divulgadas nos principais jornais do País, em maio de 2007, a população urbana mundial teria ultrapassado a população rural. O censo realizado pelo IBGE no ano 2000 mostrou que a população urbana brasileira já era de 81,2 % do total e as projeções da ONU, para o Brasil de 2005, indicavam uma população urbana de 84,2 % do total, o que mostra que realmente no nosso País ainda há uma tendência de crescimento da população urbana em detrimento da rural.

O problema da concentração da população nas áreas urbanas deve merecer um estudo de planejamento do governo federal, com incentivos a projetos agroindus-

TABELA PR-11 Distribuição total das populações urbana e rural no Brasil		
Ano	População urbana (% do total)	População rural (% do total)
1940	31,6	68,4
1950	36,8	63,2
1960	46,5	53,5
1970	56,1	43,9
1980	68,4	31,6
1991	75,6	24,4

Fonte: EMBRAPA (1996)

TABELA PR-12 População urbana e rural nos estados brasileiros				
Estado	População urbana (n. de habitantes)	População rural (n. de habitantes)	População total (n. de habitantes)	População urbana (% do total)
Acre	258.520	159.198	417.718	61,9
Alagoas	1.482.033	1.032.067	2.514.100	57,0
Amapá	234.131	55.266	289.397	80,9
Amazonas	1.502.754	600.489	2.103.243	71,3
Bahia	7.016.770	4.851.221	11.867.991	59,1
Ceará	4.162.007	2.204.640	6.366.647	65,4
Distrito Federal	1.515.889	85.205	1.601.094	94,7
Espírito Santo	1.924.588	676.030	2.600.618	74,0
Goiás	3.247.676	771.227	4.018.903	80,8
Maranhão	1.972.421	2.957.832	4.930.253	40,0
Mato Grosso	1.485.110	542.121	2.027.231	73,3
Mato Grosso do Sul	1.414.447	365.926	1.780.373	79,4
Minas Gerais	11.786.893	3.956.259	15.743.152	74,9
Pará	2.596.388	2.353.672	4.950.060	52,4
Paraíba	2.052.066	1.149.048	3.201.114	64,1
Paraná	6.197.953	2.250.760	8.448.713	73,4
Pernambuco	5.051.654	2.076.201	7.127.855	70,9
Piauí	1.367.184	1.214.953	2.582.137	52,9
Rio de Janeiro	12.199.641	608.065	12.807.706	95,2
Rio Grande do Norte	1.669.267	746.300	2.415.567	69,1
Rio Grande do Sul	6.996.542	2.142.128	9.138.670	76,6
Rondônia	659.327	473.365	1.132.692	58,2
Roraima	140.818	76.765	217.583	64,7
Santa Catarina	3.208.537	1.333.457	4.541.994	70,6
São Paulo	29.314.861	2.274.064	31.588.925	92,8
Sergipe	1.002.877	488.999	1.491.876	58,9
Tocantins	530.636	389.227	919.863	57,7
Brasil total	110.990.990	35.834.485	146.825.475	75,6

Fonte: IBGE, Censo de 1991 (apud IBGE, 1992).

triais planejados e integrados, incentivando o aumento nos assentamentos agrários para reverter essa migração, visando fixar a população rural no campo e, com isso, minimizar os problemas sociais nas cidades. Esses indivíduos vêm para as cidades sem nenhum preparo ou profissão e acabam tendo que viver em condições lamentáveis.

Um pouco de história

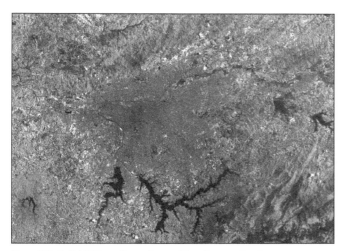

Foto PR-1 RMSP — Foto de satélite. Fonte: *Revista Engenharia* (1998).

Foto PR-2 Estação de tratamento de esgotos de Barueri. Cortesia da SABESP.

Foto PR-3 Estação de tratamento de esgotos do ABC. Cortesia da SABESP.

Foto PR-4 Estação de tratamento de esgotos de São Miguel Paulista. Cortesia da SABESP.

AS GRANDEZAS E SUAS UNIDADES

Roberto de Araujo

1.1 Sistema Métrico Decimal

Instituído na França desde 1795, o sistema métrico tornou-se obrigatório naquele país, a partir de 1840, e no Brasil desde junho de 1862. Em 1889, na 1.ª Conferência Geral de Pesos e Medidas, reunindo os países signatários da Convenção do Metro, adotaram-se as unidades do sistema métrico a serem usadas mundialmente na medida de grandezas físicas. O objetivo era estabelecer uma linguagem única, a mais universal, a mais completa e, ao mesmo tempo, a mais simples para a expressão quantitativa das diversas grandezas. Essas unidades pioneiras eram o *metro*, para comprimento; o *grama*, para massas (ou peso); e o *segundo*, para tempo. Os países de língua inglesa, liderados pela Inglaterra, opuseram-se a esse sistema, pois estavam interessados na universalização do sistema imperial britânico, cuja unidade de comprimento é a *jarda*, subdividida em 3 *pés* de 12 *polegadas* (1 jarda = 0,9144 m), e a unidade de peso é a *libra* (453,6 g).

Inicialmente, o metro foi definido como a fração 1/40.000.000 do comprimento de um meridiano terrestre ($0,025 \times 10^{-6}$), e tal padrão foi materializado em uma barra de platina, com certa porcentagem de irídio, na qual dois traços determinavam essa distância. Posteriormente essa barra, da qual havia cópias nos diversos países, passou a definir a unidade, referindo-a à medida entre os traços na temperatura de 0°.

O mesmo ocorreu em relação à unidade de massa, o grama, inicialmente definido como a massa de um centímetro cúbico de água à temperatura de 4 °C, cujo padrão materializado foi um múltiplo da unidade escolhida, o quilograma (10^3 g), representado por um bloco de platina e irídio, que igualmente passou a definir a unidade de massa (um cilindro com cerca de 39 mm de diâmetro e altura).

Também o segundo – inicialmente definido como a fração 1/86.400 do dia solar médio – veio a ser redefinido de forma mais exata, referindo essa unidade a períodos de radiação do átomo do césio 133.

Outras unidades originalmente definidas foram o *are* (100 m²), para áreas; o *estere* (1 m³) e o *litro* (1 dm³) para volumes.

1.2 Sistema Internacional de Unidades (SI)

Em 1948, a 9.ª Conferência Geral incumbiu o Comitê Internacional de Pesos e Medidas de estudar e propor o estabelecimento de uma regulamentação completa das unidades de medida, por um sistema prático de unidades que pudesse ser adotado por todos os países signatários.

Após intensos estudos, consultas e pesquisas nos meios científicos, técnicos e pedagógicos de todos os países, foi possível propor a primeira versão de tal sistema, aprovada na 11.ª Conferência Geral de 1960. Desde então foi denominado Sistema Internacional de Unidades, ou simplesmente SI, oficializado no Brasil em 1962.

Para exemplificar a complexidade dos estudos, visando à precisão e maior exatidão das unidades, são dadas a seguir as modificações verificadas na definição da unidade de comprimento, o metro:

- 11.ª CGPM de 1950 – "O metro é o comprimento igual a 1.650.763,73 comprimentos de onda, no vácuo, da radiação correspondente à transmissão entre os níveis $2p_{10}$ e $5d_5$ do átomo de criptônio 86".

Posteriormente, com as determinações mais exatas da velocidade da luz, tornou-se mais simples abandonar essa definição baseada numa radiação específica, adotando-se a seguinte definição, atualmente vigente:

- 17.ª CGPM de 1983 – "O metro é o comprimento do percurso da luz, no vácuo, no tempo de 1/299.792.458 de segundo." Equivale dizer que a velocidade da luz é 299.792.458 m/s.

Como se vê, na medida em que a ciência evolui, a necessidade de máxima precisão e a definição de novas áreas de estudo e aplicações tecnológicas conduzem ao aperfeiçoamento na arte de medir, que resultam em mudanças nos conceitos vigentes e que certamente não são definitivos.

Esse sistema, pelo qual são definidas as unidades de base, a partir das quais são definidas todas as outras unidades derivadas e admite ainda unidades suplementares, escapa um pouco do rigor científico, mas beneficia demais o sentido prático, tanto nas relações internacionais como no ensino e também no trabalho científico. As unidades de base SI são apresentadas na Tab.1.1, e as unidades suplementares na Tab.1.2.

1.3 Grandezas e unidades do escoamento

Além das unidades de base e suplementares vistas anteriormente, as grandezas físicas ligadas ao escoamento de líquidos são expressas pelas unidades derivadas apresentadas na Tab.1.3.

Na prática da tecnologia, são utilizadas outras unidades que não são do SI, sendo as mais comuns apresentadas na Tab. 1.4.

1.4 Prefixos SI

As unidades SI (de base e derivadas com nome específico) devem ter seus múltiplos e submúltiplos expressos com o uso dos prefixos da Tab. 1.5, com exceção da unidade de massa (quilograma), em que os prefixos são aplicados à palavra grama.

TABELA 1.1 Unidades de base SI		
Grandeza	Unidade	Símbolo
Comprimento	metro	m
Massa	quilograma	kg
Tempo	segundo	s
Intensidade de corrente elétrica	ampère	A
Temperatura termodinâmica	kelvin	K
Intensidade luminosa	candela	cd
Quantidade de matéria	mol	mol

TABELA 1.2 Unidades suplementares SI		
Grandeza	Unidade	Símbolo
Ângulo plano	radiano	rad
Ângulo sólido	esteradiano	sr

Apesar do acordo existente entre os países, para se utilizar apenas das unidades do Sistema Internacional (SI), ainda hoje são encontradas outras unidades não pertencentes ao SI, em livros e artigos científicos estrangeiros. Por esse motivo, incluiu-se a Tab. 1.6 que estabelece a relação entre as diversas unidades, em especial aquelas mais utilizadas na área em questão.

Prefixos SI

TABELA 1.3 Unidades derivadas SI (usadas no escoamento de líquidos)

Grandeza	Unidade SI	Símbolo	Expressão em unidades de base	Expressão em outras unidades SI
Superfície	metro quadrado	m²	m²	-
Volume	metro cúbico	m³	m³	-
Velocidade	-	m/s	m · s⁻¹	-
Aceleração	-	m/s²	m · s⁻²	-
Força, peso	newton	N	kg · m · s⁻²	-
Pressão, tensão	pascal	Pa	kg · m⁻¹ · s⁻²	N/m²
Energia, trabalho	joule	J	kg · m² · s⁻²	N · m
Potência	watt	W	kg · m² · s⁻³	J/s
Tensão elétrica	volt	V	kg · m² · s⁻³ · A⁻¹	W/A
Vazão	-	m³/s	m³ · s⁻¹	-
Viscosidade cinemática	-	m²/s	m² · s⁻¹	-
Viscosidade dinâmica	-	Pa · s	kg · m⁻¹ · s⁻¹	-
Momento	-	N · m	kg · m² · s⁻²	-
Tensão superficial	-	N/m	kg · s⁻²	Pa · m
Massa específica	-	kg/m³	kg · m⁻³	-
Volume específico	-	m³/kg	m³ · kg⁻¹	-
Peso específico	-	N/m³	kg · m⁻² · s⁻²	-

Nota: As unidades que têm nome de pessoas se escrevem com iniciais minúsculas, e seus símbolos, com maiúsculas.

TABELA 1.4 Unidades em uso com o Sistema Internacional

Grandeza	Nome	Símbolo	Expressão em unidades de base	Expressão em outras unidades SI
Tempo	minuto	min	60 s	-
Tempo	hora	h	3.600 s	60 min
Tempo	dia	d	86.400 s	24 h
Comprimento	milha marítima	-	1.852 m	-
Velocidade	nó	-	0,514 m · s⁻¹	1,852 km/h
Superfície	are	a	10² m²	1 dam²
Superfície	hectare	ha	10⁴ m²	1 hm²
Pressão	atmosfera	atm	101.325 kg · m⁻¹ s⁻² (≅ 10⁵ Pa)	1 atm = 1 kg*/cm²
Pressão	metros de coluna d'água	mca, mH₂O	9.806,65 kg · m · s⁻¹ (≅ 10⁴ Pa)	1 atm = 10,33 mca
Pressão	mm de mercúrio	mmHg	133,322 kg · m⁻¹ · s⁻² (≅ 133 Pa)	1 atm = 760 mmHg
Força, peso	quilograma-força	kgf, kg*	9,80665 kg · m · s⁻²	9,80665 N
Potência	cavalo-vapor	cv	735,5 kg · m² · s⁻³	735,5 W = 0,986 HP

TABELA 1.4 Unidades em uso com o Sistema Internacional (*Continuação*)

Grandeza	Nome	Símbolo	Expressão em unidades de base	Expressão em outras unidades SI
Potência	horse power	HP	$745 \text{ kg} \cdot \text{m}^2 \cdot \text{s}^{-3}$	745 W
Temperatura	grau Celsius	°C	0° C = 273,15 K	-
Ângulo plano	grau	°	$(\pi/180)$ rad	-
Ângulo plano	minuto	'	$(\pi/10.800)$ rad	$(1/60)°$
Ângulo plano	segundo	"	$(\pi/648.000)$ rad	$(1/60)' = (1/3.600)°$
Volume	litro	ℓ, L*	$10^{-3} \cdot \text{m}^3$	1 dm³
Vazão	-	m³/s	$\text{m}^3 \cdot \text{s}^{-1}$	10^3 ℓ/s ou 10^3 L/s
Massa	tonelada	t	10^3 kg	-
Veloc. angular	rotação por minuto	rpm	$\pi/30 \text{ rad} \cdot \text{s}^{-1}$	-

* O símbolo L para litro é permitido quando os meios impressores não permitam a distinção entre a letra ℓ e a unidade 1

TABELA 1.5 Prefixos SI

Fator	Prefixo	Símbolo	Fator	Prefixo	Símbolo
10^{24}	yotta	Y	10^{-1}	deci	d
10^{21}	zetta	Z	10^{-2}	centi	c
10^{18}	exa	E	10^{-3}	mili	m
10^{15}	peta	P	10^{-6}	micro	μ
10^{12}	tera	T	10^{-9}	nano	n
10^{9}	giga	G	10^{-12}	pico	p
10^{6}	mega	M	10^{-15}	femto	f
10^{3}	quilo	k	10^{-18}	atto	a
10^{2}	hecto	h	10^{-21}	zepto	z
10^{1}	deca	da	10^{-24}	yocto	y

Nota: 40% desses prefixos SI já se incorporaram à linguagem comum no Brasil (de 10^{-6} a 10^{6}), ao passo que os outros 60% têm seu uso restrito às linguagens técnica e científica. Na linguagem comum, é usual a utilização do prefixo "quilo", para indicar a unidade de peso "quilograma-força", popularmente usada em lugar do "newton" (1 kgf ≅ 10N).

TABELA 1.6 Conversão de unidades

Unidade	Símbolo	Multiplicar por	Para obter	Símbolo
atmosfera	atm	76	centímetros de mercúrio	cm Hg
atmosfera	atm	101	quilopascais	kPa
atmosfera	atm	1,0332	quilogramas-força por centímetro quadrado	kgf/cm^2
atmosfera	atm	10,33	metros de coluna d'água	mca
atmosfera	atm	29,92	polegadas de mercúrio	in Hg
atmosfera	atm	33,90	pés de água	ft H$_2$O
atmosfera	atm	14,7	libras-força por polegada quadrada	lbf/in^2
centímetro	cm	0,03281	pés	ft
centímetro	cm	0,3937	polegadas	in
centímetro	cm	0,01	metros	m
centímetro	cm	0,01094	jardas	yd
centímetro cúbico	cm^3	3,531 x 10^{-5}	pés cúbicos	ft^3
centímetro cúbico	cm^3	0,06102	polegadas cúbicas	in^3
centímetro cúbico	cm^3	10^{-6}	metros cúbicos	m^3
centímetro cúbico	cm^3	1,308 x 10^{-6}	jardas cúbicas	yd^3
centímetro cúbico	cm^3	2,642 x 10^{-4}	galões	gl
centímetro cúbico	cm^3	10^{-3}	litros	L
centímetro quadrado	cm^2	1,076 x 10^{-3}	pés quadrados	ft^2
centímetro quadrado	cm^2	0,1550	polegadas quadradas	in^2
centímetro quadrado	cm^2	10^{-4}	metros quadrados	m^2
centímetro quadrado	cm^2	1,196 x 10^{-4}	jardas quadradas	yd^2
centímetro de mercúrio	cm Hg	0,01316	atmosferas	atm
centímetro de mercúrio	cm Hg	0,4461	pés de água	ft H$_2$O
centímetro de mercúrio	cm Hg	0,0136	quilogramas-força por centímetro quadrado	kgf/cm^2
centímetro de mercúrio	cm Hg	27,85	libras por pés quadrados	lb/ft^2
centímetro de mercúrio	cm Hg	0,1934	libras por polegada quadrada	lb/in^2
centímetro por segundo	cm/s	1,969	pés por minuto	ft/min
centímetro por segundo	cm/s	0,03281	pés por segundo	ft/s
centímetro por segundo	cm/s	0,036	quilômetros por hora	km/h
centímetro por segundo	cm/s	0,01	metros por segundo	m/s
dia	d	24	horas	h
dia	d	1.440	minutos	min
dia	d	86.400	segundos	s
galão	gl	3,785	litros	L
galão	gl	3,785 x 10^{-3}	metros cúbicos	m^3
grama	g	10^{-3}	quilogramas	kg
grama	g	10^3	miligramas	mg
grama-força	gf	0,03527	onças	oz
grama-força	gf	0,03215	onças-*troy*	Oz troy
grama-força	gf	0,07093	*poundals*	pdl
grama-força	gf	2,205 x 10^{-3}	libras-força	lbf

TAB. 1.6 Conversão de unidades (*Continuação*)

Unidade	Símbolo	Multiplicar por	Para obter	Símbolo
grama-força p/centímetro cúbico	gf/cm^3	62,43	libras-força por pés cúbicos	lbf/ft^3
grama-força p/centímetro cúbico	gf/cm^3	0,03613	libras-força por polegadas cúbicas	lbf/in^3
grau (ângulo)	°	60	minutos	'
grau (ângulo)	°	0,01745	radianos	rd
grau (ângulo)	°	3.600	segundos	"
hectare	ha	10.000	metros quadrados	m^2
hectare	ha	2,471	acres	A (*)
hectare	ha	1,076 x 10^5	pés quadrados	ft^2
jarda	yd	0,9144	metros	m
jarda	yd	3	pés	ft
jarda	yd	36	polegadas	in
jarda	yd	5,682 x 10^{-4}	milhas	mi
jarda cúbica	yd^3	0,7646	metros cúbicos	m^3
jarda cúbica	yd^3	202	galões	gl
jarda cúbica	yd^3	764,6	litros	L
jarda cúbica por minuto	yd^3/min	0,45	pés cúbicos por segundo	ft^3/s
jarda cúbica por minuto	yd^3/min	3,367	galões por segundo	gl/s
jarda cúbica por minuto	yd^3/min	12,74	litros por segundo	L/s
libra-força	lbf	453,6	gramas-força	gf
libra-força	lbf	16	onças	oz
libra troy	lb troy	0,8229	libras-força	lbf
libra-força por pé cúbico	lbf/ft^3	16,02	quilogramas-força por metro cúbico	kgf/m^3
libra-força por pé quadrado	lbf/ft^2	4,882	quilogramas-força por metro quadrado	kgf/m^2
litro	L	10^{-3}	metros cúbicos	m^3
litro	L	0,2642	galões	gl
litro	L	0,03531	pés cúbicos	ft^3
litro por segundo	L/s	0,2642	galões por segundo	gl/s
metro	m	3,281	pés	ft
metro	m	39,37	polegadas	in
metro	m	1,094	jardas	yd
metro cúbico	m^3	10^3	litros	L
metro cúbico	m^3	35,31	pés cúbicos	ft^3
metro cúbico	m^3	1,308	jardas cúbicas	yd^3
metro cúbico	m^3	264,2	galões	gl
metro quadrado	m^2	10,76	pés quadrados	ft^2
metro quadrado	m^2	1550	polegadas quadradas	in^2
metro quadrado	m^2	1,196	jardas quadradas	yd^2
metro quadrado	m^2	10^{-4}	hectares	ha
metro por segundo	m/s	3,281	pés por segundo	ft/s
metro por segundo	m/s	3,6	quilômetros por hora	km/h
metro por segundo	m/s	2,237	milhas por hora	mi/h
milha	mi	1.609	metros	m
milha	mi	5.280	pés	ft
milha náutica	mi (naut)	1.852	metros	m
milha por hora	mi/h	1,609	quilômetros por hora	km/h
milha por hora	mi/h	1,467	pés por segundo	ft/s
milha por hora	mi/h	0,8684	nós	nó

TABELA 1.6 – Conversão de unidades (continuação)				
Unidade	Símbolo	Multiplicar por	Para obter	Símbolo
milha por hora	mi/h	0,447	metros por segundo	m/s
nó = 1 milha náutica por hora	nó	1,852	quilômetros por hora	km/h
nó	nó	1,15	milhas por hora	mi/h
nó	nó	0,51444	metros por segundo	m/s
onça	oz	28,35	gramas força	gf
onça	oz	0,0625	libras-força	lbf
onça troy	oz (troy)	31,10	gramas-força	gf
onça troy	oz (troy)	0,08333	libras-força troy	lbf (troy)
pé	ft	0,3048	metros	m
pé	ft	1/3	jardas	yd
pé	ft	12	polegadas	in
pé de água	ft H_2O	0,02950	atmosferas	atm
pé de água	ft H_2O	0,8826	polegadas de mercúrio	in Hg
pé de água	ft H_2O	0,3048	metros de coluna d'água	mca
pé cúbico	ft^3	0,02832	metros cúbicos	m^3
pé cúbico	ft^3	28,32	litros	L
pé cúbico	ft^3	7,481	galões	gl
pé por segundo	ft/s	0,3048	metros por segundo	m/s
pé por segundo	ft/s	1,097	quilômetros por hora	km/h
polegada	in	0,0254	metros	m
polegada	in	0,08333	pés	ft
polegada	in	0,02778	jardas	yd
polegada de água	in H_2O	0,0254	metros de coluna d'água	mca
poundals	pdl	14,10	gramas-força	gf
quilograma-força	kgf	70,93	poundals	pdl
quilograma-força	kgf	2,205	libras-força	lbf
quilograma-força por cm^2	kgf/cm^2	0,3417	libras-força por polegada quadrada	lbf/in^2
quilograma-força por m^3	kgf/m^3	0,06243	libras-força por pé cúbico	lbf/ft^3
quilômetros por hora	km/h	0,2778	metros por segundo	m/s
quilômetros por hora	km/h	0,9113	pés por segundo	ft/s
quilômetros por hora	km/h	0,6214	milhas por hora	mi/h
radiano	rd	57,3	graus	°
radiano por segundo	rd/s	9,549	rotações por minuto	RPM
tonelada-força inglesa	tf (ingl)	1.016	quilogramas-força	kgf
tonelada-força métrica	tf	1.000	quilogramas-força	kgf

(*) O símbolo (A) usado aqui para acres só é usado na Inglaterra, pois tradicionalmente é também o símbolo usado para amperes.
Fonte: Adaptado de HUDSON (1973).

O ESGOTO SANITÁRIO

Roberto de Araujo

2.1 Origem e Destino

2.1.1 Origem

O esgoto sanitário, segundo definição da norma brasileira NBR 9648 (ABNT, 1986), é o "despejo líquido constituído de esgotos doméstico e industrial, água de infiltração e a contribuição pluvial parasitária". Essa mesma norma define ainda:

- esgoto doméstico é o "despejo líquido resultante do uso da água para higiene e necessidades fisiológicas humanas";
- esgoto industrial é o "despejo líquido resultante dos processos industriais, respeitados os padrões de lançamento estabelecidos";
- água de infiltração é "toda água proveniente do subsolo, indesejável ao sistema separador e que penetra nas canalizações";
- contribuição pluvial parasitária é "a parcela do deflúvio superficial inevitavelmente absorvida pela rede de esgoto sanitário".

Por elas mesmas, essas definições já estabelecem a origem do esgoto sanitário que, dadas tais parcelas, pode ser designado simplesmente como *esgotos*. Apesar das definições acima serem inequívocas, algumas considerações podem ser feitas.

O esgoto doméstico é gerado a partir da água de abastecimento e, portanto, sua medida resulta da quantidade de água consumida. Esta é geralmente expressa pela "taxa de consumo *per capita*", variável segundo hábitos e costumes de cada localidade. É usual a taxa de 200 L/hab · dia, mas em grandes cidades de outros países essa taxa de consumo chega a ser três a quatro vezes maior, resultando num esgoto mais diluído, já que é praticamente constante a quantidade de resíduo produzido por pessoa. É óbvio que as vazões escoadas de esgoto são maiores. Mesmo no Brasil, há capitais de estados que utilizam taxas maiores do que aquela no dimensionamento dos seus sistemas, ou parte deles. Mas, em outros casos, são usadas taxas bem menores.

A taxa *per capita* de água inclui uma parcela de consumo industrial relativo às pequenas indústrias disseminadas na malha urbana e também um percentual relativo às perdas do sistema de distribuição. Essa água não chega aos domicílios e não compõe o esgoto doméstico produzido. Por isso, a taxa individual a ser considerada no sistema de esgoto deve ser a taxa de consumo efetivo, bem menor que a taxa de distribuição, como se verá posteriormente.

O esgoto industrial, considerado parcela do esgoto sanitário, deve ser quantificado diretamente na medição do efluente da indústria, quando significativamente maior do que se poderia esperar da área urbana ocupada pela indústria. Nesse caso, essa contribuição é considerada como singular ou concentrada em um trecho da rede coletora. Caso contrário, não será singularmente computada, pois já está incluída na taxa *per capita*, como visto anteriormente. Outras contribuições, como de escolas, hospitais ou quartéis, são tratadas igualmente como singulares, quando significativas.

A água de infiltração e a contribuição pluvial parasitária, ambas inevitáveis parcelas do esgoto sanitário, chegam às canalizações: a primeira, por percolação no solo fragilizado pela escavação da vala, otimizada pela superfície externa do tubo, por onde escoa até encontrar uma falha que permita sua penetração. Ocorre principalmente quando o nível do lençol freático está acima da cota de assentamento dos tubos, o que deve ser verificado ao se considerar a respectiva taxa de contribuição. A segunda, por penetração direta nos tampões de poços de visita, ou outras eventuais aberturas, ou ainda pelas áreas internas das edificações, e escoam para a rede coletora, ocorrendo por ocasião das chuvas mais intensas, com expressivo escoamento superficial. Essas contribuições indesejadas e sua importância são mais bem caracterizadas no item 2.2.

2.1.2 Destino

Quanto ao destino, na maioria das vezes, são coleções de água natural – cursos de água, lagos ou mesmo o oceano –, mas também pode ser o solo convenientemente preparado para receber a descarga efluente do sistema. As consequências ecológicas de tal descarga serão expostas e analisadas neste livro, bem como a necessidade de condicionamento prévio do esgoto sanitário lançado. A esse destino final se dá a denominação de corpo receptor.

2.2 Contribuições indevidas para as redes de esgotos[*]

2.2.1 Vazões parasitárias

As redes de esgoto do sistema separador absoluto são projetadas para receber as vazões máximas decorrentes do uso da água nas áreas edificadas, acrescidas de contribuições parasitárias indevidas. Essas contribuições indevidas podem ser originárias do subsolo (terreno) ou podem provir de encaminhamento acidental ou clandestino de águas pluviais. A avaliação das duas parcelas parasitárias é importante, para o perfeito dimensionamento de sistemas, incluindo os órgãos de extravazão.

2.2.2 Infiltrações

As contribuições indevidas provenientes do subsolo são genericamente designadas como infiltrações e incluem:

a) águas que penetram nas tubulações pelas juntas;
b) águas que penetram nas canalizações através de imperfeições das paredes dos condutos;
c) águas que penetram no sistema pelas estruturas de poços de visita, estações elevatórias etc.

As infiltrações, além de dependerem muito dos materiais empregados no sistema e dos cuidados no assentamento dos tubos, dependem também de características relativas ao meio: nível do lençol freático, material do solo, permeabilidade etc. Nas áreas litorâneas, com lençol de água a pequena profundidade e terrenos arenosos, as condições são mais propícias à infiltração. Em contraposição, nas regiões altas com lençol freático mais profundo e em solos argilosos, a infiltração tende a ser menor. A própria vala para assentamento dos tubos, posteriormente reaterrada, altera as características de compacidade e impermeabilidade do solo original e passa a constituir um caminho de menor resistência à percolação de águas infiltradas, que, atingindo o tubo, escoam ao longo de sua superfície externa até encontrar a falha que permite a penetração.

As juntas de tubulações de mau tipo ou de má execução são falhas responsáveis por infiltrações consideráveis, conforme se tem comprovado. Assim, por exemplo, no caso de manilhas cerâmicas, uma investigação feita nos Estados Unidos demonstrou a inconveniência do emprego de juta para a confecção de juntas (Santry Jr., 1964). No Brasil, a adoção de juntas de cimento e areia tem levado a maus resultados.

Segundo o engenheiro Eugênio Macedo, a antiga Companhia City, do Rio de Janeiro, adotava com sucesso a mistura de tabatinga escura com cimento, à razão de 1:1, em peso, para a confecção de juntas. Já a experiên-

---

[*]Adaptado do texto do professor José M. de Azevedo Netto.

cia de São Paulo se apoiava no emprego de um material composto de areia fina e piche (Azevedo Netto, 1976). Mais recentemente, foram adotadas as juntas flexíveis com anel de borracha.

As especificações brasileiras limitam a permeabilidade dos tubos e, com isso, procuram restringir a transudação.

A infiltração através de paredes de poços de visita tem sido atenuada com novos tipos e projetos (estruturas de concreto) e, no caso tradicional de poços de alvenaria de tijolos, por revestimentos impermeabilizantes externos e internos. Alguns dispositivos pré-construídos oferecem melhor resistência à penetração de águas externas.

2.2.3 Importância das ligações prediais

Sabe-se que, nos sistemas de esgoto, a extensão integrada dos coletores prediais é muitas vezes maior do que a extensão total da rede de esgoto. Sabe-se também que, na maioria das vezes, a execução dos coletores prediais não é tão cuidadosa como a construção da rede pública. Além disso, as ligações entre os coletores prediais e os coletores públicos têm sido, com frequência, um ponto fraco das instalações. Admite-se, por isso, que uma grande parte das infiltrações ocorre pelas ligações de esgotos e dos coletores prediais.

2.2.4 Magnitude das infiltrações

Raramente são feitas investigações sobre o problema no Brasil. O engenheiro Saturnino de Brito fez as primeiras medições, em Santos e no Recife, tendo encontrado resultados que variavam de 0,1 a 0,6 litros/seg por km de coletor. Por volta de 1940, o engenheiro Jesus Netto realizou medições de vazão em redes novas com número reduzido de ligações, antes de entrar em uso. Os resultados encontrados foram da ordem de 0,0003 a 0,0007 litros por segundo por metro linear do coletor.

Investigações semelhantes foram repetidas alguns anos depois pelo professor Azevedo Netto em redes recém-executadas no Pacaembu e no Alto do Ipiranga. Os resultados obtidos foram pouco superiores: 0,0005 a 0,0010 L/s · m. Hazen e Sawyer, em 1965, chegaram aos seguintes valores em São Paulo: 4.100 a 23.800 L/dia por hectare (0,00024 a 0,0014 L/s · m).

Na cidade do Rio de Janeiro, o antigo DES (SURSAN) chegou a avaliar as infiltrações em 0,0002 a 0,0004 L/s · m. Os seguintes métodos de investigação e medida das infiltrações têm sido adotados:

a) medição de vazão em redes que ainda não entraram em serviço (com ligações construídas);

b) medição de vazão em rede de uma área bem delimitada, onde simultaneamente é medido o consumo de água;

c) medição de vazões mínimas noturnas em tempo seco (a vazão de infiltração é uma parte dessa vazão medida);

d) medição de vazões na rede em dias em que ocorra falta total e prolongada de água.

Em São Paulo, a SABESP tem realizado pesquisas e medições, apresentadas na Tab. 2.1.

Pode-se considerar como meta a ser atingida nos melhores sistemas o valor de 0,004 L/s por km. A NBR 9649 (ABNT, 1986) admite valores entre 0,05 a 1,0 L/s · km, sendo que o valor adotado deve ser justificado.

Os norte-americanos, de um modo geral, não consideram a questão devidamente estudada e se baseiam em dados relativamente antigos. Esses dados usualmente exprimem as infiltrações nas seguintes unidades:

- galões por dia por acre: (1 gpd por acre é aproximadamente equivalente a 9,5 L/dia por hectare);

- galões por dia por milha: (1 gpd por milha é praticamente equivalente a 2,4 L/dia por km);

- galões por dia por polegada de diâmetro e por milha: (1 gpd por polegada e por milha corresponde a 0,1 L/dia por mm e por km).

A Tab. 2.2 resume os principais resultados norte-americanos.

2.2.5 Águas pluviais parasitárias

A rigor, as águas pluviais não deveriam chegar aos coletores de sistemas separadores absolutos, mas na realidade sempre chegam, não somente devido a defeitos das instalações, mas também devido às ações clandestinas, à falta de fiscalização e à negligência.

O problema não pode ser ignorado e deve-se admitir um nível aceitável de intromissão de águas pluviais e se tomar providências para que esse nível não seja ultrapassado (algo semelhante ao que se passa com os supermercados onde se tolera um nível admissível de roubos). As águas pluviais parasitárias encontram caminho para o sistema coletor por meio de:

a) ligações de canalizações pluviais prediais à rede de esgoto;

b) interligações de galerias de águas pluviais à rede de esgoto;

c) tampões de poços de visitas e outras aberturas;

d) ligações abandonadas.

TABELA 2.1 Taxas de infiltração medidas ou recomendadas

Autores	Locais	Ano	Taxa de infiltração L/s · km	Condições de obtenção dos valores
Saturnino de Brito	Santos e Recife	1911	0,1 a 0,6	Medições
Jesus Neto	São Paulo	1940	0,3 a 0,7	Medições em redes secas
Azevedo Netto	São Paulo	1943	0,4 a 0,9	Medições em redes novas
Greeley & Hansen	São Paulo	1952	0,5 a 1,0 (*)	Medições
DES. SURSAN	Rio de Janeiro	1959	0,2 a 0,4	Medições
Hazen & Sawyer	São Paulo	1965	0,3 a 1,7 (*)	Medições
SANESP/Maxª Veit	São Paulo	1973	0,3	Medições
Dario P. Bruno e Milton T. Tsutiya	Cardoso-SP, Ibiúna-SP, Lucélia-SP e São João da Boa Vista-SP	1983	0,0	Medições em rede seca, com e sem chuva, 100% da rede acima do lençol freático.
Dario P. Bruno e Milton T. Tsutiya	Fernandópolis - SP	1983	0,0	Idem, idem, 93% da rede acima do lençol freático
Dario P. Bruno e Milton T. Tsutiya	Pinhal - SP	1983	0,0	Idem, idem, 80% da rede acima do lençol freático
Dario P. Bruno e Milton T. Tsutiya	Ubatuba - SP	1983	0,0	Idem, idem, 100% da rede acima do lençol freático
Dario P. Bruno e Milton T. Tsutiya	Fernandópolis - SP	1983	0,1	Idem, idem, 100% da rede acima do lençol freático
Dario P. Bruno e Milton T. Tsutiya	Cardoso - SP	1983	0,025	Medições em rede em operação a algum tempo.
Dario P. Bruno e Milton T. Tsutiya	Fernandópolis - SP	1983	0,159	Idem, idem
Dario P. Bruno e Milton T. Tsutiya	Lucélia - SP	1983	0,017	Idem, idem
Dario P. Bruno e Milton T. Tsutiya	Pinhal	1983	0,125	Idem, idem
SABESP	Estado de São Paulo	1984	0,05 a 0,5	Recomendações para projetos
NB-567	Brasil	1985	0,05 a 1,0	Recomendações para projeto. O valor adotado deve ser justificado.
T. Merriman	EUA	1941	0,03 a 1,4	Medições
E. W. Steel	EUA	1960	0,40 a 1,37	Recomendações para projetos
I. W. Santry	Dallas, Texas - EUA	1964	0,2 a 1,4	Medições
WPCF	EUA	1969	0,27 a 1,09	Recomendações para projetos
Metcalf e Eddy	EUA	1981	0,15 a 0,60 (*)	Recomendações para projetos

(*) Valores obtidos para 160 m de rede por hectare. Dados originais em função de área esgotada.
Fonte: Azevedo Netto *et al.*, (1998) (apud dados coligidos por M. Tsutiya e Pedro Além Sobrinho)

TABELA 2.2 Valores das infiltrações em redes de esgotos sanitários (dados norte-americanos)					
Autor	Local	Ano	Dados Originais	L/s · km
I. W. Santry	Dallas	1964	13.300 a 55.200 gpd milha	0,3 a 1,4
T. Merriman	USA	1941	1.000 a 50.000 gpd milha	0,03 a 1,4
G. M. Fair e J. C. Geyer	USA	1954	5.000 a 50.000 gpd milha	0,1 a 2,7

As ligações de águas pluviais às redes de esgoto ocorrem com alguma frequência em imóveis residenciais por iniciativa inescrupulosa de construtores, encanadores ou curiosos, sobretudo quando essas ligações trazem maiores facilidades ou maior economia para as suas empreitadas. Por essas ligações, são encaminhadas para o coletor sanitário as águas de chuva colhidas em telhados, terraços, pátios, porões e quintais, inclusive de águas subterrâneas que surgem nos lotes urbanos.

A antiga Repartição de Água e Esgoto de São Paulo (1863-1954) mantinha um serviço especial de controle de ligações clandestinas, com uma equipe bem preparada. Além disso, na época, era regulamentar a fiscalização das instalações prediais, assim como era obrigatória a inspeção do coletor predial antes de sua utilização. Essa prática não mais ocorre.

Pela falta de fiscalização ou de controle, podemos esperar contribuições indevidas decorrentes do abuso não cerceado ou punido.

2.2.6 Magnitude das águas pluviais parasitárias: dados nacionais

Do que já se expôs, depreende-se que a magnitude dessas contribuições indevidas depende essencialmente da política, das atitudes e iniciativas das empresas de saneamento.

A avaliação das vazões devidas à intromissão de águas pluviais no sistema pode ser feita comparando-se hidrogramas obtidos em dias próximos, um em tempo seco e outro em tempo chuvoso.

Em São Paulo, foram feitas determinações na Estação de Tratamento de Esgoto João Pedro de Jesus Netto (Ipiranga) e nos Jardins. Os resultados obtidos mostraram acréscimos de vazão da ordem de 30% sobre os caudais máximos em tempo seco.

No antigo emissário de São Paulo, em Vila Leopoldina, foram feitas medições em várias ocasiões, podendo-se mencionar as seguintes. (Na ocasião, cerca de 5% do sistema de esgoto de São Paulo era do tipo separador parcial). Vejamos:

1952 – estudos a cargo da empresa Greeley & Hansen: 32% de aumento sobre as vazões máximas;

1965 – estudos a cargo da empresa Hazen & Sawyer mostraram que a vazão nos períodos chuvosos aumentava 35% no grande emissário de São Paulo.

No Rio de Janeiro, o antigo DES (SURSAN) realizou medições no coletor da Bacia da Rainha Elizabeth, tendo encontrado apenas um valor excedente a 6 L/s por km em horas diurnas (Paes Leme, 1977).

Convém observar que essa medição foi realizada em uma pequena área de Copacabana (região litorânea), onde são frequentes as contribuições pluviais para a rede coletora sanitária.

Esse valor, 6 L/s por km foi, contudo, incluído na norma brasileira NBR 12207 (ABNT, 1989), com a seguinte redação: "A contribuição pluvial parasitária deve ser determinada com base em medições locais. Inexistindo tais medições, pode ser adotada uma taxa cujo valor deve ser justificado e que não deve superar 6 L/s · km de coletor contribuinte ao trecho em estudo".

Entretanto, quando se considera uma área muito extensa, não se pode considerar um acréscimo grande e generalizado incidindo sobre toda a extensão de coletores e, portanto, sobre toda a área. Numa cidade grande, a intensidade de chuva é variável e não apresenta características de simultaneidade.

Além disso, qualquer valor básico a ser considerado, ou qualquer acréscimo percentual sobre a vazão máxima em tempo seco (20, 25 ou 30%), dependerá da atuação da empresa em relação ao mau uso do sistema coletor.

Outra consideração que pode ser feita diz respeito à probabilidade da ocorrência de uma grande contribuição parasitária pluvial simultaneamente com a vazão máxima sanitária.

Os condutos são projetados para a vazão máxima, com ocupação parcial da seção, havendo sempre uma folga; as vazões próximas da máxima sanitária ocorrem apenas durante cerca de quatro horas; uma chuva intensa de uma hora coincidirá com esse período de vazões altas numa certa porcentagem do tempo. A ideia consiste em se fixar um limite adicional de vazão, de maneira a se ocupar plenamente a seção do conduto e de se admitir a possibilidade de extravasão numa certa porcentagem insignificante do tempo.

2.2.7 A experiência norte-americana

Nos Estados Unidos, ainda há um grande número de sistemas de esgoto do tipo unitário, existindo normas federais e leis estaduais que obrigam à conversão progressiva ao sistema separador absoluto, como exigência imposta pelo controle efetivo da poluição.

Na cidade de Nova York, os parâmetros adotados em projetos dos sistemas existentes foram os que veremos a seguir.

- esgoto doméstico:
  100 galões/*per capita* por dia (380 L/hab · dia);
- infiltrações:
  70 galões/*per capita* por dia (265 L/hab · dia);
- água pluvial:
  30 galões/*per capita* por dia (115 L/hab · dia);
- contribuição máxima horária:
  100 × 3 = 300 galões/*per capita* por dia
  (1.150 L/hab · dia);
- contribuição para projeto:
  400 (70+30+300) galões/ *per capita* por dia
  (1.515 L/hab · dia).

Nos Estados Unidos, de um modo geral, consideravam-se razoáveis as seguintes previsões (G.M. Fair):

- esgoto doméstico:
  70 galões/*per capita* por dia (265 L/hab · dia);
- infiltrações:
  33 galões/*per capita* por dia (125 L/hab · dia);
- água pluvial:
  30 galões/*per capita* por dia (115 L/hab · dia);
- contribuição máxima horária:
  210 galões/*per capita* por dia (800 L/hab. dia);
- contribuição para projeto:
  273 galões/*per capita* por dia (1.030 L/hab.dia).

Uma pesquisa interessante, realizada na América do Norte, consistiu em se verificar qual a quantidade de água que pode entrar pelos tampões dos poços de visita, quando estes ficam completamente imersos em uma via pública, com pequena altura de água (Rawn, s/d). Constatou-se que as vazões chegam a variar entre 20 e 70 gpm por PV (poço de visita) (aproximadamente 1,2 a 4,4 L/s por PV ou cerca de 12 a 44 L/s · km). É importante observar que o tipo de tampão utilizado exerce uma grande influência sobre a quantidade de água que pode penetrar, e que nos Estados Unidos são comuns os tampões com furos.

A Tab. 2.3 resume as principais indicações sobre esse tipo de vazão parasitária, no Brasil e nos Estados Unidos.

A norma brasileira NBR 12207 (ABNT, 1989) recomenda o acréscimo da contribuição pluvial parasitária apenas na análise de funcionamento dos interceptores e no dimensionamento de seus extravasores.

2.2.8 Influência das contribuições indevidas

As vazões parasitárias influem sobre todas as partes do sistema de esgotos e mais destacadamente sobre os interceptores e emissários, onde a folga de projeto geralmente é menor.

Não é fora de propósito mencionar que os coeficientes de reforço k_1 e k_2, relativos à variação de contribuição doméstica, não incidem sobre as vazões parasitárias.

2.2.9 A necessidade de pesquisa

O exame de arquivos técnicos, relatórios de engenharia, memoriais de projeto e até mesmo de toda a literatura técnica conhecida revela que a questão das contribuições parasitárias ainda não foi suficientemente

TABELA 2.3 Contribuições pluviais parasitárias

Fonte	Local	Ano	Dados originais	L/s · km
DES, SURSAN	Rio	1959	6,0 L/s · km	6,0
Greeley & Hansen	São Paulo	1952	32% sobre vazão máxima tempo seco	3,9 (*)
Hazen & Sawyer	São Paulo	1965	35% sobre vazão máxima tempo seco	4,1 (*)
G. M. Fair	USA	1945	15% sobre vazão máxima tempo seco	3,6 (*)
G. M. Fair e G. C. Geyer	USA	1959	30 g/hab · dia	3,4 (*)
C. Nova Iorque	USA	1945	12% sobre vazão máxima tempo seco	4,2 (*)
NBR-12207	Brasil	1989	até 6,0 L/s · km	até 6,0

(*) Média de 2,6 hab/m de tubulação

analisada. Talvez porque ela seja considerada o patinho feio (que não deveria existir ou que precisa ser escondido), ou então porque esse assunto encerra dificuldades. O fato é que se deve reconhecer a importância do assunto e a utilidade do seu conhecimento até mesmo para uma avaliação da qualidade de serviço.

Não se pode deixar de reconhecer a conveniência de ampliar e melhorar, nos serviços bem conduzidos, as atividades de vigilância e de correção de abusos.

Esta exposição sumária não seria completa, sem uma menção às palavras judiciosas de um grande especialista: "Every effort should be made to prohibit illicit connections to sanitary sewers and to require construction and yard – granding techniques that will prevent surface water entry into basements, manholes or sewer connections" (Bevan e Rees, 1949), que poderia ser traduzida como: "Todo esforço deveria ser feito para coibir ligações clandestinas às redes de esgoto e para exigir técnicas e padrões construtivos que evitem a entrada do escoamento superficial nas tubulações, poços de visita e ligações do sistema de esgoto".

2.3 Características físicas do esgoto

Fluidos são substâncias nas quais a ação de forças externas, de mínima grandeza, provoca o movimento de suas partículas, umas em relação às outras. Podem ser líquidos ou gases. Os líquidos, quando colocados em recipientes de capacidade maior que o seu volume, apresentam uma superfície livre, ao passo que os gases ocupam toda a capacidade disponível no recipiente.

A forma como um líquido reage às solicitações de forças externas depende intrinsecamente de suas propriedades físicas, obviamente dependentes de sua composição química, ou seja, de sua estrutura molecular e de sua energia interna.

O esgoto é um líquido cuja composição (vide também o item 7.1), quando não contém resíduos industriais, é de aproximadamente:

- 99,87% de água;
- 0,04% de sólidos sedimentáveis;
- 0,02% de sólidos não sedimentáveis; e
- 0,07% de substâncias dissolvidas.

Dada a forte prevalência da água na composição do esgoto, admite-se que suas propriedades físicas são as mesmas da água e, portanto, suas reações à ação de forças externas também são as mesmas. Daí que o escoamento de esgoto, em tubulações e canais, é tratado como se fosse de água.

2.3.1 Massa específica (ou densidade absoluta)

É a relação entre a massa e o volume de um corpo, representada pela letra "ρ" (rô). No Sistema Internacional de Unidades (SI) é medida em kg/m³ (massa/volume).

2.3.2 Densidade relativa

É a relação entre a massa específica de um corpo e a da água (assumida como base). A densidade relativa da água é, portanto, igual à unidade. Trata-se de um número adimensional representado pela letra grega "δ" (delta). A densidade relativa do mercúrio, por exemplo, é 13,6. Em outras palavras, o mercúrio tem massa 13,6 vezes maior do que a água para o mesmo volume.

2.3.3 Peso específico

É a relação entre o peso de um corpo e o seu volume, ou o produto da massa específica pela aceleração da gravidade (g). É representado pela letra grega "γ" (gama) e no SI medida em N/m³. Na prática, admite-se que a densidade da água é igual a 1, sua massa específica igual a 1 kg/L e o peso específico igual a 9,8 N/L (1 kgf/L), ou:

$$\gamma = \rho \cdot \mathbf{g} \qquad (2.1)$$

Na Tab. 2.4 pode-se ver a variação da massa específica da água com a temperatura. Voltando ao exemplo do mercúrio, num mesmo local e para o mesmo volume, ele é 13,6 vezes mais pesado que a água.

TABELA 2.4 Variação da massa específica da água com a temperatura	
Temperatura (°C)	ρ (kg/m³)
0	999,87
4	1.000,00
10	999,73
20	998,23
30	995,67
40	992,24
60	983
80	972
100	958

Fonte: Azevedo Netto et al. (1998).

TABELA 2.5 Variação de "ε" da água com a temperatura (1 MPa = 100 m.c.a)	
Temperatura (°C)	Módulo de elasticidade de volume da água "ε" (em MPa)
0	1.950
10	2.029
20	2.107
30	2.146

Fonte: Azevedo Netto *et al.*, 1998.

2.3.4 Compressibilidade/elasticidade

É a propriedade de os corpos reduzirem o volume sob a ação de um aumento da pressão externa, havendo proporcionalidade entre a variação da pressão e a variação do volume; o coeficiente dessa proporcionalidade é chamado módulo de elasticidade de volume, representado pela letra grega "ε" (epsilon). Assim, tem-se:

$$\epsilon = -V\frac{dp}{dV} \quad (2.2)$$

onde: V = volume inicial;
dp = variação de pressão;
dV = variação de volume;
sinal (−) significa que há diminuição de volume sob acréscimo de pressão.

O módulo de elasticidade de volume tem dimensão de pressão, conforme indica a equação 2.2. Para os líquidos, ele varia pouco com a pressão atmosférica, mas varia consideravelmente com a temperatura. Em termos práticos, o módulo de elasticidade de volume representa a resistência do corpo à redução de seu volume sob a ação de pressões externas. Essa resistência cresce com o acréscimo da pressão aplicada. Na prática, a compressibilidade da água só é considerada na solução de problemas de golpe de aríete, quando as pressões ocorrentes são, na maioria das vezes, muito maiores do que as pressões que normalmente ocorrem nas tubulações dos sistemas de distribuição de água, para as quais a água é considerada praticamente incompressível.

2.3.5 Viscosidade

É a propriedade de os fluidos resistirem a esforços externos tangenciais, ou seja, às chamadas forças de cisalhamento. No caso dos líquidos, essa resistência é devida principalmente às forças de coesão entre suas partículas, as quais se manifestam quando há tendência de afastamento causada por algum gradiente de velocidade. Em outras palavras, havendo movimento do líquido, haverá diferenças de velocidade entre suas partículas,

TABELA 2.6 Variação de "μ" da água com a temperatura (sob pressão de 1 atmosfera)	
Temperatura (°C)	"μ" (Pa · s × 10⁻³)
0	1,791
4	1,566
10	1,308
15	1,144
20	1,007
30	0,799
50	0,549
60	0,469
70	0,407
80	0,357
90	0,317
100	0,284

Fonte: Azevedo Netto *et al.*, 1998.

devidas à resistência à deformação, representada pela coesão, como se houvesse um atrito entre as camadas do líquido. A tensão tangencial, assim originada, é proporcional ao gradiente de velocidade dv/dy (movimento relativo entre camadas adjacentes).

$$\tau = \mu \cdot dv/dy \quad (2.3)$$

(equação de viscosidade de Newton)

onde: τ = tensão tangencial responsável pelo movimento do líquido;
μ = coeficiente de viscosidade dinâmica do líquido. No sistema internacional seu dimensional é $(ML^{-1}T^{-1})$ e sua unidade é (Pa · s).

- Coeficiente de viscosidade dinâmica "μ" ou simplesmente, coeficiente de viscosidade, varia pouco com a pressão e sensivelmente com a temperatura.

A viscosidade é também chamada de atrito interno e, juntamente com o atrito externo devido à adesão nas superfícies externas, é responsável pelo aparecimento das perdas de carga no escoamento.

Os fluidos que seguem o comportamento expresso pela equação 2.3, com o coeficiente μ constante para cada temperatura, são chamados de "fluidos newtonianos", que é o caso da água e do esgoto. No tratamento do esgoto sanitário, ressalte-se o caso do "lodo primário" que, retirado dos decantadores primários e adensado, é mais viscoso, tratando-se de um "fluido não newtoniano", do tipo "tixotrópico", cuja viscosidade diminui a partir

Características físicas do esgoto

TABELA 2.7 Variação de "v" da água com a temperatura (sob pressão de 1 atmosfera)

Temperatura (°C)	"v" (m²/s × 10⁻⁶)
0	1,792
4	1,567
10	1,308
15	1,146
20	1,009
30	0,802
50	0,556
60	0,478
70	0,416
80	0,367
90	0,328
100	0,296

Fonte: Azevedo Netto et al., 1998.

de um certo estágio de agitação. As suas perdas de carga são sensivelmente maiores que as do esgoto (cerca de cinco vezes).

A relação entre o coeficiente de viscosidade e a massa específica "ρ" é chamada de "coeficiente de viscosidade cinemática", representado pela letra grega "v" (ipsilone), cujo dimensional é ($L^2 \cdot T^{-1}$) e unidades em (m²/s).

2.3.6 Coesão, adesão e tensão superficial

São todas propriedades devidas à atração molecular, principalmente nos líquidos, seja em relação às suas próprias partículas (coesão e tensão superficial), ou em relação às moléculas de um sólido em contato com esse líquido (adesão).

Os efeitos mais comumente observados são:

- no caso da coesão, a formação de gotas, ou a ocupação de apenas uma parte do recipiente;
- no caso da tensão superficial, a formação de película elástica em contato com a atmosfera, tornando mínima essa interface;
- no caso da adesão, a elevação do líquido em tubos de pequeno diâmetro, fenômeno esse denominado "capilaridade"; no caso de líquidos de alta coesão, como o mercúrio, a capilaridade é inversa, havendo rebaixamento. Também a adesão da água pode ser positiva ou negativa, dependendo da natureza do sólido em contato, conforme a água molhe ou não a superfície desse sólido (sólidos hidrófilos são molhados pela água, e sólidos hidrófobos não são molhados pela água).

2.3.7 Solubilidade de gases nos líquidos

É a propriedade segundo a qual os líquidos admitem a solução de certa quantidade de um gás, sendo essa quantidade diretamente proporcional à pressão e inversamente proporcional à temperatura. Assim, para as mesmas condições de pressão e temperatura, a quantidade de gás dissolvido é constante, e define-se como "coeficiente de solubilidade" a relação: massa de gás dissolvido/volume de líquido solvente. No caso particular da água e dos gases presentes na atmosfera tem-se os valores apresentados na Tab. 2.8.

São duas as leis que governam a solubilidade dos gases nos líquidos:

Lei de Henry

A massa de um gás dissolvido num líquido, sob temperatura constante, é diretamente proporcional à pressão que esse gás exerce sobre o líquido. (No caso dos gases presentes no ar atmosférico, agindo sobre as águas superficiais, é a pressão atmosférica local).

Lei de Dalton

Numa mistura de gases (como é o caso do ar atmosférico), cada um exerce pressão independentemente sobre o líquido e essa pressão parcial é proporcional à participação de cada gás na mistura. (% em volume).

TABELA 2.8 Coeficientes de solubilidade de gases na água (mg/L) sob pressão de 1 atmosfera

Gás ou mistura	Temperatura 0 °C	Temperatura 10 °C	Temperatura 20 °C	Temperatura 30 °C
Ar atmosférico	37,2	28,1	22,5	18,7
Oxigênio molecular, O_2	70,4	52,8	43,8	34,3
Nitrogênio molecular, N_2	28,8	22,3	18,0	15,3
Gás carbônico, CO_2	3.380,7	2.263,4	1.612,0	1.181,0

Fonte: Adaptado de Garcez, 1960.

TABELA 2.9 Participação percentual dos gases componentes do ar atmosférico

Gás	(% em volume)
Nitrogênio, N_2	78,08
Oxigênio, O_2	20,95
Argônio, Ar	0,93
Gás carbônico, CO_2	0,03
Outros	0,01

Fonte: Reichardt (1985)

TABELA 2.10 Tensões de vapor da água "p_V" a várias temperaturas "T_V"

T_V (°C)	p_V (Kgf/cm²)	p_V 10³ Pa
1	0,00669	0,6563
3	0,00772	0,7573
5	0,00889	0,8721
10	0,01251	1,2272
15	0,01737	1,7040
20	0,02383	2,3377
25	0,03229	3,1676
30	0,04580	4,4930
35	0,05733	5,6241
40	0,07520	7,3771
45	0,09771	9,5854
50	0,1258	12,3410
55	0,1605	15,7451
60	0,2031	19,9241
65	0,2550	25,5016
70	0,3178	31,1762
75	0,3931	38,5631
80	0,4829	47,3725
85	0,5894	57,8201
90	0,7149	70,1317
95	0,8619	84,5524
100	1,0332	101,3570

Fonte: Adaptado de Azevedo Netto et al., (1998)

No caso do ar atmosférico, a participação percentual dos principais gases componente é apresentada na Tab. 2.9.

Então, a pressão parcial de cada gás é expressa pela equação 2.5.

$$p_{gás} = p_{atm} \times \% \text{ gás na mistura} \quad (2.5)$$

Assim, a concentração de gás dissolvido no líquido, em condições de equilíbrio, depende da pressão parcial e do coeficiente de solubilidade "α" (alfa) desse gás, conforme equação 2.6.

$$C_e = p_{gás} \times \alpha \quad (2.6)$$

onde C_e = concentração de equilíbrio.

Observação: sobre solubilidade de gases nos líquidos, ver também item 7.3 do Capítulo 7.

2.3.8 Tensão de vapor

É a propriedade dos líquidos de entrarem em ebulição segundo condições específicas de pressão e temperatura.

Assim, a temperatura em que um líquido entra em ebulição depende da pressão a que esse líquido está submetido; quanto menor a pressão, tanto menor será a temperatura de ebulição, sendo essa temperatura chamada de "temperatura de saturação de vapor" (T_V) e a pressão respectiva chamada de "pressão de saturação de vapor" (p_V) ou simplesmente de "tensão de vapor". Na análise do fenômeno da cavitação em bombas centrífugas, essa propriedade é de fundamental importância.

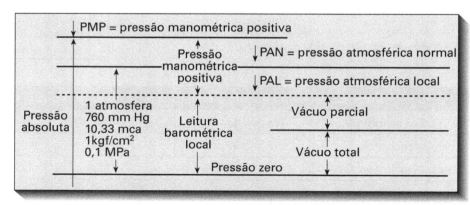

Figura 2.1 Diagrama de Pressões absolutas e relativas. Fonte: Adaptado de Azevedo Netto et al., 1998.

Escoamento livre

2.3.9 Princípios, leis e equações básicas

Princípio de Arquimedes: um corpo imerso em um fluido sofre uma força de baixo para cima, denominada empuxo, igual ao peso do volume de fluido deslocado.

Lei de Pascal: em qualquer ponto, no interior de um líquido em equilíbrio, a pressão exercida é igual em todas as direções.

Lei de Stevin: a diferença de pressões entre dois pontos, no interior de um líquido em equilíbrio, é igual à diferença de profundidades multiplicada pelo peso específico do líquido.

Equação da continuidade: o volume de um líquido incompressível, que num tempo determinado passa por uma seção, em movimento permanente e uniforme, é constante e igual ao produto da área de escoamento pela velocidade do líquido.

$$\boxed{Q = A \cdot v} \qquad (2.7)$$

onde: Q = vazão;
A = área de escoamento;
v = velocidade média.

Equação de Bernoulli: em qualquer ponto de uma linha de corrente de um líquido perfeito, em movimento permanente e uniforme, a soma das alturas cinética ($v^2/2g$), piezométrica (p/γ) e geométrica (Z) é constante.

$$\boxed{Z + \frac{p}{\gamma} + \frac{v^2}{2 \cdot g} = \text{constante}} \qquad (2.8)$$

Entre dois pontos da mesma linha de corrente, considerados a viscosidade real do líquido e o seu atrito externo com a tubulação, há diferença entre as cargas totais nesses pontos que é chamada de perda de carga do escoamento "h_f".

$$\boxed{Z_1 + \frac{p_1}{\gamma} + \frac{v_1^2}{2 \cdot g} = Z_2 + \frac{p_2}{\gamma} + \frac{v_2^2}{2 \cdot g} + h_f} \qquad (2.9)$$

2.4 Escoamento Livre

2.4.1 Canais e condutos

Em contraposição ao escoamento forçado, que se processa a seção plena, em condutos fechados e sob pressão geralmente maior que a atmosférica, o escoamento livre se processa em seções parciais de condutos fechados, ou em canais abertos e sob pressão atmosférica, apresentando, portanto, uma superfície livre do contato com as paredes do conduto. Exemplos de canais abertos são os cursos de água naturais, as calhas dos telhados e as sarjetas das ruas, onde escoam as águas pluviais. Condutos fechados com escoamento livre são, por exemplo, os coletores de esgoto, os condutores e as galerias de águas pluviais.

No caso de escoamento do esgoto sanitário, são utilizados quase que exclusivamente condutos fechados de seção circular. Outras seções transversais são raras (túneis) e os canais abertos estão presentes apenas em estações elevatórias e estações de tratamento.

2.4.2 Escoamento permanente e uniforme

O escoamento livre se processa sob diversas condições de vazão e de velocidade, podendo ser assim classificado:

- Permanente: quando a vazão é constante ao longo do fluxo, isto é, no sentido longitudinal do conduto. Para isso, basta que a forma geométrica do conduto e sua rugosidade sejam únicas. Pode haver variação da velocidade decorrente da variação da declividade, com a consequente alteração da profundidade e da seção de escoamento do líquido, mas numa determinada seção a velocidade é constante.

- Não permanente: quando ocorre variação da vazão.

- Variado: quando há variação da velocidade, podendo ser acelerado ou retardado.

- Uniforme: quando, além da forma geométrica e da rugosidade, também a declividade é única e a velocidade é constante ao longo do conduto. Nesse caso, a seção de escoamento e a profundidade do líquido não se alteram. Resulta daí que a linha de água longitudinal na superfície é paralela ao fundo do conduto.

No caso de escoamento permanente e uniforme admite-se que, numa seção transversal qualquer, a distribuição das pressões é hidrostática, isto é, obedece à lei de Stevin. Portanto, a linha de água transversal na superfície do líquido é horizontal (Fig. 2.2). A Fig. 2.2 mostra ainda um acréscimo de energia ($v^2/2g$) animando o escoamento, além daquela ($z + y$) oriunda da força de gravidade (carga potencial); esse acréscimo é resultante da própria velocidade do movimento (carga cinética) que, por efeito da inércia do sistema em movimento, contribui para a sua manutenção; daí que a carga total H_T relativa a um plano de referência é:

$$\boxed{H_T = Z + y + \frac{v^2}{2g} \qquad \left\{ \begin{array}{l} \text{vide equação} \\ \text{de Bernoulli} \end{array} \right\}}$$

Se a referência for o próprio fundo do conduto, a carga passa a se chamar carga específica H_e e é expressa por:

$$H_e = y + \frac{v^2}{2g}$$

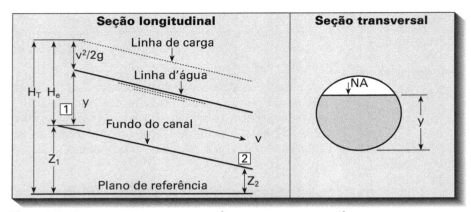

Figura 2.2 Esquema para o escoamento livre, permanente e uniforme.

No caso de escoamento permanente e uniforme, a carga específica He é constante e a diferença da carga total ΔH_T, entre duas seções 1 e 2, é dada pela diferença relativa à parcela Z da carga potencial,

$\Delta H_T = Z_1 - Z_2$ = perda de carga entre 1 e 2.

Considerada a distância L entre essas secções tem-se:

$$\frac{\Delta H_T}{L} = \frac{Z_1 - Z_2}{L}$$

Como $\frac{\Delta H_T}{L} = J$ perda de carga unitária e $\frac{Z_1 - Z_2}{L} = I$ declividade, então:

$$J = I$$

Ou, explicitando, a perda de carga unitária no escoamento livre (permanente e uniforme) é igual à declividade do conduto.

Na natureza não existe o escoamento permanente e uniforme. Mesmo no caso de condutos artificiais com rugosidade, forma geométrica e declividade constantes, como é o caso dos coletores de esgoto sanitário, qualquer variação das condições idealizadas provoca alterações no fluxo, resultando remansos e ressaltos localizados, onde o escoamento se afasta da uniformidade. Mas, considerando a longa extensão desses condutos, despreza-se tais desuniformidades, com o único objetivo de descartar incógnitas e evitar a indeterminação de soluções, dadas as poucas equações disponíveis – apenas a equação da continuidade e a equação do escoamento.

2.4.3 Elementos geométricos da seção circular

A seguir apresentamos os elementos geométricos que intervêm nos cálculos de dimensionamento dos condutos (Fig. 2.3).

A área molhada A_m é a área da seção útil de escoamento, ou seja, a área que corresponde à lâmina líquida na seção transversal do conduto. O perímetro molhado P_m é a parte do perímetro total do conduto em contato com a lâmina líquida. Por definição a relação A_m/P_m é chamada de raio hidráulico. Também por definição, o diâmetro hidráulico é 4 vezes o valor do raio hidráulico, ou seja: $D_H = 4 \cdot R_H$.

Quando o escoamento se processa à seção plena,

$$A_m = \frac{\pi D^2}{4} \qquad P_m = \pi D \qquad R_H = \frac{D}{4} \qquad D_H = D$$

Os outros parâmetros que intervêm no dimensionamento dos condutos são a vazão Q e a velocidade v, que, conforme a equação da continuidade, mantêm entre si a relação:

$$Q = A_m \cdot v$$

2.4.4 Equações do regime de escoamento livre

Para que o escoamento se realize, é necessário que a força que anima o movimento iguale a força de resistência resultante dos atritos.

A força que anima o movimento é a componente tangencial do peso de um certo volume V de líquido, contido num trecho de comprimento L (ver Fig. 2.4). Sendo F esse peso, α (alfa) o ângulo de inclinação do conduto e T a componente tangencial do peso F, tem-se:

$$F = \gamma \cdot V \quad \text{ou} \quad F = \gamma \cdot A_m \cdot L$$

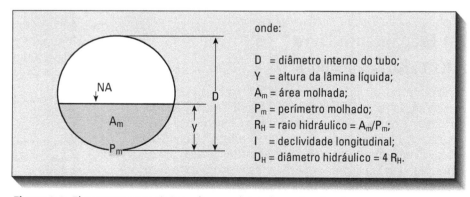

onde:

D = diâmetro interno do tubo;
Y = altura da lâmina líquida;
A_m = área molhada;
P_m = perímetro molhado;
R_H = raio hidráulico = A_m/P_m;
I = declividade longitudinal;
D_H = diâmetro hidráulico = $4 R_H$.

Figura 2.3 Elementos geométricos dos condutos de seção circular.

Escoamento livre

e sendo

$$T = F \cdot \text{sen } \alpha$$

$$\boxed{T = \gamma \cdot A_m \cdot L \cdot \text{sen } \alpha} \qquad (2.10)$$

onde: A_m = área molhada.

A força de resistência ao escoamento (atrito interno), é proporcional a γ, peso específico do líquido, à área de contato do líquido com o tubo (atrito externo) e é também uma função da velocidade média $\phi(v)$. Sendo R essa força pode-se escrever,

$$\boxed{R = \gamma \cdot P_m \cdot L \cdot \phi(v)} \qquad (2.11)$$

onde: P_m = perímetro molhado.

Igualando-se 2.10 e 2.11 tem-se,

$$\gamma \cdot A_m \cdot L \cdot \text{sen } \alpha = \gamma \cdot P_m \cdot L \cdot \phi(v)$$

resultando que

$$\phi(v) = \alpha(v) = \frac{A_m}{P_m} = \text{sen } \alpha = R_H \cdot \text{sen } \alpha$$

Como a inclinação α dos condutos é pequena, sen $\alpha \cong$ tg $\alpha = I$ (declividade) e então:

$$\boxed{\phi(v) = R_H \cdot I} \qquad (2.12)$$

que é a "equação geral do escoamento livre".

A primeira expressão, relacionando essas grandezas, foi proposta por Chezy, em 1775, sob a forma que ficou conhecida como equação de Chezy,

$$\boxed{v = C(R_H \cdot I)^{1/2}} \qquad (2.13)$$

Do confronto da equação 2.13 com a fórmula universal (escoamento forçado), resulta a expressão:

$$C = \frac{(8g)^{1/2}}{f}$$

onde: f = coeficiente de atrito, na fórmula universal, mostrando que a equação de Chezy tem caráter tão geral quanto a Fórmula Universal, dada à compatibilidade entre elas. Mostra ainda que o coeficiente C tem dimensões ($L^{1/2} \, T^{-1}$), ao contrário do coeficiente de atrito f que é adimensional.

Do uso dessa equação fundamental, o coeficiente C vem sendo obtido de forma empírica, por inúmeras experiências conduzidas por pesquisadores, entre os quais sobressai o proposto por Manning:

$$\boxed{C = \frac{1}{n} \cdot (R_H)^{1/6}}$$

Sua aplicação à equação de Chezy resulta na equação de Manning:

$$\boxed{v = (1/n) \cdot (R_H)^{2/3} \cdot I^{1/2}} \qquad (2.14)$$

que associada à equação de continuidade resulta:

$$\boxed{Q = (A_m/n) \cdot (R_H)^{2/3} \cdot I^{1/2}} \qquad (2.15)$$

Essa equação tem sido experimentada e provada em canais de dimensões as mais variadas e de materiais diversos, sempre com resultados de obra satisfatoriamente compatíveis com as propostas do projeto.

O coeficiente de rugosidade n, pesquisado e proposto por Kutter, foi adotado por Manning, dada sua aplicabilidade a diversos materiais de construção dos canais. Embora seja um dimensional ($L^{-1/3} \cdot T$), a sua variação é relativamente pequena (como pode ser visto na Tab. 2.11), o que dá consistência à fórmula de Manning.

Outras expressões como a de Ganguillet-Kutter e a de Bazin foram utilizadas por um largo tempo, mas a simplicidade e a eficácia da equação de Manning tornaram-na preferida nos cálculos de condutos com escoamento livre.

2.4.5 Problemas hidráulicos

No escoamento livre, com aplicação das equações de Manning e da continuidade, quais sejam:

$$v = 1/n \cdot (R_H)^{2/3} \cdot I^{1/2} \text{ e } Q = A_m \cdot v,$$

são seis as grandezas envolvidas. Então, sempre que quatro delas são dadas, os problemas se resolvem pela simples

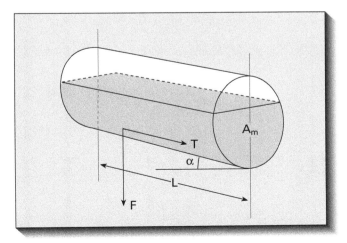

Figura 2.4 Corte esquemático de um trecho de conduto sob escoamento livre

TABELA 2.11 Valores do coeficiente de atrito de Kutter "n" (utilizados na Fórmula de Manning)

N.º	Natureza das paredes	n
01	Canais de chapas, com rebites embutidos, juntas perfeitas, conduzindo água limpa. Tubos de cimento e de ferro fundido em perfeitas condições	0,011
02	Canais de cimento muito liso, de dimensões limitadas, de madeira aplainada e lixada, em ambos os casos; com trechos retilíneos compridos e curvas de grande raio e água limpa; tubos de ferro fundido usados	0,012
03	Canais com reboco de cimento liso, com curvas de raio limitado e águas não completamente limpas: construídos com madeira lisa, mas com curvas de raio moderado	0,013(*)
04	Canais com paredes de cimento não completamente liso ou de madeira, como o de n. 02, porém com traçado tortuoso e curvas de pequeno raio e juntas imperfeitas	0,014
05	Canais com paredes de cimento não completamente lisas, com curvas estreitas e com detritos: construídos de madeira não aplainada ou de chapas rebitadas	0,015
06	Canais com reboco de cimento não muito alisado e pequenos depósitos no fundo; revestidos de madeira não aplainada, ou de alvenaria construída com esmero, ou de terra sem vegetação	0,016
07	Canais com reboco de cimento incompleto, juntas irregulares, andamento turtuoso e depósitos no fundo; ou de alvenaria revestindo taludes não bem perfilados	0,017
08	Canais com reboco de cimento rugoso, depósito no fundo, musgo nas paredes e traçado tortuoso	0,018
09	Canais de alvenaria em más condições de manutenção e fundo com barro, ou de alvenaria, ou de pedregulhos; ou de terra bem construídos, sem vegetação e com curvas de grande raio	0,020
10	Canais de chapas rebitadas e juntas irregulares: ou de terra, bem construídos, mas com pequenos depósitos no fundo e com vegetação rasteira nos taludes	0,022
11	Canais de terra, com vegetação rasteira no fundo e nos taludes	0,025
12	Canais de terra, com vegetação normal, fundo com cascalhos ou irregular por causa de erosões; revestidos com pedregulhos e vegetação	0,030
13	Álveos naturais, cobertos de cascalho e vegetação	0,035
14	Álveos naturais, andamento tortuoso	0,040

(*) Nos projetos de redes de esgotos sanitários, adota-se o valor n = 0,013. Fonte: Azevedo Netto *et al.*, (1998).

aplicação das equações. Problemas desse tipo, comuns na prática da engenharia, são os relativos à determinação da vazão ou da declividade de um canal conhecido.

Já outros problemas encontrados na prática, que envolvem o dimensionamento geométrico dos canais, em geral são indeterminados e requerem soluções mais trabalhadas, mas que podem ser abreviadas como se verá a seguir.

2.4.6 Método dos parâmetros adimensionais

O método, a seguir descrito, foi desenvolvido pelos professores Acácio Eiji Ito e Ariovaldo Nuvolari, da Faculdade de Tecnologia de São Paulo. Baseia-se nas relações trigonométricas da seção circular (vide Fig. 2.5), onde as dimensões geométricas de maior interesse são o diâmetro D e a altura da lâmina y, das quais resulta o ângulo interno θ (teta).

Com os dados de n, Q e I, a equação 2.15 pode ser escrita,

$$\frac{n \cdot Q}{I^{1/2}} = A_m \cdot (R_H)^{2/3} \qquad (2.15)$$

que dividida por $D^{8/3}$ (se conhecido o diâmetro D) resulta (Tab. 2.12):

$$\frac{n \cdot Q}{I^{1/2} \cdot D^{8/3}} = \frac{A_m}{D^2} \cdot (R_H/D)^{2/3} =$$

$$= [(\theta - \mathrm{sen}\theta)/8] \cdot [(\theta - \mathrm{sen}\theta)/4 \cdot \theta]^{2/3} \qquad (2.16)$$

ou quando conhecida a altura da lâmina y, dividindo-se por $y^{8/3}$ resulta:

$$\frac{n \cdot Q}{I^{1/2} \cdot y^{8/3}} = \frac{A_m}{y^2} \left(\frac{R_H}{D}\right)^{2/3} =$$

$$= \frac{\theta - \mathrm{sen}\theta}{4 \cdot (1 - \cos\theta/2)} \cdot \left[\frac{(\theta - \mathrm{sen}\theta)}{2 \cdot (1 - \cos\theta/2)}\right]^{2/3} \qquad (2.17)$$

Escoamento livre

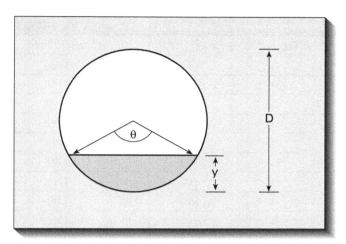

Figura 2.5 Esquema para cálculo das relações trigonométricas da seção circular.

TABELA 2.12 Principais relações trigonométricas da seção circular (ângulo θ em radianos)
$\theta = 2\ \text{arc cos}\ [1 - (2\ y/D)]$
$y/D = 0{,}5 \cdot (1 - \cos \theta/2)$
$A_m/D^2 = (\theta - \text{sen}\ \theta)/8$
$R_H/D = (\theta - \text{sen}\ \theta)/4\theta$
$A_m/y^2 = (\theta - \text{sen}\ \theta)/4\ (1 - \cos \theta/2)$
$R_H/y = (\theta - \text{sen}\ \theta)/2\ (1 - \cos \theta/2)$

Com as equações 2.16 e 2.17 é possível a construção das Tabs. 2.13 e 2.14, que auxiliam na determinação de todos os parâmetros que interessam ao dimensionamento.

Com a mesma metodologia, pode-se construir as Tabs. 2.15 e 2.16, a partir da equação 2.14, dividindo por $D^{2/3}$ ou $y^{2/3}$, resultando respectivamente:

$$\frac{n \cdot v}{I^{1/2} \cdot D^{2/3}} = \left(\frac{R_H}{D}\right)^{2/3} = \left(\frac{\theta - \text{sen}\theta}{4\theta}\right)^{2/3}$$

$$\frac{n \cdot v}{I^{1/2} \cdot y^{2/3}} = \left(\frac{R_H}{y}\right)^{2/3} =$$
$$= [(\theta - \text{sen}\theta)/2(1 - \cos\theta/2)]^{2/3}$$

O emprego isolado ou conjunto das Tabs. 2.13 a 2.16 permite o cálculo de todos os parâmetros que interessam ao dimensionamento dos condutos de seção circular, como é o caso dos coletores de esgoto sanitário.

No caso de projeto de redes de esgoto é sempre importante conhecer a altura da água y no conduto, uma vez que geralmente deve restringir-se y a certos valores, que garantam o escoamento livre. Nesse caso, a lâmina de água é resultante do diâmetro mínimo adotado, da vazão de projeto calculada e da declividade imposta (pelas condições topográficas ou até mesmo pelas condições impostas de profundidade máxima da tubulação). Outras vezes têm-se a vazão, a declividade e restringindo y/D quer se determinar o diâmetro resultante. Outro dado importante é a velocidade do esgoto na tubulação. Quando se têm grandes declividades, resultando velocidades altas, há restrições para evitar o desgaste do material da tubulação e também para evitar incorporação de ar, que aumenta o valor da lâmina de água, como se verá adiante no Capítulo 4.

Os exemplos de cálculo 2.1 a 2.5 mostram a forma de utilização das Tabs. 2.13 a 2.16.

2.4.7 Outros métodos adimensionais

O professor Milton T. Tsutiya e o engenheiro Tércio M. Pinto Neto desenvolveram processo similar ao anterior, também baseado nas relações trigonométricas da Tab. 2.12. Partindo-se das equações 2.14 e 2.15 tem-se:

$$\frac{v}{I^{1/2}} = \frac{1}{n} \cdot (R_H)^{2/3} \quad \text{e} \quad \frac{Q}{I^{1/2}} = \frac{1}{n} A_m \cdot (R_H)^{2/3}$$

Fazendo-se as substituições de A_m e R_H da Tab. 2.12, obtêm-se as expressões:

$$\frac{v}{I^{1/2}} = (1/n) \cdot [(\theta - \text{sen}\theta)/2]^{2/3} \cdot (D/2\theta)^{2/3} \quad (2.18)$$

$$\frac{Q}{I^{1/2}} = (D/2)^2/n \cdot [(\theta - \text{sen}\theta)/2]^{5/3} \cdot (D/2\theta)^{2/3} \quad (2.19)$$

Para valores dados de D, y/D e $n = 0{,}013$, resultam os valores de θ (Tab. 2.12), e a Tab. 2.17.

Exemplo de cálculo 2.1

Utilizando-se a Tab. 2.13, determinar a altura da lâmina de água y num tubo cerâmico, conduzindo esgoto sanitário, onde:

$Q = 0{,}0025$ m³/s,

$D = 0{,}15$ m,

$n = 0{,}013$ e

$I = 0{,}01$ m/m (1,0%).

a) calcula-se
$Q \cdot n/D^{8/3} \cdot I^{1/2} = 0{,}0025 \cdot 0{,}013/(0{,}15)^{8/3} \cdot 0{,}01^{1/2} = 0{,}051$.

b) com esse valor, entra-se na Tab. 2.13, obtendo-se
$y/D \cong 0{,}274$.

Observação: Foi necessário efetuar a interpolação entre os valores 0,0497 (onde $y/D = 0{,}27$) e 0,0534 (correspondente a $y/D = 0{,}28$).

Portanto, $y = D \cdot 0{,}274 = 0{,}15 \times 0{,}274 = 0{,}041$ m.

Resposta: A altura da lâmina de água é $y = 0{,}041$ m

TABELA 2.13 Escoamento em regime permanente uniforme — Canais circulares

y/D	$Q \cdot n/D^{8/3} \cdot I^{1/2}$	y/D	$Q \cdot n/D^{8/3} \cdot I^{1/2}$	y/D	$Q \cdot n/D^{8/3} \cdot I^{1/2}$	y/D	$Q \cdot n/D^{8/3} \cdot I^{1/2}$	y/D	$Q \cdot n/D^{8/3} \cdot I^{1/2}$	y/D	$Q \cdot n/D^{8/3} \cdot I^{1/2}$
0,01	0,0001	0,21	0,0301	0,41	0,1099	0,61	0,2147	0,81	0,3083		
0,02	0,0002	0,22	0,0331	0,42	0,1148	0,62	0,2200	0,82	0,3118		
0,03	0,0005	0,23	0,0362	0,43	0,1197	0,63	0,2253	0,83	0,3151		
0,04	0,0009	0,24	0,0394	0,44	0,1247	0,64	0,2305	0,84	0,3182		
0,05	0,0015	0,25	0,0427	0,45	0,1298	0,65	0,2357	0,85	0,3211		
0,06	0,0022	0,26	0,0461	0,46	0,1349	0,66	0,2409	0,86	0,3238		
0,07	0,0031	0,27	0,0497	0,47	0,1401	0,67	0,2460	0,87	0,3263		
0,08	0,0041	0,28	0,0534	0,48	0,1453	0,68	0,2510	0,88	0,3285		
0,09	0,0052	0,29	0,0571	0,49	0,1505	0,69	0,2560	0,89	0,3305		
0,10	0,0065	0,30	0,0610	0,50	0,1558	0,70	0,2609	0,90	0,3322		
0,11	0,0079	0,31	0,0650	0,51	0,1611	0,71	0,2658	0,91	0,3335		
0,12	0,0095	0,32	0,0691	0,52	0,1665	0,72	0,2705	0,92	0,3345		
0,13	0,0113	0,33	0,0733	0,53	0,1718	0,73	0,2752	0,93	0,3351		
0,14	0,0131	0,34	0,0776	0,54	0,1772	0,74	0,2797	0,94	0,3352		
0,15	0,0151	0,35	0,0819	0,55	0,1825	0,75	0,2842	0,95	0,3349		
0,16	0,0173	0,36	0,0864	0,56	0,1879	0,76	0,2885	0,96	0,3339		
0,17	0,0196	0,37	0,0909	0,57	0,1933	0,77	0,2928	0,97	0,3321		
0,18	0,0220	0,38	0,0956	0,58	0,1987	0,78	0,2969	0,98	0,3293		
0,19	0,0246	0,39	0,1003	0,59	0,2040	0,79	0,3008	0,99	0,3247		
0,20	0,0273	0,40	0,1050	0,60	0,2094	0,80	0,3046	1,00	0,3116		

TABELA 2.14 Escoamento em regime permanente uniforme — Canais circulares

y/D	$Q \cdot n/y^{8/3} \cdot I^{1/2}$	y/D	$Q \cdot n/y^{8/3} \cdot I^{1/2}$	y/D	$Q \cdot n/y^{8/3} \cdot I^{1/2}$	y/D	$Q \cdot n/y^{8/3} \cdot I^{1/2}$	y/D	$Q \cdot n/y^{8/3} \cdot I^{1/2}$	y/D	$Q \cdot n/y^{8/3} \cdot I^{1/2}$
0,01	10,1118	0,21	1,9332	0,41	1,1841	0,61	0,8022	0,81	0,5407		
0,02	7,1061	0,22	1,8752	0,42	1,1600	0,62	0,7872	0,82	0,4178		
0,03	5,7662	0,23	1,8208	0,43	1,1365	0,63	0,7724	0,83	0,4289		
0,04	4,9625	0,24	1,7696	0,44	1,1138	0,64	0,7579	0,84	0,4399		
0,05	4,4107	0,25	1,7212	0,45	1,0916	0,65	0,7436	0,85	0,4509		
0,06	4,0009	0,26	1,6753	0,46	1,0701	0,66	0,7295	0,86	0,4620		
0,07	3,6805	0,27	1,6318	0,47	1,0491	0,67	0,7872	0,87	0,4731		
0,08	3,4207	0,28	1,5903	0,48	1,0287	0,68	0,7724	0,88	0,4842		
0,09	3,2043	0,29	1,5509	0,49	1,0088	0,69	0,7579	0,89	0,4953		
0,10	3,0201	0,30	1,5132	0,50	0,9894	0,70	0,7436	0,90	0,5066		
0,11	2,8606	0,31	1,4771	0,51	0,9705	0,71	0,6624	0,91	0,5179		
0,12	2,7208	0,32	1,4426	0,52	0,9529	0,72	0,6496	0,92	0,5293		
0,13	2,5966	0,33	1,4094	0,53	0,9339	0,73	0,6360	0,93	0,4066		
0,14	2,4854	0,34	1,3776	0,54	0,9162	0,74	0,6244	0,94	0,3954		
0,15	2,3849	0,35	1,3469	0,55	0,8989	0,75	0,6120	0,95	0,3840		
0,16	2,2935	0,36	1,3174	0,56	0,8820	0,76	0,5998	0,96	0,3723		
0,17	2,2097	0,37	1,2889	0,57	0,8654	0,77	0,5978	0,97	0,3602		
0,18	2,1326	0,38	1,2614	0,58	0,8491	0,78	0,5758	0,98	0,3475		
0,19	2,0613	0,39	1,2348	0,59	0,8332	0,79	0,5640	0,99	0,3335		
0,20	1,9950	0,40	1,2091	0,60	0,8176	0,80	0,5523	1,00	0,3116		

Escoamento livre

TABELA 2.15 Escoamento em regime permanente uniforme — Canais circulares

y/D	$v \cdot n/D^{2/3} \cdot I^{1/2}$	y/D	$v \cdot n/D^{2/3} \cdot I^{1/2}$	y/D	$v \cdot n/D^{2/3} \cdot I^{1/2}$	y/D	$v \cdot n/D^{2/3} \cdot I^{1/2}$	y/D	$v \cdot n/D^{2/3} \cdot I^{1/2}$	y/D	$v \cdot n/D^{2/3} \cdot I^{1/2}$
0,01	0,0353	0,21	0,2512	0,41	0,3624	0,61	0,4279	0,81	0,4524		
0,02	0,0559	0,22	0,2582	0,42	0,3666	0,62	0,4301	0,82	0,4524		
0,03	0,0730	0,23	0,2650	0,43	0,3708	0,63	0,4323	0,83	0,4522		
0,04	0,0881	0,24	0,2716	0,44	0,3748	0,64	0,4343	0,84	0,4519		
0,05	0,1019	0,25	0,2780	0,45	0,3787	0,65	0,4362	0,85	0,4514		
0,06	0,1147	0,26	0,2843	0,46	0,3825	0,66	0,4381	0,86	0,4507		
0,07	0,1267	0,27	0,2905	0,47	0,3863	0,67	0,4398	0,87	0,4499		
0,08	0,1381	0,28	0,2965	0,48	0,3899	0,68	0,4414	0,88	0,4489		
0,09	0,1489	0,29	0,3023	0,49	0,3934	0,69	0,4429	0,89	0,4476		
0,10	0,1592	0,30	0,3080	0,50	0,3968	0,70	0,4444	0,90	0,4462		
0,11	0,1691	0,31	0,3136	0,51	0,4002	0,71	0,4457	0,91	0,4445		
0,12	0,1786	0,32	0,3190	0,52	0,4034	0,72	0,4469	0,92	0,4425		
0,13	0,1877	0,33	0,3243	0,53	0,4065	0,73	0,4480	0,93	0,4402		
0,14	0,1965	0,34	0,3295	0,54	0,4095	0,74	0,4489	0,94	0,4376		
0,15	0,2051	0,35	0,3345	0,55	0,4124	0,75	0,4498	0,95	0,4345		
0,16	0,2133	0,36	0,3394	0,56	0,4153	0,76	0,4505	0,96	0,4309		
0,17	0,2214	0,37	0,3443	0,57	0,4180	0,77	0,4512	0,97	0,4267		
0,18	0,2291	0,38	0,3490	0,58	0,4206	0,78	0,4517	0,98	0,4213		
0,19	0,2367	0,39	0,3535	0,59	0,4231	0,79	0,4520	0,99	0,4142		
0,20	0,2441	0,40	0,3580	0,60	0,4256	0,80	0,4523	1,00	0,3968		

TABELA 2.16 Escoamento em regime permanente uniforme — Canais circulares

y/D	$v \cdot n/y^{2/3} \cdot I^{1/2}$	y/D	$v \cdot n/y^{2/3} \cdot I^{1/2}$	y/D	$v \cdot n/y^{2/3} \cdot I^{1/2}$	y/D	$v \cdot n/y^{2/3} \cdot I^{1/2}$	y/D	$v \cdot n/y^{2/3} \cdot I^{1/2}$	y/D	$v \cdot n/y^{2/3} \cdot I^{1/2}$
0,01	0,7608	0,21	0,7111	0,41	0,6566	0,61	0,5949	0,81	0,5206		
0,02	0,7584	0,22	0,7085	0,42	0,6537	0,62	0,5916	0,82	0,5164		
0,03	0,7560	0,23	0,7059	0,43	0,6508	0,63	0,5882	0,83	0,5120		
0,04	0,7536	0,24	0,7033	0,44	0,6479	0,64	0,5848	0,84	0,5076		
0,05	0,7511	0,25	0,7009	0,45	0,6449	0,65	0,5814	0,85	0,5030		
0,06	0,7487	0,26	0,6980	0,46	0,6420	0,66	0,5779	0,86	0,4984		
0,07	0,7463	0,27	0,6954	0,47	0,6390	0,67	0,5744	0,87	0,4936		
0,08	0,7438	0,28	0,6827	0,48	0,6360	0,68	0,5709	0,88	0,4888		
0,09	0,7414	0,29	0,6900	0,49	0,6330	0,69	0,5673	0,89	0,4838		
0,10	0,7389	0,30	0,6873	0,50	0,6299	0,70	0,5637	0,90	0,4786		
0,11	0,7365	0,31	0,6846	0,51	0,6260	0,71	0,5600	0,91	0,4733		
0,12	0,7340	0,32	0,6819	0,52	0,6238	0,72	0,5563	0,92	0,4678		
0,13	0,7315	0,33	0,6791	0,53	0,6207	0,73	0,5525	0,93	0,4620		
0,14	0,7290	0,34	0,6764	0,54	0,6176	0,74	0,5487	0,94	0,4560		
0,15	0,7265	0,35	0,6736	0,55	0,6144	0,75	0,5449	0,95	0,4496		
0,16	0,7239	0,36	0,6708	0,56	0,6112	0,76	0,5410	0,96	0,4428		
0,17	0,7214	0,37	0,6680	0,57	0,6080	0,77	0,5371	0,97	0,4354		
0,18	0,7188	0,38	0,6652	0,58	0,6048	0,78	0,5330	0,98	0,4271		
0,19	0,7163	0,39	0,6623	0,59	0,6015	0,79	0,5290	0,99	0,4170		
0,20	0,7137	0,40	0,6595	0,60	0,6982	0,80	0,5248	1,00	0,3968		

Exemplo de cálculo 2.2

Utilizando-se a Tab. 2.10, determinar o diâmetro D a ser utilizado para transportar esgoto sanitário, num tubo cerâmico onde: a vazão $Q = 0,007$ m³/s, $n = 0,013$, $I = 0,01$ m/m (1,0%) e o projeto impõe que $y/D \leq 0,50$.

a) na Tab. 2.13 para $y/D = 0,50$ obtém-se
$$Q \cdot n/D^{8/3} \cdot I^{1/2} = 0,1558;$$

b) calcula-se
$$D = [(Q \cdot n)/(0,1558 \cdot I^{1/2})]^{3/8} = [(0,007 \times 0,013)/(0,1558 \times 0,01^{1/2})]^{3/8} = 0,145 \text{ m}.$$

Resposta: O diâmetro comercial mais próximo do valor calculado é 150 mm. Neste caso, adotando-se $D = 150$ mm e, caso se queira determinar a verdadeira altura da água no tubo, deve-se proceder como no exemplo de cálculo 2.1, ou seja:

a) calcula-se
$$Q \cdot n/D^{8/3} \cdot I^{1/2} = 0,007 \cdot 0,013/0,15^{8/3} \cdot 0,01^{1/2} = 0,1434;$$

b) com esse valor entra-se na Tab. 2.13 obtendo-se
$$y/D \cong 0,486.$$

Observação: Foi necessário efetuar a interpolação entre os valores 0,1401 (onde $y/D = 0,48$) e 0,1453 (correspondente a $y/D = 0,49$).

Portanto, $y = D \cdot 0,486 = 0,15 \times 0,486 = 0,073$ m.

Resposta: A altura da lâmina de água é $y = 0,073$ m.

Exemplo de cálculo 2.3

Utilizando-se a Tab. 2.14, determinar a vazão Q de esgoto sanitário, num tubo cerâmico, onde:
$D = 0,15$ m, $n = 0,013$, $I = 0,01$ m/m (1,0%) e $y = 0,045$ m.

a) calcula-se
$$y/D = 0,045/0,15 = 0,30.$$

b) na Tab. 2.14 obtém-se, para
$$y/D = 0,30 \Rightarrow Q \cdot n/y^{8/3} \cdot I^{1/2} = 1,5132;$$

c) calcula-se
$$Q = 1,5132 \cdot (y^{8/3} \cdot I^{1/2})/n = 1,5132 \ (0,045^{8/3} \cdot 0,01^{1/2})/0,013 = 0,0030 \text{ m}^3/\text{s} \ (3,0 \text{ L/s}).$$

Resposta: A vazão nas condições impostas é de 0,003 m³/s = 3,0 L/s.

Exemplo de cálculo 2.4

Utilizando-se a Tab. 2.15, determinar a velocidade v de esgoto sanitário, num tubo cerâmico, onde:
$D = 0,15$ m, $n = 0,013$;
$I = 0,01$ m/m (1,0 %) e $y = 0,075$ m.

b) calcula-se
$$y/D = 0,075/0,15 = 0,50;$$

b) no Quadro 2.15 obtém-se, para
$$y/D = 0,50 \Rightarrow v \cdot n/D^{2/3} \cdot I^{1/2} = 0,3968;$$

c) calcula-se
$$v = 0,3968 \cdot (D^{2/3} \cdot I^{1/2})/n = 0,3968 \cdot (0,15^{2/3} \cdot 0,01^{1/2})/0,013 = 0,86 \text{ m/s}.$$

Resposta: A velocidade nas condições impostas é de 0,86 m/s.

Exemplo de cálculo 2.5

Utilizando-se a Tab. 2.16, determinar a velocidade v de um esgoto sanitário, num tubo cerâmico, onde:

$D = 0,15$ m, $n = 0,013$,
$I = 0,01$ m/m (1,0%) e $y = 0,045$ m.

a) calcula-se
$$y/D = 0,045/0,15 = 0,30;$$

b) na Tab. 2.16, obtém-se, para
$$y/D = 0,30 \Rightarrow v \cdot n/y^{2/3} \cdot I^{1/2} = 0,6873;$$

c) calcula-se
$$v = 0,6873 \cdot (y^{2/3} \cdot I^{1/2})/n = 0,6873 \ (0,045^{2/3} \cdot 0,01^{1/2})/0,013 = 0,67 \text{ m/s}.$$

Resposta: A velocidade nas condições impostas é de 0,67 m/s.

Um terceiro método que utiliza os adimensionais decorre também das relações trigonométricas da Tab. 2.12, associadas aos quocientes de velocidades e vazões das seções de escoamento parcialmente cheias, pelas velocidades e vazões do escoamento à seção plena:

$$v/v_p = [(\theta - \text{sen } \theta)/\theta]^{2/3} \text{ e}$$

$$Q/Q_p = [(\theta - \text{sen } \theta)/\theta]^{2/3} \cdot [(\theta - \text{sen } \theta)/2\pi]$$

Conhecidos D e I, calcula-se:

v_p = velocidade à seção plena

$$(1/n) \cdot (D/4)^{2/3} \cdot I^{1/2} \qquad (2.20)$$

Q_p = vazão à seção plena

$$(\pi \cdot D^2/4 \cdot n) \cdot (D/4)^{2/3} \cdot I^{1/2} \qquad (2.21)$$

Exemplo de cálculo 2.6

Utilizando-se a Tab. 2.17, calcular a velocidade v, a vazão Q e o raio hidráulico R_H, para esgoto sanitário escoando num conduto cerâmico, cujo diâmetro é $D = 0,15$ m, declividade $I_0 = 0,01$ m/m e altura da lâmina de água $y = 0,045$ m.

a) calcula-se inicialmente o valor de
$$y/D = 0,045/0,15 = 0,30;$$

b) na Tab. 2.17, com
$$D = 150 \text{ mm}, y/D = 0,30,$$

obtém-se:
$$v/I_0^{1/2} = 6,69; \ Q/I_0^{1/2} = 0,030; \ \beta = R_H/D = 0,171,$$

portanto:
$$v = 6,69 \times 0,01^{1/2} = 0,67 \text{ m/s}$$
$$Q = 0,030 \times 0,01^{1/2} = 0,003 \text{ m}^3/\text{s}$$
$$R_H = 0,171 \times 0,15 = 0,0257 \text{ m}$$

Resposta: $v = 0,67$ m/s, $Q = 0,003$ m³/s e $R_H = 0,0257$ m.

Escoamento livre

TABELA 2.17 Dimensionamento e verificação de tubulações – escoamento livre
Fórmula de Manning – $n = 0,013 \Leftrightarrow Q$ (m³/s); I_0 (m/m) e v (m/s)

DN ↓	y/D ⇒	0,05	0,10	0,15	0,20	0,25	0,30	0,35	0,40	0,45	0,50	0,55	0,60	0,65	0,70	0,75	0,80	0,85	0,90	0,95	1,00
100 mm	$v \div I_0^{1/2}$	1,69	2,64	3,40	4,04	4,61	5,10	5,54	5,93	6,28	6,58	6,88	7,05	7,23	7,36	7,45	7,50	7,48	7,39	7,20	6,58
	$Q \div I_0^{1/2}$	0,0002	0,001	0,003	0,005	0,007	0,010	0,014	0,017	0,022	0,026	0,030	0,035	0,039	0,043	0,047	0,050	0,053	0,055	0,056	0,052
150 mm	$v \div I_0^{1/2}$	2,22	3,46	4,45	5,30	6,04	6,69	7,26	7,77	8,22	8,62	8,96	9,24	9,47	9,65	9,77	9,82	9,80	9,69	9,44	8,62
	$Q \div I_0^{1/2}$	0,001	0,003	0,007	0,013	0,021	0,030	0,040	0,051	0,063	0,076	0,089	0,102	0,115	0,127	0,139	0,149	0,157	0,162	0,164	0,152
200 mm	$v \div I_0^{1/2}$	2,68	4,19	5,40	6,42	7,31	8,10	8,80	9,42	9,96	10,44	10,85	11,19	11,47	11,69	11,83	11,90	11,87	11,74	11,43	10,44
	$Q \div I_0^{1/2}$	0,002	0,007	0,016	0,029	0,045	0,064	0,086	0,111	0,137	0,164	0,192	0,220	0,248	0,275	0,299	0,321	0,338	0,349	0,352	0,328
250 mm	$v \div I_0^{1/2}$	3,11	4,86	6,26	7,45	8,49	9,40	10,21	10,93	11,56	12,11	12,59	12,99	13,31	13,56	13,73	13,81	13,78	13,62	13,27	12,11
	$Q \div I_0^{1/2}$	0,003	0,012	0,029	0,052	0,081	0,016	0,156	0,200	0,248	0,297	0,348	0,399	0,450	0,498	0,542	0,581	0,613	0,634	0,639	0,595
300 mm	$v \div I_0^{1/2}$	3,52	5,49	7,07	8,41	9,58	10,62	11,53	12,34	13,06	13,68	14,22	14,67	15,04	15,32	15,51	15,59	15,56	15,38	14,98	13,68
	$Q \div I_0^{1/2}$	0,005	0,020	0,047	0,085	0,132	0,189	0,254	0,326	0,403	0,483	0,566	0,650	0,731	0,809	0,882	0,945	0,996	1,030	1,039	0,967
350 mm	$v \div I_0^{1/2}$	3,90	6,08	7,84	9,32	10,62	11,76	12,78	13,68	14,47	15,16	15,76	16,26	16,66	16,97	17,18	17,28	17,24	17,04	16,60	15,16
	$Q \div I_0^{1/2}$	0,007	0,030	0,071	0,128	0,200	0,286	0,384	0,492	0,608	0,729	0,854	0,980	1,103	1,221	1,330	1,426	1,503	1,554	1,567	1,459
400 mm	$v \div I_0^{1/2}$	4,26	6,65	8,56	10,19	11,61	12,86	13,97	14,95	15,82	16,57	17,22	17,77	18,21	18,55	18,78	18,89	18,85	18,63	18,15	16,57
	$Q \div I_0^{1/2}$	0,010	0,043	0,101	0,182	0,285	0,408	0,548	0,702	0,867	1,041	1,220	1,399	1,575	1,743	1,899	2,036	2,146	2,219	2,238	2,082
450 mm	$v \div I_0^{1/2}$	4,61	7,19	9,26	11,03	12,56	13,91	15,11	16,17	17,11	17,93	18,63	19,22	19,70	20,07	20,32	20,43	20,39	20,15	19,63	17,93
	$Q \div I_0^{1/2}$	0,014	0,060	0,139	0,250	0,390	0,558	0,750	0,961	1,188	1,425	1,670	1,915	2,156	2,387	2,600	2,787	2,938	3,038	3,064	2,851
500 mm	$v \div I_0^{1/2}$	4,94	7,71	9,94	11,83	13,47	14,92	16,21	17,35	18,35	19,23	19,99	20,62	21,14	21,53	21,80	21,92	21,87	21,62	21,06	19,23
	$Q \div I_0^{1/2}$	0,018	0,079	0,184	0,331	0,517	0,739	0,993	1,272	1,573	1,888	2,211	2,536	2,856	3,161	3,443	3,691	3,891	4,024	4,057	3,776
600 mm	$v \div I_0^{1/2}$	5,58	8,71	11,22	13,36	15,21	16,85	18,31	19,59	20,72	21,71	22,57	23,29	23,87	24,31	24,61	24,75	24,70	24,41	23,78	21,71
	$Q \div I_0^{1/2}$	0,029	0,128	0,299	0,538	0,841	1,202	1,615	2,069	2,558	3,070	3,596	4,124	4,643	5,140	5,597	6,002	6,325	6,543	6,598	6,140
700 mm	$v \div I_0^{1/2}$	6,19	9,65	12,44	14,80	16,86	18,67	20,29	21,71	22,97	24,07	25,01	25,81	26,45	26,95	27,28	27,43	27,37	27,05	26,35	24,07
	$Q \div I_0^{1/2}$	0,045	0,193	0,450	0,811	1,268	1,814	2,435	3,121	3,858	4,631	5,424	6,221	7,004	7,753	8,446	9,053	9,544	9,870	9,952	9,261
800 mm	$v \div I_0^{1/2}$	6,76	10,55	13,60	16,18	18,43	20,41	22,18	23,73	25,11	26,31	27,34	28,21	28,92	29,45	29,82	29,98	29,92	29,57	28,81	26,31
	$Q \div I_0^{1/2}$	0,064	0,276	0,643	1,158	1,810	2,589	3,477	4,456	5,508	6,611	7,745	8,882	10,00	11,07	12,06	12,93	13,63	14,09	14,21	13,22
900 mm	$v \div I_0^{1/2}$	7,32	11,41	14,71	17,50	19,93	22,08	23,99	25,67	27,16	28,45	29,57	30,51	31,28	31,86	32,25	32,43	32,37	31,99	31,16	28,45
	$Q \div I_0^{1/2}$	0,087	0,378	0,880	1,585	2,479	3,545	4,760	6,100	7,538	9,051	10,60	12,16	13,69	15,15	16,51	17,70	18,65	19,29	19,45	18,10
1000 mm	$v \div I_0^{1/2}$	7,85	12,24	15,78	18,78	21,39	23,69	25,73	27,54	29,13	30,53	31,73	32,73	33,55	34,18	34,60	34,79	34,72	34,32	33,43	30,53
	$Q \div I_0^{1/2}$	0,115	0,501	1,166	2,099	3,283	4,695	6,305	8,079	9,987	11,99	14,04	16,11	18,13	20,07	21,86	23,44	24,71	25,55	25,76	23,98
1100 mm	$v \div I_0^{1/2}$	8,36	13,05	16,81	20,01	22,79	25,24	27,42	29,34	31,05	32,53	33,81	34,88	35,75	36,42	36,87	37,07	37,00	36,57	35,62	32,53
	$Q \div I_0^{1/2}$	0,149	0,646	1,503	2,707	4,233	6,054	8,129	10,42	12,88	15,46	18,11	20,77	23,38	25,88	28,19	30,22	31,86	32,94	33,22	30,91
1200 mm	$v \div I_0^{1/2}$	8,86	13,82	17,82	21,20	24,15	26,75	29,06	31,10	32,90	34,47	35,83	36,96	37,89	38,60	39,07	39,29	39,21	38,75	37,75	34,47
	$Q \div I_0^{1/2}$	0,188	0,814	1,896	3,413	5,338	7,635	10,25	13,14	16,24	19,49	22,83	26,19	29,49	32,636	35,55	38,11	40,17	41,55	41,90	38,99
1500 mm	$v \div I_0^{1/2}$	10,29	16,04	20,67	24,60	28,05	31,04	33,72	36,08	38,27	40,00	41,82	42,89	43,97	44,82	45,34	45,59	45,50	45,04	43,80	40,00
	$Q \div I_0^{1/2}$	0,340	1,469	3,427	6,199	9,693	13,84	18,59	23,82	29,62	35,34	41,65	47,48	53,46	59,17	64,46	69,10	72,84	75,42	76,66	70,69
1800 mm	$v \div I_0^{1/2}$	11,61	18,12	23,35	27,78	31,65	35,05	38,08	40,75	43,11	45,17	46,95	48,44	49,65	50,58	51,20	51,48	51,38	50,78	49,47	45,17
	$Q \div I_0^{1/2}$	0,553	2,401	5,590	10,06	15,74	22,51	30,23	38,74	47,88	57,47	67,32	77,21	86,93	96,22	104,8	112,4	118,5	122,5	123,5	114,9
2000 mm	$v \div I_0^{1/2}$	12,46	19,43	25,05	29,80	33,98	37,63	40,85	43,76	46,36	48,46	50,66	51,96	53,26	54,29	54,93	55,23	55,12	54,56	53,07	48,46
	$Q \div I_0^{1/2}$	0,733	3,163	7,381	13,36	20,88	29,85	40,06	51,30	63,78	76,12	89,70	102,3	115,1	127,5	138,8	148,8	156,9	162,4	165,1	152,2
	$\beta = R_H/D$	0,033	0,064	0,093	0,121	0,147	0,171	0,194	0,214	0,233	0,250	0,265	0,278	0,288	0,296	0,302	0,304	0,303	0,298	0,287	0,250

Fonte: M. T. Tsutiya e T. M. Pinto Neto

Exemplo de cálculo 2.7

Utilizando-se a Tab 2.17, calcular a altura da água y e o raio hidráulico R_H, de esgoto sanitário escoando num conduto cerâmico, cujo diâmetro é $D = 0,15$ m, declividade $I_0 = 0,01$ m/m e a vazão $Q = 0,004$ m³/s.

a) calcula-se inicialmente o valor de
$$Q/I_0^{1/2} = 0,004/0,01^{1/2} = 0,04;$$

b) na Tab. 2.17, com
$$D = 150 \text{ mm}, Q/I_0^{1/2} = 0,04$$

obtém-se $y/D = 0,35$ e, portanto:

$$y = 0,35 \times 0,15 = 0,053 \text{ m} \text{ e}$$
$$R_H = 0,194 \times 0,15 = 0,029 \text{ m}$$

Resposta: $y = 0,053$ m e $R_H = 0,029$ m.

Exemplo de cálculo 2.8

Utilizando a Tab. 2.18, calcular o raio hidráulico R_H, a área molhada A_m, a velocidade v e a vazão Q de esgoto sanitário escoando num conduto cerâmico, cujo diâmetro é $D = 0,15$ m, declividade $I_0 = 0,01$ m/m e altura da lâmina de água $y = 0,045$ m.

a) calcula-se inicialmente o valor de
$$y/D = 0,045/0,15 = 0,30;$$

b) calcula-se
$$v_p = (1/n) \cdot (D/4)^{2/3} \cdot I^{1/2} = (1/0,013) \times$$
$$\times (0,15/4)^{2/3} \cdot 0,01^{1/2} = 0,86 \text{ m/s};$$

c) calcula-se
$$Q_p = (\pi \cdot D^2/4\,n) \cdot (D/4)^{2/3} \cdot I^{1/2} = (3,1416 \times 0,15^2 \div 4 \times$$
$$\times 0,013) \cdot (0,15/4)^{2/3} \cdot (0,01)^{1/2} = 0,0152 \text{ m}^3/\text{s}.$$

Na Tab. 2.18, com $y/D = 0,30$ obtém-se: $R_H/D = 0,1709$ e, portanto:
$$R_H = 0,1709 \times 0,15 = 0,0256 \text{ m}$$

$A_m/D^2 = 0,1982$ e, portanto:
$$A_m = 0,1982 \times 0,15^2 = 0,0446 \text{ m}^2$$

$v/v_p = 0,7761$ e, portanto:
$$v = 0,7761 \times 0,86 = 0,667 \text{ m/s}$$

$Q/Q_p = 0,19583$ e, portanto:
$$Q = 0,19583 \times 0,0152 = 0,003 \text{ m}^3/\text{s}$$

Resposta: $R_H = 0,0256$ m, $A_m = 0,0446$ m²,
$v = 0,67$ m/s e $Q = 0,003$ m³/s.

Exemplo de cálculo 2.9

Utilizando a Tab. 2.18, calcular o raio hidráulico R_H, a área molhada A_m, a lâmina de água y e a velocidade v de esgoto sanitário escoando num conduto de $D = 0,60$ m, declividade $I_0 = 0,003$ m/m com vazão $Q = 18,0$ L/s.

a) calcula-se
$$v_p = (1/n) \cdot (D/4)^{2/3} \cdot I^{1/2} = (1/0,013) \times$$
$$\times (0,60/4)^{2/3} \cdot 0,003^{1/2} = 1,189 \text{ m/};$$

b) calcula-se
$$Q_p = (\pi \cdot D^2/4\,n) \cdot (D/4)^{2/3} \cdot I^{1/2} = (3,1416 \times 0,60^2/4 \times$$
$$\times 0,013) \cdot (0,60/4)^{2/3} \cdot (0,003)^{1/2} = 0,336 \text{ m}^3/\text{s};$$

c) calcula-se
$$Q/Q_p = 18,0/336,0 = 0,05357.$$

Com o valor de $Q/Q_p = 0,05357$, entra-se na coluna correspondente da Tab. 2.18, obtendo-se (valores aproximados):

$R_H/D = 0,0986 \therefore R_H = 0,0986 \times 0,60 \text{ m} = 0,059 \text{ m}$

$y/D = 0,16 \quad \therefore y = 0,16 \times 0,60 \text{ m} = 0,096 \text{ m}$

$v/v_p = 0,5376 \therefore v = 0,5376 \times 1,189 \text{ m/s} = 0,64 \text{ m/s}$

Resposta: $R_H = 0,059$ m, $y = 0,096$ m e $v = 0,64$ m/s

2.4.8 Vazão máxima e velocidade máxima

Na Tab. 2.18 pode-se observar que as alturas de lâmina correspondentes à máxima vazão (Q/Q_p máximo) e máxima velocidade (v/v_p máximo) são, respectivamente:

$$Q_{\text{máx}} \to y/D = 0,94 \text{ e } v_{\text{máx}} \to y/D = 0,81$$

2.4.9 Representação gráfica

Todas essas relações entre os elementos hidráulicos da seção circular podem ser visualizadas de forma mais evidente no diagrama representado na Fig. 2.6.

Para valores atribuídos à relação y/D, calculou-se θ em radianos e com as relações da Tab. 2.12, construiu-se a Tab. 2.18. Esse método de cálculo, do nosso ponto de vista, é mais simples, mais rápido e permite obter, de forma direta, todos os elementos necessários ao projeto das redes de esgotos, quando comparado com os outros dois métodos mencionados, como se poderá constatar, acompanhando os exemplos de cálculo 2.8 e 2.9.

TABELA 2.18 Condutos circulares parcialmente cheios
Relações baseadas na equação de Manning: $v = R_H^{2/3} \cdot I^{1/2}/n$ e $Q = v \cdot A_m$

y/D	R_H/D	A_m/D^2	v/v_p	Q/Q_p	y/D	R_H/D	A_m/D^2	v/v_p	Q/Q_p
0,01	0,0066	0,0013	0,0890	0,00015	0,51	0,2531	0,4027	1,0084	0,51702
0,02	0,0132	0,0037	0,1408	0,00067	0,52	0,2562	0,4127	1,0165	0,53411
0,03	0,0197	0,0069	0,1839	0,00161	0,53	0,2592	0,4227	1,0243	0,55127
0,04	0,0262	0,0105	0,2221	0,00298	0,54	0,2621	0,4327	1,0320	0,56847
0,05	0,0326	0,0147	0,2569	0,00480	0,55	0,2649	0,4426	1,0393	0,58571
0,06	0,0389	0,0192	0,2891	0,00708	0,56	0,2676	0,4526	1,0464	0,60296
0,07	0,0451	0,0242	0,3194	0,00983	0,57	0,2703	0,4625	1,0533	0,62022
0,08	0,0513	0,0294	0,3480	0,01304	0,58	0,2728	0,4724	1,0599	0,63746
0,09	0,0575	0,0350	0,3752	0,01672	0,59	0,2753	0,4822	1,0663	0,65467
0,10	0,0635	0,0409	0,4011	0,02088	0,60	0,2776	0,4920	1,0724	0,67184
0,11	0,0695	0,0470	0,4260	0,02550	0,61	0,2799	0,5018	1,0783	0,68895
0,12	0,0755	0,0534	0,4499	0,03058	0,62	0,2821	0,5115	1,0839	0,70597
0,13	0,0813	0,0600	0,4730	0,03613	0,63	0,2842	0,5212	1,0893	0,72290
0,14	0,0871	0,0668	0,4953	0,04214	0,64	0,2862	0,5308	1,0944	0,73972
0,15	0,0929	0,0739	0,5168	0,04861	0,65	0,2881	0,5404	1,0993	0,75641
0,16	0,0986	0,0811	0,5376	0,05552	0,66	0,2900	0,5499	1,1039	0,77295
0,17	0,1042	0,0885	0,5578	0,06288	0,67	0,2917	0,5594	1,1083	0,78932
0,18	0,1097	0,0961	0,5774	0,07068	0,68	0,2933	0,5687	1,1124	0,80551
0,19	0,1152	0,1039	0,5965	0,07891	0,69	0,2948	0,5780	1,1162	0,82149
0,20	0,1206	0,1118	0,6150	0,08757	0,70	0,2962	0,5872	1,1198	0,83724
0,21	0,1259	0,1199	0,6331	0,09664	0,71	0,2975	0,5964	1,2311	0,85275
0,22	0,1312	0,1281	0,6506	0,10613	0,72	0,2987	0,6054	1,1261	0,86799
0,23	0,1364	0,1365	0,6677	0,11602	0,73	0,2998	0,6143	1,1288	0,88294
0,24	0,1416	0,1449	0,6844	0,12631	0,74	0,3008	0,6231	1,1313	0,89758
0,25	0,1466	0,1535	0,7007	0,13698	0,75	0,3017	0,6319	1,1335	0,91188
0,26	0,1516	0,1623	0,7165	0,14803	0,76	0,3024	0,6405	1,1354	0,92582
0,27	0,1566	0,1711	0,7320	0,15945	0,77	0,3031	0,6489	1,1369	0,93938
0,28	0,1614	0,1800	0,7470	0,17123	0,78	0,3036	0,6573	1,1382	0,95253
0,29	0,1662	0,1890	0,7618	0,18336	0,79	0,3039	0,6655	1,1391	0,96523
0,30	0,1709	0,1982	0,7761	0,19583	0,80	0,3042	0,6736	1,1397	0,97747
0,31	0,1756	0,2074	0,7901	0,20863	0,81	0,3043	0,6815	1,1400	0,98921
0,32	0,1802	0,2167	0,8038	0,22175	0,82	0,3043	0,6893	1,1399	1,00041
0,33	0,1847	0,2260	0,8172	0,23518	0,83	0,3041	0,6969	1,1395	1,01104
0,34	0,1891	0,2355	0,8302	0,24892	0,84	0,3038	0,7043	1,1387	1,02107
0,35	0,1935	0,2450	0,8430	0,26294	0,85	0,3033	0,7115	1,1374	1,03044
0,36	0,1978	0,2546	0,8554	0,27724	0,86	0,3026	0,7186	1,1358	1,03913
0,37	0,2020	0,2642	0,8675	0,29180	0,87	0,3018	0,7254	1,1337	1,04706
0,38	0,2062	0,2739	0,8794	0,30662	0,88	0,3007	0,7320	1,1311	1,05420
0,39	0,2102	0,2836	0,8909	0,32169	0,89	0,2995	0,7384	1,1280	1,06047
0,40	0,2142	0,2934	0,9022	0,33699	0,90	0,2980	0,7445	1,1243	1,06580
0,41	0,2182	0,3032	0,9131	0,35250	0,91	0,2963	0,7504	1,1200	1,07011
0,42	0,2220	0,3130	0,9239	0,36823	0,92	0,2944	0,7560	1,1151	1,07328
0,43	0,2258	0,3229	0,9343	0,38415	0,93	0,2921	0,7612	1,1093	1,07520
0,44	0,2295	0,3328	0,9445	0,40025	0,94	0,2895	0,7662	1,1027	1,07568
0,45	0,2331	0,3428	0,9544	0,41653	0,95	0,2865	0,7707	1,0950	1,07452
0,46	0,2366	0,3527	0,9640	0,43296	0,96	0,2829	0,7749	1,0859	1,07138
0,47	0,2401	0,3627	0,9734	0,44954	0,97	0,2787	0,7785	1,0751	1,06575
0,48	0,2435	0,3727	0,9825	0,46624	0,98	0,2735	0,7816	1,0618	1,05669
0,49	0,2468	0,3827	0,9914	0,48307	0,99	0,2666	0,7841	1,0437	1,04196
0,50	0,2500	0,3927	1,0000	0,5000	1,00	0,2500	0,7854	1,0000	1,00000

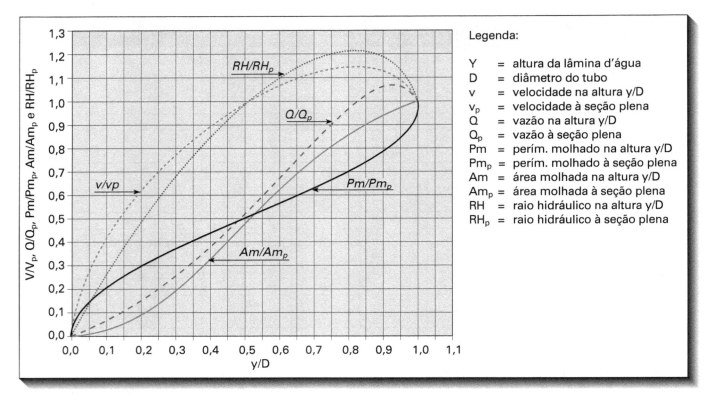

Figura 2.6 Elementos hidráulicos da seção circular.

O SISTEMA DE ESGOTO SANITÁRIO

Roberto de Araujo

3.1 Sistema Separador Absoluto

Sistema de esgoto sanitário separador, segundo a norma brasileira NBR 9648 (ABNT, 1986), é o "conjunto de condutos, instalações e equipamentos destinados a coletar, transportar, condicionar e encaminhar, somente esgoto sanitário, a uma disposição final conveniente, de modo contínuo e higienicamente seguro".

Nessa definição, destacam-se dois aspectos importantes: o primeiro, que o sistema deve ser separador absoluto, adotado no Brasil desde o início do século XX (em 1912) e entendido como o que não admite coletar outras águas senão o esgoto sanitário. O segundo aspecto relevante está na expressão final "...de modo contínuo e higienicamente seguro". De fato, a continuidade e a segurança higiênica são atributos imprescindíveis a um serviço que pretende a preservação da saúde pública, pois descarta soluções indesejáveis, como, por exemplo, a coleta domiciliar, similar à coleta de lixo, que certamente não apresentaria tais atributos (limpa-fossas).

O conceito de separação absoluta, no entanto, é relativo, pois a própria definição de esgoto sanitário, da mesma norma, já inclui outras águas – esgoto sanitário é o "despejo líquido constituído de esgotos doméstico e industrial, a água de infiltração e a contribuição pluvial parasitária".

Também não estão definitivamente excluídas certas águas pluviais caídas em áreas internas aos domicílios ou águas subterrâneas surgentes nos terrenos que, por falta de fiscalização, são acrescidas ao esgoto por mera comodidade dos moradores. Tais contribuições irregulares não são quantificadas e nem significativas nas grandes cidades, pois não ocorrem de forma homogênea em toda a rede. Sua participação, no cômputo das vazões, fica por conta da parcela de contribuição pluvial parasitária.

Azevedo Netto (1973) justifica a opção pelo sistema separador, relacionando os inconvenientes do sistema unitário das maneiras a seguir.

- Em grande parte, os condutos resultam em seções de escoamento relativamente grandes, exigindo a construção de galerias e estruturas especiais de grande porte, de execução difícil e dispendiosa. Nas grandes cidades, é consideravelmente reduzida a possibilidade de emprego de tubos pré-fabricados, de baixo custo e de fácil obtenção (tais como as manilhas cerâmicas, que são materiais ideais para a rede de esgoto).

- O sistema unitário obriga a investimentos maciços – simultâneos e elevados – impedindo ou restringindo as possibilidades de execução por etapas (execução ideal das canalizações ou redes mais necessárias e, posteriormente, em outra oportunidade favorável, exige a construção de condutos menos essenciais).

- Com o sistema unitário, torna-se difícil, ou impraticável, evitar ou controlar a poluição das águas receptoras. Além disso, são oneradas as estações de tratamento (assim como as elevatórias).

- As desvantagens do sistema unitário são mais relevantes nos países tropicais e em desenvolvimento, onde os recursos disponíveis de capital são escassos, as precipitações atmosféricas são mais intensas (maiores vazões pluviais) e grande parte das vias públicas não é pavimentada.

Já Steel (1966) considera o sistema unitário mais favorável, nas seguintes situações, quando:

- são necessárias tubulações subterrâneas para os esgotos e águas pluviais, e o custo deve ser o mais baixo possível;
- a mistura das águas servidas puder ser lançada nas proximidades sem inconvenientes;
- as águas pluviais, com materiais orgânicos devido à lavagem de ruas, também necessitam de tratamento;
- as ruas são estreitas e não comportam mais de uma canalização.

É óbvio que tais considerações são aplicáveis a pequenas comunidades e aos condomínios isolados, onde as vazões de águas pluviais coletadas não são elevadas.

Azevedo Netto (1998) relaciona as vantagens do sistema separador absoluto a seguir.

- As canalizações, de dimensões menores, favorecem o emprego de manilhas cerâmicas e outros materiais (PVC, fibra de vidro), facilitando a execução e reduzindo custos e prazos de construção.

- Dentro de um planejamento integrado, é possível a execução das obras por partes, construindo-se e estendendo-se, primeiramente, a rede de maior importância para a comunidade, com investimento inicial menor.

- O afastamento das águas pluviais é facilitado, admitindo-se lançamentos múltiplos em locais mais próximos e aproveitando o escoamento nas sarjetas.

- As condições para o tratamento do esgoto são melhoradas, evitando-se a poluição das águas receptoras por ocasião das extravazões que se verificam nos períodos de chuvas intensas.

3.2 Finalidades do sistema

As principais finalidades, na implantação de sistema de esgoto sanitário numa cidade, relacionam-se a três aspectos: higiênico, social e econômico.

Do ponto de vista higiênico, o objetivo é a prevenção, o controle e a erradicação das muitas doenças de veiculação hídrica, responsáveis por altos índices de mortalidade precoce, mormente de mortalidade infantil, um dos maiores e mais sensíveis índices na saúde pública. Nesse sentido, o sistema promove o tratamento do efluente a ser lançado nos corpos receptores naturais, de maneira rápida e segura.

Sob o aspecto social, o objetivo visa à melhoria da qualidade de vida da população, pela eliminação de odores desagradáveis, repugnantes e que prejudicam o aspecto visual, a estética, bem como a recuperação das coleções de água naturais e de suas margens para a prática recreativa, esportes e lazer.

Do ponto de vista econômico, o objetivo envolve questões como o aumento da produtividade geral, em particular das produtividades industrial e agropastoril, devido à melhoria ambiental, tanto urbana como rural, à proteção aos rebanhos e à maior produtividade dos trabalhadores.

Também as questões ecológicas relativas à fauna e à flora terrestre ou aquática refletem-se na economia de modo geral, pela preservação dos recursos hídricos e das terras marginais a jusante, para sua plena utilização no desenvolvimento humano, considerados aí todos os usos econômicos da água: abastecimento, irrigação, geração de energia, navegação, dessedentação de rebanhos, esportes, lazer e outros – todos eles inviabilizados pelo lançamento indiscriminado do esgoto sanitário nas águas ou no próprio solo.

3.3 Estudo de concepção do sistema

O primeiro passo na implantação de um sistema de esgoto sanitário obviamente é o seu planejamento, cuja orientação é obtida na norma brasileira da NBR 9648 (ABNT, 1986) – Estudo de Concepção de Sistemas de Esgoto Sanitário.

A norma define o estudo de concepção como sendo o "estudo de arranjos das diferentes partes de um sistema, organizados de modo a formarem um todo integrado e que devem ser qualitativa e quantitativamente comparáveis entre si para a escolha da concepção básica", qual seja, a "melhor opção de arranjo, sob os pontos de vista técnico, econômico, financeiro e social".

Sob o título "Condições Gerais", a norma reúne como requisitos todas as informações disponíveis a respeito da área de planejamento do sistema, tais como geográficas e hidrológicas, demográficas, econômicas, tanto do sistema de esgoto sanitário como de outros sistemas urbanos existentes, do uso do solo e dos planos existentes de sua ocupação. Sob o título "Atividades", a norma reúne a obtenção das informações acima não disponíveis e as necessárias ao estabelecimento das concepções comparáveis e da escolha da concepção básica, com sua descrição e representação em planta, consubstanciando suas dimensões e disposição na área de planejamento.

Como condições específicas, o texto da norma prescreve a não consideração da divisão política administrativa ao se delimitar a área de planejamento, levando em conta tão somente as condições naturais do terreno. Recomenda, ainda, que a avaliação das vazões de início e de fim de plano pode ser efetuada ou por sua correlação com as áreas edificadas ou diretamente pela estimativa das populações e sua distribuição espacial, considerando as densidades populacionais nas zonas de ocupação homogênea, sejam das classes residencial, comercial, industrial ou pública.

3.4 Partes do sistema

A seguir, apresentamos as principais partes do sistema de esgoto sanitário e suas definições segundo as normas vigentes da ABNT:

3.4.1 Rede coletora

Conjunto constituído por ligações prediais, coletores de esgoto e seus órgãos acessórios.

- Ligação predial: trecho do coletor predial compreendido entre o limite do terreno e o coletor de esgoto.
- Coletor de esgoto: tubulação da rede coletora que recebe contribuição de esgoto dos coletores prediais em qualquer ponto ao longo de seu comprimento.
- Coletor principal: coletor de esgoto de maior extensão dentro de uma mesma bacia.
- Coletor tronco: tubulação da rede coletora que recebe apenas contribuição de esgoto de outros coletores.
- Coletor predial: trecho de tubulação da instalação predial de esgoto compreendido entre a última inserção das tubulações que recebem efluentes de aparelhos sanitários e o coletor de esgoto.
- Órgãos acessórios: dispositivos fixos desprovidos de equipamentos mecânicos. Podem ser: poços de visita (PV), tubos de inspeção e limpeza (TIL), terminais de limpeza (TL) e caixas de passagem (CP).

3.4.2 Interceptores e emissários

A norma NBR 12207 (ABNT, 1989) define interceptor como a "canalização cuja função precípua é receber e transportar o esgoto sanitário coletado, caracterizado pela defasagem das contribuições, da qual resulta o amortecimento das vazões máximas".

No entanto, além dessa função precípua, também devem ser considerados os seguintes aspectos quanto:

- às contribuições, o interceptor é a canalização que recebe os efluentes de coletores de esgoto em pontos determinados, providos de poços de visita (PV) e nunca ao longo de seus trechos;
- à localização, o interceptor é a canalização situada nas partes baixas das bacias, em geral ao longo das margens de coleções de água, a fim de reunir e conduzir os efluentes de coletores a um ponto de concentração, evitando descargas diretas nos corpos de água.

O emissário é definido simplesmente como a tubulação que recebe as contribuições de esgoto exclusivamente na extremidade montante. No caso mais geral, trata-se do trecho do interceptor, após a última contribuição de coletores de esgoto. Em outros casos, pode ser a tubulação de descarga de uma estação elevatória (emissário de recalque) ou a simples interligação de dois pontos de concentração de efluentes dos coletores de esgoto ou interceptores (emissário de gravidade). Pode ser, ainda, a tubulação de descarga do efluente de uma estação de tratamento.

3.4.3 Sifões invertidos e passagens forçadas

São definidos como trechos com escoamento sob pressão, cuja finalidade é transpor obstáculos, depressões do terreno ou cursos de água, rebaixados (sifões) ou sem rebaixamento (passagens forçadas).

3.4.4 Estações elevatórias de esgoto (EEE)

São instalações que se destinam ao transporte de esgoto do nível do poço de sucção das bombas ao nível de descarga na saída do recalque, acompanhando aproximadamente as variações da vazão afluente. As elevatórias são utilizadas no sistema de esgoto sanitário, em casos como os seguintes:

- na coleta, quando é necessária a elevação do esgoto para permitir a ligação ao coletor de esgoto, como nas soleiras baixas, em terrenos com caimento para o fundo do lote ou pisos abaixo do greide da rua;
- na rede coletora, como alternativa ao aprofundamento excessivo e antieconômico dos coletores de esgoto;
- no transporte, por exemplo, nas redes tipo distrital e redes novas em cotas inferiores às da rede existente, ou no caso de transposição de bacias, na rede distrital, característica de áreas planas, quando são criados pontos de concentração com elevatórias para a transposição do esgoto para um único lançamento (ou ETE);
- no tratamento ou disposição final, para alcançar cotas compatíveis com a implantação da ETE ou com os níveis do corpo receptor.

3.4.5 Estação de tratamento de esgoto (ETE)

É o conjunto de técnicas associadas a unidades de tratamento, equipamentos, órgãos auxiliares (canais, caixas, vertedores, tubulações) e sistemas de utilidades (água potável, combate a incêndio, distribuição de energia, drenagem pluvial), cuja finalidade é reduzir cargas poluidoras do esgoto sanitário e condicionamento da matéria residual resultante do tratamento.

Nas unidades de tratamento, são realizadas as diversas operações e processos unitários que promovem a separação entre os poluentes em suspensão e dissolvidos e a água a ser descarregada no corpo receptor, bem como o condicionamento dos resíduos retidos.

3.4.6 Corpo receptor

É qualquer coleção de água natural ou solo que recebe o lançamento de esgoto em estágio final.

3.4.7 Esquema genérico de um sistema

A Fig. 3.1 mostra, esquematicamente, as partes integrantes de um sistema de esgoto sanitário. A coleta começa nas edificações pelas tubulações e ramais internos, depois ligados à rede pública, e por coletores e ligações prediais.

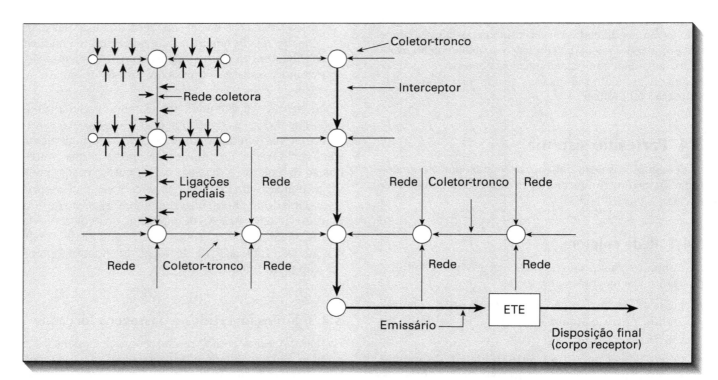

Figura 3.1 Esquema de sistema de coleta, transporte, tratamento e disposição final de esgoto sanitário

As redes, normalmente, são executadas com manilhas de barro, diâmetro DN 100 a 200 ou mais, dependendo do porte da cidade, e têm a função de receber as ligações domiciliares. Na maioria das nossas cidades, é prática comum fazer o lançamento do esgoto coletado pelas redes no rio ou córrego mais próximo, ou seja, sem tratamento, com todos os inconvenientes ambientais que essa prática traz.

Num sistema comum, o esgoto coletado nas redes são lançados nos coletores-tronco que, em geral, seguem trajeto ao longo dos talvegues, interceptando os coletores. São construídos normalmente com tubos de concreto armado, com diâmetros variando de DN 450 a 1.200.

Dependendo do tamanho da cidade e sua rede fluvial, são construídos os interceptores que recebem a contribuição dos coletores-tronco. Os interceptores são construídos ao longo dos cursos de água que cortam as cidades, ou ao longo das praias, nas cidades litorâneas. Os diâmetros variam de DN 1200 a 2000 e, em geral, nas grandes cidades, são construídos pelos métodos de escavação não destrutivos, tais como o mini-shield, túnel mineiro etc. (ver Capítulo 6), chegando às vezes a diâmetros bem maiores.

Por fim, em termos de transporte, vem o emissário, que recebe apenas a contribuição dos interceptores e, no caso mais comum, tem a função de transportar o esgoto até a Estação de Tratamento de Esgotos (ETE). Como exemplo, podemos citar o emissário que leva o esgoto até a ETE Barueri, na Grande São Paulo, construído em um túnel com cerca de 12,4 km de extensão, 4,50 m de diâmetro e a uma profundidade de 30 m. Nas cidades litorâneas, é comum o emissário submarino que leva o esgoto *in natura* ou apenas com um pré-tratamento até um ponto onde o lançamento do esgoto não prejudica a qualidade da água das praias.

Em qualquer parte desse sistema que descrevemos, pode haver necessidade de se construir estações elevatórias, visando diminuir a profundidade das tubulações coletoras. Na ETE, após o tratamento, a água é encaminhada por um emissário à disposição final, ou seja, é finalmente conduzida ao corpo receptor selecionado. Os resíduos retidos na ETE terão destino diverso, como veremos mais adiante.

AS UNIDADES DO SISTEMA

Roberto de Araujo

4.1 Rede coletora

4.1.1 Definições e órgãos acessórios

A rede coletora é o conjunto de tubulações constituído por ligações prediais, coletores de esgoto, coletores-tronco e seus órgãos acessórios. Sua função é receber as contribuições dos domicílios, prédios e economias, promovendo o afastamento do esgoto sanitário coletado em direção aos grandes condutos de transporte (interceptores e emissários) para o local de tratamento e descarga final (corpo receptor).

A ligação predial, início da rede coletora, é o trecho final do coletor predial de propriedade particular, que o interliga ao coletor público e situa-se entre este e o alinhamento do terreno. Uma caixa de inspeção aí construída delimita a responsabilidade de manutenção e reparação do coletor predial e da rede coletora.

A SABESP – Companhia de Saneamento Básico do Estado de São Paulo – dá instruções técnicas quanto ao coletor predial, cuja execução é uma atribuição do proprietário do imóvel, como se vê a seguir:

- usar manilha (tubo cerâmico), com declividade longitudinal mínima de 2% para diâmetro mínimo DN 100, na execução até o alinhamento predial. Caso seja interesse do proprietário do imóvel, pode-se deixar mais 10 a 20 cm para fora do alinhamento;

- para facilidade de localização, pode-se deixar a tubulação descoberta na soleira, no alinhamento predial, devidamente protegida. A profundidade recomendável do coletor predial, no alinhamento, é de 0,90 m;

- é terminantemente proibida a interligação dos ralos de águas pluviais no ramal interno de esgotos;

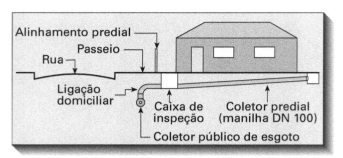

Figura 4.1 Corte esquemático de uma ligação domiciliar ao coletor público de esgoto sanitário.

- o tanque de lavar roupas deve ser coberto e, somente neste caso, é permitida a interligação do mesmo ao ramal interno de esgotos;
- utilizar, de preferência, uma ou mais caixas de inspeção que facilitam eventuais desobstruções sem a quebra de pisos. Estas podem ser construídas em concreto, alvenaria ou cimento-amianto, e devem ter as seguintes dimensões mínimas: 0,45 × 0,60 m e profundidade variável. A tampa da caixa de inspeção deve ser de material resistente e facilmente removível.

O coletor de esgoto é a tubulação que recebe contribuições prediais em qualquer ponto ao longo do seu comprimento.

O coletor de maior extensão de uma mesma bacia de esgotamento denomina-se coletor principal, podendo haver mais de um, conforme o traçado da rede coletora; os demais são chamados coletores secundários ou simplesmente coletores.

O coletor-tronco é a tubulação geralmente de maior diâmetro e profundidade, que recebe contribuições de esgoto apenas de outros coletores, em pontos determinados, onde são localizados poços de visita, uma vez que as ligações ao longo de seu comprimento são inviabilizadas, quer pela profundidade, quer pelo material de que são feitos (concreto armado). Em geral, são construídos ao longo dos talvegues das bacias hidrográficas.

Os órgãos acessórios são dispositivos fixos desprovidos de equipamentos mecânicos, que são construídos em pontos singulares da rede coletora, com a finalidade de permitir a inspeção e a desobstrução das canalizações, além de facilitar a manutenção da pressão atmosférica nos tubos, garantindo o escoamento livre.

As caixas de passagem e as conexões, permitidas pela norma brasileira NBR 9649 (ABNT, 1986), não atendem a esses objetivos e, por isso, só são utilizadas em situações especiais.

Tradicionalmente os poços de visita (PVs – ver Fig. 4.2) têm sido construídos nos chamados pontos singulares da rede coletora, entendendo-se essas singularidades como sendo os pontos em que podem ocorrer variações no fluxo, em decorrência das quais possam advir dificuldades de operação (retenção de sólidos grosseiros ou sedimentos pesados, desprendimento excessivo de gases, acúmulo de graxas e gorduras, penetração de raízes, abatimento e ruptura de tubos).

As singularidades mais consideradas para localização dos PVs são as seguintes:

- início de coletores;
- mudanças de direção (curvas);
- reunião de coletores (junções);
- mudanças de declividade, de material ou de diâmetro (degraus);
- mudanças de seção transversal.

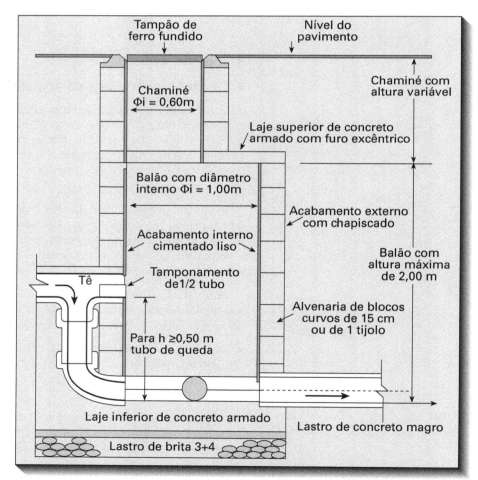

Figura 4.2 Corte esquemático de um PV (sem escala).

TABELA 4.1 Custos relativos de implantação de redes coletoras		
Serviços Preliminares(*) (responsável por 3,8% do custo total)	Canteiro e locação da obra Tapumes e sinalização Passadiços	0,6% 2,1% 1,1%
Execução de valas (responsável por 61,2% do custo total)	Levantamento da pavimentação Escavação Escoramento Reaterro	1,3% 10,6% 38,8% 10,5%
Assentamento de tubulações (*) (responsável por 25,1% do custo total)	Transporte Assentamento Poços de visita Ligações prediais Cadastro	0,4% 4,1% 15,5% 4,6% 0,5%
Serviços complementares (*) (responsável por 9,9% do custo total)	Lastro e bases adicionais Reposição de pavimento Reposição de galerias pluviais	0,7% 9,1% 0,1%
Acima sobressaem-se os custos relativos; abaixo, três deles (*) são função direta da profundidade, e o outro, o segundo maior custo, relativo à construção de PVs.		
Esses 4 itens são responsáveis por 75,4% do custo total	Escoramento Poços de visita Escavação Reaterro	38,8% 15,5% 10,6% 10,5%

Fonte: Relatórios internos da SABESP (1980).

O segmento de coletor, compreendido entre duas singularidades sucessivas, denomina-se "trecho". Para facilitar a desobstrução, é usual a limitação dos comprimentos dos trechos com a construção de PVs intermediários (máximo de 100 m, por exemplo).

Outra utilidade dos PVs é nas canaletas de fundo, construídas para dirigir o fluxo dos coletores afluentes ao coletor de saída, evitando a utilização de conexões. São executadas *in loco*, com seção semicircular de diâmetro igual ao do coletor de saída e com altura das laterais (banquetas) coincidindo com a geratriz superior desse coletor. As banquetas devem ter forte inclinação em direção às canaletas (≥ 2%), para evitar eventual retenção de matérias putrecíveis.

A deficiência de equipamentos adequados para manutenção e desobstrução dos condutos levou a exageros na quantidade de PVs construídos (quanto mais melhor!), o que acabou por agravar o custo de implantação de redes coletoras. Uma pesquisa realizada em 1980, em 307 km de rede na RMSP revelou os custos apresentados na Tab. 4.1, relativos à implantação de redes coletoras.

Naquela época, a premissa dos projetos era o atendimento a 100% dos lotes. Observou-se que 92% das soleiras dos coletores prediais encontravam-se a profundidades de 1,50 m ou menos, e também que 20% da extensão das redes coletoras situavam-se a mais de 3,00 m de profundidade. Para reduzir os custos, foram adotadas várias propostas, algumas já em adiantado estágio de desenvolvimento, que envolveram a desobrigação de atendimento de soleiras baixas (hoje consta da norma brasileira), além da restrição ao uso indiscriminado de PVs e sua substituição por dispositivos de custo menor, discriminados a seguir.

- Terminal de limpeza (TL – ver Fig. 4.3) é o dispositivo que substitui o PV no início de coletores. Trata-se de um dispositivo que não permite visita de inspeção, mas permite a introdução de equipamentos de desobstrução e limpeza.

- Terminal de inspeção e limpeza (TIL – ver Fig. 4.4). Trata-se de um dispositivo não visitável, que permite a inspeção visual e a introdução de equipamentos de

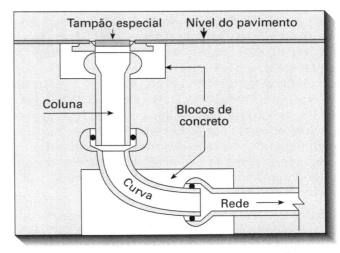

Figura 4.3   Corte esquemático de um TL (sem escala).

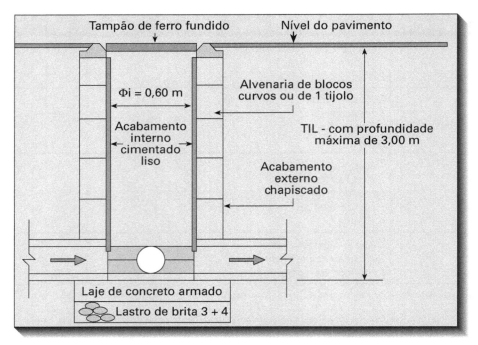

Figura 4.4 Corte esquemático e um TIL (sem escala).

desobstrução e limpeza; substitui o PV nas outras singularidades descritas anteriormente, até uma profundidade máxima de 3,00 m.

As caixas de passagem (CP) e as conexões têm uso muito restrito, conforme citado anteriormente.

Notável ainda é o TIL radial, pré-fabricado em PVC (Fig. 4.5), para ser utilizado em redes coletoras que utilizam tubos desse material.

4.1.2 Tipo de redes – traçados

A escolha do traçado da rede coletora deve ser dividida em duas partes. A primeira diz respeito aos grandes condutos – coletores-tronco e interceptores, e é determinada pela conformação da rede à malha viária e à topografia da área do projeto, com as vertentes dos eventuais cursos de água urbanos. Às margens deste são previstos interceptores, quando não são admitidas descargas diretas nos mesmos. A partir do interceptor, são identificados os talvegues nas vertentes, sendo o talvegue a linha que divide os planos de duas encostas por onde escoam as águas naturais e aí, segundo o traçado das ruas, são localizados os coletores-tronco. São comuns as conformações do que se poderia chamar de rede principal, como se pode verificar a seguir.

Perpendicular – quando os talvegues em direção ao corpo de água são regularmente espaçados e relativamente próximos, resultando coletores-tronco de curta extensão (Fig. 4.6).

Essa conformação também ocorre quando os talvegues não são bem definidos: a vertente do curso de água é mais regular, e os coletores-tronco dependem apenas do traçado viário.

Longitudinal – quando o núcleo urbano se desenvolve principalmente ao longo do curso de água, com traçado viário favorável à implantação de condutos de maior extensão (Fig. 4.7).

Em leque – quando a topografia é bastante irregular, com o traçado viário de grandes declives, configurando diversas sub-bacias de esgotamento convergentes (Fig. 4.8).

Distrital (radial) – quando a topografia apresenta baixas declividades, e para evitar excessiva profundidade dos condutos, divide-se a área de projeto em distritos, com pontos de concentração dotados de elevatórias que promovem o transporte do esgoto para o lançamento ou tratamento (Fig. 4.9). É o arranjo típico de grandes cidades litorâneas, como Santos ou Guarujá em São Paulo.

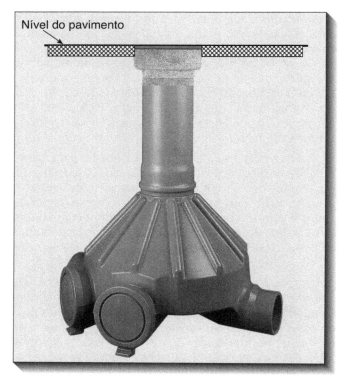

Figura 4.5 TIL radial. Fonte: Catálogo da Tigre.

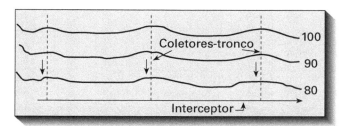

Figura 4.6 Conformação esquemática de coletores-tronco e interceptores, tipo perpendicular.

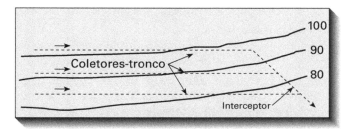

Figura 4.7 Conformação esquemática de coletores-tronco e interceptores, tipo longitudinal.

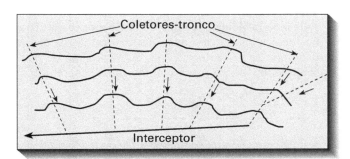

Figura 4.8 Conformação esquemática de coletores-tronco e interceptores, tipo leque.

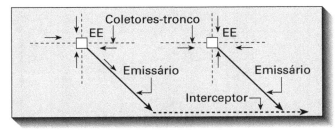

Figura 4.9 Conformação esquemática de coletores-tronco e interceptores, tipo distrital.

Uma vez decidido o traçado preliminar do transporte e do afastamento do esgoto, é necessário agora tratar da coleta propriamente dita, ou seja, o traçado das redes coletoras de esgoto que serão interligadas aos coletores-tronco.

Dentro de cada uma das sub-bacias, determinadas pelo traçado dos coletores-tronco, algumas decisões precedem o traçado das redes coletoras de esgoto, vinculadas à posição do coletor na seção transversal de via pública.

Rede simples/rede dupla – em geral, o sentido de economia global no empreendimento leva a considerar o caso normal como sendo o de uma única tubulação atendendo aos dois lados da rua. Algumas situações, no entanto, devem ser consideradas, as quais levam à adoção de rede dupla, visando ao menor custo das ligações prediais e à facilidade de manutenção e reparação; são elas:

- vias de tráfego intenso;
- vias com largura entre alinhamentos superior a 14 m;
- vias com interferências que inviabilizam a execução de ligações prediais ou do próprio coletor;
- quando o diâmetro do coletor é igual ou superior a DN 400 e são usados tubos de concreto que não recebem ligações prediais;
- quando a profundidade do coletor excede 4 m, inviabilizando ligações prediais.

Profundidade mínima e máxima – são importantes fatores limitantes do traçado da rede coletora. A norma brasileira NBR 9649 (ABNT, 1986) limita a profundidade mínima ao fixar o recobrimento mínimo – altura entre o nível da superfície e o da geratriz superior externa do tubo – em 0,65 m, quando o coletor é assentado no passeio, e em 0,90 m, para coletor assentado no leito de tráfego. Esses limites dizem respeito à proteção da tubulação contra as cargas externas na superfície do terreno. A profundidade mínima a ser adotada para cada coletor está vinculada às ligações prediais que devem ser atendidas, o que exige o levantamento das cotas das soleiras baixas – em nível inferior ao do pavimento da rua – existentes em cada trecho. A citada norma recomenda ainda que "a rede coletora não deve ser aprofundada para atendimento de economia com cota de soleira abaixo do nível da rua". Nos casos de atendimento considerado necessário, devem ser feitas análises da conveniência do aprofundamento, considerados seus efeitos nos trechos subsequentes e comparando-se com outras soluções. Isso implica o cuidadoso estudo de custos, considerando algumas opções de profundidade mínima comparadas com as porcentagens de atendimento que permitem. Por exemplo, podem ser comparados:

- profundidade mínima × % atendimento × acréscimo de custo: como os custos são razoavelmente homogêneos em uma sub-bacia, a análise criteriosa de alguns poucos trechos já fornecem parâmetros para decisões mais rápidas nos demais trechos.

Conforme a Fig. 4.10 e a Tab. 4.2, a profundidade p a adotar resulta de:

$$p = h + h_c + I \cdot L + a$$

As profundidades mínimas recomendadas para os casos de soleiras normais situam-se na faixa de 0,90 m a 1,60 m, conforme a localização do coletor – no passeio, no terço da via adjacente ao lote, no eixo da via ou no terço oposto.

Quanto à profundidade máxima, o fator limitante é o custo de implantação tanto de coletores de esgoto como das ligações prediais. É frequente a indicação de 4 m como limite de coletores auxiliares para receber as ligações prediais sem lhes onerar o custo.

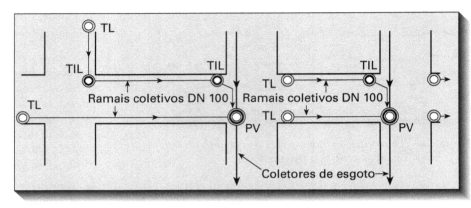

Figura 4.11 Esquema de rede com ramais coletivos.

Redes com ramais coletivos (coletores auxiliares) – é um tipo de traçado alternativo para diminuição dos custos de implantação (Fig. 4.11). Trata-se de conduzir a rede principal apenas por algumas ruas; nas quadras contíguas são construídos os ramais coletivos nos passeios, com recobrimento de 0,65 m e DN 100, esgotando as economias. Os ramais coletivos devem ter comprimento máximo de ≅ 200 m.

Rede condominial – é um outro tipo de traçado alternativo, visando à economia na implantação de rede coletora (Fig. 4.12). Consiste em se estabelecer um condomínio, formal ou informal, entre os moradores de uma mesma quadra e construir internamente aos lotes, na frente ou nos fundos, uma rede de ramais interligados, com caixas de inspeção em cada lote, onde são recebidas as contribuições domiciliares. Essa rede interna é ligada a um coletor de esgoto externo, no local mais conveniente da quadra. A execução das obras, sua manutenção e operação são responsabilidade dos próprios condôminos, respondendo

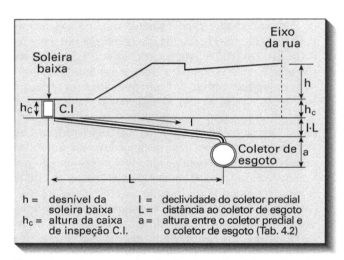

Figura 4.10 Esquema de cálculo da profundidade do coletor público para atender soleiras baixas.

TABELA 4.2 Valores usuais de *a* (em m) e de *I* para atender soleiras baixas

Coletor de esgoto DN	Coletor predial		
	DN 100	DN 150	DN 200
	I = 2%	*I* = 0,7%	*I* = 0,5%
100	0,34	-	-
150	0,39	0,47	-
200	0,44	0,52	0,56
300	0,54	0,62	0,66
400	0,64	0,72	0,76

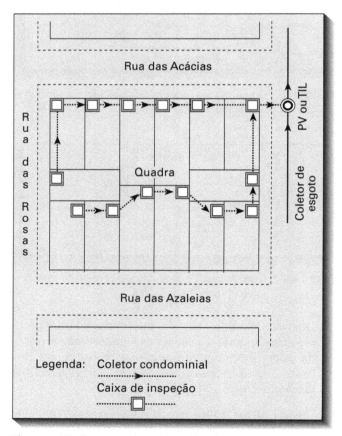

Figura 4.12 Esquema de rede condominial.

cada um pelo trecho situado em seu lote. A concessionária da rede pública externa fornece assistência técnica e social, tanto para a construção como para o bom entendimento das obrigações condominiais. Construída em locais protegidos, a rede condominial pode ter recobrimento bastante reduzido, até cerca de 0,30 m, resultando custos de implantação também reduzidos. É uma solução bastante interessante, principalmente para aquelas quadras onde os lotes têm caimento para os fundos, o que resultaria numa rede convencional muito profunda.

4.1.3 Parâmetros limites e valores de projeto

Os principais parâmetros que comparecem no dimensionamento hidráulico das redes coletoras de esgoto sanitário são:

População (P, hab) – é o principal parâmetro para o cálculo das vazões de esgoto doméstico; já as parcelas de águas de infiltração e de esgoto industrial, que também compõem o esgoto sanitário, independem do mesmo.

Devem ser consideradas as populações atuais, de início do plano, e as futuras, de fim de plano, estimadas para o alcance do projeto – ano previsto para o sistema projetado passar a operar com utilização plena de sua capacidade.

Os métodos demográficos utilizados na determinação desses valores não serão tratados neste livro, mas se encontram disponíveis na literatura técnica de demografia.

Além das populações totais da área do projeto, interessa também o conhecimento de sua distribuição no solo urbano, que deve ser dividido em áreas de ocupação homogênea, determinando-se para elas as respectivas "densidades populacionais" (d, hab/ha), também para o início e final de plano.

A Tab. 4.3 indica alguns valores recomendados para projeto, conforme zonas de ocupação homogênea. Em casos específicos é necessário também considerar as populações flutuantes e temporária, conforme definidas na norma brasileira NBR 9648 (ABNT, 1986).

Coeficiente de retorno (C) – é a relação média entre os volumes de esgoto produzido e água efetivamente consumida. Entende-se por consumo efetivo aquele registrado na micromedição da rede de distribuição de água descartando-se, portanto, as perdas do sistema de abastecimento. Parte desse volume efetivo não chega aos coletores de esgoto, pois, conforme a natureza do consumo, perde-se por evaporação, infiltração ou escoamento superficial – por exemplo, lavagem de roupas, regas de jardins, lavagem de pisos ou de veículos. Além disso, é conveniente a investigação a respeito de outras fontes de abastecimento de água, poços freáticos, por exemplo, que podem elevar o volume de esgoto produzido até mesmo acima do volume registrado nos hidrômetros, caso de indústrias, hospitais e outros contribuintes singulares. A norma brasileira NBR 9649 (ABNT, 1986), recomenda o valor $C = 0,80$ quando inexistem dados locais oriundos de pesquisas (ver Tab. 4.4).

TABELA 4.3 Densidades populacionais e extensões médias de ruas (na RMSP)

	Caraterísticas urbanas dos bairros (ocupações homogêneas)	Densidade demográfica de saturação (hab/ha)	Extensão média de arruamento (m/ha)
I	Bairros residenciais de luxo, com lote padrão de 800 m²	100	150
II	Bairros residenciais médios, com lote padrão de 450 m²	120	180
III	Bairros mistos populares, com lote padrão de 250 m²	150	200
IV	Bairros misto residencial-comercial da zona central, com predominância de prédios com 3 a 4 pavimentos	300	150
V	Bairros residenciais da zona central, com predominância de edifícios de apartamentos com 10 a 12 pavimentos	450	150
VI	Bairros misto residencial-comercial e industrial da zona urbana, com predominância de comércio e indústrias artesanais e leves	600	150
VII	Bairros comerciais da zona central, com predominância de edifícios de escritórios	1.000	200

Observações: hab = n. de habitantes e ha = hectare = 10.000 m² – Recomendações da antiga SAEC (atual SABESP) para projetos, coligidas por M. Tsutiya e P. A. Sobrinho – Fonte: Azevedo Netto *et alii*, 1998.

TABELA 4.4 Coeficientes de retorno medidos ou recomendados para projeto					
Autor	Local	Ano	Coeficiente de retorno	Condição de obtenção dos valores
José A. Martins	São Paulo	1977	0,7 a 0,9	Recomendações para o projeto
Azevedo Netto	São Paulo	1981	0,7 a 0,8	Recomendações para o projeto
NBR 9649 - ABNT	Brasil	1986	0,8	Recomendações para o projeto
Luis P. Almeida Neto Gilberto O. Gaspar João B. Comparini e Nelson L. Silva	Cardoso, Guarani D'Oeste e Valentim Gentil (Estado de São Paulo)	1989	0,35 a 0,68	Medições em sistemas operando há vários anos
Sabesp	São Paulo	1990	0,85	Recomendações para projeto "Plano Diretor de Esgoto da Região Metropolitana de São Paulo"
João B. Comparini	Cardoso, Pedranópolis, Guarani D'Oeste e Indiaporã (Estado de São Paulo)	1990	0,42 a 0,73	Medições em sistemas operando há vários anos
Milton T. Tsutiya e Orlando Z. Cassetari	Tatuí (Estado de São Paulo)	1995	0,52 a 0,84	Medições em sistemas operando há vários anos
Steel	EUA	1960	0,7 a 1,3	Para as condições norte-americanas
Fair, Geyer & Okun	EUA	1968	0,6 a 0,7	Recomendações para projeto
Metcalf & Eddy Inc.	EUA	1981	0,7	Recomendações para projeto

Fonte: Tsutiya, M. T. e Além Sobrinho, P., 1999.

Taxa per capita (q, L/hab · dia) – a taxa *per capita* de contribuição de esgoto nada mais é do que o produto do coeficiente de retorno pela taxa *per capita* de consumo de água escoimada da parcela relativa a perdas. Esse consumo, assim corrigido, é denominado "consumo efetivo *per capita*". Este é extremamente variável, não só de cidade ou região para outras, como também entre zonas da mesma cidade, tendo fatores influentes ligados à cultura, à saúde, ao nível social e outros aspectos da população, mas também relativos à região, ao clima, à hidrografia, e ainda ao serviço de abastecimento de água local, inclusive quanto à existência ou não de medição da água distribuída. Medições efetuadas no Estado de São Paulo revelaram os seguintes valores de "consumo efetivo *per capita*", apresentados na Tab. 4.5.

Coeficientes de variação de vazão (k_1, k_2 e k_3) – é o escoamento da parcela de esgoto doméstico, que compõe o esgoto sanitário; não se comporta de forma regular, pois como a água de consumo doméstico está sob comando direto do usuário, variando a vazão conforme as demandas sazonal, mensal diária e horária, é influenciado por diversos fatores – clima, jornada de trabalho, hábitos da população etc. As variações mais significativas são as diárias e as horárias, representadas respectivamente pelos coeficientes abaixo – os mesmos do sistemas de abastecimento de água:

k_1 coeficiente do dia de maior demanda – é a relação entre a maior demanda diária ocorrida em um ano e a vazão diária média desse ano;

TABELA 4.5 Consumo efetivo de água (dados da SABESP, 1986)			
Região	População	Valores extremos	Média ponderada
10 bacias (São Paulo - capital)	3.024.000 hab.	127 a 194 L/hab · dia	165 L/hab · dia
10 cidades (RMSP)	633.000 hab.	125 a 188 L/hab · dia	136 L/hab · dia
15 cidades (São Paulo - interior)	1.080.196 hab.	124 a 184 L/hab · dia	166 L/hab · dia

Fonte: Azevedo Netto *et alii*, 1998.

k_2 coeficiente da hora de maior demanda – é a relação entre a maior demanda horária ocorrida em um dia e a vazão horária média desse dia;

Em alguns casos, como no dimensionamento hidráulico das estações de tratamento de esgoto (ETEs), há interesse em se avaliar a mínima vazão horária e, então, é definido um terceiro coeficiente:

k_3 coeficiente da hora de demanda mínima – é a relação entre a mínima demanda horária ocorrida em um ano e a demanda horária média desse ano.

A Tab. 4.6 mostra alguns valores pesquisados e valores recomendados para projetos. A norma brasileira recomenda, na inexistência de dados locais oriundos de pesquisas, os seguintes valores:

$$k_1 = 1{,}2 \quad k_2 = 1{,}5 \quad k_3 = 0{,}5$$

4.1.4 Vazões de esgoto, contribuições e taxas

Conforme já visto, a vazão de esgoto sanitário (Q) compreende as seguintes parcelas:

$$Q = Q_d + I + Q_c \quad (4.1),$$

sendo que:

Q_d = vazão de esgoto doméstico;
I = vazão de água de infiltração; e
Q_c = vazão de contribuição concentrada. Esta última oriunda de áreas cujas contribuições são significativamente maiores que as resultantes da simples aplicação da taxa de contribuição por área esgotada. Referem-se às áreas ocupadas por hospitais, educandários, quartéis, indústrias e outros. Também as áreas de expansão da rede coletora podem ser previstas, comparecendo na vazão de final de plano, como contribuições concentradas.

A contribuição de esgoto doméstico (Q_d) é aquela parcela vinculada à população servida, cuja contribuição média anual é expressa pelas equações:

- Vazão média inicial (L/s)

$$\bar{Q}_{d,i} = \frac{C \cdot P_i \cdot q_i}{86.400} \quad (4.2)$$

$$\bar{Q}_{d,i} = \frac{C \cdot a_i \cdot d_i \cdot q_i}{86.400} \quad (4.3)$$

- Vazão média final (L/s)

$$\bar{Q}_{d,f} = \frac{C \cdot P_f \cdot q_f}{86.400} \quad (4.4)$$

$$\bar{Q}_{d,f} = \frac{C \cdot a_f \cdot d_f \cdot q_f}{86.400} \quad (4.5)$$

nas quais:

C = coeficiente de retorno;
P_i e P_f = população inicial e de final de plano (hab);

TABELA 4.6 Coeficientes de variação da vazão de esgotos sanitários

Autor	Local	Ano	k_1	k_2	k_3	Condições de obtenção dos valores
José A. Martins	São Paulo	1977	1,25	1,51	0,5	Recomendações para projeto
Dario P. Bruno & Milton T. Tsutiya	Cardoso, Fernandópolis, Lucélia e Pinhal (Estado de São Paulo)	1983	(*)	1,43 a 1,96	0,11 a 0,27	Medições em sistemas operando há vários anos
NBR 9649 - ABNT	Brasil	1986	1,2	1,5	0,5	Recomendações para projeto
CETESB	Itapema (Estado de São Paulo)	1986	(*)	1,6	(*)	Medições em sistemas operando há vários anos
João B. Comparini	Cardoso, Indiaporã, Guarani D'Oeste e Pedranópolis (Estado de São Paulo)	1990	1,15 a 1,53	1,45 a 2,55	0,03 a 0,21	Medições em sistemas operando há vários anos
Milton T. Tsutiya & Orlando Z. Cassettari	Tatuí (Estado de São Paulo)	1995	(*)	1,57 a 2,23	0,11 a 0,51	Medições em sistemas operando há vários anos

Observação: (*) Valores não medidos – Fonte: Tsutiya, M. T. e Além Sobrinho, P., 1999.

a_i e a_f = área servida inicial e de final de plano (ha);
d_i e d_f = densidade populacional inicial e de final de plano (hab/ha);
q_i e q_f = consumo de água efetivo inicial e de final de plano (L/hab · dia).

Compondo as parcelas indicadas na equação 4.1, calculam-se as vazões de esgoto sanitário, aplicando-se, onde couberem, os coeficientes de variação (do dia de maior demanda k_1 e da hora de maior demanda k_2):

- Vazão inicial (L/s)

$$Q_i = k_2 \cdot \bar{Q}_{d,i} + I + \Sigma Q_{c,i} \quad (4.6)$$

- Vazão final (L/s)

$$Q_f = k_1 \cdot k_2 \cdot Q_{d,f} + I + \Sigma Q_{c,f} \quad (4.7)$$

Observa-se na equação 4.6 que não é aplicado o coeficiente k_1, pois se busca uma vazão inicial frequente (também chamada de vazão máxima de um dia qualquer). Como se verá adiante, essa vazão é utilizada na verificação das condições de autolimpeza da canalização. As taxas de cálculo ou vazões de dimensionamento são as equações 4.8a, 4.9a, 4.10a e 4.11a. Caso a infiltração seja considerada uniforme na área de projeto, pode ser adotada uma taxa T_I (L/s · ha) ou T_I (L/s · m), e então as taxas de cálculo são as equações 4.8b, 4.9b, 4.10b e 4.11b.

- Taxa, por área esgotada (L/s · ha)

$$T_{a,i} = \frac{Q_i - \Sigma Q_{c,i}}{a_i} \quad (4.8a)$$

$$T_{a,i} = \frac{k_2 \cdot \bar{Q}_{d,i}}{a_i} + T_I \quad (4.8b)$$

$$T_{a,f} = \frac{Q_f - \Sigma Q_{c,f}}{a_f} \quad (4.9a)$$

$$T_{a,f} = \frac{k_1 \cdot k_2 \cdot \bar{Q}_{d,f}}{a_f} + T_I \quad (4.9b)$$

- Taxa linear, por metro de tubulação (L/s · m), com $\ell^* = L/a$ (Tab. 4.3)

$$T_{x,i} = \frac{Q_i - \Sigma Q_{c,i}}{L_i} \quad (4.10a)$$

$$T_{x,i} = \frac{k_2 \cdot Q_{d,i}}{\ell_i^* \cdot a_i} + T_I \quad (4.10b)$$

$$T_{x,f} = \frac{Q_f - \Sigma Q_{c,f}}{L_f} \quad (4.11a)$$

$$T_{x,f} = \frac{k_1 \cdot k_2 \cdot Q_{d,f}}{\ell_f^* \cdot a_f} + T_I \quad (4.11b)$$

nas quais:

a_i e a_f são respectivamente as áreas esgotadas inicial e final;

L_i e L_f são respectivamente os comprimentos totais de tubulação inicial e final;
L_i^* e L_f^* são respectivamente L_i/a_i e L_f/a_f;
T_I é a taxa de infiltração.

4.1.5 As condições hidráulicas exigidas

O esgoto sanitário, como já foi dito no Capítulo 2, além de substâncias orgânicas e minerais dissolvidas, leva também substâncias coloidais e sólidos de maior dimensão, em mistura que pode formar depósitos nas paredes e no fundo dos condutos, o que não é conveniente para o seu funcionamento hidráulico, ou seja, para o escoamento.

Assim, no dimensionamento hidráulico deve-se prover condições satisfatórias de fluxo que, simultaneamente, devem atender aos seguintes quesitos:

- transportar as vazões esperadas, máximas (caso das vazões de fim de plano Q_f), e mínimas (que são as de início de plano Q_i);

- promover o arraste de sedimentos, garantindo a autolimpeza dos condutos;

- evitar as condições que favorecem a formação de sulfetos HS^- (anaerobiose séptica) e a formação e desprendimento do gás sulfídrico (condições ácidas). O gás sulfídrico, em meio úmido, origina o ácido sulfúrico (ver Fig. 7.6, no Capítulo 7). Esse ácido age destruindo alguns materiais de que são feitos os condutos (o concreto, por exemplo), além de causar desconforto, em razão de seu cheiro ofensivo.

O dimensionamento hidráulico consiste, pois, em se determinar o diâmetro e a declividade longitudinal do conduto, tais que satisfaçam essas condições.

Outras condições que compareçam no dimensionamento hidráulico decorrem de vazões instantâneas devidas às descargas de bacias sanitárias, muitas vezes simultâneas; são elas:

- máxima altura da lâmina d'água, para garantia do escoamento livre, fixada por norma em 75% do diâmetro, para as redes coletoras;

- mínima vazão a considerar nos cálculos hidráulicos, fixada em 1,5 L/s ou 0,0015 m³/s.

4.1.6 O cálculo do diâmetro

A equação de Manning, com $n = 0,013$, permite o cálculo do diâmetro para satisfazer à máxima vazão esperada (Q_f), que atende ao limite $y = 0,75\, d_0$. A expressão para se determinar esse diâmetro é a seguinte:

$$d_0 = 0,3145 \cdot (Q_f/I_0^{1/2})^{3/8} \quad (4.12)$$

Nessa expressão deve-se entrar com a vazão em m³/s, resultando o diâmetro em m, ajustado para o diâmetro comercial (DN) mais próximo (em geral, adota-se o valor imediatamente acima do calculado).

4.1.7 As declividades mínima e econômica

A determinação da declividade está vinculada a dois conceitos: a autolimpeza ou arraste de sedimentos e a economicidade do investimento, direta e fortemente ligada às profundidades de assentamento dos condutos. Esses conceitos definem duas declividades:

- a declividade mínima: que deve garantir o deslocamento e o transporte dos sedimentos usualmente encontrados no fluxo do esgoto, promovendo a autolimpeza dos condutos, em condições de vazões máximas de um dia qualquer, no início de plano (Q_i);

- a declividade econômica: que deve evitar o aprofundamento desnecessário dos coletores, fixando a profundidade mínima admitida no projeto, na extremidade de jusante do trecho considerado; a profundidade da extremidade de montante já é predeterminada pelas suas condições específicas, ou seja, pode ser um início de coletor e, portanto, tem profundidade mínima, ou sua profundidade já estaria fixada pelos trechos afluentes já calculados. Do confronto entre ambas as declividades, adota-se a maior delas.

4.1.8 A autolimpeza dos condutos

Os estudos relativos ao transporte de sedimentos em canais mostram que a autolimpeza de condutos de esgoto sanitário depende de uma velocidade mínima, que ocorre simultaneamente com uma certa altura mínima de água (y) nesse conduto, dependendo também da natureza (orgânica ou mineral) e tamanho da partícula que se deseja transportar.

Experimentalmente foram definidas as condições mínimas que permitem o transporte de partículas de areia de diâmetros 0,2 mm a 1,0 mm e mostradas as seguintes correlações:

- a velocidade de autolimpeza aumenta com o diâmetro (d_0) do conduto, para a mesma relação de enchimento (y/d_0);

- a velocidade de autolimpeza aumenta com a relação de enchimento (y/d_0), para o mesmo diâmetro (d_0) do conduto.

No caso das canalizações de esgoto sanitário, a sedimentação ocorre quando a relação $y/d_0 \leq 0,15$ a velocidades inferiores a 0,20 m/s, válida para os diâmetros menores, e crescendo até 0,60 m/s para os maiores diâmetros.

Com base nesses estudos, foram propostas as condições hidráulicas para os condutos a fim de garantir o autotransporte dos sedimentos de esgoto sanitário, sempre aliando a relação de enchimento (y/d_0) com velocidades da ordem de 0,50 ou 0,60 m/s. Era usual adotar-se a relação de enchimento igual a 0,50, ou seja, escoamento à meia seção e velocidade de 0,60 m/s. Esse critério, adotado pelo antigo DAE de São Paulo, resultava nas declividades apresentada na Tab. 4.7, calculadas segundo a equação de Ganguillet-Kutter ($n = 0,013$).

4.1.9 O critério da tensão trativa

Considerando-se que a grandeza hidrodinâmica que promove o repouso ou o movimento das partículas é a tensão de arraste, exercida pela força tangencial atuante sobre a parte molhada do conduto (componente tangencial do peso do volume do líquido), contido entre duas seções transversais distanciadas de um certo comprimento L (ver Fig. 4.13), observa-se que a simples fixação da velocidade do fluxo a uma certa altura de lâmina não garante a autolimpeza no caso de diâmetros grandes, pois mantidos constantes esses parâmetros, a tensão de arraste (tensão trativa) diminui com o aumento do diâmetro.

Os critérios usuais recomendados (v = 0,60 m/s e y/d_0 = 0,50) e (v = 0,50 m/s e y/d_0 = 0,20) estão representados na Fig. 4.12 e na Tab. 4.8, em função da tensão trativa (σ) e do diâmetro (d_0), podendo-se observar que, em relação à tensão trativa de 1,0 Pa, considerada pelas pesquisas como satisfatória para o escoamento do esgoto sanitário, os condutos com diâmetros menores resultam superdimensionados (até DN 600 ou DN 800), ocorrendo o oposto para os maiores diâmetros.

TABELA 4.7 Declividades mínimas (para y/d_0 = 0,50 e v = 0,60 m/s)

DN (mm)	$I_{0\,min}$ (m/m)	DN (mm)	$I_{0\,min}$ (m/m)	DN (mm)	$I_{0\,min}$ (m/m)	DN (mm)	$I_{0\,min}$ (m/m)	DN (mm)	$I_{0\,min}$ (m/m)	DN (mm)	$I_{0\,min}$ (m/m)	DN (mm)	$I_{0\,min}$ (m/m)
150	0,0070	250	0,0035	350	0,0023	450	0,0018	600	0,0010	800	0,0006	1.000	0,0005
200	0,0050	300	0,0025	400	0,0020	500	0,0015	700	0,0008	900	0,0005	1.200	0,0005

Observação: Na prática, declividades inferiores a 0,0005 m/m tornam o assentamento dos tubos impreciso.

Para a elaboração das curvas 1 e 2 da Fig. 4.13, bem como os valores calculados para o Tab. 4.8, utilizaram-se as seguintes expressões:

$$\sigma = (\gamma \cdot v^2 \cdot n^2)/R_H^{1/3}$$

para $\gamma = 9.800$ N/m^3 e $n = 0{,}013$.

Curva 1:

$v = 0{,}60$ m/s, $y/d_0 = 0{,}50$
e $R_H = 0{,}25$ d_0

Curva 2:

$v = 0{,}50$ m/s, $y/d_0 = 0{,}20$
e $R_H = 0{,}1206$ d_0

Em razão dessas distorções, a Sabesp decidiu-se pela adoção do critério da tensão trativa, também adotado pela ABNT com a edição da norma NBR 9649/1986. A tensão trativa é definida como a força tangencial unitária aplicada às paredes do coletor pelo líquido em escoamento. Sua equação é deduzida de forma análoga à pressão de um sólido que desliza sobre um plano inclinado.

$F =$ peso do volume de líquido contido num trecho de comprimento L, expresso por:

$$F = \gamma \cdot A_m \cdot L$$

onde:

γ = peso específico do líquido;
A_m = área molhada da seção transversal. E a sua componente tangencial é:

$$T = F \cdot \text{sen } \alpha$$

ou

$$T = \gamma \cdot A_m \cdot L \cdot \text{sen } \alpha$$

A tensão trativa (σ) por sua definição é:

$$\sigma = \frac{T}{P_m \cdot L} = \frac{\gamma \cdot A_m \cdot L \cdot \text{sen } \alpha}{P_m \cdot L} = \gamma \cdot R_H \cdot \text{sen } \alpha$$

onde:

P_m = perímetro molhado
R_H = raio hidráulico

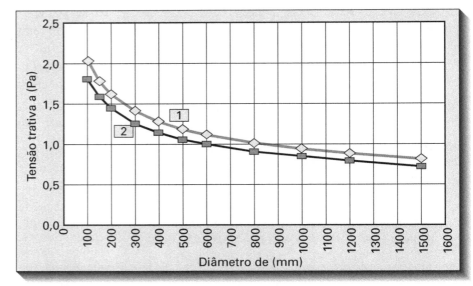

Figura 4.13 Critérios convencionais × tensão trativa.

Como α é um ângulo sempre muito pequeno, sen $\alpha \cong$ tg $\alpha = I_0$ (declividade do conduto) e assim finalmente, pode-se escrever:

$$\boxed{\sigma = \gamma \cdot R_H \cdot I_0} \qquad (4.13)$$

A norma NBR 9649/1986 recomenda o valor mínimo $\sigma = 1{,}0$ Pa, adequado para garantir o arraste de partículas de até 1,0 mm de diâmetro, frequentes no fluxo de esgotos de cidades litorâneas. O valor recomendado para o coeficiente de Manning é $n = 0{,}013$, independentemente do material dos tombos, em razão das múltiplas singularidades ocorrentes na rede coletora.

4.1.10 A declividade mínima

Declividade mínima é aquela que, para condições iniciais de vazão (Q_i), atende à equação 4.13 para $\sigma = 1{,}0$ Pa. A operacionalidade, para evitar uma sequência de cálculos iterativos, foi conseguida através da seguinte simplificação:

- adotou-se a variação de (y/d_0) de 0,20 a 0,75 e com as equações da Tab. 2.12 (Capítulo 2), calcularam-se

TABELA 4.8 Valores da tensão trativa σ para as condições fixadas								
d_0 (mm)	Curva 1	Curva 2	d_0 (mm)	Curva 1	Curva 2	d_0 (mm)	Curva 1	Curva 2
100	2,04	1,81	400	1,28	1,14	1.000	0,95	0,84
150	1,78	1,50	500	1,19	1,06	1.200	0,89	0,79
200	1,62	1,43	600	1,12	0,99	1.500	0,83	0,73
300	1,41	1,25	800	1,02	0,90	-	-	-

Rede coletora

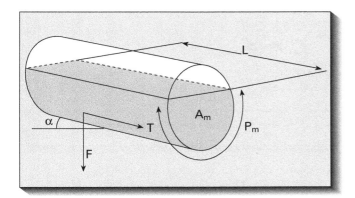

Figura 4.14 Desenho esquemático para cálculo da tensão trativa.

inicialmente os valores correspondentes de (θ) e depois os de (A_m/d_0^2) e (R_H/d_0);

- em seguida adotou-se a variação de (d_0) segundo a sequência dos diâmetros comerciais a partir de 100 mm, calculando-se os respectivos valores de declividade e vazão vinculados à variação de (y/d_0), com as equações:

$$I_0 = \frac{\sigma}{R_H \cdot \gamma} \text{ (m/m)}$$

com $\sigma = 1,0$ Pa e $\gamma = 9,8 \cdot 10^3$ N/m$^3 \cong 10$ N/m^3

$$Q = \frac{A_m}{0,013} \cdot R_H^{2/3} \cdot I_0^{1/2} \cdot 10^3 \text{ (L/s)}$$

(Fórmula de Manning)

Os valores de (Q) e (I_0) assim obtidos, dispostos em gráfico bilogarítmico, resultam em um feixe de curvas de fraca curvatura correlacionadas a uma única reta (Fig. 4.15) que tem a seguinte equação:

$$\boxed{I_{0 \text{ mín}} = 0,0055 \cdot Q_i^{-0,47}} \quad (4.14)$$

I_0 em m/m e Q_i em L/s

Na Fig. 4.15, a região acima da reta mostra as tensões trativas superiores ao limite $\sigma = 1,0$ Pa, com autolimpeza do conduto garantida.

A proposta de uso de valores menores para n e σ, gerando retas paralelas à da Fig. 4.15 em posição inferior, não é comprovada na prática de implantação de redes coletoras, pois não têm tido aplicação em obras, já que se aproximam em demasia do limite prático de declividade $I_0 = 0,0005$ m/m (0,05%), para o qual já não existe precisão na execução. A metodologia aqui discutida é utilizada há quase 20 anos, com pleno sucesso de resultados, atestados pelas inúmeras obras implantadas sob tais critérios. Além disso, é bom também lembrar que é justamente nas cidades litorâneas, onde o fluxo de esgoto conduz partículas de areia com maior frequência, que na maioria das vezes as declividades mínimas predominam, superando as declividades econômicas, o que desaconselha a adoção de tensões trativas menores nos cálculos.

4.1.11 O procedimento para dimensionamento do conduto

O dimensionamento de um trecho de coletor consiste em se determinar os valores do diâmetro e da declividade a partir das vazões Q_i e Q_f calculadas conforme exposto no subitem 4.1.4. A sequência de cálculos é a seguinte:

- geometricamente calcula-se a declividade econômica ($I_{0, \text{ec.}}$) que traduz o menor volume de escavação, fazendo com que a profundidade do coletor a jusante seja igual à ($h_{\text{mín}}$) profundidade mínima adotada (ver Fig. 4.16). A profundidade do coletor já é predeterminada em razão das condições de montante (início de coletor ou profundidade de jusante de trecho anterior);

- calcula-se a declividade mínima ($I_{0 \text{ mín}}$) com a equação 4.14 ($\sigma = 1,0$ Pa para Q_i);

- das duas ($I_{0 \text{ec.}}$ e $I_{0 \text{ mín}}$), adota-se a de maior valor e tem-se I_0;

- com I_0 e Q_f calcula-se o diâmetro (d_0) utilizando-se a equação 4.12, derivada da equação de Manning com $n = 0,013$ e $y/d_0 = 0,75$ (enchimento máximo da seção transversal do coletor).

$$d_0 = 0,3145 \left(\frac{Q_f}{I_0^{1/2}} \right)^{3/8}$$

onde: d_0 em m, Q_f em m^3/s e I_0 em m/m

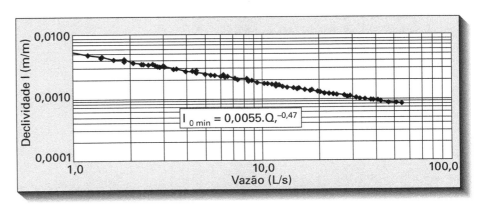

Figura 4.15 Declividade mínima $I_{0 \text{ mín}}$ em função da vazão para tensão trativa $\sigma = 1,0$ Pa.

O diâmetro adotado deve ser o diâmetro comercial (DN), com valor mais próximo do calculado pela equação 4.12, geralmente o valor superior. Tanto a vazão Q_i quanto Q_f são inferiormente limitadas a 1,5 L/s ou 0,0015 m³/s (descarga de uma válvula de vaso sanitário).

4.1.12 O arraste de ar e a velocidade crítica

A norma brasileira vigente, NBR 9649 (ABNT, 1986), mantém ainda a prescrição de uma declividade máxima admissível para a qual se tenha a velocidade final v_f = 5,0 m/s, a qual pode ser calculada pela expressão 4.16 (que resulta num valor aproximado),

$$I_0 = 4,65 \cdot Q_f^{-2/3} \quad (Q_f \text{ em L/s}) \quad (4.15)$$

Esse e outros limites recomendados devem-se à preocupação com os danos à tubulação que possam advir da abrasão de partículas duras (areia) e consequente erosão do material dos tubos. No entanto, a literatura técnica não acusa a ocorrência de tais danos, seja em dutos em operação, seja em pesquisas realizadas para observar tais efeitos (Tsutiya e Além Sobrinho, 1999).

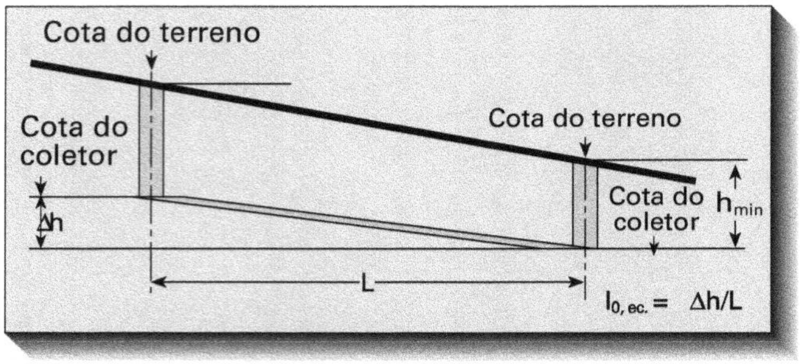

Figura 4.16 Esquema para cálculo da declividade.

São, portanto, de outra natureza as preocupações com dutos de acentuada declividade, adequados para reduzir o custo de assentamento em encostas íngremes, pois dispensa degraus, tubos de queda e poços de visita sucessivos, obrigando, no entanto, a um assentamento mais robusto e eventuais ancoragens em pontos de transição, bem como o estudo da incorporação de ar no escoamento.

A esse respeito a norma acima citada prescreve: "quando a velocidade final (v_f) é superior à velocidade

---

Exemplo de cálculo 4.1

Dimensionamento de rede coletora de esgoto

Calcular as vazões inicial e final, o diâmetro e a declividade de um trecho de extensão L = 180,00 m, com os seguintes dados, relativos à rede coletora:

- densidade populacional inicial d_i = 180 hsb/ha;
- densidade populacional final d_f = 210 hab/ha;
- consumo efetivo de água inicial e final $q_i = q_f$ = 160 L/hab · dia;
- coeficiente de retorno $\mathbb{C}$ = 0,80;
- coeficiente do dia de maior consumo k_1 = 1,2;
- coeficiente da hora de maior consumo k_2 = 1,5;
- taxa de infiltração T_I = 0,0005 L/s · m;
- comprimentos médios de tubos inicial e final $L_i^* = L_f^*$ = 200 m/ha;
- contribuições inicial e final do trecho a montante Q_i = 1,27 L/s e Q_f = 1,97 L/s;
- cotas do terreno: a montante = 152,60 e a jusante = 151,35;
- profundidade mínima no trecho = 1,20 m

1. Cálculo das vazões específicas e das vazões do trecho:

- pelas equações 4.3 e 4.10b, tem-se:
$$T_{x,i} = \frac{\mathbb{C} \cdot k_2 \cdot d_i \cdot q_i}{\ell_i^* \times 86.400} + T_I = \frac{0,8 \times 1,5 \times 180 \times 160}{200 \times 86.400} +$$
$$+ 0,0005 = 0,0025 \text{ L/s} \cdot \text{m}$$

- pelas equações 4.5 e 4.11b, tem-se:
$$T_{x,f} = \frac{\mathbb{C} \cdot k_1 \cdot k_2 \cdot d_f \cdot q_f}{\ell_f^* \times 86.400} + T_I =$$
$$= \frac{0,8 \times 1,2 \times 1,5 \times 210 \times 160}{200 \times 86.400} +$$
$$+ 0,005 = 0,0033 \text{ L/s} \cdot \text{m}$$

- as vazões do trecho (L = 180,00 m) são:
  - inicial = $T_{x,i} \cdot L$ = 0,0025 × 180,00 = 0,450 L/s = 0,000450 m³/s.
  - final = $T_{x,f} \cdot L$ = 0,0033 × 180,00 = 0,594 L/s = 0,000594 m³/s.

2. Cálculo do diâmetro e da declividade

Considerando-se as contribuições inicial e final do trecho a montante Q_i = 1,27 L/s = 0,00127 m³/s e Q_f = 1,97 L/s = 0,00197 m³/s, pode-se calcular as vazões inicial e final do trecho considerado, respectivamente:

$$Q_i = 1,27 + 0,45 = 1,72 \text{ L/s e}$$
$$Q_f = 1,97 + 0,594 = 2,564 \text{ L/s} = 0,002564 \text{ m}^3/\text{s}$$

- declividade do terreno =
$I_{0,\text{econ.}}$ = (152,60 − 151,35)/180,00 = 0,007 m/m;

- declividade mínima =
$I_{0,\text{mín}} = 0,0055 \times Q_i^{-0,47} = 0,0055 \times 1,72^{-0,47} = 0,0043$ m/m;

- declividade adotada
$$I_0 = 0,007 \text{ m/m}$$
(a maior dentre as duas calculadas);

- o diâmetro d_0 pode ser calculado pela equação 4.12
$$\Rightarrow d_0 = 0,3145 \, (Q_f/I_0^{1/2})^{3/8};$$

$d_0 = 0,3145 \, [0,002564 \div (0,007)^{1/2}]^{3/8} = 0,085$ m $\Rightarrow$ DN 100.

Observação: Para o cálculo de $I_{0,\text{mín}}$ e d_0, observar a vazão mínima 1,5 L/s ou 0,0015 m³/s.

crítica (v_c), a maior lâmina admissível (y) deve ser 50% do diâmetro do trecho. A velocidade crítica é definida por":

$$v_c = 6\,(g \cdot R_H)^{1/2} \qquad (4.16)$$

onde g = aceleração da gravidade.

Essa prescrição decorre justamente do fenômeno de incorporação de ar ao escoamento, que tem como consequência imediata o aumento da área molhada no conduto, ou seja, o volume da mistura ar-água em movimento é maior que o volume simples só de esgoto. Esse crescimento da área molhada pode resultar em ocupação total da seção transversal, passando o escoamento de conduto livre a conduto forçado, com o consequente comprometimento não só das hipóteses do dimensionamento, como também da própria tubulação, seu assentamento, suas juntas, todos não condizentes com as pressões e esforços que decorrem do escoamento sob pressão. Então, a primeira preocupação é aquela que consta da prescrição normativa, ou seja, garantir uma área livre maior na seção transversal destinada ao possível crescimento da lâmina e ainda assegurando a ventilação para manter o escoamento livre.

A fronteira para o início da incorporação de ar indicada pela equação 4.16 é resultado de inúmeras pesquisas realizadas, nas quais se constatou que entre os diversos números adimensionais ligados ao escoamento de fluidos (Reynolds, Weber, Froude e outros), o que melhor caracteriza a concentração de ar é o número de Boussinesq, embora os outros citados também tenham relação com o fenômeno, conforme revelado pela análise dimensional.

A conclusão de tais estudos mostrou que a mistura ar-água se inicia quando o número de Boussinesq (B) é igual a 6,0.

$$B = v_c \cdot (g \cdot R_H)^{-1/2} \qquad \text{ou} \qquad v_c = 6\,(g \cdot R_H)^{1/2}$$

Ocorrendo que a velocidade final (v_f) resulte superior à velocidade crítica (v_c), o trecho em questão deve ser redimensionado mantendo-se a declividade escolhida e alterando-se o cálculo do diâmetro para a relação máxima $y/d_0 = 0{,}50$ e $Q_f \geq 0{,}0015$ m³/s,

$$d_0 = 0{,}394\,(Q_f \cdot I_0^{-1/2})^{3/8} \qquad (4.17)$$

sendo: d_0 em m, Q_f em m³/s, I_0 em m/m

Deve-se adotar o diâmetro comercial (DN) mais próximo, resultando um novo diâmetro para o trecho cerca de 25% maior que o calculado pela equação 4.12. Sabe-se que a simples adoção desse critério não garante o escoamento livre de modo absoluto, mas é suficiente para as situações mais comuns. Observa-se também que o início do arraste de ar pode ocorrer para velocidades relativamente baixas ($\cong$ 1,5 m/s), sendo recomendável a verificação da velocidade crítica em todos os trechos da rede coletora (Tsutiya e Além Sobrinho, 1999).

4.1.13 O procedimento para a verificação final

A verificação final dos trechos consiste em, conhecidas as suas vazões Q_i e Q_f, diâmetros (d_0) e declividades (I_0), determinar as lâminas líquidas (y/d_0) inicial e final, as velocidades (v_i e v_f) inicial e final, a tensão trativa (σ) para as condições iniciais ($R_{H,i}$) e a velocidade crítica (v_c) para o final de plano (utilizando $R_{H,f}$). A sequência dos cálculos é a seguinte, já fixadas as vazões inicial e final de jusante (limite mínimo 1,5 L/s), os diâmetros (d_0) e as declividades (I_0), com $n = 0{,}013$:

- Calcula-se a vazão e a velocidade à seção plena

$$Q_p = 23{,}976 \cdot d_0^{8/3} \cdot I_0^{1/2} \qquad (4.18)$$
$$v_p = 30{,}527 \cdot d_0^{2/3} \cdot I_0^{1/2} \qquad (4.19)$$

(derivadas das equações 2.20 e 2.21, apresentadas no Capítulo 2)

sendo: d_0 em m, I_0 m/m, Q_p em m³/s e v_p em m/s

- Com a relação Q_i/Q_p, encontram-se na Tab. 2.18 (Capítulo 2) as relações y/d_0, R_H/d_0 e v/v_p, a partir das quais calculam-se: a velocidade (v_i), a tensão trativa (σ) e a própria lâmina (y/d_0), para condições iniciais.

- Com a relação Q_f/Q_p, encontram-se na Tab. 2.18 (Capítulo 2) as mesmas relações já citadas e que permitem o cálculo da velocidade final (v_f), a velocidade crítica (v_c), além da lâmina (y/d_0), para as condições de final de plano.

4.1.14 Utilização de planilhas de cálculo

Para a ordenação e sistematização dos cálculos, são utilizados esquemas e planilhas como o da Fig. 4.17 e a Tab. 4.9.

4.2 Interceptor e emissário

4.2.1 Caracterização dos condutos

A norma brasileira NBR 12207 (ABNT, 1989) define o interceptor como "a canalização, cuja função precípua é receber e transportar o esgoto sanitário coletado, caracterizada pela defasagem das contribuições, da qual resulta o amortecimento das vazões máximas". De fato, as curvas de variação de vazão são similares e simultâneas em todas as bacias ou sub-bacias que contribuem para o interceptor. Em geral, os trechos de conduto são extensos e o tempo de percurso entre dois pontos de contribuição contíguos provoca uma defasagem na acumulação das contribuições relativas a um mesmo período, o que no caso das contribuições máximas resulta num amortecimento de vazão em relação à soma das contribuições.

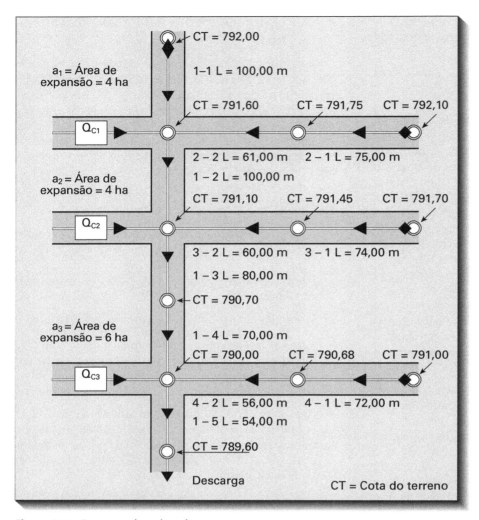

Figura 4.17 Esquema de rede coletora
Fonte: Adaptado de Azevedo Netto, (1998).

Em outras palavras, quando a vazão máxima de uma área a montante chega ao ponto de contribuição da área contígua a jusante, a vazão máxima desta área já se deslocou e o escoamento se encontra em declínio. Tal efeito, segundo a norma, só deve afetar a avaliação de vazão do último trecho do interceptor.

Para melhor caracterizar esses condutos, outras finalidades devem ser acrescidas àquela definida pela norma. São elas:

- quanto às ligações, é uma canalização que recebe contribuições em pontos determinados, providos de poços de visita (PV) e não as recebe ao longo do comprimento de seus trechos;

- quanto à localização, é uma canalização situada nas partes mais baixas da bacia, ao longo dos talvegues e às margens dos cursos de água, lagos e oceanos, para impedir o lançamento direto do esgoto sanitário nessas águas.

O emissário é definido pela norma brasileira NBR 9649 (ABNT, 1986), como "a tubulação que recebe esgoto exclusivamente na extremidade de montante".

Exemplo de cálculo 4.2

Verificação de rede coletora de esgoto sanitário

Com os resultados obtidos no exemplo de cálculo 4.1, no qual os valores das vazões inicial e final eram $Q_i = 1{,}72$ L/s e $Q_f = 2{,}564$ L/s, o diâmetro nominal DN 100 e a declividade longitudinal $I_0 = 0{,}007$ m/m calcular, para aquele trecho de tubulação:

- a lâmina líquida y/d_0, inicial e final;
- a velocidade v, inicial e final;
- a tensão trativa σ_t e
- a velocidade crítica v_c.

Calcula-se a relação entre as vazões (inicial e final) de plano e a vazão à seção plena do conduto Q_i/Q_p e Q_f/Q_p:

$$Q_p = 23{,}976 \times (0{,}100)^{8/3} \times (0{,}007)^{1/2} =$$
$$= 0{,}00432 \text{ m}^3/\text{s} = 4{,}32 \text{ L/s}.$$

$$Q_i/Q_p = 1{,}72/4{,}32 = 0{,}3982 \text{ e } Q_f/Q_p =$$
$$= 2{,}564/4{,}32 = 0{,}5935.$$

$$v_p = 30{,}527 \times (0{,}100)^{2/3} \times (0{,}007)^{1/2} = 0{,}55 \text{ m/s}.$$

Entrando-se na Tab. 2.18 com $Q_i/Q_p = 0{,}3982$ e $Q_f/Q_p = 0{,}5935$, obtêm-se os valores de y/d_0, R_H/d_0, A_m/d_0^2 e v/v_p (Observação: no quadro citado obtêm-se valores aproximados, mas dentro de uma razoável margem de precisão).

$y_i/d_0 = 0{,}44 \Rightarrow y_i = 0{,}44 \times 0{,}1 = 0{,}44$ m
e $y_f/d_0 = 0{,}54 \Rightarrow y_f = 0{,}54 \times 0{,}1 = 0{,}054$ m.

$R_{H,\,i}/d_0 = 0{,}2295 \Rightarrow R_{H,\,i} = 0{,}02295$ m
e $R_{H,\,f}/d_0 = 0{,}2621 \Rightarrow R_{H,\,f} = 0{,}02621$ m.

$A_{m,\,i}/d_0^2 = 0{,}3328 \Rightarrow A_{m,\,i} = 0{,}00333$ m^2
e $A_{m,\,f}/d_0^2 = 0{,}4327 \Rightarrow A_{m,\,f} = 0{,}00433$ m^2.

$v_i/v_p = 0{,}9445 \Rightarrow v_i = 0{,}9445 \times 0{,}55 = 0{,}52$ m/s
e $v_f/v_p = 1{,}0320 \Rightarrow v_f = 1{,}0320 \times 0{,}55 = 0{,}57$ m/s.

Adotando-se o valor de $\gamma = 9{,}789$ N/m^3 (água a 20° C), tem-se:
- tensão trativa
$$\sigma_t = \gamma \cdot R_{H,\,i} \cdot I_0 = 9{.}789 \times 0{,}02295 \times 0{,}007 =$$
$$= 1{,}57 \text{ Pa} > 1{,}0 \text{ Pa} \therefore \text{ OK}.$$
- velocidade crítica
$$v_c = 6\,(g \cdot R_{H,\,f})^{1/2} = 6\,(9{,}806 \times 0{,}02621)^{1/2} =$$
$$= 3{,}04 \text{ m/s} > v_f \therefore \text{ OK}.$$

Rede coletora

TABELA 4.9 Exemplo de planilha de dimensionamento e verificação de rede coletora (ver Fig. 4.17)

Sub-bacia: Bacia: Calculado: Verificado: DATA: FOLHA

1	2	3	4	5	6	7	8	9	10	11	12	13	14	15	16	17
Trecho	Extensão (m)	Contrib. Linear (L/s·m) inicial final	Contrib. do trecho (L/s) inicial final	Vazão a montante (L/s) inicial final	Vazão a jusante (L/s) inicial final	Diâmetro DN	Declivid. (m/m)	Cota do terreno (m) montante jusante	Cota do coletor (m) montante jusante	Profund. do coletor (m) montante jusante	Profund. do PV/PI a jusante (m)	Lâmina líquida y/d_0 inicial final	v_i (m/s) v_f (m/s)	Tensão trativa (Pa)	Velocid. Crítica v_c (m/s)	Observações
1-1	100,00	0,002 0,003	0,20 0,30	— —	0,20 0,30	100	0,0045	792,00 791,60	790,90 790,45	1,10 1,15	1,22	0,46 0,46	0,42 0,42	1,08	2,91	
2-1	75,00	0,002 0,003	0,15 0,23	— —	0,15 0,23	100	0,0047	792,10 791,75	791,00 790,65	1,10 1,10	1,10	0,45 0,45	0,43 0,43	1,10	2,87	
2-2	61,00	0,002 0,003	0,12 0,18	0,15 0,23	0,27 0,41	100	0,0045	791,75 791,60	790,65 790,38	1,10 1,22	1,22	0,46 0,46	0,42 0,42	1,08	2,91	
Q_{C1}					— 2,40											
1-2	100,00	0,002 0,003	0,20 0,30	0,47 3,11	0,67 3,41	150	*0,0045	791,60 791,10	790,38 789,93	1,22 1,17	1,17	0,27 0,40	0,43 0,52	1,08	3,37	
3-1	74,00	0,002 0,003	0,15 0,22	— —	0,15 0,22	100	0,0045	791,70 791,45	790,60 790,27	1,10 1,18	1,18	0,46 0,46	0,42 0,42	1,08	2,91	
3-2	60,00	0,002 0,003	0,12 0,18	0,15 0,22	0,27 0,40	100	*0,0045	791,45 791,10	790,27 790,00	1,18 1,10	1,17	0,46 0,46	0,42 0,42	1,08	2,91	
Q_{C2}					— 3,60											
1-3	80,00	0,002 0,003	0,16 0,24	0,94 6,21	1,10 6,45	150	0,0050	791,10 790,70	789,93 789,53	1,17 1,17	1,17	0,26 0,56	0,44 0,64	1,13	3,77	
1-4	70,00	0,002 0,003	0,14 0,21	1,10 6,45	1,24 6,66	150	*0,0097	790,70 790,00	789,53 788,85	1,17 1,15	1,15	0,22 0,47	0,54 0,83	1,89	3,56	
4-1	72,00	0,002 0,003	0,14 0,22	— —	0,14 0,22	100	0,0045	791,00 790,68	789,90 789,58	1,10 1,10	1,10	0,46 0,46	0,42 0,42	1,08	2,91	
4-2	56,00	0,002 0,003	0,11 0,17	0,14 0,22	0,25 0,39	100	0,0121	790,68 790,00	789,58 788,90	1,10 1,10	1,15	0,36 0,36	0,63 0,63	2,40	2,64	
Q_{C3}					— 3,60											
1-5	54,00	0,002 0,003	0,11 0,16	1,49 10,65	1,60 10,81	150	0,0074	790,00 789,60	788,85 788,45	1,15 1,15	1,15	0,24 0,70	0,52 0,83	1,61	3,96	DES-CARGA

* Declividades menores que as do terreno Q_{C1} a A_{C2} = vazões futuras das áreas de expansão.
Observação: quando os valores das colunas 5 e 6 eram menores que 1,5 L/s, utilizou-se essa vazão mínima no dimensionamento 7, 8, 13 a 16. – Fonte: Adaptado de Azevedo Netto (1998).

O último trecho de um interceptor, aquele que precede e contribui para uma estação elevatória, uma ETE, ou mesmo para descarga na disposição final no corpo receptor, é o caso mais comum de emissário.

É para esse trecho final que a norma recomenda o cálculo da defasagem e do amortecimento das vazões máximas, mormente quando esse emissário é afluente a elevatórias e ETEs, pois isso resultará em economia, pela diminuição do tamanho das unidades, no dimensionamento hidráulico de tais instalações.

4.2.2 Órgãos acessórios e complementares

Para cumprir seu objetivo de transporte do esgoto sanitário, o interceptor deve incorporar, além dos órgãos acessórios comuns a outras canalizações, também órgãos complementares, como estações elevatórias, extravasores, dissipadores de energia e outros dispositivos ou instalações permanentes ou mesmo provisórias, como é o caso da admissão de contribuição de tempo seco, permitida pela norma. No interceptor, os órgãos acessórios são apenas os poços de visita (PV), necessários nos pontos singulares, como mudanças de direção e ligações de coletores.

Ao longo do interceptor, os poços de visita que recebem ligações de outros condutos devem ter dispositivos que evitem conflitos de linhas de fluxo e diferenças de cotas que resultem em excesso de agitação. Em geral, esses dispositivos são constituídos por dissipadores de energia, adjacentes ao PV e canais de direcionamento do fluxo, conforme esquematizado nas Figs. 4.18 e 4.19.

Dissipadores de energia, similares aos apresentados nas Figs. 4.18 e 4.19, podem ser construídos no próprio interceptor quando houver diferenças de cotas acentuadas a serem vencidas.

Tal como nos órgãos acessórios da rede coletora, os PVs dos interceptores devem ter no fundo calhas com diâmetro igual ao do tubo na saída e laterais com alturas coincidindo com sua geratriz superior.

Extravasores devem ser dispostos ao longo do interceptor ou apenas em seu último trecho, de modo a evitar o enchimento pleno da seção transversal, ocasionado seja por vazões inesperadas (chuvas intensas), seja por interrupção do fluxo a jusante (paralisação de uma elevatória, por exemplo).

A decorrente alteração do escoamento livre para escoamento forçado à seção plena pode ocasionar esforços e pressões não previstos no dimensionamento estrutural do conduto, além da inconveniente propagação para montante dos efeitos da interrupção do escoamento, com possíveis refluxos na rede coletora e nas residências situadas em cotas mais baixas. Tais extravasores devem

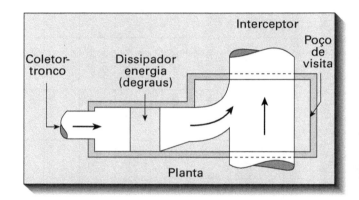

Figura 4.18 Ligação esquemática coletor-tronco-interceptor.

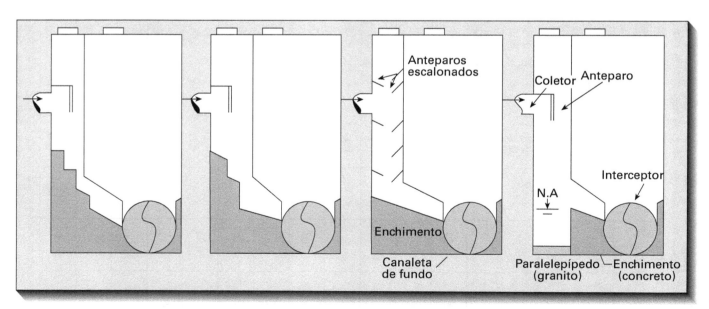

Figura 4.19 Esquemas alternativos de dissipadores de energia na ligação coletor-interceptor em corte.

ter descargas livres para corpos d'água, equipadas com dispositivo para impedir refluxo das águas para o interceptor. Como exemplo de tais dispositivos pode-se citar a válvula do tipo *FLAP* (ver Figs. 4.20 e 4.21), que permite a passagem do líquido apenas num sentido.

Outros órgãos complementares comuns nos interceptores são as estações elevatórias e os sifões invertidos, que serão tratados mais adiante.

4.2.3 Avaliação das vazões nos interceptores

Nos trechos dos interceptores entre dois PVs, não há contribuições em marcha (ao longo do trecho). As vazões são avaliadas pela simples acumulação das vazões anteriores com as novas contribuições que chegam a montante, tal como prescreve a norma vigente. Bastará, para esses trechos correntes, avaliações a seguir.

- Vazão inicial de um trecho "n" ($Q_{i,n}$):

$$Q_{i,n} = Q_{i,n-1} + \Sigma Q_i \qquad (4.20)$$

sendo Q_i as vazões iniciais (início de plano), dos últimos trechos de redes coletoras afluentes ao PV de montante do trecho "n" (ver Fig. 4.22);

- Vazão final, de um trecho "n" ($Q_{f,n}$):

$$Q_{f,n} = Q_{f,n-1} + \Sigma Q_f \qquad (4.21)$$

sendo Q_f as vazões finais (final de plano), dos últimos trechos de redes coletoras afluentes ao PV de montante do trecho "n" (ver Fig. 4.22).

Para o emissário, trecho final do interceptor, a avaliação compreende também a consideração do amortecimento das vazões dos trechos anteriores, decorrentes da defasagem de seus aportes ao emissário. Segundo a norma vigente, a defasagem das vazões das redes afluentes ao emissário deve ser considerada mediante a composição dos seus respectivos hidrogramas com as vazões dos trechos do interceptor imediatamente anteriores (vide seção 4.2.4).

Outro procedimento, estudado pela Sabesp (Tsutiya e Além Sobrinho,1999), propõe que a vazão contribuinte para o último trecho do interceptor ou emissário seja calculada levando-se em conta a variação do chamado coeficiente de reforço "K", onde: $K = k_1 \cdot k_2$.

Para vazões superiores a 750 L/s (K), seria representado por uma curva (ver Fig. 4.23), que tende assintoticamente ao valor $K = 1,2$ e que pode ser calculada pela equação 4.22. Para vazões menores que 750 L/s, os autores propõem utilizar o coeficiente de reforço $K = 1,80$.

$$K = 1,2 + 17,4485 \cdot Q_m^{-0,509} \qquad (4.22)$$

na qual

Q_m = vazão média final de esgoto doméstico + contribuição de infiltração "I" (em L/s).

Na Fig. 4.24 são apresentados diversos outros valores e equações para se obter o coeficiente de reforço ($K = k_1 \cdot k_2$), aplicados à vazão média. Os dados apresentados foram obtidos por autores diversos, citados e coligidos pelo Eng.º J. M. Costa Rodrigues e adaptados pela SABESP.

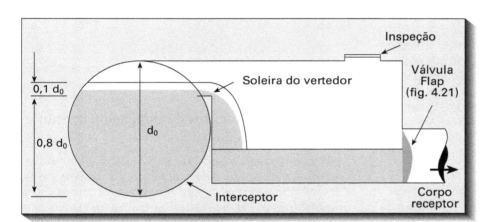

Figura 4.20 Corte esquemático de um poço extravasor.

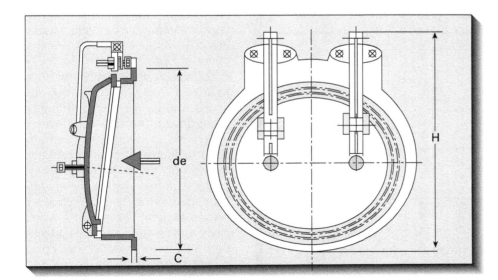

Figura 4.21 Válvula tipo FLAP – Fonte: Catálogo da Barbará.

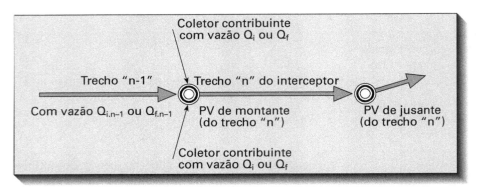

Figura 4.22 Esquema para estimativa das vazões nos trechos dos interceptores.

4.2.4 Composição de hidrogramas

Para a avaliação do amortecimento das vazões no emissário, pode ainda ser utilizado o processo a seguir descrito, adaptado a partir do anexo 2 da antiga norma brasileira PNB-567 (ABNT, 1977), que pressupõe a existência de um hidrograma medido, que seja representativo das contribuições resultantes do tipo de ocupação da área em estudo.

Esse hidrograma deve resultar de medições efetivadas em dias úteis, na estação seca (sem chuva), realizadas num período mínimo de 30 dias (contínuos ou não), com abastecimento de água regular e sem interrupções. Nos dias de medição, a oscilação da vazão média horária não deve superar 10% da média das vazões máximas medidas nesses dias. O trecho de rede coletora, objeto da medição, não deve ser inferior a 1,0 km e nem deve superar 10% da rede existente na área em estudo.

Obtido o hidrograma das vazões medidas, deve ser estabelecida a correlação com a população presente na área, correspondente ao trecho da medição, ou com a área edificada total, se este for o parâmetro adotado na avaliação das vazões. Resulta então a relação, que já inclui a parcela de infiltração:

$$q_m/P_m \quad \text{ou} \quad q_m/A_{e,m}$$

onde:

q_m = vazão máxima de hidrograma;
P_m = população da área de medição;
$A_{e,\,m}$ = área edificada na área de medição.

As vazões a serem consideradas no dimensionamento do emissário são, portanto:

$$Q_{i,\,\text{máx}} = \frac{q_m}{P_m} \cdot P_i \quad \text{e} \quad Q_{f,\,\text{máx}} = \frac{q_m}{P_m} \cdot P_f$$

$$Q_i = Q_{i,\,\text{máx}} + \Sigma Q_{c,i} \quad \text{e} \quad Q_f = Q_{f,\,\text{máx}} + \Sigma Q_{c,f}$$

onde:

P_i e P_f são as populações de início e de final de plano
$Q_{c,\,i}$ e $Q_{c,\,f}$ são as vazões concentradas inicial e final.

4.2.5 Procedimentos de dimensionamento e verificação

Como já mencionado na seção 4.1, o dimensionamento consiste nas determinações do diâmetro e da declividade e as verificações são para a comprovação da observância dos limites de tensão trativa e de velocidade crítica.

Tal como no dimensionamento da rede coletora, devem ser calculadas a declividade mínima e a declividade econômica, e escolher a maior das duas. A declividade econômica, como já visto na rede coletora, é determinada geometricamente em razão da declividade do terreno e dos limites de profundidade e recobrimento adotados no projeto do trecho. A declividade mínima deve promover a autolimpeza, ao menos uma vez ao dia no início do plano. A norma vigente recomenda o mesmo valor de 1,0 Pa para a tensão trativa. No entanto, neste caso, é mais conveniente a adoção de 1,5 Pa, valor mais favorável para o controle da geração de sulfetos. Como se poderá ver na seção 7.9, os sulfetos atacam as canalizações

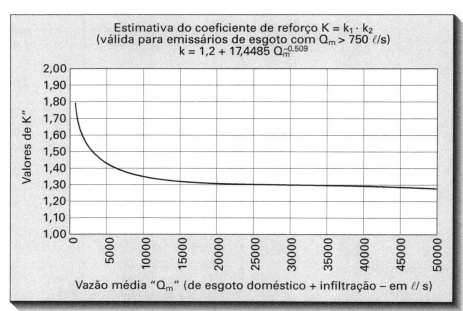

Figura 4.23 Valores do coeficiente de reforço K para emissários.

Interceptor e emissário

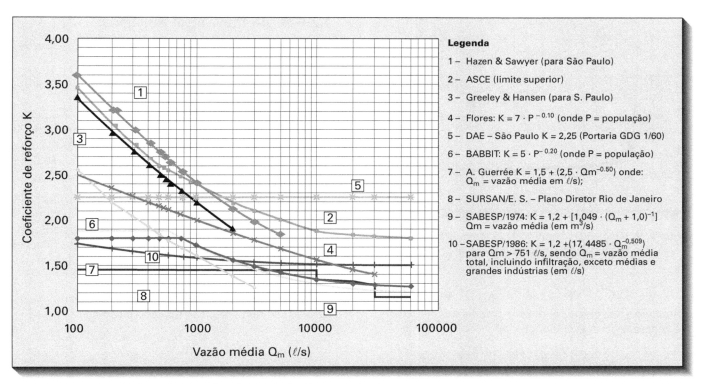

Figura 4.24 Variações do coeficiente de reforço $K = k_1 \cdot k_2$.
Fonte: Diversos autores coligidos por J. M. Rodrigues e adaptado pela SABESP.

de concreto, material usual nos grandes condutos. Além disso, a declividade prática de 0,0005 m/m, abaixo da qual o assentamento dos tubos se torna impreciso, já resulta com tensão trativa mínima de 1,0 Pa, nas vazões acima de 150 L/s (diâmetro de 600 mm). Para o limite de 1,5 Pa, essa declividade prática atende às vazões acima de 500 L/s, diâmetro de 1.000 mm, conforme se pode ver na Fig. 4.25, para a qual se utilizou a equação 4.23, no cálculo da declividade mínima, para a tensão trativa de 1,5 Pa e coeficiente de Manning $n = 0,013$:

$$I_{0,\text{mín}} = 0,00035 \cdot Q_i^{-0,47} \quad (4.23)$$

onde: Q_i = vazão inicial (em m³/s), calculada pela equação 4.20 e $I_{0,\text{mín}}$ (em m/m).

Assim, para o caso de vazões Q_i superiores a 500 L/s, já não é necessário o cálculo da declividade mínima, restringindo-se o confronto entre as declividades econômica e prática, em razão do que foi dito anteriormente. Quando a declividade prática supera a econômica, caso de instalações à beira-mar, para condutos muito longos, superiores a 5 km, já se pode prever a necessidade de estações elevatórias, para recuperação de profundidade.

Quando os condutos são de seção circular, caso mais comum, pode ser adotada uma lâmina d'água máxima de $0,80\, d_0$ e o diâmetro (d_0), para coeficiente de Manning $n = 0,013$, pode ser calculado pela equação 4.24:

$$d_0 = 0,3064\, (Q_f \cdot I_0^{-1/2})^{3/8} \quad (4.24)$$

Q_f = vazão final (em m³/s), calculada pela equação 4.21, I_0 (em m/m) e d_0 (em m).

Adota-se o diâmetro comercial (DN) mais próximo, no caso de utilização de tubos pré-moldados ou o diâmetro imediatamente superior que melhor se ajustar ao método construtivo (vide Capítulo 6).

Fixados o diâmetro (d_0) e a declividade (I_0), resta fazer a verificação, utilizando-se, por exemplo, a Tab. 2.15 (Capítulo 2), na qual se deve entrar com as relações Q_i/Q_p e Q_f/Q_p, onde Q_p é a vazão à seção plena (equação 2.21), e com as relações v_i/v_p e v_f/v_p onde v_p é a velocidade à seção plena (equação 2.20), obtendo-se na tabela 2.15 os valores a seguir.

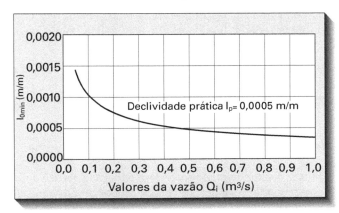

Figura 4.25 Declividades mínimas $I_{0,\,\text{min}}$ em função da vazão para $\sigma = 1,5$ Pa (seção circular).

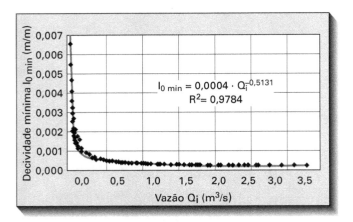

Figura 4.26 Declividade mínima $I_{0,\,mín}$ em função da vazão para $\sigma = 1{,}5$ Pa (seção retangular).

y_i/d_0 e y_f/d_0, v_i e v_f, $R_{H,\,i}$ e $R_{H,\,f}$

Calculando-se, então, a tensão trativa inicial (σ_i) e a velocidade crítica final ($v_{c,f}$):

$$\sigma_i = \gamma \cdot R_{H,\,i} \cdot I_0 \text{ (em Pa)}$$

$$e\ v_{c,f} = 6 \cdot (g \cdot R_{H,f})^{1/2} \text{ (em m/s)}$$

onde:
- γ = peso específico da água (a 20°C = 9.789 N/m³);
- $R_{H,\,i}$ e $R_{H,\,f}$ = raio hidráulico para as vazões Q_i e Q_f (em m)
- g = aceleração da gravidade (9,81 m/s²).

Deverá resultar, para o bom funcionamento hidráulico do trecho:

$$\sigma_i \geq 1{,}5 \text{ Pa e } v_f \leq v_{c,f}$$

Caso v_f resulte maior que $v_{c,f}$, significa que haverá incorporação de ar ao líquido, aumentando-lhe o volume, conforme já visto em 4.1.12. Assim, o cálculo do diâmetro deve ser refeito para $y_f = 0{,}5\ d_0$, que, para $n = 0{,}013$, pode ser recalculado pela equação 4.25:

$$d_0 = 0{,}394\ (Q_f \cdot I_0^{-1/2})^{3/8} \qquad (4.25)$$

Esse novo diâmetro (d_0), cerca de 30% maior, resolve o problema na grande maioria dos casos, o que se evidencia refazendo-se a verificação acima com o novo diâmetro.

Para o dimensionamento dos emissários, devem ser consideradas as vazões amortecidas, que, no caso da utilização do coeficiente de reforço (K), calculado pela equação 4.22, resulta:

$$Q_i = \frac{K}{k_i} \cdot Q_i + I + \Sigma Q_{c,i} \text{ e } Q_f = K \cdot Q_f + I + \Sigma Q_{c,f}$$

Para o dimensionamento dos extravasores, a vazão final estimada deve ser acrescida da parcela de contribuição parasitária admitida, conforme item 4.2.7.

4.2.6 Seção transversal retangular

Nesse caso, a declividade mínima para autolimpeza pode ser calculada pela equação 4.26:

$$I_{0,\,mín} = 0{,}0004 \cdot Q_i^{-0{,}5131} \qquad (4.26)$$

Essa equação foi determinada para $n = 0{,}014$ e $\sigma = 1{,}5$ Pa, na qual se entra com Q_i em m³/s, obtendo-se $I_{0,\,mín}$ em m/m. Confrontada com as declividades prática ($I_p = 0{,}0005$ m/m) e econômica ($I_{0,\,ec}$), escolhe-se delas a maior.

Para a escolha das dimensões transversais, é preciso antes decidir qual a relação de enchimento máximo da seção (y_f/b), em que (y_f) é a altura máxima da lâmina d'água e (b) é a dimensão da base da seção. As relações $y_f/b = 0{,}50,\ 0{,}67$ ou $0{,}75$ são todas consideradas satisfatórias, do ponto de vista estrutural.

Decidida a relação de enchimento desejada (y_f/b), para o final de plano, calcula-se o fator φ:

$$\varphi = y_f/b \cdot [(y_f/b)/(1 + 2y_f/b)]^{2/3}$$

e, em seguida, para $n = 0{,}014$

$$b = 0{,}2017 \cdot [(Q_f)/(I_0^{1/2} \cdot \varphi)]^{3/8}$$

com Q_f (em m³/s), b em (m) e I_0 (em m/m).

Se o canal for fechado, deve-se respeitar uma altura livre mínima de 0,10 m, para evitar choques de redução de vazão devidos ao colamento da lâmina líquida à laje superior (aumento instantâneo do perímetro molhado e redução do raio hidráulico).

Decididos (y_f) e (b) calcula-se:

$$R_{H,f} = \frac{y_f \cdot b}{2y_f + b}$$

Assumindo uma relação de enchimento conveniente para o início de plano (y_i/b), calcula-se

$$R_{H,i} = \frac{y_i \cdot b}{2y_i + b}$$

e, então, procede-se às verificações:

$$\sigma = \gamma \cdot R_{H,i} \cdot I_{0,\,mín}\ (\sigma \geq 1{,}5 \text{ Pa})$$

e

$$v_{c,f} = 6\ (R_{H,f} \cdot g)^{0{,}5}\ (v_f \geq v_c)$$

Outra maneira de dimensionar os interceptores de seção retangular é por meio da velocidade mínima, que evita a sedimentação de partículas, cuja expressão é:

$$v_{mín} = 0{,}7528 \cdot Q_i^{0{,}0855} \qquad (4.27)$$

Essa equação é válida para $n = 0{,}014$ e $\sigma = 1{,}5$ Pa, com Q_i em (m³/s) e v_{min} (em m/s). Vide item 9.3.1 e Fig. 9.7.

Com essa velocidade (v_i) e com a vazão (Q_i), dimensiona-se o interceptor para as condições de início de plano, assumindo uma relação de enchimento conveniente para essa situação. Pela variação das vazões Q_i e Q_f, estima-se a relação de enchimento de fim de plano e conclui-se o procedimento de verificação.

4.2.7 Análise de funcionamento

A norma brasileira NBR 12207 (ABNT, 1989), prescreve o seguinte procedimento: "Após o dimensionamento dos trechos, deve-se proceder à verificação do comportamento hidráulico do interceptor e de seus órgãos complementares, para as condições de vazão final acrescida da vazão de contribuição pluvial parasitária".

Essa contribuição pluvial, conforme já foi visto no Capítulo 2, seção 2.3, é uma parcela do escoamento superficial das águas de chuvas que depende essencialmente de dados e características locais, envolvendo desde frequência e intensidade de chuvas até a qualidade de execução das obras da coleta. Requer um estudo atento das eventuais facilidades de penetração dessas águas nas redes coletoras, para a fixação da taxa de contribuição respectiva. Os dados disponíveis, oriundos de medições efetuadas que constam da Tab. 2.3, mostram uma variação de 3,4 a 6,0 L/s · km de coletor afluente ao PV de montante do trecho em estudo, valores comparáveis às próprias taxas de esgoto doméstico.

A norma admite, em seu item 5.6, que essa contribuição pluvial pode ser minimizada e até eliminada, desde que se estude os meios capazes de resolver o problema. Um desses meios é um estudo criterioso, eliminando-se da extensão total dos coletores, aqueles localizados em zonas de maior declividade onde o tempo de concentração das chuvas é suficientemente pequeno para impedir inundações localizadas e o acesso dessas águas aos coletores.

O procedimento de análise de funcionamento compreende, após o dimensionamento, acrescer-se à vazão final estimada a parcela de contribuição pluvial admitida após estudos.

Com essa nova vazão, diâmetro e declividade calcula-se:

$$(Q \cdot n)/(d_0^{8/3} \cdot I_0^{1/2})$$

Entrando com esse valor na Tab. 2.13, do Capítulo 2, determina-se a nova relação y/d_0, que deve estar abaixo ou igual à máxima relação admitida ($y = 0{,}8d_0$).

Essa mesma vazão acrescida é utilizada no dimensionamento dos extravasores.

Nesse caso, o procedimento compreende o cálculo do comprimento "L" necessário, para um vertedor retangular de parede delgada, podendo-se utilizar a equação de Francis para vertedores, com as seguintes limitações (ver também Fig. 4.19):

- altura máxima da lâmina vertente $H = 0{,}1d_0$.
- cota mínima da soleira referida à geratriz inferior = $0{,}8d_0$

$$Q = 1{,}838 \cdot L \cdot H^{3/2}$$
$$\text{ou } L = Q/1{,}838 \cdot H^{-3/2} = 0{,}544\, Q \cdot H^{-3/2}$$

onde: Q = vazão (em m³/s), L e H = (em m).

4.3 Sifão invertido

4.3.1 Preliminares

O sifão invertido, trecho rebaixado de coletor com escoamento sob pressão, interrompe o curso do escoamento livre do esgoto e também o fluxo da mistura de ar e gases que ocorre na lâmina livre do conduto, constituindo assim uma descontinuidade indesejável ao funcionamento geral do complexo de tubulações que promovem a coleta e o transporte do esgoto sanitário. Além disso, exige observação frequente de funcionamento e operações de ajuste ao crescimento das vazões ao longo do período do alcance planejado.

No entanto, constitui solução por vezes conveniente para superar obstáculos ou interferências ao caminhamento normal da canalização, pois seu funcionamento por gravidade independe de equipamentos mecânicos adotados em outras opções.

4.3.2 Condições hidráulicas

Tratando-se de um conduto sob pressão, há que se cuidar que as perdas de carga sejam mínimas nas diversas etapas do funcionamento do sifão ao longo do período de alcance do projeto.

Assim, o esquema adotado deve ser o mais simples possível, evitando-se soluções rebuscadas com vertedores e curvas que aumentam as dimensões das câmaras de entrada e de saída, e conduzem a cálculos por vezes complexos das perdas de carga localizadas.

As Figs. 4.27a,b,c,d mostram as câmaras de montante e de jusante de um sifão invertido, bastante elaboradas e de amplas dimensões. Sua concepção admitiu que um sistema de vertedores permitisse manter a continuidade do fluxo de esgoto, transpondo os excessos de vazão sequencialmente para os outros tubos e acompanhando o crescimento cronológico da vazão, sem necessidade de interferência operacional, o que é no mínimo discutível.

Outro aspecto a considerar é a necessidade de garantia da autolimpeza dos tubos rebaixados, evitando-se frequentes intervenções de desobstrução.

O recurso usualmente utilizado é a adoção de uma velocidade suficiente para arrastar os sedimentos comuns

TABELA 4.10 Planilha de cálculo de interceptores

Trecho n.	Vazão	Diâmetro d_0 (m)	Declividade I_0 (m/m)	COTAS (m)			Profundid. (m) montante jusante	Profundid. PV a jusante (m)	Lâmina d'água y/d_0 Inicial final	Velocidade (m/s) inicial final	Tensão trativa (Pa)	Velocidade crítica (m/s)	Contribuição pluvial parasitária incluída		OBSERV.
Extensão L (m)	(L/s) Inicial final			Terreno montante jusante	Soleira montante jusante								Vazão final (L/s)	Lâmina final y/d_0	
1	2	3	4	5	6		7	8	9	10	11	12	13	14	15

OBSERVAÇÕES:

coluna 1 – condições locais
coluna 2 – vide item 4.2.3
coluna 3 – equação 4.24
coluna 4 – equação 4.23 comparada com $I_{econ.}$ (item 4.1.11) e I_{limite} = 0,0005 m/m
coluna 5 – condições locais
colunas 6 e 7 – valor de montante = $I_0 \times L$ (observando-se o valor mínimo de profundidade)
coluna 8 – maior profundidade entre os tubos afluentes ao PV
colunas 9 e 10 – vide exemplo 2.9
colunas 11 e 12 – com R_H (exemplo 2.9), $\sigma = \gamma \cdot R_{H,i} \cdot I_0$ e $v_c = 6 (g \cdot R_{H,i})^{1/2}$
coluna 13 – vazão final da coluna 2 + contribuição parasitária calculada para o trecho (item 4.2.7)
coluna 14 – vide exemplo 2.9
coluna 15 – registro de detalhes relevantes: degrau, dissipador, extravasor, afluentes etc.

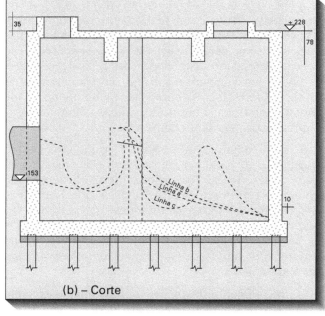

Figura 4.27 (a) e (b) Sifão invertido – caixa de entrada. (Fonte: Della Nina, 1966).

no esgoto sanitário, ocorrendo uma vez ao dia, ou seja, para a vazão máxima horária de um dia qualquer no início do plano, não considerando a vazão relativa à infiltração

$$Q_i = \frac{C \cdot P_i \cdot q_i \cdot k_2}{86.400} \text{ (sem o coeficiente)} k_1$$

Para o início de plano, que corresponde à equação acima, a velocidade no trecho rebaixado não deve ser inferior a 0,60 m/s.

$$v_i \geq 0{,}60 \text{ m/s}$$

Sifão invertido

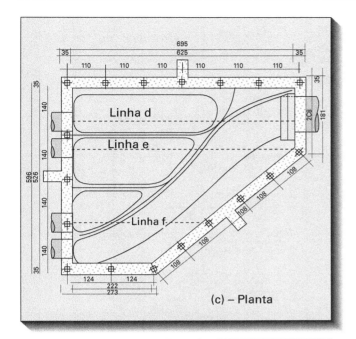

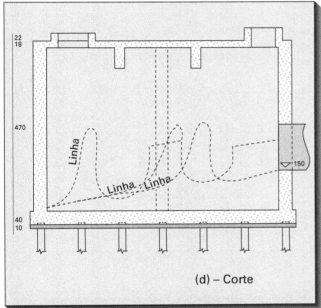

Figura 4.27 (c) e (d) Sifão invertido – caixa de saída. (Fonte: Della Nina, 1966).

Para o final de plano, a velocidade correspondente nessa data à vazão máxima horária de um dia qualquer não deve ser inferior a 0,90 m/s,

$$J = f\frac{1}{d} \cdot \frac{v^2}{2g}$$

$v_f \geq 0{,}90$ m/s.

Esses valores são os limites inferiores.

Tais condições hidráulicas básicas são suficientes para ocasionar forças capazes de provocar o arraste das partículas comuns no esgoto sanitário, como tem sido verificado na prática.

Essas velocidades, no entanto, não devem assumir valores excessivos, que resultarão em perdas de cargas elevadas, capazes até de inviabilizar o uso de sifões invertidos. O limite superior em qualquer caso não deve ultrapassar 1,50 m/s.

$v_{\text{máx}} \leq 1{,}50$ m/s.

4.3.3 Disposições prévias

Preliminarmente deve-se decidir o esquema do sifão, que como já foi dito deve ser o mais simples possível, para evitar perdas de carga localizadas, principalmente em curvas. As Figs. 4.28 e 4.29 mostram soluções adotando esquemas simples.

O sifão invertido deve dispor de dois (2) tubos no mínimo, para permitir operações de desobstrução, sem interromper o fluxo do esgoto sanitário.

O diâmetro mínimo a adotar é o mesmo da rede coletora, por exemplo DN 100, como recomenda a NBR 9649 (ABNT, 1986).

O estudo criterioso das vazões afluentes e sua variação crescente ao longo do intervalo de tempo do alcance do projeto é que vão definir o número de tubos necessários e seus respectivos diâmetros.

Esses tubos entrarão em operação sucessivamente, acompanhando o crescimento da vazão, atendendo aos limites da perda de carga decorrentes do próprio esquema escolhido.

4.3.4 Dimensionamento hidráulico de sifões invertidos

Sendo condutos forçados, os trechos rebaixados dos sifões invertidos serão dimensionados como tais, quer para o cálculo dos diâmetros, quer para o cálculo das perdas de carga. As equações recomendadas são:

$$J = f\frac{1}{d} \cdot \frac{v^2}{2g}$$

Fórmula Universal de perda de carga distribuída.

$$J = 6{,}793 \cdot \frac{1}{C^{1,85}} \cdot \frac{v^{1,85}}{d^{1,17}}$$

ou a fórmula de Hazen-Williams, nas quais:

J = perda de carga unitária (m/m);
f = coeficiente de atrito;
v = velocidade (m/s);
C = coeficiente de atrito;
d = diâmetro (m);
g = aceleração da gravidade (m/s$_2$).

O coeficiente de atrito "f" pode ser determinado com maior aproximação pelo diagrama de Moody, por exem-

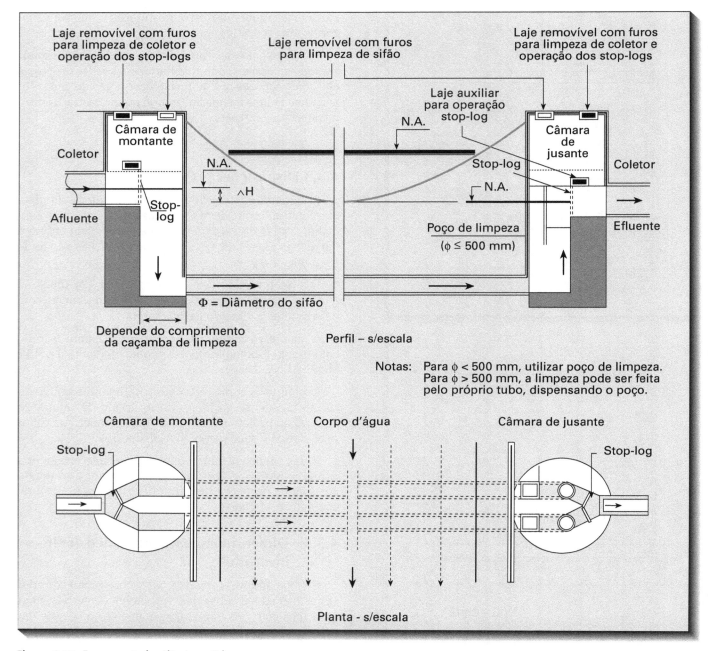

Figura 4.28 Esquema 1 de sifão invertido.
Fonte: Adaptado de Tsutiya e Além Sobrinho, (1999).

plo, mas nos casos comuns de sifões invertidos pode ser avaliado entre os limites 0,030 e 0,040 (número de Reynolds $> 10^5$ e rugosidade absoluta $\varepsilon = 2$ mm).

Já o coeficiente de Hazen-Williams pode ser utilizado $C = 100$ para esses casos comuns.

Do estudo populacional obtém-se o escalonamento do crescimento das vazões em períodos iguais, por exemplo, de 10 em 10 anos, e daí se decide o número de tubos necessários e seus diâmetros, de modo a acompanhar o crescimento, atendendo aos limites de velocidades decididos (0,60 m/s, 0,90 m/s, 1,50 m/s). As versões tabeladas das fórmulas anteriores, disponíveis em diversos manuais de hidráulica (ver, por exemplo, Azevedo Netto, 98), facilitam a seleção dos diâmetros dos tubos e o cálculo das perdas de carga (distribuídas e localizadas). Os resultados calculados podem ser dispostos em uma tabela como os do exemplo de cálculo 4.3, e cujo resumo é apresentado na Tab. 4.11.

O objetivo do dimensionamento é calcular, para a configuração adotada, os diâmetros dos tubos e as perdas de carga que permitam a transposição das vazões nas condições fixadas, resultando as cotas dos níveis de água e da soleira do tubo a jusante (ou da câmara de jusante).

Sifão invertido

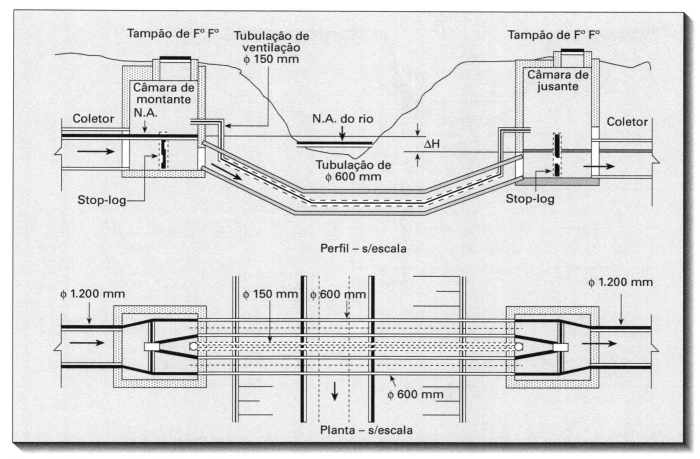

Figura 4.29 Esquema 2 de sifão invertido.
Fonte: Adaptado de Tsutiya e Além Sobrinho.

Exemplo de cálculo 4.3

Dimensionamento de um sifão com a configuração apresentada na Fig. 4.27, funcionando ao final de plano com 2 tubos, para a transposição das vazões abaixo:

$$Q_i = \frac{C \cdot P_i \cdot q_i \cdot k_2}{86.400} = 65 \text{ L/s}$$

(vazão máxima de um dia qualquer no início do plano)

$$Q_{f,1} = \frac{C \cdot P_f \cdot q_i \cdot k_2}{86.400} = 140 \text{ L/s}$$

$$Q_{f,2} = \frac{C \cdot P_f \cdot q_f \cdot k_1 \cdot k_2}{86.400} = 168 \text{ L/s}$$

onde:

$Q_{f,1}$ = vazão máxima de um dia qualquer ao final do plano;

$Q_{f,2}$ = vazão máxima no dia de maior contribuição ao final do plano.

A distância entre as câmaras de montante e de jusante é de 52,00 m (coincidente com o comprimento (L) dos tubos, de acordo com o esquema adotado na Fig.4.28).

O coletor afluente à câmara de montante e o afluente de jusante têm DN 600, $I_0 = 0,001$ m/m e a cota da soleira de montante = 573,122 m. Calculando-se conforme exemplo 2.9, tem-se:

Para $Q_i = 65$ L/s $\Rightarrow y/d_0 = 0,40$.
Para $Q_{f,1} = 140$ L/s $\Rightarrow y/d_0 = 0,63$.
Para $Q_{f,2} = 168$ L/s $\Rightarrow y/d_0 = 0,72$.

Limites de velocidade adotados:

$v_i \geq 0,60$ m/s e $v_f = 0,90$ m/s
(valores para início dos cálculos).

1. Dimensionamento do 1º tubo para vazão

$$Q_i = 65 \text{ L/s} = 0,065 \text{ m}^3/\text{s}$$

(vazão máxima de um dia qualquer no início do plano).

- Cálculo do diâmetro do tubo do sifão invertido:

Aplicando-se a equação da continuidade:

$$Q = A_m \cdot v \text{ ou } A_m = Q_i \div v = $$
$$= 0,65 \text{ m}^3/\text{s} \div 0,60 \text{ m/s} = 0,108 \text{ m}^2$$

$$d_0 = (4 \cdot A_m \div \pi)^{1/2} = (4 \times 0,108 \div \pi)^{1/2} = 0,371 \text{ m}.$$

Adotar-se-á DN 350 (menor do que o calculado, pois, assim procedendo, a velocidade fica acima da mínima). Recalculando a velocidade resultante, tem-se:

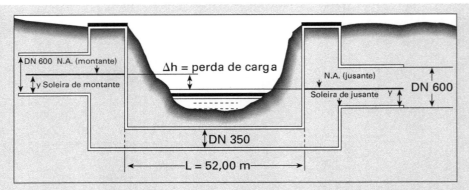

$$v_i = (4 \cdot Q_i) \div (\pi \cdot DN^2) =$$
$$= (4 \times 0{,}065) \div (\pi \times 0{,}35^2) = 0{,}68 \text{ m/s}.$$

- Cálculo das perdas de carga no sifão invertido:

  Aplicando-se a equação de Hazen-Williams com DN 350, $Q_i = 65$ L/s e $C = 100$ (ver, por exemplo, Azevedo Netto, 1998 - p. 189), onde se obtém:

  $j_i = 0{,}0022$ m/m $v_i = 0{,}68$ m/s e $v_i^2 \div 2g = 0{,}0236$ m.

  Admitindo-se como perdas localizadas apenas uma entrada e uma saída de tubulação, tem-se como comprimentos equivalentes: para entrada normal = 6,2 m e para saída de tubulação = 11,0 m (ver, por exemplo, Azevedo Netto, 1998, p. 127), que somados ao comprimento real do tubo ($L = 52{,}00$), obtém-se:

  $L_{equiv.} = 52{,}00 + 6{,}2 + 11{,}0 = 69{,}20$ m

  perda de carga = $\Delta h_i = L_{equiv.}$
  $xj_i = 69{,}20 \times 0{,}0022 = 0{,}1522 \approx 0{,}152$ m.
  $y/d_0 = 0{,}40 \Rightarrow y = y/d_0 \times d_0 = 0{,}40 \times 0{,}60$ m $= 0{,}240$ m.

- NA de montante = cota da soleira +
  $+ y = 573{,}122 + 0{,}240 = 573{,}362$ m.
- N.A. de jusante = NA de montante –
  $- \Delta h_i = 573{,}362 - 0{,}152 = 573{,}210$ m

Cálculo da cota da soleira de jusante

  Para tubo DN 600, $I_0 = 0{,}001$ m/m $\Rightarrow y/d_0 = 0{,}40$ no coletor efluente (de jusante)

  $y = 0{,}60$ m $\times 0{,}40 = 0{,}240$ m.

  cota da soleira de jusante = NA jusante –

  $- y = 573{,}210 - 0{,}240 = 572{,}970$ m.

  Verificação da velocidade para $Q_i = 65$ L/s e sifão operando com 2 tubos DN 350:

  $Q = Q_i \div 2 = 65{,}0 \div 2 = 32{,}5$ L/s $= 0{,}0325$ m³/s
  $v_i = (4 \cdot Q_i) \div (\pi \cdot DN^2) = (4 \times 0{,}0325) \div (\pi \times 0{,}35^2) = 0{,}34$ m/s.

- Cálculo das perdas de carga na tubulação para

  $Q = 32{,}5$ L/s.

  Aplicando-se a equação de Hazen-Williams com DN 350, $Q_i = 32{,}5$ L/s e $C = 100$, tem-se:

  $j_i = 0{,}0006$ m/m $v_i = 0{,}34$ m/s e $v_i^2 \div 2g = 0{,}0059$ m.

  Admitindo-se como perdas localizadas 1 entrada e 1 saída de tubulação, tem-se como comprimentos equi-valentes, para entrada normal = 6,2 m e para saída de tubulação = 11,0 m, que somados ao comprimento real do tubo ($L = 52{,}00$ m), obtém-se:

  $L_{equiv.} = 52{,}00 + 6{,}2 + 11{,}0 =$
  $= 69{,}20$ m.

  perda de carga =
  $\Delta h_i = L_{equiv.} \cdot j_i = 69{,}20 \times$
  $\times 0{,}0006 = 0{,}0415 \approx 0{,}042$ m.

  Observação: levando-se em conta apenas o aspecto construtivo, seria mais prático a instalação dos dois tubos previstos, já no início do plano. Porém, como se pode observar pelos resultados acima, o funcionamento dos dois tubos simultaneamente, no início do plano, traria problemas de sedimentação de sólidos nas câmaras, em função da baixa velocidade resultante. Assim, mesmo que se opte pela construção dos dois tubos no início do plano, a operação deveria se dar com apenas um deles.

2. Dimensionamento para 2 tubos operando simultaneamente com vazão $Q_{f,1} = 140$ L/s (vazão máxima de um dia qualquer no final do plano).

- Cálculo do diâmetro de cada tubo do sifão invertido:

  Pela equação da continuidade, com

  $Q = Q_{f,1} \div 2 = 140 \div 2 = 70$ L/s e $v_{f,1} = 0{,}90$ m/s

  $Q = A_m \cdot v$ ou $A_m = Q_{f,1} \div v_{f,1} = 0{,}070$ m³/s $\div$
  $\div 0{,}90$ m/s $= 0{,}0778$ m²

  $d_0 = (4 \cdot A_m \div \pi)^{1/2} = (4 \times 0{,}0778 \div \pi)^{1/2} = 0{,}315$ m.

  Adotar-se-á DN 350.

  Recalculando-se a velocidade, tem-se:
  $v_{f,1} = (4 \cdot Q_{f,1}) \div (\pi \cdot DN^2) = (4 \times 0{,}07) \div$
  $\div (\pi \times 0{,}35^2) = 0{,}73$ m/s.

- Cálculo das perdas de carga na tubulação:

  Aplicando-se a equação de Hazen-Williams com DN 350, $Q_f = 70$ L/s e $C = 100$, tem-se:

  $j_{f,1} = 0{,}0025$ m/m $v_{f,1} = 0{,}73$ m/s e
  $(v_{f,1})2 \div 2g = 0{,}0272$ m.

  Admitindo-se como perdas localizadas uma entrada e uma saída de tubulação, têm-se como comprimentos equi-valentes, para entrada normal = 6,2 m e para saída de tubulação = 11,0 m, que somados ao comprimento real do tubo ($L = 52{,}00$ m), tem-se:

  $L_{equiv.} = 52{,}00 + 6{,}2 + 11{,}0 = 69{,}20$ m.

  perda de carga =
  $\Delta h_{f,1} = L_{equiv.} \cdot j_{f,1} = 69{,}20 \times 0{,}0025$ m/m $= 0{,}173$ m.
  $y/d_0 = 0{,}63 \Rightarrow y = y/d_0 \times d_0 = 0{,}63 \times 0{,}60$ m $=$
  $= 0{,}378$ m.

- NA de montante = cota da soleira +
  $+ y = 573{,}122 + 0{,}378 = 573{,}500$ m.

- N.A. de jusante = NA de montante –
  $\Delta h_{f,1} = 573{,}500 - 0{,}173 = 573{,}327$ m.

- Cálculo da cota da soleira de jusante:

Sifão invertido

TABELA 4.11 Resumo do dimensionamento do sifão invertido					
Tubo n.	DN	Vazões (L/s)	Velocidades (m/s)	Perdas de carga máximas (m)	Cotas de soleira (jusante) (m)
1	1 × 350	65,0	0,68	0,152	572,970
1 + 2	2 × 350	140,0/2 = 70,0	0,73	0,173	572,949
1 + 2	2 × 350	168,0/2 = 84,0	0,87	0,250	572,872

Observação: deve-se adotar a maior perda de carga ($\Delta h = 0,250$ m) e a mais baixa cota da soleira de jusante (572,872 m).

Para tubo DN 600, $I_0 = 0,001$ m/m $\Rightarrow y/d_0 = 0,63$ no coletor efluente (de jusante):

$$y = 0,63 \text{ m} \times 0,60 = 0,378 \text{ m}.$$

cota da soleira de jusante = NA –
$- y = 573,327 - 0,387 = 572,949$ m.

3. Dimensionamento para 2 tubos operando simultaneamente com vazão $Q_{f,2} = 168$ L/s (vazão máxima no dia de maior contribuição, ao final do plano).

- Cálculo do diâmetro de cada tubo do sifão invertido:

Pela equação da continuidade, com

$$Q = Q_{f,1} \div 2 = 168 \div 2 = 84 \text{ L/s e } v_f = 0,90 \text{ m/s}.$$

$$Q = A_m \cdot v \text{ ou } A_m = Q_{f,2} \div v_{f,2} =$$
$$= 0,084 \text{ m}^3/\text{s} \div 0,90 \text{ m/s} = 0,0933 \text{ m}^2.$$

$d_0 = (4 \cdot A_m \div \pi)^{1/2} = (4 \times 0,0933 \div \pi)^{1/2} = 0,345$ m.

Adotar-se-á DN 350.

Recalculando-se a velocidade, tem-se:

$$v_{f,2} = (4 \cdot Q_{f,2}) \div (\pi \cdot DN^2) = (4 \times 0,084) \div$$
$$\div (\pi \times 0,35^2) = 0,87 \text{ m/s}.$$

- Cálculo das perdas de carga na tubulação:

Aplicando-se a equação de Hazen-Willians com DN 350, $Q_{f,2} = 84$ L/s e $C = 100$, obtém-se:

$$j_{f,2} = 0,00362 \text{ m/m}; v_{f,2} = 0,87 \text{ m/s e } (v_{f,2})^2 \div$$
$$\div 2g = 0,0389 \text{ m}.$$

Admitindo-se como perdas localizadas uma entrada e uma saída de tubulação, têm-se como comprimentos equivalentes, para entrada normal = 6,2 m e para saída de tubulação = 11,0 m, que somados ao comprimento real do tubo ($L = 52,00$ m), tem-se:

$$L_{equiv.} = 52,00 + 6,2 + 11,0 = 69,20 \text{ m}.$$

perda de carga =
$$\Delta h_{f,2} = L_{equiv.} \times j_{f,2} = 69,20 \text{ m} \times$$
$$\times 0,00362 \text{ m/m} = 0,250 \text{ m}.$$

$y/d_0 = 0,72 \Rightarrow y = y/d_0 \times d_0 = 0,72 \times 0,60$ m $= 0,432$ m.

- NA de montante = cota da soleira +
$+ y = 573,122 + 0,432 = 573,554$ m.

- N.A. de jusante = N.A. de montante –
$- \Delta h_{f,2} = 573,554 - 0,250 =$
$= 573,304$ m.

- Cálculo da cota da soleira de jusante:

Para tubo DN 600, $I_0 = 0,001$ m/m $\Rightarrow y/d_0 = 0,72$ no coletor efluente (de jusante)

$$y = 0,72 \text{ m} \times 0,60 = 0,432 \text{ m}.$$

cota da soleira de jusante = N.A. jusante –
$- y = 573,304 = 572,872$ m.

4. Análise das condições operacionais do sifão invertido (ver resumo na tabela 4.12).

Decidido que o sifão terá dois tubos, com diâmetros DN 350, com a perda de carga máxima calculada para operação simultânea $\Delta h = 0,250$ m e fixada a cota da soleira de jusante 572,870 m, proceder-se-á ainda à seguinte análise:

Admitir-se-á condições operacionais nas quais um dos tubos tenha de sofrer manutenção ou limpeza, far-se-á a verificação do que deverá ocorrer com o nível d'água de montante quando da ocorrência das vazões; $Q_{f,1} = 140$ L/s (que teoricamente ocorreria uma vez ao dia ao final do plano) e $Q_{f,2} = 168$ L/s (que teoricamente ocorreria apenas uma vez ao ano ao final do plano), esta última configurando-se como condição bastante extrema e de difícil ocorrência, concomitante à uma eventual manutenção ou limpeza de um dos tubos previstos.

- Cálculo das perdas de carga na tubulação para
$Q_{f,1} = 140$ L/s $= 0,140$ m^3/s.

Aplicando-se a equação de Hazen-Willians com DN 350 e $C = 100$, obtém-se:

$$j_{f,1} = 0,0092 \text{ m/m}; v_{f,1} = 1,46 \text{ m/s e } (v_{f,1})^2 \div 2g =$$
$$= 0,1079 \text{ m}.$$

Admitindo-se como perdas localizadas uma entrada e uma saída de tubulação, têm-se como comprimentos equivalentes, para entrada normal = 6,2 m e para saída de tubulação = 11,00 m, que somados ao comprimento real do tubo ($L = 52,00$ m), obtendo-se:

$$L_{equiv.} = 52,00 + 6,2 + 11,0 = 69,20 \text{ m}.$$

perda de carga =
$\Delta h_{f,1} = L_{equiv.} \times j_{f,1} = 69,20$ m $\times 0,0092$ m/m $= 0,637$ m.

TABELA 4.12 Resumo de condições operacionais do sifão invertido			
N. de tubos em operação	Variação de vazão (L/s)	Variação de velocidades (m/s)	Variação de perda de carga (m)
1	65,0 a 168,0	0,68 a 1,77	0,152 a 0,894
2	65,0 a 168,0	0,34 a 0,87	0,042 a 0,250

- N.A. de montante = cota da soleira de jusante +
  + $\Delta h_{f,1}$ = 572,870 + 0,637 = 573,507 m.

  $y_{mont.}$ = N.A.$_{mont.}$ − cota da soleira de montante =
  = 573,509 − 573,122 = 0,385 m.

Observação: deve-se notar que o valor y = 0,385 m é muito próximo do valor de y = 0,378 m, anteriormente calculado pelo critério de escoamento livre, no tubo DN 600. O acréscimo de nível é, portanto, de apenas 0,007 m, podendo-se considerar como adequado o dimensiona-mento elaborado.

- Cálculo das perdas de carga na tubulação para
  $Q_{f,2}$ = 168 L/s = 0,168 m³/s.

  Aplicando-se a equação de Hazen-Willians com DN 350 e C = 100, obtém-se:

  $j_{f,1}$ = 0,01292 m/m; $v_{f,2}$ = 1,77 m/s e $(v_{f,2})^2 \div 2g$ = 0,159 m.

  Admitindo-se como perdas localizadas uma entrada e uma saída de tubulação, têm-se como comprimentos equivalentes, para entrada normal = 6,2 m e saída de tubulação = 11,0 m, que somados ao comprimento real do tubo (L = 52,00), obtendo-se:

  $L_{equiv.}$ = 52,00 + 6,2 + 11,0 = 69,20 m.

  perda de carga =
  $\Delta h_{f,2} = L_{equiv.} \times j_{f,2}$ = 69,20 m × × 0,01292 m/m = 0,894.

- N.A. de montante = cota da soleira de jusante +
  + $\Delta h_{f,2}$ = 572,870 + 0,894 = 573,764 m.

  $y_{mont.}$ = N.A.$_{mont.}$ − cota da soleira de montante =
  = 573,764 − 573,122 = 0,632 m.

Observação: deve-se notar que o valor y = 0,632 m ultrapassa o valor do diâmetro do coletor de montante (0,600 m), indicando que a saída desse coletor funcionaria afogada nessas condições. Porém, deve-se lembrar que a vazão $Q_{f,2}$ = 168 L/s ocorreria teoricamente uma vez ao ano, ou seja, no dia e hora de maior vazão de contribuição, que estatisticamente seria improvável que ocorresse justamente no dia da manutenção ou limpeza do sifão. Assim, pode-se novamente considerar como adequado o dimensionamento elaborado.

4.4 Estação elevatória de esgoto

4.4.1 Aplicações

Tal como os sifões invertidos, as elevatórias constituem descontinuidades do fluxo em conduto livre, não desejáveis no conjunto de tubulações e acessórios com escoamento nessa condição, além de serem unidades eletromecânicas consumidoras de energia, cujo custo incide nas despesas de exploração do sistema. Por tais motivos, a sua adoção deve ser cuidadosamente cotejada com outras opções de traçado e posição relativa dos condutos para se eleger a de menor custo global (implantação + exploração).

As elevatórias são aplicáveis ao sistema de esgoto sanitário nas seguintes situações:

- Na coleta, para elevação de águas servidas (ou esgoto) de pavimentos abaixo do greide do coletor predial ou em terrenos com caimento para o fundo.

- No transporte (rede coletora e interceptores), para evitar o excessivo aprofundamento dos coletores; em zonas com rede nova em cotas mais baixas que a rede existente; em redes coletoras do tipo distrital.

- No tratamento, para elevar o afluente à ETE, até a cota compatível com a implantação das unidades de tratamento.

- Na disposição final, para lançamento no corpo receptor em condições favoráveis, dadas as variações de nível (cheias, marés etc).

4.4.2 Localização

São relevantes os seguintes aspectos técnicos e econômicos:

- custo da área de implantação;
- facilidade e custo da alimentação de energia elétrica;
- facilidade de acesso;
- facilidade de extravasão do esgoto afluente;
- nível local de inundação.

Convém também cotejar os custos das extensões dos coletores afluentes com os da extensão da linha de recalque e consumo de energia, comparando custos globais da maior extensão dos coletores com o recalque mais curto e menor potência instalada, contra a situação inversa.

4.4.3 Vazões

As vazões a serem consideradas no dimensionamento das elevatórias de esgoto são as conduzidas pelos coletores afluentes ao poço de tomada da elevatória, cabendo às bombas selecionadas a incumbência de compatibilizar a variação que caracteriza tal afluência, com a vazão de saída da elevatória.

Embora se utilizem também outros equipamentos, os mais comuns são as bombas centrífugas, que podem ser de rotação constante ou variável. No segundo caso, são utilizados variadores de velocidade acoplados aos motores elétricos, de modo que a concordância da vazão de recalque com a vazão afluente se faz com uma aproximação bem ajustada, minimizando as dimensões e a importância do poço de sucção. Figurativamente, o uso de variadores de velocidade corresponde à instalação de infinitas bombas de pequena vazão, funcionando lado a lado seletivamente, de acordo com a afluência do esgoto (mais esgoto, mais bomba e vice-versa).

No caso das bombas de rotação constante, o ajuste entre as vazões afluentes e a de recalque depende do cuidado na seleção dos conjuntos elevatórios e do bom dimensionamento do poço de sucção. As vazões afluentes que importam no dimensionamento são:

- as de início do plano e de cada etapa subsequente:

$$Q_i = (k_2 \cdot \bar{Q}_i) + I_{\text{nf}} + \Sigma Q_{c,i}$$

Para condições iniciais:

$\bar{Q}_i$ = vazão média anual (P. q) de esgoto doméstico, inicio de plano;
$I_{\text{nf.}}$ = infiltração;
$Q_{c,i}$ = vazões concentradas de início de plano.

- as de final do plano e de cada etapa precedente:

$$Q_f = (k_1 \cdot k_2 \cdot \bar{Q}_f) + I_{\text{nf}} + \Sigma Q_{c,f}.$$

Para condições finais

$\bar{Q}_f$ = vazão média anual de esgoto doméstico, final de plano;
$Q_{c,f}$ = vazões concentradas de final de plano.

Das vazões iniciais dependem as dimensões máximas do poço de sucção que evitem a septicidade do esgoto retido.

Das vazões finais dependem a capacidade de recalque das bombas e as dimensões mínimas do poço de sucção, que permitam intervalos de operação e paralisação dos motores, de acordo com as prescrições do fabricante (vide subitem 4.4.6).

4.4.4 Dimensionamento hidráulico

Denomina-se conjunto elevatório ou motobomba ao par:

- bomba de elevação do líquido;
- motor de acionamento da bomba.

A elevação do líquido corresponde ao trabalho necessário para transportá-lo de um nível inferior para um superior através das tubulações, empregando um sistema elevatório composto essencialmente de:

- tubulação de sucção, entre o nível inferior (inicial) do líquido e a entrada da bomba;
- conjunto elevatório, bomba e motor responsáveis pela transformação de energia e sua transferência ao líquido, possibilitando sua elevação por pressão;
- tubulação de recalque, entre a saída da bomba e o nível superior (final) do líquido.

Esse sistema apresenta resistências ao deslocamento do líquido, representadas pelas perdas de carga nas tubulações e em suas conexões e válvulas, e pela resistência global do conjunto elevatório, ou seja, os aspectos relacionados ao seu rendimento. A Fig. 4.30 mostra a disposição usual das partes desse sistema.

A altura manométrica representa o trabalho total a ser realizado pelo conjunto elevatório, para conduzir a vazão desejada ao nível superior. A potência necessária a tal trabalho é dada por:

$$P = \frac{\gamma \cdot Q \cdot H_M}{735,5 \cdot \eta} \quad (4.28)$$

onde: g = peso específico do líquido (em N/m^3, ver Tab. 4.13;
Q = vazão (em m^3/s);
H_M = altura manométrica (em m);
η = rendimento global (bomba × motor);
P = potência (em CV = cavalo vapor = 0,986 HP).

Uma vez que a altura manométrica (H_M) está associada às perdas de carga nas tubulações, a adoção dos diâmetros, em especial o diâmetro da tubulação de recalque, envolve as seguintes possibilidades:

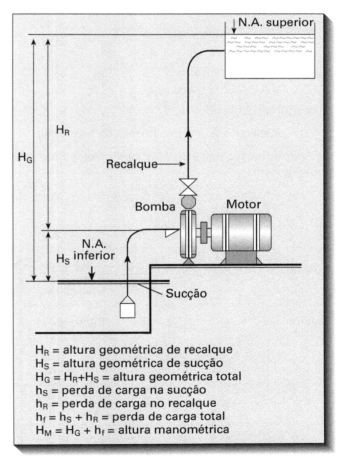

Figura 4.30 Desenho esquemático de um conjunto elevatório (motobomba).

- diâmetros maiores ⇒ menores velocidades ⇒ menores perdas de carga ⇒ potência menor;
- diâmetros menores ⇒ maiores velocidades ⇒ maiores perdas de carga ⇒ potência maior.

Considerando-se os custos de instalação e de operação, envolvendo também consumos, amortizações de capital e juros, observam-se curvas reversas para os custos das canalizações e dos conjuntos elevatórios. A Fig. 4.31 mostra com clareza essa situação.

A Fig. 4.31 é apenas a ilustração da pesquisa de custos para vários diâmetros que deve ser realizada para seleção do diâmetro econômico, conforme disposição da Tab. 4.14. A Fig. 4.32 mostra um conjunto motobomba submerso.

O desenvolvimento analítico das expressões dos custos parciais em função do diâmetro resulta numa equação simples, conhecida como Fórmula de Bresse, que auxilia no pré-dimensionamento das linhas de recalque.

Admitindo-se:

c_1 = custo médio do conjunto elevatório por unidade de potência; incluindo as despesas de manutenção;

c_2 = custo médio da tubulação de diâmetro unitário por unidade de comprimento, incluindo transporte, assentamento e manutenção.

Ter-se-á os seguintes custos:

$$C_1 = P \cdot c_1$$

para o conjunto elevatório

$$C_2 = D \cdot L \cdot c_2$$

para a tubulação, onde:

D = diâmetro e L = comprimento da tubulação.

Aplicando-se a equação 4.28, obtém-se, para o conjunto elevatório:

$$C_1 = \frac{\gamma \cdot Q \cdot H_M}{735,5 \cdot \eta} \cdot c_1$$

onde: $H_M = H_G + h_f$

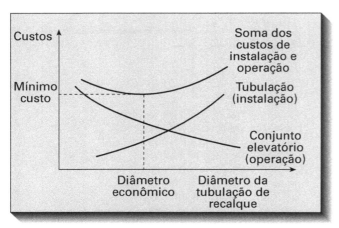

Figura 4.31 Seleção do diâmetro econômico da tubulação de recalque.

Aplicando-se a Fórmula Universal de condutos forçados, obtém-se,

$$h_f = 0,0827 \cdot f \cdot \frac{Q^2}{D^5} \cdot L \therefore C_1 = \frac{c_1 \cdot \gamma \cdot Q}{735,5 \cdot \eta} \times$$

$$\times \left(H_G + 0,0827 \cdot f \cdot \frac{Q^2}{D^5} \cdot L \right)$$

O custo total $C = C_1 + C_2$ resulta, portanto:

$$C = c_2 \cdot D \cdot L + \frac{c_1 \cdot \gamma \cdot Q}{735,5 \cdot \eta} \times$$

$$\times \left(H_G + 0,0827 \cdot f \cdot \frac{Q^2}{D^5} \cdot L \right)$$

Para valores de γ ver tabela 4.13.

Derivando-se o custo total C em relação ao diâmetro D e igualando-se a zero para que esse custo total seja mínimo, obtém-se:

$$\frac{dC}{dD} = c_2 \cdot L + \frac{c_1 \cdot \gamma \cdot Q}{735,5 \cdot \eta} \times (0,0827 \cdot f \cdot Q^2 \cdot L) \times$$

$$\times \left[\frac{-5 \cdot D^4}{(D^{10})} \right] = 0 \therefore c_2 \cdot L + \frac{c_1 \cdot \gamma \cdot Q}{(147,1\eta)} \times$$

$$\times \left(0,0827 \cdot f \cdot \frac{L}{D^6} \right)$$

ou

$$D^6 = 0,00056 \cdot \frac{f \cdot \gamma \cdot Q^3}{\eta} \cdot \frac{c_1}{c_2}$$

resultando, então,

$$D = \overbrace{\left[\frac{(0,00056 \cdot f \cdot \gamma \cdot c_1)}{(\eta \cdot c_2)} \right]^{1/6}}^{K} \cdot Q^{1/2}$$

ou $\qquad D = K \cdot Q^{1/2} \qquad (4.29)$

que é a conhecida fórmula de Bresse, utilizada no pré-dimensionamento de tubulações de recalque e que indica a vizinhança do diâmetro econômico para aplicação da pesquisa explicitada na Tab. 4.14.

TABELA 4.13 Variação do peso específico da água γ com a temperatura

Temperatura da água (°C)	Peso específico da água γ (em kgf/m³)	Peso específico da água γ (em N/m³)
0	999,9	9.805
4	1.000,0	9.807
10	999,7	9.803
20	998,2	9.789
30	995,7	9.767
40	992,2	9.737

Estação elevatória de esgoto

TABELA 4.14 Estudo econômico de linhas de recalque (pesquisa do diâmetro mais conveniente)

Itens	D_1	D_2	D_3	D_4
Custo do Tubo/m, incluindo conexões ($)				
Custo total da tubulação ($)				
Amortização anual da tubulação ($) [1]				
Velocidade média (m/s)				
Perda de carga unitária (mca/m)				
Perda de carga ao longo da tubulação (mca)				
Carga cinética = $v^2/2g$ (mca)				
Perdas localizadas (mca)				
Perda de carga total (mca)				
Altura manométrica (mca)				
Potência consumida (HP)				
Potência consumida (kW)				
Custo anual de energia ($) [2]				
Custo por conjunto elevatório incluindo chaves ($)				
Amortização anual dos conjuntos elevatórios ($) [3]				
Despesa total anual ($) [1 + 2 + 3]				

Fonte: Adaptado de Azevedo Netto (1998).

TABELA 4.15 Associação entre valores de K (fórmula de Bresse) e da velocidade v

K	v (m/s)
0,75	2,26
0,80	1,99
0,85	1,76
0,90	1,57
1,00	1,27
1,10	1,05
1,20	0,88
1,30	0,75
1,40	0,65

Se usada a equação de Hazen-Williams, chega-se a mesma equação 4.29 com outros parâmetros em K.

Na realidade, o valor de K está associado à velocidade, pois da equação da continuidade resulta, com a utilização da equação 4.29:

$$Q = A \cdot v = \frac{\pi \cdot D^2}{4} \cdot v$$

ou

$$\frac{D^2}{K^2} = \frac{\pi \cdot D^2}{4} \cdot v \therefore v = \frac{4}{\pi \cdot K^2} = \frac{1,273}{K^2}$$

As pesquisas de custos efetuadas no Brasil e em outros países mostram que os valores de K situam-se num intervalo entre 0,75 e 1,40. Atribuindo-se valores a K obtém-se a Tab. 4.15.

Essa associação com a velocidade permite a pesquisa em torno de um diâmetro que limite a perda de carga a valores razoáveis. É comum a adoção de $K = 1,3$, que resulta em $v = 0,75$ m/s e cujas perdas de carga ficam dentro de uma faixa razoável.

Esse procedimento permite a seleção do diâmetro mais conveniente para a tubulação de recalque. Já para a tubulação de sucção é usual a adoção do diâmetro comercial imediatamente superior ao diâmetro adotado para o recalque.

4.4.5 Seleção das bombas

Neste texto tratar-se-á apenas das bombas centrífugas acionadas por motores elétricos, em razão da amplitude das suas aplicações nas situações usuais da elevação de esgoto sanitário e pela relativa simplicidade das obras civis envolvidas, podendo em situações específicas serem instaladas até em poços de visita. Tratando-se da elevação de esgoto sanitário, que transporta sólidos, dois aspectos importantes devem ser considerados no uso das bombas centrífugas:

- o rotor da bomba deve ser do tipo aberto, para passagem de sólidos de até 70 a 100 mm, que eventualmente podem ser arrastados pelo fluxo;

- as bombas devem ser afogadas, isto é, com seu eixo de referência abaixo do nível mínimo no poço de sucção, a fim de dispensar as válvulas de pé na entrada da sucção, as quais obstruem a passagem de sólidos em suspensão no líquido.

Para atender a este segundo aspecto, as elevatórias podem ser:

- com poço seco adjacente ao poço de sucção para instalação do conjunto motobomba, quer de eixo horizontal, quer de eixo vertical, com motor e bomba diretamente acoplados; ou

- apenas com poço de sucção (poço úmido) para conjuntos motorbomba de eixo vertical, o qual, prolongado por meio de acoplamento, permite a instalação do motor livre dos níveis de inundação; e também para conjuntos submersos, motor e bombas acoplados diretamente e instalados abaixo do nível do poço de sucção, protegidos por carcaças de absoluta estanqueidade, os quais, para manutenção, podem ser alçados por corrente de suspensão.

Velocidade específica

Os rotores das bombas podem ser classificados segundo um índice chamado "velocidade específica" (N_s) que, referido ao ponto de maior eficiência da bomba, é definido como a rotação de um rotor semelhante, para vazão de 1 m³/s e altura manométrica de 1,0 mca.

$$N_s = N \frac{Q^{1/2}}{H_M^{3/4}}$$

onde: N = (rotação, em RPM),
Q (vazão em m³/s) e
H_M (altura manométrica em mca)

NPSH Disponível e Requerido

Quando as bombas não são afogadas, existe uma altura de sucção a ser vencida pela aspiração provocada pelo movimento do rotor, que ocasiona pressões inferiores à pressão atmosférica local, limitadas pela pressão de vapor do líquido (vide seção 2.3.8), a partir da qual se inicia um fenômeno de formação de bolhas de vapor, misturadas à massa líquida.

Quando ocorre esse fenômeno, as bolhas de vapor são arrastadas pelo fluxo e quando chegam ao corpo da bomba, onde predominam as elevadas pressões junto ao rotor, ocorre a destruição de tais bolhas (implosão), causando ruídos, vibrações, diminuição da vazão e da altura manométrica e, por consequência, queda no rendimento, além da destruição das camadas metálicas do rotor e da carcaça interna da bomba, quer por efeito mecânico do martelamento, quer por efeito químico de liberações de íons de oxigênio, ambos devidos às citadas implosões. Esse conjunto de fenômenos físico-químico é denominado cavitação.

Considerando-se dois pontos, um situado no N.A. do poço de sucção e outro situado no eixo e na entrada da bomba, pelo teorema de Bernoulli, tem-se:

$$\frac{p_1}{\gamma} + \frac{v_1^2}{2g} = \frac{p_2}{\gamma} + \frac{v_2^2}{2g} + H_S + h_S$$

$$H_S = \frac{P_1 - p_2}{\gamma} + \frac{v_1^2 - v_2^2}{2g} - h_S$$

H_s = altura de sucção;
h_s = perda de carga na sucção;
p_1 = pressão atmosférica local;
p_2 = pressão na entrada da bomba.

Desprezando-se as energias cinéticas e as perdas de carga e se $p_2 = 0$ resta que

$$H_{S\,máx} = \frac{P_1}{\gamma} = 10,33$$

(ao nível do mar e a 4°C – ver Tab. 4.16), onde:

$H_{S\,máx}$ = altura de sucção máxima (teórica), sem ocorrência de cavitação.

No entanto, como os valores desprezados são significativos e $p_2 \neq 0$, então $H_{S\,máx}$ se reduz para um valor que depende do projeto de cada bomba, em que a perda de carga entre o flange de entrada da bomba e o rotor determinam o que se convencionou chamar de NPSH requerido pela bomba, ou simplesmente $NPSH_R$.

A sigla NPSH (*net positive suction head*) não possui uma tradução literal muito significativa em nossa língua. Pode-se entendê-la como a pressão no ponto imediatamente anterior ao flange de entrada da bomba, descontada da pressão de vapor do líquido para aquela temperatura de bombeamento. Assim, o $NPSH_R$ (requerido) é uma característica de cada bomba, ou seja, é uma informação que o fabricante fornece nos seus catálogos e significa que, se a pressão no ponto anterior ao flange

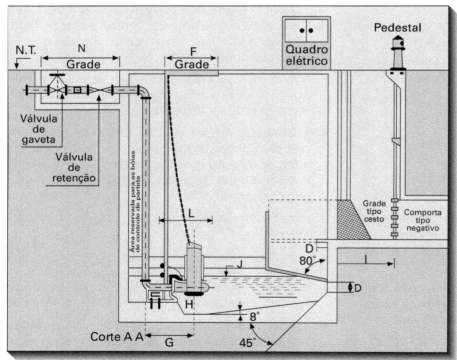

Figura 4.32 Conjunto motobomba submerso
Fonte: SABESP.

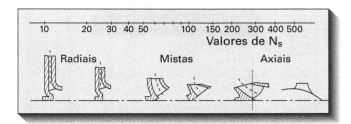

Figura 4.33 Classificação e perfis de rotores segundo a velocidade específica.
Fonte: Silvestre, (1979).

da bomba (NPSH disponível no sistema, ou simplesmente NPSH$_D$) for igual ou menor do que o NPSH requerido, haverá cavitação.

Para evitar a cavitação o fator limitante é, pois, a pressão de vapor p_v (Tab. 2.10), que depende da temperatura do líquido que está sendo bombeado e da pressão atmosférica local p_1 (Tab. 4.16), dependente da altitude desse local.

A pressão atmosférica local pode ser estimada pela equação 4.30 (Reichardt. 1985), a partir da qual se elaborou a Tab. 4.16

$$P_{\text{atm local}} = \frac{P_{\text{atm nível do mar}}}{e^X} \qquad (4.30)$$

onde:
e = 2,71828
X = altitude local ÷ 8,4 (entrar com altitude em km).

Pode-se então escrever:

$$H_{S\,\text{máx}} < \left(\frac{p_1 - p_v}{\gamma} - h_S\right) + \overbrace{\left(\frac{v_1^2 - v_2^2}{2g} - H_S\right)}^{NPSH_R}$$
(4.31a)

Segundo Silvestre (1979), a perda de carga na bomba h_B pode ser estimada através da equação, $h_B = \sigma \cdot H_M$, onde H_M = altura manométrica e σ é o chamado "coeficiente de cavitação", que no ponto de maior rendimento de cada bomba pode ser estimado pela expressão de Stepanov $\sigma = 0,0012\, N_S^{4/3}$, onde N_S = velocidade específica.

A equação 4.31a pode ser assim reescrita:

$$\left[\left(\frac{p_1 - p_2}{\gamma}\right) - H_S - h_S\right] > \left[\left(\frac{v_2^2 - v_1^2}{2g}\right) + h_B\right] \quad (4.31b)$$

O primeiro membro da equação 4.31b contém as grandezas que só dependem da instalação e de sua localização, denominando-se NPSH$_D$ (disponível na instalação). Quando a bomba trabalha afogada, H_S torna-se positivo nessa expressão e, então, genericamente pode-se escrever, como a seguir.

$$\text{NPSH}_D = \left(\frac{p_1 - p_v}{\gamma}\right) \pm H_S - h_S \qquad (4.32)$$

TABELA 4.16 Variação da pressão atmosférica com a altitude

Altitude (m)	Pressão atmosférica (mca)
0	10,33
100	10,21
200	10,09
300	9,97
400	9,85
500	9,73
600	9,62
700	9,50
800	9,39
900	9,28
1.000	9,17
1.200	8,95
1.400	8,74
1.600	8,54
1.800	8,34
2.000	8,24
2.200	7,95
2.400	7,76
2.600	7,58
2.800	7,40
3.000	7,23
3.200	7,06

O NPSH$_D$ pode ser ajustado pelo projetista, alterando a altura de sucção H_S ou a perda de carga na sucção h_S durante a fase de concepção do sistema elevatório.

O segundo membro da equação 4.31b depende das características da bomba e, como já mencionado, é denominado NPSH$_R$. Também como já citado, o seu valor deve ser informado pelo fabricante da bomba. Portanto, não haverá cavitação quando:

$$\text{NPSH}_D > \text{NPSH}_R$$

Deve-se adotar um fator de segurança ou, em outras palavras, manter uma diferença para maior no primeiro membro da relação anterior, em pelo menos 15%, segundo Silvestre (1979). Pode-se dizer ainda que:

- NPSH$_D$ é a carga residual disponível na instalação, para a sucção do fluido.
- NPSH$_R$ é a carga exigida pela bomba para aspirar o fluido do poço de sucção.

Exemplo de cálculo 4.4

Calcular a altura máxima de sucção $H_{S\,máx}$ (sem ocorrência de cavitação) de um sistema elevatório instalado a 1.200 m de altitude, recalcando esgoto sanitário a 10°C de temperatura, com perda de carga na sucção $h_S = 0{,}22$ m, através de uma bomba que apresenta $\text{NPSH}_R = 4{,}30$ m.

A equação 4.31a pode ser também escrita:

$$H_{S\,máx} = \frac{p_1 - p_2}{\gamma} - h_S - \text{NPSH}_R$$

- Pela Tab. 4.12, com
$$T = 10°C \quad \gamma = 9.803 \text{ N/m}^3$$

- Pela Tab. 4.16,
$$p_1 = 8{,}95 \text{ mca} \approx 89.500 \text{ N/m}^2$$
(lembrando-se que 1 mca $\approx 10^4$ N/m^2)

- Pela Tab. 2.10,
$$P_v = 1{,}2272 \times 10^3 \text{ Pa} \approx 1.227 \text{ N/m}^2 \ (1 \text{ Pa} = 1 \text{ N/m}^2)$$

$$H_{S\,máx} = \frac{89.500 - 1.227}{9.803} - 0{,}22 = 4{,}30 = 4{,}48 \text{ m}$$

(considerando-se $F_S = 15\% \ H_{S\,máx} = 4{,}48 \times 0{,}85 = 3{,}81$ m)

Resposta: A máxima altura de sucção para o caso estudado é $H_{S\,máx} = 3{,}80$ m.

Exemplo de cálculo 4.5

Calcular o NPSH_D de um sistema elevatório instalado a 900 m de altitude, recalcando esgoto sanitário a 20 °C de temperatura, com altura geométrica de sucção $H_S = 2{,}52$ m, e perda de carga na sucção $h_S = 0{,}27$m.

Utilizando-se a equação 4.32, tem-se:

$$\text{NPSH}_R = \frac{p_1 - p_2}{\gamma} - H_S - h_S$$

- Pela Tab. 4 12, com
$$T = 20°C \ \gamma = 9.789 \text{ N/m}^3$$

- Pela Tab. 4 16,
$$p_1 = 9{,}28 \text{ mca} \approx 92.800 \text{ N/m}^2$$

- Pela Tab. 2.10,
$$p_v = 2{,}3377 \times 10^3 \text{ Pa} \approx 2.338 \text{ N/m}^2$$

$$H_{S\,máx} = \frac{92.800 - 2.338}{9.789} - 2{,}52 - 0{,}27 = 6{,}45 \text{ m}$$

Resposta: o NPSH_D para o caso estudado é = 6,45 m.

Exemplo de cálculo 4.6

Calcular a altura máxima de sucção $H_{S\,\max}$ (sem ocorrência de cavitação) e o NPSH_D, de um sistema elevatório instalado ao nível do mar, recalcando esgoto sanitário a 25 °C de temperatura, com velocidade e perda de carga na sucção, respectivamente de $v_s = 0{,}90$ m/s e $h_S = 1{,}75$ m. A vazão é de 180 L/s, a altura manométrica é de 12 mca e a rotação da bomba 1.750 rpm.

Aplicando-se a equação 4.31a, tem-se:

$$H_{S\,máx} < \left(\frac{p_1 - p_v}{\gamma} - h_S\right) - \left(\frac{v_2^2 - v_1^2}{2g} + h_B\right)$$

- Pela Tab. 4.12, com
$$= 25°C \ \gamma = 9.778 \text{ N/m}^3$$

- Pela Tab. 4.16,
$$p_1 = 10{,}33 \text{ mca} \approx 103.300 \text{ N/m}^3$$

- Pela Tab. 2.10,
$$p_v = 3{,}1676 \times 10^3 \text{ Pa} \approx 3.168 \text{ N/m}^2$$

- No nível d'água do poço de sucção,
$$v_1 = 0 \text{ e } v_2^2/2g = 0{,}90^2/19{,}61 = 0{,}04 \text{ m}$$

- A rotação específica
$$N_S = N \cdot Q^{1/2} \div H_M^{3/4} = 1.750 \times 0{,}180^{1/2} \div 12{,}00^{3/4} = 115{,}2 \text{ rpm}$$

- O coeficiente de cavitação
$$\sigma = 0{,}0012 \ N_S^{4/3} = 0{,}0012 \times 115{,}2^{4/3} = 0{,}67$$

- A perda de carga na bomba
$$h_B = \sigma \cdot H_M = 0{,}67 \times 12{,}00 = 8{,}07 \text{ m}$$

$$H_{S\,máx} < \frac{103.300 - 3.168}{9.778} - 1{,}75 - \overbrace{(0{,}04 + 8{,}07)}^{\text{NPSH}_R = 8{,}11 \text{ m}} =$$

$$= 0{,}38 \text{ m (FS = 15\%)} \ H_{S\,máx} = 0{,}38/1{,}15 = 0{,}33 \text{ m}$$

$$\text{NPSH}_D = \frac{p_1 - p_v}{\gamma} - H_S - h_S =$$

$$= 10{,}24 - 0{,}33 - 1{,}75 = 8{,}16 \text{ m}$$

Resposta: A máxima altura de sucção para o caso estudado é $H_{S\,\max} = 0{,}33$ m, ou seja, neste caso, a bomba praticamente terá de funcionar afogada e o $\text{NPSH}_D = 8{,}16$ m.

Curva característica do sistema

Decidida a geometria mais eficaz, resta a escolha do conjunto motobomba que cumpra o trabalho de elevação nas condições assim fixadas.

Para isso, são necessárias consultas a fabricantes, aos quais devem ser fornecidas pelo menos as seguintes condições de serviço:

- natureza do líquido (água, esgoto etc);
- temperatura do líquido (média);
- peso específico do líquido;
- altitude ou pressão atmosférica local;
- diâmetro máximo de sólidos (caso de esgoto);
- vazão máxima de recalque;
- alturas manométricas de sucção, recalque e total;
- NPSH_D;
- potência calculada, tensão e frequência elétricas disponíveis;
- curva característica do sistema.

Para melhor decisão a respeito da escolha do conjunto motobomba é necessário traçar, *a priori*, a curva característica das tubulações, mais comumente chamada de curva característica do sistema e que é decorrente da equação da altura manométrica:

$$H_M = H_G + h_f$$

Sendo h_f a soma das perdas de carga da sucção e do recalque que pode ser escrita sob a forma:

$$h_f = \alpha \cdot L_V \frac{Q_n}{D^m}$$

Onde L_v é o comprimento virtual ou equivalente que contempla, além do comprimento real da tubulação, a somatória de todas as perdas de carga localizadas, transformadas em comprimento equivalente de tubulação, o qual sendo conhecido, assim como o diâmetro permite escrever-se:

$$h_f = k \cdot Q_n$$

resultando pois,

$$H_M = H_G + k \cdot Q_n$$

Adotando-se como equação de resistência a expresso de Hazen-Williams para perda de carga distribuída h_f ter-se-á:

$$n = 1,85 \Rightarrow k = 10,641 \cdot C^{-1,85} \cdot D^{-4,87} \cdot L_V$$

e

$$H_M = H_G + k \cdot Q^{1,85}$$

Colocando em abscissas as vazões e em ordenadas as alturas manométricas, a correspondência expressa nessa equação se mostra sob a forma de uma curva que é denominada de curva característica do sistema (Fig. 4.34a).

No caso de tubulações em série (trechos do recalque com diâmetros diferentes), são traçadas as curvas em separado para cada trecho, e obtém-se a curva do sistema somando-se as ordenadas (h_f) para cada valor de vazão, a mesma em todos os trechos (Fig. 4.34b).

No caso de tubulações em paralelo (linhas independentes de recalque), alimentadas pelo mesmo conjunto motobomba, são traçadas as curvas em separado para cada linha, e obtém-se a curva do sistema somando-se as abscissas (Q) para cada valor de perda de carga, a mesma em todas as linhas (Fig. 4.34c).

Se for adotada a Fórmula Universal de perda de carga distribuída, como equação de resistência ter-se-á, $n = 2$ e $k = 8 \cdot f \cdot L_V (g \cdot \pi^2 \cdot D^5)^{-1}$, e os procedimentos são os mesmos.

$$H_M = H_G + k \cdot Q^2$$

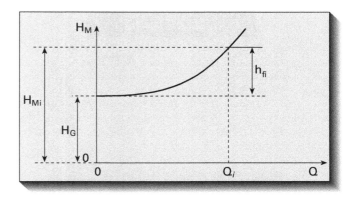

Figura 4.34a Curva característica do sistema.

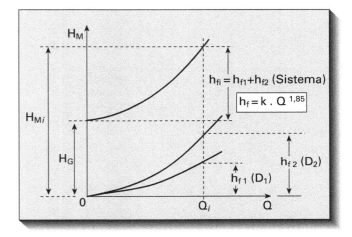

Figura 4.34b Curva característica do sistema – tubulações em série.

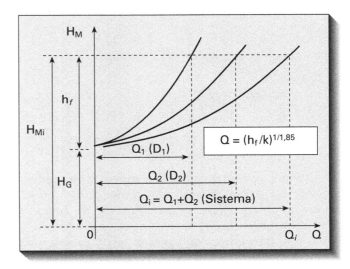

Figura 4.34c Curva característica do sistema – tubulações em paralelo.

Exemplo de cálculo 4.7

Traçar a curva característica do sistema com a configuração abaixo, utilizando a equação de Hazen-Willians, $C = 100$ e com os seguintes dados; altura de sucção $H_S = +1{,}00$ m, altura de recalque $H_R = 14{,}50$ m, altura geométrica $H_G = 13{,}50$ m, diâmetro de sucção $D_S = $ DN 200, diâmetro de recalque $D_R = $ DN 150, comprimento da tubulação de sucção $L_S = 1{,}00$ m, comprimento da tubulação de recalque $L_R = 17{,}25$ m.

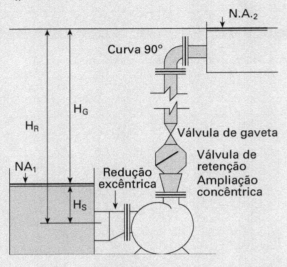

a) Perdas localizadas na sucção (ver Azevedo Netto, 1998):

entrada = $17\,D$
redução = $6\,D$

$$\lambda_S = 23\,D = 23 \times 0{,}20 \text{ m} = 4{,}60 \text{ m}$$

b) Comprimento virtual na sucção

$$L_V = L_S + 4{,}60 \text{ m} = 5{,}60 \text{ m}$$

c) $K_S = 10{,}641 \cdot C^{-1{,}85} \cdot D^{-4{,}87} \cdot L_V = 30{,}14$

d) Perdas localizadas no recalque:

ampliação = $12\,D$
válvula de retenção = $100\,D$
válvula gaveta = $8\,D$
curva 90° = $30\,D$
saída da tubulação = $35\,D$

$$\lambda_R = 185\,D = 185 \times 0{,}15 \text{ m} = 27{,}75 \text{ m}$$

e) comprimento virtual no recalque:

$$L_V = 17{,}25 + 27{,}75 = 45{,}00 \text{ m}$$

f) $k_R = 10{,}641 \cdot C^{-1{,}85} \cdot D^{-4{,}87} \cdot L_V = 983{,}17$

g) $k = k_S + k_R = 30{,}14 + 983{,}17 = 1.013{,}31$

$$H_M = H_G + k \cdot Q^{1{,}85} \Rightarrow H_M = 13{,}50 + 1.013{,}31 \cdot Q^{1{,}85}$$
(equação da curva do sistema)

Atribuindo-se valores crescentes à vazão, obtêm-se os dados que permitem elaborar a curva do sistema.

Q (m³/s)	H_M (m)	Q (m³/s)	H_M (m)
0	13,50	0,05	17,47
0,01	13,70	0,06	19,06
0,02	14,23	0,07	20,90
0,03	15,04	0,08	22,97
0,04	16,13	0,09	25,28

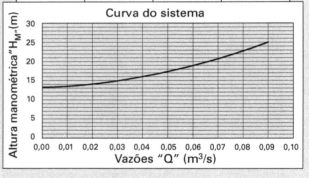

Curvas características das bombas centrífugas

As bombas centrífugas são máquinas hidráulicas construídas para, mediante a transformação de energia de pressão, impulsionar uma dada vazão de líquido a uma altura desejada, vencendo as resistências oferecidas quer pela gravidade (diferenças de cotas), quer pelas perdas nas tubulações de sucção e recalque (perdas de carga).

Basicamente as bombas centrífugas são constituídas de um rotor solidário a um eixo, acoplado a um motor elétrico (caso mais comum). O eixo transmite o movimento de rotação ao rotor que, através de palhetas divergentes do centro para periferia (ver Fig. 4.35), desloca o líquido em direção à carcaça circundante, provocando uma depressão central que acarreta o afluxo de nova porção de líquido aspirado na conexão de sucção. Impulsionado contra a carcaça, o líquido animado de grande velocidade se depara com um conduto espiral de seções transversais crescentes, que reduzem a velocidade e, consequentemente, aumentam a pressão, conforme o princípio explicito na equação de Bernoulli:

$$\frac{v^2}{2g} + \frac{p}{\gamma} + Z = \text{constante}$$

No interior da carcaça da bomba não há variação de Z (carga de posição), então a diminuição da velocidade do líquido implicará aumento da pressão p.

Estação elevatória de esgoto

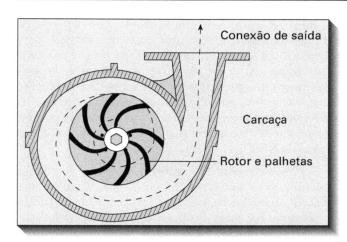

Figura 4.35 Corte da carcaça e rotor de uma bomba centrífuga.

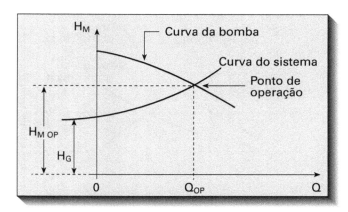

Figura 4.36 Ponto de operação (cruzamento das curvas da bomba e do sistema).

O líquido, ao sair da bomba, entra na tubulação de recalque, onde não há mais a variação da seção transversal, mas, sim, a variação da carga de posição (Z). Com a elevação do líquido no conduto haverá uma consequente diminuição da carga de pressão (p/γ) e da carga de velocidade ($v^2/2g$). Deve-se observar que, qualquer que seja o ponto de descarga, esta é feita sempre a mesma pressão (pressão atmosférica), significando que a pressão residual nesse ponto se transforma em energia cinética.

Variando-se a altura dos pontos de descarga, observa-se que a velocidade do jato de saída diminui com o aumento da altura manométrica, uma vez que a pressão residual é menor a cada ganho de altura.

Variando-se a velocidade ao longo do conduto de recalque, há variação da vazão no mesmo sentido, pois a seção transversal é constante ($Q = v \cdot A$), ou seja, quanto menor a altura manométrica a ser vencida, maior é a vazão recalcada pela bomba, mantidos o rotor e a mesma rotação. Essa correspondência pode ser expressa em um gráfico através da curva característica da bomba, válida para bombas e rotores iguais.

Lançando-se no mesmo gráfico a curva característica do sistema (Fig. 4.36), pode-se obter o ponto de operação da bomba, que é o ponto de cruzamento das duas curvas, representando o único ponto de equilíbrio sistema-bomba para uma mesma condição estável. Deve-se lembrar que nem sempre esse é o ponto de melhor rendimento do conjunto motobomba, pois essa curva de rendimento também varia com a vazão.

Se a forma da carcaça e a rotação permanecerem constantes, a variação do diâmetro do rotor (d) altera a posição da curva característica no gráfico, mantendo relações definidas com a situação anterior (diâmetro anterior). Essas relações são:

$$\frac{d_2}{d_1} = \frac{Q_2}{Q_1} = \frac{(H_2)^{1/2}}{(H_1)^{1/2}} = \frac{(P_2)^{1/3}}{(P_1)^{1/3}}$$

(onde o índice 1 significa situação anterior e o índice 2 significa situação modificada).

Mantidos a forma da carcaça e o diâmetro do rotor, alterando-se a rotação (N), há a alteração correspondente da curva característica, mantendo as seguintes relações:

$$\frac{N_2}{N_1} = \frac{Q_2}{Q_1} = \frac{(H_2)^{1/2}}{(H_1)^{1/2}} = \frac{(P_2)^{1/3}}{(P_1)^{1/3}}$$

As curvas características dos sistemas também podem sofrer variação quando houver variação da altura manométrica, quer pela variação dos níveis no poço de sucção e no reservatório superior, alterando H_G (Fig. 4.37a), quer pela variação das perdas de carga, quando do envelhecimento da tubulação ou do fechamento parcial de uma válvula (Fig. 4.37b). Em ambos os casos, configura-se uma faixa de operação entre dois pontos de operação na curva da bomba.

Duas ou mais bombas podem trabalhar associadas; em paralelo (Fig. 4.38a), para a mesma altura manométrica, somando-se então as vazões de recalque; ou em série

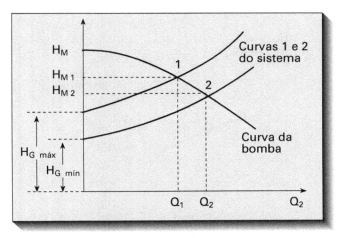

Figura 4.37a Variações no ponto de operação – por alterações na altura geométrica.

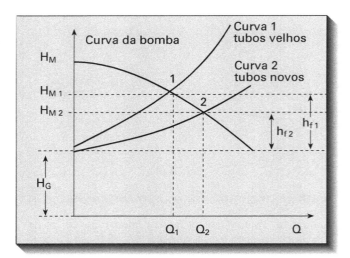

Figura 4.37b Variações no ponto de operação – por alterações na perda de carga.

(*booster*, Fig. 4.38b), para a mesma vazão, somando-se então as alturas manométricas. Neste último caso, efeito similar pode ser obtido empregando-se rotores múltiplos.

As curvas características das bombas são sempre construídas para uma determinada rotação constante (rpm), variando as outras grandezas, inclusive o diâmetro do rotor. Para essa rotação fixada, que depende do motor de acionamento, há uma vazão determinada para a qual o rendimento será máximo. Essa vazão é chamada de vazão normal ou nominal. Os gráficos fornecidos pelos fabricantes em geral trazem as curvas de rendimento que permitem a seleção de bomba na vizinhança da vazão nominal (ver Fig. 4.39). Também são fornecidas as curvas relativas à variação do diâmetro do rotor e as curvas de $NPSH_R$ (NPSH requerido).

No caso de esgoto sanitário, em que as vazões afluentes são variáveis ao longo do dia, é importante o estudo dessa variação horária para ajustar as vazões de recalque por meio das bombas e de sua quantidade. Dessa forma, busca-se a minimização da capacidade do poço de sucção.

Deve ser sempre considerada uma reserva que permita a desativação de um conjunto elevatório. Pode ser uma unidade extra ou simples reserva na capacidade dos conjuntos instalados, de 25% a 50% da vazão de recalque.

Pelo menos dois conjuntos devem ser instalados e a diversificação deve ser mínima. Se possível, todos os conjuntos devem ser iguais.

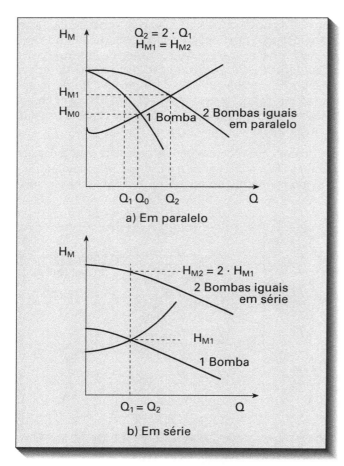

Figura 4.38 a e b Associação de 2 bombas iguais.

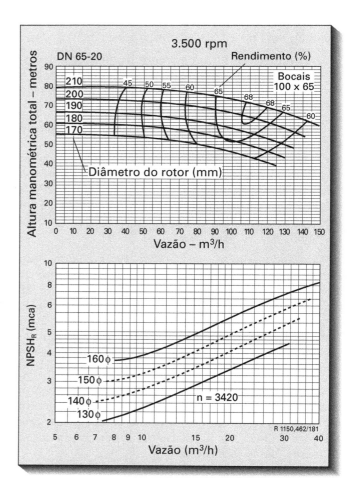

Figura 4.39 Curvas características de uma bomba centrífuga de 3.500 rpm – Fonte: Catálogo da KSB.

4.4.6 Poços de sucção

Dada a natureza do líquido a ser recalcado, (esgoto sanitário) deve ser dada atenção cuidadosa à geometria do poço de sucção, evitando-se "zonas mortas", onde ocorrem redução de velocidade de escoamento, bem como superfícies horizontais ou de pequena inclinação, favorecendo depósitos de sedimentos. É preferível parâmetros com forte inclinação (8° a 10° no mínimo), na direção do ponto de tomada das bombas (ver Fig. 4.40).

Deve-se evitar a formação de bolhas de ar junto à sucção, devidas à queda livre do esgoto no poço, bem como a formação de vórtice, adotando-se altura de submergência da abertura de sucção maior que 3 vezes o seu diâmetro e geometria que induza à rotação no fluxo (como, por exemplo, entrada tangencial em poço de seção circular).

Para dimensionamento do poço de sucção são definidos os seguintes parâmetros:

- Volume útil (V_u): é o volume compreendido entre os níveis máximo e mínimo de operação das bombas.

- Volume efetivo (V_e): é o volume compreendido entre o fundo do poço (na tomada das bombas) e o nível médio de operação.

- Tempo de detenção média (T_d): é a relação entre o volume efetivo e a vazão média de início de plano, desprezada a variação horária do fluxo (k_2):

$$Q_i = \bar{Q}_i + I + \Sigma Q_{c,i}$$

$$T_d = \frac{V_e}{Q_i + I + \Sigma Q_{c,i}}$$

$T_d < 30$ minutos, V_e (em m^3) e Q (em m^3/min)

Para o cálculo do volume útil (V_u) é necessária a fixação do ciclo de funcionamento, a partir do menor tempo entre duas partidas sucessivas do motor, dado este que deve ser solicitado ao fabricante das bombas. Sendo T o tempo de um ciclo, tem-se:

$$T = p + f$$

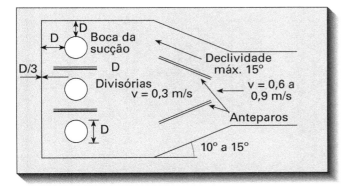

Figura 4.40 Recomendações usuais para poços de sucção múltiplos (planta).

onde:

p = tempo de parada; e
f = tempo de funcionamento.

Sendo: Q = vazão de recalque e Q_a = vazão máxima afluente ao poço de sucção, ou seja, igual à vazão máxima do alcance do plano (Q_f) tem-se:

$$V_u = p \times Q_a \text{ e } V_u = f(Q - Q_a)$$

com $Q > Q_a$, daí tem-se:

$$p\frac{V_u}{Q_a} \quad \text{e} \quad f = \frac{V_u}{Q - Q_a}$$

Portanto:

$$T = p + f = V_u \cdot \left[\frac{1}{Q_a} + \frac{1}{Q - Q_a}\right] \quad (4.33)$$

T (tempo de um ciclo) será mínimo quando a sua derivada em relação à vazão afluente for nula:

$$\frac{dT}{dQ_a} = 0 \quad \text{ou} \quad V_u \cdot \left[\frac{1}{Q_a^2} + \frac{1}{(Q - Q_a)^2}\right] = 0$$

Equação que resolvida resulta em:

$$Q_a = Q/2$$

Substituindo-se na equação 4.33, tem-se:

$$T\frac{4 \cdot V_u}{Q} = 0 \quad \text{ou ainda} \quad V_u = \frac{Q \cdot T}{4}$$

onde:

T é um dado do fabricante,
$Q = 2 \cdot Q_a$, com V_u (em m^3),
Q (em m^3/min) e T (em min).

Conhecido o volume útil, calculam-se as dimensões do poço levando-se em conta alguns critérios práticos, a saber:

O comprimento e a largura decorrem das disposições dos conjuntos elevatórios, respeitadas as distâncias entre as bombas e paredes, conforme recomendações do fabricante (Fig. 4.40, por exemplo).

Quanto à altura (ver Fig. 4.41), devem ser considerados:

- A soleira da tubulação afluente pode coincidir, no mínimo, com o nível máximo de operação das bombas.

- O nível de extravasão pode coincidir, no máximo, com o nível de afogamento da tubulação afluente (geratriz superior interna).

- A faixa de operação das bombas (N.A.$_{máx}$ − N.A.$_{mín}$) é, em geral, superior a 0,60 m.

- O nível mínimo de operação deve contemplar a altura de submergência da entrada de sucção e a altura para manter as bombas afogadas.

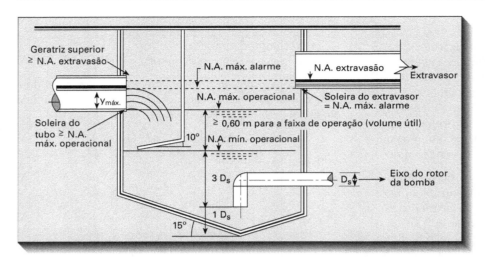

Figura 4.41 Poços de sucção – disposições relativas para fixação das alturas.

Decididas as dimensões do poço de sucção, verifica-se o tempo de detenção $T_d < 30$ min, com a expressão já citada, ajustando-se as dimensões se necessário.

Na SABESP, em São Paulo, é usual o tempo de ciclo $T = 6$ minutos (10 partidas por hora), daí o volume útil $V_u = 1,5\ Q$, que em geral resulta num volume total do poço inferior ao exigido pela configuração de bombas e acessórios.

4.4.7 Outros equipamentos

Além das bombas centrífugas, podem ser utilizados outros equipamentos para a elevação do esgoto. Os equipamentos mais utilizados são os que veremos a seguir.

- Parafuso de Arquimedes (ver Fig. 4.42). Apesar de ser também chamado de bomba parafuso não é propriamente uma bomba, mas, sim, um helicóide instalado numa calha de concreto inclinada que, devido ao movimento de rotação, transporta o esgoto para o canal superior de saída.

  A inclinação usual da calha varia de 30° a 40°. A altura de elevação é limitada pelo comprimento do helicóide que não ocasione flexão que impeça o movimento. Quando são construídos em aço, podem alcançar alturas de elevação de 7 m ou 8 m. São indicados para grandes vazões e pequenas alturas.

  Suas principais vantagens são a operação em larga faixa de variação da vazão afluente, com baixa queda de rendimento e a dispensa de poço de sucção.

- Ejetor pneumático – trata-se de uma câmara metálica hermética, diretamente acoplada à canalização afluente. O esgoto entra livremente nessa câmara e, ao atingir um nível determinado, é expelido para a canalização de saída por uma injeção de ar comprimido. Exige instalação de compressor e reservatório de ar.

  Sua principal vantagem é manter o esgoto sem contato externo, operando automaticamente sob quaisquer variações de vazão. Tem baixo rendimento e sua faixa de aplicação é de 2 a 20 L/s, com alturas de elevação de até 15 m.

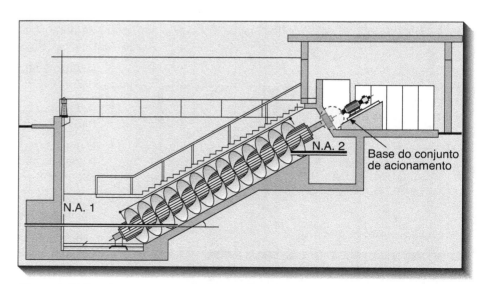

Figura 4.42 Bombeamento através de "parafuso de Arquimedes" – Fonte: SABESP.

A PREPARAÇÃO PARA EXECUÇÃO DAS OBRAS

Alexandre Martinelli
Ariovaldo Nuvolari
Nelson Junzo Miyashita

5.1 AIA – Avaliação de Impacto Ambiental

5.1.1 Histórico

Desde a Revolução Industrial, com o progressivo crescimento populacional e econômico, o homem vem dilapidando a natureza, seja para dela extrair os recursos necessários a esse crescimento, seja lançando nela os detritos e as sobras resultantes das suas atividades. Assim é que o solo, o ar e a água foram sendo progressivamente conspurcados pela poluição, e os recursos minerais sendo extraídos sem nenhum cuidado com a conservação do meio. O processo de AIA – Avaliação de Impacto Ambiental, obrigatório para certos tipos de empreendimentos, surgiu com a finalidade de corrigir essas distorções.

O processo que deu origem à AIA teve início na década de 1950, nos Estados Unidos, a partir de pressões populares de grupos que se consideravam prejudicados por determinados empreendimentos. Os primeiros estudos dessa época basicamente preocupavam-se apenas com os impactos sociais e relação custo-benefício.

No ano de 1968, um outro fato notável, a ser ressaltado, foi a criação do chamado Clube de Roma, surgido a partir da reunião de trinta notáveis cientistas do mundo inteiro, na qual se discutiu o futuro do planeta Terra. Analisando o crescimento econômico e populacional desenfreado, ou seja, em ritmo acelerado e com pouca ou nenhuma preocupação com a natureza, chegaram a uma conclusão bastante preocupante. Segundo eles, seguindo naquele ritmo, em apenas trinta anos estaria estabelecido o caos no planeta Terra. Eles passaram uma visão terrível do que seria a vida neste planeta e fizeram uma caricatura bastante pessimista do que seria o homem do futuro.

Deve-se ressaltar que, no período de 1950 a 1970, imperava entre os ambientalistas a tese da preservação, ou seja, a natureza era considerada como um santuário, no qual nunca se deveria mexer, em oposição à tese atual do desenvolvimento sustentável, baseada nos princípios da conservação, ou seja, da utilização equilibrada dos recursos naturais, com um mínimo possível de impactos, e adoção de medidas mitigadoras para os impactos inevitáveis.

Assim, em 1969 foi tornado obrigatório o processo de AIA, nos Estados Unidos. Destaque-se que as primeiras audiências públicas realizadas naquele país eram um verdadeiro caos. As reuniões eram marcadas por verdadeiras batalhas, de variados interesses.

Em 1971, foi incluído na Constituição da Bulgária, um texto sobre a proteção dos recursos naturais.

Em 1972, na Convenção da ONU, em Estocolmo, foi feita uma declaração sobre o ambiente humano, na qual brilharam alguns especialistas brasileiros, ao mesmo tempo em que o governo brasileiro, equivocadamente, publicava nos jornais norte-americanos: "Empresários, venham para o Brasil, nós gostamos de poluição".

Em 1973, seguindo o exemplo norte-americano, o governo do Canadá passou a exigir o processo de AIA. Os canadenses começaram a se destacar nessa área do conhecimento, talvez por terem incluído o assunto referente à avaliação de impacto ambiental nos cursos superiores de graduação, enquanto na maioria dos outros países esse assunto só veio a ser discutido em nível de pós-graduação.

Em 1975, a AIA passou a ser exigida na República Federal da Alemanha; em 1976, na França; em 1978-1979, na Dinamarca; em 1979-1980, na Holanda e Bélgica; em 1986, na Itália e no Brasil.

Deve-se destacar que, a partir de 1970, os bancos mundiais passaram a exigir a AIA, dos projetos por eles financiados. Visto que a maioria dos empreendimentos brasileiros era financiada por esses organismos internacionais, a obrigatoriedade da avaliação de impacto ambiental no Brasil veio, na verdade, atender a essas exigências.

Nesse contexto, a partir da Lei Federal 6.938/81, estabeleceu-se a PNMA – Política Nacional do Meio Ambiente, criando-se o SISNAMA – Sistema Nacional do Meio Ambiente, composto por órgãos e instituições ambientais nas esferas federal, estadual e municipal.

No âmbito federal, foi criado o CONAMA – Conselho Nacional do Meio Ambiente, contando com a participação de organizações governamentais e não governamentais, cujo objetivo foi o de estabelecer normas, diretrizes e critérios para operacionalizar a PNMA.

Com o Decreto Federal 88.351/83, que regulamentou a Lei Federal 6.938/81, o CONAMA, no uso de suas atribuições, editou a Resolução 01/86, que estabeleceu as definições, as responsabilidades, os critérios básicos e as diretrizes gerais para uso e implementação da AIA, como um dos instrumentos da Política Nacional do Meio Ambiente. Tais diretrizes gerais deveriam ser detalhadas e complementadas pelos OEMAs – Órgãos Estaduais do Meio Ambiente, ou pelo órgão federal SEMA – Secretaria Especial do Meio Ambiente, ou ainda, quando coubesse, pelos órgãos municipais competentes, visando ao atendimento a sistemas de licenciamento e suas prioridades de proteção ambiental. Deve-se ressaltar que, em nível federal, a SEMA – Secretaria Especial do Meio Ambiente, foi posteriormente extinta e substituída pelo IBAMA – Instituto Brasileiro do Meio Ambiente e dos Recursos Naturais Renováveis, para fins dessas atribuições.

Posteriormente, com o Decreto Federal 99.274/90, que revogou o decreto anteriormente citado, foram introduzidas alterações, reafirmando a exigibilidade da AIA e do licenciamento prévio a qualquer ação relativa à construção, instalação, ampliação ou funcionamento de empreendimentos e atividades potencialmente causadoras de impacto ambiental.

5.1.2 Impacto ambiental e atividades relacionadas

A Resolução CONAMA 01/86 considera como impacto ambiental qualquer alteração das propriedades físicas, químicas e biológicas do meio ambiente, causada por qualquer forma de matéria ou energia resultante das atividades humanas que, direta ou indiretamente, afetam:

- a saúde, a segurança e o bem-estar da população;
- as atividades sociais e econômicas;
- a biota;
- as condições estéticas e sanitárias do meio ambiente;
- a qualidade dos recursos ambientais.

Essa mesma Resolução fixa ainda, no seu artigo 2º, que dependerá de elaboração de EIA – Estudo de Impacto Ambiental e respectivo RIMA – Relatório de Impacto Ambiental, a serem submetidos à aprovação do órgão estadual competente, ou à SEMA (hoje ao IBAMA), em caráter supletivo, o licenciamento de atividades modificadoras do meio ambiente, tais como:

- estradas de rodagem com duas ou mais faixas de rolamento;
- ferrovias;
- portos e terminais de minério, petróleo e produtos químicos;
- aeroportos;
- oleodutos, gasodutos, minerodutos, troncos coletores e emissários de esgotos sanitários;

- linhas de transmissão de energia elétrica, acima de 230KV;

- obras hidráulicas para exploração de recursos hídricos, tais como: barragem para fins hidrelétricos, acima de 10 MW, de saneamento e irrigação, abertura de canais para navegação, drenagem e irrigação, retificação de cursos d'água, abertura de barras e embocaduras, transposição de bacias, diques;

- extração de combustível fóssil (petróleo, xisto, carvão);

- extração de minério, inclusive os da classe II, definidas no Código de Mineração;

- aterros sanitários, processamento e destino final de resíduos tóxicos ou perigosos;

- usinas de geração de eletricidade, qualquer que seja a fonte de energia primária, acima de 10 MW;

- complexos e unidades industriais e agroindustriais (petroquímicos, siderúrgicos, cloroquímicos, destilarias de álcool, hulha, extração e cultivo de recursos hidróbios);

- distritos industriais – DI e zonas estritamente industriais – ZEI;

- exploração econômica de madeira ou de lenha, em áreas acima de 100 hectares ou menores, quando atingir áreas significativas em termos percentuais ou de importância do ponto de vista ambiental;

- projetos urbanísticos, acima de 100 ha ou em áreas consideradas de relevante interesse ambiental a critério da SEMA (hoje do IBAMA) e dos órgãos estaduais ou municipais;

- qualquer atividade que utilizar carvão vegetal, derivados ou produtos similares, em quantidade superior a dez toneladas por dia (esta exigência foi acrescentada através da Resolução CONAMA 11/86);

- *projetos agropecuários que contemplem áreas acima de 1.000 ha ou menores, neste caso, quando se tratar de áreas significativas em termos percentuais ou de importância do ponto de vista ambiental, inclusive nas áreas de proteção ambiental (esta exigência foi acrescentada através da Resolução CONAMA 11/86).*(*)

- *empreendimentos potencialmente lesivos ao patrimônio espeleológico nacional (esta exigência foi acrescentada através da Resolução CONAMA 05/87).*

Observa-se que, dentre as obras componentes de um sistema de coleta, transporte, tratamento e destino final de esgoto sanitário, apenas os coletores-tronco e emissários estariam especificamente citados na Resolução CONAMA 01/86. No entanto, o projeto das redes coletoras, principalmente quanto ao aspecto do qual se dará o lançamento do esgoto coletado, deve, do nosso ponto de vista, também ser objeto de análise, assim como as estações de tratamento de esgotos que, apesar de não citadas textualmente, estariam incluídas no item: Complexos e Unidades Industriais.

5.1.3 Características do processo de avaliação de impacto ambiental

Sánchez (2006), objetivando responder à pergunta "Para que serve a Avaliação de Impacto Ambiental ?", afirma que a AIA é eficaz se desempenhar quatro papéis complementares, a saber:

- instrumento de ajuda à decisão;
- instrumento de ajuda à concepção e planejamento de projetos;
- instrumento de gestão ambiental;
- instrumento de negociação social.

O autor afirma ainda que "o papel específico desempenhado, em cada caso, dependerá do seu contexto e da eficácia dos mecanismos de controle. Assim, o papel de *instrumento de ajuda à decisão* é aquele tradicionalmente atribuído à AIA e expresso nos diplomas legais que vinculam o procedimento a alguma forma de licenciamento ambiental, ou seja, a AIA forneceria um subsídio para a decisão de autorizar, ou não, a implantação de um determinado empreendimento. O papel de *instrumento de ajuda à concepção e planejamento de projetos* refere-se à introdução do critério ambiental como elemento de igual valor ao dos critérios técnico e econômico, na elaboração de projetos privados, e igualmente de valor idêntico ao dos critérios políticos, na concepção de projetos públicos. Nesse contexto, a AIA não é uma atividade a ser desempenhada depois que o projeto estiver pronto, na forma de uma espécie de teste de boa conduta ambiental, mas paralelamente às teses de concepção e sucessivo detalhamento do projeto. A avaliação de impacto ambiental também pode ser um *instrumento de gestão ambiental*, pois ao identificar previamente os impactos, os analistas e projetistas podem desenhar medidas de atenuação dos impactos negativos e de valorização dos positivos, cuja eficácia deverá ser posteriormente avaliada pela implementação de um programa de acompanhamento e monitoramento ambiental, este mesmo constituindo-se parte do Estudo de Impacto Ambiental – EIA; ou seja, uma decorrência do processo de avaliação de impacto ambiental. Por outro lado, pelos procedimentos de consulta pública, impactos que são percebidos pelo público e não necessariamente identificados pelos analistas também se tornam objeto de estudo e posterior gestão".

---

*Os trechos em itálico indicam as modificações e/ou inclusões instituídas pela Resolução CONAMA n. 11 de 18/03/86.

O mesmo autor continua esclarecendo: "A maior parte dos investimentos, quer sejam públicos, quer sejam privados, acarreta ônus e benefícios que não é igualmente repartida. Diferentes grupos de indivíduos esposam diferentes valores e percepções acerca de componentes do meio e daquilo que poderia ser chamado de qualidade ambiental. Tais razões indicam (e a experiência comprova) que boa parte dos projetos submetidos à AIA são polêmicos. Pode-se mesmo argumentar que, se um projeto não for potencialmente polêmico, não tem sentido submetê-lo a esse processo – a decisão quanto à sua implementação poderia ser tomada por caminhos mais simples e mais baratos. Em tal contexto, as decisões devem ser negociadas mas, dentre os pressupostos da negociação, um dos mais importantes é que as partes envolvidas estejam aparelhadas para tanto e igualmente informadas sobre as questões em jogo. É justamente esse o papel que pode ser desempenhado pela avaliação de impacto ambiental, em que o EIA e o RIMA são documentos que individualmente analisam (EIA) e sintetizam (RIMA) as informações e as coloca disponíveis ao público".

Sánchez (2006) descreve ainda as etapas essenciais do processo de Avaliação de Impacto Ambiental, como segue:

Triagem (ou *screening* na literatura internacional)

Trata-se de escolher, dentre as inúmeras atividades antrópicas, aquelas que apresentam potencial de causar alterações ambientais significativas. Devido ao conhecimento acumulado, sabe-se que muitas atividades podem acarretar impactos ambientais significativos, enquanto outras causam impactos irrelevantes. Há, porém, um campo intermediário no qual não são claras as consequências que podem advir de determinada atividade. Assim, a triagem resulta em um enquadramento do projeto, usualmente em uma das três categorias: (I) são necessários estudos aprofundados, neste caso, EIA – Estudo de Impacto Ambiental e respectivo RIMA – Relatório de Impacto Ambiental; (II) não são necessários estudos aprofundados, utilizando-se estudos simplificados, como, por exemplo, EAS – Estudo Ambiental Simplificado; (III) há dúvidas sobre o potencial de causar impactos significativos ou sobre as medidas de controle, neste caso cabe ao órgão ambiental competente estabelecer o estudo ambiental adequado, podendo ser, por exemplo, o RAP – Relatório Ambiental Preliminar.

Definição do escopo do estudo (ou *scoping* na literatura internacional)

Nos casos em que é exigida a elaboração de EIA, antes de iniciá-lo é necessário definir seu escopo, ou seja, sua abrangência e nível de detalhamento. Embora o conteúdo genérico de um EIA seja definido de antemão pela própria legislação, notadamente pela Resolução CONAMA 01/86, as particularidades de cada EIA se dá em função dos impactos que podem decorrer da atividade/empreendimento preconizado. Esta proposta de escopo se dá, via de regra, através de um documento denominado Plano de Trabalho, que é objeto de análise pelo órgão ambiental competente. Finalmente, a etapa de determinação da abrangência do estudo é usualmente concluída com a preparação de um documento que estabelece as diretrizes dos estudos a serem executados, conhecido como Termo de Referência, ou ainda, Instrução Técnica, emitidos pelo órgão ambiental competente. Há diferentes maneiras de preparar os Termos de Referência ou Instruções Técnicas. Alguns são extremamente detalhados, estabelecendo obrigações quanto à metodologia a ser utilizada para levantamentos de campo e quanto à forma de apresentação dos resultados como, por exemplo, definindo de antemão as escalas dos mapas a serem apresentados. Outros listam os pontos principais que devem ser abordados, deixando ao empreendedor e seu consultor a escolha das metodologias e procedimentos a serem adotados. Na Tab. 5.1, é apresentado um roteiro básico para elaboração dos Termos de Referência, segundo a visão do IBAMA.

Elaboração do EIA e RIMA

Essa é a atividade central do processo de AIA, a que normalmente consome mais tempo e recursos e estabelece as bases para a análise da viabilidade ambiental da atividade/empreendimento. O estudo deve ser elaborado por uma equipe multidisciplinar de profissionais, e todos os custos envolvidos em sua elaboração são de responsabilidade do empreendedor. Segundo o art. 5º da Resolução CONAMA nº 01/86, o Estudo de Impacto Ambiental deve: (I) contemplar todas as alternativas tecnológicas e de localização do projeto, confrontando-as com a hipótese de não execução do projeto; (II) identificar e avaliar sistematicamente os impactos ambientais gerados nas fases de implantação e operação da atividade; (III) definir os limites da área geográfica a ser direta ou indiretamente afetada pelos impactos, denominada área de influência do projeto, considerando, em todos os casos, a bacia hidrográfica na qual se localiza; (IV) considerar os planos e programas governamentais, propostos e em implantação na área de influência do projeto, e sua compatibilidade. Para tanto, o Estudo de Impacto Ambiental deve contemplar, no mínimo, as seguintes informações:

- Caracterização do empreendimento, incluindo a descrição do projeto e suas alternativas tecnológicas e locacionais, especificando para cada um deles, nas fases de construção e operação, a área de influência, as matérias-primas e mão de obra, as fontes de energia, os processos e técnicas operacionais, os prováveis efluentes, emissões, resíduos e perdas de energia, os empregos diretos e indiretos a serem gerados, entre outras informações relevantes;

- Diagnóstico ambiental da área de influência do projeto, completa descrição e análise dos recursos ambientais e suas interações, tal como existem, de modo a caracterizar a situação ambiental da área, antes da implantação do projeto, considerando:

    a) o meio físico – o subsolo, as águas, o ar e o clima, destacando os recursos minerais, a topografia, os tipos e aptidões do solo, os corpos d'água, o regime hidrológico, as correntes marinhas, as correntes atmosféricas;

    b) o meio biológico e os ecossistemas naturais – a fauna e a vegetação, destacando as espécies indicadoras da qualidade ambiental, de valor científico e econômico, raras e ameaçadas de extinção e as áreas de preservação permanente;

    c) o meio socioeconômico – o uso e ocupação do solo, os usos da água e a socioeconomia, destacando os sítios e monumentos arqueológicos, históricos e culturais da comunidade, as relações de dependência entre a sociedade local, os recursos ambientais e a potencial utilização futura desses recursos.

- Análise dos impactos ambientais do projeto e de suas alternativas, através de identificação, previsão da magnitude e interpretação da importância dos prováveis impactos relevantes, discriminando: os impactos positivos e negativos (benéficos e adversos), diretos e indiretos, imediatos, a médio e a longo prazos, temporários e permanentes; seu grau de reversibilidade; suas propriedades cumulativas e sinérgicas; a distribuição dos ônus e benefícios sociais;

- Definição das medidas mitigadoras dos impactos negativos, entre elas os equipamentos de controle e sistemas de tratamento de despejos, avaliando a eficiência de cada uma delas.

- Elaboração do programa de acompanhamento e monitoramento dos impactos positivos e negativos, indicando os fatores e parâmetros a serem considerados.

Cabe salientar que além das diretrizes gerais estabelecidas na Resolução CONAMA 01/86, o EIA deve observar explicitamente o Termo de Referência emitido pelo órgão ambiental competente; cada EIA deve ter o seu próprio Termo de Referência.

Como o EIA deve ser um documento de caráter técnico, é exigido um resumo escrito em linguagem simplificada e destinado a comunicar ao público as principais conclusões do EIA; trata-se do RIMA.

Machado (1992,1993) *apud* Sanches (1995), define público como sendo "todo aquele que não é proponente, não integra a equipe técnica que elaborou o estudo, nem tampouco faz parte da administração pública, de modo que é possível se identificar diversos grupos de interessados nos resultados e conclusões do EIA, como, por exemplo, a população atingida e aquela indiretamente afetada, os grupos de interesse e a comunidade em geral, além daqueles que, por dever de ofício, estão implicados no processo, como é o caso dos técnicos encarregados da revisão do EIA-RIMA e dos que têm poder de decisão, particularmente aqueles cuja decisão formal deve se basear, em grande parte, nos resultados dos estudos. O RIMA no Brasil foi concebido para se dirigir a um público não técnico o mais amplo possível".

Análise Técnica do EIA

O Estudo de Impacto Ambiental deve ser analisado por uma terceira parte, geralmente a equipe técnica multidisciplinar do órgão ambiental competente, ou seja, o órgão governamental responsável por autorizar a atividade/empreendimento – ou a equipe técnica multidisciplinar do agente financeiro responsável pelo financiamento do projeto. A revisão do EIA visa primordialmente verificar a conformidade ou não dos estudos, com as diretrizes estabelecidas no Termo de Referência ou, na ausência deste, com as diretrizes gerais estabelecidas pela regulamentação. A revisão usualmente conta com a assistência de órgãos responsáveis pelo patrimônio cultural, pela utilização das águas e de outros recursos naturais. Normalmente, os revisores se preocupam mais com os aspectos técnicos dos estudos, tais como a descrição adequada do projeto proposto, a adequação do diagnóstico ambiental, os métodos utilizados para a previsão da magnitude dos impactos ambientais e a adequação das medidas mitigadoras e dos planos de monitoramento ambiental propostos. A revisão técnica do EIA pode resultar em sua aprovação (ou seja, a decisão de que os estudos são suficientes para subsidiar uma decisão pública sobre a viabilidade ambiental do empreendimento), ou na formulação de exigências de complementações ou de modificações no EIA, visando a que ele contenha as informações suficientes para embasar uma decisão acerca da atividade/empreendimento proposto. É também possível que o EIA esteja tão mal elaborado que nem mesmo lhe sendo anexada uma complementação ele poderia vir a conter os subsídios suficientes para uma decisão e, nesse caso, ele deve ser sumariamente recusado.

Consulta pública

Essa etapa visa expor a uma consulta pública a atividade/empreendimento sob análise e os estudos apresentados. Há diferentes procedimentos de consulta, dos quais a audiência pública é um dos mais conhecidos. Há também diferentes momentos no processo de AIA, nos quais pode-se proceder à consulta, como a preparação dos Termos de Referência, a etapa que leva à decisão sobre a necessidade de elaboração do EIA e RIMA, ou mesmo durante a realização desse estudo. Após a conclusão, no entanto, essa consulta na forma de audiência pública é necessária, já que somente nesse momento haverá o quadro mais completo possível sobre as implicações da decisão a ser tomada. A audiência pública, notadamente quando realizada após a conclusão do EIA e RIMA, objetiva não apenas informar o público sobre o projeto e seus impactos ambientais, como também informar os responsáveis pela decisão e os proponentes do projeto sobre as expectativas e eventuais objeções do público, de forma a que elas possam ser consideradas como um critério de decisão.

Decisão sobre a viabilidade ambiental do empreendimento

Os modelos decisórios no processo de AIA são muito variados e estão mais ligados à tradição política de cada jurisdição do que propriamente às características intrínsecas da AIA. De modo geral, no Brasil a decisão final é de responsabilidade da autoridade ambiental ou, ainda, pode seguir o modelo de decisão colegiada, por meio de um conselho com participação da sociedade civil, em que esses colegiados como, por exemplo, os CONSEMAs (Conselhos Estaduais do Meio Ambiente) são subordinados à autoridade ambiental.

Três tipos de decisão são possíveis: (I) não autorizar o empreendimento; (II) aprová-lo incondicionalmente; ou (III) aprová-lo com o estabelecimento de condicionantes. Cabe ainda retornar às etapas anteriores, solicitando modificações ou a complementação dos estudos apresentados.

Monitoramento Ambiental

Em sequência a uma decisão positiva, a implantação do empreendimento deve ser acompanhada da implementação de todas as medidas, visando reduzir, eliminar ou compensar os impactos negativos, ou potencializar os positivos. O mesmo deve ser observado durante as fases de funcionamento e desativação e fechamento da obra ou atividade. O monitoramento deve permitir confirmar ou não as previsões feitas no EIA, constatar se o empreendimento atende aos requisitos aplicáveis (exigências legais, condicionantes das licenças ambientais e outros compromissos) e, consequentemente, alertar para a necessidade de ajustes e correções.

Acompanhamento

Segundo Sanchez (1995), "esse acompanhamento é feito tanto pelo proponente do projeto quanto pelos órgãos governamentais de fiscalização. Como parte integrante dos programas de acompanhamento, pode ser realizada auditoria ambiental periódica. A fiscalização por parte de um órgão ambiental é um dos instrumentos mais utilizados na fase, de acompanhamento, embora não seja o único, pois é possível a participação pública também nessa fase como, por exemplo, pela constituição de comissões mistas de acompanhamento ou da publicação dos relatórios sobre as vistorias ou sobre os resultados das auditorias ambientais".

Documentação

A complexidade do processo de AIA e suas múltiplas atividades tornam necessária a preparação de grande número de documentos. Dada à relativa autonomia de cada órgão licenciador, à parte o termo estudo de impacto ambiental, os nomes dados a cada documento dependerão da regulamentação em vigor em cada jurisdição. O grande número de documentos envolvidos dá uma ideia do tempo necessário até a obtenção de uma licença ambiental e também permite inferir que os custos não são desprezíveis, tanto para o empreendedor quanto para o órgão governamental.

Na Tabela 5.1, é apresentado um roteiro básico para elaboração dos Termos de Referência "TR", segundo a visão do IBAMA, instrumento este que, como já citado, é elaborado pelo órgão ambiental responsável pelo licenciamento, a partir do plano de trabalho elaborado pelo interessado.

5.2 Providências preliminares para execução da obra

Do ponto de vista da empresa executora da obra, denominam-se providências ou serviços preliminares a uma série de atividades desenvolvidas, principalmente na fase inicial do empreendimento, para o auxílio na sua execução, constituindo importante instrumento para o sucesso do empreendimento. Em virtude de sua importância, os serviços preliminares devem receber atenção especial, na fase de planejamento executivo das obras.

As atividades a seguir podem ser consideradas como *providências preliminares*.

5.2.1 Projeto

O projeto (do inglês *design*) compreende a fase de concepção de um empreendimento, na qual as ideias são colocadas no papel, possibilitando sua posterior materialização. Portanto, o projeto representa uma das primeiras etapas do empreendimento.

A obra é geralmente contratada com base em um projeto básico. O projeto básico, segundo a Resolução 361 de 10 de dezembro de 1991 do CREA/SP, é definido

AIA – Avaliação de Impacto Ambiental do empreendimento

TABELA 5.1 Roteiro básico para elaboração dos "Termos de Referência – TRs"

1. Identificação do empreendedor	1.1 Nome ou razão social, número dos registros legais, endereço completo, telefone, fax, nome, CPF, telefone e fax dos representantes legais e pessoas de contato.
2. Caracterização do empreendimento	2.1 Caracterização e análise do projeto, plano ou programa, sob o ponto de vista tecnológico e locacional.
3. Métodos e técnicas utilizados para a realização dos estudos ambientais	3.1 Detalhamento do método e técnicas escolhidos para a condução do estudo ambiental (EIA/RIMA, PCA, RCA, PRAD etc.), bem como dos passos metodológicos que levem ao diagnóstico, prognóstico, à identificação de recursos tecnológicos e financeiros, para mitigar os impactos negativos e potencializar os impactos positivos, às medidas de controle e monitoramento dos impactos.
	3.2 Definição das alternativas tecnológicas e locacionais.
4. Delimitação da área de influência do empreendimento	4.1 Delimitação da área de influência direta do empreendimento, baseando-se na abrangência dos recursos naturais diretamente afetados pelo empreendimento e considerando a bacia hidrográfica onde se localiza. Deverão ser apresentados os critérios ecológicos, sociais e econômicos que determinaram a sua delimitação.
	4.2 Delimitação da área de influência indireta do empreendimento, ou seja, da área que sofrerá impactos indiretos decorrentes e associados, sob a forma de interferências nas suas interrelações ecológicas, sociais e econômicas, anteriores ao empreendimento. Deverão ser apresentados os critérios ecológicos, sociais e econômicos utilizados para a sua delimitação.
	Obs.: a delimitação da área de influência deverá ser feita para cada fator natural: solos, águas superficiais, águas subterrâneas, atmosfera, vegetação, flora e para os componentes: culturais, econômicos e sociopolíticos da intervenção proposta.
5. Espacialização da análise e da apresentação dos resultados	5.1 Elaboração de base cartográfica referenciada geograficamente, para os registros dos resultados dos estudos, em escala compatível com as características e complexidade da área de influência dos efeitos ambientais.
6. Diagnóstico ambiental da área de influência	6.1 Descrição e análise do meio natural e socioeconômico da área de influência direta e indireta e de suas interações, antes da implementação do empreendimento.
	Obs.: dentre os produtos dessa análise devem constar: uma classificação do grau de sensibilidade do meio natural na área de influência; caracterização da qualidade ambiental futura, na hipótese da não realização do empreendimento.
7. Prognóstico dos impactos ambientais	7.1 Identificação e análise dos efeitos ambientais potenciais (positivos e negativos) do projeto, plano ou programa proposto, e das possibilidades tecnológicas e econômicas de prevenção, controle, mitigação e reparação dos seus efeitos negativos.
	7.2 Identificação e análise dos efeitos ambientais potenciais (positivos e negativos) de cada alternativa do projeto, plano ou programa e das possibilidades tecnológicas e econômicas de prevenção, controle, mitigação e reparação dos seus efeitos negativos.
	7.3 Comparação entre o projeto, plano ou programa proposto e cada umas das alternativas; escolha da alternativa favorável, com base nos seus efeitos potenciais e nas suas possibilidades de prevenção, controle, mitigação e reparação dos impactos negativos.
8. Controle ambiental do empreendimento: alternativas econômicas e tecnológicas para a mitigação dos danos potenciais sobre o ambiente	8.1 Avaliação do impacto ambiental da alternativa do projeto, plano ou programa escolhido, através da integração dos resultados da análise dos meios físico e biológico com os do meio socioeconômico.
	8.2 Análise e seleção de medidas eficientes, eficazes e efetivas de mitigação ou de anulação dos impactos negativos e de potencialização dos impactos positivos, além de medidas compensatórias ou reparatórias. Deverão ser considerados os danos sobre os fatores naturais e sobre os ambientes econômicos, culturais e sociopolíticos.
	8.3 Elaboração de Programa de Acompanhamento e Monitoramento dos Impactos (positivos e negativos), com indicação dos fatores e parâmetros a serem considerados.

Fonte: IBAMA (1995)

como *um conjunto de elementos que define a obra e serviços que compõem o empreendimento, de tal modo que suas características básicas e o desempenho esperado estejam perfeitamente definidos, possibilitando a estimativa de seu custo e prazo de execução.*

A lei das licitações 9.666/93 de 21/6/93, com alterações posteriores (leis 8.883/94, 9.032/95, 9.648/98 e 9.854/99), exige, para a licitação de obras e serviços, que haja projeto básico aprovado, de modo a se dispor de um documento que caracterize perfeitamente a obra e que permita a elaboração de um cronograma detalhado dessas obras, bem como um orçamento com precisão adequada.

O projeto executivo é um documento que transforma o projeto básico em projetos detalhados para permitir compra de materiais e equipamentos e execução das obras. A contratação da elaboração do projeto executivo também deve ser feita após a elaboração do projeto básico, podendo se concretizar de uma das seguintes maneiras:

- contratação de projetista independente, pelo proprietário do empreendimento;
- contratação de obra, incluindo o detalhamento de projeto executivo.

A elaboração de projeto executivo sob responsabilidade da construtora é uma solução bastante cômoda para o proprietário, pois transfere à mesma toda responsabilidade pela coordenação dos trabalhos, fornecimento de dados para projeto, tais como levantamentos de campo, sondagens etc. Para a construtora, apresenta a vantagem de permitir o detalhamento dos projetos de acordo com os métodos e sequências construtivas que pretende utilizar. O proprietário deve analisar e aprovar os projetos, devendo ficar atento para que os projetos atendam às conveniências da construtora, porém de forma econômica, sem elevação dos custos previstos.

O controle do projeto deve merecer atenção muito especial, pois a qualidade do projeto pode influir de maneira direta na qualidade do empreendimento. Projeto bem elaborado, juntamente com obra bem executada, utilizando-se de materiais de boa qualidade são garantia de empreendimento; com alto desempenho, longa vida útil e baixo custo de manutenção. Portanto, não é conveniente visar somente à economia de custo ao contratar projeto, pois seu custo representa apenas cerca de 3 a 5% do custo total do empreendimento, e uma economia insignificante no projeto (sobre 3%) pode comprometer todo o empreendimento (os restantes 97%).

Um bom projeto executivo, entre outras, apresenta as seguintes características:

1. soluções técnicas para as diversas atividades a um mínimo custo de investimento. Não interessam soluções sofisticadas que encareçam o projeto sem um real benefício;
2. adequabilidade às condições locais do empreendimento;
3. adequabilidade às condições ambientais;
4. atendimento às condições de prazos e custos de implantação;
5. adequabilidade à execução, manutenção e operação do empreendimento;
6. adequabilidade às condições de segurança;
7. confiabilidade técnica e exatidão nos cálculos.

Os documentos que compõem normalmente um projeto de redes de esgoto em região urbana, por exemplo, podem ser:

- cadastro das tubulações subterrâneas existentes. A existência de um cadastro confiável vai garantir que, na instalação de um conduto de esgoto, não serão danificados outros condutos, como linhas telefônicas, águas pluviais, gás etc.;

- desenhos de relocação de interferências. Os projetos de relocação de interferências de tubulações, redes elétricas, telefonia etc. devem ser aprovados pelas respectivas empresas concessionárias.

- desenhos de plantas, cortes, detalhes da tubulação, berços, estruturas de concreto, poços de visita (PV), terminais de inspeção e limpeza (TIL), terminais de limpeza (TL), eventuais caixas de passagem (CP), tipos de escavação e de escoramento de valas etc. que devem fornecer todos os detalhes de como deve ser a configuração da obra;

- memorial descritivo da obra. Esse documento deverá conter uma descrição minuciosa da mesma, os diversos componentes, características etc. o que dará ao construtor uma ideia geral e completa da obra;

- especificações técnicas dos diversos materiais e serviços, tais como especificação de concreto, dos tubos e dos materiais a serem utilizados nos escoramentos, assim como do reaterro e da repavimentação etc. Enfim, a especificação vai ditar a qualidade do material ou do serviço, normas que devem ser seguidas, como devem ser fabricadas, como devem ser instalados ou construídos etc.;

- listas de materiais, que devem dar a relação com as respectivas quantidades, de todos os materiais previstos no projeto, de modo a permitir a sua compra.

- memoriais de cálculo que devem descrever o dimensionamento da canalização, de modo a comprovar que as soluções adotadas são as mais econômicas e tecnicamente mais adequadas.

5.2.2 Vistoria prévia

A execução de serviços, tais como cravação de estacas e escavações para execução de uma obra, pode provocar algum tipo de dano a uma estrutura existente nas vizinhanças, devido as possíveis deformações do terreno ou devido às vibrações provocadas pela movimentação ou funcionamento de um determinado equipamento.

É prudente que sejam feitas vistorias prévias das edificações ou estruturas vizinhas, para verificar existência de eventuais fissuras ou outros tipos de defeitos, que os respectivos proprietários possam vir a alegar futuramente que foram provocados pela obra. Essa vistoria, feita em conjunto com cada proprietário do imóvel, ou seu representante, deve resultar em um relatório descritivo dos defeitos previamente existentes e ilustrados com fotografias. Esse relatório de vistoria deve ser registrado em cartório e é chamado Vistoria *Ad Perpetuam Rei Memoriam*.

5.2.3 Seguro da obra

Antes do início da obra, a construtora deve providenciar um seguro da mesma, contra qualquer tipo de acidente, tendo como beneficiário o proprietário, caso seja uma obrigação contratual. Dessa forma, em caso de ocorrência de algum acidente, provocando danos a terceiros, o seguro deverá cobrir todas as despesas.

5.2.4 Marcos topográficos e referências de nível (RN)

Deverá ser providenciada a instalação de marcos topográficos de referência, para permitir a locação precisa da obra por meio de coordenadas, e contendo também as referências de níveis – RN. Deve-se tomar cuidado especial na escolha da referência de nível, pois em São Paulo, por exemplo, pode-se ter a referência de nível do IGG (Instituto Geográfico e Geológico) e da extinta Eletropaulo, que são muito diferentes, havendo uma diferença entre eles de aproximadamente 1,15 m.

5.2.5 Cadastro de interferências subterrâneas

O cadastro de interferências é um trabalho que tem a finalidade de levantar as linhas de tubulações enterradas e outras interferências existentes, para verificação de eventuais problemas de incompatibilidade com a nova tubulação a ser implantada.

As interferências podem ser aéreas, como árvores, postes, edificações etc.; ao nível do terreno, como ruas, calçadas, tampas de poços de visita etc.; subterrâneas, como as tubulações enterradas. As principais interferências subterrâneas possíveis são:

1. rede de águas pluviais;
2. rede de esgotos sanitários;
3. rede de água potável;
4. linha de dutos de telefonia;
5. linha de dutos de energia elétrica;
6. tubulações de gás combustível;
7. condutos de TV a cabo.

As concessionárias de serviços públicos devem ser consultadas previamente para obtenção do conjunto de plantas de cadastro disponíveis. Algumas concessionárias fornecem o cadastro gratuitamente e outras, mediante pagamento de uma taxa, a critério de cada uma delas. Esses cadastros são muitas vezes muito antigos, desenhados sem escala, sem coordenadas de locação ou cotas e servem, muitas vezes, apenas para efeito de orientação; algumas concessionárias apõem carimbo nos desenhos, isentando-se de responsabilidade por inexatidão das informações ali contidas.

É necessário, portanto, executar levantamento topográfico cadastral, de interferências enterradas, por meio de pessoal especializado nesse tipo de trabalho. Os levantamentos a serem efetuados devem abranger sempre uma área maior que a afetada pelo projeto em si, para permitir a elaboração de um projeto adequado de eventuais relocações de interferências. O cadastramento de condutos deve ser executado obedecendo à metodologia compatível com o tipo de fluido ou tipo de conduto.

Condutos por gravidade

As linhas de drenagem de águas pluviais e de esgotos sanitários, cujos escoamentos se processam por gravidade, apresentam caixas de inspeção, poços de visita ou bocas de lobo etc., que permitem o acesso de pessoas, facilitando assim a execução dos levantamentos. Em cada uma dessas caixas, podem ser verificados:

- tipo de fluido;
- as cotas da geratriz inferior dos tubos – que chegam e que saem;
- cota de fundo e da tampa, dimensões da caixa e tipo de material;
- o diâmetro interno dos tubos que chegam e que saem, os materiais de cada tubo, o sentido de escoamento do fluido, a direção de cada tubulação etc.

Em uma caixa de passagem, ao se verificar a direção e sentido de escoamento de uma tubulação, pode-se prever a existência de outra caixa vizinha, naquela direção, o que vai facilitar os trabalhos e permitir o desenho do traçado daquela tubulação.

Condutos sob pressão

Os condutos pressurizados, tais como redes de água potável e de gás combustível, não apresentam caixas de inspeção. Há necessidade de execução de algumas escavações localizadas (sondagens), para exposição da tubulação e execução de levantamentos de:

- posição da tubulação em planta;
- cotas da geratriz superior externa da tubulação, diâmetro externo e material do tubo.

Executando-se esses levantamentos, em alguns pontos ao longo da tubulação, com espaçamento variável para cada caso, tem-se o levantamento de toda a tubulação. Quando não se conhece a posição aproximada da tubulação, há necessidade de se utilizar o processo de detecção eletromagnética, que permite a localização aproximada do conduto, podendo-se, então, efetuar as escavações para a tomada das medidas exatas necessárias.

Elétrica e telefonia

Bancos de dutos de energia elétrica ou de telefonia, que consistem em tubulações de PVC, manilha de barro, fibrocimento, alumínio, ferro galvanizado ou outro material, dentro dos quais são passados os cabos ou fios, também possuem os poços de inspeção, por onde são puxados e/ou emendados os cabos. Esses dutos são muitas vezes envelopados com concreto, outras vezes têm proteção de caixa com areia, ou ainda estão em contato direto com a terra, como as manilhas de barro.

Portanto, nesses casos, também os levantamentos podem ser feitos só nas caixas de passagem. Os elementos a levantar são:

- todos os PVs e caixas de passagem, incluindo dimensões internas, cotas, material etc.
- em cada caixa de passagem, todos os detalhes dos bancos de dutos que chegam e saem da caixa – cotas, diâmetros dos dutos, quantidade de dutos, disposição dos dutos etc.

Quando necessário, os bancos de dutos entre duas caixas devem ser levantados em um ou mais pontos, para determinação de sua posição e cota, pois esses bancos são construídos com determinada inclinação, para permitir drenagem em direção às caixas.

Os tipos de cabos (elétricos ou de telecomunicações), bitola etc. não fazem parte de levantamento cadastral para projeto civil. Quando necessário, esse tipo de levantamento deve ser feito por profissional especializado em eletricidade ou telecomunicação.

5.2.6 Relocação de interferências

Em projeto de rede de esgotos, as interferências existentes podem ter um dos seguintes tratamentos:

1. relocação das interferências;
2. demolição das interferências;
3. adequação do projeto de tubulação às interferências existentes;
4. sustentação das interferências existentes para permitir escavação etc.

Para a relocação de interferências de outras concessionárias, devem ser elaborados projetos específicos, a serem submetidos à aprovação da respectiva concessionária. Somente após a aprovação desses projetos, a relocação pode ser efetuada, e com a supervisão de representantes das concessionárias.

Relocação de linhas de telefonia só é feita pela respectiva concessionária, assim como relocação de linhas de energia elétrica, porém com custos arcados por quem provocou a obra de relocação. Os projetos dessas relocações devem ser feitos pelas concessionárias, devendo ser fornecidas a elas, as posições desejadas para permitir a implantação da obra.

5.2.7 Limpeza do terreno

Ao se iniciar a execução de uma obra, é necessária a execução da limpeza do terreno. Em terrenos com vegetação, a limpeza do terreno pode consistir em capina, roçado, destocamento (remoção de troncos e raízes) e remoção de entulhos. Em caso de existência de árvores totalmente prejudicadas pela implantação da obra urbana, deve ser solicitada a autorização legal para a sua remoção.

A implantação das instalações do canteiro de obras deve ser estudada de modo a evitar a remoção desnecessária de árvores de porte.

Quando a limpeza for mecanizada, por meio de trator ou carregadeira, haverá uma remoção de camada de terra de aproximadamente 5 cm. Os materiais resultantes dessa limpeza devem ser transportados para local de bota-fora (local de disposição final desses materiais) apropriado. A terra vegetal retirada deverá ser estocada, para o replantio na fase final da obra. A queima de material de limpeza e entulho não é permitida na região da Grande São Paulo, por exemplo, e, de qualquer forma, não deve ser realizada em áreas destinadas a plantio futuro.

Nas vias urbanas, a limpeza do terreno poderá ser resumida em demolição de pavimento existente, remoção de guias pré-moldadas, estocagem de guias, estocagem de paralelepípedos ou blocos de concreto e transporte de material inservível para bota-fora.

5.2.8 Áreas de empréstimo e áreas de bota-fora

Quando o material obtido nas escavações não for adequado ou suficiente para as operações de reaterro, haverá necessidade de se recorrer a áreas de empréstimo. O material da área de empréstimo deverá ser analisado para verificar se atende às especificações do projeto. Deverão ser providenciados ensaios de compactação do solo a ser utilizado, para determinação das condições de umidade ótima de compactação do solo, para providenciar eventual correção da umidade natural na compactação. Um fator muito importante a ser levado em consideração é a distância da área de empréstimo à obra, pois o custo de transporte é um fator preponderante no custo da terraplenagem. As jazidas devem ser exploradas de forma racional e controlada, para maximização do aproveitamento.

Providências deverão ser tomadas para o posterior reafeiçoamento do terreno e evitar a degradação ambiental da área de empréstimo. O solo vegetal decorrente da limpeza da área deverá ser estocado para posterior reaproveitamento na operação de reafeiçoamento e proteção da área.

Deverá ser pesquisada uma área para bota-fora dos materiais de escavação inservíveis para reaproveitamento nos aterros. Igualmente, o custo de transporte para bota-fora é fator preponderante no custo de escavação. O uso das áreas de bota-fora deve ser feito de maneira controlada, observados aspectos de segurança, acabamento, garantia contra erosão e integração à paisagem adjacente.

Para obras na cidade de São Paulo, por exemplo, áreas de empréstimo e áreas para bota-fora são encontradas praticamente só em municípios vizinhos, a distâncias que podem atingir de 20 a 40 km, e, portanto, o custo de transporte onera muito o custo de execução do aterro ou da escavação.

5.2.9 Instalação de tapumes

A NR-18, da Lei 6514 de 22/12/77, e Portaria 3214 de 08/06/78, do Ministério do Trabalho, específica, com relação a tapumes:

- é obrigatória a colocação de tapumes ou barreiras sempre que se executarem atividades da indústria da construção, de forma a impedir o acesso de pessoas estranhas aos serviços;
- os tapumes devem ter altura mínima de 2,20 m.

Para o caso particular de construção de rede de canalização no leito da rua, poderão ser utilizados dispositivos portáteis, conforme Fig. 5.1, em cada lado da vala, com altura menor, da ordem de 1,0 m.

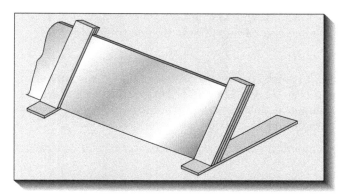

Figura 5.1 Tapume portátil para serviços em valas.

5.2.10 Mobilização de pessoal e de equipamentos

Os chamados recursos – pessoal e equipamentos – devem ser mobilizados segundo os cronogramas de permanência de pessoal e de equipamentos, previstos no planejamento executivo, ou seja, pessoal e equipamentos devem ser mobilizados na medida do necessário.

A mão de obra pode ser transferida de outras obras ou contratada no local. A mão de obra especializada normalmente é transferida de obra para obra, ou eventualmente, contratada no local. A mão de obra braçal é sempre contratada no local da obra. A contratação de mão de obra local pode proporcionar economia, por dispensar necessidade de fornecimento de moradia e despesas com mudança.

Os equipamentos necessários à obra podem ser transferidos de outras obras, onde estejam disponíveis. Em função da política da empresa, os equipamentos que faltam podem ser comprados, alugados ou arrendados.

5.2.11 Desvio de tráfego e sinalização

As valas executadas no leito da via pública apresentam normalmente interferência com o tráfego de veículos, podendo ser necessário providenciar o desvio de tráfego.

Para projeto de desvio de tráfego, há necessidade de se efetuar um levantamento nas imediações da obra, compreendendo:

- levantamento das ruas dos arredores da obra;
- verificação das condições e capacidade de escoamento das ruas;
- verificação das mãos de direção atuais;
- verificação do tipo e volume de tráfego;
- providências adicionais devem ser tomadas, quando na rua a ser interditada há circulação regular de linhas

de ônibus, quando, então, haverá envolvimento da(s) concessionária(s) desse tipo de transporte;

- outros.

O projeto de desvio de tráfego deve ser submetido à análise e aprovação do órgão de trânsito local. Eventualmente, deverão ser implantadas melhorias nas ruas para desvio de tráfego; tais como:

- melhorias nos pontos críticos – correção de coravas, alargamento etc.;
- drenagem e pavimentação;
- recapeamento;
- outras.

Nas vias de desvio, deverão ser efetuadas as sinalizações necessárias, geralmente a pedido e especificadas pelo órgão de trânsito:

- na pista: faixas, zebras, gelo-baiano, barreira etc.
- placas e faixas para alerta aos motoristas, indicação de destinos, direções a seguir etc.

É recomendável a informação à população local e usuários das vias públicas, com alguma antecedência, por meio de faixas e cartazes, sobre as mudanças planejadas, motivo, período etc.

Também são necessárias as sinalizações de advertência aos motoristas e transeuntes, com relação à entrada e saída de caminhões e máquinas, homens trabalhando etc.

5.3 Instalação do canteiro de serviços

5.3.1 Introdução

O canteiro de obras ou de serviços compreende o conjunto de instalações temporárias destinadas ao fornecimento de infraestrutura necessária para a perfeita execução da obra, conforme planejado.

O canteiro de serviços é composto, basicamente, por três grupos de instalações:

Instalações administrativas – destinadas ao fornecimento de infraestrutura à administração da obra, sendo constituídas por escritório principal, escritórios de campo, almoxarifados, portarias e outras.

Instalações industriais – destinadas ao fornecimento de infraestrutura ao processo produtivo da obra, sendo constituídas por central de concreto, oficinas de armação, carpintaria, oficina mecânica, central de ar comprimido, central de britagem e outras.

Áreas de vivência – destinadas ao fornecimento de infraestrutura aos trabalhadores, sendo constituídas por alojamentos, refeitórios, sanitários, área de lazer, ambulatório e outras.

A instalação de canteiro exige um planejamento minucioso, pois dele pode depender o sucesso de uma obra. O canteiro não pode se tornar um gargalo que limite a produção da obra e, para que isso não ocorra, deve ser estudado e dimensionado adequadamente. Além disso, deve ser levado em conta o fator econômico, pois não se pode superdimensionar as instalações provocando elevação demasiada dos custos indiretos da obra.

5.3.2 Planejamento do canteiro

O canteiro de obras, dada a sua importância, deve ser convenientemente planejado. Não se admite mais que sejam edificados simples barracos rudimentares, sem o mínimo de conforto, visando à economia na obra. O planejamento das instalações do canteiro é efetuado na fase de planejamento executivo das obras. A localização estratégica das instalações do canteiro é de fundamental importância para o bom desenvolvimento dos trabalhos. Alguns pontos a serem observados no planejamento são:

- redução de distâncias de transporte entre áreas de estocagem, área de preparo e área de uso dos materiais;
- minimização de cruzamentos de tráfego de pessoas, de materiais e de equipamentos;
- disposição racional de máquinas e equipamentos;
- minimização de deslocamentos de instalações;

Um canteiro improvisado, não planejado, pode apresentar vários inconvenientes, tais como:

- perda de tempo;
- interferências nas movimentações de cargas e pessoas;
- retrabalhos;
- não atendimento à produção desejada;
- reclamação dos trabalhadores e sindicatos: multa/ embargo pelo DRT;
- outros.

5.3.3 Dimensionamento

Canteiro industrial

O dimensionamento das instalações industriais deve levar em conta fatores como:

- área disponível;
- subempreiteiras previstas;
- equipamentos necessários;
- serviços a serem executados;
- materiais a serem utilizados;

- cronograma dos trabalhos;
- produções necessárias;
- estudo de movimentação de cargas, máquinas e equipamentos.

As produções necessárias de cada instalação são determinadas pelos histogramas de produção dos diversos serviços, tais como os de:

- produção de concreto;
- consumo de agregados;
- consumo de cimento;
- consumo de madeira para forma;
- consumo de aço;
- escavações;
- execução de escoramentos;
- histogramas de reaterros;
- histogramas de montagem de tubulação etc.

As instalações de canteiro devem ser dimensionadas para atender aos picos dos histogramas previstos.

Canteiro administrativo

As instalações administrativas devem ser dimensionadas levando-se em conta:

- área disponível;
- organograma e efetivo indireto da construtora;
- organograma e efetivo da gerenciadora;
- subempreiteiras;
- cronogramas de permanência;

Áreas de vivência

As instalações das áreas de vivência devem ser dimensionadas, levando-se em conta o efetivo direto e indireto, cronograma de permanência do pessoal, bem como as áreas disponíveis e seguindo as recomendações constantes na NR-18 da Portaria 3.214, do Ministério do Trabalho.

5.3.4 Canteiros urbanos

Um problema comum nos centros urbanos é como construir um canteiro adequado, em terreno com tamanho reduzido, pois os terrenos livres estão se tornando cada vez menores.

Quando possível e conveniente, pode ser verificada a possibilidade de locação de um terreno nas proximidades da obra, para edificação do canteiro.

Quando a construtora executa, ao mesmo tempo, obras em vários locais na cidade, pode ser conveniente a construção de um canteiro principal central, convenientemente localizado para o atendimento a todas elas, solucionando o problema de falta de espaço em cada frente de serviço. O canteiro central deve ser dimensionado para atender ao conjunto de obras, devendo abrigar todas as instalações industriais, administrativas e áreas de vivência. Nas frentes de cada serviço podem ser edificadas as instalações de escritórios de campo, refeitório, sanitário, enfermaria etc., podendo ser utilizados *contêineres* apropriados. As fôrmas, armação etc. são preparadas no canteiro central e levadas à frente de serviço somente no momento exato de aplicação.

O uso de canteiro central pode permitir a racionalização dos serviços e melhor aproveitamento da mão de obra, com consequente redução de custos, além de melhor treinamento da mão de obra e uso de equipamentos e instalações mais adequados, proporcionando melhoria da qualidade dos produtos.

5.3.5 Canteiros provisórios

A execução das obras de um grande canteiro pode levar até alguns meses para ser concluída. Muitas vezes, em decorrência da rigidez do cronograma de construção, é necessário o início imediato das obras principais, logo após a assinatura do contrato.

Pode ser conveniente, nestes casos, a instalação de canteiro provisório para fornecimento de infraestrutura aos trabalhos iniciais da obra. As instalações podem ser constituídas de *contêineres* adequados, de fácil mobilização e instalação e que possam proporcionar um mínimo de conforto e bem-estar aos usuários.

5.3.6 Influência da terceirização de serviços

A terceirização na construção civil tem ocorrido intensamente nos canteiros de obras.

O setor de produção das obras tem-se tornado uma linha de montagem, em que cada empresa terceirizada fornece e monta um componente, cabendo à construtora o planejamento, coordenação, comando e controle das atividades.

Dessa forma, existem muitas empresas especializadas que atuam como terceirizadas na execução de serviços, como os de empresas de:

- fundações, fornecimento e cravação de estacas;
- fabricação, transporte e aplicação de concreto;
- corte, beneficiamento, transporte e aplicação de armaduras de aço para concreto;
- projeto, fabricação e montagem de fôrmas para concreto e de escoramentos;
- instalações elétricas e hidráulicas;

- execução de impermeabilizações;
- alvenaria e revestimentos;
- pinturas;
- fabricação e montagem de caixilhos etc.

As vantagens advindas da terceirização se fazem sentir no canteiro de obras. Neste caso, ele se torna bastante reduzido, pois a construtora fica isenta de instalar:

- alojamento, cozinha, refeitório para todo o pessoal;
- depósito de materiais: pedra, areia, cimento, madeira, ferro, almoxarifados etc.;
- oficinas: carpintaria, armação, central de concreto, oficina mecânica;
- almoxarifado etc.

5.3.7 Recomendações da NR-18 sobre o canteiro de obras

A norma regulamentadora NR-18 – Condições e Meio Ambiente de Trabalho na Indústria da Construção, do Ministério do Trabalho, Portaria 3.214/78, fixa as condições mínimas que devem fornecer as instalações de canteiro de uma obra, visando à preservação da saúde e integridade física e moral do trabalhador.

Apresenta-se, a seguir, um resumo dos principais itens constantes nas recomendações da NR-18:

Área de Vivência

Os canteiros de obra devem dispor de área de vivência, constituída por:

- instalações sanitárias;
- vestiário;
- alojamento;
- local de refeições;
- cozinha, quando houver preparo de refeições;
- lavanderia;
- área de lazer;
- ambulatório – para frentes de trabalho com mais de cinquenta trabalhadores.

Sempre que houver trabalhadores alojados, é obrigatória a instalação de alojamento, lavanderia e lazer. A área de vivência deve ser mantida em perfeitas condições de conservação, higiene e limpeza.

- *Quanto às instalações sanitárias:*
  - perfeito estado de conservação e limpeza;
  - porta de acesso;
  - paredes de material resistente e lavável – podendo ser de madeira;
  - pisos impermeáveis, laváveis e antiderrapantes;
  - não estar diretamente interligada com o local de refeições;
  - independentes para homens e mulheres;
  - ventilação e iluminação adequadas;
  - instalações elétricas adequadamente protegidas;
  - pé-direito mínimo de 2,50 m;
  - acesso fácil e seguro; deslocamento máximo de 150 m;
  - lavatório, vaso sanitário e mictório – mínimo um conjunto para cada vinte trabalhadores;
  - chuveiro – um para cada grupo de dez trabalhadores.

- *Quanto aos lavatórios:*
  - individual, ou coletivo tipo calha;
  - torneira de metal ou de plástico;
  - altura de 0,90 m;
  - ligado diretamente à rede de esgoto, quando houver;
  - revestimento interno de material impermeável e lavável;
  - espaço mínimo entre torneiras de 0,60 m, quando coletivas;
  - recipiente para coleta de papel usado.

- *Quanto aos vasos sanitários:*
  - gabinete sanitário – área de 1,00 m²;
  - porta com trinco interno e borda inferior de no máximo 0,15 m;
  - divisória com altura mínima de 1,80 m;
  - recipiente com tampa para depósito de papel usado;
  - obrigatório o fornecimento de papel higiênico;
  - vaso sanitário tipo bacia turca ou sifonado;
  - caixa de descarga ou válvula de descarga;
  - ligado à rede geral de esgotos, ou à fossa séptica.

- *Quanto aos mictórios:*
  - individual ou coletivo, tipo calha;
  - revestimento interno de material impermeável e lavável;
  - descarga provocada ou automática;
  - altura máxima de 0,50 m do piso;
  - ligado diretamente à rede de esgotos ou à fossa séptica;
  - no mictório tipo calha, cada 0,60 m deve corresponder a um tipo cuba;

- *Quanto aos chuveiros:*
  - área mínima de 0,80 m² e altura de 2,10 m do piso;

- piso com caimento adequado, material antiderrapante ou com estrado de madeira;
- chuveiro de metal ou de plástico, individuais ou coletivos;
- água quente;
- um suporte para sabonete e cabide, para cada chuveiro;
- chuveiros elétricos devem ser aterrados adequadamente.

- *Quanto ao vestiário:*
  - para troca de roupa, de pessoal que não reside na obra;
  - localização próxima aos alojamentos, e/ou entrada da obra, sem ligação direta com local de refeições;
  - paredes de alvenaria, madeira ou material equivalente;
  - piso de concreto, cimentado, madeira ou material equivalente;
  - cobertura para proteção contra intempéries;
  - área de ventilação = 1/10 da área do piso;
  - iluminação natural, ou artificial;
  - armários individuais, dotados de fechadura ou dispositivo com cadeado;
  - pé-direito mínimo de 2,50 m;
  - mantido em perfeito estado de conservação, higiene e limpeza;
  - bancos em quantidade suficiente para atender aos usuários, largura mínima de 0,30 m.

- *Quanto ao alojamento:*
  - paredes de alvenaria, madeira ou material equivalente;
  - piso de concreto, cimentado, madeira ou equivalente;
  - cobertura para proteção contra intempéries;
  - área de ventilação no mínimo 1/10 da área do piso;
  - iluminação natural ou artificial;
  - área mínima de 3,00 m², por módulo cama/armário, incluindo circulação;
  - pé-direito mínimo de 2,50 m para cama simples, e 3,0 m para cama dupla;
  - não estar situado em subsolos ou porões das edificações;
  - instalações elétricas adequadamente protegidas;
  - proibido uso de três ou mais camas na mesma vertical;
  - altura livre entre uma cama e outra, e entre a última cama e o teto, no mínimo 1,20 m;
  - cama superior do beliche com proteção lateral e escada;
  - dimensões mínimas da cama de 0,80 m por 1,90 m; distância entre ripamento do estrado de 0,05 m; colchão com densidade 26 e espessura mínima de 0,10 m;
  - camas devem dispor de lençol, fronha, travesseiro e cobertor;
  - armários duplos individuais;
  - é proibido cozinhar e aquecer qualquer tipo de refeição dentro do alojamento;
  - é obrigatório o fornecimento de água potável, filtrada e fresca, por meio de bebedouros de jato inclinado ou equipamento similar, na proporção de um para cada grupo de 25 trabalhadores;
  - proibida a permanência de pessoas com moléstia infectocontagiosa nos alojamentos.

- *Quanto ao local para refeições:*
  - paredes que permitam o isolamento durante as refeições;
  - piso de concreto, cimentado ou outro material lavável;
  - cobertura para proteção contra intempéries;
  - capacidade para atendimento de todos os trabalhadores no horário das refeições;
  - ventilação e iluminação natural ou artificial;
  - lavatório nas suas proximidades ou no seu interior;
  - mesas com tampos lisos e laváveis;
  - assentos em número suficiente para atender aos usuários;
  - depósito, com tampa, para detritos;
  - não deve estar situado em subsolos ou porões das edificações;
  - não deve ter comunicação direta com as instalações sanitárias;
  - pé-direito mínimo de 2,80 m;
  - independente do número de trabalhadores, e da existência ou não de cozinha, todo canteiro de obra deve ter local exclusivo para o aquecimento de refeições, dotado de equipamento adequado e seguro para o aquecimento;
  - é proibido preparar, aquecer e tomar refeições fora dos locais estabelecidos;
  - é obrigatório o fornecimento de água potável, filtrada e fresca, para os trabalhadores, por meio de bebedouro de jato inclinado, ou outro dispositivo equivalente, sendo proibido o uso de copos coletivos.

- *Quanto à cozinha:*
  - ventilação natural e/ou artificial que permita boa exaustão;
  - pé-direito mínimo de 2,80 m;

- paredes de alvenaria, concreto, madeira ou material equivalente;
- piso de concreto, cimentado ou outro material de fácil limpeza;
- cobertura de material resistente ao fogo;
- iluminação natural e ou artificial;
- pia para lavagem de alimentos e utensílios;
- instalações sanitárias, que não se comuniquem com a cozinha, de uso exclusivo dos encarregados da manipulação de gêneros alimentícios, refeições e utensílios, não devendo ser ligadas às caixas de gordura;
- recipiente, com tampa, para coleta de lixo;
- equipamento de refrigeração para preservação dos alimentos;
- localização adjacente ao local para refeições;
- instalações elétricas adequadamente protegidas;
- botijões de GLP fora do ambiente de utilização, em área permanentemente ventilada e coberta;
- obrigatório o uso de aventais e gorros para os que trabalharem na cozinha.

- *Quanto à lavanderia:*
  - as áreas de vivência devem ter local próprio, coberto, ventilado e iluminado, para que o trabalhador alojado possa lavar, secar e passar suas roupas de uso pessoal;
  - local dotado de tanques individuais ou coletivos, em número adequado;
  - pode ser contratado serviço de terceiros para atender ao aqui disposto, sem ônus para o trabalhador.

- *Quanto à área de lazer:*
  - Nas áreas de vivência devem ser previstos locais para recreação dos trabalhadores alojados, podendo ser utilizado o local de refeições para este fim.

Área industrial

- *Quanto à carpintaria:*
  - operação das máquinas somente por trabalhador qualificado;
  - cuidados especiais com a serra circular, devendo:
    a) ser dotada de mesa estável, com fechamento de suas faces inferiores, anterior e posterior, construída de madeira resistente e de primeira qualidade, material metálico ou similar de resistência equivalente, sem irregularidades;
    b) ter carcaça do motor aterrada eletricamente;
    c) o disco deve ser mantido afiado e travado, devendo ser substituído quando apresentar trincas, dentes quebrados ou empenamentos;
    d) transmissões de força mecânica devem estar protegidas obrigatoriamente por anteparos fixos e resistentes, não podendo ser removidos, em hipótese alguma, durante a execução dos trabalhos;
    e) ser provida de coifa protetora do disco e cutelo divisor, com identificação do fabricante, e ainda coletor de serragem;
    f) nas operações de corte de madeira, deve-se usar dispositivo empurrador e guia de alinhamento;
    g) as lâmpadas de iluminação da carpintaria devem estar protegidas contra impactos provenientes da projeção de partículas;
  - piso resistente, nivelado e antiderrapante, com cobertura capaz de proteger os trabalhadores contra queda de materiais e intempéries.

- *Quanto às armações de aço:*
  - o dobramento e corte de vergalhões de aço na obra devem ser feitos em bancadas ou plataformas apropriadas e estáveis, apoiadas sobre superfícies resistentes, niveladas e não escorregadias, afastadas da área de circulação de trabalhadores;
  - a área de trabalho onde está situada a bancada de armação deve ter cobertura resistente, para proteção dos trabalhadores contra a queda de materiais e intempéries;
  - as lâmpadas de iluminação da área de trabalho de armação de aço devem estar protegidas contra impactos provenientes de projeção de partículas ou de vergalhões;
  - durante a descarga de vergalhões de aço, a área deve ser isolada;
  - é proibida a existência de pontas verticais de vergalhões de aço desprotegidas.

- *Quanto à armazenagem e estocagem de materiais:*
  - os materiais devem ser armazenados e estocados de modo a não prejudicar o trânsito de pessoas e de trabalhadores, a circulação de materiais, o acesso aos equipamentos de combate a incêndio, não obstruir portas e saídas de emergência, não provocar sobrecargas nas paredes, lajes etc. além do previsto no seu dimensionamento;
  - as pilhas de materiais, a granel ou embalados, devem ter forma e altura que garantam a sua estabilidade e facilitem seu manuseio;
  - em pisos elevados, sem protetores, os materiais não podem ser empilhados a uma distância de suas bordas, menor que o equivalente à altura da pilha;
  - tubos, vergalhões, perfis, barras, pranchas e outros materiais de grande comprimento ou di-

mensão, devem ser arrumados em camadas, com espaçadores e peças de retenção, separados de acordo com o tipo de material e bitola das peças;
- o armazenamento deve ser feito de modo a permitir que os materiais sejam retirados, obedecendo à sequência de utilização planejada, de forma a não prejudicar a estabilidade das pilhas;
- os materiais não podem ser empilhados diretamente sobre piso instável, úmido ou desnivelado;
- a cal virgem deve ser armazenada em local seco e arejado;
- os materiais tóxicos, corrosivos, inflamáveis ou explosivos devem ser armazenados em locais isolados, apropriados, sinalizados e de acesso permitido somente a pessoas devidamente autorizadas, com conhecimento do procedimento a ser adotado em caso de eventual acidente;
- as madeiras retiradas de andaimes, tapumes, formas e escoramentos devem ser empilhadas, depois de retirados os pregos, arames e fitas de amarração.

- *Quanto à sinalização de segurança:*

O canteiro de obras deve ser sinalizado, com objetivo de:
- indicar os locais de apoio que compõem o canteiro;
- indicar as saídas por meio de dizeres ou setas;
- manter comunicação por meio de avisos, cartazes, ou similares;
- advertir contra perigo de contato ou acionamento acidental de partes móveis de máquinas e equipamentos;
- advertir contra riscos de queda;
- alertar quanto ao uso de EPI – Equipamento de Proteção Individual – específico para a atividade executada;
- alertar quanto ao isolamento das áreas de transporte e circulação de materiais por grua, guincho ou guindaste;
- identificar acessos, circulação de veículos e equipamentos na obra;
- advertir contra risco de passagem de trabalhadores onde o pé-direito for inferior a 1,80 m;
- identificar locais com substâncias tóxicas, corrosivas, inflamáveis, explosivas, radioativas etc.

- *Quanto à ordem e limpeza:*
  - durante todo o andamento da obra, as instalações temporárias deverão ser operadas e mantidas de modo a proporcionar o máximo de rendimento às obras, e com o máximo de conforto, higiene e segurança aos trabalhadores e sem provocar danos ambientais;
  - o canteiro de obras deve apresentar-se organizado, limpo e desimpedido, notadamente nas vias de circulação, passagens e escadarias;
  - o entulho e quaisquer sobras de materiais devem ser regularmente coletados e removidos; por ocasião de sua remoção, devem ser tomados cuidados especiais, de forma a evitar poeira excessiva e eventuais riscos;
  - quando houver diferença de nível, a remoção de entulhos ou sobras de materiais deve ser realizada por meios mecânicos, ou calhas fechadas;
  - é proibida a queima de lixo ou qualquer outro material no interior do canteiro de obras;
  - é proibido manter lixo ou entulho acumulado ou exposto em locais inadequados do canteiro de obras.

5.3.8 Facilidades

- Sistema de comunicação

Deve ser previsto um sistema de comunicação eficiente, com objetivo de evitar desperdício de tempo e, consequentemente, proporcionar aumento de produtividade.

Esse sistema deve prever a comunicação rápida:
- entre os vários setores e pessoas envolvidas na obra, por meio de telefone fixo, telefone celular ou outro meio;
- com o escritório central da empresa, por meio de telefone, fax, malote, rádio, correio eletrônico ou outro meio;
- com empresas externas – fornecedores, assistência técnica, projetistas e outras – por meio de telefone, fax, correio eletrônico ou outro meio.

- *Transporte*

Deve ser estudada a forma mais conveniente de se efetuar o transporte externo de materiais de construção, de equipamentos de construção, de equipamentos a serem instalados, de pessoal, de gêneros etc.

- *Energia elétrica*

Deve ser efetuado o levantamento de cargas de energia elétrica, e seus pontos de consumo, para projeto de localização de transformadores, posteamentos etc. e a solicitação de ligação da concessionária.

Em locais sem rede da concessionária, a energia elétrica pode ser obtida por gerador diesel, até que seja instalada a linha de alimentação.

- *Saneamento*

Devem ser analisadas as questões relativas ao abastecimento de água potável e ao adequado afastamento de esgotos sanitários.

Em locais com rede pública de água tratada, deve ser feita a previsão de consumo e solicitada a ligação à concessionária local.

Além da água para consumo humano, e para combate a incêndio, deve ser previsto o consumo industrial, na fabricação de concreto, lavagem de veículos, cura e lavagem de juntas de concreto etc.

Para o esgoto sanitário, em locais servidos por rede pública, deve ser solicitada a ligação do esgoto a essa rede da concessionária.

Em locais desprovidos de rede pública, o esgoto sanitário não pode ser lançado *in natura* nos córregos e rios. Deve ser previsto um tratamento para atingir, no mínimo, o padrão fixado para permitir o seu lançamento nos cursos de água.

- *Resíduos sólidos*

Deverá ser estudada e estabelecida a disposição final, conforme legislações ambientais vigentes, de resíduos sólidos gerados no canteiro, tais como: lixo comum, lixo hospitalar, entulhos de construção etc.

- *Policiamento*

Deverá ser verificada a possibilidade de contar com o policiamento público, por acordos ou convênios, para prevenção de brigas, tumultos, tráfico de drogas etc., principalmente nos alojamentos.

5.3.9 Desmobilização

Ao final das obras, deverá ser efetuada a desmobilização do canteiro, consistindo em:

- *desmontagem das instalações temporárias*:
  - demolição e remoção de todas as instalações, estruturas e edificações usadas durante a construção;
- *limpeza das áreas de trabalho*:
  - remoção de todo resíduo e entulho de obra;
- *reafeiçoamento do terreno*:
  - redimensionamento dos taludes de corte e aterro e reordenação de linhas de drenagem, procurando harmonizar a morfologia do conjunto de áreas afetadas com a paisagem circundante;
- *recomposição vegetal*:
  - preparo do solo com lançamento de solo orgânico, e revegetação dos terrenos reafeiçoados, com a finalidade de proteção do solo contra processos erosivos.

5.4 Gestão da obra

5.4.1 Introdução

A gestão da obra tem a finalidade de assegurar que a mesma será implantada conforme concebida, obedecendo aos requisitos de qualidade, custo e prazo. Essa gestão é uma tarefa complexa que exige atuações no campo técnico, administrativo e financeiro, com atividades de planejamento, organização, coordenação, comando e controle da obra.

Neste livro, serão apresentados apenas os aspectos técnicos referentes a planejamentos e controles da obra.

5.4.2 Estrutura analítica da obra

Inicialmente, a obra deve ser subdividida em partes, para efeito de planejamento e controle. Essa subdivisão deve ser feita em um certo número de áreas isoladas para receber tratamento separadamente, em termos de prazo e custo e, depois, no conjunto, em termos de custo. Essa subdivisão deve ser acompanhada das descrições dos limites físicos de cada área. A subdivisão da obra vai resultar numa série de vantagens, tais como as que se seguem.

- Em termos de organização, estabelece uma linguagem comum. Por exemplo, ao se designar uma determinada área, de Área A, essa passará a ser a sua designação oficial. Em uma ETE, por exemplo, as áreas poderão ser: grades, caixas de areia, decantadores primários, tanques de aeração, decantadores secundários, espessadores de lodo, flotadores, digestores de lodo, secagem de lodo, área geral, utilidades e outras.

- Em termos de cronograma, cada área pode apresentar tempo de implantação diferente, permitindo a determinação de áreas críticas, que deverão merecer uma atenção maior. Ex.: Área A tem duração maior que Área B e merece maior atenção.

- Em termos de custos, cada área se torna um "centro de custo", permitindo o preparo de um plano de contas e a organização da obra em termos de custos, possibilitando ao coordenador voltar a sua atenção para busca de economia nas áreas mais significativas; por exemplo, sendo a Área A mais significativa em termos de custos, uma economia de 1% na Área A pode ser mais importante que uma economia de 10% na Área B.

O sistema de subdivisão da obra é valioso como forma de comunicação e sendo a linguagem comum a todos os envolvidos na implantação da obra. A subdivisão deve ser escolhida com muito critério, como um primeiro passo no planejamento da obra.

5.4.3 Planejamento executivo da obra

Toda obra deve ser previamente e adequadamente planejada antes do seu início efetivo. O instrumento de planejamento utilizado é o chamado Planejamento Executivo da Obra.

O planejamento executivo de uma obra tem a finalidade de definir as metas a serem alcançadas, os planos de ataque e metodologias mais adequados e dimensionar os recursos necessários, em termos de pessoal e equipamentos a serem mobilizados. O grau de detalhamento de um planejamento executivo é função da quantidade e qualidade das informações disponíveis na ocasião de sua preparação.

O planejamento executivo é preparado geralmente na fase de elaboração de proposta pelo empreiteiro e constitui-se no documento mais importante da proposta técnica. Planejamento executivo bem elaborado é um instrumento de vital importância para o sucesso da obra.

Plano de ataque

O chamado "plano de ataque" das obras visa estabelecer a estratégia a ser adotada e otimizar a utilização de recursos em função dos prazos disponíveis, qualidade requerida e limitações de orçamento. O plano de ataque das obras abrange definição de itens como:

- mobilização de pessoal e equipamentos;
- implantação do canteiro;
- administração do canteiro (alimentação, transporte, limpeza, vigilância, energia, água etc.);
- frentes de trabalho e sequência de execução das obras;
- cronograma etc.

Metodologia de execução

A metodologia de execução das obras e serviços consiste em definir os processos construtivos e tipos de recursos associados – equipamentos e mão de obra – de modo que a obra possa ser executada com a qualidade requerida, dentro dos prazos disponíveis de orçamentos estabelecidos. A metodologia executiva deve abranger todos os serviços envolvidos, como:

- serviços preliminares;
- escavação comum;
- cravação de estacas;
- escoramentos;
- preparos de fundação;
- execução das estruturas de concreto;
- assentamentos de tubulações;
- reaterros e reposições de pavimentos;
- eventuais montagens eletromecânicas;
- outros.

Cronograma

Cronograma é a representação gráfica de uma programação. Os principais tipos de cronogramas são o Cronograma de Gantt e a Rede PERT CPM. Como variação da rede PERT CPM pode-se ter o Diagrama de Precedências.

Em função dos tipos de obras, podem ser utilizados outros tipos de cronogramas que possam permitir melhor visualização da programação executada. Assim, para obras lineares, como é a execução de uma linha de tubulação de esgotos, pode ser interessante o uso do Diagrama Tempo × Caminho.

Cronograma de barras ou cronograma de Gantt

É o que tem sua representação de programação por meio de barras horizontais, associadas a uma escala de tempo (ver Fig. 5.2). Cada barra representa uma atividade. O comprimento da barra é proporcional ao tempo de duração da atividade. O início da barra representa o início da atividade; o fim da barra representa o fim da atividade, As atividades em série são mostradas em sequência, uma após à outra, e atividades em paralelo são indicadas como sendo executadas concomitantemente.

O cronograma de barras é o mais antigo e também o mais simples e de mais fácil compreensão por todos. Daí a sua grande importância para aplicação nas obras em geral.

A partir do cronograma de barras, pode ser montado o cronograma físico-financeiro da obra, associando-se os respectivos custos a cada atividade do cronograma. O cronograma físico-financeiro da obra, que é de fundamental importância para a previsão dos desembolsos e seu controle ao longo da duração da obra.

Rede PERT CPM

É um processo gráfico que mostra as interligações e interdependências entre as várias etapas de um em-

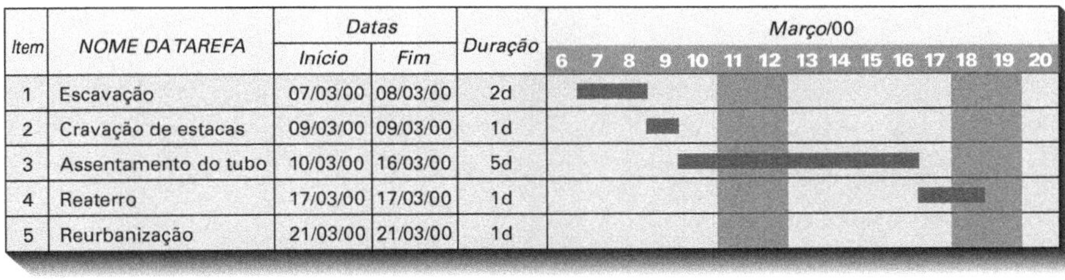

Item	NOME DA TAREFA	Início	Fim	Duração
1	Escavação	07/03/00	08/03/00	2d
2	Cravação de estacas	09/03/00	09/03/00	1d
3	Assentamento do tubo	10/03/00	16/03/00	5d
4	Reaterro	17/03/00	17/03/00	1d
5	Reurbanização	21/03/00	21/03/00	1d

Figura 5.2 Cronograma de Gantt ou de barras.

preendimento e permite a identificação da importância relativa de cada etapa no cômputo geral.

A rede PERT CPM permite, em grandes obras, com prazos rígidos de entrega, incluindo multas em caso de atraso, um controle eficiente indicando os pontos críticos da obra, onde deverão ser concentrados os recursos humanos e equipamentos.

A rede PERT CPM é composta pelos seguintes elementos (v. Fig. 5.3):

- Atividades, representadas na rede pelos arcos, com o respectivo nome e tempo de duração.
- Eventos, extremidades inicial e final de uma atividade, representados na rede pelos nós.
- Atividade fantasma ou atividade virtual – atividade fictícia que não consome tempo nem recursos, utilizada para indicar interdependência entre eventos, que não sejam extremidades de uma mesma atividade, representada na rede por arco tracejado.

As datas de início e de término de cada atividade são indicadas como:

- Cedo de um evento – é a data para um evento ser atingido, se não ocorrerem atrasos nas atividades anteriores.
- Tarde de um evento – é a data limite de realização de um evento, para que o programa não sofra atraso.

A rede PERT CPM fornece um elemento muito importante, chamado Caminho Crítico do Programa, que é o caminho ao longo do qual os eventos têm folga igual a zero (folga de um evento é a diferença entre as datas tarde e cedo desse evento). Este é o caminho mais longo do programa. Pode existir mais de um caminho crítico em um cronograma, e eles são realçados para maior facilidade de visualização. As atividades do caminho crítico são chamadas atividades críticas. O pleno conhecimento do caminho crítico é muito importante, pois as atividades críticas não podem sofrer qualquer atraso, sob pena de provocarem atraso no programa todo. Daí a sua importância no controle da obra, pois as atenções e recursos devem ser dirigidos às atividades críticas, tomando-se o cuidado de evitar que atividades não críticas sofram atrasos e venham a se tornar críticas também.

Diagrama de precedências

No diagrama de precedências, os princípios utilizados são basicamente os mesmos da rede PERT CPM. Neste caso, as atividades são representadas pelos nós da rede. Os eventos (extremidades inicial e final da atividade) não são representados na Rede de Precedências, porém alguns eventos, que se constituem marcos importantes do programa, poderão ser facilmente mostrados. Os arcos da rede de precedência indicam as relações de dependência entre atividades. Todas as dependências são indicadas pelos arcos da rede, portanto, na rede de precedências não existe atividade fantasma. A rede de precedências é, portanto, representada apenas pelas atividades e os arcos indicam as relações de dependências (ver Fig. 5.4).

O diagrama ou rede de precedências tem muito menos elementos que o PERT, e, portanto, em grandes redes os trabalhos são bastante facilitados e muito menos sujeitos a erros. A rede de precedências é de fácil montagem, para muitos, mais simples que o PERT.

Em cada nó da rede são colocadas todas as informações, tais como nome da atividade, duração, data mais cedo de início, data mais tarde de início, data mais cedo de término, data mais tarde de término e folga.

Cronograma tempo *versus* caminho

O cronograma tempo *versus* caminho pode ser utilizado em obras lineares, como a instalação de uma adutora, execução de uma linha de tubulação de esgotos ou execução de um túnel, quando a apresentação se torna mais interessante que um cronograma de barras ou um PERT. Esse diagrama é representado em forma de gráfico (ver Fig. 5.5), colocando-se na abscissa (ou ordenada)

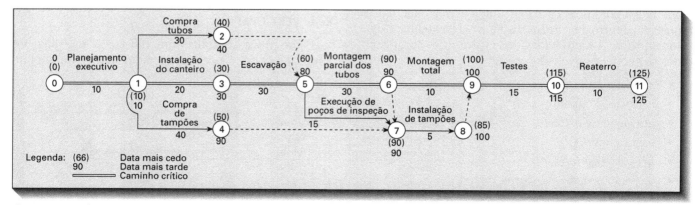

Figura 5.3 Rede PERT CPM.

Gestão da obra

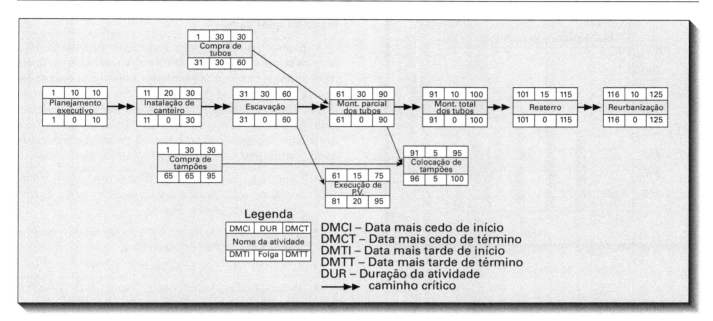

Figura 5.4 Diagrama de precedências.

o tempo (ou caminho percorrido), e indicando-se os principais serviços a executar.

A vantagem do cronograma tempo *versus* caminho é que em qualquer data pode-se verificar, no gráfico, em que local o serviço está sendo executado; por exemplo, no início do mês de março, a escavação está no início do Lote 3, ao passo que o assentamento está no início do Lote 2 e está sendo iniciado o reaterro no Lote 1. Tem-se, dessa forma, uma visualização muito fácil da situação da obra em cada data.

Num caso mais geral, as atividades além de não apresentarem a mesma velocidade e constante ao longo de todos os trechos, podem apresentar velocidades diferentes em cada trecho, pois os graus de dificuldades encontrados em cada trecho da obra, para cada serviço, são variáveis (ver Fig. 5.6).

Em função do grau de dificuldade previsto, para uma mesma equipe (quantidade de recursos constante), a velocidade de execução é variável.

O diagrama tempo *versus* caminho mostra, então, nestes casos, o grau de dificuldades que se espera em cada trecho, para cada serviço.

Histogramas

A partir dos cronogramas, podem ser construídos os histogramas para cada tipo de serviço (ver Fig. 5.7). O histograma de cada serviço (concreto, aterro, escavação etc.) é obtido da somatória dos volumes desse serviço a serem executados em cada atividade, em cada mês.

Os histogramas são de fundamental importância para o dimensionamento de recursos e instalações a serem utilizados e definição de:

- cronograma de permanência de efetivo direto e indireto;
- cronograma de permanência de equipamentos;
- dimensionamento das instalações temporárias;
- cronograma de compra/consumo de materiais básicos.

Figura 5.5 Cronograma tempo x caminho – atividades em linha com velocidade constante.

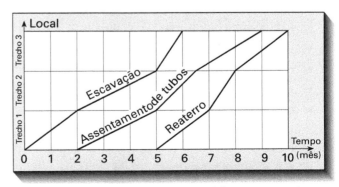

Figura 5.6 Cronograma tempo x caminho – caso geral.

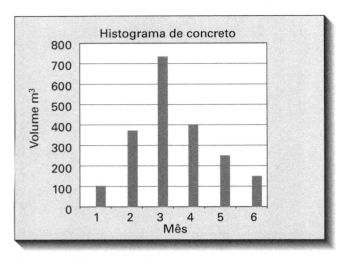

Figura 5.7   Histograma de serviço.

5.4.4 Planejamento da qualidade

A empresa deve definir, no seu sistema da qualidade, os requisitos para a qualidade que devem ser atendidos. Adicionalmente, para a execução de uma determinada obra, pode haver exigências específicas solicitadas pelo cliente.

O planejamento para a obtenção da qualidade estabelece como o conjunto destes requisitos pode ser atendido, na execução das obras, e define os mecanismos e procedimentos a serem adotados para esse fim.

Na execução da obra, para atender aos requisitos especificados pelo cliente e as imposições de seu sistema da qualidade, a empresa deve utilizar fundamentalmente os seguintes mecanismos e recursos:

- elaboração de um plano da qualidade para a obra;
- identificação dos requisitos a serem atendidos;
- elaboração do planejamento executivo da obra;
- identificação e validação dos recursos humanos e materiais necessários para a execução dos serviços;
- desenvolvimento das atividades de acordo com o planejamento executivo da obra;
- aplicação dos controles do processo executivo;
- execução de auditorias da qualidade;
- tratamento de não conformidades;
- realização de atividades de treinamento;
- implementação de ações preventivas e corretivas;
- tratamento de registros da qualidade.

A extensão e a profundidade da abrangência desses mecanismos são funções dos aspectos de importância técnica e econômica, prazo e exigências do cliente para o contrato, sendo definidas no respectivo plano da qualidade.

Plano da qualidade

O plano da qualidade é o documento no qual se definem os recursos, as práticas e as atividades específicas, para a obtenção da qualidade nas condições particulares da obra. O plano da qualidade é a particularização do sistema da qualidade da empresa para as condições específicas da obra, atendendo simultaneamente a eventuais requisitos do cliente. O plano da qualidade deve contemplar:

- objetivos para a qualidade a serem alcançados, sempre que possível estabelecidos de forma quantitativa (mensurável);
- particularização da política da qualidade da empresa para a obra em questão;
- descrição da organização para a obra;
- definição das atribuições e responsabilidades das funções-chave do contrato;
- processo de subcontratação e monitoração de subcontratos;
- recursos humanos a serem empregados;
- equipamentos a serem utilizados;
- análise crítica de documentos contratuais;
- definição dos elementos do sistema da qualidade aplicáveis;
- relação dos procedimentos sistêmicos e de controle a serem utilizados;
- metodologia da execução da obra;
- execução de auditorias da qualidade;
- metodologia para o tratamento de não conformidades;
- mecanismos de implementação de ações preventivas e corretivas;
- mecanismos para o tratamento de registros da qualidade;
- realização de atividades de treinamento;
- utilização de técnicas estatísticas (quando julgadas convenientes).

Objetivos da qualidade

Sempre que possível, os objetivos do plano de qualidade devem ser mensuráveis. Devem ser definidas metas quantitativas, como indicadores de resultados, em vez de qualitativas.

Objetivos quantificáveis estão normalmente associados a prazos de entrega, tolerâncias em relação a estimativas de esforço ou custos e explicitação de ações preventivas.

Subcontratação

Devem ser mencionados os serviços a serem subcontratados e os procedimentos para a subcontratação, monitoração e aceitação de serviços subcontratados.

Recursos humanos

Os participantes na execução da obra e suas funções devem ser relacionados. Em geral, devem ser incluídas as funções técnicas, administrativas e as de tempo parcial, como:

- pessoal gerencial da obra;
- pessoal técnico da obra (produção e controle);
- pessoal administrativo da obra;
- responsável pela função qualidade.

Recursos materiais

Os equipamentos a serem utilizados devem ser relacionados. Deverão ser relacionados os equipamentos móveis de campo, equipamentos estacionários do canteiro, bem como pequenos equipamentos e ferramentas manuais, equipamentos e instrumentos para ensaios e controle tecnológico etc.

Os equipamentos de subcontratados devem ser incluídos. Analogamente, quando for requisito contratual, devem-se indicar os processos adotados para a qualificação e validação de equipamentos.

Metodologia da execução da obra

Neste capítulo do plano da qualidade, define-se a metodologia recomendada para a execução da obra em questão, conforme o Planejamento Executivo da Obra. Os tópicos principais a serem abordados são, por exemplo:

- atividades preliminares;
- requisitos para a qualidade;
- requisitos da sociedade;
- requisitos do cliente;
- procedimentos especiais e específicos.

Controle da execução da obra

Este item apresenta, de forma resumida, os diversos controles aplicáveis para a obra, disponíveis nos vários procedimentos operacionais que fazem parte do PQ. Para cada tipo de controle deve-se referenciar o procedimento aplicável. Os tópicos a serem abordados compreendem:

- planejamento executivo da obra;
- controle de projetos;
- documentos e informações fornecidos pelo cliente e terceiros;
- registro e controle de projetos;
- revisões de projetos;
- controle de interfaces;
- interfaces externas, com terceiros;
- interfaces internas;
- mecanismos de controle de interfaces.

Controle de documentos

Este item deve relacionar os documentos e dados aplicáveis à execução da obra, assim como os procedimentos destinados ao controle dos documentos de natureza técnica, gerencial e administrativa envolvidos na execução da obra, como os seguintes:

- controles relativos a documentos técnicos recebidos;
- recebimento de documentos técnicos (papel e meio magnético);
- identificação de documentos técnicos recebidos;
- registro (cadastramento) de documentos técnicos recebidos;
- distribuição/circulação de documentos técnicos recebidos;
- tratamento de documentos em meio magnético;
- arquivamento e controle de originais e cópias de documentos recebidos;
- documentos gerenciais e administrativos;
- tipos de documentos gerenciais e administrativos;
- tipos de documentos do SQ/PQ (sistêmicos, operacionais);
- controle de procedimentos de execução das atividades de projeto;
- controle de procedimentos sistêmicos do SQ/PQ;
- controle de documentos gerenciais e administrativos;
- controle de métodos e instruções de trabalho;
- aspectos comuns a todos documentos;
- programas para o controle informatizado;
- relatórios de controle de documentos;
- rastreabilidade de documentos.

Auditorias da qualidade

Os tipos de auditoria da qualidade a serem executadas devem ser aqui referenciados. Independentemente do estabelecido em procedimento, neste item podemos enfatizar as condições determinantes para a realização de auditorias da qualidade, para maior transparência e informação ao cliente.

O planejamento e a programação de auditorias devem ser definidos. Devem-se também definir, sempre que possível, as equipes de auditoria e os respectivos auditores-líderes. As condições para a execução de reauditorias devem ser explicitadas. Quando as especificidades do contrato determinarem, as condições particulares devem ser estabelecidas em instrução complementar.

Tratamento de não conformidades

O tratamento e o controle de não conformidades da obra devem atender ao estabelecido em procedimento do sistema de qualidade da empresa. Caso as particularidades do contrato requeiram adaptações, estas devem ser definidas em instrução particular.

Ações preventivas e corretivas

Neste item devem ser definidos os tipos de ações preventivas previstas e explicitados os mecanismos de ações preventivas previstas para o contrato, assim como as funções-chave envolvidas em sua implementação e acompanhamento. Analogamente, para as ações corretivas, os mecanismos de acompanhamento e controle das ações corretivas propostas e as funções-chaves responsáveis devem ser indicados.

Registros da qualidade

O tratamento a ser dado a registros da qualidade deve ser executado de acordo com o procedimento estabelecido do SQ. Os aspectos específicos ao contrato, como tipos, arquivamento e manutenção, prazos de retenção e disposição de registros da qualidade devem ser definidos neste capítulo do PQ ou em instrução complementar.

Treinamento

Sempre que as peculiaridades da obra requererem e existir a necessária cobertura contratual, o plano da qualidade deve descrever o programa de treinamento, indicando os tópicos a serem abordados, o público-alvo, as épocas de realização e as demais informações necessárias para caracterizar o treinamento a ser proporcionado à equipe da obra. Os programas de adequação devem ser considerados como treinamento.

Técnicas estatísticas

Poderá ser determinado que, no contrato em consideração, o tratamento de dados relacionados com a qualidade seja feito de acordo com procedimentos do SQ. Analogamente, a aplicação de técnicas estatísticas, caso julgada conveniente, deve ser feita de acordo com procedimento em vigor sobre o assunto.

Procedimentos a serem utilizados

Os procedimentos sistêmicos, operacionais, gerenciais e de controle do plano da qualidade devem ser relacionados individualmente, com indicação do código, título e revisão válida. A indicação pode ser feita em cada capítulo onde o procedimento é chamado, ou podem-se relacionar todos os procedimentos aplicáveis em um anexo do plano da qualidade.

Aprovação do Plano da Qualidade – PQ

Como forma de assegurar que o plano da qualidade, por um lado, represente corretamente as necessidades e expectativas do cliente, e, ao mesmo tempo, reflita os requisitos para a qualidade mutuamente acordados entre o cliente e a empresa, o PQ pode ser discutido e aprovado pelo cliente.

5.4.5 Plano de segurança da obra

Segurança do Trabalho e Qualidade estão intimamente relacionados entre si. Não se obtém qualidade, de um produto ou processo, em ambiente de trabalho sem condições adequadas, em que o trabalhador não consegue desenvolver toda a sua potencialidade de trabalho.

Pela segurança e condições adequadas do ambiente de trabalho, complementadas com educação, treinamento e motivação, as empresas conseguem altos índices de produtividade e qualidade, constituindo-se na sua estratégia competitiva.

Os mesmos fatores que ocasionam acidentes de trabalho, como ambientes insalubres e perigosos e pessoal mal treinado, são também fatores que causam perda de produção, falta de qualidade e desperdícios.

Portanto, as ações devem ser implantadas em conjunto, integrando-se os procedimentos da qualidade, da saúde e segurança e do meio ambiente, visando à melhoria da qualidade de vida dos trabalhadores, assim como à qualidade dos produtos e serviços e do meio ambiente.

O plano de segurança da obra é estabelecido basicamente pela implantação do PCMAT e a estruturação da CIPA, SESMT e PCMSO. Essas medidas de prevenção e controle de acidentes e de doenças do trabalho na obra, a seguir analisadas, são de implantação obrigatória, conforme Lei 6.514 de 22/12/77, Portaria 3.214 de 08/06/78 e legislações complementares.

É conveniente que seja implantado um Sistema de Gestão de Segurança nos moldes de sistema de gestão de qualidade da ISO 9000, com documentação apropriada exigida para o sistema, como o Manual de Segurança, os Procedimentos, as Instruções de Segurança, os Registros e Auditoria de Segurança e outros.

PCMAT – Programa de condições e meio ambiente de trabalho na indústria da construção

A Portaria 4 de 04/07/95, que efetuou revisão da norma regulamentadora n. 18, da Portaria 3.214/78 do Ministério do Trabalho, inseriu, como requisito obrigatório na área da construção, entre outros, o PCMAT.

O PCMAT tem, como objetivo básico, a garantia da saúde e integridade física e moral do trabalhador, pela prevenção de riscos que derivam do processo de execução das obras. Esse programa deve contemplar as exigências contidas na norma regulamentadora no Plano de Prevenção de Riscos Ambientais – PPRA.

O PCMAT é obrigatório para obras com vinte ou mais trabalhadores e é composto de, no mínimo, seis documentos dos quais falamos a seguir.

1. Memorial sobre condições e meio ambiente de trabalho nas atividades e operações, levando em consideração riscos de acidentes e de doenças do trabalho e suas respectivas medidas preventivas.
2. Projeto de execução das proteções coletivas em conformidade com as etapas de execução da obra.
3. Especificação técnica das proteções coletivas e individuais a serem utilizadas.
4. Cronograma de implantação das medidas preventivas definidas.
5. *Layout* inicial do canteiro da obra, contemplando, inclusive, previsão do dimensionamento das áreas de vivência.
6. Programa educativo, contemplando a temática de prevenção de acidentes e doenças do trabalho, com sua carga horária

Memorial

O memorial deverá conter dados informativos da obra, serviços envolvidos, métodos construtivos, máquinas e equipamentos, análise dos riscos envolvidos e as medidas preventivas necessárias para a garantia da saúde e integridade do trabalhador. PCMAT – Programa de Condições e Meio Ambiente de Trabalho na Indústria da Construção.

Os dados informativos devem abranger, não se restringindo a:
- denominação da obra, proprietário etc.;
- localização da obra, acessos etc.;
- clima, topografia etc.;
- finalidade da obra;
- prazo de execução, volumes de serviços etc.;
- outras informações.

Os serviços envolvidos, métodos construtivos, máquinas e equipamentos etc. podem ser obtidos diretamente do planejamento executivo das obras, definidos no item 5.4.3.

A análise de riscos e estabelecimento de medidas preventivas devem ser feitos para cada serviço. Por exemplo, um dos riscos de acidente no serviço de escavação é o risco de desmoronamento das laterais da vala.

As possíveis causas e as respectivas medidas preventivas poderiam, neste caso, ser apresentadas conforme a Tab. 5.2.

Medidas de proteção coletiva

As chamadas Medidas de Proteção Coletiva (MPCs) englobam equipamentos, ações ou elementos para proteção dos trabalhadores contra os riscos de acidentes. Equipamentos de Proteção Coletiva – EPC – são estruturas ou dispositivos protetores montados em locais de trabalho, em máquinas ou equipamentos, onde existem riscos comuns e gerais que podem afetar um ou vários trabalhadores.

As MPCs envolvem, portanto, além dos EPCs, outras providências visando à proteção coletiva, enfocando mudanças de atitudes, comportamentos, hábitos e maneiras de se fazer as coisas. Na Tab. 5.3, é apresentado um exemplo de medidas de proteção coletiva em serviço de escavações, fundações e desmonte de rochas. A Tab. 5.4 apresenta as proteções coletivas de modo geral mais utilizadas.

Equipamentos de Proteção Individual – EPI

É todo dispositivo de uso individual, destinado a proteger a integridade física do trabalhador.

Deve-se ressaltar que os EPIs não são muito bem-vistos pelos trabalhadores de um modo geral. Eles reclamam, por exemplo, que os capacetes e luvas esquentam demais, que as luvas impedem a sua habilidade manual etc. Dada a importância do uso desses equipamentos, cabe ao administrador desencadear campanhas sistemáticas para mostrar a importância do uso de EPI, face às consequências trágicas que podem ocorrer da sua não utilização. Em casos extremos, pode-se pensar até em penalizar o empregado flagrado sem EPI.

Nesse sentido, existem empresas especializadas em participar das semanas de prevenção de acidentes, normalmente organizadas anualmente pelas CIPAS, com palestras educativas, teatros de marionetes e abordagem de temas como a possível incapacidade física e até sexual, decorrentes de eventuais acidentes. Está provado que esses temas costumam mexer com o brio da maioria dos empregados, e essa prática acaba funcionando no sentido de fazê-los usar os EPIs.

Segue um exemplo de acidente, aparentemente bastante incomum, mas que serve de exemplo. Um de-

TABELA 5.2 Risco de desmoronamento das laterais de uma vala

Causas	Medidas preventivas
Formação de cargas excessivas na borda dos taludes e valas por acúmulo de materiais.	Depositar os materiais de escavação a uma distância superior à metade da profundidade da vala ou talude.
Verticalidade excessiva da escavação, sem execução de escoramento.	Os taludes instáveis, com mais de 1,25 m de profundidade, devem ter estabilidade garantida por meio de escoramento.
Queda dos escoramentos ou de algum de seus elementos.	Dimensionar os escoramentos de acordo com as necessidades das cargas e monitorá-los periodicamente.
Erosão provocada por ação destruidora das águas.	Cobrimento ou impermeabilização dos taludes.
Vibrações na borda da escavação originadas por veículos, máquinas, equipamentos etc.	Os locais onde há necessidade de aproximação de máquinas equipamentos ou veículos devem ter escoramento ou aumento do ângulo de talude.
Pressão das construções vizinhas.	Essa pressão deve ser contida por meio de escoramento.

TABELA 5.3 Medidas de proteção coletiva em escavações, fundações e desmonte de rocha

Verificação	Execução
Responsabilidade técnica do profissional habilitado.	Escoramento de taludes instáveis das escavações.
Escoramento de muros e edificações vizinhas.	Não permitir depósito de materiais nas bordas da escavação.
Retirada de rochas, equipamentos e materiais.	Ventilação e monitoramento do local para verificação de vazamento de gás.
Verificação de cabo subterrâneo de energia elétrica.	Proibição de acesso de pessoas não autorizadas às áreas de escavação e de cravação de estacas.
Elaboração de projeto de acordo com as normas de segurança na escavação.	Proteção da área de fogo contra projeção de partículas.
Operador de bate-estacas qualificado e equipe treinada.	Utilização de alarme sonoro antes das detonações.

TABELA 5.4 – Tipos mais comuns de proteções coletivas

Finalidade	Proteções coletivas
Sinalização	Bandeirolas, placas, sinais de prevenção de riscos
Anteparo	Anteparo para proteção de valas
Guarda-corpos	Proteção de poços
Proteção contra incêndio	Extintores portáteis
Instalações elétricas	Chave geral blindada, proteção e sinalização dos quadros de força, aterramento etc.
Poeiras	Umedecimento do piso, substituição de jato de areia por jato de granalha etc.
Ruído	Distanciamento das fontes de ruído, colocação de anteparos, equipamentos com silenciadores etc.
Proteções complementares	Escoramento de vala, proteção de partes móveis de máquinas, alarme sonoro etc.

terminado empregado já havia terminado o serviço que estava fazendo, numa área de tanques de combustível e retornava à sua oficina para almoçar. Imaginava ele que no local por onde transitava (área livre toda gramada), não mais havia perigo de acidentes. Tirou o capacete e colocou-o debaixo do braço, e, ao atravessar essa área gramada, infelizmente passou perto de um ninho do pássaro popularmente conhecido como quero-quero. O pássaro, ao sentir a ameaça ao seu ninho, avançou sobre o trabalhador, e com as unhas abriu um rasgo na sua cabeça. As consequências foram alguns pontos na cabeça do trabalhador, e alguns dias necessários à sua recuperação, além de que ficou muito difícil para ele explicar o motivo de estar sem o capacete.

Pelos motivos citados, sempre que possível, deve ser priorizado o uso de medidas de proteção coletiva, devido à sua maior eficácia na proteção de todos, independentemente da vontade de cada pessoa, ficando para o EPI a função de proteção complementar.

Conforme as normas regulamentadoras NR-1 e NR-6 da Portaria 3214/78, do Ministério do Trabalho, cabe ao empregador:

Gestão da obra

- cumprir e fazer cumprir as disposições legais e regulamentares sobre Segurança e Saúde no Trabalho;
- fornecer aos empregados, gratuitamente, o EPI, adequado ao risco e em perfeito estado de conservação e funcionamento;
- tornar obrigatório o uso do EPI;
- substituir, imediatamente, o EPI danificado ou extraviado;
- higienizar e realizar manutenção periódica do EPI.

Cabendo ao empregado:

- observar as Normas de Segurança do Trabalho;
- usar o EPI fornecido pela empresa para a finalidade a que se destina;
- responsabilizar-se pela sua guarda e conservação;
- comunicar à área de Segurança diretamente, ou pelo encarregado da obra, quando o EPI tornar-se impróprio para uso.

Uma listagem dos principais EPIs, conforme as partes do corpo a serem protegidas, é apresentada no Tab. 5.5.

A Tab. 5.6 mostra algumas atividades da construção ou funções e os respectivos EPIs a serem utilizados, de forma obrigatória ou eventual.

Treinamento

Todo trabalhador recém-admitido, recém-transferido ou que irá executar um trabalho novo, deve ser treinado para a função que irá exercer, pois estudos sobre segurança mostram que operários novos têm quase que duas vezes mais probabilidade de sofrer acidentes do que operários com maior experiência.

Também empresas com tradição de orientação formal para todos os novos operários apresentam, em média, 25% menos acidentes que empresas que não o fazem. Portanto, é muito importante o treinamento do trabalhador antes do início das atividades, pois o trabalho e o ambiente são novos, possivelmente confusos e perigosos, e o treinamento vai contribuir para a rápida familiarização e redução de tensão, garantindo o desempenho seguro e produtivo.

O treinamento deve ser bem planejado, devendo a empresa se preparar para ele, pois a importância da atividade justifica o tempo de preparação. O local poderá ser sala de aula, sala de reunião, refeitório etc., desde que o local seja silencioso, confortável e com toda a infra-estrutura necessária para uma boa apresentação.

Os diversos módulos que compõem um programa de treinamento, ministrado pelo setor de segurança, podem ser vistos na Tab. 5.7. Paralelamente ao treinamento de segurança, devem ser ministrados treinamentos pelo pessoal de Qualidade e de Produção, com módulos conforme o Tab. 5.8

CIPA – Comissão Interna de Prevenção de Acidentes

A CIPA – Comissão Interna de Prevenção de Acidentes tem como objetivo a prevenção de acidentes e doenças decorrentes do trabalho, de modo a compatibilizar permanentemente o trabalho com a preservação da vida e a promoção da saúde do trabalhador.

A CIPA é composta por representantes do empregador e dos empregados, de acordo com as quantidades estabelecidas na NR-5 da Portaria 3.214 de 08/06/78, do Ministério do Trabalho, e redação dada pela Portaria 8 de 23/02/99 e retificada em 12/07/1999.

Principais atribuições da CIPA:

- Identificar os riscos do processo de trabalho e elaborar o mapa de riscos, com a participação do maior número possível de trabalhadores, com assessoria do SESMT.
- Elaborar o plano de trabalho que possibilite a ação preventiva na solução de problemas de segurança e saúde no trabalho.
- Participar da implementação e do controle da qualidade, das medidas de prevenção necessárias, bem como da avaliação das prioridades de ação nos locais de trabalho.
- Verificar, periodicamente, os ambientes e condições de trabalho, visando identificar situações que possam representar riscos para a segurança e saúde dos trabalhadores.
- Fazer, em cada reunião, avaliação do cumprimento das metas fixadas em seu plano de trabalho e discutir as situações de risco que foram identificadas.
- Divulgar aos trabalhadores informações relativas à segurança e saúde no trabalho.
- Participar, com o SESMT, onde houver, das discussões promovidas pelo empregador, para avaliar os impactos de alterações no ambiente e processo de trabalho relacionados à segurança e saúde dos trabalhadores.
- Colaborar para o desenvolvimento e implementação do PCMSO e PPRA e de outros programas relacionados à segurança e saúde no trabalho.
- Divulgar e promover o cumprimento das normas regulamentadoras, bem como cláusulas de acordos e convenções coletivas de trabalho, relativas à segurança e saúde no trabalho.
- Participar, em conjunto com o SESMT, onde houver, ou com o empregador, da análise das causas das doenças e acidentes de trabalho e propor medidas de solução dos problemas identificados.

TABELA 5.5 – Listagem de EPIs conforme partes do corpo a serem protegidas

Partes do corpo	E P I
Proteção à cabeça	Proteção craniana 　Capacete de segurança
	Proteção aos olhos e face 　Óculos de segurança contra impactos 　Óculos de segurança panorâmico – ampla visão 　Óculos para serviços de soldagem 　Máscara para soldador 　Escudo para soldador
	Proteção à face 　Protetor facial
	Proteção respiratória 　Máscara panorâmica 　Respirador 　Máscara descartável contra poeiras incômodas 　Filtro para proteção contra poeiras químicas finíssimas 　Filtro para proteção contra gases, ácidos nitrosos e halogênicos 　Filtro para proteção contra vapores orgânicos, solventes e inseticidas 　Máscara descartável para proteção respiratória contra poeiras inertes
Proteção ao tronco	Avental de raspa Avental de PVC
Proteção aos membros superiores	Proteção aos braços e antebraços 　Mangote de raspa
	Proteção às mãos 　Luva de raspa com punho 8 cm 　Luva de lona com punho de malha de 5 cm 　Luva vinílica com punho de malha
	Proteção às mãos e antebraços 　Luva de amianto 　Luva de raspa com punho de 7, 15 e 20 cm 　Luva de PVC com forro e punho de 45 cm 　Luva de PVC de 1,5 mm, sem forro, com punho de 7 cm 　Luva de borracha para eletricista 　Luva protetora de borracha para eletricista
Proteção aos membros inferiores	Proteção às pernas 　Perneira de raspa
	Proteção aos pés e pernas 　Botas impermeáveis de PVC (cano médio), sem palmilha de aço 　Botas impermeáveis de PVC, sem palmilha de aço, com cano até as virilhas 　Proteção aos pés 　Calçado de segurança sem biqueira e sem palmilha de aço 　Calçado de segurança com biqueira e sem palmilha de aço
Proteção contra intempéries e umidade	Capa impermeável de chuva
Proteção contra quedas	Cinturão de segurança tipo eletricista Cinturão de segurança tipo paraquedista Trava-quedas
Proteção contra atropelamento	Colete refletivo

TABELA 5.6 Atividades da construção e EPIs

	Administração	Almoxarife	Armador	Azulejista	Carpinteiro	Carpinteiro-serra	Eletricista	Encanador	Concretagem	Montagem	Op. betoneira	Op. compactador	Op. empilhadeira	Op. guincho	Op. equipamentos	Op. martelete	Pastilheiro	Pedreiro	Pintor	Poceiro	Servente	Soldador	Vigia
Capacete	\multicolumn{23}{c|}{Obrigatório para todas as funções}
Óculos de segurança		■	■	■		■	■									○		■			×		
Óculos de seg. ampla visão							○	○								■			■	■	×		
Óculos serv. soldagem																					×	○	
Máscara soldador																					×	○	
Máscara panorâmica	\multicolumn{23}{l|}{Qualquer função deve utilizá-la em atividades especiais, para proteção facial e respiratória.}
Máscara semifacial										○						■			■		×	○	
Máscara descartável				○												■			■		×		
Protetor facial				○					■												×	■	
Protetor auricular	\multicolumn{23}{l|}{Obrigatório a qualquer função, quando exposta a níveis de ruído acima dos limites de toler.}
Avental de raspa			■		■	■										○					×	○	
Avental de pvc				○				○											■		×		
Mangote de raspa			■																		×	○	
Luva de raspa		■	○		■				■	○		○		■	○		■		■		×	○	
Luva de pvc ou látex				○			■	○	○								○	■	○		×		
Luva borracha																					×		
Perneira de raspa																					×	○	
Bota impermeável																	■			■	×		
Calçado de segurança	○	○	○	○	○	○	○	○	■	○	■	○	○	○	○	○	○	○	○	○	○	○	○
Capa impermeável	\multicolumn{23}{l|}{Qualquer função deve utilizá-la, quando exposta à garoa e chuva.}
Cinturão eletricista							○														×		
Cinturão paraquedista	\multicolumn{23}{l|}{Qualquer função deve utilizá-lo, no caso de trabalho acima de 2,00 m de altura.}
Colete refletivo																■					×		■

Legenda: ○ EPI de uso obrigatório   ■ EPI de uso eventual
× Servente: deverá sempre utilizar os EPIs correspondentes aos da sua equipe de trabalho.

TABELA 5.7 Módulos para programa de treinamento de segurança

Integração do trabalhador recentemente contratado
Integração de trabalhadores transferidos
Importância do trabalhador para a empresa
Prevenção de acidentes e de doenças do trabalho
Programa de segurança da empresa
Serviço de saúde da empresa
Política, objetivos e metas de segurança
Legislação de segurança do trabalho
O SESMT e a CIPA
PCMAT da obra
Manual de segurança e procedimentos
Noções e informações sobre a NR-18
Riscos físicos, químicos e biológicos
Utilização de equipamentos de proteção individual
Medidas de proteção coletiva
Prevenção e combate a incêndios
Primeiros socorros
Ergonomia
Como informar condições inseguras
Como informar acidentes e doenças
Regras de tráfego

TABELA 5.8 Módulos para programa de treinamento de qualidade e produção

Apresentação da obra e setores
Canteiro de obras
Segurança patrimonial
Alfabetização de trabalhadores
Matemática básica
Sensibilização para a qualidade
Conceitos sobre qualidade
O ser humano – fator de qualidade
Motivação para a qualidade
Atendimento a cliente
Procedimentos operacionais de execução
Desperdícios, perdas e retrabalhos
Como trabalhar em equipe
Técnica do *brainstorming* (tempestade de ideias)
Manutenção de máquinas e equipamentos
Movimentação e transporte de materiais
Utilização de ferramentas de trabalho
Programa 5S

- Requisitar ao empregador e analisar as informações sobre questões que tenham interferido na segurança e saúde dos trabalhadores.

- Requisitar à empresa as cópias das CATs – Comunicações de Acidentes de Trabalho, emitidas.

- Promover, anualmente, em conjunto com o SESMT, onde houver, a Semana Interna de Prevenção de Acidentes do Trabalho – SIPAT.

- Participar, anualmente, em conjunto com a empresa, de Campanha de Prevenção da AIDS.

SESMT – Serviço especializado em segurança do trabalho e em medicina do trabalho

Os serviços especializados em engenharia de segurança e medicina do trabalho têm a finalidade de promover a saúde e proteger a integridade do trabalhador no local de trabalho, pela atuação das equipes de engenharia de segurança do trabalho: engenheiros de segurança do trabalho e técnicos de segurança do trabalho, assim como de medicina do trabalho: médicos, enfermeiros e auxiliares de enfermagem, dimensionadas de acordo com a gradação de risco das atividades e com o número total de empregados do estabelecimento.

As principais atribuições do SESMT, conforme a Norma Regulamentadora NR-4 da Portaria 3214, do Ministério do Trabalho, são as que veremos a seguir.

- Aplicar os conhecimentos de engenharia de segurança e de medicina do trabalho ao ambiente de trabalho e a todos os seus componentes, inclusive máquinas e equipamentos, de modo a reduzir ou até eliminar os riscos ali existentes à saúde do trabalhador.

- Determinar, quando esgotados todos os meios conhecidos para a eliminação do risco, e este persistir, mesmo reduzido, a utilização, pelo trabalhador, de equipamento de proteção individual – EPI – de acordo com o que determina a NR-6, desde que a concentração, a intensidade ou característica do agente assim o exija.

- Colaborar, quando solicitado, nos projetos e na implantação de novas instalações físicas e tecnológicas da empresa, exercendo a competência disposta na alínea a.

- Responsabilizar-se, tecnicamente, pela orientação quanto ao cumprimento do disposto nas NRs aplicáveis às atividades executadas pela empresa e/ou seus estabelecimentos.

- Manter permanente relacionamento com a CIPA valendo-se ao máximo de suas observações, além de apoiá-la, treiná-la e atendê-la, conforme dispõe a NR-5.

- Promover a realização de atividades de conscientização, educação e orientação dos trabalhadores para a prevenção de acidentes do trabalho e doenças ocupacionais, tanto pelas campanhas quanto de programas de duração permanente.

- Esclarecer e conscientizar os empregados sobre acidentes do trabalho e doenças ocupacionais, estimulando-os em favor da prevenção.

- Analisar e registrar em documentos específicos todos os acidentes ocorridos na empresa ou estabelecimento, com ou sem vítima, e todos os casos de doença ocupacional, descrevendo a história e as características do acidente e/ou doença ocupacional, os fatores ambientais, as características do agente e as condições dos indivíduos portadores de doença ocupacional ou acidentados.

- Registrar, mensalmente, os dados atualizados de acidentes do trabalho, doenças ocupacionais e agentes de insalubridade preenchendo, no mínimo, os quesitos descritos nos modelos de mapas constantes nos Tabs. III, IV, V e VI, devendo a empresa encaminhar um mapa contendo a avaliação anual dos mesmos dados à Secretaria de Segurança e Medicina do Trabalho até o dia 31 de janeiro, pelo órgão regional do Ministério do Trabalho.

- Manter registros de que tratam as alíneas h e i na sede dos SESMT ou facilmente alcançáveis a partir da mesma, sendo de livre escolha da empresa o método de arquivamento e recuperação, desde que sejam asseguradas condições de acesso aos registros e entendimento de seu conteúdo, devendo ser guardados somente os mapas anuais dos dados correspondentes às alíneas h e i por um período não inferior a cinco anos.

- As atividades dos profissionais integrantes dos SESMT são essencialmente prevencionistas, embora não seja vedado o atendimento de emergência, quando se torna necessário. Entretanto, a elaboração de planos de controle de efeitos de catástrofes, de disponibilidade de meios que visem ao combate a incêndios e ao salvamento e de imediata atenção à vítima deste ou de qualquer outro tipo de acidente estão incluídos em suas atividades.

A NR-4 está em fase de revisão, com expectativa de obtenção de trabalho de qualidade, que atenda às expectativas de toda a sociedade, pois foi oferecida a possibilidade de participação a todos os interessados.

O trabalho teve início em 12/11/99, quando foi composto um Grupo Técnico no Ministério do Trabalho e Emprego, com o objetivo de preparar a proposta de revisão da NR-4. Essa proposta de revisão ficou pronta e publicada pela Portaria n. 10 de 06/04/2000 do Ministério do Trabalho e Emprego.

Toda a sociedade teve a oportunidade de tomar conhecimento dessa proposta e de enviar sugestões ao MTE/DSST, num prazo de aproximadamente seis meses.

Pela Portaria n. 29 de 29/09/2000, foi constituído o Grupo de Trabalho Tripartite da NR-4 (GTT/NR-4), para análise das sugestões encaminhadas e elaboração da proposta final de alteração do texto da NR-4. O Grupo de Trabalho Tripartite foi composto por representantes do governo, dos empregadores, dos empregados e dos conselhos federais das classes envolvidas na NR-4, da seguinte forma:

- *Representantes do Governo*
  - 4 representantes da Secretaria de Segurança e Saúde no Trabalho, do Ministério do Trabalho e Emprego;
  - 1 representante da Fundacentro.
- *Representantes dos Empregadores*
  - 1 representante da CNC – Confederação Nacional do Comércio;
  - 1 representante da CNI – Confederação Nacional da Indústria;
  - 1 representante da CNF – Confederação Nacional das Instituições Financeiras;
  - 1 representante da CNT – Confederação Nacional dos Transportes.
- *Representantes dos Empregados*
  - 2 representantes da CUT – Central Única dos Trabalhadores;
  - 1 representante da FS – Força Sindical;
  - 1 representante da CGT – Confederação Geral dos Trabalhadores;
  - 2 representantes da SDS – Social Democracia Sindical.
- *Representantes dos Conselhos Federais dos profissionais envolvidos*
  - 2 observadores da CONFEA – Conselho Federal de Engenharia e Arquitetura;
  - 2 observadores do CFM – Conselho Federal de Medicina;
  - 1 observador do COFEN – Conselho Federal de Enfermagem.

Nota-se, portanto, que todas as entidades envolvidas foram chamadas a participar: governo, empregador, empregado, conselhos profissionais e todos os demais interessados.

Segundo o texto original da proposta de revisão, a NR-4 deveria passar a ser denominada Sistema Integrado de Prevenção de Riscos do Trabalho – SPRT, que consistiria no conjunto permanente de ações, medidas e programas, previstos em normas e regulamentos, além daqueles desenvolvidos por livre iniciativa da empresa, tendo como objetivo a prevenção de acidentes e doenças, de modo a tornar compatível permanentemente o trabalho com a preservação da vida, a promoção da saúde do trabalhador e do meio ambiente de trabalho.

O SEST – Serviço Especializado em Segurança e Saúde no Trabalho – seria um serviço especializado constituído por uma unidade organizada e integrada, composta por profissionais dedicados exclusivamente ao cumprimento de atribuições relacionadas à prevenção de riscos laborais.

O SEST teria por atribuição o desenvolvimento das ações técnicas necessárias à observação do comprimento dos princípios e dos objetivos do SPRT, inclusive quanto à observância do disposto nas NR, em especial aquelas referentes aos programas de gestão da segurança e saúde no trabalho. As empresas com mais de vinte empregados, observando o disposto nesta NR, deverão contratar ou constituir uma das modalidades de SEST a seguir.

Próprio: quando os profissionais especializados mantiverem vínculo empregatício com a empresa.

Externo: quando a empresa terceirizar a contratação dos profissionais especializados.

Coletivo: quando um segmento empresarial ou econômico terceirizar a contratação dos profissionais especializados.

O SEST deverá ser composto pelos seguintes profissionais especializados:

de nível superior: engenheiro de segurança do trabalho, médico do trabalho e enfermeiro do trabalho.

de nível médio: técnico de segurança do trabalho e auxiliar de enfermagem do trabalho.

O dimensionamento do SEST próprio será feito de acordo com o grupo e com o número de empregados da empresa, por unidade da federação, observando o Tab. I e II propostos. Para SEST Externo e Coletivo, serão elaboradas tabelas específicas.

PCMSO – Programa de controle médico de saúde ocupacional

O programa de controle médico de saúde ocupacional tem o objetivo de preservação da saúde do conjunto de empregados, com caráter de prevenção, rastreamento e diagnóstico precoce dos agravos à saúde relacionados ao trabalho, inclusive de natureza subclínica, além da constatação da existência de casos de doenças profissionais ou danos irreversíveis à saúde dos trabalhadores.

A implantação do PCMSO é obrigatória conforme a Norma Regulamentadora n. 9 da Portaria n. 3.214 de 08/06/78, do Ministério do Trabalho.

O que se procura é manter o estado de saúde da força de trabalho, contribuindo para melhoria da produtividade e atingir os objetivos da empresa, o que pode ser conseguido pelas atividades de caráter preventivo e/ou curativo, processado em vários níveis.

Prevenção primária – com objetivo de evitar instalação de doença

- Promoção da saúde por meio de:
  - higiene do ambiente de trabalho;
  - alimentação adequada à atividade profissional, com eventual suplementação em casos especiais, qualidade dos ingredientes e adequabilidade da conservação;
  - educação sanitária;
  - tratamento da água;
  - destinação adequada dos dejetos e lixo.
- Prevenção de doenças:
  - do trabalho – eliminação de riscos;
  - comuns – higienização dos ambientes de trabalho.

Prevenção secundária – com objetivo de minimizar os efeitos de condições de doença já instaladas

- Período anterior ao tratamento, objetivando diagnóstico e tratamento precoce:
  - exames médicos ocupacionais: pré-admissional, periódico, especiais, de mudança de função, de retorno ao trabalho, demissional e outros;
  - controle de doenças do trabalho; de doenças crônicas e endemias: hipertensão, diabetes, de colunas, infectoparasitárias etc;
  - controle de funções de risco: exposição a poeiras, esforços repetitivos, ruídos, radiações, calor e outros.
- Período clínico – atuação o mais precoce e eficazmente possível, visando minorar as consequências da doença já instalada:
  - assistência médica de rotina e de urgência;
  - remoções;
  - assistência social e previdenciária.
- Período de instalação das sequelas, objetivando a reabilitação do empregado uma vez acometido de invalidez:
  - reabilitação – fisioterapia, uso de prótese etc.;
  - readaptação de função, em ação conjunta com o Serviço Social.

Procedimentos e instruções de trabalho

A empresa deve elaborar o conjunto de procedimentos para execução dos diversos tipos de trabalho com segurança.

Também devem ser elaboradas as instruções de trabalho, que constituem as regras de segurança da obra, e que devem ser convenientemente divulgadas e obedecidas.

Exemplos de instruções de segurança:

1. Nenhuma pessoa do sexo masculino, pode levantar sozinha, peso superior a 40 kg, nem transportar peso superior a 60 kg, além de 60 m.
2. Não se permite qualquer tipo de brincadeira em serviço.
3. Todo trabalhador terá caneca ou copo individual para tomar água. É proibido o uso de latinhas, capacete ou copo coletivo.
4. Não se permite o uso de anéis nos dedos, cabelos longos, correntinhas, *piercings*, bem como roupas muito largas, que podem provocar acidentes.
5. É proibido o uso de ferramentas sem cabos, desamoladas, trincadas, inadequadas ou uso de maneira incorreta – chave de fenda, ponteira etc.
6. É proibido saltar de máquinas e equipamentos, principalmente em movimento; usar escadas.
7. É proibido viajar dependurado nos estribos ou traseiras de caminhões; não se permitem caronas em máquinas ou equipamentos.
8. Não usar ar comprimido para limpar o corpo, limpar cabelo ou se refrescar.

5.4.6 Planejamento de medidas de proteção ambiental

As atividades de construção devem ser planejadas de acordo com critérios de prevenção ambiental, previstos no EIA-RIMA – Estudo de Impacto Ambiental e Relatório de Impacto ao meio ambiente (quando existente), objetivando gerar o mínimo de impacto ambiental possível.

Deve-se evitar que a obra possa provocar degradação das áreas por ela afetadas, sendo necessário o estudo de medidas preventivas, tais como:

- estudo para escolha da área de canteiro, buscando aquelas de topografia adequadas, com o objetivo de reduzir necessidade de escavações e aterros, e, consequentemente, os futuros serviços necessários à recomposição da área;
- estudo para escolha de áreas de empréstimo e de bota-fora para a execução de cortes e de aterros, de forma a evitar a deformação da paisagem e minimizar problemas de drenagem, de erosão e de assoreamento;

Gestão da obra

- estudo de locais de implantação da obra, para reduzir ao mínimo os trabalhos de eventual desmatamento e remoção de vegetações;
- estudos de medidas de controle de erosão em todos os setores da obra, bem como no canteiro, acessos, empréstimos e bota-foras, por meio de sistemas de proteção e de drenagem;
- estudos de medidas de controle de sedimentação, por meio de implantação de bacias de sedimentação e outros meios;
- estudos de medidas de controle de poluição do solo, da água e do ar, envolvendo manejos de combustíveis e lubrificantes, manejo de efluentes industriais, manejo de esgotos sanitários, manejo de detritos sólidos, prevenção de geração de poeiras, prevenção de ruídos etc.

Essas medidas devem ser tomadas independentemente do tamanho e tipo de obra, ou seja, mesmo aquelas desobrigadas da execução de estudos de impactos ambientais.

5.4.7 Orçamento da obra
Estimativa de custos

A estimativa de custos é uma previsão antecipada do que se vai gastar. Sua maior ou menor precisão vai depender do grau de conhecimento que se tem dos trabalhos a serem orçados, pois a estimativa é função dos dados disponíveis e da qualidade desses dados. A estimativa de custo pode ser classificada em vários tipos, de acordo com sua finalidade e a qualidade dos dados disponíveis.

Estimativa de ordem de grandeza – é a que se faz nas fases iniciais de um projeto, como base muito preliminar da verificação da potencialidade de um empreendimento, podendo ser obtida por correlação simples com outros projetos já realizados. Precisão: 50%.

Estimativa preliminar – é a que se efetua com base em uma engenharia preliminar, com mais dados. Portanto, sua margem de precisão já é maior. Precisão: 70%.

Estimativa básica – é a que se desenvolve com tendo com referência um projeto básico, que permite elaboração de planilha de serviços e de cronograma de execução e define os métodos construtivos. Essa estimativa é suficiente para controle de custo da obra. Precisão: 85%.

Estimativa detalhada – levantamento de custo com definição do projeto executivo e todas as atividades envolvidas na obra e definição de fornecedores, construtores etc. Precisão: 95%.

As estimativas de custo, como uma previsão para o futuro, não apresentam uma acuracidade perfeita, em decorrência de erros ou desvios que podem afetar os valores finais, erros e desvios estes que podem ser classificados como veremos a seguir.

Esquecimentos – o esquecimento de um ou mais itens pode ser minimizado pela preparação e uso de uma planilha completa, que servirá de *check-list* (lista de verificação ou checagem).

Erros aritméticos ou gráficos – provenientes de erros de digitação, de fórmulas, cálculos imprecisos etc. A revisão sistemática por outras pessoas pode reduzir ou eliminar tais erros.

Imperfeições nas estimativas – ligadas à qualidade e quantidade das informações e à capacidade do estimador de manipulá-las.

Alterações de escopo e indefinições de projeto – acarretam alterações nos custos, para mais ou para menos.

Mudanças ambientais – alterações nos preços de insumos, nos ritmos de execução da obra, nas legislações vigentes, assim como nas condições climáticas atípicas etc., com influências sobre os preços.

Acidentes durante a obra – a serem cobertos por seguros.

A execução de estimativa de custos depende do universo de dados e relações levantadas no passado e no presente. Os dados de custos devem ser catalogados, classificados, indexados, permitindo criar, ao longo dos anos, todo o acervo de informações, formando um banco de dados para a elaboração de estimativas de custos.

Planilha de serviços e preços

Os orçamentos para controle de construção são do tipo estimativa básica, elaborados a partir das informações do projeto básico da obra. Esses orçamentos devem ser elaborados por meio de preenchimento de planilha (ver Tab. 5.9), contemplando todas as áreas físicas da obra e todos os serviços envolvidos. Para cada serviço, deverá ser efetuado o levantamento dos volumes de serviço e o estudo do respectivo preço unitário. Em todo orçamento, é importante a observação da data-base, ou data de referência de todos os preços, para fins de futuras correções monetárias, previstas na maioria dos contratos.

Cronograma físico-financeiro

O cronograma físico-financeiro tem a finalidade de verificar o desenvolvimento dos custos ao longo do período de execução das obras.

Em função do cronograma físico-financeiro da obra, o proprietário pode programar o aporte de recursos para pagamento de suas contratadas, ao longo da duração da obra. A construtora pode estimar a rentabilidade da obra, em função da programação de recebimentos e programação de gastos com insumos e outros, ao longo da obra.

5.4.8 Controle da obra

O controle da obra compreende a realização de um conjunto de atividades destinadas a executá-la com pleno sucesso, tanto para a construtora quanto para a contratante e a sociedade em geral.

O controle de natureza técnica é feito no sentido de se obter a qualidade técnica desejável, no prazo estipulado, pelo desenvolvimento de planejamento cuidadoso e controle apropriado da execução.

Para a obtenção da qualidade da obra, é necessário, inicialmente, a execução de projeto adequado, por profissional competente, para que atenda às necessidades do cliente e da sociedade. Na execução das obras, a qualidade dos materiais e a sua correta aplicação, com metodologia executiva adequada, vão garantir a qualidade desejada do empreendimento.

O controle de natureza administrativa visa obter o melhor rendimento dos trabalhos das empresas envolvidas, como projetista, fornecedores, gerenciadora, cliente, construtora, concessionárias de serviços públicos e outras, pela de coordenação e harmonização de pessoas, opiniões e interesses envolvidos.

O controle financeiro visa ao controle de custo da obra, de forma que os gastos incorridos fiquem dentro dos limites prefixados nos cronogramas físico-financeiros.

Os sistemas de controles que devem ser exercidos na obra deverão ser de:

- planejamento e de prazo;
- progresso físico;
- custo;
- qualidade;
- meio ambiente;
- recebimento final da obra.

É importante que os controles sejam efetuados, visando atingir objetivos mensuráveis e previamente determinados, em vez de objetivos puramente qualitativos. Torna-se interessante a fixação de indicadores de resultados, como referências para a avaliação da eficácia do sistema de controle da obra.

5.4.9 Sistema de controle de prazos e progresso físico

O cumprimento das datas marcos e prazos finais fixados, contratualmente, são de grande importância para a empreiteira, para evitar pagamento de multas contratuais, evitar aumento de custos indiretos, bem como para o proprietário do empreendimento evitar o comprometimento da viabilidade da obra.

O sistema de planejamento e controle é composto por um conjunto de cronogramas e programações que constituem uma poderosa ferramenta para a garantia de cumprimento dos prazos previstos. Esse sistema pode ser esquematizado da forma indicada na Fig. 5.8.

Definição das datas-marco

A empresa contratante das obras deve definir as datas-marco principais que a empreiteira deverá obedecer, tais como: de início das obras, de início de operação de uma parte do empreendimento, de início de operação de todo o empreendimento etc.

Os marcos devem se constituir em marcos contratuais, a serem cumpridos rigorosamente pela empreiteira, devendo fazer parte de uma das cláusulas do contrato.

As datas-marco devem ser fixadas, de modo que o seu cumprimento seja perfeitamente factível, sem necessidade de mobilização de recursos extraordinários que possam provocar o aumento desnecessário de custos.

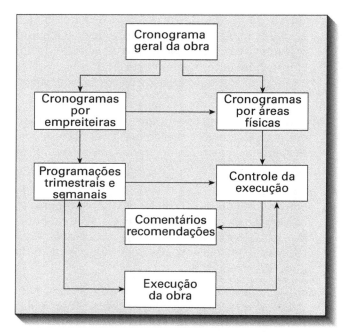

Figura 5.8 Sistema de planejamento e controle de obras.

TABELA 5.9 Exemplo de planilha de serviços e preços

OBRA: EMISSÁRIO SUL – TRECHO 3 – SUBTRECHO 3.3 Data-base: mar/00

Código	Atividade	Unidade	Quantidade	Preço unitário (R$)	Preço total (R$)
000	*Serviços preliminares*				
000-001	Projeto executivo	Verba			
000-002	Instalação de canteiro	Verba			
000-003	Limpeza do terreno	m²			
	Subtotal item 000	(R$)			
010	*Movimento de terra*				
010-001	Escavação manual	m³			
010-002	Escavação mecânica	m³			
010-003	Carga e transporte de terra	m³ x km			
010-004	Fornecimento de terra	m³			
010-005	Execução de reaterro compactado	m³			
	Subtotal item 010	(R$)			
020	*Infraestrutura*				
020-001	Fornecimento e cravação de estaca	m			
020-002	Fornecimento e colocação de pranchões	m²			
020-003	Lastro de areia	m³			
020-004	Lastro de pedra britada	m³			
020-004	Lastro de concreto magro	m³			
	Subtotal item 020	(R$)			
030	*Tubulações*				
030-001	Tubo CA-1 diâmetro 500 mm	m			
030-002	Tubo CA-1 diâmetro 600 mm	m			
	Subtotal item 030	(R$)			
040	*Concreto e alvenaria*				
040-001	Concreto fck 20 Mpa	m³			
040-002	Alvenaria de tijolo maciço	m³			
040-003	Revestimento de argamassa 1:3	m²			
040-004	Forma de madeira	m²			
040-005	Armadura CA-50	kg			
	Subtotal item 040	(R$)			
050	*Acabamentos*				
050-001	Terra vegetal	m²			
050-002	Plantio de grama em placas	m²			
050-003	Reposição asfáltica	m²			
	Subtotal item 050	(R$)			
	TOTAL GERAL	(R$)			

Elaboração do cronograma geral da obra

O cronograma geral da obra deve mostrar todas as atividades principais referentes a licenciamentos ambientais, projetos, fornecimentos de materiais e equipamentos, construção, montagem, testes e eventuais outras necessárias para a implantação da obra. Ele dita o ritmo a ser impresso em cada uma dessas atividades para o atendimento dos marcos contratuais.

O cronograma geral da obra, que deve conter apenas macroatividades, é normalmente preparado pela gerenciadora da obra, na fase inicial dos serviços. A atividade de projeto, por exemplo, pode ser representada por uma única barra.

O cronograma geral pode ser apresentado em forma de rede PERT-CPM ou de cronograma de barras. Para obras com pequena quantidade de atividades envolvidas, como construção de uma obra de rede de esgotos sanitários, o cronograma de barras, por ser de montagem e apresentação simples e de fácil compreensão por todos, deve ser o preferido.

Cronogramas de cada empreiteira

Num empreendimento de grande porte, por exemplo, a construção de uma grande estação de tratamento de esgotos – ETE, é possível a existência de mais de uma empreiteira de obra civil, empreiteiras para montagens mecânica e elétrica etc.

Cada uma das empreiteiras é contratada para execução de uma parte da obra. Portanto, cada empreiteira ou montadora deve preparar o cronograma das obras para as quais foi contratada. É o cronograma elaborado juntamente com o planejamento executivo das obras.

Os cronogramas das empreiteiras devem coerentes com o cronograma geral da obra e obedecer às datas-marco estabelecidas.

Cronogramas por áreas físicas

Os cronogramas por áreas físicas são preparados pela gerenciadora, com base no cronograma geral da obra e nos cronogramas das empreiteiras, principalmente quando em uma mesma área física atua mais de uma empresa.

Dessa forma, podem ser preparados cronogramas, por exemplo, do espessador de lodo, do digestor etc., efetuando-se a composição dos cronogramas dos diversos contratados envolvidos nessas áreas.

Esses cronogramas são importantes para a coordenação e controle de cada área.

Programação trimestral

O cronograma da empreiteira permite efetuar o dimensionamento geral dos recursos necessários para a execução das obras.

No entanto, as atividades representadas não apresentam ainda grau de detalhamento suficiente para a execução das obras no campo. Ele deve ser detalhado em forma de programações periódicas.

O primeiro nível de detalhamento de programações periódicas é a programação trimestral, podendo variar de obra para obra, conforme as necessidades, para programação quadrimestral, programação bimestral e outras.

A primeira programação trimestral é elaborada quando da mobilização para execução das obras. A programação trimestral visa detalhar o cronograma para os trabalhos previstos nos três meses seguintes à data de elaboração da programação. As atividades são detalhadas em nível executivo, para permitir o dimensionamento dos recursos necessários a serem mobilizados, materiais a serem comprados, projetos necessários etc. para esse período. O período de três meses é suficiente para mobilização de pessoal e de equipamentos de outros canteiros, contratação e treinamento de pessoal novo, aluguel, compra de equipamentos ou providenciar detalhamento de projetos faltantes.

A programação trimestral é apresentada em forma de cronograma de barras, podendo ser utilizada a unidade de semanas. A programação trimestral é atualizada todos os meses, de forma dinâmica, para o trimestre seguinte, retirando-se o mês decorrido e acrescentando-se o novo mês do trimestre.

Programação semanal

A programação semanal visa detalhar as atividades constantes nas programações trimestrais, para uma semana. Ela é suficientemente detalhada, para permitir sua entrega aos mestres e encarregados para execução no campo. O detalhamento é bastante minucioso, para permitir alocação de recursos para cada frente de serviço.

Feita com uma pequena antecedência, a programação semanal permite a mobilização interna de pessoal e equipamentos de outras frentes de serviço, providências finais de materiais e projetos etc. A Fig. 5.9 apresenta um exemplo de esquema básico de ciclo de preparo de uma programação semanal.

A programação semanal pode ser apresentada na forma de cronograma de barras. A unidade são os dias da semana, podendo, eventualmente, conforme necessidade, ser subdivididos em períodos: manhã, tarde e noite. Eventualmente, a programação semanal pode ser apresentada em forma de relação de serviços a serem executados em cada dia.

Gestão da obra

Controle de prazos

A forma mais eficaz de se garantir que as metas finais de um programa sejam atingidas é fixar metas intermediárias, distribuídas ao longo do programa, e atentar para que essas sejam cumpridas nos prazos.

Portanto, o cumprimento de cada programação semanal vai contribuir para o cumprimento do cronograma trimestral, e o cumprimento de cada programação trimestral será a garantia do cumprimento dos marcos contratuais definidos para a obra.

É necessária a realização de reunião semanal entre todos os envolvidos, às segundas-feiras, para a análise e discussão dos resultados dos trabalhos da semana anterior. Devem ser enfocados principalmente os serviços que não puderam ser realizados, ou o foram apenas parcialmente, para verificação dos motivos, qualidade e quantidade de recursos etc.

Esses serviços não concluídos deverão ser reprogramados para as semanas seguintes, sem prejuízo dos trabalhos já programados, e deverão ser tomadas providências para evitar que problemas semelhantes voltem a se repetir.

Em cada reunião semanal são lavradas as respectivas atas de reunião, que constituem um importante documento de controle do empreendimento.

Pequenos desvios das programações ocorrem sempre, ao longo da obra, e estes devem ser administrados adequadamente para evitar que provoquem atrasos no cumprimento dos marcos contratuais.

Nos cronogramas geral e trimestral, para efeito de acompanhamento das obras, as barras poderão ser pintadas, ou hachuradas, nas partes correspondentes às já executadas, sendo possível, com isso, visualizar eventuais atrasos ou antecipações.

Em determinadas datas, por exemplo, todo último dia do mês, pode ser traçada uma linha vertical sobre o cronograma, correspondente a essa data. Se a extremidade final do trecho pintado ou hachurado da barra estiver sobre essa linha, essa atividade estará em dia; se estiver à direita, estará adiantada em relação ao cronograma; se estiver à esquerda, estará atrasada.

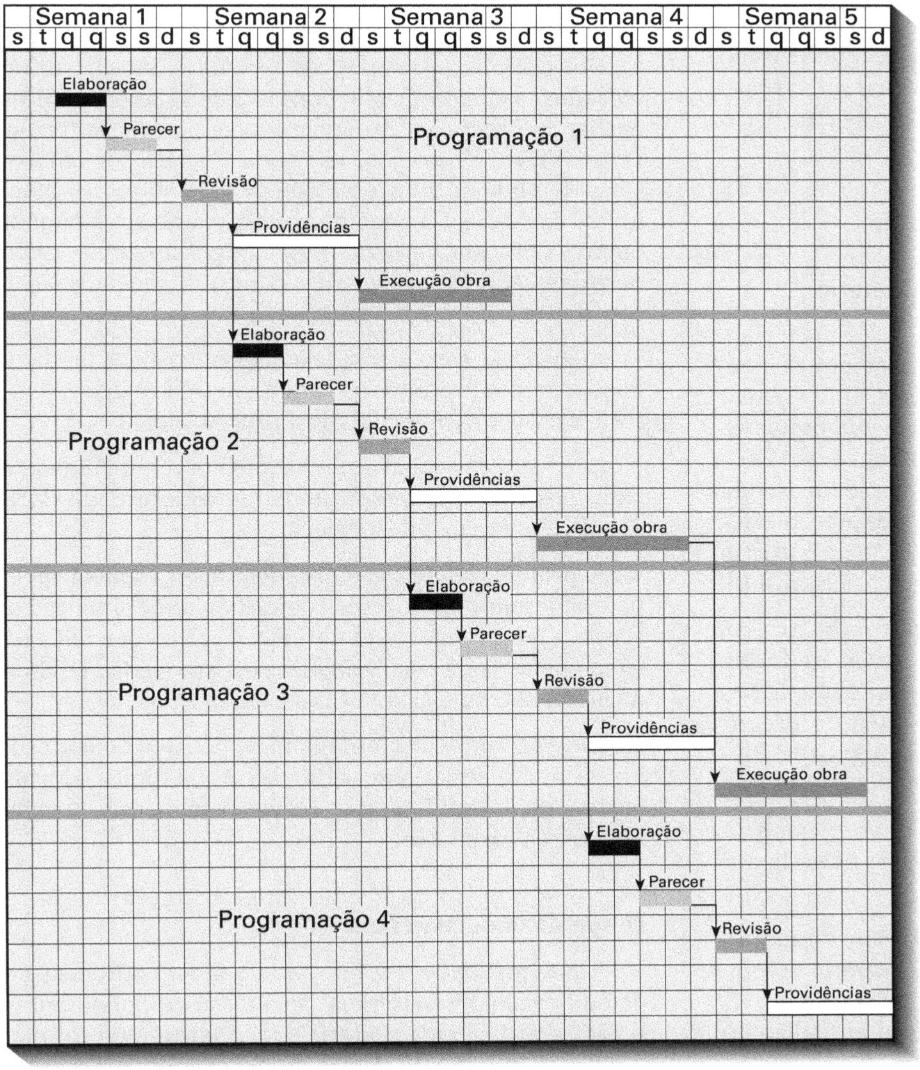

5.4.10 Controle de progresso físico

A elaboração de controle do cronograma da obra permite fornecer elementos para a execução do controle do progresso físico da obra.

O progresso físico de uma obra mede, em uma determinada data, a situação da obra em termos de percentagem executada.

O valor do progresso físico é avaliado pelo preenchimento mensal de planilha de cada tipo de serviço, a partir de informações sobre o andamento das obras. A planilha de cada serviço fornece o avanço físico desse serviço. A partir dessas planilhas de cada serviço individual, é montada a planilha geral da obra. A planilha geral da obra vai fornecer o avanço físico geral da obra.

Os resultados são colocados em gráfico, cuja curva resultante apresenta o formato de uma letra "S" (ver Fig. 5.10), sendo chamada, por esse motivo, de Curva S.

Figura 5.9 Exemplo de ciclo de preparação de cronograma semanal.

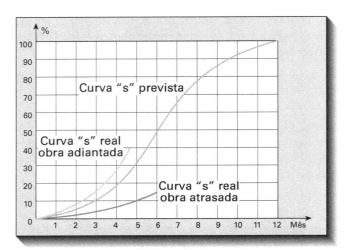

Figura 5.10 Curva "S" de progresso físico.

Na fase de planejamento da obra, é possível a montagem da Curva S de progresso físico esperado da obra.

Ao longo do desenvolvimento da obra, com a montagem da Curva S de progresso físico real, torna-se possível efetuar a comparação entre as curvas de progresso físico real e a esperada. Essa comparação entre as curvas real e esperada vai mostrar o comportamento do avanço físico da obra em relação ao que se espera.

5.4.11 Controle de custos

Controle de custos sob a ótica do proprietário/empreendedor

O controle de custos de um empreendimento, de uma forma geral, é de suma importância, pois um eventual aumento excessivo de investimento pode comprometer a viabilidade econômica desse empreendimento. Esse controle pode ser feito pelas medições dos serviços, que devem ser efetuados de acordo com critérios preestabelecidos. É importante enfatizar que o avanço financeiro das medições deve ser coerente com o avanço físico da obra.

Os documentos de cobrança ou faturamento das contratadas também devem ser controlados, de forma que estejam rigorosamente de acordo com as medições aprovadas, assim como os reajustamentos de preços devem ser calculados de acordo com as regras estabelecidas no contrato.

Dessa forma, os gastos efetuados devem estar de acordo com o programado no cronograma físico-financeiro preestabelecido.

Mesmo que os gastos já efetuados estejam de acordo com o programado, isso não implica a garantia de que a obra será concluída dentro do orçamento previsto. É muito importante efetuar o levantamento periódico de serviços ainda por executar, para verificar se os recursos ainda disponíveis são suficientes para a sua conclusão.

Por melhor que seja o planejamento da obra, é praticamente inevitável a ocorrência de serviços não previstos nos contratos. A menos que seja uma obrigação contratual, a execução de todos os serviços que venham a ocorrer durante o desenvolvimento dos trabalhos e eventuais serviços adicionais pode propiciar aditivo de contrato, por reivindicação da construtora.

As reivindicações devem ser criteriosamente analisadas quanto ao seu mérito, do ponto de vista contratual e legal, assim como quanto à valoração, com relação ao custo para execução desses trabalhos.

Controle de custos sob a ótica da empreiteira

Para uma construtora que tenha um contrato por regime de empreitada integral ou de preço global, o custo deve ser rigorosamente controlado, caso se queira ter algum lucro, pois o preço de venda é fixo.

A relação "preço = custo + lucro" significa que o preço de um produto ou serviço é igual ao custo total de produção acrescido de lucro.

Em tempos passados, os preços cobrados eram elevados, proporcionando bons lucros, apesar dos altos custos de produção. Atualmente, com o mercado mais competitivo, os preços de venda têm de ser baixos. Considerando-se a necessidade de existência de algum lucro, pois este é a base de sobrevivência de qualquer empresa privada, verifica-se que, forçosamente, o custo de produção deve ser menor, para que aquela relação continue sendo verdadeira.

Além disso, esse mercado competitivo exige também qualidade dos produtos e serviços, ou seja, exige produtos e serviços com qualidade a preços baixos.

O desafio das construtoras é melhorar a qualidade e baixar os custos de produção para melhorar a produtividade e redução o desperdício.

A produtividade na construção civil é baixa, pela pouca mecanização e praticamente nenhuma automação, aliada à baixa qualidade da mão de obra por falta de treinamento e de escolaridade, pois em média, há 20% de analfabetos nos canteiros de obras.

Sabe-se que o desperdício na construção é um problema muito sério, que pode elevar em muito os seus custos. Há desperdício com relação a materiais, mão de obra e equipamentos.

Desperdício de materiais

A má qualidade e a falta de rigor na padronização de fabricação dos materiais são fatores preponderantes nos desperdícios de materiais. É considerada normal a quebra de tubos cerâmicos, por exemplo, durante o manuseio e transporte, bem como é notória a falta de padronização de tamanho desse e de outros materiais. Defeitos e revisões de projetos, planejamento inadequado ou falta de planejamento etc. são causas frequentes de demolição e reconstrução, provocando aumento de desperdícios e de custos. A execução de escoramento de uma pequena vala, com uso de estacas pranchas metálicas importadas, com comprimento muito maior que o necessário e não extraídas no final para reaproveitamento, seria um exemplo absurdo de grande desperdício, mas infelizmente presenciamos isso.

Desperdício de mão de obra

A falta de treinamento e de orientação da mão de obra é motivo de grande desperdício na construção. Paredes de alvenaria executadas fora de prumo e de esquadro geralmente são corrigidas com enchimento de argamassa de revestimento, provocando enorme desperdício de mão de obra e de material. Também a falha no planejamento e dimensionamento de equipes tem provocado ociosidade de mão de obra nas frentes de trabalho. Serviços executados por vinte pessoas, quando bem planejados e coordenados, muitas vezes podem ser executados por dez pessoas, no mesmo período de tempo.

Desperdício de equipamentos

O mau aproveitamento, o uso inadequado e a ociosidade de equipamento decorrente da falta de planejamento e de treinamento, são fontes de desperdícios na construção. Horas paradas de equipamentos significam custos de juros e de depreciação, além de custos de operador à disposição e outros, ou seja, grandes desperdícios.

A estimativa do montante de desperdícios é de difícil avaliação, entretanto, admite-se que, na indústria da construção civil no Brasil, os desperdícios globais podem ser da ordem de 30%. Significa que, a cada três obras executadas, praticamente uma é jogada no lixo.

Para combater o desperdício e aumentar a produtividade, são necessárias providências como:
- elaboração de projetos adequados, por pessoal competente;
- treinamento e motivação do pessoal;
- planejamento adequado dos serviços;
- administração adequada;
- melhoria das condições de segurança e bem-estar dos trabalhadores.

Investimento em recursos humanos é uma atitude obrigatória e de retorno garantido. Treinamento, formação, concessão de incentivos, fornecimento de condições adequadas de ambiente de trabalho, habitação e alimentação proporcionam motivação para o trabalho, melhor capacitação e baixa rotatividade, tendo como consequência maior produtividade, melhor qualidade dos serviços e redução de desperdício.

A produtividade das equipes de trabalho deve ser controlada continuamente. Os índices de produtividade obtidos devem ser levantados por meio de apropriação periódica, de modo a proporcionar um banco de dados, ao longo do tempo, que permita avaliar a evolução das produtividades.

Esses índices permitem avaliar a eficácia das medidas implementadas para o aumento de produtividade, reduzir custos e a tomada de medidas corretivas necessárias. Os índices de produtividade consolidados vão fornecer subsídios aos planejamentos futuros para avaliação do montante possível para reduzir preços de venda, bem como o dimensionamento correto de recursos como mão de obra e equipamentos.

5.4.12 Controle de qualidade

A qualidade de uma obra tem importância decisiva sobre toda a vida do empreendimento, pois uma obra bem projetada e construída corretamente, com uso de materiais de primeira qualidade, vai proporcionar boas condições de operação, baixo custo de manutenção e vida útil prolongada.

A execução da obra, com qualidade, é de responsabilidade da construtora. As construtoras, atualmente, estão cada vez mais conscientes de suas responsabilidades com a qualidade de seus serviços, em função das exigências do mercado, o que pode ser comprovado pelo crescente número de empresas que buscam e conseguem certificação de qualidade.

Entretanto, em função do vulto e da importância da obra, pode ser recomendável a colocação de equipe de supervisão de obras para o controle de qualidade, adicional, visando à minimização dos riscos envolvidos.

O controle de qualidade terá de exigir e comprovar a execução da obra com a qualidade requerida, de acordo com os projetos, especificações e boas técnicas de execução, garantindo o registro dos controles de cada etapa de desenvolvimento da obra, de grande valia para o futuro.

Em contrapartida, terá a necessária autoridade para proibir o início de um serviço, sem que as condições prévias necessárias tenham sido executadas, interromper um serviço que não esteja sendo executado conforme as especificações, proibir o uso de materiais e equipamentos considerados impróprios, e que comprovadamente não atendam às especificações, exigir a remoção ou reparo de construção defeituosa etc.

O controle de qualidade procurará atuar sempre com espírito de cooperação com a construtora, como um grande aliado para atingir os objetivos finais do proprietário.

O aspecto mais importante do controle de qualidade é a garantia da imediata implantação de ações corretivas apropriadas, quando da constatação de não conformidade de um serviço ou das características de um material. A ação corretiva a ser tomada não significa sempre a reexecução dos serviços; ela pode significar a necessidade de adaptação das especificações às condições particulares da obra. A ação corretiva pode implicar também a necessidade de reexecução de ensaios e melhoria do sistema de coleta de amostras.

O esquema do sistema de planejamento, execução e controle de qualidade, com a tomada de ações corretivas, válido também para outros sistemas de controles, está representado no diagrama da Fig. 5.11.

O controle de qualidade deve abranger controles quantitativos e qualitativos da obra.

O controle quantitativo refere-se ao controle geométrico, que consiste na verificação topográfica da geometria da obra – locações, cotas, dimensões, volumes, forma etc. – e o controle numérico consistirá na verificação de quantidades – de ferros, de passadas do compactador, quantidades de cada componente no concreto, nega de estacas (quantidade de golpes para determinada penetração) etc.

O controle qualitativo refere-se ao controle de qualidade da aplicação no campo – qualidade dos serviços de concretagens, escavações, aterros etc. – e o controle tecnológico dos materiais – concreto e materiais constituintes, solos, pavimento e materiais constituintes etc.

O monitoramento do comportamento da estrutura também faz parte do controle de qualidade da obra, pelo controle de instrumentação e o acompanhamento visual das estruturas.

Controle tecnológico

O controle tecnológico compreende a execução de inspeções e ensaios, visando à caracterização de materiais de construção e o controle durante toda a fase de execução das obras. Para a execução do controle tecnológico, são utilizados laboratórios de campo para execução dos ensaios corriqueiros como granulometria, umidade, compactação etc. Os ensaios especiais, que requeiram equipamentos especiais e mão de obra especializada, como ensaios químicos e físicos de cimento, aço etc., podem ser realizados em laboratórios externos especializados. Deve ser exigida a calibração, inicial e periódica, de todos os equipamentos e instrumentos a serem utilizados, por laboratórios credenciados pelo Inmetro.

Os procedimentos para execução de ensaios, assim como os critérios de aceitação e limites de tolerância devem ser claramente especificados. O controle tecnológico pode ser aplicado a concreto e materiais constituintes, pavimento e materiais constituintes, solos, tubos de concreto etc.

Controle geométrico topográfico

O controle geométrico topográfico tem a finalidade de verificar as características geométricas dos serviços e comparar o que foi o estabelecido no projeto, em todas as etapas da obra, bem como observar a liberação das medições da construtora, verificar se a obra está sendo executada em consonância com os critérios de medição contratuais. Esse controle verifica também a instalação e o acompanhamento de instrumentações em estruturas, edificações, escoramentos etc.

O controle geométrico topográfico envolve trabalho de equipe de topografia ao longo de toda a fase de implantação das obras, desde os serviços preliminares até o recebimento da obra. Os serviços topográficos consistem nas verificações das locações e nivelamento dos eixos projetados, marcações dos elementos definidores do projeto e medição dos serviços de terraplenagem, de pavimentação etc. As verificações das locações e nivelamentos são realizadas a partir dos marcos planimétricos e referências de nível.

Instrumentação

Além da segurança de longo prazo garantida pela adequação dos projetos, a segurança durante a fase executiva é verificada a partir de dados de instrumentação e da observação direta da obra. Isto é válido em particular para minitúneis, aterros sobre solos moles e escavações a céu aberto, obras em que os coeficientes de segurança são mais baixos na fase executiva do que na permanente.

Controle de qualidade de serviços no campo

O controle de qualidade deve ter como princípio a atuação antecipada nas atividades, com caráter preventi-

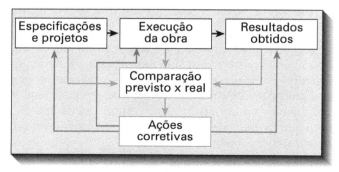

Figura 5.11 Planejamento e controle de uma obra.

vo, o controle da produção – em vez da inspeção apenas do produto final acabado – controle do produto, pois a qualidade do sistema produtivo, em todas as suas etapas, contribui para a garantia da qualidade do produto final, com menor custo, baixo desperdício e menor tempo. A experiência tem mostrado, em todas as áreas tecnológicas, a importância da atuação prévia do controle de qualidade, em todas as fases da produção.

Os procedimentos para controle de qualidade podem ser detalhados em forma de *check-lists* de atividades que compõem a execução dos serviços, ou pontos importantes a serem inspecionados, obrigatoriamente, para a comprovação da qualidade. Nas Figs. 5.12 e 5.13 são apresentados exemplos de *check-list*, em forma de diagrama, para facilitar a visualização.

Qualquer item de execução dos serviços ou da qualidade dos materiais que não estiver em conformidade com os projetos, especificações, normas ou outras exigências, deve ser cuidadosamente analisado para verificar se o problema é provocado por:

- inadequação dos projetos ou especificações às condições particulares da obra;
- falhas nas amostragens;
- construção.

No primeiro caso, as especificações devem ser adaptadas às condições locais. No segundo, deverá ser melhorado o critério de amostragem ou método de ensaio. No terceiro, quando o problema é causado por falha construtiva, a construtora deve eliminá-la.

O controle de qualidade deve abranger toda a obra, desde os serviços preliminares até a atividade final de limpeza e reurbanização da área.

5.4.13 Controle de segurança da obra

O controle de segurança deve ser levado a cabo, em todos os locais do canteiro de obras, de modo que PCMAT, PCMSO, CIPA, SESMT e outros meios de prevenção de acidentes sejam efetivamente colocados em prática.

Os equipamentos de proteção coletiva, EPCs, ou medidas de proteção coletiva, MPCs, devem ser priorizados em relação aos equipamentos de proteção individual EPIs, em virtude da maior eficácia dos primeiros, que proporcionam proteção para todos, independentemente da vontade de cada um. Os EPIs são muito importantes, mas sempre que possível devem ser previstos para uso em complementação aos EPCs ou na impossibilidade de implementação adequada destes.

Durante o andamento da obra, é necessário o controle dos riscos ocupacionais, por meio de inspeções diárias, mapas de risco, reuniões de segurança, análises dos projetos do ponto de vista de segurança, higienização periódica dos EPIs, avaliações sistemáticas das exposições dos trabalhadores aos riscos etc.

São entendidos como ocupacionais os seguintes riscos:

- de acidentes (causados pela falta de proteção de partes móveis de máquinas, de aterramento de equipamentos, de escoramento de valas etc.);
- físicos (radiação, frio intenso, calor, ruído, vibração etc.);
- químicos (poeiras, gases, tintas, solventes, produtos químicos etc.);
- biológicos (fungos, bactérias, vírus, insetos etc.);
- ergonômicos (esforço físico intenso, postura inadequada, trabalho em turno e noturno, monotonia e repetição etc.);
- outros.

Ao longo do andamento das obras, devem ser preparadas as estatísticas de acidentes, para se obter os indicadores de resultados de segurança de trabalho na obra. Esses indicadores podem envolver o número de acidentes e de doenças ocupacionais, índices de acidentes, dias perdidos, dias debitados etc.

Acidentes de trabalho no Brasil

A estatística de acidentes de trabalho no Brasil felizmente tem sido favorável nos últimos anos, conforme mostra a Fig. 5.14. Após ter atingido o recorde mundial em acidentes de trabalho no ano de 1975, tanto o número absoluto quanto o índice de acidentes têm apresentado uma evolução bastante favorável.

Custo dos acidentes de trabalho

Os acidentes de trabalho ocasionam à empresa aumento de custos bastante significativo. O custo dos acidentes de trabalho era classicamente dividido em custo direto e indireto.

O custo direto do acidente é aquele ligado ao acidentado, como o pagamento de salários dos dias não trabalhados, cirurgia, internação, medicamentos, fisioterapia etc. O custo direto é talvez a menor parcela do custo global.

O custo indireto do acidente envolve as horas ou dias parados no setor onde ocorreu o acidente, para efetuar as investigações, interdições ou embargos impostos pelo DRT, perda de produção, atrasos na entrega dos produtos, danos a equipamentos e instalações etc. Essa parcela de custo pode ser bastante significativa, mas é de difícil quantificação. Costuma-se correlacionar o custo indireto (CI) com o custo direto (CD), como: CI = (3 a 5) · CD. Essa correlação é discutível, pois pode variar

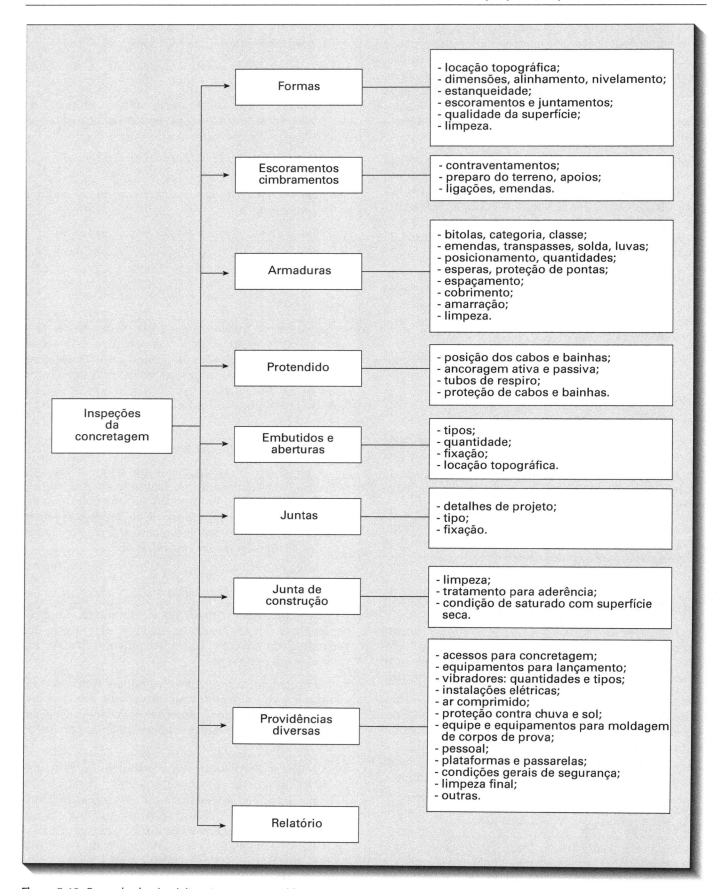

Figura 5.12 Exemplo de *check-list* – Inspeção para liberação de concretagem.

Gestão da obra

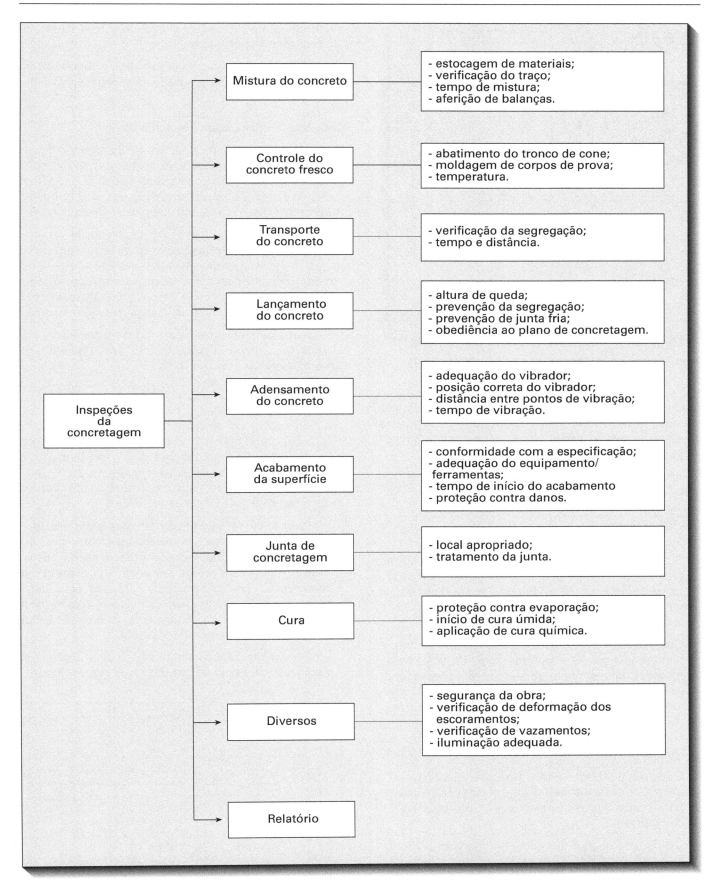

Figura 5.13 Exemplo de *check-list* – Inspeção de concretagem.

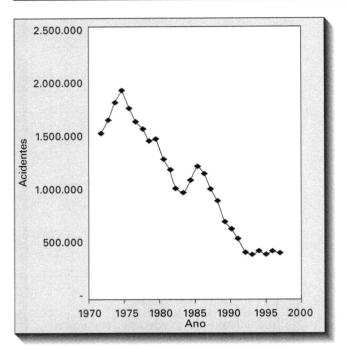

Figura 5.14 Evolução de acidentes de trabalho no Brasil.

muito; pode ser verdadeira para a construção civil, por exemplo, mas pode não ser verdadeira numa indústria com equipamentos muito sofisticados, onde qualquer dano pode significar custos muito elevados.

Além desses aspectos de custo, outros devem ser considerados, pois podem ser de elevada monta, como os que seguem.

- Custos de acidentes sem lesões, porém com danos exclusivamente sobre equipamentos e instalações. Esse tipo de acidente não entra na estatística oficial, pois se não houver qualquer lesão, não fica caracterizado como acidente de trabalho. Entretanto, os custos envolvidos para reparo dos equipamentos e instalações podem ser muito elevados.

- Custo de acidente sem lesões e sem danos a equipamentos ou instalações, porém com perda exclusiva de tempo. Como exemplo, recentemente, um acidente em uma subestação de energia elétrica, sem lesões a pessoas e praticamente sem danos às instalações, provocou um blecaute em praticamente todo o sul, sudeste e centro-oeste do Brasil, por várias horas. Quanto o País perdeu com esse "pequeno acidente"?

- Queda de motivação para o trabalho e consequentemente, de produtividade, pois o acidente de trabalho pode também provocar essa reação nos funcionários da empresa.

- Queda nos volumes de venda. Como exemplo, podemos citar este: há alguns anos ocorreu um acidente em uma fábrica de refrigerantes, quando uma pessoa caiu e morreu num tanque do produto. Por isso, muita gente deixou de consumir aquela marca de refrigerante por muito tempo.

- Queda de rendimento, pois, quando o acidentado tem a felicidade de poder voltar, ele trabalha com medo.

Investigação das causas dos acidentes

Em caso de acidente, além das medidas de socorro ao acidentado e da comunicação do acidente etc., devem ser tomadas medidas para investigar as causas, de modo que as falhas possam ser prontamente sanadas, evitando-se a ocorrência de novos acidentes pelas mesmas razões.

Geralmente, quando as verdadeiras causas não são adequadamente investigadas, essa avaliação superficial quase sempre aponta o próprio acidentado como o grande culpado por atos inseguros. Entretanto, essa conclusão nem sempre é a correta, e as investigações mais cuidadosas podem levar a outras causas principais.

Há métodos eficientes para a investigação de acidentes, tais como o método de Ishikawa, o método da árvore de causas etc.

- *Diagrama de Ishikawa ou diagrama causa-efeito*

O diagrama de Ishikawa, também chamado de diagrama causa-efeito ou de diagrama espinha de peixe (ver Fig. 5.15), apresenta a relação entre o efeito e todas as possíveis causas que possam vir a contribuir para o ocorrido. O efeito é o problema, o acidente, que é colocado no lado direito do diagrama, enquanto as possíveis causas são listadas no lado esquerdo.

Para cada efeito, existem várias categorias de causas. As categorias comumente utilizadas são conhecidas como os 5M: máquina, mão de obra, matéria-prima, método e meio. Em áreas administrativas pode ser utilizado o 5P: política, procedimento, pessoal, planta e patrimônio. Entretanto, para cada caso em particular, outras categorias podem ser utilizadas, de modo a melhor caracterizar cada segmento envolvido.

Para a montagem do diagrama, após a ocorrência do acidente, deverão ser reunidos os representantes

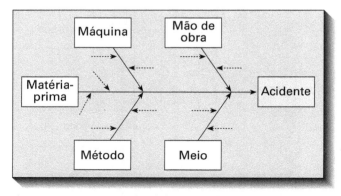

Figura 5.15 Diagrama de Ishikawa ou de causa-efeito.

dos setores envolvidos, para um *brainstorming* sobre as possíveis causas, usando o diagrama para se fazer a classificação das causas.

Brainstorming (ou tempestade de ideias) é uma técnica de geração de ideias realizada em grupo, em que as pessoas devem estar estimuladas e desinibidas para oferecer o maior número de ideias possível, pois quanto maior o número de ideias, maior será a possibilidade de se encontrar uma solução para o problema, pelas conexões e associações entre as novas ideias.

Para a aplicação da técnica do *brainstorming*, deve-se atentar para sua regra básica: é expressamente proibido fazer qualquer crítica às ideias apresentadas, por mais tolas que elas possam parecer. O mediador deve deixar isso bem claro no início dos trabalhos e ser bastante duro com qualquer pessoa que venha a desobedecer a essa máxima. Isso naturalmente é feito para que as pessoas envolvidas não se sintam inibidas em expressar suas sugestões.

- *Árvore de causas*

O método da árvore de causas consiste em efetuar um histórico detalhado dos acontecimentos até o momento do acidente, identificar os fatos relacionados com a ocorrência e efetuar a montagem do diagrama, partindo do fato indesejado (acidente) e fazendo a pergunta "Por quê?" A partir das respostas, monta-se o diagrama, da esquerda para a direita, com todas as possíveis causas que, relacionadas entre si, formam as ramificações da árvore. Quando uma pergunta não apresenta mais resposta, o ramo da árvore termina. Então, chega-se a uma das origens do acidente.

Exemplo de análise de acidente por diagrama de árvore de causas.

Histórico de um acontecimento

José havia sido contratado há dois dias, como auxiliar de serviços gerais, em uma indústria química. Imediatamente deram-lhe tarefas de limpeza, ensacamento de produtos, transporte para expedição etc. Para José tudo era novo, pois acabara de completar 18 anos e sua única experiência anterior tinha sido como *office-boy*.

A empresa era muito desorganizada. Pingava ácido sulfúrico para todo lado, sendo que a tubulação era de aço (quando deveria ser de aço inox) e estava cheia de remendos improvisados.

No segundo dia de trabalho, tentando aprender, imitando o que faziam os outros, José recebe ordens de retirar manualmente o ácido sulfúrico com um balde e transportar esse produto para o reator. Quando José abriu o registro, a tubulação se rompe, e ele é atingido no rosto e no peito por um jato do líquido, que ele nem sabia que era ácido. Só ouvira falar por alto pelos companheiros que aquele produto era veneno.

Com a pele ardendo, os companheiros tentavam ajudá-lo, mas faltavam recursos: não havia chuveiro de emergência, e o banheiro estava quebrado e sem água.

Seus companheiros correram em busca de uma caixa de primeiros socorros, mas só encontraram uma pomada amarela na qual estava escrito que era para queimaduras, mas sem nenhuma outra orientação. Passaram a pomada nas regiões queimadas e, como o caso se agravava, os colegas chamaram um táxi para levá-lo às pressas a um hospital.

Percorreram vários hospitais, mas nenhum deles queria atender acidentado do trabalho. Depois de três horas, chegam a um pequeno hospital no outro lado da cidade. A primeira medida adotada foi tirar toda a roupa ainda impregnada do ácido e lavar os ferimentos.

Após 72 horas do ocorrido, José morreu em decorrência de complicações respiratórias e renais.

Conclusões da CIPA da empresa

O acidente ocorreu por causa de ato inseguro (descuido e falta de atenção) e condição insegura (tubulação de ácido danificada).

A pergunta é: "Foi correta essa conclusão?" Para respondê-la, deve-se comparar com as conclusões da investigação desse acidente, quando feita a análise pela técnica da árvore de causas.

Aplicação da técnica da árvores de causas

A partir do histórico, elabora-se uma lista de fatos relacionados com esse acidente:

- desvio de função;
- falta de treinamento;
- tubulação danificada e material inadequado;
- falta de manutenção;
- alimentação manual do ácido;
- CIPA "fantasma";
- acidente – ruptura da tubulação;
- atingido por ácido e queimadura;
- falta de proteção;
- falta de chuveiro de emergência;
- falta de pessoal treinado;
- atendimento precário;
- transporte improvisado da vítima;
- demora de prestação de socorro;
- agravamento do quadro clínico;

A partir do fato indesejado (morte), deve-se fazer a lista da ocorrência com as clássicas perguntas:

- Por que a morte ocorreu?

- Por que ocorreu a queimadura?
- Por que houve mau atendimento?
- Por que houve rompimento da tubulação?
- Por que o corpo estava desprotegido?
- Por que faltam chuveiros de emergência?
- Por que falta pessoal qualificado?
- Por que falta ambulatório e medicamentos?
- Por que a tubulação é feita de material inadequado?
- Por que não há manutenção?
- Por que há falta de EPI?

A partir das respostas às perguntas da listagem anterior, monta-se, da direita para a esquerda, o diagrama de árvore de causas.

Conclusões

A partir do diagrama da Fig. 5.16, verifica-se que as causas desse acidente fatal foram as listadas nas tabelas anteriores e que ficaram sem resposta às perguntas, apresentando o seguinte o resultado:

- material de tubulação inadequado e remendos improvisados;
- falta de manutenção;
- falta de EPI;
- desvio de função;
- falta de treinamento;
- CIPA fantasma;
- falta de chuveiro de emergência;
- falta de ambulatório, de medicamentos e de ambulância.

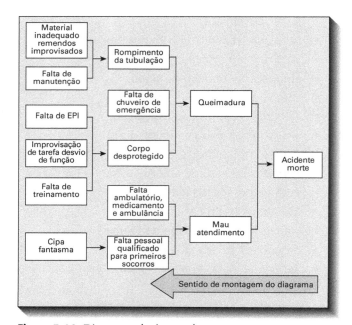

Figura 5.16 Diagrama de árvore de causas.

Verifica-se que a conclusão da CIPA não está correta, pois as verdadeiras causas foram diversas, e o menos culpado foi a vítima do acidente.

5.4.14 Controles ambientais

Os trabalhos de controles ambientais são necessários, mesmo que a obra não seja obrigada a apresentar EIA/RIMA, visando ao controle:

- da degradação das áreas afetadas pela obra;
- de erosão e de sedimentação de material nos locais de terraplenagem, área de empréstimo e bota-fora;
- da poluição do solo e de recursos hídricos por efluentes industriais, óleos, combustíveis, esgotos domésticos, resíduos sólidos etc;
- da poluição atmosférica por poeiras, fumaças etc.

5.4.15 Diário de obra

Deve ser mantido um diário de obra para o registro das informações, ocorrências e reclamações, diárias, ao longo de toda a duração da obra. O Diário de Obra é um documento para registro de ocorrências diárias, devendo ser registrados apenas os fatos mais relevantes para a obra.

Poderá ser utilizado caderno de capadura, especial, para ser manuscrito em original e três vias com papel-carbono, com folhas destacáveis, de modo que a folha original permaneça no caderno e as demais possam ser destacadas para serem entregues à empreiteira, à fiscalização e ao proprietário. As folhas devem ser numeradas sequencialmente e assinadas pela construtora e pela fiscalização antes de serem destacadas.

Devem merecer cuidado nos registros os fatos que poderão propiciar reivindicações por parte da construtora. Deverão ser registrados, por exemplo:

- acertos verbais e telefônicos importantes;
- condições climáticas;
- equipamentos na obra;
- efetivo direto e indireto;
- serviços em execução, iniciados e terminados;
- recebimento de projetos e de revisões;
- pendências e interferências.
- observações e solicitações das partes.

5.4.16 Relatório de acompanhamento da obra

O relatório de acompanhamento da obra é elaborado mensalmente para mostrar, de forma clara e concisa, por meio de texto explicativo, tabelas, gráficos, fotos, croqui e a situação do andamento das obras, devendo conter:

- previsões iniciais de prazos e custos;
- principais atividades executadas e eventos alcançados;
- estimativa de progresso físico – Curva S;
- situação dos projetos;
- situação dos suprimentos;
- resultados de controles de qualidade, controles tecnológicos e de instrumentações;
- efetivo da obra;
- expectativas para o período seguinte;
- outras eventuais informações.

5.4.17 Controle do recebimento das obras

Na fase final das obras, devem ser desenvolvidas atividades necessárias para permitir que a proprietária possa receber as obras e instalações como prontas, conforme encomendadas, e possa operá-las e mantê-las em perfeitas condições de funcionamento. Os relatórios e pareceres emitidos sobre o controle de qualidade exercido, em todas as etapas da obra, vão permitir a comprovação de que a mesma satisfaz plenamente às especificações conforme encomendado.

Para as eventuais instalações eletromecânicas, deve-se exigir a execução de testes para comprovação do seu pleno funcionamento, em conformidade com os projetos e especificações e o fornecimento de manuais de manutenção e operação à proprietária. A equipe que cuidará futuramente da manutenção e operação deverá acompanhar a montagem dos equipamentos e a execução dos testes, bem como receber o treinamento necessário para o total domínio das instalações, de modo que possa, sozinha, operar e manter corretamente a instalação. Esse conjunto de atividades transitórias, que conduzem a proprietária ou usuário à habilitação para receber as instalações, como prontas e em boas condições de funcionamento, constitui uma etapa chamada de comissionamento.

De acordo com o Código Civil Brasileiro, artigo 1.242: "Concluída a obra de acordo com o ajuste, ou o costume do lugar, o dono é obrigado a recebê-la. Poderá, porém, enjeitá-la, se o empreiteiro se afastou das instruções recebidas e dos planos dados, ou das regras técnicas em trabalhos de tal natureza". As obras devem ser recebidas, provisória e definitivamente, conforme a Lei 8.666/93, lei das licitações, podendo ser obedecido ao esquema a seguir.

A construtora comunica oficialmente à fiscalização o término da obra e solicita o seu recebimento. A fiscalização marca, então, uma vistoria conjunta, para verificar se todos os serviços foram concluídos. Nessa vistoria são levantados todos os problemas pendentes e é dado um prazo à construtora para solucioná-los. Ao final desse prazo, é feita nova vistoria conjunta e, caso os trabalhos estejam satisfatórios, é emitido um Termo de Recebimento Provisório da obra.

Com o recebimento provisório, a obra já pode ser utilizada pelo proprietário, e começa a contagem do prazo de observação, em torno de noventa dias, quando, então, se ocorrer qualquer defeito, a construtora deve providenciar o imediato reparo.

Ao final do prazo de observação, é feita nova vistoria conjunta, para verificar se algum problema tem ocorrido ou deixado de ser sanado. Se tudo estiver em ordem, é emitido o Termo de Recebimento Definitivo da Obra.

Com o termo de recebimento definitivo, a construtora conclui a desmobilização total de sua equipe. Não significa, porém, que aqui cessa a sua responsabilidade pela obra, pois o Código Civil Brasileiro, artigo 1.245 diz: "Nos contratos de empreitada de edifícios ou outras construções consideráveis, o empreiteiro de materiais e execução responderá, durante cinco anos, pela solidez e segurança do trabalho, assim em razão dos materiais, como do solo, exceto quanto a este, se, não o achando firme, preveniu em tempo o dono da obra".

5.5 A contratação de obras e serviços

5.5.1 Introdução

A lei das licitações estabelece as normas gerais sobre licitações e contratos administrativos pertinentes a obras, serviços, inclusive de publicidade, compras, alienações e locações no âmbito dos Poderes da União, dos Estados, do Distrito Federal e dos Municípios.

Para as licitações, encontrava-se em vigor, no ano 2000, a Lei n. 8.666 de 21 de junho de 1993, com alterações introduzidas pelas Leis n. 8.883, de 8 de junho de 1994, n. 9.032, de 28 de abril de 1995, n. 9.648, de 27 de maio de 1998 e n. 9.854, de 27 de outubro de 1999.

Subordinam-se ao regime desta Lei, além dos órgãos da administração direta, os fundos especiais, as autarquias, as fundações públicas, as empresas públicas, as sociedades de economia mista e demais entidades, controladas direta ou indiretamente pela União, Estados, Distrito Federal e Municípios.

A licitação destina-se a garantir a observância do princípio constitucional da isonomia e a selecionar a proposta mais vantajosa. Deve ser processada e julgada em estrita conformidade com os princípios básicos da legalidade, da impessoalidade, da moralidade, da igualdade, da publicidade, da probidade administrativa, da vinculação ao instrumento convocatório, do julgamento objetivo e dos que lhes são correlatos.

A seguir, são apresentados alguns pontos significativos da citada Lei, de interesse para os objetivos deste livro.

5.5.2 Definições

Para os fins da lei das licitações, consideram-se os itens a seguir.

Obra – toda construção, reforma, fabricação, recuperação ou ampliação, realizada por execução direta ou indireta.

Serviço – toda atividade destinada a obter determinada utilidade de interesse para a contratante tais como: demolição, conserto, instalação, montagem, operação, conservação, reparação, adaptação, manutenção, transporte, locação de bens, publicidade, seguro ou trabalhos técnico-profissionais.

Compra – toda aquisição remunerada de bens para fornecimento de uma só vez ou em parcelas.

Serviços técnicos profissionais especializados – são os trabalhos relativos a:

I estudos técnicos, planejamentos e projetos básicos ou executivos;
II pareceres, perícias e avaliações em geral;
III assessorias ou consultorias técnicas e auditorias financeiras ou tributárias;
IV fiscalização, supervisão ou gerenciamento de obras ou serviços;
V patrocínio ou defesa de causas judiciais ou administrativas;
VI treinamento e aperfeiçoamento de pessoal;
VII restauração de obras de arte e bens de valor histórico.

5.5.3 Exigências

As licitações para a execução de obras e para a prestação de serviços devem obedecer à seguinte sequência:

I projeto básico;
II projeto executivo;
III execução das obras e serviços.

A execução de cada etapa será obrigatoriamente precedida da conclusão e aprovação, pela autoridade competente, dos trabalhos relativos às etapas anteriores, à exceção do projeto executivo, o qual poderá ser desenvolvido concomitantemente com a execução das obras e serviços, desde que também autorizado.

As obras e os serviços somente poderão ser licitados quando:

I houver projeto básico aprovado pela autoridade competente e disponível para exame dos interessados em participar do processo licitatório;
II existir orçamento detalhado em planilhas que expressem a composição de todos os seus custos unitários;
III houver previsão de recursos orçamentários que assegurem o pagamento das obrigações decorrentes de obras ou serviços a serem executados no exercício financeiro em curso, de acordo com o respectivo cronograma.

Para a execução das obras e dos serviços, deve-se programar, sempre, em sua totalidade, previstos seus custos atual e final e considerados os prazos de sua execução.

É proibido o retardamento imotivado da execução de obra ou serviço, ou de suas parcelas, se existente previsão orçamentária para sua execução total, salvo insuficiência financeira ou comprovado motivo de ordem técnica.

5.5.4 Proibição de participação

Não poderá participar, direta ou indiretamente, da licitação ou da execução de obra ou serviço e do fornecimento de bens a eles necessários:

I o autor do projeto, básico ou executivo, pessoa física ou jurídica;
II empresa, isoladamente ou em consórcio, responsável pela elaboração do projeto básico ou executivo ou da qual o autor do projeto seja dirigente, gerente, acionista ou detentor de mais de 5% do capital com direito a voto ou controlador, responsável técnico ou subcontratado;
III servidor ou dirigente de órgão ou entidade contratante ou responsável pela licitação.

É permitida a participação do autor do projeto ou da empresa de projeto na licitação de obra ou serviço, ou na execução, como consultor ou técnico, nas funções de fiscalização, supervisão ou gerenciamento, exclusivamente a serviço da contratante interessada.

A proibição acima referida não impede a licitação ou contratação de obra ou serviço que inclua a elaboração de projeto executivo como encargo do contratado ou pelo preço previamente fixado pela contratante.

5.5.5 Formas de execução das obras e serviços

As obras e serviços poderão ser executados nas seguintes formas:

I execução direta – aquela feita pelos órgãos e entidades públicas, pelos próprios meios;

II execução indireta – a que o órgão ou entidade contrata com terceiros.

5.5.6 Regimes de execução das obras e serviços

As obras e serviços podem ser executados por um dos regimes de:

empreitada por preço global – quando se contrata a execução da obra ou do serviço por preço certo e total;

empreitada por preço unitário – quando se contrata a execução da obra ou do serviço por preço certo de unidades determinadas;

tarefa – quando se ajusta mão de obra para pequenos trabalhos por preço certo, com ou sem fornecimento de materiais;

empreitada integral – quando se contrata um empreendimento em sua integralidade, compreendendo todas as etapas das obras, serviços e instalações necessárias, sob inteira responsabilidade da contratada até a sua entrega ao contratante em condições de entrada em operação, atendidos os requisitos técnicos e legais para sua utilização em condições de segurança estrutural e operacional e com as características adequadas às finalidades para que foi contratada.

5.5.7 Modalidades de licitação de obras e serviços

São modalidades de licitação:

I concorrência;

II tomada de preços;

III convite;

IV concurso;

Concorrência – é a modalidade de licitação entre quaisquer interessados que, na fase inicial de habilitação preliminar, comprovem possuir os requisitos mínimos de qualificação exigidos no edital para execução de seu objeto.

Tomada de preços – é a modalidade de licitação entre interessados devidamente cadastrados ou que atenderem a todas as condições exigidas para cadastramento até o terceiro dia anterior à data do recebimento das propostas, observada a necessária qualificação.

Convite – é a modalidade de licitação entre interessados do ramo pertinente ao seu objeto, cadastrados ou não, escolhidos e convidados em número mínimo de 3 pela unidade administrativa, a qual afixará, em local apropriado, cópia do instrumento convocatório e o estenderá aos demais cadastrados na correspondente especialidade que manifestarem seu interesse com antecedência de até 24 horas da apresentação das propostas.

Concurso – é a modalidade de licitação entre quaisquer interessados para escolha de trabalho técnico, científico ou artístico, mediante a instituição de prêmios ou remuneração aos vencedores, conforme critérios constante de edital publicado na imprensa oficial com antecedência mínima de 45 dias.

É vedada a criação de outras modalidades de licitação ou a combinação delas.

Limites para modalidades de licitação

As modalidades de licitação serão determinadas em função dos seguintes limites, tendo em vista o valor estimado da contratação (dados de junho/2000):

I para obras e serviços de engenharia:

  a) convite: até R$ 150.000,00;

  b) tomada de preços; até R$ 1.500.000,00;

  c) concorrência: acima de R$ 1.500.000,00.

II para compras

  a) convite: até R$ 80.000,00;

  b) tomada de preços: até R$ 650.000,00;

  c) concorrência: acima de R$ 650.000,00.

As obras, serviços e compras serão divididos em tantas parcelas quantas se comprovarem técnica e economicamente viáveis, procedendo-se a licitação, com vistas ao melhor aproveitamento dos recursos disponíveis no mercado e à ampliação da competitividade, sem perda da economia de escala.

Na execução de obras e serviços e nas compras de bens parcelados, a cada etapa ou conjunto de etapas da obra, serviço ou compra há de corresponder licitação distinta, preservada a modalidade pertinente para a execução do objeto em licitação.

A concorrência é uma modalidade de licitação cabível, qualquer que seja o valor de seu objeto.

Nos casos em que couber convite, poderá ser utilizada a tomada de preços e, em qualquer caso, a concorrência.

É vedada a utilização da modalidade convite ou tomada de preços, conforme o caso, para parcelas de uma mesma obra ou serviço, ou ainda para obras e serviços da mesma natureza e no mesmo local que possam ser realizadas conjunta e concomitantemente, sempre que o somatório de seus valores caracterizar o caso de tomada de preços ou concorrência, respectivamente, nos termos deste artigo, exceto para as parcelas de natureza específica que possam ser executadas por pessoas ou empresas de especialidade diversa daquela do executor da obra ou serviço.

Prazos para preparo de propostas

Os prazos mínimos para preparo e apresentação das propostas são de:

I 45 dias para:
   a) concurso;
   b) concorrência, quando o contrato a ser celebrado contemplar o regime de empreitada integral ou quando a licitação for do tipo "melhor técnica" ou "técnica e preço".

II 30 dias para:
   a) concorrência nos casos não especificados na alínea *b* do inciso anterior;
   b) tomada de preços, quando a licitação for do tipo "melhor técnica" ou "técnica e preço".

III 15 dias para a tomada de preços, nos casos não especificados na alínea *b* do inciso anterior, ou leilão;

IV 5 dias úteis para convite.

5.5.8 Tipos de licitação

I a de menor preço – quando o critério de seleção da proposta mais vantajosa para a contratante determinar que será vencedor o licitante que apresentar a proposta de acordo com as especificações do edital ou convite e ofertar o menor preço;

II a de melhor técnica – quando o critério de seleção da proposta mais vantajosa para a contratante considerar que aspectos técnicos são mais relevantes que os aspectos econômicos.

III a de melhor técnica e preço – quando o critério de seleção da proposta mais vantajosa para a contratante considerar que tanto os aspectos técnicos como os econômicos são relevantes.

5.5.9 Dispensa de licitação

É dispensável a licitação:

a) para obras e serviços de engenharia de valor até 10% do limite previsto, desde que não se refiram a parcelas de uma mesma obra ou serviço ou ainda para obras e serviços da mesma natureza e no mesmo local que possam ser realizadas conjunta e concomitantemente;

b) para compras de valor até 10% do limite previsto, desde que não se refiram a parcelas de um mesmo serviço, compra ou alienação de maior vulto que possa ser realizada de uma só vez;

c) nos casos de guerra ou grave perturbação da ordem;

d) nos casos de emergência ou de calamidade pública, quando caracterizada urgência de atendimento de situação que possa ocasionar prejuízo ou comprometer a segurança de pessoas, obras, serviços, equipamentos e outros bens, públicos ou particulares, e somente para os bens necessários ao atendimento da situação emergencial ou calamitosa e para as parcelas de obras e serviços que possam ser concluídas no prazo máximo de 180 dias consecutivos e ininterruptos, contados da ocorrência da emergência ou calamidade, vedada a prorrogação dos respectivos contratos;

e) quando não acudirem interessados à licitação anterior e esta, justificadamente, não puder ser repetida sem prejuízo para a contratante, mantidas, neste caso, todas as condições preestabelecidas;

f) quando as propostas apresentadas consignarem preços manifestamente superiores aos praticados no mercado nacional, ou forem incompatíveis com os fixados pelos órgãos oficiais competentes, casos em que, persistindo a situação, será admitida a adjudicação direta dos bens ou serviços, por valor não superior ao constante do registro de preços, ou dos serviços;

g) na contratação de remanescente de obra, serviço ou fornecimento, em consequência de rescisão contratual, desde que atendida a ordem de classificação da licitação anterior e aceitas as mesmas condições oferecidas pelo licitante vencedor, inclusive quanto ao preço, devidamente corrigido.

5.5.10 Inexigibilidade da licitação

A licitação não é obrigatória quando houver inviabilidade de competição, em especial para a contratação de serviços técnicos de natureza singular, com profissionais ou empresas de notória especialização.

Considera-se de notória especialização o profissional ou empresa cujo conceito no campo de sua especialidade, decorrente de desempenho anterior, estudos, experiências, publicações, organização, aparelhamento, equipe técnica, ou de outros requisitos relacionados com suas atividades, permita inferir que o seu trabalho é essencial e indiscutivelmente o mais adequado à plena satisfação do objeto do contrato.

Neste caso, e em qualquer dos casos de dispensa, se comprovado superfaturamento, respondem solidariamente pelo dano causado à Fazenda Pública o fornecedor ou o prestador de serviços e o agente público responsável, sem prejuízo de outras sanções legais cabíveis.

5.5.11 Habilitação

Para a habilitação nas licitações exigir-se-á dos interessados, exclusivamente, documentação relativa a:

I   habilitação jurídica;

II qualificação técnica;

III qualificação econômico-financeira;

IV regularidade fiscal.

V   cumprimento do disposto no inciso XXXIII do art. 7. da Constituição Federal.

Documentação para habilitação jurídica

A documentação relativa à habilitação jurídica, conforme o caso, consistirá em:

I   cédula de identidade;

II registro comercial, no caso de empresa individual;

III ato constitutivo, estatuto ou contrato social em vigor, devidamente registrado, em se tratando de sociedades comerciais, e, no caso de sociedades por ações, acompanhado de documentos de eleição de seus administradores;

IV inscrição do ato constitutivo, no caso de sociedades civis, acompanhada de prova de diretoria em exercício;

V   decreto de autorização, em se tratando de empresa ou sociedade estrangeira em funcionamento no País, e ato de registro ou autorização para funcionamento expedido pelo órgão competente, quando a atividade assim o exigir.

Documentação para regularidade fiscal

A documentação relativa a regularidade fiscal, conforme o caso, consistirá em:

I   prova de inscrição no Cadastro de Pessoas Físicas (CPF) ou no Cadastro Nacional de Pessoas Jurídicas (CNPJ);

II prova de inscrição no cadastro de contribuintes estadual ou municipal, se houver, relativo ao domicílio ou sede do licitante, pertinente ao seu ramo de atividade e compatível com o objeto contratual;

III prova de regularidade para com a Fazenda Federal, Estadual e Municipal do domicílio ou sede do licitante, ou outra equivalente, na forma da Lei;

IV prova de regularidade relativa a Seguridade Social e ao Fundo de Garantia por Tempo de Serviço (FGTS), demonstrando situação regular no cumprimento dos encargos sociais instituídos por Lei.

Documentação para qualificação técnica

A documentação relativa à qualificação técnica limitar-se-á a:

I   registro ou inscrição na entidade profissional competente;

II comprovação de aptidão para desempenho de atividade pertinente e compatível em características, quantidades e prazos com o objeto da licitação, e indicação das instalações e do aparelhamento e do pessoal técnico adequados e disponíveis para a realização do objeto da licitação, bem como da qualificação de cada um dos membros da equipe técnica que se responsabilizará pelos trabalhos;

III comprovação, fornecida pelo órgão licitante, de que recebeu os documentos, e, quando exigido, de que tomou conhecimento de todas as informações e das condições locais para o cumprimento das obrigações objeto da licitação.

A comprovação de aptidão, no caso das licitações pertinentes a obras e serviços, será feita por atestados fornecidos por pessoas jurídicas de direito público ou privado, devidamente registrados nas entidades profissionais competentes, limitadas as exigências à capacitação técnico-profissional: comprovação do licitante de possuir em seu quadro permanente, na data prevista para a entrega da proposta, profissional de nível superior ou outro devidamente reconhecido pela entidade competente, detentor de atestado de responsabilidade técnica por execução de obra ou serviço de características semelhantes, limitadas estas exclusivamente às parcelas de maior relevância e valor significativo do objeto da licitação, vedadas as exigências de quantidades mínimas ou prazos máximos.

As exigências mínimas relativas a instalações de canteiros, máquinas, equipamentos e pessoal técnico especializado, considerados essenciais para o cumprimento do objeto da licitação, serão atendidas mediante a apresentação de relação explícita e da declaração formal da sua disponibilidade, sob as penas cabíveis, vedada as exigências de propriedade e de localização prévia.

No caso de obras, serviços e compras de grande vulto, de alta complexidade técnica, poderá ser exigida dos licitantes a metodologia de execução, cuja avaliação, para efeito de sua aceitação ou não, antecederá sempre à análise dos preços e será efetuada exclusivamente por critérios objetivos.

Entende-se por licitação de alta complexidade técnica aquela que envolva alta especialização, como fator de extrema relevância para garantir a execução do objeto a ser contratado, ou que possa comprometer a continuidade da prestação de serviços públicos essenciais.

Os profissionais indicados pelo licitante para fins de comprovação da capacitação técnico-operacional deverão participar da obra ou serviço objeto da licitação, admitindo-se a substituição por profissionais de experiência equivalente ou superior, desde que aprovada pela contratante.

Documentação para qualificação econômico-financeira

A documentação relativa à qualificação econômico-financeira limitar-se-á:

I   balanço patrimonial e demonstrações contábeis do último exercício social, já exigíveis e apresentados na forma da lei, que comprovem a boa situação financeira da empresa, vedada a sua substituição por balancetes ou balanços provisórios, podendo ser atualizados por índices oficiais quando encerrados a mais de três meses da data de apresentação da proposta;

II certidão negativa de falência ou concordata expedida pelo distribuidor da sede da pessoa jurídica, ou de execução patrimonial, expedida no domicílio da pessoa física;

III garantia, limitada a 1% do valor estimado do objeto da contratação.

A exigência de índices limitar-se-á à demonstração da capacidade financeira do licitante com vistas aos compromissos que terá que assumir caso lhe seja adjudicado o contrato, vedada a exigência de valores mínimos de faturamento anterior, índices de rentabilidade ou lucratividade.

A contratante, nas compras para entrega futura e na execução de obras e serviços, poderá estabelecer, no instrumento convocatório da licitação, a exigência de capital mínimo ou de patrimônio líquido mínimo, ou ainda as garantias, como dado objetivo de comprovação da qualificação econômico-financeira dos licitantes e para efeito de garantia ao adimplemento do contrato a ser ulteriormente celebrado.

Esse capital mínimo ou o valor do patrimônio líquido não poderá exceder a 10% do valor estimado da contratação, devendo a comprovação ser feita relativamente à data da apresentação da proposta, na forma da Lei, admitida a atualização para esta data pelo índices oficiais.

A comprovação da boa situação financeira da empresa será feita de forma objetiva pelo cálculo de índices contábeis previstos no edital e devidamente justificados no processo administrativo da licitação que tenha dado início ao certame licitatório, vedada a exigência de índices e valores não usualmente adotados para a correta avaliação de situação financeira suficiente ao cumprimento das obrigações decorrentes da licitação.

Participação de consórcios

Quando permitida na licitação a participação de empresas em consórcio, observar-se-ão as seguintes normas:

I   comprovação do compromisso público ou particular de constituição de consórcio, subscrito pelos consorciados;

II indicação da empresa responsável pelo consórcio que deverá atender às condições de liderança, obrigatoriamente fixadas no edital;

III apresentação dos documentos exigidos por parte de cada consorciado, admitindo-se, para efeito de qualificação técnica, o somatório dos quantitativos de cada consorciado, e, para efeito de qualificação econômico-financeira, o somatório dos valores de cada consorciado, na proporção de sua respectiva participação, podendo a contratante estabelecer, para o consórcio, um acréscimo de até 30% dos valores exigidos para licitante individual, inexigível este acréscimo para os consórcios compostos, em sua totalidade, por micros e pequenas empresas assim definidas em Lei;

IV impedimento de participação de empresa consorciada, na mesma licitação, por mais de um consórcio ou isoladamente;

V   responsabilidade solidária dos integrantes pelos atos praticados em consórcio, tanto na fase de licitação quanto na de execução do contrato.

No consórcio de empresas brasileiras e estrangeiras, a liderança caberá, obrigatoriamente, à empresa brasileira.

O licitante vencedor fica obrigado a promover, antes da celebração do contrato, a constituição e o registro do consórcio, nos termos do compromisso referido no item I.

5.5.12 Procedimento da licitação

O procedimento da licitação será iniciado com a abertura de processo administrativo, devidamente autuado, protocolado e numerado, contendo a autorização respectiva, a indicação sucinta de seu objeto e do recurso próprio para a despesa, e ao qual serão juntados oportunamente:

I   edital ou convite e respectivos anexos, quando for o caso;

II comprovante das publicações do edital resumido, ou da entrega do convite;

III ato de designação da comissão de licitação, ou do responsável pelo convite;

IV original das propostas e dos documentos que as instruírem;

V atas, relatórios e deliberações da comissão julgadora;

VI pareceres técnicos ou jurídicos emitidos sobre a licitação, dispensa ou inexigibilidade;

VII atos de adjudicação do objeto da licitação e da sua homologação;

VIII recursos eventualmente apresentados pelos licitantes e respectivas manifestações e decisões;

IX despacho de anulação ou de revogação da licitação, quando for o caso, fundamentado circunstanciadamente;

X termo de contrato ou instrumento equivalente, conforme o caso;

XI outros comprovantes de publicações;

XII demais documentos relativos à licitação.

Edital

O edital conterá no preâmbulo o número de ordem em série anual, o nome da repartição interessada e do seu setor, a modalidade, o regime de execução e o tipo da licitação, a menção de que será regida por esta Lei, o local, dia e hora para recebimento da documentação e proposta, bem como para início da abertura dos envelopes, e indicará, obrigatoriamente, o seguinte:

I objeto da licitação, em descrição sucinta e clara;

II prazo e condições para assinatura do contrato ou retirada dos instrumentos para execução do contrato e para entrega do objeto da licitação;

III sanções para o caso de inadimplemento;

IV local onde poderá ser examinado e adquirido o projeto básico;

V se há projeto executivo disponível na data da publicação do edital de licitação e o local onde possa ser examinado e adquirido;

VI condições para a participação na licitação e forma de apresentação das propostas;

VII critério para julgamento, com disposições claras e parâmetros objetivos;

VIII locais, horários e códigos de acesso dos meios de comunicação a distância em que serão fornecidos elementos, informações e esclarecimentos relativos à licitação e às condições para atendimento das obrigações necessárias ao cumprimento de seu objeto;

IX condições equivalentes de pagamento entre empresas brasileiras e estrangeiras, no caso de licitações internacionais;

X o critério de aceitabilidade dos preços unitário e global, conforme o caso, permitida a fixação de preços máximos e vedados a fixação de preços mínimos, critérios estatísticos ou faixas de variação em relação a preços de referência.

XI critério de reajuste, que deverá retratar a variação efetiva do custo de produção, admitida a adoção de índices específicos ou setoriais, desde a data prevista para apresentação da proposta ou do orçamento a que essa proposta se referir, até a data do adimplemento de cada parcela;

XII limites para pagamento de instalação e mobilização para execução de obras ou serviços que serão obrigatoriamente previstos em separado das demais parcelas, etapas ou tarefas;

XIII condições de pagamento;

XV instruções e normas para os recursos previstos na Lei;

XVI condições de recebimento do objeto da licitação;

XVII outras indicações específicas ou peculiares da licitação.

Constituem anexos do edital, dele fazendo parte integrante:

I o projeto básico e/ou executivo, com todas as suas partes, desenhos, especificações e outros complementos;

II orçamento estimado em planilhas de quantitativos e custos unitários;

III a minuta do contrato a ser firmado entre a Administração e o licitante vencedor;

IV as especificações complementares e as normas de execução pertinentes à licitação.

5.5.13 Julgamento de propostas

A licitação será processada e julgada com observância dos seguintes procedimentos:

I abertura dos envelopes contendo a documentação relativa à habilitação dos concorrentes, e sua apreciação;

II devolução dos envelopes fechados aos concorrentes inabilitados, contendo as respectivas propostas, desde que não tenha havido recurso ou após sua denegação;

III abertura dos envelopes contendo as propostas dos concorrentes habilitados, desde que transcorrido o prazo sem interposição de recurso, ou tenha havido desistência expressa, ou após o julgamento dos recursos interpostos;

IV verificação da conformidade de cada proposta com os requisitos do edital e, conforme o caso, com os preços correntes no mercado ou fixados por órgão oficial competente, ou ainda com os constantes do sistema de registro de preços, os quais deverão ser devidamente registrados na ata de julgamento, promovendo-se a desclassificação das propostas desconformes ou incompatíveis;

V julgamento e classificação das propostas de acordo com os critérios de avaliação constantes do edital;

VI deliberação da autoridade competente quando à homologação e adjudicação do objeto da licitação.

A abertura dos envelopes, contendo a documentação para habilitação e as propostas, será realizada sempre em ato público previamente designado, do qual se lavrará ata circunstanciada e assinada pelos licitantes presentes e pela comissão.

Todos os documentos e propostas serão rubricados pelos licitantes presentes e pela comissão.

No julgamento das propostas, a comissão levará em consideração os critérios objetivos definidos no edital ou convite, os quais não devem contrariar as normas e princípios estabelecidos por esta Lei.

É vedada a utilização de qualquer elemento, critério ou fator sigiloso, secreto, subjetivo ou reservado, que possa ainda que indiretamente elidir o princípio da igualdade entre os licitantes.

Não se considerará qualquer oferta de vantagem não prevista no edital ou no convite, inclusive financiamentos subsidiados ou a fundo perdido, nem preço ou vantagem baseada nas ofertas dos demais licitantes.

Não se admitirá proposta que apresente preços global ou unitários simbólicos, irrisórios ou de valor zero, incompatíveis com os preços dos insumos e salários de mercado, acrescidos dos respectivos encargos, ainda que o ato convocatório da licitação não tenha estabelecido limites mínimos, exceto quando se referirem a materiais e instalações de propriedade do próprio licitante, para os quais ele renuncie a parcela ou à totalidade da remuneração.

O julgamento das propostas será objetivo, devendo a comissão de licitação ou o responsável pelo convite realizá-lo em conformidade com os tipos de licitação, os critérios previamente estabelecidos no ato convocatório e de acordo com os fatores exclusivamente nele referidos, de maneira a possibilitar sua aferição pelos licitantes e pelos órgãos de controle.

No caso de empate entre duas ou mais propostas, a classificação se fará, obrigatoriamente, por sorteio, em ato público, para o qual todos os licitantes serão convocados, vedado qualquer outro processo.

No caso da licitação do tipo menor preço, entre os licitantes considerados qualificados, a classificação se dará pela ordem crescente dos preços propostos, prevalecendo, no caso de empate, exclusivamente o critério previsto no parágrafo anterior.

Os tipos de licitação "melhor técnica" ou "técnica e preço" serão utilizados exclusivamente para serviços de natureza predominantemente intelectual, em especial na elaboração de projetos, cálculos, fiscalização, supervisão e gerenciamento e de engenharia consolativa em geral e, em particular, para a elaboração de estudos técnicos preliminares e projetos básicos e executivos.

Procedimento para licitação tipo melhor técnica

Nas licitações do tipo "melhor técnica", será adotado o seguinte procedimento claramente explicitado no instrumento convocatório, o qual fixará o preço máximo que a contratante se propõe a pagar:

I serão abertos os envelopes contendo as propostas técnicas exclusivamente dos licitantes previamente qualificados, e será feita então a avaliação e classificação destas propostas, de acordo com os critérios pertinentes e adequados ao objeto licitado, definidos com clareza e objetividade no instrumento convocatório e que considerem a capacitação e a experiência do proponente, a qualidade técnica da proposta, compreendendo metodologia, organização, tecnologias e recursos materiais a serem utilizados nos trabalhos, e a qualificação das equipes técnicas a serem mobilizadas para a sua execução;

II uma vez classificadas as propostas técnicas, proceder-se-á à abertura das propostas de preço dos licitantes que tenham atingido a valorização mínima estabelecida no instrumento convocatório e à negociação das condições propostas, com a proponente melhor classificada, com base nos orçamentos detalhados apresentados e respectivos preços unitários e tendo como referência o limite representado pela proposta de menor preço entre os licitantes que obtiveram a valorização mínima;

III no caso de impasse na negociação anterior, procedimento idêntico será adotado, sucessivamente, com os demais proponentes, pela ordem de classificação, até a consecução de acordo para a contratação;

IV as propostas de preços serão devolvidas intactas aos licitantes que não forem preliminarmente habilitados ou que não obtiverem a valorização mínima estabelecida para a proposta técnica.

Procedimento para licitação tipo melhor técnica e preço

Nas licitações do tipo melhor "técnica e preço", será adotado, adicionalmente ao item I do anterior, o seguinte procedimento claramente explicitado no instrumento convocatório:

I   será feita a avaliação e a valorização das propostas de preços, de acordo com critérios objetivos preestabelecidos no instrumento convocatório;

II a classificação dos proponentes far-se-á de acordo com a média ponderada das valorizações das propostas técnicas e de preço, de acordo com os pesos preestabelecidos no instrumento convocatório.

Desclassificação de propostas

Serão desclassificadas:

I   as propostas que não atendam às exigências do ato convocatório da licitação;

II propostas com valor global superior ao limite estabelecido ou com preços manifestamente inexequíveis, assim considerados aqueles que não demonstrem sua viabilidade por documentação que comprove que os custos dos insumos são coerentes com os de mercado e que os coeficientes de produtividade são compatíveis com a execução do objeto do contrato, condições estas necessariamente especificadas no ato convocatório da licitação.

5.5.14 Contratos

Os contratos administrativos de que trata a lei das licitações regulam-se pelas suas cláusulas e pelos preceitos de direito público, aplicando-se-lhes, supletivamente, os princípios da teoria geral dos contratos e as disposições de direito privado.

Os contratos devem estabelecer com clareza e precisão as condições para sua execução, expressas em cláusulas que definam os direitos, obrigações e responsabilidades das partes, em conformidade com os termos da licitação e da proposta a que se vinculam.

Os contratos decorrentes de dispensa ou de inexigibilidade de licitação devem atender aos termos do ato que os autorizou e da respectiva proposta.

Cláusulas de um contrato

São cláusulas necessárias em todo contrato as que estabeleçam:

I   o objeto e seus elementos característicos;

II   o regime de execução ou a forma de fornecimento;

III o preço e as condições de pagamento, os critérios, data-base e periodicidade do reajustamento de preços, os critérios de atualização monetária entre a data do adimplemento das obrigações e a do efetivo pagamento;

IV   os prazos de início de etapas de execução, de conclusão, de entrega, de observação e de recebimento definitivo, conforme o caso;

V   o crédito pelo qual correrá a despesa, com a indicação da classificação funcional programática e da categoria econômica;

VI   as garantias oferecidas para assegurar sua plena execução, quando exigidas;

VII os direitos e as responsabilidades das partes, as penalidades cabíveis e os valores das multas;

VIII os casos de rescisão;

IX   o reconhecimento dos direitos da contratante, em caso de rescisão administrativa;

X   as condições de importação, a data e a taxa de câmbio para conversão, quando for o caso;

XI   a vinculação ao edital de licitação ou ao termo que a dispensou ou a deixou de exigir, ao convite e à proposta do licitante vencedor;

XII a legislação aplicável à execução do contrato e especialmente aos casos omissos;

XIII a obrigação do contratado de manter, durante toda a execução do contrato, em compatibilidade com as obrigações por ele assumidas, todas as condições de habilitação e qualificação exigidas na licitação.

A critério da autoridade competente, em cada caso, desde que prevista no instrumento convocatório, poderá ser exigida prestação de garantia nas contratações de obras, serviços e compras.

Caberá ao contratado optar por uma das seguintes modalidades de garantia:

I   caução em dinheiro ou títulos da dívida pública;

II   seguro-garantia;

III fiança bancária.

A garantia não excederá a 5% do valor do contrato e terá seu valor atualizado nas mesmas condições daquele.

Para obras, serviços e fornecimento de grande vulto envolvendo alta complexidade técnica e riscos financeiros consideráveis, demonstrados por parecer tecnicamente aprovado pela autoridade competente, o limite de garantia previsto no parágrafo anterior poderá ser elevado para até 10% do valor do contrato.

A garantia prestada pelo contratado será liberada ou restituída após a execução do contrato, e, quando em dinheiro, atualizada monetariamente.

Os prazos de início de etapas de execução, de conclusão e de entrega admitem prorrogação, mantidas as demais cláusulas do contrato e assegurada a manutenção de seu equilíbrio econômico-financeiro, desde que ocorra algum dos seguintes motivos, devidamente autuados em processo:

I   alteração do projeto ou especificações, pela contratante;

II superveniência de fato excepcional ou imprevisível, estranho à vontade das partes, que altere fundamentalmente as condições de execução do contrato;

III interrupção da execução do contrato ou diminuição do ritmo de trabalho por ordem e no interesse da contratante;

IV aumento das quantidades inicialmente previstas no contrato, nos limites permitidos por esta Lei;

V   impedimento de execução do contrato por fato ou ato de terceiro reconhecido pela contratante em documento contemporâneo à sua ocorrência;

VI omissão ou atraso de providências a cargo da contratante, inclusive quanto aos pagamentos previstos de que resulte, diretamente, impedimento ou retardamento na execução do contrato, sem prejuízo das sanções legais aplicáveis aos responsáveis.

Alteração de contratos

Os contratos regidos por esta Lei poderão ser alterados, com as devidas justificativas, nos seguintes casos:

I   unilateralmente pela administração

  a) quando houver modificação do projeto ou das especificações, para melhor adequação técnica aos seus objetivos;

  b) quando necessária a modificação do valor contratual em decorrência de acréscimo ou diminuição quantitativa de seu objeto, nos limites permitidos por esta Lei;

II por acordo das partes:

  a) quando conveniente a substituição da garantia de execução;

  b) quando necessária a modificação do regime de execução da obra ou serviço, bem como do modo de fornecimento, em face de verificação técnica da inaplicabilidade dos termos contratuais originários;

  c) quando necessária a modificação da forma de pagamento, por imposição de circunstâncias supervenientes, mantido o valor inicial atualizado, vedada a antecipação do pagamento, com relação ao cronograma financeiro fixado, sem a correspondente contraprestação de fornecimento de bens ou execução de obra ou serviço;

  d) para restabelecer a relação, que as partes pactuaram inicialmente, entre os encargos do contratado e a retribuição da administração para a justa remuneração da obra, serviço ou fornecimento, objetivando a manutenção do equilíbrio econômico-financeiro inicial do contrato, na hipótese de sobrevirem fatos imprevisíveis, ou previsíveis, porém de consequências incalculáveis, retardadores ou impeditivos da execução do ajustado, ou ainda, em caso de força maior, caso fortuito ou fato do príncipe, configurando área econômica extraordinária e extracontratual.

O contratado fica obrigado a aceitar, nas mesmas condições contratuais, os acréscimos ou supressões que se fizerem nas obras, serviços ou compras, até 25% do valor inicial atualizado do contrato, e, no caso particular de reforma de edifício ou de equipamento, até o limite de 50% para os seus acréscimos.

Execução dos contratos

O contrato deverá ser executado fielmente pelas partes, de acordo com as cláusulas avençadas e as normas desta Lei, respondendo cada uma pelas consequências de sua inexecução total ou parcial.

A execução do contrato deverá ser acompanhada e fiscalizada por um representante da contratante especialmente designado, permitida a contratação de terceiros para assisti-lo e subsidiá-lo de informações pertinentes a essa atribuição.

O representante da contratante anotará em registro próprio todas as ocorrências relacionadas com a execução do contrato, determinando o que for necessário à regularização das faltas ou defeitos observados.

As decisões e providências que ultrapassarem a competência do representante deverão ser solicitadas a seus superiores em tempo hábil para a adoção das medidas convenientes.

O contratado deverá manter preposto, aceito pela contratante no local da obra ou serviço, para representá-lo na execução do contrato.

O contratado é obrigado a reparar, corrigir, remover, reconstruir ou substituir, às suas expensas, no total ou em parte, o objeto do contrato em que se verificarem vícios, defeitos ou incorreções resultantes da execução ou de materiais empregados.

O contratado é responsável pelos danos causados diretamente à contratante ou a terceiros, decorrentes de sua culpa ou dolo na execução do contrato, não excluindo ou reduzindo essa responsabilidade a fiscalização ou o acompanhamento pelo órgão interessado.

O contratado é responsável pelos encargos trabalhistas, previdenciários, fiscais e comerciais resultantes da execução do contrato.

A inadimplência do contratado com referência aos encargos trabalhistas, fiscais e comerciais não transfere à contratante a responsabilidade por seu pagamento, nem poderá onerar o objeto do contrato ou restringir a regularização e o uso das obras e edificações, inclusive perante o registro de imóveis.

A contratante responde solidariamente com o contratado pelos encargos previdenciários resultantes da execução do contrato, nos termos do artigo 31 da Lei n. 8.212, de 24 de julho de 1991.

O contratado, na execução do contrato, sem prejuízo das responsabilidades contratuais e legais, poderá subcontratar partes da obra, serviço ou fornecimento, até o limite admitido, em cada caso, pela contratante.

Recebimento da obra

I em se tratando de obras e serviços:

   a) provisoriamente, pelo responsável por seu acompanhamento e fiscalização, mediante termo circunstanciado, assinado pelas partes em até 15 dias da comunicação escrita do contratado;

   b) definitivamente, por servidor ou comissão designada pela autoridade competente, mediante termo circunstanciado, assinado pelas partes, após o decurso do prazo de observação, ou vistoria que comprove a adequação do objeto aos termos contratuais.

II em se tratando de compras ou de locação de equipamentos:

   a) provisoriamente, para efeito de posterior verificação da conformidade do material com a especificação;

   b) definitivamente, após a verificação da qualidade e quantidade do material e consequente aceitação.

O recebimento provisório ou definitivo não exclui a responsabilidade civil pela solidez e segurança da obra ou do serviço, nem ético-profissional pela perfeita execução do contrato, dentro dos limites estabelecidos pela lei ou pelo contrato.

5.5.15 Considerações finais sobre contratação

A forma de contratação, se por preço unitário, preço global etc. depende muito do nível de detalhamento do projeto. Quando o projeto está muito bem definido, pode-se partir para contratação por preço global. Porém, quando há algumas indefinições quanto ao projeto, a contratação por preço unitário conduz a melhores resultados. A contratação tipo empreitada global também conhecida como "chave na mão", ou seja, aquela que se contrata inclusive o projeto, é a mais cômoda para o contratante, mas pode também ser a de maior custo, se não houver uma boa análise de todos os fatores envolvidos.

Deve-se ressalvar ainda que tudo o que foi dito neste texto sobre contratação está consubstanciado na Lei de Licitações ora em vigor no país. Deve ficar claro que, daqui a algum tempo, poderão ser feitas modificações na citada lei e então este texto estará de certa forma obsoleto. No entanto, o intuito de incluir este texto neste livro é para dar noção ao leitor, notadamente aos estudantes, cujo contato com a legislação nem sempre é fácil, dos aspectos relacionados com a contratação de obras e serviços, na área pública.

A CONSTRUÇÃO DAS REDES DE ESGOTO SANITÁRIO

Ariovaldo Nuvolari

6.1 Locação da vala

O primeiro cuidado que se deve ter, quando da preparação para construção de redes de esgoto sanitário, é com relação às possíveis interferências com outras obras enterradas (redes de água, luz, telefone, gás, galerias de águas pluviais etc.).

Tratando-se de uma tubulação que funciona por gravidade, qualquer interferência que se interponha no caminho previsto pode inviabilizar tudo aquilo que foi projetado. Após um estudo mais cuidadoso de cada trecho, que deve acontecer ainda na fase que antecede a execução da obra, por meio de consulta a plantas de cadastro próprias e de outras concessionárias, deve-se executar sondagens para confirmar a localização de eventuais interferências. Outro cuidado é com relação à topografia. O eixo da rede deve ser alvo de um nivelamento topográfico, para confirmação das cotas do terreno indicadas no projeto. Qualquer discrepância deve ser resolvida antes do início das escavações. Após terem sido observadas essas recomendações, pode-se então demarcar a posição da vala a ser escavada.

Onde houver pavimento ou passeio a ser cortado ou removido, deve-se marcar a largura B prevista para a vala + 30 cm, ou seja, com folga de 15 cm de cada lado da vala (Figs. 6.1 e 6.2). Essa folga visa evitar acidentes com os trabalhadores que farão os serviços dentro da vala. Se o pavimento é cortado sem folga, os materiais soltos do pavimento cortado podem vir a cair para dentro da vala, atingindo eventualmente os trabalhadores que lá estiverem.

As larguras de vala recomendadas são apresentadas na Tab. 6.1. Na demarcação dos PVs, deve-se prever um quadrado com 2,20 m de lado e nos TILs com 1,60 m, mantendo-se o adicional de 0,15 m de cada lado, para o corte do pavimento (Fig. 6.2). Para os TLs (terminais de limpeza) e CPs (caixas de passagem), marca-se o seu posicionamento, mas não há necessidade de alargamento adicional da vala. Deve-se salientar que a SABESP tem evitado construir caixas de passagem.

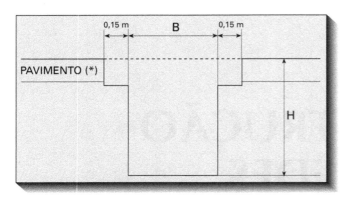

Figura 6.1 Locação de vala para redes de esgoto sanitário – corte transversal.

6.2 Remoção do pavimento

Caso a rua seja pavimentada, como se viu anteriormente, deve-se remover o pavimento, na largura da vala acrescida de 0,15 m de cada lado.

- *pavimento asfáltico*[*]: o corte é feito com martelete pneumático ou picaretas. A remoção do material cortado é feito com retroescavadeiras ou manualmente com alavancas, picaretas etc. Deve-se prever o imediato transporte desse material para bota-fora.

- *paralelepípedos e blokrets*[**]: a remoção é feita manualmente com alavancas ou com picaretas. Deve-se estocar convenientemente os elementos removidos para posterior recolocação. Por motivo de segurança dos trabalhadores que farão os serviços na vala, a estocagem dos elementos removidos deve ser feita a uma distância segura da vala.

- *passeios*[***]: tanto os passeios constituídos de cimentado comum quanto qualquer tipo de lajota cerâmica ou ladrilhos, são normalmente removidos com marteletes pneumáticos ou picaretas. A remoção do material cortado é feito com retroescavadeiras ou manualmente com alavancas, picaretas etc. Deve-se prever o imediato transporte para bota-fora.

6.3 Escavação convencional de vala (a céu aberto)

A escavação a céu aberto, também chamada de método destrutivo, como o próprio nome diz, é aquela em que a vala é aberta desde a superfície do terreno até o ponto de instalação dos tubos. É a forma mais comumente utilizada, apesar dos transtornos que traz para o trânsito de veículos e de pedestres. Em contraposição tem-se os métodos não destrutivos, tais como o *tunnel liner*, o tubo cravado (processo Yamagata), o túnel mineiro, o *mini-shield* etc., que só são utilizados em situações especiais, nas quais podem se tornar viáveis técnica e economicamente.

As obras de assentamento das tubulações de esgoto sanitário geralmente são mais demoradas do que, por exemplo, as redes de água de abastecimento. Para minimizar os transtornos ao público, deve-se trabalhar preferencialmente em trechos curtos (PV a PV), de modo que as valas possam ser rapidamente reaterradas. Onde necessário, deve-se prever a colocação de tapumes, com sinalização diurna e noturna para evitar acidentes, nunca se esquecendo de preservar a entrada das garagens e os cruzamentos com outras vias através de passadiços de madeira ou metálicos. Outro cuidado é com a segurança das redes elétricas (postes) e edificações em geral, onde e quando necessário, devem ser previstos escoramentos específicos. As escavações a céu aberto podem ser executadas manualmente ou mecanicamente.

As escavações manuais são feitas com ferramentas do tipo: enxadão, enxada, vanga, pá e picareta. Nas valas com profundidades superiores a 2,00 m deve-se prever plataformas numa altura conveniente para possibilitar a remoção da terra escavada.

A escavação mecânica é tida como a mais econômica. No entanto, em locais com interferências não muito bem delineadas, pode ser necessária a escavação manual. A escavação mecânica, neste caso, é mais difícil de se controlar e, às vezes, pode provocar a quebra ou destruição das outras redes interferentes. Os equipamentos mais utilizados são:

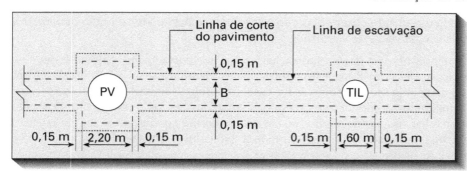

Figura 6.2 Locação de vala, PVs e TILs em planta.

---

[*] O pavimento asfáltico é o mais comumente utilizado nas nossas ruas. Em ruas secundárias, esse pavimento é geralmente composto das seguintes camadas, a partir da superfície: 4 cm de capa asfáltica, 5 cm de macadame betuminoso e 15 cm de macadame hidráulico, numa espessura total de 24 cm. Em ruas de maior movimento, a espessura total do pavimento chega a 40 cm.

[**] Outros pavimentos também utilizados são o de paralelepípedos (altura de 13 cm) e o de blocos sextavados de concreto (BLOKRET). Esses tipos de pavimentos são muito sujeitos a deformações e normalmente são assentados sobre uma camada de areia com cerca de 7 cm de espessura.

[***] Os passeios mais comumente encontrados são o cimentado comum e as lajotas cerâmicas ou ladrilhos.

Escavação convencional de vala

TABELA 6.1 Larguras de vala recomendadas

Diâmetro da rede (m)	Profundidade da vala (m)	Largura "B" da vala (m) Escoramento tipo pontaleteamento	Largura "B" da vala (m) Escoramentos contínuo e descontínuo comum	Largura "B" da vala (m) Escoramento especial
Até 0,20	até 2,00 m	0,70	0,70	0,80
Até 0,20	de 2 a 4 m	0,80 (*)	0,90	1,10
Até 0,20	de 4 a 6 m	NR	1,10	1,40
0,30	até 2,00 m	0,80	0,80	0,90
0,30	de 2 a 4 m	0,90 (*)	1,00	1,20
0,30	de 4 a 6 m	NR	1,20	1,50
0,40	até 2,00 m	0,90	1,10	1,20
0,40	de 2 a 4 m	1,00 (*)	1,30	1,50
0,40	de 4 a 6 m	NR	1,50	1,80
0,45	até 2,00 m	1,00	1,15	1,25
0,45	de 2 a 4 m	1,10 (*)	1,35	1,55
0,45	de 4 a 6 m	NR	1,55	1,85
0,50	até 2,00 m	1,10	1,30	1,40
0,50	de 2 a 4 m	1,20 (*)	1,50	1,70
0,50	de 4 a 6 m	NR	1,70	2,00
0,60	até 2,00 m	1,20	1,40	1,60
0,60	de 2 a 4 m	1,30 (*)	1,60	1,80
0,60	de 4 a 6 m	NR	1,80	2,10
0,70	até 2,00 m	1,30	1,50	1,60
0,70	de 2 a 4 m	1,40 (*)	1,70	1,90
0,70	de 4 a 6 m	NR	1,90	2,20
0,80	até 2,00 m	1,40	1,60	1,70
0,80	de 2 a 4 m	1,50 (*)	1,80	2,00
0,80	de 4 a 6 m	NR	2,00	2,30
0,90	até 2,00 m	1,50	1,70	1,80
0,90	de 2 a 4 m	1,60 (*)	1,90	2,10
0,90	de 4 a 6 m	NR	2,10	2,40
1,00	até 2,00 m	1,60	1,80	1,90
1,00	de 2 a 4 m	1,70 (*)	2,00	2,20
1,00	de 4 a 6 m	NR	2,20	2,50

(*) O escoramento de valas, tipo pontaleteamento, somente é recomendável até a profundidade de 2,50 m e sempre que as condições do terreno forem favoráveis. NR - não recomendável.

- retroescavadeiras: para profundidades de valas de até 2,50 m;
- escavadeiras hidráulicas: para profundidades de até 5,00 ou 6,00 m;
- *drag-lines*: para raspagens em terrenos pouco consistentes e de difícil acesso;
- *clam-shell* e pás-carregadeiras: para carga de material solto nos caminhões.

Quando se pretende reutilizar o solo escavado para o reaterro da vala, este deve ser armazenado a uma distância de, no mínimo, 0,60 m a partir da borda da vala. Quando o solo escavado é de baixa qualidade e, portanto, não vai ser reutilizado, deve ser imediatamente removido para bota-fora.

Ainda com relação à escavação, deve-se prever bombas para esgotamento das águas que venham a inundar as valas por ocasião das chuvas ou mesmo as águas provenientes do lençol freático. Quando necessário, deve-se prever o rebaixamento do lençol freático (ver item 6.6). Isso normalmente torna-se necessário quando se sabe que a vala ultrapassará em profundidade o nível do lençol freático e o terreno é do tipo arenoso.

6.4 Escavações especiais

6.4.1 Tunnel liner

O *tunnel liner* (Fotos 6.1 e 6.2) é utilizado em redes de esgoto quando há necessidade de se ultrapassar obstáculos, tais como aterros de altura considerável em ruas, rodovias, ferrovias etc. A escavação e o transporte do solo são geralmente feitos manualmente e a contenção é feita através da instalação de chapas de aço corrugadas, em segmentos que vão sendo aparafusados, formando a tubulação.

Trata-se do mesmo processo utilizado para instalação de bueiros de reforço em estradas, isto é, quando o aterro já existe. O problema é que o aterro existente forma uma barreira para a colocação do coletor de esgotos, de tal maneira que o processo de escavação tradicional (a céu aberto), torna-se antieconômico e até mesmo impossível de ser executado, em muitos casos. Nestes casos, a escavação a céu aberto atrapalharia o trânsito de veículos, e quando a altura do aterro é muito grande, exigiria escoramentos muito resistentes para dar suporte às paredes da vala.

A técnica do *tunnel liner* é uma das mais competitivas na execução de túneis de pequeno e médio diâmetros (o diâmetro mínimo é de 1,20 m e o diâmetro máximo de 5,00 m). Conforme mencionado no catálogo do fabricante das chapas corrugadas (ARMCO/STACO), a técnica é bastante simples; as chapas de aço corrugado são fornecidas com largura de 0,46 m, o que permite escavações modulares no solo, de pequena área exposta (sem revestimento), em função dessa largura. A simplicidade da montagem

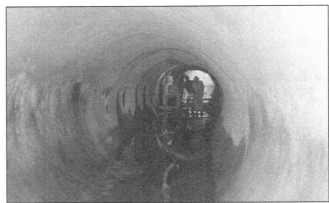

Foto 6.2 *Tunnel liner* utilizado na travessia da RFFSA em São Paulo — revestido com concreto.

confere alta produtividade à obra, não dependendo do tempo de cura do concreto, usual em alguns outros tipos de túneis como o NATM, por exemplo.

No entanto, principalmente na travessia de ferrovias, a chapa galvanizada utilizada traz um inconveniente que pode vir a destruir o túnel, se não tomadas providências adicionais. Pode ocorrer o fenômeno de corrosão galvânica (causada por correntes perdidas), que começa atacando inicialmente a região dos furos usados na junção de um elemento a outro (ponto frágil desse tipo de estrutura) e que pode vir a destruir a estrutura toda. Para evitar esse inconveniente, muitas vezes as chapas utilizadas para dar conformação ao túnel são revestidas internamente com concreto projetado. O fabricante das chapas apresenta ainda como alternativa, a ser utilizada em ambientes agressivos, o revestimento com pintura epóxi, com espessura de película de 200 µm, aplicada por processo de pintura a pó, sobre a chapa previamente fosfatizada.

Os espaços, comumente resultantes entre a escavação e a superfície externa das chapas, devem ser preenchidos com injeção de argamassa fluida de solo-cimento, para evitar recalques ou acomodações do solo.

Após a construção do túnel, a tubulação pode ser utilizada diretamente como conduto para o esgoto (para chapas corrugadas, o coeficiente de Manning $n = 0,025$). Nestes casos, dada à agressividade do esgoto, é conveniente o revestimento interno com concreto (Foto 6.2), onde o coeficiente de Manning passa a ser $n = 0,015$ ou, no caso de redes de pequenos diâmetros, o tubo pode ser instalado dentro do túnel, apoiado em berços de concreto (Figs. 6.3a e 6.3b).

6.4.2 Sistema de cravação horizontal (*pipe-jacking*)

O sistema de cravação horizontal, ou em inglês *pipe-jacking*, foi introduzido no Brasil pela empresa Yamagata. As informações a seguir foram retiradas do catálogo dessa empresa. O sistema é utilizado em

Foto 6.1 *Tunnel liner* utilizado na travessia da RFFSA em São Paulo.

Escavações especiais

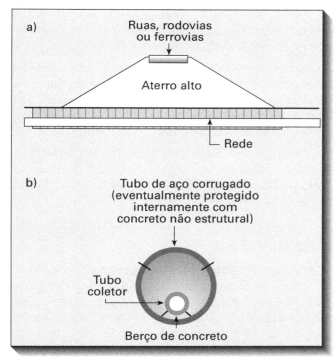

Figura 6.3 a) travessia de aterro (*tunnel liner*), b) corte do *tunnel liner*.

condições semelhantes às do *tunnel liner*, ou seja, nas travessias de rodovias, ferrovias etc. A diferença é que neste caso, o chamado tubo-camisa ou as aduelas (caso de seções quadradas) são pré-moldados de concreto armado reforçados, cravados no solo por meio de macacos hidráulicos, à medida que a escavação avança. Os tubos são acoplados um ao outro por encaixe de ponta especial de anel metálico chumbado em uma das extremidades do tubo.

O sistema é ainda dotado de um escudo (*shield*), peça cilíndrica de aço, acoplada à frente do primeiro tubo-camisa ou aduela, com uma lâmina para corte do terreno (Foto 6.3). Sua função é de permitir correções de direção e proporcionar maior espaço para o trabalho de escavação manual. O formato do escudo é função da natureza do terreno. É equipado com um sistema hidráulico para correções de direção, tanto em planta quanto em perfil, mecanizado ou não, dependendo do tipo de solo e da extensão da travessia que está sendo executada.

Há necessidade de se executar um poço de serviço no início da tubulação, com 5,00 a 7,00 m de comprimento e largura compatível com o diâmetro do tubo ou aduela (Foto 6.4). Sua profundidade dependerá naturalmente das cotas da travessia e do terreno. A parede posterior do poço de serviço deve ser dotada de uma estrutura para transmitir a reação dos macacos hidráulicos ao terreno adjacente. Essa parede de reação pode ser de concreto, de vigas metálicas ou um misto de vigas metálicas e madeira, com enchimento de areia.

O piso do poço de serviço é nivelado em concreto e sobre este é montado uma guia metálica, denominada "carreira" para posicionamento do *shield*, além dos tubos e suporte dos macacos (ver foto 6.4).

Concluído o poço de serviço, são instalados em seu interior os equipamentos de cravação que consistem basicamente do seguinte:

- Conjunto de macacos hidráulicos: os macacos, sempre em números pares, são dispostos horizontalmente, de dois em dois. Por meio de um anel metálico de

Foto 6.3 Sistema de cravação horizontal – Detalhe do escudo ou *shield*. Fonte: Catálogo da empresa Yamagata.

Foto 6.4 Sistema de cravação horizontal – Detalhe do poço de serviço. Fonte: Catálogo da empresa Yamagata.

distribuição pressionam os tubos-camisa e sua reação é transmitida à parede estrutural por meio de vigas metálicas de seção regular. Cada macaco padrão tem capacidade de 140 t e o seu acionamento é feito por uma bomba a óleo, acoplada a uma unidade de motor a diesel. Em solos arenosos, visando facilitar a cravação, deve-se lubrificar a face externa dos tubos--camisa, com uma mistura de bentonita.

- Conjunto motobomba a diesel (para os macacos) e bomba de sucção (drenagem);
- Dispositivos de controle;
- Carreira ou berço para posicionamento dos tubos;
- Peças de transição;
- Parede de reação.

O diâmetro nominal dos tubos-camisa varia de 1,00 a 2,00 m e o seu comprimento é de 2,50 m. A partir do poço de serviço, os diversos segmentos da tubulação vão sendo cravados da seguinte forma: o primeiro tubo é colocado na carreira ou guia, anteriormente devidamente alinhada e nivelada. Em seguida, abre-se o escoramento da parede do poço, apenas o trecho necessário para dar passagem ao tubo. Sob a pressão dos macacos, o tubo é então introduzido no terreno por uns 0,50 m (lance ou alcance do pistão do macaco hidráulico). Em seguida, é feita a escavação no interior do tubo. Novamente avança-se mais 0,50 m e escava-se o terreno, prosseguindo dessa maneira até atingir o comprimento de um tubo (2,50 m). O segundo tubo-camisa é colocado na carreira e acoplado ao primeiro tubo e assim sucessivamente até que se atinja o lado oposto (poço de chegada) determinado em projeto. A finalidade do poço de chegada é recuperar o *shield* e eventualmente possibilitar a construção de um poço de visita, se assim for projetado.

O controle geométrico em planta e perfil é feito por meio de instrumentos topográficos e, em casos especiais, o controle é feito a *laser*.

Normalmente, a escavação é manual e só excepcionalmente é feita mecanicamente. O material é transportado, no interior do tubo-camisa, por meio de carrinho especial. Sempre que possível, para facilitar a drenagem de águas que eventualmente adentrem a frente de trabalho, a escavação deve ser feita de jusante para montante.

Também neste caso, após a construção do túnel, pode-se utilizar o próprio tubo-camisa para transporte do líquido ou a instalação das redes de diâmetros menores sobre berço de concreto.

6.4.3 Túnel mineiro (Processo da empresa Conshield)

O túnel mineiro pode ser utilizado tanto nas travessias quanto nas redes muito profundas (acima de 5,00 m de profundidade). A escavação, de seção quadrada ou retangular, bem como o transporte do solo são feitos manualmente e a contenção do solo é feita por meio de pranchões de madeira (Fotos 6.5 e 6.6).

Após a construção do túnel, a rede é instalada sobre berço de concreto. Neste caso, como a madeira que serve de estrutura ao túnel é passível de apodrecimento, ao longo do tempo, é feito um reaterro com solo-cimento e esse escoramento é perdido.

Esse processo é aparentemente menos sofisticado do que o processo *mini-shield* (item 6.4.4), mas o custo de ambos é semelhante (cerca de US$ 1.000,00 por metro linear).

6.4.4 *Mini-shield*

O processo *mini-shield* é utilizado por diversas empresas de engenharia (Passareli, Badra, Conshield etc). Tem sido muito utilizado na construção de alguns trechos dos interceptores do Rio Tamanduateí e outros, da SABESP, obras essas do sistema de coleta de esgotos da cidade de São Paulo. O custo unitário do *shield*

Foto 6.5 Aspectos da contenção das paredes e teto do túnel mineiro (foto cedida pela Conshield).

Foto 6.6 Aspectos da escavação manual no processo túnel mineiro (foto cedida pela Conshield).

está em torno de US$ 1.000,00 por metro linear, viável apenas para interceptores de grandes diâmetros (acima de 1,20 m), sob grandes profundidades (acima de 5,00 m), notamente em áreas muito urbanizadas. A escavação dentro do *shield* pode ser feita manualmente (equipamentos de diâmetro mínimo de 1,20 m), ou mecanicamente (equipamentos de diâmetro mínimo de 2,00 m, ver Foto 6.7).

Inicia-se o túnel com a construção de dois poços de serviços. Por um deles é introduzido o equipamento. Trata-se de um cilindro de aço, com cerca de 6,00 m de comprimento, dotado internamente de 6 macacos hidráulicos com capacidade de empuxo de 12 toneladas (Foto 6.8). À medida que a escavação avança (cerca de 0,60 m), o macaco é utilizado para movimentar o cilindro para a frente, em direção ao outro poço de serviço, apoiando-se sobre o próprio revestimento do túnel. A pressão hidráulica nos macacos é dada por uma bomba hidropneumática, alimentada por um compressor de ar.

Tanto no processo de escavação manual quanto no de escavação mecânica, o solo escavado é transportado por meio de uma vagoneta sobre trilhos. Os trilhos vão sendo instalados dentro do túnel, à medida que este avança. A vagoneta serve também para transportar os trilhos e os módulos de concreto utilizados no revestimento. Um guindaste instalado junto ao poço de serviço se encarrega de retirar a vagoneta com o solo e despejar nos caminhões que o transportam para o bota-fora. O mesmo guindaste coloca outra vagoneta com os trilhos e os módulos de revestimento. Esse revestimento é feito internamente ao cilindro metálico, por meio da montagem de 3 ou 4 segmentos pré-moldados de concreto, com comprimento efetivo de 0,60 m.

O controle de alinhamento do túnel é feito por meio de um emissor de raios laser, situado no poço de serviço, atuando sobre um alvo instalado no *shield*. Caso haja algum desvio, consegue-se a correção por meio da atuação diferenciada dos macacos hidráulicos. O

Foto 6.7 Vista da parte frontal do *mini-shield* – tipo escavação mecânica.

Foto 6.8 Vista da parte interna do *mini-shield* – escavação mecânica.

espaço entre o revestimento e o contorno escavado é posteriormente preenchido com pedrisco e, às vezes, também com nata de cimento sob pressão.

Empresas estrangeiras como a Herrenknecht (alemã) e a Iseki (japonesa), apresentam sistemas *mini-shields* ainda mais sofisticados, com cabeças cortantes diferentes para cada tipo de solo; desde argilas, areias, pedregulhos até rochas (ver Foto 6.9). Com o *slurry shield*, por exemplo, é possível executar túneis que atravessam camadas de argila orgânica de baixa consistência ou areias fofas bastante permeáveis, sem necessidade de medidas de condicionamento do terreno, tais como tratamentos para melhoria da resistência do solo (caso das argilas orgânicas) ou mesmo o rebaixamento do lençol freático (caso das areias fofas).

Isso torna-se possível pois o *slurry shield* é dotado de um compartimento pressurizado, no qual são equilibradas as pressões devidas ao solo e eventualmente à água intersticial (pressões neutras), que atuam na face da escavação. Essa pressurização é feita por meio do bombeamento de lama bentonítica, que circula controladamente pelo compartimento pressurizado e no retorno transporta o material escavado para a superfície.

Assim, a possibilidade de ocorrência de eventuais recalques nas estruturas vizinhas fica bastante reduzida, pois com esse sistema de pressurização evita-se eventuais deformações na face de escavação, além do que, por dispensar rebaixamento do lençol freático, evitam-se os recalques decorrentes da saída da água, normalmente esperados quando se utiliza a técnica do rebaixamento de lençol freático.

172
A construção das redes de esgoto sanitário

Foto 6.9 *Mini-shields* tipos de cabeças cortantes de acordo com o tipo de solo. Fonte: Catálogo da Herrenknecht.

Foto 6.9a Chegada do equipamento no poço.

Foto 6.9b Operação de cravação de tubos.

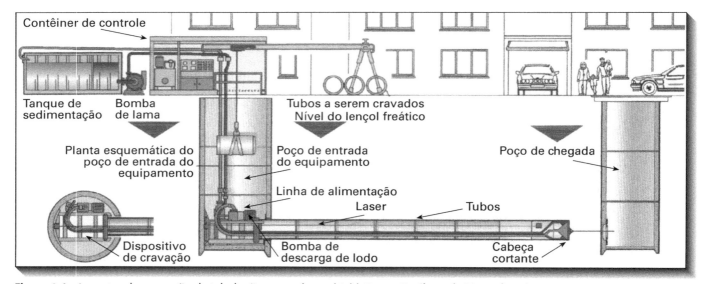

Figura 6.4 Aspectos da execução de tubulações com *slurry shield*. Fonte: Catálogo da Herrenknecht.

6.4.5 Escavações de valas em solos rochosos

Quando houver necessidade de se executar escavações de valas em solos rochosos, podem ser utilizados os seguinte processos:

- desmonte a fogo – com utilização de explosivos. Deve-se ressaltar que a manipulação de explosivos no Brasil depende de autorização do Ministério da Defesa (Exército);

- desmonte a frio – com uso do processo de cunhas hidráulicas (Empresa Darda);

- desmonte a frio – com uso de rompedor pneumático.

a) Desmonte a fogo

O desmonte de rocha a fogo, para abertura de valas, segue em princípio as diretrizes gerais para o desmonte em bancadas. No entanto, por se tratar de uma vala, algumas particularidades devem ser ressaltadas:

- a profundidade da vala, determinada em projeto, deve ser acrescida de pelo menos 0,10 m, para a necessária colocação de uma camada de solo, sobre a qual será assentada a tubulação;

- a largura da vala é aquela determinada em projeto, condicionada pelo diâmetro da tubulação a ser assentada (ver, por exemplo, a Tab. 6.1);

- o plano de perfuração varia conforme a largura da vala;

- os furos não poderão ter a inclinação do talude da vala, mas poderão ter inclinação contrária à face livre de detonação;

- para furos de 30 a 40 mm, utilizando-se espoletas de retardo com intervalos de milissegundos, consegue-se melhor rendimento, pelos seguintes motivos:
  - pode-se adiantar a perfuração muito além da detonação e remoção de material;
  - abalos a estruturas vizinhas são diminuídos;
  - o material não é lançado a muita distância;
  - consegue-se cumprir melhor os cronogramas de trabalho.

- a subfuração (furação abaixo do nível do fundo da vala) deve ser de 10% da profundidade e no mínimo de 0,20 m;

- onde houver problemas com edificações vizinhas, deve ser preferido o uso de diâmetros dos furos de 30 a 35 mm; não havendo esse problema, furos com diâmetros de até 50 a 61 mm podem proporcionar melhor rendimento;

- normalmente, os taludes resultam com inclinação 4 : 1, mesmo que os furos sejam verticais. Caso se queira obter taludes exatos e perfeitos, deve-se recorrer à perfuração e detonação através de cortes prévios (pré-*splitting*);

- a carga de explosivos deverá ser mais forte nos fundos (carga de fundo) e menor nas colunas (carga de coluna);

- cuidados especiais devem ser tomados com relação ao perigo de pedras lançadas pela detonação. Deve-se utilizar colchões especiais feitos de tiras de couro entrelaçadas, tiras de pneus velhos ou de cordas entrelaçadas. Para serviços mais pesados de proteção, devem ser utilizadas toras de madeira de 2,00 a 3,00 m de comprimento, ligadas entre si por meio de cabos ou correntes de aço;

- normalmente, as perfurações são feitas por perfuratrizes manuais. Para maior produção, pode-se recorrer a equipamentos do tipo *Wagon Drill*, cujas rodas correm sobre trilhos, paralelamente ao eixo da vala.

Durante a escavação de uma vala, podem ser encontrados matacões de rocha, ou mesmo durante o desmonte de rocha a fogo, por problemas de plano de fogo inadequado, podem resultar matacões de grandes dimensões, que devem ser fragmentados e removidos para a instalação da tubulação. Essa fragmentação pode ser feita também a fogo por uma das maneiras expostas na Fig. 6.5.

O fogacho é a perfuração secundária para fragmentação de blocos de rocha (Fig. 6.5a). O furo normalmente é feito com perfuratrizes leves e com hastes de 3/4" ou 7/8". A profundidade do furo varia de 0,30 m a 0,60 m. Utiliza-se apenas de 1/4 a 1 cartucho de dinamite por bloco, com consumo de aproximadamente 200 g de explosivos por m^3 de rocha. Um operador pode perfurar de 30 a 40 blocos por turno.

Muitas vezes prefere-se utilizar uma técnica conhecida como joão-de-barro, na qual se evita a perfuração do bloco, colocando-se a carga de explosivos sobre o bloco de rocha e cobrindo-a posteriormente com barro (Fig. 6.5b). Esse procedimento, sempre que possível, deve ser evitado, pois o consumo de explosivos aumenta de 3 a 5 vezes, atingindo de 0,6 a 0,8 kg/m^3.

Uma outra alternativa é a técnica popularmente conhecida como "buraco de cobra", que consiste em co-

Figura 6.5 Desmonte de matacões de rocha em valas com utilização de explosivos.

locar a carga de explosivos por baixo do bloco de rocha, fragmentando-o por levante (Fig. 6.5c). O consumo de explosivos também é grande, próximo daquele ocorrente na técnica joão-de-barro e, assim, esse procedimento, na medida do possível, deve ser evitado.

b) Desmonte de rocha a frio utilizando cunhas hidráulicas (darda)

Em épocas remotas, nos países de invernos muito frios, muitas vezes o desmonte de rocha era feito simplesmente por meio da colocação de água em furos feitos previamente na rocha. A água transformava-se em gelo, e o aumento do volume, característico da passagem da água do estado líquido para sólido, levava ao fissuramento da rocha. Uma outra técnica era a colocação de cunha de madeira seca nos furos e por meio da expansão da madeira, conseguida pela hidratação com água (há aumento de volume da madeira), ou ainda através de golpes de marreta, fissurava-se a rocha a ser desmontada.

Assim, a técnica do fissuramento de rochas por meio de cunhas expandidas hidraulicamente, em furos previamente executados na rocha, foi idealizada seguindo-se os mesmos princípios da expansão do gelo ou da madeira.

O equipamento consiste basicamente de um macaco hidráulico, com haste bipartida na ponta, que é colocada no furo previamente executado na rocha (Fig. 6.6a). Ao se acionar o equipamento, uma cunha é cravada no furo, deslocando lateralmente a haste, provocando pressão nas paredes do furo e o fissuramento da rocha (Fig. 6.6b). A força aplicada varia conforme o modelo de equipamento, de 85 t a 320 t, e a máxima expansão da haste varia de 7,5 mm a 17,0 mm.

A eventual remoção de partes de um matacão que esteja interferindo com a vala, quando de pequenas dimensões ou onde a rocha não seja muito resistente, pode ser feita às vezes com um simples furo (Fig. 6.7a). Para escavações em rocha sã e onde não houver uma face livre, vários métodos podem ser utilizados.

Para escavações com profundidades de até 0,60 m, a execução de furos em zigue-zague, com 0,64 m de profundidade e espaçamento de 0,30 m a 0,45 m, geralmente é suficiente. Outro método consiste em se estabelecer uma face livre, por meio de furos executados um ao lado do outro, na profundidade da escavação; o desmonte da rocha é feito, então, contra essa face livre (Fig. 6.7b).

A técnica de desmonte de rochas por meio das cunhas hidráulicas é especialmente recomendada para a escavação de valas em áreas congestionadas ou áreas urbanas ou onde, por questões de segurança, o uso de explosivo se torne proibitivo.

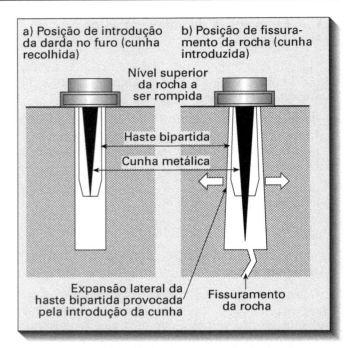

Figura 6.6 Princípio de funcionamento da técnica de desmonte a frio (cunhas hidráulicas).

c) Desmonte de rocha a frio utilizando rompedores pneumáticos

Os rompedores pneumáticos provocam a fragmentação dos blocos por meio de uma sequência de impactos mecânicos.

Existem rompedores manuais, de pequenas dimensões, e rompedores de grandes dimensões montados em equipamentos, tais como tratores e escavadeiras hidráulicas. A técnica dos rompedores pneumáticos tem sido utilizada com bastante eficiência na demolição de concreto, pois os impactos contínuos, provocados pelas ponteiras dos rompedores, conseguem romper, com relativa facilidade, a ligação dos agregados com a massa de cimento.

A utilização dessa técnica é também viável para romper rochas desagregadas ou de baixa resistência. Para rochas sãs e de alta resistência a eficiência é muito baixa, com grande desgaste de ponteiras e do equipamento. No entanto, pode ser aumentada essa eficiência com o uso conjunto da cunha hidráulica e do rompedor. Executa-se o fissuramento da rocha com a cunha hidráulica e, em seguida, o rompedor (geralmente montado em escavadeira) provoca a separação dos blocos, para facilitar o trabalho posterior de remoção pela escavadeira.

6.5 Escoramento das paredes laterais das valas

O escoramento das paredes laterais das valas é necessário para evitar a ruptura do solo, cuja ocorrência pode

Escoramento das paredes laterais das valas

causar transtornos ao bom andamento dos serviços, bem como, e principalmente, pôr em risco vidas humanas. A Portaria nº 46 do Ministério do Trabalho determina que as valas com profundidades superiores a 1,25 m devem ser escoradas. O não cumprimento dessas determinações, e na ocorrência de eventuais acidentes envolvendo vidas humanas, levará o responsável pela obra a responder criminalmente pela ocorrência. Existem diversos tipos de escoramentos, a seguir descritos. As dimensões das pranchas e recomendações quanto às profundidades são apenas indicativas da experiência da SABESP e dos autores na condução desse tipo de obra.

6.5.1 Escoramento de vala tipo pontaleteamento

Consiste em escorar o solo lateral à cava, por meio de pranchas de madeira (peroba) de 2,7 cm × 16 cm, espaçadas de 1,35 m, travadas transversalmente por estroncas de eucalipto de diâmetro igual a 0,20 m (Fig. 6.8). Normalmente, o pontaleamento é utilizado em terrenos argilosos de boa qualidade, em valas com profundidades de até 2,00 m.

6.5.2 Escoramento de vala tipo descontínuo

Consiste na contenção do solo lateral à cava, através de pranchas de peroba de 2,7 cm × 16 cm, espaçadas a cada 16 cm. O travamento longitudinal é feito por longarinas de peroba de 6 cm × 16 cm, em toda a extensão. O travamento transversal é garantido por estroncas de eucalipto de 0,20 m de diâmetro e espaçadas a cada 1,35 m. As estroncas de eucalipto não devem coincidir

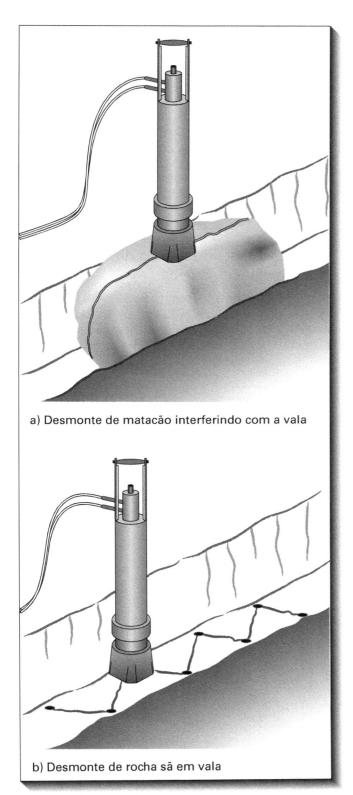

a) Desmonte de matacão interferindo com a vala

b) Desmonte de rocha sã em vala

Figura 6.7 Esquemas de desmonte de rocha com cunhas hidráulicas. Fonte: catálogo da DARDA.

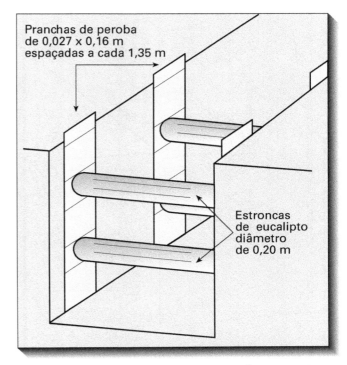

Figura 6.8 Escoramento de vala tipo "pontaleteamento".

com o final das longarinas, ou seja, devem ficar sempre a uma distância mínima de 0,40 m das extremidades da longarina (Fig. 6.9). Normalmente, o escoramento descontínuo é utilizado em terrenos firmes, sem a presença de água do lençol freático, nas valas com profundidades de até 3,00 m.

6.5.3 Escoramento de vala do tipo contínuo

A contenção do solo lateral à cava é feita por meio de pranchas de peroba de 2,7 cm × 16 cm, encostadas umas às outras. O travamento longitudinal é feito por longarinas de vigas de peroba de 6 cm × 16 cm, em toda a extensão. O travamento transversal é garantido por estroncas de eucalipto de 0,20 m de diâmetro e espaçadas a cada 1,35 m. As estroncas de eucalipto não devem coincidir com o final das longarinas, ou seja, devem sempre ficar a uma distância mínima de 0,40 m das extreminades da longarina (Fig. 6.10). Normalmente, o escoramento contínuo é utilizado em qualquer tipo de solo, com exceção dos arenosos, na presença de água do lençol freático, nas valas com profundidades de até 4,00 m.

6.5.4 Escoramento de vala do tipo especial

A contenção do solo lateral à cava é feita por meio de pranchas de peroba de 5 cm × 16 cm, do tipo macho-fêmea. O travamento longitudinal é feito por longarinas de peroba de 8 cm × 18 cm em toda a extensão. O travamento transversal é garantido por estroncas de eucalipto de 0,20 m de diâmetro e espaçadas a cada 1,35 m. As estroncas de eucalipto não devem coincidir com o final das longarinas, ou seja, devem sempre ficar a uma distância mínima de 0,40 m das extremidades da longarina (Fig. 6.11). Normalmente, o escoramento especial é utilizado em qualquer tipo de solo, e principalmente nos arenosos na presença de água do lençol freático, onde as pranchas macho-fêmea não permitem a passagem do solo junto com a água. Pode ser utilizado para substituir o escoramento contínuo nas valas com profundidades acima de 4,00 m.

6.5.5 Escoramento de vala do tipo misto, metálico-madeira

A contenção do solo lateral à cava é feita por meio de vigas de peroba de 6 cm × 16 cm, encaixados em perfis metálicos "duplo T", com dimensões variando de 25 a 30 cm (10" a 12"), cravados no terreno e espaçados de 2,00 m um do outro (Fig. 6.12). Os perfis são contidos

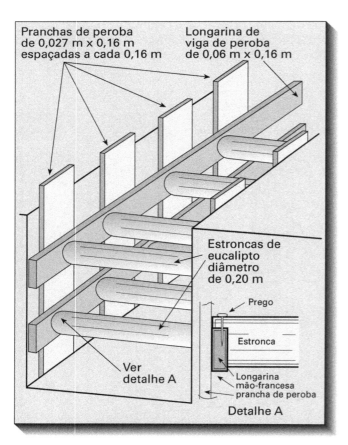

Figura 6.9 Escoramento de vala do tipo "descontínuo".

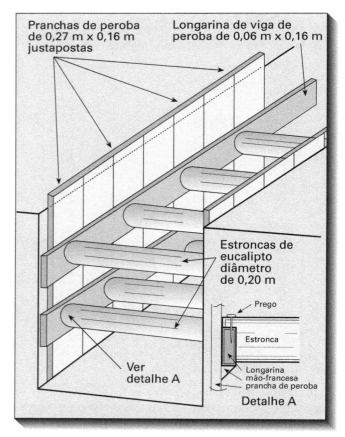

Figura 6.10 Escoramento de vala do tipo "contínuo".

por longarinas metálicas, "duplo T" de 30 cm (12") e travadas por estroncas metálicas "duplo T" de 30 cm (12") espaçadas a cada 3,00 m. Os perfis são cravados antes do início das escavações, havendo necessidade de instalar estroncas provisórias de eucalipto (ø = 0,60 m), até a montagem das estroncas definitivas. Para valas com profundidades até 6,00 m, em geral basta um quadro de estroncas-longarinas. Para valas com profundidades entre 6 e 7,50 m, haverá necessidade de um quadro adicional de estroncas-longarinas. Para profundidades maiores, o escoramento deverá ser recalculado. O material escavado, no caso de escoramentos mistos, deverá ser colocado a uma distância, no mínimo, igual à profundidade da vala.

6.5.6 Escoramento de vala do tipo atirantado

Esse tipo de escoramento é geralmente utilizado em valas de grande largura ou onde, por algum motivo, necessita-se de todo o espaço entre as paredes da vala disponível para execução dos trabalhos (é muito comum nas grandes galerias moldadas *in loco*). A estrutura do escoramento é normalmente do tipo metálico-madeira, mas naturalmente que sem as estroncas de travamento, substituídas pelos tirantes (Fig. 6.13). Para este tipo de escoramento é necessário maiores cuidados com a fundação das edificações vizinhas à obra, evitando-se eventuais interferências com os tirantes.

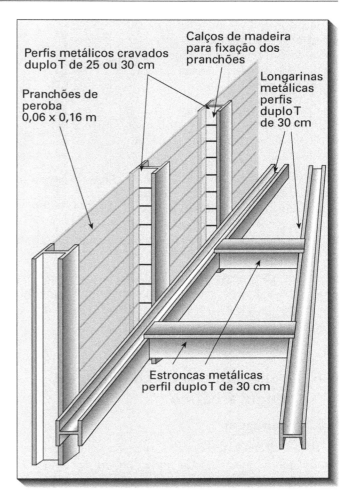

Figura 6.12 Escoramento de vala do tipo "misto" metálico-madeira.

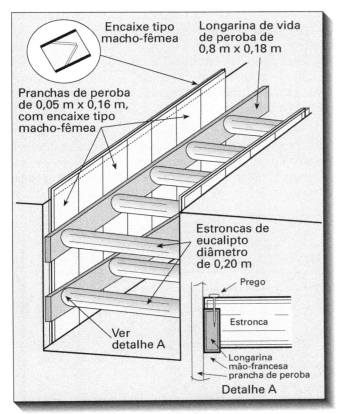

Figura 6.11 Escoramento de vala do tipo "especial" (pranchas macho-fêmea).

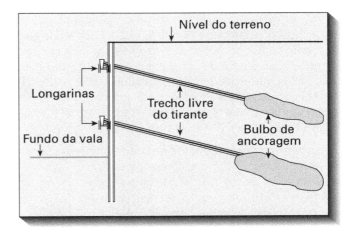

Figura 6.13 Escoramento de vala do tipo "atirantado".

6.5.7 Observações finais sobre os escoramentos das valas

Em casos em que haja possibilidade de acomodação do terreno e possíveis danos nos imóveis próximos, deve-se utilizar um escoramento mais resistente que o normal.

Quando houver dúvidas quanto ao tipo de escoramento a utilizar, deve-se optar sempre para o de melhor qualidade, de forma a evitar riscos de acidentes.

É prática recomendável fazer fotos dos imóveis antes do início dos trabalhos, conforme citado na seção 5.2.2.

As estatísticas mostram que a maioria dos acidentes de desmoronamento das paredes das valas ocorrem em solos de boa qualidade e que estes acontecem por descuido na escolha do tipo de escoramento ou até por falta dele.

As interferências com outras redes, os postes da rede elétrica, muros, cercas etc. devem ser devidamente escorados quando estiverem próximos ou mesmo dentro das valas.

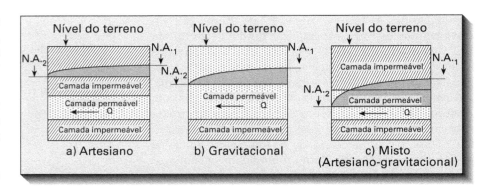

Figura 6.14 Tipos de aquíferos subterrâneos. Fonte: Leonards (1962).

6.6 Drenagem e rebaixamento de lençol freático

6.6.1 Drenagem

Para a drenagem das valas, deve-se prever bombas para esgotamento das águas que venham a inundá-las por ocasião das chuvas ou mesmo através da infiltração do lençol freático. Dependendo do tipo de assentamento previsto para a tubulação (ver item 6.7), é possível encaminhar convenientemente a água de chuva para os pontos baixos da vala e a prévia execução de pequenos poços provisórios possibilitam o bombeamento. Para evitar que a água de bacias contribuintes vizinhas à vala venham a adentrá-la, aumentando o volume a ser bombeado e às vezes dificultando por demais os trabalhos, deve-se prever a execução de valetas provisórias de desvio, podendo-se às vezes utilizar para isso a própria terra escavada (armazenada), de forma a evitar essas ocorrências.

As bombas são geralmente do tipo submersível, acionadas com motor tipo explosão à gasolina, com potência de até 5 HP. Onde houver facilidade de se utilizar energia elétrica, pode-se prever bombas acionadas por motor elétrico.

6.6.2 Rebaixamento do lençol freático

Quando necessário, deve-se prever o rebaixamento do lençol freático. Isso normalmente torna-se necessário quando se sabe que a vala ultrapassará em profundidade o nível do lençol freático e o solo é do tipo arenoso.

Dar-se-á atenção especial ao sistema de ponteiras filtrantes, um dos mais utilizados para rebaixamento de lençol. Para o seu dimensionamento, o princípio básico é o traçado da rede de fluxo e o cálculo da vazão a partir da rede. Posteriormente, deve-se determinar o número, diâmetro, espaçamento, profundidade de penetração e vazão dos pontos de captação do fluxo. Uma vez que as redes de fluxo nem sempre são fáceis de se traçar, existem alguns métodos simplificados para cálculo da vazão e da linha freática, a seguir descritos.

Simplificadamente, pode-se considerar três tipos de aquíferos: artesiano (Fig. 6.14a), gravitacional (Fig. 6.14b) e misto (artesiano-gravitacional, Fig. 6.14c).

Será aqui apresentada a situação mais comumente encontrada, quando há necessidade de rebaixamento de lençol, nas obras de escavação de valas para assentamento de tubulações de esgoto sanitário, ou seja, o escoamento por gravidade, com dois sorvedouros (1 linha de ponteiras de cada lado da vala) e 2 linhas de fonte (a água vindo de ambos os lados da escavação em direção a esta).

Esse tipo de escoamento ocorre quando se tem um solo arenoso e homogêneo desde a superfície do solo, abrangendo a região de escavação e uma camada impermeável a uma certa profundidade H, situada abaixo desta (Fig. 6.15).

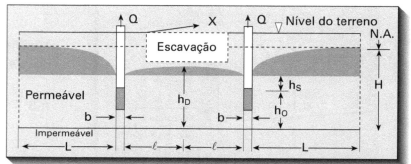

Figura 6.15 Escoamento artesiano – dois sorvedouros paralelos, 2 linhas de fontes. Fonte: Leonards (1962).

Drenagem e rebaixamento de lençol freático

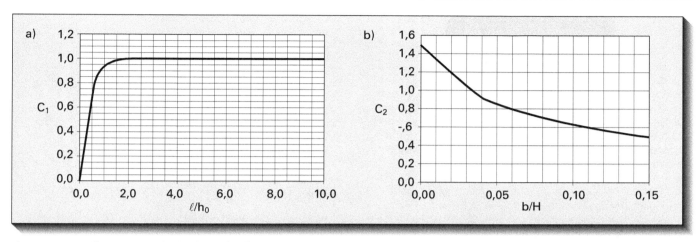

Figura 6.16 a) ábaco para cálculo de C_1. b) ábaco para cálculo de C_2. Fonte: Leonards (1962).

- *Escoamento gravitacional (dois sorvedouros paralelos e 2 linhas de fonte)*

Os parâmetros de dimensionamento podem ser obtidos a partir dos resultados de estudos em modelos conduzidos por Chapman (1956) apud Leonards (1962), válidos para valores de L/H ≥ 3. A vazão para cada um dos sorvedouros drenantes pode ser calculada pela expressão empírica (Eq. 6.1):

$$Q = \left[0,73 + \left(0,27 \cdot \frac{H - h_0}{H}\right)\right] \cdot \frac{K \cdot X}{2 \cdot L}(H^2 - h_0^2) \quad (6.1)$$

A altura h_s é a altura de drenagem pela parede vertical do poço. A determinação da altura da linha d'água h_D que permanece entre os dois sorvedouros é importante para se manter a escavação a seco. Pode ser estimada pela expressão (Eq. 6.2), onde os valores de C_1 e C_2 podem ser obtidos dos ábacos da Figs. 6.15a e 6.15b.

$$h_D = h_0 = \left[\frac{C_1 \cdot C_2}{L}(H - h_0) + 1\right] \quad (6.2)$$

A máxima vazão de cada ponteira pode ser obtida pela regra de Sichard:

$$q_{máx} = \frac{2 \cdot \pi \cdot r_p \cdot h_P}{15} \cdot K^{1/2} \quad (6.3)$$

onde:
r_p = raio da ponteira = b/2 (em m)
h_P = altura d'água na ponteira (em m).

Para o cálculo do número de ponteiras, n_p, é aconselhável, como segurança adicional, majorar a vazão Q calculada, em 50%:

$$n_p = \frac{1,5 \cdot Q}{q_{máx}} \quad (6.4)$$

Para o cálculo da distância entre ponteiras d_p, utiliza-se a expressão:

$$d_p = \frac{P_A}{n_p} \quad (6.5)$$

onde P_A é o perímetro da área a ser esgotada ou a distância longitudinal X no caso de valas.

O coeficiente de permeabilidade K do solo é o parâmetro mais importante a ser determinado. Essa determinação pode ser feita em laboratório, por meio de ensaios de permeabilidade em amostras indeformadas. Porém, para uma maior confiabilidade é aconselhável que esse parâmetro seja determinado *in loco*. Para isso, pode-se utilizar o ensaio de bombeamento, esquematizado na Fig. 6.17 e a Eq. 6.6 (Leonards, 1962).

$$K = \frac{Q \cdot \ln X_2/x_1}{\pi(y_2^2 - y_1^2)} \quad (6.6)$$

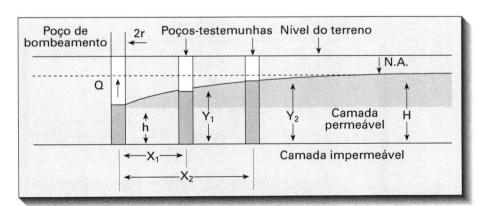

Figura 6.17 Determinação do coeficiente de permeabilidade "K" (por meio do ensaio de bombeamento).

Exemplo de cálculo 6.1

Supondo o esquema a seguir indicado, dimensionar um sistema de reabaixamento de lençol freático, utilizando ponteira filtrantes com ø = 50 mm. A vala deverá ser escorada com escoramento tipo especial e nela será assentada um linha de tubos de concreto ø = 1,00 m. Utilizando-se a Tab. 6.1 verifica-se que a largura da vala deve ser de 2,20 m, para uma profundidade de até 4,00 m. A profundidade do lençol freático é de 1,00 m. O coeficiente de permeabilidade do solo é $K = 10^{-2}$ cm/s.

a) Calcular-se-á o valor de L, por meio da fórmula a seguir, impondo $h_D = 2,80$ m e $h_0 = 2,50$ m.

Cálculo de C_1 e $C_2 \Rightarrow$

$\ell/h_0 = 2,50/2,50 = 1,00 \Rightarrow C_1 = 0,95$

$b/H = 0,05/6,00 = 0,008 \Rightarrow C_2 = 1,38$

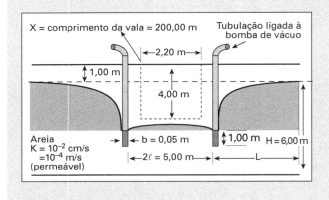

$$h_D = h_0 \left[\left(\frac{C_1 \cdot C_2}{L} \right) \cdot (H - h_0) + 1 \right] \Rightarrow 2,80 =$$
$$= 2,50 \left[\left(\frac{0,95 \times 1,38}{L} \right) \times (6,00 - 2,50) + 1 \right] =$$
$$Q = L = 38,24 \text{ m L/H} = 38,24/6,00 = 6,37 > 3$$

portanto, a fórmula de Chapman pode ser aplicada.

b) Calcula-se a vazão Q por meio da equação 6.1:

$$Q = \left[0,73 + \left(0,27 \times \frac{H \cdot h_0}{H} \right) \right] \frac{K \cdot x}{2 \cdot L} \cdot (H^2 - h_0^2) =$$
$$= \left[0,73 + \left(0,27 \times \frac{6,00 - 2,50}{6,00} \right) \right] \times \frac{10^{-4} \times 200}{2 \times 38,24} \times (6^2 - 2,5^2)$$
$$Q = 0,00684 \text{ m}^2/\text{s}$$

c) Calcula-se a vazão máxima de cada ponteira, por meio da equação 6.3:

$$q_{máx} = \frac{2 \cdot \pi r_p \cdot h_P}{15} \cdot \sqrt{K} =$$
$$= \frac{2 \times 3,1416 \times 0,025 \times 1,00}{15} \cdot 0,0001^{1/2} =$$
$$= 0,000105 \text{ m}^3/\text{s}$$

d) Calcula-se o número de ponteiras n_p, acrescendo 50% à vazão Q calculada, através da equação 6.4:

$$n_p = \frac{1,5 \cdot Q}{q_{máx}} = \frac{1,5 \times 0,00694}{0,000105} = 100$$

e) Calcula-se o espaçamento d_p entre ponteiras, por meio da equação 6.5:

$$d_p = \frac{P_A}{n_p} = \frac{200,00 \text{ m}}{100} = 2,00 \text{ m}$$

6.7 Tipos de base de assentamento de tubulação

6.7.1 Assentamento "simples"

Quando o coletor é assentado diretamente sobre o solo regularizado do fundo da vala (Fig. 6.18a e 6.18b).

Assim, é necessário executar um rebaixo no fundo da vala em cada ponto de junção de um tubo no outro, para alojar as bolsas dos tubos (caso das manilhas cerâmicas e tubos de concreto). Esse tipo de assentamento só deve ser utilizado em terrenos inteiramente secos, de boa consistência, excetuando-se as rochas.

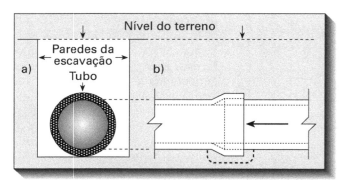

Figura 6.18 Assentamento "simples". a) seção transversal e b) corte longitudinal.

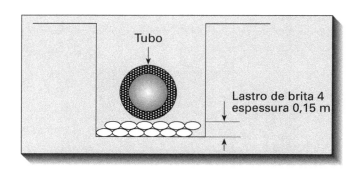

Figura 6.19 Assentamento "com lastro de brita".

Tipos de base de assentamento de tubulação

Diâmetro interno ø$_{int}$ (mm)	Diâmetro externo ø$_{ext}$ (mm)	Diâmetro da bolsa ø$_{bolsa}$ (mm)	A (m)	B (m)	C (m)	Ferragem tipo grelha longitudinal: ø = 10 mm cada 0,20 m	transversal: ø = 6 mm cada 0,25 m
200	240	300	0,15	0,50	0,30	2 unid. x m	4 unid./m +1
300	350	400	0,15	0,60	0,40	3 unid. x m	4 unid./m +1
400	500	600	0,15	0,70	0,60	4 unid. x m	4 unid./m +1
500	600	700	0,15	0,80	0,70	5 unid. x m	4 unid./m +1
600	700	800	0,15	0,90	0,80	5 unid. x m	4 unid./m +1
700	850	1.000	0,15	1,10	1,00	6 unid. x m	4 unid./m +1
800	950	1.100	0,20	1,20	1,10	7 unid. x m	4 unid./m +1
900	1.050	1.200	0,20	1,30	1,20	7 unid. x m	4 unid./m +1
1.000	1.200	1.300	0,25	1,40	1,30	8 unid. x m	4 unid./m +1
1.100	1.300	1.450	0,30	1,60	1,50	9 unid. x m	4 unid./m +1
1.200	1.400	1.600	0,40	1,70	1,60	9 unid. x m	4 unid./m +1

TABELA 6.2 Dimensões recomendadas para assentamento com lastro, laje e berço

6.7.2 Assentamento "com lastro de brita"

Quando o tubo coletor é assentado sobre lastro de pedra britada n. 04 (Fig. 6.19). Esse tipo de assentamento é utilizado em terrenos firmes, porém com presença de água. A camada de brita tem a função de drenar a água e também reforçar o solo no apoio do tubo coletor.

6.7.3 Assentamento com "lastro, laje e berço"

Quando o tubo coletor é assentado sobre um berço de concreto, apoiado sobre uma laje de concreto armado, construída sobre um lastro de concreto magro, construído sobre um lastro de pedra britada n. 04 (Figs. 6.20a e 6.20b). Quando o material de escavação, encontrado na profundidade de assentamento da tubulação, apresentar uma qualidade insatisfatória, deve-se providenciar a remoção desse material mole, substituindo-o por brita ou areia. O assentamento com lastro, laje e berço deve ser utilizado em terrenos inconsistentes na presença de água, tais como os solos turfosos e argilas moles encontradas, muito comumente, nos fundos de vales.

6.7.4 Assentamento sobre "estacas"

Esse tipo de assentamento deve ser utilizado em terrenos inconsistentes, onde a camada de solo firme é mais profunda, ou seja, a camada mole é mais espessa e, portanto, mais difícil de ser removida. O assentamento sobre estacas consiste na sustentação da canalização através de estacas cravadas no terreno inconsistente até atingir o terreno firme (Figs. 6.21a e 6.21b). As estacas são feitas com troncos de eucalipto com 0,20 m de diâmetro ou mais, cravadas através de bate-estacas ou manualmente, até encontrar resistência da camada mais firme de solo.

Para se determinar o provável tamanho da estaca é boa prática executar antes o chamado "teste de penetração". Esse teste consiste em introduzir uma barra de ferro de 1/2" de diâmetro, até encontrar o terreno resistente. A distância entre duas estacas consecutivas deve ser de 1,00 m.

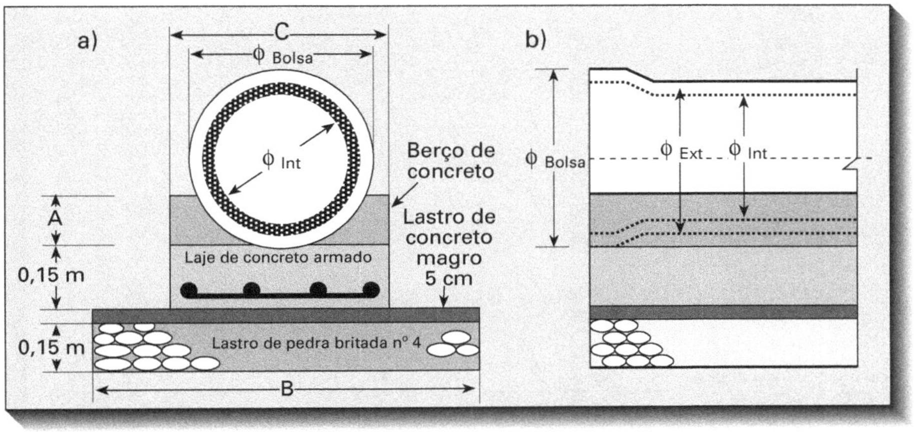

6.8 Regularização do fundo da vala e controle da declividade

Antes do assentamento da tubulação há necessidade de se regularizar o fundo da vala. Dependendo do tipo de assentamento de tubulação a utilizar, a técnica mais adequada é o corte num nível 5 cm superior ao de projeto para o fundo da escavação,

Figura 6.20 Assentamento "com lastro, laje e berço". a) seção transversal e b) corte longitudinal.

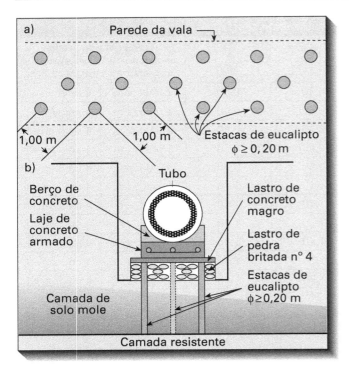

Figura 6.21 Assentamento "sobre estacas". a) plana esquemática e b) seção transversal.

obtendo-se posteriormente o nível correto por meio de apiloamento do fundo. O controle do nível do fundo da vala bem como do nível de assentamento da tubulação para o coletor de esgoto sanitário podem ser feitos por meio do conhecido "método da cruzeta", que consiste em se implantar em dois pontos de mudança consecutivos (PV, TIL ou TL) réguas niveladas que permitirão reproduzir a declividade de projeto e verificar se a cruzeta está sempre numa mesma linha de visada entre essas réguas. Quando isso acontece, significa que o paralelismo entre as duas linhas está perfeito. A visada é feita a olho nu, sempre do nível mais baixo para o nível superior (Figs. 6.22a, b, e c). O observador deve ver, na mesma linha de visada, as duas réguas e a cruzeta. A altura da régua, no ponto de visada, deve ser tal que permita a visualização (nem muito alta, nem muito baixa). As cruzetas devem apresentar colorido característico que se destaque em seu topo, a fim de permitir fácil visualização.

6.9 Tipos de materiais e respectivas juntas para esgoto sanitário

Os tubos para redes de esgoto sanitário têm diâmetro nominal mínimo DN 150. Têm sido aceitos os tubos DN 100, nos chamados ramais coletivos. Historicamente, têm sido utilizados os tubos de barro vidrado (tubos cerâmicos), para diâmetros até DN 350. De DN 400 em diante têm sido utilizados os tubos de concreto armado. Para diâmetros acima de 1,20 m, há opção de se fazer galerias de concreto moldadas *in loco* ou mesmo o sistema *mini-shield*, já descrito no item 6.4.4. Atualmente, algumas concessionárias têm utilizado os tubos de PVC, para diâmetros até 400 mm.

6.9.1 Junta de corda alcatroada e asfalto

A junta de corda alcatroada e asfalto (Fig. 6.23) é a mais apropriada para os tubos cerâmicos, apesar das dificuldades de execução trazerem como consequência um baixa produtividade na obra. Têm a grande vantagem de permitir pequenas movimentações da tubulação, sem perder a estanqueidade. Em terrenos firmes têm sido também utilizada a junta de cimento e tabatinga (argila).

Na execução da junta de corda alcatroada e asfalto, o 1.º passo é a introdução de uma corda alcatroada, enrolada na ponta do tubo a ser assentado, dando uma volta completa neste, forçando-a posteriormente até o final

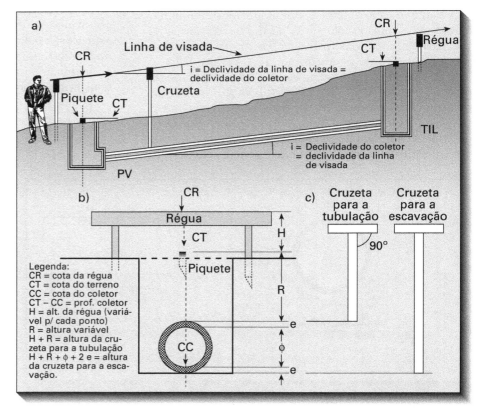

Figura 6.22 Método da cruzeta: a) perfil longitudinal; b) seção transversal e c) cruzeta.

Exemplo de cálculo 6.2

Admitindo-se as figuras 6.21a, b e c e a Tabela 6.2, calcular a altura da régua e o comprimento das cruzetas para controle da escavação e para o controle de assentamento da tubulação, no trecho entre o PV e o TIL da figura. Admitir os três tipos de assentamento: simples, com lastro e com lastro, laje e berço.

Dados: para o PV, tem-se a cota do terreno $CT_{PV} = 713,40$ e a cota do coletor $CC_{PV} = 711,80$;
para o TIL, tem-se a cota do terreno $CT_{TIL} = 714,90$ e a cota do coletor $CC_{TIL} = 712,60$;
distância entre o PV e o TIL = 80,00 m, diâmetro do tubo $\emptyset_{int} = 200$ mm;
da Tabela 6.2 tem-se $\emptyset_{ext} = 240$ mm $\emptyset_{bolsa} = 300$ mm $e_{tubo} = 20$ mm $e_{bolsa} = 50$ mm.

Calcular-se-á a cota da régua CR no PV (ponto mais baixo da rede), fixando-se a altura $H = 1,40$ m, de maneira que o observador possa confortavelmente fazer a visada. Assim, pode-se calcular a cota da régua no PV: $CR_{PV} = CT_{PV} + H = 713,40 + 1,40 = 714,80$.

Para manter o paralelismo entre a declividade da tubulação e a linha de visada, deve-se manter a mesma distância entre CC e CR fixadas para o PV, no cálculo da altura de régua do TIL. Assim, tem-se no PV:

$$CR_{PV} - CC_{PV} = 714,80 - 711,80 = 3,00 \text{ m}.$$

A cota da régua no TIL será

$$CR_{TIL} = CC_{TIL} + 3,00 \text{ m} = 712,60 + 3,00 = 715,60.$$

A altura da régua

$$H_{TIL} = CR_{TIL} - CT_{TIL} = 715,60 - 714,90 = 0,70 \text{ m}.$$

- a altura da cruzeta, a ser usada na parte superior externa da tubulação para controle do seu assentamento, independe do tipo de base de assentamento e pode ser calculada por:

$$CZ_{tubo} = (CR_{PV} - CC_{PV}) - (\emptyset_{int} + e_{tubo}) =$$
$$= (714,80 - 711,80) - (0,20 + 0,02) = 2,78 \text{ m}$$

- a altura da cruzeta, a ser usada para controle da escavação, no caso de assentamento simples, pode ser calculada por:

$$CZ_{escav.} = (CR - CC) + e_{tubo} =$$
$$= (714,80 - 711,80) + 0,02 = 3,02 \text{ m}$$

- a altura da cruzeta, a ser usada para controle da escavação, no caso de assentamento com lastro de brita, deve ser acrescida da espessura do lastro (0,15 m), podendo ser calculada por:

$$CZ_{escav.} = (CR - CC) + e_{tubo} + 0,15 =$$
$$= (714,80 - 711,80) + 0,02 + 0,15 = 3,17 \text{ m}$$

- a altura da cruzeta, a ser usada para controle da escavação no caso de assentamento com lastro, laje e berço deve ser acrescida da espessuras: da bolsa do tubo (0,05 m), da laje de concreto armado (0,15 m), do lastro de concreto simples (0,05 m) e do lastro de pedra britada (0,15 m), podendo ser calculada por:

$$CZ_{escav.} = (CR - CC) + e_{bolsa} + 0,05 + 0,15 =$$
$$= (714,80 - 711,80) + 0,05 + 0,05 + 0,15 = 3,25 \text{ m}$$

Respondendo resumidamente à questão proposta:

- no PV a altura da régua será
$$H_{PV} = 1,40 \text{ m}$$

- no TIL
$$H_{TIL} = 0,70 \text{ m}$$

- a altura da cruzeta para controle de assentamento da tubulação será:
$$CZ_{tub} = 2,78 \text{ m}$$

- a altura da cruzeta para controle da escavação depende do tipo de base de assentamento:
simples: $CZ_{escav.} = 3,02$ m
com lastro de brita: $CZ_{escav.} = 3,17$ m
com lastro, laje e berço: $CZ_{escav.} = 3,35$ m

---

da bolsa do outro tubo. Com isso, obtém-se a vedação, de maneira a evitar que o asfalto penetre na tubulação.

O 2.º passo consiste em se colocar uma outra corda vedando a entrada da bolsa, deixando uma ponta da mesma de modo que possa ser posteriormente puxada. Em seguida, executa-se um cachimbo de barro em toda a volta da corda e da bolsa do tubo. Esse cachimbo serve para direcionar a entrada do asfalto derretido, sem vazamento para fora da bolsa.

O 3.º passo consiste na cuidadosa retirada da 2.ª corda, de modo a evitar danos no cachimbo de barro. Em seguida, pode-se, pela abertura deixada no cachimbo ao retirar a corda, introduzir o asfalto derretido na bolsa, finalizando a junta.

Deve-se tomar alguns cuidados na execução desse tipo de junta. Inicialmente, deve-se verificar se os tubos a serem ligados estão internamente limpos. Deve-se ainda evitar o rejuntamento de manilhas molhadas pois, nesse caso, o asfalto não irá aderir às paredes dos tubos.

Na Tabela 6.3 são apresentados os consumos médios de materiais para as juntas de corda alcatroada e asfalto.

Segundo especificações da SABESP, o asfalto a ser utilizado deve apresentar as seguintes características:

- fundir e fluir à temperatura mínima de 120 °C;
- aderir firmemente à superfície do tubo;
- quando resfriado, ser suficientemente elástico para permitir ligeiros movimentos do tubo, sem danificar a junta ou a aderência;
- não deverá deteriorar, quando submerso em água ou esgoto sanitário;

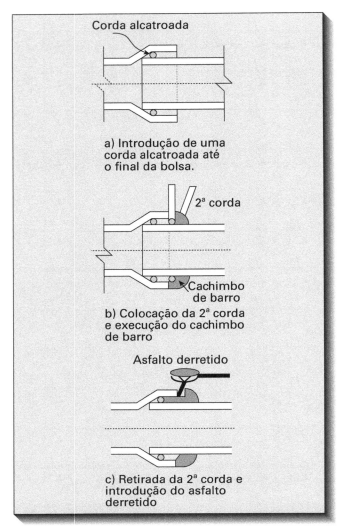

Figura 6.23 Sequência de execução da junta de corda alcatroada e asfalto.

- não deverá apresentar sinais de deterioração de qualquer espécie quando imerso por 5 dias numa solução a 5% de ácido hidroclorídrico ou numa solução a 5% de potassa cáustica;

TABELA 6.3 Consumo médio de materiais para juntas de corda alcatroada e asfalto

Diâmetro nominal (mm)	Asfalto ou piche tratado (kg/junta)	Corda alcatroada (kg/junta)
100	0,70	0,08
150	1,00	0,10
200	2,50	0,12
250	3,40	0,14
300	4,30	0,16
375	5,70	0,20

Fonte: Especificações da SABESP.

- atender ainda as seguintes especificações:
  - peso específico: 1,45 a 1,55 tf/m^3 (aprox. 14.200 a 15.200 N/m^3);
  - ponto de fusão: 90 a 96C;
  - penetração a 25C: 8 a 15 mm;
  - aderência a 25C: 10 kgf/cm^2 (aprox. 1 MPa);
  - total de betume: 45 a 55%;
  - total de material inerte: 45 a 55%.

6.9.2 Junta de cimento e areia

Esse tipo de junta pode ser utilizado não só em manilhas de barro como também em tubos de concreto. Por se constituir numa junta do tipo "rígida", exige-se que as condições da fundação da tubulação seja de boa qualidade. As juntas de cimento e areia devem ser feitas com argamassa no traço 1:3 (1 porcão de cimento para 3 porções de areia, em volume), devendo ser respaldadas com uma inclinação de 45° sobre a superície do tubo.

A parte inferior da junta é de difícil execução. Admite-se um excesso de massa. Em valas com água, onde há possibilidade de "lavagem do cimento", recomenda-se, após o acabamento, respaldar em toda a volta com uma camada de tabatinga (argila) + cimento (traço 1:1). É recomendável os seguintes procedimentos de execução:

- assenta-se o tubo;
- o manilheiro coloca a argamassa na metade inferior da bolsa e encaixa o tubo seguinte;
- acerta os alinhamentos vertical e horizontal;
- completa integralmente as juntas com argamassa;
- nos tubos de pequeno diâmetro, o acabamento interno pode ser feito com um rodo (Fig. 6.24). O rodo tem a finalidade de retirar o excesso de argamassa e também corrigir a posição das geratizes inferiores dos tubos.

6.9.3 Junta elástica com anel do borracha

Alguns fabricantes já oferecem, tanto para os tubos de barro vidrado (manilha cerâmica) quanto para os

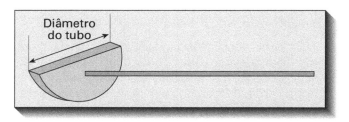

Figura 6.24 Rodo para acabamento interno das juntas de cimento e areia.

de concreto, além de naturalmente para os tubos de PVC, a junta elástica com anel de borracha. Apesar de se constituir numa junta de fácil confecção, houve uma natural resistência à aceitação da mesma, em função do ataque do esgoto ao material da junta. A Petrobras, com o mesmo tipo de problema para as juntas de ferro fundido, nas redes de esgotos do tipo oleoso, resolveu adotar a junta de neoprene, que apresenta uma durabilidade muito maior.

6.9.4 Cuidados adicionais no assentamento

Além dos cuidados inerentes à execução das juntas, ao controle de alinhamento e declividades, deve-se ainda tomar as seguintes precauções:

- o assentamento da tubulação deverá ser sempre executado de jusante para montante, e a bolsa do tubo deverá estar sempre voltada para montante;

- os tubos deverão ser previamente vistoriados, evitando-se o assentamento de tubos defeituosos. A cada tubo assentado deve-se verificar se não houve penetração de terra ou objetos estranhos no interior da tubulação;

- antes de iniciar a operação de reaterro, executar os testes previstos (de fumaça).

6.10 Execução de serviços complementares

Pode-se entender como serviços complementares, enquanto a vala ainda permanece aberta, a execução de PV, TIL, TL e CP e ainda os testes de estanqueidade das juntas dos tubos.

6.10.1 Execução de PV, TIL, TL ou CP

Com relação à execução desses componentes do sistema, é de grande importância observar as seguintes recomendações:

- A construção pode ser feita em alvenaria de blocos de cimento ou tijolos maciços, rejuntados com argamassa de cimento e areia, na proporção 1:4; o revestimento interno e externo com argamassa de cimento e areia na proporção 1:1. As paredes internas deverão ainda ser "queimadas" com cimento e alisadas.

- As lajes (de fundo e superior) dos PVs devem ser construídas em concreto estrutural armado.

- Até a profundidade de 2,50 m, o PV deverá ter apenas o balão, devendo ser feita, nesse caso, a colocação do telar do tampão diretamente sobre a laje superior. Para profundidades acima de 2,50 m, a altura do balão permanecerá fixa, com vão livre de 2,00 m entre a banqueta e a laje superior, variando então a altura da chaminé. Modernamente, algumas concessionárias optam por fazer os PVs sem a chaminé, ou seja, todo o PV com a dimensão interna do balão e com anéis pré-moldados de concreto, com dimensão interna de 1,00 m.

- As canaletas internas ao PV, TIL e CP (Fig. 6.25 a e b) devem apresentar perfeita concordância, principalmente quando o mesmo ponto receber diversas contribuições.

6.10.2 Teste de estanqueidade das juntas

As juntas nas tubulações de esgoto sanitário devem ser estanques, pois o eventual vazamento do esgoto provocará a contaminação do lençol freático, além de, em alguns casos, permitir a infiltração indesejável de água do lençol freático para dentro da tubulação, aumentado a vazão de esgoto, com todos os inconvenientes já discutidos no item 2.2 do Cap. 2.

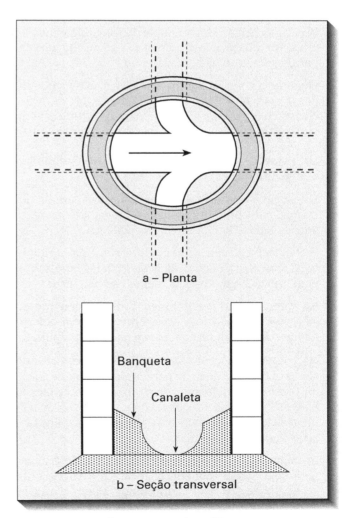

Figura 6.25 Canaleta em PVs, TILs e CPs.

Para se testar um conjunto de juntas, pode-se fazer o teste de fumaça. Esse teste consiste em se fechar uma das extremidades do trecho a testar e pela outra extremidade introduzir fumaça insuflada por uma ventoinha. Caso haja juntas com falhas, a fumaça sairá por elas.

6.11 Reaterro e compactação da vala

O reaterro é o preenchimento da vala após a execução da canalização, testes de estanqueidade etc. As seguintes recomendações são pertinentes:

- Antes de iniciar o reaterro, deve-se retirar quaisquer materiais estranhos da vala (pedaços de concreto, asfalto, raízes, madeira etc.).

- Para fazer o reaterro, utilizar preferencialmente o mesmo solo escavado. Quando o solo for de má qualidade, utilizar solo de jazida apropriada.

- O reaterrro deve ser feito em camadas com espessura de 20 cm (material solto), compactado por meio de compactadores manuais ou mecânicos. De preferência deve-se fazer o controle da compactação controlando o γ_s numa faixa de 95% a 100% do Ensaio de Proctor Normal, com umidade do solo numa faixa de ± 2% em relação à umidade ótima no mesmo ensaio, para aquele tipo de solo utilizado.

- Quando o solo for muito arenoso, o adensamento desse solo será mais eficiente através da vibração. Nesse caso, pode-se utilizar água e vibrador (do mesmo tipo utilizado no adensamento de concreto).

De maneira geral, deve-se observar os seguintes procedimentos na compactação:

- Observar o tipo de solo a ser utilizado, para se determinar o tipo de equipamento mais adequado ao adensamento daquele solo (ver Tab. 6.4).

- A compactação com rolos compressores naturalmente só será possível para valas de grandes larguras ou com utilização de rolos de pequenas dimensões.

- Na compactação por "vibração", o adensamento do solo é feito através de placas vibratórias ou vibradores de imersão, de alta frequência e pequena amplitude.

- Na compactação por "impacto", o adensamento do solo é obtido por meio de percussões regulares (peso que cai de uma determinada altura com determinada frequência). Pode ser conseguida por "sapos" mecânicos acionados por motor a explosão (gasolina) ou através de ar comprimido.

- Na compactação por "pressão estática", o adensamento do solo é obtido por aplicação direta de carga sobre a camada de solo a ser compactada. Pode-se utilizar rolos compressores, de três rodas, rolo tandem ou rolo de pneus.

TABELA 6.4 Tipos de compactação e equipamentos recomendados de acordo com o tipo de solo

Tipo de solo	Compactação recomendada	Equipamento recomendado
Pedregulho e areia	Vibração	Placa vibratória ou vibrador de imersão
Argila ou mistura argilosa com solos de outras granulometrias	Impacto	"Sapo" mecânico ou soquetes manuais
	Pressão estática	Rolo compressor
	Amassamento	Rolo pé de carneiro

- Na compactação por "amassamento", também chamada de "manipulação", o adensamento do solo é proporcionado por meio de uma força manual (soquetes) ou por pisoteamento (rolos pé de carneiro).

- De maneira geral, deve-se iniciar a compactação a partir do centro para as laterais da vala, tomando-se os devidos cuidados nas camadas iniciais para não danificar a tubulação.

- A compactação em camadas de pequena espessura (máximo de 20 cm) visa evitar bolsões sem compactação.

- Deve-se compactar com maior vigor nas últimas camadas (último metro). A SABESP tem adotado em suas especificações o apiloamento (compactação sem controle) nas camadas mais profundas da vala e compactação com controle no último metro.

- O reaterro e a compactação da vala devem ser feitos concomitantemente com a retirada do escoramento. Para isso, deve-se adotar os seguintes procedimentos:
  - numa primeira fase é mantido o escoramento e executado o reaterro até o nível da 1.ª estronca;
  - retira-se, então, a estronca e a longarina, e o travamento fica garantido pelo próprio solo reaterrado;
  - prossegue-se com o reaterro até o nível da 2.ª estronca. Retira-se então a estronca e a longarina e assim sucessivamente até o nível desejado;
  - as pranchas verticais só deverão ser retiradas ao final, assim como os perfis metálicos (quando o escoramento for do tipo misto metálico-madeira). Para isso, utilizam-se guindastes, retroescavadeiras ou outros dispositivos apropriados.

6.12 Repavimentação

As principais funções do pavimento é distribuir os esforços oriundos do tráfego e melhorar as condições de rolamento, contribuindo para um maior conforto e segurança do usuário. Podem ser classificados em pavimentos rígidos ou flexíveis.

A especificação da SABESP para a recomposição dos pavimentos asfálticos leva em conta o tipo de tráfego e é esquematicamente apresentada nas Figs. 6.26 a e b.

- O revestimento asfáltico (capa asfáltica) deve ser adensado com rolo liso, de preferência vibratório.
- A base de concreto magro deve ser adensada por vibrador de imersão ou vibrador de placas no caso de se utilizar concreto de baixa relação água:cimento (concreto seco).
- A recomposição de paralelepípedos e blocos sextavados pode ser feita conforme esquema apresentado nas Figs. 6.27 a e b.
- Principalmente em ruas de declive, as juntas dos paralelepípedos [ver (*) na figura] e dos blocos sextavados devem ser calafetadas com asfalto derretido, visando evitar a remoção da areia pelas águas de chuva. Isso pode ter como consequência a erosão da base e a destruição do pavimento.

6.13 Limpeza final

A limpeza deve ser uma constante durante o tempo de execução da obra. Restos de madeira, asfaltos, pedra, etc. devem ser removidos para bota-fora conveniente (aterros específicos). Após a execução de todos os serviços, do varrimento e da remoção final, é conveniente ainda a lavagem da rua. Para isso, pode-se utilizar caminhões-tanque.

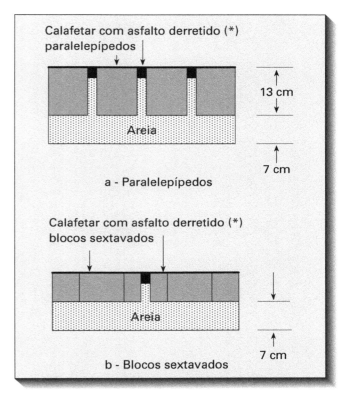

Figura 6.27 Recomposição de pavimento com paralelepípedos e blocos sextavados.

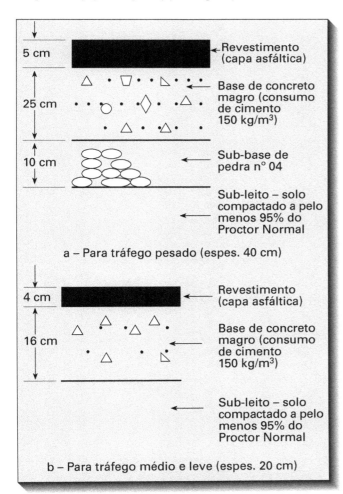

Figura 6.26 Tipos de recomposição asfáltica (para tráfegos pesado, médio e leve).

O LANÇAMENTO *IN NATURA* E SEUS IMPACTOS

Ariovaldo Nuvolari

7.1 Composição química e biológica do esgoto sanitário

A Tabela 7.1 apresenta os principais constituintes dos esgotos domésticos. Porém, o chamado esgoto sanitário, além desses constituintes, pode ainda conter outras substâncias. Este último é constituído de águas servidas, coletadas nas áreas residenciais, comerciais e institucionais, de uma determinada cidade, que podem, ou não, receber efluentes industriais.

Em média, a composição do esgoto sanitário é de 99,9% de água e apenas 0,1% de sólidos, sendo que cerca de 75% desses sólidos são constituídos de matéria orgânica em processo de decomposição. Nesses sólidos, proliferam microrganismos, podendo ocorrer organismos patogênicos, dependendo da saúde da população contribuinte. Esses microrganismos são oriundos das fezes humanas. Podem ainda ocorrer poluentes tóxicos, em especial fenóis e os chamados "metais pesados", da mistura com efluentes industriais.

Quando o esgoto sanitário, coletado nas redes, é lançado *in natura* nos corpos d'água, isto é, sem receber um prévio tratamento, dependendo da relação entre as vazões do esgoto lançado e do corpo receptor, pode-se esperar, na maioria das vezes, sérios prejuízos à qualidade dessa água. Além do aspecto visual desagradável, pode haver um declínio dos níveis de oxigênio dissolvido, afetando a sobrevivência dos seres de vida aquática; exalação de gases malcheirosos e possibilidade de contaminação de animais e seres humanos pelo do consumo ou do contato com essa água.

A Tabela 7.2 apresenta os principais inconvenientes do lançamento de esgoto sanitário nos corpos d'água. O crescimento populacional das cidades tende a agravar o problema, uma vez que há uma relação direta entre aumento populacional e aumento no volume de esgoto coletado. Salvo casos especiais, tratar esse esgoto é sempre uma medida necessária. O objetivo é manter a qualidade da água dos corpos receptores, permitindo os diversos usos dessa água, em especial como manancial para abastecimento público, sem riscos à saúde da população. É também muito importante garantir a sobrevivência dos seres de vida aquática e os aspectos estéticos, relacionados com a qualidade de vida da população.

A Tabela 7.1 apresenta apenas uma ideia da constituição qualitativa dos esgotos domésticos. No entanto, para efeito de tratamento, essas substâncias são tratadas como impurezas da água, ou melhor, como sólidos presentes, de diferentes granulometrias e que devem ser dela retirados para purificá-la (ver Fig 7.1 e tabelas 7.3, 7.4 e 7.5).

Nas estações de tratamento de esgotos (ETEs) procura-se, por processos físicos, químicos e biológicos, remover os sólidos presentes no esgoto. Nos processos tradicionais de tratamento, em nível secundário, isso é feito da seguinte forma: num pré-tratamento, os sólidos grosseiros são removidos nas grades e as areias nas caixas de areia; no chamado tratamento primário, os

TABELA 7.1 Composição dos esgotos domésticos

Tipos de substâncias	Origem	Observações
Sabões	Lavagem de louças e roupas	-
Detergentes (podem ser ou não biodegradáveis)	Lavagem de louças e roupas	A maioria dos detergentes contém o nutriente fósforo na forma de polifosfato.
Cloreto de sódio	Cozinhas e urina humana	Cada ser humano elimina pela urina de 7 a 15 gramas/dia.
Fosfatos	Detergentes e urina humana	Cada ser humano elimina, em média, pela urina, 1,5 gramas/dia.
Sulfatos	Urina humana	-
Carbonatos	Urina humana	-
Ureia, amoníaco e ácido úrico	Urina humana	Cada ser humano elimina de 14 a 42 gramas de ureia por dia.
Gorduras	Cozinhas e fezes humanas	-
Substâncias córneas, ligamentos da carne e fibras vegetais não digeridas	Fezes humanas	Vão se constituir na porção de matéria orgânica em decomposição, encontrada nos esgotos.
Porções de amido (glicogênio, glicose) e de proteicos (aminoácidos, proteínas, albumina)	Fezes humanas	Idem
Urobilina, pigmentos hepáticos etc.	Urina humana	Idem
Mucos, células de descamação epitelial	Fezes humanas	Idem
Vermes, bactérias, vírus, leveduras etc.	Fezes humanas	Idem
Outros materiais e substâncias: areia, plásticos, cabelos, sementes, fetos, madeira, absorventes femininos etc.	Areia: infiltrações nas redes de coleta, banhos em cidades litorâneas, parcela de águas pluviais etc. Demais substâncias são indevidamente lançadas nos vasos sanitários	Areias: produções nas ETEs:(S.Paulo) Pinheiros: de 0,013 a 0,073 L/m^3 (média: 0,041 L/m^3) Leopoldina: 0,003 a 0,022 L/m^3 (média: 0,012 L/m^3). Fonte: Jordão e Pessoa (1995) Barueri: 0,00424 L/m^3 (Fonte: Pegoraro, s/d)
Água	-	99,9 %

Em termos elementares, o esgoto doméstico contém:

C	H	O	N	P	S	etc.
Carbono	Hidrogênio	Oxigênio	Nitrogênio	Fósforo	Enxofre	Outros microelementos

Fontes: Adaptado a partir de Almeida Jr. (1985), Jordão e Pessoa (1995) e Pegoraro (s/d).

sólidos sedimentáveis são removidos nos decantadores primários e finalmente, no tratamento secundário, os sólidos dissolvidos e em suspensão são absorvidos pela biomassa no reator (lodo ativado). Este é removido na sedimentação secundária e parte dele é recirculado para o reator (Tabela 7.3 e Fig. 7.2).

No processo de lodos ativados convencional (Fig. 7.2), o lodo é resultante da remoção dos sólidos sedimentáveis (lodo primário) e do excesso de flocos biológicos (lodo secundário). Trata-se de um líquido mais concentrado em resíduos do que o esgoto bruto. Geralmente, antes da sua destinação final, esse líquido passa por tratamentos complementares: espessamento (aumento da concentração de sólidos), digestão (aeróbia ou anaeróbia), condicionamento químico e desaguamento. Esses tratamentos aplicados aos lodos visam basicamente promover a estabilização da matéria orgânica e a diminuição dos volumes a serem dispostos.

TABELA 7.2 Inconvenientes do lançamento in natura de esgotos nos corpos d'água

Matéria orgânica solúvel	Provoca a depleção (diminuição ou mesmo a extinção) do oxigênio dissolvido, contido na água dos rios e estuários. Mesmo tratado, o despejo deve estar na proporção da capacidade de assimilação do curso d'água. Algumas dessas substâncias podem ainda causar gosto e odor às fontes de abastecimento de água. Ex.: fenóis.
Elementos potencialmente tóxicos	Apresentam problemas de toxicidade (a partir de determinadas concentrações), tanto às plantas quanto aos animais e ao homem, podendo ser transferidos através da cadeia alimentar. Ex.: cianetos, arsênio, cádmio, chumbo, cobre, cromo, mercúrio, molibdênio, níquel, selênio, zinco etc.
Cor e turbidez	Indesejáveis do ponto de vista estético. Exigem maiores quantidades de produtos químicos para o tratamento dessa água. Interferem na fotossíntese das algas nos lagos (impedindo a entrada de luz em profundidade).
Nutrientes	Principalmente nitrogênio e fósforo, aumentam a eutrofização dos lagos e dos pântanos. Inaceitáveis nas áreas de lazer e recreação.
Materiais refratários	Aos tratamentos: Ex.: ABS (alquil-benzeno-sulfurado). Formam espumas nos rios; não são removidos nos tratamentos convencionais.
Óleos e graxas	Os regulamentos exigem geralmente sua completa eliminação. São indesejáveis esteticamente e interferem com a decomposição biológica (os microrganismos, responsáveis pelo tratamento, geralmente morrem se a concentração de óleos e graxas for superior a 20 mg/L).
Ácidos e álcalis	A neutralização é exigida pela maioria dos regulamentos; dependendo dos valores de pH do líquido, há interferência com a decomposição biológica e com a vida aquática.
Materiais em suspensão	Formam bancos de lama nos rios e nas canalizações de esgoto. Normalmente provocam decomposição anaeróbia da matéria orgânica, com liberação de gás sulfídrico (cheiro de ovo podre) e outros gases malcheirosos.
Temperatura elevada	Poluição térmica que conduz ao esgotamento do oxigênio dissolvido no corpo d'água (por abaixamento do valor de saturação).

Fonte: Jordão e Pessoa (1995).

TABELA 7.3 Composição simplificada dos esgotos sanitários

Em média	Descrição		
99,9% de água	Água de abastecimento utilizada na remoção do esgoto das economias e residências		
0,1% de sólidos[*]	Sólidos grosseiros	Grades	
	Areia	Caixas de areia	
	Sólidos sedimentáveis	Sólidos em suspensão	Decantação primária
	Sólidos dissolvidos		Processos biológicos

(*) Após o tratamento, o efluente final das ETEs ainda contém certa percentagem de sólidos, e a maior ou menor quantidade de sólidos no efluente dependerá da eficiência da ETE.

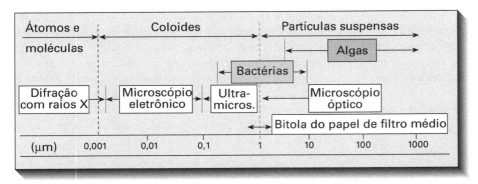

Figura 7.1 Escala de tamanho das partículas. Fonte: Adaptada de Di Bernardo (1993).

TABELA 7.4 Tamanho/quantidade dos sólidos em suspensão, no esgoto sanitário

Faixa de tamanho das partículas (μm)	Descrição	% aproximada no esgoto (em peso)
> 100	Partículas sedimentáveis	~ 50
1 - 100	Partículas supracoloidais	30 - 37
0,001 - 1	Partículas coloidais	13 - 20

Fonte: Adaptado de Benn e Mc Auliffe (1981).

TABELA 7.5 Sedimentabilidade das partículas suspensas e coloidais

Tamanho da partícula (μm)	Tipo de material	Velocidade de sedimentação (mm/s)
100	Areia fina	7,9
10	silte	0,15
1	Bactéria	0,0015
0,1	Coloide	0,000015
0,01	Coloide	0,0000015

Fonte: Adaptado de Benn e Mc Auliffe (1981).

7.2 Microrganismos e sua importância ambiental

7.2.1 Ação dos microrganismos heterótrofos: aeróbios, anaeróbios e facultativos

Os corpos d'água não poluídos por matéria orgânica normalmente mantêm uma certa quantidade de oxigênio dissolvido. Esse oxigênio é utilizado por peixes e outros animais aquáticos para sua respiração, sendo diretamente responsável pela sobrevivência desses seres. A quantidade de oxigênio dissolvido presente nos corpos d'água é diretamente proporcional à pressão atmosférica e inversamente proporcional à temperatura (ver item 7.3). Por exemplo, a 20 °C e a uma altitude de 720 m (aproximadamente a altitude do rio Tietê na cidade de São Paulo), a máxima quantidade de oxigênio disponível (saturação) nas águas estaria por volta de 8,4 mg/L. A matéria orgânica presente num esgoto médio consome cerca de 300 mg/L de oxigênio dissolvido para ser degradada. Assim, como o consumo é muito maior do que o disponível, existe uma razão de diluição mínima dos esgotos para permitir a vida dos peixes e outros seres.

Quando a matéria orgânica, presente nos esgotos, é lançada num corpo d'água, cria as condições necessárias para o crescimento dos microrganismos decompositores aeróbios que, no entanto, ao se alimentarem dessa matéria orgânica, consomem o oxigênio dissolvido. Quando é grande a quantidade de matéria orgânica disponível na água, geralmente o que limita o crescimento bacteriano é a quantidade de oxigênio disponível. Em certas condições o oxigênio disponível pode vir a se extinguir, criando condições para o crescimento de outros tipos de microrganismos, os facultativos (que se alimentam da matéria orgânica, tanto na presença quanto na ausência de oxigênio dissolvido) e os estritamente anaeróbios, que se alimentam da matéria orgânica, na ausência de oxigênio dissolvido.

O tratamento de esgoto convencional, em nível secundário, pelo processo de lodos ativados, aproveita-se da ação dos microrganismos decompositores aeróbios, sobre a matéria orgânica finamente particulada e sobre a matéria orgânica solúvel, presente no esgoto, após este ter passado pelos decantadores primários. Isso ocorre no reator ou tanque de aeração, onde se introduz ar, visando manter uma certa quantidade de oxigênio dissolvido (normalmente na faixa de 1 a 2 mg/L), criando condições para o crescimento dos microrganismos aeróbios, responsáveis pela decomposição da matéria orgânica. A matéria orgânica solúvel e facilmente assimilável é prontamente absorvida pela massa biológica, sendo que a matéria orgânica finamente particulada e a matéria orgânica dissolvida, mas de cadeias maiores ou de mais difícil degradação, sofrem inicialmente a ação de enzimas exógenas (expelidas pelos microrganismos). No reator, os microrganismos se agrupam aos milhares, nos chamados flocos biológicos. Após absorverem a matéria orgânica, se lançados num corpo d'água, começariam a morrer, servindo de alimento a outros, e continuariam a causar problemas de depleção do oxigênio dissolvido. No reator, a matéria orgânica somente passou de inanimada a célula viva. É necessário, portanto, que os flocos

Microrganismos e sua importância ambiental

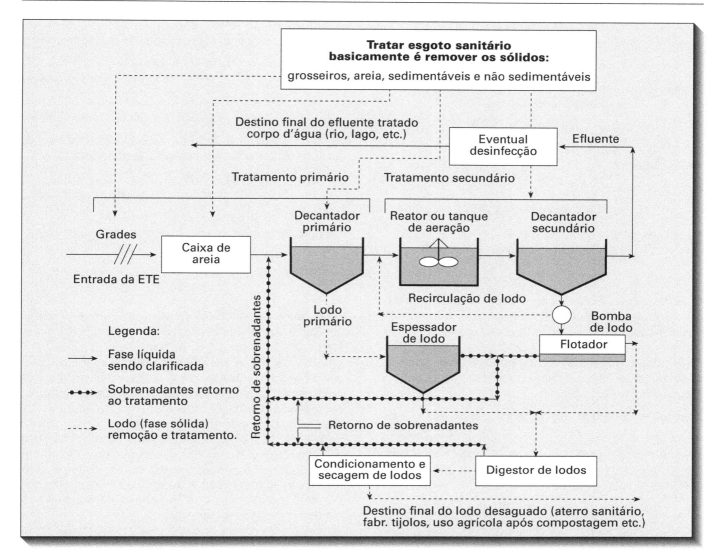

Figura 7.2 Esquema do tratamento de esgoto por lodos ativados convencional.

biológicos sejam removidos, o que é feito no decantador secundário. Os flocos biológicos removidos no decantador secundário são chamados de lodo biológico ou lodo secundário. No processo de lodos ativados, procura-se manter uma grande quantidade de microrganismos no reator, para que a matéria orgânica seja mais rapidamente absorvida, diminuindo o volume necessário dessa unidade. Consegue-se isso pela recirculação de uma parte do lodo removido.

Os microrganismos, responsáveis pela decomposição da matéria orgânica são também chamados de heterótrofos saprófitas. Suas principais características são:

Microrganismos heterótrofos saprófitas:

Alimentam-se da matéria orgânica em processo de decomposição, para obtenção de energia e síntese de novas células. Ex.: bactérias, protozoários, fungos etc.

- utilizam água, substâncias simples e substâncias complexas na sua nutrição e síntese de novas células;

- são capazes de decompor substâncias complexas (proteínas) em substâncias mais simples (aminoácidos) por ação enzimática exógena;

- obtém energia basicamente pela oxidação da glicose;

- são também chamados microrganismos "decompositores" ou "enzimáticos" ou "consumidores de energia"

Respiração dos microrganismos heterótrofos:

Aeróbios utilizam o oxigênio molecular O_2 livre ou O. D.

- No interior da célula microbiológica ocorre a seguinte reação:

$$C_6H_{12}O_6 + 6O_2 \rightarrow 6CO_2 + 6H_2O + \text{energia (673 Kcal)}$$

(glicose; consomem oxigênio; liberam gás carbônico)

Anaeróbios vivem em ambientes sem oxigênio livre (Fig. 7.3).

Estágio 1 — fermentação ⇒ microrganismos hidrolíticos e fermentativos:

$$C_2H_{12}O_6 \Leftrightarrow 2CO_2 + 2C_2H_5OH$$

Estágio 2 — formação de hidrogênio ⇒ bactérias acetanogênicas:

$$2C_2H_5OH + 2H_2O \Leftrightarrow 2CH_3COOH + 4H_2$$

Estágio 3 — formação de metano ⇒ bactérias metanogênicas:

- pela redução do CO_2

$$\Rightarrow CO_2 + 4H_2 \Leftrightarrow CH_4 + 2H_2O$$

- pela descarboxilação do acetato

$$\Rightarrow 2CH_3COOH \Leftrightarrow 2CH_4 + 2CO_2$$

Observação: as bactérias redutoras de sulfato produzem: acetato, H_2 e sulfetos, que são usados pelas bactérias metanogênicas. Dependendo da concentração de sulfato, podem atuar como bactérias acetanogênicas, favorecendo o processo ou competindo com as bactérias metanogênicas por nutrientes, neste caso, inibindo a metanogênese.

Facultativos: podem viver com ou sem oxigênio livre.

Em resumo, na degradação da matéria orgânica, enquanto houver oxigênio dissolvido ⇒ agem os microrganismos aeróbios.

$$C_6H_{12}O_6 + 6O_2 \rightarrow 6CO_2 + 6H_2O + E^{673kcal}$$
(condições aeróbias)

quando estiver terminando o oxigênio dissolvido (<0,5 mg/L) ⇒ agem os microrganismos facultativos

$$C_6H_{12}O_6 + 6O_2 \rightarrow 6CO_2 + 6H_2O+ + E^{673kcal}$$
(condições aeróbias)

$$2NO_3^- + 2H^+ \rightarrow N^2 \uparrow + 2,5O_2 + H_2O$$
(condições anóxicas - desnitrificação)

Após o consumo de todo o oxigênio dissolvido e dos nitratos ⇒ agem os microrganismos anaeróbicos

$$CH_3COOH + SO_4^{2-} + 2H^+ \rightarrow H_2S + 2H_2O + 2CO_2$$
(condições anaeróbias - dessulfatação)

$$4H_2 + CO_2 \rightarrow CH_4 + 2H_2O$$
(condições anaeróbias - metanogênese hidrogenotrófica)

$$CH_3COOH \rightarrow CH_4 + CO_2$$
(condições anaeróbias - metanogênese acetotrófica)

O processo anaeróbio é mais lento que o processo aeróbio e normalmente produz mau cheiro pela intensa formação de gases (H_2S, mercaptanas, escatóis). No entanto, mesmo nas ETEs que utilizam o processo aeróbio por lodos ativados convencionais, normalmente a degradação do lodo (primário e secundário) é feita por processos anaeróbios, para economia de energia. Em algumas estações de menor porte, a degradação do lodo pode ser feita por processos aeróbios. São os denominados processos por aeração prolongada. Existem alguns processos de tratamento anaeróbio de esgotos, mas que apresentam uma eficiência menor. No entanto, são bastante econômicos e têm um subproduto combustível, o gás metano (ver seção 9.9).

Quanto ao efluente líquido da ETE, deve-se ressaltar que há casos em que um melhor nível de tratamento é necessário com tratamentos complementares ou terciários, não somente para eliminação de organismos patogênicos presentes em grande número, mas também pela presença dos chamados nutrientes: (nitrogênio nas formas amoniacal e nitrato, fósforo, potássio etc.), além de elementos potencialmente tóxicos (EPTs), não removidos no tratamento (caso de esgoto sanitário em que tenha havido lançamento de efluentes industriais não previamente tratados).

Os organismos patogênicos são responsáveis pela disseminação de doenças em homens e animais que venham a ingerir ou ter contato com essa água. Podem ser eliminados em lagoas de maturação (Capítulo

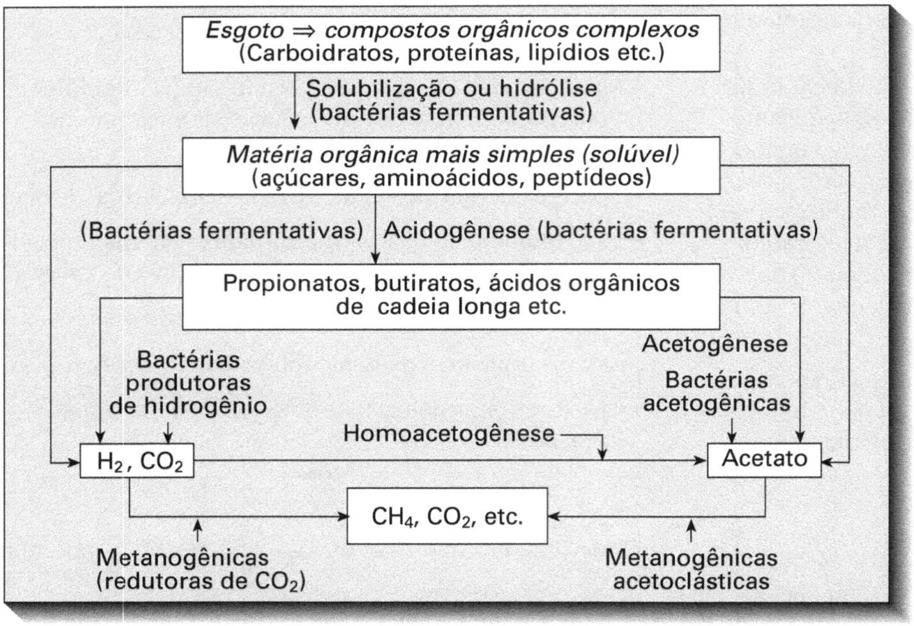

Figura 7.3 Esquema da decomposição da matéria orgânica por microrganismos anaeróbios. Fonte: Adaptado de Daltro Filho, 1992.

9.6) ou por diversos processos de desinfecção. Alguns cientistas e técnicos não recomendam a simples cloração do efluente das ETEs por causa da possível formação de substâncias carcinogênicas, tais como os trihalometanos e outros (ver Capítulo 10).

Já os elementos potencialmente tóxicos que causam maiores preocupações são: o arsênio, o cádmio, o cobre, o chumbo, o cromo, o mercúrio, o níquel, o molibdênio, o selênio e o zinco, altamente danosos ao próprio tratamento e ao meio ambiente (ver seção 7.14). A eliminação dos EPTs exige processos especiais, geralmente não inclusos nas ETEs em nível secundário. Os metais solúveis, por exemplo, exigiriam tratamentos químicos para sua precipitação e consequente remoção.

Quanto à eliminação dos nutrientes, existem alguns tratamentos biológicos complementares (desnitrificação para o nitrogênio, por exemplo), e outros processos que se utilizam produtos químicos. Os nutrientes, lançados nos corpos d'água, podem ser responsáveis pela proliferação exagerada de outros tipos de microrganismos, os chamados microrganismos autótrofos (algas). Esse fenômeno ocorre nas águas eutrofizadas (com nutrientes) e podem causar sérios problemas nas Estações de Tratamento de Água (entupimentos de filtros, sabor e odor etc.). No entanto, podem, de forma controlada, desempenhar uma função muito importante, principalmente nas lagoas de estabilização, como poderá ser visto na seção 9.6.

7.2.2 Ação dos microrganismos autotróficos na natureza

Microrganismos autótrofos ⇒ produzem o próprio alimento. Ex.: algas

- utilizam água, CO_2 e nutrientes na produção de novas células;
- fonte de energia: a luz solar;
- síntese: fotossíntese.

$$6CO_2 + 6H_2O \xrightarrow[\text{clorofila}]{\text{luz solar}} C_6H_{12}O_6 + 6O_2$$

(consomem gás carbônico / liberam oxigênio)

- são os chamados "acumuladores de energia".

Na natureza, a introdução e dissolução do oxigênio nas águas ocorre de duas diferentes maneiras: fisicamente e biologicamente.

Fisicamente: a introdução do oxigênio nas águas é uma decorrência da pressão atmosférica. Assim, a maior introdução de oxigênio se dá ao nível do mar, e quanto maior a altitude, menor a introdução de oxigênio. Já a dissolução é diretamente proporcional ao grau de turbulência das águas. Assim, um rio de grande turbulência tem uma maior capacidade de reaeração e vice-versa.

Biologicamente: a introdução de oxigênio se dá pela atividade fotossintética dos microrganismos autótrofos (algas). Estes utilizam elementos inorgânicos: água, CO_2 e nutrientes (nitrogênio, fósforo, potássio etc.), para o seu crescimento e nutrição e liberam o oxigênio, O_2. Numa água poluída por matéria orgânica, após esta ter sido mineralizada, sobram nutrientes que possibilitam o florescimento de algas. Para isso, é necessário que haja luminosidade suficiente em profundidade para que as algas possam se desenvolver. Existem processos de tratamento (lagoas facultativas) que, de forma controlada, utilizam as características dos microrganismos autótrofos e heterótrofos, promovendo o tratamento do esgoto sem introdução externa de oxigênio. Nesse processo, os organismos heterótrofos decompõem a matéria orgânica, liberando CO_2 e nutrientes, então utilizados pelas algas, que por sua vez, liberam o oxigênio necessário para a respiração dos heterótrofos, num ciclo fechado e completo.

7.2.3 Microrganismos mais importantes no tratamento biológico de esgotos

Bactérias: (são certamente os microrganismos mais importantes).

- Reino: monera.
- A maioria é unicelular procarionte (desprovida de núcleo central).
- A maioria se reproduz por divisão celular (a cada 20 ou 30 min.).

Caso não haja empecilhos ⇒ após 12 horas ⇒ de uma bactéria são geradas:

16.777.216 (valor teórico)

- Tamanho: de 0,5 a 1,0 μm (1 μm = 10^{-6} m), podendo ser considerada como partícula coloidal.
- Constituição:

  $\begin{cases} 80\% \text{ água} \\ 20\% \text{ sólidos} \end{cases}$ $\begin{cases} 90\% \text{ orgânicos} \\ 10\% \text{ inorgânicos} \end{cases}$

- Fórmula química: $C_5H_7O_2N$, em que 53% em peso é carbono.

- Faixa de temperaturas:

  criófilas → de –2°C a 30°C (faixa ótima 12 a 18 °C).

  mesófilas → de 20°C a 45°C (faixa ótima 25 a 40 °C).

  termófilas → de 45 °C a 75 °C (faixa ótima: 55 a 65 °C).

- Nutrição: absorção de nutrientes através da membrana celular.
- Filamentosas → indesejáveis no processo de lodos ativados.
- Faixa ótima de pH → entre 6,5 e 7,5 pH < 6,5, proliferam os fungos.

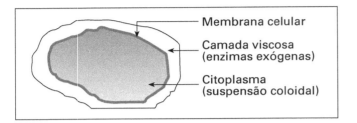

Algas

- Podem ser uni ou pluricelulares.
- São *eucariontes* (ou seja, possuem núcleo celular – exceção: algas azuis).
- Indesejáveis em mananciais: conferem cor, sabor e odor desagradáveis, entopem os filtros das ETAs – Estações de Tratamento de Água para Abastecimento.
- São importantes nos processos de tratamento de esgotos através de lagoas facultativas e nas lagoas para piscicultura (servem de alimento aos peixes).
- São normalmente autótrofas fotossintetizantes.
- Consomem CO_2 da água, causando a elevação do pH do meio.
- À noite não produzem oxigênio, mas consomem-no para sua própria respiração.
- De dia produzem muito mais O_2 do que consomem.
- Apresentam crescimento exagerado em águas eutrofizadas ("adubadas" com nutrientes).

Fungos

- Sob certas condições aparecem, mas são indesejáveis (no tratamento de esgotos por lodos ativados); a maioria dos fungos é filamentosa.
- A maioria dos fungos é estritamente aeróbia, isso permite o seu controle por anaerobiose temporária;
- pH < 6,5 (ótimo: 5,6). Outra forma de controle (aumento do pH.)
- Efluentes com baixos teores de nitrogênio: favorecem o aparecimento de fungos na unidade de tratamento. Uma outra forma de controle: aumentar os níveis de nitrogênio, possibilitando o desejável crescimento bacteriano.

Outros microrganismos

Protozoários

- Alimentam-se de bactérias dispersas. No decantador secundário isso se torna uma vantagem, uma vez que bactérias dispersas (não aderentes ao floco biológico) não sedimentam e acabam saindo com o efluente tratado.
- Toxicidade por metais pesados. A morte desses microrganismos pode ser um indicador da ocorrência de produtos tóxicos (principalmente metais tóxicos).
- Quanto mais diversificada a população, melhor para lodos ativados. Essa diversidade é indicativa de um bom tratamento.

Rotíferos

- Multicelulares heterótrofos aeróbios.
- Apresentam locomoção através de cílios.
- Alimentam-se de quaisquer partículas orgânicas em suspensão.
- Sua presença no efluente de uma ETE indica eficiência no tratamento.

7.2.4 Limites para poluentes causadores de inibição no tratamento biológico

Algumas substâncias, quando presentes no esgoto sanitário acima de determinados limites, são prejudiciais ao tratamento biológico, pois afetam a vida dos microrganismos responsáveis por esse tratamento (vide Tabela 7.6).

7.2.5 Microrganismos patogênicos

Os microrganismos patogênicos aparecem no esgoto a partir dos excretas de indivíduos doentes. Segundo a CETESB (1991-a), *apud* Cavalcanti (1999), a pesquisa e a identificação dos microrganismos patogênicos na água é praticamente inviável, devido à complexidade dos procedimentos de análise, do custo elevado e do longo tempo para se obter resultados. Na Tab. 7.7 são apresentadas as principais espécies de microrganismos presentes na flora fecal humana.

As bactérias do grupo coliforme, por estarem presentes, em grande número, no trato intestinal humano e de outros animais de sangue quente, sendo eliminadas em grande número pelas fezes, constituem o indicador de contaminação fecal mais utilizado em todo o mundo, sendo empregadas como parâmetro bacteriológico básico, na definição de padrões para monitoramento da qualidade das águas destinadas ao consumo humano, bem como para a caracterização e avaliação da qualidade das águas em geral.

TABELA 7.6 Limites para poluentes causadores de inibição do processo de lodos ativados

Poluentes	Concentrações limites (mg/L)	
	Na remoção carbonácea	No processo de nitrificação
Alumínio	15 - 26	—
Amônia	480	—
Arsênio	0,1	—
Borato - boro	0,05 - 1,00	—
Cádmio	10 - 100	—
Cromo hexavalente	1 - 10	0,25
Cromo trivalente	50	—
Cobre	1,0	0,005 - 0,5
Cianetos	0,1 - 5,0	—
Ferro	1.000,0	—
Manganês	10,0	—
Magnésio	—	50,0
Mercúrio	0,1 - 5,0	—
Níquel	1,0 - 2,5	0,25
Prata	5,0	—
Sulfato	—	500,0
Zinco	0,8 - 10,0	0,08 - 0,5
Fenol	200,0	4,0 - 10,0
cresol	—	4,0 - 16,0
2-4 dinitrofenol	—	150,0

Fonte: WPCF (1977), *apud* Metcalf e Eddy (1991).

TABELA 7.7 Principais espécies de microrganismos existentes na flora fecal humana

Classificação	Espécies	Valores Médios (UFC/g)*
Bactérias aeróbias gram-negativas (coliformes)	*Escherichia coli* *Citrobacter* *Klebsiella* *Enterobacter*	4×10^8 1×10^6 5×10^4 1×10^5
Bactérias aeróbias gram-positivas	*Enterococcus* *Staphylococcus* *Bacillus*	2×10^8 8×10^6 3×10^4
Bactérias anaeróbias gram-negativas	*Bacterióides* *Lactobacillus*	1×10^{10} 1×10^9
Bactérias anaeróbias gram-positivas	*Clostridium*	4×10^6
Leveduras	—	5×10^4
Bolores	—	4×10^4
Total de bactérias aeróbias		7×10^8
Total geral de bactérias		$1,5 \times 10^{11}$

(*) UFC = unidade formadora de colônias. Fonte: Cavalcanti (1999).

Ainda segundo Cavalcanti, (1999), 95% dos coliformes exitentes nas fezes humanas e de outros animais são de *Escherichia coli*. Normalmente, esses microorganismos não existem em águas não poluídas. Alguns membros do grupo coliforme podem ocorrer, às vezes com relativa abundância, no solo e mesmo em plantas (*Citrobacter*, *Enterobacter* e *Klebsiella*), mas, ainda assim, as águas não poluídas, praticamente não apresentam essa bactéria.

Segundo a CETESB (1991-a), *apud* Cavalcanti (1999), os organismos coliformes são definidos como bacilos gram-negativos, aeróbios ou anaeróbios facultativos, não formadores de esporos, que fermentam a lactose com produção de ácido e gás em 24-48 horas e à temperatura de 35 °C. Neste grupo estão incluídos os gêneros: *Escherichia*, *Citrobacter*, *Enterobacter* e *Klebsiella*. Segundo Cavalcanti (1999), a OMS – Organização Mundial de Saúde afirma ainda que esses microrganismos podem crescer na presença de sais biliares e outros compostos ativos de superfície, com propriedades similares de inibição de crescimento, fermentam a lactose com produção de aldeído, ácido e gás à temperatura de 35 °C, em 24-48 horas, oxidase negativos.

A legislação brasileira indica para os coliformes totais e fecais (ou termotolerantes), os limites padrões apresentados na Tab. 7.8.

7.3 Oxigênio dissolvido na água e sua importância ambiental

Conforme visto na seção 2.3.7 do Capítulo 2, as leis que governam a solubilidade dos gases nas águas são as leis de Henry e de Dalton, já enunciadas, em decorrência das quais a concentração de equilíbrio do oxigênio na água é expressa por:

$$C_{e,O_2} = p_{O_2} \cdot \alpha_{O_2}$$

A Tab. 7.9 apresenta valores da concentração de saturação de O_2, para várias condições de temperatura e pressão atmosférica. Por exemplo, a 20 °C e sob pressão atmosférica de 1 atmosfera (nível do mar), tem-se:

P_{O_2} = pressão parcial do $O_2 = p_{atm} \times 0,21$ (21% = volume relativo do O_2 no ar)

α_{O_2} = coeficiente de solubilidade do

$O_2 = 43,8$ mg/L × atm (a 20 °C)

$C_{e,O_2} = 0,21$ atm × 43,8 mg/L · atm = 9,2 mg/L

TABELA 7.8 Limites legais para coliformes totais e fecais (ou termotolerantes), nos corpos de água doce								
Parâmetro	Unidades	Padrões de qualidade dos corpos d'água conforme suas classes (CONAMA 357/2005)				Padrões de qualidade dos corpos d'água conforme suas classes (Decreto Estadual Paulista 8468/76)			
		Classe 1	Classe 2	Classe 3	Classe 4	Classe 1	Classe 2	Classe 3	Classe 4
Coliformes totais	org/100mL	NF	NF	NF	NF	NF	5.000	20.000	NF
Coliformes fecais	org/100mL	200	1.000	4.000	NF	NF	4.000	4.000	NF

Observação: NF = valor "não fixado"; (1) A Resolução CONAMA 357/2005 não permite lançamento de efluentes, mesmo tratados, nas águas de classe especial. O Decreto Estadual Paulista 8468/76 faz a mesma restrição para águas da classe 1. Fontes: Adaptado a partir da Resolução CONAMA 357/2005 e Decreto Estadual Paulista 8468/76.

Essa concentração de equilíbrio depende da temperatura, já considerada nos valores de α_{O_2} da Tab. 7.9, e também da pressão atmosférica local que é função da altitude e pode ser estimada pela equação 4.30 (seção 4.4.5), abaixo expressa:

$$P_{\text{atm local}} = \frac{P_{\text{atm nível do mar}}}{e^x}$$

onde: $e = 2{,}71828$

x = altitude local ÷ 8,4 (em km)

Von Sperling (1997) apresenta uma equação empírica que permite o cálculo de saturação de O_2 em água limpa, para qualquer temperatura, ao nível do mar:

$$C_{e,O_2} = 14{,}652 - 0{,}41022 \cdot T + 0{,}00799 \cdot T^2 - 0{,}000077774 \cdot T^3,$$

onde: T é a temperatura em °C e sempre na altitude 0 (ao nível do mar)

Do ponto de vista legal, as concentrações limites são apresentadas na Tab. 7.10. A concentração de 4,0 mg O_2/L é um limite abaixo do qual pode haver morte de peixes. Alguns mais resistentes, como a tilápia, suportam concentrações menores, enquanto outros mais exigentes, como a truta, necessitam de pelo menos 7,0 mg O_2/L.

TABELA 7.9 Concentração de equilíbrio de oxigênio dissolvido na água limpa				
Temperatura (°C)	Altitude (m)	Pressão atmosférica local (atm)	Coeficiente de solubilidade - α_{O_2} (mg/L × atm)	Concentração de saturação de O_2 (mg/L)
0°	0	1,0000	70,4	14,6
	500	0,9422		13,8
	1.000	0,8878		13,0
	1.500	0,8364		12,2
10°	0	1,0000	52,8	11,1
	500	0,9422		10,4
	1.000	0,8878		9,8
	1.500	0,8364		9,3
20°	0	1,0000	43,8	9,2
	500	0,9422		8,7
	1.000	0,8878		8,2
	1.500	0,8364		7,7
30°	0	1,0000	34,3	7,2
	500	0,9422		6,8
	1.000	0,8878		6,4
	1.500	0,8364		6,0

7.4 Demanda Bioquímica de Oxigênio – DBO

A DBO – Demanda Bioquímica de Oxigênio é a quantidade de oxigênio dissolvido, necessária aos microrganismos, na estabilização da matéria orgânica em decomposição, sob condições aeróbias. Num efluente: quanto maior a quantidade de matéria orgânica biodegradável maior é a DBO. No teste de medição, a amostra deve ficar incubada a 20 °C, durante cinco dias (ver Standard Methods, 1998). O teste da DBO surgiu na Inglaterra e, segundo se diz, 20 °C seria a temperatura média dos rios ingleses, e 5 dias, o tempo médio que a maioria dos rios ingleses levariam para ir desde a nascente até o mar. As correções para DBO_{total}, também chamadas de DBO_{ult}, e para outras temperaturas podem ser estimadas da seguinte maneira:

$$DBO_{5dias} \cong 0{,}68 \, DBO_{ult}$$
(valor válido para esgoto doméstico)

$$DBO_{T°C} = DBO_{20°C} \times k^{(T°C - 20°C)} \quad k = 1{,}047$$
(para esgoto doméstico)

onde: $DBO_{T°C}$ = DBO a uma temperatura qualquer

As amostras, utilizadas no teste da DBO, são normalmente diluídas com água destilada, pois a relação entre a DBO de um esgoto médio (por volta de 300 mg/L) e o OD de saturação na água é variável em função da temperatura e da altitude do local (ver Tab. 7.9), entre os valores: 6,0 mg/L (a 1.500 m de altitude e à temperatura de 30 °C) e 14,6 mg/L (ao nível do mar e à temperatura de 0 °C). Assim, se o OD de saturação local for de 10 mg/L, por exemplo, a razão de diluição é de pelo menos 30 vezes. Por esse motivo, em função das condições de amostragem e também por não se conseguir uma boa homogeneidade das amostras, o teste da DBO não é algo em que se possa confiar cegamente. Dessa forma, para a obtenção de bons resultados, é necessário a coleta de amostras de hora em hora, misturadas e mantidas à temperatura de 5 °C, antes do teste. Deve-se ainda fazer vários testes para a mesma amostragem, com razões de diluição diferentes e com valores próximos uns dos outros. O teste da DBO é feito da seguinte maneira:

- aera-se uma certa quantidade de água destilada até a saturação;
- mede-se a quantidade de OD (oxigênio dissolvido) dessa água (em mg/L);
- em recipiente próprio para o teste da DBO, com capacidade para 300 mL, coloca-se uma certa quantidade de esgoto (medido de forma a se ter a necessária diluição). O esgoto sanitário já possui uma certa quantidade de microrganismos que irão crescer em número e oxidar a matéria orgânica. Alguns despejos industriais podem necessitar de sementes, caso não contenham microrganismos. O mesmo acontece com os nutrientes necessários ao crescimento dos microrganismos; o esgoto sanitário já os possui, mas certos despejos industriais podem necessitar a adição de nutrientes;
- completa-se o recipiente com a água destilada aerada;
- anota-se OD inicial;
- coloca-se em incubadora durante 5 dias → a 20 °C;
- mede-se OD final;
- calcula-se a DBO_{5-20} = $(OD_{inic} - OD_{final})$ × razão de diluição.

A curva típica da DBO (Fig. 7.4) pode ser obtida medindo-se o OD de uma determinada amostra ao longo do tempo. Percebe-se que a DBO, em decorrência da oxidação da matéria orgânica, atinge um valor máximo denominado DBO_{ult}. Por volta do 10.° dia e a partir daí, se houver condições para o crescimento das bactérias nitrificantes, haverá também consumo de oxigênio, devido à nitrificação, que é a oxidação do nitrogênio amoniacal $N-NH_3$ para nitrogênio na forma de nitrato $N-NO_3^-$. A maneira como ocorrem essas reações é a seguir esquematizada:

7.4.1 DBO carbonácea

$$M.O. + O_2 \rightarrow CO_2 + H_2O + MODD + \text{nutrientes (P, K e N-NH}_3)$$

onde: M.O. = matéria orgânica e
MODD = matéria orgânica de difícil degradação.

		colspan="4" Padrões de qualidade dos corpos d'água conforme suas classes (CONAMA 357/2005)	colspan="4" Padrões de qualidade dos corpos d'água conforme suas classes (Decreto Estadual Paulista 8468/76)
Parâmetro	**Unidade**	Classe 1	Classe 2	Classe 3	Classe 4	Classe 1	Classe 2	Classe 3	Classe 4
O.D.	mg O_2/L	≥ 6	≥ 5	≥ 4	≥ 2	NF	≥ 5	≥ 4	≥ 0,5

TABELA 7.10 Limites legais para oxigênio dissolvido "OD" nos corpos de água doce

Observação: NF = valor "não fixado"; (1) A Resolução CONAMA 357/2005 não permite lançamento de efluentes, mesmo tratados, nas águas de classe especial. O Decreto Estadual Paulista 8468/76 faz a mesma restrição para águas da classe 1. Fonte: Resolução CONAMA 357/2005 e Decreto Estadual Paulista 8468/76.

7.4.2 DBO devido à nitrificação: ocorre em duas etapas

Primeira etapa: transformação da amônia em nitrito, por meio das bactérias nitrossomonas, com consumo de 3 moléculas de O_2 para cada 2 moléculas de NH_3. Deve-se notar que há liberação de 2 moléculas de H^+, ou seja, há consumo da alcalinidade do meio, podendo vir a baixar o valor do pH.

$$2NH_3 \overset{\text{amônia}}{} + 3O_2 \xrightarrow[\text{nitrossomas}]{\text{bactérias}} 2NO_2^- \overset{\text{nitrito}}{} + 2H^+ + 2H_2O$$

Segunda etapa: transformação do nitrito em nitrato, por meio das bactérias nitrobacter, com consumo de 1 molécula de O_2 para cada 2 moléculas de NO_2^-.

$$2NO_2^- + O_2 \xrightarrow[\text{nitrobacter}]{\text{bactérias}} 2NO_3^- \overset{\text{nitrato}}{}$$

Para se comparar a DBO e a vazão de um efluente com o OD disponível e a vazão de um determinado corpo d'água receptor, utilizam-se os conceitos de carga de DBO e de $OD_{max\ disp}$.

7.4.3 Carga de DBO: produto da DBO pela vazão média do efluente

Exemplo:

$DBO_5 = 250$ mg/L (para determinado esgoto) e vazão = 500 L/s

Carga de DBO = 250 mg/L × 500 L/s = = 25.000 mg/s = 10.800 kg/dia

$OD_{max\ disp}$ = produto do OD_{sat} pela vazão Q_{7-10} do corpo d'água

Normalmente utiliza-se, para essa verificação, a vazão correspondente à média das vazões mínimas de sete dias consecutivos e com tempo de recorrência TR = 10 anos. O OD_{sat} é a máxima concentração de oxigênio dissolvido que o corpo d'água pode manter em equilíbrio, nas suas condições de temperatura e pressão atmosférica.

Exemplo:

O Rio Tietê, na sua passagem pela cidade de São Paulo, teria, para água limpa, à temperatura de 20 °C e altitude de 720 m (DAEE, 1998), o OD_{sat} de 8,4 mg/L. Não existem dados disponíveis de vazões mínimas desse rio que permitam calcular a vazão Q_{7-10} na região. A SABESP, no seu Projeto de Despoluição do rio Tietê, cita dados de vazões médias da ordem de 82,2 m³/s. No entanto, medições esporádicas de vazão efetuadas pela CETESB (1995-a), nos dão conta de uma vazão mínima de 69,8 m³/s, ocorrida em setembro de 1991, no posto 2050,

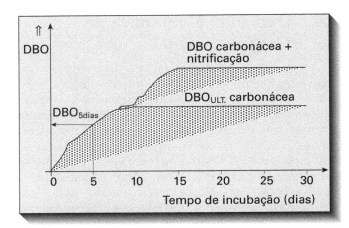

Figura 7.4 Curva típica da DBO.

situado em Pirapora. Sabe-se que os dados de vazões mínimas Q_{7-10} seriam bem menores que este valor e, portanto, mais críticos em termos de disponibilidade de oxigênio, mas com a vazão mínima acima, ter-se-ia uma disponibilidade máxima de O.D. (água limpa), da seguinte ordem:

$OD_{max\ disp} = 69.800$ L/s · 86.400 s/dia · 8,4 · 10^{-6} kg · O_2/L = 50.658 Kg O_2/dia

7.4.4 DBO *per capita*

Trata-se do valor médio de DBO produzido por habitante e por dia. É utilizado em pré-cálculos, quando não se tem ainda muita informação sobre as características do esgoto. Um valor bastante utilizado é 54 g DBO/hab × dia, citado por Karl Imhoff. Com esse dado é também possível estimar a carga de DBO produzida pela população de uma cidade. A experiência brasileira, num estudo realizado pela empresa Hazen e Sawyer, nos anos de 1965-1966, é apresentada na Tab. 7.11.

Nesse estudo, a área total pesquisada foi de 8.500 ha, a população esgotada da ordem de 1.200.000 habitantes. A concentração média de DBO_{5-20} foi de 250 mg/L e a $DBO_{per\ capita}$ média foi de 60 g/hab · dia (Afini Jr., 1989). Apesar de ser um estudo realizado há bastante tempo, pode servir como exemplo para o cálculo a seguir realizado.

Exemplo:

Para uma população de 19.000.000 habitantes, estimada atualmente para a RMSP, ter-se-ia uma carga de DBO, lançada diariamente nos corpos d'água da região:

Carga de DBO (RMSP) = 0,060 kg DBO/hab · dia × 19.000.000 hab = 1.140.000 kg DBO/dia

Portanto, pode-se observar que a carga de DBO, nas condições acima enunciadas (1.140.000 kg DBO/dia), é cerca de 22,5 vezes maior do que o $OD_{máx\ disp}$ calculado como sendo de 50.658 kg O_2/dia, para a vazão mínima

TABELA 7.11 Valores de DBO/CAPITA na cidade de São Paulo			
Zona de estudo	Área de abrangência (ha)	População (n. de habitantes)	DBO/CAPITA (g/hab · dia)
Leopoldina	3.400	850.000	59
Santa Cecília - Av. Rudge	380	105.000	72
Bela Vista	476	95.000	75
Indianópolis	1.394	95.000	49
Jd. América, Cidade Jardim/Corr. Verde	2.380	180.000	73
Ipiranga (incluindo vazões industriais)	200	22.000	100
Rua Tucumã (capacidade do vertedor excedida)	75	3.500	67
Santo Amaro	63	8.500	101
Vila Maria	152	22.500	75
Cid. Comerciária Getúlio Vargas	23	100.000	44
Traição	500		58

Observação: 1 ha = 10.000 m². Fonte: Adaptado de Afini Jr. (1989).

de 69,8 m³/s, que, como já mencionado, certamente não é a vazão Q_{7-10}. Em resumo, se comparada com a vazão Q_{7-10}, a razão entre a carga de DBO lançada e o $OD_{máx\,disp}$ seria ainda maior.

Um outro aspecto que pode ser analisado é que, mesmo que se conseguisse cumprir a meta de coletar e tratar todo o esgoto da RMSP, nas condições propostas no projeto das ETEs mais recentes, ou seja, com 90% de eficiência na remoção da DBO, ter-se-ia uma carga remanescente de 10% (114.000 kg DBO/dia). Essa carga ainda é cerca de 2,25 vezes maior do que o $OD_{máx\,disp}$. Resumindo, por esse cálculo rápido, observa-se que mesmo que se trate todo o esgoto da RMSP, com eficiência de 90% na remoção de DBO, a carga remanescente ainda é suficiente para deixar o Rio Tietê isento de oxigênio dissolvido, pelo menos nas proximidades desses lançamentos, na maior parte do tempo, em épocas de estiagem.

O valor da $DBO_{per\,capita}$ é também útil na estimativa da população equivalente (em termos de DBO), no caso de efluentes industriais. Por exemplo, se uma determinada indústria, cujo efluente apresente uma DBO = 2.000 mg/L, com uma vazão média de 1 m³/s, lançada na rede, ter-se-ia a seguinte população equivalente:

Carga de DBO = 2 g/L × 1.000 L/s × 86.400 s/dia = 172,8 × 10⁶ g/dia

População equivalente = 172,8 × 10⁶ g/dia ÷ 60 g/hab · dia = 2,88 × 10⁶ habitantes

7.4.5 Limites impostos pela legislação

Do ponto de vista de legislação, a concentração limite de oxigênio dissolvido e a DBO do corpo d'água dependerão da classe em que este está enquadrado (ver Tab. 7.12 e item 7.16 deste capítulo). Nenhum lançamento de efluente, mesmo tratado, poderá alterar os padrões estabelecidos para as diversas classes.

7.5 Demanda química de oxigênio DQO

O teste da DQO visa medir o consumo de oxigênio que ocorre durante a oxidação química de compostos orgânicos presentes numa água. Os valores obtidos são uma medida indireta do teor de matéria orgânica presente.

O teste da DQO (ver Standard Methods, 1998) baseia-se na oxidação dos compostos orgânicos (biodegradáveis e não biodegradáveis), em condições ácidas e sob ação de calor. Utiliza-se, normalmente, como oxidante, o dicromato de potássio ($K_2Cr_2O_7$). As diferenças entre o teste da DBO e da DQO são:

Teste da DBO mede o consumo de oxigênio para oxidar compostos orgânicos biodegradáveis, realizado exclusivamente por microrganismos, sendo que, sob certas condições, mede também a demanda de oxigênio devido a nitrificação (ver item 7.4).

Teste da DQO mede o consumo de oxigênio para oxidar compostos orgânicos, bio e não biodegradáveis, com oxidação exclusivamente química, não sendo afetado pela nitrificação, dando-nos uma indicação apenas da

TABELA 7.12 Limites legais para OD e DBO para os corpos d'água doce

Parâmetro	Unidades	Padrões de qualidade dos corpos d'água conforme suas classes (CONAMA 357/2005)				Padrões de qualidade dos corpos d'água conforme suas classes (Decreto Estadual Paulista 8468/76)			
		Classe 1	Classe 2	Classe 3	Classe 4	Classe 1	Classe 2	Classe 3	Classe 4
$DBO_{5,20}$	mg/L	3	5	10	NF	NF	5	10	5 (3)
OD	mg/L	≥ 6	≥ 5	≥ 4	≥ 2	NF	≥ 5	≥ 4	≥ 0,5

Obs.: NF = valor "não fixado".

(1) A Resolução CONAMA 357/2005 não permite lançamento de efluentes, mesmo tratados, nas águas de classe especial. O Decreto Estadual Paulista 8468/76 faz a mesma restrição para águas da classe 1.

(2) Segundo o Decreto 8468/76, o limite padrão de lançamento da DBO_{5-20} < 60 mg/L pode ser ultrapassado no caso de efluentes de sistemas de tratamento que reduzam a carga poluidora em no mínimo 80%, o que vem sendo muito criticado, pois 80% num efluente industrial poderá resultar numa carga remanescente ainda bastante alta. Nesse aspecto, a Resolução CONAMA 357/2005, apresenta-se mais sensata: "na zona de mistura de efluentes, o órgão ambiental competente poderá autorizar, levando em conta o tipo de substância, valores em desacordo com os estabelecidos para a respectiva classe de enquadramento, desde que não comprometam o usos previstos para o corpo d'água".

(3) O Decreto 8468/76 prevê para as águas de Classe 4, quando utilizadas para abastecimento público, os mesmos limites de concentrações, para substâncias potencialmente prejudiciais, estabelecidos para as águas de Classe 2 e 3.

Fontes: Adaptado a partir da Resolução CONAMA 357/2005 e Decreto Estadual Paulista 8468/76.

matéria orgânica carbonácea. O teste da DQO também não possibilita medir o consumo de oxigênio ao longo do tempo, como no caso da DBO.

Pelo fato de oxidar também os compostos orgânicos não biodegradáveis e, em certos casos também oxidar compostos inorgânicos, para uma mesma amostra, o valor da DQO é sempre maior que o da DBO. A grande vantagem da DQO, com relação à DBO é o tempo de execução. Enquanto o teste da DBO demora cinco dias para ser executado, o teste da DQO é feito em cerca de 3 horas apenas.

A legislação não fixa valores baseados no teste da DQO, tratando-se, portanto, de um teste operacional. Para um determinado efluente, após a obtenção de uma série de dados confiáveis, é possível estabelecer correlações entre a DBO e a DQO, o que possibilita a estimativa da DBO a partir da DQO. Segundo Von Sperling (1996a), para esgotos domésticos brutos, a relação DQO/DBO varia em torno de 1,7 a 2,4. Já os efluentes de tratamentos biológicos costumam apresentar uma relação DQO/DBO maior, chegando a 3,0 ou mais, no caso de efluentes de tratamento biológico por aeração prolongada, em decorrência da progressiva redução da fração biodegradável, que ocorre durante o tratamento. No caso de efluentes industriais, a faixa de valores dessa relação é bastante ampla, variando de acordo com o tipo de indústria.

7.6 Resíduos sólidos nas águas e sua importância ambiental

A presença de resíduos sólidos nas águas, principalmente aqueles resíduos presentes no esgoto sanitário, leva a um aumento da turbidez dessa água, influenciando diretamente na entrada de luz e diminuindo o valor de saturação do oxigênio dissolvido.

7.6.1 Sólidos totais – ST

Trata-se de um teste para verificar a quantidade de resíduos sólidos totais presentes numa amostra de água ou de esgoto. É realizado da seguinte maneira:

- Seca-se uma cápsula de porcelana numa mufla a 550 °C, por 1 hora e, em seguida, esfria-se em recipiente dessecador, fazendo-se a sua pesagem (peso inicial).

- Coloca-se 100 mL (0,1 litro) da amostra a ser analisada na cápsula e seca-se em banho-maria (para tirar a água em excesso).

- Seca-se a seguir em estufa a 105 °C, esfria-se em dessecador.

- Faz-se a pesagem intermediária (cápsula + resíduos secos a 105 °C), repetindo-se a operação até a obtenção de peso constante.

- Calcula-se ST, utilizando-se a equação:

$$ST = \frac{\text{Peso intermediário} - \text{peso inicial}}{0,1 \text{ litro}} = (\text{em mg/L})$$

7.6.2 Sólidos fixos totais – SFT

Trata-se do resíduo final restante na cápsula de porcelana, após esta ter sido submetida à temperatura de 550 °C, por um período mínimo de 1 hora. Pode ser calculado pela expressão:

$$SFT = \frac{\text{Peso final} - \text{peso inicial}}{0,1 \text{ litro}} = (\text{em mg/L})$$

7.6.3 Sólidos voláteis totais – SVT

Trata-se do resíduo que volatiliza, após ter sido submetido à secagem em mufla a 550 °C, por um período mínimo de 1 hora. Calcula-se SVT, utilizando-se a equação:

$$SVT = ST - SFT$$

7.6.4 Sólidos suspensos totais – SST

- Seca-se filtro Whatman GF/C ou similar (estes deixam passar as partículas < 1,2 μm), em forno mufla a 550 °C e, em seguida, esfria-se em dessecador.
- Faz-se a pesagem inicial do filtro (limpo e seco a 550 °C).
- Filtra-se 100 mL (0,1 litro) de esgoto em kitassato e seca-se o filtro + sólidos retidos (chamados sólidos suspensos ou não filtráveis ou insolúveis) a 105 °C.
- Esfria-se em dessecador; repetindo essa operação até peso constante.
- Faz-se a pesagem intermediária (filtro + resíduos secos a 105 °C) e calcula-se SST, utilizando-se a equação:

$$SST = \frac{\text{Peso intermediário} - \text{peso inicial}}{0,1\ \text{litro}} = (\text{em mg/L})$$

7.6.5 Sólidos suspensos fixos – SSF

- Seca-se o filtro + resíduos, em forno mufla, a 550 °C, por 1 hora.
- Esfria-se em dessecador e faz-se a pesagem final (filtro + resíduos secos a 550 °C).
- Calcula-se SSF, utilizando-se a seguinte equação:

$$SSF = \frac{\text{Peso final} - \text{peso inicial}}{0,1\ \text{litro}} = (\text{em mg/L})$$

7.6.6 Sólidos suspensos voláteis – SSV

Trata-se do resíduo que volatiliza, após ter sido submetido à secagem em mufla a 550 °C, por um período mínimo de 1 hora. Calcula-se SVT, utilizando-se a equação:

$$SSV = SST - SFT$$

7.6.7 Sólidos dissolvidos totais – SDT

- Calcula-se SDT, utilizando-se a equação:

$$SDT = ST - SST$$

7.6.8 Sólidos dissolvidos voláteis – SDV

- Calcula-se SDV, utilizando-se a equação:

$$SDV = SVT - SSV$$

7.6.9 Sólidos dissolvidos fixos – SDF

- Calcula-se SDF, utilizando-se a equação:

$$SDF = STF - SSF$$

7.6.10 Distribuição dos sólidos no esgoto bruto

O esgoto bruto costuma apresentar um valor médio de 1.000 mg/L para sólidos totais "ST". A Fig. 7.5 apresenta os valores médios da distribuição da concentração desses sólidos.

7.6.11 Limites impostos pela legislação

A Tab. 7.13 apresenta os limites impostos pela legislação paulista e pela Resolução CONAMA 20/86, para sólidos presentes em águas.

7.7 O nitrogênio e sua importância ambiental

O reservatório natural do nitrogênio é o ar atmosférico, mistura de gases da qual o nitrogênio molecular N_2 aparece na proporção de 78,08% em volume. Na atmosfera, o nitrogênio também aparece (em pequenas quantidades) na forma de amônia NH_3. A remoção do nitrogênio da atmosfera é feita basicamente por esses dois mecanismos:

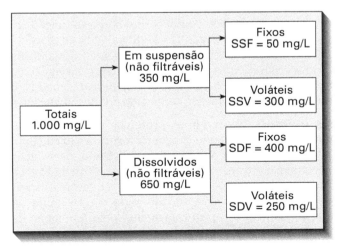

Figura 7.5 Valores médios da concentração de sólidos no esgoto sanitário bruto. Fonte: Von Sperling (1996a).

		TABELA 7.13 Limites legais para sólidos nos corpos de água doce								
Parâmetro	Unidades	Padrões de emissão Decreto: 8468/76	Padrões de qualidade dos corpos de água conforme suas classes (CONAMA 357/2005)				Padrões de qualidade dos corpos de água conforme suas classes (Decreto Estadual Paulista 8468/76)			
			Classe 1	Classe 2	Classe 3	Classe 4	Classe 1	Classe 2	Classe 3	Classe 4
Materiais flutuantes (1)	—	Ausente	V.A.	V.A.	V.A.	V.A.	NF	V.A.	V.A.	NF
Materiais sedimentáveis	mg/L	< 1,0	V.A.	V.A.	V.A.	NF	NF	NF	NF	NF
Sólidos dissolvidos totais	mg/L	NF	500	500	500	NF	NF	NF	NF	NF

Observação: V.A. = virtualmente ausentes; NF = valor "não fixado"; (1) Inclusive espumas não naturais. Fontes: Adaptado a partir da Resolução CONAMA 357/2005 e Decreto Estadual Paulista 8468/76.

descargas elétricas atmosféricas: oxidam N_2 para N_2O_5, que, reagindo com a água da chuva, origina o ácido nítrico HNO_3. Essa, ao precipitar, traz o HNO_3 para o solo.

microrganismos: bactérias fixadoras de nitrogênio (rizóbios) e alguns tipos de algas que conseguem fixar o nitrogênio molecular N_2.

Os seres vivos são altamente dependentes do nitrogênio, uma vez que este está sempre presente na molécula das proteínas animais e vegetais e participam do ciclo do nitrogênio, realizando as transformações a seguir.

As plantas: absorvem o nitrogênio na forma inorgânica; amoniacal (NH_4^+) ou nitrato (NO_3^-), ou ainda na forma orgânica: ureia [$(NH_4)2CO$]. Dentre os chamados nutrientes essenciais, o nitrogênio é o mais importante, pois é absorvido em maior quantidade pelas plantas. Estas o imobilizam em suas proteínas na forma de radicais NH_2 (aminas). Nessa forma imobilizada, o nitrogênio é chamado de "orgânico".

Os microrganismos: de forma geral também absorvem o nitrogênio nas formas de amônia e de nitrato, imobilizando-os na forma de nitrogênio orgânico no protoplasma de sua célula. Sob condições anóxicas (situação em que não existe oxigênio dissolvido na água, mas existe nitrato), alguns microrganismos utilizam, na oxidação da matéria orgânica, o oxigênio presente na molécula do nitrato (NO_3^-), devolvendo o oxigênio molecular N_2 à atmosfera, fenômeno este conhecido por desnitrificação.

Os animais: absorvem as proteínas vegetais ou animais, onde o nitrogênio já está na forma orgânica (imobilizada). Em seus dejetos, de modo geral, os animais restituem o nitrogênio na forma orgânica (imobilizada). Em pouco tempo, porém, sob ação dos microrganismos decompositores, vai sendo liberado o nitrogênio na forma amoniacal e, posteriormente, pelo fenômeno da nitrificação, este passa pelas formas de nitritos e, em seguida, de nitratos, novamente disponíveis para as plantas e microrganismos.

Resumindo, pode-se dizer que a análise qualitativa das diversas formas de nitrogênio ocorrentes na água dá-nos as seguintes indicações:

Nitrogênio orgânico: faz parte das moléculas de proteínas (vegetais ou animais). A sua presença nas águas é característico de poluição recente por esgoto bruto.

Nitrogênio amoniacal: é aquele que já sofreu decomposição pelos microrganismos heterotróficos. Também é característico de poluição relativamente recente.

Nitrito: forma intermediária, de curtíssima duração, após oxidação da amônia (NH_3) pelas bactérias nitrossomonas.

Nitrato: forma oxidada a partir dos nitritos pelas bactérias nitrobacter. É característico de poluição mais antiga. Em 1940, descobriu-se que as águas com alta porcentagem de nitrato causam metemoglobinemia em crianças. A CONAMA 357/2005 fixa para águas classes 1, 2 e 3 o valor máximo de 10 mg/L de $N-NO_3^-$.

Pelos dados apresentados na Tabela 7.14d, e considerando-se que normalmente as águas doces naturais apresentam valores de pH neutros ou levemente ácidos, o fenômeno da amônia livre começa a se tornar preocupante a partir de uma concentração de amônia total da ordem de 3 mg/L. Para águas cujos valores de pH estejam na faixa de 8,0, a amônia total é preocupante a partir de uma concentração de 0,3 mg/L. Para águas cujos valores de pH estejam na faixa de 9,0, a amônia total é preocupante a partir de uma concentração um pouco menor do que 0,1 mg/L. A nova Resolução CONAMA 357/2005, que substituiu a CONAMA 20/1986, corrigiu algumas distorções desta última, comentadas na versão anterior deste livro, ao levar em conta os valores de pH na fixação dos valores-limite para nitrogênio amoniacal total (ver Tabela 7.15).

Deve-se ressaltar ainda, com relação aos níveis de amônia livre, que, em águas calmas de lagos e represas, a presença de nutrientes, tais como o nitrogênio e o

O nitrogênio e sua importância ambiental

TABELA 7.14a Resumo das formas inorgânicas do nitrogênio

−3	NH_3
0	N_2
1	N_2O
2	NO
3	N_2O_3
4	NO_2
5	N_2O_5

Observação: N_2O, NO e NO_2 não reagem com a água e, por isso, têm pouca importância ambiental. A importância dos estados de oxidação é que sua variação pode se dar por interferência microbiológica.

TABELA 7.14b Principais ácidos nitrogenados

Ácido		Ânion correspondente	
Fórmula química	Nome	Fórmula química	Nome
HNO_2	Nitroso	NO_2^-	Nitrito
HNO_3	Nítrico	NO_3^-	Nitrato
HCN	Cianídrico	CN^-	Cianeto
HCNO	Ciânico	CNO^-	Cianato
HCNS	Tiociânico	CNS^-	Tiocianato

TABELA 7.14c Principal base nitrogenada

$NH_4OH \Leftrightarrow NH_4^+ + OH^-$

Observação: O hidróxido de amônio é a única base da química inorgânica, altamente solúvel, mas considerada uma base fraca.

fósforo, favorece o florescimento, às vezes excessivo, de algas e outros vegetais (fenômeno denominado eutrofização). Na realização da fotossíntese pelas algas, o CO_2 presente na água é consumido, fazendo com que o pH dessa água se eleve a valores de 9,0 e até 10,0, criando a possibilidade de aumento dos níveis de amônia livre e a consequente mortandade de peixes.

Os processos convencionais de tratamento de esgoto por lodos ativados, em nível secundário, não removem convenientemente o nitrogênio. Parte do nitrogênio total, existente no esgoto bruto, é removido juntamente com o lodo (o que torna atrativa a sua utilização na melhoria de solos). O nitrogênio restante, geralmente na forma de amônia e nitratos, é lançado juntamente com o efluente tratado. Existem variantes desse processo de tratamento em que se permite a ocorrência da nitrificação (passagem da amônia a nitritos e nitratos) e posterior desnitrificação (passagem do nitrato a nitrogênio molecular N_2), que se desprende para a atmosfera. Os nitritos também são tóxicos, mas o tempo de permanência dessa forma de nitrogênio nas águas é muito curto (este passa rapidamente à forma de nitrato).

A nitrificação é comum em processos de lodos ativados por aeração prolongada, mas a desnitrificação (por ser um processo que se desenvolve em ambiente anóxico em presença de matéria orgânica) às vezes ocorre inoportunamente nos decantadores secundários (fenômeno que atrapalha o processo de sedimentação). Quando se pretende a correta desnitrificação, há necessidade de unidades específicas para essa finalidade, o que já caracteriza um tipo de tratamento terciário.

O íon cianeto (CN^-) é o ânion do cianeto de hidrogênio (HCN), também chamado de ácido cianídrico, considerado um ácido muito fraco, em solução aquosa. O HCN, no entanto, é um gás muito tóxico, usado na

TABELA 7.14d Algumas características da amônia — NH_3

No ar, em ambientes fechados e sob determinadas concentrações, a amônia molecular (NH_3) é um gás tóxico, cancerígeno, podendo até ser letal. Em solução no solo, é absorvida pelas plantas, como nutriente, na forma de íon amônio, pois, na água, dissocia-se: $NH_3 + H^+ \Leftrightarrow NH_4^+$. Essa dissociação é dependente do pH, conforme tabela abaixo. O íon amônio não é tóxico, mas a amônia livre, sim, e esta começa a causar a morte de peixes, para valores de $NH_{3\ livre} > 0,2$ mg/L. Tanto a padronização americana quanto a brasileira fixam o valor máximo de 0,02 mg/L de amônia livre nas águas receptoras. A transformação de amônia em nitrito e depois nitrato (nitrificação) também pode ser a causa de mortandade de peixes, pois consome oxigênio livre das águas.

Valores de pH da água	Concentração de amônia livre (em mg/L) quando a amônia total é				
	= 10 mg/L	= 3 mg/L	= 1 mg/L	= 0,3 mg/L	= 0,1 mg/L
5,0	< 0,001	< 0,001	< 0,001	< 0,001	< 0,001
6,0	0,005	0,002	< 0,001	< 0,001	< 0,001
7,0	0,1	0,02	0,005	0,002	< 0,001
8,0	0,5	0,2	0,05	0,015	0,005
9,0	3,0	0,9	0,3	0,09	0,03
10,0	~ 10,0	~ 3,0	~ 1,0	~ 0,3	~ 0,1

Fonte: Dados adaptados de Sawyer e McCarty (1978).

		TABELA 7.15 Limites legais para pH e nitrogênio nos corpos de água doce								
Parâmetro	Unidades	Padrões de emissão Decreto: 8468/76	Padrões de qualidade para os corpos de água conforme suas classes (CONAMA 357/2005)				Padrões de qualidade para os corpos de água conforme suas classes (Decreto Estadual Paulista 8468/76)			
			Classe 1	Classe 2	Classe 3	Classe 4	Classe 1	Classe 2	Classe 3	Classe 4
pH		5 a 9	6 a 9	6 a 9	6 a 9	6 a 9	NF	NF	NF	NF
Amônia total	mg N/L	5,0	(3)	(3)	(3)	NF	NF	0,5	0,5	(2)
Nitrato	mg N/L	NF	10,0	10,0	10, 0	NF	NF	10, 0	10,0	(2)
Nitrito	mg N/L	NF	1,0	1,0	1,0	NF	NF	1,0	1,0	(2)
Cianeto livre	mg CN/L	NF	0,005	0,005	0,022	NF	NF	NF	NF	(2)
Cianeto total	mg CN/L	0,2	NF	NF	NF	NF	NF	0,2	0,2	(2)

Observação: NF = valor "não fixado".

(1) A Resolução CONAMA 357/2005 não permite lançamento de efluentes, mesmo tratados, nas águas de classe especial. O Decreto Estadual Paulista 8468/76 faz a mesma restrição para águas de Classe 1.

2) O Decreto 8468/76 prevê que no caso das águas de Classe 4 serem utilizadas para abastecimento público, aplicam-se os mesmos limites de concentrações, para substâncias potencialmente prejudiciais, estabelecidos para as águas de Classe 2 e 3.

3) Com relação ao nitrogênio amoniacal total (ou amônia total), a CONAMA 357/2005 fixou os seguintes valores-limite para as águas de Classe 1 e 2: 3,7 mg/L (para pH ≤ 7,5); 2,0 mg/L (para 7,5 < pH ≤ 8,0); 1,0 mg/L (para 8,0 < pH ≤ 8,5) e 0,5 mg/L (para pH > 8,5). Para águas de Classe 3: 13,3 mg/L (para pH ≤ 7,5); 5,6 mg/L (para 7,5 < pH ≤ 8,0); 2,2 mg/L (para 8,0 < pH ≤ 8,5) e 1,0 mg/L (para pH > 8,5).

Fontes: Adaptados a partir da Resolução CONAMA 357/2005 e Decreto Estadual Paulista 8468/76.

execução dos prisioneiros condenados à morte em alguns estados norte-americanos. Sob temperatura ambiente e a pressões ordinárias, apresenta odor de amêndoas amargas (Russel, 1994). Segundo consta, esse gás foi também utilizado pelos nazistas na Segunda Guerra Mundial para a execução de judeus e é também uma das substâncias utilizadas em atos terroristas (vide metrô do Japão). O gás cianídrico age impedindo o processo de oxidação da glicose nas células e paralisa o centro respiratório localizado no cérebro. A máxima concentração permitida em ambientes de trabalho, na maioria dos estados norte-americanos, é de 20 ppm (partes por milhão). A Tab. 7.16 mostra a toxicidade desse gás em diversas concentrações no ar atmosférico.

Segundo Jeffery et al. (1992), deve-se tomar muito cuidado no emprego e na determinação de cianetos nos laboratórios, em virtude da natureza extremamente venenosa que possuem. Em virtude da volatilidade do ácido cianídrico, a solução contendo cianetos não deve ser aquecida, pois libera esse gás para o ambiente. Segundo esses autores, somente os cianetos dos metais alcalinos e alcalinoterrosos (sódio, potássio, por exemplo) são solúveis em água. Essas soluções apresentam reação alcalina, devido à hidrólise: $CN^- + H_2O \rightarrow HCN + OH^-$. Os sais de cianeto de sódio e de potássio são igualmente venenosos, pois interagem com o ácido clorídrico no estômago, gerando o HCN.

Os cianetos costumam ser encontrados nos efluentes de algumas indústrias, tais como as fecularias (fábricas de farinha de mandioca), galvanoplastias e de endurecimento de superfícies metálicas, tais como a cementação líquida, a cianetação e a nitretação. Caso esses efluentes, sem prévio tratamento, sejam lançados nas redes de esgoto sanitário, estes poderão apresentar uma certa concentração de cianetos.

Nas fecularias de mandioca, o cianeto geralmente aparece no líquido de prensagem de certo tipo de mandioca (a chamada "mandioca brava"). O íon cianeto,

TABELA 7.16 Toxicidade do gás cianídrico	
Concentração de HCN no ar atmosférico (em ppm)	Efeitos à saúde humana
2 a 5	Limites de percepção do odor
5 a 10	Limites para o tempo de exposição, 12 horas (OSHA)
20 a 40	Limites para o tempo de exposição, 8 horas (OSHA)
45 a 55	Leves sintomas para um tempo de exposição de algumas horas
100 a 200	Causa a morte após um tempo de exposição a partir de 1 hora
300	Causa a morte instantâneamente

Observação: OSHA – Occupational Safety and Health Administration – (Organização norte-americana de Segurança e Saúde Ocupacional).

Fonte: Adaptado do site da Internet: <www.cyaniderecovery.com>.

neste caso, aparece retido numa molécula complexa, que pode ser quebrada, quando o pH do meio líquido desce a valores abaixo de 5,5, liberando então o gás cianídrico para a atmosfera.

Segundo a CETESB (1997), nas indústrias que fazem capeamento para proteção ou embelezamento de superfícies metálicas com metais mais nobres, tais como o cobre, o zinco, o latão, o cádmio, o níquel, a prata, o cromo etc., genericamente denominadas galvanoplastias, geralmente são utilizados eletrólitos cianídricos, conhecidos por sua excelente capacidade dispersiva. Esses eletrólitos são geralmente utilizados em banhos eletrolíticos dos seguintes metais: cobre (cianeto de cobre e de sódio); cádmio (cianeto de sódio); zinco (cianeto de zinco e de sódio); latão (cianeto de cobre, zinco e de sódio); prata (cianeto de prata e de sódio). A galvanoplastia é o tipo de indústria que deve ser fiscalizada com o maior rigor, pois o não tratamento de seus efluentes causa os maiores danos ao meio ambiente, não só por causa dos cianetos, mas também pela grande concentração de íons de elementos potencialmente tóxicos (principalmente os chamados metais pesados) que esses efluentes contêm.

Também as empresas, ou mesmo as seções de determinadas empresas metalúrgicas, que fazem o tratamento para endurecimento do aço, que é geralmente utilizado na confecção de ferramentas e outras aplicações, utilizam banhos contendo cianetos. Segundo Chiaverini (1996), o banho cianídrico é utilizado na cementação líquida, na qual se utiliza o cianeto de sódio, na cianetação e também na nitretação (cujos banhos apresentam uma maior concentração de cianetos do que a cementação líquida), e nas quais, também se utiliza o cianeto de sódio.

7.8 O fósforo e sua importância ambiental

O fósforo é parte integrante do protoplasma das células dos microrganismos, constituindo-se num dos elementos essenciais para a síntese bacteriana. Nas ETEs é importante manter a relação carbono/nitrogênio/fósforo (CNP) próxima de 100:5:1, para garantir o crescimento bacteriano. O esgoto doméstico já contém uma concentração suficiente de nitrogênio e fósforo para garantir essa relação. Em média, o esgoto doméstico contém de 6 a 20 mg/L de fósforo. O fósforo é também um dos nutrientes essenciais as plantas. Essas geralmente recebem adubação em excesso, pois o fósforo reage facilmente com outros elementos do solo, tornando-se imobilizado (indisponível). Assim como o nitrogênio, o fósforo causa problemas de eutrofização de lagos. Atualmente é o elemento mais visado quando se quer combater a eutrofização. Além de fazer parte de algumas proteínas existentes nas fezes humanas, o fósforo é encontrado na maioria dos detergentes domésticos.

As formas de ocorrência do fósforo são:

- ortofosfatos (PO_4^{3-}, HPO_4^{2-} e H_3PO_4);
- polifosfatos (2 ou mais átomos de fósforo, juntamente com átomos de oxigênio e/ou átomos de hidrogênio) ⇒ ou seja: molécula complexa;
- fosfatos orgânicos ⇒ moléculas complexas - proteínas.

O método mais utilizado na determinação do fósforo é o seguinte:

- Os ortofosfatos podem ser analisados por espectrometria (métodos colorimétricos). Ex.: pela adição de molibdato de amônia, que confere cor ao reagir com o ortofosfato (ver Standard Methods, 1998).
- Os polifosfatos e fosfatos orgânicos são antes convertidos a ortofosfatos.

Assim como o nitrogênio, o fósforo não é totalmente removido nos processos convencionais de lodos ativados, ou seja, parte do fósforo é removido com o lodo, mas o restante sai juntamente com o efluente tratado. Algumas ETEs provêm o tratamento a nível terciário, com a finalidade de remoção desse elemento. A legislação limita a concentração de fosfato total nas águas das diversas classes. A Resolução CONAMA 357/2005, diferentemente da CONAMA 20/86 que a precedeu, estabeleceu valores-limite para fósforo total (vide Tabela 7.17), para três diferentes ambientes aquáticos: **ambiente lêntico (1)**, que se refere às massas de água parada, com movimento lento ou estagnado, como ocorre em lagos ou represas; **ambiente intermediário (2)**, com tempo de detenção entre 2 e 40 dias, e tributários diretos de ambiente lêntico e **ambiente lótico (3)**, que se refere às águas continentais em movimento (como os rios), incluindo os tributários de ambientes intermediários.

7.9 O enxofre e sua importância ambiental

O enxofre é um dos nutrientes essenciais às plantas. Sua presença no esgoto, em condições anaeróbias, pode gerar o gás sulfídrico (H_2S). Os maiores problemas desse gás são a alta toxicidade e o ataque aos materiais com os quais permanece em contato. O H_2S apresenta cheiro característico de ovo podre. O sistema olfativo humano começa a perceber esse odor a partir de 0,0047 mg/L. Em concentrações acima de 250 mg/L no ar atmosférico, é um gás letal (muito temido nas refinarias de petróleo). Quando gerado no sistema de coleta de esgoto, este fica retido na parte superior da tubulação e, ao reagir com a umidade presente, transforma-se em ácido sulfúrico, podendo destruir a tubulação se esta for de concreto ou de ferro (a manilha de barro e o PVC não são atacados). O H_2S ficará disponível na atmosfera livre do tubo sempre

TABELA 7.17 Limites legais para fósforo total nos corpos de água doce										
Parâmetro	Unidades	Padrões de emissão Decreto: 8468/76	Padrões de qualidade para os corpos de água conforme suas classes (CONAMA 357/2005)				Padrões de qualidade para os corpos de água conforme suas classes (Decreto Estadual Paulista 8468/76)			
			Classe 1	Classe 2	Classe 3	Classe 4	Classe 1	Classe 2	Classe 3	Classe 4
Fósforo total (1)	mg/L P	NF	0,020	0,030	0,050	NF	NF	NF	NF	NF
Fósforo total (2)	mg/L P	NF	0,025	0,050	0,075	NF	NF	NF	NF	NF
Fósforo total (3)	mg/L P	NF	0,100	0,100	0,150	NF	NF	NF	NF	NF

Observação: NF – valor "não fixado".
(1) Ambientes lênticos.
(2) Ambientes intermediários, com tempo de detenção de 2 a 40 dias, e tributários diretos de ambientes lênticos.
(3) Ambientes lóticos e tributários diretos de ambientes intermediários.
Fontes: Adaptado a partir da Resolução CONAMA 357/2005 e do Decreto Estadual Paulista 8468/76.

que a produção de sulfetos exceder a absorção de O_2 na superfície do líquido. Esse fenômeno pode ocorrer principalmente em regiões de climas quentes, nas tubulações que apresentam baixas declividades, em poços de visita obstruídos e também nas estações elevatórias de esgotos, onde o esgoto às vezes fica armazenado por certo período de tempo. As condições citadas são comuns em cidades litorâneas brasileiras (vide Fig. 7.6). As principais reações, para a formação do H_2S, nos sistemas de coleta de esgoto, são:

- geração de sulfetos a partir do sulfato e através de ação bacteriana $SO_4 \Rightarrow S^{2-}$;

- transformação química do sulfato no gás

  H_2S: $S^{2-} + 2H^+ \Rightarrow H_2S$ (em meios ácidos).

Nos tratamentos anaeróbios de esgoto ou de lodo, o excesso de sulfatos pode ser um elemento inibidor do processo metanogênico, o que é indesejável nesse tipo de tratamento (ver seção 9.4.5). A Tab. 7.18 apresenta os limites legais para sulfatos e sulfetos (gás sulfídrico não dissociado), nos corpos d'água das diversas classes.

Os sulfatos presentes nas águas de abastecimento, em altas concentrações, costumam causar efeitos laxantes nos seres humanos. Deve-se lembrar que o sulfato de alumínio é o reagente usual no tratamento dessas águas. A Resolução CONAMA 357/2005 fixa em 250 mg/L a concentração limite nas águas das classes 1 a 3 (Tab. 7.18).

7.10 O gás natural e sua importância ambiental

O chamado gás natural, na verdade, é uma mistura de gases, resultante da biodegradação anaeróbia da matéria orgânica (ver item 7.2). O metano (CH_4) é um gás combustível, que aparece nessa mistura, na proporção de 60 a 70% em volume e o gás carbônico (CO_2), na proporção de 30 a 40%. Além destes, podem ocorrer o gás sulfídrico (H_2S) e outros gases (mercaptanas, escatóis etc.), em proporções menores. O gás natural é também conhecido como gás do pântano.

A mistura do metano com o ar atmosférico, na proporção de 6%, é chamada de "grisu" e nessa concentração se torna autoinflamável. Acidentes sérios já ocorreram com esse gás nas minas de carvão e de outros minérios. Cuidados especiais devem ser tomados em poços de visita dos sistemas de coleta de esgoto, nas estações de bombeamento de esgoto, e nas ETEs, onde houver possibilidade de ocorrência ou mesmo da manutenção de anaerobiose do esgoto. Por conter um gás combustível, o gás natural pode ser captado e utilizado no aqueci-

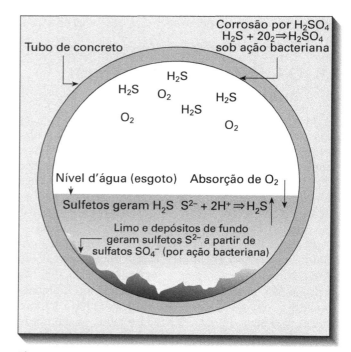

Figura 7.6 Esquema da corrosão de tubos de concreto em redes de esgotos sanitários. Fonte: Sawyer e Mc Carty (1978).

TABELA 7.18 Limites legais para sulfatos e H₂S nos corpos de água doce

Parâmetro	Unidades	Padrões de emissão Decreto: 8468/76	Padrões de qualidade para os corpos de água conforme suas classes (CONAMA 357/2005)				Padrões de qualidade para os corpos de água conforme suas classes (Decreto Estadual Paulista 8468/76)			
			Classe 1	Classe 2	Classe 3	Classe 4	Classe 1	Classe 2	Classe 3	Classe 4
Sulfatos	mgSO₄/L	NF	250	250	250	NF	NF	NF	NF	NF
Sulfetos (H₂S ND)	mg S/L	NF	0,002	0,002	0,3	NF	NF	NF	NF	NF

Observação: NF – valor "não fixado", ND – "não dissociado". Fontes: Adaptado a partir da Resolução CONAMA 357/2005 e do Decreto Estadual Paulista 8468/76.

mento de digestores anaeróbios (visando aumentar sua eficiência), ou mesmo purificado, pela remoção do CO_2, e utilizado em veículos automotores. Essa experiência já foi feita na SABESP, no auge da crise do petróleo, ocorrida na década de 1970, quando os veículos dessa empresa circulavam, tendo o gás metano, gerado nos digestores anaeróbios das ETEs Pinheiros e Leopoldina, como combustível.

Já o gás carbônico é a principal fonte de carbono para as plantas. Estas, ao realizarem a fotossíntese, fecham o ciclo degradação-síntese da matéria orgânica. Trata-se de um gás que, em princípio, não causa nenhum dano direto à saúde dos seres vivos. É gerado em qualquer processo de oxidação da matéria orgânica, seja aeróbia ou anaeróbia, e também na queima de combustíveis, tais como os derivados de petróleo, lenha, carvão etc. Nos últimos tempos, esse gás tem causado apreensão no meio científico e nos ambientalistas, dado ao aumento excessivo de sua geração, em contraste com a diminuição de sua utilização pelas plantas. Isso se deve ao alto grau de destruição das florestas, aliada à exagerada utilização dos derivados de petróleo nos veículos e nas áreas industriais, gerando um desequilíbrio de sua presença na atmosfera, onde aparece na proporção média aproximada de 0,03%.

O gás carbônico é responsável pelo chamado efeito estufa, ou seja, retenção de calor na atmosfera, ao impedir que uma parte da radiação solar que atinge a Terra seja refletida para o espaço. Essa retenção de calor é um fenômeno positivo, pois mantém a temperatura da Terra numa faixa razoável, permitindo a manutenção da vida no planeta. No entanto, os cientistas temem que o citado desequilíbrio, na proporção do gás carbônico na atmosfera, possa levar a um progressivo aumento da temperatura média do planeta, levando ao degelo das calotas polares, com o consequente aumento do nível dos mares.

7.11 A alcalinidade das águas e sua importância ambiental

A alcalinidade é a medida da capacidade de uma determinada água neutralizar ácidos. A alcalinidade é, portanto, a responsável pela manutenção dos valores de pH próximos de 7 nas águas naturais. Esse fenômeno é considerado um fator positivo, pois a maioria dos seres aquáticos se adapta melhor a um valor de pH próximo ao valor neutro. Segundo Sawyer e Mc Carty (1978), nas águas naturais a alcalinidade é causada pela presença das seguintes substâncias:

- Hidróxidos OH^-;
- Carbonatos CO_3^{2-}; } principalmente por essas três substâncias
- Bicarbonatos HCO_3^-;
- Boratos;
- Silicatos;
- Fosfatos;
- Ácidos orgânicos;
- Outros ácidos: acético, propiônico e sulfídrico (anaerobiose).

A Fig. 7.7 apresenta as principais formas de alcalinidade que podem estar presentes na água, relativas a uma alcalinidade total de 100 mg/L de $CaCO_3$, em função do pH dessa água. O equilíbrio da concentração de CO_2 dissolvido na água, ou seja, a sua passagem da atmosfera para a água e a sua saída da água para a atmosfera é a chave para manutenção dos valores de pH numa faixa próxima a 7 (pH neutro), nas águas naturais. Assim, se houver tendência a subir os valores de pH, o CO_2 é absorvido da atmosfera. Se a tendência for baixar o pH, o CO_2 é expulso da água para a atmosfera e assim o valor do pH se mantém próximo ao valor neutro.

A determinação da alcalinidade das águas é feita por titulação com ácido sulfúrico. Por convenção, o resultado é dado em mg/L $CaCO_3$. Numa água ou efluente que estiver com o pH alto, mede-se a quantidade de ácido sulfúrico gasta para se atingir o valor 8,3.

Este é o ponto onde todos os hidróxidos e carbonatos transformam-se em bicarbonatos. Continua-se adicionando o ácido até atingir o pH 4,5, que é o ponto de passagem

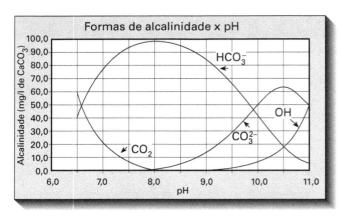

Figura 7.7 Formas de alcalinidade x pH Fonte: Sawyer e Mc Carty (1978).

dos bicarbonatos para ácido carbônico. A soma dos valores de alcalinidade obtidos é a chamada alcalinidade total dessa água (ver Standard Methods, 1998).

7.12 Óleos e graxas e sua importância ambiental

Sob a denominação óleos e graxas estão incluídas as gorduras, as graxas, os óleos, tanto os de origem vegetal quanto animal e principalmente os derivados de petróleo. Além de uma certa porcentagem existente nas fezes humanas, no esgoto sanitário essas substâncias são provenientes das cozinhas domésticas, restaurantes, postos de lavagem e lubrificação de veículos, garagens etc.

Quando em grande concentração podem ser causa de entupimento de redes de esgoto. No esgoto sanitário são encontrados na faixa de 50 a 150 mg/L.

Nas ETEs, parte dessas substâncias é separada nos decantadores primários ou em unidades de flotação (quando existentes). No entanto, a grande maioria das estações não faz a remoção final desse material, que acaba sendo misturado ao lodo a ser tratado nos digestores anaeróbios.

Essas substâncias, se em grande quantidade, causam problemas nos digestores, pois formam uma densa camada de escuma na superfície, atrapalhando o processo de biodegradação do lodo. Se essas gorduras não são degradadas no digestor anaeróbio e seguem para as unidades de desidratação de lodo, podem também dificultar essa operação.

Por outro lado, nem toda gordura é separada do esgoto nos decantadores primários. Apreciáveis quantidades permanecem no esgoto clarificado, na forma de uma emulsão finamente dividida. Durante o subsequente ataque biológico, nas unidades de tratamento secundário (lodos ativados, filtros biológicos etc.), os agentes emulsificantes são geralmente destruídos.

Quebrando-se a emulsão, as partículas de gordura tornam-se novamente livres para se aglutinarem em partículas maiores. Nas unidades de tratamento biológico deve-se evitar concentrações de óleos e graxas acima de 20 mg/L, para evitar a morte dos microrganismos responsáveis pelo tratamento. Essas substâncias costumam envolver os flocos biológicos, impedindo a entrada de oxigênio e causando a morte das células bacterianas, por asfixia.

Nos tanques de decantação secundária, essas partículas se juntam na superfície, conferindo um aspecto desagradável a essas unidades e podem, inclusive, sair com o efluente tratado, se não forem tomados os devidos cuidados.

A determinação analítica dessas substâncias é feita por extração com solventes (éter de petróleo, hexano ou triclorotrifluoretano), em meio ácido e com aquecimento das amostras em dispositivos denominados Soxhlet (ver Standard Methods, 1998). Na Tab. 7.19 são apresentados os limites impostos pela legislação para óleos e graxas.

7.13 Cloretos e sua importância ambiental

Os cloretos, mesmo em razoáveis concentrações, não são nocivos aos seres humanos, a não ser o cloreto de sódio, que causa hipertensão. No entanto, em concentrações acima de 250 mg/L, conferem à água um gosto salgado, nada agradável.

Os problemas ambientais acarretados pelos cloretos estão relacionados com o potencial osmótico, que afetam a vida dos seres aquáticos de água doce.

Por exemplo, o sapo, se mantido numa água salgada, perderá toda a água de seu corpo por osmose, morrendo por desidratação.

Pela osmose a água passa de um meio líquido de menor concentração de sais para outro de maior concentração, buscando atingir o equilíbrio.

No esgoto sanitário, os cloretos aparecem numa concentração próxima a 15 mg/L. A Resolução CONAMA 357/2005 e o Decreto Estadual Paulista 8468/76 não fixam valores-limite para cloretos.

A determinação analítica de cloretos normalmente é feita por métodos potenciométricos, com eletrodos seletivos para cloretos (ver Standard Methods, 1998).

7.14 Os metais e sua importância ambiental

Os metais, quando na forma solúvel, ou mais propriamente falando, na forma catiônica, podem entrar

TABELA 7.19 Limites legais para óleos e graxas nos corpos de água

Parâmetro	Unidades	Padrões de emissão Decreto: 8468/76	Padrões de qualidade para os corpos de água conforme suas classes (CONAMA 357/2005)				Padrões de qualidade para os corpos de água conforme suas classes (Decreto Estadual Paulista 8468/76)			
			Classe 1	Classe 2	Classe 3	Classe 4	Classe 1	Classe 2	Classe 3	Classe 4
Óleos e graxas	mg/L	≤ 100(1)	V.A.	V.A.	V.A.	(2)	NF	V.A.	V.A.	NF

Observação: V.A. — virtualmente ausentes e NF = valor não fixado. (1) Minerais: 20 mg/L; vegetais e gorduras animais: 50 mg/L. (2) Toleram-se iridescências (que geram efeitos das cores do arco-íris). Fontes: Adaptado a partir da Resolução CONAMA 357/2005 e do Decreto Estadual Paulista 8468/76.

na cadeia alimentar humana e de outros animais ao serem absorvidos primariamente por plantas e microrganismos. Na sua grande maioria, em pequenas concentrações, estes são necessários ao metabolismo dos organismos vivos. Porém, em concentrações maiores, são geralmente tóxicos. Assim é que o cálcio, o magnésio e o potássio, por exemplo, são considerados macronutrientes essenciais para as plantas, ou seja, estas os absorvem do solo em razoável quantidade. Já o cobre e o zinco, por exemplo, fazem parte da lista dos chamados micronutrientes, necessários em pequenas concentrações, mas tóxicos em maiores concentrações. Por incluir o arsênio e às vezes outros elementos, há uma tendência mais recente de se incluir os metais na chamada classe dos EPTs (elementos potencialmente tóxicos). Na Fig. 7.8 são apresentadas as diversas formas em que os metais ocorrem na natureza.

Em geral, os metais aparecem no esgoto sanitário em pequenas concentrações. No entanto, quando este recebe efluentes industriais sem prévio tratamento, os metais podem aparecer em grandes concentrações, principalmente nos efluentes de curtumes (cromo hexavalente), galvanoplastias (cádmio, cromo, níquel, cobre, zinco, prata etc.). No tratamento biológico do esgoto, alguns metais podem ser tóxicos aos microrganismos responsáveis pela biodegradação da matéria orgânica. Os metais complexados ou aqueles absorvidos nas células dos microrganismos normalmente são retirados do líquido nos tanques de sedimentação (ou seja, junto com o lodo primário e secundário). Uma outra parte, na forma iônica, poderá sair juntamente com o efluente tratado e, nesse caso, constituir-se em ameaça aos seres aquáticos do corpo d'água receptor. A Tab. 7.20 mostra os riscos que alguns desses metais apresentam.

A Tab. 7.21 apresenta os limites legais para os EPTs, de acordo com a classe de cada corpo de água doce.

Principalmente quando em pequenas concentrações, a determinação de metais é feita em duas etapas. Numa primeira etapa deve-se levar todo o metal presente na amostra à forma iônica, pela solubilização, para numa segunda etapa fazer-se a detecção. A solubilização é feita pela digestão ácida (com ácidos fortes: nítrico, sulfúrico etc.), e sob calor. A detecção de metais totais é feita em equipamentos sofisticados. Uma vez que esses métodos não são muito divulgados, far-se-á um resumo do método 3010 (USEPA, 1986-a), utilizado na preparação de amostras aquosas, para análise de metais totais nos espectrômetros tipos FLAA (Flame Atomic Absortion Spectrometry) e ICP (Inductively Coupled Argon Plasma Emission Spectrometry).

As amostras preparadas pelo método acima podem ser analisadas nos citados equipamentos, na detecção da quantidade presente dos seguintes elementos: alumínio, arsênio, bário, berilo, cádmio, cálcio, cromo, cobalto, cobre, chumbo, ferro, magnésio, manganês, molibdênio, níquel, potássio, selênio, sódio, tálio, vanádio e zinco. Dos elementos citados, 9 são considerados potencialmente perigosos (EPT) pela legislação americana. São eles, o arsênio, o cádmio, o cromo, o cobre, o chumbo, o molibdênio, o níquel, o selênio e o zinco. Além desses citados, também o elemento mercúrio é considerado um EPT, sendo que essa metodologia não é utilizada na sua detecção, uma vez que as amostras contendo mercúrio não podem ser aquecidas, por ser o mercúrio muito volátil. O método 3010 da EPA não é adequado para amostras a serem analisadas em equipamentos do tipo GFAA (Graphite Furnace Atomic Absorption Spectrometry), uma vez que o ácido clorídrico pode causar interferências durante a atomização da amostra no forno.

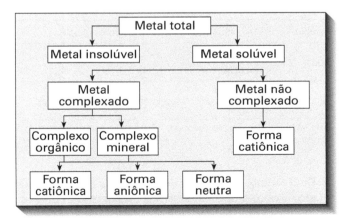

Figura 7.8 Formas de ocorrência dos metais na natureza. Fonte: Adaptado de Di Bernardo (1993).

TABELA 7.20 Riscos associados aos EPTs para a sáude pública e fauna aquática

Elemento	Problemas de saúde pública associados ao elemento	Problemas com a fauna aquática associados ao elemento	Limite potabilidade Port. 518/2004
Alumínio	No organismo humano afeta a absorção do fósforo, causando fraqueza, doenças nos ossos e anorexia; o mal de Alzheimer tem sido também associado ao alumínio.	NP	0,2 mg/L
Arsênio	Afeta o sistema cardiovascular e é considerado cancerígeno.	NP	0,01 mg/L
Bário	Estimula os sistemas neuromuscular e cardiovascular, contribuindo para a hipertensão.	NP	0,7 mg/L
Cádmio	É tóxico, causa disfunções renais e pode ser cancerígeno.	NP	0,005 mg/L
Cromo	Cromo trivalente é essencial do ponto de vista nutricional, não tóxico e pobremente absorvido pelo organismo. O cromo hexavalente é altamente tóxico, afetando seriamente os rins e o sistema respiratório.	Pode-se dizer que afetam da mesma maneira os peixes e os microrganismos.	0,05 mg/L de cromo total
Cobre	Pode causar danos funcionais ao fígado e aos rins.	Compostos de cobre são utilizados no combate à proliferação de algas e aos moluscos da esquistossomose. Concentrações de 0,7 a 0,8 mg/L já são tóxicas aos peixes. A microfauna é afetada a partir de 1,0 mg/L.	2,0 mg/L
Cianeto	É facilmente absorvido pela língua, trato gastrointestinal e pele; pode se combinar com o citocromo e evitar o transporte de oxigênio.	1,0 mg/L de cianeto combinado com níquel (níquel-cianeto) é mais tóxico aos peixes e microrganismos em pH baixo do que 1.000 mg/L com pH 8,0.	0,07 mg/L
Chumbo	Causa vários problemas no sangue e no funcionamento dos rins, interfere no metabolismo da vitamina D e, em altas doses, é considerado provável cancerígeno.	Alguns peixes morrem sob concentrações de 0,1 a 0,4 mg/L, outros resistem a até 10 mg/L. A presença desse metal em concentrações acima de 0,3 mg/L reduz sensivelmente o número de espécies e de organismos.	0,01 mg/L
Mercúrio	Causa disfunções renais e afeta irreversivelmente o sistema nervoso central, podendo ocasionar a morte.	NP	0,001 mg/L
Molibdênio	Pode causar danos ao fígado, rins etc.; ao contrário de outros metais, ioniza-se sob pHs alcalinos.	NP	NF
Níquel	Pode causar alterações nas células sanguíneas.	Ver item cianeto	NF
Selênio	Pode causar danos ao fígado rins e coração.	NP	0,01 mg/L
Sódio	Está associado à hipertensão e agravamento de doenças renais.	Problemas associados ao potencial osmótico.	NF
Zinco	Causa falhas no crescimento e perda do paladar.	O zinco é tóxico aos peixes. São escassas as experiências com outros organismos aquáticos.	5,0 mg/L

Observação: NP = não pesquisado e NF = valor não fixado. Fontes: Adaptado de Di Bernardo (1993) e Branco (1978) e Portaria 518/2004 do M.S. (Ministério da Saúde).

Em resumo, no método 3010, uma mistura de HNO_3 (ácido nítrico) com a amostra a ser analisada é colocada em refluxo num béquer tipo *Griffin*, coberto com um vidro de relógio estriado. Esse passo é repetido com porções adicionais de HNO_3 até que a solução digerida apresente uma coloração brilhante. Após a diminuição de volume por aquecimento, a amostra é colocada em refluxo com HCl (ácido clorídrico). No caso de secamento completo, a amostra deve ser descartada. Caso contrário, deve ser diluída novamente com água destilada

TABELA 7.21 Limites legais para EPTs nos corpos de água doce

Parâmetro	Unidades	Padrões de emissão Decreto: 8468/76	Padrões de qualidade para os corpos de água conforme suas classes (CONAMA 357/2005)				Padrões de qualidade para os corpos de água conforme suas classes (Decreto Estadual Paulista 8468/76)			
			Classe 1	Classe 2	Classe 3	Classe 4	Classe 1	Classe 2	Classe 3	Classe 4
Alumínio dissolvido	mg Al/L	NF	0,1	0,1	0,2	NF	(1)	NF	NF	(2)
Arsênio total	mg As/L	0,2	0,01	0,01	0,033	NF	(1)	0,1	0,1	(2)
Bário total	mg Ba/L	5,0	0,7	0,7	1,0	NF	(1)	1,0	1,0	(2)
Berílio total	mg Be/L	NF	0,04	0,04	0,1	NF	(1)	NF	NF	(2)
Boro total	mg B/L	5,0	0,5	0,5	0,75	NF	(1)	NF	NF	(2)
Cádmio total	mg Cd/L	0,2	0,001	0,001	0,01	NF	(1)	0,01	0,01	(2)
Chumbo total	mg Pb/L	0,5	0,01	0,01	0,033	NF	(1)	0,1	0,1	(2)
Cobalto total	mg Co/L	NF	0,05	0,05	0,2	NF	(1)	NF	NF	NF
Cobre dissolvido	mg Cu/L	1,0	0,009	0,009	0,013	NF	(1)	NF	NF	(2)
Cobre total	mg Cu/L	NF	NF	NF	NF	NF	(1)	1,0	1,0	(2)
Cromo total	mg Cr/L	5,0	0,05	0,05	0,05	NF	(1)	0,05	0,05	(2)
Estanho	mg Sn/L	4,0	NF	NF	NF	NF	(1)	2,0	2,0	(2)
Ferro dissolvido	mg Fe/L	15,0	0,3	0,3	5,0	NF	(1)	NF	NF	NF
Lítio total	mg Li/L	NF	2,5	2,5	2,5	NF	(1)	NF	NF	NF
Manganês total	mg Mn/L	NF	0,1	0,1	0,5	NF	(1)	NF	NF	NF
Manganês solúvel	mg Mn/L	1,0	NF	NF	NF	NF	(1)	NF	NF	NF
Mercúrio total	mg Hg/L	0,01	0,0002	0,0002	0,002	NF	(1)	0,002	0,002	(2)
Níquel total	mg Ni/L	2,0	0,025	0,025	0,025	NF	(1)	NF	NF	NF
Prata total	mg Ag/L	0,02	0,01	0,01	0,05	NF	(1)	NF	NF	NF
Selênio total	mg Se/L	0,02	0,01	0,01	0,05	NF	(1)	0,01	0,01	(2)
Urânio total	mg U/L	NF	0,02	0,02	0,02	NF	(1)	NF	NF	NF
Vanádio total	mg V/L	NF	0,1	0,1	0,1	NF	(1)	NF	NF	NF
Zinco total	mg Zn/L	5,0	0,18	0,18	5,0	NF	(1)	5,0	5,0	NF

Observação: NF – valor "não fixado".

(1) A Resolução CONAMA 357/2005 não permite lançamento de efluentes, mesmo tratados, nas águas de classe especial. O Decreto Estadual Paulista 8468/76 faz a mesma restrição para águas da Classe 1.
(2) O Decreto 8468/76 prevê que, no caso das águas de Classe 4 serem utilizadas para abastecimento público, aplicam-se os mesmos limites de concentrações, para substâncias potencialmente prejudiciais, estabelecidos para as águas de Classe 2 e 3.

Fontes: Adaptado a partir da Resolução CONAMA 357/2005 e Decreto Estadual Paulista 8468/76.

(ASTM tipo II), para ser posteriormente analisada nos equipamentos citados. Para mais detalhes do método 3010, ver USEPA (1986-a). Nesse documento, da United States Environmental Protection Agency, são também descritos outros métodos, tais como o de n. 3050, destinado à preparação de amostras para detecção de metais em sedimentos, lodos e solos, e cuja posterior detecção pode ser feita em FLAA, GFAA e ICP.

7.15 Os fenóis e sua importância ambiental

O fenol (C_6H_5OH) pode ser encontrado nos estados sólido e líquido, principalmente em efluentes de empresas que produzem resinas ou compostos fenólicos para uso em desinfetantes e agentes antissépticos. É também utilizado como solvente. Como exemplo dessa utilização podem-se citar as refinarias de petróleo, onde é utilizado para extração de aromáticos. Nas estações de tratamento de efluentes das refinarias de petróleo, por ser o fenol uma substância extremamente tóxica aos microrganismos, responsáveis pelo tratamento biológico, tais efluentes passam por intensa aeração antes de entrarem no reator biológico, com a finalidade de eliminar essa substância. No esgoto sanitário normalmente não são encontrados fenóis em concentrações elevadas, a não ser que existam empresas, tais como as citadas anteriormente, lançando efluentes sem prévio tratamento, nas redes públicas de esgoto.

O fenol está aqui sendo citado por sua extrema toxicidade. É classificado com o grau de insalubridade máximo pela NR-15, por ser também uma substância de muito fácil absorção pelas vias digestiva, respiratória e cutânea.

Quando ingerido, provoca ardor intenso na boca e garganta, seguido de dor abdominal por efeitos corrosivos. Uma vez no organismo humano, o fenol, em sua maior parte, é oxidado ou complexado com os ácidos sulfúrico, glucorônico e outros, sendo eliminado na urina como fenol complexado ou conjugado. Uma pequena porção do fenol é eliminada como fenol livre. Os efeitos tóxicos dessa substância estão diretamente relacionados com a concentração sanguínea do fenol livre, que exerce uma ação predominante sobre os centros nervosos, provocando palidez, suor frio, fraqueza muscular, tremores, convulsão, pulso débil e lento, cianose (extremidades arroxeadas), podendo levar a morte por insuficiência respiratória.

O vapor fenólico tem odor característico, penetrante, podendo causar náuseas, irritação das vias respiratórias e corrosão dos tecidos. O limite de tolerância no Brasil é de 4 mg/L (NR-15). A exposição a concentrações elevadas pode provocar taquipneia (aceleração da respiração), broncopneumonia, bronquite, edema pulmonar e parada respiratória. No sistema nervoso central provoca inicialmente excitação, seguida de convulsões e inconsciência devido à depressão. No sangue provoca metemoglobinemia (doença do sangue azul). O contato do líquido fenólico com a pele e as mucosas pode produzir irritação, queimaduras, inflamação, eczemas, descoloração, necrose e até gangrena. A absorção dessa substância pela pele é muito rápida e provoca os mesmos efeitos da absorção por vias digestivas e respiratórias.

Na Tab. 7.22 são apresentados os limites legais para fenóis nos corpos de água doce.

7.16 Leis, regulamentações e normas (federal e estadual paulista)

7.16.1 Legislação Federal

Na Tab. 7.23 apresenta-se um histórico da legislação federal sobre qualidade das águas. Como se poderá notar, as questões ambientais estão amplamente amparadas por leis, resoluções e normas. O que acontece, no Brasil, é que a legislação geralmente não é cumprida, nem mesmo pelos concessionários da coleta e disposição final do esgoto sanitário.

7.16.2 Legislação no Estado de São Paulo

Na Tab. 7.24 é apresentado um histórico da legislação paulista sobre qualidade das águas. Deve-se notar que, em termos de controle da poluição, a legislação paulista antecedeu a legislação federal. O Decreto Estadual n. 8468/76 foi promulgado 10 anos antes da CONAMA 20/86, que tratava do mesmo assunto em nível federal. Como se sabe, tal Deliberação foi substituída pela CONAMA 357/2005. Esta é atualmente o principal instrumento de controle da qualidade das águas superficiais, em nível federal; no âmbito estadual (São Paulo), o Decreto 8468/76.

Nos itens anteriores (7.3 a 7.15), deste capítulo relacionaram-se os principais parâmetros, sua importância e seus limites, quando regulamentados pelos dois instrumentos citados. É importante destacar também, em nível estadual (São Paulo), o Decreto 10755/77, modificado pelo Decreto 39173/94 que classifica os corpos d'água de todo o Estado.

TABELA 7.22 Limites legais para fenóis nos corpos de água doce

Parâmetro	Unidades	Padrões de emissão Decreto: 8468/76	Padrões de qualidade para os corpos de água conforme suas classes (CONAMA 357/2005)				Padrões de qualidade para os corpos de água conforme suas classes (Decreto Estadual Paulista 8468/76)			
			Classe 1	Classe 2	Classe 3	Classe 4	Classe 1	Classe 2	Classe 3	Classe 4
Fenól (C$_6$H$_5$OH)	mg/L	0,5	0,003	0,003	0,01	NF	NF	0,001	0,001	(2)

NF = valor "não fixado";

(1) A Resolução CONAMA 357/2005 não permite lançamento de efluentes, mesmo tratados, nas águas de classe especial. O Decreto Estadual Paulista 8468/76 faz a mesma restrição para águas da Classe 1.
(2) O Decreto 8468/76 prevê que no caso das águas de Classe 4 serem utilizadas para abastecimento público, aplicam-se os mesmos limites de concentrações, para substâncias potencialmente prejudiciais, estabelecidos para as águas de Classe 2 e 3.

Fonte: Adaptado a partir da Resolução CONAMA 357/2005 e Decreto Estadual Paulista 8468/76.

TABELA 7.23 Histórico da legislação federal sobre qualidade das águas

Legislação	Ano	Observações
Código das águas: Decreto 24.643, de 1934 e Decreto-Lei 852, de 1938	1934 1938	Considerado um marco na legislação brasileira. Em alguns aspectos poderia, hoje, ser considerado obsoleto, mas importante para os interesses da época. Sem grandes preocupações com a poluição das águas, mesmo assim, alguns aspectos de proteção foram incluídos nos seus artigos 109 e 110, que consideraram ilícita a conspurcação ou contaminação de águas por pessoas que não a consumiam. Esse código definiu ainda o direito de propriedade das águas pelo Estado, regulamentando o aproveitamento dos recursos hídricos e estabelecendo como prioritário o abastecimento público, reforçando a necessidade de se manter a sua qualidade.
Código Penal Brasileiro Decreto-lei 2.848	1940	Tal código, vigente até bem pouco tempo, estabeleceu a penalização para o "envenenamento, corrupção e poluição" das águas potável e natural.
PB - 19 - ABNT	1958	Estabelecidos os padrões de potabilidade das águas.
Código Nacional da Saúde - Decreto 49.974-A	1960	Estabeleceu algumas restrições e obrigações por parte das indústrias no sentido de um controle do lançamento de efluentes líquidos. Estabeleceu ainda que os serviços de saneamento são sujeitos à orientação e fiscalização das autoridades sanitárias competentes. Preceituou também sobre o controle da poluição por meio do controle da qualidade do corpo receptor.
Decreto federal 50.877	1960	Foi a primeira legislação federal específica sobre poluição das águas. Estabeleceu a exigência de tratamento dos resíduos líquidos, sólidos ou gasosos, domiciliares ou industriais, antes do seu lançamento tanto em águas interiores como nas litorâneas. Propôs uma classificação das águas, de acordo com os seus usos preponderantes, com respectivas taxas de poluição permissíveis, a serem regulamentadas posteriormente. Definiu ainda o termo "poluição" aplicado às águas.
Lei 4.771	1965	Instituiu o código florestal, mencionando pela primeira vez a reserva de faixas de proteção à margem dos rios.
Decreto-Lei 303	1967	Criou o Conselho Nacional de Controle da Poluição Ambiental. Estendeu o conceito de poluição aos ambientes aéreo e terrestre e introduziu a expressão "meio ambiente".
Decreto 73.030	1973	Criou a Secretaria Especial do Meio Ambiente (SEMA). Consolidou a visão mais global do problema ambiental como um todo. Atribuições: elaborar, controlar e fiscalizar as normas e padrões relativos à preservação do meio ambiente. Introduziu o conceito de proteção à natureza, de equilíbrio ecológico, de preservação de espécies independentemente de sua utilidade ou aparente nocividade.
Decreto-Lei 1.413	1975	Estabeleceu o zoneamento urbano em áreas críticas de poluição.
Decreto-Lei 76.389	1975	Dispôs sobre medidas de prevenção e controle de poluição.
Portaria 013/Minter (Ministério do Interior)	1976	Estabeleceu pela primeira vez em âmbito federal um critério de classificação das águas interiores, fixando padrões de qualidade e parâmetros a serem observados para cala classe, bem como o uso a que se destinam.
Portaria 536/Minter	1976	Fixou, pela primeira vez, padrões específicos de qualidade das águas para fins de balneabilidade ou recreação de contato primário.
Decreto Federal 81.107	1977	Definiu o elenco de atividades sobre as quais os Estados não tinham jurisdição, por serem consideradas de interesse à segurança nacional.
Portaria Interministerial n. 01	1978	Recomendava que se levasse em conta as condições de produção de energia elétrica e de navegação para efeito de classificação e enquadramento de águas federais e estaduais.
Portaria Interministerial n. 90	1978	Criou o Comitê Especial de Estudos Integrados de Bacias Hidrográficas (CEEIBH), com atribuições de classificar os cursos d'água da União, estudar de forma integrada e acompanhar o uso racional dos recursos hídricos federais, com o objetivo de obter o melhor aproveitamento múltiplo de cada bacia.
Lei 6.803	1980	Estabeleceu as diretrizes básicas para o zoneamento industrial nas áreas críticas de poluição.

TABELA 7.23 Histórico da legislação federal sobre qualidade das águas (*continuação*)		
Legislação	Ano	Observações
Decreto 88.351 de 1983, modificado pelo Decreto 91.305, de 1985	1983 e 1985	Definiu a Política Nacional de Meio Ambiente, criando o SISNAMA – Sistema Nacional de Meio Ambiente e o CONAMA – Conselho Nacional de Meio Ambiente. Importante passo no processo de consolidação de uma política de gerenciamento dos recursos hídricos. Os princípios utilizados na definição dessa política foram: o equilíbrio ecológico, o planejamento do uso do solo, a proteção de ecossistemas, o controle e zoneamento das atividades poluidoras, o desenvolvimento de tecnologias de proteção aos recursos naturais, a recuperação de áreas já degradadas e a educação ambiental. Disponibilizou-se alguns instrumentos, tais como o estabelecimento de padrões de qualidade ambiental, o zoneamento ambiental, a avaliação de impactos ambientais e o licenciamento ambiental de atividades poluidoras. Entre as atribuições do CONAMA, cita-se: baixar normas para a implementação da Política Nacional do Meio Ambiente e estabelecer normas e critérios para licenciamento de atividades efetiva ou potencialmente poluidoras, incluindo a exigência de EIA – Estudos de Impacto Ambiental e RIMA – Relatórios de Impacto Ambiental, este último, de acesso ao público.
Resoluções CONAMA 01 e 11	1986	Definiram a obrigatoriedade, o conceito e as diretrizes básicas do EIA e RIMA.
Resolução CONAMA 06	1986	Aprovou modelos de publicação de licenciamentos diversos para aprovação e instalação de empreendimentos.
Resolução CONAMA 20	1986	Alterou os critérios de classificação dos corpos d'água da União, estabelecidos anteriormente pela Portaria Minter 013/76, estendendo-se às águas salobras e salinas, acrescentando vários parâmetros analíticos e tornando mais restritivos os padrões relativos a vários outros parâmetros. De acordo com essa resolução, "o enquadramento dos corpos d'água deve considerar não necessariamente o seu estado atual, mas os níveis de qualidade que deveriam possuir para atender às necessidades da comunidade e garantir os usos para eles concebidos". Nesta resolução foram estabelecidos ainda: os padrões de balneabilidade, fixando que a competência para a sua aplicação é dos órgãos ambientais estaduais, ficando a SEMA incumbida dessa atribuição, em caráter supletivo.
Resolução CONAMA 10	1988	Estabeleceu competência e objetivos das APAS – Áreas de Proteção Ambiental, impondo, entre outros itens, a obrigatoriedade de sistemas de coleta e tratamento de esgotos, em suas áreas urbanizadas.
Lei Federal 7.661	1988	Instituiu o Plano Nacional de Zoneamento Costeiro, visando orientar a utilização racional dos recursos dessas áreas, contribuindo para a proteção do seu patrimônio natural, incluindo as águas costeiras, fluviais e estuarinas.
Lei 7.735	1989	Extinguiu a SEMA – Secretaria Especial do Meio Ambiente, ligada ao Ministério do Interior, e a SUDEPE – Superintendência do Desenvolvimento da Pesca, do Ministério da Agricultura, criando o IBAMA – Instituto Brasileiro do Meio Ambiente e dos Recursos Naturais Renováveis, vinculado à Secretaria de Meio Ambiente da Presidência da República.
Resolução CONAMA 12	1989	Proibiu atividades que possam pôr em risco a conservação dos ecossistemas, a proteção à biota de espécies raras e a harmonia da paisagem nas ARIEs – Áreas de Relevante Interesse Ecológico.
Lei 7.796	1989	Criou o Fundo Nacional do Meio Ambiente, com o objetivo de desenvolver projetos que visem ao uso racional e sustentável dos recursos naturais.
Portaria 36 - Ministério da Saúde	1990	Estabeleceu os padrões de potabilidade para as águas de abastecimento público.
Decreto 1.141	1994	Dispõe sobre as ações de proteção ambiental, saúde e meio ambiente e apoio às atividades produtivas das comunidades indígenas.
Lei 9.433	1997	Instituiu a Política Nacional de Recursos Hídricos, regulamentando o inciso XIX, do artigo 21, da Constituição Federal de 1988. Os principais aspectos dessa lei são: em situação de escassez de água, os usos prioritários são o consumo humano e a dessedentação de animais; estabelece o regime de outorga de direitos de uso, a cobrança pelo uso dos recursos hídricos e os comitês de bacia; os valores arrecadados com a cobrança pelo uso dos recursos hídricos devem ser aplicados prioritariamente na própria bacia hidrográfica.

TABELA 7.23 Histórico da legislação federal sobre qualidade das águas (*continuação*)		
Legislação	Ano	Observações
Lei 9.605	1999	É a chamada Lei do Meio Ambiente. "Dispõe sobre sanções penais e administrativas derivadas de condutas e atividades lesivas ao meio ambiente". Considera algumas ações como crimes ambientais, prevendo não somente multas e penas restritivas de liberdade (prisão), mas também as chamadas penas restritivas de direito, tais como: prestação de serviços à comunidade; interdição temporária de direitos (proibição de assinar contratos com o poder público, de obter benefícios fiscais etc.); suspensão parcial ou total de atividades, prestação pecuniária (pagamento à vítima ou à entidade pública com fim social uma determinada importância fixada pelo juiz); para aqueles que vierem a transgredi-la. No caso de pessoas jurídicas, podem vir a ser responsabilizados: o diretor, o administrador, o membro de conselho ou de órgão técnico, o auditor, o gerente, o preposto ou o mandatário que, "sabendo da conduta criminosa de outrem, deixem de impedir a sua prática", tendo podido agir para evitá-la. Em sua Seção III – Da poluição e outros crimes ambientais, art. 54, prevê, além de multa, pena de reclusão de 6 meses a 5 anos para quem "causar poluição de qualquer natureza em níveis tais que resultem ou possam resultar em danos à saúde humana, ou que provoquem a mortandade de animais ou a destruição significativa da flora".
Portaria 1.469 do Ministério da Saúde	2000	Revoga a Portaria n.36/90, estabelecendo novos padrões para a água potável.
Portaria 518 do Ministério da Saúde	2004	Revogou a portaria n.1.469/2000, estabelecendo novos padrões de pobabilidade.
Resolução CONAMA 357	2005	Revogou a Resolução CONAMA 20/1986, estabelecendo novos padrões de qualidade das águas superficiais.

Fontes: Andreazza *et al*. (1994), *apud* Von Sperling (1998); Vega (1998) e Cabral (1997) e dados coletados pelo autor.

Deve-se entender o significado dos limites citados, ou seja, quando se pretende lançar um efluente, mesmo previamente tratado, num corpo d'água, deve-se verificar a classificação desse corpo d'água. Em âmbito federal, tratando-se de um corpo d'água classe especial, não é permitido fazer lançamentos de qualquer natureza. Em âmbito estadual, essa mesma restrição é válida para as águas classe 1. Para as demais classes, o efluente não poderá produzir a ultrapassagem dos limites fixados para aquele corpo d'água. No decreto paulista e na Resolução CONAMA 357/2005 foram também apresentados os chamados padrões de lançamento, ou seja, limites a serem respeitados no efluente, medidos antes do lançamento.

7.16.3 Usos previstos para a água (comparação entre as legislações)

Na Tab. 7.25, comparam-se os dois instrumentos de controle citados quanto à definição de usos da água e sua relação com as classes dos corpos d'água.

7.16.4 Comparação entre os usos e os requisitos de qualidade

Na Tab. 7.26 são apresentados os requisitos de qualidade requeridos para os diversos usos da água. Deve-se destacar que, em casos de escassez desse recurso, a Lei Federal 9.433/97 (a chamada Lei dos Recursos Hídricos), estabelece que os usos prioritários são o consumo humano e a dessedentação animal.

7.16.5 Limites legais para outros parâmetros e substâncias em água doce

Na Tab. 7.27 apresentam-se os demais parâmetros, não citados anteriormente nos itens 7.3 a 7.15 e que complementam a lista de substâncias limitadas pela legislação.

7.16.6 Comparação com os padrões de potabilidade

Para a água distribuída nos sistemas públicos de abastecimento, existem os chamados padrões de potabilidade. No Brasil são válidos atualmente os padrões estabelecidos na Portaria n.518/2004 do Ministério da Saúde, editada em 25 de março de 2004. Segundo essa portaria, "água potável é a água para consumo humano, cujos parâmetros microbiológicos, físicos, químicos e radioativos atendam ao padrão de potabilidade e que não ofereça riscos à saúde". Nela são fixados os VMP — valores máximos permissíveis, acima dos quais a água é considerada não potável. Apresenta-se na Tab. 7.28 uma comparação entre os limites fixados pela Resolução CONAMA 357/2005 para as águas da classe 1 e os limites fixados pela Portaria n. 518/2004.

TABELA 7.24 Histórico da legislação paulista sobre qualidade das águas		
Legislação	Ano	Observações
Decreto 10.890	1940	Criou a Comissão de Investigação da Poluição das Águas em São Paulo, sendo a 1.ª legislação específica no Brasil.
Lei Estadual 2.182	1953	Criou o Conselho Estadual de Controle de Poluição das Águas.
Lei Estadual 118	1973	Criou a CETESB – (antigo Centro Tecnológico do FESB – 1968).
Lei Estadual 898	1975	Disciplinou o uso do solo para a proteção de mananciais, cursos e reservatórios de água e demais recursos hídricos de interesse da RMSP – Região Metropolitana de São Paulo. Essa lei fixou as chamadas áreas de proteção dos mananciais na RMSP.
Decreto 8468	1976	Regulamentou a Lei Estadual n. 997 que dispõe sobre a Prevenção e o Controle da Poluição do Meio Ambiente. Nesse decreto fez-se a classificação das águas do Estado nas Classes: 1 a 4, sendo que as águas de Classe 1 são as de melhor qualidade, nas quais não é permitido o lançamento de efluentes, mesmo tratados, e as de Classe 4 são as de pior qualidade (Ex.: Rio Tietê na RMSP).
Lei Estadual 1.172	1976	Delimitou as áreas de proteção relativas a mananciais, cursos e reservatórios de água, a que se refere o artigo 2.º da Lei 898/75.
Decreto 10.755	1977	Dispõe sobre o enquadramento dos corpos d'água receptores na classificação prevista no Decreto 8.468/76. Em cada bacia hidrográfica fixa a classe dos corpos d'água dessa bacia.
Decreto 14.806	1980	Instituiu o PROCOP – Programa de Controle de Poluição Industrial. Foi alterado pelo decreto 21.880 de 1984.
Decreto 24.932	1986 1987	Instituiu o Sistema Estadual do Meio Ambiente e criou a Secretaria de Estado do Meio Ambiente (com redação dada pelo decreto 27.657 de 1987).
Resolução SMA-01	1990	Dispõe sobre apresentação do EIA-RIMA de obra ou atividade pública ou privada que se encontre em andamento, ou ainda não iniciada, mesmo que licenciada, autorizada ou aprovada por quaisquer órgãos ou entidade pública.
Resolução SMA-19	1991	Estabelece procedimentos para análise de EIA-RIMAs, no âmbito da Secretaria do Meio Ambiente.
Lei Estadual 7.663	1991	Estabelece normas de orientação à Política de Recursos Hídricos bem como ao Sistema Integrado de Gerenciamento de Recursos Hídricos.
Lei Estadual 7.750	1992	Dispõe sobre Política Estadual de Saneamento.
Lei Estadual 9.034	1994	Dispõe sobre o Plano Estadual de Recursos Hídricos.
Decreto 39.173	1994	Dispõe sobre reenquadramento de diversos corpos d'água do Estado.
Resolução SMA-42	1994	Aprova procedimentos para análise de Estudos de Impacto Ambiental (EIA-RIMA), no âmbito da SMA.
Resolução SMA-54	2004	Revogou a Resolução SMA-42/1994, adequando os procedimentos para licenciamento ambiental, no Estado de São Paulo.

Fonte: CETESB (1995-b) e Azevedo Neto (1974) e dados coletados pelo autor.

7.16.7 Normas da ABNT

Na Tab. 7.29 são relacionadas as principais normas da ABNT – Associação Brasileira de Normas Técnicas – referentes a sistemas de coleta e tratamento de esgoto sanitário e disposição de resíduos.

TABELA 7.25 Comparação entre os usos previstos na Resolução CONAMA 357/2005 e no Decreto Estadual Paulista 8468/76 (água doce)

Usos	CONAMA 357/2005					Decreto Estadual Paulista 8468/76			
	Classe especial	Classe 1	Classe 2	Classe 3	Classe 4	Classe 1	Classe 2	Classe 3	Classe 4
Abastecimento para consumo humano	X (8)	X (2)	X (3)	X (3 e 4)	-	X (1)	X (3)	X (3)	X (4)
Abastecimento industrial	-	-	-	-	-	-	-	-	X
Preservação do equilíbrio natural das comunidades aquáticas	X	-	-	-	-	-	-	-	-
À preservação dos ambientes aquáticos em unidades de conservação de proteção integral	X	-	-	-	-	-	-	-	-
Recreação de contato primário (natação, esqui etc.)	-	X	X	-	-	-	-	X	-
Recreação de contato secundário (contato esporádico ou acidental)	-	-	-	X	-	-	-	-	-
Proteção das comunidades aquáticas	-	X	X	-	-	-	-	X	-
Proteção das comunidades aquáticas em terras indígenas	-	X	-	-	-	-	-	-	-
Irrigação	-	X (5)	X (6)	X (7)	-	-	X	-	X
Aquicultura e atividade de pesca	-	X	X	-	-	-	-	-	-
Pesca amadora	-	-	-	X	-	-	-	-	-
Dessedentação de animais	-	-	-	X	-	-	-	X	-
Navegação, harmonia paisagística e outros usos menos exigentes	-	-	-	-	X	-	-	-	X

(1) - sem prévia ou com simples desinfecção
(2) - após tratamento simplificado
(3) - após tratamento convencional
(4) - após tratamento avançado
(5) - hortaliças e frutas cultivadas rentes ao solo e que são consumidas cruas
(6) - hortaliças e plantas frutíferas, parques, jardins etc.
(7) - culturas arbóreas, cerealíferas e forrageiras
(8) - com desinfecção

O decreto 8468/76, em seu artigo 7.º, parágrafo 1.º, diz que não há impedimento no aproveitamento de águas de melhor qualidade em usos menos exigentes, desde que tais usos não prejudiquem os requisitos de qualidade estabelecidos.

Fonte: CONAMA 357/2005 e Decreto Estadual Paulista 8.468/76.

TABELA 7.26 Associação entre os usos da água e os requisitos de qualidade

Usos gerais	Uso específico	Qualidade requerida
Abastecimento de água doméstico	–	Isenta de substâncias químicas prejudiciais à saúde Isenta de organismos prejudiciais à saúde Adequada para serviços domésticos Baixa agressividade e dureza Esteticamente agradável (baixa turbidez, cor, sabor e odor; ausência de macrorganismos).
Abastecimento industrial	A água é incorporada ao produto	Isenta de substâncias químicas prejudiciais à saúde Isenta de organismos prejudiciais à saúde Adequada para serviços domésticos Esteticamente agradável (baixa turbidez, cor, sabor e odor)
	A água entra em contato com o produto	Variável de acordo com o tipo de produto
	A água não entra em contato com o produto	Baixa dureza Baixa agressividade
Irrigação	Hortaliças, produtos ingeridos crus ou com casca	Isenta de substâncias químicas prejudiciais à saúde Isenta de organismos prejudiciais à saúde Salinidade não excessiva
	Demais plantações	Isenta de substâncias químicas prejudiciais ao solo e às plantações
Dessedentação de animais	–	Isenta de substâncias químicas prejudiciais à saúde dos animais Isenta de organismos prejudiciais à saúde dos animais
Preservação da flora e da fauna	–	Variável com os requisitos ambientais da flora e da fauna que se quer preservar
Recreação e lazer	Contato primário: há contato direto como meio líquido. Ex.: natação, esqui, surfe.	Isenta de substâncias químicas prejudiciais à saúde Isenta de organismos prejudiciais à saúde Baixos teores de sólidos em suspensão e de óleos e graxas.
	Contato secundário: não há contato direto com o meio líquido. Ex: navegação de lazer, pesca, lazer contemplativo.	Aparência agradável
Geração de energia elétrica	Usinas hidrelétricas	Baixa agressividade
	Usinas nucleares	Baixa dureza
Transporte	–	Baixa presença de materiais grosseiros que possam pôr em risco as embarcações
Diluição de despejos	–	

Fonte: Von Sperling (1995-a).

Leis, regulamentações e normas

TABELA 7.27 Limites legais para outros parâmetros e substâncias nos corpos de água doce

Parâmetro	Unidades	Padrões de emissão Decreto: 8468/76	Padrões de qualidade para os corpos de água conforme suas classes (CONAMA 357/2005)				Padrões de qualidade para os corpos de água conforme suas classes (Decreto Estadual Paulista 8468/76)			
			Classe 1	Classe 2	Classe 3	Classe 4	Classe 1	Classe 2	Classe 3	Classe 4
Cor	mg Pl/L	NF	nat.	75	75	NF	(1)	NF	NF	NF
Turbidez	UNT	NF	40	100	100	NF	(1)	NF	NF	NF
Sabor e odor	-	NF	V.A.	V.A.	V.A.	NF	(1)	V.A.	V.A.	N.O.
Temperatura	°C	< 40	NF	NF	NF	NF	(1)	NF	NF	NF
Acrilamida	µg/L	NF	0,5	0,5	NF	NF	(1)	NF	NF	NF
Alacloro	µg/L	NF	20,0	20,0	NF	NF	(1)	NF	NF	NF
Aldrin + dieldrin	µg/L	NF	0,005	0,005	0,03	NF	(1)	NF	NF	NF
Atrazina	µg/L	NF	2,0	2,0	2,0	NF	(1)	NF	NF	NF
Benzeno	mg/L	NF	0,005	0,005	0,005	NF	(1)	NF	NF	NF
Benzidina	µg/L	NF	0,001	0,001	NF	NF	(1)	NF	NF	NF
Benzo-a-antraceno	µg/L	NF	0,05	0,05	NF	NF	(1)	NF	NF	NF
Benzo-a-pireno	µg/L	NF	0,05	0,05	0,7	NF	(1)	NF	NF	NF
Benzo-b-fluoranteno	µg/L	NF	0,05	0,05	NF	NF	(1)	NF	NF	NF
Benzo-k-fluoranteno	µg/L	NF	0,05	0,05	NF	NF	(1)	NF	NF	NF
Carbaril	µg/L	NF	0,02	0,02	70,0	NF	(1)	NF	NF	NF
Clordano (cis + trans)	µg/L	NF	0,04	0,04	0,3	NF	(1)	NF	NF	NF
2-clorofenol	µg/L	NF	0,1	0,1	NF	NF	(1)	NF	NF	NF
Criseno	µg/L	NF	0,05	0,05	NF	NF	(1)	NF	NF	NF
2,4 D	µg/L	NF	4,0	4,0	30,0	NF	(1)	NF	NF	NF
Demeton (O + S)	µg/L	NF	0,1	0,1	14,0	NF	(1)	NF	NF	NF
Dibenzo (o, h) antraceno	µg/L	NF	0,05	0,05	NF	NF	(1)	NF	NF	NF
1,2 dicloroetano	mg/L	NF	0,01	0,01	0,01	NF	(1)	NF	NF	NF
1,1 dicloroeteno	mg/L	NF	0,003	0,003	0,03	NF	(1)	NF	NF	NF
2,4 diclorofenol	µg/L	NF	0,3	0,3	NF	NF	(1)	NF	NF	NF
Diclorometano	mg/L	NF	0,02	0,02	NF	NF	(1)	NF	NF	NF
DDT (p,p' T+E+D)	µg/L	NF	0,002	0,002	1,0	NF	(1)	NF	NF	NF
Dodecloro pentaciclodecano	µg/L	NF	0,001	0,001	0,001	NF	(1)	NF	NF	NF
Endossulfan (A+B+Sulfato)	µg/L	NF	0,056	0,056	0,22	NF	(1)	NF	NF	NF
Endrin	µg/L	NF	0,004	0,004	0,2	NF	(1)	NF	NF	NF
Estireno	mg/L	NF	0,02	0,02	NF	NF	(1)	NF	NF	NF
Etilbenzeno	µg/L	NF	90,0	90,0	NF	NF	(1)	NF	NF	NF

TABELA 7.27 Limites legais para outros parâmetros e substâncias nos corpos de água doce (*continuação*)

Parâmetro	Unidades	Padrões de emissão Decreto: 8468/76	Padrões de qualidade para os corpos de água conforme suas classes (CONAMA 357/2005)				Padrões de qualidade para os corpos de água conforme suas classes (Decreto Estadual Paulista 8468/76)			
			Classe 1	Classe 2	Classe 3	Classe 4	Classe 1	Classe 2	Classe 3	Classe 4
Glifosato	µg/L	NF	65,0	65,0	280,0	NF	(1)	NF	NF	NF
Gution	µg/L	NF	0,005	0,005	0,005	NF	(1)	NF	NF	NF
Heptacloro epóxido + heptacloro	µg/L	NF	0,01	0,01	0,03	NF	(1)	NF	NF	NF
Hexaclorobenzeno	µg/L	NF	0,0065	0,0065	NF	NF	(1)	NF	NF	NF
Indeno (1,2,3-cd) pireno	µg/L	NF	0,05	0,05	NF	NF	(1)	NF	NF	NF
Lindano (γ-BHC)	µg/L	NF	0,02	0,02	2,0	NF	(1)	NF	NF	NF
Malation	µg/L	NF	0,1	0,1	100,0	NF	(1)	NF	NF	NF
Metolacloro	µg/L	NF	0,1	0,1	NF	NF	(1)	NF	NF	NF
Metoxicloro	µg/L	NF	0,03	0,03	20,0	NF	(1)	NF	NF	NF
Paration	µg/L	NF	0,04	0,04	35,0	NF	(1)	NF	NF	NF
PCBs bifenitas policloradas	µg/L	NF	0,001	0,001	0,001	NF	(1)	NF	NF	NF
Pentaclorofenol	µg/L	NF	0,009	0,009	0,009	NF	(1)	NF	NF	NF
Simazina	µg/L	NF	2,0	2,0	NF	NF	(1)	NF	NF	NF
Substâncias tensoativas	mgLAS/L	NF	0,5	0,5	0,5	NF	(1)	NF	NF	NF
2,4,5-T	µg/L	NF	2,0	2,0	2,0	NF	(1)	NF	NF	NF
Tetracloreto de carbono	mg/L	NF	0,002	0,002	0,003	NF	(1)	NF	NF	NF
Tetracloroeteno	mg/L	NF	0,01	0,01	0,01	NF	(1)	NF	NF	NF
Tolueno	µg/L	NF	2,0	2,0	NF	NF	(1)	NF	NF	NF
Toxafeno	µg/l	NF	0,01	0,01	0,21	NF	(1)	NF	NF	NF
2,4,5-TP	µg/L	NF	10,0	10,0	10,0	NF	(1)	NF	NF	NF
Tributilestanho	µg/L TBT	NF	0,063	0,063	0,2	NF	(1)	NF	NF	NF
Ticlorobenzeno (1,2,3+1,3,4 TCB)	mg/L	NF	0,02	0,02	NF	NF	(1)	NF	NF	NF
Ticloroeteno	mg/L	NF	0,03	0,03	0,03	NF	(1)	NF	NF	NF
2,4,6-Triclorofenol	mg/L	NF	0,01	0,01	0,01	NF	(1)	NF	NF	NF
Trifluralina	µg/L	NF	0,2	0,2	NF	NF	(1)	NF	NF	NF
Xileno	µg/L	NF	300	300	NF	NF	(1)	NF	NF	NF

Observação: V.A. = virtualmente ausentes, N.O. – não objetável, NF – valor "não fixado".
(1) A Resolução CONAMA 357/2005 não permite lançamento de efluentes, mesmo tratados, nas águas de classe especial. O Decreto Estadual Paulista 8468/76 faz a mesma restrição para águas da classe 1.
Fontes: Adaptados a partir da Resolução CONAMA 357/2005 e Decreto Estadual Paulista 8.468/76.

TABELA 7.28 Comparação entre a CONAMA 357/2005 e a Portaria 518/2004

Parâmetro	Unidade	CONAMA 357/2005 Águas classe 1	Portaria 518/2004 Água potável
Cor aparente	uH	NF	15 (observação 1)
Cor verdadeira	uH	Natural	NF
Sabor e odor	-	V.A.	N.O.
Turbidez	uT	40	1 e 2 (observação 2)
Alumínio dissolvido (observação 3)	mg/L	0,1	0,2
Arsênio total	mg/L	0,01	0,01
Bário total	mg/L	0,7	0,7
Cádmio total (observação 3)	mg/L	0,001	0,005
Chumbo total	mg/L	0,01	0,01
Cianeto livre (observação 3)	mg/L	0,005	0,07
Cloreto total	mg/L	250	250
Cobre dissolvido (observação 3)	mg/L	0,009	2,0
Cromo total	mg/L	0,05	0,05
Ferro dissolvido	mg/L	0,3	0,3
Fluoreto total (observação 3)	mg F/L	1,4	1,5
Manganês total	mg/L	0,1	0,1
Mercúrio total (observação 3)	mg/L	0,0002	0,001
Nitratos (como N)	mg N/L	10	10
Selênio total (observação 3)	mg/L	0,01	1,0
Aldrin + dieldrin (observação 3)	µg/L	0,005	0,03
Benzeno	µg/L	5	5
Benzo-a-pireno (observação 3)	µg/L	0,05	0,7
Clordano (total de isômeros - observação 3)	µg/L	0,04	0,2
DDT (observação 3)	µg/L	0,002	2
Endrin (observação 3)	µg/L	0,004	0,6
Heptacloro e epóxido de heptacloro (observação 3)	µg/L	0,01	0,03
Hexaclorobenzeno (observação 3)	µg/L	0,0065	1
Lindano (γ-BHC - observação 3)	µg/L	0,02	2
Metoxicloro (observ. 3)	µg/L	0,03	20
Pentaclorofenol	µg/L	9	9
Tetracloreto de carbono	µg/L	2	2
Tetracloroeteno (observação 3)	µg/L	10	40
Tricloroeteno (observação 3)	µg/L	30	70
1,1 dicloroeteno (observação 3)	µg/L	3	30
1,2 dicloroetano	µg/L	10	10

TABELA 7.28 Comparação entre a CONAMA 357/2005 e a Portaria 518/2004 (*continuação*)			
Parâmetro	**Unidade**	**CONAMA 357/2005**	**Portaria 518/2004**
2,4 D (observação 3)	µg/L	4	30
2, 4, 6 triclorofenol (observação 3)	mg/L	0,01	0,2
Substâncias tensoativas (surfactantes)	mg LAS/L	0,5	0,5
Sólidos totais dissolvidos (observação 3)	mg/L	500	1.000
Sulfatos	mg/L	250	250
Zinco (observação 3)	mg/L	0,18	5

Observações: V.A. – virtualmente ausente, N.O. – não objetável, NF – valor não fixado, VMP – valor máximo permissível.

(1) A Portaria 518/2004 fixa como valor-limite para a cor aparente VMP = 15 uH, como padrão de aceitação para consumo humano;

(2) Para a turbidez, o VMP é 1,0 uT, para desinfecção de água subterrânea e filtração rápida. O VMP de 2,0 uT é fixado para filtragem lenta;

(3) Apesar das revisões elaboradas, vários valores-limite fixados na Resolução CONAMA 357/2005, para as águas de classe 1, ainda continuam mais restritivos do que a própria Portaria 518/2004 para água potável, o que indica que, ou os valores estabelecidos pela CONAMA 357/2005 são muito rigorosos, ou a Portaria 518/2005 é muito liberal e estaria então colocando em risco a saúde da população.

Fontes: Von Sperling (1998), Resolução CONAMA 357/2005 e Portaria M.S. 518/2005.

TABELA 7.29 Normas da ABNT, para tratamento de esgotos e disposição de resíduos	
NBR 7229/93	Projeto, construção e operação de sistemas de tanques sépticos
NBR 8418/83	Projeto de aterros de resíduos industriais perigosos
NBR 8419/83	Projeto de aterros sanitários de resíduos sólidos urbanos
NBR 8449/83	Projeto de aterros controlados de resíduos sólidos urbanos
NBR 9648/86	Estudo de concepção de sistemas de esgoto sanitário - Procedimento
NBR 9649/86	Projeto de redes coletoras de esgoto sanitário - Procedimento
NBR 9800/87	Critérios para o lançamento de efluentes líquidos industriais no sistema coletor público de esgoto sanitário
NBR 10004/87	Resíduos sólidos - Classificação
NBR 10005/87	Lixiviação de resíduos - Procedimento
NBR 10006/87	Solubilização de resíduos - Procedimento
NBR 10007/87	Amostragem de resíduos - Procedimento
NBR 10157/86	Aterros de resíduos perigosos - Critérios para projeto, construção e operação
NBR 12207/89	Projeto de interceptores de esgoto sanitário - Procedimento
NBR 12208/89	Projeto de estações elevatórias de esgoto sanitário - Procedimento
NBR 12209/90	Projeto de estações de tratamento de esgoto sanitário - Procedimento
1991	Projeto hidráulico-sanitário de lagoas de estabilização (*)
1993	Determinação da biodegradação em solos - Método respirométrico (*).

(*) Normas consultadas pelo autor ainda na fase de projeto das mesmas.

COMPORTAMENTO DOS POLUENTES ORGÂNICOS EM CORPOS D'ÁGUA SUPERFICIAIS E SISTEMA ALOCSERVER

Roberta Baptista Rodrigues

8.1 Degradação aeróbia em rios e córregos

No Brasil, os compostos orgânicos presentes em rios e córregos podem ter origem industrial, quando dessa atividade resulta o descarte de efluentes líquidos contendo substâncias orgânicas, mas sabe-se que a grande contribuição se dá na sua maioria pelo lançamento de esgoto sanitário. Em países desenvolvidos este problema já foi superado devido à adequada coleta e tratamento de esgotos de suas cidades.

Quando um composto orgânico é lançado num rio, parte do mesmo sofre o processo natural de degradação denominado **autodepuração**. O processo de autodepuração engloba mecanismos como dispersão, diluição, sedimentação, dentre outros. O processo de autodepuração leva ao restabelecimento das águas do rio às suas condições iniciais, pelo menos no que diz respeito à concentração de matéria orgânica (DBO), oxigênio dissolvido (OD) e coliformes.

Mesmo após o restabelecimento das condições iniciais de DBO, OD e coliformes, o processo de autodepuração, sob uma visão mais crítica, pode ser visto de forma parcial. Esta parcialidade é devido à formação de produtos e subprodutos resultantes da decomposição das substâncias orgânicas, como por exemplo, o aumento excessivo da concentração dos nutrientes nitrogênio e fósforo, principalmente se o lançamento for de origem doméstica. Isso contribui para a formação de um ecossistema diferenciado, resultante do aumento da concentração de algas, primeiro elo da cadeia alimentar e que provoca alterações nos elos subsequentes.

8.1.1 Zonas de autodepuração

A partir de uma fonte de lançamento em um rio d'águas limpas (Ver Figura 8.1), pode-se subdividir o trecho a jusante em cinco zonas, com características peculiares, a seguir descritas:

1. Zona d'águas limpas

Localiza-se um pouco a montante do ponto de lançamento do efluente, acima da chamada zona de mistura. Esta zona apresenta as características do ecossistema antes do lançamento do efluente. Se a montante do ponto considerado não ocorre outros lançamentos de carga poluente, ou se essa carga for de pequena magnitude, não alterando as condições naturais do meio, esse trecho de rio é tido como limite do seu equilíbrio natural.

2. Zona de degradação ou zona de mistura

A zona de mistura é caracterizada pela mistura do efluente com as águas do corpo receptor, gerando uma perturbação ou desequilíbrio do meio. Esta zona é caracterizada por elevada concentração de sólidos em suspensão, redução dos seres aeróbios sensíveis às novas condições, aumento da população de bactérias aeróbias devido às condições favoráveis do meio (presença de oxigênio e matéria orgânica), déficit inicial da concentração de oxigênio dissolvido e a formação de banco de lodo através da sedimentação dos sólidos.

3. Zona de decomposição ativa

A zona de decomposição ativa é caracterizada pelo declínio total, ou quase que total, da população de peixes e outros seres aeróbios. Nesta zona, têm-se também o declínio da população de seres aeróbios decompositores devido às novas condições reinantes. O meio apresenta-se com menor concentração de matéria orgânica e com maior déficit de oxigênio, muitas vezes com concentração de oxigênio igual a zero, dando origem ao processo de decomposição anaeróbia. No trecho de decomposição anaeróbia, além da água e do gás carbônico, forma-se o gás sulfídrico, amônia, mercaptanas, e outros, sendo vários destes responsáveis pela formação de maus odores.

4. Zona de recuperação

Na zona de recuperação inicia-se o processo de regeneração do meio às suas condições naturais. Nesta zona, o consumo de oxigênio é menor que o fluxo de entrada no mesmo. Dessa forma, passa ocorrer a recuperação da concentração do oxigênio que havia sido retirado da massa líquida, principalmente, pelo processo de respira-

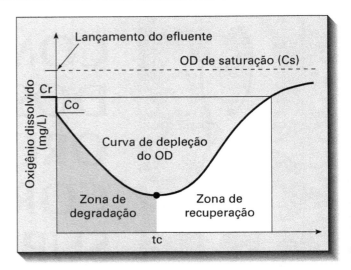

Figura 8.1 Perfil esquemático da concentração da matéria orgânica, oxigênio dissolvido, déficit de oxigênio dissolvido e delimitação das zonas de autodepuração – Fonte: Rodrigues, R. B., (2000)

ção das bactérias decompositoras. O menor consumo de oxigênio nesta zona é devido à menor concentração de matéria orgânica presente no meio, parte dessa massa já foi decomposta, parte ficou sedimentada no leito do rio e, principalmente, uma grande parte ficou em suspensão à montante da mesma.

5. Zona d'águas limpas

Na zona d'águas limpas pode-se dizer que o ecossistema volta as suas condições naturais (no que diz respeito a concentração de oxigênio dissolvido, coliforme e demanda bioquímica de oxigênio). As populações de peixes e outros seres aeróbios mais sensíveis ao declínio de oxigênio, retornam o seu crescimento. Mas, dependendo da velocidade do rio, o excesso de nutrientes gerados no processo de decomposição da matéria orgânica, pode ocasionar a proliferação de um número maior de algas do que nas condições iniciais, desencadeando um ecossistema um tanto quanto diferenciado das condições originais.

8.1.2 Balanço do Oxigênio Dissolvido

O teor de oxigênio dissolvido (OD) é o mais importante fator para a manutenção da vida aquática. Dado à sua importância, o OD é o parâmetro mais utilizado para verificar a qualidade das águas superficiais. Pequenas variações na concentração de oxigênio no corpo d'água podem causar sérios danos às espécies de peixes mais sensíveis (Ver Tab. 8.1).

Indiretamente, o consumo de OD num corpo d'água pode ser medido através da Demanda Bioquímica de Oxi-

Degradação aeróbia de rios e córregos

TABELA 8.1 Sensibilidade dos peixes à variação da concentração de oxigênio dissolvido

Condição		Peixes de água fria: < 15 °C (salmão, truta)	Peixes de água quente: >20 °C (pirarucu, aruanã)
Embriões:	Ideal	> 11 mg/L	> 6,5 mg/L
	Prejuízo moderado	8 mg/L	5 mg/L
	Morte	< 6 mg/L	< 4 mg/L
Adultos:	Ideal	> 8 mg/L	> 6 mg/L
	Prejuízo moderado	5 mg/L	4 mg/L
	Morte	< 3 mg/L	< 3 mg/L

Fonte: Adaptado de Water Quality Criteria (EPA, 1989).

gênio (DBO). Pode-se ainda correlacionar a quantidade de matéria orgânica exercida acumulada (DBOe) – matéria orgânica já oxidada - com a quantidade de matéria orgânica remanescente (DBOr) – matéria orgânica a ser oxidada (Ver Figura 8.2). A quantidade de matéria orgânica oxidada acumulada somada à quantidade a ser oxidada representa a demanda bioquímica total ou demanda bioquímica última de oxigênio (DBOu).

A demanda bioquímica de oxigênio exercida acumulada (DBOe) em função do tempo é representada por:

$$\text{DBOe}(t) = \text{DBO}_u - \text{DBO}_r(t) \qquad (8.1)$$

O balanço de oxigênio num corpo d'água é caracterizado pelas fontes de produção e de consumo de oxigênio.

a) Fontes de produção de oxigênio
- reaeração atmosférica (OD_a)
- produção fotossintética (OD_f)
- contribuição de afluentes (OD_e)

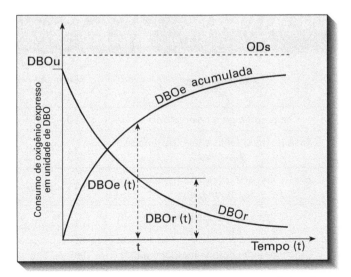

Figura 8.2 Consumo de oxigênio expresso em unidades de DBO.

b) Fontes de consumo de oxigênio
- oxidação da matéria carbonácea (DBOc)
- oxidação da matéria nitrogenada (DBO_N)
- oxidação do material sedimento (DBO_S)
- respiração (OD_p)

Em um segmento de volume (V) do sistema, o balanço de oxigênio dissolvido pode ser representado pela seguinte equação:

$$V\frac{\Delta C}{\Delta t} = (OD_a + OD_f + OD_e) - \\ - (DBO_C + DBO_N + DBO_S + OD_p) \qquad (8.2)$$

Reaeração pela atmosfera

A troca de gases entre a fase líquida e a fase gasosa (atmosfera) é diretamente proporcional à pressão que o gás exerce sobre o líquido, ou seja quanto maior a pressão, maior o fluxo de entrada de oxigênio no meio líquido. É inversamente proporcional à temperatura da água, devido à solubilidade do gás que é tanto menor quanto maior for a temperatura. É também inversamente proporcional à salinidade da água.

O aumento da salinidade provoca maior densidade do líquido, dificultando a entrada do gás na massa líquida. Logo, a concentração de saturação de oxigênio em um corpo d'água é função da pressão local, da temperatura da água, e da sua concentração de sais.

Assumindo mistura completa na transferência de oxigênio da atmosfera para a água, e que a variação da concentração de saturação de oxigênio (ODs) é igual a zero, a variação da concentração de oxigênio no meio líquido pode ser representada pela seguinte equação:

$$V\frac{dC}{dt} = K_L \cdot A \cdot (Cs - C) \qquad (8.3)$$

na qual, fazendo-se análise dimensional, tem-se

$$L \cdot \frac{mg}{L} \cdot \frac{1}{t} = \frac{dm}{t} \cdot dm^2 \cdot \frac{mg}{L}$$

ou

$$\frac{mg}{t} = \frac{mg}{t}$$

onde:

C = concentração de oxigênio dissolvido na água (mg/L)
Cs = concentração de saturação de oxigênio dissolvido na água (mg/L)
V = volume do segmento considerado (L)
K_L = coeficiente de reaeração interfacial (dm/t)
A = área superficial entre o corpo e a atmosfera (dm²)
t = tempo (h)

A variação da concentração de oxigênio dissolvido no tempo também pode ser escrita da seguinte forma:

$$\frac{dC}{dt} = K_2 \cdot (Cs - C) \qquad (8.4)$$

onde:

K_2 = constante de reaeração volumétrico $[t^{-1}]$ dado por:

$$K_2 \frac{K_L \cdot A}{V} \qquad (8.5)$$

logo:

$$K_2 \frac{K_L}{H} \qquad (8.6)$$

onde:

H = profundidade do corpo receptor (dm).

O coeficiente K_2 pode ser entendido como a taxa de reaeração atmosférica, representando a difusão de oxigênio do ar para o corpo receptor. Esse fluxo é tanto mais intenso quanto maior for o déficit de oxigênio em relação à sua concentração de saturação na água.

O valor de K_2 pode ser obtido através de fórmulas empíricas e semi-empíricas vinculadas a dados hidráulicos do sistema, ou por técnicas de medição. A medição do coeficiente de reaeração requer exaustivos trabalhos de campo e de laboratório, equipamentos e corpo técnico especializado.

A Tab. 8.2 apresenta algumas fórmulas empíricas para a previsão do coeficiente de reaeração K_2 (dia⁻¹), em base logarítmica, a 20 °C.

TABELA 8.2 Equações para a constante de reaeração K_2 (dia⁻¹), em base logarítmica a 20 °C

Fórmulas						
O'Connor-Dobbins		Churchill		Owens-Gibbs	
$K_2 = 3,93 \dfrac{U^{0,5}}{H^{1,5}}$		$K_2 = 5,026 \dfrac{U^{0,969}}{H^{1,67}}$		$K_2 = 5,32 \dfrac{U^{0,67}}{H^{1,85}}$	
válida para as faixas:		válida para as faixas:		válida para as faixas:	
velocidades	0,15 – 0,50	velocidades	0,55 – 1,52	velocidades	0,03 – 0,55
profundidades	0,30 – 9,10	profundidades	0,60 – 3,35	profundidades	0,10 – 0,73
Onde: U = velocidade média no trecho, (m/s) e H = profundidade média no trecho, (m)					

Fonte: Chapra, 1997

O valor de K_2 para temperaturas diferentes de 20 °C pode ser corrigido através da seguinte relação:

$$K_{2,T} = K_{2,\,20\,°C}\, x\, \theta^{(T-20)} \qquad (8.7)$$

onde:

T = temperatura, (°C)
θ = coeficiente de temperatura (adimensional)

O valor de θ depende das condições de mistura do corpo d'água. Em rios, normalmente é assumido o valor de 1,024. A Tab. 8.3 apresenta a ordem de grandeza da constante de reaeração (K_2), na base "e" a 20 °C.

Fotossíntese e Respiração

A fotossíntese produz matéria orgânica e a respiração a degrada, portanto são fenômenos opostos, mas complementares. Esta relação é representada na Figura 8.3.

TABELA 8.3 Valores típicos da constante de reaeração K_2 (d⁻¹), a 20 °C na base "e"

Corpo d'água	Coeficiente de reaeração (d^{-1})
Pequeno lago e reservatório	0,10 – 0,23
Curso de água lento e lago de grande dimensão	0,23 – 0,35
Curso de água de grande dimensão com velocidade baixa	0,35 – 0,46
Curso de água de grande dimensão com velocidade normal	0,46 – 0,69
Curso de água com velocidade alta	0,69 – 1,15
Corredeira e cachoeira	> 1,15

Fonte: Tchobanoglous e Schroeder, 1985.

Degradação aeróbia de rios e córregos

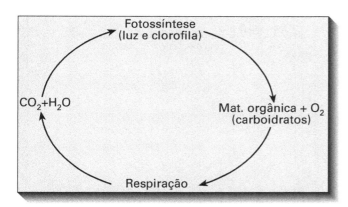

Figura 8.3 Representação esquemática do processo de fotossíntese e respiração.

A equação do processo fotossintético pode ser expressa da seguinte forma:

$$6CO_2 + 6H_2O \xrightarrow{Fotossíntese} C_6H_{12}O_6 + 6O_2$$

O processo fotossintético em corpos d'água de baixa velocidade pode ser de grande importância para a entrada de oxigênio no corpo d'água. Nestes sistemas a baixa velocidade do fluxo propicia condições adequadas para a proliferação de fitoplâncton em grande quantidade. Este necessita não só de substâncias como o nitrogênio e fósforo para o seu desenvolvimento, mas também d'águas calmas para a síntese de energia solar e sua fixação no meio.

A importância da velocidade do fluxo d'água para a fotossíntese é nitidamente percebida no Lago Constança, que pode ser considerado uma interrupção do fluxo do Rio Reno. A montante do Lago Constança o Rio Reno se encontra turvo por efeito de sedimentos suspensos, ocasionado pela turbulência. Ao entrar no Lago Constança, a baixa turbulência não somente propicia a sedimentação dos sólidos suspensos, mas também a proliferação do plâncton vegetal, que por sua vez propicia a proliferação do plâncton animal, alterando os elos subsequentes da cadeia alimentar.

Comumente não são encontradas grandes quantidades de plâncton em rios porque o fluxo d'água propicia a remoção de tais populações. Mas não é esse o caso do Reno, pelo menos no trecho a jusante do Lago Constança. O plâncton do Lago Constança segue nas águas do rio a jusante e boa parte fica retido em baías e enseadas, nas quais podem viver e proliferar, criando condições propícias à proliferação de diversos outros organismos aquáticos.

Oxidação do material orgânico nos sedimentos (DBOs)

Os sedimentos que se acumulam no fundo dos corpos d'água, formam os chamados bancos de lodo ou camada bentônica e são resultantes do processo de sedimentação dos sólidos em suspensão.

A constante deposição de novas camadas de poluentes sobre o banco de lodo faz com que apenas a camada superior em contato com o meio líquido, possa vir a ser oxidada, caso haja oxigênio nessa zona mais profunda. As camadas abaixo desta, devido à ausência de oxigênio, sofrem o processo de decomposição anaeróbia.

O processo de decomposição anaeróbia leva a formação de gás carbônico (CO_2), amônia (NH_4), metano (CH_4) e gás sulfídrico (H_2S). Estas substâncias são lançadas para o meio líquido ocasionando prejuízos estéticos (cor escura e maus odores) e podem também ocasionar a depressão de oxigênio através do revolvimento do material depositado pela ascensão dos gases, ocasionando o retorno dessas substâncias à massa líquida e consequentemente causando consumo de oxigênio para sua oxidação. A demanda de oxigênio dos sedimentos é expressa em g $O_2/m^2 \cdot$ dia, sendo exercida pela área superficial do leito do rio (Ver Tab. 8.4).

Oxidação da matéria carbonácea

A quantidade de oxigênio consumida na degradação da matéria orgânica carbonácea é chamada de Demanda Bioquímica de Oxigênio Carbonácea (DBO_C). Os principais produtos finais da oxidação carbonácea da matéria orgânica são o dióxido de carbono (CO_2), amônia (NH_3) e a água (H_2O). A DBO_C usualmente é denominada apenas por Demanda Bioquímica de Oxigênio (DBO), não representando a fração de oxigênio consumida no processo de oxidação da matéria nitrogenada, resultante da hidrólise de proteínas.

Na prática a representação do decaimento da matéria orgânica no sistema é dada através de um modelo de reação de primeira ordem (modelo de Streeter-Phelps).

TABELA 8.4 Valores associados à demanda de oxigênio na camada bentônica

Tipo de leito e situação local	Demanda bentônica (g $O_2/m^2 \cdot$ dia)	
	Variação	Média
Lodo de esgoto – nas proximidades do ponto de lançamento	2 – 10	4
Lodo de esgoto – a jusante do ponto de lançamento	1 – 2	1,5
Leito estuariano	1 – 2	1,5
Leito arenoso	0,2 – 1,0	0,5
Leito de solo mineral	0,05 – 0,1	0,07

Fonte: Thomann e Mueller, 1987.

A variação da DBO_r em um infinitéssimo de tempo (dt) é igual a DBO_r multiplicada por uma constante de decomposição K_1 (t^{-1}), na base "e", logo:

$$\frac{d(DBO_r)}{dt} = -K_1(DBO_r) \quad (8.8)$$

integrando-se essa equação tem-se:

$$\int \frac{d(DBO_r)}{DBO_r} = -\int K_1 dt \quad (8.9)$$

que resulta:

$$\ln DBO_r = -K_1 t + C \quad (8.10)$$

ou então:

$$DBO_r(t) = e^{-K_1 \cdot t} \cdot e^C \quad (8.11)$$

Para $t = 0 \Rightarrow DBO_r(0) = DBO_u$, ou seja:

$$DBO_u = e^{-K_1 \cdot 0} \cdot e^C \quad (8.12)$$

logo:

$$e^C = DBO_u \quad (8.13)$$

Substituindo-se a equação (8.13) na equação (8.11), tem-se:

$$DBO_{(t)} = DBO_u \cdot e^{-k_1 \cdot t} \quad (8.14)$$

A demanda bioquímica de oxigênio exercida acumulada (DBO_e) em função do tempo pode ser representada pela seguinte equação:

$$DBO_e(t) = DBO_u - DBO_r(t) \quad (8.15)$$

Substituindo a Equação (8.14) em (8.15), temos:

$$DBO_e(t) = DBO_u - DBO_u \cdot e^{-K_1 \cdot t} \quad (8.16)$$

sendo:

$$DBO_e(t) = DBO_u \cdot (1 - e^{-K_1 \cdot t}) \quad (8.17)$$

Logo, o cálculo da DBO_u pode ser dado por:

$$DBO_u = \frac{DBO_e(t)}{(1 - e^{-K_1 \cdot t})} \quad (8.18)$$

A Figura 8.4 mostra uma representação gráfica do modelo de Streeter-Phelps para a degradação da matéria orgânica em função do tempo.

A determinação das constantes K_1 e DBO_u do modelo da DBO é normalmente realizada através do método dos mínimos quadrados. O método dos mínimos quadrados consiste em ajustar uma curva a partir de um conjunto de dados (DBO, t), de modo que a soma do quadrado dos resíduos (diferença entre o valor observado e o valor ajustado) seja mínima. Esse método pode ser representado pelo seguinte sistema de equações:

$$n \cdot a + b \cdot \sum y - \sum y' = 0 \quad (8.19)$$

$$a \cdot \sum y + b \cdot \sum y^2 - \sum y' \cdot y = 0 \quad (8.20)$$

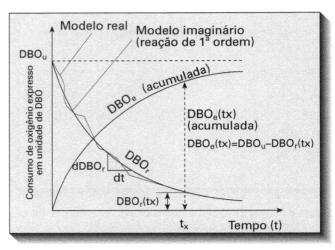

Figura 8.4 Representação gráfica – modelo de Streeter-Phelps – degradação da matéria orgânica x tempo.

onde:

$y = DBO_e$ (em mg/L)
$n = $ número de pontos
$b = -K_1$ (em d^{-1} na base "e")
$a = -b \cdot DBO_u$ (em mg $\cdot$ d^{-1}/L)
$y' = (y_{n+1} - y_{n-1})/2 \cdot \Delta t$

Logo: $K_1 = -b$ e $DBO_u = -a/b$

A Tab. 8.5 apresenta a ordem de grandeza da constante de decomposição (K_1) usualmente assumida em laboratório.

Influência da temperatura no coeficiente K_1 e na DBO_u

O efeito da temperatura influência os valores de K_1 e DBO_u. A correção da taxa de decomposição K_1 pode ser feita através da seguinte equação:

$$K_{1_{T°C}} = K_{1_{-20°C}} \cdot \theta^{(T-20)} \quad (8.21)$$

onde:

$K_{1_{T°C}} = $ valor de K_1 na temperatura T °C e
$\theta = $ coeficiente de temperatura, (adimensional)

TABELA 8.5 Ordem de grandeza da constante de reação K_1 a 20 °C, assumida em laboratório

Tratamento	K_1 (20 °C)	DBO_5/DBO_u
Esgoto não tratado	0,35 (0,20 – 0,50)	0,83
Tratamento primário	0,20 (0,10 – 0,30)	0,63
Tratamento secundário	0,075 (0,05 – 0,10)	0,31

Fonte: Chapra, 1997

Normalmente em estudos de autodepuração natural de cursos d'água o efeito da temperatura sobre K_1 é calculado utilizando-se o valor de "θ" igual a 1,047.

O valor da DBO_u, para temperaturas diferentes de 20 °C, também sofre alterações através da inibição ou da atuação de microrganismos. Por exemplo, em temperaturas superiores a 20 °C pode ocorrer o desenvolvimento de microrganismos não atuantes a 20 °C, e o valor da DBO_u aumenta (maior consumo de oxigênio). A correção da DBO_u para valores de temperatura diferentes de 20 °C é dada pela seguinte equação:

$$DBO_{u_T°C} = DBO_{u_{20°C}}[1 + 0,002(T°C - 20)] \quad (8.22)$$

onde:

$DBO_{u_T°C}$ = valor da DBO_u na temperatura T °C.

Oxidação da matéria nitrogenada

A matéria nitrogenada é formada a partir da oxidação da matéria carbonácea (hidrólise de proteínas), levando a formação do nitrogênio amoniacal nas águas, nas formas de amônia gasosa (NH_3) ou do íon amoníaco (NH_4^+).

A demanda de oxigênio causada pela oxidação da amônia, que é convertida a nitrito (NO_2^-) por um grupo de bactérias chamadas nitrossomonas e, posteriormente, a nitrato (NO_3^-) por um grupo de bactérias conhecido por nitrobacter, chama-se demanda de oxigênio nitrogenada. A uma temperatura de 20 °C a **demanda de oxigênio nitrogenada** é exercida de forma lenta, devido à baixa velocidade de reprodução das bactérias nitrificadoras, sendo que o consumo de oxigênio passa a ser mensurável entre o 6° e o 10° dia.

Nas águas naturais o nitrogênio pode ser encontrado nas formas de nitrogênio orgânico (proteínas e aminoácidos), amoniacal (NH_3), nitrito (NO_2^-) e nitrato (NO_3^-). Em uma análise d'águas naturais pode-se associar o tipo de nitrogênio predominante na amostra com a proximidade da fonte de poluição, ou seja, se na análise da amostra coletada ocorrer predominância do nitrogênio orgânico e amoniacal sabe-se que a fonte de poluição encontra-se nas proximidades do ponto de coleta, se prevalecer nitrito e nitrato, ao contrário, significa que as descargas de poluentes encontram-se mais distantes.

8.1.3 Modelagem da concentração de oxigênio dissolvido e DBO

O primeiro modelo de qualidade da água prevê o déficit de oxigênio dissolvido resultante da descarga de esgotos. Este modelo foi desenvolvido por STREETER e PHELPS (1925), em um estudo no Rio Ohio (EUA), com o objetivo de aumentar a eficiência das ações a serem tomadas no controle da poluição, verificando se a redução da carga poluidora era suficiente para atingir os objetivos propostos, assim como para viabilizar a solução de menor custo. Atualmente já se conhece melhor o sistema, possibilitando o desenvolvimento de modelos mais sofisticados, mas aumentou o número de variáveis a considerar, o que muitas vezes dificulta a aplicação do modelo por falta de dados de campo.

Equacionamento de Streeter e Phelps para o cálculo da concentração de OD

Combinando-se os processos de reaeração e desoxigenação pelo decaimento da matéria orgânica chega-se à equação do déficit de oxigênio dissolvido (Ver Figura 8.5):

$$D_i = \frac{K_1 \cdot L_0}{K_2 - K_1} \cdot (e^{-K_1 \cdot t} - e^{-K_2 \cdot t}) + D_0 \cdot e^{-K_2 \cdot t} \quad (8.23)$$

onde:

K_1 = constante de decomposição, na base "e", a 20 °C (em d^{-1})

K_2 = constante de reaeração, na base "e", a 20 °C (em d^{-1})

t = tempo (em dias)

D_0 = déficit inicial de oxigênio dissolvido, no ponto de mistura do efluente com o corpo receptor (em mg/L)

L_0 = concentração do poluente no ponto de mistura do efluente com o corpo receptor (em mg/L)

O déficit de oxigênio dissolvido é dado por:

$$D_t = Cs - C_t \quad (8.24)$$

onde:

D_t = déficit de oxigênio no instante "t" considerado, (mg/L)

Cs = concentração de saturação de oxigênio dissolvido, (mg/L)

C_t = concentração de oxigênio no instante "t" considerado, (mg/L)

Logo, o déficit inicial (D_0) pode ser escrito:

$$D_0 = Cs - C_0 \quad (8.25)$$

onde:

C_0 = concentração de oxigênio dissolvido no instante t = 0 (mg/L).

O equacionamento de *Streeter-Phelps* pressupõe mistura imediata, logo a concentração do poluente (L_0) e de oxigênio dissolvido (C_0), no ponto de mistura do efluente com o corpo receptor, são obtidas através do balanço de massa:

$$C = \frac{Qr \cdot Cr + Qe \cdot Ce}{Qr + Qe} \quad (8.26)$$

onde:

C = concentração de mistura do parâmetro considerado, OD ou DBO (em mg/L)
Qr = vazão do corpo receptor (em m³/s)
Qe = vazão de lançamento do efluente (em m³/s)
Ce = concentração do parâmetro no efluente (em mg/L)
Cr = concentração do parâmetro no corpo receptor imediatamente a montante do ponto de lançamento do efluente, (em mg/L)

A concentração de oxigênio dissolvido em função do tempo é:

$$C(t) = Cs -$$
$$- \left\{ \frac{K_1 \cdot L_0}{K_2 - K_1} \cdot (e^{-K_1 \cdot t} - e^{-K_2 \cdot t}) + (Cs - Co) \cdot e^{K_2 \cdot t} \right\} \quad (8.27)$$

onde o instante crítico "t_c" (ver Figura 8.5), é dado por:

$$t_c \frac{1}{K_2 - K_1} \ln \left[\frac{K_2}{K_1} \left(1 - \frac{D_0(K_2 - K_1)}{L_0 \cdot K_1} \right) \right] \quad (8.28)$$

Tendo a equação do cálculo do déficit crítico como:

$$D_c = \frac{K_2}{K_1} \cdot L_0 \cdot e^{-K_1 \cdot t_c} \quad (8.29)$$

Problemas com esse equacionamento:

- pressupõe que a mistura é imediata
- não leva em conta a dispersão
- só funciona em decomposição aeróbia
- não inclui reoxigenação pela fotossíntese
- não inclui a sedimentação de matéria orgânica ou demanda bentônica

Vantagem desse equacionamento:

Trata-se de uma ferramenta prática e de fácil utilização para se prever ou diagnosticar, dentro de uma certa precisão, os danos causados pelo lançamento de um efluente num determinado corpo receptor. Possibilita, num primeiro momento, o planejamento e o gerenciamento de uma bacia dentro de certos limites de confiabilidade.

A Figura 8.6 mostra a influência das constantes de reaeração e desoxigenação na concentração de oxigênio dissolvido.

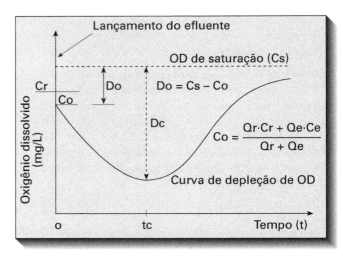

Figura 8.5 Representação esquemática do modelo de Streeter-Phelps para o OD.

8.1.4 Inserção do processo de sedimentação no modelo de Streeter-Phelps

Considerando o processo de sedimentação do poluente no sistema, o coeficiente K_1 passa a representar não apenas a taxa de degradação do poluente, mas também a taxa de sedimentação do poluente no sistema, obtendo-se assim um equacionamento mais preciso, logo:

$$K_1 = K_s + K_d \quad (8.30)$$

onde:

K_d = coeficiente de decomposição, (d^{-1})
K_s = coeficiente de sedimentação, (d^{-1})

O coeficiente de sedimentação é dado por:

$$Ks = \frac{Vs}{H} \quad (8.31)$$

onde:

Vs = velocidade de sedimentação do poluente (em m/d)
H = profundidade média do leito do rio (m)

A Tab. 8.6 apresenta a velocidade média de sedimentação de algumas partículas e colóides suspensas na massa líquida, em condições ideais de laboratório. Na prática, sabe-se que as partículas coloidais, sob certas condições juntam-se em flocos e nesse caso, as velocidades são maiores do que as velocidades de sedimentação de partículas dispersas.

Substituindo a Equação (8.30) no equacionamento de *Streeter-Phelps* para o cálculo do decaimento da matéria orgânica no sistema, tem-se uma nova fórmula para o cálculo da demanda bioquímica de oxigênio remanescente (DBO$_r$ (t)), em função do tempo

$$\text{DBO}_r(t) = \text{DBO}_u \cdot e^{-(K_d + K_s) \cdot t} \quad (8.32)$$

Degradação aeróbia de rios e córregos

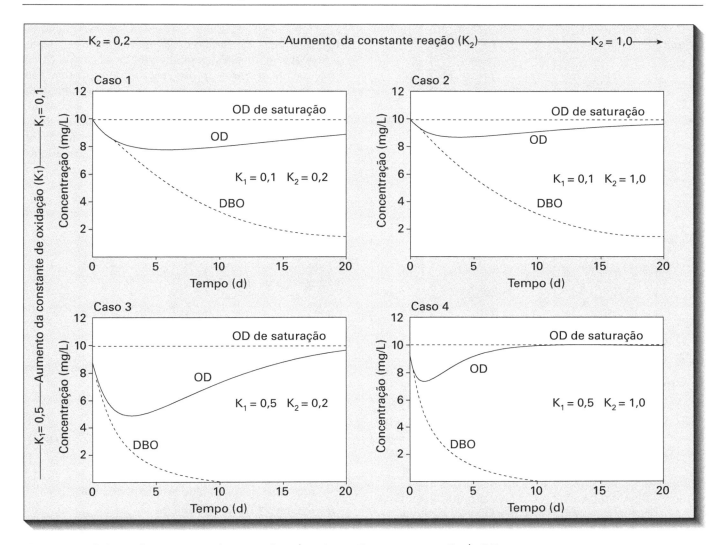

Figura 8.6 Influência das constantes de reaeração e desoxigenação na concentração de OD.

E também para o cálculo da demanda bioquímica de oxigênio acumulada exercida e sedimentada, em função do tempo

$$\mathrm{DBO}_{es}(t) = \mathrm{DBO}_u \cdot (1 - e^{-(K_d + K_s) \cdot t}) \quad (8.33)$$

onde:

$\mathrm{DBO}_{es}(t)$ = demanda bioquímica de oxigênio acumulada exercida e sedimentada em função do tempo, (mg/L).

E para o cálculo da demanda bioquímica de oxigênio total ou última (DBO_u)

$$\mathrm{DBO}_u = \frac{\mathrm{DBO}_e(t)}{(1 - e^{-(K_d + K_s) \cdot t})} \quad (8.34)$$

Com a inserção da constante de sedimentação no equacionamento de Streeter-Phelps, o cálculo da concentração de oxigênio dissolvido passa a ser:

Equação do déficit de oxigênio dissolvido

$$D_t = \frac{K_d \cdot L_0}{K_2 - (K_d + K_s)} \cdot (e^{-(K_d + K_s) \cdot t} - e^{-K_2 \cdot t}) + \\ + D_0 \cdot e^{-K_2 \cdot t} \quad (8.35)$$

TABELA 8.6 Sedimentabilidade das partículas suspensas e coloidais

Tamanho da Partícula (em μm)	Tipo de Material	Velocidade de Sedimentação (em m/dia)
100	Areia fina	682,6
10	silte	13,0
1	bactéria	0,13
0,1	colóide	0,0013
0,01	colóide	0,00013

Fonte: Adaptado de BENN e Mc AULIFFE, 1981.

Concentração de oxigênio dissolvido em função tempo

$$C(t) = Cs - \left\{ \frac{K_d \cdot L_0}{K_2 - (K_d + K_s)} \cdot (e^{-(K_d+K_s)\cdot t} - e^{K_2 \cdot t}) + (Cs - Co) \cdot e^{-K_2 \cdot t} \right\} \quad (8.36)$$

Equação do instante crítico de ocorrência

$$t_c = \frac{1}{K_2 - (K_d + K_s)} \cdot \ln\left\{ \frac{K_2}{K_d + K_s} \left[1 - \frac{D_0(K_2 - (K_d + K_s))}{L_0 \cdot K_d} \right] \right\} \quad (8.37)$$

Equação do déficit crítico de ocorrência

$$D_c = \frac{K_d}{K_2} \cdot L_0 \cdot e^{-(K_d + K_s)\cdot t_c} \quad (8.38)$$

8.2 O modelo QUAL2E

Descrição

O modelo de simulação de qualidade da água QUAL2E (BROWN & BARNWELL, 1997), desenvolvido pela *Environmental Protection Agency* (EPA) dos Estados Unidos, é um dos modelos de qualidade das águas superficiais mais utilizados no mundo. Ele permite simular vários parâmetros indicativos de qualidade em cursos d'água ramificados e bem misturados, usando o método das diferenças finitas para a solução da equação unidimensional do transporte (advecção e dispersão) e de reação dos constituintes.

Dentro desse contexto, o modelo de simulação de qualidade da água QUAL2E surge como uma valiosa ferramenta da Engenharia Ambiental, destinado à simulação dos processos de transporte e autodepuração de um corpo d'água, fornecendo uma avaliação do impacto ambiental proporcionado por despejos de efluentes e da capacidade de autodepuração do corpo receptor.

O modelo QUAL2E é composto de um programa principal com cinquenta e uma subrotinas, que permite simular, de forma temporal ou espacial, até 15 variáveis indicativas da qualidade das águas, tais como: Demanda Bioquímica de Oxigênio (DBO), oxigênio dissolvido, temperatura, coliformes fecais, nitrogênio orgânico, amônia, nitrito, nitrato, fósforo orgânico, fósforo dissolvido clorofila, uma variável conservativa e três variáveis não conservativas arbitrárias. Permite a incorporação de descargas pontuais, tributários, captações e de incrementos relacionados às fontes difusas. Hidraulicamente, limita-se à simulação de períodos de tempo em que tanto a vazão principal do rio quanto as entradas e retiradas, sejam essencialmente constantes.

O modelo QUAL2E pode operar no estado estacionário e dinâmico. No estado estacionário, pode ser usado para avaliar o impacto na qualidade das águas do corpo receptor decorrentes de descargas contínuas pontuais e de não pontuais (distribuídas). No estado dinâmico, permite a simulação dos efeitos das variações diárias dos dados meteorológicos na qualidade das águas relativos aos parâmetros oxigênio dissolvido e temperatura, assim como, as variações diárias ocorridas pelo crescimento e respiração algal.

Cinemática

A cinemática do modelo QUAL2E para os parâmetros demanda bioquímica de oxigênio carbonácea (DBO_C) e oxigênio dissolvido (OD), podem ser representadas matematicamente por:

$$\frac{dL}{dt} = -K_1 L - K_3 L \quad (8.39)$$

onde:

L = demanda bioquímica de oxigênio carbonácea remanescente (mg/L)
K_1 = constante de decomposição, (mg/L)
K_3 = constante de sedimentação, (mg/L)

$$\frac{do}{dt} = K_2(o_s - o) - K_1 L - \frac{K_4}{H} \quad (8.40)$$

onde:

o = concentração de oxigênio dissolvido (mg/L)
K_2 = constante de reaeração, (d^{-1})
o_s = concentração de oxigênio dissolvido de saturação, (mg/L)
K_1 = constante de decomposição, (d^{-1})
K_4 = demanda de oxigênio do sedimento, (mg/L)

A Tab. 8.7 apresenta equações de previsão incorporadas ao modelo QUAL2E para determinação do coeficiente de reaeração K_2.

Dados hidráulicos para o modelo QUAL2E

O modelo QUAL2E possui dois métodos de determinação dos dados hidráulicos: o primeiro se utiliza dos coeficientes de descarga e é representado pelas Equações (8.48, 8.49, 8.50). O segundo se utiliza das equações de Manning, requerendo o fornecimento do coeficiente de Manning.

$$U = a \cdot Q^b \quad (8.48)$$

$$A = Q/U \quad (8.49)$$

$$H = \alpha \cdot Q^\beta \quad (8.50)$$

Onde a, b, α, e β são constantes empíricas (dados de entrada), obtidos por métodos de ajuste com os dados

TABELA 8.7 Equações incorporadas ao modelo QUAL2E para previsão do coeficiente de reaeração, K_2 (dia^{-1}), na base logarítimica a 20 °C

Autores	Equação no SI	
O'Connor e Dobbins (1958)	$3,95 \dfrac{U^{0,5}}{H^{1,5}}$	(8.41)
Churchill e outros (1962)	$5,03 \dfrac{U^{0,969}}{H^{1,673}}$	(8.42)
Owens e outros (1964)	$5,34 \dfrac{U^{0,67}}{H^{1,85}}$	(8.43)
Trackston e Krenkel (1969)	$\dfrac{24,9(1+F^{0,5})u^*}{H}$	(8.44)
Langbein e Durum (1967)	$5,13 \dfrac{U}{H^{1,33}}$	(8.45)
Tsivoglou e Wallance (1972)	$86400 \cdot cSU$	(8.46)

onde:

U = velocidade média no trecho (m/s)
H = profundidade média no trecho (m)
S = declividade no trecho (m/m)
u^* = velocidade de cisalhamento (m/s)
F = número de Froude (adimensional) = $u^*/(gH)^{0,5}$ (8.47)
Q = vazão (m³/s)
g = aceleração da gravidade (m/s²)
c = 0,177 m^{-1} para vazões na faixa de 0,42 m³/s ≤ Q ≤ 84,96 m³/s

de campo, correspondentes a cada trecho de segmento fluvial.

Estrutura conceitual e alocação das cargas

A estrutura conceitual do QUAL2E, consiste na idealização de um protótipo para um sistema hídrico unidimensional ramificado. Este sistema é subdividido em trechos com características hidráulicas semelhantes, e estes trechos são subdivididos em elementos de igual comprimento, caracterizando a base de entrada de dados do sistema, como mostra a Figura 8.7.

A alocação das cargas do modelo QUAL2E pode ser feita de forma pontual, caracterizando a poluição pontual, ou distribuída, caracterizando a poluição difusa, sendo que ambas admitem apenas o regime permanente. Os incrementos de vazão, que podem ou não caracterizar a poluição difusa, são constantes para cada trecho em particular.

Na alocação das cargas pontuais o modelo admite apenas a entrada de uma carga para cada elemento designado, sendo que esta carga não pode ter uma concentração de poluente superior a 1.000 mg/L, havendo a necessidade de diluição do poluente para a entrada de dados quando isto ocorre.

O modelo classifica os elementos computacionais em sete tipos, dados por:

1. elemento de cabeceira (primeiro elemento do curso principal dos afluentes);
2. elemento padrão (aquele que não se enquadra em nenhum dos outros tipos);
3. elemento anterior a uma junção (último do curso principal antes de um afluente);
4. elemento de junção (elemento do curso principal que recebe entrada de um afluente);
5. elemento final do sistema fluvial simulado;
6. elemento que recebe descarga pontual de um constituinte;
7. elemento onde ocorre captação d'água.

8.3 Modelo de Balanço de Vazão de Diluição – RM1

Descrição

O modelo RM1 foi desenvolvido por RODRIGUES, em 1998, e fez parte de seu trabalho de mestrado (RODRIGUES, 2000). O modelo RM1 nasceu com base nas proposições da metodologia KELMAN (Kelman, 1997).

O modelo RM1 efetua o balanço de vazão de diluição de efluentes lançados em rios. Tem como objetivo auxiliar nos processos de outorga e cobrança pelo uso

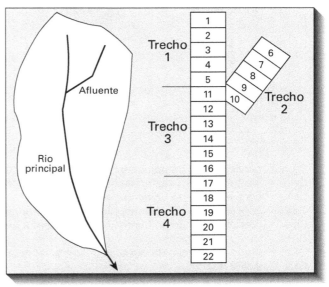

Figura 8.7 Esquema de um protótipo para um sistema hídrico ramificado.

da água. Este modelo propõe uma ampliação do modelo previsto pelo *Sistema Nacional de Gerenciamento de Recursos Hídricos*.

O RM1 determina a variação longitudinal da vazão de diluição, a vazão liberada no sistema para novas outorgas e o volume de diluição da carga de poluente do usuário de montante retirada pelo usuário de jusante, **referentes apenas ao lançamento e ao poluente considerados**. Isto é possível através da separação, pelo modelo RM1, de quanto efetivamente cada usuário-poluidor contribui em massa de poluente para um cenário de concentração do mesmo, ao longo do corpo receptor.

O modelo RM1, através do auxílio de um modelo de qualidade da água, leva em consideração o processo de autodepuração do corpo receptor, associado as características físicas do sistema, a classe de uso do corpo receptor, o regime de vazão do corpo receptor, a vazão de lançamento do efluente, a concentração de lançamento do poluente no corpo receptor e a concentração do poluente no sistema.

Estrutura Conceitual do Modelo RM1

Para desenvolvimento do modelo RM1 o sistema é idealizado como um protótipo, no qual o mesmo é dividido em trechos com características hidráulicas homogêneas. Cada trecho é subdividido em elementos de igual comprimento. A estrutura conceitual do modelo de qualidade das águas RM1 é baseada na estrutura conceitual do modelo de qualidade das águas QUAL2E, fato que reforça a adequabilidade da junção do modelo RM1 ao modelo QUAL2E. A Figura 8.8 apresenta a estrutura conceitual da metodologia do modelo RM1.

Formulação do Modelo RM1

Variação longitudinal da vazão de diluição

O cálculo da variação longitudinal da vazão de diluição, para lançamento de poluentes em rios, é fornecido através da seguinte equação:

$$QD(x) = \frac{1}{C_p \cdot (x)} \cdot \{[Cpd(x) - Cpa(x)] \cdot [Qr(x) + Qe]\}$$

(8.51)

onde:

$QD(x)$ = vazão de diluição do poluente, referente apenas ao lançamento do usuário-poluidor considerado, (m^3/s)

$Cp^*(x)$ = concentração máxima permissível do poluente no corpo receptor, que poderá resultar do enquadramento do corpo hídrico em classe de uso ou de um plano de recuperação da bacia, (mg/L)

$Cpd(x)$ = concentração do poluente no corpo receptor após o lançamento do efluente, (mg/L)

$Cpa(x)$ = concentração do poluente no corpo receptor antes do lançamento do efluente, diluída na vazão do efluente, (mg/L)

$Qr(x)$ = vazão do corpo receptor, (m^3/s)

Qe = vazão de lançamento do efluente no corpo receptor, (m^3/s)

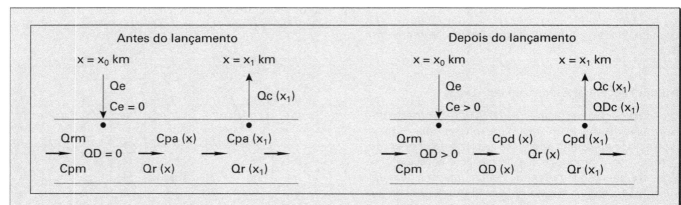

Figura 8.8 Representação esquemática do modelo RM1 – Fonte: Rodrigues (1998).

Vazão liberada para novas outorgas

Para que a classe de uso do corpo receptor seja mantida, a seguinte relação deve ser respeitada:

$$Q_L(x) = [Qr(x) + Qe] \cdot \left[1 - \frac{Cpd(x)}{Cp^*(x)}\right] \quad (8.52)$$

onde:

$Q_L(x)$ = vazão de diluição liberada para novas outorgas, (m³/s)

Vazão de diluição da massa de poluente retirada através de captações

A vazão de diluição da massa de poluente retirada por uma captação, referente apenas ao lançamento do usuário-poluidor considerado, é dada por:

$$QDc(x) = \frac{[Cpd(x) - Cpa(x)]}{Cp^*(x)} \cdot Qc(x) \quad (8.53)$$

onde:

$QDc(x)$ = vazão de diluição do poluente retirado através de captação, referente apenas ao lançamento do efluente do usuário-poluidor considerado, (m³/s)

$Qc(x)$ = vazão de captação (m³/s)

Proposta para determinação do valor a ser pago pelo usuário-poluidor

O custo médio a ser pago pelo usuário para lançamento de seu efluente no corpo receptor, não considerando pontos de captação a jusante, é dado por:

$$\overline{C\$} = \frac{C\$ \cdot \sum_{0}^{i} VD(x_i) \cdot Cpd'(x_i)}{\sum_{0}^{i} Cpd(x_i)} \quad (8.54)$$

onde:

$\overline{C\$}$ = custo médio a ser pago pelo usuário-poluidor para lançamento do efluente no corpo receptor, (R$)
$VD(x)$ = volume de diluição do poluente no corpo receptor, referente apenas ao lançamento do usuário-poluidor considerado, (m³)
$C\$$ = custo unitário por m³ d'água, locado no corpo receptor (R$)
i = espaço, (km)

O custo total para lançamento do efluente do usuário-poluidor, pode ser dado por:

$$C\$_{\text{Total}} = \frac{C\$ \cdot \sum_{0}^{i} VD(x_i) \cdot Cpd(x_i)}{\sum_{0}^{i} Cpd(x_i)} + C\$ \cdot \sum_{0}^{k} VDc(x_k)$$

$$(8.55)$$

onde:

$C\$_{\text{Total}}$ = custo total a ser pago pelo usuário-poluidor para lançamento do efluente no corpo receptor (R$)
$VDc(x)$ = volume de diluição do poluente retirado através de captação, referente apenas ao lançamento do efluente do usuário-poluidor considerado, (m³)
k = ponto de captação que sofre interferência na qualidade de suas águas, devido ao lançamento do efluente do usuário-poluidor de montante considerado, (adimensional)

Condições a serem respeitadas

A vazão do corpo receptor será considerada constante para o respectivo trecho de lançamento. Caso haja acréscimo na vazão do rio, devido ao incremento proporcionado pela área de drenagem, esta passará a ser considerada.

Para que o regime de vazão do corpo receptor antes do lançamento do efluente seja igual ao regime de vazão após o lançamento do mesmo é necessário que, na simulação do decaimento da concentração do poluente já existente no sistema, seja inserida a vazão de lançamento do efluente no ponto de seu lançamento.

A análise de cada lançamento de efluente no corpo receptor será considerada separadamente aos demais lançamentos a jusante.

A vazão do efluente será considerada como constante.

As características hidráulicas de cada trecho do sistema devem ser respeitadas, assim como os coeficientes de reaeração (K_2), desoxigenação (K_1) e sedimentação (K_3), de cada trecho.

O modelo RM1 deve ser aplicado com o auxílio de um modelo matemático de qualidade das águas, devidamente calibrado para a bacia em estudo, para obtenção da curva de decaimento da concentração do poluente no sistema antes ($Cpa(x)$), diluída na vazão do efluente, e após ($Cpd(x)$) o lançamento do efluente no corpo receptor.

8.4 Modelo de Balanço de Cargas – RM2

O modelo RM2 foi desenvolvido por RODRIGUES, em 2000, por sugestão do Prof. Ivanildo Hepanhol, quando da defesa do trabalho de mestrado de RODRIGUES (2000). O modelo RM2 nasceu com base nas proposições da metodologia KELMAN (Kelman, 1997). Trata-se de um modelo de qualidade das águas que quantifica a carga de poluentes em rios. Determina a percentagem da carga de poluente sedimentada, degradada e suspensa no corpo receptor, **referentes apenas ao lançamento e ao poluente considerados**.

O modelo RM2 surgiu diante da necessidade de complementar a aplicação do modelo de balanço de vazão de diluição RM1 (Ver Item 8.3). O RM1 determina a variação longitudinal da vazão de diluição, a vazão liberada no sistema para novas outorgas e o volume de diluição da carga de poluente do usuário de montante retirada pelo usuário de jusante, **referentes apenas ao lançamento e ao poluente considerados**. Estas determinações são efetuadas através da carga de poluente em suspensão no sistema, desconsiderando a carga sedimentada. Inicialmente, com o modelo RM2 pretendeu-se verificar o quanto em efetivo os processos de sedimentação e degradação contribuem para o processo de autodepuração do corpo receptor.

Posteriormente, no Projeto FAPESP "**Sistema de suporte à decisão para a gestão quali-quantitativa dos processos de outorga e cobrança pelo uso da água**" (Processo 2004/14296-0), verificou-se a importância do modelo RM2 nos processos de planejamento e gestão no que tange a criação de cenários de enquadramento de corpos hídricos. O cálculo do perfil longitudinal de cargas de poluente é associado à carga máxima permissível de poluente no corpo receptor, decorrente do enquadramento e da vazão de referência.

Estrutura Conceitual do Modelo RM2

Para aplicação do Modelo RM2 o sistema é idealizado como um protótipo, no qual o mesmo é dividido em trechos com características hidráulicas homogêneas. Cada trecho é subdividido em elementos de igual comprimento. A estrutura conceitual do modelo de qualidade das águas RM2 é também baseada na estrutura conceitual do modelo de qualidade das águas QUAL2E, fato que reforça a adequabilidade da junção do modelo RM2 ao modelo QUAL2E (Ver Figura 8.9). O modelo QUAL2E fornece a concentração do poluente no sistema para cada elemento. O comprimento do elemento é estabelecido mediante melhor adequação no processo de calibração do modelo.

Formulação do Modelo RM2

A carga total do poluente que entra no sistema, no tempo de percurso do poluente no corpo receptor t^*, **referente apenas ao ponto de lançamento e ao poluente considerados**, é dada por:

$$M_T = \sum Ms + \sum Md + \sum Msd + Mc, \quad (8.56)$$

onde:

M_T = carga que entra no sistema em um tempo t^* de transporte do poluente no sistema
Ms = carga do poluente em suspensão
Md = carga do poluente degradada em um tempo t^*
Msd = carga do poluente sedimentada em um tempo t^*
Mc = carga do poluente retirada do sistema através de captações em um tempo t^*

Carga em suspensão

Segmentando o sistema em intervalos de espaço, tem-se:

$$\sum Ms = \sum_1^m \left\{ \sum_1^n [Cpd(x_{mn}) - Cpa(x_{mn})] \cdot A(x_{mn}) \cdot \Delta x \right\} \quad (8.57)$$

onde:

$Cpd(x)$ = concentração do poluente no corpo receptor após o lançamento do efluente
$Cpa(x)$ = concentração do poluente no corpo receptor antes do lançamento do efluente, diluída na vazão do efluente
$A(x)$ = área da seção transversal
Δx = comprimento do elemento
m = trecho
n = elemento

Carga degradada

Eliminando o uso do coeficiente de sedimentação no modelo QUAL2E, e segmentando o sistema em intervalos de espaço, tem-se:

$$\sum Md = \sum_1^m \left\{ \sum_1^n \left\{ [Cpd(x_{mn}) - Cpa(x_{mn})] - [Cpd(x_{m(n+1)}) - Cpa(x_{m(n+1)})] \right\} \cdot A(x_{mn}) \cdot \Delta x \right\} \quad (8.58)$$

Carga que entra no sistema no tempo t^*

O tempo de transporte do poluente no sistema é dado por:

$$t^* = \sum_1^m \sum_1^n V_{mn} \cdot S_{mn}, \quad (8.59)$$

onde:

t^* = tempo de percurso do poluente no sistema
V = velocidade
S = espaço

Modelo de balanço de cargas – RM2

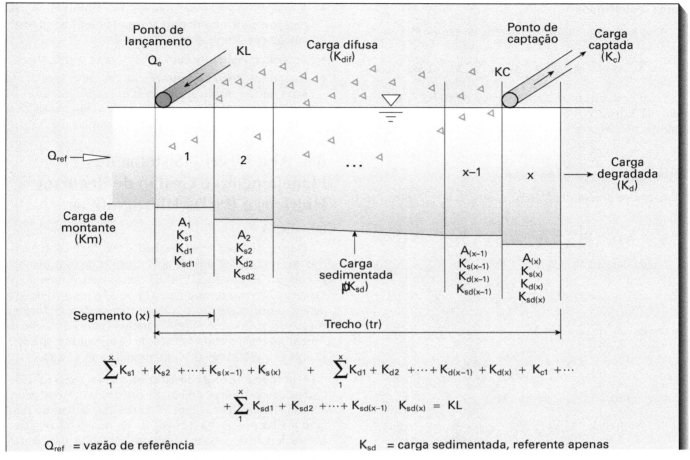

Figura 8.9 Balanço de carga realizado pelo modelo RM2. Fonte: RODRIGUES (2003).

Q_{ref} = vazão de referência
Qe = vazão de lançamento do efluente
Km = carga de montante
KL = carga de lançamento do efluente
Kdif = carga difusa
Ks = carga em suspensão, referente apenas ao lançamento considerado

Kd = carga degradada, referente apenas ao lançamento considerado
Ksd = carga sedimentada, referente apenas ao lançamento considerado
Kc = carga captada, referente apenas ao usuário poluidor considerado
A = área da seção transversal
Tr = trecho de rio

Logo, a carga que entra no sistema em um tempo t^* é:
$$M_T = \text{Carga} \times t^* \qquad (8.60)$$

Massa retirada do sistema através de captações

A carga de poluente retirada do sistema através de captações no tempo t^*, é representada por:
$$Mc = \sum_0^c [W_2(x_c) \cdot t^*], \qquad (8.61)$$

onde:

Mc = carga do poluente retirada do sistema no tempo t^*
$Qc(x)$ = vazão de captação
c = ponto de captação
$W_2(x)$ = carga do poluente

A carga do poluente em função do espaço para cada segmento no sistema, é representada por:
$$W_2(x) = [Cpd(x) - Cpa(x)] \cdot [Qr(x) + Qe], \qquad (8.62)$$

(RODRIGUES, 2000)

onde:

$Qr(x)$ = vazão do corpo receptor
Qe = vazão de lançamento do efluente no corpo receptor

Substituindo a Equação (8.62) em (8.61) temos:
$$Mc = \sum_0^c [Cpd(x_c) - Cpa(x_c)] \cdot Qc(x_c) \cdot t^* \quad (8.63)$$

Carga sedimentada

A carga sedimentada no sistema no tempo t^*, é dada por:

$$\sum Msd = M_T - \sum Ms - \sum Md - Mc \quad (8.64)$$

Logo, substituindo as Equações 8.60, 8.57, 8.58 e 8.63, na Equação 8.64, tem-se a carga sedimentada no sistema no tempo t^*.

Percentagem de carga no sistema

a) Carga sedimentada (Msd)

$$Msd\% = \frac{\sum Msd}{M_T} \cdot 100 \quad (8.65)$$

b) Carga degradada (Md)

$$Md\% = \frac{\sum Md}{M_T} \cdot 100 \quad (8.66)$$

c) Carga em suspensão (Ms)

$$Ms\% = \frac{\sum Ms}{M_T} \cdot 100 \quad (8.67)$$

d) Carga retirada do sistema (Mc)

$$Mc\% = \frac{Mc}{M_T} \cdot 100 \quad (8.68)$$

Carga acumulada no sedimento

$$Msd_{\text{Acumulado}} = \frac{Msd\%}{100} \cdot \text{Carga} \cdot t, \quad (8.69)$$

onde:

$Msd_{\text{acumulada}}$ = carga do poluente acumulada no sistema

Condições a serem respeitadas:

Para aplicação do modelo RM2 são válidas as mesmas condições de aplicação do modelo RM1 (RODRIGUES, 2000), sendo estas:

- A vazão do corpo receptor será considerada constante para o respectivo trecho de lançamento. Caso haja acréscimo na vazão do rio, devido ao incremento proporcionado pela área de drenagem, esta passará a ser considerada;
- Para que o regime de vazão do corpo receptor antes do lançamento do efluente seja igual ao regime de vazão após o lançamento do mesmo é necessário que, na simulação do decaimento da concentração do poluente já existente no sistema, seja inserida a vazão de lançamento do efluente no ponto de seu lançamento.
- A análise de cada lançamento de efluente no corpo receptor será considerada separadamente aos demais lançamentos a jusante;
- A vazão do efluente será considerada constante;
- As características hidráulicas de cada trecho do sistema deveram ser respeitadas, assim como os coeficientes de reaeração (K_2), desoxigenação (K_1) e sedimentação (K_3), de cada trecho.

8.5 AlocServer – Sistema de Planejamento e Gestão de Recursos Hídricos e Bacias Hidrográficas

Introdução

O sistema AlocServer (RODRIGUES, 2004-2010) nasceu dos resultados obtidos no Programa de Inovativo em Pequenas Empresas II (PIPE II), com desenvolvimento do Projeto *"Sistema de suporte à decisão proposto para a gestão quali-quantitativa dos processos de outorga e cobrança pelo uso da água"*, apoiado pela Fundação de Amparo à Pesquisa do Estado de São Paulo (FAPESP), Processo 2004/14296-0, submetido no ano de 2004.

O projeto FAPESP consistiu em tornar o SSD RB (Sistema desenvolvido no âmbito de programa de doutorado) em um sistema web e georreferenciado, buscando também tornar possível a integração da malha hídrica brasileira dentro de uma mesma base de dados. Para tanto, também foi criada uma metodologia de funcionamento do modelo QUAL2E visando contornar limitações quanto ao número de trechos, velocidade de processamento e consumo de memória RAM. No projeto FAPESP também ocorreu à junção dos modelos RM1 (modelo de balanço de vazão de diluição, ano de 1998) e RM2 (modelo de balanço de cargas, ano de 2000), nascendo o modelo ALOC no ano de 2006 (RODRIGUES, 1998-2006).

O modelo ALOC permite, através de dados alimentados pelo modelo QUAL2E, realizar o balanço de vazão de diluição e de carga ao longo do corpo hídrico. Com o uso do modelo ALOC, associado ao modelo QUAL2E, é muito fácil trabalhar também com o conceito de TMDL, os gráficos de balanço de cargas são gerados automaticamente separando o quanto de carga é referente a cada usuário-poluidor e a poluição difusa.

O AlocServer possibilita a articulação de forma integrada de todos os instrumentos da Política Nacional de Recursos Hídricos, que são os Planos de Recursos Hídricos, o enquadramento dos corpos d'água em classes, a outorga e a cobrança pelo uso d'água e o Sistema Nacional de Informações sobre Recursos Hídricos. O AlocServer é considerado uma inovação na área de gestão de recursos hídricos, originando-se da tese de doutorado *"SSD RB – Sistema de Suporte à Decisão para a Gestão Quali-Quantitativa dos Processos de Outorga e Cobrança pelo Uso da Água"*.

Já a ideia de desenvolvimento do projeto "*Integração do Sistema AlocServer ao Sistema Nacional de Informações Sobre Recursos Hídricos (SNIRH) e Projeto Piloto Aplicado à Bacia do Rio Paraíba do Sul*", Processo 2008/58143-3, ocorreu a partir de reunião realizada em 31/10/2008 com a Diretoria Científica da FAPESP, a Agência Nacional d'águas (ANA) e a Pesquisadora. A integração do AlocServer ao SNIRH vai possibilitar a efetiva aplicação da Política Nacional de Recursos Hídricos em rios de domínio da União. A grande vantagem do sistema AlocServer também é de sua disponibilização através da *internet* permitindo manutenção e suporte aos usuários em tempo real, assim como viabiliza a gestão compartilhada entre órgãos gestores.

Objetivo Geral

O sistema AlocServer surge com o objetivo de possibilitar a integração dos instrumentos da Política Nacional de Recursos Hídricos (PNRH) para os processos de planejamento de gestão de bacias hidrográficas. Os instrumentos da PNRH precisam ser tratados de forma articulada. Somente através da articulação dos mesmos que será possível almejar um uso racional e eficiente dos recursos hídricos. O sistema AlocServer também surge com o objetivo de propiciar maior transparência e agilidade aos processos, na medida que o sistema é *web* e georreferenciado, permitindo manutenção e suporte aos usuários em tempo real, assim como viabiliza a gestão compartilhada entre órgãos gestores.

Objetivos Específicos

- Tratar o enquadramento ou o re-enquadramento de corpos hídricos em sua respectiva classe de uso, considerando: vazões que serão disponibilizadas naquele corpo para outorga; nos custos unitários de captação e lançamento; nos valores cobrados dos usuários da bacia; o montante arrecadado; e nos objetivos de qualidade desejados.

- Apoiar os Comitês de Bacia nas decisões: valores unitários de diluição e de captação pelo uso da água; na decisão do regime de vazões de referência adotado e condicionado a uma determinada garantia; na Classe de Uso do corpo hídrico ou mesmo em metas progressivas, intermediárias e final para atendimento a um determinado objetivo de qualidade; na revisão do Plano de Recursos Hídricos; nas metas a serem estabelecidas nos Planos de Recursos Hídricos.

- Considerar o enquadramento dos corpos hídricos em suas respectivas Classes de Uso tendo como base as vazões que serão disponibilizadas naquele corpo para outorga, nos custos unitários de captação e lançamento, assim como nos valores cobrados dos usuários da bacia e o consequente montante arrecadado.

- Permitir a criação de cenários atuais e futuros para um melhor entendimento das relações de causa e efeito das diversas interferências quali-quantitativas que os múltiplos usos dos recursos hídricos podem gerar.

- Gestão quali-quantitativa dos processos de outorga e cobrança pelo uso da água;

- Articulação do uso e ocupação do solo com a gestão quali-quantitativa dos recursos hídricos e das bacias hidrográficas.

Revisão Bibliográfica

O Sistema AlocServer permite a gestão quali-quantitativa dos usos da água de uma bacia, para tanto, permite o tratamento articulado dos instrumentos da Política Nacional de Recursos Hídricos (Lei 9.433, de 8 de janeiro de 1997), que são: Plano de Recursos Hídricos; enquadramento dos corpos d'água em suas respectivas classes de uso; e Sistema de Informações sobre Recursos Hídricos; a Outorga e a Cobrança pelo Uso da Água.

O AlocServer é constituído por uma interface gráfica de entrada e saída, também georreferenciada, por um Banco de Dados e pelos modelos matemáticos QUAL2E (Brown e Barnwell, 1987), ALOC (Rodrigues, 1998 - 2006) e FISCHER (Fischer *et al*, 1979).

O modelo QUAL2E é um modelo unidimensional de qualidade das águas superficiais que permite simular até 15 variáveis de qualidade. O ALOC é um modelo de quantificação do balanço de vazão de diluição e de cargas ao longo do corpo hídrico referentes a cada usuário-poluidor, considerando o processo de autodepuração, a poluição difusa e a vazão de referência. O modelo de FISCHER quantifica o comprimento da zona de mistura, considerando o regime permanente.

O modelo ALOC nasceu a partir da junção dos modelos RM1 (Rodrigues, 1998) e RM2 (Rodrigues, 2000) por meio do Projeto AlocServer (Processo FAPESP 2004/14296-0). A junção das metodologias dos modelos RM1 e RM2 permitem trabalhar, simultaneamente, com os conceitos de carga e de vazão de diluição para o planejamento e gerenciamento dos corpos hídricos. Os modelos RM1 e RM2 nasceram com base nas proposições da metodologia KELMAN (Kelman, 1997)

O sistema AlocServer possui um módulo de geoprocessamento de forma a utilizar informações espaciais para auxiliar nos processos de inserção e interpretação dos dados de entrada e saída do sistema.

O sistema AlocServer foi aplicado à bacia do Rio Jundiaí, localizada no Estado de São Paulo.

Metodologia

O sistema AlocServer é constituído por três modelos matemáticos e uma base de dados. Os modelos que compõe o AlocServer são: QUAL2E, ALOC e FISCHER. A Figura 8.10 ilustra a estrutura do sistema AlocServer.

Modelo QUAL2E – Foi descrito no item 8.2.

Modelo de Alocação de Carga e de Vazão de Diluição (ALOC)

A técnica de solução numérica utilizada pelo modelo ALOC é baseada na determinação dos valores espaciais de uma variável no passo de tempo $n+1$, conhecida sua distribuição espacial no passo de tempo anterior n, sendo o passo de tempo zero correspondente às condições iniciais do sistema, técnica semelhante à dos modelos QUAL2E, RM1 e RM2.

Esses modelos trabalham em regime permanente e idealizam o sistema dentro de uma situação visual estática, como uma foto, ou seja, não existe variação no tempo apenas no espaço (Rodrigues, 1998-2006).

O ALOC foi desenvolvido por meio da integração das metodologias dos modelos RM1 e RM2 permitindo trabalhar simultaneamente com os conceitos de carga e de vazão de diluição para o planejamento e gerenciamento dos corpos hídricos, sob os aspectos de qualidade e quantidade. Nos Itens 8.3 e 8.4 foram apresentadas as estruturas conceituais das metodologias dos modelos RM1 e RM2, respectivamente.

A lógica do modelo ALOC consiste em quantificar, diante de um cenário global de lançamentos e captações, assim como de poluição difusa, a carga de poluente e a vazão de diluição ao longo do corpo hídrico *referente a cada usuário-poluidor*.

A Tabela 8.8 mostra os cálculos possíveis de serem realizados através do modelo ALOC.

Trabalhar com o conceito de carga ou vazão de diluição não interfere na responsabilidade do usuário-poluidor. Ambos os conceitos podem ser utilizados para uma análise estratégica para os processos de planejamento e gestão dos corpos hídricos, desde que sejam considerados o processo de autodepuração e a vazão de referência, assim como a respectiva responsabilidade de cada usuário dentro de uma análise global do corpo hídrico. Maiores informações sobre os modelos podem ser obtidas nas referências citadas.

Figura 8.10 Estrutura do Sistema AlocServer – Fonte: RODRIGUES (2004-010).

TABELA 8.8 Cálculos realizados pelo modelo ALOC	
Item	Cálculos realizados pelo modelo ALOC
a	Carga sedimentada, degradada, captada e em suspensão referente ao respectivo lançamento;
b	Carga de montante referente a cada usuário-poluidor;
c	Carga de jusante referente a cada usuário-poluidor;
d	Vazão de diluição ao longo do eixo longitudinal;
e	Vazão liberada no rio para novas diluições de efluentes ou captações;
f	Vazão de diluição da carga de poluente retirada do rio através de captações;
g	Vazão Indisponível para Diluição através de Captação;
h	Custo por lançamento considerando a poluição ocasionada aos usuários de jusante;
i	Custo por captação considerando o grau de poluição da água captada e a indisponibilidade para vazões de diluição.

Fonte: RODRIGUES (1998-2006).

AlocServer – Sistema de planejamento e gestão de recursos hídricos e bacias hidrográficas

Modelo de FISCHER (1979)

O comprimento da zona de mistura é calculado por meio da equação de dispersão longitudinal de Fischer et al (1979). Ressalte-se que o modelo QUAL2E pressupõe mistura imediata a partir do ponto de lançamento do efluente. **Para fins de simplificação**, é utilizada a equação de dispersão longitudinal de FISCHER para determinação do comprimento da zona de mistura, considerando que a concentração de poluente no final da zona de mistura seja igual à obtida pelo modelo QUAL2E no respectivo ponto.

A partir do instante do lançamento do efluente no corpo hídrico, ocorre o período denominado "*período de Fischer* ou *fase advectiva*". Nesta fase, a variância espacial da nuvem aumenta de forma tal que sua derivada temporal não é constante, não existe um coeficiente constante de dispersão longitudinal, mas sim um coeficiente que cresce continuamente no tempo, ocorrendo predomínio dos efeitos advectivos sobre os efeitos difusivos. Neste período, a concentração de poluente não é homogênia de uma margem a outra do rio e a velocidade não é uniforme. Ver Figura 8.11. Após algum tempo do lançamento do efluente, inicia-se uma fase denominada "*período de Taylor* ou *fase dispersiva*", onde começa a ocorrer uma concentração mais uniforme ao longo das seções transversais ao escoamento, conforme mostra a Figura 8.11. Nesta fase, o valor do coeficiente de dispersão longitudinal é praticamente constante.

Vários autores propuseram formas de se estimar a duração do período de Fischer, e, consequentemente, a distância a jusante do ponto de lançamento a partir da qual inicia-se o período de Taylor (Eiger, 1997).

Foi proposta uma nova equação (Fischer *et al*, 1979) para estimar o valor do comprimento da zona de mistura (L_F), analisando um canal retangular possuindo uma distribuição uniforme de velocidade longitudinal ao longo da direção transversal e com injeção contínua de poluente. Conhecida a distribuição espacial de concentração da nuvem resultante, foi possível definir um critério para a distância necessária para a ocorrência de mistura completa ao longo da direção transversal. Estes autores consideraram como distância necessária para a ocorrência de uniformidade transversal de concentração aquela a partir da qual a concentração varia menos de 5% em relação ao valor médio de uma dada seção transversal (Eiger, 1997).

Módulos do sistema AlocServer

A modularização permite um maior desempenho do sistema, na medida em que o usuário pode operar apenas o módulo de interesse. O AlocServer é constituído por módulos. Os módulos do sistema estão descritos na Tabela 8.9.

No sistema AlocServer, a estrutura de funcionamento do modelo Qual2e foi alterada de forma a permitir a integração da malha hídrica brasileira, ou seja, medidas de contorno com relação a número de trechos, números de pontos de lançamento e captação e a velocidade de processamento foram estabelecidas.

O sistema AlocServer pode ser aplicado em qualquer continente, assim como em rios fronteiriços e transfronteiriços.

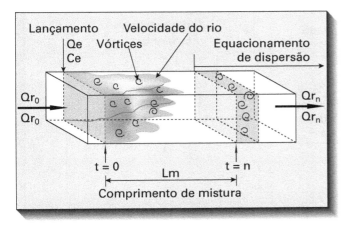

Figura 8.11 Representação esquemática dos períodos de FISCHER e de TAYLOR.
Fonte: RODRIGUES (2006).

TABELA 8.9 Descrição dos módulos do sistema AlocServer	
Módulo	**Descrição**
Módulo de Geoprocessamento	Permite a inserção de dados e a elaboração de mapas temáticos.
Módulo Calibração	Visa auxiliar o usuário no processo de calibração.
Módulo Quali-Quantitativo	Permite uma análise simultânea de qualidade e quantidade.
Módulo Balanço de Carga	Realiza todo o balanço de cargas do corpo hídrico.
Módulo Enquadramento e Metas Progressivas	Tem como função verificar o atendimento aos padrões de lançamento de efluentes e de qualidade do corpo hídrico, considerando a zona de mistura.
Módulo Outorga e Cobrança	Permite o cálculo de vazões de diluição e custos de lançamento e captação, considerando o grau de poluição da água captada e os prejuízos dos usuários-poluidores aos usuários de jusante.

Fonte: RODRIGUES (2004 - 2010).

Descrição do tratamento do instrumento enquadramento no sistema AlocServer

O AlocServer também permite que a decisão de enquadramento ou de re-enquadramento de corpos hídricos em sua respectiva classe de uso também seja tomada com base: nas vazões que serão disponibilizadas naquele corpo para outorga; nos custos unitários de captação e lançamento; nos valores cobrados dos usuários da bacia; no conseqüente montante arrecadado; e nos objetivos de qualidade desejados (Ver Figura 8.12). O sistema AlocServer nasceu a partir do sistema SSD RB (Rodrigues, 2005).

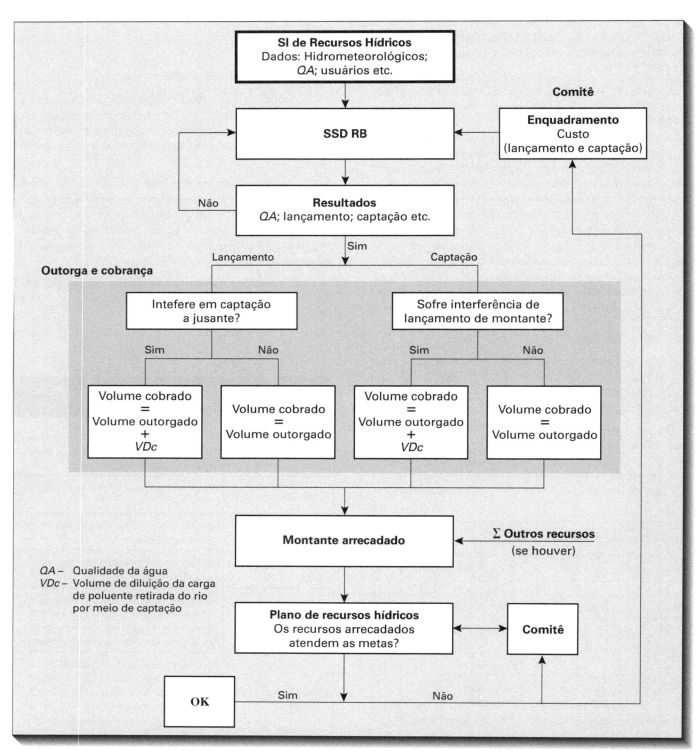

FIGURA 8.12 Uso do Sistema AlocServer Articulado com os Instrumentos de Gestão.
Fonte: RODRIGUES (2005).

Assim, o AlocServer pode servir também de apoio nas seguintes decisões de aprovação pelo Comitê: nos valores unitários de diluição e de captação pelo uso da água; na decisão do regime de vazões de referência adotado e condicionado a uma determinada garantia; na Classe de Uso do corpo hídrico ou mesmo em metas progressivas, intermediárias e final para atendimento a um determinado objetivo de qualidade; na revisão do Plano de Recursos Hídricos. Todas estas decisões influenciam o montante de recursos financeiros arrecadado na bacia pela cobrança e, conseqüentemente, nas metas estabelecidas nos Planos de Recursos Hídricos.

A decisão do enquadramento do corpo hídrico em sua respectiva Classe de Uso também deve ser tomada com base nas vazões que serão disponibilizadas naquele corpo para outorga, nos custos unitários de captação e lançamento, assim como nos valores cobrados dos usuários da bacia e o conseqüente montante arrecadado.

O AlocServer pode auxiliar os membros dos comitês para um melhor entendimento das relações de causa e efeito das diversas interferências quali-quantitativas e de regime que os múltiplos usos dos recursos hídricos podem gerar.

Através do AlocServer, a gestão quali-quantitativa dos processos de outorga e cobrança pelo uso da água pode abranger de forma articulada os instrumentos da Política Nacional de Recursos Hídricos: Plano de Recursos Hídricos, enquadramento dos corpos d'água em suas respectivas classes.

Aplicação do sistema AlocServer à bacia do rio Jundiaí (SP)

Descrição da Bacia do Rio Jundiaí e do Processo de Calibração

A Bacia do rio Jundiaí (Figura 8.13) está compreendida entre as coordenadas 46° 30' e 47° 17' de longitude a oeste do meridiano de Greenwich e 23° 20' e 23° 02' de latitude ao sul do Equador. Possui uma área de aproximadamente 1.150 km², onde estão localizados os municípios de Campo Limpo Paulista, Várzea Paulista, Jundiaí, Itupeva, Cabreúva, Indaiatuba e Salto. (Cetesb, 2001). O rio Jundiaí nasce na região serrana de Pedra Vermelha, no município de Mairiporã, e percorre cerca de 123 km até a sua confluência com o rio Tietê, no reservatório da Usina de Porto Góes, no município de Salto. (Cetesb, 2001).

A Bacia do rio Jundiaí é caracterizada por uma precipitação média mensal entre os postos de aproximadamente 120 mm, sendo máxima junto a Serra dos Cristais, próxima à confluência com o rio Tietê. A precipitação média anual entre os postos é de aproximadamente 1400 mm. DAEE (1999)

O rio Jundiaí possui dois postos fluviométricos: Posto 3E-108, localizado no Município de Campo Limpo Paulista, com uma vazão média anual de aproximadamente 2 m³/s e Posto 4E-017, localizado no Município de Indaiatuba, com uma vazão média anual de aproximadamente 10 m³/s. DAEE (1999)

O estudo da qualidade das águas do rio Jundiaí foi realizado com dados de monitoramento de qualidade da água da rede de monitoramento da CETESB, de 1978 a 2003, para os postos JUNA-2020 e JUNA-4270,

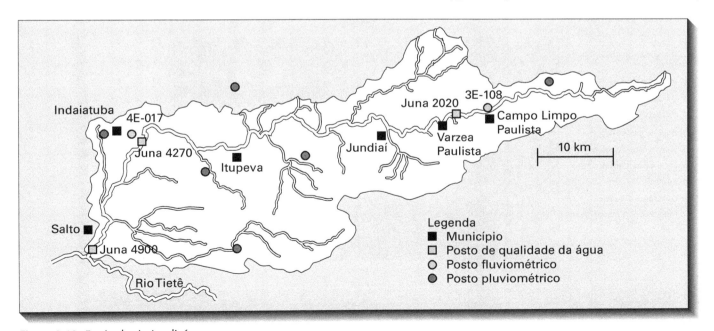

Figura 8.13 Bacia do rio Jundiaí.
Fonte: Adaptado de CETESB (2003) e IBGE (1973)

já o posto JUNA-4900 teve seu inicio de operação em agosto de 1993. No posto de monitoramento JUNA-2020, localizado no município de Campo Limpo Paulista, nas proximidades da cabeceira, a concentração média de Oxigênio Dissolvido (OD) dos anos de 1978 a 2003 foi de 7,3 mg/L, associada a uma concentração média de Demanda Bioquímica de Oxigênio (DBO) de 3,3 mg/L. Para o posto de monitoramento JUNA-4270, localizado no município de Indaiatuba, as concentrações médias de OD e DBO foram de 4,1 e 14,2 mg/L, respectivamente. Já para o posto JUNA – 4900, as concentrações médias foram de 2,7 mg/L para o OD e 19,2 mg/L para a DBO.

A variável de estado selecionada para simulação foi a Demanda Bioquímica de Oxigênio (DBO). Os regimes de vazão adotados foram $Q_{7,10}$, Q_{95}, Q_{90} e Q_m.

O modelo foi calibrado de acordo com dados da série histórica de dados fluviométricos e de qualidade da água. O processo de calibração ocorreu pelo agrupamento de dados em períodos trimestrais. Dados calculados foram correlacionados com dados monitorados através de box plots. Para as simulações com vazões de referências foram utilizados dados de calibração do valor de vazão trimestral calculado mais próximo da respectiva vazão de referência. O processo de divisão do rio tem trechos foi realizado de acordo as características hidráulicas do corpo hídrico.

Resultados Obtidos

A Figura 8.14 apresenta a divisão do rio em trechos e a alocação de pontos de lançamento e captação, assim como de postos fluviométricos.

A Figura 8.15 apresenta o resultado do processo de calibração para a variável OD. A Figura 8.16 apresenta o resultado do processo de calibração para a variável DBO. Os resultados apresentados são referentes ao período de abril, maio e junho. Para os demais períodos valores semelhantes de calibração foram obtidos.

Após a calibração, foram criados diversos cenários de: qualidade da água; enquadramento e metas progressivas; balanço de cargas; vazão de diluição de cada lançamento; custos associados a lançamentos e captações; vazão liberada para outorga. Cenários de qualidade da água foram associados aos cenários de enquadramento e metas progressivas, assim como cenários de balanço de cargas foram associados à carga máxima permissível, calculada em função da vazão de referência e do cenário de enquadramento selecionados. Os custos a serem pagos pelos usuários foram calculados em função da vazão captada, do cenário de custos unitários criados e da vazão de diluição do efluente ao longo do eixo longitudinal do corpo hídrico. Para a criação dos cenários aqui apresentados foi utilizada a vazão de referência $Q_{95\%}$. As Figuras 8.17 e 8.18 apresentam cenários de enquadramento e metas progressivas para as variáveis OD e DBO.

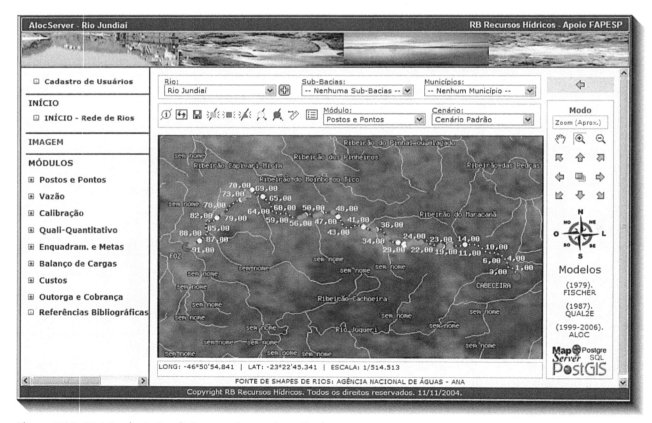

Figura 8.14 Divisão do rio Jundiaí em trechos e alocação de postos e pontos.
Fonte: Sistema AlocServer (2009)

AlocServer – Sistema de planejamento e gestão de recursos hídricos e bacias hidrográficas

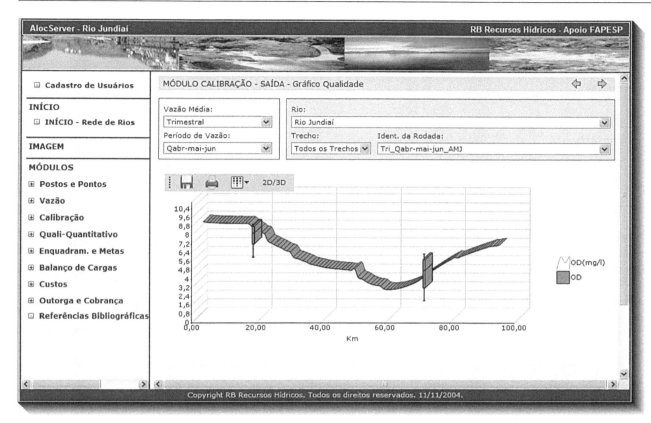

Figura 8.15 Resultados obtidos no processo de calibração da variável OD.
Fonte: Sistema AlocServer (2009)

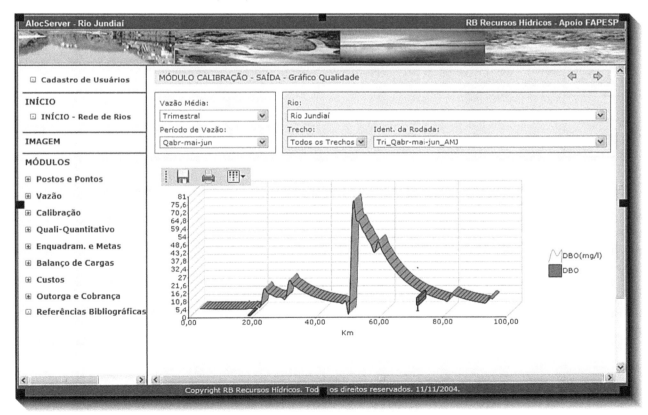

Figura 8.16 Resultados obtidos no processo de calibração da variável DBO.
Fonte: Sistema AlocServer (2009)

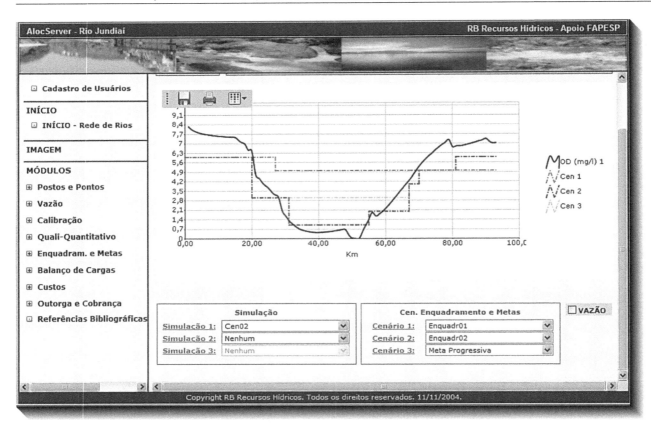

Figura 8.17 Cenários de enquadramento e metas progressivas para a variável OD.
Fonte: Sistema AlocServer (2009)

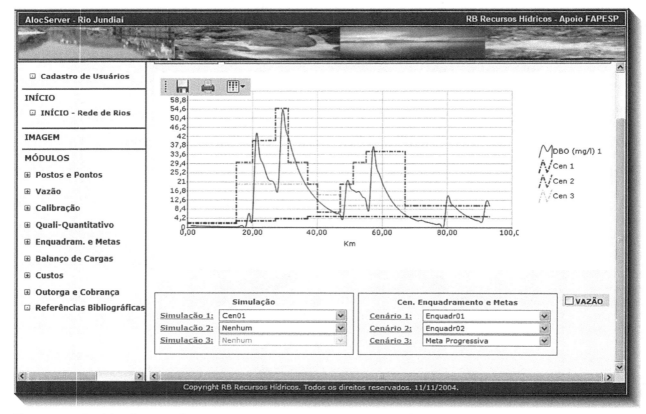

Figura 8.18 Cenários de enquadramento e metas progressivas para a variável DBO.
Fonte: Sistema AlocServer (2009)

As Figuras 8.19 e 8.20 apresentam cenários de balanço de cargas do corpo hídrico, associado à carga máxima permissível, em função dos cenários de enquadramento e vazão de referência selecionados. A Figura 8.19 apresenta valores ao longo do corpo hídrico, já a Figura 8.20 apresenta valores por trecho.

A Figura 8.21 apresenta valores de vazão de diluição por usuário-poluidor selecionado. A Figura 8.22 apresenta valores de vazão liberada para novas outorgas, em função da vazão de referência, do enquadramento e do cenário de qualidade da água selecionados. Valores negativos de vazão liberada para outorga representam o quanto de vazão o corpo hídrico deveria ter para atender a classe de uso selecionada.

Benefícios

O principal benefício deste projeto é a possibilidade de implementação adequada da Política Nacional de Recursos Hídricos, mediante a integração e articulação de seus instrumentos de gestão. Os benefícios estão associados ao uso racional e eficiente dos recursos hídricos e das bacias hidrográficas de forma integrada (Ver Figuras 8.23 e 8.24).

Outro grande benefício que o sistema AlocServer possibilita é a transparência no processo já que o acesso ao sistema é web, permitindo a articulação entre as instituições gestoras e a sociedade, assim como pode reduzir de forma expressiva o custo do governo com desenvolvimento, manutenção e suporte de sistemas.

O Brasil pode ser beneficiado com o projeto, assim como outros países e continentes. Ressalte-se que a gestão de rios brasileiros fronteiriços e transfronteiriços, pode também ser beneficiada.

Com o uso racional e eficiente dos recursos hídricos toda a humanidade pode ser beneficiada, já que não existem fronteiras para o uso e adaptações no sistema. Na versão 2010 o sistema é apresentado nas línguas portuguesa, espanhola e inglesa (Ver Figura 8.25).

Conclusões

O sistema AlocServer surgiu com o objetivo de possibilitar a integração dos instrumentos da Política Nacional de Recursos Hídricos (PNRH) para os processos de planejamento de gestão de bacias hidrográficas. Os instrumentos da PNRH precisam ser tratados de forma articulada, pois somente através dessa articulação será possível almejar um uso racional e eficiente dos recursos hídricos.

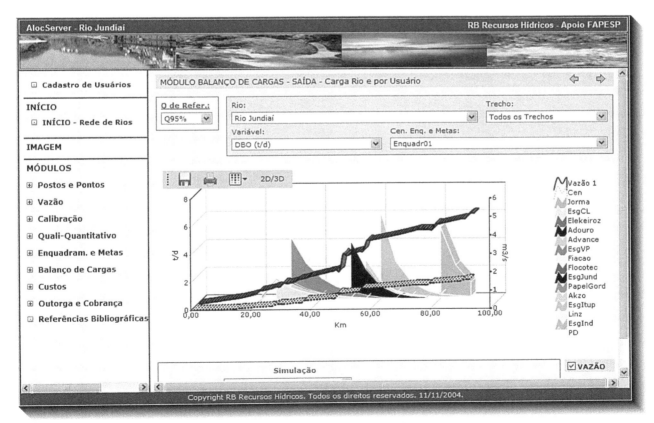

Figura 8.19 Cenário de balanço de cargas para a variável DBO ao longo do rio.
Fonte: Sistema AlocServer (2009)

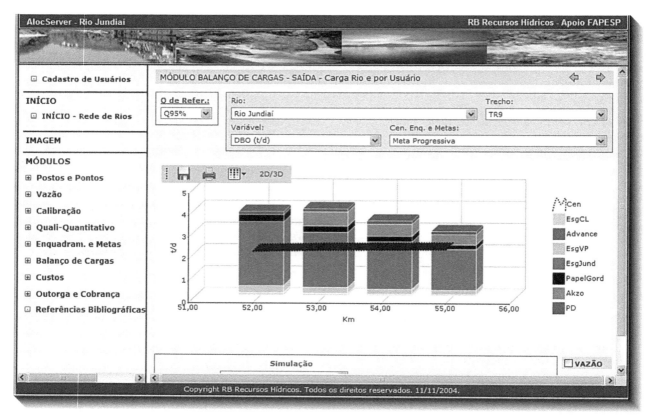

Figura 8.20 Cenário de balanço de cargas para a variável DBO por trecho selecionado.
Fonte: Sistema AlocServer (2009)

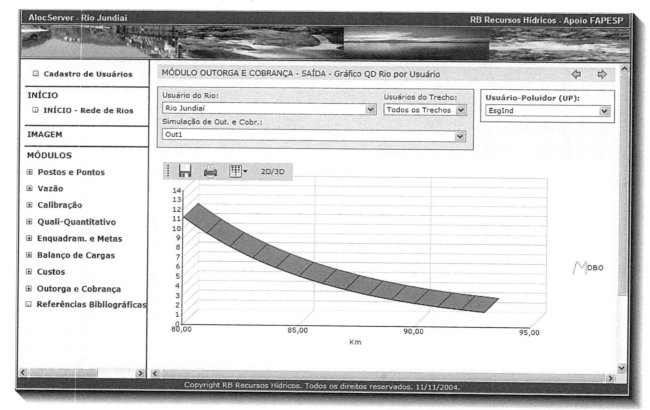

Figura 8.21 Cenário de vazão de diluição para o usuário-poluidor selecionado.
Fonte: Sistema AlocServer (2009)

AlocServer – Sistema de planejamento e gestão de recursos hídricos e bacias hidrográficas 251

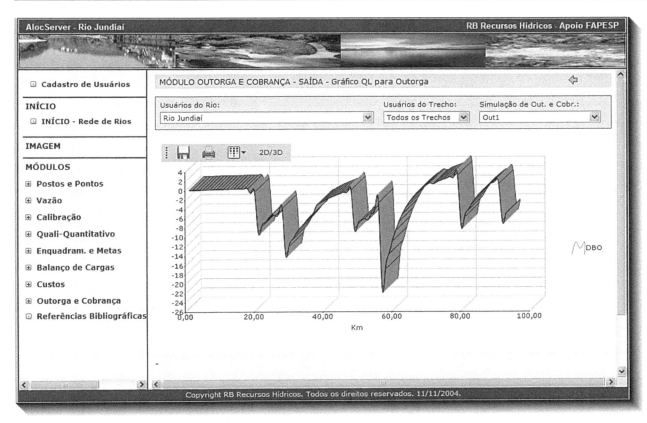

Figura 8.22 Cenário de vazão de liberada para novas outorgas.
Fonte: Sistema AlocServer (2009)

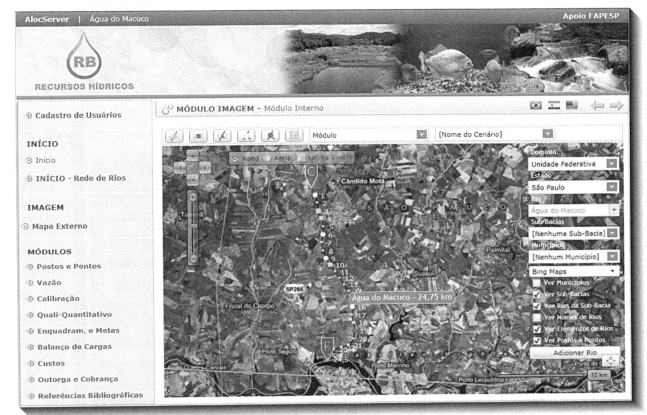

Figura 8.23 Aplicação do Sistema AlocServer de forma integrada.
Fonte: Sistema AlocServer (2010)

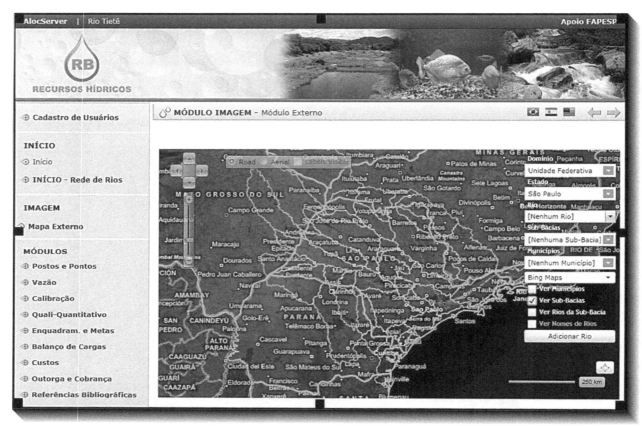

Figura 8.24 Estado selecionado e suas sub-bacias.
Fonte: Sistema AlocServer (2010)

Figura 8.25 Possibilidade de Aplicação do Sistema AlocServer. Fonte: Sistema AlocServer (2010)

O instrumento enquadramento é de extrema importância nos processos de planejamento e gestão dos corpos hídricos porque ele permite trabalhar simultaneamente com aspectos de qualidade e quantidade da água.

Uma outorga só pode e deve ser concedida se analisada sobre o ponto de vista de qualidade do corpo hídrico, ou seja, sobre o ponto de vista dos usos prioritários estabelecidos pela sociedade, que devem ser representados pelo enquadramento ou por metas progressivas estabelecidas.

Não esquecendo que a qualidade da água de um corpo hídrico, diante de um cenário de diversos usos, está associada à vazão de referência a ser trabalhada, ou seja, aos riscos que a sociedade escolheu correr quanto à disponibilidade d'água para atendimento aos respectivos usos.

A cobrança pelo uso da água está associada à outorga, assim sendo, o montante a ser arrecadado somado a outros possíveis recursos deve ser compatível com os processos de planejamento e gestão da bacia, de forma que os objetivos e as metas estabelecidos juntos com a sociedade sejam passíveis de realização.

Mas, para que os instrumentos da PNRH sejam tratados de forma articulada, não basta o investimento em sistemas sofisticados de suporte à decisão, é imprescindível também o investimento em redes de monitoramento, assim como em sistema de informações que tratem e armazenem as informações de forma organizada e sistemática.

Os desafios acima são grandes, mas, particularmente, creio que temos um desafio ainda maior, que é a articulação entre instituições, profissionais das diversas áreas do conhecimento e a sociedade. Sem essa articulação, por maior que sejam os investimentos, os resultados obtidos vão ficar muito aquém do esperado. Essa articulação não exige investimento, apenas respeito e boa vontade.

Agradecimentos

À Professora Dra. Mônica Ferreira do Amaral Porto pela orientação nos programas de mestrado e doutorado.

À Fundação de Amparo à Pesquisa do Estado de São Paulo (FAPESP) pelo apoio nos Processos:

Processo FAPESP: 2004/14296-0. **Programa**: Pesquisa Inovativa em Pequenas Empresas (PIPE). **Título**: *SISTEMA DE SUPORTE E DECISAO PARA A GESTAO QUALI-QUANTITATIVA DOS PROCESSOS DE OUTORGA E COBRANCA PELO USO DA AGUA*. **Pesquisadora Responsável**: Roberta Baptista Rodrigues. **Empresa**: RB Recursos Hídricos.

Processo FAPESP: 2008/58143-3. **Programa**: Pesquisa Inovativa em Pequenas Empresas (PIPE). **Título**: *INTEGRACAO DO SISTEMA ALOCSERVER AO SISTEMA NACIONAL DE INFORMACOES SOBRE RECURSOS (SNIRH) E PROJETO PILOTO APLICADO À BACIA DO RIO PARAIBA DO SUL*. **Pesquisadora Responsável**: Roberta Baptista Rodrigues. **Empresa**: RB Recursos Hídricos.

AS DIVERSAS OPÇÕES DE TRATAMENTO DE ESGOTO SANITÁRIO

Ariovaldo Nuvolari

9.1 Como e quando se deve tratar o esgoto sanitário

Como se viu nos capítulos precedentes, o lançamento de esgoto sanitário sem prévio tratamento, num determinado corpo d'água, pode causar a deterioração da qualidade dessa água, que passaria então a ser uma ameaça à saúde da população.

No entanto, como também se frisou, nem sempre isso é uma verdade. Dependendo da relação entre a carga poluente lançada e a vazão desse corpo d'água, a variação de qualidade pode não ser significativa. Se imaginarmos o Rio Negro, em cujas margens situa-se a cidade de Manaus, no Estado do Amazonas, certamente que as vazões máximas de esgoto sanitário daquela cidade são infinitamente menores do que as vazões mínimas do Rio Negro. Neste caso, não seria aconselhável um dispendioso sistema de tratamento de esgoto, uma vez que o seu lançamento certamente não iria afetar a qualidade da água do rio. O mesmo se poderia dizer das cidades à beira mar.

No entanto, tanto num quanto noutro caso, é prática aconselhável que o lançamento seja feito de maneira criteriosa, após um pré-tratamento (remoção de sólidos grosseiros e areia), e conduzidos por emissários que levem esse esgoto até um ponto onde seu lançamento não prejudique estética e sanitariamente um eventual uso dessa água para lazer de contato primário.

Com isso, quer-se dizer que o nível de tratamento sempre vai depender da análise das condições locais. Partindo-se para o outro extremo, um tratamento, em nível secundário, conforme apresentado na Fig. 7.2 do Capítulo 7, pode não ser suficiente em determinados casos, como se viu na análise feita para a Região Metropolitana de São Paulo, na seção 7.4.4 deste livro.

Felizmente, do ponto de vista técnico, já são conhecidas inúmeras opções para se fazer o tratamento dos esgotos. Cada uma delas com suas vantagens e/ou desvantagens, do ponto de vista de área necessária, eficiência obtida no tratamento, utilização ou não de equipamentos eletromecânicos, com consequente consumo ou não de energia, sofisticação ou não de implantação e operação, necessidade ou não de mão de obra especializada. Isso pode facilitar a escolha de uma técnica mais adequada para cada caso, existindo opções adaptadas tanto para as pequenas comunidades quanto para as megalópoles. Cada cidade, com suas características próprias de clima, topografia, preço dos terrenos, características do corpo d'água a ser utilizado para fazer os despejos tratados, irá ditar a técnica ou as técnicas a serem escolhidas.

No mundo todo, as técnicas utilizadas no tratamento do esgoto sanitário têm sido muito diversificadas. Sistemas sofisticados de lodos ativados, em nível terciário, de alta eficiência, repleto de equipamentos de última geração, porém grandes consumidores de energia e que exigem mão de obra qualificada na sua operação, contrapõem-se a simples lagoas de estabilização, de média a boa eficiência, que não consomem energia, são de operação bastante simples, mas que exigem grandes áreas para sua implantação. Outros sistemas anaeróbios, como o RAFA – Reator Anaeróbio de Fluxo Ascendente e manto de lodo ou mesmo o FAFA – Reator Anaeróbio de Fluxo Ascendente, que apresentam normalmente uma baixa eficiência, quando comparados com os demais sistemas aeróbios, mas que apresentam baixo custo de implantação e de operação, podem ser implantados como tratamentos precedentes a sistemas aeróbios. Mesmo para os sistemas de lodos ativados, há opções variadas quando se pretende implantá-los nas comunidades de menor porte; tais como o valo de oxidação, o sistema carrossel e o sistema batelada, como se verá mais adiante.

Modernamente, a decisão sobre a melhor técnica a ser utilizada também tem sido facilitada. O técnico ou o político deverá ter obrigatoriamente em mãos ferramentas valiosíssimas nas quais poderá se basear na tomada de decisões; o Estudo de Impacto Ambiental (EIA) e o Relatório de Impacto ao Meio Ambiente (RIMA), instrumentos estes tornados obrigatórios pela Resolução do Conselho Nacional de Meio Ambiente – CONAMA 001/86, quando se pretende a construção de uma Estação de Tratamento de Esgotos (ETE). Esses estudos devem levar em conta o quesito qualidade (pela avaliação de impactos das diversas técnicas disponíveis), que englobam o custo (pela análise custo-benefício de cada opção) e nos quais, acima de tudo, o bom senso deverá estar presente. Deve-se ressaltar que esses estudos devem englobar também o destino final a ser dado ao lodo, naquelas opções onde a sua geração e necessidade de disposição estejam presentes.

9.2 O que se pode fazer nos casos mais simples

Para atender sistemas individuais, tais como residências ou condomínios isolados, há a opção de se utilizar fossas sépticas FS, também chamadas de decanto-digestores. O efluente das FS poderá ser lançado em sumidouros (SU), valas de infiltração (VI) ou passar antes por valas de filtração (VF) ou por filtros anaeróbios de fluxo ascendente (FAFA), antes da disposição final, que poderá ser feita também em rios ou córregos.

9.2.1 Fossas sépticas de câmara única

As fossas sépticas ou decanto-digestores consistem geralmente de uma câmara, cuja função é permitir a sedimentação, o armazenamento dos sólidos sedimentáveis (lodo) e a sua digestão, que ocorre em ambiente anaeróbio. Dessa decomposição é gerado o gás natural ($CH_4 + CO_2$), além de pequenas quantidades de gás sulfídrico (H_2S), mercaptanas, escatóis etc. Fazendo-se um paralelo com o tratamento convencional, por meio de lodos ativados, a fossa séptica estaria, ao mesmo tempo, substituindo o decantador primário e o digestor de lodos de uma estação convencional, sem nenhum consumo de energia.

O volume total da fossa ou do tanque séptico, seguindo-se a nomenclatura adotada na NBR 7229 (ABNT, 1993), é a somatória dos volumes de sedimentação, digestão e de armazenamento de lodo, e pode ser calculada pela expressão:

$$V = 1.000 + N(C \cdot T_d + k \cdot L_f),$$

onde:
$V =$ volume útil em litros e N = número de pessoas ou unidades de contribuição;
$C =$ contribuição de despejos, em litros/pessoa · dia ou litro/unidade · dia (Tab. 9.1);
$T_d =$ tempo de detenção em dias (Tab. 9.2);
$k =$ taxa de acumulação de lodo digerido em dias, equivalente ao tempo de acumulação de lodo fresco (Tab. 9.3);
$L_f =$ contribuição de lodo fresco, em litro/pessoa · dia ou litro/unidade · dia (Tab. 9.1).

No interior da fossa séptica, flotando na superfície do líquido, forma-se uma camada de escuma constituída de gorduras e substâncias graxas, misturada a gases oriundos da decomposição anaeróbia (CH_4, CO_2, H_2S). Por esse motivo é importante que a saída da FS seja dotada de defletores ou que a mesma seja feita num nível abaixo da superfície, conforme detalhado na Fig. 9.1, evitando-se que a escuma saia juntamente com o efluente da FS. Para evitar um acúmulo indesejável dessa escuma, deve-se prever a chamada caixa de gordura, na saída da

TABELA 9.1 Contribuição de esgoto "C" e de lodo fresco "L_f" por tipo de ocupação

Tipo e ocupação de edificações	Contribuição de esgotos "C" (litros/pessoa · dia)	Contribuição de lodo fresco "L_f" (litros/pessoa · dia)
1. Ocupantes permanentes:		
Residências de alto padrão	160	1
de padrão médio	130	1
de baixo padrão	100	1
Hotéis (exceto lavanderia e cozinha)	100	1
Alojamentos provisórios	80	1
2. Ocupantes temporários:		
Fábricas em geral	70	0,30
Escritórios	50	0,20
Edifícios públicos e comerciais	50	0,20
Escolas (externatos) e locais de longa permanência	50	0,20
Bares	6	0,10
Restaurantes e similares	25[1]	0,10
Cinemas, teatros e locais de curta permanência	2[2]	0,02
Sanitários públicos[4]	480[3]	4,0

Observações: (1) por refeições; (2) por lugares disponíveis; (3) apenas acesso aberto ao público (estações rodoviárias, ferroviárias, estádio esportivo, logradouros públicos); (4) por bacias sanitárias disponíveis.
Fonte: NBR 7229 (ABNT, 1993).

TABELA 9.2 Tempo de detenção dos despejos "T_d"

Contribuição diária (litros)	Tempo de detenção "T_d" em dia	em horas
Até 1.500	1,00	24
De 1.501 a 3.000	0,92	22
De 3.001 a 4.500	0,83	20
De 4.501 a 6.000	0,75	18
De 6.001 a 7.500	0,67	16
De 7.501 a 9.000	0,58	14
Mais que 9.000	0,50	12

Fonte: NBR 7229 (ABNT, 1993)

TABELA 9.3 Valores da taxa de acumulação de lodo digerido "K"

Intervalo entre limpezas (anos)	Valores de "K" (em dias), por faixas de temperaturas ambientes "t", (em °C)		
	$t < 10$	$10 < t \leq 20$	$t > 20$
1	94	65	57
2	134	105	97
3	174	145	137
4	214	185	177
5	254	225	217

Fonte: NBR 7229 (ABNT, 1993)

tubulação das cozinhas. Essa caixa deve ser construída antes da *FS* e sua função é justamente reter as gorduras.

Segundo Batalha (1986), quando se sabe previamente que a limpeza da *FS* será feita através de bomba ou de caminhão limpa-fossa, deve-se prever uma tubulação vertical, com diâmetro mínimo de 0,15 m, e cuja extre-

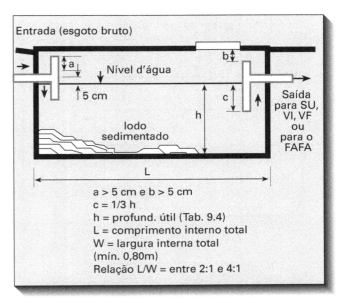

Figura 9.1 Corte esquemático de uma fossa séptica
Fonte: NBR 7229 (ABNT, 1993).

midade inferior deverá se situar a 0,20 m do fundo, para facilitar a introdução do mangote da bomba (Fig. 9.2a). Onde for possível a descarga por pressão hidrostática, deve-se instalar dispositivo hidráulico, com tubo de diâmetro mínimo 0,10 m e com altura hidrostática mínima de 1,20 m (Fig. 9.2b). A limpeza da FS pode ser feita anualmente. No entanto, não se recomenda a limpeza completa. Deve-se deixar no mínimo 25 litros de lodo como inóculo para facilitar a degradação da matéria orgânica depositada posteriormente. A digestão anaeróbia se dá principalmente no lodo, sendo desprezível a sua ação nos sólidos dissolvidos que saem no efluente das FS, provavelmente pelo pouco tempo de detenção destes últimos na FS.

Como se sabe, da degradação anaeróbia da matéria orgânica, resulta, entre outros, o gás metano (CH_4), que é um gás combustível e que pode causar explosões. Ao abrir a tampa da FS para limpeza, deve-se evitar acender fósforos. Recomenda-se ainda que seja prevista uma tubulação, chamada de coluna de ventilação (ver Fig. 9.2), que fará a comunicação da câmara livre da FS com ar atmosférico, evitando o acúmulo de gases nessa câmara.

O líquido efluente da FS é ainda altamente contaminado por coliformes fecais e dotado de uma DBO solúvel relativamente alta, e isso deve ser levado em conta na sua disposição final. Segundo dados recolhidos por Azevedo Netto e Lothar Hess (*apud* Batalha, 1986), foram observadas as seguintes eficiências de remoção nos efluentes de FS bem projetadas e bem construídas:

- DBO (demanda bioquímica de oxigênio): 40 a 60% de remoção;
- DQO (demanda química de oxigênio): 30 a 60% de remoção;
- SS (sólidos sedimentáveis): 50 a 70% de remoção;
- OG (óleos e graxas): 70 a 90% de remoção.

Pesquisas efetuadas com fossas sépticas de câmara dupla, por Vieira e Sobrinho (1983), mostraram as seguintes eficiências de remoção:

- DBO (demanda bioquímica de oxigênio): 62% de remoção;
- DQO (demanda química de oxigênio): 57% de remoção;
- SS (sólidos sedimentáveis): 56% de remoção;
- CT (coliformes totais): 55% de remoção.

9.2.2 Disposição e/ou tratamento do efluente das fossas sépticas

Segundo Batalha (1986), diversos fatores são usualmente considerados na seleção da técnica e do local mais adequados para disposição e/ou tratamento do efluente das fossas sépticas, como, por exemplo, taxa de infiltração do esgoto no solo (permeabilidade do solo), disponibilidade de espaço, inclinação do terreno, profundidade do lençol freático, natureza e profundidade do leito rochoso, variação do fluxo de esgoto, distância das águas superficiais e poços e, no caso de valas de filtração ou filtro anaeróbio lançando seus efluentes em corpos d'água receptores, os usos dessa água a jusante. Para essa finalidade pode-se então utilizar: sumidouros (SU – Fig. 9.3a); valas de infiltração (VI – Fig. 9.3b); tratamento por valas de filtração (VF – Fig. 9.3c) e tratamento em filtro anaeróbico de fluxo ascendente (FAFA – Fig. 9.3d).

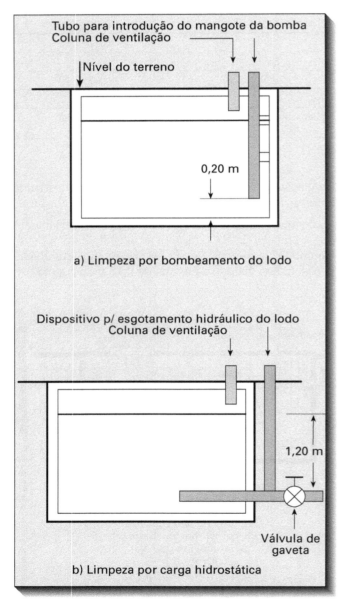

Figura 9.2 Dispositivos para ventilação e limpeza das fossas sépticas – Fonte Batalha (1986).

Exemplo de cálculo 9.1

Dimensionamento de uma fossa séptica

Num condomínio fechado, com 10 casas de alto padrão, resolve-se construir um sistema dotado de fossa séptica, a ser limpa anualmente. Determinar inicialmente o volume da fossa séptica, sabendo-se que a temperatura média local no inverno é de 15 °C. Verificar posteriormente o melhor destino para o efluente da fossa séptica.

a) População contribuinte "N":

admitindo-se 5 pessoas/residência, teríamos para um total de 10 casas: 50 pessoas no condomínio. A vazão diária de contribuição, (ver Tab. 9.1), para residências de alto padrão, seria:

C = 160 litros/pessoa · dia.

A contribuição de lodo fresco por pessoa e por dia seria L_f = 1 litro/ pessoa · dia (ver Tab 9.1).

b) Cálculo do volume da fossa séptica:

$V = 1.000 + N (C \cdot T_d + K \cdot L_f)$,

onde: N = 50 pessoas;
C = 160 litros/pessoa · dia e
L_f = 1 litro/ pessoa · dia (ver Tab. 9.1);

contribuição diária = 160 litros/pessoa · dia · 50 pessoas = 8.000 litros/dia;

para contribuição diária de 8.000 litros ⇒ o tempo de detenção T_d = 0,58 dias (ver Tab. 9.2);

para a temperatura média do mês mais frio t = 15 °C ⇒ K = 65 (ver Tab. 9.3)

V = 1.000 + 50 (160 × 0,58 + 65 × 1) = 8.890 litros ⇒ 9,00 m³;

profundidade útil mínima de 1,50 m e máxima de 2,50 m (ver Tab 9.4). Adotar-se-á, por exemplo:

largura: W = 1,50 m comprimento: L = 3,00 m e profundidade útil: $h_{útil}$ = 2,00 m.

9.2.2.1 Teste de absorção do efluente de fossas sépticas no solo

Segundo Batalha (1986), a técnica para determinação da taxa de absorção ou grau de permeabilidade do solo para fins sanitários, surgiu em 1926, quando Henry Ryon desenvolveu um teste de campo visando avaliar a absorção do efluente das fossas sépticas. Ryon fez uma escavação no solo, com aproximadamente 30 cm de lado e 30 cm de produndidade, encheu com água e permitiu que a água infiltrasse, determinando a taxa de absorção. A NBR 7229/93 prescreve dois métodos para determinação da taxa de absorção do solo. Um deles, a seguir reproduzido, é exatamente baseado nas experiências de Ryon e deve ser feito no terreno que irá receber o sumidouro ou as valas de infiltração, sempre no próprio local escolhido e na profundidade prevista.

Para possibilitar a execução do teste, executa-se previamente uma escavação no solo, com 30 cm de lado e 40 cm de altura (conforme Fig. 9.4a). O fundo da escava-

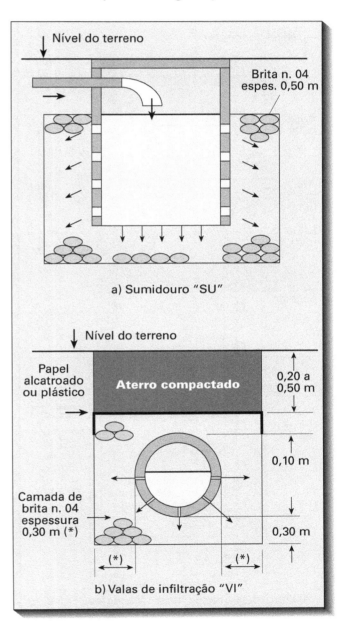

Figura 9.3a, b Disposição final do efluente das fossas sépticas.

TABELA 9.4 Profundidade útil em função do volume útil do tanque séptico

Volume útil (m³)	Profundidade útil (m)	
	Mínima	Máxima
Até 6,0	1,20	2,20
De 6,0 a 10	1,50	2,50
Mais que 10	1,80	2,80

Fonte: NBR 7229 (ABNT, 1993)

ção deve ser preenchido com 10 cm de pedra britada n. 01, restando então 30 cm de altura livre. Enche-se essa escavação com água até a altura de 15 cm e anota-se o tempo gasto para que a água infiltre e desça para o nível de 14 cm de altura. Caso esse tempo seja menor do que 3 minutos, deve-se repetir o teste 5 vezes, sempre anotando o tempo gasto para que a água infiltre 1 cm no solo, adotando-se o menor valor de taxa obtida nos 5 testes. A taxa de infiltração de água no solo pode ser estimada por um ábaco apresentado na Fig. 9.4b. Deve-se entrar no ábaco com o valor do tempo consumido para que a água infiltre 1 cm no solo, obtendo-se diretamente a taxa correspondente.

9.2.2.2 Sumidouros

O efluente de uma fossa séptica pode ser lançado em sumidouros (ver Fig. 9.3a), quando a taxa de absorção do solo for igual ou superior a 40 L/m^2 · dia. Normalmente, os solos que possuem essa taxa de infiltração são as argilas arenosas e/ou siltosas, variando a areia argilosa ou silte argiloso de cor amarela, vermelha ou marron (Batalha, 1986). Os sumidouros podem ser construídos com alvenaria de tijolos, blocos, ou pedra ou ainda através de anéis pré-moldados de concreto, desde que sejam feitos furos na parede lateral e deixado o fundo livre para permitir a infiltração. A lateral externa e o fundo do sumidouro devem ser preenchidos com pedra britada n. 04 (Fig. 9.3b). As lajes de cobertura dos sumidouros devem ser de concreto armado, dotadas de abertura de inspeção com no mínimo 0,60 m na sua menor dimensão, com tampões hermeticamente fechados.

Segundo Batalha (1986), a distância mínima entre os sumidouros e os poços de água de abastecimento deve ser de 20 m, e o fundo do sumidouro deve estar no mínimo a 3 m acima do lençol freático. A questão da distância para os poços de água de abastecimento depende da natureza do solo. Recomenda-se, no caso de solos muito arenosos (alta permeabilidade), que a distância mínima seja ainda maior do que a preconizada por esse autor. Segundo a NBR 7229 (ABNT, 1993), o volume do sumidouro deve ser estimado com base na taxa de absorção do solo, devendo-se considerar como área de infiltração, além da área do fundo, também a área das paredes laterais. A profundidade deve ser considerada a partir do nível da tubulação de chegada do líquido.

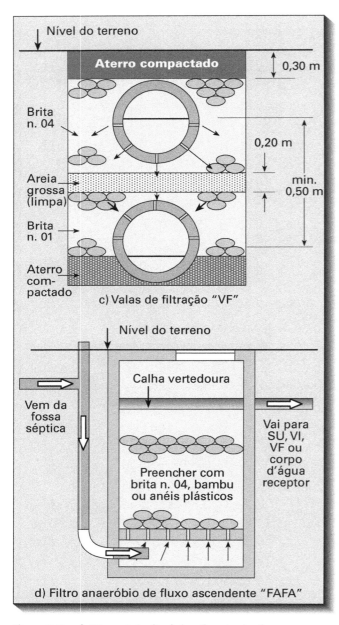

Figura 9.3c, d Disposição final do efluente das fossas sépticas.

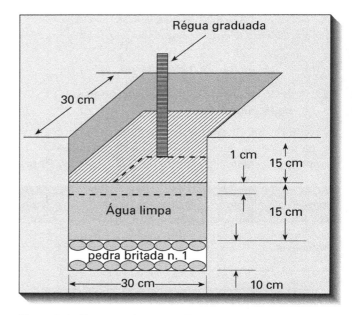

Figura 9.4a Esquema da escavação para o teste.

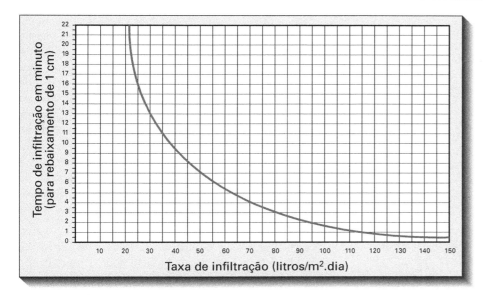

Figura 9.4b Ábaco para cálculo da taxa de infiltração – Fonte: NBR 7229 (ABNT, 1993).

9.2.2.3 Valas de infiltração

As valas de infiltração (ver Fig. 9.3b) podem ser utilizadas quando a taxa de absorção do solo estiver na faixa entre 20 L/m$^2 \cdot$ dia e 40 L/m$^2 \cdot$ dia. Normalmente, os solos que apresentam essa taxa de infiltração são as argilas de cor amarela, vermelha ou marron medianamente compactas, variando para argilas pouco siltosas e/ou arenosas (Batalha, 1986).

A NBR 7229/93 sugere que se deve executar no mínimo duas valas de infiltração, escavadas com profundidades na faixa de 0,60 m a 1,00 m, com larguras na faixa entre 0,50 m e 1 m, espaçamento mínimo entre elas de 1,00 m (medidas entre suas laterais) e comprimento máximo de cada vala de 30,00 m. O tubo utilizado deve ser do tipo perfurado (na metade inferior), ter diâmetro mínimo DN 100, assentado com inclinações variando na faixa entre 0,20% e 0,33%. A norma recomenda ainda recobrir a parte superior da camada de brita com papel alcatroado ou similar. O efluente deve ser uniformemente distribuído entre as valas de infiltração, o que se consegue com a construção de uma caixa de distribuição, com largura interna mínima de 0,45 m e altura interna entre 0,40 m e 0,50 m. A geratriz inferior interna das tubulações de saída em direção às valas de infiltração deve estar no mesmo nível e a 0,15 m do fundo da caixa. A tubulação de entrada na caixa de distribuição deve estar a uma altura de 0,30 m do fundo da caixa.

Segundo Batalha (1986), as valas de infiltração devem estar afastadas pelo menos 7,00 m das árvores de grandes raízes, a no mínimo 20,00 m dos poços de água de abastecimento, e a no mínimo 3,00 m dos lençóis freáticos. O autor recomenda que eventuais plantações sobre as valas de infiltração se limitem a gramados de raízes pouco

---

Exemplo de cálculo 9.2

Dimensionamento de um sumidouro

Considerando-se os dados do exemplo de cálculo 9.1, e tendo-se anotado um tempo de 3,0 minutos no teste para obtenção da taxa de absorção no solo, conforme anteriormente definido, dimensionar um sumidouro (SU).

- pelos dados do exemplo 9.1, a população total $N = 50$ pessoas e a vazão diária de contribuição $C = 160$ litros/pessoa. Assim, a vazão total diária é $Q = 160 \times 50 = 8.000$ litros/dia. A taxa de absorção do solo, para um tempo de 3,0 minutos, utilizando-se o ábaco da figura 9.4-b, é de 80 litros/m$^2 \cdot$ dia. A partir desses valores pode-se calcular a área total necessária para o sumidouro.

- Área total = 8.000 L/dia ÷ 80 L/m$^2 \cdot$ dia = 100,00 m^2.

- Considerando-se sumidouros circulares: diâmetro $D = 1,20$ m e profundidade $h = 2,50$ m, ter-se-ia, para cada sumidouro, uma área total = área lateral + área do fundo = $\pi \cdot D \cdot h + \pi D^2/4$. Neste caso deve-se considerar que o sumidouro preenchido no fundo e nas laterais com uma camada de pedra com 0,50 m de espessura teria um diâmetro efetivo de 2,20 m e uma profundidade efetiva de 3,00 m. Assim considerando ter-se-ia: $(3,1416 \times 2,20 \times 3,0) + (3,1416 \times 2,20^2/4) =$ 24,53 m^2, ou seja, haveria necessidade de se construir $n = 100,00/24,53 = 4,06$ sumidouros. Ou seja, haveria necessidade de se construir 4 sumidouros com as características acima definidas.

- Outra opção seria a construção de sumidouros retangulares. Considerando-se as dimensões: largura de 1,20 m e profundidade de 2,50 m, preenchidos o fundo e as laterais com 0,50 m de brita, pode-se calcular uma área unitária total = área lateral/m + área de fundo/m. Assim, neste caso ter-se-ia: $AU = h \times 2$ paredes + largura da vala = $(3,00 \times 2 + 2,20) = 8,20$ m^2/metro linear. Segundo esse critério, o comprimento do sumidouro deveria ser $L = 100,00$ m^2/8,20 m^2/m = 12,20 m.

- Deve-se ressaltar, no entanto, que o teste de absorção é feito nas condições de uma carga hidráulica de 25 cm de altura (15 cm de altura livre mais 0,10 m de brita). É lógico supor-se uma taxa maior de infiltração sob condições de cargas hidráulicas maiores, como ocorre, por exemplo, quando o sumidouro está com altura d'água total de 3,00 m. Assim, acredita-se que, utilizando-se o critério acima exposto, o sumidouro estaria dimensionado com folga, ou seja, a favor da segurança.

profundas. Diz ainda que, na média, pode-se estimar a extensão das valas de infiltração em 6,00 m por pessoa.

Assim procedendo para o exemplo de cálculo anteriormente exposto, ter-se-ia um comprimento total de valas $L = 300,00$ m (50 pessoas × 6,00 m/pessoa). Se adotado o critério baseado na taxa de infiltração, para o qual a NBR 7229/93 prescreve considerar apenas a área inferior da vala de infiltração, e adotando-se uma taxa média de absorção de 30 L/m² · dia, uma largura de vala de 0,60 m e demais dados do exemplo de cálculo 9.2, obter-se-ia uma área de absorção total $A = 267,00$ m² (8.000 L/dia ÷ 30 L/m² · dia), o que resultaria num comprimento total de valas ainda maior, $L = 445,00$ m (26,007,00 m² ÷ 0,60 m²/m). Essa solução, no caso considerado, apresentaria certamente um custo maior do que a solução com sumidouro, devendo-se lembrar, no entanto, que os dois exemplos de cálculo consideram solos com taxas de absorção bastante diferentes (80 e 30 L/m² · dia, respectivamente).

9.2.2.4 Valas de filtração

As valas de filtração (ver Fig. 9.3c) podem ser empregadas quando o destino final do efluente for um corpo receptor (águas superficiais) e principalmente quando a taxa de absorção do solo for inferior a 20 L/m². dia. Os solos que normalmente apresentam essa taxa de absorção são alguns tipos de rochas, as argilas compactas de cor branca, cinza ou preta, variando a rochas alteradas e argilas medianamente compactas de cor avermelhada (NBR 7229/93 Batalha, 1986).

Ainda segundo Batalha (1986), a opção pelas valas de filtração somente deve ser feita quando a taxa de absorção do solo for insuficiente e nenhum outro método para disposição do efluente da fossa séptica for viável, uma vez que se trata de uma opção de custo relativamente maior do que as demais opções.

As valas devem ter profundidade na faixa de 1,20 m a 1,50 m, largura na base inferior de 0,50 m e comprimento máximo de 30,00 m. Tanto nas tubulações de distribuição quanto nas coletoras, o diâmetro deverá ser DN 100; a declividade longitudinal de assentamento das tubulações deve estar na faixa de 0,20 a 0,33%. A tubulação superior é perfurada na metade inferior e a tubulação inferior é perfurada na metade superior. Na parte superior da camada de brita deve-se prever a colocação de papel alcatroado ou similar (NBR 7229/93; Batalha, 1986).

Também neste caso se aplica a recomendação de manter distância horizontal mínima de 20,00 m dos poços de água de abastecimento, e de afastamento de pelo menos 7,00 m das árvores de grandes raízes, e de se evitar qualquer tipo de plantio sobre as valas, com exceção de espécies de gramas com raízes curtas.

É bom lembrar que, ao contrário dos sumidouros e das valas de infiltração, a vala de filtração é uma opção de tratamento do efluente da fossa séptica, antes do destino final num corpo d'água receptor. Trata-se de um tipo de tratamento de esgoto, de certa forma semelhante ao que se convencionou chamar de "filtro biológico" (ver item 9.7, deste Capítulo), com uma camada de pedra de menor altura que a dos filtros biológicos, mas dotado de uma camada de areia (não existente no filtro), que talvez funcione como um filtro lento, semelhante ao utilizado no tratamento de água. O efluente da fossa séptica, contendo apenas sólidos dissolvidos ou finamente particulados, ou seja, com as mesmas características do efluente de um decantador primário, utilizado no tratamento convencional, passa pela camada de brita (não saturada e contendo, portanto, oxigênio do ar).

A passagem desse líquido, pela camada de pedra, vai possibilitar a formação de um filme biológico, constituído de bactérias e outros microrganismos. Essa massa biológica fica aderida à superfície das pedras, exatamente como no filtro biológico, e os sólidos contidos no líquido vão aderindo (ou sendo adsorvidos), nessa camada. A presença do oxigênio possibilita a degradação aeróbia da matéria orgânica pelos microrganismos presentes. A camada de areia grossa permite a formação de um filme biológico, na sua superfície superior, fazendo uma espécie de filtração complementar, como no filtro lento.

Visando maior eficiência desse tratamento, deve-se prever a interligação da camada de brita com a atmosfera, para uma adequada renovação do ar, o que pode ser feito com instalação de tubulações de ventilação nas caixas de distribuição e de coleta, ou se possível, até mesmo diretamente ligada à tubulação inferior (aquela que recebe o efluente já tratado), como é previsto na norma NBR 7229/93.

Segundo a NBR 7229/93, a opção pela fossa séptica seguida de vala de filtração pode resultar numa eficiência na remoção da DBO, na faixa de 80 a 98%, ou seja, comparável aos sistemas de tratamento mais sofisticados.

A estimativa do comprimento das valas de filtração, de acordo com a norma, deve ser feita considerando-se um comprimento de 6,00 m de vala/pessoa contribuinte. Se considerada essa estimativa, com os dados do exemplo de cálculo 9.1, resultaria num comprimento de valas de 300,00 m (50 pessoas × 6,00 m/pessoa).

Quanto aos critérios de dimensionamento, propostos pela norma e anteriormente descritos, deve-se tecer alguns comentários.

- Os critérios propostos para os sumidouros e para as valas de infiltração aparentemente estão corretos, uma vez que estes realmente estão na dependência direta da taxa de absorção (ou permeabilidade) de cada solo.

- Já o critério de dimensionamento proposto para as valas de filtração, a nosso ver, deveria ser repensado, pois essa opção independe da taxa de absorção do solo e aparentemente adotou-se o mesmo critério utilizado para as valas de infiltração. Talvez o alto custo citado por Batalha esteja baseado nos resultados de um dimensionamento provavelmente incorreto, resultante de um critério fixado sem muita base científica. Pela alta eficiência que a própria norma prevê para as valas de filtração, a nosso ver, esta deveria ser objeto de pesquisas para uma melhor definição do método de dimensionamento. Parece-nos que a principal consideração esteja ligada à capacidade de condução dos tubos de distribuição e de coleta (que devem funcionar no máximo à meia seção), e à taxa de absorção da camada de areia, conforme considerações abaixo explicitadas:

- O tubo DN 100, previsto na norma, trabalhando à meia seção, com a mínima declividade de 0,20%, utilizando-se a fórmula de Manning para escoamento livre, com $n = 0,013$, teria uma capacidade de drenar 1,15 L/s, conforme abaixo se demonstra:

$$R_H = \frac{A_m}{P_m} = \frac{\pi \cdot 0,10^2/8}{\pi \cdot 0,10/2} = 0,025 \text{ m}$$

com uma área molhada $A_m = 0,00393 \text{ m}^2$

$$v = \frac{RH^{2/3} \cdot i^{1/2}}{n} = \frac{0,025^{0,667} \cdot 0,002^{0,5}}{0,013} = 0,294 \text{ m/s}$$

e

$$Q = v \cdot A_m = 0,294 \times 0,00393 = \\ = 0,00115 \text{ m}^3/\text{s} = 1,15 \text{ L/s}$$

onde:
R_H = raio hidráulico (m);
A_m = área molhada (m^2);
P_m = perímetro molhado (m);
v = velocidade do fluxo (m/s); e
Q = vazão (m^3/s).

- Considerando-se a vazão acima calculada, o tubo DN 100 teria capacidade de drenar a vazão de 99.360 L/dia (1,15 L/s × 86.400 s/dia). Utilizando-se os dados do exemplo 9.1, que resultou numa vazão de 8.000 litros/dia, esse tubo estaria perfeitamente bem dimensionado. Seu limite, para uma linha única de tubos, seria uma população de 345 pessoas (99.360 L/dia dividido pela produção de esgotos de 160 L/pessoa · dia e pelos coeficientes do dia e da hora de maior: $K_1 \times K_2 = 1,2 \times 1,5 = 1,8$).

- A faixa de valores da taxa de absorção para as areias, de acordo com a norma, estaria numa faixa acima de 90 L/m^2 · dia. Apesar de estranhar a pequena diferença entre a taxa de absorção das argilas e a das areias, explicitadas na norma, mas, ainda assim, considerando-se uma taxa de 100 L/m^2 · dia, a área resultante, utilizando-se os dados do exemplo 9.1, seria de 80 m^2 (8.000 L/dia dividido por 100 L/m^2 · dia).

- Assim, do nosso ponto de vista, o comprimento necessário para a vala de filtração estaria em torno de 160,00 m (80,00 m^2 dividido por 0,50 m^2/metro linear), onde 0,50 m é a largura de vala prevista na norma. Naturalmente que se poderia admitir um certo acréscimo nesse comprimento, como margem de segurança, devido a uma possível colmatação da camada de areia, que pode ocorrer ao longo do tempo.

Eventualmente pode-se trabalhar com larguras maiores de valas, quando houver necessidade de se diminuir o comprimento total. Pode ser até mais econômico adotar, não mais um sistema constituído de diversas valas, mas, sim, uma escavação única, bem mais larga e com linhas de tubulações mais curtas, conforme esquema apresentado na Fig. 9.5, que apresenta essa opção, para o exemplo acima calculado, que havia resultado numa área total de 80 m^2, e que poderia ser chamada de área de filtração (em vez de vala de filtração).

As considerações acima são apenas especulações e visam contribuir para que se possa aperfeiçoar esse tipo de utilização. Pelo método exposto, as áreas de filtração poderiam ser pré-dimensionadas considerando-se 1,60 m^2 por pessoa contribuinte.

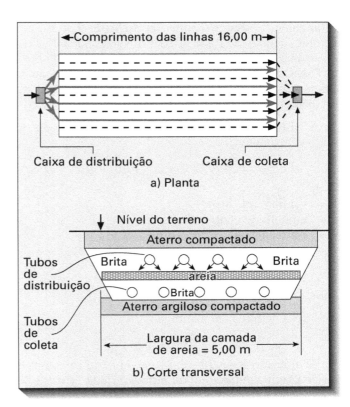

Figura 9.5 Opção Área de filtração substituindo valas de filtração.

Filtros anaeróbios de fluxo ascendente (FAFA)

Assim como as valas de filtração, o filtro anaeróbio de fluxo ascendente FAFA (ver Fig. 9.3d) é também uma alternativa ao tratamento do efluente das fossas sépticas, quando o destino final é um corpo d'água receptor, mas apresenta eficiência menor do que as valas de filtração (75% a 95%, segundo a NBR 7229/93). Trata-se de um tanque que pode ter a forma cilíndrica ou prismática, de seção retangular ou quadrada, dotado de um fundo falso perfurado. O efluente da FS entra por esse fundo falso e atravessa os furos da laje que sustenta o material de enchimento. Esse enchimento pode ser feito com pedra britada n. 04; anéis de Rashig ou mesmo bambus cortados em pequenos pedaços. O leito com anéis de Rashig plásticos são muito mais eficientes que o leito de pedra em função de sua alta relação área superficial/volume, além do baixo peso. Quando utilizados, há necessidade de uma tela para evitar a sua fuga juntamente com o efluente. A função do material de enchimento é permitir a fixação de um filme biológico, neste caso constituído por bactérias e outros microrganismos anaeróbios, responsáveis pela degradação da matéria orgânica.

A altura do material de enchimento é sempre fixada em 1,20 m. Tanto a altura acima do material de enchimento (nível da calha vertedora) quanto o fundo falso devem ter altura de 0,30 m, resultando numa altura total de 1,80 m, para qualquer volume de dimensionamento do filtro (NBR 7229/93). Segundo Batalha (1986), o diâmetro mínimo do filtro deve ser de 0,95 m; quando retangular, a largura mínima deve ser de 0,85 m, e o volume mínimo, de 1.250 litros. O nível de saída do filtro anaeróbio deve estar a no mínimo 0,10 m abaixo do nível da fossa séptica ou de eventual caixa de distribuição. O fundo falso deve ser perfurado com aberturas de 3 cm de diâmetro espaçadas a cada 15 cm.

A NBR 7729/93 recomenda o seguinte método de dimensionamento:

$$V = 1,60 \, N \cdot C \cdot T_d$$

onde:
$V = $ volume útil (litros);
$N = $ número de contribuintes;
$C = $ contribuição unitária (L/pessoa · dia); e
$T_d = $ tempo de detenção (dias – ver Tab. 9.2);

$$A = V \div 1,80$$

onde:
$A = $ área do filtro em planta (m^2).

Se aplicado esse critério ao exemplo de cálculo 9.1, ter-se-ia um volume total do filtro de 7.424 litros (1,60 × 50 × 160 × 0,58), ou 7,42 m^3. A área em planta seria $A = 4,12$ m^2. Segundo o professor Pedro Além Sobrinho (Sobrinho, 1993), a norma não considera o grande amortecimento que ocorre no decanto digestor. Segundo aquele pesquisador, pode-se utilizar a seguinte fórmula para calcular o volume útil do filtro:

$$V = 0,4 \text{ a } 0,5 \, NC$$

Assim procedendo, ter-se-ia um volume útil ainda menor $V = 4.000$ litros (0,5 × 50 × 160) e uma área $A = 2,22$ m^2.

Verifica-se, no caso do filtro anaeróbio, com qualquer um dos dois critérios acima expostos, que a área resultante é consideravelmente menor do que a opção pelas valas de filtração. Não se pode esquecer, no entanto, do quesito eficiência, pois, em locais de clima mais frio, a eficiência pode ser bastante reduzida para os filtros anaeróbios. Pode-se também, se necessário, um maior refinamento, em termos de eficiência de tratamento, promover a infiltração do efluente do filtro anaeróbio em sumidouros ou valas de infiltração, ao invés do lançamento direto em corpos d'água superficiais.

9.3 O sistema de lodos ativados

Trata-se do sistema mais utilizado nas grandes ETEs e apresenta inúmeras variações. O chamado sistema convencional é composto de diversas unidades, cuja finalidade principal é a remoção dos sólidos presentes no esgoto (ver Fig. 9.6). Nas grades, são removidos os sólidos grosseiros. Na caixa de areia, remove-se a areia. Nos decantadores primários, faz-se a remoção dos sólidos sedimentáveis (lodo primário). No reator biológico, os sólidos não sedimentáveis (dissolvidos e finamente particulados) são incorporados à massa biológica, retirada no decantador secundário (lodo secundário). Uma parte desse lodo é recirculada de volta para o reator, visando manter uma quantidade adequada de microrganismos nessa unidade, e parte é descartada.

A chamada fase líquida, ou seja, o líquido que está sendo tratado, após a passagem pelos decantadores secundários, estará livre de quase toda a carga de sólidos originalmente presentes no esgoto, uma vez que é impossível e talvez até antieconômico, no processo convencional, pretender atingir uma eficiência de 100% na remoção dos sólidos presentes. Dentre os sólidos ainda presentes no esgoto já tratado, há ainda muitos microrganismos, sendo estatisticamente provável a presença de organismos patogênicos e, assim, em algumas ETEs, faz-se a desinfecção dessa água antes de lançá-la no corpo receptor.

A chamada fase sólida, composta pelos lodos primário e secundário, antes de poderem seguir para sua destinação final, devem passar por tratamentos complementares: espessamento, digestão (geralmente anaeróbia), condicionamento químico e desaguamento, para diminuir a putrescibilidade e os volumes a serem dispostos.

A destinação final do lodo ainda é um sério problema em nível mundial, no entanto pode ter caráter de simples descarte ou mais apropriadamente de reutilização. As técnicas de simples descarte do lodo normalmente adotadas vão desde o lançamento ao mar (já proibido nos Estados Unidos desde 1991 e na Europa a partir de 1998) até as disposições em aterros sanitários (juntamente com o lixo urbano), ou mesmo em aterros específicos para o lodo, chamados no exterior de *monofill*.

As técnicas de aproveitamento mais utilizadas são: o lançamento em solos agrícolas; o lodo pode ser considerado um ótimo condicionador de solos, desde que não possua elementos tóxicos (em especial os chamados metais pesados), acima de determinados níveis. Dependendo ainda do processo utilizado no tratamento do lodo, pode-se ou não destruir os microrganismos patogênicos, cuja presença torna proibitivo o seu uso para certos tipos de culturas. Pode-se ainda utilizá-lo na fabricação de fertilizantes organominerais, na fabricação de agregados leves para concreto (substituindo a pedra britada) de tijolos e até de óleo combustível (que atualmente é ainda antieconômico).

O esquema apresentado na Fig. 9.6 é o de uma ETE com sistema de lodos ativados convencional e nível de tratamento secundário. O arranjo apresentado é típico, mas podem existir diversas variações ou arranjos derivados deste, em função dos resultados que se pretende atingir com o tratamento.

As ETEs, projetadas para tratamento apenas primário, não terão o reator biológico e, consequentemente, o decantador secundário. Também não terão as unidades de espessamento dos lodos secundários (flotação). As ETEs projetadas para um tratamento mais completo em nível terciário apresentarão outras unidades adicionais, cuja função é a remoção de nutrientes (geralmente remove-se o nitrogênio e o fósforo) e também eventualmente de metais ainda presentes no efluente tratado em nível secundário.

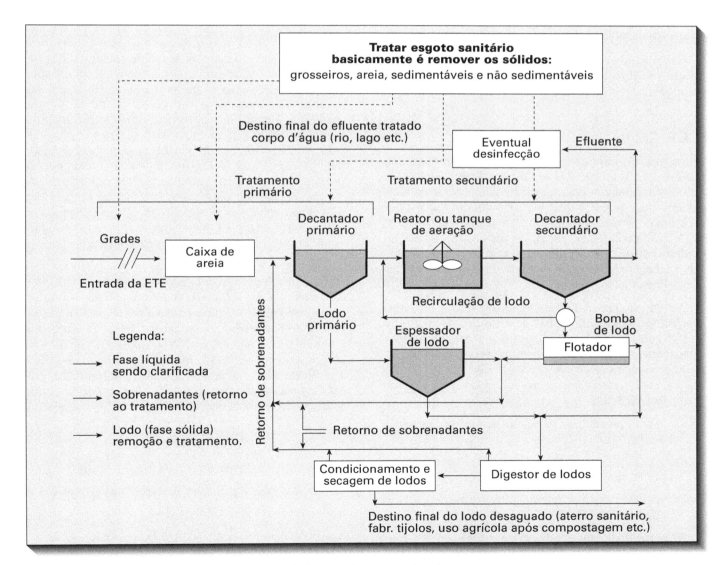

Figura 9.6 Esquema do tratamento de esgotos por lodos ativados convencional.

As ETEs projetadas para a RMSP apresentam unidades de tratamento complementar, para uma parte do efluente tratado em nível secundário. Essa água é utilizada na operação da própria ETE (lavagem de unidades e equipamentos, rega de jardins etc). Esse tratamento complementar geralmente é feito em unidades de coagulação/floculação, utilizando-se de produtos químicos, seguidas de unidades de filtração rápida, a exemplo do que é comumente adotado nas ETAs (estações de tratamento de água de abastecimento).

Atualmente, as empresas de saneamento buscam parcerias com a iniciativa privada, visando à venda do efluente das ETEs para utilização em unidades industriais que não necessitem de água potável no seu processo. A utilização dessa água, além de trazer economia para a empresa conveniada, por ter um custo menor, traz também uma economia na utilização desse importante recurso, que é a água potável. A ETE Jesus Neto, situada no bairro do Ipiranga, na capital paulista, já tem uma parceria nesse sentido; trata-se da empresa Linhas Correntes que já está se utilizando desse recurso (SABESP, 1999).

A seguir, far-se-á uma descrição mais sucinta, incluindo um pré-dimensionamento das principais unidades componentes do sistema anteriormente descrito.

9.3.1 Grades

As grades, conforme já citado anteriormente, são utilizadas na remoção dos sólidos grosseiros, presentes no esgoto. Infelizmente, apesar de não ser o local mais apropriado, a população acaba lançando no esgoto, por uma bacia sanitária doméstica, materiais grosseiros, tais como: pedaços de papel, de pano, de plástico, de madeira, de algodão, fraldas descartáveis, absorventes higiênicos, fetos humanos abortados, pequenos animais domésticos mortos, cabelo etc.

A remoção dos materiais citados é feita pela intercalagem de grades, no canal de entrada do esgoto na ETE. Dependendo do porte das instalações, escolhe-se o espaçamento mais adequado entre as barras, podendo ou não haver necessidade de mais de uma grade. As grades, quanto ao espaçamento entre barras, podem ser assim classificadas:

grosseiras: aquelas com espaçamento entre barras de 4 a 10 cm (usual 7,5 cm);

médias: aquelas com espaçamento entre barras de 2 a 4 cm (usual 2,5 cm);

finas: aquelas com espaçamento entre barras de 1 a 2 cm (usual 1,4 ou 1,9 cm).

A operação de limpeza das grades pode ser feita manualmente ou por meio de dispositivos mecânicos. Nas ETEs de pequeno porte (com vazões máximas de até 250 L/s), a norma NBR 12209 (ABNT, 1990) recomenda que sejam adotadas grades médias, podendo a limpeza ser feita manualmente.

No entanto, nas ETEs de pequeno porte, nas quais o coletor chega em grandes profundidades ($h > 4,00$ m) e nas ETEs cuja vazão máxima seja maior do que 250 L/s, a norma recomenda a utilização de grade média ou fina com limpeza mecanizada.

Nas ETEs de grande porte é comum a utilização de uma grade grosseira, com limpeza manual, seguida de grade fina ou média, com limpeza mecanizada.

No dimensionamento das grades deve-se atentar para alguns importantes aspectos; evitar que a vazão máxima de projeto $Q_{máx.}$ resulte numa velocidade máxima de passagem do líquido pelas grades $V_{máx,G}$ superior a 1,20 m/s e que a velocidade mínima de passagem pelo canal de acesso às grades $V_{mín.}$, canal seja maior do que um certo valor, relacionado com a tensão trativa mínima capaz de evitar sedimentação de sólidos nesse canal.

Tradicionalmente, utilizava-se uma velocidade mínima $v_{mín.} = 0,40$ m/s, utilizando-se, para fazer essa verificação, a vazão máxima de um dia qualquer Q_i. Com essa vazão, que teoricamente acontece pelo menos uma vez ao dia, pretendia-se garantir que os sólidos, eventualmente sedimentados sob vazões menores, fossem carreados quando da ocorrência dessa vazão máxima diária. No entanto, por meio de pesquisas conduzidas pelos autores deste texto, verificou-se que a velocidade mínima para evitar sedimentação no canal depende da própria vazão; quanto maior a vazão, maior a velocidade mínima necessária para evitar sedimentação (ver Fig. 9.7). Recomenda-se, neste caso, fazer a verificação no intervalo entre $Q_{mín.}$ e Q_i certificando-se de que em algum momento vai haver o necessário carreamento.

Na Fig. 9.7 apresenta-se uma curva, resultante de estudos teóricos com canais de largura $B_C = 0,50$ m a 2,00 m e relação $Y/B_C = 0,05$ a 1,00, onde Y é a altura d'água no canal. Admitiu-se o valor do coeficiente de rugosidade da parede do canal $n = 0,014$ (Fórmula de Manning) e tensão trativa ($\sigma = 1,50$ Pa). Calculou-se inicialmente a declividade mínima para essas condições, a partir da qual calculou-se a vazão resultante em cada caso e, finalmente, a velocidade mínima, tendo-se obtido a curva apresentada na Fig. 9.7 e a seguinte correlação:

$$\boxed{v_{mín.} = 0,7528 \cdot Q^{0,0855}}$$

coeficiente de correlação $R^2 = 0,9784$ (ver Fig. 9.7).

As expressões utilizadas nesses estudos foram:

$\alpha = (Y/B_C)/(1 + 2\, Y/B_C)$

$I_{mín.} = 0,00015\, (\alpha \cdot B_C)^{-1}$ (em m/m)

$Q = 71,4286 \cdot (Y/B_C) \cdot B_C^{8/3} \cdot I_{mín.}^{1/2} \cdot \alpha^{2/3}$ (em m³/s) e

$v_{mín.} = Q/(Y/B_C) \cdot B_C^2$ (em m/s)

O sistema de lodos ativados

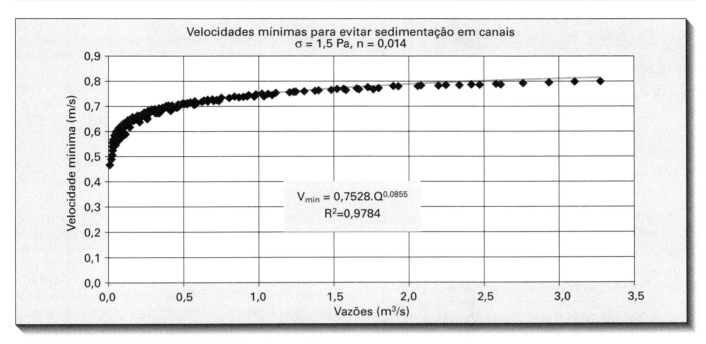

Figura 9.7 Velocidades mínimas para evitar sedimentação em canais de esgoto × vazões.

Nas grades com limpeza manual deve-se ainda verificar o quesito velocidade máxima nas grades para grade limpa e também para a condição de grade 50% obstruída. Para verificação do N.A. de montante, a norma NBR 12.209 (ABNT, 1990), prevê que se deve considerar perda de carga mínima nas grades ($\Delta H_G = 0{,}15$ m). Para grade com limpeza mecanizada, deve-se fazer a verificação para perda de carga mínima ($\Delta H_G = 0{,}10$ m). A perda de carga nas grades (para grades parcialmente obstruídas) pode ser calculada pela expressão:

$$\Delta H_G = 1{,}429 \left(\frac{V_G^2}{2g} - \frac{V_C^2}{2g} \right)$$

onde:
ΔH_G = perda de carga na grade (m);
V_G = velocidade através da grade (m/s);
V_C = velocidade a montante da grade, no canal de acesso (m/s);
g = aceleração da gravidade (m/s²).

A inclinação das grades em relação ao fundo do canal é indicada pelo ângulo α (ver Fig. 9.8). Para facilidade de limpeza, esse ângulo é diferente para as grades de limpeza mecanizada ou manual. Vejamos:

Foto 9.1 Grade de limpeza manual – ETE Jesus Neto, Ipiranga, São Paulo.

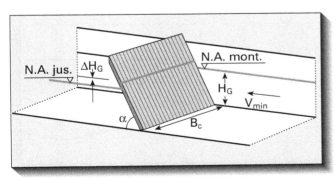

Figura 9.8 Desenho esquemático de uma grade para ETEs.

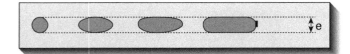

Figura 9.9 Formatos das barras para grades de ETEs.

- para grades com limpeza mecanizada ($\alpha = 75°$ a $90°$ (normal $80°$ ou $85°$);
- para grades com limpeza manual $\alpha = 30°$ a $60°$.

As barras podem ter formatos diversos (ver Fig. 9.9), sendo comum as de espessura $e = 3/8"$ ou 10 mm (para grades médias e finas).

Uma outra preocupação é com o destino final do material retido nas grades. Há, como opção à incineração, o aterramento em valas ou em aterros sanitários (juntamente com o lixo municipal). Para isso, na fase de projeto costuma-se estimar a quantidade de material gradeado. Segundo Jordão e Pessoa (1995), pode-se estimar o volume de material retido nas grades médias em 0,04 litros/m³ de esgoto.

9.3.2 Caixa de areia e medidor de vazão

Como já mencionado anteriormente, a finalidade da caixa de areia é a remoção da areia presente no esgoto sanitário. Sempre que possível, essas unidades devem preceder eventuais unidades de bombeamento, principalmente quando se tratar de bombas centrífugas, visando preservar esses equipamentos da ação abrasiva da areia.

Na caixa de areia, procura-se reter as partículas com diâmetro relativo maiores do que 0,2 mm (200 μm), não sendo desejável a retenção de partículas orgânicas sedimentáveis juntamente com a areia.

No dimensionamento dessa unidade procura-se manter a velocidade horizontal de passagem do esgoto, dentro de uma faixa apropriada $V_{horiz} = 0,15$ a $0,30$ m/s, que possibilita a sedimentação da areia, mas evita a sedimentação da matéria orgânica. A velocidade vertical de sedimentação da menor partícula (0,2 mm) a ser retirada é $V_{sed} = 0,02$ m/s.

A manutenção da velocidade horizontal dentro da faixa citada se consegue por meio de um alargamento da largura B do canal original. O comprimento L da caixa de areia é fixado de tal maneira a permitir que as partículas que estiverem na superfície do líquido disponham do tempo necessário à sua sedimentação.

No entanto, a fixação da largura B da caixa de areia, à primeira vista, parece ser uma tarefa impossível, uma vez que as vazões são extremamente variáveis. Num mesmo dia ocorre uma faixa de vazões que vai desde a mínima até uma vazão máxima e, ao longo dos anos, há variação desses limites pelo incremento no número de ligações domiciliares. O resultado disso são grandes variações na altura da lâmina d'água Y. Portanto, deve-se levar em conta uma faixa de vazões que vai desde a menor delas ($Q_{mín}$ início de plano) até a maior vazão esperada ($Q_{máx}$ final de plano), que resultarão num $Y_{mín}$ e num $Y_{máx}$ (ver Fig. 9.10).

Além disso, a altura da lâmina líquida Y é controlada pelo medidor de vazão, que em condições normais deve estar situado após a caixa de areia. No medidor tipo Parshall, por exemplo, para cada vazão resultará uma determinada altura d'água a montante HP (ver Fig. 9.10). Como se verá adiante, adotando-se um degrau no fundo do canal, de altura Z, após a caixa de areia, resolve-se o problema da manutenção da velocidade horizontal, dentro da faixa desejada.

9.3.2.1 Determinação do comprimento L da caixa de areia

$$V_{horiz.} = 0,15 \text{ a } 0,30 \text{ m/s}$$

e

$$V_{SED.} = 0,02 \text{ m/s (partículas com } \phi = 0,2 \text{ mm)}$$

$$V_{horiz.} = \frac{L}{t_1} \quad \text{ou} \quad t_1 = \frac{L}{V_{horiz.}}$$

e

$$V_{sed.} = \frac{Y}{t_2} \quad \text{ou} \quad t_2 = \frac{Y}{V_{sed.}}$$

fazendo-se:

$$t_1 = t_2 : \frac{L}{V_{horiz.}} = \frac{Y}{V_{sed.}}$$

ou

$$L = \frac{V_{horiz.}}{V_{sed.}} \times Y = \frac{0,30 \text{ m/s}}{0,02 \text{ m/s}} \times Y = 15 \cdot Y$$

adotando-se um fator de segurança de

$$1,5 \Rightarrow L = 22,5 \, Y.$$

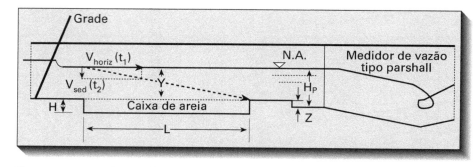

Figura 9.10 Corte longitudinal esquemático da grade, caixa de areia e medidor Parshall.

Na prática, adota-se:

$$L = 25\, Y_{\text{máx.}}$$

9.3.2.2 Determinação da largura *B* da caixa de areia

$Q = A \cdot V_{\text{horiz.}}$, $A = B \cdot Y \Rightarrow Q = B \cdot Y \cdot V_{\text{horiz.}}$

e

$$V_{\text{horiz.}} = 0{,}30 \text{ m/s}$$

$$B = \frac{Q_{\text{máx.}}}{Y_{\text{máx.}} \cdot 0{,}30 \text{ m/s}}$$

O valor de $Y_{\text{máx.}}$ só poderá ser conhecido após a determinação do valor do degrau Z (item seguinte).

9.3.2.3 Determinação da altura do degrau *Z* após a caixa de areia

O degrau Z é construido entre a caixa de areia e o medidor de vazão (ver Fig. 9.10). Tem por finalidade manter a velocidade na caixa de areia entre os valores de 0,15 a 0,30 m/s, para a faixa de vazões entre a mínima e a máxima. Para a determinação do valor de Z utilizam-se as equações abaixo:

$$V = \frac{Q_{\text{mín.}}}{(H_{P,\text{mín.}} - Z) \cdot B} = \frac{Q_{\text{máx.}}}{(H_{P,\text{máx.}} - Z) \cdot B}$$

e

$$Y = H_p - Z$$

Assim, fixada uma velocidade próxima a $V = 0{,}30$ m/s e obtendo-se o valor de $H_{P,\text{mín.}}$ e $H_{P,\text{máx.}}$ (alturas d'água resultantes para as vazões $Q_{\text{mín.}}$ e $Q_{\text{máx.}}$, respectivamente), em função do medidor de vazão escolhido, ter-se-á como incógnita apenas o valor de Z, permitindo então que se obtenha o valor de Y (lâmina d'água na caixa de areia), para qualquer vazão no intervalo entre a vazão mínima e a máxima. Com isso, torna-se possível a verificação das condições que permitem o bom funcionamento da caixa de areia, ou seja, a velocidade situar-se na faixa entre 0,15 m/s e 0,30 m/s. Para a determinação dos valores de $H_{P,\text{mín.}}$ e $H_{P,\text{máx.}}$, ver item seguinte.

9.3.2.4 Dimensionamento do medidor de vazão

É comum a instalação de um medidor de vazão após a caixa de areia. Pode ser do tipo vertedor ou do tipo Parshall, este último apresentando algumas vantagens que o tornam mais utilizado.

A vazão nos vertedores e na calha Parshall é função direta da altura d'água a montante do mesmo, ou seja, o medidor é considerado uma estrutura de controle dessa altura d'água.

Na Tab. 9.5 mostram-se as capacidades e as equações de vazões de cada medidor e, para cada tamanho nominal W, as demais dimensões padronizadas dos medidores Parshall. Cada medidor Parshall apresenta uma faixa de vazões para as quais está apto a medi-las com precisão. Portanto não se deve tentar medir vazões fora da faixa indicada de cada medidor.

Por exemplo, para um medidor Parshall de tamanho nominal $W = 6$" (150 mm), a faixa apropriada para a medição de vazões situa-se entre 1,52 e 110,4 L/s. A equação de vazão é dada por $Q = 0{,}381 \cdot H_P^{1,58}$. Em termos de projeto, se tivermos a vazão e quisermos estimar a altura d'água correspondente, pode-se utilizar a expressão oriunda da anterior

$$H_P = \left(\frac{Q}{0{,}381}\right)^{0{,}633}$$

Assim, pode-se dizer que esse Parshall pode ser utilizado desde uma altura d'água $H_P = 0{,}03$ m até $H_P = 0{,}457$ m. Na Fig. 9.12 todas as dimensões padronizadas do Parshall de 6" são explicitadas e na Fig. 9.13 são apresentadas as vazões Q calculadas em função da altura d'água H_P, contemplando ainda, no quadro lateral dessa figura, o valor da velocidade no canal de entrada do Parshall, cuja largura é dada pela dimensão D.

9.3.2.5 Determinação da profundidade *H* (de armazenamento) da caixa de areia

Esse dimensionamento dependerá da produção P (quantidade de areia removida do esgoto por unidade de tempo), imposta pelas condições operacionais, ou seja, de quanto em quanto tempo será feita a limpeza da caixa de areia. Na Tab. 7.1, apresentam-se as produções para as ETEs Pinheiros: 0,013 a 0,073 litros de areia por m³ de esgoto (média de 0,041 L/m³); para a ETE Leopoldina: 0,003 a 0,022 L/m³ (média de 0,012 L/m³); e para a ETE Barueri: 0,00424 L/m³ (Jordão e Pessoa, 1995 e Pegoraro, s/d).

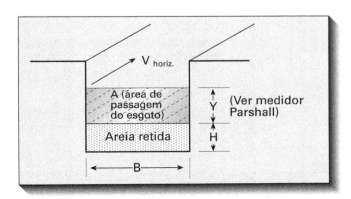

Figura 9.11 Corte transversal esquemático de uma caixa de areia.

TABELA 9.5 Medidores PARSHALL – Capacidades, medidas padronizadas e equações de vazão

Dimensão Nominal "W"		Capacidade do Parshall (em L/s)		Dimensões padrodizadas do Parshall (cm)									Parâmetros de vazão (m₃/s)	
pol/pés	m	mín.	máx.	A	B	C	D	E	F	G	K	N	λ	n
3"	0,076	0,85	53,8	46,6	45,7	17,8	25,9	45,7	15,2	30,5	2,5	5,7	0,176	1,547
6"	0,152	1,52	110,4	62,3	61,0	39,4	40,3	53,3	30,5	45,7	3,8	11,4	0,381	1,580
9"	0,229	2,55	251,9	88,1	86,4	38,1	57,5	61,0	45,7	61,0	6,9	17,1	0,535	1,530
1'	0,305	3,11	455,6	137,1	134,4	61,0	84,5	91,5	61,0	91,5	7,6	22,9	0,690	1,522
1 1/2'	0,457	4,25	696,2	144,8	142,0	76,2	102,6	91,5	61,0	91,5	7,6	22,9	1,054	1,538
2'	0,610	11,89	936,7	152,3	149,3	91,5	120,7	91,5	61,0	91,5	7,6	22,9	1,426	1,550
3'	0,915	17,26	1.426,3	167,5	164,3	122,0	157,2	91,5	61,0	91,5	7,6	22,9	2,182	1,566
4'	1,220	36,79	1.921,5	182,8	179,2	152,5	193,8	91,5	61,0	91,5	7,6	22,9	2,935	1,578
5'	1,525	62,8	2.422,0	198,0	194,1	183,0	230,3	91,5	61,0	91,5	7,6	22,9	3,728	1,587
6'	1,830	74,4	2.929,0	213,3	209,1	213,5	266,7	91,5	61,0	91,5	7,6	22,9	4,515	1,595
7'	2,135	115,4	3.440,0	228,6	224,0	244,0	303,0	91,5	61,0	91,5	7,6	22,9	5,306	1,601
8'	2,440	130,7	3.950,0	244,0	239,0	274,5	340,0	91,5	61,0	91,5	7,6	22,9	6,101	1,606
10'	3,050	200,0	5.660,0	274,5	260,8	366,0	475,9	122,0	91,5	122,0	14,2	34,3	-	-

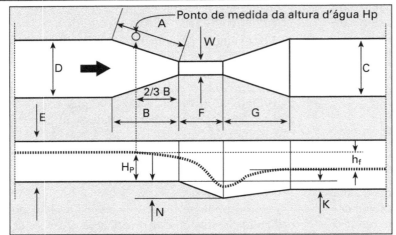

Cálculo da vazão:
$$Q_P = \lambda \cdot H_P^n$$

ou

$$H_P = (Q_P \div \lambda)^{1/n}$$

Exemplo: Para o Parshall de 3" (W = 0,076 cm)
$$Q_P = 0,176 \cdot H_P^{1,547}$$

ou

$$H_P = (Q_P \div 0,176)^{0,6072}$$

Fonte: Adaptado de Azevedo Neto et al. (1998).

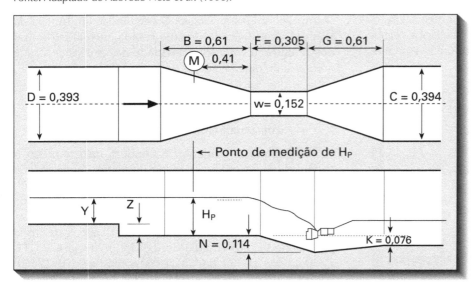

Figura 9.12 Parshall de 6" – 150 mm (planta e perfil, sem escala, dimensões em metros).

Deve-se ressaltar que, em se tratando de cidades à beira-mar, as produções de areia podem aumentar muito, em relação aos números apresentados. Dependendo do porte da ETE, a limpeza geralmente é feita semanalmente, ou mesmo quinzenalmente, devendo-se então utilizar a vazão média de esgoto (Q_{med} final de plano).

Assim, a altura H (de armazenamento da areia) deverá ser fixada de forma a comportar o volume produzido, de acordo com a frequência de limpeza prevista, podendo ser calculada por meio da expressão:

$$H = \frac{P}{B \times L}$$

O sistema de lodos ativados

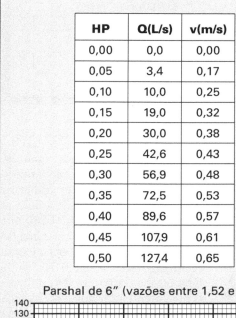

Figura 9.13 Vazões em função da altura d'água no Parshall de 6".

9.3.2.6 Dimensionamento da entrada da ETE (tubo, canal, grade, caixa de areia e medidor de vazão)

a) Dimensionamento do último trecho de tubo da rede coletora

O dimensionamento desse último trecho de tubo deve levar em conta o tipo de grade escolhida (de limpeza manual neste caso). Segundo a norma, a grade manual deve ser verificada para uma perda de carga mínima de 0,15 m e também verificado o nível decorrente de grade 50% obstruída.

Desprezando-se a altura cinética embutida nessas perdas, pode-se afirmar que ao nível máximo no tubo (sem perda na grade) deve-se prever um acréscimo mínimo de 0,15 m (previsto na norma), confrontando-se com aquele calculado para grade 50% obstruída, sem permitir o afogamento do tubo a montante. Assim, o critério normalmente utilizado para determinação do diâmetro do tubo na rede coletora não se aplica a este último trecho, para o qual deve-se deixar uma maior folga na altura d'água, prevendo-se essas situações.

Para melhor visualizar o que acontece com os níveis d'água no tubo, sob efeito das vazões de projeto apresentadas na Tab. 9.6, foram elaboradas as Figs. 9.17 a 9.20, nas quais são apresentadas as curvas de velocidades V, vazões Q e raio hidráulico RH, para tubos cerâmicos DN 300, 350, 400 e tubo de concreto DN-500, em função da altura d'água Y no tubo. Para elaboração dessas curvas, foi utilizada a fórmula de Manning, com coeficiente de rugosidade das paredes $n = 0,013$ (tubos cerâmicos de 300 mm a 400 mm), $n = 0,015$ (para o tubo de concreto de 500 mm) e a declividade longitudinal proposta no projeto $I = 0,6\%$. Deve-se ressaltar que estas curvas são válidas apenas para esta situação em particular ($I = 0,6\%$).

Utilizando-se dessas curvas, pode-se verificar que, para a vazão máxima de final de plano $Q_{máx.} = 72,7$ L/s ou 0,0727 m³/s, obtêm-se os valores abaixo relacionados; para a altura d'água no tubo Y, para a relação Y/D e para a velocidade V:

> **Exemplo de cálculo 9.3**
>
> Calcular a produção semanal de areia, para uma vazão média de esgoto de 40,4 L/s (população equivalente a cerca de 21 800 hab), com uma produção média de 0,041 litros de areia por m³ de esgoto.
>
> $P = 0,0404 \text{ m}^3/\text{s} \cdot 0,041 \text{ L/m}^3 \cdot 86.400 \text{ s/dia} \cdot$
>
> $\cdot 7 \text{ dias/semana} = 1.001,8 \text{ L/semana ou} \cong 1,0 \text{ m}^3/\text{semana}.$

> **Exemplo de cálculo 9.4**
>
> Considerando-se os dados apresentados na Tab. 9.6 e as configurações propostas nas Figs. 9.14 e 9.15, fazer o dimensionamento hidráulico das seguintes unidades: último trecho de tubulação da rede de coleta, canal de acesso, grade, caixa de areia e medidor Parshall, unidades essas normalmente presentes na entrada de uma estação de tratamento de esgotos.

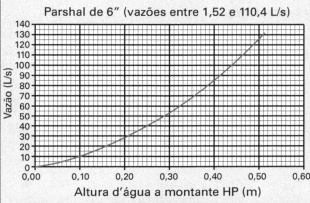

TABELA 9.6 Dados gerais de vazões e DBO do esgoto sanitário a ser tratado

Ano	População (n. de hab.)	Vazões dos esgotos sanitários					DBO	
		Média (L/s)	Máxima (L/s)	Q_i (L/s)	$Q_{mín.}$ (L/s)	Carga (kg/dia)	Concentração (mg/L)
2000	15.000	27,8	50,0	41,7	13,9	648,0	270
2010	18.200	33,7	60,7	50,6	16,8	815,4	280
2020	21.800	40,4	72,7	60,6	20,2	959,2	275

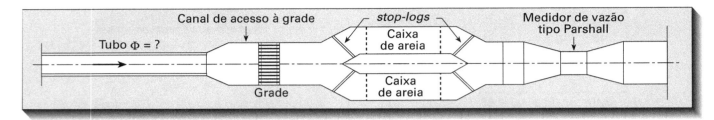

Figura 9.14 Planta esquemática da entrada da ETE (sem escala).

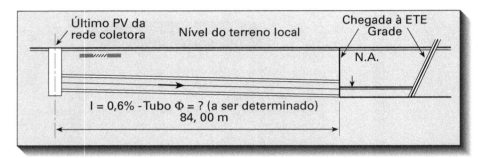

Figura 9.15 Perfil esquemático da chegada da rede coletora à ETE.

- para o tubo de 300 mm (Fig. 9.17), tem-se $Y = 0,24$ m $\Rightarrow Y/D = 0,80$ e $V = 1,20$ m/s (inviável, pois Y/D ultrapassa os valores normalmente aceitos para a rede $Y/D = 0,50$ a $0,75$);
- para o tubo de 350 mm (Fig. 9.18), tem-se $Y = 0,205$ m $\Rightarrow Y/D = 0,59$ e $V = 1,23$ m/s (ou seja, a altura d'água ultrapassa meio tubo e a folga para a vazão máxima com a grade 50% obstruída seria muito pequena);
- para o tubo de 400 mm (Fig. 9.19), tem-se $Y = 0,19$ m $\Rightarrow Y/D = 0,48$ e $V = 1,25$ m/s (ou seja, a altura d'água está próxima de meio tubo para a vazão máxima, restando portanto meio tubo para acomodar eventuais elevações de nível por conta de grade obstruída);
- para o tubo de 500 mm (Fig. 9.20), tem-se $Y = 0,185$ m $\Rightarrow Y/D = 0,37$ e $V = 1,15$ m/s.

Observações

1. Adotar-se-á o tubo de diâmetro 400 mm, pois este apresenta uma folga compatível na altura d'água para a vazão máxima. Esse tubo deverá permitir elevações de nível decorrentes de uma grade 50% obstruída, como determina a norma, sem afogamento a montante. No entanto, somente após a verificação dos níveis calculados para as outras unidades, pode-se tomar a decisão final quanto ao diâmetro do tubo.

2. As curvas de vazões e velocidades em função da altura d'água no tubo (Figs. 9.17 a 9.20) estão sendo apresentadas apenas para fins didáticos, possibilitando uma melhor visualização. No entanto, esses parâmetros podem ser mais facilmente obtidos utilizando-se as técnicas apresentadas na seção 2.4.6 do Capítulo 2.

Para o tubo escolhido, com diâmetro de 400 mm, é conveniente determinar os mesmos parâmetros para a vazão mínima de início de plano $Q_{mín.} = 13,9$ L/s ou $0,0139$ m³/s e também para a vazão máxima horária de um dia qualquer (início do plano) $Q_i = 41,7$ L/s ou $0,0417$ m³/s. Esta última, e não a vazão mínima, é normalmente utilizada para verificação tensão trativa mínima necessária para evitar o problema da sedimentação de sólidos presentes no esgoto. Admite-se que essa vazão máxima horária (que ocorre pelo menos uma vez ao dia), sendo suficiente para carrear as partículas sedimentadas nas vazões menores, já atende ao critério de manutenção dos condutos livres dessa indesejável sedimentação. Pela Fig. 9.19 (tubo de 400 mm), tem-se:

para
$$Q_{mín.} = 0,0139 \text{ m}^3/\text{s} \Rightarrow Y = 0,08 \text{ m} \Rightarrow Y/D = 0,20$$
$$\Rightarrow V = 0,79 \text{ m/s}$$

para
$$Q_i = 0,0417 \text{ m}^3/\text{s} \Rightarrow Y = 0,14 \text{ m} \Rightarrow Y/D = 0,35 \Rightarrow$$
$$V = 1,08 \text{ m/s e } R_H = 0,077 \text{ m}$$

Utilizando-se o critério da tensão trativa para evitar sedimentação no tubo, tem-se que:

$$\sigma = \gamma \cdot R_H \cdot I = 9.789 \text{ N/m}^3 \times 0,077 \text{ m} \times$$
$$\times 0,006 \text{ m/m} = 4,5 \text{ N/m}^2 = 4,5 \text{ Pa}.$$

Verifica-se então que a tensão trativa calculada é maior do que a mínima adotada para projeto de rede (normalmente = 1,0 Pa) e que, portanto, não haverá problemas de sedimentação no tubo escolhido.

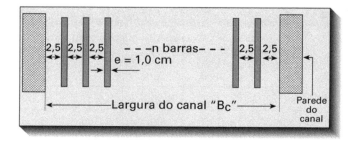

Figura 9.16 Espaçamento e espessura da grade escolhida.

O sistema de lodos ativados

Φ = 300 mm	n = 0,013	l = 0,6%	
Altura d'água Y (m)	Raio hidráulico R_H (m)	Velocidade V (m/s)	Vazão Q (m²/s)
0,00	0,0000	0,00	0,0000
0,01	0,0066	0,21	0,0002
0,02	0,0129	0,33	0,0007
0,03	0,0191	0,42	0,0016
0,04	0,0250	0,51	0,0028
0,05	0,0307	0,58	0,0045
0,06	0,0362	0,65	0,0066
0,07	0,0414	0,71	0,0089
0,08	0,0465	0,77	0,0116
0,09	0,0513	0,82	0,0147
0,10	0,0559	0,87	0,0179
0,11	0,0602	0,91	0,0215
0,12	0,0643	0,96	0,0252
0,13	0,0681	0,99	0,0291
0,14	0,0717	1,03	0,0332
0,15	0,0750	1,06	0,0374
0,16	0,0780	1,09	0,0417
0,17	0,0808	1,11	0,0460
0,18	0,0833	1,14	0,0503
0,19	0,0855	1,16	0,0545
0,20	0,0873	1,17	0,0587
0,21	0,0889	1,19	0,0627
0,22	0,0901	1,20	0,0665
0,23	0,0909	1,20	0,0700
0,24	0,0913	1,21	0,0732
0,25	0,0912	1,21	0,0759
0,26	0,0906	1,20	0,0782
0,27	0,0894	1,19	0,0798
0,28	0,0874	1,17	0,0805
0,29	0,0841	1,13	0,0799
0,30	0,0750	1,06	0,0748

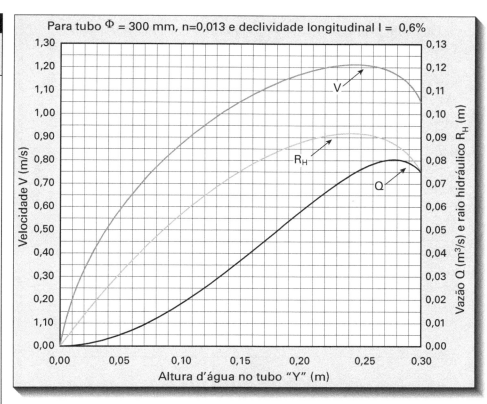

Figura 9.17 Raio hidráulico, velocidade e vazão × altura d'água em tubos cerâmicos – DN 300

Φ = 350 mm	n = 0,013	l = 0,6%	
Altura d'água Y (m)	Raio hidráulico R_H (m)	Velocidade V (m/s)	Vazão Q (m²/s)
0,00	0,0000	0,00	0,0000
0,01	0,0066	0,21	0,0002
0,02	0,0130	0,33	0,0007
0,03	0,0192	0,43	0,0017
0,04	0,0252	0,51	0,0031
0,05	0,0311	0,59	0,0050
0,06	0,0367	0,66	0,0072
0,07	0,0422	0,72	0,0099
0,08	0,0475	0,78	0,0129
0,09	0,0526	0,84	0,0163
0,10	0,0575	0,89	0,0201
0,11	0,0621	0,93	0,0242
0,12	0,0666	0,98	0,0285
0,13	0,0709	1,02	0,0332
0,14	0,0750	1,06	0,0380
0,15	0,0788	1,09	0,0431
0,16	0,0825	1,13	0,0483
0,17	0,0859	1,16	0,0537
0,18	0,0891	1,19	0,0592
0,19	0,0920	1,21	0,0647
0,20	0,0947	1,24	0,0703
0,21	0,0972	1,26	0,0759
0,22	0,0994	1,28	0,0813
0,23	0,1013	1,29	0,0867
0,24	0,1030	1,31	0,0920
0,25	0,1043	1,32	0,0970
0,26	0,1054	1,33	0,1018
0,27	0,1061	1,33	0,1063
0,28	0,1065	1,34	0,1104
0,29	0,1064	1,34	0,1140
0,30	0,1060	1,33	0,1170
0,31	0,1050	1,33	0,1194
0,32	0,1034	1,31	0,1210
0,33	0,1010	1,29	0,1214
0,34	0,0973	1,26	0,1202
0,35	0,0875	1,17	0,1129

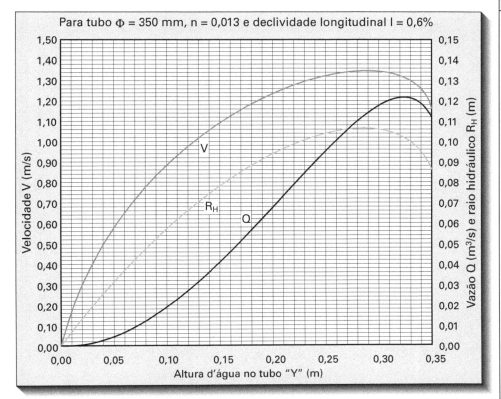

Figura 9.18 Raio hidráulico, velocidade e vazão × altura d'água em tubos cerâmicos – DN-350

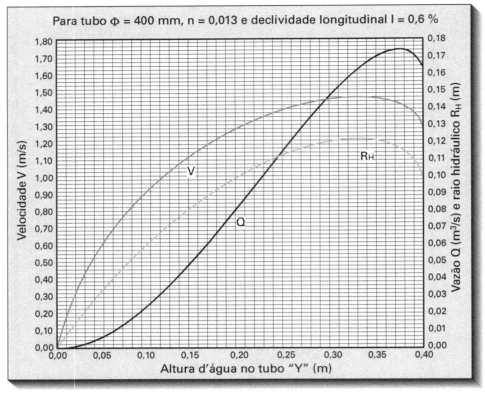

Figura 9.19 Raio hidráulico, velocidade e vazão × altura d'água em tubos cerâmicos – DN-400

Φ = 400 mm	n = 0,013		I = 0,6%
Altura d'água Y (m)	Raio hidráulico R_H (m)	Velocidade V (m/s)	Vazão Q (m²/s)
0,00	0,0000	0,00	0,0000
0,01	0,0066	0,21	0,0002
0,02	0,0130	0,33	0,0008
0,03	0,0193	0,43	0,0018
0,04	0,0254	0,51	0,0034
0,05	0,0314	0,59	0,0054
0,06	0,0372	0,66	0,0078
0,07	0,0428	0,73	0,0108
0,08	0,0482	0,79	0,0141
0,09	0,0535	0,85	0,0179
0,10	0,0587	0,90	0,0221
0,11	0,0636	0,95	0,0266
0,12	0,0684	1,00	0,0316
0,13	0,0730	1,04	0,0368
0,14	0,0774	1,08	0,0424
0,15	0,0816	1,12	0,0482
0,16	0,0857	1,16	0,0543
0,17	0,0896	1,19	0,0606
0,18	0,0932	1,22	0,0671
0,19	0,0967	1,25	0,0738
0,20	0,1000	1,28	0,0806
0,21	0,1031	1,31	0,0875
0,22	0,1060	1,33	0,0944
0,23	0,1086	1,36	0,1014
0,24	0,1111	1,38	0,1083
0,25	0,1133	1,39	0,1152
0,26	0,1153	1,41	0,1219
0,27	0,1170	1,42	0,1285
0,28	0,1185	1,44	0,1350
0,29	0,1197	1,45	0,1411
0,30	0,1207	1,45	0,1470
0,31	0,1213	1,46	0,1525
0,32	0,1217	1,46	0,1576
0,33	0,1217	1,46	0,1621
0,34	0,1213	1,46	0,1661
0,35	0,1205	1,45	0,1694
0,36	0,1192	1,44	0,1718
0,37	0,1173	1,43	0,1732
0,38	0,1146	1,40	0,1732
0,39	0,1105	1,37	0,1711
0,40	0,1000	1,28	0,1612

Φ = 500 mm	n = 0,015		I = 0,6%
Altura d'água Y (m)	Raio hidráulico R_H (m)	Velocidade V (m/s)	Vazão Q (m²/s)
0,00	0,0000	0,00	0,0000
0,02	0,0131	0,29	0,0008
0,04	0,0257	0,45	0,0033
0,06	0,0377	0,58	0,0077
0,08	0,0493	0,69	0,0141
0,10	0,0603	0,79	0,0222
0,12	0,0708	0,88	0,0320
0,14	0,0807	0,96	0,0434
0,16	0,0901	1,04	0,0562
0,18	0,0989	1,10	0,0702
0,20	0,1071	1,16	0,0854
0,22	0,1147	1,22	0,1014
0,24	0,1217	1,27	0,1181
0,26	0,1281	1,31	0,1353
0,28	0,1338	1,35	0,1527
0,30	0,1388	1,38	0,1702
0,32	0,1431	1,41	0,1874
0,34	0,1467	1,44	0,2041
0,36	0,1494	1,45	0,2199
0,38	0,1512	1,46	0,2345
0,40	0,1521	1,47	0,2476
0,42	0,1519	1,47	0,2587
0,44	0,1504	1,46	0,2671
0,46	0,1472	1,44	0,2719
0,48	0,1415	1,40	0,2714
0,50	0,1250	1,29	0,2533

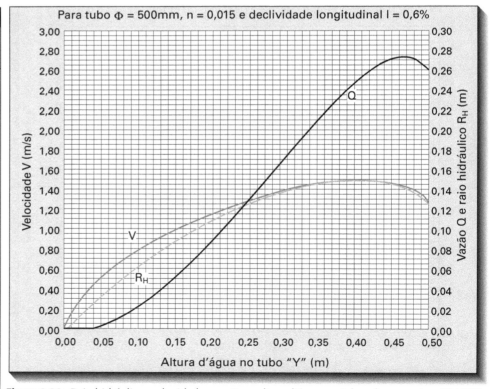

Figura 9.20 Raio hidráulico, velocidade e vazão × altura d'água em tubos de concreto – DN-500

b) Dimensionamento da grade e canal de acesso

O dimensionamento da grade é feito com base na vazão máxima (final de plano). Neste caso $Q_{máx.}$ = 72,7 L/s. A largura do canal de acesso é uma decorrência do número de barras calculado e da espessura e espaçamento entre barras adotados, conforme veremos a seguir. O canal deve ser também verificado com relação a uma possível sedimentação de sólidos, com base na vazão máxima horária de um dia qualquer (início de plano), neste caso Q_i = 41,7 L/s.

b1) Características da grade adotada

Será adotada uma grade média (espaçamento entre barras de 2,5 cm e espessura de barra de 1 cm), com limpeza manual, conforme Fig. 9.16.

b2) Área livre total através das aberturas da grade A_{LG}

$$A_{LG} = \frac{Q_{máx.}}{V_G} = \frac{0,0727 \text{ m}^3/\text{s}}{0,75 \text{ m/s}} = 0,09693 \text{ m}^2$$

onde:
V_G = velocidade admitida na grade limpa.

b3) Largura livre total entre as aberturas da grade B_{LG}

$$B_{LG} = \frac{A_{LG}}{H_G} = \frac{0,09693 \text{ m}^2}{0,29 \text{ m}} = 0,33 \text{ m}$$

onde:
H_G = altura d'água na grade = H_{tubo} + 0,10 m (rebaixo).

Observação

Para fins de cálculos preliminares, adotou-se um rebaixo de 0,10 m no fundo do canal, próximo e antes da grade (ver Fig. 9.22), procurando com isso compatibilizar a diferença de nível verificada entre o valor da altura d'água após a grade, que é decorrente da altura d'água no medidor Parshall $Y = H_P - Z$ = 0,35 - 0,07 = 0,28 m (ver item 1.3), e a altura d'água no tubo (Y = 0,19 m), ambas estimadas para a vazão máxima.

b4) Número de espaços entre grades: N_{ESP}

$$N_{ESP} = \frac{B_{LG}}{e} = \frac{0,33 \text{ m}}{0,025 \text{ m}} = 13,2 \sim 14$$

(e = espaçamento entre as barras)

b5) Largura do canal de acesso às grades B_C

B_C = 14 espaços × 0,025 m + 13 barras × × 0,010 m = 0,48 m, adotada B_C = 0,50 m.

Assim $B_{LG} \cong 0,34$ m.

c) Dimensionamento da caixa de areia e do medidor Parshall

c1) Escolha do medidor de vazão

O dimensionamento da caixa de areia depende do valor Y, que por sua vez depende da altura d'água H_P a montante do medidor de vazão, pois, como vimos anteriormente: $Y = H_P - Z$. Portanto, o primeiro passo é determinar H_P (para vazões máxima e mínima) e posteriormente o valor do degrau Z. Deve-se escolher antes o tamanho do medidor; este deverá ser compatível com a faixa de vazões do projeto $Q_{mín.}$ = 13,9 L/s (início de plano) a $Q_{máx.}$ = 72,7 L/s (final de plano). Como se pode notar, pela Tab. 9.5, o medidor mais apropriado é o Parshall de 6" (150 mm), que apresenta faixa de vazões entre 1,52 L/s e 110,4 L/s.

As vazões; média $Q_{méd.}$ (final de plano) e máxima horária de um dia qualquer Q_i (de início de plano) serão também utilizadas em cálculos posteriores. Assim, na Tab. 9.7 são explicitadas as alturas d'água no Parshall de 6" para essas vazões características do projeto (ver também Tab. 9.6 e Figs. 9.14 e 9.15).

c2) Determinação da altura do degrau Z

$$V = \frac{Q_{mín.}}{(H_{p\ mín.} - Z) \cdot B} = \frac{Q_{máx.}}{(H_{p\ máx.} - Z) \cdot B}$$

e

$$Y = H_P - Z$$

como B aparece em ambos os lados da equação pode ser cancelado e assim, tem-se:

$$\frac{0,0139}{(0,122 - Z)} = \frac{0,0727}{(0,35 - Z)} \Rightarrow (0,35 - Z) \cdot 0,0139 =$$
$$= (0,122 - Z) \cdot 0,0727 \Rightarrow Z = 0,068 \text{ m}$$

Adotando-se altura de degrau Z = 7 cm, far-se-á o dimensionamento da caixa de areia, bem como a verificação das velocidades resultantes na caixa de areia:

c3) Cálculo do comprimento L da caixa de areia

$$L = 25\ Y \Rightarrow Y = 0,35 - 0,07 = 0,28 \text{ m} \Rightarrow$$
$$L = 25 \times 0,28 = 7,00 \text{ m}$$

adotado $\Rightarrow L$ = 7,00 m

TABELA 9.7 Alturas d'água no Parshall de 6" para as vazões características de projeto	
Para $Q_{máx.}$ = 72,7 L/s	$H_{Pmáx.}$ = 0,35 m
Para Q_i = 41,7 L/s	H_{Pi} = 0,247 m
Para $Q_{méd.}$ = 40,4 L/s	$H_{Pméd.}$ = 0,242 m
Para $Q_{mín.}$ = 13,9 L/s	$H_{Pmín.}$ = 0,123 m

c4) Cálculo da largura B da caixa de areia

$$B = \frac{Q_{máx.}}{V \cdot Y} = \frac{0,0727 \text{ m}^3/\text{s}}{0,25 \cdot 0,28} = 1,04 \text{ m}$$

adotada $B_{cx.areia} = 1,00$ m

c5) Verificação das velocidades na caixa de areia

$$V = \frac{Q}{B \cdot Y} \quad \text{e} \quad Y = H_p - Z$$

$\Rightarrow$ para $Q_{mín.} = 0,0139$ m³/s e

$Y_{mín.} = 0,122 - 0,07 = 0,052$ m $\Rightarrow$

$$v = \frac{0,0139 \text{ m}^3/\text{s}}{1,00 \text{ m} \cdot 0,052 \text{ m}} = 0,27 \text{ m/s}$$

$\Rightarrow$ para $Q_i = 0,0417$ m³/s e

$Y_i = 0,247 - 0,07 = 0,177$ m $\Rightarrow$

$$v = \frac{0,0417 \text{ m}^3/\text{s}}{1,00 \text{ m} \cdot 0,177 \text{ m}} = 0,24 \text{ m/s}$$

$\Rightarrow$ para $Q_{méd.} = 0,0404$ m³/s e

$Y_{méd.} = 0,242 - 0,07 = 0,172$ m $\Rightarrow$

$$v = \frac{0,0404 \text{ m}^3/\text{s}}{1,00 \text{ m} \cdot 0,172 \text{ m}} = 0,23 \text{ m/s}$$

$\Rightarrow$ para $Q_{máx.} = 0,0727$ m³/s e

$Y_{méd.} = 0,35 - 0,07 = 0,28$ m $\Rightarrow$

$$v = \frac{0,0727 \text{ m}^3/\text{s}}{1,00 \text{ m} \cdot 0,28 \text{ m}} = 0,26 \text{ m/s}$$

Vazão (L/s)	Velocidade na caixa de areia (m/s)
13,4	0,27
17,1	0,24
21,1	0,23
25,4	0,23
30,0	0,23
34,8	0,23
40,0	0,24
45,4	0,24
51,0	0,24
56,9	0,25
63,0	0,25
69,3	0,26
75,8	0,26

Observação

Na Fig. 9.21 são apresentadas as velocidades na caixa de areia, em função das vazões, na faixa de vazões do projeto. Verifica-se que as velocidades se mantém dentro da faixa recomendável que é de 0,15 a 0,30 m/s.

c6) Cálculo da altura H de armazenamento da areia

No caso de redes já existentes, deve-se procurar medir a produção de areia em função da vazão. No caso de redes a serem ainda implantadas, deve-se adotar valores de regiões com características semelhantes.

Neste caso, adotando-se, por exemplo, a produção média obtida na ETE – Pinheiros em São Paulo, de 0,041 litros de areia/m³ de esgoto tratado, utilizando-se a vazão média 40,4 L/s e imaginando-se a limpeza da caixa de areia a cada 2 semanas (14 dias), tem-se:

1. Cálculo do volume de armazenamento de areia no tempo entre uma limpeza e outra.

$V_{14dias} = 0,0404$ m³/s $\cdot$ 86.400 s/dia $\cdot$ 14 dias $\cdot$
$\cdot$ 0,041 L/m³ = 2.004 litros ou $\cong 2,00$ m³ de areia

2. Para se determinar a altura de armazenamento H na caixa de areia, deverá ser adotado o volume acima estimado, podendo-se utilizar a seguinte expressão:

$$H = \frac{V_{14 \text{ dias}}}{B \cdot L}$$

$$H = \frac{2,0}{1,00 \cdot 7,00} = 0,29 \text{ m}$$

$\Rightarrow$ adotar-se-á $H = 0,40$ m e ter-se-á a seguinte capacidade:

$$V_{real} = 0,40 \times 1,00 \times 7,00 = 2,80 \text{ m}^3$$

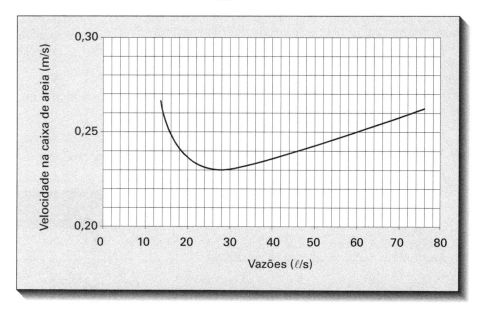

Figura 9.21 Velocidade em função da vazão na caixa de areia.

O sistema de lodos ativados

Observação

A norma NBR 12209/90 diz: no fundo e ao longo do canal (caixa de areia), deverá ser previsto espaço para acumulação do material sedimentado, com seção transversal mínima de 0,20 m (profundidade) por 0,20 m (largura), no caso de limpeza manual a largura mínima deverá ser de 0,30 m. Com as dimensões de 1 m de largura por 0,40 m de profundidade atende-se o que a norma prescreve.

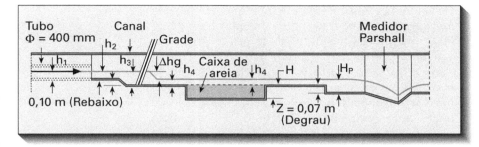

Figura 9.22 Perfil hidráulico esquemático: tubo, canal, grade, caixa de areia e medidor Parshall.

c7) Verificação final do perfil hidráulico

a) Verificação do perfil hidráulico para grade limpa e $Q_{máx.}$

- para $Q_{máx.}$ = 72,7 L/s, tem-se $h_1 \cong h_2$ = 0,19 m; h_3 = ?; H_P = 0,35 m; h_4 = 0,35 – 0,07 = 0,28 m e V_4 = velocidade na caixa de areia = 0,26 m/s.

- visando à determinação de h_3 e Δhg, pode-se aplicar a equação de energia e tem-se:

$$h_3 + \frac{(V_3)^2}{2g} = h_4 + \frac{(V_4)^2}{2g} + \Delta hg$$

$$\Delta hg = 1,429 \cdot \left(\frac{V_G^2}{2g} - \frac{V_3^2}{2g}\right) = 1,429 \cdot \left(\frac{Q_{máx.}^2}{\frac{h_3^2 \cdot B_{LG}^2}{19,62}} - \frac{Q_{máx.}^2}{\frac{h_3^2 \cdot B_C^2}{19,62}}\right)$$

onde:
V_G = velocidade de passagem na grade;
V_3 = velocidade no canal de acesso à grade;
B_{LG} = largura livre das aberturas da grade; e
B_C = largura do canal de acesso à grade.

$$\Delta hg = 1,429 \cdot \left(\frac{(0,0727)^2}{\frac{h_3^2 \cdot 0,34^2}{19,62}} - \frac{(0,0727)^2}{\frac{h_3^2 \cdot 0,50^2}{19,62}}\right) = 1,429 \cdot \left(\frac{0,00233}{h_3^2} - \frac{0,0018}{h_3^2}\right)$$

$$\boxed{\Delta hg = \frac{0,00179}{h_3^2}}$$

$$h_3 + \frac{0,00108}{h_3^2} = 0,28 + \frac{0,26^2}{19,62} + \frac{0,00179}{h_3^2}$$

$$\Rightarrow h_3^3 - 0,28345 \cdot h_3^2 - 0,00071 = 0$$

Essa equação (de 3° grau) pode por exemplo, ser resolvida por tentativas, atribuindo-se valores a h_3.

$$\Rightarrow h_3 = 0,292 \text{ m} \Rightarrow \text{m e } \Delta hg = \frac{0,00179}{(0,292)^2} = 0,021 \text{ m}$$

b) Verificação da velocidade V_G na grade e no canal V_{canal}:

$$V_G = \frac{0,0727 \text{ m}^3/\text{s}}{0,292 \text{ m} \times 0,34 \text{ m}^2/\text{m}} = 0,73 \text{ m/s} \quad \text{O.K.}$$

$$V_{canal} = \frac{0,0727 \text{ m}^3/\text{s}}{0,292 \text{ m} \times 0,50 \text{ m}^2/\text{m}} = 0,50 \text{ m/s}$$

(no trecho rebaixado próximo à grade)

$$V_{canal} = \frac{0,00727 \text{ m}^3/\text{s}}{0,192 \text{ m} \times 0,50 \text{ m}^2/\text{m}} = 0,76 \text{ m/s}$$

(no trecho anterior ao rebaixo)

c) Verificação do perfil hidráulico para grade 50% obstruída e $Q_{máx.}$

$$\Delta hg = 1,429 \cdot \left(\frac{(0,0727)^2}{\frac{(h_3^2 \cdot 0,34^2 \cdot 0,50^2)}{19,62}} - \frac{0,00108}{h_3^2}\right) =$$

$$= 1,429 \cdot \left(\frac{0,00932}{h_3^2} - \frac{0,00108}{h_3^2}\right)$$

$$\boxed{\Delta hg = \frac{0,01177}{h_3^2}}$$

- aplicando-se a equação da energia:

$$h_3 = \frac{V_3^2}{2g} = h_4 \frac{V_4^2}{2g} + \Delta hg$$

$$h_3 = \frac{0,00108}{h_3^2} = 0,28 + \frac{0,26^2}{19,62} + \frac{0,01177}{h_3^2} =$$

$$\boxed{h_3^3 - 0,28345 \cdot h_3^2 - 0,01069 = 0}$$

- resolvendo-se a equação de 3° grau, tem-se que:

$$\boxed{h_3 = 0,365 \text{ m para } Q_{máx.}}$$
e grade 50% obstruída e Δhg = 0,088 m.

- verificando-se a altura d'água no tubo devido à obstrução de 50% da grade:

h_1 = altura d'água no interior do tubo
$h_1 = h_3 - 0,10$ m = 0,265 m $\Rightarrow h_1/D$ = 0,66

Os valores calculados demonstram que não haveria afogamento do tubo, mesmo na condição de grade 50% obstruída. Considerando-se o que prescreve a norma (verificar para Δhg = 0,15 m), ter-se-ia h_1 = 0,292 m + 0,15 m − 0,10 m = 0,342 m $\Rightarrow$ h_1/D = 0,86, ou seja, também nessa condição não haveria afogamento do tubo, porém ultrapassaria o limite que a norma impõe: $h_1/D \leq 0,80$. Seria então razoável estudar um rebaixo de 0,15 m em vez dos 0,10 m previstos.

d) Velocidade na grade e no canal para grade 50% obstruida e $Q_{máx.}$

$$V_G = \frac{0,0727 \text{ m}^3/\text{s}}{0,365 \text{ m} \times 0,34 \text{ m}^2/\text{m} \times 0,50} = 1,17 \text{ m/s}$$

Observação

A velocidade calculada para grade 50% obstruída não ultrapassa a máxima recomendada $V_{G,máx.}$ = 1,20 m/s.

$$V_{canal} = \frac{0,0727 \text{ m}^3/\text{s}}{0,365 \text{ m} \times 0,50 \text{ m}^2/\text{m}} = 0,40 \text{ m/s}$$

(no trecho rebaixado próximo à grade)

$$V_{canal} = \frac{0,0727 \text{ m}^3/\text{s}}{0,265 \text{ m} \times 0,50 \text{ m}^2/\text{m}} = 0,55 \text{ m/s}$$

(no trecho anterior ao rebaixo)

e) Verificação do perfil hidráulico para grade limpa e vazão Q_i

- Q_i = vazão máxima de um dia qualquer (para verificar o problema de sedimentação de sólidos),
- para Q_i = 41,7 L/s $\Rightarrow$ $h_1 \approx h_2$ = 0,138 m $\Rightarrow$ h_3 = ? $\Rightarrow$ h_4 = 0,247 m − 0,07 = 0,177 m e V_4 = 0,24 m/s,
- V_1 = velocidade no tubo = 0,80 m/s e R^H = raio hidráulico no tubo = 0,095 m.

$$\Delta hg = 1,429 \cdot \left(\frac{(0,0727)^2}{\frac{h_3^2 \cdot 0,34^2}{19,62}} - \frac{(0,0727)^2}{\frac{h_3^2 \cdot 0,50^2}{19,62}} \right) =$$

$$= 1,429 \cdot \left(\frac{0,00077}{h_3^2} - \frac{0,00035}{h_3^2} \right)$$

$$\boxed{\Delta hg = \frac{0,0006}{h_3^2}}$$

- aplicando-se a equação da energia:

$$h_3 + \frac{V_3^2}{2g} = h_4 + \frac{V_4^2}{2g} + \Delta hg$$

$$h_3 + \frac{0,00035}{h_3^2} = 0,177 + \frac{0,24^2}{19,62} + \frac{0,0006}{h_3^2} =$$

$$= h_3^3 - 0,17994 \quad h_3^2 - 0,00025 = 0$$

- resolvendo-se a equação de 3° grau, tem-se que:

h_3 = 0,187 m para Q_i

e grade limpa e

Δhg = 0,017 m

f) Velocidade na grade e no canal para grade limpa e vazão Q_i

$$V_G = \frac{0,0417 \text{ m}^3/\text{s}}{0,187 \text{ m} \times 0,34 \text{ m}^2/\text{m}} = 0,66 \text{ m/s}$$

$$V_{canal} = \frac{0,0417 \text{ m}^3/\text{s}}{0,187 \text{ m} \times 0,50 \text{ m}^2/\text{m}} = 0,45 \text{ m/s}$$

(no trecho rebaixado próximo à grade)

$$V_{canal} = \frac{0,0417 \text{ m}^3/\text{s}}{0,087 \text{ m} \times 0,50 \text{ m}^2/\text{m}} = 0,96 \text{ m/s}$$

(no trecho anterior ao rebaixo)

g) Verificação da velocidade mínima para evitar sedimentação no canal de acesso à grade

Considerando-se o canal no trecho anterior ao rebaixo, já que a velocidade na grade deve prevalecer na região rebaixada, e admitindo-se o critério exposto no ítem 9.3.1, tem-se:

$$V_{mín.} = 0,7528 \times Q^{0,0855}$$

para

$Q_{mín.} \Rightarrow V_{mín.}$ = 0,52 m/s; para $Q_i \Rightarrow V_{mín.}$ = 0,57 m/s e para $Q_{máx.} \Rightarrow V_{mín.}$ = 0,60 m/s

TABELA-Resumo

Vazões L/s	Condição da grade	h_1	h_2	h_3	h_4	Δh_G	V_{grade}	$V_{canal\ (1)}$	$V_{canal\ (2)}$
$Q_{máx.}$ = 72,7	Limpa	0,192	0,192	0,292	0,28	0,021	0,73	0,50	0,76
$Q_{máx.}$ = 72,7	50% obstr.	0,265	0,265	0,365	0,28	0,088	1,17	0,40	0,55
Q_i = 41,7	Limpa	0,087	0,087	0,187	0,177	0,017	0,66	0,45	0,96
$Q_{mín.}$ = 13,9	–	0,08	–	–	–	–	–	–	–

Observação: (1) velocidade no canal no trecho rebaixado próximo à grade; (2) velocidade no canal no trecho anterior ao rebaixo.

Observação

Os números obtidos nos cálculos anteriores demonstram que não deverá haver problemas de sedimentação de sólidos no canal de acesso à grade (ver Tabela-resumo).

h) Estimativa de volume de materiais retirados das grades P_{grade}.

P_{grade} = 0,04 L/m³ × 0,0404 m³/s × 86.400 s/dia =
= 139 L/dia = 0,14 m³/dia

9.3.3 Caixas de areia aeradas (ou de fluxo espiral)

As caixas de areia aeradas são atualmente largamente utilizadas nas ETEs de médio e grande porte, em substituição às de funcionamento tradicional (remoção gravimétrica – descritas no item 9.3.2). Um dos motivos é que à medida que vão aumentando as vazões das ETEs, as caixas de areia do tipo tradicional vão aumentando muito de tamanho e passam a ter dificultada a operação de limpeza, em razão da maior quantidade de areia retida. Em grandes ETEs, as unidades tradicionais podem também ser responsáveis pela ocorrência de maus odores.

O princípio de funcionamento das caixas de areia aeradas (ver Fig. 9.23) é a formação de um fluxo misto em forma de espiral, proporcionado pelo vetor resultante de uma velocidade longitudinal de passagem e de uma velocidade transversal causada pela injeção de ar comprimido ascencional a cerca de 0,60 m do fundo, através de um sistema de difusores de bolhas grossas.

A taxa de injeção de ar comprimido pode ser ajustada por meio de válvulas dispostas nas colunas de descida do ar, de forma a criar uma certa velocidade ascencional, baixa o suficiente para que a areia possa sedimentar quando o líquido retorna no sentido descencional, enquanto as partículas orgânicas, cuja sedimentação é indesejável, possam ser carreadas. No fundo dessa unidade é previsto um dispositivo tipo parafuso sem-fim, responsável pela movimentação longitudinal da areia sedimentada, em direção ao poço de onde a mesma é retirada. O dispositivo de remoção de areia a partir do poço pode ser do tipo *clam-shell*, *air-lift* ou do tipo corrente com caçambas.

As caixas de areia aeradas são normalmente projetadas para remover partículas com massa específica dos grãos acima de 2,5 tf/m³ e cujo diâmetro seja maior do que 0,2 mm (material retido na peneira de 65 mesh). Segundo Qasin (1999), quando comparadas com as gravimétricas tradicionais, as caixas de areia aeradas apresentam as seguintes vantagens:

- permitem, se necessário for, a adição de produtos químicos (floculantes/coagulantes) facilitadores da posterior sedimentação da matéria orgânica, nas unidades de decantação primária. No entanto, para esgoto sanitário não é comum a adição de produtos químicos com essa finalidade;

- com a presença do oxigênio do ar injetado, mantém-se o esgoto fresco. A matéria orgânica nele presente já começa a sofrer um processo de degradação, ocorrendo uma certa remoção da DBO e a minimização de maus odores;

- nessa unidade a perda de carga hidráulica é mínima;

- pode-se também remover óleos e graxas nessa unidade, desde que sejam previstos dispositivos removedores de escumas;

- pelo fato da taxa de suprimento de ar poder ser ajustada, pode-se exercer controle na maximização da areia e na minimização da matéria orgânica que sedimenta juntamente com a areia.

Os principais critérios de projeto, a seguir apresentados, foram adaptados de (Qasin, 1999):

- Deve-se prever duas câmaras de mesmo tamanho mas, ao contrário das caixas tradicionais, estas funcionam ao mesmo tempo. Cada câmara deve ser projetada para metade da vazão de pico (final de plano). No entanto, as estruturas de entrada e de saída devem ser projetadas para permitir, numa emergência ou nas operações de manutenção, o funcionamento de apenas uma das unidades.

- Deve-se prever o fornecimento de uma quantidade de ar na faixa de 4,6 a 12,4 L/s por metro linear de comprimento da caixa de areia. O sistema deve prever, no entanto, um fornecimento de ar de 150% da capacidade de ar prevista para a vazão de pico. Os difusores devem ser de bolhas grossas. O sistema de distribuição de ar aos difusores (colunas de alimentação) devem ser providas de válvulas que permitam o controle da quantidade de ar nos difusores, de modo a obter-se a regulagem mais eficiente na remoção da areia sem remoção da matéria orgânica. Para isso deve-se prever também um medidor de ar para cada coluna.

- Os dispositivos de entrada e de saída do esgoto na caixa de areia devem permitir uma velocidade mínima de 0,40 m/s, de modo a evitar indesejáveis sedimentações de sólidos nesses locais;

- A largura das caixas de areia aeradas normalmente são definidas na faixa de 2 m a 7 m; o comprimento na faixa de 7,50 m a 20 m. A razão entre a largura e a profundidade varia na faixa de 1:1 e 5:1. A razão entre o comprimento e a largura na faixa de 2,5:1 a 5:1 (normalmente adota-se 4:1).

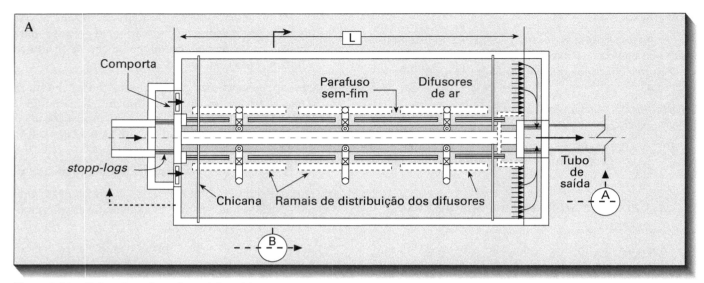

Figura 9.23a Caixa de areia – planta (s/escala).

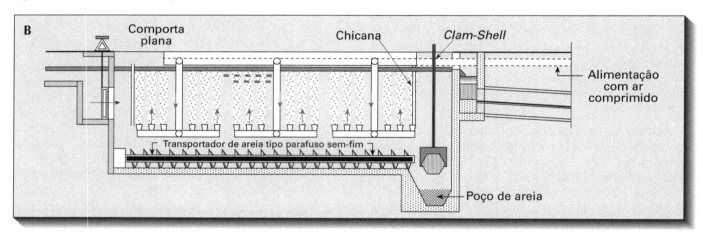

Figura 9.23b Caixa de areia aerada – corte A (s/escala).

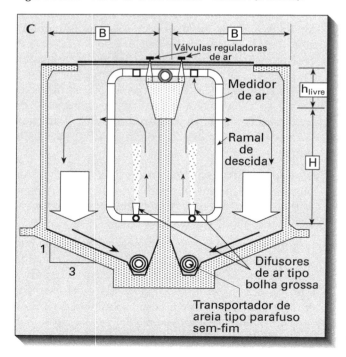

Figura 9.23c Caixa de areia aerada – corte B (s/escala).

Exemplo de cálculo 9.5

Dimensionar uma caixa de areia aerada para uma vazão máxima (final de plano) de 1,76 m3/s

1. Dimensões da caixa de areia

a) Vazão de dimensionamento (metade da vazão máxima para cada câmara)

$$Q_{máx.} = \frac{1,76 \text{ m}^3/\text{s}}{2} = 0,88 \text{ m}^3/\text{s}$$

b) Volume necessário para um tempo de detenção = 4 minutos

$V = 0,88 \text{ m}^3/\text{s} \times 4 \text{ min.} \times 60 \text{ s/min.} = 211,20 \text{ m}^3$

c) Profundidade média adotada $\Rightarrow H = 3,80$ m

d) Borda livre adotada $\Rightarrow h_{livre} = 0,80$ m

e) Área superficial de cada caixa

$$A_{sup.} = \frac{V}{H} = \frac{211,20 \text{ m}^3}{3,80 \text{ m}} = 55,58 \text{ m}^2$$

f) Relação comprimento/largura L/B adotada $\approx 4:1$

Comprimento $L = 15,00$ m

g) Área superficial resultante (adotando-se relação largura/profundidade $B/H = 1:1$)

$B = 3,80$ m

$A_{sup.} = 15,00 \text{ m} \times 3,80 \text{ m} = 57 \text{ m}^2$

h) Volume resultante $V = 57 \text{ m}^2 \times 3,80 \text{ m} = 216,60 \text{ m}^3$

i) Verificação dos tempos de detenção reais

- para duas câmaras em funcionamento simultâneo

$$t_{det.1} = \frac{3,80 \text{ m} \times 3,80 \text{ m} \times 15,00 \text{ m}}{0,88 \text{ m}^3/\text{s} \times 60 \text{ s/min.}} = 4,1 \text{ minutos}$$

- para apenas 1 das câmaras em funcionamento

$$t_{det.2} = \frac{3,80 \text{ m} \times 3,80 \text{ m} \times 15,00 \text{ m}}{1,76 \text{ m}^3/\text{s} \times 60 \text{ s/min.}} = 2,05 \text{ minutos}$$

j) Resumo das dimensões adotadas:

- profundidade média útil $H =$ 3,80 m
- borda livre $h_{livre} =$ 0,80 m
- comprimento $L =$ 15,00 m
- largura $B =$ 3,80 m

2. Características do sistema de ar

a) Arranjo dos difusores: Os difusores serão locados a 0,60 m do fundo (em relação à profundidade útil da caixa de areia) e distanciados a cada 0,40 m um do outro. O fluxo de ar deverá estar direcionado para cima.

b) Determinação da quantidade de ar necessária para os difusores

Admitindo-se a taxa de 7,5 L/s × metro de comprimento da caixa e um fator de segurança $F.S. = 1,5$, tem-se, para cada câmara:

$Q_{ar} = 7,5 \text{ L/s} \cdot \text{m} \times 15,00 \text{ m} \times 1,5 = 168,75 \text{ L/s}$

c) Determinação da capacidade dos sopradores de ar (para ambas as câmaras)

$Q_{sopr.} = 168,75 \text{ L/s} \times 2 \text{ câmaras} \times 60 \text{ s/min} \times 10^{-3} \text{ L/m}^3$
$= 20,25 \text{ m}^3/\text{min}.$

- Prevê-se a instalação de 2 sopradores de 20 m³/min. cada, com um deles utilizado para fins de rodízio e eventuais manutenções. A tubulação principal de alimentação do sistema de ar deverá então ter capacidade para 20 m³/min. (0,33 m³/s).

- Serão instalados 3 ramais de descida de ar em cada câmara, totalizando 6 ramais de descida. Deverão ser previstas válvulas de controle de ar e medidores de vazão de ar em cada um dos ramais de descida. A cada ramal de descida estarão conectados 2 ramais de distribuição de difusores, nos quais estarão instalados um total de 10 difusores, 5 em cada um deles.

- Os difusores serão locados distanciados de 0,40 m, sendo o primeiro deles locado a cerca de 0,20 m da chicana localizada em frente ao orifício de entrada e o último a cerca de 0,20 m do início do poço de areia. Assim, estima-se a instalação de 30 difusores de bolhas grossas em cada câmara, cada um deles com vazão de 0,33 m³/mín. (cerca de 5,5 L/s).

3. Dimensionamento das tubulações de ar

Para o dimensionamento das tubulações de ar, adotar-se-á o critério da escolha do diâmetro em função das velocidades usuais nesse tipo de tubulação (ver Tab. 9.8).

a) Ramal principal (saída do soprador até o último ramal de descida)

- vazão máxima $Q_{máx.} = 20$ m³/min

- admitindo-se como primeira tentativa que o diâmetro necessário $D_{r,princ.}$ esteja situado na faixa entre 80 e 250 mm, tem-se que $V_{máx.} = 900$ m/min (Tab. 9.4), e então a área da seção transversal necessária será:

$$A_{neces} = \frac{Q_{máx.}}{V_{máx.}} = \frac{20 \text{ m}^3/\text{min.}}{900 \text{ m/min.}} = 0,022 \text{ m}^2$$

e o diâmetro necessário $D_{neces.}$ será:

$$D_{neces} = \left(\frac{4 \cdot A_{neces}}{\pi}\right)^{1/2} = 0,168 \text{ m}$$

adotando-se o diâmetro comercial de 200 mm, pode-se então recalcular a área da seção do tubo e obter-se a velocidade real no tubo:

$$A = \frac{\pi \cdot D_{r,princ.}^2}{4} = \frac{\pi \cdot 0,20^2}{4} = 0,031 \text{ m}^2$$

TABELA 9.8 Velocidades usuais para tubulações de ar em função do diâmetro		
Diâmetro do tubo de ar (mm)	Velocidades usuais para tubulações de ar	
	(em m/min.)	(em m/s)
20 – 80	360 – 500	6,0 – 8,3
80 – 250	500 – 900	8,3 – 15,0
250 – 400	900 – 1.050	15,0 – 17,5
400 – 600	1.050 – 1.200	17,5 – 20,0
600 – 800	1.200 – 1.350	20,0 – 22,5
800 – 1.500	1.350 a 1.950	22,5 – 32,5

Fonte: Adaptado de Qasin(1999)

$$V = \frac{Q_{\text{máx.}}}{A} = \frac{20 \text{ m}^3/\text{min.}}{0,031 \text{ m}^2} = 637 \text{ m/min.} \Rightarrow \text{O.K.}$$

b) Ramais de descida para alimentação dos ramais de distribuição

- vazão dos ramais de descida $Q_{r,\text{desc.}}$

$$Q_{r,\text{desc}} = \frac{Q_{\text{máx.}}}{6 \text{ ramais}} \frac{20 \text{ m}^3/\text{min.}}{6} = 3,33 \text{ m}^3/\text{min.}$$

- 1ª tentativa de dimensionamento (verificação para $D_{r,\text{desc.}} = 50$ mm)

$$A_{r,\text{desc}} = \frac{\pi \cdot 0,05^2}{4} = 0,002 \text{ m}^2$$

$$V_{r,\text{desc}} = \frac{3,33 \text{ m}^2/\text{min.}}{0,002 \text{ m}^2} = 1.695 \text{ m/min.}$$

Observação

o diâmetro de 50 mm para o ramal de descida é insuficiente (velocidade excessiva)

- 2ª tentativa de dimensionamento (verificação para $D_{r,\text{desc.}} = 75$ mm)

$$A_{r,\text{desc}} = \frac{\pi \cdot 0,075^2}{4} = 0,0042 \text{ m}^2$$

$$V_{r,\text{desc.}} = \frac{3,33 \text{ m}^3\text{mín.}}{0,00442 \text{ m}^2} = 754 \text{ m/mín}$$

Observação

O diâmetro de 75 mm também é insuficiente (velocidade excessiva).

- 3ª tentativa de dimensionamento (verificação para $D_{r,\text{desc.}} = 100$ mm)

$$A_{r,\text{desc}} = \frac{\pi \cdot 0,10^2}{4} = 0,00785 \text{ m}^2$$

e

$$V_{r,\text{desc}} = \frac{3,33 \text{ m}^3/\text{min.}}{0,00785 \text{ m}^3} = 424 \text{ m/min.}$$

Observação

O diâmetro de 100 mm para o ramal de descida atende ao critério da faixa de velocidade usual, conforme Tab. 9.8.

c) Dimensionamento do ramal de distribuição (a partir do tee instalado no ramal de descida)

- a partir do tee instalado no final do ramal de descida saem dois subtrechos de tubulação, os quais foram aqui chamados de ramais de distribuição. Assim a vazão de cada ramal de distribuição $Q_{r,\text{distr.}}$ poderá ser calculada por:

$$Q_{r,\text{distr}} = \frac{Q_{r,\text{desc}}}{2} = \frac{3,33 \text{ m}^2/\text{min.}}{2} = 1,67 \text{ m}^3/\text{min.}$$

- admitindo-se o diâmetro $D_{r,\text{distr.}} = 75$ mm, far-se-á a verificação da velocidade resultante:

$$A_{r,\text{distr}} = \frac{\pi \cdot 0,075^2}{4} = 0,00442 \text{ m}^2$$

e

$$V_{r,\text{distr}} = \frac{1,67 \text{ m}^3/\text{min.}}{0,00442 \text{ m}^2} = 378 \text{ m/min.}$$

- a velocidade, acima calculada, para o ramal de distribuição, está dentro da faixa usual (ver Tab. 9.8). Portanto, o diâmetro de 75 mm mostra-se adequado para esse trecho de tubulação.

d) Dimensionamento do tubo de acesso a cada difusor

- adotaram-se 10 difusores/ramal de descida, ou seja 5 difusores para cada subtrecho do ramal de distribuição. Assim, a partir da vazão do ramal de distribuição, pode-se calcular a vazão para cada difusor;

$$Q_{\text{dif}} = \frac{Q_{r,\text{distr}}}{5} = \frac{1,67 \text{ m}^3/\text{min.}}{5} = 0,33 \text{ m}^3/\text{min.}$$

considerando-se como primeira tentativa o tubo de diâmetro $D_{\text{dif.}} = 50$ mm, tem-se:

$$A_{\text{dif}} = \frac{\pi \cdot 0,05^2}{4} = 0,002 \text{ m}^2$$

$$V_{r,\text{dif}} = \frac{0,33 \text{ m}^3/\text{min.}}{0,02 \text{ m}^2} = 165 \text{ m/min.}$$

na Tab. 9.8 verifica-se que a velocidade está muito abaixo dos valores usuais. Como segunda tentativa será verificado o tubo de diâmetro $D_{\text{dif.}} = 39$ mm (1 1/2").

$$A_{\text{dif}} = \frac{\pi \cdot 0,039^2}{4} = 0,00119 \text{ m}^2$$

$$V_{r,\text{dif}} = \frac{0,33 \text{ m}^3/\text{min.}}{0,00119 \text{ m}^2} = 276 \text{ m/min.}$$

Observação

Na Tab. 9.8 verifica-se que a velocidade ainda está abaixo dos valores usuais. Como terceira tentativa será verificado o tubo de diâmetro $D_{dif.} = 32$ mm (1 1/4").

$$A_{dif} = \frac{\pi \cdot 0,032^2}{4} = 0,0008 \text{ m}^2$$

$$V_{r,dif} = \frac{0,33 \text{ m}^3/\text{min.}}{0,0008 \text{ m}^2} = 410 \text{ m/min.}$$

Observação

Na Tab. 9.8 verifica-se que o diâmetro $D_{dif.} = 32$ mm atende aos requisitos de velocidade.

- Resumindo-se o até agora calculado, tem-se

Ramais de ar	Diâmetro (mm)	Vazão (m³/min.)
principal	200	20,00
descida	100	3,33
distribuição	75	1,67
saída para o difusor	32	0,33

4. *Dimensionamento dos sopradores de ar*

Segundo Qasin (1999), os sopradores de ar (*blowers*) desenvolvem uma pressão diferencial entre a entrada de ar e os pontos de descarga, impulsionando o ar ou outros gases sob pressão. Existem diversos tipos de sopradores, sendo os mais comuns os sopradores centrífugos e os sopradores rotacionais de deslocamento positivo. Os sopradores centrífugos são comumente utilizados para pressões na faixa entre 50 e 70 kPa (0,5 a 0,7 kgf/cm²) e vazões de ar superiores a 15 m³/min. Esses sopradores apresentam curvas de alturas manométricas × vazão similares às bombas centrífugas de baixa velocidade específica, utilizadas no bombeamento de água. Assim, similarmente àquelas, o ponto de operação é obtido pela intersecção da curva do sistema com a curva do soprador. No entanto, em termos operacionais existem algumas diferenças; a vazão nos sopradores deve ser ajustada pelo estrangulamento na entrada do ar. O estrangulamento na saída dos sopradores centrífugos não é recomendável, pois pode ocorrer o fenômeno (do inglês *surging*), que é quando o soprador opera alternadamente à capacidade máxima e mínima. Esse fenômeno ocorre quando o estrangulamento na saída do soprador é levado ao ponto de fechamento máximo (válvula de saída totalmente fechada ou ponto de *shut-off* utilizado na partida das bombas centrífugas para água). O fenômeno *surging* causa vibrações anormais e superaquecimento. Os sopradores rotacionais de deslocamento positivo são utilizados em pequenas instalações (até 45 m³/min).

Mesmo em condições normais de operação é alto o nível de ruído emitido pelos sopradores e, por isso, é comum prever-se a instalação de silenciadores. Como se verá adiante, para se obter a pressão de trabalho dos sopradores de ar, deve-se utilizar pressões absolutas (atmosférica +

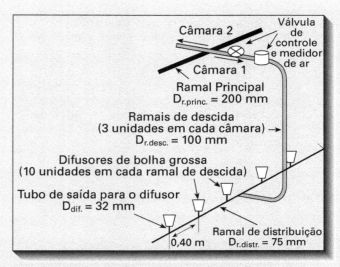

Figura 9.24 Desenho isométrico dos ramais de ar.

submergência + perdas de carga no sistema de ar). Portanto, inicialmente deve-se calcular as perdas de carga no sistema de ar.

4.1 Estimativa das perdas de carga no sistema de ar

Para se determinar a perda de carga no sistema de ar, segundo Qasin (1999), pode-se adotar os seguintes procedimentos de cálculo:

- as faixas de velocidades usuais são aquelas já apresentadas na Tab. 9.8;

- as perdas de carga no sistema de ar devem ser calculadas para o trecho de linha que apresente a maior perda (maior comprimento equivalente). Alguns fabricantes apresentam, nos seus catálogos, curvas de perdas de carga para os difusores. É recomendável utilizar sempre os valores de catálogo, além de uma certa tolerância para eventuais obstruções;

- como uma primeira aproximação, o coeficiente de rugosidade f para tubos de aço conduzindo ar pode ser obtido por meio da seguinte expressão:

$$f = \frac{0,029 \, D^{0,027}}{Q^{0,148}}$$

onde:
D = diâmetro do tubo (em m); e
Q = vazão de ar (m³/min.).

- a perda de carga h_L em tubos retos de ar pode ser calculado pela expressão:

$$h_L = 9,82 \times 10^{-8} \times \frac{f \cdot L \cdot T \cdot Q^2}{P \cdot D^5}$$

onde:
h_L = perda de carga (em mm H$_2$O);
L = comprimento equivalente de tubulação (inclui o comprimento da tubulação reta + os comprimentos equivalentes das peças e conexões);
T = temperatura no tubo (em K°), obtida de $T = T_0 (P/P_0)^{0,283}$;
T_0 = temperatura do ar ambiente (em K°);

P_0 = pressão atmosférica (em atmosferas);
P = pressão do ar no interior do tubo (em atmosferas);
Q = vazão de ar (em m³/min).

- o comprimento equivalente "$L_{equiv.}$" para cálculo das perdas de carga em peças, dispositivos e conexões (curvas, *tees*, válvulas, medidores etc.), transportando ar, pode ser estimado por meio da seguinte expressão:

$$L_{equiv.} = 55,4\, C \cdot D^{1,2}$$

onde:
C = fator de equivalência de cada peça (ver Tab. 9.9);
D = diâmetro da tubulação (em m).

- as perdas de carga através de filtros de ar, sopradores, silenciadores, válvulas de controle etc., também devem ser obtidas por meio dos catálogos de fabricantes. Como primeira aproximação podem ser utilizados os seguintes valores:

perdas em filtros de ar – na faixa de 13 a 76 mm H_2O;

perdas em silenciadores — para sopradores centrífugos: de 13 a 38 mm H_2O e para sopradores de deslocamento positivo na faixa de 152 a 216 mm de H_2O;

perdas em válvulas de controle — na faixa de 20 a 203 mm;

- a soma de todas as perdas de carga mais a pressão atmosférica, mais a submergência dos difusores (altura d'água sobre os difusores) fornece a pressão absoluta de ar nos sopradores. Uma vez que as perdas de carga no sistema dependem dessa pressão e da temperatura do ar, um método interativo de cálculo se faz necessário;

- a Fig. 9.25 apresenta um desenho esquemático do sistema de ar (para melhor visualização, consultar também desenhos esquemáticos apresentados nas Figs. 9.23 e 9.24). O trecho mais longo a ser considerado nos cálculos vai do ponto "a" (soprador) ao ponto "b" (último difusor).

Observação

Para o arranjo da Fig. 9.25, no trecho a,b (considerado de maior perda de carga), tem-se:

14 m de ramal principal (+ 2 curvas de raio longo + silenciador + filtro de ar);

5 m no ramal de descida (+*tee* de saída lateral + válvula de controle + medidor + duas curvas de raio longo);

2,20 m no ramal de distribuição (+ *tee* de saída lateral + cinco difusores).

TABELA 9.9 Fator "C" para conversão da perda de carga em comprimento equivalente de tubulação

Tipos de peças	Valores de "C"
Válvulas de controle (abertas)	0,25
Curvas de raio longo ou *tees* passagem direta "*PD*" de mesmo diâmetro	0,33
Curvas de raio médio ou *tees* "*PD*" com redução de 25% do diâmetro	0,42
Cotovelos ou *tees* "*PD*" com redução de 50% do diâmetro	0,67
Válvula de cotovelo	0,90
Tee de saída lateral	1,33
Válvulas globo	2,00

Fonte: Qasin(1999)

a) Componentes, comprimentos equivalentes e perdas de carga no sistema de ar (ver Tabs. 9.10 e 9.11)

b) Cálculo das pressões absolutas no sistema de ar

Como se pode observar na Fig. 9.26, além das perdas de carga na tubulação e seus acessórios, os sopradores deverão vencer ainda a altura d'água de submergência nos difusores e a pressão atmosférica local.

Assim, para se obter a pressão absoluta nos sopradores, deve-se levar em conta a somatória das perdas de carga h_L (apresentadas na Tab. 9.10), a pressão atmosférica local (9,5 mca), e mais a submergência dos difusores (neste caso 3,20 m), conforme expressão abaixo:

$$p_{abs} = \frac{h_L + 9,50 + 3,20}{10,33} \quad \text{(em atmosferas)}$$

onde:
10,33 mca = pressão atmosférica ao nível do mar = 1 atmosfera.

A expressão acima foi utilizada no cálculo das pressões absolutas $P_{abs.}$ (Tab 9.12). Foram utilizados os valores obtidos nas Tabs. 9.10 e 9.11 para as perdas de carga no sistema de ar, com um acréscimo de 30% sobre os valores calculados, para eventais peças não computadas.

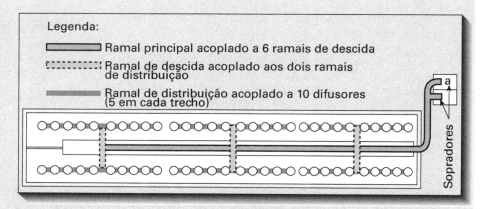

Figura 9.25 Desenho esquemático do sistema de ar – planta s/escala.

TABELA 9.10 Resumo dos cálculos de comprimentos equivalentes e perdas de carga localizadas

Componentes do sistema de ar	Cálculo do comprimento equivalente $L_{equiv.} = 55,4 \cdot C \cdot D^{1,2}$	Valor de $L_{equiv.}$ (m)	Perda de carga em peças especiais (mm H_2O)
Ramal principal $\phi = 200$ mm	–	–	–
Tubo reto ($Q_{r,\,princ.}$ = mín. 6,66/máx. 20 m³/mín.)	–	14,00	–
2 curvas de raio longo (90° × 200 mm)	$2 \times 55,4 \times 0,33 \times 0,20^{1,2}$	5,30	–
1 filtro de ar	–	–	45[1]
1 silenciador (soprador deslocador positivo)	–	–	180[1]
Tubulação $\phi = 200$ mm ⇒ Comprimento equivalente total	–	19,30	225
Ramal de descida $\phi = 100$ mm	–	–	–
Tubo reto ($Q_{r,\,desc.}$ = 3,33 m³/min)	–	5,00	–
1 válvula de controle	$1 \times 55,4 \times 0,25 \times 0,10^{1,2}$	0,87	–
1 medidor de ar	–	–	40[2]
1 tee de saída lateral	$1 \times 55,4 \times 1,33 \times 0,10^{1,2}$	4,65	–
Tubulação $\phi = 100$ mm ⇒ Comprimento equivalente total	–	10,52	40
Ramal de distribuição $\phi = 75$ mm	–	–	–
Tubo reto ($Q_{r,distr.}$ = mín. 0,33/máx. 1,67 m³/mín.)	–	2,20	–
1 tee saída lateral	$1 \times 55,4 \times 1,33 \times 0,075^{1,2}$	3,29	–
5 difusores	–	–	200[2]
Tubulação $\phi = 75$ mm ⇒ Comprimento equivalente total	–	5,49	200

Observações: 1. Assumidos valores médios na faixa estipulada (em casos reais, consultar catálogos de fabricantes). 2. Valor assumido para efeito de exercício (em casos reais consultar catálogos de fabricantes).

TABELA 9.11 Resumo dos cálculos de perdas de carga

Trecho	D (mm)	$Q_{média}$ (m³/min)	f	L (m)	P (atm.)	T (°K)	h_L (mm H_2O)
Ramal principal	200	13,33	0,019	19,30	0,80	291,2	7,3 + 225 = 232,3
					1,00	310,2	6,2 + 225 = 231,2
					1,20	326,7	5,4 + 225 = 230,4
					1,40	341,2	4,9 + 225 = 229,9
					1,60	354,4	4,4 + 225 = 229,4
					1,80	366,4	4,1 + 225 = 229,1
Ramal de descida	100	3,33	0,023	10,52	0,80	291,2	9,5 + 40 = 49,5
					1,00	310,2	8,1 + 40 = 48,1
					1,20	326,7	7,1 + 40 = 47,1
					1,40	341,2	6,4 + 40 = 46,4
					1,60	354,4	5,8 + 40 = 45,8
					1,80	366,4	5,3 + 40 = 45,3
Ramal de distribuição	75	1,00	0,027	5,49	0,80	291,2	2,2 + 200 = 202,2
					1,00	310,2	1,9 + 200 = 201,9
					1,20	326,7	1,7 + 200 = 201,7
					1,40	341,2	1,5 + 200 = 201,5
					1,60	354,4	1,4 + 200 = 201,4
					1,80	366,4	1,3 + 200 = 201,3

Observações: Para efeito deste exemplo de cálculo, admitiram-se as seguintes hipóteses: $T_0 = 303$ °K = 30 °C (temperatura média do ar no mês mais quente do ano); $P_0 = 9,5/10,33 = 0,92$ atm (correspondente a uma altitude hipotética do local da ETE de 740 m. Uma vez que a pressão no tubo não é conhecida, admitiu-se a variação da pressão P numa faixa de 0,8 a 1,8 atmosferas, para posterior cálculo iterativo da pressão de serviço a ser adotada para os sopradores.

Analisando-se a Tab. 9.12, pode-se perceber que a perda de carga no sistema de ar é relativamente baixa (em torno de 622 mm de H_2O = 0,622 mca) e que a pressão absoluta resultante é cerca de 13,32 mca (1,29 atmosferas ou 13 kPa). Com esse valor de pressão absoluta, percebe-se que os sopradores do tipo centrífugos não poderão ser utilizados já que estes apresentam pressão de trabalho na faixa de 50 a 70 kPa. Num caso real, deverão ser consultados os fabricantes de tais equipamentos. O soprador do tipo rotacional de deslocamento positivo talvez possa ser utilizado, uma vez que a sua limitação é a vazão; conforme visto anteriormente, a máxima vazão para esse equipamento é de 45 m³/min., atendendo neste caso.

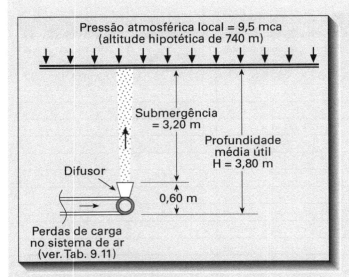

Figura 9.26 Pressões a serem vencidas pelo soprador de ar.

4.2 Cálculo da Potência necessária aos sopradores

$$P_W = \frac{W \cdot R \cdot T_0}{8{,}41 \cdot \varepsilon} \cdot \left[(P/O_0)^{0{,}283} - 1\right]$$

onde:
P_W = potência necessária a cada soprador (kW);
W = peso do fluxo de ar = 0,33 m³/s × 1,2 kg/m³ = 0,40 kg/s;
R = constante universal dos gases = 8,314 kJ/Kmol;
T_0 = temperatura ambiente (entrada do ar) admitida = 303 °K;
P = pressão absoluta do ar na saída do soprador = 1,3 atm (arredondamento do valor obtido anteriormente na Tab. 9.8 $P_{abs.}$ = 1,29 atm);
P_0 = pressão atmosférica local (admitida nos cálculos = 0,92 atm);
8,41 = constante para o ar (kg/kmol);
ε = eficiência do equipamento (normalmente 0,7 a 0,8), admitiu-se = 0,75.

$$P_W = \frac{0{,}40 \times 8{,}314 \times 303}{8{,}41 \times 0{,}75} \times \left[\left(\frac{1{,}3}{0{,}92}\right)^{0{,}283} - 1\right] =$$

$= 16{,}42$ kW ≈ 22 HP

Observação

Deve-se então especificar o equipamento com potência nominal imediatamente superior aos valores calculados, dentre os existentes no mercado.

5. Verificação da taxa de escoamento superficial q_A na caixa de areia

  • para vazão máxima de projeto e ambas as câmaras em funcionamento, tem-se:

    Área superficial
    $A_{sup.}$ = 15 × 3,80 × 2 câmaras = 114 m²
    Vazão $Q_{máx.}$ = 1,76 m³/s

    $$q_A = \frac{Q_{máx.}}{A_{sup}} = \frac{1{,}76 \text{ m}^3/\text{s} \times 86.400 \text{ s/dia}}{114{,}00} =$$
    $= 1{,}334$ m³/m² · dia

  • para vazão máxima de projeto e apenas uma das câmaras em funcionamento

    neste caso $A_{sup.}$ = 57,00 m², resultando então:

    $$q_A = \frac{Q_{máx.}}{A_{sup}} = \frac{1{,}76 \text{ m}^3/\text{s} \times 86.400 \text{ s/dia}}{57{,}00 \text{ m}^2} =$$
    $= 2.668$ m³/m² dia

Observação

Como se verá adiante (seção 9.3.5), a taxa de escoamento superficial recomendada para os decantadores primários é bem menor (q_A máxima 120 m³/m² · dia).

Nos decantadores primários, o objetivo é justamente permitir a sedimentação de partículas orgânicas, cuja sedimentação na caixa de areia não é desejável.

Assim, os valores das taxas acima calculadas, aliadas à alta turbulência e possibilidade de regulagem da injeção de ar, devem garantir que as partículas orgânicas não fiquem depositadas na caixa de areia aerada, como é desejável.

TABELA 9.12 Resumo dos cálculos das pressões absolutas no sistema de ar

Pressão "P" no tubo (atm)	Ramal principal	Ramal de descida	Ramal de distribuição	Acréscimo (30%)	Total h_L	Pabs. = h_L + P_{atm} + subm. ou $P_{abs.}$ = h_L + 12,70 (mca)	$P_{abs.}$ (atm)
0,80	232,3	49,5	202,2	145,2	629,2	13,329	1,290
1,00	231,2	48,1	201,9	144,4	625,6	13,326	1,290
1,20	230,4	47,1	201,7	143,8	623,0	13,323	1,290
1,40	229,9	46,4	201,5	143,3	621,1	13,321	1,290
1,60	229,4	45,8	201,4	143,0	619,6	13,320	1,289
1,80	229,1	45,3	201,3	142,7	618,4	13,318	1,289

Perdas de carga no sistema de ar (mm H₂0)

9.3.4 Peneiras

Segundo Jordão e Pessoa (1995), as peneiras caracterizam-se por apresentarem aberturas pequenas (de 0,25 a 5,00 mm), sendo utilizadas para remoção de sólidos muito finos ou fibrosos.

As peneiras eram utilizadas, até a década de 1970, praticamente apenas no tratamento de efluentes industriais, agroalimentares, têxteis, de papel e celulose, de cortumes, químicas etc. e raramente em instalações de tratamento de esgotos sanitários.

A evolução para modelos de autolimpeza e grau de mecanização simplificado possibilitou a utilização também para esgoto sanitário, principalmente em instalações de condicionamento prévio para lançamentos subaquáticos (como ocorre no lançamento submarino de Santos-SP), ou mesmo na redução de carga orgânica nas estações de tratamento, reduzindo o custo e a área necessária para as unidades de tratamento subsequentes, como ocorre nas ETES: Icaraí, em Niterói, RJ, e Parque Novo Mundo, em São Paulo, SP.

No entanto, pelo menos na ETE Parque Novo Mundo, há informações de que a operação dessas unidades (do tipo rotativas) vinha apresentando alguns problemas.

Peneiras estáticas (Fig. 9.27)

São constituídas de barras de aço inoxidável, com espaçamento de 0,25 a 2,50 mm entre barras. Apresentam a vantagem da autolimpeza, sem consumo de energia e baixo custo de operação e manutenção. No Brasil, o nome comercial das peneiras estáticas é *Hydrasieve* (Jordão e Pessoa, 1995).

Principais tipos de peneiras móveis:

a) de fluxo tangencial (Fig. 9.28a);
b) de fluxo axial (Fig. 9.28b).

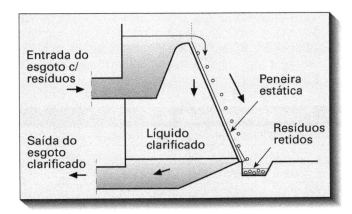

Figura 9.27 Corte esquemático de uma peneira estática.

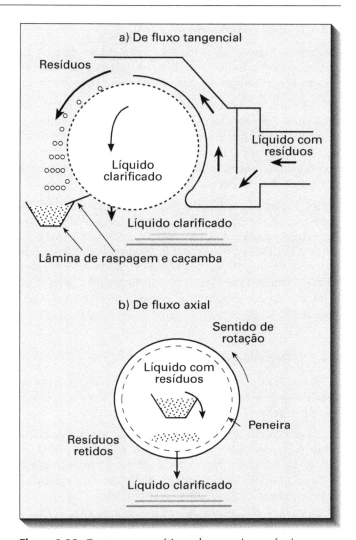

Figura 9.28 Cortes esquemáticos das peneiras móveis.

9.3.5 Remoção dos sólidos sedimentáveis

9.3.5.1 Tipos e unidades de remoção dos sólidos sedimentáveis

- por sedimentação, nos chamados decantadores primários. Para o esgoto sanitário é o tipo de unidade mais utilizada;

- em unidades de flotação. As unidades de flotação não têm sido muito utilizadas para esse tipo de operação. A flotação vem, no entanto, sendo atualmente muito utilizada no adensamento do lodo secundário, como se verá adiante.

Considerando-se que a operação de sedimentação é a mais frequentemente utilizada na remoção dos sólidos sedimentáveis, cabe uma introdução aos fenômenos típicos de sedimentação.

9.3.5.2 Tipos de sedimentação

Discreta – quando as partículas sedimentam individualmente, isto é, não floculam nem se aglomeram umas às outras. Ex.: o fenômeno que ocorre nas caixas de areia.

Floculenta – quando as partículas são reunidas em flocos de pequena concentração, ou seja, floculam, formam partículas maiores e a velocidade de sedimentação cresce com o tempo por absorver, na trajetória, flocos menores ou partículas isoladas. Ex.: o fenômeno que ocorre nos decantadores primários.

Zonal e por compressão – quando as partículas são coesivas, ocorrem em alta concentração e sedimentam como uma massa única, formando uma face de separação entre o líquido e o material. No fundo da unidade, onde a concentração de sólidos torna-se ainda maior, estes sofrem compactação, pelo efeito do próprio peso. Ex.: o fenômeno que ocorre nos decantadores secundários (ver seção 9.3.8).

9.3.5.3 Decantadores primários *DP*

A função dessa unidade é clarificar o esgoto, removendo os sólidos que, isoladamente ou em flocos, podem sedimentar pelo seu próprio peso.

As partículas que sedimentam, ao se acumularem no fundo do decantador, formam o chamado lodo primário, que é daí retirado. Nessa unidade normalmente aproveita-se também para remoção de flutuantes: espumas, óleos e graxas, acumulados na superfície.

Quanto ao formato, os decantadores primários podem ser: circulares, quadrados ou retangulares. A remoção de lodo e de flutuantes pode ser mecanizada ou não. De acordo com a norma da ABNT NBR 12209/90, para vazões máximas $Q_{máx.} \geq 250$ L/s, a remoção de lodo deve ser mecanizada e obrigatoriamente deve-se prever mais de 1 unidade.

Parâmetros de dimensionamento dos decantadores primários

- Tempo de detenção hidráulico Θ_H

$$\Theta_H = \frac{V_D = \text{volume do decantador}}{Q_{máx.} = \text{vazão máxima}}$$

- Deve-se dimensionar o decantador para $Q_{máx.}$, onde: $\Rightarrow \Theta_H \geq 1$ hora. Deve-se ainda verificar para $Q_{méd.}$ onde: $\Rightarrow \Theta_H \leq 6$ horas (NBR 12209/90).

- É decorrência desses critérios que o volume do decantador "V_D" seja:

$V_D \geq 1$ hora $\times Q_{máx.}$ (sendo $Q_{máx.}$ em m³/h)

- Taxa de escoamento superficial q_A

A taxa de escoamento superficial permite fixar a área e, consequentemente, a profundidade do decantador primário.

- Taxa de escoamento longitudinal (no vertedor) q_L

A taxa de escoamento longitudinal permite fixar o comprimento necessário para o vertedor de saída do líquido clarificado, nos decantadores primários. O valor-limite a seguir é também fixado pela Norma ABNT 12209/90.

$q_L \leq 720$ m³/m · dia

Decantador circular não mecanizado (com descarte hidráulico do lodo)

Normalmente, nos decantadores circulares não mecanizados (Fig. 9.29), o descarte do lodo se dá pelo efeito da própria carga hidráulica $H_D \geq 1$ m, acionando-se a válvula de descarte existente em uma tubulação $\Theta \geq 150$ mm, dotada de um respiro que serve também para possibilitar eventuais desentupimentos.

Para esse tipo de decantador, a norma NBR 12209 (ABNT, 1990), fixa ainda os seguintes critérios de projeto:

- diâmetro máximo do decantador: $D_{DP} \leq 7$ m. Essa limitação é feita para evitar que as unidades atinjam grandes profundidades. A inclinação das paredes do cone de 1,0 H : 1,5 V é necessária para o auto-adensamento do lodo;

- para decantadores primários, o diâmetro da saia defletora: $D_{saia} = 0{,}15$ a $0{,}20$ D. Para decantadores secundários de lodos ativados: $D_{saia} = 0{,}15$ a $0{,}25$ D;

- o volume de lodo V_{lodo} é calculado até 2/3 do tronco de cone, a partir de sua parte inferior, cujo diâmetro mínimo é 0,60 m. O volume considerado para o decantador $V_{dec.}$ inclui o trecho cilíndrico e o restante 1/3 do cone.

TABELA 9.13 Taxas de escoamento superficial "q_A" para dimensionamento de D_{PS}.

Unidade considerada	Norma NBR 12209/90	Recomendação prática[*]
D_P precedendo lodos ativados	$q_A < 120$ m³/m² · dia	< 90 m³/m² · dia
D_P precedendo filtros biológicos	$q_A < 80$ m³/m² · dia	< 60 m³/m² · dia
D_P no caso de tratamento primário (com posterior lançamento direto no corpo receptor)	$q_A < 40$ m³/m² · dia	—

[*]Recomendação prática - Além Sobrinho (1993)

O sistema de lodos ativados

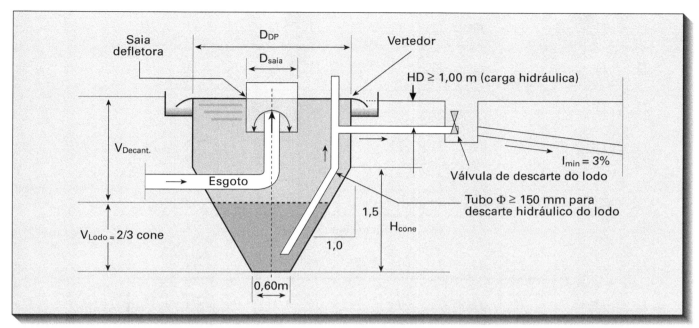

Figura 9.29 Decantador circular não mecanizado (com descarte hidráulico do lodo).

Decantador retangular não mecanizado (com descarte hidráulico do lodo)

Para os decantadores retangulares não mecanizados (Fig. 9.30), o descarte do lodo também é feito hidraulicamente, como nos decantadores circulares. Ainda segundo a norma ABNT 12209/90, deve-se obedecer aos seguintes critérios de projeto:

- relação comprimento/largura $L/B \geq 2$ e $B \geq 5,00$ m. O limite máximo fixado para a largura B visa evitar profundidades excessivas. O limite máximo para a relação L/B (número de câmaras em série) geralmente é fixado pelo critério da taxa de escoamento longitudinal q_L (no vertedor), vista anteriormente;

o volume de lodo V_{lodo} é calculado até 2/3 do tronco de pirâmide, a partir de sua parte inferior, cujo lado mínimo é 0,60 m. O volume considerado para o decantador $V_{dec.}$ inclui o trecho quadrado e o restante 1/3 do tronco de pirâmide.

Decantador circular (raspagem mecanizada e descarte hidráulico do lodo)

Nesse tipo de decantador (Fig. 9.31), a mecanização fica por conta dos raspadores giratórios, que levam o lodo até o fundo do decantador, de onde é feita a sua remoção e o descarte hidráulico. A vantagem desses modelos é que a inclinação do fundo pode ser menor, ficando a limitação do diâmetro por conta apenas do tamanho dos raspadores ($D_{rasp.} \leq 60$ m), não existindo maiores problemas com as grandes profundidades inerentes aos modelos anteriormente descritos.

Uma variante desse modelo é aquele em que, nos próprios raspadores, existem dispositivos que fazem a sucção do lodo, evitando-se o descarte hidráulico.

Quanto ao diâmetro dos raspadores, Além Sobrinho (1993) recomenda a utilização de um diâmetro máximo $D_{rasp.} \leq 30$ m, para se evitar problemas de manutenção com esses equipamentos.

Segundo esse critério, nas grandes instalações seria preferível adotar maior número de decantadores de até 30 m de diâmetro, o que também possibilita uma maior flexibilidade operacional, ou seja, na eventualidade de se necessitar efetuar limpezas e/ou manutenção dos equipamentos, com um maior número de unidades têm-se maiores opções de operação, sem a diminuição da eficiência.

Decantador retangular mecanizado (corrente sem-fim e descarte hidráulico)

Nesse tipo de decantador (Fig. 9.32), a mecanização fica por conta da raspagem do lodo, feita por meio de um sistema constituído de rodos e corrente sem-fim, acionado por um motor elétrico, dotado de redutor de velocidade. O descarte do lodo continua sendo feito hidraulicamente.

Decantador retangular mecanizado (com ponte rolante e descarte hidráulico de lodo)(Fig. 9.33)

Segundo a NBR 12209/90, no caso de decantador primário, com raspagem mecanizada de lodo, devem ser observadas as seguintes precauções:

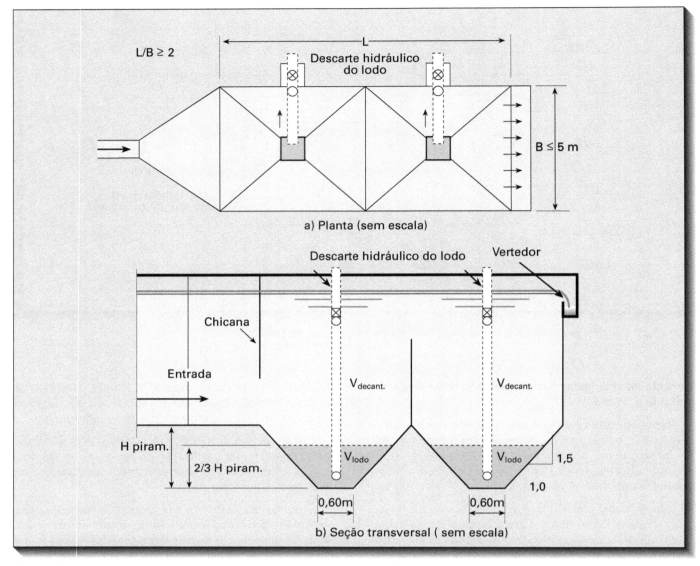

Figura 9.30 Decantador retangular não mecanizado (com descarte hidráulico do lodo).

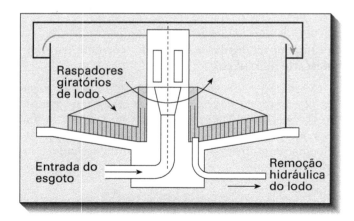

Figura 9.31 Decantador circular com raspagem mecanizada e descarte hidráulico do lodo.

- o dispositivo de raspagem de lodo deverá ter velocidade do raspador $V_R \leq 20$ mm/s, no caso de decantadores retangulares, e velocidade periférica do raspador $V_{PR} \leq 40$ mm/s, no caso de decantadores circulares;

- a altura mínima de água "H" deverá ser ≥ 2 m;

- define-se o volume útil do decantador como sendo o produto da área de decantação pela altura mínima de água;

- para decantador retangular, a relação comprimento/altura mínima de água deverá ser $\geq 4:1$, a relação largura/altura mínima de água deve ser $\geq 2:1$ e a relação comprimento/largura deve ser $\geq 2:1$;

- para decantador retangular, a velocidade de escoamento horizontal deverá ser ≤ 50 mm/s. Quando recebe excesso de lodo ativado, a velocidade deve ser ≤ 20 mm/s.

O sistema de lodos ativados

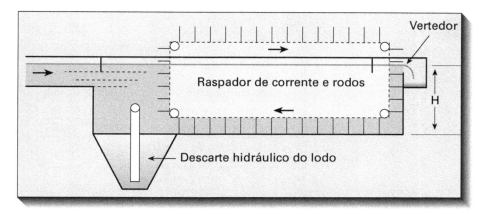

Figura 9.32 Decantador retangular mecanizado com corrente sem-fim e descarte hidráulico do lodo.

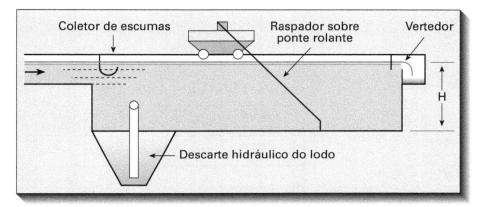

Figura 9.33 Decantador retangular mecanizado com ponte rolante e descarte hidráulico do lodo.

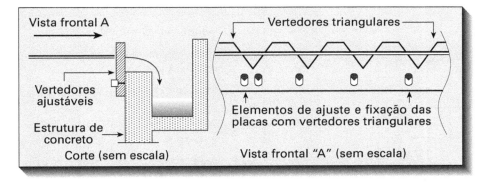

Figura 9.34 Vertedores triangulares ajustáveis à superfície de concreto.

Precauções adicionais

Manda a boa técnica que, em qualquer tipo de decantador, os vertedores sejam bem nivelados, evitando-se os chamados "curtos-circuitos" no escoamento, que fatalmente provocam a diminuição da eficiência na remoção dos sólidos sedimentáveis.

Como é muito difícil conseguir um ótimo nivelamento em estruturas de concreto, é recomendável adotar o esquema da Fig. 9.34. Esse dispositivo é feito com placas leves, mas resistentes, presas e ajustáveis à estrutura de concreto e que permitem um maior controle no nivelamento.

Outra precaução está relacionada com a flexibilidade operacional. É sempre recomendável ter duas ou mais unidades de decantação primária. Assim sendo, antes dos decantadores é comum prever-se um tanque de equalização. Esse tanque deve ser projetado de forma a permitir a alimentação das duas ou mais unidades de forma equilibrada, ou seja, que as unidades de decantação recebam sempre a mesma vazão.

Principais características do lodo primário

O lodo primário, oriundo do tratamento de esgoto sanitário, é um líquido com viscosidade maior do que a da água. Por esse motivo, nos cálculos de perda de carga (escoamento forçado), conduzindo lodo primário, Além Sobrinho (1993) recomenda que sejam utilizados valores 5 vezes maiores do que os calculados para água (ver também item 9.4.3 e Tab. 9.27). Pelo mesmo motivo, para dimensionamento de condutos livres, deve-se utilizar declividades longitudinais mínimas de 3,0%.

A percentagem de sólidos presentes no lodo primário varia com o tipo de decantador, sendo comum valores em torno de 1 a 7% (93 a 99% de água). Para diminuir volumes para os tratamentos posteriores, o lodo primário passa normalmente por processos de adensamento (comumente sedimentação gravimétrica).

O lodo primário apresenta-se com grande percentagem de matéria orgânica ainda não estabilizada (putrescível), necessitando passar por processos de digestão (mais comumente processos anaeróbios, após a sua mistura com o lodo secundário).

Para diminuição dos volumes a serem dispostos, é feito o desaguamento em leitos de secagem (nas pequenas instalações), ou mesmo o desaguamento mecânico com prévio condicionamento químico (normalmente com cal e cloreto férrico ou mesmo com polímeros). A disposição final do lodo (primário + secundário) é um assunto bastante atual e complexo e merecerá uma seção à parte (ver seção 9.4.7).

Exemplo de cálculo 9.6

Com os mesmos dados e condições do exemplo de cálculo 9.4 e de acordo com a Tab. 9.6, fazer um pré-dimensionamento das unidades de decantação primária, para as três seguintes situações: decantação primária precedendo: lodos ativados, filtros biológicos e lançamento direto no corpo d'água (tratamento primário).

a) Vazões de dimensionamento:

1.ª etapa (ano 2000)

- $Q_{máx.}$ = 50 L/s = 0,050 m³/s × 3.600 s/hora = 180,00 m³/h × 24 h/dia = 4.320,00 m³/dia
- $Q_{méd.}$ = 27,8 L/s = 0,0278 m³/s × 3.600 s/hora = 100,10 m³/h × 24 h/dia = 2.402,00 m³/dia

2ª etapa (ano 2010)

- $Q_{máx.}$ = 60,7 L/s = 0,0607 m³/s × 3.600 s/hora = 219,00 m³/h × 24 h/dia = 5.256,00 m³/dia
- $Q_{méd.}$ = 33,7 L/s = 0,0337 m³/s × 3.600 s/hora = 121,30 m³/h × 24 h/dia = 2.912,00 m³/dia

3ª e última etapa (ano 2020)

- $Q_{máx.}$ = 72,7 L/s = 0,0727 m³/s × 3.600 s/hora = 261,70 m³/h × 24 h/dia = 6.281,00 m³/dia
- $Q_{méd.}$ = 40,4 L/s = 0,0404 m³/s × 3.600 s/hora = 145,40 m³/h × 24 h/dia = 3.491,00 m³/dia

b) Cálculo da área total necessária para os decantadores A_{TD}

$$A_{TD} = \frac{Q_{máx.}}{q_A} = \frac{6.281,0 \text{ m}^3/\text{dia}}{q_A}$$

Situações consideradas	qA (adotada) (m³/m² · dia)	A_{TD} (m²)
D_P precedendo lodos ativados	90,00	69,80
D_P precedendo filtros biológicos	60,00	104,70
D_P com lançamento direto após tratamento primário	40,00	157,00

c) Flexibilidade operacional nas diversas etapas do projeto

Conforme já foi dito, a boa técnica recomenda que sejam projetadas sempre duas ou mais unidades, de forma a possibilitar manutenção e operação mais flexível, sem prejuízo da qualidade do tratamento, em qualquer etapa do projeto.

Neste caso, prever-se-á como primeira hipótese a construção de quatro unidades, duas delas para atender a 1ª etapa, acrescendo-se mais uma na 2ª e na 3ª etapas. Para essa hipótese serão feitas as verificações necessárias.

- Área calculada para cada decantador A_{CD}

$$A_{CD} = \frac{A_{TD}}{\text{n.º de unidades}} = \frac{A_{TD}}{4}$$

Situações consideradas	A_{TD} (m²)	A_{CD} (m²)
D_P precedendo lodos ativados	69,80	17,50
D_P precedendo filtros biológicos	104,70	26,20
D_P com lançamento direto após tratamento primário	157,00	39,30

- Dimensões de cada decantador

Admitindo-se decantadores circulares, pode-se calcular os diâmetros D_{DP}

$$A_{CD} = \frac{\pi \cdot (D_{DP})^2}{4}$$

assim sendo:

$$D_{DP} = \left[\frac{4 A_{CD}}{\pi}\right]^{1/2}$$

ou $D_{DP} = (1,273\, A_{CD})^{1/2}$

Situações consideradas	A_{CD} (m²)	D_{DP} (m) calculado	D_{DP} (m) adotado	A_{CD} (m²) resultante
D_P precedendo lodos ativados	17,50	4,72	5,00	19,64
D_P precedendo filtros biológicos	26,20	5,78	6,00	28,27
D_P com lançamento direto após tratamento primário	39,30	7,07	7,00	38,48

- Verificação da taxa de escoamento longitudinal q_L
- como foi visto anteriormente: $q_L \leq 720,00$ m³/m · dia
- a entrada de esgoto no decantador circular é feita pelo centro e a saída pelas laterais
- o perímetro P_{DP} da circunferência é dado por: $P_{DP} = \pi \cdot D_{DP}$

$$q_L = \frac{Q_{máx.}}{P_{DP}} = \frac{6.281,0 \text{ m}^3/\text{dia}}{4 \cdot P_{DP}} = \frac{1.570,3 \text{ m}^3/\text{dia}}{P_{DP}}$$

Situações consideradas	D_{DP} (m) adotado	P_{DP} (m)	q_L (m³/m · dia)
D_P precedendo lodos ativados	5,00	15,71	100,00
D_P precedendo filtros biológicos	6,00	18,85	83,00
D_P com lançamento direto após tratamento primário	7,00	22,00	71,00

Observação

Verifica-se que os valores calculados estão bastante abaixo do valor que a norma admite como máximo $q_L \leq 720,00$ m³/m · dia, atendendo plenamente.

- Verificação de q_A na 1ª e 2ª etapas ($Q^{máx.}$ = 4.320,00 e 5.256,00 m³/dia, respectivamente)

Considerando-se a construção de apenas duas unidades na 1ª etapa

$$q_A = \frac{Q_{máx.}}{2A_{CD}}$$

onde:

$$A_{CD} = \frac{\pi \cdot D_{DP}^2}{4} = 0,7854\, D_{DP}^2$$

Situações consideradas (1ª etapa com 2 unidades)	A_{CD} (m²)	q_A (m³/m²·dia)
D_P precedendo lodos ativados	19,64	110,00
D_P precedendo filtros biológicos	28,27	76,00
D_P com lançamento direto após tratamento primário	38,48	56,00

Observação

Como se pode observar, se forem construídas apenas duas unidades na 1ª etapa, não se atenderá aos valores de q_A propostos, respectivamente de 90,00, 60,00 e 40,00 m³/m²·dia. Pode-se, como alternativa, propor a construção de três unidades, já na 1ª etapa, e verificar quando vai ser necessária a construção da 4ª unidade, como será feito adiante. No entanto, propõe-se ao leitor estudar outras hipóteses de projeto. Admitindo-se a hipótese de se construir três unidades na 1ª etapa, tem-se:

$$q_A = \frac{Q_{máx.}}{3A_{CD}}$$

onde:

$$A_{CD} = \frac{\pi \cdot D_{DP}^2}{4} = 0,7854\, D_{DP}^2$$

Situações consideradas (1ª etapa com 3 unidades)	A_{CD} (m²)	q_A (m³/m²·dia)
D_P precedendo lodos ativados	19,64	73,00
D_P precedendo filtros biológicos	28,27	51,00
D_P com lançamento direto após tratamento primário	38,48	37,00

Observação

Com esta nova hipótese (três unidades na 1ª etapa), atende-se aos q_A propostos no projeto. Pode-se perceber também que alguns dos valores calculados estão bastante próximos dos valores propostos e assim, provavelmente, será necessária a construção da 4ª unidade já na 2ª etapa. No entanto, far-se-á a verificação inicialmente mantendo as três unidades na 2ª etapa. Em relação aos cálculos anteriores, o que varia é a vazão máxima; na 2ª etapa $Q_{máx.}$ = 5.256,00 m³/dia que, dividida pelas três unidades resultará $Q_{máx.\,unit.}$ = 1.752,00 m³/dia.

Situações consideradas (2ª etapa com três unidades)	A_{CD} (m²)	q_A (m³/m²·dia)
D_P precedendo lodos ativados	19,64	89,00
D_P precedendo filtros biológicos	28,27	62,00
D_P com lançamento direto após tratamento primário	38,48	46,00

Observação

Com esta hipótese (mantendo-se as três unidades na 2ª etapa), atende-se aos q_A propostos no projeto apenas no caso de precedência a lodos ativados, mas não se atendem aos q_A propostos para filtros biológicos e lançamento direto. Pode-se perceber também que, no caso de filtro biológico, os valores calculados estão bastante próximos dos valores propostos e, assim, pode-se eventualmente aceitá-lo, ou então partir para a construção da 4ª unidade já na 2ª etapa.

A hipótese de se construir a 4ª unidade já na 2ª etapa evidentemente nem precisa ser verificada, pois os pressupostos nos cálculos preliminares visavam atender a situação final (3ª etapa).

Em relação aos diâmetros propostos, pode-se partir para a não mecanização em todos os casos. Apenas no caso de lançamento direto após tratamento primário, pode-se querer adotar um diâmetro maior do que o proposto, ficando com uma maior folga nos valores de q_A, mas, então, necessitando de mecanização.

- Verificação dos tempos de detenção hidráulicos Θ_H

$\Theta_H = V/Q$ ou $V = \Theta_H \cdot Q$

- para fazer essa verificação, deve-se fixar o valor do volume do decantador. Pode-se fixar o volume, em função de $\Theta_{Hmín.}$, e fazer os acertos necessários nas dimensões do decantador. Adotando-se esse critério, tem-se, para a primeira etapa:

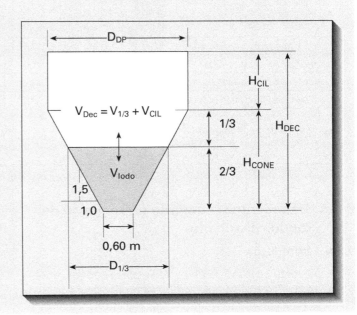

- construindo-se três unidades na 1ª etapa ($Q_{máx.}$ = 180,00/3 = 60,00 m³/h). Pelo critério de $\Theta_{Hmín.}$ = 1 hora tem-se V = 60,00 m³ e as áreas superficiais resultantes, em cada caso estudado anteriormente, foram respectivamente de 19,64 m²; 28,27 m² e 38,48 m², correspondentes aos diâmetros de 5,00 m, 60,00 m e 7,00 m. Com isso, pode-se então prosseguir nos cálculos, lembrando que 1/3 do cone é considerado também no cálculo do volume do decantador $V_{dec.} = V_{1/3} + V_{cil.}$

Cálculo de $H_{cone} = (D_{DP}/2 - 0,30) \times 1,5$
- para D_{DP} 5,00 m $\Rightarrow H_{cone}$ = 3,30 m
- para D_{DP} 6,00 m $\Rightarrow H_{cone}$ = 4,05 m
- para D_{DP} 7,00 m $\Rightarrow H_{cone}$ = 4,80 m

Cálculo de $D_{1/3} = D_{DP} - (0,444 \times H_{cone})$
- para D_{DP} 5,00 m $\Rightarrow D_{1/3}$ = 3,54 m
- para D_{DP} 6,00 m $\Rightarrow D_{1/3}$ = 4,20 m
- para D_{DP} 7,00 m $\Rightarrow D_{1/3}$ = 4,87 m

Cálculo de $V_{1/3} = \pi/24 \times (D_{DP}^2 + D_{1/3}^2) \times H_{cone}$
- para D_{DP} 5,00 m $\Rightarrow V_{1/3}$ = 17,39 m³
- para D_{DP} 6,00 m $\Rightarrow V_{1/3}$ = 29,49 m³
- para D_{DP} 7,00 m $\Rightarrow V_{1/3}$ = 45,69 m³

Cálculo de $V_{cil.} = V_{dec.} - V_{1/3}$
- para D_{DP} = 5,00 m $\Rightarrow V_{cil}$ = 60,00 − 17,39 = 42,61 m³
- para D_{DP} = 6,00 m $\Rightarrow V_{cil}$ = 60,00 − 29,49 = 30,51 m³
- para D_{DP} = 7,00 m $\Rightarrow V_{cil}$ = 60,00 − 45,69 = 14,31 m³

Cálculo de $H_{cil} = V_{cil}/V_{DP}$
- para D_{DP} = 5,00 m $\Rightarrow H_{cil}$ = 42,61/19,63 = 2,17 m, adotado 2,30 m
- para D_{DP} = 6,00 m $\Rightarrow H_{cil}$ = 30,51/28,17 = 1,08 m, adotado 1,25 m
- para D_{DP} = 7,00 m $\Rightarrow H_{cil}$ = 14,31/38,48 = 0,37 m, adotado 0,50 m

Cálculo de $H_{dec} = H_{cil} + H_{cone}$
- para D_{DP} = 5,00 m $\Rightarrow H_{dec}$ = 2,30 + 3,30 = 5,60 m
- para D_{DP} = 6,00 m $\Rightarrow H_{dec}$ = 1,25 + 4,05 = 5,30 m
- para D_{DP} = 7,00 m $\Rightarrow H_{dec}$ = 0,50 + 4,80 = 5,30 m

Cálculo do volume resultante para cada decantador $V_{dec} = V_{cil} + V_{1/3}$
- para D_{DP} = 5,00 m $\Rightarrow V_{dec}$ = (2,30 × 19,64) + 17,39 = 62,56 m³
- para D_{DP} = 6,00 m $\Rightarrow V_{dec}$ = (1,25 × 28,27) + 29,49 = 64,83 m³
- para D_{DP} = 7,00 m $\Rightarrow V_{dec}$ = (0,50 × 38,48) + 45,69 = 64,93 m³

Verificação dos tempos de detenção hidráulicos resultantes: $\Theta H = V/Q$
- para D_{DP} = 5,00 m e $Q_{máx.}$ = 60,00 m³/h $\Rightarrow$ ΘH = 62,56/60,00 = 1,04 horas
- para D_{DP} = 6,00 m e $Q_{máx.}$ = 60,00 m³/h $\Rightarrow$ ΘH = 64,83/60,00 = 1,08 horas
- para D_{DP} = 7,00 m e $Q_{máx.}$ = 60,00 m³/h $\Rightarrow$ ΘH = 64,93/60,00 = 1,08 horas
- para D_{DP} = 5,00 m e $Q_{méd.}$ = 33,37 m³/h $\Rightarrow$ ΘH = 62,56/33,37 = 1,87 horas
- para D_{DP} = 6,00 m e $Q_{méd.}$ = 33,37 m³/h $\Rightarrow$ ΘH = 64,83/33,37 = 1,94 horas
- para D_{DP} = 7,00 m e $Q_{méd.}$ = 33,37 m³/h $\Rightarrow$ ΘH = 64,93/33,37 = 1,95 horas

Observação

Como se pode observar os valores obtidos atendem à NBR 12.209/90

Cálculo dos volumes de lodo
$$V_{lodo} = \pi/12 \times (D_{1/3}^2 + 0,60^2) \times H_{cone}$$

- para D_{DP} = 5,00 m $\Rightarrow V_{lodo}$ = 11,14 m³
- para D_{DP} = 6,00 m $\Rightarrow V_{lodo}$ = 19,08 m³
- para D_{DP} = 7,00 m $\Rightarrow V_{lodo}$ = 30,26 m³

Na próxima tabela há um resumo das dimensões básicas, áreas e volumes do decantador, nas três situações estudadas:

Situações consideradas	D_{DP} (m)	A_{CD} (m²)	H_{cil} (m)	H_{cone} (m)	H_{dec} (m)	V_{dec} (m³)	V_{lodo} (m³)
D_P precedendo lodos ativados	5,00	19,64	2,50	3,30	5,60	62,56	11,14
D_P precedendo filtros biológicos	6,00	28,27	1,35	4,05	5,30	64,83	19,08
D_P precedendo lançamento direto	7,00	38,48	1,00	4,80	5,30	64,93	30,26

Onde:
D_{DP} = diâmetro do decantador
A_{CD} = área superficial de cada decantador
H_{cil} = altura do decantador na sua parte cilíndrica
H_{cone} = altura do decantador na sua parte cônica
H_{dec} = altura total do decantador
V_{dec} = volume do decantador
V_{lodo} = volume disponível para o lodo

9.3.6 Tratamento secundário ou remoção de sólidos dissolvidos

9.3.6.1 Introdução

Analisando-se a Tab. 9.14, pode-se perceber que, após a realização dos tratamentos anteriormente descritos; o chamado tratamento primário, verifica-se que, na maioria dos casos, esse nível de tratamento é insuficiente para permitir o lançamento do efluente num determinado corpo d'água. O efluente dos decantadores primários ainda conserva no mínimo 60% do valor da DBO original. Em outras palavras, a remoção da DBO é de no máximo 40%. Em termos de sólidos suspensos, a eficiência é um pouco maior (no máximo de 70%). Assim quase sempre é necessário o tratamento secundário, que visa remover os sólidos dissolvidos, bem como os sólidos finamente particulados, não removidos no tratamento primário.

TABELA 9.14 Faixas de eficiência (% de remoção) por unidade de tratamento

Unidade de tratamento	DBO	SS	Bactérias	Coliformes
Grade fina	5 – 10	5 – 20	10 – 20	–
Cloração de esgoto bruto ou decantado	15 – 30	–	90 – 95	–
Decantadores primários	25 – 40	40 – 70	25 – 75	40 – 60

Fonte: Jordão e Pessoa (1995)

A remoção dos sólidos dissolvidos e dos finamente particulados por meio de processos físico-químicos não é uma prática comum. Talvez porque tornaria necessária a adição de uma grande quantidade de produtos químicos, aumentando consideravelmente o volume de lodo a ser tratado e disposto. Assim, normalmente essa operação é feita por processos biológicos de tratamento. Como se verá nos próximos itens, há possibilidade de se tratar biologicamente o esgoto, tanto em ambientes aeróbios quanto anaeróbios.

Os processos aeróbios de tratamento são geralmente mais rápidos, mais eficientes e normalmente mais fáceis de controlar. Por outro lado, alguns deles, como é o caso dos lodos ativados, consomem razoável quantidade de energia; pela necessidade de incorporação do oxigênio à massa líquida e também para acionamento das bombas de recirculação. Além disso, exigem mão de obra especializada para operação e manutenção dos seus equipamentos e são considerados grandes geradores de lodo, que, por sua vez, necessitam ser corretamente dispostos.

Outros processos não dispendem energia, mas demandam grandes áreas, como, por exemplo, as lagoas de estabilização e o tratamento por disposição no solo.

Há também outros processos aeróbios que não demandam grandes áreas, nem muita energia, mas alguns consideram de difícil operação, por causa da possibilidade de entupimentos e proliferação de insetos (moscas), caso dos filtros biológicos.

Os processos anaeróbios, caso dos filtros anaeróbios de fluxo ascendente, do reator anaeróbio de fluxo ascendente e manta de lodo (UASB) e dos digestores de lodo, em locais onde as condições climáticas são favoráveis, em especial naqueles em que as temperaturas se mantêm elevadas e sem grandes variações durante o ano, são bastante promissores, uma vez que normalmente não dispendem energia nem grandes áreas e ainda apresentam como subproduto o gás metano, que em alguns casos pode ser aproveitado como combustível.

Passa-se, a partir de agora, a detalhar esses processos, começando pelo processo de lodos ativados, que apresenta diversas variantes.

9.3.6.2 O processo de lodos ativados

Os lodos ativados são processos aeróbios, dos mais utilizados no tratamento de águas residuárias, por causa de sua eficiência. Estes, quando bem projetados e operados, podem chegar a uma eficiência de 98% na remoção da DBO solúvel. Segundo Além Sobrinho (1983-a), pode ser definido como: "Um processo no qual uma massa biológica, que cresce e flocula, é continuamente circulada e colocada em contato com a matéria orgânica do despejo líquido afluente ao processo, em presença de oxigênio. O oxigênio é normalmente proveniente de bolhas de ar injetado, através de difusores dentro da mistura lodo-líquido, sob condições de turbulência, ou por aeradores mecânicos de superfície, ou outros tipos de unidades de aeração. O processo possui um reator (unidade de aeração) seguido por uma unidade de separação dos sólidos (decantador secundário), de onde o lodo separado é quase que totalmente retornado ao tanque de aeração para mistura com as águas residuárias, e o restante é descartado do sistema" (lodo secundário).

O que geralmente ocorre é que, mesmo durante o trajeto do esgoto pela rede coletora, à medida que o oxigênio do ar vai sendo incorporado ao esgoto, vai também sendo imediatamente consumido pelos poucos microrganismos aeróbios presentes. A presença constante de oxigênio, mesmo que em baixíssimas concentrações, não permitem que esse esgoto se torne séptico, ou seja, entre em processo de decomposição anaeróbia.

Na rede de esgotos, a incorporação de ar ocorre sempre que haja condições de velocidade e turbulência no escoamento do líquido, mas é geralmente insuficiente para o crescimento da massa biológica, necessário à biodegradação de toda a matéria orgânica presente. Assim, na rede, o fator limitante é justamente a falta de oxigênio.

No reator ou tanque de aeração, quando o oxigênio é incorporado ao líquido em quantidades adequadas, os microrganismos passam a crescer em grande número, uma vez que o outro fator limitante, o alimento, existe no esgoto em grande quantidade.

Para manter uma quantidade controlada de microrganismos, de tal maneira que a matéria orgânica afluente ao tanque seja consumida o mais rapidamente possível, faz-se então a recirculação de parte do lodo secundário. A Fig. 9.35 mostra esquematicamente as reações envolvidas nesse processo que, segundo Eckenfelder, *apud* Além Sobrinho (1983-a), podem ser assim resumidas:

1. Remoção inicial de sólidos coloidais e em suspensão por meio de aglomeração física, floculação e por absorção dentro dos flocos biológicos. A fração or-

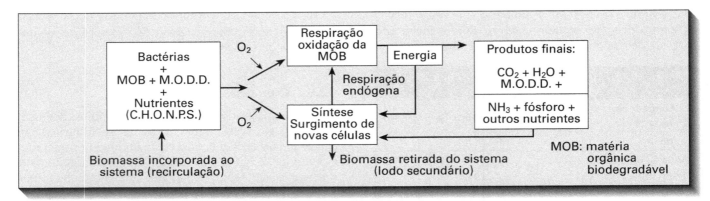

Figura 9.35 Esquema da biodegradação aeróbia da matéria orgânica.

gânica biodegradável (FOB) é então decomposta por processo biológico aeróbio, resultando pela oxidação os produtos finais (CO_2, H_2O), e pela síntese, novos microrganismos. A relação ótima de carbono e nutrientes C : N : P (carbono, nitrogênio e fósforo) para o crescimento dos microrganismos é de 100 : 5 : 1. No esgoto doméstico essa relação é de 54 : 8 : 1,5 (aproximadamente 100 : 14,8 : 2,8), ou seja, sobram nutrientes.

2. Remoção mais lenta da matéria orgânica solúvel da solução, pelos microrganismos, resultando pela oxidação os produtos finais (CO_2, H_2O), e pela síntese, novos microrganismos.

3. Quando condições adequadas existem no sistema, também ocorrerá a nitrificação, reação de dois estágios, iniciando-se com a oxidação da amônia a nitrito e posterior oxidação a nitrato. Quando a nitrificação ocorre no tanque de aeração, pode ocorrer a desnitrificação (redução do nitrato para N_2 gás), na unidade de separação dos sólidos (decantador secundário), se aí ocorrerem condições anóxicas, o que é indesejável pois o fluxo de gases subindo pelo decantador atrapalha a sedimentação dos sólidos.

4. Em determinadas condições, quando o fator limitante passa a ser o pouco alimento presente, ocorre a oxidação das próprias células biológicas para os produtos finais: CO_2, H_2O, NH_3, fósforo etc. Um resíduo orgânico de difícil degradação (MODD) permanecerá mesmo após longo período de aeração.

Oxidação da matéria orgânica

$$CHONPS + O_2 \xrightarrow{microrganismos} CO_2 + H_2O + energia$$

onde:
CHONPS é uma outra forma de se expressar a matéria orgânica. Na verdade são as iniciais dos elementos carbono, hidrogênio, oxigênio, nitrogênio, fósforo, enxofre etc., presentes na matéria orgânica.

Síntese de novas células

$$CHONPS + O_2 + C_5H_7NO_2 + energia \rightarrow C_5H_7NO_2$$

onde:
$C_5H_7NO_2$ são proporcionalmente os elementos presentes numa célula bacteriana. Se incluso o fósforo, a fórmula passa a ser $C_{60}H_{87}O_{23}N_{12}P$ (Von Sperling, 1996b).

Respiração endógena

$$C_5H_7NO_2 + O_2 + \xrightarrow{microrganismos} CO_2 + H_2O + NH_3 + \\ + outros\ nutrientes + energia$$

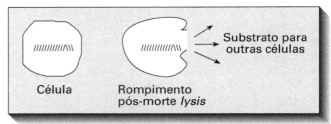

9.3.6.2.1 Caso de um reator descontínuo *Batch* (batelada)

O reator descontínuo (Fig. 9.36) é aquele no qual certo volume (V_e) de esgoto, contendo uma certa quantidade de microrganismos (X_V) e uma certa quantidade de matéria orgânica (S_e), é colocado num tanque de aeração (reator). O esgoto é aerado para introdução de oxigênio, depois interrompe-se a aeração, dá-se um tempo para sedimentação dos sólidos e descarta-se o efluente tratado. Após o descarte, passa-se a encher novamente o reator. Embora as fases a seguir relatadas ocorram em qualquer reator de lodos ativados, é de mais fácil entendimento por meio do reator descontínuo.

X_V = sólidos suspensos voláteis = massa de microrganismos no reator (em mg/L).

S_e = matéria orgânica biodegradável = concentração da DBO solúvel = substrato ou alimentos disponíveis no reator para os microrganismos (mg/L).

O sistema de lodos ativados

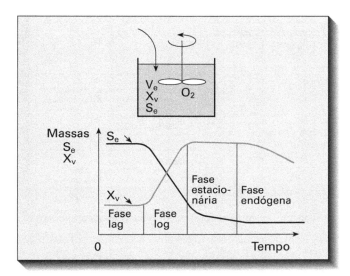

Figura 9.36 Esquema genérico associado a um reator descontínuo ou por batelada (*Batch*).

Analisando-se o gráfico da Fig. 9.36, onde, no eixo das ordenadas, são apresentadas as variações das massas; biológica (X_V) e de substrato disponível ou DBO (S_e), e no eixo das abcissas o tempo, a partir da entrada do esgoto no reator, pode-se descrever a existência de 4 fases distintas:

Fase Lag – é a fase inicial, em que os microrganismos estão se adaptando ao tipo de substrato. Nessa fase, a massa de microrganismos (X_V) é mínima e a massa de substrato (S_e) é máxima.

Fase Log – nessa fase, há um crescimento logarítmico da massa biológica, enquanto a massa de substrato vai sendo consumida na mesma proporção de crescimento da massa biológica (as bactérias estão bem alimentadas, gordinhas e em plena atividade, ou seja, em pleno processo de reprodução, que se dá por divisão celular).

Fase Estacionária – na qual a massa de substrato é baixa, o crescimento da massa biológica passa agora a ser negativo, limitado pelo substrato (pouca comida) disponível. Assim, a massa biológica mantém-se constante nessa fase (as bactérias começam a consumir suas próprias reservas alimentares, ou seja, começam a ficar mais esbeltas).

Fase Endógena – nessa fase, a massa de substrato praticamente acabou, existe no meio uma grande quantidade de microrganismos (bactérias já bastante esbeltas) que passam a morrer. Com o rompimento das células bacterianas (*lisys*), as escassas reservas alimentares lançadas no meio passam a servir de alimento às outras bactérias.

9.3.6.2.2 Caso de um reator contínuo de mistura completa (CSFTR)

Deve-se registrar que, no caso de um reator de fluxo contínuo e mistura completa (ver Fig. 9.37), também conhecido por CFSTR – Continuous Flow Stirred Tank Reactor, a unidade de massa de substrato afluente ao reator (S_0) é medida pela DBO$_U$ (demanda bioquímica de oxigênio última total), ou seja, o teste de DBO é feito sem filtração ou sem separação dos sólidos suspensos.

No entanto, a unidade de massa de substrato presente no reator (S_e) é dada em DBO$_{sol}$ (demanda bioquímica de oxigênio solúvel). Para se obter a DBO$_{sol}$, o teste é feito no líquido filtrado, ou seja, não se inclui a DBO decorrente dos sólidos em suspensão presentes (flocos biológicos).

Deve-se registrar ainda que alguns autores preferem adotar, nos dois casos, a DBO$_5$ e não a DBO$_U$. Na nossa opinião, a decisão de se utilizar um ou outro valor de DBO deve sempre levar em conta o tempo de detenção celular a ser utilizado (a chamada idade do lodo do sistema, que será vista mais adiante).

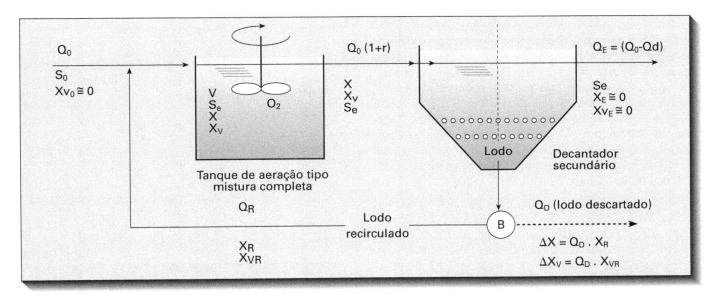

Figura 9.37 Esquema de um reator contínuo de mistura completa para lodos ativados.

Uma outra consideração é que o substrato que sai do reator de mistura completa (S_e ou DBO_{sol}), é justamente aquela fração que não foi incorporada à biomassa, ou seja, está relacionada com a eficiência do reator. Se for medida no efluente do decantador secundário deve-se obter o mesmo valor da DBO_{sol}, presente no reator. Já a presença maior ou menor de sólidos em suspensão presentes no efluente do decantador secundário estará relacionada justamente com a eficiência dessa última unidade de tratamento. A DBO_{total} (sem filtração) do efluente do decantador secundário nos permite calcular a eficiência total do conjunto reator e decantador secundário.

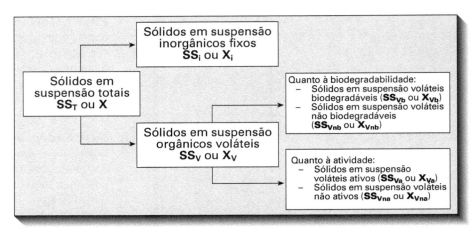

Figura 9.38 Tipos de sólidos presentes no reator de lodos ativados. Fonte: Adaptado de Von Sperling (1997).

Já a unidade de massa biológica ou biomassa é normalmente expressa em termos de sólidos em suspensão (SST ou simplesmente X), tratando-se dos sólidos totais (os que passam e os que não passam pelo filtro). É bom lembrar que, no reator de lodos ativados, os sólidos em suspensão são constituídos quase que exclusivamente pela biomassa presente (flocos biológicos).

Entretanto, como bem descreve Von Sperling (1997), nem toda a massa de sólidos participa da biodegradação da matéria orgânica presente, havendo uma fração inorgânica que não desempenha funções em termos de tratamento biológico. Por esse motivo a biomassa é também frequentemente expressa em termos de sólidos em suspensão voláteis (SSV ou simplesmente X_V). Estes representam a fração orgânica da biomassa, já que essa matéria orgânica pode ser volatilizada, ou seja, convertida a gás por combustão.

Deve-se lembrar ainda que, para a realização do ensaio de sólidos suspensos voláteis, faz-se preliminarmente uma filtração do líquido, os sólidos que não passaram pelo filtro (material suspenso) são inicialmente colocados numa estufa a 105 °C (onde determinam-se os sólidos suspensos, SST ou X) e posteriormente numa mufla a 600 °C (para determinação dos sólidos voláteis, SSV ou X_V). No esgoto fresco, a relação entre X_V e X é da ordem de 0,70 a 0,85, ou mais comumente: $X_V \approx 0,75\,X$. Essa relação tende a diminuir à medida que o tempo de detenção celular (idade do lodo) aumenta, podendo chegar em alguns casos (aeração prolongada) a $X_V \approx 0,60\,X$.

No entanto, nem toda a fração orgânica da biomassa é ativa (Marais & Ekama, 1976; Eckenfelder, 1980; Grady & Lim, 1980; Iawprc, 1987, *apud* Von Sperling, 1997). Por esse motivo, esses autores ainda subdividem os sólidos em suspensão voláteis em uma fração ativa e uma fração não ativa, sendo que a fração ativa é a que tem real participação na estabilização do substrato.

Ainda segundo Von Sperling (1997), a principal limitação à utilização dos sólidos ativos nos projetos e no controle operacional das estações de tratamento relaciona-se à dificuldade de sua medição. Existem alguns processos indiretos, baseados em DNA, ATP, proteínas e outros, mas, segundo o autor, nenhum se compara à simplicidade da determinação direta dos sólidos em suspensão voláteis. Outra consideração a ser feita, segundo o mesmo autor, é com relação à biodegradabilidade desses sólidos. Nem todos os sólidos em suspensão voláteis são biodegradáveis, havendo uma fração biodegradável e uma fração não biodegradável. Na Fig. 9.38 são apresentadas as citadas subdivisões.

Para melhor esclarecer o leitor, pode-se dizer em resumo que praticamente toda a matéria orgânica solúvel e a finamente particulada que entram no reator, são rapidamente incorporadas à massa biológica. Assim, por efeito de diluição devido ao volume do reator e a rápida adsorção nos flocos, a DBO solúvel mantém-se baixa, mas a DBO total continua sendo alta e, se esse líquido fosse lançado num corpo d'água, teria praticamente o mesmo efeito de um efluente primário.

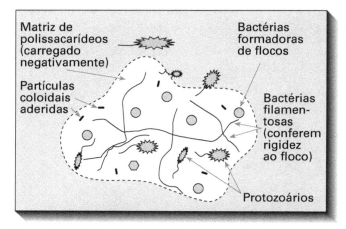

Figura 9.39 Típico floco de lodo ativado (adaptado de Horan, 1990 – *apud* Von Sperling, 1996b).

Assim, é necessário retirar desse líquido justamente a massa biológica, o que é feito no decantador secundário. Para isso, conta-se mais uma vez com fenômenos naturais, ou seja, felizmente a massa biológica se reúne em flocos (ver Fig. 9.39), o que permite a sua retirada por gravidade nos decantadores secundários. Se não acontecesse o fenômeno da floculação, essa retirada da massa celular seria bastante difícil.

Segundo Horan (1990), *apud* Von Sperling (1996b), num floco biológico, o balanço entre os organismos filamentosos e os formadores de floco é delicado e crucial para o bom funcionamento dos decantadores secundários, podendo ocorrer três situações:

1. equilíbrio entre bactérias filamentosas e formadoras de flocos: o lodo apresenta boa adensabilidade e boa decantabilidade;
2. predominância de bactérias formadoras de flocos: ocorrerá um floco de tamanho pequeno e fraco, com insuficiente rigidez e má decantabilidade. Tal condição é denominada como crescimento pulverizado ou *pin-point floc*;
3. predominância de bactérias filamentosas: os filamentos acabam se projetando para fora do floco, impedindo a aderência de outros flocos. Assim, após a sedimentação, os flocos ocupam volume excessivo. Isso pode trazer problemas na operação do decantador secundário, causando a deterioração da qualidade do efluente final. Tal condição é denominada intumescimento do lodo ou *sludge bulking*.

Neste ponto, faz-se necessário esclarecer que o presente texto não tem por escopo apresentar toda a teoria envolvida no tratamento biológico de esgoto. Existem inúmeras variáveis quanto aos tipos de reatores e suas respectivas cinéticas, ordens de reações, tipos de fluxo hidráulico nos reatores, tempos de detenção celular etc., que o estudante ou o profissional da área deve conhecer.

Em se tratando de textos em língua portuguesa recomenda-se a excelente obra elaborada pelo Prof. Dr. Marcos Von Sperling, do DESA-UFMG (em 4 volumes - todos eles citados neste livro).

Qualquer estudante ou profissional que decidir se aprofundar na parte teórica do tratamento biológico de esgotos e que preferir fazê-lo na nossa língua deve necessariamente ler os 4 volumes destinados a esse fim, escritos por esse professor, nos quais sua didática, sem sombra de dúvida, supera de longe os textos publicados em outras línguas, o que veio a tornar esse assunto de muito mais fácil entendimento para os iniciantes. Aqui será apresentado apenas o necessário para um razoável entendimento do processo, baseado nos textos do autor acima citado.

9.3.6.2.3 Aspectos teóricos relacionados com o processo de lodos ativados

Crescimento bacteriano bruto (em função da concentração de biomassa)

Matematicamente, o crescimento bacteriano pode ser expresso em função de sua própria concentração X_V no reator, a partir de um determinado instante. Deve-se, no entanto, lembrar que a taxa de crescimento líquido é igual à taxa de crescimento bruto menos a taxa de mortandade das bactérias. A taxa de crescimento bruto pode ser assim representada:

$$\frac{dX_V}{d_t} = \mu \cdot X_V \qquad (9.1)$$

onde:
dX_V/d_t = variação da concentração de bactérias X_V no espaço de tempo d_t;
μ = taxa de crescimento específico (d^{-1}).

A equação 9.1, quando integrada, assume uma forma exponencial e, se plotada numa escala logarítmica, resulta numa reta, justamente aquela reta da fase logarítmica apresentada na Fig. 9.36.

Deve-se ressaltar que a taxa de crescimento, expressa na equação 9.1, só é válida para o crescimento sem limitação de substrato (alimento) e que o crescimento bacteriano é sim função da disponibilidade de substrato no meio, de tal forma que quando o substrato apresenta baixa concentração, a taxa de crescimento específico é proporcionalmente reduzida.

No tratamento de esgotos, como o oxigênio é introduzido de forma a não ser o elemento limitante, normalmente os fatores limitantes do crescimento bacteriano são o substrato ou os nutrientes. No caso de esgoto sanitário, uma vez que os nutrientes também são suficientes, o fator limitante, a partir de um determinado instante, passa a ser o próprio substrato.

Assim, a taxa de crescimento específica deve ser expressa em função da concentração do substrato. Adota-se, no tratamento de esgotos, a clássica relação empírica de Monod, resultado de suas pesquisas com culturas bacterianas, abaixo apresentada e também esquematizada na Fig. 9.40:

$$\mu = \mu_{máx.} \cdot S \div (K_S + S) \qquad (9.2)$$

onde:
$\mu_{máx.}$ = taxa de crescimento específico máxima (d^{-1});
S = concentração de substrato ou do nutriente limitante;
K_S = constante de saturação, que é definida como a concentração do substrato para a qual $\mu = \mu_{máx.}/2$ (em g/m^3).

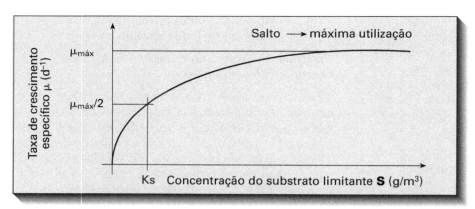

Figura 9.40 Taxa de crescimento específico em função da concentração de substrato limitante.

Von Sperling (1996b), assim explica a representação gráfica da Fig. 9.40: "Nutriente limitante (S) é aquele que, caso seja reduzida a sua concentração no meio, implicará num decréscimo da taxa de crescimento populacional, através da redução de μ. Por outro lado, caso a concentração de S principie a aumentar, a população aumentará em consequência. No entanto, caso S continue a aumentar, chegará um ponto em que ele passará a superabundar no meio, não mais sendo limitante para o crescimento populacional. Nestas condições, provavelmente outro nutriente passará a controlar o crescimento, tornando-se o novo limitante. Isso explica porque tende a ter um valor máximo, expresso por $\mu_{máx}$. Neste ponto, mesmo que se aumente a concentração de S, μ não aumentará, por não estar mais limitada por ele".

Dando continuidade o mesmo autor esclarece ainda: "a interpretação do coeficiente de saturação K_S é de que, quando a concentração de substrato no meio é igual a K_S (ou seja, $K_S = S$), o termo $(S/K_S + S)$ da equação 9.2 torna-se igual a 1/2. Desta forma, a taxa de crescimento μ torna-se igual à metade da taxa de crescimento máxima ($\mu_{máx}/2$). Para se comparar diferentes substratos, o valor de K_S dá uma indicação da não afinidade dos microrganismos pelo substrato: quanto maior o valor de K_S, menor a taxa de crescimento μ, ou seja, menor a afinidade da biomassa por aquele substrato. Para se obter elevadas reduções da concentração do substrato no tratamento de esgotos, é desejável que este substrato tenha baixos valores de K_S".

O mesmo autor afirma ainda que "no caso das bactérias heterotróficas envolvidas no tratamento de esgotos, o substrato limitante é usualmente o carbono orgânico ou, em outras palavras, a própria DBO. Tal se deve ao fato de que os reatores, para produzirem um efluente com baixas concentrações de DBO, trabalham com reduzidas concentrações da mesma". Deve-se lembrar que o autor está se referindo aqui à DBO solúvel, ou seja, aquela que está disponível no meio líquido.

Quanto à taxa de crescimento de organismos autotróficos nitrificantes, o autor cita que "devido ao fato da taxa de crescimento desses microrganismos serem reduzidas, tanto para baixos valores de amônia quanto para baixos valores de oxigênio dissolvido, pode-se expressar a relação de Monod como uma função de inibição dupla. Assim, ao invés de se ter apenas um termo $(S/K_S + S)$, deve-se trabalhar com um produto de dois termos $(S_1/K_{S1} + S_1) \cdot (S_2/K_{S2} + S_2)$, em que S_1 e S_2 são as concentrações dos dois fatores limitantes (no caso, amônia e oxigênio dissolvido)".

No caso dos organismos nitrificantes tivemos oportunidade de acompanhar um trabalho de pesquisa desenvolvido na Unicamp, no qual ficou patente como fator limitante ao crescimento desses microrganismos a necessidade de se manter uma certa alcalinidade no meio. A explicação é que as reações de nitrificação liberam H^+, ou seja apresentam a tendência de acidificar o meio, e caso o líquido não apresente uma certa alcalinidade capaz de tamponar essa acidificação, os microrganismos vão se ressentir, pois o seu crescimento está limitado a uma faixa de pH próximo ao neutro.

Os valores de $\mu_{máx}$ e de K_S (relatados por Metcalf & Eddy, 1991 *apud* Von Sperling, 1997) são para o tratamento aeróbio: $\mu_{máx} = 1,2$ a $5,0$ d^{-1} e $K_S = 25$ a 100 mgDBO$_5$/L ou $K_S = 15$ a 70 mgDQO/L. Para o tratamento anaeróbio (Van Haandel e Lettinga, 1994 *apud* Von Sperling, 1996b), $\mu_{máx} = 2,0$ d^{-1} e $K_S = 200$ mgDQO/L (para bactérias acidogênicas) e $\mu_{máx} = 0,4$ d^{-1} e $K_S = 50$ mgDQO/L (para bactérias metanogênicas).

Decaimento bacteriano

As equações 9.1 e 9.2 correspondem ao crescimento bruto da biomassa. No entanto, segundo Von Sperling (1997), uma vez que nos lodos ativados as bactérias geralmente permanecem nos sistemas de tratamento por mais de dois dias, passa a atuar também a etapa de metabolismo endógeno. Isso implica em que uma parcela do material celular é destruída. Essa parcela endógena pode também ser expressa em função da massa celular presente (a rigor deve-se utilizar a fração biodegradável dos sólidos suspensos voláteis) por meio da expressão:

$$\frac{dX_b}{d_t} = -k_d \cdot X_b \qquad (9.3)$$

onde:
X_b = concentração de S_{SV} biodegradáveis (em mg/L);
k_d = coeficiente de respiração endógena (d^{-1}).

Segundo Von Sperling (1997), nos processos aeróbios, o valor de K_d varia geralmente na faixa de 0,06 a

0,10 mg *SSV*/mg *SSV* · dia. Além Sobrinho (1983), pesquisando o valor de K_d para esgoto sanitário, na cidade de São Paulo, recomendou utilizar $K_d = 0{,}075$ (d^{-1}). Para processos anaeróbios parece não haver confiabilidade nos dados das pesquisas até então realizadas (Lettinga, 1995, *apud* Von Sperling, 1996b).

Crescimento bacteriano líquido

O crescimento bacteriano líquido é dado pela união das equações 9.1 a 9.3, ou seja descontando-se do crescimento bruto a parcela de decaimento provocada pela respiração endógena. Assim, pode-se escrever:

$$dX_V/d_t = \mu \cdot X_V - k_d - X_b \quad (9.4)$$

ou ainda:

$$\boxed{dX_V/d_t = \{\mu_{\text{máx.}} \cdot [S \div (K_s + S)] \cdot X_V\} - (k_d \cdot X_b)} \quad (9.5)$$

Produção bruta de biomassa (em função do substrato utilizado)

A produção da biomassa X_V pode também ser expressa em função do substrato utilizado nesse crescimento. Assim, quanto maior a quantidade de substrato utilizada, maior a taxa de crescimento bacteriano, conforme relação abaixo:

$$dX_V/d_t = Y \cdot dS/d_t \quad (9.6)$$

onde:
dX_V = variação da concentração de microrganismos no reator (g/m³);
d_t = intervalo de tempo (dias);
Y = coeficiente de produção celular ou seja: massa de *SSV* produzida por unidade de massa de DBO ou DQO removida (g/g);
dS = variação da concentração de substrato no reator em DBO ou DQO (g/m³).

A expressão 9.6 mostra haver uma relação linear entre a taxa de crescimento da biomassa e a taxa de utilização de substrato Y. O valor de Y para as bactérias heterotróficas responsáveis pela remoção da matéria carbonácea, tratando-se de esgoto sanitário, varia nas seguintes faixas de valores:

- nos processos aeróbios:

  Y = 0,4 a 0,8 g *SSV*/g DBO₅ removida (Metcalf e Eddy, 1991 *apud* Von Sperling, 1996b);

  Y = 0,6 a 0,8 g *SSV*/g DBO removida (Além Sobrinho, 1993);

  Y = 0,3 a 0,7 g *SSV*/g DQO removida (EPA, 1993 e Orhon e Artan, 1994, *apud* Von Sperling, 1996b).

- nos processos anaeróbios:

  Y = 0,15 mg *SSV*/mg DQO (bactérias acidogênicas), segundo Van Haandel e Lettinga, 1994, *apud* Von Sperling, 1996b;

  Y = 0,03 mg *SSV*/mg DQO (bactérias metanogênicas), segundo Van Haandel e Lettinga, 1994, *apud* Von Sperling, 1996b.

Produção líquida de biomassa (em função do substrato utilizado)

Da mesma forma que nas equações 9.4 e 9.5, para o cálculo da produção líquida da biomassa deve-se subtrair a parcela destruída na respiração endógena, Assim procedendo, pode-se escrever:

$$\boxed{dX_V/d_t = Y \cdot dS/d_t - k_d \cdot X_b} \quad (9.7)$$

Taxa de remoção de substrato

Nos projetos e na operação de estações de tratamento de esgotos comumente é necessário quantificar-se também a taxa em que o substrato é removido. Quanto maior a taxa de remoção de substrato, menor será o volume requerido para o reator (quando fixada uma determinada concentração de substrato) ou maior a eficiência do processo (quando já estiver fixado o volume do reator). Essa taxa é a seguir expressa:

$$dS/d_t = (1/Y) \cdot dX_V/d_t \quad (9.8)$$

Além disso, a remoção de substrato como vimos, está associada ao crescimento bruto da biomassa, conforme a equação 9.1, $dX_V/d_t = \mu \cdot X_V$. Assim, inserindo-se essa expressão em 9.8, tem-se:

$$dS/d_t = \mu/Y \cdot X_V \quad (9.9)$$

Ou ainda, expressando-se μ pela equação 9.2, tem-se:

$$\boxed{\frac{dS}{d_t} = \mu_{\text{máx.}} \cdot \frac{S}{K_s + S} \cdot \frac{X_V}{Y}} \quad (9.10)$$

Característica dos reatores nas diferentes fases de crescimento da biomassa

Tendo-se por base a Fig. 9.36, torna-se importante uma análise do funcionamento dos reatores, quando se adota essa ou aquela fase do crescimento da biomassa. Como se verá adiante, pode-se saber antecipadamente como se dará o funcionamento do sistema, a partir da adoção de uma das seguintes fases do crescimento da biomassa:

1. fase log (crescimento logarítmico) ou a chamada alta taxa;

2. fase estacionária (crescimento a taxas decrescentes) ou taxa convencional;
3. fase endógena (decaimento bacteriano) ou baixa taxa, mais conhecida como aeração prolongada.

Características da fase log = fase de crescimento logarítmo:

- substrato S em abundância (muita comida no meio = S alto);
- microrganismos bem alimentados (gordinhos e se multiplicando em ritmo acelerado).

Analisando-se a equação 9.10, para esta situação específica, tem-se:

$$\frac{dS}{d_t} = \mu_{máx.} \cdot \frac{S}{Ks + S} \cdot \frac{X_V}{Y}$$

como $S \ggg Ks \Rightarrow Ks + S \cong S$

$$\frac{dS}{d_t} = \frac{\mu_{máx.} \cdot S \cdot X_V}{S \cdot Y} \Rightarrow$$

ou

$$\frac{dS/d_t}{X_V} = \frac{\mu_{máx.}}{Y}$$

ou

$\frac{dS/d_t}{X_V}$ = relação alimento/microrganismos =

$$\frac{A}{M} = \frac{\text{kg DBO}}{\text{kg SSV} \times \text{dia}}$$

Observação

Na literatura em língua inglesa A/M aparece como F/M (*food/microrganisms*).

A figura a seguir representa tanto o decaimento da massa de substrato (S) quanto o crescimento da massa biológica (X_V), ao longo do tempo. Percebe-se que se o reator estiver funcionando nessa fase, onde a relação A/M é bastante alta, com a qual tem-se a chamada alta taxa, haverá muito baixa eficiência na remoção da DBO,

pois a concentração de substrato (DBO$_{solúvel}$) no meio é ainda muito alta. Por esse motivo normalmente não se utiliza o sistema alta taxa. Ademais, o consumo de oxigênio seria relativamente baixo, pois grande parte da biodegradação ainda está para ser consumida. A alta atividade dos microrganismos indica a necessidade de tratamento posterior do lodo (digestão do lodo).

> Alta taxa $\Rightarrow$ A/M = 0,7 a 1,5 kg DBO/Kg $SSV \cdot$ dia

Características da fase estacionária = crescimento a taxas decrescentes:

- a comida está acabando (S baixo);
- no entanto, os microrganismos continuam bem alimentados e em plena atividade (mas não tão gordinhos);
- não estão mais crescendo;
- estão começando a consumir suas próprias reservas alimentares.

$$\frac{dS}{d_t} = \mu_{máx.} \cdot \frac{S}{Ks + S} \cdot \frac{X_V}{Y}$$

como $Ks \ggg S \Rightarrow Ks + S \cong Ks$

$$\frac{dS}{d_t} = \mu_{máx.} \cdot \frac{S}{Ks} \cdot \frac{X_V}{Y}$$

ou

$$\frac{dS/d_t}{X_V} = \frac{\mu_{máx.} \cdot S}{K_s \cdot Y}$$

ou

$\frac{dS/d_t}{X_V}$ = relação alimento/microrganismos =

$$= \frac{A}{M} = \frac{\text{kg DBO}}{\text{kg SSV} \times \text{dia}}$$

Percebe-se que se o reator estiver funcionando nessa fase haverá uma boa eficiência na remoção da DBO$_{solúvel}$, pois a concentração de substrato (DBO$_{solúvel}$) no meio já é bastante baixa. Nessa fase tem-se a chamada taxa convencional, onde a relação A/M é intermediária entre a alta e a baixa taxa. Nesse momento, o consumo de oxigênio será mais alto que a fase de alta taxa, porém mais baixo que o de baixa taxa, ou seja, grande parte da biodegradação já ocorreu e porque o tempo decorrido

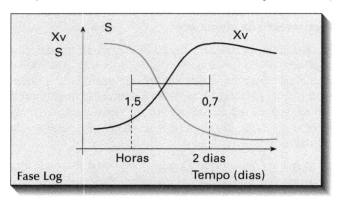
Fase Log

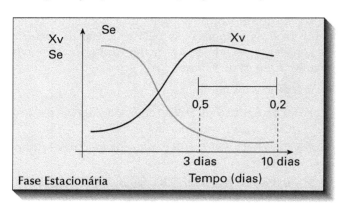
Fase Estacionária

também é maior (idade do lodo na faixa de 3 a 10 dias), já se tem um certo consumo de oxigênio devido ao fenômeno da nitrificação. O crescimento biológico está se processando a taxas decrescentes, mas a alta atividade dos microrganismos ainda indica a necessidade do lodo ser tratado posteriormente (digestão do lodo).

> Taxa convencional $\Rightarrow A/M = 0,2$ a $0,5$ kg DBO/Kg $SSV \cdot$ dia

Características da fase endógena – quando ocorre baixa atividade e morte de microrganismos:

- a comida praticamente acabou (S baixíssimo);
- as reservas alimentares dos microrganismos também praticamente se esgotaram (estes estão bem mais esbeltos);
- os microrganismos estão perdendo a atividade (praticamente não têm mais energia). A maioria está morrendo e passando a servir de alimento aos demais. No meio está aumentando a concentração de matéria orgânica não biodegradável. Como no caso anterior, $Ks \ggg S$ e assim:

$$\frac{dS}{d_t} = \mu_{máx} \cdot \frac{S}{Ks} \cdot \frac{X_V}{Y}$$

ou

$$\frac{dS/d_t}{X_V} = \frac{\mu_{máx} \cdot S}{K_s \cdot Y}$$

Percebe-se que se o reator estiver funcionando nessa fase haverá a mais alta eficiência na remoção da DBO, pois a concentração de substrato (DBO$_{solúvel}$) no meio é a mais baixa possível. Nessa fase tem-se a chamada baixa taxa, mais conhecida por aeração prolongada, na qual a relação A/M é a mais baixa possível. Além disso, o consumo de oxigênio será mais alto que o da taxa convencional, ou seja, além da biodegradação já ter ocorrido e porque o tempo decorrido também é maior (idade do lodo na faixa de 18 a 30 dias), tem-se o consumo de oxigênio devido ao fenômeno da nitrificação, que neste caso ocorre no mais alto grau. Não mais está ocorrendo o crescimento biológico e a baixa atividade dos microrganismos indica que não haverá necessidade do lodo ser tratado posteriormente, pois já está estabilizado.

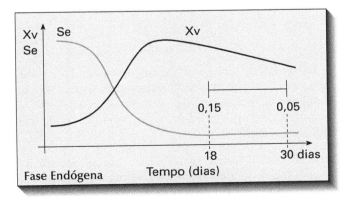

A aeração prolongada é importante na medida em que elimina a necessidade dos digestores de lodo. Por esse motivo, normalmente não se projetam os decantadores primários (para evitar que o lodo primário tenha que ser digerido). Além disso, pelo alto consumo de oxigênio, normalmente são utilizados em pequenas comunidades. Os tipos de reatores que utilizam a aeração prolongada são: o batelada, o valo de oxidação e o sistema carrossel.

> Baixa taxa ou aeração prolongada $\Rightarrow A/M =$
> $= 0,05$ a $0,15$ kg DBO/Kg $SSV \cdot$ dia

Parâmetros de dimensionamento dos reatores de lodos ativados

O líquido efluente do tanque de aeração, agora com grande quantidade de sólidos em suspensão (S_{SV} na faixa de 1.100 a 3.500 mg/L), constituídos pelos flocos biológicos, deve necessariamente passar por uma unidade de sedimentação conhecida como decantador secundário (ver Fig. 9.37).

A finalidade do decantador secundário é justamente remover os sólidos em suspensão, clarificando o efluente. No tratamento em nível secundário, o líquido clarificado, ou o efluente que sai do decantador secundário, pode sofrer ou não uma desinfecção e ser lançado no corpo d'água receptor, ou seja, nessa fase estará terminado o tratamento da fase líquida, em nível secundário.

Já o líquido presente no fundo do decantador possui uma concentração de sólidos ainda maior do que no reator (SSV na faixa de 5.000 a 10.000 mg/L), em função do característico adensamento promovido nessa unidade. Uma vez que esses sólidos são flocos biológicos, povoados por uma grande população de microrganismos ainda ativos e, portanto, aptos a assimilar a matéria orgânica, faz-se então o retorno da maior parte desse lodo para o reator, e uma outra parte (lodo excedente) é descartada do processo.

A recirculação do lodo secundário é o princípio básico do processo de lodos ativados, pois o lodo recirculado a partir do fundo do decantador, por possuir uma alta concentração de sólidos, permite que, em se controlando a vazão de descarte do lodo secundário, seja mantida uma desejada quantidade de flocos biológicos no reator (como já se viu SSV na faixa de 1.100 a 3.500 mg/L). Com isso aumenta-se a capacidade de assimilação da DBO afluente ao reator, possibilitando projetar-se um reator de menor volume do que num eventual sistema sem recirculação de lodo, como é o caso das lagoas aeradas. A recirculação é também benéfica no sentido de aumentar o tempo médio de permanência dos microrganismos no sistema.

O descarte do lodo excedente baseia-se no princípio de que a produção da biomassa (crescimento bacteriano)

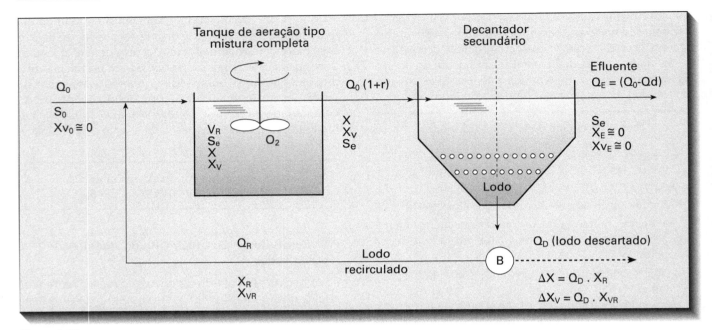

Figura 9.37

tem que ser compensada por um descarte equivalente a essa produção, para que se mantenha o valor do *SSV* no reator dentro dos limites apropriados.

Caso não seja previsto o descarte do lodo excedente, a concentração de sólidos no reator irá aumentar progressivamente, de modo que estes sólidos irão sendo transferidos para o decantador secundário até um ponto em que essa unidade se tornará sobrecarregada. Nessa condição, a capacidade do decantador de transferir os sólidos para o fundo diminuirá; como consequência ocorrerá a elevação do nível da manta de lodo, até um ponto em que os sólidos começam a sair junto com o efluente clarificado que, dessa forma, não teria a qualidade desejada.

Deve-se ressaltar que a vazão de descarte de lodo Q_D é bem menor do que as vazões proveniente do decantador primário (Q_0) e de recirculação (Q_R). Por esse motivo, para efeito de balanço da massa que entra e sai do sistema, a vazão Q_D pode até mesmo ser desprezada.

Tempos de detenção hidráulico e de detenção celular

A recirculação do lodo, por ser feita num circuito fechado, não altera o valor da vazão efluente Q_E (aquela que sai do decantador secundário). Essa vazão, se desprezada a vazão de descarte do lodo ($Q_D = 0$), pode ser considerada igual à vazão Q_0 (aquela proveniente do decantador primário) e que adentra o reator, aí sim recebendo a vazão de recirculação Q_R. Nessa configuração, o que fica retido no sistema são os sólidos e, portanto, estes acabam permanecendo mais tempo no circuito do que o líquido. Assim, pode-se definir dois tempos característicos num sistema de lodos ativados: o tempo de detenção hidráulico Θ_H e o tempo de retenção celular Θ_C, este último também conhecido como idade do lodo.

O tempo de detenção hidráulico pode ser definido como:

$$\Theta_H = \frac{V_R}{Q_E} \qquad (9.11)$$

onde: V_R = volume do reator (m³).

O tempo de retenção celular (idade do lodo) pode ser definido como:

$$\Theta_C = \frac{X_V \cdot V_R}{(Q_0 - Q_D) \cdot X_{VE} + Q_D \cdot X_{VR}} =$$

$$= \frac{\text{massa de sólidos no reator}}{\text{massa de sólidos que sai do sistema}} \qquad (9.12)$$

O sistema de lodos ativados é projetado para que a concentração de sólidos voláteis no efluente do decantador secundário X_{VE} seja mínima (pois é um dos ítens de eficiência do sistema). Se comparada a X_V e X_{VR}, pode até ser considerada nula (ou seja, $X_{VE} = 0$). Por esse motivo, a equação 9.12, pode ser simplificada:

$$\Theta_C = \frac{X_V \cdot V_R}{Q_D \cdot X_{VR}} \qquad (9.13)$$

Para melhor ilustrar as definições acima, reproduziu-se a Fig. 9.37, já apresentada anteriormente. Deve-se ressaltar que, nos sistemas sem recirculação de lodo, os tempos de detenção hidráulico e de detenção celular são iguais $\Theta_H = \Theta_C$.

$X = SST_A$ = sólidos suspensos totais no tanque de aeração;
$X_E = SST_E$ = sólidos suspensos totais no efluente do decantador secundário;

$X_R = SST_R$ = sólidos suspensos totais no lodo recirculado e no lodo descartado;

$X_{V0} = SSV_0$ = sólidos suspensos voláteis no esgoto que chega ao reator;

$X_V = SSVT_A$ = sólidos suspensos voláteis no tanque de aeração (microrganismos);

$X_{VE} = SSV_E$ = sólidos suspensos voláteis no efluente do decantador secundário;

$X_{VR} = SSV_R$ = sólidos suspensos voláteis no lodo recirculado e no lodo descartado.

Observação

Para esgoto doméstico:

$$SSV = 0{,}70 \text{ a } 0{,}85 \cdot SST$$

ou

$$X_V = 0{,}70 \text{ a } 0{,}85 \cdot X$$

$r = \dfrac{Q_R}{Q_0}$ = vazão de recirculação/vazão média afluente =

= taxa de recirculação

Para que se possa manter a concentração de sólidos em suspensão desejada no reator, a massa de sólidos retirada do sistema deve ser igual à massa de sólidos produzida por unidade de tempo. Assim, o tempo de detenção celular (ou idade do lodo), pode também ser definida como:

$$\Theta_C \dfrac{\text{massa de sólidos no sistema}}{\text{massa de sólidos produzida por unidade de tempo}} = \dfrac{V_R \cdot X_V}{V_R \cdot (\Delta X_V / \Delta t)} = \dfrac{X_V}{\Delta X_V / \Delta t}$$

Lembrando-se que $\Delta X_V/\Delta t = \mu \cdot X_V$, tem-se que $\mu = (\Delta X_V/\Delta t)/X_V$ ou que $\Theta_C = 1/\mu$ e ainda, caso se leve em conta a respiração endógena

$$\Theta_C = 1/(\mu - K_d) \qquad (9.14)$$

A maioria dos textos considera os seguintes valores típicos para a idade do lodo:

- lodos ativados convencional: Θ_C = 3 a 10 dias. Segundo Von Sperling (1997), Θ_C = 4 a 10 dias;
- aeração prolongada: Θ_C = 18 a 30 dias.

Já para o tempo de detenção hidráulica, tem-se:

- lodos ativados convencional: Θ_H = 6 a 8 horas (< 0,3 dias);
- aeração prolongada: Θ_H = 16 a 24 horas (0,67 a 1,0 dia).

Segundo Von Sperling (1997), em toda a análise feita anteriormente para a idade do lodo, estão embutidas as seguintes hipóteses simplificadoras – que detalhamos a seguir – e que devem ficar claras principalmente para os responsáveis pela operação dessas unidades.

- Admite-se que as reações bioquímicas ocorram apenas no reator. As reações de oxidação da matéria orgânica bem como a de crescimento celular, as quais ocorrem no decantador secundário, podem ser desprezadas, quando comparadas com as que ocorrem no reator. O erro embutido nessa simplificação pode ser considerado desprezível.

- Admite-se que a biomassa está presente apenas no reator. No cálculo da idade do lodo, conforme apresentado, foram desconsiderados os sólidos presentes no decantador secundário e na linha de recirculação. Trata-se apenas de uma simplificação convencional que facilita a operação e controle, pois mede-se SST ou SSV apenas no reator.

- Admite-se que a operação se processa segundo o estado estacionário. Esta hipótese é grandemente simplificadora da real condição que ocorre numa ETE. Nesta, o verdadeiro estado estacionário nunca chega a ocorrer, devido à contínua variação de vazão e de outras características do esgoto afluente, ao longo das horas de um mesmo dia. Só as variações de vazão e de concentração da DBO já são responsáveis pela predominância do estado dinâmico na operação, podendo haver acúmulo de massa no reator e no decantador secundário. Assim, no estado dinâmico, a massa de lodo produzido não é igual à massa de lodo descartada, o que na realidade alteraria o conceito de idade do lodo. No entanto, caso se analise o sistema, numa ampla escala de tempo, estas variações passam a não ter grande importância, uma vez que a operação se dá numa ampla faixa de variação de X_V no reator. Isso permite que se faça o dimensionamento do reator para um tempo médio de idade do lodo em torno de 7 dias, adotando-se uma concentração média de X_V no reator em torno de 2.300 mg/L. Na operação da ETE, deve-se fazer com que as variações do estado dinâmico fiquem dentro de uma faixa apropriada. Como já mencionado, a concentração de sólidos voláteis no reator pode variar numa faixa de 1.100 a 3.500 mg/L.

- A influência dos sólidos no esgoto afluente ao reator é desconsiderada. Esta é uma hipótese simplificadora adotada na maioria dos textos, mas que pode se afastar muito da realidade, principalmente em sistemas de aeração prolongada (em que normalmente não há decantação primária e a produção de sólidos biológicos é menor).

Tempo de varrimento celular

Quando não há limitação de nutrientes e de oxigênio livre, cada célula bacteriana é duplicada a um certo intervalo de tempo. Então, para que haja crescimento bacteriano, a célula deve permanecer no sistema de tratamento um tempo superior àquele necessário à sua duplicação.

Conforme visto anteriormente, a taxa de crescimento bacteriano pode ser expressa por:

$$\frac{dX_V}{d_t} = \mu \cdot X_V \quad \text{ou} \quad \frac{dX_V}{X_V} = \mu \cdot d_t$$

Que integrada, no intervalo $t = 0$ e $t = t$ resulta:

$$\ell n \frac{X_V}{X_{V0}} = \mu \cdot t$$

onde:
X_V = sólidos suspensos voláteis (número ou concentração de bactérias no tempo t);
X_{V0} = sólidos suspensos voláteis (número ou concentração de bactérias no tempo $t = 0$).

Considerando-se que a equação anterior admite disponibilidade ilimitada de oxigênio livre e nutrientes, característicos da fase de crescimento logarítmico e que resulta numa reta, ao ser plotada num papel logarítmico, para que ocorra a duplicação da massa de microrganismos ($X_V = 2\, X_{V0}$) o tempo de duplicação $t_{\text{dupl.}}$ pode então ser escrito:

$$\ell n\, 2 = \mu \cdot t \text{ ou } t_{\text{dupl.}} = \ell n\, 2/\mu$$
$$\text{ou finalmente } t_{\text{dupl.}} = 0{,}693/\mu \quad (9.15)$$

Nos sistemas sem recirculação da biomassa (caso por exemplo das lagoas aeradas, de mistura completa), o tempo de detenção celular Θ_C deve ser maior que o tempo de duplicação anteriormente referido. Uma vez que nesses sistemas os tempos de detenção hidráulico e celular são iguais $\Theta_H = \Theta_C$ decorre que o tempo de detenção hidráulico deve ser maior que o tempo de duplicação. Caso não se observe essa condição, não haverá crescimento celular ou, em outras palavras, haverá varrimento celular. Já nos sistemas com recirculação da biomassa, pode-se ajustar a operação de tal maneira que $\Theta_C > t_{\text{dupl.}}$ enquanto o tempo de detenção hidráulico pode ser mantido mínimo, no que resulta um volume de reator menor do que no caso de sistemas sem recirculação.

No entanto, para que ocorra a desejada remoção da matéria carbonácea, o tempo de detenção celular das bactérias heterotróficas, principais responsáveis pelo processo, é normalmente bem superior ao tempo mínimo e acaba sendo o fator determinante no dimensionamento. Quando se deseja a nitrificação, deve-se ter em mente que a taxa de crescimento das bactérias nitrificantes é bem menor e estas correm o risco de serem varridas do sistema, em função de variações da vazão (para maior), ou em decorrência da falta de nutrientes, por exemplo.

Relação alimento/microrganismo A/M

A relação A/M (alimento/microrganismo) é também chamada de fator de carga ao lodo, ou, em inglês, relação F/M (*food/microorganism*). Antigamente era um parâmetro muito utilizado no dimensionamento e operação de ETEs. Baseia-se no princípio de que a quantidade de substrato (ou alimento disponível), por unidade de massa de microrganismos, é inversamente proporcional à eficiência do sistema. Em outras palavras, quanto maior a carga de DBO fornecida a uma massa unitária de microrganismos (ou elevada relação A/M), menor será a eficiência na assimilação desse substrato, mas, por outro lado, também menor será o volume do reator. Ao contrário, quanto menor for a relação A/M, maior será a procura pelo alimento, implicando numa maior eficiência na remoção da DBO, mas resultando num maior volume para o reator.

Na situação em que a carga de alimentos é muito baixa, passa a prevalecer a fase endógena, característica principal dos sistemas de aeração prolongada, que resultam nos maiores volumes de reatores.

A carga de alimentos é dada por:

$$A = Q_0 \cdot S_0$$

A massa de microrganismos é dada por:

$$M = V_R \cdot X_V$$

e então:

$$A/M = \frac{Q_0 \cdot S_0}{V_R \cdot X_V} \quad (9.16)$$

(em kg de DBO/Kg de $SSV \cdot$ dia)

onde:
Q_0 = vazão afluente ao reator (em m³/dia);
Observação: não se inclui a recirculação;
S_0 = concentração de DBO afluente (Kg/m³);
V_R = volume útil do reator (m³);
X_V = concentração de sólidos em suspensão voláteis SSV no reator (kg/m³).

Alguns autores expressam a relação A/M em termos de sólidos suspensos totais (SST), ao invés de sólidos suspensos voláteis SSV. Em termos operacionais isso resulta numa certa economia de tempo, já que o tempo de análise para SST é um pouco menor do que para SSV. Assim, deve-se verificar sempre em que termos a relação A/M está sendo relacionada para se evitar confusões de valores. Nesses casos, pode-se correlacionar os valores de X_V/X (SSV/SST). Sabe-se que quanto maior a idade do lodo, menor a relação X_V/X. Segundo Von Sperling (1997), tem sido utilizadas as seguintes faixas de valores:

- para lodos ativados convencional: X_V/X = 0,70 a 0,85
- para aeração prolongada: X_V/X = 0,60 a 0,75

Analisando-se a equação 9.16, verifica-se que a relação Q_0/V_R é o inverso do tempo de detenção hidráulico ($1/\Theta_H$). Essa equação pode ser reescrita assim:

$$A/M = \frac{S_0}{\Theta_H \cdot X_V} \quad (9.17)$$

Von Sperling (1997) adverte, no entanto, que a relação A/M a rigor não tem nenhuma correspondência com a remoção da matéria orgânica ocorrente no reator, já que A/M apenas representa a carga aplicada (ou disponível no reator), e que a fórmula que expressa a relação entre o substrato disponível e o removido é a taxa de utilização de substrato U. Nesta, ao invés de se considerar apenas S_0, considera-se também Se (DBO solúvel no reator = DBO solúvel na saída do decantador secundário), ou melhor, a diferença entre ambas, que é justamente a DBO removida e que expressa a eficiência do sistema.

$$U = \frac{Q_0 \cdot (S_0 - S_e)}{V_r \cdot X_V} \quad (9.18)$$

Uma vez que as eficiências obtidas nos sistemas de lodos ativados são normalmente elevadas, a DBO solúvel na saída do decantador secundário é baixa, se comparada à DBO afluente, ou seja, $S_e \approx 0$, e, portanto, pode-se considerar que $U \approx A/M$.

Segundo Von Sperling (1987), A/M assume as seguintes faixas de valores:

- lodos ativados convencional: A/M = 0,3 a 0,8 kg-DBO$_5$/kg SSV · dia;
- aeração prolongada: A/M = 0,08 a 0,15 kgDBO$_5$/kg SSV · dia.

Alerta ainda esse autor que o conceito da relação alimento/microrganismo A/M vinha sendo utilizado por várias décadas no dimensionamento das unidades de lodos ativados. Atualmente, o conceito da idade de lodo tem prevalecido nesse dimensionamento.

Relação entre a taxa de utilização do substrato (U) e a idade do lodo (Θ_C)

Considerando-se o estado estacionário, depreende-se que não há acúmulo de sólidos no sistema, e, assim, pode-se dizer que:

- a taxa de produção de sólidos = a taxa de remoção de sólidos;
- a massa de lodo biológico gerada = massa de lodo excedente descartada.

Utilizando-se da equação 9.7, tem-se

$$\frac{dX_V}{d_t} = \frac{dS}{d_t} - k_d \cdot X_b$$

ou

$$\frac{dX_V}{d_t} = Y \cdot \frac{(S_0 - S_e)}{\Theta_H} - k_d \cdot f_b \cdot X_V \quad (9.19)$$

onde:
$X_b = f_b \cdot X_V$ = concentração de sólidos suspensos totais biodegradáveis;
f_b = fração biodegradável dos sólidos suspensos voláteis (ver Tab. 9.15).

Se divididos ambos os termos da equação 9.19 por X_V, tem-se:

$$\frac{dX_V/d_t}{X_V} = Y \cdot \frac{(S_0 - S_e)}{X_V \cdot \Theta_H} - k_d \cdot f_b$$

e como $\Theta_H = V_R/Q_0$, pode-se escrever:

$$\frac{dX_V/d_t}{X_V} = Y \cdot \frac{Q_0(S_0 - S_e)}{V_R \cdot X_V} - k_d \cdot f_b$$

e como

$$\frac{dX_V/d_t}{X_V} = \frac{1}{\Theta_C}$$

resulta:

$$\frac{1}{\Theta_C} = Y \cdot \frac{Q_0(S_0 - S_e)}{V_R \cdot X_V} - k_d \cdot f_b \quad (9.20)$$

e como

$$\frac{Q_0(S_0 - S_e)}{V_R \cdot X_V} = U$$

tem-se:

$$\frac{1}{\Theta_C} = Y \cdot U - k_d \cdot f_b \quad (9.21)$$

A equação 9.21 permite correlacionar Θ_C e U nos sistemas de lodos ativados. Adotando-se os valores de Y, k_d e f_b e conhecido Θ_C, pode-se calcular U ou conhecido o valor de U pode-se calcular Θ_C.

Von Sperling (1997) alerta para o fato de que, em diversos textos, a equação 9.21 é apresentada sem a fração biodegradável f_b e que, nestes casos, o decaimento bacteriano é expresso diretamente em termos de sólidos suspensos voláteis X_V. No entanto, alerta que apenas a fração biodegradável de X_V está sujeita à degradação por respiração endógena e que, dessa forma, o correto é se expressar o decaimento em termos de X_b, ou de $f_b \cdot X_V$, uma vez que $f_b = X_b/X_V$.

É fato conhecido também que a fração biodegradável de X_V decresce em valor com o aumento da idade do lodo. Dessa forma, os sistemas de aeração prolongada, cuja idade do lodo é a maior possível (de 18 a 30 dias, como se viu anteriormente), são aqueles mais afetados quando se desconsidera f_b.

Eckenfelder (1989) *apud* Von Sperling (1997), afirma que nos sólidos voláteis (X_V), logo após serem produzidos ($\Theta_C = 0$), cerca de 20% da massa é formada por matéria inerte e 80% é biodegradável. Com a recirculação e a consequente permanência no reator ($\Theta_C > 0$), o índice $f_b = X_b/X_V$ vai sofrendo um decaimento. Segundo aquele autor, f_b pode ser expresso como:

$$f_b = \frac{f_b'}{1 + (1 - f_b') \cdot k_d \cdot \Theta_C} \quad (9.22)$$

onde:
f_b' = fração biodegradável dos SSV imediatamente após a sua geração no reator, ou seja, com $\Theta_C = 0$. Como se afirmou anteriormente, $f_b' = 0,80$ (80%).

A Tab. 9.15 apresenta os valores da fração biodegradável dos SSV (f_b), para diversos valores do coeficiente de respiração endógena (k_d), e diversas idades do lodo (Θ_C), quando aplicada a equação 9.22.

Von Sperling (1997) afirma que os valores de f_b podem ser utilizados em diversas fórmulas, tais como as relacionadas com a produção de lodo, consumo de oxigênio pela biomassa e demanda de oxigênio pelos sólidos em suspensão no efluente, e alerta que os valores apresentados na Tab. 9.15 dizem respeito apenas aos sólidos biológicos produzidos no reator. O esgoto bruto contribui também com sólidos fixos e voláteis, não biodegradáveis e biodegradáveis. Segundo WEF/ASCE, (1992), Metcalf e Eddy, (1991), *apud* Von Sperling (1997), os valores aproximados dessas relações, no esgoto bruto, são:

Para o esgoto bruto:

$X_V/X = 0,70$ a $0,85$ ou
$SS_i/SST = 0,15$ a $0,30$
$X_b/X_V = 0,60$

onde:
SS_i = sólidos suspensos inorgânicos (ou sólidos fixos)

Deve-se ainda ressaltar que a carga relativa à contribuição das frações inorgânicas e não biodegradáveis dos sólidos presentes no esgoto bruto, que não sofrem transformações na etapa biológica, devem ser levadas em consideração. No reator, a parcela inorgânica dos sólidos presentes no esgoto bruto vai sofrendo um acréscimo decorrente do ao acúmulo de sólidos inorgânicos resultantes do fenômeno endógeno. Já a parcela biodegradável não precisa ser levada em consideração separadamente, uma vez que a mesma é adsorvida nos flocos biológicos e serão hidrolisadas e posteriormente degradadas, gerando novos sólidos biológicos e um determinado consumo de oxigênio.

Produção bruta de sólidos em suspensão voláteis P_{XV}

A produção bruta de sólidos em suspensão voláteis P_{XV} é obtida multiplicando-se o coeficiente específico de produção celular Y pela carga de DBO$_5$ removida $[Q_0 \cdot (S_0 - S_e)]$.

$$P_{XV \text{ bruta}} = Y \cdot Q_0 \cdot (S_0 - S_e) \quad (9.23)$$

Segundo Metcalf e Eddy (1991), aproximadamente 90% dos sólidos em suspensão recém-formados no reator são orgânicos (voláteis) e 10% são inorgânicos (fixos). Assim, para os sólidos biológicos tem-se a seguinte relação $X_V/X = 0,90$. Com essa relação pode-se estimar então a produção bruta de sólidos em suspensão totais P_X.

$$P_{X \text{ bruta}} = P_{XV}/0,90$$

ou

$$P_{X \text{ bruta}} = 1,11 \, Y \cdot Q_0 \cdot (S_0 - S_e) \quad (9.24)$$

Em decorrência, a produção de sólidos fixos P_{Xi} é dada por:

$$P_{Xi} = P_{X \text{ bruta}} - P_{XV \text{ bruta}} \quad (9.25)$$

Porém, como já mencionado anteriormente, nem todos os sólidos voláteis produzidos são biodegradáveis. Imediatamente após a produção ($\Theta_C = 0$), a carga de sólidos biodegradáveis produzidos pode ser calculada pelo produto dos sólidos voláteis produzidos (P_{XV}) pela fração de biodegradabilidade ($f_b' = 0,80$). No entanto,

TABELA 9.15 Valores da fração biodegradável dos sólidos voláteis f_b em função de Θ_C e k_d

Θ_C (dias)	Fração biodegradável de $X_V \Rightarrow f_b = X_b/X_V$				
	$K_d = 0,06 \, d^{-1}$	$K_d = 0,07 \, d^{-1}$	$Kd = 0,08 \, d^{-1}$	$K_d = 0,09 \, d^{-1}$	$K_d = 0,10 \, d^{-1}$
3	0,77	0,77	0,76	0,76	0,75
4	0,76	0,76	0,75	0,75	0,73
5	0,75	0,75	0,74	0,73	0,72
6	0,75	0,74	0,73	0,72	0,71
7	0,74	0,73	0,72	0,71	0,69
8	0,73	0,72	0,71	0,70	0,68
9	0,72	0,71	0,70	0,69	0,67
10	0,71	0,70	0,69	0,68	0,65
12	0,70	0,68	0,67	0,66	0,63
14	0,68	0,67	0,65	0,64	0,61
16	0,67	0,65	0,64	0,62	0,59
18	0,66	0,64	0,62	0,60	0,57
20	0,65	0,63	0,61	0,59	0,55
22	0,63	0,61	0,59	0,57	0,54
24	0,62	0,60	0,58	0,56	0,52
26	0,61	0,59	0,56	0,54	0,51
28	0,60	0,57	0,55	0,53	0,49
30	0,59	0,56	0,54	0,52	0,48

Fonte: Adaptado de Von Sperling (1997) (ver equação 9.22)

essa carga, com $\Theta_C = 0$, tem pouco valor prático, pois sempre vai se querer determinar a produção bruta de sólidos biodegradáveis P_{Xb} para uma determinada idade do lodo $\Theta_C \neq 0$, e, assim, utiliza-se a fração de biodegradabilidade f_b, que conforme visto anteriormente varia com k_d e ΘC (ver Tab. 9.15).

$$P_{Xb\,bruta} = (P_{XV\,bruta}) \cdot f_b \quad (9.26)$$

Também foi visto que, devido à respiração endógena, parte dos sólidos biodegradáveis é destruída no reator. A carga de sólidos biodegradáveis destruídos também é função de k_d e Θ_C e pode ser calculada por:

$$P_{Xb\,destruída} = \frac{[(P_{XV\,bruta}) \cdot f_b \cdot k_d \cdot \Theta_C]}{[1 + (1 - f_b \cdot k_d \cdot \Theta_C)]} \quad (9.27)$$

Pode-se também calcular a produção líquida de sólidos biodegradáveis, que seria:

$$P_{Xb} = P_{Xb\,bruta} - P_{Xb\,destruída} \quad (9.28)$$

A produção líquida de sólidos voláteis é igual à produção líquida de sólidos biodegradáveis mais a produção de sólidos orgânicos não biodegradáveis:

$$P_{XV\,líquida} = P_{Xb\,líquida} + P_{Xnb} \quad (9.29)$$

A produção líquida de sólidos voláteis pode também ser obtida por meio da utilização do conceito de produção específica observada (Y_{obs}). Esse parâmetro já leva em conta a destruição dos sólidos biodegradáveis, e é expresso por:

$$Y_{obs} = \frac{1}{[1 + (f_b \cdot k_d \cdot \Theta_C)]} \quad (9.30)$$

Dessa forma, pode-se reescrever a fórmula para obtenção da produção líquida de SSV, que é dada por:

$$P_{XV\,líquida} = Y_{obs} \cdot Q_0 (S_0 - S_e) \quad (9.31)$$

Concentração de sólidos em suspensão no reator

Rearranjando-se a equação 9.20, pode-se obter a concentração de X_V no reator para um sistema com recirculação de lodo:

$$X_V = \frac{Y \cdot (S_0 - S_e)}{[1 + k_d \cdot f_b \cdot \Theta_C]} \cdot \frac{\Theta_C}{\Theta_H} \quad (9.32)$$

Se o sistema for sem recirculação implica que $\Theta_C = \Theta_H$ e que o fator ($\Theta_C/\Theta_H = 1$), obtendo-se então a equação 9.33 para o cálculo de X_V. Nesse caso, para se obter o volume do reator pode-se calcular diretamente $V_R = Q_0 \cdot \Theta_H$.

$$X_V = \frac{Y \cdot (S_0 - S_e)}{[1 + k_d \cdot f_b \cdot \Theta_C]} \quad (9.33)$$

Volume do reator (para sistemas com recirculação)

Lembrando-se que $\Theta_H = V_R/Q_0$ pode-se rearranjar a equação 9.32, obtendo-se a equação 9.34, que pode ser utilizada para cálculo do volume do reator, nos sistemas dotados de reatores tipo mistura completa com recirculação de lodo:

$$V_R = \frac{Y \cdot Q_0 \cdot \Theta_C (S_0 - S_e)}{X_V [1 + k_d \cdot f_b \cdot \Theta_C]} \quad (9.34)$$

Observação

Nos sistemas de mistura completa, taxa convencional, com recirculação de lodo (Θ_C de 3 a 10 dias), em geral calcula-se o volume do tanque de aeração para $\Theta_C = 7$ dias e $X_V = 2.300$ mg/L, que são as faixas intermediárias de valores para o sistema, quando atuando sob taxa convencional. As fórmulas, os parâmetros e valores, a seguir apresentados, são válidos nessa condição, trabalhando-se com esgotos predominantemente domésticos.

Y = coeficiente de síntese celular

$$Y = 0,6 \quad a \quad 0,8 \cdot \frac{\text{kg de SSV gerado}}{\text{kg de DBO removido}}$$

K_d = coeficiente de autodestruição (respiração endógena de microrganismos) = 0,09 dia^{-1}.

Observação

Além Sobrinho (1993) sugere a utilização de $k_d = 0,075$ dia^{-1}. No entanto, na sua proposição de cálculo não se previa a utilização do fator de biodegradação (f_b). Von Sperling adota em seus exemplos de cálculos $K_d = 0,09$ dia^{-1}.

S_e = 3 a 12 mg/L substrato (DBO$_5$ solúvel), em geral remanescente no efluente do decantador secundário);

Θ_C = 3 a 10 dias (idade do lodo);

X_V = de 1,1 a 3,5 kg/m^3 (SSV$_{TA}$) ou X = de 1,4 a 4,5 kg/m^3 (SST$_{TA}$);

Q_r = vazão de recirculação = 0,25 a 1,00 Q_0

$E = \left(\frac{S_0 - S_e}{S_0}\right) \times 100$ = eficiência do sistema na remoção de DBO = de 85% a 95%.

O sistema de lodos ativados com reator tipo mistura completa é mais resistente a cargas de choque e lançamentos ocasionais de elementos tóxicos do que o sistema de fluxo em pistão (*plug-flow* – ver item 9.3.6.3). A aeração tanto pode ser feita por ar difuso como por aeradores mecânicos.

Exemplo de cálculo 9.7

Dimensionar os reatores, do tipo mistura completa, taxa convencional, para um sistema de lodos ativados, trabalhando com esgotos predominantemente domésticos, para uma ETE dotada das unidades convencionais do tratamento primário: grade, caixa de areia e decantador primário, e cujos dados principais são:

Vazão média:
$Q_0 = 40,4$ L/s $= 145,4$ m³/h $= 3.491,00$ m³/dia

DBO_5 média na entrada da estação:
$S = 275$ mg/L $= 0,275$ kg/m³

DBO_5 média após a passagem pelo decantador primário:
$S_0 = 192,5$ mg/L $= 0,1925$ kg/m³

DBO_5 após a passagem pelo decantador secundário:
$S_e = 3$ a 12 mg/L $= 0,003$ a $0,012$ kg/m³

SST médio na entrada da estação:
$X = 1.040$ mg/L $= 1,04$ kg/m³

SST médio após passagem pelo decantador primário:
$(E = 60\%) X_0 = 416$ mg/L $= 0,416$ kg/m³

SST após a passagem pelo decantador secundário:
$X_E = 15$ a 30 mg/L $= 0,015$ a $0,030$ kg/m³

a) Cálculo do volume total dos reatores "V_{TR}"

Será utilizada a equação 9.34

$$V_{TR} = \frac{Y \cdot Q_0 \cdot \Theta_C (S_0 - S_e)}{X_V \cdot (1 + k_d \cdot f_b \cdot \Theta_C)}$$

onde serão adotados os seguintes valores:

Y = 0,7 kg SSV/kg $DBO_{removida}$;
$Q_0 = 3.491,00$ m³/dia;
$\Theta_C = 7$ dias;
$S_0 = 192,5$ mg/L ou $0,1925$ kg/m³;
$S_e = 8$ mg/L ou $0,008$ kg/m³;
$X_V = 2.300$ mg/L ou $2,3$ kg/m³;
$k_d = 0,09$ dia⁻¹;
$f_b = 0,71$ (ver Tab. 9.15 com $\Theta_C = 7$ dias e $k_d = 0,09$ dia⁻¹).

$$V_{TR} = \frac{0,7 \times 3.491 \times 7(0,1925 - 0,008)}{2,3 \times (1 + 0,09 \times 0,71 \times 7)} = 948,1 \text{ m}^3$$

- Admitindo-se que os reatores terão 4,00 m de profundidade útil, com mais 0,50 m de borda livre, resulta a seguinte área superficial "A_{sup}"

$$A_{sup} = \frac{948,1 \text{ m}^3}{4,00 \text{ m}} = 237 \text{ m}^2$$

- Admitindo-se ainda 4 reatores com 60 m² de área superficial cada, resultará o seguinte volume unitário para cada reator:

$V_{UR} = 60,00$ m² $\times$ 4,00 m $= 240,00$ m³

e um volume total adotado $V_{TR} = 240,00$ m³ $\times$ 4 unid $= 960,00$ m³

b) Estimativa dos tempos de detenção hidráulico para as vazões: $Q_{máx.}$, $Q_{méd.}$ e $Q_{mín.}$

- Será utilizada a expressão $(\Theta_H = V_{TR}/Q)$. Admitindo-se os dados apresentados anteriormente no exemplo de cálculo 9.4 (Tab. 9.6), para o final de plano, tem-se:

para $Q_{máx.} = 72,7$ L/s $= 6.281,30$ m³/dia
$\Theta_{H \text{ mín.}} = 960,00$ m³/6.281,30 m³/dia $= 0,153$ dias

para $Q_{méd.} = 40,4$ L/s $= 3.491,00$ m³/dia
$\Theta_{H \text{ méd.}} = 960,00$ m³/3.491,00 m³/dia $= 0,275$ dias

para $Q_{mín.} = 20,2$ L/s $= 1.745,30$ m³/dia
$\Theta_{H \text{ máx.}} = 96,000$ m³/1.745,30 m³/dia $= 0,550$ dias

c) Estimativa da concentração de sólidos voláteis no reator X_V para $Q_{méd.}$ e V_{TR} adotado

- Com a expressão 9.32, $V_{TR} = 960$ m³ e substituindo-se $(\Theta_H = V_{TR}/Q_0)$, tem-se:

$$X_V = \frac{Y \cdot Q_0 \cdot \Theta_C (S_0 - S_e)}{V_{TR} \cdot (1 + k_d \cdot f_b \cdot \Theta_C)} =$$

$$= \frac{0,7 \times 3.491 \times 7(0,1925 - 0,008)}{960 \times (1 + 0,09 \times 0,71 \times 7)} =$$

$$= 2,272 \text{ kg/m}^3 = 2.272 \text{ mg/L}$$

d) Estimativa da produção diária líquida de sólidos suspensos voláteis ($P_{XV \text{ líquida}}$)

- Utilizando-se as expressões 9.29 e 9.30, tem-se:

$$Y_{obs} = \frac{Y}{(1 + k_d \cdot f_b \cdot \Theta_C)} = \frac{0,7}{(1 + 0,09 \times 0,71 \times 7)} =$$

$$= \frac{0,7}{1,4473} = 0,4837 \text{ dia}^{-1}$$

$P_{XV \text{ líquida}} = Y_{obs} \cdot Q_0 \cdot (S_0 - S_e) = 0,4837 \cdot 3.491 \cdot (0,1925 - 0,008) = 311,5$ kg/dia

e) Estimativa da produção diária líquida de sólidos suspensos totais ($P_{X \text{ líquida}}$)

$$P_{X \text{ líquida}} = \frac{P_{XV \text{ líquida}}}{SV/ST} = \frac{311,5}{0,90} = 346,1 \text{ kg/dia}$$

f) Estimativa da vazão de descarte do lodo Q_D

Considerando-se que a produção diária líquida de sólidos suspensos voláteis ($P_{XV \text{ líquida}}$) deve ser descartada, para manter controlada a concentração de SSV no reator (X_V). Considerando-se ainda que a concentração de SSV no fundo do decantador secundário é a mesma do líquido a ser recirculado (X_{VR}) e também a mesma do líquido a ser descartado (X_{VD}) e que essa concentração dependerá do dimensionamento daquela unidade, a vazão de descarte será calculada para três concentrações hipotéticas, apenas para efeito de exemplificação e análise dos resultados.

⇒ para $X_{VR} = X_{VD} = 6.000$ mg/L = 6 kg/m³ e $P_{XV\,líquida}$ = 311,5 kg/dia tem-se:

$$Q_D = \frac{P_{XV\,líquida}}{X_{VD}} = \frac{311,5 \text{ kg/dia}}{6 \text{ kg/m}^3} =$$

$$= 51,92 \text{ m}^3/\text{dia} = 0,60 \text{ L/s}$$

⇒ para $X_{VR} = X_{VD} = 7.000$ mg/L = 7 kg/m³ e $P_{XV\,líquida}$ = 311,5 kg/dia tem-se:

$$Q_D = \frac{P_{XV\,líquida}}{X_{VD}} = \frac{311,5 \text{ kg/dia}}{7 \text{ kg/m}^3} =$$

$$= 44,50 \text{ m}^3/\text{dia} = 0,52 \text{ L/s}$$

⇒ para $X_{VR} = X_{VD} = 8.000$ mg/L = 8 kg/m³ e $P_{XV\,líquida}$ = 311,5 kg/dia tem-se:

$$Q_D = \frac{P_{XV\,líquida}}{X_{VD}} = \frac{311,5 \text{ kg/dia}}{8 \text{ kg/m}^3} =$$

$$= 38,94 \text{ m}^3/\text{dia} = 0,45 \text{ L/s}$$

Os resultados acima demonstram que quanto maior for a concentração de sólidos suspensos voláteis no fundo do decantador, menor será a vazão de descarte.

g) Estimativa da taxa de recirculação (r) e da vazão de recirculação (Q_R)

A taxa de recirculação (r) e a vazão de recirculação (Q_R) também dependerão da concentração de sólidos voláteis no líquido a ser recirculado, e, portanto, do dimensionamento do decantador secundário. Serão portanto também estimadas para três situações hipotéticas, apenas para efeito de exemplificação e análise de resultados. A taxa de recirculação e a vazão de recirculação podem ser calculadas pelas expressões abaixo:

$$r = \frac{X_V}{(X_{VR} - X_V)} \quad \text{e} \quad Q_R = Q_0 \cdot r$$

⇒ para $X_{VR} = 6.000$ mg/L = 6 kg/m³ e $X_V = 2.272$ mg/L = 2,272 kg/m³, tem-se

$$r = \frac{2,272 \text{ kg/m}^3}{(6,0 - 2,272) \text{ kg/m}^3} = 0,609$$

⇒ para $X_{VR} = 7.000$ mg/L = 7 kg/m³ e $X_V = 2.272$ mg/L = 2,272 kg/m³, tem-se

$$r = \frac{2,272 \text{ kg/m}^3}{(7,0 - 2,272) \text{ kg/m}^3} = 0,481$$

⇒ para $X_{VR} = 8.000$ mg/L = 8 kg/m³ e $X_V = 2.272$ mg/L = 2,272 kg/m³, tem-se

$$r = \frac{2,272 \text{ kg/m}^3}{(8,0 - 2,272) \text{ kg/m}^3} = 0,397$$

Os resultados acima também demonstram que quanto maior for a concentração de sólidos suspensos voláteis no fundo do decantador, menor será a vazão de recirculação.

h) Estimativa da relação alimentos/microrganismos (A/M)

Utilizando-se a expressão 9.16 tem-se

$$A/M = \frac{Q_0 \cdot S_0}{V_{TR} \cdot X_V} =$$

$$= \frac{3,491 \text{ m}^3/\text{dia} \times 0,1925 \text{ kg/m}^3}{960 \text{ m}^3 \times 2,272 \text{ kg/m}^3} = 0,308$$

i) Previsão da eficiência do sistema

- em relação à DBO$_{solúvel}$ (para $S_0 = 0,1925$ kg/m³ e $S_e = 0,008$ kg/m³)

$$E = \frac{(S_0 - S_e)}{S_0} \times 100 =$$

$$= \frac{(0,1925 - 0,008)}{0,1925} \times 100 = 95,8\%$$

- em relação à DBO$_{total}$. Neste caso, além da DBO$_{solúvel}$ deve-se considerar a DBO$_{XVE}$, decorrente dos sólidos suspensos voláteis, que saem com o efluente do decantador secundário. Considerando-se o valor médio $X_{VE} = 22,5$ mg/L = 0,0225 kg/m³, tem-se:

DBO$_{XVE} = X_{VE} \cdot f_b = 0,0225 \times 0,71 = 0,016$ kg/m³

DBO$_{total} = 0,008 + 0,016 = 0,024$ kg/m³

$$E = \frac{(S_0 - S_e)}{S_0} \times 100 =$$

$$= \frac{(0,1925 - 0,024)}{0,1925} \times 100 = 87,5\%$$

9.3.6.3 Reatores tipo fluxo em pistão ou PFR *Plug-Flow-Reator*

O reator tipo pistão (Fig. 9.42) é considerado o verdadeiro reator convencional, ou seja, teria sido dessa forma a concepção original do sistema de lodos ativados. A diferença física em relação ao reator tipo mistura completa é que o pistão apresenta dimensões predominantemente longitudinais, ou seja, o seu comprimento é bem maior do que a largura. No entanto, a cinética do reator tipo pistão é completamente diferente da cinética do reator tipo mistura completa.

No reator tipo pistão, o decaimento da DBO vai se processando ao longo da trajetória do líquido, de forma semelhante ao fenômeno de autodepuração que ocorre nos rios. Assim, na saída do reator tipo pistão, a DBO solúvel (S_e) será a mínima possível. Como a demanda de oxigênio vai decrescendo ao longo dessa trajetória e, caso os níveis de aeração sejam constantes, há uma

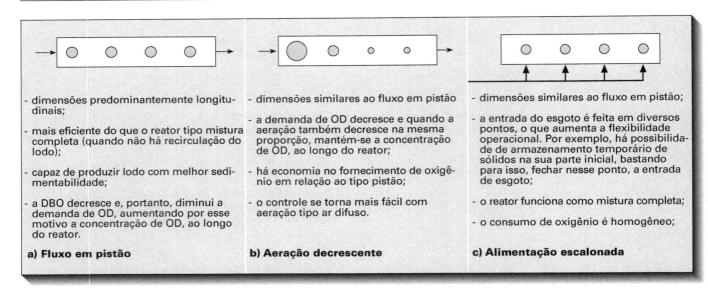

Figura 9.41 Principais variantes dos reatores tipo pistão – Fonte: Adaptado de Von Sperling (1997).

tendência de aumento da concentração de O_D, à medida que o esgoto avança pelo reator. Talvez, por essa razão e visando melhorar ainda mais o desempenho operacional desse tipo de reator, surgiram duas variantes de projeto: a alimentação escalonada, ou seja, diversas entradas de esgoto ao longo do reator; e a aeração decrescente, na qual os níveis de aeração vão diminuindo ao longo do reator. Com essas variantes, ocorrem mudanças significativas de comportamento, conforme listadas nas Figs. 9.41a, b, c.

Ao se analisar a cinética do reator tipo *plug-flow* comparada à de um reator tipo mistura completa, em especial nos sistemas sem recirculação, o reator tipo pistão apresenta maior eficiência na remoção da DBO. A Fig. 9.42 apresenta um desenho esquemático do reator tipo pistão, com recirculação de lodo. O *plug-flow* é um reator mais sensível a cargas de choque ou de elementos tóxicos do que o de mistura completa. A aeração desse reator também pode ser feita por ar difuso ou por aeradores mecânicos (ver item 9.3.7.2). No seu dimensionamento pode-se aplicar a equação 9.35.

$$\frac{1}{\Theta_C} = \frac{Y \cdot Q_0 \cdot (S_0 - S_e)}{X_V \cdot V_R} - k_d \cdot f_b =$$

$$= \frac{Y \cdot \mu_{\text{máx.}} \cdot (S_0 - S_e)}{(S_0 - S_e) + K_s(1+r) \cdot \ell_n \left[\frac{S_0 + rS_e}{(1+r) \cdot S_e}\right]} - k_d \cdot f_b$$

(9.35)

Θ_C = de 3 a 15 dias = (faixa de idade do lodo para *plug-flow*);

X_V = de 1,1 a 2,3 kg/m³ ou X = 1,5 a 3 kg/m³.

$$\Delta X_V = Y \cdot Q_0 (S_0 - S_e) - K_d \cdot f_b \cdot X_V \cdot V_R =$$

$$= \frac{Y \cdot Q_0 \cdot (S_0 - S_e)}{1 + k_d \cdot f_b \cdot \Theta_C}$$

onde:

f_V = fator de carga ao lodo volátil = 0,2 a 0,5;
Q_r = vazão de recirculação = 0,25 a 0,50 · Q_0;
E = eficiência do processo na remoção de DBO = 85 a 95%.

9.3.6.4 Principais detalhes de projeto dos reatores convencionais

Von Sperling (1997) enumera alguns aspectos gerais que devem ser observados nos projetos de reatores, a seguir reproduzidos e em alguns aspectos expandidos:

• o comprimento e a largura do reator devem permitir uma distribuição homogênea dos aeradores na superfície do tanque;

• a profundidade útil do reator encontra-se dentro da faixa de 3,5

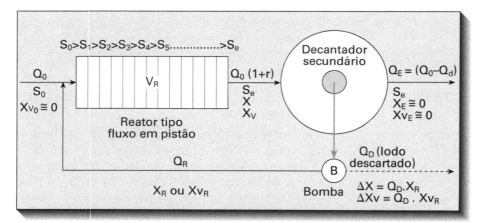

Figura 9.42 Esquema de um reator tipo fluxo em pistão.

a 4,50 m (para aeração mecânica) e 4,50 a 6,00 m (para ar difuso). Esta deve ser estabelecida de acordo com o aerador a ser adotado (consultar catálogo do fabricante);

- a borda livre do reator, ou seja, a altura extra do tanque a partir do seu nível d'água, pode ser fixada em torno de 0,50 m;

- as dimensões em planta devem ser estabelecidas em função do regime hidráulico selecionado, e devem ser compatíveis com as áreas de influência dos aeradores;

- caso a estação tenha que tratar uma vazão superior a 250 L/s, deve-se ter mais de um reator. Aqui cabe um parênteses relacionado com a operação das ETEs. Dentro do possível e sempre com bom senso, principalmente no aspecto econômico, deve-se prever um número adequado de unidades que permitam maior flexibilidade operacional. É sempre temerário prever-se apenas uma unidade, na medida em que, se essa unidade necessitar de uma parada de manutenção, não será possível manter-se a operação da ETE durante esse período. Assim, quanto maior o número de unidades, melhor será a distribuição das cargas a serem tratadas pelas unidades restantes, em caso de manutenção de uma delas. Isso é válido não somente para os reatores mas também para as demais unidades. Deve-se prever número de unidades compatível com as várias fases do plano de expansão de cada ETE;

- usualmente os tanques são de concreto armado com paredes verticais, mas, sempre que possível, deve-se analisar a alternativa de tanques taludados (paredes mais delgadas ou argamassa armada);

- caso haja mais de uma unidade, pode-se utilizar paredes comuns entre as mesmas;

- os aeradores mecânicos de baixa rotação devem ser apoiados em passarelas sobre pilares (dimensionados para resistir à torção). Os aeradores mecânicos de alta velocidade, normalmente flutuantes, devem ser ancorados nas margens ou de preferência por meio de sistemas de hastes e guias (conforme se pode ver na Foto 9.2d);

- os aeradores mecânicos podem ter a capacidade de oxigenação controlada por meio das seguintes variações: submergência das hélices (por meio da variação do nível do vertedor de saída ou do eixo do aerador); da velocidade dos aeradores ou por liga-desliga dos aeradores;

- a aeração por ar difuso pode ter a capacidade controlada por meio de ajuste das válvulas de saída dos sopradores ou das válvulas de entrada nos reatores;

- a entrada do efluente submersa evita o desprendimento do gás sulfídrico eventualmente presente no esgoto bruto;

- a saída do tanque é feita geralmente através de vertedores localizados na extremidade oposta à entrada;

- caso haja mais de uma unidade, os arranjos de entrada e de saída devem permitir o isolamento de uma unidade, para eventual manutenção;

- deve-se dar condições de quebra de escuma eventualmente formada, por meio de mangueiras ou aspersores, e de remoção da mesma para caixas de escuma ou encaminhamento para os decantadores secundários;

- deve-se prever a possibilidade de drenagem do tanque para eventual esvaziamento, por meio de bombas submersíveis (mais simples e confiáveis), ou por descargas de fundo;

- no caso de interferência do nível d'água do lençol freático, deve-se possibilitar algum meio de alívio de subpressão, quando o tanque estiver vazio.

9.3.6.5 Lodos ativados – processos com aeração prolongada

Os reatores para lodos ativados, por aeração prolongada, podem ser de 4 diferentes tipos:

1. de mistura completa (CFSTR);
2. por batelada (Batch);
3. por valos de oxidação (*oxidation ditch*); ou
4. com reatores do tipo carrossel.

Segundo Além Sobrinho (1983-a), os reatores tipo aeração prolongada apresentam as seguintes características:

- Θ_C = idade do lodo = 20 a 30 dias (para Von Sperling, 1997, de 18 a 30 dias);

- f_V = fator de carga ao lodo volátil = 0,05 a 0,10;

- X = SST no tanque de aeração = de 3,0 a 6 kg/m^3 ou X_V = 2,3 a 4,5 kg/m^3;

- S_e = DBO solúvel no efluente do decantador = 2 a 8 mg/L;

- Q_r = vazão de recirculação = de 0,75 a 1,5 · Q_0;

- E = eficiência na remoção de DBO = de 90 a 98% (com base na DBO solúvel);

- em decorrência da grande quantidade de sólidos biológicos no tanque de aeração, os reatores de aeração prolongada são razoavelmente resistentes a cargas de choque e lançamentos ocasionais de elementos tóxicos no sistema;

- como esse sistema libera no meio alguns nutrientes da oxidação de material celular (endogenia), um despejo que contenha certa deficiência de nitrogênio pode ser tratado com sucesso por meio dessa variante de lodos ativados;

- a nitrificação, ou seja, a transformação da amônia em nitritos e posteriormente em nitratos é quase que total;
- normalmente, os reatores de aeração prolongada não são precedidos de decantadores primários. O motivo é que, pelo fato de o lodo biológico gerado nesse reator estar praticamente estabilizado, dispensa-se a unidade de digestão de lodos (comuns nos sistemas de taxa convencional). Assim, se houver lodo primário haverá necessidade de digestores;
- devido aos baixos valores de f_V (ou altos valores de Θ_C) resultam tanques de aeração bem maiores do que os reatores que atuam sob taxa convencional;
- devido à adicional necessidade de oxigênio para estabilização aeróbia do lodo, bem como para permitir a nitrificação, o consumo de oxigênio é bem maior do que no caso de reatores atuando sob taxa convencional.

9.3.6.5.1 Aeração prolongada com reatores tipo mistura completa

O arranjo é semelhante ao apresentado para a taxa convencional. Ressalte-se apenas que, para as mesmas condições, em termos de carga a ser tratada, o volume do reator neste caso resulta maior do que os convencionais, assim como a necessidade de oxigênio.

Para se calcular o volume necessário para esse reator, pode-se utilizar a equação 9.34, abaixo novamente explicitada:

$$V_R = \frac{Y \cdot Q_0 \cdot \Theta_C (S_0 - S_e)}{X_V \cdot [1 + (k_d \cdot f_b \cdot \Theta_C)]}$$

onde:
Y = coeficiente de síntese celular = 0,6 a 0,8 kg SSV gerado/Kg DBO removida;
Q_0 = vazão média diária afluente ao tratamento (em m³/dia);
Θ_C = idade do lodo (varia de 18 a 30 dias). Para se determinar o volume do reator, pode-se adotar um valor médio de ΘC em torno de 24 dias;
S_0 = concentração do substrato afluente ao sistema (em kg DBO/m³ de esgoto);
S_e = concentração do substrato efluente do sistema (em kg DBO/m³ de esgoto);
X_V = SSV no reator = 2,3 a 4,5 kg/m³ ou 2.300 a 4.500 mg/L.

O Prof. Pedro Além Sobrinho recomenda que não se ultrapasse 3.500 mg/L, para evitar a sobrecarga nos decantadores secundários.

K_d = coeficiente de respiração endógena = 0,09 dia⁻¹;
f_b = fração biodegradável do SSV (ver Tab. 9.15). Adotando-se, por exemplo, Θ_C = 24 dias e k_d = 0,09 dia⁻¹, tem-se que f_b = 0,56.

Exemplo de cálculo 9.8

Utilizando-se os mesmos dados do exemplo de cálculo 9.7, porém adotando-se Θ_C = 24 dias, X_V = 2,9 kg/m³ ou 2.900 mg/L, k_d = 0,09 d^{-1}, f_b = 0,56 e S_e = 5 mg/L, pode-se então calcular o volume do reator para um sistema de aeração prolongada, do tipo mistura completa:

$$V_R = \frac{0,7 \times 3.491,0 \times 24 \times (0,1925 - 0,005)}{2,9 \times (1 + 0,09 \times 0,56 \times 24)} = 1.716 \text{ m}^3$$

Comparando-se com o volume obtido para o reator, no exemplo de cálculo 9.7, calculado para a taxa convencional (V_R = 948,10 m³), observa-se que para o reator tipo aeração prolongada resultaria um volume de reator 81,0% maior.

No entanto, conforme já se comentou anteriormente, é típico dos sistemas tipo aeração prolongada a não instalação do decantador primário. Portanto, deve-se alterar a concentração de DBO₅ de entrada no reator, uma vez que não se contará com a remoção de carga orgânica no decantador primário. Adotando-se ainda os valores do exemplo de cálculo 9.7, tem-se S_0 = 275 mg/L = 0,275 kg/m³ e portanto, o valor do volume para esse tipo de reator resultaria:

$$V_R = \frac{0,7 \times 3.491,0 \times 24 \times (0,275 - 0,005)}{2,9 \times (1 + 0,09 \times 0,56 \times 24)} = 2.471 \text{ m}^3$$

Voltando-se a comparar com o volume obtido para o reator, no exemplo de cálculo 9.7, calculado para a taxa convencional (V_R = 948,10 m³), observa-se que para o reator tipo aeração prolongada, neste caso sem o decantador primário, resultaria num volume de reator 160,6% maior.

Um outro aspecto que poderia ser discutido, neste caso, é a questão relacionada com o maior tempo de detenção celular (Θ_C = 24 dias). Para esse tempo de detenção celular deve-se utilizar não mais a DBO₅ (5 dias), mas, sim, a DBO total, uma vez que com essa idade do lodo ocorrerá a degradação da DBO total carbonácea. Como se viu anteriormente (item 7.4), para esgoto doméstico pode-se considerar DBO₅ = 0,68 DBO$_{ult}$. Assim o valor da DBO a ser utilizada é DBO$_{ult.}$ = $S_{0\ ult.}$ = 275/0,68 = 404,4 mg/L ou 0,4044 kg/m³ e a DBO$_{ult.}$ de saída do decantador secundário $S_{e\ ult.}$ = 5/0,68 = 7,4 mg/L ou 0,0074 kg/m³. Portanto, o novo volume para o reator passaria a ser:

$$V_R = \frac{0,7 \times 3.491,0 \times 24 \times (0,4044 - 0,0074)}{2,9 \times (1 + 0,09 \times 0,56 \times 24)} = 3.634 \text{ m}^3$$

Voltando-se a comparar com o volume obtido para o reator, no exemplo de cálculo 9.7, calculado para a taxa convencional (V_R = 948,10 m³), observa-se que para o reator tipo aeração prolongada, neste caso sem o decantador primário e considerando-se a DBO$_{ult.}$ ao invés da DBO₅, resultaria num volume de reator 283,3% maior.

Vale lembrar ainda que, em ambos os exemplos de cálculo (9.7 e 9.8), admitiu-se que a temperatura do esgoto era de 20 °C. Caso se tenha o líquido numa temperatura diferente desta, deve-se fazer as devidas correções, principalmente no valor da DBO. O novo valor da DBO a uma temperatura diferente de 20 °C (conforme visto no item 7.4) pode ser obtido pela equação 9.36.

$$DBO_{T\,°C} = DBO_{20\,°C} \times k^{(T\,°C - 20\,°C)} \quad (9.36)$$

para esgoto doméstico $k = 1,047$.

Alguns autores, entre eles Além Sobrinho (1993) e Gondim (1976), recomendam dimensionar os reatores tipo aeração prolongada, por meio da equação 9.37, a seguir reproduzida, baseada no fator de carga ao lodo.

$$f = \frac{Q_0 \cdot S_0}{X \cdot V_R} \quad \text{ou} \quad V_R = \frac{Q_0 \cdot S_0}{X \cdot f} \quad (9.37)$$

onde:
f = fator de carga ao lodo, variável de 0,05 a 0,10 kg de DBO/kg de SST por dia. Segundo Além Sobrinho (1993), para as nossas condições de clima pode-se adotar ⇒ $f = 0,085$;
Q_0 = vazão média diária afluente ao tratamento (em m³/dia);
S_0 = substrato afluente ao sistema (em kg DBO/m³ de esgoto);
X = SST no reator deve ser mantido na faixa de 3,5 a 4,0 kg/m³;
V_R = volume do reator (em m³).

Exemplo de cálculo 9.9

Se adotados os mesmos valores do exemplo de cálculo 9.8, pode-se então calcular o volume do reator, por meio da equação 9.37, apenas para fins comparativos.

Deve-se observar que no exemplo de cálculo 9.8 utilizou-se $X_V = 2,9$ kg/m³. Como a equação 9.37 utiliza o parâmetro sólidos suspensos totais X, ao invés de sólidos suspensos voláteis X_V, deve-se antes estimar o valor de X por meio da relação $X_V = 0,75\, X$, ou seja:

$X = 2,9/0,75$ (3,9 kg/m³)

$Q_0 = 3.491,00$ m³/dia

$S_0 = 0,4044$ kg/m³

$f = 0,085$

$$V_R = \frac{Q_0 \cdot S_0}{X \cdot f} = \frac{3.491,0 \times 0,4044}{3,9 \times 0,085} = 4.259 \text{ m}^3$$

Comparando-se com o último valor obtido no exemplo de cálculo 9.8 ($V_R = 3.634,00$ m³), percebe-se que, ao se adotar o critério do fator de carga ao lodo, resultaria num reator com volume cerca de 17,2% maior.

9.3.6.5.2 Aeração prolongada com reator tipo valo de oxidação

Até a década de 1950 predominavam, na maioria dos países que até então tratavam seus esgotos, os sistemas convencionais de lodos ativados. No entanto, percebia-se que, ao se adotar tais sistemas para pequenas comunidades, os custos *per capita* do tratamento de esgotos aumentavam muito e geralmente essas comunidades não dispunham de mão de obra especializada na operação e manutenção das unidades e equipamentos. Havia, portanto, por parte de alguns pesquisadores, a preocupação em simplificar os processos de tratamento de esgotos, principalmente para o atendimento desses casos.

Essa preocupação levou ao estudo e desenvolvimento de alguns processos diferenciados, visando à diminuição do número de unidades e equipamentos, evitando-se controles operacionais mais sofisticados e a consequente diminuição dos custos de implantação, operação e manutenção. Nessa linha surgiu o valo de oxidação, que foi concebido e desenvolvido na Holanda, pelo Dr. Pasveer e colaboradores, no ano de 1956 (Gondim, 1976), no qual se destavam os aspectos a seguir.

- O arranjo de entrada das ETES (grades, caixa de areia, medidor de vazão e eventualmente uma elevatória) é semelhante ao sistema convencional. No entanto, com a intenção de evitar a necessidade de digestores de lodo, não existem decantadores primários, ou seja, depois de passar pelas unidades anteriormente relacionadas, o esgoto vai direto para o reator. Os sólidos sedimentáveis e os dissolvidos, tratados no reator tipo valo de oxidação, são submetidos à aeração prolongada, dispensando assim a unidade de digestão do lodo. Dependendo das condições operacionais que se pretenda, de fluxo contínuo ou de fluxo descontínuo, a instalação poderá ter ou não o decantador secundário.

- No caso de operação descontínua, não se constrói o decantador secundário. Nesta opção, após um período de aeração, prevê-se uma parada programada do aerador, permitindo a sedimentação dos sólidos em suspensão no próprio reator. Após o tempo de sedimentação adotado, uma adequada quantidade de líquido sobrenadante (esgoto tratado) é drenada e eventualmente também uma quantidade de lodo excedente é descartada.

- No caso de operação contínua, o decantador secundário pode estar localizado dentro do próprio reator ou então, como uma unidade em separado, com recirculação de lodo, a exemplo do sistema convencional. Segundo Além Sobrinho (1983), o arranjo com o decantador em separado apresenta melhores resultados.

- O reator tipo valo de oxidação tem formato de pista de hipódromo (ver Fig. 9.43) e baixas profundidades (máxima de 1,20 m, segundo Von Sperling, 1997). Geralmente são instalados apenas dois aeradores tipo escova, com eixo horizontal. Esse aerador tem dupla função: fazer o esgoto circular pelo valo, com velocidade longitudinal na faixa entre 0,40 e 0,60 m/s, e também manter o nível de oxigênio dissolvido na massa líquida. Caso se adote profundidades maiores que a máxima estipulada, haverá dificuldades para esse tipo de aerador realizar as suas funções.

- A largura do valo e a inclinação de suas paredes são funções do comprimento que se vai adotar para o

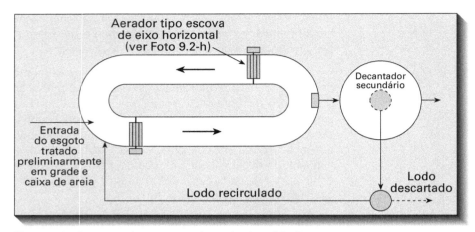

Figura 9.43 Esquema de um reator tipo valo de oxidação.

eixo do aerador. Quanto maior o eixo, maiores são os problemas de desalinhamento que podem ocorrer. Hess, *apud* Gondim (1976), recomenda que a largura do valo não exceda 5,00 m. As paredes podem ser taludadas em 45° ou, para valos de maior largura, podem ser verticais (Von Sperling, 1997).

- A saída do líquido para o decantador secundário (quando existente) é feita por meio de uma calha. Essa calha é projetada de maneira a permitir a variação do nível do esgoto no valo, para controle da imersão dos rotores de aeração.

- Nos valos de oxidação, a vazão de recirculação Q_r pode variar de 0,75 a 1,5 · Q_0. Alguns autores citam vazões de recirculação de até 2,0 · Q_0 (Gondim, 1976).

- Os valos de oxidação podem ser dimensionados usando-se os mesmos critérios utilizados para o dimensionamento de outros reatores de aeração prolongada. Para se determinar o volume total do reator, pode-se utilizar também a expressão 9.34, o que resultaria num volume semelhante ao calculado para o reator de mistura completa, anteriormente calculado. Porém, como as profundidades no valo são bem menores, resultaria numa área maior do que para o reator tipo mistura completa.

$$V_R = \frac{Y \cdot Q_0 \cdot \Theta_C \cdot (S_0 - S_e)}{X_V \cdot [1 + (k_d \cdot f_b \cdot \Theta_C)]}$$

(Parâmetros já definidos anteriormente.)

9.3.6.5.3 Aeração prolongada com reator tipo carrossel

O reator do tipo carrossel é uma variante do valo de oxidação com rotor de eixo vertical (ver Fig. 9.44). Foi proposto para atender comunidades de até 150.000 habitantes. A grande diferença está na profundidade da lâmina d'água que, neste caso, pode chegar a 5,00 m de profundidade, na zona de aeração, e 3,50 m, na zona não aerada (Von Sperling, 1997). Por apresentar profundidade maior, a área necessária ao reator resulta menor, quando comparada com o valo de oxidação.

Segundo Além Sobrinho (1983-a), no caminho entre os dois pontos de aeração o oxigênio dissolvido O_D vai decrescendo, chegando próximo a zero ao entrar na zona de aeração, o que propicia uma melhor eficiência na transferência de oxigênio para a massa líquida. O carrossel é muitas vezes projetado com uma zona anóxica (O_D = zero), de modo a se obter a desnitrificação: $NO_3^- \Rightarrow N_2$.

9.3.6.5.4 Aeração prolongada com reatores tipo batelada (*Batch*)

Trata-se de uma alternativa que já vem sendo adotada há algumas décadas, mas segundo Von Sperling (1997), somente a partir da década de 1980 essa tecnologia foi sendo mais difundida. Com essa alternativa diminui-se o número de unidades e de equipamentos. Pode-se eliminar não somente o decantador primário como também o decantador secundário, além de todo o sistema de recirculação e de digestão do lodo, caso a opção seja pela aeração prolongada. Persistiam ainda alguns problemas com a forma de retirada do efluente tratado que vem sendo solucionada de várias formas, entre elas a apresentada nas Figs. 9.45 e 9.47, ou mesmo uma solução com emprego de vertedores flutuantes.

No Brasil, um dos maiores defensores do sistema batelada, o engenheiro da SABESP, H. Kamiyama (1989, 1990 e 1992), afirma que num país como o nosso, tão carente de recursos financeiros e de mão de obra espe-

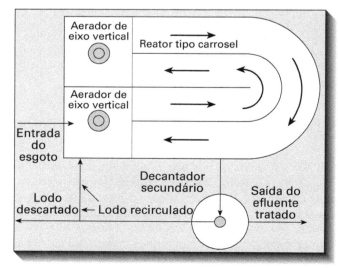

Figura 9.44 Esquema de um reator tipo carrossel.

O sistema de lodos ativados

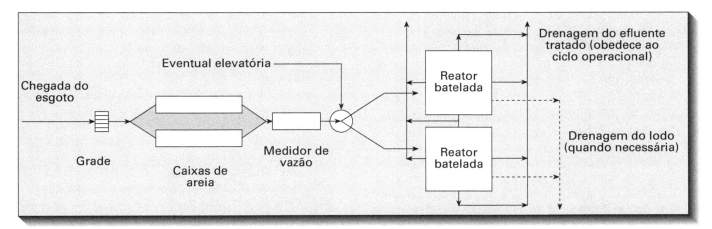

Figura 9.45 Arranjo característico (com 2 reatores) tipo batelada.

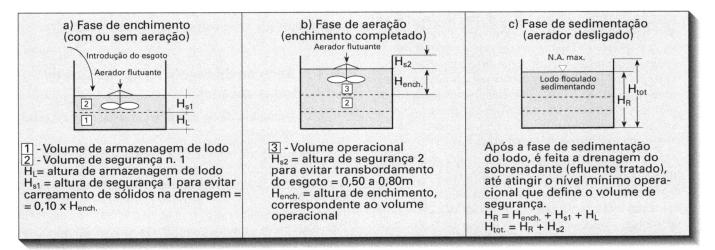

Figura 9.46 Ciclo operacional e alturas características do reator tipo batelada.

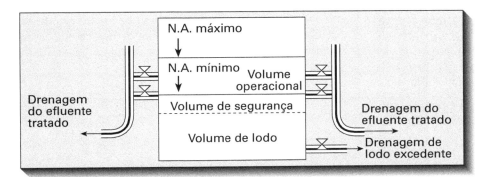

Figura 9.47 Esquema da drenagem do efluente tratado e lodo excedente no reator tipo batelada.

cializada para operação e manutenção, este seria, em muitos casos, o sistema ideal porque:

- O ciclo operacional do reator tipo batelada pode ser fixado na faixa de seis em seis horas até doze em doze horas. A partir da escolha do tempo de enchimento é que se pode calcular a quantidade de reatores. Para vazões contínuas, como é o caso de esgoto sanitário, sempre haverá necessidade de no mínimo 2 reatores.

- O ciclo completo inclui: o tempo de enchimento do reator com aeração concomitante ou não, o tempo de aeração com reator cheio, o tempo de sedimentação, o tempo de drenagem do sobrenadante e um tempo de segurança ou tempo de descanso (os três últimos naturalmente com o aerador desligado).

- O tempo de enchimento depende do número de reatores adotados e das condições específicas de cada projeto, uma vez que as vazões de chegada de esgoto nas estações de tratamento são extremamente variáveis. Em termos operacionais, pode-se optar também por fazer o desvio do esgoto afluente para um outro reator sempre que o anterior estiver cheio.

- O tempo de aeração deve ser ≥ a 50% do tempo total de ciclo. Para facilidade de operação a aeração é feita com aeradores do tipo flutuante (ver Fotos 9.2c e d).

- Adota-se, normalmente, um tempo mínimo de uma hora para a sedimentação do lodo, antes de se iniciar a operação de drenagem. Esse tempo, no entanto, depende da sedimentabilidade do lodo (ver, por exemplo, Von Sperling, 1997, p. 343).

- A drenagem do efluente tratado é considerada o ponto crucial do projeto e da operação do reator batelada. Esta deve ser feita em vários pontos (no mínimo em quatro pontos ao redor do reator) e sempre com baixas velocidades, de maneira a se evitar o carreamento de sólidos, que comprometeriam a eficiência do sistema. A grande dificuldade é que a drenagem tem de ser feita com níveis d'água variáveis, ou seja, desde o nível máximo no reator até um nível mínimo de segurança previamente fixado (ver Fig. 9.46). Assim, também no trecho entre o nível d'água máximo e o nível d'água mínimo deve-se ter saídas em vários níveis, no mínimo em dois níveis (ver Fig. 9.47). Alguns projetistas adotam vertedores flutuantes que, em algumas instalações de menor porte, são conseguidos por meio de mangotes presos na parte inferior do aerador flutuante. Resolvido satisfatoriamente esse quesito, o sistema por batelada, pela sua simplicidade, é quase imbatível, quando comparado com outros sistemas de lodos ativados.

- Após o tempo de drenagem do efluente tratado, que depende de cada projeto e eventualmente feita a drenagem de parte do lodo sedimentado, que depende do teste da concentração de sólidos presentes no reator, prevê-se ainda um tempo de segurança adicional (tempo de descanso) de aproximadamente 15 minutos, antes de se começar o novo ciclo de enchimento.

- O período total parado (sem aeração) nunca deve ultrapassar 4 horas, para manter os microrganismos aeróbios em plena atividade. Eventualmente, em projetos que visam remoção de nutrientes (nitrogênio e fósforo), a recomendação acima não é válida.

- Para se determinar o volume do reator tipo batelada V_R, funcionando por aeração prolongada, também pode-se utilizar a equação 9.34:

$$V_R = \frac{Y \cdot Q_C \cdot \Theta_C \cdot (S_0 - S_e)}{X_V \cdot [1 + (k_d \cdot f_b \cdot \Theta_C)]}$$

onde:

Y = coeficiente de síntese celular = 0,6 a 0,8 kg SSV gerado/Kg DBO removida;

Q_C = vazão média de ciclo (em m³/ciclo). Naturalmente dependerá do ciclo operacional adotado. Por exemplo, se por hipótese o tempo de enchimento for 1/4 de dia (6 horas), pode-se, por exemplo, dividir-se a vazão média diária afluente ao tratamento por 4, obtendo-se então a vazão de cada ciclo;

Θ_C = idade do lodo (varia de 18 a 30 dias). Para se determinar o volume do reator, pode-se adotar um valor médio de Θ_C em torno de 24 dias;

S_0 = substrato afluente ao sistema (em kg DBO/m³ de esgoto);

X_V = SSV no reator cheio. Von Sperling (1997) recomenda SSV na faixa de 1.500 a 3.500 mg/L. Para efeito de dimensionamento do volume de lodo no reator (volume que permanece após a fase de drenagem do efluente), pode-se limitar X_V a um máximo de 5,4 kg/m³ = 5.400 mg/L ou SST na faixa de 7 kg/m³. Em termos operacionais, é mais fácil controlar-se o SST em torno de 7 kg/m³ = 7.000 mg/L;

K_d = coeficiente de respiração endógena = 0,09 dia⁻¹;

f_b = fração biodegradável do SSV (ver Tab. 9.15). Adotando-se, por exemplo, Θ_C = 24 dias e k_d = 0,09 dia⁻¹, tem-se que f_b = 0,56.

9.3.7 Aeração do esgoto nos processos de lodos ativados

9.3.7.1 Demanda de oxigênio necessária aos processos biológicos

A demanda de oxigênio necessária aos processos biológicos de lodos ativados (Nec.O₂) é variável em função do processo utilizado e da temperatura do esgoto. Além Sobrinho (1983-a) destaca que na determinação da demanda de oxigênio por unidade de substrato removido deve-se ter em mente que quanto maior for a idade do lodo (Θ_C) e, consequentemente, menor for o fator de carga ao lodo (f), maior será a quantidade de oxigênio necessária por unidade de substrato (DBO) removida, uma vez que, à medida que aumenta a idade do lodo, as reações de respiração vão-se tornando mais significativas do que as de síntese. A expressão geral da necessidade de oxigênio é dada por,

$$\text{Nec.O}_2 = \underbrace{\overbrace{a' \cdot Q_0 (S_0 - S_e)}^{\text{Demanda carbonácea}} + b' \cdot X_V \cdot V}_{\substack{\text{Parcela} \\ \text{atribuída} \\ \text{à respiração} \\ \text{exógena}}} \underbrace{}_{\substack{\text{Parcela} \\ \text{atribuída} \\ \text{à respiração} \\ \text{endógena}}}$$

$$+ \underbrace{4{,}57(\text{Kg O}_2/\text{kg N—NH}_3) \Rightarrow \text{NO}_3^-}_{\text{Parcela atribuída à nitrificação}}$$

a' = consumo de oxigênio por unidade de substrato removido, na respiração exógena;

b' = consumo de oxigênio por unidade de X_V e de tempo, na respiração endógena.

Segundo Jordão e Pessoa (1995), pode-se normalmente utilizar para esgotos domésticos a' = 0,52 e

Exemplo de cálculo 9.10

Adotando-se os valores anteriormente definidos no exemplo de cálculo 9.8, com vazão média $Q_0 = 3.491,00$ m³/dia, $X_{VL} = 5.400$ mg/L = 5,40 m³/dia (concentração de SSV no reator drenado), $\Theta_C = 24$ dias, $k_d = 0,09$ dia^{-1}, $f_b = 0,56$, $S_0 = 0,4044$ m³/dia e $S_e = 0,0074$ m³/dia, calcular os volumes e alturas características de cada reator, conforme definidas na Fig. 9.46.

Inicialmente, deve-se determinar a vazão de cada ciclo Q_C. Admitindo-se preliminarmente que o tempo de enchimento seja de 4 horas (6 enchimentos/dia) e 3 o número total de reatores, tem-se:

$Q_C = Q_0/6 = 3.491,00 : 6 = 582$ m³/enchimento, com a qual pode-se calcular o volume de lodo no reator V_{LR}. Pode-se ainda considerar a vazão de cada enchimento como o volume operacional do reator:

$$V_{LR} = \frac{Y \cdot Q_C \cdot \Theta_C \cdot (S_0 - S_e)}{X_{VL} \cdot [1 + (k_d \cdot f_b \cdot \Theta_C)]} =$$

$$= \frac{0,7 \times 582 \times 24 \times (0,4044 - 0,0074)}{5,4 \times [1 + (0,09 \times 0,56 \times 24)]} = 325,00 \text{ m}^3$$

O volume de segurança V_{S1}, segundo Von Sperling (1997), pode ser calculado:

$V_{S1} = 0,1 \times V_{\text{enchim.}} = 582 \times 0,1 = 58,2$ m³ = adotado 60 m³

O volume do reator pode então ser calculado:

$V_R = 582 + 60 + 325 = 967$ m³.

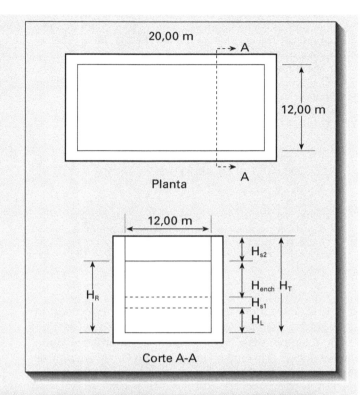

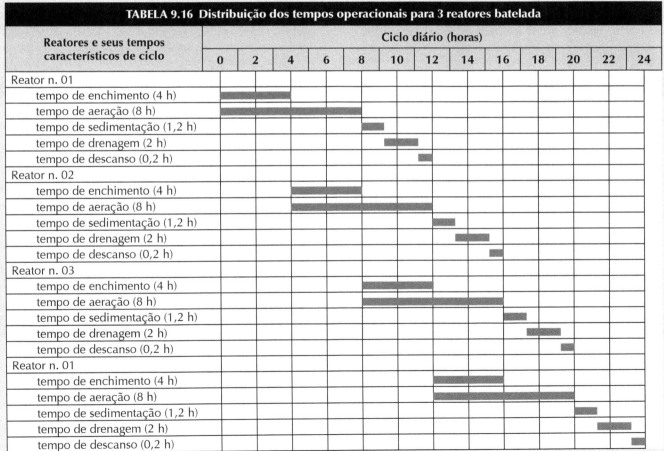

TABELA 9.16 Distribuição dos tempos operacionais para 3 reatores batelada

Observação: Na sequência e a partir da 16ª hora entraria o reator de n. 02 e assim por diante.

Se admitida a aeração por aeradores mecânicos flutuantes, com profundidade operacional de 4,00 m, tem-se a área superficial de cada reator $A_{SR} = 967/4 = 241,75$ m². Adotar-se-ão 3 reatores de 12,00 m × 20,00 m resultando área de cada reator $A_{SR} = 240,00$ m². O volume resultante será $V_R = 240,00$ m² × 4,00 m = 960,00 m³. Com esse volume pode-se calcular X_V com reator totalmente cheio.

$$X_V = \frac{Y \cdot Q_C \cdot \Theta_C \cdot (S_0 - S_e)}{V_R \cdot [1 + (k_d \cdot f_b \cdot \Theta_C)]} =$$

$$= \frac{0,7 \times 582 \times 24 \times 2(0,4044 - 0,0074)}{960 \times [1 + (0,09 \times 0,56 \times 24)]} =$$

$$= 1,83 \text{ kg/m}^3 = 1.830 \text{ mg/L}$$

Cálculo das alturas: de enchimento $H_{ench.}$, de segurança H_{S1} e H_{S2}, de armazenamento de lodo H_L e altura total: H_T

$H_{ench.} = 582$ m³/240 m² = 2,43 m. Adotado ≈ 2,40 m

$H_{S1} = 60,00$ m³/240,00 m² = 0,25 m. Adotado ≈ 0,25 m;
$H_L = 325,00$ m³/240,00 m² = 1,35 m. Adotado ≈ 1,35 m;
$H_R = 2,40 + 0,25 + 1,35 = 4,00$ m;
H_{S2} = adotado = 0,60 m;
$H_T = 4,00 + 0,60 = 4,60$ m.

- Para verificação da coerência dos tempos de ciclo apresentou-se na Tab. 9.16, uma das possíveis distribuições dos tempos operacionais para um conjunto de 3 reatores, apenas para fins de exemplificação.

- Note-se que nessa distribuição apresentada houve preocupação com apenas dois quesitos: tempo de aeração maior do que 50% do tempo total de ciclo e tempo máximo de 4 horas, sem aeração em cada reator. Desconsideraram-se eventuais tempos para desnitrificação ou mesmo questões relativas à manutenção de um ou mais reatores. É claro que num caso real todas essas questões devem ser devidamente documentadas no manual de operação.

$b' = 0,12$. Para Além Sobrinho (1983-a), em se tratando de esgotos predominantemente doméstico, a necessidade de oxigênio dissolvido, visando atender à demanda carbonácea, varia com a idade do lodo Θ_C e com o fator de carga ao lodo f de acordo com os valores apresentados na Tab. 9.17.

Em se tratando de esgotos predominantemente domésticos, há valores-limite da idade do lodo Θ_C e do fator de carga ao lodo f, em função da temperatura, que irão possibilitar ou não a ocorrência das reações de nitrificação, e que exigirão naturalmente uma maior quantidade de oxigênio no processo (ver Tab. 9.18).

Em termos práticos, tratando-se de esgotos predominantemente domésticos, pode-se considerar os valores da Tab. 9.19, para efeito de dimensionamento. Deve-se alertar, porém, que a demanda ao longo do dia é bastante variável. Para atender a essa variação, deve-se usar, se possível, aeradores de velocidade variável ou,

TABELA 9.17 Necessidade de oxigênio, para demanda carbonácea, de acordo com Θ_C e f

Θ_C (dias)	nec. O₂ (kg O₂/kg DBO removida)	f (Kg DBO/kg SST · dia)	nec. O₂ (kg O₂/kg DBO removida)
3	0,7	0,10 (e menos)	1,60
5	1,0	0,15	1,38
10	1,4	0,20	1,22
20	1,6	0,30	1,00
–	–	0,40	0,88
–	–	0,60	0,74
–	–	0,80	0,68
–	–	1,00 (e mais)	0,65

Fonte: Além Sobrinho (1983-a)

TABELA 9.18 Crescimento percentual de microrganismos nitrificadores em função de T, Θ_C e f

Temperatura T (°C)	% de crescimento de novos microrganismos nitrificadores por dia	Θ_C (mínimo) em dias	f (máximo) (kg DBO/kg SST · dia)
10	10	10,0	0,15
15	18	6,7	0,23
20	33	3,0	0,38
25	60	1,7	0,65

Fonte: Além Sobrinho (1983-a)

O sistema de lodos ativados

TABELA 9.19 Valores práticos da demanda de oxigênio para cada tipo de reator	
Necessidade de O_2 (kg O_2/kg DBO)	**Tipo de reator**
2,0	Para reator do tipo convencional
2,5	Para reator tipo aeração prolongada
3,0	Para garantir nitrificação 100% do tempo

Fonte: Além Sobrinho (1993)

pelo menos, de duas diferentes rotações. Os aeradores de velocidade variável apresentam excelente flexibilidade operacional, mas são mais caros que os de duas velocidades. A aeração por ar difuso deve possibilitar o atendimento à citada variação.

9.3.7.2 Tipos de aeração

Basicamente existem duas maneiras de realizar a aeração do esgoto, nos processos biológicos de lodos ativados (ver Fig. 9.48a e b), a seguir descritas:

- Introdução de ar ou de oxigênio comprimido próximo ao fundo do reator, por um sistema de tubulações e difusores, e com a utilização de compressores ou de sopradores de ar. Trata-se da aeração por ar difuso (ver fotos 9.2a e 9.2b).

- Produção de grande turbilhonamento na superfície do líquido, aspergindo pequenas gotas ao ar. Esse turbilhonamento promove também a entrada do ar atmosférico no meio líquido e é denominado aeração superficial ou mecânica.

A introdução do oxigênio no líquido, utilizando-se do sistema de aeração por ar difuso, é feita pela passagem direta do ar pelo líquido, desde o fundo do reator até a sua superfície. É composto por um sistema de pressurização do ar (sopradores ou compressores), tubulações de transporte e distribuição de ar, e na extremidade destas, um componente de extrema importância, que é o difusor. Segundo Von Sperling (1997), a difusão pode ser feita por:

- difusores do tipo poroso, ou de bolhas finas (diâmetro inferior a 3,0 mm), composto por prato, disco domo e tubo. Estes podem ser fabricados de materiais cerâmicos (mais antigos), plásticos ou membranas flexíveis;

- difusores do tipo não poroso, ou de bolhas médias (diâmetro entre 3 e 6 mm), ou ainda de bolhas grossas (diâmetro superior a 6 mm), composto de membranas perfuradas, tubos perfurados ou com ranhuras;

- outros sistemas tais como: aeração por jatos, aeração por aspiração, tubo em U.

O difusor poroso feito com materiais cerâmicos é o tipo mais antigo. Atualmente é fabricado de óxido de alumínio ou grãos de sílica vitrificados e resinados. Os difusores de plástico são mais recentes e têm como principais vantagens o reduzido peso e o baixo custo, embora possam ser menos resistentes. Os difusores de membrana são também bastante antigos, mas apresentam uma versão popular mais recente, cuja membrana ao receber o ar, infla-se, permitindo o alargamento de minúsculas aberturas. Quando o ar é desligado, a membrana encolhe-se, fechando os orifícios e dificultando a ocorrência de um dos maiores problemas dos difusores, que é a sua colmatação ou entupimento (Von Sperling, 1997).

Em geral, quanto menor o tamanho das bolhas de ar, maior a eficiência da transferência de gases (ver Tab. 9.20). Assim, os difusores de bolha fina seriam os mais eficientes. No entanto, principalmente nestes, o fenômeno da colmatação provoca uma diminuição da eficiência do difusor ao longo do tempo. Pode ocorrer a colmatação

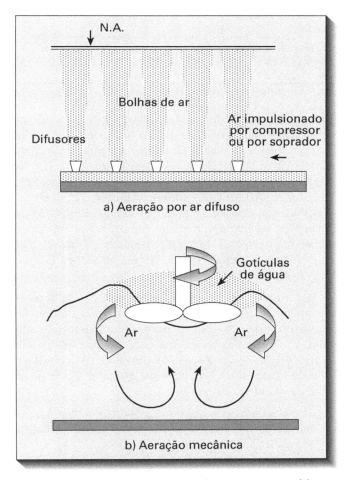

Figura 9.48 Esquemas dos sistemas de aeração por ar difuso e aeração mecânica.

TABELA 9.20 Características dos principais sistemas de aeração por difusão

	Difusores de bolhas finas	Difusores de bolhas médias	Difusores de bolhas grossas	Aeradores por aspiração
Principais Características	As bolhas são geradas através de pratos, discos, tubos ou domos, feitos de um material cerâmico, vítreo ou resinas.	As bolhas são geradas através de membranas perfuradas ou tubos (aço inox coberto ou de plástico) perfurados.	As bolhas são geradas através de orifícios, bocais ou injetores.	As bolhas são geradas por meio de uma hélice rodando em alta velocidade na extremidade de um tubo vazado, provocando a sucção do ar atmosférico.
Aplicações	Lodos ativados	Lodos ativados	Lodos ativados	Lodos ativados e lagoas aeradas
Vantagens	Elevada transferência de oxigênio. Boa capacidade de mistura. Elevada flexibilidade operacional por meio da variação da vazão de ar.	Boa capacidade de mistura. Reduzidos custos de manutenção.	Não colmatação. Baixos custos de manutenção. Custos de implantação competitivos. Filtros de ar não necessários.	Não colmatação. Filtros de ar não necessários. Simplicidade conceitual. Manutenção relativamente simples.
Desvantagens	Custos de implantação e de manutenção elevados. Possibilidade de colmatação dos difusores. Necessidade de filtros de ar.	Custos de implantação elevados. Filtros de ar podem ser necessários.	Baixa transferência de oxigênio, provocando elevados requisitos de energia.	Eficiência de oxigenação inferior aos sistemas de aeração mecânica e também de difusores de bolhas finas.
Eficiência de oxigenação padrão média (%)	10 a 30	6 a 15	4 a 8	–
Eficiência de oxigenação padrão (kg O_2/kWh)	1,2 a 2,0	1,0 a 1,6	0,6 a 1,2	1,2 a 1,5

Fonte: Adaptado de Von Sperling (1997)

interna do difusor, provocada pelas impurezas contidas no ar utilizado, não removidas no filtro de ar. Também pode ocorrer a colmatação externa, normalmente provocada pelo crescimento de microrganismos ou pela precipitação de compostos inorgânicos na superfície do difusor. Atualmente existe também no mercado brasileiro um tipo de aerador por aspiração dotado de uma hélice na extremidade inferior, imersa no líquido, e que ao girar provoca uma subpressão, succionando o ar atmosférico por uma ranhura situada na parte superior, fora do líquido (Von Sperling, 1997).

Em termos operacionais é relativamente fácil fazer o controle da quantidade de ar fornecida ao sistema de aeração por difusão, pelo simples acionamento de válvulas. Para atender a esse quesito, deve-se prever um fator de segurança, por ocasião do projeto, na quantidade total de ar disponível no sistema, atendendo aos picos de necessidade de oxigênio.

Os mecanismos de transferência de oxigênio através de aeradores mecânicos superficiais, segundo Malina (1992) *apud* Von Sperling (1997), são:

- transferência do oxigênio do ar às gotas e finas películas de água aspergidos no ar ($\approx$ 60% da transferência total);

- transferência do oxigênio na interface ar-líquido, onde as gotas em queda entram em contato com o líquido no reator ($\approx$ 30% da transferência total);

- transferência de oxigênio por bolhas de ar transportadas da superfície ao seio da massa líquida ($\approx$ 10% da transferência total);

Os aeradores mecânicos podem também ser classificados quanto ao eixo de rotação e quanto à forma de fixação em:

- aeradores de eixo vertical;
- de baixa rotação e fluxo radial;
- de alta rotação e fluxo axial. Normalmente são aeradores flutuantes;
- aeradores de eixo horizontal. Também são de baixa rotação (acionados por motores convencionais dotados de redutores de velocidade) e mais comumente são utilizados nos valos de oxidação, fixados em ambos os lados do valo.

Os aeradores são fabricados com as seguintes potências: 1, 2, 3, 5, 7,5, 10, 15, 20, 25, 30, 40, 50, 60, 75, 100, 125, 150

	TABELA 9.21 Características dos principais aeradores mecânicos		
	Aerador de baixa rotação, fluxo radial – Foto 9.2e	**Aerador de alta rotação, fluxo axial ver Fotos 9.2c e 9.2d**	**Aerador de eixo horizontal Foto 9.2h**
Principais Características	Similar a uma bomba de alta rotação e baixa carga. O fluxo do líquido no reator é radial em relação ao eixo do motor. A maior parte da transferência de oxigênio ocorre devido ao ressalto hidráulico criado. Velocidade de rotação de 20 a 60 rpm.	Similar a uma bomba de elevada vazão e baixa carga. O fluxo do líquido bombeado é ascencional segundo o eixo do motor, passando pela voluta e atingindo o difusor, de onde é disperso lateralmente ao eixo do motor na forma de aspersão. A maior parte da transferência de oxigênio ocorre devido à aspersão e turbulência. Velocidade de rotação de 900 a 1400 rpm.	A rotação é feita em torno de um eixo horizontal. Ao girar o rotor, dotado de grande número de aletas perpendiculares ao eixo, provoca aeração por aspersão e incorporação do ar, além de impulsionar longitudinalmente o líquido no reator. Velocidade de rotação de 70 a 100 rpm.
Aplicações	Lodos ativados e variantes. Digestão aeróbia de lodo. Unidades de aeração com profundidades de até 5,00 m.	Lodos ativados e suas variantes, em especial o sistema por batelada. Digestão aeróbia de lodo. Lagoas aeradas.	Valos de oxidação com profundidades de no máximo 1,50 m.
Principais Componentes	Motor, redutor, hélice (impulsor). Unidades de fixação (pontes ou passarelas) para os aeradores fixos (mais frequentes)	Motor, hélice (impulsor), flutuador. Não utiliza redutor de velocidade.	Motor, redutor de velocidade, rotor. Fixo em ambos os lados do valo de oxidação.
Vantagens	Elevada transferência de oxigênio. Boa capacidade de mistura. Flexibilidade no projeto do reator. Elevada capacidade de bombeamento. Fácil acesso para manutenção.	Menores custos iniciais. Facilmente ajustável às variações do nível d'água, que ocorre principalmente na operação do reator tipo batelada. Operação flexível.	Custo inicial moderado. Fácil de fabricar localmente. Fácil acesso para manutenção.
Desvantagens	Custos iniciais elevados. Necessidade de manutenção cuidadosa nos redutores.	Difícil acesso para manutenção. Menor capacidade de mistura. Transferência de oxigênio não muito elevada.	Geometria do reator limitada. Requisito de baixas profundidades. Possíveis problemas com eixos longos. Transferência de oxigênio não muito elevada.
Eficiência de oxigenação padrão (kgO$_2$/kWh)	1,5 a 2,2	1,2 a 2,0	Variável com o comprimento do eixo, com a rotação e com a imersão do rotor no líquido (ver seção 9.3.7.4).

Fonte: Adaptado de Von Sperling (1997) e Gondim (1976)

CV (Von Sperling, 1997). Além Sobrinho (1993) recomenda que se use um número maior de aeradores de baixa potência em lugar de poucos aeradores de alta potência, para se obter uma maior flexibilidade operacional.

Um fator bastante importante nos sistemas dotados de aeradores mecânicos é a submergência das hélices, com relação ao nível d'água nos reatores. Até certo ponto, uma maior submergência teria como resultado maior eficiência na transferência de oxigênio, mas também um maior consumo de energia. Assim, existem posições ótimas de submergência, que apresentam o maior rendimento na transferência e consumo de energia compatíveis. Segundo Von Sperling (1997), podem ocorrer as seguintes situações:

- *Submergência adequada* – a performance é ótima. Há boa turbulência e absorção de ar.
- *Submergência acima da ótima* – o aerador tende a funcionar mais como um misturador do que propriamente como aerador. Aumenta o consumo de energia sem correspondência de aumento da taxa de transferência de oxigênio.
- *Submergência abaixo da ótima* – forma-se apenas uma maior aspersão superficial nas proximidades do aerador, sem criação de uma turbulência efetiva. O consumo de energia decresce, assim como a taxa de transferência de oxigênio.

9.3.7.3 Dimensionamento dos sistemas de aeração

A transferência de oxigênio baseia-se nas Leis de Henry e de Dalton (ver itens 2.3.7, no Capítulo 2, e 7.3, no Capítulo 7). Pode-se resumir o assunto afirmando: no líquido há sempre a tendência de se estabelecer o equilíbrio dos gases dissolvidos. A saturação do gás no líquido depende:

- da temperatura: ⇒ quanto maior a temperatura, menor o grau de saturação;

- da altitude: quanto maior a altitude, menor o grau de saturação;
- da percentagem de sólidos: quanto maior a percentagem de sólidos dissolvidos, menor o grau de saturação;
- da taxa de transferência: que será maior ou menor se a água for límpida ou suja; e que essa taxa de transferência será tanto maior quanto maior for o déficit DO_2, sendo:

$$DO_2 = O_{D\,sat.} - O_{D\,líquido}$$

onde:
$O_{D\,sat.} = O_D$ de saturação do líquido.

Quando utilizados os aeradores mecânicos, têm-se ainda as seguintes particularidades:

- *Os de alta rotação.* Operam em posição fixa com relação à imersão da hélice no líquido e, por isso, consomem sempre a mesma potência. São geralmente flutuantes. Problemas que apresentam: formação de aerossóis (água + sólidos, no ar em gotículas), que podem ser responsáveis pelo espalhamento de microrganismos no ar.
- *Os de baixa rotação.* Pode-se variar a imersão da hélice no líquido e, portanto, há variação de energia. Deve-se então prever folgas nas potências calculadas. Apresentam um redutor de velocidade acoplado ao motor, cuja perda de potência varia de 3 a 4%. Problemas que apresentam: são geralmente muito caros e exigem estrutura reforçada de apoio para fixação.

Com relação à potência, os aeradores sempre funcionam da seguinte maneira:

⇒ os de 20 CV – funcionam de 15 a 20 CV;
⇒ os de 25 CV – funcionam de 20 a 25 CV;
⇒ os de 30 CV – funcionam de 25 a 30 CV e assim por diante.

A capacidade de transferência de O_2, apresentada nos catálogos dos fabricantes, é definida por meio do parâmetro N_0 ⇒ em kg O_2/Kw · h ou em kg O_2/cv · h.

Os dados de catálogos são geralmente obtidos para as seguintes condições de teste:

⇒ altitude = 0 m (ao nível do mar);
⇒ água limpa;
⇒ Temperatura = 20 °C (exceto os da Degrémont onde T = 10 °C);
⇒ O.D. inicial = 0 mg/L.

No campo, as condições são diferentes:

- a altitude pode ser diferente do nível do mar (altitude local da ETE);
- a água não é limpa, trata-se de uma água residuária;
- a temperatura varia a valores extremos de inverno e de verão;
- o O.D. no tanque de aeração é ≠ 0. Normalmente varia de 1 a 2 mg/L.

A transferência de oxigênio para a massa líquida depende da densidade de potência DP. Quanto maior a densidade de potência, maior a transferência.

$$D_P = \frac{\text{Potência consumida}}{\text{Volume do reator}}$$

é dada em W/m³ ou cv/m³.

Para altas rotações, têm-se baixas densidades de potência:

⇒ Para baixas densidades de potência (5 a 8 W/m³):

- $N_0 \leq 1,2$ kg de O_2/kw · h (nos catálogos aparecem valores N_0 de até 2,6). Além Sobrinho (1993) recomenda não utilizar diretamente esses valores sem teste.
- $N_0 \leq 0,8$ kg de O_2/cv · h

⇒ Para DP = 30 a 35 W/m³:

- $N_0 \leq 1,6$ kg de O_2/kw · h ou
- $N_0 \leq 1,2$ kg de O_2/cv · h

⇒ Para baixas rotações, têm-se altas densidades de potência:

- $N_0 \leq 2,0$ kg de O_2/kw · h ou
- $N_0 \leq 1,5$ kg de O_2/cv · h

No Brasil, a tendência é escolher motores com dupla rotação (à noite, opera-se com a rotação menor). O motor de rotação variável (que seria ideal) geralmente torna-se muito caro para a nossa realidade.

Cálculo da capacidade de aeração "de campo"

$$N = N_0 \cdot \lambda$$

onde:

λ = fator de correção

$$\gamma = \alpha \cdot \frac{(\beta \cdot C_{SW} - C_L) \cdot 1,02^{(T-20)}}{9,17}$$

onde:

$$\alpha = \frac{\text{Taxa de transferência de } O_2 \text{ para esgoto}}{\text{Taxa de transferência de } O_2 \text{ para água limpa}}$$

α = de 0,8 a 0,9 (para aeração mecânica) e de 0,7 a 0,75 (para ar difuso);

O sistema de lodos ativados

$$\beta = \frac{\text{O.D. de saturação no esgoto}}{\text{O.D. de saturação na água limpa}} = 0{,}9 \text{ a } 1$$

(utiliza-se o valor médio 0,95)

C_L = concentração de O.D. no reator = de 1 a 2 mg/L;

$\mathbb{C}_{SW}$ = concentração de saturação de O.D. (para água limpa, na altitude, e temperatura que ocorre no campo – ver por exemplo a Tab. 7.9 do Capítulo 7);

9,17 = é o valor de concentração de saturação de oxigênio dissolvido, nas condições de teste, para a maioria dos fabricantes, ou seja, água limpa, ao nível do mar, à temperatura de 20 °C, exceto a Degrémont, que adota temperatura de 10 °C, e, neste caso, o valor a ser adotado é 11,1.

9.3.7.4 Aeradores mecânicos de superfície e de eixo horizontal

Os aeradores de eixo horizontal, também chamados de aeradores tipo escova, foram desenvolvidos pelo Dr. Kessener, no período entre 1925 a 1930, para aplicação no processo de lodos ativados (Gondim, 1976).

No entanto, esse tipo de aerador teve a sua maior aplicação nos valos de oxidação, onde tem a dupla função de transferir o oxigênio para a massa líquida, para o processo biológico e também fazer circular o líquido pelo valo, de forma a impedir a sedimentação dos sólidos presentes no esgoto que está sendo tratado.

⇒ São sempre de baixa rotação (70-100 RPM, normalmente 90 RPM). Portanto, são dotados de motor com redutor de velocidade.

⇒ Diâmetro mais comumente utilizado $\Phi = 0{,}70$ m.

⇒ O eixo tem posição fixa, mas pode-se variar a profundidade de imersão I do rotor no líquido por meio da mudança no nível do vertedor de saída do reator. Portanto, a potência requerida é também variável.

⇒ Os fabricantes normalmente apresentam em seus catálogos os seguintes dados:

  N_0 = capacidade de oxigenação nas condições de teste, dada em kg de O_2 por metro de rotor (também deve ser corrigida conforme discussão anterior).

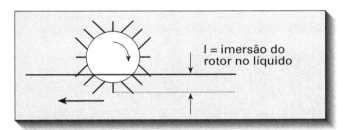

Figura 9.49 Corte esquemático de um aerador de eixo horizontal.

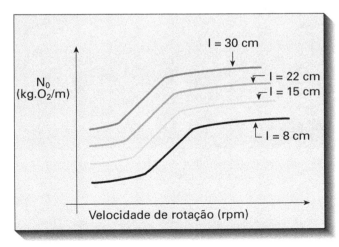

Figura 9.50 Curvas esquemáticas de rendimento dos aeradores de eixo horizontal.

Foto 9.2a Aeração por difusão – vista dos difusores num reator vazio.

Foto 9.2b Aeração por difusão – aspectos da turbulência na superfície do líquido.

Foto 9.2c Aeração mecânica – vista de um aerador flutuante de alta velocidade ligado.

Foto 9.2d Aeração mecânica – vista de um aerador flutuante de alta velocidade desligado.

Foto 9.2e Aeração mecânica – vista de dois aeradores fixos de baixa velocidade (com redutor).

Foto 9.2f Aeradores fixos – aspectos das estruturas, passarelas e da superfície do líquido.

Foto 9.2g Aeração mecânica – ao fundo, aerador de eixo horizontal num valo de oxidação.

Foto 9.2h Aeração mecânica – vista de um aerador fixo de eixo horizontal num valo de oxidação.

Exemplo de cálculo 9.11

Considerando os dados do exemplo de cálculo n. 9.7, a seguir explicitados, numa ETE a 1.000 m de altitude e à temperatura média de inverno 15° e temperatura média de verão 25 °C, estimar a quantidade total de oxigênio necessária ao sistema Nec.$O_{2\,total}$, a potência do sistema de aeração e a quantidade de aeradores por reator.

Vazão média Q_0 = 40,4 L/s = 3.491,00 m³/dia

$DBO_{5,20}$ média na entrada do reator = 192,5 mg/L = 0,1925 kg/m³

$DBO_{5,20}$ média na saída do decantador secundário = 8 mg/L = 0,008 kg/m³

a) Cálculo da necessidade total de O_2

Conforme Tab. 9.19, pode-se considerar a Nec.O_2 = 2 kg O_2/kg DBO removida, para o sistema de lodos ativados convencional. Deve-se adotar a temperatura de verão de 25 °C (situação mais crítica em termos de necessidade de O_2). Neste caso deve-se corrigir a DBO_5 para essa temperatura. Conforme visto anteriormente, essa correção pode ser feita por meio da seguinte expressão:

$DBO_{5,25°}$ = $DBO_{5,20°} \times 1,047^{(25°-20°)}$ = 0,1925 kg/m³ × $1,047^{(5)}$ = 0,242 kg/m³ (entrada)

$DBO_{5,25°}$ = 0,008 kg/m³ × $1,047^{(5)}$ = 0,010 kg/m³ (saída do decantador secundário)

$DBO_{remov.}$ = 0,242 − 0,010 = 0,232 kg/m³

Carga de DBO diária removida = 0,232 kg/m³ × 3.491,00 m³/dia = 810 kg DBO/dia

Nec. O_2 total média = 2,0 kg O_2/kg $DBO_{remov.}$ × 810 kg DBO/dia = 1.620 kg O_2/dia

Porém, considerando-se que a vazão de pico é $Q_{máx.}$ ≈ 1,8 $Q_{méd.}$ e que a DBO_5 para a vazão de pico é geralmente menor do que a DBO média (por efeito de diluição), pode-se considerar, para a vazão de pico, um acréscimo da ordem de 66% na necessidade de O_2, podendo-se assim considerar:

Nec. O_2 total de pico = 1.620 × 1,66 = 2.690 kg O_2/dia = 112,1 kg O_2/hora

Adotar-se-á como valor máximo da Nec.O_2 = 2.700 kgO_2/dia ou 112,5 kgO_2/hora

b) Cálculo da necessidade de ar

Para os sistemas de ar difuso, que funcionam acionados por sopradores ou por compressores de ar, pode-se querer conhecer a quantidade de ar necessária "Nec.ar". Considera-se então, de forma aproximada, que em 1 kg de ar há cerca de 0,22 kg de O_2, ou, em outras palavras, para cada 1 kg de O_2 há necessidade de se fornecer cerca de 4,55 kg de ar.

Assim, a Nec.ar_{total} = 4,55 kg_{ar} × 2.700 kgO_2/dia ≈ 12.285 kg_{ar}/dia ou 512 kg_{ar}/hora

c) Cálculo da potência necessária $P_{neces.}$ para os aeradores mecânicos:

$$P_{neces} = \frac{Nec \cdot O_2}{N}$$

onde:
$N = N_0 \times \lambda$;
N_0 = capacidade de transferência de O_2 pelos aeradores nas condições de teste;
λ = fator de correção de N_0 para as condições de campo.

Para aeradores de baixa rotação, pode-se adotar N_0 = 1,5 kg O_2/CV · h

$$\lambda = \alpha \cdot \frac{(\beta \cdot C_{SW} - C_L) \cdot 1,02^{(T-20)}}{9,17}$$

$$\alpha = \frac{\text{Taxa de transferência de } O_2 \text{ para esgoto}}{\text{Taxa de transferência de } O_2 \text{ para água limpa}} \Rightarrow \text{valor adotado} = 0,85$$

$$\beta = \frac{\text{O.D. de saturação no esgoto}}{\text{O.D. de saturação na água limpa}} \Rightarrow \text{valor adotado} = 0,95$$

C_{SW} = concentração de saturação de O.D. (para água limpa, na altitude de 1.000 m e temperaturas que ocorrem no campo ($T_{inv.}$ = 15 °C e $T_{verão}$ = 25 °C)). Consultando-se e interpolando-se os valores apresentados na Tab. 7.9 do Cap. 7, tem-se:
$C_{SW\,inv.}$ = 9,0 mg/L
$C_{SW\,verão}$ = 7,3 mg/L
C_L = concentração de O.D. no reator = 2,0 mg/L

$$\lambda_{inv} = 0,85 \cdot \frac{[(0,95 \times 9,0) - 2,0] \times 1,02^{(15°-20°)}}{9,17} = 0,55$$

$$\lambda_{verão} = 0,73 \cdot \frac{[(0,95 \times 9,0) - 2,0] \times 1,02^{(25°-20°)}}{9,17} = 0,51$$

Adotar-se-á para fins de dimensionamento o fator de correção mais crítico $\lambda_{verão}$ = 0,51

$N = N_0 \cdot \lambda$ = 1,5 × 0,51 = 0,77 kg O_2/cv · h

$$P_{neces} = \frac{Nec.O_2}{N} = \frac{112,5 \text{ kg } O_2/h}{0,77 \text{ kg } O_2/cv \cdot h} = 146,1 \text{ cv}$$

d) Cálculo da potência necessária para sopradores e/ou compressores

Pode-se adotar o mesmo roteiro anterior. No entanto, quando do cálculo de λ, adota-se o valor de α = 0,73 e então, tem-se:

$$\lambda_{inv} = 0,73 \frac{[(0,95 \times 9,0) - 2,0] \times 1,02^{(25°-20°)}}{9,17} = 0,47$$

$$\lambda_{verão} = 0,73 \frac{[(0,95 \times 7,3) - 2,0] \times 1,02^{(25°-20°)}}{9,17} = 0,43$$

(valor adotado)

$N = N_0 \cdot \lambda$ = 1,5 × 0,43 = 0,65 kg O_2/cv · h

$$P_{neces} = \frac{Nec.O_2}{N} = \frac{112,5 \text{ kg } O_2/h}{0,65 \text{ kg } O_2/cv \cdot h} = 173,1 \text{ cv}$$

e) Cálculo do número de aeradores mecânicos necessários para cada reator

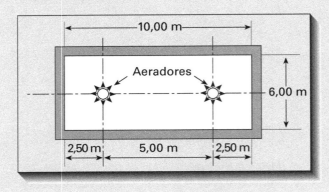

No exemplo de cálculo 9.5, estimou-se 4 reatores, com 4,00 m de profundidade útil, área de 60,00 m² e volume de 240,00m³ cada. Os arranjos para os aeradores podem ser bastante diversificados. Admitindo-se, neste caso, aeradores de baixa rotação e alta densidade de potência, de funcionamento contínuo, pode-se fixar a potência total necessária $P_{total\,neces.}$ = 160 cv, distribuindo-se 2 aeradores de 20 cv em cada reator.

e) Cálculo da densidade de potência resultante

Considerando-se, para cada reator a potência de 40 cv = 29.420 W e volume do reator de 240,00 m³, tem-se:

$$D_P = \frac{\text{Potência}}{\text{Volume}} = \frac{29.420}{240 \text{ m}^3} = 122,6 \text{ W/m}^3$$

9.3.8 Decantadores secundários

A sedimentação dos sólidos no decantador secundário é de extrema importância para a eficiência global dos sistemas de lodos ativados. Como se viu anteriormente, no tanque de aeração, os microrganismos, pelo fato de terem à sua disposição alimento e oxigênio em abundância, se alimentam da matéria orgânica presente, consumindo a DBO solúvel, mas aumentando consideravelmente a biomassa no sistema. Assim, a retirada dessa biomassa no decantador secundário é extremamente necessária pois se isso não for feito com eficiência, a DBO total, ou seja a DBO solúvel, somada à DBO decorrente dos sólidos suspensos não removidos, trará como consequência uma não desejável eficiência global baixa.

Nas regiões de clima quente (temperaturas médias acima de 20 °C), os decantadores secundários têm de cumprir dupla finalidade: separar os sólidos para permitir uma clarificação eficiente do efluente final e facilitar o adensamento do lodo, permitindo que o seu retorno ao tanque de aeração, com concentração mais elevada do que a existente no reator. Quanto à função de clarificar o efluente, deve-se ressaltar que disso depende a eficiência global do processo, uma vez que essa é a última unidade pela qual passa o esgoto, em se tratando de tratamento secundário. Uma eventual falha nessa unidade comprometerá todo o tratamento, podendo-se ter como resultado uma DBO solúvel baixa (decorrente de uma boa eficiência do reator), porém uma DBO total alta, em função de alta concentração de sólidos no efluente do decantador secundário, numa eventual falha de projeto ou de operação dessa unidade.

Em regiões de clima frio, onde a nitrificação (passagem do nitrogênio da forma amoniacal para nitrato) não ocorre ou ocorre em menor escala nos reatores, os decantadores secundários podem cumprir uma terceira função, que é a de permitir o armazenamento de sólidos. Em regiões de clima quente, a nitrificação é inevitável e o armazenamento do lodo nos decantadores secundários passa a não ser aconselhável, pois permite a ocorrência do fenômeno de desnitrificação, e o nitrogênio gasoso, ao subir, dificulta a descida dos sólidos, diminuindo assim a eficiência dessas unidades.

9.3.8.1 Tipos de sedimentação

No tratamento de esgotos, têm-se basicamente os quatro tipos distintos de sedimentação descritos na Tab. 9.22. É bastante provável que durante a sedimentação ocorra mais de um tipo ao mesmo tempo, sendo mesmo possível que os quatro diferentes tipos ocorram simultaneamente (Von Sperling, 1996b).

9.3.8.2 Colunas de sedimentação

Para suspensões compostas de matérias particuladas, cuja sedimentação é definida como sendo do tipo discreta, podem ser feitos ensaios em colunas de sedimentação (ver por exemplo Metcalf e Eddy, 1991; Von Sperling, 1996b). Esses ensaios consistem em se medir, ao longo do tempo, a concentração de sólidos totais (SS), em vários pontos de amostragem de uma coluna, situados geralmente a distâncias iguais, em profundidade (ver Fig. 9.51a), após o que determina-se a eficiência de remoção em cada um desses pontos, plotando-se posteriormente uma curva como a da Fig. 9.51b.

Wilson (1991), *apud* Von Sperling (1996b), afirma que os cálculos para obtenção da eficiência de remoção, baseiam-se no princípio de que, se a concentração homogênea inicial na coluna é C_0 no instante inicial $t_0 = 0$, e após um tempo t_i numa determinada profundidade Z_i a concentração se reduz para C_i, então $C_0 - C_i$ apresenta velocidades de sedimentação maiores que $Z_i/(t_i - t_0)$. Em outras palavras pode-se dizer que a diferença de concentração de SS do líquido, inicial (C_0) e no instante t_i (C_i) a uma profundidade Z_i, representa uma medida das partículas que conseguiram sedimentar com velocidade

O sistema de lodos ativados

TABELA 9.22 Tipos de sedimentação ocorrentes no tratamento de esgotos

Tipo	Esquema	Descrição	Ocorrência
Discreta	(t = 0, t = 1, t = 2)	As partículas sedimentam-se separadamente, ou seja, não se aglutinam. Dessa forma, são mantidas suas características físicas, tais como forma, tamanho e densidade e, portanto, é mantida a velocidade de sedimentação constante.	Caixa de areia
Floculenta	(t = 0, t = 1, t = 2)	As partículas aglomeram-se à medida que sedimentam. As características são alteradas, com o aumento do tamanho (formação de flocos), e em decorrência há aumento da densidade e da velocidade de sedimentação do floco formado.	Decantadores primários. Parte superior dos decantadores secundários e flocos químicos nos tratamentos físico-químicos.
Zonal	(t = 0, t = 1, t = 2)	Em líquidos com alta concentração de sólidos, forma-se um manto que sedimenta como massa única de partículas. Observa-se nítida interface de separação entre a fase sólida e a fase líquida. O nível da interface se move para baixo, como resultado da sedimentação da manta de lodo. Neste caso utiliza-se a velocidade de movimentação da interface no dimensionamento dos decantadores.	Decantadores secundários.
Zonal	(t = 0, t = 1, t = 2)	Caso a concentração de sólidos seja ainda mais elevada, a sedimentação pode ocorrer também pela compressão da estrutura das partículas. Essa compressão ocorre devido ao próprio peso das partículas, que vão se acumulando paulatinamente, como resultado da sedimentação das partículas situadas no líquido acima delas. Com a compressão, parte da água é expulsa da matriz do floco, reduzindo seu volume.	Fundo dos decantadores secundários. Adensadores de lodo por gravidade.

Fonte: Adaptado de Von Sperling (1996-b)

maior do que aquela calculada pela divisão do espaço percorrido Z_i pelo tempo decorrido $(t_i - t_0)$.

Numa coluna de sedimentação estática, dotada de pontos de amostragem em vários níveis, simulando a sedimentação zonal, conforme representados na Fig. 9.52, pode-se visualizar a sequência de sedimentação das partículas, para vários tempos decorridos.

Segundo Von Sperling (1996b), e conforme já explicitado na Tab. 9.20, quando se tem uma elevada concentração de sólidos num tanque de sedimentação (caso dos decantadores secundários), há tendência de formação de um manto que sedimenta como uma massa única de partículas, no qual as partículas tendem a permanecer numa posição fixa com relação às partículas vizinhas. Pode-se então observar uma nítida interface de separação entre a fase sólida e a fase líquida, e o nível da interface se move para baixo, como resultado da sedimentação da manta de lodo. Para que o manto de lodo se mova para baixo, o líquido situado na sua parte inferior tende a se mover para cima. Na sedimentação zonal utiliza-se para dimensionamento a velocidade de sedimentação da interface.

9.3.8.3 Teoria do fluxo limite de sólidos

Von Sperling (1996b) afirma que vários autores se dedicaram a descrever o fenômeno da sedimentação zonal, que ocorre fundamentalmente nos decantadores secundários e nos adensadores de lodo por gravidade,

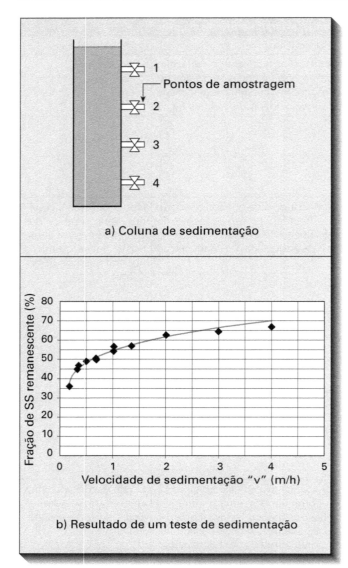

Figura 9.51 Testes em colunas de sedimentação.

Assim, o fluxo total G_T é a somatória desses dois fluxos:

$$G_T = G_g + G_u \quad (9.38)$$

onde:

$$G_g = C \cdot v \quad (9.39)$$

$$G_u = C \cdot Q_u/A \quad (9.40)$$

onde:
$C = X$ = concentração de sólidos em suspensão total afluente ao decantador (kg/m^3);
$v =$ velocidade de sedimentação da interface na concentração C (m/h);
$Q_u =$ vazão de retirada de lodo pelo fundo do decantador (m^3/h);
$A =$ área superficial do decantador (m^2).

A velocidade de sedimentação v é função da própria concentração de sólidos C, com tendência a diminuir com o incremento de C. Apesar de existirem outras fórmulas, a expressão mais utilizada para representar a velocidade de sedimentação é dada por:

$$v = v_0 \cdot e^{-KC} \quad (9.41)$$

onde:
$v_0 =$ coeficiente que expressa a velocidade de sedimentação da interface, quando hipoteticamente a concentração de sólidos $X = 0$ (em m/h);
$K =$ coeficiente de sedimentação (m^3/kg);
$e =$ base do logarítmo neperiano = 2,71828.

Assim, o fluxo de sólidos em direção ao fundo do decantador depende também da concentração de sólidos suspensos totais C, podendo ocorrer as seguintes situações:

- baixa concentração de sólidos X_1: nesse caso, a velocidade de sedimentação da interface v é elevada (ver equação 9.41). Porém, isso resulta num baixo valor do fluxo gravitacional de sólidos, pois, como já se viu por meio da equação 9.39, $G_g = C \cdot v$;
- concentração de sólidos intermediária X_2: nesse caso, à medida que C aumenta, mesmo com a diminuição de v, o valor do fluxo gravitacional $G_g = C \cdot v$ se eleva;
- concentração de sólidos elevada X_3: nesse caso, após a concentração crescente de sólidos C ter atingido um certo valor, a redução da velocidade v é tal que o fluxo gravitacional de sólidos $G_g = C \cdot v$ tende a diminuir.

O fluxo de sólidos gravitacional $G_g = C \cdot v$ se plotado num gráfico, em função da concentração de sólidos totais no decantador C ou X, (nomenclatura anteriormente referida), resulta numa curva que aumenta até um determinado limite e passa a diminuir assintoticamente em relação ao eixo das abcissas (ver Fig. 9.53).

mas a aplicabilidade em projetos só foi desenvolvida a partir das pesquisas desenvolvidas por Dick (1972).

Segundo esse autor, pode-se definir fluxo como sendo a carga de sólidos por unidade de área (expresso normalmente em kg/m$^2 \cdot$ h). Assim, em um decantador secundário ou em um adensador de lodo por gravidade, quando em operação contínua, os sólidos tendem a ir para fundo devido à atuação simultânea de dois tipos de fluxos:

- fluxo por gravidade G_g – causado pela sedimentação do lodo por efeito das forças gravitacionais;
- fluxo pela retirada de fundo G_u – causado pela movimentação do lodo decorrente da vazão de retirada do lodo de recirculação e de descarte pelo fundo do decantador.

O sistema de lodos ativados

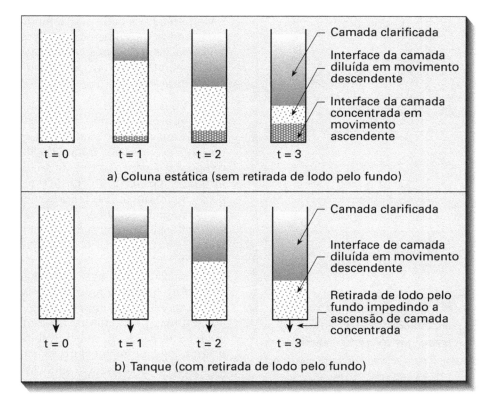

Figura 9.52 Esquema do comportamento das camadas diluídas e concentradas na sedimentação zonal. Fonte: Adaptado de Von Sperling (1996b).

Nesse mesmo gráfico, pode-se lançar uma reta, traçada a partir da equação representativa do fluxo pela retirada de fundo ($G_u = C \cdot Q_U/A$).

A curva somatória dos dois fluxos $G_T = G_g + G_u$ também pode ser apresentada no mesmo gráfico.

Como se pode observar no gráfico da Fig. 9.53, a curva típica do fluxo total G_T vai crescendo até atingir um ponto de máximo e depois diminui de valor até atingir um ponto de mínimo. Se traçada uma reta tangente a esse ponto de mínimo, pode-se definir, na sua intersecção com o eixo das ordenadas, o valor de um dos parâmetros mais importantes no dimensionamento dos decantadores secundários e espessadores de lodo por gravidade, que é o fluxo limite de sólidos G_L.

O parâmetro G_L, neste exemplo igual a 3,0 kg/m² · h, pode ser entendido como o fluxo máximo que pode ser transportado para o fundo do decantador, para as condições específicas de sedimentabilidade do lodo, concentração de lodo no decantador e vazão de retirada de lodo pelo fundo.

A intersecção da reta tangente com o trecho ascendente da curva G_T define o valor da concentração da camada diluída C_d, neste exemplo igual a 0,54 kg/m³. A intersecção dessa mesma reta tangente com o ponto de mínimo define a concentração da camada limite C_L, neste exemplo igual a 6 kg/m³. Finalmente a intersecção da reta tangente com a reta G_u, define a concentração da camada de fundo do decantador C_u, neste exemplo igual a 8,2 kg/m³.

A otimização de um projeto ou da operação dos decantadores secundários depende da relação entre o fluxo aplicado G_a e o fluxo limite G_L. Segundo Von Sperling (1996b), o fluxo aplicado corresponde à carga de sólidos afluente ao decantador por unidade de área do mesmo, podendo ser expresso por:

$$G_a = \frac{Q_0 + Q_r}{A} \cdot X \qquad (9.42)$$

onde:
G_a = fluxo de sólidos aplicado (kg/m² · h);
Q_0 = vazão média afluente ao tanque de aeração (m³/h);
Q_r = vazão de recirculação (vazão de retirada de lodo $Q_u^{(*)}$) (m³/h);
X = concentração de sólidos totais afluente ao decantador[**] (Kg/m³).

O citado autor afirma ainda que, ao se comparar o fluxo de sólidos aplicado com o valor do fluxo limite, poderão ocorrer quatro diferentes situações:

- *Decantador com folga*: neste caso, o decantador apresenta folga de carga, quando o fluxo aplicado for inferior ao fluxo limite de sólidos. Nessa condição, apenas uma camada diluída será formada, possuindo uma baixa concentração de sólidos em suspensão (C_d). No fundo do decantador haverá também o desenvolvimento de uma camada com concentração C_u (concentração do lodo retirado pelo fundo), devido ao suporte de fundo do decantador.

- *Decantador com carga crítica*: este estará com carga crítica quando o fluxo aplicado for igual ao fluxo limite. Neste caso, uma camada de lodo mais espesso (de concentração C_L) será formada.

- *Decantador com sobrecarga no adensamento*: a sobrecarga em termos de adensamento do lodo ocorrerá quando o fluxo aplicado for superior ao fluxo limite. Nesta condição, a concentração da camada espessa não passará de C_L (concentração limite) e, como consequência, a camada espessa aumentará de volume, propagando-se para cima. Dependendo

---

[*] Na prática, pode-se considerar que a vazão Q_r seja igual a Q_u, uma vez que a vazão de descarte de lodo $Q_D = Q_u - Q_r$ é desprezível no balanço de massa do decantador.

[**] No caso de reatores de mistura completa, X é a concentração de sólidos totais no reator. No caso de reatores tipo pistão ou *plug-flow*, X é a concentração de saída do reator.

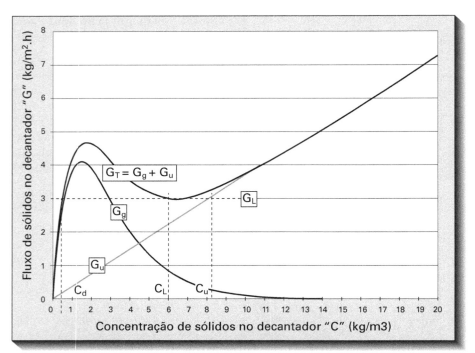

Figura 9.53 Fluxo de sólidos na sedimentação zonal com retirada de lodo pelo fundo do decantador.

do nível atingido pelo manto de lodo, poderão ser descarregados sólidos com o efluente final.

- *Decantador com sobrecarga no adensamento e na clarificação*: ocorrerá sobrecarga em termos de adensamento e clarificação quando, além de ter um fluxo aplicado superior ao fluxo limite, a taxa de aplicação hidráulica (Q_0/A) for superior à velocidade de sedimentação do lodo v. Neste caso, tanto a camada diluída quanto a espessa se propagarão para cima, com uma inevitável deterioração da qualidade do efluente ainda mais rápida.

Von Sperling (1996b) apresenta vários exemplos de testes para a determinação dos parâmetros necessários ao dimensionamento dos decantadores secundários, aplicando-se a teoria do fluxo limite. No entanto, essa prática traz uma série de dificuldades, principalmente para os projetistas. Estes normalmente não dispõem de um laboratório à sua disposição para a determinação dos parâmetros utilizados no cálculo da velocidade da camada limite v, que são a velocidade v_0 e o coeficiente K. Acresce-se a isso o fato de que normalmente, na fase de projeto, ainda não se tem o esgoto nas condições reais para se fazer tais testes. Assim, essa teoria é mais aplicável à fase de ampliação de unidades e/ou principalmente para a fase de operação dos decantadores.

No entanto, Fróes e Von Sperling (1995) *apud* Von Sperling (1997) apresentam um método simplificado, para dimensionamento e operação de decantadores secundários, baseado na sedimentabilidade do lodo, classificada a partir do IVL – índice volumétrico do lodo.

Esse parâmetro pode ser definido como sendo o volume ocupado por 1 grama de lodo após um tempo de 30 minutos, em uma coluna de sedimentação.

O IVL é um teste em coluna de sedimentação, bastante simplificado, pois em vez de se medir a altura da interface a vários intervalos de tempo, faz-se apenas 1 medição da interface após um intervalo de tempo de 30 minutos. O IVL apresenta diversas padronizações – com ou sem agitação, com ou sem diluição, com ou sem fixação da concentração de sólidos suspensos –, quando esta é padronizada, utiliza-se $C = 3,5$ kg/m³. A forma mais simples de teste do IVL apresenta algumas limitações comentadas pelos autores, porém é a mais utilizada no Brasil. É feita utilizando-se de uma coluna de sedimentação estática (sem agitação, sem diluição e sem padronização do valor de C). A coluna tem normalmente 10 cm de diâmetro e 50 cm de altura (ver esquema na Fig. 9.54).

O teste do IVL é feito preenchendo-se uma coluna de sedimentação com a amostra do líquido afluente ao decantador, numa concentração conhecida de sólidos suspensos totais (SST). No instante $t = 0$, a concentração C é homogênea em toda a coluna. Deixa-se sedimentar por um tempo $t = 30$ minutos e mede-se a interface entre o líquido clarificado e a camada diluída. Calcula-se o IVL por meio da seguinte expressão:

$$IVL = \frac{H_{30} \times 10^6}{H_0 \times C} \qquad (9.43)$$

onde:
IVL = índice volumétrico do lodo (mL/g);
H_{30} = altura da interface após 30 minutos (m).

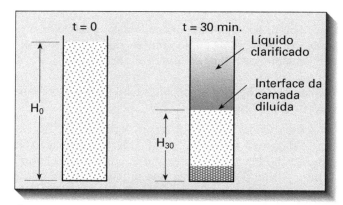

Figura 9.54 Esquema para o teste de IVL – Fonte: Adaptado de Von Sperling (1997).

10^6 = fator de conversão (de mg para g e de L para mL);
H_0 = altura da lâmina d'água ou da interface no instante zero (m);
C = concentração de sólidos suspensos totais da amostra (mg/L).

O método simplificado de dimensionamento dos decantadores secundários, proposto por Fróes e Von Sperling (1995), que tabularam e homogeneizaram os dados publicados por vários autores, os quais haviam se utilizado de diferentes padronizações do teste de IVL, baseia-se na escolha da faixa mais apropriada de sedimentabilidade do lodo, podendo ou não essa escolha estar baseada no teste do IVL, que, quando é possível de ser realizado, os resultados podem servir de paradigma na fixação da faixa.

É bastante conhecida a extrema sensibilidade do lodo secundário em termos de sedimentabilidade. Dependendo do tipo de floco formado no tanque de aeração (ver Fig. 9.39 e comentários na seção 9.3.6.2.2), o lodo pode ser classificado como sendo de ótima, boa, média, baixa ou péssima sedimentabilidade, de acordo com os valores de IVL (ver Tab. 9.23). Nessa mesma tabela são apresentados os valores de v_0, K, m e n. Os dois primeiros parâmetros são utilizados para cálculo da velocidade da interface $v = v_0 \cdot e^{-KC}$ e os dois últimos parâmetros são utilizados no cálculo do fluxo limite de sólidos $G_L = m (Q_r/A)^n$. Esta última expressão foi obtida por Fróes e Von Sperling (1995), aplicando regressão linear entre os valores obtidos por diversos autores.

Pode-se observar, pelos valores apresentados na Tab. 9.23, que as condições de sedimentabilidade do lodo decrescem com o incremento do valor de IVL, ou seja, quanto menor o IVL, melhores as condições de sedimentabilidade do lodo ativado. Os demais parâmetros servem para dimensionamento dos decantadores secundários, utilizando-se da teoria do fluxo limite.

O dimensionamento dos decantadores secundários é sempre feito visando obter um mínimo de perda de sólidos no efluente final. Para que isso ocorra, os decantadores não devem ser sobrecarregados; nem em termos de clarificação, nem em termos de adensamento. Para se obter tal condição, ensina Von Sperling (1997), deve-se atender a dois critérios fundamentais:

1. *Para decantadores não sobrecarregados em termos de clarificação*: a taxa de aplicação hidráulica $q_A = Q_0/A$ não deve exceder a velocidade de sedimentação do lodo $v = v_0 \cdot e^{-KC}$, ou seja:

$$Q_0/A \leq v_0 \cdot e^{-KC}$$

2. *Para decantadores não sobrecarregados em termos de adensamento*: o fluxo de sólidos suspensos totais aplicado $G_a = (Q_0 + Q_r) \cdot X/A$ não deve exceder o fluxo de sólidos limite $G_L = m \cdot (Q_r/A)^n$, ou seja:

$$(Q_0 + Q_r) \cdot X/A \leq m \cdot (Q_r/A)^n$$

Observação

X ou C = concentração de sólidos totais afluente ao decantador. O significado e as unidades dos demais parâmetros já foram definidos anteriormente.

No decantador secundário, o tempo de detenção hidráulica V/Q_0 (no qual V é o volume do decantador), considerando-se a vazão média Q_0, deve ser igual ou superior a duas horas (para reatores atuando sob taxa convencional) e quatro horas (para aeração prolongada). A taxa de escoamento longitudinal q_L no vertedor de saída deve ser igual ou inferior a 290 m³/m · dia ou 12,1 m³/m · h.

Deve-se ressaltar que, ao se calcular a taxa de escoamento superficial q_A, bem como a taxa de escoamento longitudinal no vertedor de saída, deve-se utilizar apenas a vazão média Q_0 que vem do decantador primário e que vai sair no decantador secundário, ou seja, não deve ser somada a vazão de recirculação Q_r. A explicação para essa recomendação é a de que o fluxo vertical, que se verifica nos decantadores secundários circulares, e o fluxo horizontal, nos decantadores retangulares, responsáveis por eventual carreamento de sólidos no efluente final, não sofrem influência da vazão de recirculação, por ser esta retirada pelo fundo do decantador, e, portanto, fica

TABELA 9.23 Faixas de sedimentabilidade do lodo ativado × IVL e valores de v_0, K, m e n

Sedimenta-bilidade do lodo ativado	IVL Índice volumétrico do lodo		Velocidade de sedimentação $v = v_0 \cdot e^{-KC}$ (em m/h)		Fluxo limite de sólidos $G_T = m (Q_r/A)^n$ (kg/m² · h)	
	Faixa	Típico	V_0 (m/h)	K (m³/kg)	m	n
Ótima	0 – 50	45	10,0	0,27	14,79	0,64
Boa	50 – 100	75	9,0	0,35	11,77	0,70
Média	100 – 200	150	8,6	0,50	8,41	0,72
Ruim	200 – 300	250	6,2	0,67	6,26	0,69
Péssima	300 – 400	350	5,6	0,73	5,37	0,69

Fonte: Adaptado de Von Sperling (1997)

TABELA 9.24 Valores recomendados para q_A, G_A e profundidade do decantador secundário

Tipo de reator	Taxa de escoamento superficial $q_A^{(1)}$ (m³/m²·h)		Fluxo de sólidos aplicados por unidade de área $G_a^{(1)}$ (kg/m²·h)		Profundidade do decantador
	para $Q_{méd.}$	para $Q_{máx.}$	para $Q_{méd.}$	para $Q_{máx.}$	(m)
Lodos ativados (exceto aeração prolongada)	0,67 – 1,33	1,67 – 2,00	3,0 a 6,0	9,0	3,5 a 5,0[2]
Aeração prolongada	0,33 – 0,67	1,00 – 1,33	1,0 a 5,0	7,0	3,5 a 5,0[2]
Filtro biológico	≤ 1,50	–	–	–	3,5 a 5,0[2]

Observação: (1) Para decantadores secundários, incluir a vazão de recirculação de lodo. (2) Para tanques com pequena inclinação de fundo e remoção mecânica do lodo.
Fontes: Além Sobrinho (1993) e NBR 12209.

restrita ao circuito fechado do reator/decantador secundário/recirculação. No entanto, para o fluxo de sólidos aplicados G_a, deve-se incluir a vazão de recirculação.

Quanto ao formato e tipo de fluxo, os decantadores secundários podem ser classificados em três tipos de tanques:

- tanques retangulares de fluxo horizontal;
- tanques quadrados de fluxo ascendente;
- tanques circulares de fluxo ascendente (são os mais utilizados).

Nos tanques de sedimentação circulares mecanizados, os diâmetros podem variar de 3 m a 60 m. No entanto, Além Sobrinho (1993) recomenda diâmetro máximo de 30 m, para se evitarem problemas com os equipamentos de raspagem de fundo pois, segundo o autor, quanto maior for o diâmetro, maior a possibilidade de desalinhamentos e outros problemas com esse tipo de equipamento.

Na questão operacional é também positivo que se tenha um maior número de unidades, pois permitem as operações de limpeza e manutenção, sem maiores problemas com a qualidade dos efluentes. Em princípio, o raio do tanque não deve ser superior a 5 × a profundidade do líquido na lateral do tanque.

Exemplo de cálculo 9.12

Dimensionar o decantador secundário para um sistema de lodos ativados, utilizando-se dos dados e resultados obtidos no exemplo de cálculo 9.7, cujos principais valores são a seguir relacionados:

X_V = 2.272 mg/L (como já se viu anteriormente X_V = concentração de sólidos voláteis no reator).

Sendo $X = C$ = concentração de sólidos suspensos totais no reator e tendo-se a relação $X_V/X = 0,75$, resulta $C = X$ = 2.272/0,75 = 3.029 mg/L = 3,03 kg/m³.

O valor $C = 3,03$ kg/m³ será então utilizado no dimensionamento do decantador secundário.

Vazão média afluente ao reator $Q_0 = 40,4$ L/s = 145,40 m³/h.

Vazão de recirculação: será calculada.

a) Adoção da faixa de sedimentabilidade do lodo

Admitindo-se que não se tenha maiores informações sobre a sedimentabilidade do lodo, utilizar-se-á uma condição de sedimentabilidade intermediária entre média a ruim. Interpolando-se os valores da Tab. 9.23, tem-se:

$v_0 = 7,4$ m/h; $K = 0,59$ m³/kg; m = 7,34 e n = 0,71

b) Dimensionamento do decantador secundário

Aplicando-se o 1º critério, decantadores não sobrecarregados em termos de clarificação:

$Q_0/A \leq v_0 \cdot e^{-KC}$ tem-se:

$145,4/A \leq 7,4 \times (2,71828)^{-0,59 \times 3,03}$

ou $145,4/A \leq 1,24$ ou $A \geq 117,4$ m²

Adotando-se 4 unidades de decantação com 7,00 m de diâmetro cada, tem-se a área aproximada de 38,50 m² por unidade e um total de 154,00 m², atendendo-se ao primeiro critério. Com essa área, pode-se verificar o atendimento ao segundo critério, ou seja, que os decantadores não sejam sobrecarregados em termos de adensamento, no qual é necessário verificar a vazão de recirculação que possibilita atender $G_a \leq G_L$:

Na inequação abaixo apresentada, substituiu-se a vazão de recirculação Q_r, introduzindo-se o conceito do parâmetro R denominado razão de recirculação de lodo, onde $Q_r = R \cdot Q_0$.

$[(Q_0 + R \cdot Q_0) \cdot X]/A \leq m \cdot (R \cdot Q_0/A)^n$ tem-se:

$[(145,4 + R \times 145,4) \times 3,03] \div 154 \leq 8,41 \times (R \times 145,4 \div 154)^{0,71}$

Para uma melhor visualização, plotou-se no gráfico da Fig. 9.55 os valores da inequação anterior, na qual o 1° membro corresponde a G_a e o 2° membro corresponde a G_L, ambos em função de R. Nessa figura percebe-se que,

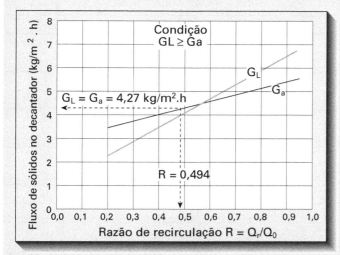

Figura 9.55 Determinação gráfica da razão de recirculação do lodo R que atende $G_L \geq G_a$.

para atender o segundo critério $G_L \geq G_a$, o valor da razão de recirculação terá de ser $R \geq 0{,}494$, ou seja $Q_r \geq 0{,}494 \times 145{,}4 = 71{,}83$ m³/h, o que resulta num fluxo limite de sólidos no decantador G_L igual ao fluxo de sólidos aplicado G_a da ordem de 4,27 kg/m² · h.

c) Determinação da concentração de sólidos no fundo do decantador C_u

Para determinação da concentração de sólidos no fundo do decantador secundário, deve-se relembrar a Fig. 9.53. Nessa figura, nas condições limites, é fácil observar que C_u pode ser determinado pela expressão:

$G_L = C_u \cdot Q_u/A$, sendo $Q_u \approx Q_r$ tem-se: $C_u = G_L \cdot A/Q_r$

$C_u = (4{,}27$ kg/m² · h $\times 154$ m²$) \div 71{,}83$ m³/h $= 9{,}16$ kg/m³

d) Verificação das taxas: de escoamento superficial q_A e de detenção hidráulica Θ_H

$q_A = Q_0/A = 145{,}4$ m³/h $\div 154$ m² $= 0{,}94$ m³/m² · h

Admitindo-se uma profundidade de 3,50 m para o decantador secundário, tem-se:

$\Theta_H = V/Q_0 = (154$ m² $\times 3{,}50$ m$) \div 145{,}4$ m³/h $= 3{,}71$ h

9.4 Tratamento e disposição final da fase sólida (lodos primários e secundários)

9.4.1 Considerações preliminares

Os valores de produção final de lodo, de uma determinada estação de tratamento, geralmente são apresentados em bases secas, ou seja, numa situação em que o lodos estariam com teor de umidade zero. Trata-se de uma situação verdadeiramente hipotética, pois a redução mais drástica que se consegue é por meio da incineração da torta de lodo (lodo já previamente desaguado e com teores de sólidos da ordem de 15 a 40%, segundo Viessman e Hammer, 1985), e por meio da qual obtém-se, em média, um teor de sólidos de 90%, ou em outras palavras, um teor de umidade de 10% (Grove, 1978). No entanto, utiliza-se a produção em bases secas, justamente por causa da grande variação de pesos e volumes que se observa, dentro da faixa usual de variação de umidade de lodos e tortas de lodos.

A produção de lodos, oriundos de processos aeróbios de lodos ativados, é considerada bastante alta. Para efeito de planejamento, os europeus estimam uma produção *per capita* da ordem de 82 gramas de sólidos secos por dia (Mathews, 1992).

Para as condições brasileiras, os especialistas consideram esses números muito elevados. A SABESP, por exemplo, para o sistema composto por 5 grandes ETEs, na Região Metropolitana de São Paulo, em cuja etapa final, para atender a uma população de 25 milhões de habitantes, estimou uma vazão de esgoto a ser tratado de 52,4 m³/s, com a qual serão produzidas 891 tss/dia (toneladas de sólidos secos por dia – ver Tab. PR-10 no Proêmio deste livro).

Na estimativa acima, os números de produção diária resultaram bem mais baixos que aqueles utilizados pelos europeus, ou seja, neste caso foi considerada uma produção *per capita* de 35,64 gramas de sólidos secos por dia. Mesmo que esses baixos valores considerados se confirmem na prática, deve-se lembrar que o teor de umidade dos sólidos presentes nas tortas desidratadas é ainda da ordem de 60 a 85%. Para essa produção de 891 tss/dia, os volumes esperados estariam numa faixa de 2.050 a 3.000 m³/dia (ver relação entre pesos e volumes na seção 9.4.2). Com esses números pode-se ter uma ideia da magnitude do problema que será a disposição final de todo o lodo gerado na RMSP.

9.4.2 Relações entre pesos e volumes no lodo de esgoto sanitário

As quantidades e características dos sólidos presentes no lodo de esgoto sanitário são extremamente variáveis. Os constituintes específicos desses sólidos incluem: compostos orgânicos e inorgânicos, dentre os últimos os nutrientes, organismos patogênicos, metais e eventualmente compostos organotóxicos. As variações nas concentrações de sólidos nos lodos podem ser significativas, às vezes ocorrendo picos de concentração de sólidos por

2 a 5 dias consecutivos, com valores variando de 3 a 5 vezes em relação aos valores médios. Assim, o projetista de processos de tratamento do lodo deve considerar não só os valores médios mas também a possibilidade de ocorrência dos citados picos (Qasin, 1999).

Densidade relativa do lodo

Os lodos possuem grande quantidade de água. A densidade relativa do lodo dependerá, portanto, dos seguintes parâmetros:

- volume de água presente;
- densidade relativa dos sólidos totais presentes.

A densidade relativa dos sólidos totais presentes no lodo depende da proporção entre as substâncias minerais (sólidos fixos) e as substâncias voláteis (sólidos voláteis). Segundo Metcalf e Eddy (1991) e Qasin (1999), pode-se calcular a densidade relativa dos sólidos totais presentes num lodo, por meio da expressão 9.44.

$$\frac{C_{ST}}{\rho_{ST} \cdot \gamma_{AG}} = \frac{C_{SF}}{\rho_{SF} \cdot \gamma_{AG}} + \frac{C_{SV}}{\rho_{SV} \cdot \gamma_{AG}} \quad (9.44)$$

onde:
C_{ST} = concentração de sólidos totais no lodo (tf/m³);
C_{SF} = concentração de sólidos fixos no lodo (tf/m³);
C_{SV} = concentração de sólidos voláteis no lodo (tf/m³);
ρ_{ST} = densidade relativa dos sólidos totais;
ρ_{SF} = densidade relativa dos sólidos fixos;
ρ_{SV} = densidade relativa dos sólidos voláteis;
γ_{AG} = peso específico da água (tf/m³)

Por exemplo, sabendo-se que o peso específico da água é γ_{AG} = 1 tf/m³, considerando-se, para um determinado lodo, uma concentração unitária de sólidos totais (C_{ST} = 1 tf/m³) e uma proporção de 35% de sólidos fixos (para o qual a densidade relativa é 2,5), e, portanto, 65% de sólidos voláteis (cuja densidade relativa é 1), pode-se obter a densidade relativa de sólidos totais desse lodo por meio da expressão 9.44:

$$\frac{1,0}{\rho_{ST} \times 1,0} = \frac{0,35}{2,5 \times 1,0} + \frac{0,65}{1,0 \times 1,0} \therefore \frac{1}{\rho_{ST}} = 0,79$$

e ρ_{ST} = 1,266

Seguindo-se esse raciocínio e utilizando-se a expressão 9.44, foi elaborada a Tab. 9.25, que nos dá a densidade relativa dos sólidos presentes no lodo, para relações *SV/ST* sólidos voláteis (sólidos totais), variando de 0,60 a 0,86.

Para calcular a densidade relativa do lodo (Lodo, ainda segundo Metcalf e Eddy, 1991 e Qasin, 1999), pode-se utilizar a expressão 9.45.

TABELA 9.25 - Valores de ρ_{ST} em função de SV/ST

SV/ST	ρ_{ST}	SV/ST	ρ_{ST}
0,60	1,316	0,74	1,185
0,61	1,305	0,75	1,176
0,62	1,295	0,76	1,168
0,63	1,284	0,77	1,160
0,64	1,276	0,78	1,152
0,65	1,266	0,79	1,144
0,66	1,256	0,80	1,136
0,67	1,247	0,81	1,129
0,68	1,238	0,82	1,121
0,69	1,229	0,83	1,114
0,70	1,220	0,84	1,106
0,71	1,211	0,85	1,099
0,72	1,202	0,86	1,092
0,73	1,193		

$$\frac{1}{\rho_{lodo}} = \frac{T_{ST}}{\rho_{ST}} + \frac{h}{\rho_{AG}} \quad (9.45)$$

onde:
h = teor de umidade no lodo (em bases decimais);
T_{ST} = teor de sólidos totais no lodo (em bases decimais).

Por exemplo, se esse mesmo lodo apresenta um teor de sólidos totais T_{ST} = 5%, ou, em outras palavras, um teor de umidade de 95%, tem-se:

$$\frac{1}{\rho_{lodo}} = \frac{0,05}{1,266} + \frac{0,95}{1,0} = 0,989$$

ou ρ_{lodo} = 1,011

Seguindo-se esse mesmo raciocínio e utilizando-se a expressão 9.45, foi elaborada a Fig. 9.56, que permite obter a densidade relativa do lodo, em função do teor de sólidos totais no lodo T_{ST} e da relação SV/ST (sólidos voláteis (sólidos totais).

Relação entre densidades e volumes

Segundo Metcalf e Eddy (1991) e Qasin (1999), o volume de lodo pode ser calculado por meio da expressão 9.46:

$$V = \frac{P_{ST}}{\gamma_{AG} \cdot \rho_{lodo} \cdot T_{ST}} \quad (9.46)$$

onde:
P_{ST} = peso de sólidos totais (t_f).

Utilizando-se a expressão 9.46, foi possível elaborar a Fig. 9.57, que permite determinar o volume de lodo, para um peso de sólidos totais unitário de 1 t_f, em função do teor de sólidos presente no lodo.

Tratamento e disposição final da fase sólida (lodos primários e secundários) 337

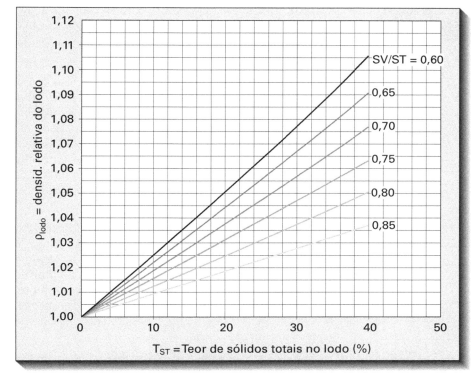

Figura 9.56 Peso específico do lodo em função de T_{ST} e da relação SV/ST.

As duas curvas apresentadas na Fig. 9.56 abrangem toda a faixa de SV/ST de 0,60 a 0,85. A curva superior representando SV/ST = 0,85 e a curva inferior representando SV/ST = 0,60. Essas curvas demonstram que na determinação do volume há muito pouca influência da relação SV/ST e, naturalmente, uma grande influência do teor de sólidos totais no lodo.

As análises de regressão das duas curvas apresentadas na Fig. 9.57 apresentaram uma excelente correlação, podendo-se alternativamente utilizar as expressões 9.47 e 9.48, entrando-se com os valores de T_{ST} (em %) e obtendo-se o valor do volume de lodo V_{lodo} (em m³/tf).

Para SV/ST = 0,85, obteve-se:

$V_{lodo} = 101,01 \cdot T_{ST}^{-1,0104}$
($R^2 = 1,0000$) \hfill (9.47)

Para SV/ST = 0,60, obteve-se:

$V_{lodo} = 102,82 \cdot T_{ST}^{-1,0286}$
($R^2 = 0,9998$) \hfill (9.48)

Utilizando-se as expressões 9.47 e 9.48, pode-se obter, para os valores usuais de teor de sólidos totais,

variando de 0,5% a 40%, os volumes de lodo V_{lodo} (em m³/tf), apresentados na Tab. 9.26. Percebe-se, pelos valores obtidos, que a curva correspondente a SV/ST = 0,60 resulta em valores maiores do que os da curva SV/ST = 0,85, para teores de sólidos no lodo até 2%. A partir de 3% houve uma inversão e, numa análise mais apurada, verificou-se que essa inversão se dá próxima ao valor de $T_{ST} = 2,7\%$.

No caso de desaguamento térmico da torta de lodo (incineração), utilizando-se temperaturas acima de 600 °C, haverá completa destruição dos sólidos voláteis, restando as cinzas ou os chamados sólidos fixos. No entanto, as cinzas, em contato com o ar atmosférico, vão sempre reter um certo teor de umidade, que dependerá das condições locais. Para exemplificar a utilização da Tab. 9.26, supõe-se uma ETE, cuja

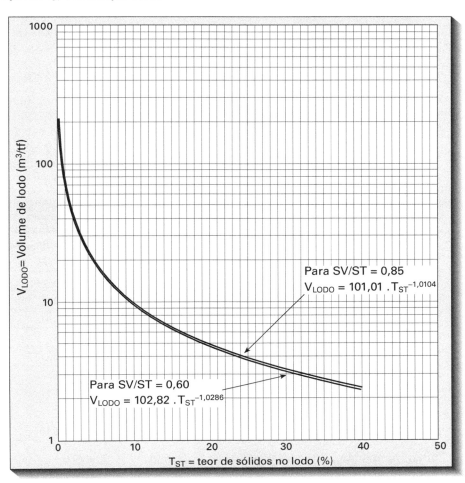

Figura 9.57 Volume do lodo em função do T_{ST} e da relação SV/ST.

TABELA 9.26 Valores de volume de lodo V_{lodo} em função de T_{ST} e SV/ST

T_{ST} (%)	SV/ST	V (m³/tf)
0,5	0,60	209,757
1	0,60	102,820
2	0,60	50,401
3	0,60	33,213
4	0,60	24,706
5	0,60	19,639
10	0,60	9,627
15	0,60	6,344
20	0,60	4,719
25	0,60	3,751
30	0,60	3,110
35	0,60	2,654
40	0,60	2,313
0,5	0,85	203,482
1	0,85	101,010
2	0,85	50,142
3	0,85	33,287
4	0,85	24,891
5	0,85	19,867
10	0,85	9,862
15	0,85	6,547
20	0,85	4,896
25	0,85	3,907
30	0,85	3,250
35	0,85	2,781
40	0,85	2,430

produção diária de lodo desaguado, com teor de sólidos totais T_{ST} = 35% e SV/ST = 0,60, seja de 150 t_f/dia e quer se determinar o número de viagens de caminhões, com capacidade 10 m³, para dar destino final a esse lodo.

- na Tab. 9.26 verifica-se que o volume específico é de 2,654 m³/t_f;
- pode-se então calcular o volume total V_T = 2,654 m³/t_f × 150 t_f/dia = 398,1 m³/dia;
- e o número de viagens de caminhões será:

$$N_V = \frac{398,1 \text{ m}^3/\text{dia}}{10 \text{ m}^3/\text{viagem}} \cong 40 \text{ viagens/dia}$$

9.4.3 Principais características dos lodos de esgoto sanitário

Para o tratamento e a disposição final da fase sólida (lodos primários, secundários e escumas), gerados nas estações de tratamento de esgotos, é importante que se conheça antecipadamente as características dos materiais a serem processados. Tais características dependem essencialmente da origem dos sólidos, das quantidades geradas e dos tipos de processos a que eles estiveram sujeitos anteriormente.

Por exemplo, os sólidos removidos do fundo dos decantadores primários, chamados de lodos primários, apresentam coloração cinza, são extremamente viscosos, resultando que as perdas de carga em tubulações podem ser até 4 vezes maiores, quando comparadas com água limpa (ver Tab. 9.27). Apresentam ainda um odor extremamente ofensivo. Portanto, esse tipo de lodo deve necessariamente ser digerido, antes da destinação final.

O lodo primário, quando removido do decantador, apresenta-se com teores de sólidos totais da ordem de 1 a 7%, dependendo do tipo de decantador utilizado e da forma de remoção do lodo. Há influência no teor de sólidos se a remoção de lodo é contínua ou intermitente, se a remoção é hidráulica ou por dispositivos de sucção, se o projeto previu ou não o espessamento de lodo no próprio decantador etc.

Antes de ser enviado para o digestor, o lodo primário normalmente passa por processo de espessamento, a fim de diminuir o volume dos digestores de lodo. Com o espessamento, obtêm-se teores de sólidos da ordem de 5 a 10%. O lodo primário sedimenta com facilidade, e o seu espessamento pode ser feito em unidades gravimétricas, do mesmo tipo utilizado na decantação primária (Metcalf e Eddy, 1991).

No entanto, conforme frisa Von Sperling (1997), em razão da grande concentração de sólidos presentes nesse lodo, o dimensionamento dos espessadores de lodo, do tipo gravimétrico, deve ser feito utilizando-se a teoria de fluxo limite de sólidos (ver seção 9.3.8.3 – Capítulo 9). Utilizam-se no dimensionamento dessas unidades,

TABELA 9.27 Coeficientes de Hazen-Willians para tubos transportando lodo de esgoto sanitário

% de sólidos no lodo	Coeficiente de Hazen Willians "C"	
	Lodo fresco	Lodo digerido
Água limpa	100	100
1,0	83	100
2,0	71	91
3,0	60	83
4,0	53	78
5,0	47	73
6,0	42	69
7,0	37	65
8,0	33	60
9,0	29	55
10,0	25	48

Fonte: Qasin (1999)

taxas de aplicação hidráulica superficial da ordem de 24 a 30 m^3/m^2 · dia (1 a 1,25 m^3/m^2 · hora), combinadas a taxas de aplicação de sólidos da ordem de 88 a 136 kgSST/m^2 · dia (3,7 a 5,7 kg SST/m^2 · hora). O líquido sobrenadante deve retornar ao tratamento e misturado ao esgoto a ser tratado, antes dos decantadores primários (Metcalf e Eddy, 1991).

Já os chamados lodos secundários (sólidos provenientes dos decantadores secundários e descartados dos sistemas de lodos ativados convencionais) apresentam normalmente uma coloração marrom e uma aparência floculenta. Se a cor apresenta-se mais escura, o lodo está se aproximando de condições sépticas. Se a cor é mais clara que a normal, o lodo é fresco e bem aerado. Os lodos secundários frescos apresentam um inofensivo odor de terra úmida. No entanto, apresentam a tendência de rapidamente tornarem-se sépticos, o que provoca um desagradável odor de material em putrefação. Assim, esse tipo de lodo também deve ser necessariamente digerido, antes da destinação final (Metcalf e Eddy, 1991).

Os lodos secundários, provenientes de sistemas de lodos ativados convencionais, apresentam teores de sólidos totais variando na faixa de 0,5 a 1,5%. Para diminuir volumes, ou seja, aumentar o teor de sólidos para valores da ordem de 3,5 a 5,0%, o lodo secundário deve também passar por uma unidade de espessamento, antes de ser enviado ao digestor.

Normalmente, nas pequenas instalações, o espessamento do lodo secundário é feito misturando-o com o lodo primário e passando a mistura por espessadores gravimétricos, resultando, então, teores de sólidos da ordem de 4 a 6%. Em grandes instalações, não se tem alcançado bons resultados com essa prática e a tendência atual é fazer o espessamento do lodo secundário em unidades de flotação, uma vez que o lodo secundário não é do tipo que sedimenta facilmente (Metcalf e Eddy, 1991).

Os sistemas de lodos ativados, por aeração prolongada, normalmente não são dotados de decantadores primários, ou seja, o esgoto, após ter passado pela caixa de areia, vai diretamente para o reator de lodos ativados. Assim, o lodo secundário resultante de aeração prolongada apresenta características um pouco distintas dos lodos convencionais. Estes não necessitam passar por unidades de digestão, uma vez que já foram digeridos aerobiamente. Apresentam teores de sólidos totais na faixa de 0,8 a 2,5% (Metcalf e Eddy, 1991). Em pequenas instalações, o desaguamento desse lodo é normalmente feito em leitos de secagem, sem necessidade de unidades intermediárias entre o descarte, a partir do decantador secundário, e a unidade de desaguamento.

A digestão dos lodos gerados nos processos de lodos ativados, operando na fase convencional, geralmente é feita em digestores anaeróbios, logo após o processo de espessamento. Conforme mencionado anteriormente, nos processos de aeração prolongada, a digestão do lodo é feita aerobiamente no próprio reator, não necessitando sofrer qualquer tratamento posterior, a não ser o condicionamento químico, quando o desaguamento é mecânico.

Como opção às unidades de digestão e de condicionamento químico do lodo, antecedendo a desaguamento, existe o chamado tratamento térmico; processo de condicionamento do lodo fresco, que consiste em aquecê-lo, sob temperaturas variando de 140 a 205 °C, durante curtos períodos de tempo (geralmente 30 minutos), sob pressões de 1 a 2 MPa (10 a 20 kgf/cm^2).

O tratamento térmico apresenta como resultados: a coagulação dos sólidos, a ruptura da estrutura gelatinosa e uma redução da afinidade das fases sólida e líquida do lodo. Como consequência, o lodo apresenta-se completamente esterilizado, praticamente desodorizado, e pode então ser desaguado facilmente, através de processos mecânicos, sem necessidade de condicionamento com produtos químicos. Os dois processos mais utilizados são o sistema PORTEUS e o sistema ZIMPRO (Metcalf e Eddy, 1977).

Como se viu na seção 9.4.2, com o desaguamento consegue-se uma diminuição significativa dos volumes, facilitando o transporte e o descarte final ou mesmo o aproveitamento do lodo. Só não se faz o desaguamento quando o lodo for utilizado ou descartado na forma líquida, como se verá na seção 9.4.7.1 adiante.

Tanto nos sistemas convencionais quanto nos de aeração prolongada, caso se opte pelo desaguamento mecânico, utilizando-se equipamentos tais como: filtros-prensa de placas, filtros-prensa de esteiras, centrífugas, filtros a vácuo etc., haverá necessidade de condicionamento químico do lodo, utilizando-se polímeros ou mesmo cal e cloreto férrico, estes últimos mais comumente utilizados nas ETEs brasileiras.

O condicionamento químico tem a finalidade de melhorar a separação sólido-líquido e, consequentemente, aumentar o rendimento do desaguamento mecânico. Após o desaguamento, o material resultante é chamado de torta. Os processos mecanizados, quando comparados com o leito de secagem, não são mais eficientes em termos de teor de sólidos finais da torta. O teor de sólidos, após o desaguamento mecânico, apresenta-se numa faixa de 15 a 35%, ou em outras palavras, um teor de umidade da ordem de 65 a 85%. Nos leitos de secagem, consegue-se um resultado mais próximo de 60% de umidade, dependendo das condições climáticas locais.

A grande vantagem do desaguamento mecânico é o tempo do ciclo de desaguamento, muito menor do que nos leitos de secagem, nos quais o ciclo médio é da ordem de 21 dias. Com a utilização do desaguamento mecânicodo lodo reduz-se a área física destinada à essa finalidade.

No entanto, conforme ressalta Além Sobrinho (1993), os equipamentos de desaguamento usuais, sejam filtro-prensa de placas, prensas desaguadoras de esteiras, centrífugas, ou mesmo filtro a vácuo, por exigirem a utilização de produtos químicos, tais como a cal, o cloreto férrico ou polieletrólitos, no condicionamento do lodo e principalmente quando utilizados a cal e o cloreto férrico, provocam um acréscimo de volumes finais a serem dispostos bastante significativo.

De todos os equipamentos de desaguamento, o filtro-prensa de placas é o que apresenta um maior acréscimo nos volumes finais de lodo a ser disposto (da ordem de 20%), pois requer um maior consumo de produtos químicos (cal e cloreto férrico). Entretanto, estes apresentam uma boa eficiência, produzindo tortas com teor de sólidos da ordem de 25 a 35%, além de serem equipamentos fáceis de operar.

As prensas desaguadoras de esteiras também têm tido boa aceitação, mas o teor de sólidos resultante desse processo é um pouco menor, da ordem de 15 a 25%. Porém, trata-se de um equipamento propício à utilização de polímeros, que não causam grande aumento nos volumes finais. As centrífugas estariam também sendo cada vez mais utilizadas, apesar do alto preço do equipamento, talvez porque o preço desse equipamento venha diminuindo bastante, ao longo do tempo. Os filtros a vácuo estariam caindo em desuso, por apresentarem vários problemas operacionais e de manutenção. Krhamenkov (1990) confirma isso, ao relatar que, em Moscou, esse tipo de equipamento estaria sendo substituído por prensas desaguadoras de esteiras.

Deve-se considerar ainda, na escolha de processos mecanizados, o fato de que, apesar de apresentarem um melhor rendimento no ciclo de desaguamento, às vezes só se justificam nas médias e grandes ETEs, pois exigem mão de obra especializada na operação e manutenção do equipamento propriamente dito, além da necessidade da instalação de outros equipamentos para comporem a unidade de condicionamento químico do lodo (Além Sobrinho, 1993).

Para diminuir ainda mais os volumes a serem dispostos, alguns países adotam a incineração da torta. A incineração a altas temperaturas é o processo mais drástico de desaguamento do lodo. Apresenta, como produto final, basicamente cinzas, com um teor de umidade da ordem de 10%, reduzindo ao mínimo possível o volume do lodo. No entanto, mesmo as cinzas necessitam de uma disposição adequada, que pode ser feita em aterros sanitários ou mesmo em *monofill* (aterros exclusivos para lodos). Alguns pesquisadores têm estudado a utilização tanto da torta de lodo quanto das cinzas na confecção de tijolos e mesmo como *filler* na fabricação de cimento (Alleman e Berman, 1984; Tay, 1987; Tay e Show, 1991). Existem vários processos de incineração de lodo, sendo o de leito fluidizado um dos mais utilizados (Mathews, 1992).

A incineração reduz drasticamente o volume final, mas é ainda considerada uma técnica de custo bastante alto, para o lodo de esgoto sanitário. Segundo Grove (1978), a incineração é o processo mais caro dentre os disponíveis para a desaguamento, pelos seguintes motivos:

- necessita de mão de obra especializada para operação e manutenção;
- apresenta um consumo razoável de combustíveis, muito embora alguns equipamentos utilizem o próprio lodo como combustível para manter o processo, devido ao razoável calor específico do lodo, sendo o combustível utilizado apenas nas partidas;
- utiliza-se da torta já desaguada, visando à redução das dimensões do incinerador e o consumo de combustíveis (não descarta, portanto, os processos anteriormente mencionados de desaguamento mecânico);
- apresenta riscos de poluição atmosférica, decorrente do lançamento de fumaça e particulados na atmosfera, sendo necessário que o incinerador seja dotado de um sistema de lavagem e/ou purificação dos gases gerados.

No entanto, algumas grandes cidades estariam caminhando para esse tipo de solução, como, por exemplo, algumas cidades japonesas, europeias e norte-americanas. É provável que isso se deva a algum dos seguintes fatores:

- grande distância entre essas cidades e as áreas rurais, impedindo a utilização do lodo na melhoria de solos agrícolas, como fazem os ingleses e diversos outros países;
- excesso de EPT (elementos potencialmente tóxicos), nos lodos; ou ainda
- carência de áreas disponíveis para disposição do lodo em aterros sanitários ou em *monofill*.

Exemplo de cálculo 9.13

Dimensionar uma unidade de espessamento de lodo por gravimetria, utilizando-se dos dados apresentados nos exemplos de cálculo 9.4, 9.7 e 9.12. Ou seja, para um sistema de lodos ativados, com reator do tipo mistura completa e atuando na fase convencional.

1. Dados
   - vazão média (final de plano) = 40,4 L/s = 145,40 m³/h = 3.491,00 m³/dia;
   - SST médio na entrada da estação X = 1.040 mg/L = 1,04 kg/m³;

- Eficiência na remoção de SST no decantador primário E = 60%.

2. Determinação das vazões de dimensionamento

Para a determinação das vazões de dimensionamento do espessador de lodo por gravidade, far-se-ão as seguintes considerações:

- Serão consideradas duas diferentes situações: numa delas considerar-se-á a mistura lodo primário e secundário (comum nas pequenas instalações, como é neste caso); na segunda situação será considerado apenas o lodo primário, sendo que o lodo secundário terá o seu espessamento feito por flotação.

- A vazão do lodo primário será calculada considerando-se a eficiência na remoção dos sólidos sedimentáveis presentes no esgoto fresco de 60%. Conforme foi visto no exemplo de cálculo 9.7, a concentração de SST no esgoto que entra no decantador primário é C_{ST} = 1.040 mg/L.

3. Primeira situação: misturando-se o lodo primário e secundário

Pode-se, por exemplo, considerar que o lodo secundário seja misturado ao esgoto fresco, antes do decantador primário. Neste caso, tem-se que considerar uma alteração na vazão e na concentração de sólidos que entram no decantador.

a) Vazão e carga de sólidos descartados no lodo secundário

Do exemplo de cálculo 9.12 tira-se que a razão de recirculação de lodo é $R \geq 0,494$ e que a concentração de sólidos totais no fundo do decantador $C_u = 9,16$ kg/m³. Dessa forma pode-se calcular a vazão de descarte Q_D. Como foi visto no exemplo de cálculo 9.7, no qual a produção líquida de sólidos totais é $P_{X\,líquida}$ = 438,7 kg/dia, portanto, a vazão de descarte Q_D pode ser estimada da seguinte forma:

$$Q_D = \frac{P_{X\,líquida}}{C_u} = \frac{438,7 \text{ kg/dia}}{9,16; \text{kg/m}^3} =$$

$$= 47,90 \text{ m}^3/\text{dia} = 0,55 \text{ L/s}$$

b) Concentração de sólidos totais que entra no decantador primário após mistura

Pode-se estimar essa concentração de sólidos por meio da seguinte expressão:

$$C_{ST} = \frac{Q_0 \cdot C_{ST} + Q_D \cdot C_{ST}}{Q_0 + Q_D} =$$

$$= \frac{(3.491 \times 1,04) + (47,9 \times 9,16)}{3.491 + 47,9} =$$

$$= 1,15 \text{ kg/m}^3$$

c) Carga de sólidos retidos no decantador primário

Considerando-se uma eficiência de remoção de sólidos E = 60%, na passagem do esgoto pelo decantador primário, a concentração de sólidos que ficará retida nessa unidade pode ser estimada como sendo: X_{DP} = 1.150 × 0,60 = 690 mg/L = 0,69 kg/m³ e a carga de sólidos pode então ser estimada por:

P_{ST} = [(3.491 + 47,90) m³/dia × 0,69 kg/m³] = 2.442 kg/dia = 2,442 t_f/dia

d) Vazão de lodo no decantador primário (que vai alimentar o espessador)

Admitindo-se que o teor de sólidos no fundo do decantador primário seja de 2%, e utilizando-se os dados médios apresentados na Tab. 9.26, tem-se para T_{ST} = 2% um volume de lodo V_{lodo} = 50,401 m³/t_f (para SV/ST = 0,60) e V_{lodo} = 50,142 m³/t_f (para SV/ST = 0,85). Adotar-se-á V_{lodo} = 50,35 m³/tf (correspondente a SV/ST = 0,65).

Q_{lodo} = 2,442 tf/dia × 50,35 m³/tf = 123,0 m³/dia = 5,13 m³/h = 1,42 L/s

Como estão previstos 4 decantadores primários (vide exemplo de cálculo 9.6), pode-se adotar, por exemplo, o seguinte esquema operacional: cada decantador acumula lodo durante 45 minutos e descarta lodo por 15 minutos. Essa estratégia operacional visa manter uma vazão contínua de lodo de 1,42 L/s chegando no espessador.

Dividindo-se a carga P_{ST} (2.442 kg/dia) pela vazão de lodo Q_{lodo} (123,0 m³/dia), obtém-se então a concentração de sólidos no lodo que entra no espessador $C_{ST\,lodo}$ = 19,9 kg/m³.

Observação

A vazão de 1,42 L/s = 5,13 m³/hora, com teor de sólidos de 2% (X = 19,9 kg/m³), será então utilizada no dimensionamento do espessador de lodo.

e) Dimensionamento do espessador de lodo

Aplicando-se os mesmos critérios de cálculo do exemplo de cálculo 9.12, tem-se:

1° critério: $Q_{lodo}/A_{espess.} \leq v_0 \cdot e^{-KC}$

- Consultando-se a Tab. 9.23 e admitindo-se sedimentabilidade ótima para este tipo de lodo, tem-se que v_0 = 10,0 e K = 0,27. Dessa forma obtém-se:

$$\frac{5,13 \text{ m}^3/\text{h}}{A_{espes}} \leq 10,0 \cdot 2,71828^{-(0,27 \times 19,9)}$$

$A_{espess.} \leq 110,6 \text{ m}^2$

Pode-se adotar, por exemplo, 4 unidades com 6,00 m de diâmetro, com área de 28,27 m² cada, perfazendo uma

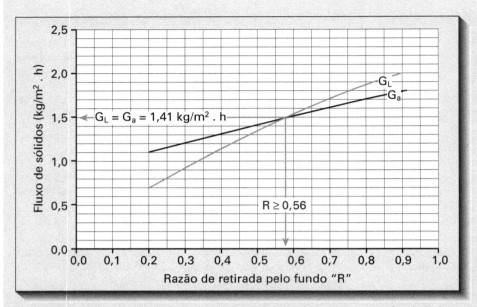

Figura 9.58 Determinação gráfica de R para atender $G_L \leq G_a$ no espessador de lodos.

Quanto à concentração de sólidos totais no fundo do espessador, tem-se por exemplo que, para $R = 0,60$ o fluxo de sólidos aplicado ao espessador $G_a = 1,44$ kg/m² · h. Com o valor de G_a pode-se obter a concentração de sólidos no fundo do espessador "C_u". Para isso, pode-se utilizar a seguinte relação:

$$C_u = (G_a \cdot A_{espes.}) \div Q_u =$$
$$= 1,44 \text{ kg/m}^2 \cdot \text{h} \times 113,10 \text{ m}^2 \div$$
$$\div 3,08 \text{ m}^3/\text{h} = 52,9 \text{ kg/m}^3$$

A rigor, ao final de todos os cálculos, há necessidade de se verificar novamente o dimensionamento da unidade de espessamento gravimétrico, considerando-se as vazões de sobrenadantes (tanto as do espessador quanto as do sistema de desaguamento), quando esta é feita mecanicamente, pois o retorno do sobrenadante resultará num acréscimo, tanto da vazão quanto da concentração de sólidos do esgoto fresco, afluente ao decantador primário.

área total de 113,10 m², atendendo ao 1º critério. Cada unidade de espessamento receberá então, uma vazão de aproximadamente 1,28 m³/h. Com essa área pode-se verificar o 2º critério, ou seja, que o espessador não seja sobrecarregado em termos de adensamento. Por esse critério pode-se determinar a vazão de retirada pelo fundo $R = Q_{lodo}/Q_u$, onde Q_u é a vazão de retirada pelo fundo do espessador. Fixada a vazão Q_u, pode-se obter a vazão de retorno Q_{RS} de sobrenadantes.

$[(Q_{lodo} + R \cdot Q_{lodo}) \cdot X] \div A_{espes.} \leq m \cdot (R \cdot Q_{lodo} \div A_{espess.})^n$, na Tab. 9.23, tem-se que:

$m = 14,79$ e $n = 0,64$

$$\frac{[(5,13 + R \cdot 5,13) \times 19,9]}{113,1} \leq \left[\frac{14,79(R \cdot 5,13)}{113,1}\right]^{0,64}$$

Se lançados ambos os termos desta inequação num gráfico, obtêm-se as curvas apresentadas na Fig. 9.58.

Adotando-se $R = 0,60$, pode-se obter a vazão total de retirada pelo fundo do espessador, que irá alimentar o digestor de lodos $Q_u = 0,60 \times 5,13$ m³/h $= 3,08$ m³/h $= 0,86$ L/s. Já a vazão total de recirculação de sobrenadantes, que fluirá pelos vertedores do espessador e que deverá retornar e ser misturada ao esgoto fresco, antes da unidade de decantação primária, será $Q_{sob.} = 0,40 \times 5,13$ m³/h $= 2,05$ m³/h $= 0,57$ L/s.

Segundo Qasin (1999), quando o espessador funciona com a mistura de lodos primário e secundário, o sobrenadante apresenta as seguintes características: concentração de sólidos totais C_{ST} na faixa de 300 a 800 mg/L e DBO₅ na faixa de 166 a 600 mg/L. Para o sobrenadante de espessadores funcionando apenas com lodo primário, tem-se: concentração de sólidos totais C_{ST} na faixa de 300 a 1.000 mg/L e DBO₅ na faixa de 160 a 600 mg/L.

4. Segunda situação: espessamento separado dos lodos primário e secundário

Caso se deseje fazer o espessamento separado entre os lodos primário e secundário, como é usual no caso das grandes ETEs, o dimensionamento do espessador por gravimetria pode ser feito de maneira semelhante ao do exemplo de cálculo anterior, apenas deve-se considerar que neste caso não haverá a mistura do lodo secundário ao esgoto fresco. Assim, conforme se pode observar nos dados do exemplo de cálculo 9.7, a concentração de sólidos totais no esgoto fresco é de 1.040 mg/L. Considerando-se uma eficiência de remoção de sólidos $E = 60\%$, no decantador primário, os sólidos retidos nessa unidade será $X_{DP} = 1.040 \times 0,60 = 624$ mg/L $= 0,624$ kg/m³ e o novo valor para a carga de sólidos será:

$P_{ST} = 3.491,00$ m³/dia $\times 0,624$ kg/m³ $= 2.178,4$ kg/dia

Considerando-se o teor de sólidos de $T_{ST} = 2\%$, no fundo do decantador, da mesma forma que no cálculo anteriormente apresentado, a nova vazão de lodo será:

$Q_{lodo} = 2,1784$ tf/dia $\times 50,35$ m³/tf $= 109,7$ m³/dia $= 4,57$ m³/h $= 1,27$ L/s

O dimensionamento da nova unidade de espessamento gravimétrica poderá então ser feito com os valores acima e adotando-se o mesmo procedimento anteriormente apresentado. Esse dimensionamento será deixado como exercício a ser elaborado pelo leitor. Passa-se, então, a discorrer sobre os métodos mais utilizados para o espessamento do lodo secundário, que é a utilização de unidades de flotação.

9.4.4 O espessamento dos lodos primário e secundário

9.4.4.1 Espessamento gravimétrico do lodo primário

Conforme foi visto anteriormente, é mais comum se fazer o espessamento do lodo primário por meio de unidades de sedimentação gravimétrica, dos mesmos tipos utilizados nos decantadores primários, porém com dimensionamento segundo a teoria do fluxo limite, utilizada nos decantadores secundários. No exemplo de cálculo 9.13, apresentou-se o dimensionamento de uma unidade desse tipo.

9.4.4.2 Espessamento do lodo secundário por flotação com ar dissolvido

A função de um sistema de flotação por ar dissolvido é remover sólidos em suspensão. Conforme já foi explicitado anteriormente, é mais comum utilizar-se desse tipo de unidade na operação de espessamento do lodo secundário, tanto nos processos de lodos ativados quanto nos processos de filtros biológicos, dada à dificuldade de se fazer o espessamento desses lodos, por processos gravimétricos.

O processo de separação líquido-sólido, pelo ar difuso, é promovido pela injeção de bolhas finas de gás, usualmente o próprio ar atmosférico, na massa líquida da qual se deseja fazer a separação dos sólidos presentes, para posterior remoção por dispositivos apropriados. As bolhas de gás, lançadas sob pressão no fundo da unidade de flotação, aderem às partículas sólidas presentes, diminuindo-lhes suficientemente a densidade, de modo a promover seu arraste ou flutuação até a superfície da massa líquida. O tanque de flotação funciona sob pressão atmosférica.

Existem dois tipos principais de processos de flotadores por ar dissolvido. Num deles (ver Fig. 9.59a), todo o lodo a ser tratado passa por um tanque de pressurização, antes de ser lançado no tanque de flotação. A variante é a recirculação e pressurização de uma parte do líquido sobrenadante (ver Fig. 9.59-b).

A utilização de um ou de outro esquema de flotação dependerá das vazões a serem tratadas. Para pequenas vazões, fica mais fácil fazer a pressurização de todo o lodo. Para grandes vazões, opta-se então pela segunda alternativa.

Em qualquer das duas alternativas apresentadas há uma melhoria sensível do rendimento da unidade de flotação pela adição de produtos químicos, tais como o sulfato de alumínio, cloreto férrico ou mesmo polímeros (mais utilizados na flotação), visando auxiliar o processo de separação sólido-líquido.

Segundo Metcalf e Eddy (1991) e Qasin (1999), os parâmetros mais importantes no dimensionamento de um processo de flotação por ar dissolvido são:

- a relação ar/sólidos A/S (em mL/mg);
- a taxa de aplicação de sólidos q_S (em kg/m² · dia);
- a taxa de escoamento superficial q_A (em m³/m² · dia);
- a dosagem de polímeros q_P (em g/kg – gramas de polímeros por kg de sólidos).

Esses parâmetros podem ser obtidos por testes com o líquido a ser flotado. Podem ser utilizados dispositivos de laboratório ou instalações piloto. Segundo os autores anteriormente citados, a relação A/S pode ser estimada por:

$$A/S = \frac{1{,}3\, S_A(f_S \cdot P_T - 1) \cdot q_R}{C_{ST} \cdot Q_D} \quad (9.49\text{-a})$$

onde:
1,3 = peso aproximado do ar atmosférico (em mg/mL);
S_A = solubilidade do ar atmosférico a uma determinada temperatura (em mL/L):
  a 0 °C S_A = 29,2; a 10 °C S_A = 22,8;

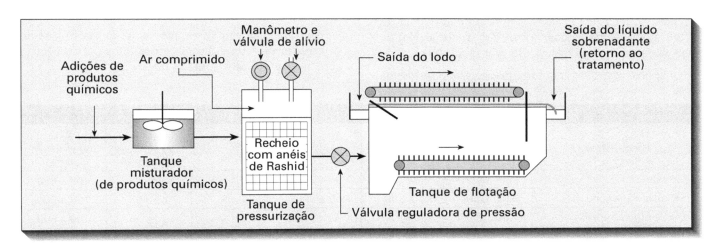

Figura 9.59a Esquema da flotação com pressurização de todo o lodo a ser tratado. Fonte: Adaptado de Qasin (1999).

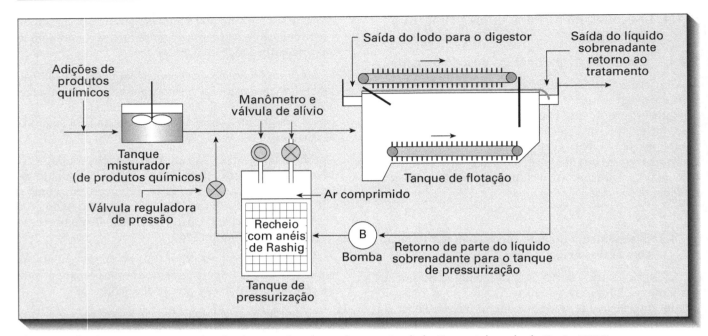

Figura 9.59b Flotação com pressurização de parte do sobrenadante recirculado. Fonte: Adaptado de Qasin (1999).

a 20 °C $S_A = 18{,}7$ e a 30 °C $S_A = 15{,}7$

C_{ST} = concentração de sólidos totais no líquido afluente ao tanque de flotação (mg/L);
f_S = fator de saturação do ar dissolvido (usualmente varia de 0,5 a 0,8);
P_T = pressão total (em atmosferas):
   $P_T = (pm + 101{,}35) \div 101{,}35$;
p_m = pressão manométrica, aplicada ao lodo, no tanque de pressurização (em kPa);
101,35 = pressão atmosférica ao nível do mar (em kPa);
q_R = vazão de recirculação do líquido sobrenadante (m³/dia);
Q_D = vazão do lodo afluente = vazão de descarte dos lodos ativados (em m³/dia).

Fixando-se a relação ar/sólidos e a pressão manométrica pm (geralmente em torno de 305 kPa = 3,0 atmosferas, nas pequenas instalações) e aplicando-se a equação 9.49-a, pode-se determinar a vazão de recirculação do sobrenadante a ser pressurizado (ver Fig. 9.60).

Quando todo o lodo afluente é pressurizado (esquema da Fig. 9.59-a), naturalmente que, não existindo a vazão de recirculação, resulta $q_R = Q_D$ e, portanto, a equação 9.49-a pode ser simplificada, podendo ser reescrita:

$$A/S = \frac{1{,}3\ S_A(f_S \cdot P_T - 1)}{C_{ST}} \quad (9.49\text{-b})$$

Fixando-se a relação ar/sólidos A/S e aplicando-se a equação 9.49-b, pode-se determinar a pressão total de pressurização do lodo PT e, consequentemente, a pressão manométrica a ser aplicada no tanque de pressurização pm.

Na Tab. 9.28 são apresentadas as faixas de valores típicos dos principais parâmetros de projeto de tanques de flotação por ar dissolvido, segundo Qasin (1999). Para Metcalf e Eddy (1991), a faixa de A/S é mais ampla, variando de 0,005 a 0,06 mL/mg, e os valores de q_S também são diferentes, principalmente quando utilizado o condicionamento químico (ver Tab. 9.29).

Na Tab. 9.29 são apresentadas as faixas típicas de valores da taxa de aplicação de sólidos q_S, de acordo com Metcalf e Eddy (1991).

TABELA 9.28 Faixas típicas de valores para projetos de flotação por ar dissolvido

Tipos de lodo	A/S (mL/mg)	q_S (kg/m²·dia)	q_A (m³/m²·dia)	q_P (g/kg)	% de sólidos capturados	C_{ST} no efluente (mg/L)
Lodo primário	0,04 a 0,07	90 a 200	90 a 250	1 a 4	80 a 95	100 a 600
Lodo ativado (secundário)	0,03 a 0,05	50 a 90	60 a 180	1 a 3	80 a 95	100 a 600
Lodo de filtro biológico	0,02 a 0,05	50 a 120	90 a 250	1 a 3	90 a 98	100 a 600
Lodo primário + secundário	0,02 a 0,05	60 a 150	90 a 250	1 a 4	90 a 95	100 a 600

Fonte: Adaptado de Qasin (1999)

Tratamento e disposição final da fase sólida (lodos primários e secundários) **345**

TABELA 9.29 Taxas de aplicação de sólidos q_S para projetos de flotação por ar dissolvido

Tipos de lodos	Taxa de aplicação de sólidos "q_S" (kg/m² · dia)	
	Sem condicionamento químico	Com condicionamento químico
Lodo primário	98 a 146	Acima de 292
Lodo secundário (SLA – utilizando ar)	49	Acima de 220
Lodo secundário (SLA – utilizando oxigênio puro)	68 a 98	Acima de 268
Lodo secundário (SFB)	68 a 98	Acima de 220
Lodo primário + secundário (SLA – utilizando ar)	68 a 146	Acima de 220
Lodo primário + secundário (SFB)	98 a 146	Acima de 292
Observação: SLA = sistema de lodos ativados; SFB = sistema de filtros biológicos.		

Fonte: Adaptado de Metcalf e Eddy (1991)

Comparando-se as Tabs. 9.28 e 9.29 pode-se, perceber que existem também algumas discrepâncias entre os autores citados, principalmente quando se considera o pré-condicionamento químico do lodo para a flotação.

A área requerida para o tanque de flotação pode ser determinada fixando-se ou a taxa de aplicação de sólidos q_S, e verificando-se a taxa de escoamento superficial q_A, ou fixando-se q_A e verificando-se q_S.

Segundo dados apresentados por Metcalf e Eddy (1991), a taxa de escoamento superficial estaria também numa faixa mais ampla (q_A variando de 12 a 230 m³/m² · dia), um pouco diferente daquela apresentada por Qasin (Tab. 9.28).

Utilizando-se a equação 9.49-a, que representa as condições de pressurização de parte do líquido sobrenadante (ver Fig. 9.59b), foram construídas curvas de vazão específica de recirculação $q_R \times A/S$ (ver Fig. 9.60). Na elaboração dessas curvas considerou-se: uma vazão unitária de lodo $Q_D = 1$ m³/dia, fez-se a variação da relação ar/sólidos A/S na faixa de 0,005 a 0,06 mL/mg, a variação da concentração de sólidos totais no lodo C_{ST} na faixa de 1.000 a 12.000 mg/L (1 a 12 kg/m³), o fator de solubilização $f_S = 0,65$, o coeficiente de saturação de ar para 20 °C $\Rightarrow S_A = 18,7$ mL/L e uma pressão total $P_T = 4,0$ atmosferas.

Trata-se, portanto de uma situação bastante específica, que permite apenas uma melhor visualização do fenômeno.

Analisando-se as curvas da Fig. 9.60 percebe-se que, para a pressão total adotada de 4 atmosferas e considerando-se as concentrações de sólidos totais usuais no lodo descartado dos processos de lodos ativados (geralmente na faixa de 7 a 10 kg/m³), qualquer que seja a relação A/S adotada, a vazão de recirculação q_R resultará maior do que a vazão Q_D de lodo, afluente ao sistema e aqui considerada como vazão unitária $Q_D = 1$ m³/dia. Por exemplo, para uma concentração de sólidos totais no lodo $C_{ST} = 9,0$ kg/m³, considerando-se uma relação $A/S = 0,01$, a vazão específica q_R seria igual a 2,31 m³/dia, ou, em outras palavras, $q_R = 2,31\ Q_D$.

Para baixar os valores da vazão de recirculação, pode-se aumentar a pressão total no sistema para valores acima da pressão adotada nas curvas da Fig. 9.60, ou seja, $P_T = 4,0$ atm. Por exemplo, com os mesmos números

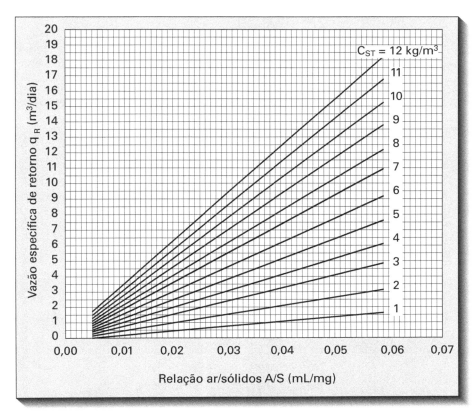

Figura 9.60 Curva de vazão específica de retorno $q_R \times A/S$ e C_{ST}.

acima, mas dobrando-se o valor da pressão total para P_T = 8,0 atm, o valor da vazão específica de recirculação q_R cairia para 0,88 m³/dia.

Se considerada a relação A/S na faixa de 0,03 a 0,05, proposta por Qasin (1999) e apresentada na Tab. 9.28, mantendo-se P_T = 4,0 atm e os demais números acima exemplificados, resultariam vazões específicas de recirculação na faixa q_R = 6,94 a 11,57 Q_D, o que nos parece um valor um tanto alto. Deve-se ressaltar que quanto maior a relação A/S, maior a eficiência na flotação.

Por outro lado, utilizando-se a equação 9.49-b, que representa as condições de pressurização de todo o líquido (ver Fig. 9.59-a), variando-se C_{ST} na faixa de 1.000 a 12.000 mg/L (1 a 12 kg/m³), foram construídas as curvas $p_m \times A/S$ (variando A/S na faixa de 0,005 a 0,05 mL/mg) apresentadas na Fig. 9.61.

Percebe-se que quanto maior for a relação ar/sólidos A/S e também maior a concentração de sólidos totais no lodo C_{ST}, maior será a pressão necessária a ser aplicada no líquido a ser flotado, chegando-se a valores bastante altos de pressão.

Metcalf e Eddy (1991) afirmam que, nas pequenas instalações a pressão manométrica p_m (a ser aplicada no líquido a ser flotado) poderá variar na faixa de 275 a 350 kPa (0,275 a 0,350 Mpa ou 2,7 a 3,45 atmosferas). Mesmo nessas pequenas instalações, fica difícil compatibilizar a pressurização de todo o lodo, dentro das faixas propostas pelos autores citados.

Para se utilizar as curvas da Fig. 9.61, basta definir o valor de A/S, obtendo-se os valores de pm, de acordo com a concentração de sólidos presentes no lodo. Por exemplo, para uma concentração de sólidos totais no lodo CST = 9 kg/m³ e uma relação A/S =0,01, o valor de pm seria de 1,07 MPa (1.070 kPa = 11,56 atm).

Para a faixa de variação de A/S = 0,03 a 0,05 mL/mg proposta por Qasin (ver Tab. 9.28), considerando-se lodos secundários ativados com ar, os valores de p_m resultantes seriam bem mais altos que os anteriores (2,22 a 3,38 MPa).

Talvez por esse motivo, Qasin tenha afirmado que o processo com pressurização de parte do sobrenadante (Fig. 9.59-b) é preferível porque elimina a necessidade de bombas de alta pressão, as quais estariam associadas a maiores problemas de manutenção.

9.4.5 A digestão anaeróbia dos lodos primário e secundário

Conforme exposto anteriormente, tanto o lodo primário quanto o secundário, provenientes de um sistema de lodos ativados, operando na faixa convencional, necessitam de um tratamento adicional para mineralização da matéria orgânica presente nesses lodos, antes de sua destinação final.

A degradação da matéria orgânica presente nos lodos primário e secundário pode ser feita por processos aeróbios. No entanto, como medida para economizar energia, é mais comumente feita por processos anaeróbios. Assim, é conveniente se fazer uma breve explanação complementar sobre o processo de digestão anaeróbia.

9.4.5.1 Fases e características da digestão anaeróbia

Na exposição feita anteriormente (seção 7.2.1, Capítulo 7), a biodegradação anaeróbia da matéria orgânica foi apresentada como sendo feita em 3 estágios.

Chernicharo (1997) afirma que embora o processo de digestão anaeróbia seja por muitos considerado como tendo apenas duas fases, este poderia ser subdividido em quatro fases principais, podendo ocorrer ainda uma quinta fase, dependendo das características do despejo a ser tratado. Essas fases são a seguir detalhadas:

Primeira fase – hidrólise

Sabe-se que as bactérias não conseguem assimilar matéria orgânica particulada (na maioria das vezes essas partículas são maiores do que elas próprias).

Assim, a primeira fase no processo de degradação anaeróbia consiste na hidrólise de substâncias particuladas complexas (polímeros), em

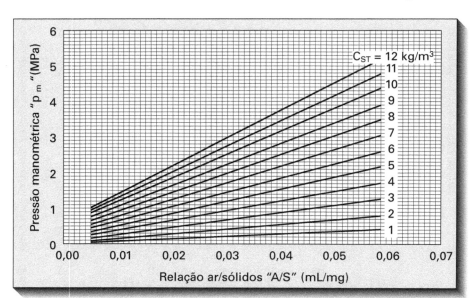

Figura 9.61 Pressão manométrica pm em função de A/S e C_{ST}.

Exemplo de cálculo 9.14

Calcular a vazão de recirculação de sobrenadante e dimensionar um tanque de flotação por ar dissolvido (conforme esquema da Fig. 9.59b). O lodo a ser flotado é proveniente de um sistema de lodos ativados convencional e já foi objeto de análise no exemplo de cálculo 9.13, cujos dados são a seguir apresentados e utilizados neste exemplo.

1. Dados

   - vazão de lodo – Q_D = 47,90 m³/dia = 2,00 m³/h = 0,55 L/s (ver exemplo de cálculo 9.13);
   - concentração de sólidos totais – $C_{ST} = C_u$ = 9,16 kg/m³ = 9.160 mg/L (ver exemplo de cálculo 9.13);
   - relação ar/sólidos: será adotada A/S = 0,008 mL/mg (menor valor da faixa proposta por Metcalf e Eddy, 1991);
   - pressão manométrica a ser aplicada ao líquido: adotada p_m = 400 kPa;
   - temperatura de 20 °C, portanto, S_A = 18,7 mL /L;
   - fator de saturação de ar: adotado f_S = 0,65;
   - taxa de aplicação de sólidos: adotada q_S = 70 kg/m² · dia.

2. Dimensionamento

a) Determinação da pressão total PT (em atmosferas)

   - considerando-se p = 400 kPa, tem-se que P_T = (400 +101,35) ÷ 101,35 = 4,95 atm.

b) Determinação da vazão de recirculação do sobrenadante

O líquido sobrenadante é retirado do sistema de vertedores do tanque de flotação e será pressurizado antes da mistura com o lodo afluente ao sistema de flotação (ver Fig. 9.59-b). Utilizando-se a equação 9.49-a, tem-se:

$$A/S = \frac{1,3\, S_A(f_S \cdot P_T - 1) \cdot q_R}{C_{ST} \cdot Q_D} \Rightarrow 0,008 =$$

$$= \frac{1,3 \times 18,7\,[(0,65 \times 4,95) - 1] \cdot q_R}{9.160 \times 47,9}$$

q_R = 65,1 m³/dia = 2,71 m³/h = 0,75 L/s

c) Cálculo da concentração de sólidos final CSF após mistura com o recirculado

$$C_{SF} = \frac{(Q_D \cdot C_{ST}) + (q_R \cdot C_{STR})}{Q_D + q_R}$$

onde

C_{STR} = concentração de sólidos totais no efluente do flotador. Trata-se do líquido que é utilizado na recirculação e pressurização, os valores variam de 100 a 600 mg/L (ver Tab. 9.28). Neste exemplo adotar-se-á 300 mg/L = 0,3 kg/m³.

$$C_{SF} = \frac{(47,9 \times 9,16) + (65,1 \times 0,3)}{47,9 + 65,1} =$$

$$= 4,06 \text{ kg/m}^3 = 4.060 \text{ mg/L}$$

d) Determinação da área do tanque de flotação "A_{TF}"

   - admitindo-se o critério da taxa de aplicação de sólidos, adotando-se q_S = 70 kg/m² · dia, para C_{SF} = 4,06 kg/m³, $Q_T = Q_D + q_R$ = 47,9 + 65,1 = 113 m³/dia, pode-se calcular a carga diária de sólidos totais P_{ST}:

P_{ST} = 113,00 m³/dia × 4,06 kg/m³ = 458,8 kg/dia, e assim

$$A_{TF} = \frac{P_{ST}}{q_S} = \frac{458,8 \text{ kg/dia}}{70 \text{ kg/m}^2 \cdot \text{dia}} = 6,55 \text{ m}^2$$

(admitir-se-á um tanque de 1,60 × 4,00 m = 6,40 m²)

e) Verificação da taxa de escoamento superficial q_A (resultante)

utilizando-se os valores de vazão total Q_T = 113,00 m³/dia e área do flotador A_{TF} = 6,40 m²

$$q_A = \frac{113 \text{ m}^3/\text{dia}}{6,40 \text{ m}^2} = 17,7 \text{ m}^3/\text{m}^2 \cdot \text{dia}$$

Observação

A taxa de escoamento superficial resultante q_A = 17,7 m³/m² · dia revelou-se bem abaixo dos valores recomendados por Qasin (q_A na faixa de 60 a 180 m³/m² · dia – Tab. 9.28), indicando, talvez, que a taxa de aplicação de sólidos adotada q_S = 70 kg/m² · dia seja muito conservadora.

De qualquer maneira há ainda muita controvérsia nos valores apresentados pelos autores citados, indicando talvez uma maior necessidade de pesquisas nessa área.

---

substâncias dissolvidas mais simples (moléculas de menor tamanho), as quais podem, dessa forma, atravessar a membrana celular das bactérias fermentativas.

A conversão de substâncias particuladas em substâncias dissolvidas é feita por meio de enzimas exógenas excretadas pelas bactérias fermentativas hidrolíticas. Essa hidrólise também ocorre nos ambientes aeróbios, porém, em ambientes anaeróbios ocorre de forma mais lenta, sendo vários os fatores (a seguir relacionados), que podem afetar o grau e a taxa em que o substrato é hidrolisado (Lettinga *et al.* 1996, *apud* Chernicharo, 1997):

- temperatura operacional do reator;
- tempo de residência do substrato no reator;
- composição do substrato (ex.: teores de lignina, carboidrato, proteína e gorduras);
- tamanho das partículas;
- pH do meio;

- concentração de $NH_4^+ - N$;
- concentração de produtos da hidrólise (Ex.: ácidos graxos voláteis).

Segunda fase – acidogênese

As substâncias solúveis, produtos da fase de hidrólise, são então metabolizadas no interior das células das bactérias fermentativas, sendo convertidas em diversos compostos mais simples, excretados pelas células.

Nessa fase são produzidos compostos como ácidos graxos voláteis, alcoóis, ácido lático, gás carbônico, hidrogênio, amônia e sulfeto de hidrogênio, além de novas células bacterianas. Considerando-se que os ácidos graxos são o principal produto produzido pelos organismos fermentativos, estes são usualmente denominados bactérias fermentativas acidogênicas.

Segundo van Haandel e Lettinga (1994) e Lettinga et al. (1996), *apud* Chernicharo (1997), o fenômeno da acidogênese é característico de um grande e diverso grupo de bactérias fermentativas, citando-se como exemplos as espécies *clostridium* e *bacteroids*. As primeiras são uma espécie anaeróbia que forma esporos, podendo sobreviver em ambientes totalmente adversos. Já as *bacteroids* encontram-se comumente presentes nos tratos digestivos, participando da degradação de açúcares e aminoácidos. A maioria das bactérias acidogênicas são estritamente anaeróbias, porém cerca de 1% consiste de bactérias facultativas que podem degradar o substrato orgânico por via oxidativa. A existência dessas bactérias facultativas em meio anaeróbio é particularmente importante, pois elas irão eventualmente proteger as demais contra a exposição ao oxigênio que venha a adentrar esse ambiente.

Terceira fase – acetogênese

As bactérias acetogênicas são responsáveis pela oxidação dos subprodutos da fase acidogênica, transformando-os em substratos apropriados para a próxima fase (metanogênica). Esses subprodutos são o hidrogênio, o gás carbônico e o acetato.

Durante a formação dos ácidos acético e propiônico, uma grande quantidade de hidrogênio é formada, fazendo com que o valor do pH no meio aquoso apresente tendência de queda. No entanto, o hidrogênio é consumido nesse meio de duas maneiras:

1. pelas bactérias metanogênicas, que utilizam hidrogênio e gás carbônico para produzir metano;
2. pela formação de ácidos orgânicos, tais como o propiônico e o butírico, que são formados por meio da reação do hidrogênio com o gás carbônico e o ácido acético.

Segundo Chernicharo (1997), de todos os produtos metabolizados pelas bactérias acidogênicas, apenas o hidrogênio e o acetato podem ser utilizados pelas bactérias metanogênicas. Porém, nesse ambiente, pelo menos 50% da DQO biodegradável é convertida em propionatos e butiratos, produtos esses que são posteriormente decompostos em acetato e hidrogênio, pela ação das bactérias acetogênicas.

Quarta fase – metanogênese

Esta é a etapa final do processo de degradação anaeróbia, ou seja, onde ocorre a transformação da matéria orgânica em gás metano e gás carbônico, e que é efetuada pelas chamadas bactérias metanogênicas.

Segundo Chernicharo (1997), essas bactérias costumam utilizar um limitado número de substratos, compreendendo o ácido acético, hidrogênio/gás carbônico, ácido fórmico, metanol, metilaminas e monóxido de carbono.

As bactérias metanogênicas podem ser divididas em dois principais grupos, em função da afinidade por determinado substrato, e também pela magnitude da produção de metano; um grupo que gera metano a partir do ácido acético (metanol), chamadas de bactérias acetoclásticas, e o outro grupo que produz metano a partir do hidrogênio e do gás carbônico, chamadas de hidrogenotróficas. As principais características da geração de metano por esses dois grupos de bactérias são a seguir descritas (Chernicharo, 1997).

Bactérias metanogênicas acetoclásticas

Embora existam poucas espécies de metanogênicas aptas a formar metano a partir do acetato, estes microrganismos normalmente são predominantes na digestão anaeróbia. São responsáveis por cerca de 60 a 70% de toda a produção de metano. Pertencem a dois gêneros principais: as *methanosarcinas* e as *methanosaetas* (*methanotrix*).

As bactérias do gênero *methanosaeta* caracterizam-se por utilizarem exclusivamente o acetato, tendo por este substrato uma maior afinidade do que as *methanosarcinas*. Desenvolvem-se em forma de filamentos e têm grande importância estrutural, na formação dos grânulos. As bactérias do gênero *methanosarcina* desenvolvem-se na forma de cocos, que se agrupam formando verdadeiros pacotes. São consideradas as mais versáteis entre as metanogênicas, por possuírem espécies aptas a utilizar, como substrato, também o hidrogênio e as metilaminas (Soubes, 1994 *apud* Chernicharo, 1997).

Bactérias metanogênicas hidrogenotróficas

Segundo Chernicharo (1997), praticamente todas as espécies de bactérias metanogênicas hidrogenotróficas produzem metano a partir do hidrogênio e do dióxido de carbono. No entanto, os gêneros mais frequentemente isolados em reatores anaeróbios são as *methanobacterium*, as *methanospirillum* e *methanobevibacter*. Tanto as bactérias metanogênicas acetoclásticas quanto as hidrogenotróficas são importantes na manutenção do processo de digestão anaeróbia, ao consumirem o hidrogênio produzido nas fases anteriores da digestão, propiciando a manutenção do pH numa faixa aceitável para sua própria sobrevivência e mantendo a função de produzir metano.

Quinta fase – sulfetogênese

Essa fase nem sempre ocorre e é indesejável que ocorra. No entanto, a sulfetogênese pode ocorrer quando os despejos, contendo compostos de enxofre, encontram-se em condições favoráveis à sua produção, pela redução de sulfatos.

Segundo Chernicharo (1997), a produção de sulfetos é uma reação na qual o sulfato e outros compostos à base de enxofre são utilizados como aceptores de elétrons, durante a oxidação de compostos orgânicos. Essas reações ocorrem por meio da ação de um grupo de bactérias (essencialmente anaeróbias), denominadas bactérias redutoras de sulfato. Essas bactérias fazem parte de um grupo muito versátil de microrganismos, capazes de utilizar uma ampla gama de substratos, incluindo toda a cadeia de ácidos graxos voláteis, diversos ácidos aromáticos, hidrogênio, metanol, etanol, glicerol, açúcares, aminoácidos e diversos compostos fenólicos. Segundo Visser (1995), *apud* Chernicharo (1997), esses microrganismos dividem-se em dois grandes grupos:

- Bactérias que oxidam o substrato de forma incompleta, gerando o acetato. A esse grupo pertencem os gêneros *desulfobulbus*, *desulfomonas* e a maioria das espécies dos gêneros *desulfotomaculum* e *desulfovibrio*.

- Bactérias que oxidam seus substratos de forma completa até o gás carbônico. A esse grupo pertencem os gêneros *desulfobacter*, *desulfococcus*, *desulfosarcina*, *desulfobacterium* e *desulfonema*.

Na verdade, quando existe sulfato em meio anaeróbio, pode ocorrer uma rota alternativa no mecanismo descrito anteriormente (terceira fase – acetogênese e quarta fase – metanogênese). A presença de sulfatos provoca uma competição por substrato entre as bactérias redutoras de sulfato e as bactérias fermentativas acetogênicas e metanogênicas. Assim, no reator em questão estarão sendo formados o metano (por meio da metanogênese) e sulfetos (por meio da redução do sulfato).

Segundo Chernicharo (1997), a magnitude dessa competição está relacionada a uma série de aspectos, particularmente ao pH e à relação entre DQO/SO_4^{2-} (demanda química de oxigênio/concentração de sulfatos), no líquido que está sendo tratado.

Visser (1995), *apud* Chernicharo (1997), afirma que a produção de sulfetos pode provocar sérios problemas ao reator, a seguir relatados:

- A redução de SO_4^{2-} resulta na formação do gás sulfídrico (H_2S). Esse gás é inibidor do metabolismo das bactérias metanogênicas. Na prática, segundo o autor, somente irá ocorrer uma inibição mais acentuada do metabolismo das bactérias metanogênicas quando a relação DQO/SO_4^{2-} < 7,0 mas com forte dependência do pH. Para elevadas relações (DQO/SO_4^{2-} > 10), grande parte do H_2S produzido será removida da fase líquida, em função de uma maior produção de biogás, diminuindo seu efeito inibidor na fase líquida.

- Porém o H_2S presente na fase gasosa pode causar outros problemas, tais como mau odor e corrosão. Esse gás ataca diversos materiais, desde o ferro até o concreto, pois em meio úmido acaba se transformando em ácido sulfúrico (H_2SO_4). O H_2S já foi anteriormente objeto de análise (ver item 7.9 do Capítulo 7), onde se comenta sobre seu odor extremamente ofensivo (cheiro de ovo podre). Assim, esse gás, extremamente indesejável, quando misturado ao biogás que se pretende utilizar, requer um custo adicional gasto em unidades de purificação.

- Também no efluente líquido do tratamento anaeróbio, a presença de sulfetos causará uma elevada demanda de oxigênio, além do problema do mau cheiro. Dependendo do caso, uma etapa de pós-tratamento do efluente pode ser necessária.

- Para uma mesma quantidade de material orgânico presente no despejo que está sendo tratado, a ocorrência da sulfetogênese diminui a quantidade de metano produzido. Para cada 1,5 grama de SO_4^{2-} presente no despejo, consome-se cerca de 1 g de DQO, significando uma menor disponibilidade de matéria orgânica a ser convertida em metano.

Khan e Trottier (1978), estudando a inibição da metanogênese, provocada por compostos inorgânicos de enxofre, verificaram que a inibição aumentava na seguinte ordem: sulfatos, tiosulfatos, sulfitos, sulfetos e H_2S. Com exceção dos sulfatos, todos os demais compostos inibiram a metanogênese a partir de concentrações de 290 mgS/L.

Os sulfetos insolúveis não exercem quaisquer efeitos tóxicos aos microrganismos responsáveis pela metanogênese (Souza, 1984). Na Tab. 9.30 apresenta-se o efeito dos sulfetos solúveis, quais sejam: gás H_2S dissolvido, íon hidrossulfeto HS^- e o íon sulfeto S^{2-}.

TABELA 9.30 Efeito dos sulfetos solúveis no tratamento anaeróbio	
Concentração de sulfetos solúveis (mg/L)	Efeitos na metanogênese
Até 50	Nenhum efeito observado
50 a 100	É tolerável com pouca ou nenhuma aclimatação
Até 200	É tolerável com aclimatação
Acima de 200	Produz efeitos bastante tóxicos

Fonte: Adaptado de Lawrence e Mc Carty (1965), *apud* Souza (1984)

9.4.5.2 Outros fatores que influenciam a digestão anaeróbia

A digestão anaeróbia, em decorrência de suas características peculiares, é altamente dependente de três grupos de fatores, que podem influenciar o seu desempenho. Há influência direta, das características físicas do reator, das características do resíduo a ser digerido e da operação do digestor (ver Tab. 9.31).

Segundo Eastman e Ferguson (1981), as bactérias metanogênicas se reproduzem mais lentamente e são muito mais sensíveis a condições adversas ou a alterações bruscas no meio em que vivem. Assim, uma determinada condição adversa quase sempre vai se refletir na diminuição da produção de metano, a não ser em alguns casos específicos em que a hidrólise da matéria orgânica seja o fator limitante. Assim, quase sempre, as bactérias fermentativas, responsáveis pela produção de ácidos voláteis, continuam a produzir essa substância continuamente, enquanto estes não são devidamente transformados em metano.

O aumento da concentração de ácidos voláteis no meio pode provocar a queda do pH, se a alcalinidade do sistema não é suficiente para tamponar essa queda. Quando o pH cai para valores abaixo de 6,8, há uma sensível queda na atividade das bactérias metanogênicas, cujo pH ótimo estaria na faixa de 6,8 a 7,2. Segundo Qasin (1999), se o pH baixar para valores menores do que 6,0, cessa a produção de metano. Em alguns casos mais graves, essa queda do pH pode provocar o azedamento ou a perda total do digestor (Souza, 1984).

Souza (1984) ensina que, nos meios anaeróbios, a alcalinidade total do sistema (A_T) é dada pela soma das alcalinidades devida ao bicarbonato (A_B) e aos próprios ácidos voláteis (A_V), podendo ser representada pela seguinte expressão:

$$A_T = A_B + 0,85 \times 0,833 \times A_V$$

onde as alcalinidades A_T e A_B são expressas em mgC_aCO_3/L e A_V é inicialmente medida em $mgCH_3COOH/L$. São utilizados então dois fatores de correção: 0,85, pois, quando o valor do pH está próximo de 4,0 (ponto final da titulação para determinação da alcalinidade), apenas 85% dos ácidos voláteis são detectados. O outro fator de correção 0,833 é utilizado para transformar mg de CH_3COOH em mg de $CaCO_3$ (Souza, 1984).

Começam a ocorrer problemas no reator anaeróbio, quando os valores da alcalinidade devida aos ácidos voláteis ultrapassa o valor da alcalinidade devida ao bicarbonato. Nesse caso, o reator torna-se instável, podendo sofrer sensíveis quedas do valor do pH, a cada novo incremento na concentração de ácidos voláteis. Parece consenso entre os especialistas que, valores de alcalinidade ao bicarbonato, na faixa de 2.500 a 5.000 mgC_aCO_3/L, seriam desejáveis e suficientes para se evitar tais problemas (Souza, 1984).

Segundo Snelling (1979), o nitrogênio amoniacal, normalmente presente nos digestores, em concentrações elevadas (de 600 a 900 mg/L), também contribui para manter a alcalinidade em níveis desejáveis. Assim, a concentração de N—NH_3 deve, sempre que possível, ser mantida na faixa de valores acima citados.

Em termos operacionais, pode-se utilizar produtos químicos para se fazer o ajuste do pH. A cal, por causa de seu baixo custo, é bastante utilizada para essa finalidade. No entanto, deve-se tomar precauções para que a adição desse produto seja feita somente até atingir valores de pH da ordem de 6,7 a 6,8. Caso a adição de cal continue a ser feita a partir desse ponto, poderá haver um alto consumo do CO_2 gerado no meio em digestão, com a formação de bicarbonato de cálcio (insolúvel), provocando pouca alteração na alcalinidade ao bicarbonato e, consequentemente, nos valores de pH. Se o consumo de CO_2 continuar até atingir valores menores do que 10% desse gás no meio, novas adições da cal poderão provocar aumento repentino e incontrolável do pH, fenômeno que também é altamente danoso ao sistema e, por isso, deve ser evitado (Souza, 1984).

A soda cáustica é mais eficiente do que a cal, pois, mesmo consumindo o CO2 presente no meio, não forma precipitados. No entanto, o ideal seria mesmo, não fosse a questão do custo, a adição de bicarbonato. Esse produto, ao mesmo tempo que eleva o valor da alcalinidade e do pH, não provoca dissolução do CO_2 (Souza, 1984).

O rendimento de um processo de digestão anaeróbia é normalmente medido em litros de gás natural produzido, em condições normais de temperatura e pressão (CNTP) por grama de matéria orgânica adicionada ou consumida ($L_{gás}$/g DQO). Pode-se também medir em termos de $L_{gás}$/g ácidos voláteis. Normalmente, os rendimentos observados têm variado na faixa de 0,2 a 0,7 $L_{gás}$ (CNTP)/g de sólidos voláteis adicionados. Especificamente para lodos de esgotos sanitários, o rendimento varia na faixa de 0,5 e 0,6 $L_{gás}$ (CNTP)/g de sólidos voláteis adicionados, o que corresponde a cerca de 0,85 $L_{gás}$ (CNTP)/g de sólidos voláteis removidos (Souza, 1984).

A mistura de gases produzidos na digestão anaeróbia, é composta de 50 a 70% de metano (CH_4), sendo o restante constituído principalmente por CO_2 (30 a 50%) e baixas percentagens de H_2S, N_2 e H_2, com rendimentos de remoção de matéria orgânica na faixa de 40 a 98% (Souza, 1984).

As bactérias metanogênicas são altamente ativas na faixa mesofílica de temperaturas (27 a 43 °C) e também na faixa termofílica (45 a 65 °C). Os digestores anaeróbios são mais comumente operados na faixa mesofílica. A principal vantagem da faixa termofílica é a melhora da eficiência na posterior fase de desaguamento do lodo (Qasin, 1999). Além dos fatores já apontados, vários outros poderão afetar o rendimento de um processo de digestão anaeróbia. Na Tab. 9.31 apresenta-se um resumo desses fatores.

TABELA 9.31 Fatores que afetam a digestão anaeróbia

Fator ou substância	Observações
Idade do lodo (Θ_C)	Num reator, submetido a um Θ_C menor do que o tempo médio de duplicação das células, poderá ocorrer a lavagem dos microrganismos, impossibilitando o crescimento da massa biológica, inviabilizando o processo (ver Tab. 9.32).
Grau de agitação	Os digestores convencionais devem possuir algum mecanismo de agitação. Esta pode ser promovida: por retorno de gás produzido (após compressão), por recirculação do lodo em digestão, do fundo para o topo do reator ou por equipamentos mecânicos etc. Sem a agitação não haverá um bom contato entre as bactérias e o substrato a ser digerido, resultando numa velocidade de processo bastante reduzida. No entanto, também há indícios de que uma agitação demasiada favorece as bactérias acidogênicas, podendo provocar desequilíbrios no processo.
Temperatura	Na faixa mesofílica, a digestão anaeróbia desenvolve-se bem na faixa de 30 a 40 °C, sendo otimizada a temperaturas entre 35 e 37 °C. Na faixa termofílica, a temperatura ótima está entre 57 e 62 °C, e esta apresenta maior rendimento. Operando próximo à temperatura ótima há indícios de que os microrganismos suportam melhor uma carga tóxica (Souza, 1982, 1984). Porém, mais importante do que operar na faixa ótima de temperatura é impedir que ocorram variações bruscas de temperatura, pois estas afetam a população microbiológica presente no reator.
Nutrientes: nitrogênio e fósforo	As relações: carbono/nitrogênio C/N ≤ 20 e carbono/fósforo C/P ≤ 100 podem ser consideradas suficientes para o crescimento dos microrganismos.
Compostos tóxicos	Antes de qualquer análise, devem ser ressaltados alguns fundamentos (Mignone, 1978, *apud* Souza, 1984): • toxicidade é um termo relativo. Dependendo da concentração uma mesma substância, pode ser estimulante ou tóxica; • um composto só é tóxico aos microrganismos quando se encontra em solução; • quando ocorre uma adequada aclimatação dos microrganismos ao composto tóxico, estes podem se adaptar, até um certo limite, a concentrações elevadas daqueles compostos; • podem ocorrer fenômenos de antagonismo (redução de efeitos tóxicos de uma substância, quando na presença de outras substâncias) ou de sinergismo (aumento do efeito tóxico na presença de outras substâncias); • a consequência mais imediata de uma carga de produtos tóxicos pode ser notada imediatamente pela drástica redução ou mesmo pela parada de geração dos gases. Para se evitar que os compostos tóxicos atinjam concentrações inibidoras nos reatores, pode-se recorrer a eventuais pesquisas das fontes de lançamento de produtos tóxicos, precipitação ou complexação com outros produtos químicos e/ou antagonização daqueles compostos, quando existirem essas possibilidades.
Acúmulo de ácidos voláteis (AV)	São a seguir relacionados os principais motivos do acúmulo de ácidos voláteis: sobrecarga orgânica (aumentos súbitos na carga orgânica aplicada); sobrecarga hidráulica (aumentos repentinos na vazão, que incorram na lavagem das bactérias metanogênicas); sobrecarga tóxica (aumentos repentinos na concentração de compostos potencialmente tóxicos aos microrganismos), além de outros fatores, tais como: variações bruscas de temperatura, de pH etc. Os ácidos voláteis não são tóxicos às bactérias metanogênicas, para concentrações de até 6.000 a 8.000 mg/L, desde que se mantenha o valor de pH próximo da neutralidade (McCarty e McKinney, 1961, *apud* Souza, 1984). A acumulação de AV pode vir a inibir até as próprias bactérias acidogênicas. Isso irá ocorrer quando a concentração de (AV) ultrapassa 40.000 mg/L (De La Torre e Goma, 1981, *apud* Souza, 1984); Quanto aos tipos de ácidos voláteis, há indicações de que o ácido propiônico é bem mais tóxico que os demais (McCarty e Brosseau, 1963, *apud* Souza, 1984).
Cianetos	Segundo Yang (1980), *apud* Souza (1984), as bactérias metanogênicas podem se aclimatar a concentrações de cianeto de 20 a 40 mg/L, sem inibição da produção de metano. Doses de choque de até 750 mg/L provocaram severa inibição do processo, mas o digestor se recuperou em poucos dias (Souza, 1984). A toxicidade dos cianetos pode ser reduzida em certo grau pela formação de sulfetos insolúveis (não tóxicos), tais como $K_3 Fe CN_6$, por meio da adição de ferro (Souza, 1984).

\multicolumn{2}{c}{**TABELA 9.31 Fatores que afetam a digestão anaeróbia** *(Continuação)*}
Fator ou substância	**Observações**
Fenóis	Neufeld *et. al.* (1980), *apud* Souza (1984), verificaram que a degradação anaeróbia de fenóis é efetiva para idades de lodo acima de 40 dias, tendo observado inibição do processo para concentrações acima de 700 mg/L, quando foi permitida uma adequada aclimatação.
	Para despejos contendo elevadas concentrações de compostos orgânicos adsorvíveis, como é o caso dos fenóis, tem sido pesquisada a utilização do carvão ativado, como adsorvente.
Metais alcalino e alcalinoterrosos	Os metais: sódio (Na), potássio (K), cálcio (Ca) e magnésio (Mg), podem estar presentes no despejo ou ser adicionados para a correção do pH. Esses metais são exemplos de elementos que podem tanto estimular quanto inibir o processo da digestão anaeróbia. Assim é que o Na e o Ca são estimulantes para concentrações na faixa de 100 a 200 mg/L, o Mg de 75 a 150 mg/L e o K de 200 a 400 mg/L. O Ca e o K são moderadamente inibitórios para concentrações entre 2.500 e 4.500 mg/L, o Na de 3.500 a 5.500 mg/L e o Mg de 1.000 a 1.500 mg/L. O Na e o Ca são fortemente inibitórios sob concentrações de 8.000 mg/L, o K de 12.000 mg/L e o Mg de 3.000 mg/L (McCarty, 1964, *apud* Souza, 1984).
	Os metais citados, quando ocorrem simultaneamente, podem provocar efeitos antagônicos e sinergísticos. O sódio e o potássio são os melhores antagonistas, quando presentes nas concentrações listadas como estimulantes. O cálcio e o magnésio são maus antagonistas; no entanto, eles podem provocar estimulação do processo se um outro antagonista estiver presente (Souza, 1984).
Elementos potencialmente tóxicos EPT	Somente as frações solúveis dos elementos potencialmente tóxicos causam inibição parcial ou total da digestão anaeróbia. Assim, a precipitação de metais na forma de sulfetos ou de carbonatos é uma maneira efetiva de se evitar a inibição do processo (Souza, 1984).
	Como se viu anteriormente, os sulfetos podem ser gerados no próprio digestor, sob determinadas condições. No entanto, o cromo pode ser considerado o metal pesado mais problemático, pois não forma sulfetos suficientemente insolúveis, para que o mecanismo de precipitação possa ser eficiente e evitar inibição das bactérias metanogênicas por esse metal, principalmente na forma de Cr^{6+}.
	Para demonstrar a importância da precipitação no processo de digestão anaeróbia, Lawrence e Mc Carty (1965), *apud* Souza (1984), adicionaram em digestores de laboratório dosagens diárias dos seguintes metais: cobre (Cu), zinco (Zn) e níquel (Ni), em concentrações de 800 mg/L, e ferro, em concentração de 1.400 mg/L, tanto isoladamente quanto conjuntamente (soma de concentrações de 800 mg/L). Inicialmente, esses metais foram adicionados na forma de sulfatos, sem ter sido observada qualquer inibição. Quando os metais passaram a ser adicionados na forma de cloretos, observou-se, em poucos dias, inibição severa do processo por causa dos íons metálicos (uma vez que os cloretos só são tóxicos a concentrações acima de 8.300 mg/L), com exceção do ferro.
	A presença de sulfetos solúveis nos lodos em digestão, ou de H_2S, nos gases produzidos, são então indicativos da inexistência de concentrações tóxicas de metais pesados (com exceção do cromo). A adição de 1 mgS/L na forma de sulfatos, nos digestores anaeróbios, precipita de 1,8 a 2,0 mg/L de metais pesados Souza (1984).
	Mosey (1976), *apud* Souza (1984), definiu o parâmetro "K" para representar o grau de toxicidade provocada pelo conjunto de elementos potencialmente tóxicos: zinco (Zn), níquel (Ni), chumbo (Pb), cádmio (Cd) e cobre (Cu):
	$$K \text{ (meq/kg)} = \frac{[(Zn \div 32,7) + (Ni \div 29,4) + (Pb \div 103,6) + (Cd \div 56,2) + (0,67 \cdot Cu \div 31,8)]}{C_{ST}}$$
	Onde: Zn, Ni... são as concentrações totais de metais nos lodos (em mg/L); 32,7-29,4... = massas equivalentes dos respectivos metais no estado divalente; 0,67 = fator devido à redução apenas parcial do cobre ao estado cuproso; C_{ST} = concentração de sólidos totais no digestor (kg/L).
	A partir de dados próprios e da literatura, Mosey (1976), *apud* Souza (1984), estabeleceu a seguinte regra para interpretação dos resultados do índice "K" K < 200 meq/kg – inibição improvável; K ≥ 400 meq/kg – inibição total provável; K > 800 meq/kg – inibição quase certa.
	Segundo o mesmo autor, as concentrações de cromo podem ser consideradas inibitórias, quando excederem 2,5% dos sólidos totais do lodo em digestão.
	Lingle e Herman (1975), *apud* Souza (1984), observaram, por meio de experiências em batelada, que o mercúrio, isoladamente, não era tóxico à concentrações de 1.560 mg/L.
	Segundo Souza (1982), estudos realizados na CETESB, com lodos de esgotos, contendo elevadas concentrações de compostos tóxicos, sendo tratados em digestores convencionais, sob completa agitação, operando com tempos de detenção de 30 dias, conduziram aos limites de concentração abaixo apresentados, suportados sem inibição pela população microbiológica, com a presença simultânea de todos os EPT (efeito combinado), não se tratando então de limites individuais.

\multicolumn{4}{	c	}{**TABELA 9.31 Fatores que afetam a digestão anaeróbia** *(Continuação)*}
Fator ou substância	\multicolumn{3}{c	}{**Observações**}
Elementos potencialmente tóxicos *(Continuação)*	Concentração de EPT Elementos potencialmente tóxicos	Em digestor de lodo aquecido a 35 °C	Em digestor de lodo não aquecido (a 29 °C)
	Zinco total	195 mg/L	209 mg/L
	Zinco solúvel	3,65 mg/L	3,27 mg/L
	Níquel total	31 mg/L	32 mg/L
	Níquel solúvel	0,86 mg/L	0,98 mg/L
	Cromo total	179 mg/L	186 mg/L
	Cromo solúvel	3,97 mg/L	3,40 mg/L
	Cobre total	132 mg/L	133 mg/L
	Cobre solúvel	3,20 mg/L	3,53 mg/L
	Ferro total	2.418 mg/L	2.593 mg/L
	Ferro solúvel	30,1 mg/L	37,8 mg/L
	Chumbo total	12 mg/L	13 mg/L
	Chumbo solúvel	0,43 mg/L	0,28 mg/L
	Cádmio total	2 mg/L	2 mg/L
	Cádmio solúvel	0,05 mg/L	0,05 mg/L
	Mercúrio total	145 mg/L	1,99 mg/L
	Manganês total	8 mg/L	8 mg/L
	Manganês solúvel	0,11 mg/L	0,13 mg/L
	Bário total	14 mg/L	14 mg/L
	Bário solúvel	0,25 mg/L	0,25 mg/L
	Fenóis	0,36 mg/L	0,46 mg/L
	Cianetos	19 mg/L	22 mg/L
	Sólidos totais	24,9 kg/m³	27,7 kg/m³
Nitratos	\multicolumn{3}{l	}{Segundo Souza (1984), a adição de nitratos nos digestores pode resultar em conversões elevadas dos mesmos a N_2 por meio do fenômeno da desnitrificação. A iniblição da metanogênese geralmente é mínima, sob concentrações de nitratos de 10 mgN/L e completa quando a concentração é de 50 mg/L.}
Nitrogênio amoniacal	\multicolumn{3}{l	}{Conforme visto na Tab. 7.14 do Capítulo 7, o íon amônio NH_4^+ é bem menos tóxico que o gás dissolvido NH_3, ocorrente sob valores de pH altos. Segundo Souza (1982), para valores de pH abaixo de 7,2, é menos provável a inibição por nitrogênio amoniacal, e para concentrações de NH_3 dissolvido superiores a 150 mg/L ocorre inibição da digestão anaeróbia. Segundo Souza (1984), o efeito do nitrogênio amoniacal pode ser resumido no quadro a seguir:}
	\multicolumn{3}{l	}{Efeitos do nitrogênio amoniacal na digestão anaeróbia, segundo Mc Carty e Mc Kinney (1961) e Mc Carty (1964), *apud* Souza (1984)}
	Concentração de $N-NH_3$ (mg/L)	\multicolumn{2}{l	}{Efeitos na digestão anaeróbia}
	50 a 200	\multicolumn{2}{l	}{Benéfico}
	200 a 1.000	\multicolumn{2}{l	}{Sem efeitos adversos}
	1.500 a 3.000	\multicolumn{2}{l	}{Inibitório a altos valores de pH}
	> 3.000	\multicolumn{2}{l	}{Tóxico em qualquer pH}
	\multicolumn{3}{l	}{*Observação*: Van Velsen (1979), *apud* Souza (1984), mostrou que em lodos bem aclimatados, pode ocorrer a produção de metano, mesmo sob concentrações de nitrogênio amioacal de até 5.000 mg/L.}
Oxigênio	\multicolumn{3}{l	}{As bactérias metanogênicas são estritamente anaeróbias. Tratando-se de culturas puras, qualquer traço de oxigênio molecular (O_2 livre) pode ser extremamente prejudicial a esse tipo de microrganismo. No entanto, segundo Souza (1984), num digestor anaeróbio, raras vezes o oxigênio pode conduzir a problemas por causa da presença de uma grande variedade de bactérias facultativas, que rapidamente consomem o pouco oxigênio livre que possa adentrar o digestor.}
	\multicolumn{3}{l	}{Fields e Agardy (1971), *apud* Souza (1984), mostraram que adições de até 1/100 de volume de ar por volume de lodo em digestão não afetaram significativamente a performance do digestor. Cargas de choque de até 360 mgO_2/L não afetaram o digestor, ao passo que houve inibição quando a adição de oxigênio foi de 1.300 mgO_2/L.}

TABELA 9.31 Fatores que afetam a digestão anaeróbia *(Continuação)*	
Fator ou substância	**Observações**
Sulfetos e outros compostos de enxofre	A influência dos sulfetos já foi abordada no item 9.4.5.1. Apenas complementando o que já foi comentado, deve-se ressaltar que a toxicidade por sulfetos pode ser evitada por arraste gasoso, por adição de metais pesados (ferro), visando promover a sua precipitação, ou por redução, ou transformação prévia dos compostos de enxofre presentes no lodo a ser digerido (Souza, 1984).
Surfactantes	Os surfactantes são os agentes ativos dos detergentes, sendo normalmente constituídos por alquilbenzenos sulfonados (ABS), no caso de detergentes não biodegradáveis, ou de alquilbenzenos sulfonados lineares (LAS), no caso de detergentes biodegradáveis. Segundo Souza (1984), embora o LAS seja biodegradável em meios aeróbios, este não degrada facilmente em condições anaeróbias.
	Tanto o ABS quanto o LAS provocam inibição da digestão anaeróbia quando as concentrações atingem a faixa de 600 a 900 mg/L (Klein, 1969 *apud* Souza, 1984).

Fonte: Adaptado de Souza (1984)

9.4.5.3 Digestores anaeróbios de lodo

A digestão anaeróbia é a técnica mais antiga de tratamento de esgotos, tendo iniciado por volta de 1850, com o desenvolvimento do primeiro tanque, cuja finalidade era separar e reter sólidos (hoje chamado de tanque séptico). Nos Estados Unidos, uma das primeiras instalações a utilizar tanques separados de digestão foi na ETE de Baltimore, Maryland, onde três tanques retangulares foram construídos, como parte da planta original, em 1911. No período de 1920 a 1935, o processo de digestão anaeróbia foi bastante estudado, tendo-se iniciado o aquecimento dos tanques. Bom desenvolvimento deu-se no projeto dos tanques e de seus dispositivos (Metcalf e Eddy, 1991).

Hoje, os digestores de lodo são tanques cobertos, dotados normalmente dos seguintes dispositivos: de entrada do lodo cru, de mistura, de coleta de gases, de coleta de escumas, de coleta de sobrenadantes e de remoção do lodo digerido. Em muitos casos apresentam também um dispositivo de aquecimento.

A velocidade das reações, em ambientes anaeróbios, é bem menor do que em ambientes aeróbios. Sabe-se também que essa velocidade, tanto em ambientes aeróbios quanto anaeróbios, é altamente dependente da temperatura do líquido em digestão.

No caso de dimensionamento de digestores anaeróbios, a prévia definição da temperatura de operação é de fundamental importância, visto que esta poderá ser variável (na faixa de variação da temperatura ambiente), caso dos digestores sem aquecimento. No caso de digestores com aquecimento, este poderá ser feito com controle de temperatura, podendo operar na faixa mesofílica (controlando-se a temperatura entre 35 e 37 °C) ou na faixa termofílica (entre 57 e 62 °C).

Deve-se ressaltar que, embora os digestores que operam sob temperatura controlada apresentem muito melhor eficiência no processo, têm como inconveniente um custo operacional adicional com o consumo de energia, bem como um custo de implantação dos dispositivos para se fazer o aquecimento. Muitas ETEs utilizam como combustível o próprio metano gerado no processo, o que acaba minimizando o custo operacional. Nos países muito frios dificilmente se operam digestores de lodo sem aquecimento. No Brasil, dependendo da região, é possível obter-se bons resultados mesmo sem dispositivos de aquecimento.

Os digestores anaeróbios de lodo podem ser classificados em três tipos, de acordo com a sua concepção e operação, quais sejam; os de taxa convencional, os de alta taxa e os de duplo estágio.

- Digestores anaeróbios de lodo – taxa convencional: Esse tipo de digestor é o mais simples de todos (ver Fig. 9.62a). Qasin (1999), afirma que nos digestores – taxa convencional, usualmente não são projetados os dispositivos de mistura e nem de aquecimento. Como principal característica, apresenta estratificação em quatro camadas:

  a) camada superficial de escuma;
  b) camada de líquido sobrenadante, logo abaixo da camada de escuma;
  c) camada ativa de digestão dos sólidos, logo abaixo do sobrenadante;
  d) camada de fundo ou camada de sólidos inertes (lodo digerido).

Metcalf e Eddy (1991) mencionam que mesmo o digestor de taxa convencional pode ter dispositivo de aquecimento, constituído por um trocador de calor externo ao tanque. Afirmam ainda que esse tipo de digestor acumula as funções de digestão, espessamento do lodo e formação do sobrenadante.

Nesse tipo de digestor, normalmente a alimentação de lodo é feita de forma intermitente e o lodo cru deve ser introduzido no meio da camada ativa de digestão (já que não se prevê mistura). Na camada ativa, o gás liberado das reações tende a subir para a superfície,

Tratamento e disposição final da fase sólida (lodos primários e secundários) 355

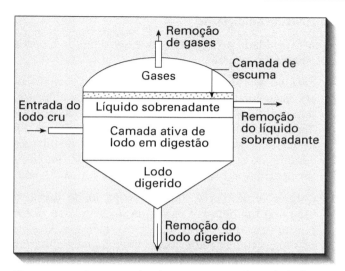

Figura 9.62a Esquema dos digestores anaeróbios de lodo tipo taxa convencional. Fonte: Adaptado de Qasin (1999).

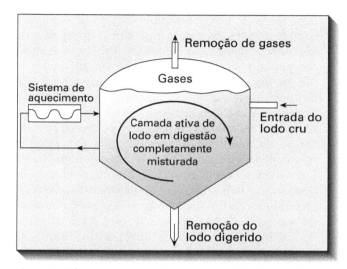

Figura 9.62b Esquema do digestor anaeróbio de lodo tipo simples estágio e alta taxa. Fonte: Adaptado de Qasin (1999).

levando com ele outras partículas, em especial óleos e graxas, que irão formar a camada superficial de escuma. O lodo mineralizado (mais pesado), vai se acumulando no fundo, de onde é removido para eventual desaguamento e destino final.

Metcalf e Eddy (1991) afirmam que nesse tipo de digestor, a digestão propriamente dita se dá em cerca de 50% do volume útil total do mesmo, perdendo-se então cerca de 50% do volume útil. Por esse motivo, é geralmente utilizado apenas nas pequenas instalações.

Digestor anaeróbio de simples estágio e alta taxa: Segundo Metcalf e Eddy, esse tipo de digestor difere do convencional no que se refere aos seguintes tópicos: a taxa de aplicação de sólidos, neste caso, é muito maior; é dotado de um sistema de mistura bastante eficiente, através de gás de recirculação, misturadores mecânicos, bombeamento ou mesmo misturadores por tubos difuso-

res de gases; possui ainda um sistema de aquecimento com controle da temperatura do lodo, com a finalidade de se obter o máximo rendimento na digestão, justificando assim a alta taxa de aplicação de sólidos. Devido à eficiente mistura, nesse tipo de digestor normalmente não há formação das camadas de escumas e de sobrenadantes. Com exceção da taxa de aplicação de sólidos e de um melhor sistema de mistura, quase não há diferenças entre este tipo de digestor (Fig. 9.62b) e o digestor primário de um sistema de duplo estágio (ver Fig. 9.62c).

Os diversos autores (entre eles Qasin, 1999; Metcalf e Eddy, 1991) afirmam que a redução de sólidos voláteis (SV) no sistema de simples estágio e alta taxa é da ordem de 45 a 50%, em relação aos SV do lodo cru. Nesse tipo de digestor, a alimentação e a descarga de lodo são normalmente contínuas e de mesmo valor, uma vez que não se remove sobrenadantes.

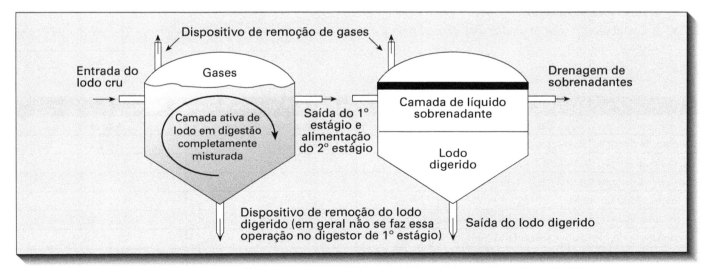

Figura 9.62c Esquema dos digestores anaeróbios de lodo tipo duplo estágio. Fonte: Adaptado de Qasin (1999).

- Digestores de lodo tipo duplo estágio. É comum a combinação de um digestor de alta taxa seguido de um outro funcionando como digestor convencional, compondo assim o chamado duplo estágio de digestão. No digestor de primeiro estágio faz-se uma boa mistura e eventualmente o aquecimento com controle de temperatura. O lodo misturado passa então para o 2° estágio, no qual se faz a separação dos sólidos digeridos do líquido sobrenadante, enquanto a digestão se completa e os gases podem então ser separados e removidos (ver Fig. 9.62c). Frequentemente, os tanques são idênticos, com os mesmos dispositivos, podendo tanto funcionar como de primeiro quanto de segundo estágio, melhorando a operacionalidade do sistema (Metcalf e Eddy, 1991; Qasin, 1999).

Na Tab. 9.32 são apresentados os principais critérios de projeto dos digestores convencionais e os de alta taxa.

Na Tab. 9.33 apresentam-se os tempos de retenção de sólidos: mínimo e o recomendado para projeto, em função da temperatura de operação do reator, válidos para digestores do tipo completamente misturados.

9.4.5.4 Principais aspectos relacionados aos digestores anaeróbios de lodo

Segundo Qasin (1999), os mais importantes fatores de controle do projeto e da operação dos digestores anaeróbios de lodo são:

- a escolha das características físicas e operacionais inerentes ao projeto do tanque;
- a capacidade do digestor;
- o controle de temperatura (quando previsto o aquecimento);
- a adequada mistura no interior dos digestores;
- a produção e utilização dos gases gerados na digestão;
- a cobertura do digestor;
- a qualidade do sobrenadante e as características do lodo digerido.

Capacidade do digestor

A capacidade do digestor pode ser definida a partir dos seguintes fatores:

- Período de digestão, ou tempo médio de permanência das células microbiológicas, ou ainda o chamado tempo de retenção de sólidos (Θ_C). A maioria dos digestores convencionais são projetados para um Θ_C na faixa de 30 a 60 dias. Os digestores de mistura completa e aquecimento com controle de temperatura permitem fixar um Θ_C na faixa de 10 a 20 dias.

- Carga volumétrica de sólidos. A capacidade do digestor pode também ser estimada utilizando-se desse parâmetro, que é dado em kgSV/m^3 · dia. Cargas orgânicas típicas para taxa convencional e alta taxa são apresentadas na Tab. 9.32.

- Taxa de sólidos *per capita*. A capacidade do digestor pode também ser estimada (de forma preliminar), por meio da produção média diária de sólidos por habitante, da ordem de 120 g de sólidos *per capita*. Na Tab. 9.32 são apresentados valores típicos dessa taxa em m^3/hab.

- Redução de volume observada. Durante a digestão anaeróbia, o volume de sólidos é geralmente reduzido (transformado em gases) e uma certa quantidade de sólidos presentes no sobrenadante retorna ao início do tratamento. O volume de lodo remanescente,

TABELA 9.33 Θ_C em função da temperatura (digestores completamente misturados)

Temperatura de operação (°C)	Tempo mínimo de retenção dos sólidos ($\Theta_{C, mín.}$ - dias)	(Θ_C) recomendado para projeto (dias)
18	11	28
24	8	20
30	6	14
35	4	10
40	4	10

Fonte: Metcalf e Eddy (1991)

TABELA 9.32 Critérios típicos de projeto para digestores convencionais e de alta taxa

Parâmetro	Taxa convencional	Alta taxa
Tempo de retenção de sólidos (Θ_C em dias)	30 a 60	10 a 20
Taxa de aplicação de sólidos voláteis (kgSV/m^3 · dia)	0,64 a 1,60	2,40 a 6,41
Taxa *per capita* (volume digestor/hab. em m^3/*capita*)	–	–
• apenas lodo primário	0,03 a 0,04	0,02 a 0,03
• mistura: lodo primário + secundário (lodo ativado)	0,06 a 0,08	0,02 a 0,04
• mistura: lodo primário + secundário (filtro biológico)	0,06 a 0,14	0,02 a 0,04
Teor de sólidos totais no lodo digerido (%)	4 a 6	4 a 6

Fonte: Adaptado de Qasin (1999)

segundo Qasin (1999), pode ser calculado por meio da equação 9.50.

$$V_{remanesc.} = [(Q_0 - 2/3(Q_0 - Q_E)] \cdot \Theta_C \quad (9.50)$$

onde:
$V_{remanesc.}$ = volume remanescente = volume do digestor (m³);
Q_0 = vazão de entrada de lodo cru no digestor (m³/dia);
Q_E = vazão de descarga do lodo digerido (m³/dia);
Θ_C = tempo de detenção de sólidos no reator (dias).

Na maioria dos projetos, a capacidade do digestor deve ser verificada para se certificar de que o mínimo tempo de digestão, durante períodos de picos de vazão, não fique abaixo do valor mínimo de 10 dias. Com Θ_C < 10 dias, a produção de metano torna-se incompatível com a produção de ácidos e, portanto, a efetividade do processo de digestão começa a cair.

Aquecimento dos digestores e controle da temperatura

A taxa de crescimento da massa biológica, que está diretamente associada à taxa de estabilização de sólidos, aumenta e diminui, respectivamente com a temperatura, dentro de certos limites, já discutidos e apresentados na Tab. 9.31. No caso de digestores aquecidos, a quantidade total de calor a ser fornecida ao sistema deve levar em conta as perdas de calor. Os principais locais onde ocorrem perdas de calor em digestores são suas paredes, piso, teto, tubulações etc. Métodos apropriados de perdas de calor (que fogem ao escopo deste texto) devem ser utilizados no projeto do sistema de aquecimento. Segundo Qasin (1999), os tipos de sistemas de aquecimento mais comuns são:

- Serpentinas permutadoras de calor (localizadas internamente ao digestor). Antigamente, era muito comum o aquecimento dos digestores por esse tipo de serpentina. Pelo fato de serem colocadas internamente aos digestores, sérios problemas de manutenção ocorriam quando a superfície interna das serpentinas sofria incrustação, com a consequente redução da transferência de calor. Para minimizar essas incrustações, a recomendação era de que a água de recirculação fosse mantida numa faixa de temperatura entre 45 e 55 °C.
- Injeções diretas de vapor. Neste caso, o vapor é bombeado diretamente para dentro do digestor, em meio ao lodo, para propiciar o aquecimento desejado. A vantagem desse sistema é não exigir equipamentos tipo permutadores de calor, cuja manutenção é normalmente problemática. A grande desvantagem, no entanto, é que todo o vapor transforma-se em líquido, causando indesejável diluição pelo aumento do volume de água no digestor.
- Permutadores de calor (localizados externamente ao digestor). Normalmente, três diferentes tipos de permutadores de calor externos aos digestores podem ser utilizados para realizar o aquecimento por permutadores de calor tipo:
  - banho-maria (*water-bath*): nesse tipo de trocador, os tubos de aquecimento e os tubos de lodo são colocados lado a lado, dentro de um reservatório preenchido com água;
  - tubo-camisa (*jacketed pipe*): nesse tipo de trocador, a água quente é bombeada em contra-corrente por um tubo-camisa que envolve a tubulação de lodo;
  - espiral (*spiral exchanger*): nesse tipo de trocador também o esquema é o bombeamento de água quente em contracorrente, porém tanto a tubulação de lodo quanto a de água de aquecimento estão dispostas em espiral.

O coeficiente de transferência de calor para projetos de permutadores de calor (do tipo externos ao digestor) gira em torno de 3.000 a 5.640 kJ/m² · hora.

A água quente ou vapor utilizados nos sistemas de aquecimento de digestores são normalmente produzidos num aquecedor a gás, aproveitando-se o gás metano produzido no digestor anaeróbio. Segundo Qasin (1999), mais de 80% do poder calorífico do gás pode ser recuperado nesse tipo de aquecedor. No entanto, deve-se sempre prever uma fonte alternativa de combustível (gás natural, por exemplo).

Ainda segundo esse autor, muitas vezes o gás metano gerado nos digestores é utilizado em dispositivos para geração de energia elétrica, e o excesso de calor gerado nesses dispositivos é suficiente para suprir o sistema de aquecimento dos digestores.

Sistemas de mistura interna dos digestores

Para otimizar a eficiência do processo, o lodo deve ser convenientemente misturado no interior dos digestores. Segundo Qasin (1999), a mistura traz as seguintes vantagens:

- permite o íntimo contato entre o lodo cru (que entra no digestor) e a biomassa ativa;
- cria uma certa uniformidade física, química e biológica, no interior do digestor;
- dispersa rapidamente os produtos finais produzidos pelo metabolismo da massa biológica e também quaisquer eventuais produtos tóxicos que possam adentrar o digestor;
- previne a formação da camada superficial de escuma nos digestores.

Deve-se ressaltar que, apesar de normalmente já ocorrer uma certa mistura natural nos digestores, provocada pela subida dos gases produzidos no processo e também pelas correntes de convecção (no caso de digestores aquecidos), essa mistura natural não é suficiente. Assim, sempre que possível, deve-se prever um sistema adicional de mistura. Segundo Qasin (1999), os sistemas de mistura mais utilizados são:

- Sistemas externos de bombeamento: nesse sistema de mistura promove-se a recirculação de uma grande vazão de lodo, utilizando-se bombas situadas externamente ao digestor. Nesse sistema é possível fazer o aquecimento e a mistura simultaneamente. A tubulação de sucção, que capta o lodo, é normalmente instalada à meia altura do digestor e a tubulação de recalque devolve o lodo através de dois bocais localizados na base do digestor, colocados em lados opostos ou então através de bocais localizados no topo do digestor, visando promover também a quebra da camada de escuma. Esse método de mistura demanda grande quantidade de energia e, por esse motivo, não tem sido muito utilizado atualmente.

- Misturadores mecânicos internos: esses misturadores são normalmente instalados numa coluna tubular, visando promover a mistura vertical. Esse sistema tem apresentado problemas, por conta da grande quantidade e das características dos sólidos presentes nos digestores, que acabam aderindo às hélices e provocando falhas no mecanismo.

- Misturadores por recirculação do próprio gás produzido nos digestores: esse método de mistura tem sido muito utilizado e tem demonstrado ser muito eficiente. Diversos arranjos podem ser encontrados (ver, por exemplo, Metcalf e Eddy, 1991, p. 827), mas todos eles necessitam de um compressor de gás, situado na parte externa do digestor. Segundo Qasin (1999), dentre os arranjos mais comuns, pode-se citar:

- Injeção do gás através de um tubo encamisado (*draft pipe*), localizado no centro do digestor. É semelhante ao sistema *gas-lifter* (ver Fig. 9.63a), ou seja, o gás comprimido é injetado pelo tubo central e retorna verticalmente pelo tubo-camisa, criando uma condição de bombeamento tipo pistão, que promove normalmente um adequado grau de mistura.

- Injeção do gás comprimido através de uma série de lances de tubos presos à cobertura do digestor e que devem alcançar a maior profundidade possível (ver Fig. 9.63b).

- Injeção do gás comprimido através de tubulações dotadas de difusores nas suas extremidades, localizados na parte inferior do digestor (ver Fig. 9.63c).

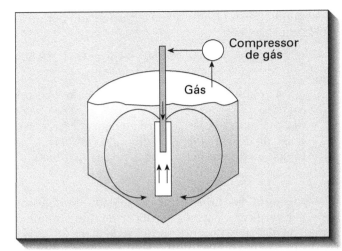

Figura 9.63a Mistura em digestores através de recirculação de gases – tipo tubo-camisa. Fonte: Adaptado de Qasin (1999.)

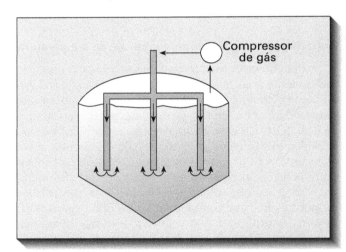

Figura 9.63b Mistura em digestores através de recirculação de gases – tipo série de tubos de descarga. Fonte: Adaptado de Qasin (1999).

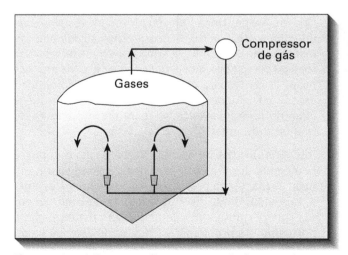

Figura 9.63c Mistura em digestores através de recirculação de gases – tipo série de difusores. Fonte: Adaptado de Qasin (1999).

Produção e utilização de gás

Há grande interesse na utilização do gás gerado nos digestores anaeróbios como fonte de energia. Como se sabe, essa mistura de gases é composta por 60 a 70% de metano (CH_4), 25 a 30 % de gás carbônico (CO_2) e pequenas percentagens de hidrogênio (H_2), nitrogênio (N_2), gás sulfídrico (H_2S). Segundo Qasin (1999), essa mistura de gases tem um poder calorífico de 21.000 a 25.000 kJ/m³ (o metano puro apresenta um poder calorífico de 35.800 e o gás natural cerca de 37.300 kJ/m³). A densidade da mistura está em torno de 86% da densidade do ar atmosférico (cerca de 1 kgf/m³), pois, como se sabe, o ar pesa aproximadamente 1,162 kgf/m³.

O gás produzido nos digestores pode perfeitamente ser utilizado para aquecimento do próprio digestor, para aquecimento de edifícios (países frios) ou também como combustível para motores a explosão (a exemplo do que fez a SABESP durante as duas crises do petróleo, na década de 1970, período no qual se utilizava o gás metano dos digestores na sua frota de veículos).

Segundo Qasin (1999), a taxa de produção de metano pode ser estimada a partir das equações da cinética desenvolvida para digestores anaeróbios, conforme equações 9.51 e 9.52 :

$$P_{XV} = \frac{Y \cdot E \cdot G_{DBO\ ult}}{1 + k_d \cdot \Theta_C} \quad (9.51)$$

$V_{CH_4} = 0{,}35\ \text{m}^3/\text{kg} \cdot [(E \cdot G_{DBO\ ult.}) - 1{,}42 \cdot P_{XV}]$ (9.52)

onde:
P_{XV} = produção líquida de massa celular (kg/dia);
Y = coeficiente de crescimento celular. Para esgoto sanitário Y = 0,04 a 0,1 kg SSV/kg DBO utilizada;
E = eficiência na utilização do resíduo (de 0,6 a 0,9);
$G_{DBO\ ult.}$ = carga de DBO última do lodo cru afluente ao digestor;
K_d = coeficiente de morte celular = coeficiente endógeno. Para esgoto sanitário o coeficiente K_d varia na faixa de 0,02 a 0,04 dia⁻¹;
Θ_C = tempo de residência celular = período de digestão;
V_{CH_4} = volume de metano produzido m³/dia;
0,35 = fator teórico de conversão de 1 kg de $DBO_{ult.}$ em metano;
1,42 = fator de conversão de $DBO_{ult.}$ em massa celular (kgSV/kgDBO$_{ult.}$).

Existem outras formas de se estimar o volume de gás gerado nos digestores de lodo, baseadas na experiência prática:

- 0,50 a 0,75 m³ de gás/kgSV produzido;
- 0,75 a 1,12 m³ de gás/kgSV reduzido;
- 0,03 a 0,04 m³/*per capita* por dia.

O sistema de coleta de gás inclui: o teto do digestor, as tubulações de gás dotadas de válvulas de alívio, dispositivo corta-chamas, compressores de gás, medidores de gás e tanques de armazenamento de gás.

Deve-se ressaltar que o gás metano gerado pode formar uma mistura explosiva com o ar atmosférico, dependendo de sua concentração. Portanto, precauções de segurança devem ser adotadas para se evitar explosões.

Cobertura dos digestores

A cobertura dos digestores anaeróbios é necessária para evitar a presença de oxigênio, conter odores, manter a temperatura de operação e coletar os gases produzidos no processo. A cobertura dos digestores pode ser do tipo fixo ou móvel.

Os digestores de teto fixo apresentam menor custo de implantação, operação e manutenção e são projetados para manter nível constante no tanque. Porém, operações de descarga rápida do lodo digerido podem introduzir ar no tanque, com riscos de produção de misturas explosivas de oxigênio do ar com os gases gerados no processo. Segundo Qasin (1999), a faixa de mistura considerada explosiva está na proporção de 5 a 20% em volume desses gases, no ar atmosférico. Outro problema refere-se a um possível aumento de nível do líquido que pode vir a causar danos à estrutura de cobertura dos digestores. Um dos grandes problemas em tanques de concreto de teto fixo é a presença de H_2S. Esse gás ataca violentamente o concreto.

As coberturas flutuantes são mais caras, mas permitem maior flexibilidade nas operações de entrada ou descarga de lodo, sem permitir entrada de ar, reduzindo os riscos anteriormente relatados. Também podem ser projetadas para evitar a formação de escumas na superfície do líquido. Qasin (1999, p. 691) apresenta os vários tipos de cobertura mais utilizados.

Qualidade do sobrenadante

A qualidade do sobrenadante dos digestores anaeróbios depende se estes são ou não de dois estágios, se existe ou não o sistema de mistura e da eficiência de separação sólido-líquido.

- O líquido sobrenadante dos digestores é normalmente encaminhado para o início do tratamento (antes dos decantadores primários, quando estes existem). Como se pode verificar pela Tab. 9.34, naqual são apresentadas as principais características do sobrenadante de digestores anaeróbios, tratando lodos primários e secundários (de lodos ativados), esse líquido pode introduzir uma carga significativa ao tratamento.

TABELA 9.34 Características do sobrenadante (digestor tratando lodos primários e secundários)

Principais parâmetros	Faixa de concentração (em mg/L)
Concentração de sólidos totais "S_T"	de 3.000 a 15.000
Concentração de DBO_5	De 1.000 a 10.000
Concentração de DQO	De 3.000 a 30.000
Concentração de $N-NH_3$	De 400 a 1.000
Concentração de fósforo total	300 a 1.000

Fonte: Qasin (1999)

Exemplo de cálculo 9.15

Dimensionar um sistema de digestão anaeróbia de lodo, admitindo-se os seguintes critérios:

- em princípio, serão previstas 3 unidades digestoras de lodo, de duplo estágio (2 primárias e 1 secundária), sendo que as três unidades terão a mesma capacidade e os mesmos dispositivos, podendo cada uma delas funcionar como de 1° ou 2° estágio;

- os digestores terão um sistema de mistura proporcionado pela recirculação dos gases gerados, do tipo série de tubos de descarga (ver Fig. 9.62b);

- seguindo-se o que tradicionalmente se adota no Brasil, os digestores não terão sistema de aquecimento, admitindo-se temperaturas médias variando na faixa de 20 °C a 28 °C;

- os dados de projeto a serem adotados serão os valores obtidos no exemplo de cálculo 9.13, ou seja, na condição hipotética de que o lodo primário e secundário sofram espessamento conjuntamente, numa unidade gravimétrica. Os dados obtidos naquele exemplo de cálculo foram:

- vazão de alimentação dos digestores:

    $Q_0 = Q_u = 0{,}86$ L/s $= 3{,}08$ m³/h $= 74{,}00$ m³/dia;

- concentração de sólidos totais no lodo

    $C_{ST} = 52{,}9$ kg/m³;

- admitir-se-á uma relação SV/ST = 0,71 e com esta pode-se calcular a concentração de sólidos voláteis no lodo a ser digerido: $C_{SV} = 52{,}9 \times 0{,}71 = 37{,}6$ kg/m³;

- sendo a carga de sólidos voláteis:

    $G_{SV} = 37{,}6$ kg/m³ $\times 74{,}00$ m³/dia $= 2.782{,}4$ kgSV/dia

- pode-se também estimar a carga de DBO_5 diária, a partir da carga de SV (G_{SV}), considerando-se um fator de multiplicação de 0,35 kgDBO^5/kgSV, tem-se:

    $G_{DBO_5} = 2.782{,}4 \times 0{,}35 \approx 974$ kgDBO_5/dia

a) Cálculo da capacidade do digestor

- admitindo-se, como primeiro critério para estimar o volume total das unidades de digestão (VT_{dig}), o tempo de detenção da massa celular ($\Theta_C = 20$ dias, valor superior da chamada alta taxa), para médias de temperatura, mínima e máxima de 20 °C e 28 °C,

respectivamente, tem-se:

- dados: a vazão média afluente ao digestor

    $Q_0 = 74{,}00$ m³/dia e $\Theta_C = 20$ dias, tem-se:

    $VT_{dig.} = 74{,}00$ m³/dia $\times 20$ dias $= 1.480{,}00$ m³,

    adotar-se-á $VT_{dig.} = 1.500{,}00$ m³

- verificação da taxa de aplicação de sólidos voláteis (TA_{SV})

$$TA_{SV} = \frac{G_{SV}}{V_{DIG}} = \frac{2.782{,}4 \text{ kg SV/dia}}{1.500{,}00 \text{ m}^3}$$

$$= 1{,}85 \text{ kg SV/m}^3 \cdot \text{dia}$$

Observação

Como se pode observar pela Tab. 9.32, a taxa acima calculada está acima do valor extremo recomendado para taxa convencional ($TA_{SV} = 0{,}64$ a $1{,}60$), mas abaixo dos valores recomendados para alta taxa ($TA_{SV} = 2{,}40$ a $6{,}41$), ou seja, num valor intermediário entre a taxa convencional e a alta taxa. Porém, como haverá sistema de mistura mas não haverá sistema de aquecimento, o digestor será mantido com esses valores mais conservadores. Outro aspecto que deve ser salientado é que apenas dois digestores estarão funcionando como digestores primários; assim, pode-se recalcular a TA_{SV} dividindo-se a carga de sólidos voláteis por 1.000 m³ (volume de dois digestores), obtendo-se então a $TA_{SV} = 2{,}78$ kg SV/m³ · dia, ou seja, na faixa da chamada alta taxa.

- verificação da taxa volumétrica *per capita* (TV_{PC}). Considerando-se o valor apresentado na Tab. 9.6 (exemplo de cálculo 9.4), para o final de plano, estimou-se uma população de 21.800 habitantes.

$$TV_{PC} = \frac{V_{DIG}}{\text{População}} = \frac{1.500 \text{ m}^3}{21.800 \text{ hab.}} = 0{,}069 \text{ m}^3/\text{hab.}$$

Observação

Também aqui, analisando-se a Tab. 9.32, percebe-se que o valor obtido está dentro da faixa de valores recomendados para taxa convencional.

b) Dimensões dos digestores

Admitindo-se os três digestores previstos, cada um deles terá o seguinte volume:

$V_{dig.} = VT_{dig.} \div 3$ unid. $= 1.500,00$ m$^3 \div$
$\div 3$ unid. $= 500,00$ m^3/unid.

- sugere-se que os digestores tenham ainda as seguintes dimensões:
  - uma altura de 1,50 m para acúmulo de gases;
  - uma altura de 0,60 m para acúmulo de escuma;
  - uma altura de 0,60 m para acúmulo de sobrenadantes;
  - uma altura útil H$_{útil}$ = 7,80 m para a camada ativa de digestão;
  - um cone de fundo, cuja inclinação é de 3H : 1V (3 na horizontal por 1 na vertical).

Assim, a área de cada digestor será calculada, em princípio, desconsiderando-se o volume do cone de fundo:

$A_{dig.} = V_{dig.} \div H_{útil} = 500$ m$^3 \div 7,80$ m $= 64,10$ m^2

Pode-se então determinar o diâmetro do digestor $D_{dig.}$ através da seguinte expressão:

$D_{dig.} = [(A_{dig.} \times 4) \div \pi]^{1/2} = [(64,10 \times 4,00) \div 3,1416]^{1/2}$
$= 9,03$ m

Será adotado um diâmetro $D_{dig.}$ = 9,00 m, justamente por que o cone de fundo irá também contribuir com um certo volume. A área correspondente será:

$A_{dig.} = [(\pi \cdot D^2_{dig.}) \div 4] = [(3,1416 \times 9,00^2) \times 4 = 63,62$ m^2

- cálculo do volume do cone $V_{cone} = (A_{dig.} \times 1,50) \div$
  $\div 3 = (63,62 \times 1,50) \div 3 = 31,8$ m^3

- parte do volume do cone V_S (até 1,00 m de altura) ficará disponível para o acúmulo de sólidos. Esse volume pode ser calculado pela expressão $V_S = (A_{base} \cdot h) \div 3$. O diâmetro da base à altura de 1,00 m é de 6,00 m, resultando $V_S = 9,42$ m^3. O volume útil do cone pode ser estimado pela expressão V$_{útil-cone}$ = $V_{cone} - V_S = 31,8 - 9,42 = 22,38$ m^3

- cálculo do volume útil total $V_{útil} = V_{dig.} + V_{útil-cone} =$
  $(63,62 \times 7,80) + 22,38 = 518,62$ m^3

- cálculo do Θ_C resultante = $(518,62$ m^3/unid. $\times 3$ unid.$) \div 74,00$ m^3/dia = 21,0 dias.

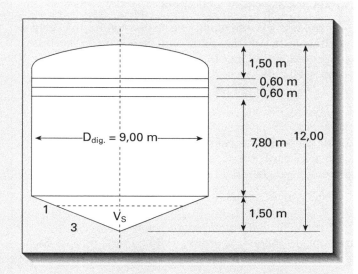

c) Estimativa da produção diária de gás metano e de gás total

Utilizando-se as expressões 9.51 e 9.52 e adotando-se $Y = 0,05$ kgSV/kgDBO$_{ult.}$ utilizada; a eficiência $E = 0,75$; $k_d = 0,03$ dia^{-1} e $\Theta_C = 21$ dias; considerando-se ainda que as expressões 9.51 e 9.52 levam em conta a carga de DBO última e não a carga de DBO$_5$ e que a relação DBO$_5 \div$ DBO$_{ult.} \approx 0,68$ para esgoto sanitário, pode-se então calcular a carga de DBO última:

$G_{DBO\ ult.} = 974$ kgDBO$_5$/dia $\div 0,68 = 1.432,4$ kgDBO$_{ult.}$/dia

$P_{XV} =$

$\dfrac{0,05 \text{ kg SV/kg BDO}_{ult.} \times 0,75 \times 1.432,4 \text{ kg DBO}_{ult.}/\text{dia}}{1 + (0,03 \text{ dia}^{-1} \times 21,0 \text{ dias})}$

$= 32,95$ kg SV/dia

$V_{CH_4} = 0,35$ m^{3}CH$_4$/kgDBO$_{ult.} \times [(0,75 \times 1.432,4$ kg DBO$_{ult.}$/dia$) - (1,42$ kgSV/kgDBO$_{ult.} \times 32,95$ kgSV/dia$)]$
$= V_{CH_4} = 359,60 \approx 360,00$ m^3/dia

d) Estimativa do volume total de gás produzido

Admitindo-se que a percentagem de gás metano seja de 65% do total de gás produzido, pode-se estimar o volume total de gás produzido, por meio da expressão:

$V_{gás\ total} = V_{CH_4} \div 0,65 = 360,00 \div 0,65 \approx 554,00$ m^3/dia

9.4.5.5 Aspectos de operação manutenção e problemas associados

Qasin (1999) afirma que a operação e o controle dos digestores anaeróbios não é uma tarefa fácil, pois não depende apenas dos resultados dos testes de laboratório, mas, também, da interpretação dos resultados desses testes, do conhecimento e habilidade dos operadores, da carga tratada, da presença ou não de efluentes industriais e das condições climáticas.

A rotina operacional é, além disso, complicada pela constante necessidade de reparos, paradas para limpeza e manutenção e retomada operacional das unidades. A USEPA publicou um manual de operação para digestores anaeróbios de lodo (Zickefoose e Hayes, 1976). Esse manual fornece informações detalhadas de operação dos diversos tipos de digestores e os problemas a eles associados. São apresentadas a seguir algumas informações sucintas sobre a partida dos digestores, os problemas inerentes e as rotinas de operação e manutenção.

Partida dos digestores anaeróbios

Existindo a possibilidade de se conseguir uma certa quantidade de lodo digerido (semente), para dar partida a um determinado digestor, essa operação fica tremendamente facilitada. A seguir são relacionados os principais passos a serem seguidos na partida desse tipo de reator.

Introduzir uma certa quantidade de lodo digerido (semente) no digestor. Segundo Qasin (1999), a quantidade de semente necessária é de aproximadamente 4 a 5 vezes a carga diária de sólidos voláteis, prevista para alimentar o digestor.

No caso do exemplo de cálculo 9.15, a carga diária de sólidos voláteis prevista era de 2.782,4 kgSV/dia = 2,78 tf SV/dia. Admitindo-se que a semente apresente um teor de sólidos da ordem de 5% e uma relação SV/ST = 0,65, utilizando-se os valores contidos na Tab. 9.26, pode-se verificar que para T_{ST} = 5% o volume específico é de aproximadamente 19,7 m³/tf e daí pode-se obter o volume a ser colocado no digestor, aplicando-se a seguinte expressão:

$$V = (2,78 \text{ tfSV} \times 4,5 \times 19,7 \text{ m}^3/\text{tfST} \times (1/0,65)$$
$$(ST/SV) = 380 \text{ m}^3$$

- completar o volume do digestor com esgoto fresco;
- iniciar as operações de mistura e aquecimento (se houver), levando o digestor até a temperatura operacional prevista;
- iniciar a alimentação do digestor a uma taxa uniforme de 25% da taxa de alimentação prevista. A alimentação deverá ser aumentada gradualmente;
- devem ser mantidos os seguintes registros:
  - carga diária de alimentação, com base em sólidos voláteis;
  - sólidos voláteis, razão AV/AT. (ácidos voláteis/alcalinidade total) e pH no interior do digestor;
  - temperatura, produção de gás total e percentagens de CO_2 e CH_4 na mistura;
- mantendo-se baixas as taxas iniciais de alimentação do digestor, é possível iniciar a operação normal, sem necessidade de adicionar produtos químicos para controlar o valor do pH. Se a relação AV/AT subir para valores iguais ou maiores do que 0,8 e o valor do pH estiver abaixo de 6,5, a adição de produtos químicos, tais como a cal ou soda cáustica, pode ser feita.
- pode-se conseguir condições estáveis de funcionamento dos digestores em até 30 a 40 dias se a carga de sólidos for mantida menor do que 1,0 kgSV/m³ · dia, durante esse período inicial de aclimatação.

Problemas operacionais nos digestores anaeróbios

Na Tab. 9.35 são apresentados os problemas operacionais que ocorrem mais frequentemente nos digestores anaeróbios, suas possíveis causas e soluções.

Rotinas operacionais

Como parte da rotina operacional dos digestores anaeróbios, deve-se utilizar adequadamente os resultados dos testes laboratoriais, visando proteger o digestor de eventuais perturbações e/ou colapso total. As chaves para uma boa operação são:

- controlar as cargas orgânicas aplicadas;
- minimizar a utilização de água quente (quando houver sistema de aquecimento);
- controlar a temperatura do processo;
- controlar o tempo e a taxa de mistura;
- reduzir a um mínimo a acumulação de escumas;
- obter descargas de sobrenadantes com baixos teores de sólidos totais.

O monitoramento do processo de digestão anaeróbia exige testes locais e/ou laboratoriais diários, relativo aos seguintes parâmetros:

- sólidos voláteis (SV) e alcalinidade total (AT) no digestor;
- taxa de produção de gás e composição do gás gerado, notadamente as percentagens de metano (CH_4) e o gás carbônico (CO^2);
- valor do pH no interior do digestor;
- redução de sólidos voláteis no lodo digerido (comparado aos SV de alimentação);
- vazões (volumes diários) e correspondente carga de sólidos voláteis de alimentação do digestor;
- vazões (volumes diários) e correspondentes cargas de sólidos totais, sólidos voláteis e DBO do líquido sobrenadante;
- vazões (volumes diários) e correspondentes cargas de sólidos voláteis de descarga do lodo digerido;
- teste visual da chama na queima do gás gerado no digestor: uma chama amarelada com base azulada é considerada normal; uma chama muito azulada e com dificuldades para se manter acesa indica uma percentagem muito alta de CO_2; uma chama alaranjada e com muita fumaça indica a presença de percentagens razoáveis de H_2S;
- teste de odor: quando os operadores são experientes, simplesmente pelo odor emanado dos gases gerados, do sobrenadante e do lodo digerido, são capazes de identificar como anda o processo anaeróbio; se está séptico, azedo, pútrido, bem digerido, ou se há excesso de produtos, tais como: óleos, solventes, sulfetos etc.

TABELA 9.35 Problemas operacionais nos digestores anaeróbios, suas causas e soluções

Problema operacional	Possíveis causas	Possíveis soluções
Crescimento da razão AV/AT, com consequente queda do pH e aparecimento de odores rançosos (de coisa azeda) e de H_2S (cheiro de ovo podre). Quando a razão AV/AT sobe, há uma tendência de maior geração de CO_2, que por sua vez tende a baixar o pH.	O digestor pode estar sendo operado com excesso de carga hidráulica ou orgânica, ou pode estar havendo drenagem excessiva de lodo digerido ou ainda a presença de substâncias tóxicas no digestor.	Dependendo da causa, diminuir a carga hidráulica ou orgânica de alimentação e/ou diminuir a descarga de lodo digerido, adicionando semente de outro digestor; aumentar a taxa e o tempo de mistura; ajustar a temperatura de controle; instituir ou incentivar um programa de pré-tratamento de efluentes industriais.
Sobrenadante de baixa qualidade (alta concentração de sólidos)	Mistura excessiva, baixo tempo de sedimentação (antes da descarga de lodo digerido), ponto de tomada da drenagem do sobrenadante muito baixo ou taxa insuficiente de drenagem do lodo digerido	Redução da intensidade de mistura, aumento do tempo de sedimentação, utilização de saídas de descarga de sobrenadantes maiores ou aumentar a taxa de descarga de lodo digerido.
Presença de escuma no líquido sobrenadante	Quebra da camada de escuma, excessiva recirculação de gás (sistema de mistura e/ou carga orgânica em excesso).	Pode-se promover a parada na descarga de sobrenadantes, estrangular a saída de gás do compressor ou reduzir a carga orgânica de alimentação.
Lodos digeridos muito diluídos	Ocorrência de curto-circuito hidráulico, mistura excessiva ou taxa de bombeamento de lodo muito alta.	Parar o sistema de mistura várias horas antes das descargas de sobrenadantes e de lodo digerido; selecionar um nível mais adequado para a descarga de sobrenadantes ou submeter o lodo a ser removido a ciclos de bombeamento mais curtos.
Quedas de temperatura no digestor (quando há sistema de aquecimento)	Entupimento das linhas de recirculação de lodo, mistura inadequada, carga hidráulica elevada, baixa vazão de alimentação de água nos trocadores de calor e falhas no sistema de aquecimento.	Retrolavagem das linhas de recirculação de lodo aquecido ou digerido e/ou verificação dos diversos componentes do sistema de aquecimento.
Altas temperaturas no digestor	Falhas no sistema de controle de temperatura, temperaturas da caldeira ou da água aquecida muito alta, ou ainda altas taxas de circulação de água quente.	As causas apontadas devem ser verificadas e corrigidas.
Baixa performance no sistema de mistura	Entupimento das linhas de recirculação de gás (quando o sistema for desse tipo), ou baixa vazão de gás.	Limpeza de tubos e válvulas do sistema de recirculação de gás ou incremento da capacidade do compressor de gás.
Baixa pressão de gás nos digestores	Vazamentos nas válvulas de alívio de pressão, na própria cobertura do digestor, nas linhas e mangueiras de gás; alta taxa de descarga de gás ou alta descarga de sobrenadantes.	Verificar e reparar os eventuais vazamentos, controlar taxas de descarga de gás e de sobrenadantes.
Alta pressão de gás nos digestores	Taxas insuficientes de descarga de gás, válvula de alívio de pressão emperrada ou com defeito	Controlar as taxas de descarga de gás e de sobrenadantes e corrigir eventuais defeitos na válvula de alívio de pressão.
Aumentos na espessura da camada de escuma	Entupimentos na saída de sobrenadantes	Deve-se baixar o nível de lodo no digestor, utilizando-se das tubulações de descarga de lodo digerido e então proceder o desentupimento ou limpeza da tubulação de descarga de sobrenadantes.
Espessuras muito grandes da camada de escuma	Insuficiência do sistema de mistura ou presença de altas concentrações de óleos e graxas no digestor.	Deve-se quebrar a camada de espuma manualmente, incrementando, por exemplo, a recirculação de lodo para lançamento desse líquido sobre a camada de escuma; aumentar a mistura, ou pode-se ainda utilizar produtos químicos para diminuir a camada de escuma.

Fonte: Adaptado de Qasin (1999)

9.4.6 Os processos de desaguamento do lodo

O desaguamento do lodo é feito após o processo de digestão, seja convencional, através de digestores anaeróbios de lodo, conforme visto anteriormente, ou então através de lodos ativados por aeração prolongada. Essa operação pode ser feita em leitos de secagem, lagoas de lodo ou através de equipamentos mecânicos. O lodo desaguado tem sido chamado de torta. Mais recentemente, a torta de lodo de esgoto sanitário tem sido mundialmente classificada como um biossólido, que pode ser reaproveitado ou descartado. Os métodos de descarte ou de reaproveitamento do lodo de esgoto sanitário são abordados na seção 9.4.7.

O desaguamento do lodo visa essencialmente à diminuição dos volumes e, consequentemente, à diminuição dos custos de transporte para a disposição final. O lodo desaguado, na forma de torta, possibilita que o transporte seja feito por caminhões comuns, enquanto o lodo líquido só pode ser transportado por tubulações ou por caminhões tipo limpa-fossa mas, neste caso, naturalmente têm-se volumes muito maiores. O teor de sólidos da torta, após os processos usuais de desaguamento (excetuando-se a incineração), estaria na faixa entre 15% e 40% (Viessman e Hammer, 1985). As técnicas de desaguamento de lodo podem ser muito simples, utilizando-se a evaporação/percolação naturais, em leitos de secagem ou mesmo em lagoas de lodo.

Alternativamente, o desaguamento pode ser feito por equipamentos mecânicos. Nesse caso, para se obter uma boa eficiência na separação sólido-líquido, são normalmente utilizados produtos químicos tais como cal e cloreto férrico, sulfatos de ferro e de alumínio ou mesmo polímeros, a exemplo do que se faz no tratamento de água para abastecimento. Os métodos mecanizados de desaguamento incluem:

Filtros a vácuo – antigamente eram muito utilizados, mas hoje estão caindo em desuso em todo o mundo, pois apresentam altos consumos de energia e sérios problemas de manutenção.

Centrífugas – apresentam bom rendimento e também vêm sendo mais utilizadas. Até pouco tempo atrás, um empecilho à sua utilização era o alto preço de aquisição do equipamento, que vem, no entanto, diminuindo ao longo dos últimos anos.

Filtros-prensa de placas – muito utilizados na Europa, somente foram introduzidas nos Estados Unidos na década de 1970, mas, em função do alto teor de sólidos obtido na torta e também pela facilidade operacional proporcionados por esse tipo de equipamento, houve um aumento de sua utilização, mas apenas por algum tempo, no país citado (Qasin, 1999);

Filtros-prensa de esteiras – hoje talvez o equipamento mais utilizado para se fazer o desaguamento de lodo nos EUA. Se comparados aos outros tipos de equipamentos, apresentam algumas vantagens, tais como: a possibilidade de operação contínua, baixo consumo de energia e baixo custo de aquisição e de manutenção (Qasin, 1999). É também o equipamento mais adequado à utilização de polímeros como pré-condicionadores. Os polímeros, por serem utilizados em pequenas quantidades, não apresentam o inconveniente de aumento excessivo de volume do lodo desaguado. Apresenta como desvantagem um teor de sólidos considerado baixo (em torno de 15 a 20%), resultando, portanto, num volume maior de torta a ser transportado para o destino final, quando comparado, por exemplo, com o filtro-prensa de placas.

9.4.6.1 Leitos de secagem

Os leitos de secagem *LS* são geralmente utilizados nas instalações de pequeno porte, face à maior simplicidade desse processo, quando comparado com os processos mecanizados. Geralmente não são utilizados em grandes instalações, pois demandariam grandes áreas. No entanto, algumas instalações de porte razoável constituem exceção, como, por exemplo, em Acheres, Paris, França (Degrémont, 1991), e em Moscou, na Rússia (Kramenkov, 1990).

Os leitos de secagem são áreas retangulares, confinadas lateralmente por uma mureta de arrimo (ver Fig. 9.64), sendo preenchidas por uma camada de aterro argiloso compactado com espessura de 20 a 30 cm, sobre a qual são assentados tubos de drenagem (a me-

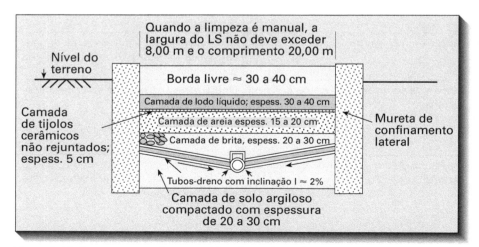

Figura 9.64 Corte transversal esquemático de um leito de secagem com pavimento de tijolos.

tade superior perfurada dos tubos-drenos deve ficar na camada de brita). A brita, com dimensões na faixa de 15 a 30 mm e espessura de 20 a 30 cm, é espalhada sobre o aterro argiloso. Acima da camada de brita é colocada uma camada de areia, com tamanho dos grãos variando de 0,5 a 2 mm e com espessura na faixa de 15 a 20 cm. Em algumas instalações é colocada ainda uma camada de tijolos cerâmicos não rejuntados, posicionados em espelho (face maior apoiada sobre a camada de areia), resultando numa espessura de aproximadamente 5 cm.

O processo convencional de leitos de secagem não possui a camada de tijolos, conforme apresentado na Fig. 9.64. Essa variante com a camada adicional de tijolos, permite uma melhor raspagem do lodo seco, sem incorporação de areia, ocorrência muito comum no LS – tipo convencional.

Existem diversas outras variantes do processo convencional, algumas bastante sofisticadas (ver Qasin, 1999, p. 732 a 735). Uma delas, que merece registro, é aquela em que todo o leito de secagem é pavimentado com asfalto ou concreto ou mesmo solo-cimento, com exceção de uma faixa central drenante, cuja largura varia entre 0,60 e 1 m. O pavimento apresenta caimento mínimo de 1,5% em direção à essa zona central de drenagem. Esta última variante apresenta a vantagem de permitir a entrada de equipamentos leves (pás carregadeiras), para auxiliar na remoção do lodo.

Além da simplicidade, os leitos de secagem apresentam ainda a vantagem de não aumentarem o volume de lodo por conta da não utilização de produtos químicos, pois normalmente não se faz qualquer pré-condicionamento do lodo, diferentemente dos processos mecanizados. Todavia, são bastante conhecidas as principais desvantagens desse processo de desaguamento (Viessman e Hammer, 1985):

- Problemas com a secagem do lodo durante os períodos chuvosos. Em alguns locais, a cobertura dos leitos de secagem pode ser estudada, visando à solução desse problema. Atualmente a cobertura de leitos de secagem é facilitada pela presença de vários tipos de telhas ou mesmo mantas plásticas transparentes no mercado. Esse tipo de material mais leve, permite a montagem de estruturas também mais leves e mais baratas.
- Operação manual, na remoção do lodo desaguado, com certos riscos à saúde do operador. Algumas instalações na localidade de Acheres, Paris, França são dotadas de pontes rolantes, cujo objetivo é espalhar o lodo líquido, raspar e coletar o lodo desaguado (Degrémont, 1991).
- Eventuais problemas com a vizinhança por conta de odores desagradáveis.
- Comparado aos outros processos de secagem, requer grandes áreas. Enquanto nos processos mecanizados

consegue-se a secagem de um determinado volume em algumas horas, um ciclo completo em leitos de secagem é variável, mas, em média, fica por volta de 21 dias. O ciclo completo inclui as operações de enchimento do leito com o lodo líquido, o tempo de espera para a secagem (de 10 a 15 dias), e o tempo para a raspagem e a retirada do lodo seco.

O tempo de ciclo em leitos de secagem depende naturalmente das condições climáticas locais, podendo ser bem maior do que 21 dias citados, em condições adversas, o que determina a necessidade de grandes áreas, para permitir uma secagem contínua. Os leitos de secagem, cobertos com telhas ou mantas plásticas transparentes, podem, em regiões climáticas adversas (chuvosas), resultar num ciclo de secagem menor, proporcionado pelo efeito estufa e diminuindo a área necessária a essa operação.

Qasin (1999), apresenta a seguinte estimativa de áreas, necessárias para o desaguamento de lodos em leitos de secagem:

- 0,14 a 0,28 m^2 *per capita*, para leitos de secagem não cobertos;
- 0,10 a 0,20 m^2 *per capita*, para leitos de secagem cobertos;
- 100 a 300 $kgST/m^2 \cdot$ ano (em bases secas), para leitos de secagem não cobertos;
- 150 a 450 $kgST/m^2 \cdot$ ano (em bases secas), para leitos de secagem cobertos.

O mesmo autor afirma ainda que o líquido filtrado nos leitos de secagem, para lodos digeridos anaeróbios, apresenta uma DQO $\approx$ 350 mg/L e DBO$_5 \approx$ 40 mg/L.

Se aplicados os critérios sugeridos por Qasin anteriormente apresentados, aos dados dos exemplos de cálculo 9.6 e 9.15, pode-se estimar a área necessária A_{LS}, para se fazer o desaguamento daquele lodo em leitos de secagem.

1. Aplicando-se o critério de área *per capita*, utilizando-se os dados médios da faixa sugerida por Qasin e, para uma população estimada em 21.800 habitantes, ao final do plano, tem-se:
   - para leitos de secagem não cobertos:
     $A_{LS} = 0,21$ m^2/hab. $\times$ 21.800 hab. = 4.578,00 m^2.
   - e para leitos cobertos:
     $A_{LS} = 0,15$ m^2/hab. $\times$ 21.800 hab. = 3.270,00 m^2.

2. Aplicando-se o critério de carga de sólidos, utilizando-se os dados médios da faixa sugerida por Qasin, admitindo-se uma captura de sólidos no digestor de 90%, uma redução de sólidos voláteis no digestor de

50%, e uma relação $SV/ST = 0{,}60$ no lodo digerido, tem-se:

$G_{ST} = (2.782{,}4 \text{ kg}SV/\text{dia} \times 0{,}90 \times 0{,}50) \div 0{,}60 \text{ } SV/ST = 2.086{,}8 \text{ kg } ST/\text{dia}$ ou

$G_{ST} = 2.086{,}8 \text{ kg}ST/\text{dia} \times 365 \text{ dias/ano} = 761.682 \text{ kg}ST/\text{ano}$.

Assim, para leitos de secagem não cobertos:
$A = 761.682 \text{ kg}ST/\text{ano} \div 150 \text{ kg}ST/\text{m}^2 \cdot \text{ano} = 5.078{,}00 \text{ m}^2$;

e para leitos cobertos:
$A = 761.682 \text{ kg}ST/\text{ano} \div 275 \text{ kg}ST/\text{m}^2 \cdot \text{ano} = 2.770{,}00 \text{ m}^2$.

9.4.6.2 Lagoas de secagem de lodo

A lagoa de secagem é também um método muito econômico de se fazer o desaguamento do lodo. Elas são similares aos leitos de secagem na questão da periodicidade de enchimento e remoção de lodo (normalmente com um tempo maior do que os *LS*). O lodo deve também ser previamente estabilizado (aeróbia ou anaerobiamente), para evitar problemas de maus odores.

As lagoas de secagem de lodo são normalmente tanques construídos em terra, de pequena profundidade da lâmina líquida (0,70 a 1,40 m). O tanque é preenchido com lodo e o sobrenadante é drenado após um período de sedimentação dos sólidos. Esse líquido sobrenadante deve retornar ao tratamento. O restante do lodo líquido é deixado, então, por algum tempo, sofrendo o processo natural de evaporação.

A secagem do lodo em lagoas, a exemplo dos *LS*, depende muito das condições climáticas e da profundidade da lâmina líquida do lodo aplicado. Geralmente são necessários de 3 a 6 meses para se obter uma torta com 20 a 40% de sólidos. Os sólidos capturados estão na faixa dos 90%. O lodo desaguado é normalmente removido através de equipamentos mecânicos.

Qasin (1999) sugere uma taxa de aplicação de sólidos, para dimensionamento das lagoas de lodo, da ordem de 37 kgST/m³ de lagoa por ano. Ainda segundo esse autor, alguns projetistas dimensionam as lagoas com base numa taxa de 0,3 a 0,4 m² de lagoa *per capita*.

9.4.6.3 Condicionamento do lodo para desaguamento

O condicionamento do lodo pode ser obtido por processos físicos ou químicos e têm a finalidade de facilitar a separação água-sólidos. Adicionalmente, alguns processos de condicionamento também promovem a destruição de organismos patogênicos, controlam odores, alteram as características dos sólidos, destroem uma certa percentagem de sólidos voláteis, além de melhorar a recuperação de sólidos. Alguns métodos físicos e químicos de condicionamento do lodo para desaguamento são a seguir brevemente discutidos.

Condicionamento químico do lodo para desaguamento

O condicionamento químico é associado principalmente ao desaguamento por processos mecânicos, tais como os filtros à vácuo, centrífugas, filtros-prensa de placas ou de esteiras. Pode-se utilizar tanto os produtos químicos orgânicos quanto inorgânicos.

Produtos químicos inorgânicos

O cloreto férrico e a cal hidratada são os produtos químicos inorgânicos mais utilizados, apesar dos sulfatos de ferro e de alumínio também serem utilizados. O cloreto férrico é o primeiro produto a ser adicionado, pois tem a capacidade de se tornar hidrolisado na água, formando uma solução complexa carregada positivamente, que neutraliza a carga negativa dos sólidos presentes no lodo, permitindo o agrupamento dessas partículas. O cloreto férrico também reage com a alcalinidade ao bicarbonato, presente no lodo, formando hidróxidos que causam floculação.

A cal hidratada é utilizada posteriormente e tem a finalidade de controlar o pH, reduzir odores e destruir patogênicos. O carbonato de cálcio ($CaCO_3$), resultante da reação da cal com o bicarbonato, produzem no agrupamento das partículas sólidas uma estrutura granular que incrementa a porosidade e reduz a compressibilidade do lodo, facilitando assim a separação sólido-líquido. Segundo Qasin (1999), a adição de produtos químicos, tais como a cal e o cloreto férrico, incrementam a quantidade de sólidos secos na torta, em cerca de 20 a 30%.

Tanto as cinzas geradas na produção de energia quanto as resultantes dos processos de incineração do lodo têm sido também utilizadas com sucesso no condicionamento do lodo para desaguamento. As cinzas auxiliam no desaguamento do lodo por causa da parcial solubilização de seus constituintes metálicos, sua grande capacidade de sorção e também em decorrência do tamanho irregular de suas partículas. No entanto, deve-se ressaltar que, quando as cinzas são utilizadas com essa finalidade, há um incremento significativo no volume da torta (de 25 a 50%).

Produtos químicos orgânicos

Polímeros orgânicos, também chamados de polieletrólitos, são bastante utilizados como condicionadores de lodo. Esses produtos são formados por cadeias longas solúveis em água e possuem especificidade química. Esses produtos diferem grandemente na composição química e na efetividade funcional. Como as partículas sólidas do lodo são carregadas negativamente, os polímeros catiônicos são mais comumente utilizados no condicionamento do lodo.

Segundo Qasin (1999), os polímeros são também classificados por seu peso molecular (de 0,5 a 18 bilhões), densidade de carga (de 10 a 100%) e nível de sólidos ativos (de 2 a 95%). O uso de polímeros no condicionamento químico do lodo é particularmente atraente, porque quase não causa acréscimo no volume final da torta, não diminui o poder calorífico da torta (no caso de incineração), são mais seguros e mais fáceis de manipular do que as substâncias químicas inorgânicas.

Os polieletrólitos orgânicos dissolvem-se na água, formando soluções de viscosidades variáveis. Essas substâncias, em solução, agem aderindo à superfície das partículas sólidas do lodo, causando desorção da água de constituição superficial, neutralização de carga e agem ainda como pontes na aglomeração das partículas (Qasin, 1999). Deve-se ressaltar que os polieletrólitos podem ser ainda classificados como polímeros sintéticos ou como polímeros naturais, sendo exemplos desse último o Kitosan (casca de siri), e os amidos naturais (batata, mandioca, milho etc).

Dosagem de produtos químicos

Uma boa dosagem dos produtos químicos, além de sua adequada mistura com o lodo, é primordial para se obter um bom rendimento no desaguamento do lodo. A dosagem química depende do tipo de lodo, da sua concentração de sólidos, do pH e da alcalinidade.

Assim, a melhor dosagem é determinada por meio de testes de laboratório. Para determinação da melhor dosagem, do rendimento da filtração e da adaptabilidade dos diversos meios filtrantes, podem ser utilizados: o teste do papel de filtro ou funil de Büchner, o teste do tempo de sucção capilar (TSC) e também o *jar-test*.

Em geral, a dosagem é medida em percentagem do produto químico relacionada à quantidade de sólidos secos totais presentes no lodo a ser desaguado. Segundo Qasin (1999), a dosagem de sais de ferro fica na faixa de 2 a 6%, a dosagem da cal, na faixa de 7 a 15%, a dosagem de cinzas, na faixa de 25 a 50% e a dosagem de polieletrólitos, na faixa de 0,1 a 0,5%.

É necessária uma boa mistura dos produtos químicos com o lodo para que se obtenha bons resultados no condicionamento do lodo. Para minimizar o efeito de cisalhamento dos flocos já formados, deve-se fornecer a energia apenas suficiente para dispersar os produtos químicos em meio ao lodo.

Condicionamento físico do lodo para desaguamento

Os mais importantes métodos de condicionamento físico do lodo para desaguamento são a elutriação e o condicionamento térmico. Outros métodos têm sido relatados, tais como: o congelamento (mais utilizado em países de clima frio), as vibrações ultrasônicas, a extração por solventes e a irradiação, todos eles melhorando sensivelmente a filtrabilidade do lodo, mas todos ainda em estágio experimental.

Elutriação

A elutriação pode ser entendida como uma espécie de lavagem do lodo, visando à remoção de certas substâncias que provocam um alto consumo de produtos químicos, quando se faz o condicionamento do lodo. Sua função é então diminuir o consumo dos produtos químicos utilizados no condicionamento do lodo. Quase sempre o próprio efluente tratado da ETE tem sido utilizado para se fazer a elutriação.

Geralmente, o volume de efluente (água de lavagem) é cerca de 2 a 6 vezes o volume de lodo. Segundo Qasin (1999), os tanques de elutriação são projetados para atuar como espessadores por gravidade, com uma carga de sólidos da ordem de 39 a 50 kgST/$m^2 \cdot$ dia. No entanto, o custo dos tanques adicionais e dos equipamentos para se fazer a elutriação normalmente não justificam a economia com os produtos químicos.

Além disso, o processo de elutriação é responsável pela geração de grandes volumes de líquido sobrenadante, com altas concentrações de sólidos, que, ao retornarem ao tratamento, causam alterações nas vazões e nas cargas de sólidos e de DBO afluentes ao tratamento.

Condicionamento térmico

Segundo Qasin (1999), os processos de condicionamento térmico do lodo consistem no seu aquecimento a temperaturas que variam de 140 a 240 °C, num vaso de reação sob pressões na faixa de 1,72 a 2,76 MPa, por períodos de 15 a 40 minutos. Por causa do alto custo de instalação, esses processos só podem ser projetados nas grandes ETEs. Além disso, são processos que normalmente geram efluentes tanto líquidos quanto gasosos, sendo os gases malcheirosos. Os métodos de controle de odores incluem a combustão, a adsorção e a lavagem dos gases. O efluente líquido possui uma alta DBO (na faixa de 5.000 a 15.000 mg/L) e o seu retorno ao tratamento pode resultar em grande acréscimo de carga aos tanques de aeração.

O condicionamento térmico é um processo que, além de substituir os produtos químicos geralmente utilizados no condicionamento do lodo, pode ser feito com o lodo fresco e, portanto, prescinde também do digestor.

O condicionamento térmico apresenta como resultados: a coagulação dos sólidos, a ruptura da estrutura gelatinosa e uma redução da afinidade das fases sólida e líquida do lodo. Como consequência, o lodo é esterilizado, praticamente desodorizado, facilitando o desaguamento, por meio de processos mecânicos, sem necessidade de produtos químicos. Os dois processos mais utilizados são: o sistema PORTEUS e o sistema ZIMPRO (Metcalf e Eddy, 1977).

Segundo esses autores, no sistema PORTEUS, o lodo é preaquecido pela passagem em permutadores de calor, antes de penetrar no reator. No reator é injetado vapor para elevar a temperatura, que deve permanecer numa faixa de 143 °C a 200 °C, sob pressões de 10,5 a 14 kgf/cm² (1,03 a 1,37 MPa). Após um tempo de detenção de 30 minutos no reator, o lodo passa novamente através do permutador, onde troca calor com o lodo que está entrando. Finalmente é conduzido a um decantador. Pode-se, então, por meio de processos mecanizados de desaguamento instalados após um sistema desse tipo, obter uma torta com teores de sólidos da ordem de 40 a 50%.

No sistema ZIMPRO, o lodo é tratado de forma semelhante, com uma única diferença: injeta-se ar no reator juntamente com o vapor. As temperaturas estariam na faixa de 150 °C a 205 °C. As pressões variando na faixa de 10,5 a 21 kgf/cm² (1,03 a 2,06 MPa).

Em termos de destinação final do lodo, a grande vantagem do tratamento térmico é a completa esterilização do resíduo. Nos Estados Unidos, um lodo desse tipo, caso também apresente níveis de elementos potencialmente tóxicos PTE abaixo dos estabelecidos na legislação, produz o chamado lodo classe A (USEPA, 1993), ou seja, isento de patogênicos e com baixos níveis de PTE, podendo ser utilizado em quaisquer tipos de cultura, sem nenhum problema.

9.4.6.4 Processos mecanizados de desaguamento

Filtros a vácuo

Os filtros à vácuo já foram muito utilizados tanto no desaguamento de lodos frescos quanto na de lodos digeridos. Esse equipamento é formado basicamente de um recipiente cilíndrico (tambor) coberto com tecido drenante natural ou sintético. O tambor permanece parcialmente mergulhado numa cuba de lodo e girando lentamente. No interior do tambor girante é mantido vácuo, que possibilita a drenagem da água contida no lodo, retendo os sólidos no tecido filtrante. A zona contendo a torta desaguada representa de 40 a 60% da superfície do tambor e termina na zona de descarga, de onde a torta é removida.

Centrífugas

Esse tipo de equipamento utiliza-se da força centrífuga para acelerar a separação sólido-líquido do lodo. Nas unidades típicas, o lodo previamente condicionado é bombeado para o interior de um recipiente cilíndrico colocado na horizontal. No centro desse recipiente há um eixo com pás em forma de parafuso sem-fim e que gira com 1.600 a 2.000 RPM. Os sólidos vão sendo lançados contra a parede interna do recipiente e são levados pelo parafuso sem-fim até o ponto de remoção na parte dianteira do equipamento. O líquido sai pela parte traseira do equipamento e deve retornar ao tratamento. O desaguamento de lodo através de centrífugas, de acordo com Qasin (1999), é comparável à filtração a vácuo em termos de custo e performance.

As centrífugas são equipamentos compactos e completamente fechados o que de certa forma se traduz em vantagem no que diz respeito ao controle de odores. Outra vantagem é poder desaguar lodos tradicionalmente problemáticos na filtragem (lodos que entopem os tecidos filtrantes), descartando-se assim os filtros-prensa de placas, de esteiras e os filtros a vácuo.

As desvantagens das centrífugas são a complexidade de manutenção, problemas com a abrasão de seus componentes internos e o líquido de retorno ao tratamento, que possui alta concentração de sólidos.

Filtros-prensa de placas

Esse equipamento é formado por vários conjuntos de placas duplas, de formato retangular ou circular e que, quando pressionadas uma às outras, formam uma câmara oca. Na face externa de cada placa individual é montado o tecido filtrante. Nos filtros do tipo volume fixo, o lodo é bombeado para dentro dessas câmaras, com pressões na faixa de 0,38 a 1,58 MPa. A água passa através do tecido filtrante e os sólidos ficam retidos, formando a torta relativamente desaguada (teor de sólidos da ordem de 40%).

O período completo de enchimento das câmaras leva cerca de 20 a 30 minutos. A pressão nesse momento do processo é a máxima projetada, sendo mantida por um período que varia de 1 a 4 horas. Durante esse tempo, apenas o líquido vai sendo removido e também deve retornar ao tratamento. Logo em seguida, o filtro é mecanicamente aberto e a torta solta-se da câmara, caindo geralmente sobre uma esteira rolante que vai transportá-la para o local desejado.

Existe um outro tipo de equipamento cuja câmara apresenta volume variável. Um diafragma é colocado por detrás do meio filtrante e sua função é permitir a aplicação de ar ou água sob pressão, de forma a comprimir o lodo. A fase de enchimento dura normalmente de 20 a 30 minutos, e quando o ponto final é atingido, a bomba de alimentação de lodo é automaticamente desligada. A água ou ar sob pressão (no diafragma) é então bombeada no espaço entre o diafragma e a placa, comprimindo ainda mais a já formada e parcialmente desaguada torta de lodo. Ao final do ciclo, a água retorna ao reservatório, as placas são automaticamente abertas e a torta é descarregada (Qasin, 1999).

Tratamento e disposição final da fase sólida (lodos primários e secundários)

Filtros-prensa de esteiras

Nesse tipo de equipamento são empregadas esteiras ou cintas especiais filtrantes simples ou duplas, que giram continuamente, permitindo que o lodo seja então desaguado de forma contínua. As maiores vantagens desse equipamento são justamente o desaguamento contínuo e o baixo consumo de energia. A principal desvantagem é o baixo tempo médio de vida da esteira filtrante e também a taxa de filtração que é muito sensível, em função das características do lodo a ser desaguado (Qasin, 1999).

As cintas filtrantes são posicionadas sobre diversos eixos, formando 4 zonas operacionais básicas: uma zona de condicionamento do lodo com polímeros, uma zona de drenagem da água em excesso por gravidade, uma zona de baixas pressões e uma zona de altas pressões. Ao passar por esse ciclo, a água vai sendo removida pelo caminho e a torta desaguada é descarregada.

9.4.7 O destino final do lodo gerado nas ETEs

9.4.7.1 Considerações preliminares

Antes de citar as técnicas mais utilizadas na disposição final do lodo gerado nas ETEs, deve-se ressaltar alguns aspectos muito importantes:

- Todo processo de tratamento de esgotos gera lodo. Alguns deles, no entanto, pelas próprias características de suas unidades, não suscitam preocupação quanto ao destino final dos sólidos.

Assim, por exemplo, nas lagoas de estabilização, pelas grandes áreas que ocupam, não há normalmente grande acumulação de lodo (apenas alguns centímetros por ano), não sendo necessária a sua remoção e, portanto, não se constituindo em problema o seu destino final, o que acaba sendo uma grande vantagem desse tipo de tratamento.

Já nas lagoas aeradas seguidas de lagoas de sedimentação, o lodo é acumulado na segunda unidade, por um ou dois anos e, posteriormente, tem que ser removido e a ele deve ser dado destino final adequado.

No processo de tratamento por disposição no solo (método da rampa), o lodo vai sendo acumulado e digerido no próprio solo, local do lançamento e tratamento do esgoto e que já é o local de destino final desses resíduos.

Em alguns tipos de tratamento, a geração de lodo é maior, como é o caso dos processos aeróbios (lodos ativados e filtros biológicos). Já nos processos anaeróbios, grande parte dos sólidos presentes são transformados em gases e, portanto, geram menos lodo do que nos processos aeróbios.

- Um outro aspecto a ser ressaltado e que se reflete no projeto de disposição é a forma na qual o lodo se encontra para a disposição final:

- se na forma líquida, o teor de sólidos varia na faixa de 2 a 10%;

- se na forma desidratada (mecanicamente ou em leitos de secagem) resulta a chamada torta, cuja percentagem de sólidos varia na faixa de 15 a 40%;

- se na forma de cinzas, que é o material resultante da incineração da torta, o teor de sólidos estará na faixa de 90 a 95%.

A importância de se estabelecer a forma em que o lodo será disposto está exatamente na necessidade de se calcular o volume, que, aliado à distância de transporte, vai se refletir diretamente no custo do projeto.

Na Tab. 9.36 são apresentados os volumes específicos (em m_3/tss), ou seja, o volume de lodo resultante, para cada tonelada de sólidos secos produzidos. Foram apresentados alguns valores da concentração de sólidos no lodo, característicos das diversas formas acima citadas.

9.4.7.2 Os números da geração de lodos nas ETEs

Metcalf e Eddy (1991) estimam que, em média, cada ser humano produz cerca de 120 g de sólidos secos diários, lançados nas redes de esgoto. No que se refere ao lodo, após tratamento, os europeus estimam em cerca de 82 gramas de sólidos secos diários *per capita* (Vincent e Critchley, 1984). Se esses números fossem aplicados às 5 grandes ETEs da RMSP (Região Metropolitana de São Paulo), na hipótese de que as mesmas já estivessem tratando todo o esgoto produzido pela população dessa região (segundo dados de 1996, estimada em cerca de 17 milhões de habitantes), e que, segundo estimativas apresentadas pela Secretaria de Planejamento do Governo do Estado de São Paulo, em 2008, já estaria na casa dos 19,7 milhões de habitantes (Fundação Seade, 2009), a produção diária de lodo, após tratamento, segundo essa nova estimativa de população seria de aproximadamente 1.615 tss/dia. A SABESP havia estimado em cerca de 575 tss/dia para o ano 2005, quando nem todo o esgoto estaria sendo coletado e tratado, estando aí incluídos dois filtros biológicos, tratando os esgotos das

TABELA 9.36 Volume específico em função do teor de sólidos presente no lodo de esgoto

Forma em que o lodo se encontra	Teor de sólidos no lodo (%)	Volume específico (m³/tss)
Forma líquida	2	50,0
Forma líquida	10	9,7
Torta	15	6,4
Torta	40	2,4

Observação: tss = toneladas de sólidos secos

cidades de Franco da Rocha e de Perus (ver Tab. 9.37). Conforme já foi comentado no Proêmio deste livro, tais previsões não se confirmaram. Segundo dados divulgados pela SABESP, em 2007 a produção total de lodo nas cinco grandes ETEs da RMSP foi de aproximadamente 480 tss/dia (SABESP, 2007), o que mostra que não se atingiu a meta de vazão a ser tratada.

Andreoli *et al.* (2000), em estudo realizado no município de Maringá, Estado do Paraná, cuja finalidade era fazer o levantamento das características e do potencial dos solos e das culturas locais, visando estabelecer o mapeamento dos solos e culturas aptas a receber lodo de esgoto naquele município, apresentaram os dados de produção de lodo de 3 ETEs (ver Tab. 9.38). O tratamento é feito por meio de reatores do tipo UASB (reatores anaeróbios de fluxo ascendente e manto de lodo, por eles denominado RALF). Nas 3 ETEs, o lodo é desaguado em leitos de secagem.

Pode-se notar que os valores calculados para a produção diária *per capita* de lodo (em bases secas) são bastante inferiores aos 82 gss/dia utilizados pelos europeus em seus estudos de planejamento.

TABELA 9.37 Estimativa da produção diária de lodo (ano 2005) nas ETEs do Estado de São Paulo

Região Metropolitana de São Paulo[1]

Local E.T.E	Tipo de tratamento	Estimativa de produção de lodo (em tss/dia)	(em m³/dia)[2]
Barueri	LA – convencional[3]	227,0	545,0
ABC	LA – convencional[3]	85,0	204,0
Suzano	LA – convencional[3]	27,0	65,0
Parque Novo Mundo	LA – convencional[3]	166,0	400,0
São Miguel	LA – convencional[3]	55,0	132,0
Franco da Rocha	FB – filtro biológico[3]	9,0	22,0
Perus	FB – filtro biológico[3]	6,0	15,0
Totais previstos para a Região Metropolitana de São Paulo:		575,0	1.383,0
Interior do Estado de São Paulo			
São José dos Campos	LA – aeração prolongada[3]	8,1	19,5
Presidente Prudente	LA – aeração prolongada[3]	7,1	17,1
Franca	LA – convencional[3]	7,0	16,8
Botucatu	LA – aeração prolongada[3]	2,5	6,0
Assis	LA – aeração prolongada[3]	1,8	4,4
Itapeva	LA – aeração prolongada[3]	1,6	3,9
Tupã	LA – convencional[3]	1,4	3,4
Totais previstos para o interior do Estado de São Paulo:		29,5	71,1
Litoral do Estado de São Paulo			
Cubatão	LA – aeração prolongada[3]	1,3	3,2
Monguaguá	LA – batelada[3]	1,2	2,9
Caraguatatuba	LA – aeração prolongada[3]	5,3	12,8
Ubatuba	LA – aeração prolongada[3]	2,0	4,8
Ilha Bela	LA – batelada[3]	0,9	2,2
Totais previstos para o litoral do Estado de São Paulo:		10,7	25,9

Observações: (1) A RMSP – Região Metropolitana de São Paulo, abrange a cidade de São Paulo e mais 38 municípios vizinhos. O Estado de São Paulo possui mais de 600 municípios e em cerca de 50% deles a SABESP é a concessionária de água e esgoto. Para a elaboração deste quadro somente foram considerados os municípios com mais de 50.000 habitantes. Grande parte dos demais municípios possuem sistemas de lagoas de estabilização, cuja grande vantagem é a não remoção do lodo formado. (2) O volume de lodo foi estimado para concentrações de sólidos da ordem de 40%. (3) LA = lodos ativados e FB = filtro biológico.

Fonte: Adaptado de Santos e Tsutiya (1997)

TABELA 9.38 Dados sobre a produção de lodo em 3 ETEs no município de Maringá, PR

ETE	População atendida	% de sólidos (antes da secagem)	Em bases úmidas (t/dia)	Em bases secas (tss/dia)	Per capita (em gss/hab · dia)
1	33.700	6,12	10,28	0,63	18,6
2	81.543	6,15	11,67	0,72	8,8
3	19.629	6,00	2,07	0,12	6,1

Produção diária de lodo

Observações: tss = toneladas de sólidos secos e gss = gramas de sólidos secos.
Fonte: Andreoli et al. (2000)

9.4.7.3 Técnicas de disposição final do lodo de esgoto sanitário

Há alguns anos, a maioria das empresas projetistas das ETEs brasileiras preocupavam-se muito mais com o processo de clarificação do efluente, limitando-se a colocar em seus projetos, com referência ao lodo, após tratamento, uma seta e as palavras destino final, sem definir onde nem como fazê-lo. Talvez por esse motivo, quase sempre a postura da entidade operadora do sistema, ou seja, a concessionária dos serviços de coleta, transporte e tratamento de esgoto da cidade, era a de encontrar uma maneira de se ver livre desse resíduo. Não exatamente pelos mesmos motivos, mas isso também acontece em outras partes do mundo, onde as técnicas mais utilizadas para o descarte controlado do lodo são:

- descarte da torta de lodo em aterros sanitários (*landfill*), juntamente com os resíduos sólidos urbanos (lixo), ou mesmo em aterros específicos projetados para receber o lodo (*monofill*);
- descarte do lodo líquido, bombeado através de tubulações ou mesmo na forma de torta transportada por barcaças até o alto-mar, práticas essas já proibidas nos Estados Unidos desde 1991 (Hemphill, 1992) e com previsão de proibição na Europa, a partir de 1998 (Mattews, 1992).

No entanto, a opção de se fazer o aproveitamento do lodo já é antiga em outros países, e no Brasil vem ganhando força. Dentre essas técnicas pode-se citar:

- armazenamento do lodo líquido em lagoas de lodo para posterior incorporação em solos agrícolas, ou mesmo na recuperação de áreas degradadas, visando à melhoria das características do solo;
- utilização direta da torta desaguada na melhoria de solos agrícolas ou de solos em áreas degradadas;
- compostagem da torta desaguada, geralmente misturada a outros resíduos, mais comumente misturada à matéria orgânica presente no lixo urbano, com posterior aproveitamento na melhoria de solos agrícolas. Esse produto é conhecido como composto orgânico e neste a soma das parcelas NPK (nitrogênio-fósforo-potássio), naturalmente existentes, estão na faixa de 3 a 5%;
- enriquecimento do composto orgânico obtido na compostagem, com fertilizantes minerais, visando transformá-lo no chamado composto organomineral (cuja soma das parcelas NPK deve, por lei e no caso brasileiro, ser maior do que 12%);
- torta de lodo, misturada à argila em determinadas proporções, na produção de agregados leves para concreto (Santos, 1989; Tay, Yip e Show, 1991);
- torta de lodo misturada à argila na proporção de até 40% em peso de sólidos secos, na fabricação de tijolos de cerâmica vermelha (Alleman e Berman, 1984; Tay, 1986);
- cinzas resultantes da incineração da torta, misturada a solos argilosos, na proporção de até 50% em peso, na fabricação de tijolos de cerâmica vermelha (Tay, 1986);
- cinzas resultantes da incineração da torta, como *filler* na fabricação do cimento (Tay e Show, 1991);
- produção de óleo combustível (Bridle e Campbell, 1984). Essa opção ainda não é economicamente viável, pois há sobra do produto no mercado mundial, resultante da produção de derivados de petróleo. Existem algumas plantas-piloto no Canadá e na Austrália.

Dentre as alternativas de aproveitamento do lodo, a reciclagem do lodo, na melhoria de solos agrícolas, qualquer que seja a maneira de se fazer a mistura ao solo, pode ser considerada a mais nobre de todas. Trata-se na verdade de reconduzir os resíduos orgânicos e nutrientes à sua verdadeira origem, ou seja, ao solo agrícola. Vale lembrar que, das milhares de toneladas de alimentos trazidas diariamente das zonas rurais para abastecimento das populações que vivem nas cidades, parte é consumida e parte das sobras vai para o lixo urbano (cuja percentagem de matéria orgânica nas cidades brasileiras é considerada bastante alta, da ordem de 60%). A parte dos alimentos, efetivamente consumida pela população, acaba compondo os resíduos lançados no esgoto, onde a percentagem de matéria orgânica é da ordem de 75% do peso total de sólidos presentes.

No entanto, a utilização de lodo na melhoria de solos agrícolas deve ser precedida de alguns cuidados. Antes porém de se discorrer sobre esses cuidados deve-se ressaltar quais são as principais vantagens dessa utilização. É consenso entre os especialistas da área agronômica, que o húmus, quando presente nos solos agrícolas, só traz vantagens a esse solo. Os resíduos presentes no lodo digerido, na verdade, comportam-se como uma espécie de húmus. Vejamos o que dizem alguns especialistas, a respeito da incorporação de resíduos orgânicos ao solo.

Há cerca de 10 mil anos atrás, os homens se alimentavam de frutos e de plantas que cresciam naturalmente, ou da caça de animais encontrados soltos na natureza. Aos poucos, através dos tempos e impulsionados pela crescente demanda e também pelo desejo de tirar maior proveito econômico de suas terras, os homens foram aperfeiçoando a agricultura, de modo a obter uma maior quantidade de alimentos, por área plantada. Pode-se dizer que, ao longo da história humana na Terra, a agropecuária sempre se constituiu no alicerce da evolução socioeconômica, tendo sido, enfim, a base de toda nossa civilização. Assim, durante mais de 7.000 anos, a agropecuária permaneceu como atividade que impulsionou a economia, sendo que, durante esse período, as terras eram adubadas com excrementos de animais, uma das formas mais conhecidas de adubação orgânica. Esse princípio de reciclagem dos recursos naturais prevaleceu na agricultura até a eclosão da Revolução Industrial, ocorrida na Europa no século XVIII e que teria trazido uma mudança radical das bases tecnológicas em todos os setores da atividade humana (Miyasaka, 1995).

Segundo Kiehl (1993), no ano de 1842, em oposição à teoria humista reinante até então, teria surgido a teoria mineralista do Barão Justus Von Liebig. Este cultivou uma semente numa solução de sais minerais, de composição semelhante ao conteúdo mineral da planta adulta. Essa semente germinou, cresceu, desenvolveu-se e completou todo o ciclo vegetativo. Isto permitiu a Liebig demonstrar que as plantas se alimentam exclusivamente de compostos minerais, não necessitando de matéria orgânica para sua sobrevivência. Criou-se, a partir de então, a base para o desenvolvimento da hidroponia (cultura de vegetais, sem utilização da terra, em que os sais nutrientes são misturados na água, mas que viria a surgir somente nas últimas décadas do século XX). Porém, naquela época essa moderna técnica não foi implementada, sendo os fertilizantes químicos misturados aos solos, como se faz até hoje. No entanto, gerou-se uma grande polêmica entre os adeptos de cada uma das duas teorias: a teoria humista e a teoria mineralista:

– Devemos então queimar a matéria orgânica e dar cinzas às plantas? diziam os humistas;

– Devemos criar animais apenas para obter esterco para fertilizar o solo? retrucavam os mineralistas.

Kiehl (1985), argumenta que esse tipo de disputa não fazia sentido. A planta realmente não se alimenta de compostos orgânicos; alguns poucos compostos orgânicos que os pesquisadores conseguiram provar, que podem ser assimilados pelas raízes ou folhas, constituem resultados que ainda estariam no plano acadêmico, sem importância na prática agrícola.

As plantas realmente necessitam de macro e micronutrientes. Os macronutrientes podem ser subdivididos em: orgânicos (carbono, oxigênio, hidrogênio); primários (nitrogênio, fósforo e potássio) e secundários (magnésio, cálcio e enxofre), e os micronutrientes são: manganês, zinco, ferro, cobre, boro e molibdênio, além dos chamados micronutrientes funcionais: sódio, vanádio, cobalto, silício e cloro (Fundação Cargil, 1982).

Kiehl (1985) ensina que as raízes absorvem o nitrogênio na forma amoniacal (NH_4^+) ou nítrica (NO_3^-), o fósforo nas formas de radicais iônicos ($H_2PO_4^-$) ou (HPO_4^{2-}) e o potássio na forma catiônica (K^+). Para que a matéria orgânica possa fornecer nutrientes às plantas, necessita antes sofrer um processo de decomposição microbiológica, resultando na mineralização dos seus constituintes orgânicos. Portanto, a matéria orgânica bruta, ao se decompor, gera húmus e alguns compostos nutrientes (minerais assimiláveis pelas plantas).

Deve-se assinalar, no entanto, que o húmus gerado na decomposição da matéria orgânica tem um papel fundamental sobre as características físico-químicas e biológicas dos solos. Milanez *et al.* (1994) e Pereira Neto (1996) afirmam que o húmus confere ao solo uma série de vantagens, já largamente definidas e a seguir relacionadas:

- melhora a estrutura do solo, diminuindo a compactação, aumentando a trabalhabilidade manual, promovendo maior aeração e enraizamento das plantas e a melhoria da resistência à erosão;

- permite maior infiltração das águas de chuva, diminuindo o escoamento superficial e ao mesmo tempo aumentando a capacidade de retenção de água e sua disponibilidade para as plantas;

- aumenta a capacidade de troca iônica, atuando como fonte dos cátions (cálcio, potássio, magnésio etc), dos micronutrientes, além dos ânions (fosfatos, sulfatos etc). Um dos efeitos mais positivos é a diminuição dos efeitos tóxicos do alumínio;

- atua na retenção de nutrientes, agindo como reservatório de nitrogênio, fósforo e enxofre, que fazem parte de sua constituição química;

- aumenta a absorção de nutrientes, a atividade enzimática, a fotossíntese dos vegetais e a absorção de calor do sol durante o dia, fatores que exercem efeitos diretos no crescimento das plantas;

- exerce efeito tampão no solo pela sua elevada área de superfície específica e capacidade de troca catiônica (CTC);
- atua como elemento de fixação (complexação e quelação) de elementos metálicos (nutrientes e metais pesados) e de formação de complexos húmus-argilo-minerais;
- exerce ação protetora e atua como fonte de nutrientes para os microrganismos dos solos;
- elimina ou diminui doenças do solo por meio da ativação de micronutrientes benéficos às plantas;
- modifica a composição das ervas daninhas.

Segundo Milanez *et al.* (1994), apesar de toda a evolução da ciência agronômica, até meados dos anos cinquenta deste século, a adubação orgânica continuou sendo essencial na prática cotidiana dos agricultores de todos os cantos do planeta. Durante este tempo, as principais preocupações dos pesquisadores do setor estava voltada para a otimização dos processos biológico-vegetativos e para o melhoramento genético das plantas. O manejo, conservação e aproveitamento da matéria orgânica, tanto quanto a integração das explorações vegetais e animais, eram então considerados da maior importância. No entanto, a partir do início dos anos de 1950, consolidou-se um novo modelo econômico, saído do pós-guerra, que valorizava de forma especial a indústria química e mecânica. Este modelo vinha na esteira do desenvolvimento industrial norte-americano, que após a Segunda Guerra Mundial passou a orientar a fisionomia econômica do Ocidente, exportando em larga escala os excedentes industriais e os grandes conhecimentos tecnológicos acumulados.

No Brasil, o Estado passou a dar mais ênfase à difusão e fomento dos fertilizantes químicos (grande parte deles são importados), pesticidas e máquinas agrícolas. Uma nova mentalidade se desenvolvia na agricultura. Passou-se a exigir da produção agrícola o mesmo que se exigia dos modelos de produção industrial. Toda a pesquisa voltava-se agora para a criação de modelos cada vez mais artificiais na agricultura. Cresceu, então, vertiginosamente a produção de adubos químicos, produzidos industrialmente, enquanto a importância da adubação orgânica foi decrescendo, desaparecendo aos poucos das prioridades das instituições de pesquisa, ensino e extensão rural. Esta situação chegou a tal ponto que, já em 1979, nada menos que 80% da energia consumida pela agricultura do Estado de São Paulo, por exemplo, era oriunda do petróleo, embutido nos insumos modernos e na mecanização. Esse modelo começou a ser repensado, a partir das 2 grandes crises energéticas (1974 e 1978), quando o preço do barril de alguns tipos de petróleo chegou a ser cotado em até US$ 48,00.

No mundo inteiro, as preocupações e pesquisas com a adubação orgânica voltouaram então ao centro das atenções. Dos Estados Unidos ao Japão, passando pelos países da Europa, pelo Brasil e por quase todo o Terceiro Mundo, tornou-se novamente crescente o interesse dos governos, das instituições agronômicas e dos próprios produtores rurais, pelas técnicas orgânicas de trabalho com a terra" (Milanez *et al.*, 1994).

Uma das técnicas de condicionamento e adubação orgânica dos solos é por meio da incorporação dos compostos orgânicos, resultantes da compostagem da matéria orgânica crua. Como exemplo pode-se citar a compostagem da matéria orgânica presente no lixo urbano, misturada a outros resíduos orgânicos, tal qual o lodo de esgoto sanitário, nas cidades que optam por uma gestão integrada de resíduos.

Visto que há grande vantagem na aplicação de lodo de esgoto sanitário em solos agrícolas, passa-se a comentar os cuidados inerentes à esse tipo de utilização do lodo.

Um dos grandes problemas está relacionado à possível presença de elementos potencialmente tóxicos (EPT) no lodo. Quando o esgoto sanitário não é misturado a efluentes industriais, geralmente a presença de tais elementos é baixa, pois, como se viu anteriormente, grande parte dos EPT (exceção feita ao cádmio C_d, ao chumbo P_b, ao selênio S_e e ao mercúrio H_g), são considerados indispensáveis a plantas e animais, quando em pequenas concentrações, e fazem parte da constituição da maioria delas. Assim é comum encontrá-los no lodo de esgoto sanitário. No entanto, quando as redes de esgoto sanitário recebem efluentes industriais, principalmente de galvanoplastias, curtumes etc., as quantidades de EPT podem ser significativas.

A toxicidade dos EPT pode se dar em decorrência de efeitos diretos à planta, causando perda de produtividade ou, em alguns casos, até mesmo a morte das mesmas. Pode ainda provocar efeitos indiretos, pela acumulação na cadeia alimentar, sendo causadores de diversos problemas de saúde em homens e animais (ver Tab. 7.20 - Capítulo 7).

Um outro problema se refere aos organismos patogênicos presentes no lodo, que podem contaminar os alimentos consumidos crus (verduras, legumes etc.). Dentre os grupos de organismos patogênicos, o que mais se estuda é a persistência e a efetividade (após o contato com o solo agrícola), das salmonellas, da *Taenia saginata* (solitária), dos *Sarcocystis* e *Cystercosis*, dos ovos de helmintos etc. que podem afetar a saúde de homens e animais.

Outro problema ainda é com a possível presença de nitrogênio, na forma de nitratos que, quando não absorvido de imediato pelas plantas ou quando em demasia no lodo, pode vir a contaminar os lençóis freáticos. Isso se deve à reconhecidamente alta mobilidade dos nitratos, na água do solo.

Até a década de 1970, apesar da intensa utilização do lodo em solos agrícolas, em alguns países europeus, nos Estados Unidos e no Japão, ou ainda não se tinha consciência de tais problemas, ou as poucas pesquisas existentes ainda não eram conclusivas. Em parte isso era decorrente da falta de instrumental adequado às pesquisas. Assim, com o advento de técnicas laboratoriais mais avançadas, em especial na detecção de elementos-traço de metais (baixíssimas concentrações), passou a haver uma certa preocupação por parte da comunidade científica. Segundo Vincent e Critchley (1984), a partir de 1980, a comunidade europeia, preocupada com esse assunto, criou uma comissão de especialistas para estudar tais problemas. A comissão estabeleceu as seguintes diretrizes básicas a serem observadas pelos países membros:

- O lodo não deve ser utilizado em solos agrícolas, quando apresentar um ou mais EPTs, acima dos valores estabelecidos (ver Tab. 9.39), ou ainda se a quantidade acumulativa desses elementos, quando adicionados periodicamente ao solo, juntamente com o lodo, puder exceder os níveis especificados, num período de 10 anos. Os europeus preocuparam-se em estabelecer limites para 6 EPTs; cádmio, cobre, níquel, chumbo, zinco e mercúrio.
- O lodo fresco (não estabilizado) só poderá ser utilizado no solo se for imediatamente nele injetado ou misturado em solos aráveis.

Neste caso, a experiência tem mostrado que se deve aguardar um certo tempo para fazer o plantio (no caso de culturas não perenes), pois o lodo necessitará desse tempo para ser estabilizado pelos microrganismos do solo e liberar seus nutrientes. Mesmo o lodo digerido leva um certo tempo para estabilizar a matéria orgânica eventualmente não estabilizada no processo de tratamento. Experiências conduzidas por Nuvolari (1996), por meio da técnica da respirometria, mostraram que um lodo, proveniente de um valo de oxidação, ou seja, digerido aerobiamente, levou cerca de 3 semanas para ser estabilizado no solo. A comissão sugeriu ainda que:

- nenhuma aplicação de lodo deve ser feita em parques, *playgrounds* ou em matas e florestas, exceto quando houver a devida autorização das autoridades competentes;
- áreas gramadas não deverão ser utilizadas como pastagens, e as forrageiras não deverão ser colhidas para alimentação de animais por, pelo menos 6 semanas após a aplicação de lodo previamente estabilizado (aeróbia ou anaerobiamente);
- não se deve utilizar lodo em solos cujas culturas possam entrar em contato direto com este e que sejam consumidas cruas;
- o lodo também não deve ser aplicado em solos que apresentarem valor de pH menor do que 6,0, após a aplicação.

Mathews (1995) comenta que as diretrizes, fixadas pela comunidade europeia em 1986, serviram de base para que os países membros pudessem adotar seus próprios regulamentos. Como se pode notar pelos valores apresentados na Tab. 9.39, os limites impostos foram iguais ou mais restritivos do que essas diretrizes.

Nos Estados Unidos, pelo 40-CFR (Code of Federal Regulation número 40), parte 3, fev. 1993, é que se firmaram os regulamentos para esse tipo de utilização de lodo (ver Tab. 9.40). Os norte-americanos preocuparam-se em estabelecer limites para 10 EPTs: arsênio, cádmio, cromo, cobre, chumbo, mercúrio, molibdênio, níquel, selênio e zinco. No Brasil, mais especificamente no Estado de São Paulo, por meio de um grupo de trabalho, a CETESB está elaborando uma norma com essa finalidade. A norma CETESB está se baseando na norma norte-americana, cujos limites não são os mais restritivos (ver Tab. 9.41).

De forma resumida, devem ser adotados os seguintes procedimentos, para aplicação dos limites estabelecidos na Tab. 9.40:

- Se a concentração de qualquer elemento, contido num lodo, exceder os limites fixados na coluna 1, este não deve ser aplicado ao solo.
- Em solos agrícolas, florestas, em locais de acesso público, ou na recuperação de áreas degradadas, a aplicação do lodo não deve provocar o acúmulo de elementos poluentes no solo. Deve-se atentar para

TABELA 9.39 Diretrizes da CEE (1986), para EPTs monitorados no lodo e no solo agrícola que o recebe (valores máximos permissíveis – em bases secas).

EPT – Elementos potencialmente tóxicos	No solo[1] (mg/kg)[3]	No lodo (mg/kg)[3]	Aplicação anual[2] (kg/ha · ano)
Cádmio (Cd)	1 - 3	20 - 40	0,15
Cobre (Cu)	50 - 140	1.000 - 1.750	12,0
Níquel (Ni)	30 - 75	300 - 400	3,0
Chumbo (Pb)	50 - 300	750 - 1.200	15,0
Zinco (Zn)	150 - 300	2.500 - 4.000	30,0
Mercúrio (Hg)	1 - 1,5	16 - 25	0,1

Observações: (1) Faixa de valores válidos para pH do solo entre 6 e 7. Para os metais Cu, Ni e Zn, esses limites podem ser aumentados em 50%, caso o pH do solo seja maior do que 7,0. (2) Média anual, para um período de 10 anos, podendo ser aplicado de uma só vez. (3) Valores-limite em mg de EPT por kg de lodo.

Fonte: Mathews (1995) *apud* Nuvolari (1996)

Tratamento e disposição final da fase sólida (lodos primários e secundários)   375

	TABELA 9.40 Limites de EPTs no lodo e nos solos que o recebem, nos EUA.			
EPT Elementos potencialmente tóxicos	Coluna 1 Concentração máxima no lodo (mg/Kg)[1]	Coluna 2 Limites de acumulação no solo (Kg/ha)[2]	Coluna 3 Limites de aplicação anual no solo (Kg/ha)[2]	Coluna 4 Concentração média mensal no lodo (mg/Kg)[1]
Arsênio (As)	75	41	2,00	41
Cádmio (Cd)	85	39	1,90	39
Cromo (Cr)	3.000	3.000	150,00	1.200
Cobre (Cu)	4.300	1.500	75,00	1.500
Chumbo (Pb)	840	300	15,00	300
Mercúrio (Hg)	57	17	0,85	17
Molibdênio (Mo)	75	18	0,90	18
Níquel (Ni)	420	420	21,00	420
Selênio (Se)	100	100	5,00	36
Zinco (Zn)	7.500	2.800	140,00	2.800
Observações: (1) mg de EPT por kg de lodo (em bases secas); (2) kg de EPT por hectare de solo (em bases secas).				

Fonte: Adaptado da USEPA (1993) apud Nuvolari (1996).

que não venham a exceder os valores apresentados na coluna 2. Para os tipos de aplicação citados, os teores limites de poluentes no lodo, são fixados pela coluna 4.

- Para as aplicações em gramados ou jardins domiciliares, ou ainda para os lodos vendidos ou doados (embalados em sacos ou contêineres), também devem ser obedecidos os teores limites apresentados na coluna 4. Nesses casos, deve-se ainda obedecer aos limites anuais de aplicação, fixados na coluna 3.

Para fins comparativos, apresentam-se os limites estabelecidos pela normalização de diversos países (ver Tab. 9.41). Os valores mostram não haver ainda um consenso sobre os limites para os diversos EPT. Percebe-se que, para a maioria dos EPTs, a legislação norte-americana é a menos restritiva, contrapondo-se à dos países baixos, que é quase sempre a mais restritiva. Alguns países europeus simplesmente utilizaram os valores recomendados pela CEE.

	TABELA 9.41 Concentrações limites de EPT no lodo para uso agrícola, em diversos países (em mg/kg)							
EPT	CEE Diretriz 86/278 jun./1986	Dinamarca Executive order jun./1995	França AFNOR NFU-44-41 jan./1984	Alemanha Abfklär abr./1992	Itália Decreto fev/1992	Luxemburgo Lei de set./1992	Países Baixos Soil protection jan./1995	USA 40-CFR Part 503 fev./1993
As	NF	NF	NF	NF	NF	NF	15	75
Cd	20 - 40	0,8	20	5-10[a]	20	40	1,25	85
Cu	1.000 - 1.750	1.000	1.000	800	1.000	1.750	75	4.300
Cr	1.000 - 1.750	100	1.000	900	(b)	1.750	75	3.000
Pb	750 - 1.200	1.200	800	900	750	1.200	100	840
Hg	16 - 25	0,8	10	8	10	25	0,75	57
Mo	NF	NF	NF	NF	NF	NF	NF	75
Ni	300 - 400	30	200	200	300	400	30	420
Se	NF	NF	100	NF	NF	NF	NF	100
Zn	2.500 - 4.000	4.000	3.000	2.000 - 2.500[a]	2.500	4.000	300	7.500
(c)	NF	NF	4.000	NF	NF	NF	NF	NF
Observação: NF = valor não fixado; (a) para solos com valores de pH entre 5 e 6; (b) Na Itália, o cromo é controlado pela análise do solo e verificação da possibilidade do cromo trivalente ser oxidado a um mol ou mais de cromo hexavalente, se disposto no solo analisado. Se houver tal risco, não poderá ser aplicado lodo no solo em questão. (c) somatória de concentração de 4 EPT, quando existentes simultâneamente no lodo: Cu + Cr + Ni + Zn.								

Fonte: Santos (1996)

A USEPA (1983) recomenda que, antes de se decidir pela utilização de um determinado lodo no solo, seja realizada uma campanha de ensaios no lodo, visando detectar os níveis de EPTs, com um ou dois anos de duração, o que evitaria eventuais sazonalidades, que poderiam ocorrer em campanhas isoladas. Os dados apresentados na Tab. 9.42 resultam de um levantamento desse tipo, feito em oito estados norte-americanos e atestam essa preocupação. Pode-se observar que, na maioria dos casos, os valores extremos das faixas, apresentados na Tab. 9.42, ultrapassam os limites fixados na Tab. 9.40. Já na Tab. 9.43 apresentam-se alguns resultados obtidos nos lodos gerados nas ETEs brasileiras, alguns dos quais também ultrapassam os limites estabelecidos pela norma norte-americana e pela norma paulista P.4230 (CETESB, 1999).

TABELA 9.42 EPTs encontrados nos lodos de esgotos nos EUA (em mg de EPT por kg de lodo)

Elementos potencialmente tóxicos EPTs	Em lodos digeridos anaerobiamente (mg/kg)	Em lodos digeridos aerobiamente (mg/kg)
Arsênio	10 a 230	–
Cádmio	3 a 3.410	5 a 2.170
Cromo	24 a 28.850	10 a 13.600
Cobre	85 a 10.100	85 a 2.900
Chumbo	58 a 19.730	13 a 15.000
Mercúrio	0,5 a 10.600	1 a 22
Molibdênio	24 a 30	30 a 30
Níquel	2 a 3.520	2 a 1.700
Zinco	108 a 27.800	108 a 14.900

Fonte: Adaptado da USEPA (1983)

TABELA 9.43 Valores (em mg de EPT por kg de lodo – base seca), nos lodos das ETEs brasileiras

ETEs brasileiras	As	Cd	Pb	Cu	Cr	Hg	Mo	Ni	Se	Zn	Cu + Cr + Zn + Ni
Barueri, SP (11/03/93)	ND	9	180	547	611	1,8	27	294	3,0	595	2.047
Barueri, SP (29/03/93)	7	12	182	570	348	3,5	20	351	0,7	1.218	2.487
Barueri, SP (06/04/93)	17	24	350	1.167	984	6,8	34	600	1,7	2.469	5.221
Barueri, SP (14/04/93)	8	11	183	569	334	ENR	16	289	ENR	1.154	2346
Barueri, SP (17/01/95)	ENR	17	259	1.706	893	4,8	ENR	244	ENR	2.338	5181
Barueri, SP (23/01/95)	ENR	17	113	1.470	1.005	0,9	ENR	311	ENR	2.396	5.182
Barueri, SP (10/02/95)	ENR	31	195	1.265	539	2,2	ENR	432	ENR	1.710	3946
Bareuri, SP (15/02/95)	ENR	28	173	859	566	1,9	ENR	462	ENR	1.723	3.610
Barueri, SP (22/11/95)	ENR	38	322	944	864	1,0	ENR	500	ENR	403	4.711
Barueri, SP (29/12/95)	ENR	20	145	501	624	1,0	ENR	283	ENR	2.506	3.914
Barueri, SP (29/01/96)	ENR	20	101	485	590	ND	ENR	239	ENR	2.127	3.441
Suzano, SP (15/03/93)	ND	ND	500	1.016	2.406	19,2	55	208	1,4	839	4.469
Suzano, SP (30/03/93)	11	4	485	1.070	1.921	19,7	52	250	0,7	1.997	5.238
Suzano, SP (14/04/93)	14	3	281	553	859	ENR	24	124	ENR	1.096	2.632
Suzano, SP (27/04/93)	9	5	762	630	895	19,9	6	165	0,5	1.391	3.081
Suzano, SP (17/01/95)	ENR	4	398	1.215	2.907	32	ENR	190	ENR	2.175	6.487
Suzano, SP (23/01/95)	ENR	1	173	833	3.113	19	ENR	210	ENR	2.144	6.300
Suzano, SP (10/02/95)	ENR	6	274	781	2.905	22	ENR	184	ENR	1.918	5.788
Suzano, SP (15/02/95)	ENR	8	190	450	2.258	55	ENR	231	ENR	1.625	4.564
Suzano, SP (22/11/95)	ENR	23	354	854	3.216	2	ENR	266	ENR	2.243	6.579
Suzano, SP (29/12/95)	ENR	2	267	717	3.486	42	ENR	235	ENR	2.408	6.846
Suzano, SP (29/01/96)	ENR	7	187	803	3.484	15	ENR	269	ENR	2.846	7.402
Maringá, PR (ETE-1)	ENR	1,3	523	430	42,5	ENR	ENR	ENR	ENR	910	1.383[1]
Maringá, PR (ETE-2)	ENR	1,7	248	780	91	0,007	ENR	ENR	ENR	1.570	2.441[1]
Maringá, PR (ETE-3)	ENR	1,8	200	1.080	80	0,006	ENR	ENR	ENR	1.210	2.370[1]

Observação: (1) Não foram feitos ensaios para detecção de níquel. Assim essa somatória ficou prejudicada; ND = EPT não detectado e ENR = ensaio não realizado.

Fontes: Santos (1996); Andreoli *et al.* (2000).

Lagoas aeradas

TABELA 9.44 Outras substâncias e nutrientes presentes nos lodos de esgotos sanitários nos EUA

Substâncias e/ou nutrientes	Em lodos digeridos anaerobiamente	Em lodos digeridos aerobiamente
C orgânico (%)	18,0 a 39,0	27,0 a 37,0
N total (%)	0,5 a 17,6	0,5 a 7,6
N_NH_4 (mg/kg)	120,0 a 67.600,0	30,0 a 11.300,0
$N\_NO_3^-$ (mg/kg)	2,0 a 4.900,0	7,0 a 830,0
P total (%)	0,5 a 14,3	1,1 a 5,5
S total (%)	0,8 a 1,9	0,6 a 1,1
K (%)	0,02 a 2,6	0,08 a 1,1
Na (%)	0,01 a 2,2	0,03 a 3,1
Ca (%)	1,9 a 20,0	0,6 a 13,5

Fonte: Adaptado da USEPA (1983)

A Anglian Water, entidade que administra as atividades relacionadas com os sistemas de água e esgotos no Reino Unido, publicou, em 1979, um manual para utilização do lodo de esgoto na agricultura. Esse manual já está na 2ª revisão (1991) e preconiza os diversos cuidados que se deve ter na utilização do lodo em solos agrícolas no Reino Unido (Anglian Water, 1991).

Steinle (1993) expõe a situação da aplicação de lodos de esgotos municipais em áreas rurais da alemanha, onde as pequenas ETEs, após a degradação do lodo (geralmente aeróbias), mantinham o lodo líquido armazenado em tanques, até que os fazendeiros viessem buscá-lo, para aplicação em solos agrícolas. Segundo esse autor estaria havendo, nas últimas décadas, parcial desinteresse dos fazendeiros, diminuindo essa utilização. Isso obrigou algumas comunidades a fazer o desaguamento mecânico do lodo, para posterior aplicação em solos agrícolas e até mesmo lançá-los em aterros sanitários.

Na Tab. 9.44 são apresentadas a faixa de valores de outras substâncias, incluindo os nutrientes, encontrados nos lodos das ETEs norte-americanas.

9.5 Lagoas aeradas

9.5.1 Definições e tipos

As lagoas aeradas surgiram da necessidade de se diminuir a área necessária para o tratamento, quando comparadas, por exemplo, com as lagoas de estabilização (ver item 9.6). Ao se fazer a aeração da lagoa, o oxigênio necessário às reações metabólicas dos microrganismos responsáveis pelo tratamento é suprida artificialmente, como no caso dos lodos ativados.

Segundo Além Sobrinho e Rodrigues (1982), Metcalf e Eddy (1991) e Von Sperling (1997), as lagoas aeradas funcionam como reatores de lodos ativados, sem reciclo de lodo. Disso resulta que o tempo de detenção hidráulico Θ_H é igual à idade do lodo Θ_C e a eficiência na remoção da DBO é também menor. As lagoas aeradas podem ser de dois tipos:

Lagoa aerada facultativa – quando o grau de turbulência é baixo, porém suficiente para manter um nível de oxigenação adequado. Neste caso, parte da biomassa sedimenta no fundo da lagoa, onde ocorre decomposição anaeróbia, ao contrário da camada superior da lagoa, que apresenta comportamento aeróbio (Fig. 9.65a).

Lagoa aerada de mistura completa (única lagoa completamente aeróbia) – quando se dispõe de alta turbulência promovida pelos aeradores, de tal forma que toda a biomassa é mantida em suspensão, ou seja, a lagoa funciona em regime de mistura completa e o oxigênio dissolvido é distribuido por toda a massa de água, garantindo dessa maneira um processo completamente aeróbio (Fig. 9.65b).

Para a lagoa aerada de mistura completa é necessário prever-se uma unidade secundária, posicionada após a lagoa de aeração, que irá funcionar como lagoa de sedimentação e cujo lodo deve ser removido periodicamente.

9.5.2 Parâmetros de dimensionamento das lagoas aeradas

Conforme já comentado anteriormente, as lagoas aeradas de mistura completa funcionam como reatores aeróbios de mistura completa, porém sem recirculação de lodo. Portanto, pode-se utilizar, no seu dimensiona-

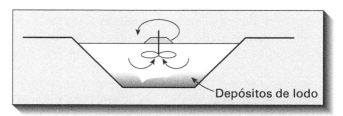

Figura 9.65a Desenho esquemático de uma lagoa aerada facultativa.

Figura 9.65b Desenho esquemático de uma lagoa aerada de mistura completa.

mento, a expressão 9.33 (item 9.3.7), para estimar a concentração de sólidos voláteis X_V no reator. Para se determinar o volume da lagoa aerada V_{LA}, normalmente fixa-se o tempo de detenção hidráulico Θ_H (entre 3 e 4 dias), bastando, portanto, para isso, multiplicar o tempo de detenção hidráulico pela vazão diária afluente Q_0.

$$V_{LA} = \Theta_H \cdot Q_0$$
$$X_V = \frac{Y(S_0 - S_e)}{[1 + K_d \cdot f_b \cdot \Theta_H]}$$

ou

$$S_e = S_0 - \left[\frac{X_V \cdot (1 + k_d \cdot f_b \cdot \Theta_H)}{Y}\right]$$

onde:
X_V = concentração de sólidos voláteis no reator (mg/L);
Y = coeficiente de síntese celular = 0,6 a 0,8 kgSSV produzido/kgDBO removida;
S_0 = concentração da DBO no esgoto afluente à lagoa (mg/L);
S_e = concentração da DBO solúvel no efluente do reator (mg/L);
k_d = coeficiente de respiração endógena (ou de autodestruição celular) = 0,09 d^{-1};
f_b = fração biodegradável de X_V (ver Tab. 9.13).

- Necessidade de oxigênio: de 1,2 a 1,3 kg O^2/kg DBO removida, para esgoto doméstico e para Θ_H de 3 a 4 dias.

- Potência necessária para aeração:

$$P_{aer} = \frac{\text{Necess. O}_2 \text{ (em kg/hora)}}{N}$$

onde:
N = capacidade de transferência de oxigênio = $N_0 \cdot \lambda$ (ver seção 9.3.7).

- É conveniente que se instale sempre mais de 1 aerador, visando diminuir a *densidade de potência* necessária para se manter mistura completa, que neste caso pode se situar em um valor médio maior do que 4 watts/m³. Normalmente se utilizam aeradores de alta rotação (flutuantes), sendo sempre mais conveniente um maior número de aeradores de baixa potência (20 a 30 CV).

- A área superficial por aerador $A/n < 1.600$ m² (n = número de aeradores).

- Volume por aerador $V/n < 6.000$ m³.

- A profundidade da lagoa aerada deve se situar entre 3 e 4 m.

- Depois da lagoa aerada, há necessidade de se projetar lagoas de sedimentação, com a finalidade tripla de clarificar o efluente, digerir e armazenar o lodo. No caso de lagoa de sedimentação é recomendado um tempo de detenção de 1 dia para vazão média (final de plano) e nunca superior a 2 dias, para evitar florescimento de algas.

- A profundidade recomendada para a lagoa de sedimentação é de 4 m, sendo que o recobrimento mínimo do lodo sedimentado deve ser de 1 m, para evitar maus odores.

- O lodo retido anualmente pode ser calculado por:

$$P_{XV \text{ líquida}} = [Y_{\text{obs.}} \times Q_0^* (S_0 - S_e)]$$

onde:
$P_{X \text{ líquida}} = P_{XV \text{ líquida}} \div 0,75$ = produção líquida anual de sólidos suspensos totais (kg/ano);
$Y_{\text{obs.}} = Y/[1 + (f_b \cdot k_d \cdot \Theta_C)]$, lembrando-se que, neste caso, $\Theta_C = \Theta_H$;
Q_0^* = vazão média de um ano (m³/ano);
S_0 = DBO$_5$ na entrada da lagoa aerada (kg/m³);
S_e = DBO^5 no efluente da lagoa de sedimentação (kg/m³).

- Observações feitas por Além Sobrinho e Rodrigues (1982) mostraram que a digestão anaeróbia que ocorre no fundo da lagoa de sedimentação destrói cerca de 60% dos sólidos voláteis no primeiro ano e cerca de 40% no segundo ano. Para uma limpeza anual pode-se estimar a quantidade de lodo $\Delta X_{1\text{ano}}$.

$$\Delta X_{1 \text{ ano}} = \underbrace{\left(0,25 \cdot P_{X \text{ líquida, 1 ano}}\right)}_{\substack{\text{Parcela de } \Delta X \\ \text{(não volátil) retido}}} + \underbrace{\left(0,4 \cdot 0,75 \cdot P_{X \text{ líquida, 1 ano}}\right)}_{\substack{\text{Parcela volátil) não} \\ \text{destruída no 1º ano}}}$$

- no entanto se a limpeza for feita a cada 2 anos, tem-se:

$$\Delta X_{2\text{anos}} = 2 \cdot (0,25 \cdot P_{X \text{ líquida, 1ano}}) + \\ + 0,6 \cdot (0,4 \cdot 0,75 \cdot P_{X \text{ líquida,1ano}}) + \\ + (0,4 \cdot P_{X \text{ líquida, 1 ano}} \cdot 0,75)$$

- volume da lagoa de sedimentação V_{LS} deve comportar:

$$V_{LS} = V_{\text{decant.}} + V_{\text{lodo}}$$

onde:
$V_{\text{decant.}}$ = Vazão média de 1 dia.

Lagoas aeradas

Exemplo de cálculo 9.16

Com os dados dos exemplos de cálculo 9.4 e 9.7, dimensionar uma lagoa aerada, de mistura completa, seguida de uma lagoa de sedimentação, com capacidade para armazenar lodo, de forma que a sua limpeza seja feita anualmente. Dimensionar ainda o sistema de aeração, através de aeradores flutuantes.

- vazão média afluente Q_0 = 40,4 L/s = 145,40 m³/h = 3.49,001 m³/dia

- DBO_5 média na entrada da estação = S_0 = 275 mg/L = 0,275 kg/m³

Observação

No caso das lagoas aeradas deve-se utilizar a DBO correspondente à entrada da estação, pois, apesar desse tipo de unidade não prescindir de grades e de caixas de areia, normalmente não são instalados os decantadores primários.

- SST médio na entrada da estação X = 1.040 mg/L = 1,04 kg/m³

a) Volume V_{LA}, área A_{LA} e quantidade de sólidos voláteis X_V para a lagoa aerada

Adotando-se Θ_H = 3 dias

$V_{LA} = \Theta_H \cdot Q_0$ = 3 dias × 3.491,00 m³/dia = 10.473,00 m³

Adotando-se profundidade da lagoa h = 3,50 m, tem-se
A_{LA} = 10.473,00 ÷ 3,50 m = 2.992,00 m²

Se adotada a área total A_{LA} = 3.000,00 m², tem-se volume V_{LA} = 10.500,00 m³ e Δ_H = 3,01 dias

Adotando-se Y = 0,7 kgSSV/kgDBO$_{remov.}$; K_d = 0,09 d⁻¹; f_b = 0,76 (Tab. 9.15) e uma eficiência de 80% na remoção da DBO, o que significa uma DBO de saída no efluente $S_e = S_0 \times 0,2$ = 275 × 0,20 = 55 mg/L = 0,055 kg/m³, pode-se estimar a quantidade de sólidos na lagoa, sendo X_V os sólidos voláteis e X os sólidos totais.

$$X_V - \frac{Y(S_0 - S_e)}{[1 + K_d \cdot f_b \cdot \Theta_H]} =$$

$$= \frac{0,7 \times (0,275 - 0,055)}{[1 + (0,09 \times 0,76 \times 3,01)]} = 0,128 \text{ kg/m}^3$$

$X = X_V \div 0,9$ = 0,128 ÷ 0,9 = 0,142 kg/m³

Comparada aos sistemas de lodos ativados, percebe-se que é muito menor a quantidade de sólidos mantidos na lagoa de aeração e também a eficiência na remoção da DBO.

b) Estimativa da produção diária de sólidos suspensos voláteis ($P_{X\text{líquida}}$)

Pode-se utilizar das expressões 9.30 e 9.31

$$Y = \text{obs} - \frac{Y}{(1 + K_d \cdot f_b \cdot \Theta_H)} =$$

$$= \frac{0,7}{(1 + 0,09 \times 0,76 \times 3,01)} = 0,58 \text{ dia}^{-1}$$

$P_{XV \text{ líquida}} = Y_{obs.} \times Q_0 \times (S_0 - S_e)$ = 0,58 d^{-1} × 3.491,00 m³/dia × (0,275 − 0,055) = 445,5 kg/dia

$P_{X, \text{líquida, 1 ano}} = (P_{XV \text{líquida}} \times 365 \text{ dias}) \div 0,9$ = (445,5 kg/dia × 365 dias) ÷ 0,9 = 180.675 kg/ano

c) Dimensionamento do sistema de aeração

Considerando-se os dados adicionais do Exemplo de cálculo 9.9, ou seja, ETE a 1.000 m de altitude e com temperatura média de inverno de 15° e de verão 25 °C, tem-se:

⇒ Cálculo da necessidade total de O_2

Conforme visto anteriormente, pode-se considerar a Nec.O_2 = 1,2 kgO_2/kg DBO removida, para as lagoas aeradas. Deve-se adotar a temperatura de verão de 25 °C (situação mais crítica em termos de necessidade de O_2). Neste caso há necessidade de se corrigir a DBO$_5$ para essa temperatura. Como foi visto anteriormente, essa correção pode ser feita por meio da seguinte expressão:

$DBO_{5,25°} = DBO_{5,20°} \times 1,047^{(25° - 20°)}$ = 0,275 kg/m³ × $1,047^{(5)}$ = 0,346 kg/m³ (entrada)

$DBO_{5,25°}$ = 0,055 kg/m³ × $1,047^{(5)}$ = 0,069 kg/m³ (saída da lagoa de sedimentação)

$DBO_{remov.}$ = 0,346 − 0,069 = 0,277 kg/m³

Carga de DBO diária removida = 0,277 kg/m³ × 3.491,00 m³/dia = 967 kg DBO/dia

Nec. O_2 total média = 1,2 kg O_2/kg DBO$_{remov.}$ × 967 kg DBO/dia = 1.160,4 kg O_2/dia

Porém, considerando-se que a vazão de pico $Q_{máx.}$ ≈ 1,8 $Q_{méd.}$ e que a DBO$_5$ para a vazão de pico é geralmente menor do que a DBO média (por efeito de diluição), pode-se considerar, para a vazão de pico, um acréscimo da ordem de 66% na necessidade de O_2, podendo-se assim considerar:

Nec. O_2 total de pico = 1.160,4 × 1,66 = 1.926,3 kg O_2/dia = 80,3 kg O_2/hora

Adotar-se-á como valor máximo da Nec.O^2 = 1.930 kgO_2/dia ou 80,4 kgO_2/hora

⇒ Cálculo da potência necessária $P_{neces.}$ para os aeradores mecânicos:

$$P_{neces} = \frac{\text{Nec.}O_2}{N}$$

onde:
$N = N_0 \times \lambda$;
N_0 = capacidade de transferência de O_2 pelos aeradores nas condições de teste;
λ = fator de correção de N_0 para as condições de campo.

Para aeradores de alta rotação, pode-se adotar
$N_0 = 0,8$ kg O_2/CV · h

$$\lambda = \alpha \cdot \frac{(\beta \cdot C_{SW} - C_L) \cdot 1,02^{(T-20)}}{9,17}$$

$\alpha = \dfrac{\text{taxa de transferência de } O_2 \text{ para esgoto}}{\text{taxa de transferência de } O_2 \text{ para água limpa}} \Rightarrow$ valor adotado 0,85

$\beta = \dfrac{\text{O. D. de saturação no esgoto}}{\text{O. D. de saturação na água limpa}} \Rightarrow$ valor adotado 0,95

C_{SW} = concentração de saturação de O.D. (para água limpa, na altitude de 1.000 m e temperaturas que ocorrem no campo ($T_{inv.} = 15$ °C e $T_{verão} = 25$ °C). Consultando-se e interpolando-se os valores apresentados na Tab. 7.9 do Capítulo 7, tem-se:

$C_{SW\,inv.} = 9,0$ mg/L $C_{SW\,verão} = 7,3$ mg/L

C_L = concentração de O.D. no reator = 2,0 mg/L

$\lambda_{inv} = 0,85 \cdot$

$$\frac{[(0,95 \times 9,0) - 2,0] \times 1,02^{(15°-20°)}}{9,17} = 0,55$$

$\lambda_{verão} = 0,85 \cdot$

$$\frac{[(0,95 \times 7,3) - 2,0] \times 1,02^{(25°-20°)}}{9,17} = 0,51$$

Adotar-se-á para fins de dimensionamento o fator de correção mais crítico $\lambda_{verão} = 0,51$

$N = N_0 \cdot \lambda = 0,8 \times 0,51 = 0,41$ kg O_2/cv · h

$$P_{neces} = \frac{\text{Nec.}O_2}{N} = \frac{80,4 \text{ kg } O_2/h}{0,41 \text{ kg } O_2/\text{cv} \cdot h} = 197 \text{ cv}$$

⇒ Cálculo do número de aeradores mecânicos necessários para cada lagoa aerada

Estimou-se anteriormente uma área média total (do espelho d'água) de 3.000 m² para as lagoas aeradas. Pode-se, por exemplo, propor a construção de 4 unidades com área média de espelho d'água de 750 m² cada, com dimensões médias de 25 m × 30 m e profundidade da lâmina d'água de 3,50 m. Com essas dimensões pode-se prever 2 aeradores de 30 cv por lagoa, resultando numa capacidade instalada de 30 cv × 2 aeradores/lagoa × 4 lagoas = 240 cv, podendo-se adotar o arranjo representado na figura.

- a área ocupada por cada uma das lagoas é $A_{ocupada}$ = 35,20 m × 40,20 m = 1.415,00 m²

- área ocupada total será $A_{ocupada\,total}$ = 4,00 × 1.415,00 = 5.660,00 m²

- a área do espelho d'água de cada lagoa será A_{LA} = 32,00 × 37,00 = 1.184,00 m²

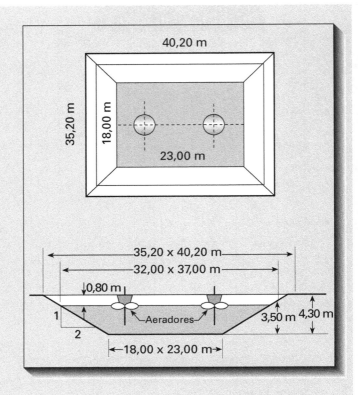

- a área total de espelho d'água será $A_{LA,total}$ = 4,00 × 1.184,00 = 4.736,00 m²;

- o volume útil de cada lagoa será V = {[(18,00 × 23,00) + (32,00 × 37,00)] ÷ 2} × 3,50 m = 2.796,50 m³;

- o volume útil total V_T = 4,00 × 2.796,50 = 11.186,00 m³;

- o tempo de detenção resultante será: Θ_H = 11.186,00 m³ ÷ 3.491,00 m³/dia = 3,2 dias.

⇒ Verificação da densidade de potência resultante (condição: $d_P > 4$ w/m³)

$$d_p = \frac{\text{Potência (watts)}}{\text{Volume (m}^3)} = \frac{60 \text{ cv} \times 735,5 \text{ W/cv}}{2.796,5 \text{ m}^3}$$

$= 15,8$ W/m³ > 4 W/m³

⇒ Verificação da área A e volume V por aerador

Condições: $A/n < 1.000,00$ m²/aerador e $V/n < 6.000,00$ m³/aerador (n = número de aeradores).

A/n = 1.184,00 m²/2 aeradores = 592,00 m²/aerador e, portanto, OK.

V/n = 2.796,50 m³/2 aeradores = 1.398,30 m³/aerador e, portanto, OK.

d) Dimensionamento da lagoa de sedimentação

O volume da lagoa de sedimentação deve ser a somatória do volume de decantação com o volume de armazenamento do lodo: $V_{LS} = V_{decant.} + V_{lodo}$

$V_{decant.} = Q_0 \times 1$ dia = 3.491,00 m³/dia × 1 dia = 3.491,00 m³

O lodo efetivamente retido anualmente ΔX_{1ano} pode ser estimado:

$\Delta X_{1ano} = (0,25 \cdot P_{X,\text{líquida},1\,ano}) + (0,4 \cdot 0,75 \cdot PX_{\text{líquida},1\,ano})$

O volume da lagoa de decantação V_{LS} deve comportar:

$V_{LS} = V_{\text{decant.}} + V_{\text{lodo}}$

onde:

$V_{\text{decant.}} = 3.491,00 \text{ m}^3$

Volume de armazenamento de lodo: V_{lodo}

Como anteriormente calculado, $P_{X,\text{líquida, 1 ano}} = 180.675$ kg/ano.

$\Delta X_{1ano} = (0,25 \times 180.675) + (0,4 \times 0,75 \times 180.675) = 99.371$ kg/ano.

Admitindo-se que a concentração média de sólidos totais no lodo adensado seja de 50 kg/m^3, tem-se:

$V_{\text{lodo}} = 99.371 \text{ kg/ano} \div 50,00 \text{ kg/m}^3 = 1.987,00 \text{ m}^3/\text{ano}.$

$V_{LD} = 3.491,00 + 1.987,00 = 5.478,00 \text{ m}^3$

Assumindo 4,00 m de profundidade para a lagoa de sedimentação, tem-se como área total:

$A_{LS} = 5.478,00 \text{ m}^3 \div 4,00 \text{ m} = 1.370,00 \text{ m}^2$

Com 4 lagoas obtém-se a área média para cada uma $A_{1\,lagoa} = 1.370,00 \div 4,00 = 342,50 \text{ m}^2$

Admitir-se-á 4 lagoas com a configuração abaixo:

- cada lagoa ocupará uma área de $A_{\text{ocup.}} = 26,20 \text{ m} \times 35,20 \text{ m} = 922,24 \text{ m}^2$
- área ocupada total ($A_{O.T.}$) será $A_{O.T.} = 4 \times 922,24 = 3.689,00 \text{ m}^2$

- a área do espelho d'água de cada lagoa será $A_{LD} = 23,00 \times 32,00 = 736,00 \text{ m}^2$;
- a área total de espelho d'água será $A_{LD,\text{tot.}} = 4,00 \times 736,00 = 2.944,00 \text{ m}^2$;
- o volume útil de cada lagoa será $V_{LD} = \{[(7,00 \times 16,00) + (23,00 \times 32,00)] \div 2\} \times 4,00 \text{ m} = 1.696,00 \text{ m}^3$;
- o volume total $V_T = 4,00 \times 1.696,00 = 6.784,00 \text{ m}^3$;
- o tempo de detenção resultante ($V_{\text{lodo}} = 0$) será: $\Theta_H = 6.784,00 \text{ m}^3 \div 3.491,00 \text{ m}^3/\text{dia} = 1,94$ dias.

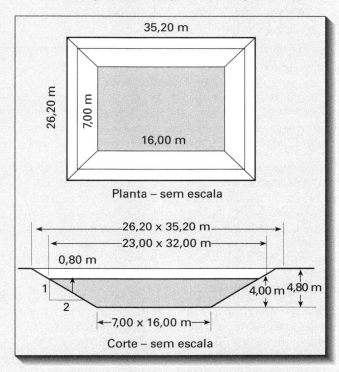

9.6 Lagoas de estabilização

9.6.1 Lagoas facultativas

Na natureza, quando ocorre a transformação das moléculas orgânicas complexas, tais como proteínas, hidratos de carbono, glicídios etc. (consideradas instáveis ou passíveis de decomposição) em moléculas mais simples CO_2, H_2O, NH_3, PO_4^{3-} e outras, diz-se que houve estabilização ou mineralização dessa matéria orgânica.

Esse processo, quando na presença de oxigênio, pode também ser chamado de oxidação ou combustão (queima), e é provocado, por exemplo, ao se submeter essas moléculas a temperaturas elevadas (por volta de 600 °C). Ainda sob altas temperaturas (700 a 1.000 °C) mas, na ausência de oxigênio, a queima é incompleta, gerando outros subprodutos sólidos (carvão), líquidos (alcatrão, óleos combustíveis etc.), gases (vapor-d'água, CH_4, H_2, CO, CO_2). Neste caso, o processo é chamado de pirólise.

No entanto, os maiores responsáveis pela mineralização da matéria orgânica na natureza são os microrganismos decompositores; bactérias e fungos, chamados de organismos heterótrofos. Estes buscam nas substâncias em decomposição a fonte de energia para seus processos vitais de respiração e síntese (reprodução), consumindo oxigênio. Num ciclo fechado, desde o aparecimento da vida no planeta Terra e, indubitavelmente, como principais responsáveis pela sua manutenção, os vegetais em geral e alguns tipos de microrganismos denominados autótrofos (os variados tipos de algas) se encarregam de utilizar as substâncias simples anteriormente citadas transformando-as novamente em substâncias complexas, consumindo CO_2 e gerando oxigênio, que, entrando novamente na cadeia alimentar, dão início a um novo ciclo.

Como se pode perceber, trata-se de um processo natural, que ocorre, por exemplo, quando se lança matéria orgânica num corpo d'água. Ao final da biodegradação de toda a matéria orgânica lançada, houve a chamada autodepuração do corpo d'água, ou seja, as moléculas complexas estão novamente estabilizadas, prontas para um novo ciclo.

Não se sabe exatamente quando, mas o homem percebeu que em alguns lagos nos quais eram lançados esgotos em quantidades compatíveis, havia uma certa depuração natural. Assim surgiram as lagoas de estabilização. Andrade Neto (1997) afirma que, no Brasil, os primeiros registros de lagoas de estabilização surgiram na década de 1960, com as lagoas de São José dos Campos - SP e que hoje já podem ser estimadas em mais de 700 unidades, em todo o País.

Nas lagoas de estabilização facultativas (Fig. 9.66), promove-se o tratamento de esgotos dessa forma natural, ou seja, no seu projeto e operação procura-se possibilitar um perfeito sincronismo de condições, propícias à sobrevivência das duas espécies de microrganismos anteriormente citadas: as algas e as bactérias aeróbias, as quais juntas irão proliferar na parte superior da lagoa.

Nesse tipo de lagoa, as bactérias aeróbias irão degradar a matéria orgânica solúvel, presente no esgoto, consumindo o oxigênio livre disponível na água e resultando como subprodutos; água, gás carbônico e nutrientes (NH_3, PO_4^{3-} etc). Por sua vez, as algas consumirão os nutrientes e o gás carbônico, utilizar-se-ão da luz solar como fonte de energia para realizar a fotossíntese e irão liberar como subproduto o oxigênio (necessário às bactérias), fechando assim o circuito.

Deve-se ressaltar que até algum tempo atrás, as lagoas facultativas eram chamadas de lagoas aeróbias. No entanto, atualmente, aceita-se que dificilmente existirão lagoas de estabilização natural, estritamente aeróbias. Assim, as lagoas são geralmente chamadas de facultativas ou estritamente anaeróbias.

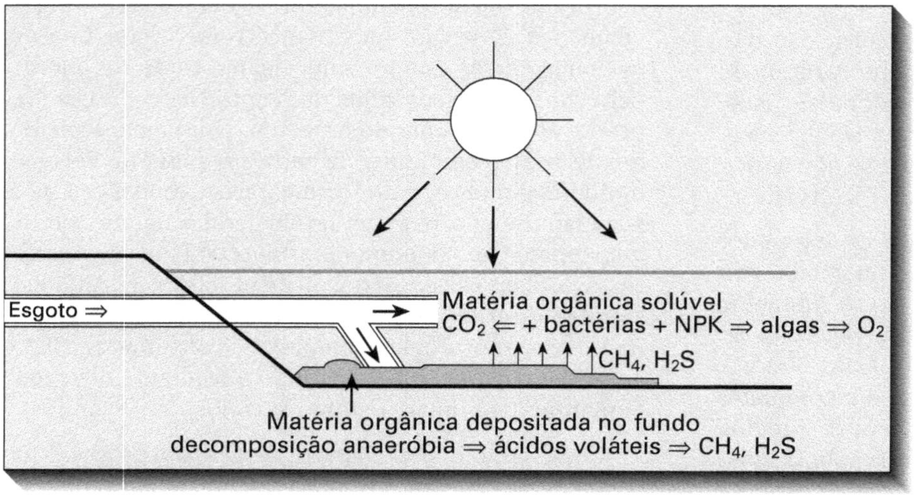

As lagoas facultativas não são consideradas estritamente aeróbias, pois o material sedimentável que vai para o fundo, formando uma camada de lodo, sofre lenta decomposição anaeróbia, uma vez que nessa região os níveis de oxigênio dissolvido são muito baixos ou nulos. A parcela solúvel, que permanece na parte superior da lagoa, onde os níveis de oxigênio são altos, sofre decomposição aeróbia.

A decomposição anaeróbia gera como subprodutos, além do gás natural formado por aproximadamente 30 a 40% de CO_2 (gás carbônico) e 60 a 70% de CH_4 (gás metano), outros gases em menor proporção, como o H_2S (gás sulfídrico), mercaptanas e escatóis. Esses gases tendem a se libertar do lodo formado no fundo da lagoa. O CO_2, ao subir, é liberado para a atmosfera ou consumido pelas algas. Os demais gases (CH_4, H_2S) são oxidados pelo alto nível de O_2 reinante na massa líquida.

Durante o dia, o consumo de CO_2 pelas algas faz com que o pH suba até um valor acima de 9. A luz solar penetra em profundidade nas lagoas, até um certo nível, que depende do grau de transparência da água (grau de turbidez). Por esse motivo, na parte mais profunda da lagoa não proliferam as algas. Assim, a produção de oxigênio pelas algas está diretamente relacionada com a turbidez, a temperatura e o nível de insolação.

9.6.1.1 Condicionantes de projeto das lagoas facultativas

A partir das décadas de 1950 e 1960, vários pesquisadores buscaram parâmetros de dimensionamento das lagoas. Uma vez que a eficiência desse tipo de tratamento é diretamente influenciada pelas condições climáticas; valem mais as experiências baseadas em medições realizadas nas lagoas existentes em cada região.

Para as condições brasileiras levam-se em conta os níveis de insolação e as temperaturas de inverno. Alguns autores estrangeiros levam em consideração também a luminosidade, o que para nós torna-se difícil, pois não há dados disponíveis, para serem utilizados nos projetos. No Brasil, na verdade, tem-se levado mais em conta a temperatura.

Dependendo da região, e isso no Brasil é válido principalmente para as regiões Sul e Sudeste, ocorrem condições críticas de inverno, nas quais, além da diminuição da temperatura, que influe negativamente nos processos metabólicos de algas e bactérias, há uma limitação na produção de oxigênio pelas algas, por conta da diminuição dos níveis de insolação.

Figura 9.66 Esquema de funcionamento das lagoas de estabilização facultativas.

Deve-se considerar que a produção de oxigênio nas horas de insolação deve atender à demanda nas 24 horas do dia, tanto para garantir o consumo das bactérias quanto o das próprias algas, pois estas últimas também consomem oxigênio, e à noite naturalmente só consomem oxigênio e não o produzem.

Adotando-se uma classificação mais moderna tem-se: lagoas primárias, que podem ser escolhidas entre as facultativas ou as anaeróbias; as lagoas secundárias, que via de regra são do tipo facultativa; e as lagoas terciárias, também chamadas de lagoas de maturação, também facultativas ou quase que estritamente aeróbias.

Lagoas facultativas primárias

Para lagoas facultativas primárias, Mc Garry e Pescod (1970) propuseram, para se determinar a máxima taxa de aplicação superficial λ_{lim}, a utilização da expressão:

$$\lambda_{lim} = 60{,}29 \cdot 1{,}0993^{T_{ar}} = 400{,}5 \cdot 1{,}0993^{T_{ar} - 20}$$

(em kg DBO/ha · dia – final de plano)

A fixação do λ_{lim} é uma forma de garantir que a lagoa permaneça facultativa e não se torne anaeróbia nas condições críticas de inverno. Nessa expressão, T_{ar} é a temperatura média do ar nos meses mais frios do ano. Para as nossas condições (Estado de São Paulo), pode-se adotar cerca de 15 °C. Posteriormente, ocorreram modificações na fórmula descrita, para adaptá-la a climas mais quentes:

$$\lambda_{lim} = (20 \cdot T_{ar}) - 60 \text{ para } T_{ar} = 15\ °C \Rightarrow$$
$$\lambda_{lim} = 240 \text{ kg DBO/ha} \cdot \text{dia}$$

A taxa de aplicação superficial a ser adotada varia com a temperatura local, latitude, exposição solar, altitude e outros. Locais com clima e insolação extremamente favoráveis, como é o caso das regiões norte e nordeste do Brasil, permitem que se adote taxas de aplicação bastante elevadas, às vezes superiores a 300 kg DBO$_5$/ha · dia, resultando que, nessa região, as lagoas podem ter áreas superficiais menores (Von Sperling, 1996c). Ainda segundo esse autor, no Brasil têm-se adotado para as lagoas facultativas primárias as seguintes taxas:

- Regiões com inverno quente e elevada insolação:

  λ = 240 a 350 kg DBO$_5$/ha · dia

- Regiões com inverno e insolação moderados:

  λ = 120 a 240 kg DBO$_5$/ha · dia

- Regiões com inverno frio e baixa insolação:

  λ = 100 a 180 kg DBO$_5$/ha · dia

No quesito eficiência de remoção da DBO, deve-se levar em conta não somente a DBO solúvel, mas a DBO devida às algas que saem com o efluente. Ressalte-se, no entanto, que a DBO devida às algas deve ser vista de forma diferente da DBO devida ao substrato solúvel não removido. As algas, ao serem lançadas num determinado corpo d'água, irão auxiliar na manutenção dos níveis de oxigênio dissolvido e só passarão a se constituir em problemas quando morrerem em grande quantidade ou se o corpo d'água for utilizado como manancial para captação de água destinada a sistemas de água de abastecimento público.

$$\text{DBO}_{efl.} = S_e + \text{DBO}_{algas}$$

onde:

S_e = DBO do substrato solúvel não removido (geralmente S_e < 20 mg/L);

DBO$_{algas}$ = DBO das algas que saem no efluente da lagoa. Depende da eficiência do dispositivo que impede a saída dessas algas. A DBO pode variar de 10 a 100 mg/L). Segundo Von Sperling (1996c), para cada 1 mg/L na concentração de sólidos suspensos do efluente (algas), pode-se associar 0,35 mg/L de DBO.

A modelagem matemática, visando estimar a eficiência na remoção da DBO ou a destruição de patogênicos, deve levar em conta o regime hidráulico das lagoas. Nas lagoas de estabilização não se deve utilizar indiscriminadamente os dois modelos hidráulicos convencionais anteriormente definidos; quais sejam: os reatores de mistura completa ou de fluxo em pistão.

Como se sabe, se a lagoa for bem mais comprida do que larga, aproximar-se-á do reator de fluxo em pistão. Se o formato do reator se aproximar de um quadrado, estará mais próximo da mistura completa. Sabe-se que, sem a recirculação do lodo, o modelo de fluxo em pistão é mais eficiente na remoção de DBO e patogênicos do que o modelo de mistura completa. Assim, Além Sobrinho (1993) recomenda que a relação comprimento/

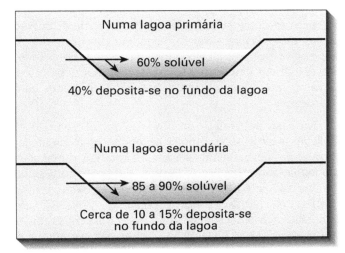

Figura 9.67 Frações sedimentáveis e solúveis típicas nas lagoas primárias e secundárias.

largura das lagoas primárias situem-se na faixa de 6 a 7 : 1. Porém, deve-se alertar que, principalmente nas lagoas primárias, o pistão pode apresentar problemas de sobrecarga orgânica ou mesmo de toxicidade na parte inicial do reator. Por esse motivo, alguns outros autores recomendam, para as lagoas primárias facultativas, uma relação comprimento/largura não superior a 4 : 1 (Von Sperling, 1996-c).

Quando várias lagoas de mistura completa são dispostas sequencialmente umas às outras (em série), quanto maior o número de células, mais se aproximam do modelo de fluxo em pistão. No entanto, a nosso ver, nesse modelo persiste o problema da sobrecarga na primeira lagoa e, ainda, por causa dos taludes e do espaço necessário à separação entre as várias lagoas, resultam sempre numa área de ocupação maior do que os outros modelos.

Pelo fato das lagoas ocuparem grandes áreas, por melhor que sejam os dispositivos projetados para a distribuição do esgoto na entrada e sua coleta na saída, a mistura completa do esgoto (mesma concentração de substrato e microrganismos em todos os pontos da lagoa) é difícil. Assim, os pesquisadores concordam que, na prática e principalmente no caso das lagoas, ocorre o chamado fluxo disperso, intermediário entre o regime de mistura completa e o de fluxo em pistão.

Von Sperling (1996-c) mostra que a modelagem segundo o fluxo disperso é um pouco mais complexa, pelo fato de se necessitar de dois parâmetros: a taxa específica de remoção de substrato K (Kg DBO/kg SSV · dia), anteriormente definida como relação A/M; e o número de dispersão d, ao contrário dos modelos tradicionais, em que se necessita apenas do parâmetro K. Para se determinar a concentração da DBO solúvel S_e no efluente das lagoas, considerando-se os diversos modelos existentes, podem ser utilizadas as seguintes expressões:

Mistura completa:

$$S_e = S_0 \div (1 + K \cdot \Theta_H)$$

Fluxo em pistão:

$$S_e = S_0 \cdot e^{-K\Theta_H}$$

Mistura completa (várias células iguais n dispostas em série):

$$S_e = S_0 \div [1 + K \cdot (\Theta_H \div n)]^n$$

Fluxo disperso:

$$S_e = S_0 \cdot \frac{4 \cdot a \cdot e^{1 \div 2d}}{[(1+a)^2 \cdot e^{a \div 2d}] - [(1-a)^2 \cdot e^{-a \div 2d}]}$$

onde:
S_0 = concentração da DBO afluente à lagoa (mg/L);
S_e = concentração da DBO solúvel no efluente da lagoa (mg/L);
a = $(1 + 4 \cdot K \cdot \Theta_H \cdot d)^{0,5}$ (adimensional);

K = taxa específica de remoção de substrato (*) (Kg-DBO/kgSSV · dia ou d^{-1});
Θ_H = volume da lagoa (vazão média = tempo de detenção hidráulico dias);
e = base dos logarítmos neperianos = 2,71828 (adimensional);
n = número de lagoas tipo mistura completa em série (adimensional);
d = $D \div U \cdot L = D \cdot \Theta_H \div L^2$ = número de dispersão (adimensional);
D = coeficiente de dispersão longitudinal (m²/dia);
U = velocidade média de percurso no reator (m/dia);
L = comprimento da lagoa = percurso do esgoto pelo reator (m).

(*) Quando utilizadas as fórmulas acima explicitadas, para cálculo da eficiência de remoção de organismos coliformes, em lugar de K deve-se utilizar K_d = coeficiente de decaimento celular (d^{-1}). Segundo Marais e Ekama (1976), o valor de K_d é altamente dependente da temperatura e pode ser estimado pela seguinte expressão: $K_d = 2,6 \times 1,19T^{-20°}$, para $T = 20$ °C resulta $\Rightarrow K_d = 2,6$. Von Sperling (1996c) considera os valores obtidos por Marais um tanto altos e ressalta a importância de se considerar a profundidade da lagoa na estimativa da eficiência de remoção de coliformes (quanto menos profunda mais eficiente). Os valores de K_d, para os diversos fluxos hidráulicos, em função da profundidade da lagoa, recomendados por este último autor são apresentados na Tab. 9.45.

Ao se analisar os valores obtidos para o número de dispersão "d", pode-se tirar as seguintes conclusões:

- quando o número de dispersão "d" tende ao infinito, o regime hidráulico no reator tende ao modelo de mistura completa;
- quando "d" tende a 0 (zero), o regime hidráulico no reator tende ao modelo de fluxo em pistão.

Para se determinar o valor do número de dispersão d, por meio da expressão apresentada anteriormente, é necessário que se conheça também o valor do coeficiente de dispersão longitudinal D. Em reatores existentes, o valor de D pode ser obtido por meio de testes com traçadores.

No caso de projeto de novas instalações, pode-se utilizar as expressões empíricas, encontradas na literatura e que normalmente levam em conta as dimensões da lagoa: comprimento L, largura B e profundidade da lâmina d'água H. Algumas delas também incluem o tempo de detenção hidráulico Θ_H e o coeficiente de viscosidade cinemática da água (em m²/dia), que varia com a temperatura (ver Tab. 2.7, Capítulo 2, onde, por exemplo, $\nu \approx 10^{-6}$ m²/s = 0,0864 m²/dia para $T = 20$ °C). Von Sperling (1996-c) cita como exemplo dessas expressões:

TABELA 9.45 Faixa de valores de K_d para lagoas facultativas e de maturação ($T = 20\ °C$)

Tipo de lagoa	Profundidade (m)	K_d para regime de mistura completa (d^{-1})	K_d para regime de fluxo disperso (d^{-1})
Facultativa	1,50 a 2,50	0,4 a 1,0	0,2 a 0,4
Maturação	0,80 a 1,40	0,5 a 2,5	0,3 a 0,8

Fonte: Von Sperling (1996-c)

- Polprasert e Batharai (1985):

$$d = [0,184 \cdot \Theta_H \cdot v \cdot (B + 2H)^{0,489} \cdot B^{1,511}] \div$$
$$\div [(L \cdot H)^{1,489}]$$

- Agunwamba et al. (1992):

$$d = 0,102 \cdot \{[3 \cdot (B + 2H) \cdot \Theta_H \cdot v] \div$$
$$\div [(4 \cdot L \cdot B \cdot H)]^{-0,410} \cdot (H \div L) \cdot (H \div B)^{-(0,981 + 1,385 \cdot H \div B)}\}$$

- Yanez (1993):

$$d = (L \div B) \div [-0,261 + 0,254 \cdot (L \div B) +$$
$$1,014 \cdot (L \div B)^2]$$

Para se determinar o valor de K Von Sperling (1996-c) relaciona duas equações empíricas, obtidas por Arceivala (1981) e Vidal (1983), os quais obtiveram tais resultados em estudos de lagoas, modeladas segundo o regime de fluxo disperso, em função da taxa de aplicação superficial λ (e para uma temperatura de 20 °C).

- Arceivala (1981):

$$K = 0,132 \cdot \log \lambda - 0,146$$

- Vidal (1993):

$$K = 0,091 + 2,05 \times 10^{-4} \cdot \lambda$$

O mesmo autor destaca ainda que as fórmulas anteriores, válidas para a temperatura de 20 °C, podem ser corrigidas para outras temperaturas, utilizando-se a tradicional equação de Arrhenius $K_T = K_{20°} \cdot \Theta^{T-20°}$. Arceivala teria utilizado $\theta = 1,035$, e Vidal não teria utilizado a equação de Arrhenius, mas que numa análise de sua fórmula, resultaria um θ inferior a 1,035.

Von Sperling (1996-c) cita ainda que, para $K = 0,35$ a EPA (1983), teria adotado $\theta = 1,085$ e para $K = 0,30$; Silva e Mara (1979) teriam adotado $\theta = 1,05$. Isso demonstra que ainda não há um consenso na literatura, sobre o valor de Θ a ser adotado para se fazer essa correção.

Kawai et al. (1983), num estudo estatístico realizado com os dados recolhidos em 8 lagoas facultativas primárias, situadas nos Estados de São Paulo e Paraná, nas quais as cargas aplicadas estavam na faixa de λ_{aplic} = 90 a 210 kg DBO/ha · dia; e as temperaturas na faixa de T = 18 a 27 °C, sugerem uma expressão que permite calcular a carga removida λ_{remov}.

$$\lambda_{remov.} = 0,8332\ \lambda_{aplic} + 0,2243$$

(para T = 18 a 27 °C).

Nesse mesmo estudo, Kawai et al. (1983), recomendaram para o Estado de São Paulo, para uma eficiência global máxima da ordem de 80%, uma taxa de aplicação superficial limite λ_{limite} = 250 kg DBO/ha · dia, para as lagoas facultativas primárias. No mesmo estudo, sugerem um λ_{limite} = 400 kgDBO/ha · dia, para a região norte do Brasil, onde as condições climáticas são muito mais favoráveis.

A profundidade das lagoas primárias facultativas deve estar situada entre: 1,50 a 2,00 m (usualmente utiliza-se 1,80 m). Segundo Von Sperling (1996-c), usualmente os tempos de detenção Θ_H variam na faixa de 15 a 45 dias.

Lagoas facultativas secundárias

Para as lagoas facultativas secundárias, Kawai et al. (1983), no mesmo estudo estatístico já citado, realizado com os dados recolhidos em 7 lagoas facultativas secundárias, recomendam, para taxas de aplicação superficial variando de 50 a 170 kgDBO/ha · dia, uma taxa limite λ_{limite} = 150 kgDBO/ha · dia, e sugerem, para cálculo da eficiência de remoção da DBO solúvel, a utilização da seguinte expressão:

$$\lambda_{remov.} = 0,7702\ \lambda_{aplic} - 5,4188$$

A profundidade das lagoas facultativas secundárias deve variar na faixa de 1,20 a 1,80 m (usualmente utiliza-se 1,50 m). Além Sobrinho (1993) recomenda também para as lagoas facultativas secundárias, uma relação comprimento ÷ largura de 6 a 7 : 1, como recomendara também no caso das lagoas primárias.

Lagoas facultativas terciárias

As lagoas facultativas terciárias, também conhecidas como lagoas de polimento ou lagoas de maturação, possibilitam um pós-tratamento considerado adequado a quaisquer efluentes de lagoas de estabilização, ou mesmo de outros sistemas de tratamento de esgotos.

Nesse tipo de lagoa, apesar de também ocorrer um certo decaimento da DBO, o objetivo principal é a remoção dos organismos patogênicos. A lagoa de maturação constitui-se, assim, numa opção de desinfecção, bastante eficiente e econômica, quando comparada a outros métodos convencionais, como a cloração, por exemplo, principalmente quando o preço e a disponibilidade de áreas para sua implantação não sejam problemas limitantes.

Sabe-se que o ambiente ideal para os organismos patogênicos é o trato intestinal humano. Fora desse ambiente, quer seja na rede de esgotos, nas unidades de tratamento de esgotos ou no corpo receptor, esses organismos tendem a morrer, depois de um certo período de tempo. Diversos fatores contribuem para que isso ocorra, tais como: temperatura, insolação, pH, escassez de alimentos, organismos predadores, competição, compostos tóxicos etc. (van Haandel e Lettinga, 1994; van Buuren, Frijns e Lettinga, 1995, *apud* Von Sperling, 1996-c).

Assim, as lagoas de maturação devem ser projetadas de maneira a otimizar os principais mecanismos de eliminação dos patogênicos. Alguns desses mecanismos tornam-se mais efetivos pela simples diminuição da profundidade das lagoas. Por esse motivo, as lagoas de maturação devem ser mais rasas do que as demais lagoas. A maioria dos autores recomendam $H = 0{,}80$ a $1{,}20$ m. Por causa da baixa profundidade, no entanto, pode ocorrer o indesejável crescimento de vegetação nesse tipo de lagoa, que pode ser evitado revestindo-se os taludes (geralmente com placas de concreto).

Segundo os autores citados anteriormente, a baixa profundidade das lagoas permite acelerar os mecanismos de eliminação dos patogênicos relacionados com a radiação solar (radiação ultravioleta), elevação do pH para valores acima de 8,5, assim como a elevada concentração de oxigênio dissolvido, que favorece as comunidades aeróbias, mais eficientes na competição por alimentos e nas atividades predadoras.

Como se viu na seção 7.2.5 (Capítulo 7), as bactérias do grupo coliformes, mais especificamente a *Escherichia coli*, por estarem presentes em grande número no trato intestinal humano e no de outros animais de sangue quente (4×10^8 UFC/g, conforme Tab. 7.7, Capítulo 7), sendo eliminadas também em grande número pelas fezes, constituem o indicador de contaminação fecal mais utilizado em todo o mundo. Os coliformes têm sido empregados como parâmetro bacteriológico básico, na definição de padrões, para monitoramento da qualidade das águas dos corpos receptores.

Devido ao grande número de microrganismos presentes no esgoto (cerca de 10^6 a 10^8 NMP/100mL), as lagoas de maturação, para que cumpram adequadamente a sua função, devem proporcionar uma elevada eficiência na remoção dos coliformes, acima de 99,99%. Isso é necessário para atingir os padrões de lançamento ou de manutenção de qualidade dos corpos d'água receptores, fixados pela CONAMA 357/2005 e/ou Decreto Estadual Paulista 8468/76 (ver Tab. 7.8, Capítulo 7), no qual, por exemplo, para corpos d' água de classe 1, o CONAMA limita em 10^3 org/100 mL, e para os de classe 2, o limite é de 5×10^3 org/100 mL, em termos de coliformes totais.

Para se atingir esse objetivo, o mesmo autor apresenta um estudo detalhado das diversas configurações de regime hidráulico dessas lagoas, recomendando que se adote uma configuração com várias células de mistura completa em série (3 ou mais), ou preferencialmente a de um reator de fluxo em pistão (de percurso preferencialmente longitudinal), equivalente a um número de células infinito, o que a nosso ver parece ser mais conveniente. Isso pode ser conseguido, por exemplo, mesmo em áreas quadradas, dotando-as de chicanas e defletores, forçando assim, um fluxo em zigue-zague.

9.6.2 Lagoas anaeróbias

As lagoas anaeróbias caracterizam-se por receber uma carga de aplicação de DBO muito mais alta que aquelas fixadas para as lagoas facultativas, o que resulta numa menor área de implantação. O resultado disso é que, em toda a lagoa, a matéria orgânica vai ser decomposta em condições anaeróbias. A temperatura é extremamente importante nesse tipo de lagoa. Como se sabe, os processos anaeróbios são mais lentos e começam a ter um rendimento mais compatível, a partir de temperaturas na faixa de 25 a 35 °C, o que é bastante comum em grande parte do território brasileiro.

- o tempo de detenção deve situar-se na faixa:

$$\Theta_H = 3 \text{ a } 6 \text{ dias}$$

- para temperaturas $T_{\text{água}} > 20$ °C (mesmo no inverno):

$$\Theta_H = 3 \text{ a } 5 \text{ dias}$$

- para temperaturas $T_{\text{água}} < 20$ °C:

$$\Theta_H = 4 \text{ a } 6 \text{ dias}$$

Além Sobrinho (1993) ensina que esse tempo de detenção é necessário, pois o lodo necessita de pelo menos 3 a 6 dias para que ocorra a diminuição de volume. Assim, no caso das lagoas anaeróbias, pode-se também adotar a carga superficial λ, como no caso das lagoas facultativas.

- para lagoas anaeróbias primárias:

$$\lambda_{\min} \gg 20\, T_V - 60$$

onde:

T_V = temperatura máxima de verão (para o interior do Estado de São Paulo esse valor seria de aproximadamente 35 °C). Nessas condições $\lambda \gg 640$ kg · DBO/ha · dia (para início de plano).

No entanto, para assegurar a não ocorrência de maus odores, é recomendável fixar uma taxa máxima de aplicação superficial.

$$\lambda_{\text{máx.}} < 2.000 \text{ kg} \cdot \text{DBO/ha} \cdot \text{dia (final de plano)}$$

Em termos práticos, para as condições climáticas ocorrentes no Estado de São Paulo, Além Sobrinho (1993) recomenda uma taxa de aplicação superficial na faixa de 500 a 1.500 kg DBO/ha · dia. Porém, alerta o citado professor, que não se deve permitir que a taxa de aplicação atinja valores abaixo de 500 kg · DBO/ha · dia, pois corre-se o risco de que a lagoa venha a funcionar, ora em condições aeróbias, ora em condições anaeróbias, o que não é recomendável.

Além Sobrinho (1993) afirma ainda que, para lagoas anaeróbias, funcionando sob temperaturas acima de 25 °C, a eficiência na remoção da DBO é da ordem de 60%, mesmo com tempos de detenção curtos, da ordem de 2 a 3 dias. Para temperaturas da ordem de 20 °C, funcionando com tempos de detenção Θ_H = 4 a 5 dias, a eficiência máxima que se pode esperar é de 60%. Para temperaturas menores que 20 °C, deve-se considerar uma eficiência máxima na remoção de DBO, de 50%.

Para lagoas anaeróbias primárias Kawai *et al.* (1983), no mesmo estudo anteriormente relatado, realizado com os dados recolhidos em 6 lagoas anaeróbias primárias no Estado de São Paulo e Paraná, cuja taxa de aplicação superficial variava de 530 a 2.300 kgDBO/ha · dia, para estimativa da eficiência de remoção da DBO solúvel, recomendam a utilização da seguinte expressão:

$$\lambda_{remov.} = 0{,}6867\, \lambda_{aplic} - 14{,}4555$$

Quanto à eficiência na remoção de coliformes fecais, a CETESB (1981), analisando as condições de funcionamento de 7 sistemas de lagoas de estabilização no Estado de São Paulo, sendo 4 delas primárias anaeróbias, todas de formato retangular: na cidade de Pradópolis, cujas dimensões eram de 58,00 m × 70,00 m, prof. 1,50 m; Pindamonhanga, 58,00 × 180,00 m e prof. 3,00 m; Itapira, 175,00 × 220,00 m e prof. 3,00 m e Mairiporã, 36,00 × 71,00 m e prof. 3,00m, reportou remoções de coliformes fecais da ordem de 67 a 94%, com média de 85,3%. Não se encontrou nas demais literaturas consultadas, nenhum método ou mesmo parâmetros para estimá-la. Von Sperling (1996-c) afirma, no entanto, que a eficiência de remoção de coliformes em condições anaeróbias é menor do que em condições aeróbias.

A profundidade das lagoas anaeróbias é da ordem de 3,00 m. A relação comprimento/largura deve ficar na faixa de 1:1 a 3:1, para se evitar mau cheiro.

Exemplo de cálculo 9.17

Dimensionar, para os mesmos dados do exemplo de cálculo 9.4 (final de plano), a seguir reproduzidos:

a) Sistema 1 – lagoas primárias e secundárias facultativas e lagoas terciárias (de maturação);

b) Sistema 2 – lagoas anaeróbias primárias seguidas de lagoas facultativas secundárias (conhecido como sistema australiano), seguidas de lagoas terciárias de maturação.

Dados:

- Vazão média (final de plano) = 40,4 L/s = 145,40 m³/h = 3.491,00 m³/dia

- $DBO^{5,20}$ = 275 mg/L = 0,275 kg/m³

- número mais provável de coliformes fecais de 10^6 *CF*/100 mL, no esgoto afluente ao sistema.

a) Sistema 1 – Lagoas facultativas primárias e secundárias e lagoas terciárias (maturação)

- Admitindo-se para as lagoas primárias uma taxa de aplicação superficial $\lambda_{aplic.}$ = 200 kg DBO/ha · dia, considerando-se a vazão média de final de plano, para a lagoa secundária $\lambda_{aplic.}$ = 120 kg DBO/ha · dia e para a lagoa terciária, uma remoção de coliformes fecais acima de 99,9% visando atender a legislação de lançamento nos corpos d'água, pode-se, então, calcular as áreas superficiais e os volumes resultantes para as lagoas:

⇒ Dimensionamento da lagoa primária:

- Carga de DBO diária = 0,275 kg/m³ × 3.491 m³/dia = 960 kg DBO/dia

$$A_{TLP} = \frac{\text{carga de DBO/dia}}{\lambda_{lim}\text{em kg DBO/ha} \cdot \text{dia}} = \frac{960}{200} =$$

= 4,8 ha   ou   48.000 m²

onde:

A_{TLP} = área superficial total para a lagoa primária (em hectares ou em m²)

Pode-se, por exemplo, estabelecer um arranjo com 4 lagoas primárias, cada uma com cerca de 12.000 m² de área média, e uma relação comprimento/largura da ordem de 3:1, conforme esquema a seguir apresentado:

- admitiu-se a profundidade média h = 1,80 m, com a qual pode-se calcular o volume V_{LP}, para cada uma das lagoas primárias:

V_{LP} = Area média · h = {[(62,00 × 180,00) + (69,20 × 187,20)] ÷ 2} × 1,80 m = 21.703,00 m³

E um volume total V_{TLP} = 4 lagoas × 21.703,00 m³/lagoa = 86.812,00 m³

Resultando numa área útil superficial total A_{UT} = 4 × 69,20 × 187,20 = 51.817,00 m² = 5,2 ha

E uma área de ocupação total A_T = 4,00 × 71,20 × 189,20 = 53.884,00 m² = 5,4 ha

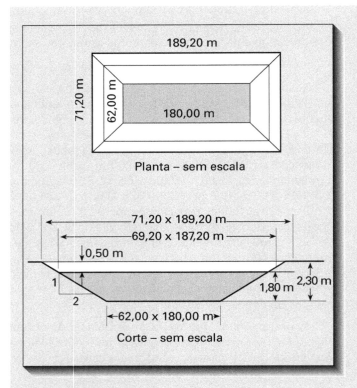

Planta – sem escala

Corte – sem escala

- Verificação do tempo de detenção hidráulico Θ_H

$$\Theta_H = \frac{V_{TLP}}{Q_0} = \frac{86.812 \text{ m}^2}{3.491 \text{ m}^2\text{dia}} = 24,9 \text{ dias}$$

Estimativa de L/B na profundidade média da lagoa:
$L/B = 183,60 \div 65,60 = 2,80$

λ_{aplic} (para a área na profundidade média da lagoa):

$A = 4,00 \times 65,60 \times 183,60 = 48.176,00 \text{ m}^2 = 4,818 \text{ ha}$

$\lambda_{aplic} = 960 \text{ kgDBO/dia} \div 4,818 \text{ ha} = 199,3 \text{ kgDBO/ha} \cdot \text{dia}$

- Estimativa da eficiência na remoção da DBO (lagoa primária)

Admitindo-se o fluxo disperso, tem-se:

$$S_e = S_0 \cdot \frac{4 \cdot a \cdot e^{1 \div 2d}}{[(1+a)^2 \cdot e^{a \div 2d}] - [(1-a)^2 \cdot e^{-a \div 2d}]}$$

$S_0 = 0,275 \text{ kg/m}^3$

$a = (1 + 4 \cdot k \cdot \Theta_H \cdot d)^{1/2}$ utilizando-se Yanez:

$$d = \frac{L/B}{[-0,261 + 0,254 \times (L/B) + 1,014 \times (L/B)^2]} =$$

$$d = \frac{2,80}{[-0,261 + (0,254 \times 2,80) + (1,014 \times 2,80^2)]} =$$

$$= \frac{2,80}{8,40} = 0,33$$

Utilizando-se Arceivala, $K = 0,132 \cdot \log \lambda_{aplic} - 0,146 = 0,132 \times \log 199,3 - 0,146 = 0,158$.

Utilizando-se Vidal, $K = 0,091 + 2,05 \times 10^{-4} \times \lambda_{aplic} = 0,132$.

Admitindo-se um valor médio entre os dois valores calculados, tem-se: $K = 0,145$

$a = (1 + 4 \times 0,145 \times 24,9 \times 0,33)^{1/2} = 2,4$

$$Se = \frac{0,275 \times 4 \times 2,4 \times}{\left[(1+2,4)^2 \times 2.718^{[2,4 \div (2 \times 0,33)]}\right]+} \text{(continua abaixo)}.$$

$$\frac{\times 2.718^{[1+(2 \times 0,33)]}}{-[(1-2,4)^2 \times 2.718^{-[2,4 \div (2 \times 0,33)]}]} =$$

$$= \frac{12,010}{438.526} = 0,027 \text{ kg/m}^3$$

Essa concentração da DBO será utilizada como entrada da lagoa secundária.

Eficiência na remoção da DBO$_{solúvel}$ ∴ $E_{sol.}$ = [(0,275 − 0,027) ÷ 0,275] × 100 = 90,2%

Considerando-se uma concentração de algas de 100 mg/L = 0,1 kg/m³ e admitindo-se 0,35 kgDBO/kg SSV (algas), tem-se 0,1 × 0,35 = 0,035 kgDBO/m³ (DBO devida às algas), ou uma DBO total = 0,027 + 0,035 = 0,062 kgDBO/m³.

Eficiência na remoção da DBO$_{total}$ $E_{tot.}$ = [(0,275 − 0,062) ÷ 0,275] × 100 = 77,5%

- Estimativa da eficiência na remoção de coliformes fecais CF

- Admitindo-se o fluxo disperso, tem-se:

$NMP_e = NMP_0 \cdot$

$$\cdot \frac{4 \cdot a \cdot e^{1 \div 2d}}{[(1+a)^2 \cdot e^{a \div 2d}] - [(1-a)^2 \cdot e^{-(a \div 2d)}]}$$

NMP_e = número mais provável de coliformes fecais /100 mL no efluente que sai da lagoa;

$NMP_0 = 10^6 \; CF/100$ mL = número mais provável de coliformes fecais a cada 100 mL no esgoto que entra na lagoa;

$a = (1 + 4 \cdot k_d \cdot \Theta_H \cdot d)^{1/2}$
utilizando-se Yanez:

$$d = \frac{L/B}{[-0,261 + 0,254(L/B) + 1,014(L/B)^2]}$$

$$d = \frac{2,80}{[-0,261 + (0,254 \times 2,80) + (1,014 \times 2,80^2)]} =$$

$$= \frac{2,80}{8,40} = 0,33$$

- Admitindo-se $K_d = 0,34$, valor intermediário da faixa apresentada na Tab. 9.45),

$a = (1 + 4 \times 0,34 \times 24,9 \times 0,33)^{1/2} = 3,48$

$$NMPe = \frac{10^6 \times 4 \times 3,48 \times}{\left[(1+3,48)^2 \times 2,718^{[3,48 \div (2 \times 0,33)]}\right]+} \text{(continua abaixo)}$$

$$\frac{\times 2,718^{[1 \div (2 \times 0,33)]}}{-[(1-3,48)^2 \times 2,718^{-[3,48 \div (2 \times 0,33)]}]}$$

$$= \frac{6,33 \times 10^7}{3,9 \times 10^3} = 1,6 \times 10^4$$

Essa concentração de coliformes fecais será utilizada como entrada da lagoa secundária.

Eficiência na remoção de coliformes fecais (na lagoa primária):

$E_{CF} = [(10^6 - 1,6 \times 10^4) \div 10^6] \times 100 = 98,4\%$

⇒ Dimensionamento da lagoa secundária:

- Para a lagoa secundária considerar-se-á a eficiência calculada para a remoção da DBO (solúvel + algas), de 77,5% estimada para a lagoa primária. A carga de $DBO_{5-20\,°C}$ para a lagoa secundária = 0,225 × 960 = 216 kg · DBO/dia e a área total necessária A_{TLS}, para a lagoa secundária seria:

$A_{TLS} = \dfrac{\text{carga de DBO/dia}}{\lambda_{aplic}\text{em kg DBO/ha} \times \text{dia}} = \dfrac{216}{120} =$
$= 1,8 \text{ ha}$ ou $\cong 18.000 \text{ m}^2$

- Admitindo-se também um arranjo com 4 lagoas secundárias de área média em torno de 4.500 m² cada uma, com relação comprimento/largura de aproximadamente 6:1 (ver figura).

- Com profundidade h = 1,50 m, tem-se um volume útil V_{ULS} para cada uma das lagoas:

V_{ULS} = área média · h = {[(26,00 × 155,00) + (32,00 × 161,00)] ÷ 2} × 1,50 m = 6.886,50 m³.

E um volume total para as lagoas secundárias V_{TLS} = 4,00 × 6.886,50 = 27.546,00 m³.

A área superficial útil total é A_{UT} = 4,00 × 32,00 × 161,00 = 20.608,00 m² = 2,06 ha.

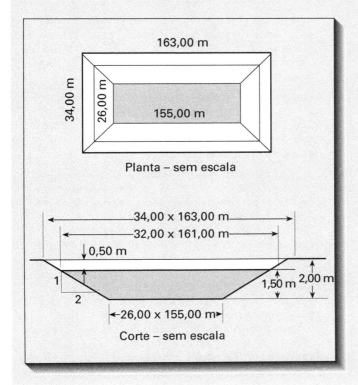

A área de ocupação total é A_T = 4,00 × 34,00 × 163,00 ≈ 22.16,00 m² = 2,22 ha.

- Verificação do tempo de detenção hidráulico Θ_H

$\Theta_H = \dfrac{27.546 \text{ m}^3}{3.491 \text{ m}^3/\text{dia}} = 7,9 \text{ dias}$

Estimativa de L/B na profundidade média da lagoa: L/B = 158,00 ÷ 29,00 = 5,45.

λ_{aplic} (área na profundidade média da lagoa): A = 4,00 × 158,00 × 29,00 = 18.328,00 m² = 1,8328 ha.

λ_{aplic} = 216 kgDBO/dia ÷ 1,8328 ha = 117,9 kgDBO/ha · dia.

- Estimativa da eficiência na remoção da DBO (na lagoa secundária).

Admitindo-se para a entrada da lagoa secundária a concentração de DBO solúvel no efluente da lagoa primária S_0 = 0,027 kgDBO/m³ tem-se, para o fluxo disperso:

$S_e = S_0 \cdot \dfrac{4 \cdot a \cdot e^{1 \div 2d}}{[(1+a)^2 \cdot e^{a \div 2d}] - [(1-a)^2 \cdot e^{-a \div 2d}]}$

$S_0 = 0,027 \text{ kg/m}^3$

$a = (1 + 4 \cdot k \cdot \Theta_H \cdot d)^{1/2}$

utilizando-se Yanez:

$d = \dfrac{L/B}{[-0,261 + 0,254(L/B) + 1,014(L/B)^2]}$

$d = \dfrac{5,45}{[-0,261 + (0,254 \times 5,45) + (1,014 \times 5,45^2)]} =$

$= \dfrac{5,45}{31,24} = 0,174$

Utilizando-se Arceivala K = 0,132 · log λ_{aplic} – 0,146 = 0,132 × log 117,9 – 0,146 = 0,127.

Utilizando-se Vidal K = 0,091 + 2,05 × 10^{-4} × λ_{aplic} = 0,115.

Admitindo-se um valor médio entre os dois valores calculados, tem-se: K = 0,121.

$a = (1 + 4 \times 0,121 \times 7,9 \times 0,174)^{1/2} = 1,29$

$Se = \dfrac{0,027 \times 4 \times 1,29 \times}{[(1+1,29)^2 \times 2,718^{[1,29 \div (2 \times 0,174)]}] +}$ (continua abaixo)

$\dfrac{\times 2,718^{[1 \div (2 \times 0,174)]}}{-[(1-1,29)^2 \times 2,718^{-[1,29 \div (2 \times 0,174)]}]} =$

$= \dfrac{2,466}{213,58} = 0,012 \text{ m}^3$

Essa concentração da DBO será utilizada como entrada da lagoa terciária.

Eficiência na remoção da $DBO_{solúvel}$ na lagoa secundária:

$E_{sol.}$ = [(0,027 – 0,012) ÷ 0,027] × 100 = 55,6%

Eficiência na remoção da $DBO_{solúvel}$ na lagoa primária + secundária:

$E_{sol.}$ = [(0,275 – 0,012) ÷ 0,275] × 100 = 95,6%

Considerando-se uma concentração de algas de 100 mg/L = 0,1 kg/m^3 e admitindo-se 0,35 kgDBO/kg SSV (algas), tem-se 0,1 × 0,35 = 0,035 kgDBO/m^3 (DBO devida às algas), ou uma DBO total = 0,012 + 0,035 = 0,047 kgDBO/m^3.

Eficiência na remoção da DBO$_{total}$ na lagoa secundária:

$E_{tot.} = [(0,062 - 0,047) \div 0,062] \times 100 = 24,2\%$

Eficiência na remoção da DBO$_{total}$ nas lagoas primária + secundária:

$E_{tot.} = [(0,275 - 0,047) \div 0,275] \times 100 = 82,9\%$

- Estimativa da eficiência na remoção de coliformes fecais *CF* (lagoa secundária).

Considerando-se o número de coliformes fecais na entrada da lagoa secundária igual ao da saída da lagoa primária $NCF_0 = 1,6 \times 10^4$ por 100 mL, tem-se, para o fluxo disperso:

$NMP_e = NMP_0 \cdot$

$\dfrac{4 \cdot a \cdot e^{1 \div 2d}}{[(1+a)^2 \cdot e^{a \div 2d}] - [(1-a)^2 \cdot e^{-a \div 2d}]}$

onde:

NMP_e = número mais provável de coliformes fecais/100 mL no efluente que sai da lagoa;

$NMP_0 = 1,6 \times 10^4$ NMP/100 mL = número mais provável de coliformes fecais/100 mL no esgoto que entra na lagoa;

$a = (1 + 4 \cdot k_d \cdot \Theta_H \cdot d)^{1/2}$

utilizando-se Yanez:

$d = \dfrac{L/B}{[-0,261 + 0,254(L/B) + 1,014(L/B)^2]}$

$d = \dfrac{5,45}{[-0,261 + (0,254 \times 5,45) + (1,014 \times 5,45^2)]} =$

$= \dfrac{5,45}{31,24} = 0,174$

- admitindo-se $K_d = 0,4$, maior valor da faixa apresentada na Tab. 9.45), devido à profundidade adotada (1,50 m):

$a = (1 + 4 \times 0,4 \times 7,9 \times 0,174)^{1/2} = 1,79$

$NMPe = \dfrac{1,6 \times 10^4 \times 4 \times 1,79 \times}{[(1+1,79)^2 \times 2,718^{[1,79 \div (2 \times 0,174)]} +}$ (continua abaixo)

$\dfrac{\times 2,718^{[1 \div (2 \times 0,174)]}}{- [(1-1,79)^2 \times 2,718^{-[1,79 \div (2 \times 0,174)]}]} =$

$= \dfrac{2,03 \times 10^6}{1,33 \times 10^3} = 1,53 \times 10^3$

Essa concentração de coliformes fecais *NMP* = 1.530 deve ser analisada em função da classificação do corpo receptor. Os critérios fixados pela CONAMA 357/2005 se referem à manutenção da qualidade do corpo receptor, em função do uso. Nem a Resolução CONAMA 357/2005 nem o Decreto Estadual Paulista 8468/76 fixam, para os coliformes, quaisquer padrões de lançamento dos efluentes. Por exemplo, a CONAMA 357/2005 estabelece:

Coliformes termotolerantes (fecais): Nas águas de classe 1 e 2, para uso em recreação de contato primário deverão ser obedecidos os padrões de qualidade de balneabilidade, previstos na Resolução CONAMA n. 274, de 2000. Tal resolução classifica as águas consideradas próprias para recreação de contato primário, nas seguintes categorias:

a) Excelente: quando em 80% ou mais de um conjunto de amostras obtidas em cada uma das cinco semanas anteriores, colhidas no mesmo local, houver, no máximo, 250 coliformes fecais (termotolerantes) ou 200 *Escherichia Coli* ou 25 enterococos por 100 mL;

b) Muito boa: quando em 80% ou mais de um conjunto de amostras obtidas em cada uma das cinco semanas anteriores, colhidas no mesmo local, houver, no máximo, 500 coliformes fecais (termotolerantes) ou 400 *Escherichia Coli* ou 50 enterococos por 100 mL;

c) Satisfatória: quando em 80% ou mais de um conjunto de amostras obtidas em cada uma das cinco semanas anteriores, colhidas no mesmo local, houver, no máximo, 1.000 coliformes fecais (termotolerantes) ou 800 *Escherichia Coli* ou 100 enterococos por 100 mL.

As águas serão consideradas impróprias para uso em contato primário quando, no trecho avaliado, for verificada uma das seguintes ocorrências:

a) não atendimento aos critérios estabelecidos para as águas próprias;

b) valor obtido na última amostragem for superior a 2.500 coliformes fecais (termotolerantes) ou 2.000 *Escherichia Coli* ou 400 enterococos por 200 mL.

Para os coliformes termotolerantes (fecais), a Resolução CONAMA 357/2005 fixa ainda:

- Para as águas de classe 1 (demais usos): não deverá ser excedido um limite de 200 coliformes termotolerantes por 100 mL em 80% ou mais, de pelo menos 6 amostras, coletadas durante o período de um ano, com frequência bimestral.

- Para as águas de classe 2 (demais usos): não deverá ser excedido um limite de 1.000 coliformes termotolerantes por 100 mL em 80% ou mais de pelo menos 6 (seis) amostras coletadas durante o período de uma ano, com frequência bimestral.

- Para as águas de classe 3, para uso de recreação de contato secundário: não deverá ser excedido um limite de 2.500 coliformes termotolerantes por 100 mL em 80% ou mais de pelo menos 6 amostras, coletadas durante o período de um ano, com frequência bimestral. Para dessedentação de animais criados confinados, não deverá ser excedido o limite de 1.000 coliformes termotolerantes por 100 mL em 80% ou mais de pelo menos 6 amostras, coletadas durante o período de um ano, com frequência bimestral. Para os demais usos, não deverá ser excedido um limite de 4.000 coliformes termotolerantes por 100 mL em 80% ou mais de pelo menos 6 amostras coletadas durante o período de uma ano, com periodicidade bimestral.

- Para as águas de classe 4: não são fixados limites para coliformes termolerantes.

Eficiência na remoção de coliformes fecais na lagoa secundária

$E_{CF} = [(1,6 \times 10^4 - 1,53 \times 10^3) \div 1,6 \times 10^4] \times 100 = 90,4\%$

Eficiência na remoção de coliformes fecais (lagoas facultativas primárias + secundárias):

$E_{CF} = [(10^6 - 1,53 \times 10^3) \div 10^6] \times 100 = 99,85\%$

⇒ Dimensionamento da lagoa terciária (maturação):

- A carga de DBO5$_{-20\ °C}$ (DBO + algas) para a lagoa terciária é a remanescente da lagoa secundária, ou seja = 0,047 kg/m³ × 3.491,00 m³/dia = 164,1 kg · DBO/dia. No entanto, para o caso da lagoa de maturação não é a DBO o parâmetro utilizado. A recomendação de Andrade Neto (1997) é de que essas lagoas sejam projetadas com tempo de detenção mínimo $\Theta_{Hmín.}$ = 3 dias. Assim, adotar-se-á Θ_H = 5 dias e com as dimensões resultantes far-se-á a verificação da eficiência na remoção de coliformes, que é o principal objetivo das lagoas de maturação. O volume resultante será então:

$V = \Theta_H \cdot Q_0 = 5$ dias × 3.491,0 m³/dia = 17.455,00 m³

Adotando-se profundidade h = 1,00 m, ter-se-á uma área A = 17.455,00 m² ≈ 1,75 ha

- Admitindo-se um arranjo com 4 lagoas terciárias, com relação comprimento/largura em torno de 6:1 e mantendo-se um valor de área média em torno de 4.400,00 m² cada uma, tem-se:

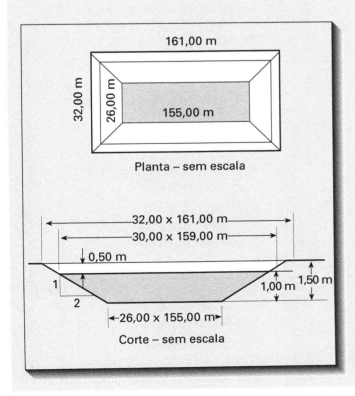

Planta – sem escala

Corte – sem escala

Verificação da carga de DBO aplicada (levando-se em conta a área à meia profundidade)

$\lambda_{aplic} = \dfrac{\text{carga de DBO}}{A} =$

$= \dfrac{0,047 \text{ kg DBO/m}^3 \times 3.491 \text{ m}^3/\text{dia}}{4 \times (28,00 \times 157,00) \div 10.000 \text{ (ha)}}$

$= 93,3$ kg DBO/ha · dia

- Admitindo-se, para as lagoas terciárias, a profundidade h = 1,00 m, tem-se um volume útil V_{ULS} para cada uma das lagoas.

V_{ULS} = área média · h = {[(26,00 × 155,00) + (30,00 × 159,00)] ÷ 2} × 1,00 m = 4.400,00 m³

E um volume total para as lagoas terciárias V_{TLT} = 4,00 × 4.400,00 = 17.600,00 m³

a área superficial útil total é A_{UT} = 4,00 × 4.400,00 = 17.600,00 m² = 1,76 ha

a área de ocupação total é A_T = 4,00 × 32,00 × 161,00 ≈ 20.608,00 m² ≈ 2,06 ha

- Verificação do tempo de detenção hidráulico Θ_H resultante

$\Theta_H = \dfrac{4.400 \text{ m}^3 \times 4}{3.491 \text{ m}^3/\text{dia}} = 5,04$ dias

Valor de L/B (à meia profundidade) = 157,00/28,00 = 5,61

- Estimativa da eficiência na remoção da DBO (lagoa terciária)

Admitindo-se para a entrada da lagoa terciária, a concentração de DBO solúvel no efluente da lagoa secundária S_0 = 0,012 kgDBO/m³ tem-se, para o fluxo disperso:

$S_e = S_0 \cdot \dfrac{4 \times a \times e^{1 \div 2d}}{[(1+a)^2 \cdot e^{a \div 2d}] - [(1-a)^2 \cdot e^{-a \div 2d}]}$

$S_0 = 0,012$ kg/m³

$a = (1 + 4 \cdot k \cdot \Theta_H \cdot d)^{1/2}$

utilizando-se Yanez:

$d = \dfrac{L/B}{[-0,261 + 0,254(L/B) + 1,014(L/B)^2]}$

$d = \dfrac{5,61}{[-0,261 + (0,254 \times 5,61) + (1,014 \times 5,61^2)]} =$

$= \dfrac{5,61}{33,08} = 0,17$

Utilizando-se Arceivala, $K = 0,132 \cdot \log \lambda_{aplic} - 0,146 = 0,132 \times \log 93,3 - 0,146 = 0,114$.

Utilizando-se Vidal, $K = 0,091 + 2,05 \times 10^{-4} \times \lambda_{aplic} = 0,110$.

Admitindo-se um valor médio entre os dois valores calculados, tem-se: K = 0,112.

$a = (1 + 4 \times 0,112 \times 5,04 \times 0,17)^{1/2} = 1,18$

$$Se = \frac{0,012 \times 4 \times 1,18 \times}{[(1+1,18)^2 \times 2,718^{[1,18 \div (2\times 0,17)]}] +} \text{(continua abaixo)}$$

$$\frac{\times 2,718^{[1 \div (2\times 0,17)]}}{- [(1-1,18)^2 \times 2,718^{-[1,18 \div (2\times 0,17)]}]} =$$

$$= \frac{1,073}{152,82} = 0,007 \text{ kg/m}^3$$

Essa concentração da DBO$_{solúvel}$ estará saindo da lagoa terciária.

Eficiência na remoção da DBO$_{solúvel}$ na lagoa terciária:

$E_{DBO} = [(0,012 - 0,007) \div 0,012] \times 100 = 41,7\%$

Eficiência total na remoção da DBO$_{solúvel}$ (lagoas: primárias + secundárias + terciárias):

$E_{DBO} = [(0,275 - 0,007) \div 0,275] \times 100 = 97,5\%$

Considerando-se uma concentração de algas de 100 mg/L = 0,1 kg/m^3 e admitindo-se 0,35 kgDBO/kg SSV (algas), tem-se 0,1 × 0,35 = 0,035 kgDBO/m^3 (DBO devida às algas), ou uma DBO total = 0,007 + 0,035 = 0,042 kgDBO/m^3.

Eficiência na remoção da DBO$_{total}$ na lagoa terciária:

$E_{tot.} = [(0,047 - 0,042) \div 0,047] \times 100 = 10,6\%$

Eficiência na remoção da DBO$_{total}$ nas lagoas: primárias, secundárias e terciárias:

$E_{tot.} = [(0,275 - 0,042) \div 0,275] \times 100 = 84,7\%$

A DBO resultante dos 100 mg/L de algas estimados, quando lançados num corpo d'água receptor, não tem o mesmo efeito indesejável da DBO solúvel. Pelo contrário, se for um rio piscoso, poderá ser até mesmo favorável, tanto pode servir como alimento para os peixes quanto pode ajudar a manter os níveis de oxigênio livre no meio. No entanto, caso haja problemas com a presença de algas (por exemplo, se for um manancial para água de abastecimento), pode-se tentar melhorar os dispositivos que impedem a saída das algas na última lagoa (terciária), ou mesmo a colocação de peixes nessa última lagoa, visando diminuir a sua concentração.

- Estimativa da eficiência na remoção de coliformes fecais CF (lagoa terciária)

Considerando-se o número de coliformes fecais na entrada da lagoa terciária, igual à da saída da lagoa secundária $NCF_0 = 1,53 \times 10^3$ tem-se, para o fluxo disperso:

$NMP_e = NMP_0 \cdot$

NMP_e = número mais provável de coliformes fecais/100 mL no efluente que sai da lagoa;

$NMP_0 = 1,53 \times 10^3$ NMP/100 mL = número mais provável de coliformes fecais/100 mL no esgoto que entra na lagoa;

$a = (1 + 4 \cdot k_d \cdot \Theta_H \cdot d)^{1/2}$

utilizando-se Yanez:

$$d = \frac{L/B}{[-0,261 + 0,254(L/B) + 1,014(L/B)^2]}$$

$$d = \frac{5,61}{[-0,261 + (0,254 \times 5,61) + (1,014 \times 5,61^2)]} =$$

$$= \frac{5,61}{33,08} = 0,17$$

- Admitindo-se $K_d = 0,63$, valor intermediário da faixa apresentada na Tab. 9.45):

$a = (1 + 4 \times 0,63 \times 5,04 \times 0,17)^{1/2} = 1,78$

$$NMPe = \frac{1,53 \times 10^3 \times 4 \times 1,78 \times}{[(1+1,78)^2 \times 2,718^{[1,78 \div (2\times 0,17)]}] +} \text{(continua abaixo)}$$

$$\frac{\times 2,718^{[1 \div (2\times 0,17)]}}{- [(1-1,78)^2 \times 2,718^{-[1,78 \div (2\times 0,17)]}]} =$$

$$= \frac{2,06 \times 10^5}{1,45 \times 10^3} = 1,42 \times 10^2$$

Eficiência na remoção de coliformes totais na lagoa terciária:

$E_{CT} = [(1,53 \times 10^3 - 1,42 \times 10^2) \div 1,53 \times 10^3] \times 100 = 90,7\%$

Eficiência na remoção de coliformes totais (no sistema de 3 lagoas $FP + FS + M$ adotado):

$E_{CT} = [(10^6 - 1,42 \times 10^2) \div 10^6] \times 100 = 99,99\%$

b) Sistema 2 — Lagoa anaeróbia primária + lagoa facultativa secundária + lagoa terciária.

- Dimensionamento da lagoa primária anaeróbia PA

Admitindo-se uma taxa de aplicação superficial de 1.000 kg DBO/ha · dia, para a lagoa primária anaeróbia, tem-se:

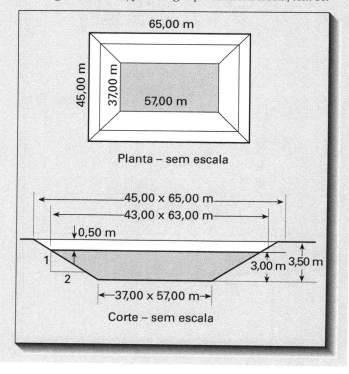

$$A_{LA} = \frac{\text{carga de DBO/dia}}{\lambda_{\lim} \text{ em kg BDO/ha} \cdot \text{dia}} = \frac{960}{1.000} =$$

$$= 0,960 \text{ ha} \quad \text{ou} \quad \cong 9.600 \text{ m}^2$$

- Admitindo-se 4 lagoas anaeróbias, cada uma com área superficial média de 2.400,00 m², com uma profundidade h de 3,00 m, pode-se ter a seguinte configuração:

Resultando num volume útil V_{ULA} para cada uma das lagoas anaeróbias:

V_{ULA} = área média $\cdot h$ = {[(37,00 × 57,00) + (43,00 × 63,00)] ÷ 2} × 3,00 m = 7.056,00 m³

E num volume útil total V_T = 4 × 7.056 m³ = 28.224,00 m³

Numa área útil superficial total A_{UT} = 4,00 × 43,00 × 63,00 = 10.836,00 m² = 1,08 ha

E numa área de ocupação total A_T = 4,00 × 45,00 × 65,00 × 11.700,00 m² = 1,17 ha

- Verificação do tempo de detenção hidráulico Θ_H

$$\Theta_H = \frac{28.224 \text{ m}^3}{3.491 \text{ m}^3/\text{dia}} = 8,1 \text{ dias}$$

Observação

Embora tenha até sido citado neste texto, um método para se estimar a eficiência das lagoas anaeróbias na remoção da DBO, no Brasil, tem-se adotado, para temperaturas até 20 °C, uma eficiência máxima de 50%. Para temperaturas acima de 20 °C uma eficiência máxima de 60%.

Adotando-se este critério, estimar-se-á em 50% a eficiência de remoção da DBO, para este nosso exemplo de cálculo. Quanto à remoção de coliformes fecais, para efeito deste exemplo de cálculo, considerar-se-á uma remoção de 80% na lagoa anaeróbia.

⇒ Dimensionamento da lagoa secundária facultativa (SF)

- Admitindo-se, para a lagoa secundária, um $\lambda_{\text{aplic.}}$ = 120 kg DBO/ha · dia, além de uma eficiência global de remoção de DBO na lagoa anaeróbia primária da ordem de 50%, tem-se então uma carga de 960 × 0,5 = 480 kg DBO/dia para a lagoa secundária e a seguinte área média total:

$$A_s = \frac{\text{carga de DBO/dia}}{\lambda_{\text{aplic}} \text{ em kg BDO/ha} \cdot \text{dia}} = \frac{480}{120} =$$

$$= 4,0 \text{ ha} \quad \text{ou} \quad \cong 40.000 \text{ m}^2$$

- Admitindo-se a construção de 4 lagoas com área média de 10.000 m² cada e relação comprimento/largura na faixa de 6:1, pode-se, por exemplo, ter a configuração mostrada na figura.

Admitindo-se, para as lagoas secundárias, uma profundidade h = 1,50 m, tem-se um volume útil V_{ULS} para cada uma das lagoas facultativas secundárias.

V_{ULS} = área média $\cdot h$ = {[(38,00 × 242,00) + (44,00 × 248,00)] ÷ 2} × 1,50 m = 15.081,00 m³

E um volume útil total V_T = 4 × 15.081,00 m³ = 60.324,00 m³

Com área útil superficial total A_{UT} = 4,00 × 44,00 × 248,00 = 43.648,00 m² = 4,36 ha

e com área de ocupação total A_T = 4,00 × 46,00 × 250,00 = 46.000,00 m² = 4,6 ha

- Verificação do tempo de detenção hidráulico Θ_H

$$\Theta_H = \frac{4 \times 15.081 \text{ m}^3}{3.491 \text{ m}^3/\text{dia}} = 17,3 \text{ dias}$$

- Valor de L/B (à meia profundidade) = 245,00/41,00 = 5,98

Carga de DBO (por ha) efetivamente aplicada, considerada a área à meia profundidade):

λ_{aplic} = 480 kgDBO/dia ÷ ({[4,00 × (41,00 × 245,00)] ÷ 10.000}) = 119,5 kgDBO/ha · dia

- Estimativa da eficiência na remoção da DBO na lagoa secundária

Admitindo-se para a entrada da lagoa secundária, a concentração de DBO solúvel no efluente da lagoa primária S_0 = 0,50 × 0,275 = 0,138 kgDBO/m³ tem-se, para o fluxo disperso:

$$S_e = S_0 \cdot \frac{4 \times a \times e^{1 \div 2d}}{[(1+a)^2 \cdot e^{a \div 2d}] - [(1-a)^2 \cdot e^{-a \div 2d}]}$$

S_0 = 0,50 × 0,275 = 0,138 kg/m³ e a carga de DBO aplicada = 119,5 kgDBO/ha · dia

$a = (1 + 4 \cdot k \cdot \Theta_H \cdot d)^{1/2}$

utilizando-se Yanez:

$$d = \frac{L/B}{[-0,261 + 0,254(L/B) + 1,014(L/B)^2]}$$

$$d = \frac{5,98}{[-0,261 + (0,254 \times 5,98) + (1,014 \times 5,98^2)]} =$$

$$= \frac{5,98}{37,52} = 0,16$$

Utilizando-se Arceivala, K = 0,132 · log λ_{aplic} – 0,146 = 0,132 × log 119,5 – 0,146 = 0,128.

Utilizando-se Vidal, K = 0,091 + 2,05 · 10^{-4} × λ_{aplic} = 0,115.

Admitindo-se um valor médio entre os dois valores calculados, tem-se: K = 0,122

$a = (1 + 4 \times 0,122 \times 17,3 \times 0,16)^{1/2} = 1,53$

$$Se = \frac{0,138 \times 4 \times 1,53 \times}{[(1+1,53)^2 \times 2,718^{[1,53 \div (2 \times 0,16)]}] +} \text{ (continua abaixo)}$$

$$\frac{\times 2,718^{[1 \div (2 \times 0,16)]}}{-[(1-1,53)^2 \times 2,718^{-[1,53 \div (2 \times 0,16)]}]} =$$

$$= \frac{19.222}{763,32} = 0,025 \times 10^3$$

Essa concentração da DBO será utilizada como entrada da lagoa terciária.

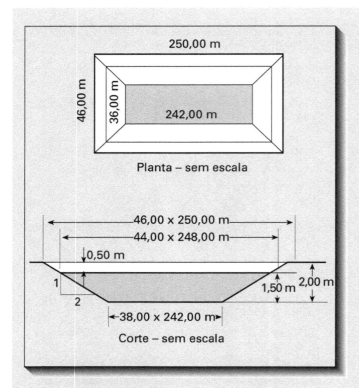

Planta – sem escala

Corte – sem escala

Eficiência na remoção da DBO$_{solúvel}$ (na lagoa secundária):

$E_{sol.} = [(0{,}138 - 0{,}025) \div 0{,}138] \times 100 = 81{,}5\%$

Eficiência na remoção da DBO$_{solúvel}$ (na lagoa primária + secundária):

$E_{sol.} = [(0{,}275 - 0{,}025) \div 0{,}275] \times 100 = 90{,}9\%$

Considerando-se uma concentração de algas de 100 mg/L = 0,1 kg/m³ e admitindo-se 0,35 kgDBO/kg SSV (algas), tem-se 0,1 × 0,35 = 0,035 kgDBO/m³ (DBO devida às algas), ou uma DBO total = 0,025 + 0,035 = 0,060 kgDBO/m³.

Eficiência na remoção da DBO$_{total}$ (na lagoa secundária):

$E_{total} = [(0{,}138 - 0{,}06) \div 0{,}138] \times 100 = 56{,}5\%$

Eficiência na remoção da DBO$_{total}$ (na lagoa primária + secundária):

$E_{total} = [(0{,}275 - 0{,}06) \div 0{,}275] \times 100 = 78{,}2\%$

- Estimativa da eficiência na remoção de coliformes fecais CF (na lagoa secundária)

  Admitindo-se 80% de eficiência na remoção de coliformes fecais na lagoa primária anaeróbia, o número de coliformes na entrada da lagoa secundária resultaria igual a $NCF_0 = 0{,}20 \times 10^6 = 2 \times 10^5$ e, portanto, tem-se, para o fluxo disperso:

  $NMP_e = NMP_0 \cdot$

  $\cdot \dfrac{4 \cdot a \cdot e^{1 \div 2d}}{[(1+a)^2 \cdot e^{a \div 2d}] - [(1-a)^2 \cdot e^{-a \div 2d}]}$

  onde:

NMP_e = número mais provável de coliformes fecais/100 mL no efluente que sai da lagoa;

$NMP_0 = 2 \times 10^5$ NMP/100 mL = número mais provável de coliformes fecais/100 mL no esgoto que entra na lagoa;

$a = (1 + 4 \cdot k_d \cdot \Theta_H \cdot d)^{1/2}$

utilizando-se Yanez:

$d = \dfrac{L/B}{[-0{,}261 + 0{,}254(L/B) + 1{,}014(L/B)^2]}$

$d = \dfrac{5{,}98}{[-0{,}261 + (0{,}254 \times 5{,}98) + (1{,}014 \times 5{,}98^2)]} =$

$= \dfrac{5{,}98}{37{,}52} = 0{,}16$

- admitindo-se $K_d = 0{,}4$, maior valor da faixa apresentada na Tab. 9.45), devido à profundidade adotada (1,50 m)

$a = (1 + 4 \times 0{,}4 \times 17{,}3 \times 0{,}16)^{1/2} = 2{,}33$

$NMPe = \dfrac{2 \times 10^5 \times 4 \times 2{,}33 \times}{[(1+2{,}33)^2 \times 2{,}718^{[2,33 \div (2 \times 0,16)]}] +}$ (continua abaixo)

$\dfrac{\times\, 2{,}718^{[1 \div (2 \times 0,16)]}}{-\,[(1-2{,}33)^2 \times 2{,}718^{-[2,33 \div (2 \times 0,16)]}]} =$

$= \dfrac{4{,}24 \times 10^7}{1{,}61 \times 10^4} = 2{,}63 \times 10^3$

Eficiência na remoção de coliformes fecais na lagoa secundária:

$E_{CT} = [(2 \times 10^5 - 2{,}63 \times 10^3) \div 2 \times 10^5] \times 100 = 98{,}7\%$

Eficiência na remoção de coliformes fecais na lagoa primária + secundária:

$E_{CT} = [(10^6 - 2{,}63 \times 10^3) \div 10^6] \times 100 = 99{,}7\%$

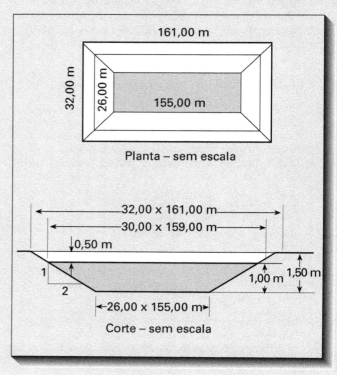

Planta – sem escala

Corte – sem escala

Lagoas de estabilização

⇒ Dimensionamento da lagoa terciária facultativa "*TF*"

- A carga de $DBO_{5\text{-}20\,°C}$ para a lagoa terciária é a remanescente da lagoa secundária (considerar-se-á, para efeito de carga aplicada, a DBO solúvel + algas), ou seja = 0,060 kgDBO/m³ × 3.491 m³/dia = 209,5 kg · DBO/dia. Porém, no caso da lagoa de maturação, a recomendação de Andrade Neto (1997) é de que sejam projetadas com tempo de detenção mínimo $\Theta_{H\text{mín.}}$ = 3 dias. Assim, adotar-se-á Θ_H = 5 dias. O volume resultante será então:

$V = \Theta_H \cdot Q_0$ = 5 dias × 3.491,0 m³/dia = 17.455 m³

Adotando-se profundidade h = 1,00 m, ter-se-á uma área A = 17.455 m² ≈ 1,75 ha.

- Admitindo-se um arranjo com 4 lagoas terciárias, com relação comprimento/largura em torno de 6:1 e mantendo-se um valor de área média em torno de 4 400 m² cada uma, tem-se:

Verificação da carga de DBO aplicada (levando-se em conta a área à meia profundidade).

$$\lambda_{\text{aplic}} = \frac{\text{carga de DBO}}{A} =$$

$$= \frac{0,060 \text{ kg DBO/m}^3 \times 3.491 \text{ m}^3/\text{dia}}{[4 \times (28,00 \times 157,00) \div 10.000](\text{ha})}$$

$= 119,1$ kg DBO/ha · dia

- Admitindo-se, para as lagoas terciárias, a profundidade h = 1,00 m, tem-se um volume útil V_{ULS} para cada uma das lagoas.

V_{ULS} = área média · h = {[(26,00 × 155,00) + (30,00 × 159,00)] ÷ 2} × 1,00 m = 4.400,00 m³

E um volume total para as lagoas terciárias:
V_{TLT} = 4,00 × 4.400,00 = 17.600,00 m³

a área superficial útil total é A_{UT} = 4,00 × 4.400,00 = 17.600,00 m² = 1,76 ha

a área de ocupação total é A_T = 4,00 × 32,00 × 161,00 ≈ 20.608,00 m² ≈ 2,06 ha

- Verificação do tempo de detenção hidráulico Θ_H resultante

$$\Theta_H = \frac{4.400 \text{ m}^3 \times 4}{3.491,00 \text{ m}^3/\text{dia}} = 5,04 \text{ dias}$$

Valor de *L/B* (à meia profundidade) = 157,00/28,00 = 5,61

Estimativa da eficiência na remoção da DBO (lagoa terciária)

- Admitindo-se para a entrada da lagoa terciária, a concentração de DBO solúvel no efluente da lagoa secundária S_0 = 0,025 kgDBO/m³ tem-se, para o fluxo disperso:

$$S_e = S_0 \cdot \frac{4 \times a \times e^{1 \div 2d}}{[(1+a)^2 \cdot e^{a \div 2d}] - [(1-a)^2 \cdot e^{-a \div 2d}]}$$

S_0 = 0,025 kg/m³

$a = (1 + 4 \cdot k \cdot \Theta_H \cdot d)^{1/2}$

utilizando-se Yanez:

$$d = \frac{L/B}{[-0,261 + 0,254(L/B) + 1,014(L/B)^2]}$$

$$d = \frac{5,61}{[-0,261 + (0,254 \times 5,61) + (1,014 \times 5,61^2)]} =$$

$$= \frac{5,61}{33,08} = 0,17$$

Utilizando-se Arceivala, K = 0,132 · log λ_{aplic} – 0,146 = 0,132 × log 119,1 – 0,146 = 0,128.

Utilizando-se Vidal, K = 0,091 + 2,05 × 10^{-4} × λ_{aplic} = 0,115.

Admitindo-se um valor médio entre os dois valores calculados, tem-se: K = 0,122.

$a = (1 + 4 \times 0,122 \times 5,04 \times 0,17)^{1/2}$ = 1,19

$$S_e = \frac{0,025 \times 4 \times 1,19 \times}{[(1+1,19)^2 \times 2,718^{[1,19 \div (2 \times 0,17)]}] +}$$ (continua abaixo)

$$\frac{\times 2,718^{[1 \div (2 \times 0,17)]}}{- [(1-1,19)^2 \times 2,718^{-[1,19 \div (2 \times 0,17)]}]} =$$

$$= \frac{2,254}{158,83} = 0,14 \text{ kg/m}^3$$

Essa concentração da $DBO_{\text{solúvel}}$ estará saindo da lagoa terciária.

Eficiência na remoção da $DBO_{\text{solúvel}}$ na lagoa terciária:

$E_{\text{sol.}}$ = [(0,025 – 0,014) ÷ 0,025] × 100 = 44,0%

Eficiência total na remoção da $DBO_{\text{solúvel}}$ (lagoas: primária + secundária + terciária):

$E_{\text{sol.}}$ = [(0,275 – 0,014) ÷ 0,275] × 100 = 94,9%

Essa é a eficiência estimada para remoção da $DBO_{\text{sol.}}$, no sistema composto pelas lagoas primária, secundária e terciária (primária e secundária facultativas e terciária de maturação).

Considerando-se uma concentração de algas de 100 mg/L = 0,1 kg/m³ e admitindo-se 0,35 kgDBO/kg SSV (algas), tem-se 0,1 × 0,35 = 0,035 kgDBO/m³ (DBO devida às algas), ou uma DBO total = 0,014 + 0,035 = 0,049 kgDBO/m³.

Eficiência na remoção da DBO_{total} $E_{\text{tot.}}$ = [(0,275 – 0,049) ÷ (0,275)] × 100 = 82,2%.

Também neste caso, conforme já citado, deve-se considerar que a DBO resultante dos 100 mg/L de algas estimados, quando lançados num corpo d'água receptor, não tem o mesmo efeito indesejável da DBO solúvel.

- Estimativa da eficiência na remoção de coliformes fecais *CF* (lagoa terciária)

Considerando-se o número de coliformes fecais na entrada da lagoa terciária, igual à da saída da lagoa secundária NCF_0 = 2,63 × 10^3, tem-se, para o fluxo disperso:

$NMP_e = NMP_0 \cdot$
$\cdot \dfrac{4 \cdot a \cdot e^{1 \div 2d}}{[(1+a)^2 \cdot e^{a \div 2d}] - [(1-a)^2 \cdot e^{-a \div 2d}]}$

onde:

NMP_e = número mais provável de coliformes fecais/100 mL no efluente que sai da lagoa;

$NMP_0 = 2{,}63 \times 10^3$ NMP/100 mL = número mais provável de coliformes fecais/100 mL no esgoto que entra na lagoa;

$a = (1 + 4 \cdot k_d \cdot \Theta_H \cdot d)^{1/2}$

utilizando-se Yanez:

$d = \dfrac{L/B}{[-0{,}261 + 0{,}254(L/B) + 1{,}014(L/B)^2]}$

$d = \dfrac{5{,}61}{[-0{,}261 + (0{,}254 \times 5{,}61) + (1{,}014 \times 5{,}61^2)]} =$

$= \dfrac{5{,}61}{33{,}08} = 0{,}17$

- Admitindo-se $K_d = 0{,}63$, valor intermediário da faixa apresentada na Tab. 9.45),

$a = (1 + 4 \times 0{,}63 \times 5{,}04 \times 0{,}17)^{1/2} = 1{,}78$

$NPMe = \dfrac{2{,}63 \times 10^3 \times 4 \times 1{,}78 \times 2{,}718^{[1 \div (2 \times 0{,}17)]}}{[(1+1{,}78)^2 \times 2{,}718^{[1{,}78 \div (2 \times 0{,}17)]}] - [(1-1{,}78)^2 \times 2{,}718^{-[1{,}78 \div (2 \times 0{,}17)]}]}$ (continua abaixo)

$= \dfrac{3{,}55 \times 10^5}{1{,}45 \times 10^3} = 2{,}45 \times 10^2$

Eficiência na remoção de coliformes fecais (na lagoa terciária):
$E_{CT} = [(2{,}63 \times 10^3 - 2{,}45 \times 10^2) \div 2{,}63 \times 10^3] \times 100 = 90{,}7\%$

Eficiência na remoção de coliformes fecais (no sistema de 3 lagoas adotado):
$E_{CT} = [(10^6 - 2{,}45 \times 10^2) \div 10^6] \times 100 = 99{,}98\%$

Comparação entre os valores estimados para os dois sistemas calculados (ver tabela).

Sistema 1 = lagoa primária e secundária facultativas e lagoa terciária (maturação).

Sistema 2 = lagoa primária anaeróbia, secundária facultativa e terciária (maturação).

Observações finais

As áreas de ocupação total das lagoas e dos sistemas, acima apresentadas, não incluem áreas de circulação interna, áreas para grades, caixas de areia, oficinas operacionais, guaritas de segurança etc. Alguns autores consideram uma área adicional de 30% para cobrir essas utilidades.

Principais características das lagoas projetadas	Sistema 1	Sistema 2
Área superficial útil total das lagoas primárias "LP"	5,2 ha	1,08 ha
Área de ocupação total das LP	5,4 ha	1,17 ha
Volume útil total das LP	86.812 m³	28.224 m³
Eficiência estimada na remoção de DBO solúvel das LP	90,2%	50,0%
Eficiência estimada na remoção de DBO total (solúvel + algas) das LP	77,5%	–
Eficiência estimada na remoção de coliformes fecais das LP	98,4%	80,0%
Área superficial útil total das lagoas secundárias "LS"	2,06 ha	4,36 ha
Área de ocupação total das LS	2,22 ha	4,6 ha
Volume útil total das LS	27.546 m³	60.324 m³
Eficiência estimada na remoção de DBO solúvel das LS	55,6%	81,5%
Eficiência estimada na remoção de DBO solúvel das LP + LS	82,9%	90,9%
Eficiência estimada na remoção de DBO total (solúvel + algas) das LS	24,2%	56,5%
Eficiência estimada na remoção de DBO total (solúvel + algas) das LP + LS	82,9%	78,2%
Eficiência estimada na remoção de coliformes fecais das LS	90,4%	98,7%
Eficiência estimada na remoção de coliformes fecais das LP + LS	99,9%	99,7%
Área superficial útil total das lagoas terciárias "LT"	1,76 ha	1,76 ha
Área de ocupação total das LT	2,06 ha	2,06 ha
Volume útil total das LT	17.600 m³	17.600 m³
Eficiência estimada na remoção de DBO solúvel das LT	41,7%	44,0%
Eficiência estimada na remoção de DBO solúvel das LP + LS + LT	97,5%	94,9%
Eficiência estimada na remoção de DBO total (solúvel + algas) das LP + LS + LT	84,7%	82,2%
Eficiência estimada na remoção de coliformes fecais das LT	90,7%	90,7%
Eficiência estimada na remoção de coliformes fecais das LP + LS + LT	99,99%	99,98%
Área superficial útil total do sistema (LP + LS + LT)	9,02 ha	7,2 ha
Área de ocupação total do sistema (LP + LS + LT)	9,68 ha	7,83 ha
Volume útil total do sistema (LP + LS + LT)	131.958 m³	106.148 m³

Lagoas de estabilização

Foge ao escopo deste livro extensivas recomendações sobre outros aspectos de projeto, sobre aspectos construtivos, operação e manutenção de lagoas. Para isso já existem excelentes textos específicos, mesmo em português, podendo-se destacar: Mara e Silva (1979); CETESB (1989), Von Sperling (1996-c), Andrade Neto (1997).

Quanto à existência ou não de caixas de areia como tratamento prévio ao sistema de lagoas, Von Sperling (1996-c) recomenda a sua instalação, assim como grades e medidores de vazão, pela simples razão de que são unidades simples, de fácil manutenção e operação e que evitam entupimentos na tubulação de entrada de esgoto.

Apenas para efeito comparativo, apresenta-se a Foto 9.3a, que mostra um sistema de lagoas de estabilização, composto de lagoa anaeróbia, seguida de lagoa facultativa e lagoa de maturação. O empreendimento ainda está em fase de construção e a execução está a cargo do Departamento de Águas e Energia Elétrica de São Paulo (DAEE-SP). Esse sistema situa-se na Bacia do Córrego da Mula, em Santa Fé do Sul, SP. Ressalte-se que essa ETE tratará uma vazão média de 3.200 m^3/dia, valor um pouco menor, mas que se aproxima bastante da vazão considerada no exemplo de cálculo 9.17 (3.491 m^3/dia). Esse projeto, que ocupa uma área total de 16,94 ha, apresenta as seguintes características principais:

Lagoa anaeróbia:

Área superficial (na linha d' água)

$= 5.770$ m^2 $= 0,577$ ha; volume: 16.345 m^3
profundidade: 3,50 m

Lagoa facultativa:

Área superficial (na linha d' água)

$= 22.651$ m^2 $= 2,265$ ha; volume: 47.516 m^3
profundidade: 2,20 m

Lagoa de maturação:

Área superficial (na linha d' água)

$= 20.257$ m^2 $= 2,026$ ha; volume: 19.398 m^3
profundidade: 0,80 m e 1,20 m

Nas fotos seguintes (9.3b a 9.3g), são apresentados sistemas de lagoas já implantados e em plena operação nos diversos municípios paulistas. São obras construídas em regime de convênio entre o DAEE-SP e as prefeituras municipais. Notar que, muitas vezes, o formato das lagoas não é regular, e, sim adaptado, à topografia local, visando diminuir os custos com movimentos de terra.

Foto 9.3b Sistema de lagoas no município de Promissão, SP
(Fonte: DAEE, 2000-b).

Foto 9.3a Sistema de lagoas em Santa Fé do Sul, SP
(Fonte: DAEE, 2000-b).

Foto 9.3c Sistema de lagoas no município de Andradina, SP
(Fonte: DAEE, 2000-b).

Foto 9.3d Sistema de lagoas do município de Guararapes, SP (Fonte: DAEE, 2000-b).

Foto 9.3e Sistema de lagoas do município de Penápolis, SP (Fonte: DAEE, 2000-b).

Foto 9.3f Sistema de lagoas do município de Sabino, SP (Fonte: DAEE, 2000-b).

Foto 9.3g Sistema de lagoas do município de Bilac, SP (Fonte: DAEE, 2000-b).

9.7 Filtros biológicos

Segundo Além Sobrinho (1983-b), os leitos percoladores, indevidamente denominados filtros biológicos (ou, em inglês, *trickling filters*), consistem de um leito de percolação feito com material altamente permeável, por onde o esgoto a ser tratado percola no sentido vertical (de cima para baixo). No material de enchimento do leito vai então se formando uma película gelatinosa (massa biológica), composta por microrganismos e onde vai sendo retida a matéria orgânica a ser decomposta.

A eficiência do tratamento nos filtros está diretamente relacionada com a área específica (superfície de exposição do material de enchimento). O enchimento pode ser feito com pedra britada de n. 4, ou com materiais sintéticos (módulos plásticos conhecidos como anéis de Rashig). Os anéis de Rashig apresentam duas características que os tornam vantajosos em relação à pedra: o baixo peso específico γ e a alta superfície específica A_e:

- pedra n. 4
  $\Rightarrow \gamma = 1.400$ kgf/m^3 e $A_e = 55$ m^2/m^3

- módulos plásticos
  $\Rightarrow \gamma = 40$ kgf/m^3 e $A_e = 200$ m^2/m^3

A altura do leito de pedras varia na faixa de 0,90 a 3 m (usualmente 1,80 m). Já os leitos preenchidos por módulos plásticos podem ser feitos com maior altura, chegando a atingir de 9 m até 12 m, aumentando assim ainda mais a eficiência do tratamento, podendo-se diminuir a área superficial do filtro.

Além Sobrinho (1983-b), comenta as taxas de aplicação superficial e a classificação dos filtros, em função destas.

Filtros de baixa taxa

(Taxa de aplicação hidráulica de 1 a 4 m^3/m$^2 \cdot$ dia). Resultam muito grandes e possibilitam a proliferação de

Filtros biológicos

moscas (não são muito utilizados).

Filtros de taxa intermediária

(Taxa de aplicação hidráulica de 4 a 10 m³/m² · dia), também não são muito utilizados.

Filtros de alta taxa

Nestes a taxa de aplicação superficial hidráulica varia na faixa de 10 a 60 m³/m² · dia, são os mais utilizados e apresentam ainda as seguintes características:

- taxa de aplicação orgânica: 0,6 a 1,8 kg de DBO/m³ · dia (usual 1,2);
- taxa de recirculação de lodo: de 1 a 3;
- área dos furos da laje de fundo: 15% da área do filtro;
- área de ventilação: 1% da área de fundo;
- profundidade de 1,00 a 3,00 m.

A proliferação de moscas, problema comum nos filtros com taxas de aplicação hidráulica intermediária

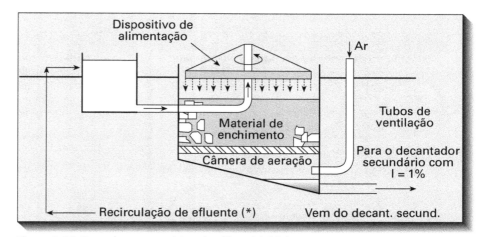

Figura 9.68 Desenho esquemático dos filtros biológicos.

e baixa, neste caso é minorada, pois as larvas são carreadas. Há também um constante carreamento do limo formado entre o material de enchimento, impedindo o entupimento do filtro, problema também muito comum nas outras taxas.

Há diversos tipos de arranjos das unidades [ver por exemplo, Além Sobrinho, 1983].

Exemplo de cálculo 9.18

Com os mesmos dados do exemplo de cálculo 9.4, a seguir reproduzidos, dimensionar uma ETE utilizando filtros biológicos de alta taxa.

Dados:

Vazão média: 40,4 L/s = 145,40 m³/h = 3.491,00 m³/dia

DBO média após passagem pelo decantador primário:

$S0 = 192,5$ mg/L $= 0,1925$ kg/m³

a) Cálculo da taxa de recirculação:

Para o cálculo da taxa de recirculação admitir-se-á que a DBO solúvel no líquido recirculado deverá estar na faixa de 10 a 30 mg/L (adotar-se-á $S_e = 20$ mg/L ou 0,02 kg/m³). A DBO aplicada ao filtro, após a mistura do esgoto afluente com o líquido recirculado deverá ficar na faixa de 50 a 150 mg/L (adotar-se-á $S_i = 100$ mg/L $= 0,1$ kg/m³). Assim, tem-se:

$$S_i = \frac{Q_0 \times S_0 + Q_R \times S_e}{Q_0 + Q_R} \text{ ou}$$

$$0,1 = \frac{(3.491 \times 0,1925) + (Q_R \times 0,02)}{3.491 + Q_R} \Rightarrow$$

$\Rightarrow Q_R = 4.036,5$ m³/dia

Ou a taxa de recirculação

$R = Q_R \div Q_0 = 4.036,50 \div 3.491,00 = 1,16$

Resultando então a seguinte vazão de aplicação Q_{aplic}:

$Q_{aplic.} = 3.491,00 + 4.036,50 = 7.527,50$ m³/dia com DBO média de aplicação $= S_i = 0,1$ kg/m³

b) Cálculo da área superficial "A_{SF}" do filtro biológico

Adotando-se uma taxa de aplicação hidráulica de 35 m³/m² · dia, tem-se:

$$A_{SF} = \frac{7.527,5 \text{ m}^3/\text{dia}}{35 \text{ m}^3/\text{m}^2 \cdot \text{dia}} = 215,07 \text{ m}^2$$

Adotando-se 4 unidades de filtro biológico com diâmetro de 9 m cada, tem-se:

$A_{FB} = (\pi \times 9,002 \div 4) = 63,62$ m² para cada filtro ou 254,48 m² de área efetiva total.

e uma taxa de aplicação hidráulica efetiva de 29,6 m³/m² · dia.

c) Cálculo do volume do filtro

Admitindo-se filtros com pedra britada n. 4, de altura $h = 2,50$ m, tem-se:

$V_F = 63,62$ m² $\times 2,50$ m $= 159,05$ m³ para cada filtro ou 636,20 m³ de volume total

d) Verificação da taxa de aplicação orgânica T_{AO}

$$T_{AO} = \frac{\text{Carga orgânica diária}}{\text{Volume total dos filtros}} =$$

$$= \frac{7.527,5 \text{ m}^3/\text{dia} \times 0,1 \text{ kg/m}^3}{636,2 \text{ m}^3} = 1,18 \text{ O.K.}$$

e) Esquema de recirculação adotado

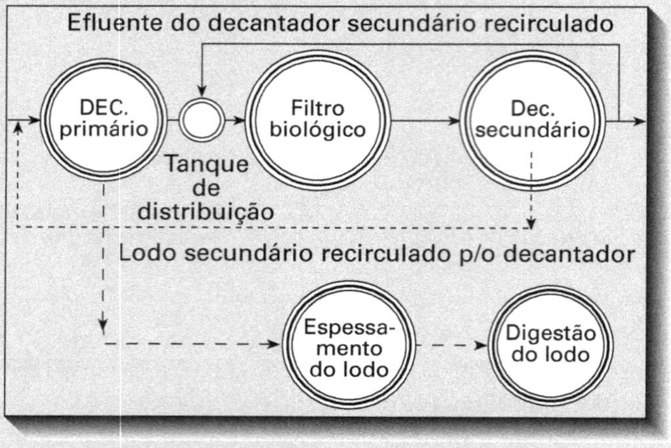

Figura 9.69 Esquema de recirculação nos filtros biológicos

f) Dimensionamento do decantador secundário

Como foi visto anteriormente na Fig. 9.21, o decantador secundário pós filtro biológico deve apresentar uma taxa de escoamento superficial $q_A \leq 1,5$ m^3/m^2·h para a vazão média que, neste caso, deve-se acrescer a vazão de recirculação anteriormente calculada.

$Q_{aplic.} = Q_0 + Q_R = 3.491,00 + 4.036,50 = 7.527,50$ m^3/dia
$= 313,65$ m^3/h

$$A_{TDS} = \frac{316,65 \text{ m}^3/\text{dia}}{1,1 \text{ m}^3/\text{m}^2 \cdot \text{dia}} = 287,86 \text{ m}^2$$

Adotando-se 4 decantadores secundários com 10 m de diâmetro cada, tem-se:

$A_{DS} = \pi \cdot D^2/4 = 78,54$ m^2 para cada decantador e uma área total de 314,16 m^2, resultando uma taxa de aplicação superficial efetiva de 1,01 m^3/m^2·dia.

9.8 Tratamento de esgoto por escoamento superficial no solo – Método da rampa

Segundo Coraucci Filho (1991), nesse tipo de tratamento, a água residuária, após passar por um pré-tratamento (grade e caixa de areia), percorre uma superfície de solo, preparada com inclinação de 2 a 8% (dependendo do tipo de solo) e na qual são plantadas gramíneas. A descarga do esgoto bruto na rampa deve ser controlada, usando-se geralmente sistemas aspersores ou tubulações perfuradas. O desejável é que o esgoto percorra superficialmente a rampa, com um mínimo de infiltração no solo. Assim, deve-se utilizar solos do tipo argiloso. Com a passagem do esgoto através do solo e da grama, uma certa quantidade de água evapora, parte é utilizada no processo vital da gramínea (evapotranspira), parte infiltra no solo e o restante é coletado através de canaletas instaladas no pé da rampa. Nesse processo, os sólidos em suspensão são retidos nos primeiros metros da rampa e a matéria orgânica vai sendo oxidada pelos microrganismos que se fixaram na cobertura vegetal e no solo.

O crescimento da vegetação possibilita uma proteção do solo contra a erosão, permitindo também a formação da camada suporte, (onde os microrganismos irão se fixar), configurando o que se pode chamar de área de tratamento ou reator principal. A vegetação é também responsável pela absorção de nutrientes e, devido ao excesso de água, cresce rapidamente, exigindo uma certa frequência de poda.

Esse sistema vem sendo muito utilizado nos Estados Unidos, tanto com o objetivo de tratar esgotos brutos (após passar por gradeamento e caixa de areia ou às vezes até por decantação primária) mas também com a finalidade de polimento (remoção de nutrientes de efluentes tratados a nível secundário).

Vejamos algumas considerações sobre o projeto e a operação, segundo o autor citado: as taxas de aplicação recomendadas estão entre 60 e 240 L/h·metro linear de rampa (medida no sentido ortogonal ao escoamento). A aplicação pode ser intermitente ou contínua. No primeiro caso, as variações no período de aplicação são de 6 a 12 horas por dia. O tempo de detenção hidráulico é função da uniformidade da superfície do solo, comprimento, inclinação, taxa de aplicação e homogeneidade da vegetação. Coraucci Filho (1991) cita um tempo aproximado de 150 minutos, para uma rampa de 40 m de comprimento, 4% de declividade e cobertura vegetal uniforme.

Ainda segundo Coraucci Filho (1991), a eficiência na remoção de sólidos suspensos e de DBO pode chegar

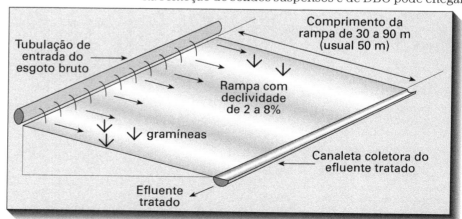

Figura 9.70 Esquema do tratamento por escoamento superficial no solo – método da rampa.

a 95%. A remoção de nitrogênio pode chegar a 90%. No entanto, a remoção de fósforo é menos eficiente, em média de 50%.

Para evitar a proliferação de moscas, Figueiredo (1992) recomenda que se faça uma aplicação contínua durante 4 dias, numa mesma área, interrompendo essa aplicação por 2 dias, o que facilitaria a morte das larvas das moscas.

Exemplo de cálculo 9.19

Com os dados dos exemplos anteriores, a seguir reproduzidos, estimar a área necessária à implantação de um sistema de tratamento de esgoto por escoamento superficial no solo.

Dados:

Vazão média: 40,4 L/s = 145,40 m³/h = 3.491,00 m³/dia

DBO média após passagem pela grade:

S_0 = 275 mg/L = 0,275 kg/m³

Considerando-se uma rampa com 50 m de largura e uma taxa de aplicação superficial de 180 litros/hora · metro linear de rampa, tem-se:

Comprimento da área de tratamento = 145.400 L/h ÷ 180 L/h · mL = 807,00 m de rampa.

Admitindo-se módulos com comprimento de 100 m por 50 m de largura, pode-se admitir a construção de 8 módulos. O que resultaria uma área total A = 50,00 × 800,00 = 40.000,00 m².

A taxa de aplicação de carga orgânica superficial resultante seria:

T_{AS} = 3.491 m³/dia × 0,275 kgDBO/m³ ÷ 40.000,00 m² = 0,024 kg · DBO/m² · dia ou 240 kgDBO/ha · dia.

9.9 Reator anaeróbio de fluxo ascendente (UASB, RAFA, DAFA)

Este reator tem recebido diversas nomenclaturas diferentes (UASB, em inglês; RAFA, DAFA, em português). Como pré-tratamento, deve-se prever o gradeamento e a remoção de areia e gorduras. Possui as mesmas limitações inerentes aos processos anaeróbios (baixa eficiência, controle operacional difícil em alguns casos etc), porém resulta em áreas bastante reduzidas, tornando-se atrativo quando comparado com lagoas anaeróbias, por exemplo, em especial tratando efluentes de alta carga orgânica.

Hidraulicamente falando, um dos seus maiores problemas é que a direção ascendente do fluxo conflita com a necessidade de sedimentação do material mais fino, carreado para cima por causa desse fluxo. A operação intermitente melhora um pouco este aspecto, bem como a instalação de dispositivos que permitam a sedimentação dos sólidos e a separação e coleta dos gases formados (ver Fig. 9.71). Os gases também têm fluxo ascencional e prejudicam a sedimentação.

V_P = velocidade de passagem < 4,0 m/h (ideal de 2 a 4 m/h);
Θ = ângulo de inclinação ≥ 50°;
C_V = carga volumétrica = 5,0 kg DQO/m³ · dia.

Segundo Além Sobrinho (1993), esse valor era utilizado anteriormente nos projetos. Hoje já se admite que essa carga é muito baixa, podendo-se chegar, para alguns tipos de despejos, a cerca de 15,0 kg · DQO/m³ · dia. Porém, para o esgoto sanitário, acabam prevalecendo as restrições hidráulicas, como se verá no exemplo de cálculo adiante.

Observação

Com as restrições hidráulicas impostas, segundo Além Sobrinho (1993), acabam resultando os seguintes tempos de detenção T_D, no caso de esgoto doméstico:

T_D = 5 a 6 horas para a vazão máxima $Q_{máx.}$;
T_D = 8 a 9 horas para a vazão média $Q_{méd.}$;

A produção de gás é bastante variável. Segundo Além Sobrinho (1993), um trabalho realizado na CETESB-SP

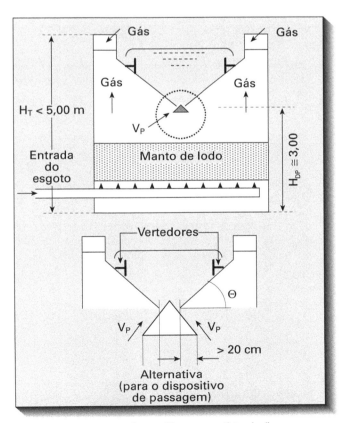

Figura 9.71 Esquema de um filtro anaeróbio de fluxo ascendente.

apresentou resultados na faixa de 80 a 160 litros de gás/kg de DBO aplicada. Esse gás contém cerca de 60 a 70% de metano (CH^4) e 20 a 30% de gás carbônico (CO_2). Do gás produzido, cerca de 50% perde-se pois, acaba saindo dissolvido no efluente. A eficiência do sistema está relacionada com a DBO de entrada no reator. O metano pode ser aproveitado na própria ETE, na queima em processos de aquecimento de digestores de lodo e/ou desaguamento térmico de lodo. Na hipótese deste não ser aproveitado, os gases gerados nos processos anaeróbios devem ser queimados, para evitar poluição atmosférica.

Para DBO de entrada em torno de 200 mg/L, tem-se uma eficiência máxima da ordem de 70%. Para DBO de entrada na faixa de 400 mg/L, a eficiência poderá atingir 80%. Mesmo com despejos mais concentrados dificilmente se ultrapassa a eficiência de 80%.

Produção de lodo

$\Delta_X = 0{,}1$ a $0{,}2$ kg SSV/kg DQO aplicada

Esses valores de produção de lodo foram obtidos pela CETESB, na região do bairro de Pinheiros, São Paulo, tratando-se de valores efetivamente medidos no descarte de lodo (não inclui as perdas que ocorrem na drenagem do efluente tratado).

A retirada do lodo pode ser feita diariamente ou com frequência adequada às condições das instalações. Van Buuren, Frijns e Lettinga (1995) recomendam alguns cuidados nessa retirada, tais como fazê-la a partir de uma de altura de 1/4 da altura total, em relação ao fundo do reator, devendo-se ter o cuidado de fazer várias e não apenas uma única saída de lodo.

Exemplo de cálculo 9.20

Utilizando-se os dados que vêm sendo utilizados nos exemplos de cálculo anteriores (ver Tab. 9.6) e a seguir reproduzidos, dimensionar um reator anaeróbio de fluxo ascendente.

Dados:

Vazão média (final de plano) = 40,4 L/s = 145,40 m³/h = 3.491,00 m³/dia

Vazão máxima (final de plano) = 72,7 L/s = 261,70 m³/h = 6.280,80 m³/dia

DQO = 550 mg/L = 0,55 kg/m³ (valor admitido para este exemplo de cálculo, na entrada da estação de tratamento)

a) Determinação do comprimento do reator anaeróbio de fluxo ascendente

Utilizando-se o critério hidráulico, anteriormente mencionado, a vazão máxima horária $Q_{máx.}$, fixando-se a velocidade de passagem $v_p = 3{,}3$ m/h, duas aberturas de passagem $A_{pas.}$ (ver alternativa na Fig. 9.71), cada uma delas com área de 0,40 m²/mL de reator, numa área total de passagem de 0,80 m²/mL. Com isso, pode-se calcular a área de passagem $A_{nec.}$ e o comprimento necessários $L_{nec.}$ para este caso.

onde: mL = metro linear de reator

$$A_{nec.} = \frac{Q_{máx.}}{V_p} = \frac{261{,}7 \text{ m}^3/\text{h}}{3{,}3 \text{ m/h}} = 79{,}30 \text{ m}^2$$

$$L_{nec.} = \frac{A_{nec.}}{A_{passag.}} = \frac{79{,}30 \text{ m}^2}{0{,}80 \text{ m}^2/\text{mL}} = 99{,}10 \text{ mL} \approx$$

≈ metros lineares de reator

Pode-se, por exemplo, adotar 4 reatores com 25 m de comprimento cada um

b) Determinação da largura do reator anaeróbio

A largura do reator anaeróbio dependerá das demais características geométricas adotadas. Seguindo-se as recomendações apresentadas na Fig. 9.71, pode-se resumir as dimensões do reator ora em questão, na Fig. 9.72 a seguir apresentada:

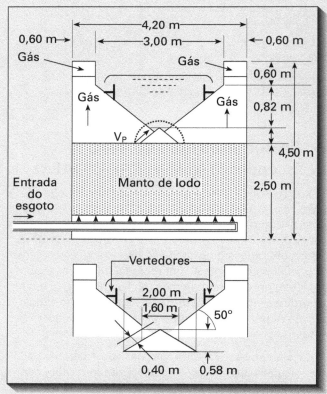

Figura 9.72 Características geométricas adotadas para o reator anaeróbio de fluxo ascendente.

c) Área superficial útil total "A_{ST}", volume total "V_T" e volume reativo total "V_{RT}"

$A_S = L_{nec.} \times largura = 25,00 \times 4,20 = 105,00 \text{ m}^2/\text{reator} \therefore$
$A_{ST} = 4,00 \times 105,00 = 420,00 \text{ m}^2$

$V_T = 420,00 \text{ m}^2 \times 3,90 \text{ m} = 1.638,00 \text{ m}^3$ e $V_{RT} = 420,00 \text{ m}^2 \times 2,50 \text{ m} = 1.050,00 \text{ m}^3$

d) Verificação do tempo de detenção hidráulico Θ_H

$\Theta_H = V_T \div Q_{méd.} = 1.638,00/3.491,00 = 0,47$ dias $= 11,3$ horas
ou
$\Theta_H = V_T \div Q_{máx.} = 1.638,00/6.280,80 = 0,26$ dias $= 6,3$ horas

e) Verificação da carga volumétrica aplicada "C_V"

Considerando-se um pré-tratamento com decantação primária (cuja eficiência é da ordem de 30% na remoção da DQO), tem-se para a carga volumétrica remanescente:

$C_V = \dfrac{0,55 \text{ kg} \cdot \text{DQO/m}^3 \times 0,70 \times 3.491,0 \text{ m}^3/\text{dia}}{1.050 \text{ m}^3}$

$= \dfrac{1.344,0}{1.050,0} = 1,28 \text{ kg DQO/m}^3 \cdot \text{dia}$

Não se considerando decantação primária, tem-se:

$C_V = \dfrac{0,55 \text{ kg} \cdot \text{DQO/m}^3 \times 3.491,0 \text{ m}^3/\text{dia}}{1.050 \text{ m}^3}$

$= \dfrac{1.920,1}{1.050,0} = 1,83 \text{ kg DQO/m}^3 \cdot \text{dia}$

Observação

Como se vê, prevalecem realmente as condições hidráulicas, com valores de C_v bastante abaixo dos valores máximos previstos, na faixa de 5 a 15 kg $\cdot$ DQO/m³ $\cdot$ dia.

f) Estimativa da produção de gás "$P_{gás}$" total e de produção do gás metano

Adotando-se uma produção total de $P_{gás} = 0,12$ m³/Kg $\cdot$ DBO aplicada e em havendo previsão de aproveitamento do gás metano como combustível, este deve ser separado dos demais gases gerados no processo (principalmente o CO_2). Como se viu anteriormente o gás metano (CH_4) apresenta-se na proporção de 60 a 70% na mistura.

Considerando-se o pré-tratamento com decantação primária:

$P_{gás} = 0,12$ m³gás/Kg $\cdot$ DBO $\times$ 0,275 kg DBO/m³ $\times$ 3.491,00 m³/dia $\times$ 0,7 = 80,60 m×/dia

$P_{metano} = 0,65 \times 80,60 = 52,40$ m³/dia

Não se considerando decantação primária:

$P_{gás} = 0,12$ m³gás/Kg $\cdot$ DBO $\times$ 0,275 kg DBO/m³ $\times$ 3.491,00 m³/dia = 115,20 m³/dia

$P_{metano} = 0,65 \times 115,20 = 74,90$ m³/dia

g) Estimativa de produção de lodo Δ_X

Adotando-se a produção de lodo $\Delta_X = 0,15$ kg SSV/kg DQO aplicada, tem-se:

Considerando-se o pré-tratamento com decantação primária:

$\Delta_X = 0,15$ Kg $\cdot$ SSV/kg $\cdot$ DQO $\times$ 0,55 kg $\cdot$ DQO/m³ $\times$ 3.491,00 m³/dia $\times$ 0,7 = 201,6 kg SSV/dia

Não se considerando a decantação primária:

$\Delta_X = 0,15$ Kg $\cdot$ SSV/kg $\cdot$ DQO $\times$ 0,55 kg $\cdot$ DQO/m³ $\times$ 3.491,00 m³/dia = 288 kg SSV/dia

h) Estimativa da DBO de saída do reator

Para se fazer a estimativa da DBO na saída do reator S_e utilizam-se os valores de eficiência E na remoção da DBO para esse tipo de reator, a qual, como se viu anteriormente, depende das condições climáticas e da própria concentração da DBO de entrada no mesmo. Para as condições climáticas da Região Metropolitana de São Paulo, não muito favoráveis aos processos anaeróbios, com a DBO na faixa de 192,5 a 275 mg/L, conforme seja ou não prevista a unidade de decantação primária, pode-se esperar uma eficiência máxima em torno de 60 a 70% de remoção. Assim, utilizando-se $E = 65\%$, pode-se eventualmente fazer a previsão da DBO na saída, visando posterior lançamento nos corpos d'água ou mesmo um pós-tratamento:

Considerando-se pré-tratamento com decantação primária:

$S_e = 0,35 \times 0,275$ kg $\cdot$ DBO/m³ $\times 0,7 = 0,067$ kg $\cdot$ DBO/m³ = 67 mg $\cdot$ DBO/L

Não se considerando a decantação primária:

$S_e = 0,35 \times 0,275$ kg $\cdot$ DBO/m³ = 0,096 kg $\cdot$ DBO/m³ = 96 mg $\cdot$ DBO/L

9.10 Outras técnicas de tratamento mais recentes

Tendências registradas nos últimos vinte anos apontam para os grandes centros urbanos do planeta e para um futuro próximo, que as ETEs (estações de tratamento de esgoto) deverão ter instalações compactas, de operação estável e de baixo impacto ambiental (incluindo-se controle de odores, de ruídos e de impacto visual). Nesse contexto, em muitos casos deverão ser cada vez mais necessários os processos biológicos de alta capacidade de tratamento, com remoção de nutrientes, alta eficiência e baixa produção de lodo (Reis, 2007). Isso se deve ao custo cada vez maior dos terrenos necessários às instalações, bem como à crescente escassez de água de boa qualidade nos mananciais utilizados para abastecimento público, que resultam numa tendência mundial de aumento do custo da água potável.

Por outro lado, certos usos industriais ou mesmo urbanos necessitam de uma água com certos requisitos de qualidade, mas não necessariamente que ela seja potável. Assim, há também uma crescente tendência, nestes casos, de substituição da água potável pela água de reúso; que pode ser obtida acrescendo-se ao efluente secundário das ETEs convencionais um tratamento adicional (em nível terciário) e que normalmente inclui filtração e desinfecção. Outra preocupação é com a adequação dos efluentes gerados aos padrões de lançamento nos corpos d'água receptores. Nas últimas décadas, os regulamentos nesse sentido estão-se tornando cada vez mais restritivos e a fiscalização mais efetiva. Para a adequação dos efluentes aos padrões de lançamento são necessárias diversas etapas de tratamento, utilizando tecnologias compatíveis e que atendam a tal propósito.

Para atender a todas essas necessidades têm surgido nos últimos tempos novas tecnologias de tratamento, quer atendendo ao propósito de diminuição das áreas necessárias à implantação das unidades (compactação), quer seja para melhorar a qualidade dos efluentes tratados.

9.10.1 RBC (*Rotating Biological Contactors*) ou Biodisco

O primeiro reator comercial do tipo biodisco foi instalado na Alemanha Ocidental, em 1960. O desenvolvimento dessa técnica teve início pelo interesse no uso de meios suportes plásticos, tendo apresentado, naquela época, muitas vantagens quando comparado aos antiquados filtros percoladores com leito de pedras e de baixa taxa. Na década de 1970, sua aplicação foi ampliada, devido ao desenvolvimento de novos meios suportes e, principalmente pelo fato de apresentar baixos requisitos de energia, quando comparado com o processo de lodos ativados.

No entanto, devido a problemas estruturais com eixos e meios suporte, excessivo crescimento de biomassa aderida, rotações irregulares e outros problemas de baixa performance do processo, ocorreu então uma certa rejeição dessa técnica por parte dos projetistas nas décadas subsequentes. Porém, novos avanços em pesquisas tecnológicas e em novos sistemas de meio suporte (tipo Biodrum) tornaram sua aplicação viável em determinadas situações, como, por exemplo, em pequenas comunidades. Apesar da simplicidade e da relativa estabilidade operacional, é ainda um processo muito pouco utilizado no Brasil. (Gonçalves *et al.* 2001).

Como se pode perceber, a utilização do biodisco não é tão recente assim, mas não havia sido contemplada na 1ª edição deste livro, por falta de maiores informações desse autor, naquele momento. Essa técnica é aplicável ao tratamento de esgoto sanitário e também a outros efluentes orgânicos industriais. O princípio biológico é semelhante ao dos demais sistemas aeróbios de tratamento, ou seja, procura-se criar um ambiente propício ao crescimento de uma colônia de microrganismos que irão, ao seu turno, degradar a matéria orgânica presente na água residuária.

Pode-se classificar o biodisco como uma técnica de tratamento biológico, com biomassa aderida. Um filme biológico vai se formar e aderir à superfície de um tambor rotativo parcialmente imerso num tanque por onde passa o efluente a ser tratado. Segundo Gonçalves *et al.* (2001), os eixos são mantidos em rotação constante de 1 a 2 RPM, seja por ação eletromecânica (quando se trabalha com cerca de 40% do diâmetro submerso) ou por impulsão de ar (quando se trabalha com cerca de 90% de seu diâmetro submerso). Para os biodiscos que trabalham com imersão de cerca de 40% de seu diâmetro, é comum que os sistemas sejam cobertos, de modo a proteger os materiais plásticos da deterioração causada pelos raios ultravioleta e também para controlar o crescimento de algas, que pode levar a um aumento do peso da biomassa nos biodiscos.

As fotos da Fig. 9.73 mostram biodiscos (do tipo 40% do diâmetro submerso), inseridos em compartimentos com tanques e tampa articulada, em material plástico, comercializados pela empresa Verlag – Equipamentos Industriais. Ressalte-se aqui a praticidade da articulação da tampa, que permite a sua fácil manipulação.

O movimento de rotação por ação eletromecânica, expõe, alternadamente, os discos ao ar atmosférico e aos sólidos contidos no meio líquido, facilitando, assim, a adesão e o crescimento de microrganismos em sua superfície, formando uma película de poucos milímetros de espessura, que chega a cobrir todo o disco. Algumas pesquisas mostraram que o tempo para formação do biofilme e partida do processo ficou em torno de 1 a 2 semanas (Gonçalves *et al.*, 2001).

Os sistemas são geralmente compostos por tanques em série seguidos de tanque para sedimentação daquela biomassa que se desprende, mas não há necessidade de se fazer o retorno de lodo para o sistema. Caso seja necessária uma maior eficiência, o retorno de lodo também pode ser contemplado no projeto.

Os biodiscos são geralmente fabricados com material polimérico, com diâmetros que variam de 1,20 m a 3,80 m. O comprimento é variável, mas limitado a no máximo 8,00 m, para evitar problemas estruturais como desalinhamentos do eixo, desgaste de mancais etc. A possibilidade de entupimento é evitada pelas forças de arraste que agem sobre o biofilme, ou seja, quando a espessura da biomassa aderida ultrapassa certo valor, além de ocorrer aumento da velocidade de arraste pela

Outras técnicas de tratamento mais recentes

Figura 9.73 Fotos a, b,c e d – Biodiscos instalados em tanques plásticos - Fonte: Catálogo da Verlag.

redução da área de passagem, passa também a existir deficiência de oxigênio nas camadas mais profundas do biofilme, fazendo com que ocorra o descolamento do material, possibilitando assim a formação de nova camada de biofilme.

O tratamento com biodiscos convencionais apresenta as seguintes vantagens sobre sistemas similares: área de instalação relativamente baixa; facilidade operacional (não necessitando de mão de obra específica); não gera odores ou ruídos; baixo consumo de energia, quando comparado com lodos ativados; possibilidade de reúso do efluente tratado para irrigação, sanitários e lavagens de pisos externos e estacionamentos, desde que o efluente seja devidamente desinfetado.

Mas também apresentam as seguintes desvantagens: custos de implantação relativamente altos; só se mostram adequados para pequenas populações; a cobertura dos discos usualmente é necessária para proteger contra chuvas, atos de vandalismo e crescimento de algas; relativa dependência da temperatura do ar; necessidade de tratamento complementar do lodo para possibilitar a sua disposição final.

Segundo Gonçalves *et al.* (2001), existem casos em que os biodiscos trabalham cerca de 90% submersos e, assim, a introdução de ar se faz necessária para suprimento de oxigênio. Quando o biofilme atinge uma espessura excessiva, ocorre o desprendimento de parte do mesmo. Esse material solto é mantido em suspensão no meio líquido, devido ao movimento dos discos, aumentando a eficiência do sistema. Entretanto, a biomassa desprendida e outros sólidos suspensos são também arrastados no efluente, necessitando, por essa razão, de um clarificador secundário. Bem projetados, os biodiscos podem alcançar tratamento a nível secundário, em termos de remoção de carga orgânica, além de possibilitar a remoção de nitrogênio por meio da nitrificação e desnitrificação.

Na Fig. 9.74 é apresentada uma outra planta com tratamento de esgoto por biodiscos. Ressalte-se também, neste caso, a cobertura dos mesmos e em primeiro plano um dos clarificadores.

Na Fig. 9.75 é apresentado um fluxograma típico de uma planta com utilização de biodiscos.

Numa análise mais apurada da Fig. 9.75, pode-se complementar mencionando que:

- Os sobrenadantes de cada unidade de tratamento de lodo devem retornar novamente para tratamento a partir do clarificador primário.

Figura 9.74 ETE tratando esgoto por meio de biodiscos – Fonte: Kawano e Handa (2008).

aplicação hidráulica e consequente decréscimo do tempo de detenção na unidade. Segundo Gonçalves *et al.* (2001), unidades para equalização de vazões devem ser previstas, sempre que os picos de vazão diária previstos sejam maiores que 2,5 vezes a vazão média. Ainda segundo esses autores, para se ter um melhor aproveitamento das velocidades de reação biológica, que até certo ponto são tanto maiores quanto maiores forem as concentrações de DBO solúvel no líquido sob tratamento, é usual a divisão do sistema de biodisco em estágios, operando o primeiro estágio com DBO solúvel ≥ 50 mg/L, para se ter reação de ordem zero em relação à DBO, quando então se observa uma máxima taxa de remoção de cerca de 12 g · DBO/m^2

- Em pequenas instalações, pode-se prescindir de algumas unidades, visando diminuir a complexidade operacional.

- O decantador primário pode ser substituído por um reator UASB ou tanque séptico, diminuindo, assim, a carga orgânica no 1º estágio da etapa aeróbia assegurada pelos biodiscos.

Os biodiscos são normalmente dimensionados para se atingir apenas uma remoção de DBO e sólidos suspensos, mas podem ser utilizados para se obter um efluente bem nitrificado e às vezes até desnitrificado. Sabe-se que, em qualquer reator químico ou biológico, sempre é necessário certo tempo de detenção para permitir a reação desejada. Portanto, acréscimos de vazão instantânea resultam em incremento na taxa de

· dia. Todavia, a taxa de aplicação orgânica no primeiro estágio de biodiscos é também uma variável limitante para o projeto, devido a problemas observados com excessivas taxas de aplicação, que geram também aumento excessivo da espessura do biofilme, além de limitações quanto ao fluxo de oxigênio livre, geração de odores, deterioração do processo, sobrecarga estrutural nos eixos e mancais etc. Em vista dessas observações, para instalações de biodiscos precedidos de clarificadores primários e tratando esgoto sanitário, a máxima taxa de aplicação orgânica sugerida para o primeiro estágio tem sido limitada, por alguns fabricantes do equipamento, a 0,015 kg · DBO$_{solúvel}$/m^2 · dia, ou 0,03 kg.DBO$_{total}$/m^2 · dia, embora outros autores, como Metcalf & Eddy (1991), sugiram limites máximos bem mais altos: de 0,019 a 0,030 kg · DBO$_{solúvel}$/m^2 · dia, ou 0,039 a 0,059 kg · DBO$_{total}$/m^2 · dia (ver Tab. 9.46).

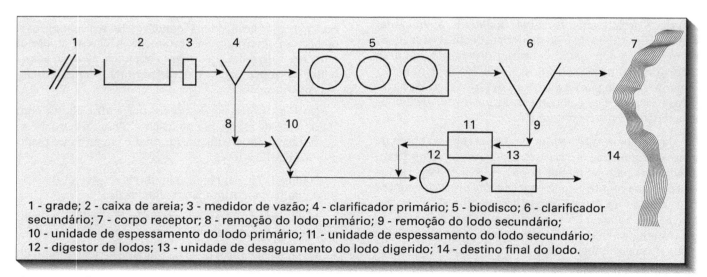

1 - grade; 2 - caixa de areia; 3 - medidor de vazão; 4 - clarificador primário; 5 - biodisco; 6 - clarificador secundário; 7 - corpo receptor; 8 - remoção do lodo primário; 9 - remoção do lodo secundário; 10 - unidade de espessamento do lodo primário; 11 - unidade de espessamento do lodo secundário; 12 - digestor de lodos; 13 - unidade de desaguamento do lodo digerido; 14 - destino final do lodo.

Figura 9.75 Fluxograma típico de um sistema de tratamento com biodisco.

Sistemas de biodisco têm, em geral, no mínimo 2 estágios para tratamento em nível secundário e 3 estágios para remoção de DBO e nitrificação. A taxa de aplicação de matéria orgânica, com base na DBO solúvel, é considerada importante, uma vez que a matéria orgânica biodegradável utilizada predominantemente pela biomassa aderida ao biodisco é a solúvel, que também é a forma mais rapidamente degradada e, portanto, a que controla as máximas taxas de utilização de oxigênio. Para esgoto sanitário tipicamente doméstico, previamente clarificado, pode-se considerar que cerca de 50% da DBO estará na forma solúvel e os outros 50% em suspensão. Já para efluentes de reatores UASB, os dados disponíveis da relação $DBO_{solúvel}/DBO_{total}$ são muito poucos e indicam uma relação variando de 0,4 a 0,5, enquanto a relação $DQO_{solúvel}/DQO_{total}$ fica mais comumente na faixa de 0,4 a 0,7 (Gonçalves et al., 2001).

Pesquisas, correlacionando a concentração de substrato e as taxas de aplicação hidráulica no primeiro estágio do biodisco, permitiram verificar a influência desses parâmetros na taxa de remoção de substrato e na eficiência do sistema, podendo-se agora aplicar tais conclusões para se considerar a carga orgânica total, como parâmetro de projeto. Segundo Gonçalves et al. (2001), em uma pesquisa nos Estados Unidos, foi ajustada uma curva do tipo DBO_5 na entrada do biodisco × carga hidráulica no primeiro estágio (Fig. 9.76), a partir da qual foi observado crescimento de organismos prejudiciais ao processo.

Gonçalves et al. (2001) afirmam que a curva da Fig. 9.76 corresponde a um limite de aplicação de carga orgânica de 31 g · DBO_5/m^2 · dia e ressaltam que, com altas taxas de aplicação de cargas orgânicas, podem ocorrer problemas como: desenvolvimento de um biofilme mais pesado, crescimento de organismos prejudiciais, redução de OD e deterioração total da performance do processo.

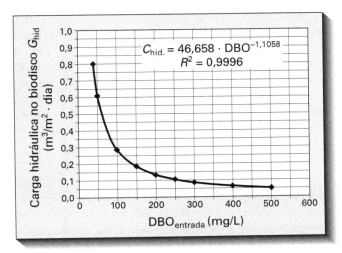

Figura 9.76 Carga hidráulica em função da DBO de entrada no biodisco. Fonte: Adaptado de WEF, 1992 *apud* Gonçalves et al. (2001).

A curva da Fig. 9.76 pode ser representada pela expressão: $C_{hid.} = 46,658 \cdot DBO^{-1,1058}$, que permitiria calcular a carga hidráulica mais adequada em função da DBO_5 de entrada. Ela mostra, por exemplo, que para valores de DBO_5 entre 50 e 100 mg/L (na entrada do 1º estágio do biodisco), a carga hidráulica varia entre 0,28 e 0,60 m^3/m^2.dia. Para valores de DBO_5 entre 100 e 200 mg/L, os valores da carga hidráulica caem para 0,13 a 0,28 m^3/m^2.dia, e, quando a DBO_5 está entre 200 e 500 mg/L, a carga hidráulica cai mais ainda; para valores entre 0,05 e 0,13. Isso mostra que altas cargas hidráulicas só poderiam ser admitidas para esgotos bem diluídos.

Pelos dados apresentados na Tab. 9.46, sugeridos por Metcalf & Eddy (1991) e que podem servir de referência para dimensionamento de sistemas de biodisco, pode-se constatar que as taxas de aplicação hidráulica, ali recomendadas, seriam para uma faixa de esgoto com DBO_5 acima de 170 mg/L. Deve-se ressaltar que as áreas resultantes da utilização; tanto das taxas de aplicação de DBO como das taxas de aplicação hidráulica e outras, apresentadas na Tab. 9.46, são as áreas superficiais do material suporte de biomassa disponível no biodisco.

Conforme mencionado anteriormente, os biodiscos são dotados de um eixo que suporta e faz girar o meio plástico, que por sua vez serve de suporte para o desenvolvimento do biofilme. Segundo Gonçalves et al. (2001), para biodiscos feitos de polietileno de alta densidade, os comprimentos de eixo variam de 1,50 até 8,00 m e os diâmetros de 2,00 a 3,80 m. Existem vários padrões de superfície corrugada, que definem a sua área específica para suporte de biofilme. De acordo com o padrão da superfície corrugada, esses biodiscos podem ser classificados como:

de baixa densidade (ou convencional), com área de 9.300,00 m^2 por unidade para rodas com diâmetro de 3,80 m e 8,00 m de comprimento, dos quais apenas 7,26 m é ocupado com o meio suporte para crescimento do biofilme, o que resultaria em cerca de 1.160,00 m^2/m de eixo;

de média ou alta densidade, com áreas de cerca de 11.000,00 a 16.700,00 m^2 por unidade, com as mesmas rodas referidas anteriormente, o que resultaria em 1.375,00 a 2.090,00 m^2/m.

Segundo Gonçalves et al. (2001), as unidades com área superficial chamadas de baixa densidade são normalmente utilizadas nos primeiros estágios, enquanto as de média e alta densidade são aplicadas nos estágios finais do sistema de biodiscos. Isso porque nos estágios iniciais, com concentrações de DBO maiores, tem-se um maior crescimento de biomassa, o que poderia levar as unidades de alta densidade de área superficial a ter um peso excessivo, prejudicando a sua estrutura. Alguns biodiscos são compostos de cilindros, com o seu inte-

TABELA 9.46 Parâmetros típicos para dimensionamento de biodiscos

Parâmetros para dimensionamento	Unidades	Nível de tratamento pretendido 1(*)	2(*)	3(*)
Taxa de aplicação hidráulica(**)	m³/m² · dia	0,08 a 0,16	0,03 a 0,08	0,04 a 0,10
Carga orgânica superficial(**)	kg · DBO$_{sol.}$/m² ·dia	0,0037 a 0,0098	0,0024 a 0,0073	0,0005 a 0,0015
Carga orgânica superficial(**)	kg · DBO$_{tot.}$/m² · dia	0,0098 a 0,0172	0,0073 a 0,0146	0,0010 a 0,0029
Carga orgânica superficial máxima no 1º estágio(**)	kg · DBO$_{sol.}$/m² · dia	0,019 a 0,029 0,014 (***)	0,019 a 0,029 0,014 (***)	–
Carga orgânica superficial máxima no 1º estágio(**)	kg · DBO$_{tot.}$/m² ·dia	0,039 a 0,059 0,030 (***)	0,039 a 0,059 0,030 (***)	–
Carga orgânica superficial de nitrogênio amoniacal(**)	kg ·N_NH$_4^+$/m² ·dia	–	0,0007 a 0,0015	0,001 a 0,002
Tempo de detenção hidráulico no tanque de reação	dia	0,7 a 1,5	1,5 a 4,0	1,2 a 2,9
Concentração de DBO efluente	mg/L	15 a 30	7 a 15	7 a 15
Concentração de N_NH4$^+$ efluente	mg/L	–	< 2	< 2

(*) Níveis de tratamento: 1. secundário; 2. secundário com nitrificação; 3. nitrificação de efluente secundário. (**) As unidades aqui referidas (em m²) são referentes às áreas efetivas de crescimento da biomassa. (***) Valores usualmente utilizados em projetos.

Fonte: Adaptado de Metcalf & Eddy (1991) *apud* Gonçalves (2001)

rior constituindo-se de colmeias, com o objetivo de se obter elevadas áreas superficiais específicas. Uma outra variante dos biodiscos é composta de rodas com tubos corrugados, que trabalham com imersão de cerca de 90%, e que, ao girarem, permitem a entrada de líquido para dentro dos tubos, arrastando grande quantidade de ar. O movimento das rodas é induzido pela aplicação de ar, que também é usado para complementar a necessidade de oxigênio para o processo aeróbio. Essas rodas têm diâmetro variando de 1,20 m a 3,30 m, com área de superfície que varia de 170 m², para rodas com diâmetro de 1,20 m e comprimento de 0,90 m a 4.000,00 m², para rodas com diâmetro de 3,30 m e comprimento de 2,50 m. Para os biodiscos que trabalham com imersão de cerca de 40% de seu diâmetro, é comum que os sistemas sejam cobertos, de modo a proteger o material da deterioração pelos raios ultravioletas e também para controlar o crescimento de algas, que pode levar ao aumento sensível do peso da biomassa aderida à superfície dos biodiscos.

Como resultado da degradação da matéria orgânica, o nitrogênio, presente nas moléculas orgânicas passam da sua forma imobilizada ou orgânica (N_N$_{org}$) para a sua forma reduzida ou amoniacal, geralmente na forma do íon amônio (N_NH$_4^+$). Já a nitrificação é o processo de oxidação do N_NH$_4^+$ a NO$_2^-$ (nitrito) e posteriormente a NO$_3^-$ (nitrato), por meio da ação de bactérias dos gêneros *Nitrossomonas* e *Nitrobacter*. Tal fenômeno é altamente dependente da temperatura (quanto maior, melhor) e pode ocorrer em qualquer tratamento biológico aeróbio, atuando sob determinadas condições (presença de nitrogênio na forma amoniacal, oxigênio livre em quantidades adequadas e presença de substâncias que confiram certa alcalinidade no meio).

A nitrificação nas ETEs é considerada benéfica, porque evita que o consumo de oxigênio livre, necessário para a sua ocorrência, se dê no corpo d'água receptor. No entanto, o ideal mesmo é promover também a desnitrificação; que é a transformação, por meio de microrganismos, do N_NO$_3^-$ a N$_2$ (nitrogênio gasoso), pois, neste caso, o nitrogênio originalmente presente no efluente é devolvido ao seu reservatório natural, que é o ar atmosférico. Para se promover a desnitrificação, há necessidade de um ambiente anóxico (isento de oxigênio dissolvido, mas na presença de nitrato e de certa carga orgânica). Neste caso, os biodiscos devem trabalhar totalmente afogados, ou seja, totalmente submersos.

Para sistemas com nitrificação, a relação crítica entre as concentrações de O$_2$ e NH$_4^+$, que determina o substrato limitante, situa-se entre 0,3 e 0,4. Isso faz do oxigênio o substrato limitante na maioria dos casos. Supondo uma concentração de 2 mg/L de O$_2$ na fase líquida do reator, a concentração limitante de amônia seria de 0,6 mg/L. Quando há oxidação de matéria orgânica e nitrificação simultâneas, a competição entre as bactérias heterotróficas e autotróficas pelo O$_2$ determina a estrutura do

Outras técnicas de tratamento mais recentes

compartimento aeróbio do biofilme. Quando a relação O_2/DQO é muito baixa, o compartimento aeróbio é inteiramente dominado pelas bactérias heterotróficas, e a nitrificação não ocorre no biofilme (Gönenc e Harremöes, 1990 *apud* Gonçalves *et al.*, 2001). O parâmetro utilizado para projeto de biodisco com a finalidade de nitrificação é a taxa de aplicação e remoção de nitrogênio amoniacal, expressa em g $NH_3/m^2 \cdot$ dia. Santiago *et al.* (1997), após terem analisado vários trabalhos apresentados na literatura, afirmam que a taxa de remoção é constante para concentrações de nitrogênio amoniacal superiores a 5 mg N_NH_3/L e que taxas de aplicação de 1,4 g N_$NH_3 \cdot m^2$ /dia são relatadas na literatura como típicas para biodiscos.

Exemplo de cálculo 9.21

Fazer o pré-dimensionamento de um sistema de biodiscos convencional (imersão das rodas de 40%), com giro através de motores elétricos, seguidos de redutores de velocidade para obtenção de rotação de 2 RPM, tratando esgoto sanitário (efluente de um UASB), seguindo as mesmas premissas de projeto do exemplo de cálculo 9.20, cujos dados são a seguir apresentados:

Vazão média de final de plano: 40,4 L/s = 145,40 m³/hora = 3.491,00 m³/dia

Vazão máxima de final de plano: 72,7 L/s = 261,70 m³/hora = 6.281,00 m³/dia

$DBO_{5,20}$ = 275 mg/L = 0,275 kg/m³ – na entrada da ETE

$DBO_{5,20}$ = 96 mg/L = 0,096 kg/m³ – na saída do UASB

Utilizando-se biodiscos convencionais com 3,80 m de diâmetro e 3 m de comprimento, admitir-se-á uma área de fixação da biomassa de 3.480 m² por unidade ou 1.160,00 m²/metro de eixo. Admitir-se-á uma taxa de aplicação orgânica no primeiro estágio (T_{AO}) de 0,03 kg $\cdot DBO_{tot.}/m^2 \cdot$ dia; uma profundidade útil de imersão das rodas no tanque reacional aeróbio (40% de 3,80 m ≈ 1,50 m) e uma profundidade útil de imersão das rodas no tanque reacional anóxico (4,20 m ou 0,20 m acima do topo).

a) Cálculo da carga orgânica ($C_{org.}$) diária total

$C_{org.} = DBO_{5,20} \times Q_{méd.}$ = 0,096 × 3.491,00 m³/dia = 335,2 kg $\cdot DBO_{tot.}$/dia

b) Cálculo da área útil total para fixação da biomassa (A_{TB})

$$A_{TB} = \frac{C_{org}}{T_{AO}} = \frac{335,2 \text{ kg} \cdot DBO_{tot.}/\text{dia}}{0,03 \text{ kg} \cdot DBO_{tot.}/m^2 \cdot \text{dia}} = 11.173 \text{ m}^2$$

c) Cálculo do número de unidades de biodiscos (N_B) no 1º estágio

$$N_B = \frac{A_{TB}}{A_{TB/unid.}} = \frac{11.173 \text{ m}^2}{3.480 \text{ m}^2/\text{unid.}} = 3,2$$

Serão adotados 4 tanques reacionais para atender a vazão de final de plano. Cada tanque terá 5 unidades de biodisco em série. Os dois primeiros biodiscos deverão funcionar totalmente afogados, pois têm a finalidade de promover a desnitrificação. Para permitir a ocorrência de desnitrificação, deverá haver recirculação do efluente de cada tanque para o tanque anóxico. Os 3 biodiscos seguintes serão aeróbios, funcionando 40% imersos, visando: remoção de carga orgânica e nitrificação. Em princípio, cada tanque terá as seguintes dimensões úteis: 35,00 m (comprimento) × 3,00 m (largura) × 4,20 m de profundidade no primeiro trecho (anóxico) e 1,70 m (profundidade útil) no trecho aeróbio, conforme desenhos esquemáticos a seguir, resultando num volume útil de cada tanque 283,50 m³ (sendo 176,40 m³ em cada tanque anóxico e 107,10 m³ em cada tanque aeróbio), resultando num volume total de 1.134,00 m³ (para os 4 conjuntos). A área superficial útil de cada tanque será de 105,00 m², num total de 420,00 m².

Planta esquemática dos biodiscos – arranjo geral - sem escala.

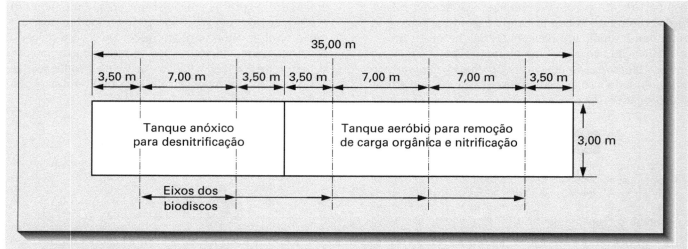

Planta esquemática de um tanque sem escala.

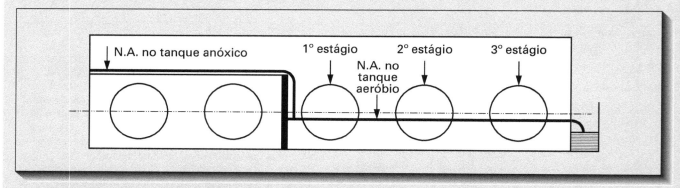

Corte longitudinal esquemático de um tanque - sem escala

d) Cálculo do tempo de detenção hidráulico θ_H

$$\Theta_H = \frac{\text{Volume}}{\text{Vazão}} = \frac{1.134 \text{ m}^3}{3.491,00 \text{ m}^3/\text{dia}} = 0,32 \text{ dias}$$

ou 7,8 horas (para vazão média diária)

e) Cálculo da taxa efetiva de aplicação orgânica T_{AO} no trecho aeróbio (1º estágio):

$$T_{AO} = \frac{C_{\text{org.}}}{A_{TB/1°\text{est}}} = \frac{335,2 \text{ kg} \cdot \text{DBO}_{\text{tot.}}/\text{dia}}{4 \text{ unid.} \times 3.480 \text{ m}^2 \cdot \text{dia}} =$$

$$= 0,024 \text{ kg} \cdot \text{DBO}_{\text{tot.}}/\text{m}^2 \cdot \text{dia}$$

f) Cálculo da taxa efetiva de aplicação orgânica (T_{AO}) no trecho aeróbio (nos 3 estágios):

$$T_{AO} = \frac{C_{\text{org.}}}{A_{TB}} = \frac{335,2 \text{ kg} \cdot \text{DBO}_{\text{tot.}}/\text{dia}}{12 \text{ unid.} \times 3.480 \text{ m}^2 \cdot \text{unid.}} =$$

$$= 0,008 \text{ kg} \cdot \text{DBO}_{\text{tot.}}/\text{m}^2 \cdot \text{dia}$$

g) Cálculo da vazão de recirculação (Q_R) do efluente do biodisco para o tanque anóxico:

Admitir-se uma taxa de recirculação de 50% da vazão Q_0:

$Q_R = Q_0 \times 0,5 = 3.491,00$ m³/dia $\times 0,5 = 1.746,00$ m³/dia $= 20,2$ L/s.

Observações finais

Com relação ao arranjo apresentado no exemplo de cálculo 9.21, temos a esclarecer alguns pontos que devem ficar bem claros ao leitor e aos pesquisadores em geral:

1. Tal arranjo não foi testado, foi aqui apenas sugerido, mas poderá vir a ser implantado por algum pesquisador que se proponha a verificar as eficiências para os diversos objetivos aqui propostos, quais sejam: além da remoção da carga orgânica, também a remoção de nitrogênio por meio da nitrificação e da desnitrifica-

ção. A proposta de recirculação do efluente tratado no biodisco para o início do mesmo (ambiente anóxico) visa propiciar a desnitrificação, uma vez que a nitrificação se daria no ambiente aeróbio. Ressalte-se que essa recirculação teria como consequência negativa a diminuição nos tempos de detenção do sistema de biodiscos. Haveria ainda para se resolver a questão do possível acúmulo de lodo no fundo dos tanques e também a da captação e destino final dos gases gerados no ambiente anóxico.

2. Como se viu no exemplo de cálculo 9.20, a carga orgânica aplicada no UASB, em se tratando de esgoto sanitário, resulta muito aquém das cargas usuais para esse tipo de reator. Por esse motivo, apesar de não ter sido explicitado, na configuração apresentada no exemplo de cálculo 9.21, sugere-se testar a recirculação de todo o lodo retirado do clarificador secundário para o reator UASB. Dessa forma, o lodo a ser descartado sairia somente do UASB. Com essa recirculação poderia se aumentar a carga orgânica aplicada, e ao mesmo tempo poderia se conseguir um lodo bem mais estabilizado do que aquele retirado diretamente do clarificador secundário, pois este fatalmente precisaria passar por um processo de estabilização.

3. Deve-se ressaltar, porém, que essa recirculação aumentaria também a taxa de aplicação hidráulica no UASB, além de também propiciar certa desnitrificação nesse reator (cujas consequências para o bom funcionamento do mesmo também teriam que ser analisadas). Enfim, todos esses aspectos teriam que ser analisados no dimensionamento de um sistema semelhante ao proposto.

4. Como se pode constatar, tal arranjo talvez resulte sofisticado demais para quem quer aplicar um sistema mais simples do que o lodo ativado. De qualquer forma, fica apenas como sugestão para pesquisadores que queiram testá-lo.

9.10.2 MBBR – Moving Bed Biofilm Reactor

O reator de leito móvel com biofilme, mais conhecido pela sua sigla (em inglês, MBBR), é uma tecnologia relativamente recente, que surgiu como variante adaptada do sistema de lodos ativados. Pode ser utilizado no tratamento de esgoto sanitário e de outros efluentes industriais, tanto para a remoção biológica da carga orgânica quanto para remoção biológica de nutrientes como o nitrogênio e o fósforo. Esse tipo de reator tem sido modernamente classificado pelos especialistas como pertencente à classe dos híbridos, ou seja, aqueles que operam, ao mesmo tempo e num mesmo tanque, com biomassa suspensa e com biomassa aderida.

Consta que o MBBR teria surgido como resultado de um desafio lançado pelas autoridades sanitárias da Noruega, que teriam sugerido aos especialistas daquele país estudos de novas tecnologias de tratamento; que ocupassem menor área do que o lodo ativado porém, que mantivessem a mesma boa eficiência no tratamento. A premissa era que pudessem ser aproveitadas também as unidades já existentes (que perfaziam 70% do total, a maioria de pequeno porte). Aceitando tal desafio, a empresa norueguesa Kaldnes Miljoteknologi constituiu uma equipe de pesquisadores, dentre eles o Dr. Odegaard, professor da Faculdade de Engenharia Civil e Ambiental da Universidade de Ciência e Tecnologia da Noruega. Consta que ele teria começado a estudar o MBBR em 1985. Em 1989, essa nova tecnologia foi patenteada, segundo Rusten *et al.* (2006), a patente europeia sob n. 0.575.314 e a patente norte-americana sob n. 5.458.779. Consta também que, no mesmo ano de 1989, teria sido instalado o primeiro sistema MBBR na Noruega, em operação até hoje com o mesmo meio suporte original (Odegaard *et al.*, 1994, Johnson, 2008). Rusten *et. al* (2006), afirmam que os *carriers* originais, utilizados nessa primeira ETE, vêm sendo rotineiramente inspecionados e, após 15 anos de operação ininterrupta, nenhum desgaste havia ainda sido observado.

A concepção do MBBR é bastante simples. Quando utilizados tanques de lodos ativados já existentes, são introduzidos meios suportes para fixação da biomassa. Naturalmente isso também é feito nas novas unidades construídas com tal concepção. O meio suporte, ou *carriers*, como são chamados pelos detentores da patente, são anéis de polietileno de alta densidade (0,95 a 1,5 g/cm^3), cilíndricos, de tamanhos variados, grande superfície específica, mantidos em suspensão no meio líquido. A recomendação dos especialistas é que o volume ocupado pelos *carriers* no MBBR deve ser de no máximo 70% do volume do reator. Assim, na Tab. 9.47, além do comprimento e do diâmetro, foi apresentada também a superfície específica efetiva de biofilme para cada modelo, além da superfície específica efetiva de cada um, considerando o percentual máximo de preenchimento do reator. A superfície específica do modelo leva em conta o volume ocupado por eles, e no segundo caso, considera-se a área específica relacionada com o volume total ocupado no reator. Deve-se ressaltar que, no catálogo da Kaldnes é apresentada a área total (bem maior que a protegida). Porém, uma vez que a biomassa cresce principalmente na superfície interna protegida dos *carriers*, somente essa área é efetivamente considerada para efeito de dimensionamento, e, portanto, somente esta é apresentada na Tab. 9.47.

Grande parte da biomassa que cresce nos tanques irá se fixar nos *carriers* e, com isso, aumenta-se consideravelmente a concentração de biomassa nos reatores, com maior eficiência na remoção da carga orgânica. Apesar da concentração de biomassa no reator ser bem maior do

Modelo de *Carrier*	Coprimento (mm)	Diâmetro (mm)	Superfície específica efetiva (m²/m³) Interna ou protegida	Superfície específica efetiva (m²/m³) Considerando ocupação de 70% do V_{reator}
K1	7	9	500	350
K2	15	15	350	245
K3	12	25	500	350
NATRIX C2	30	36	220	154
NATRIX M2	50	64	200	140
BIOFILM-CHIP M	2,2	48	1200	840
BIOFILM-CHIP M	3,0	45	900	630

TABELA 9.47 Superfícies específicas de alguns *carriers* usados em MBBR

Fonte: Adaptado do catálogo da Kaldnes® (2010) e de Rusten *et al.* (2006).

que nos lodos ativados, no MBBR também há limitações para a taxa de aplicação orgânica, para evitar prejuízos na etapa de sedimentação de sólidos, nos clarificadores secundários (Odegaard *et. al.*, 2000). Como se sabe esta também é uma das limitações do processo de lodos ativados. As fotos da Fig. 9.77 mostram um dos modelos de *carrier* mais utilizados nos sistemas MBBR (o K1) e

Figura 9.77 Fotos: modelo K1 e biomassa aderida – Fonte: Anoxkaldnes (2008) *apud* Rosa (2008).

também a biomassa aderida a um meio suporte. As fotos da Fig. 9.78 mostram três modelos utilizados em MBBR: o K1, o K2 e o K3, da empresa Kaldnes.

Segundo Reis (2007), uma grande desvantagem dos tipos de suportes apresentados nas Figs. 9.77 e 9.78 é a configuração reta do seu topo e base. Com frequência, a seção reta do suporte pode tocar a parede do reator e nela ficar retido, acabando por prejudicar a hidrodinâmica do sistema. Esse fenômeno foi observado durante a operação do seu reator. Outros pesquisadores já haviam percebido isso e têm utilizado um modelo esférico (Fig. 9.79), apresentado por Wang *et al.* (2006). Porém, os suportes esféricos apresentam uma área de superfície específica menor (192 m²/m³), quando o reator é preenchido com 60% de seu volume.

Explicando melhor esse conceito de obtenção de maior eficiência do reator, com a presença do meio supor-

Figura 9.78 Carriers tipo K1, K2 e K3 – Fonte: Rusten *et al.* (2006).

Outras técnicas de tratamento mais recentes

Figura 9.79 Suporte esférico – Fonte: Wang *et. al.* (2006) *apud* Reis (2007).

te, pode-se afirmar que: quanto maior a concentração de biomassa presente num reator de lodos ativados, maior a sua eficiência, ou seja, aumenta-se a probabilidade de ocorrência da adsorção dos sólidos finamente particulados e dissolvidos ao floco biológico. Tais sólidos estão presentes no líquido que chega ao reator biológico, vindos do clarificador primário, uma vez que, naquela unidade, não apresentam peso suficiente para sedimentar. Nesta etapa do tratamento biológico, a principal função do reator é promover a retirada desses sólidos, que passam do meio líquido para os flocos biológicos, por adsorção. A matéria orgânica presente nesses sólidos vai sendo degradada pelos microrganismos presentes no floco. Em resumo, quando a quantidade de flocos no reator é grande, torna-se quase inevitável o encontro dos sólidos livres com o floco biológico, em função da agitação promovida pelo sistema de aeração. Quando esse encontro ocorre, o sólido fica retido no floco, pela alta viscosidade deste último. Os flocos, por apresentarem peso suficiente, podem ser removidos nos clarificadores secundários por sedimentação. Assim, o efluente tratado fica parcialmente livre desses sólidos. No processo de lodos ativados, o clarificador secundário é a unidade que limita a concentração de sólidos suspensos totais no reator (X). Como já se afirmou anteriormente neste livro, as concentrações de X nos reatores de lodos ativados devem ficar abaixo dos 4.500 mg/L, justamente pela dificuldade de se operar eficientemente os clarificadores secundários, quando as concentrações de sólidos estão acima desse valor.

No entanto, como no MBBR, a maior parte da biomassa fica aderida aos meios suportes, e estes permanecem no reator mesmo com alta concentração de sólidos no reator, até certo ponto, não há sobrecarga de sólidos nos clarificadores secundários. Como consequência, o volume do reator resulta bem menor do que o de lodos ativados (no caso de projeto de novas unidades), ou no caso de reatores existentes, pode-se aumentar a carga orgânica a ser tratada. Essa é, sem dúvida, uma das grandes vantagens dessa tecnologia. Ainda, quando comparado ao sistema de lodos ativados, o MBBR apresenta uma outra grande vantagem: devido à grande quantidade de sólidos presentes no reator não é necessário fazer o retorno do lodo a partir do fundo dos clarificadores secundários, como se faz nos processos de lodos ativados. No entanto, para evitar que os *carriers* saiam do reator juntamente com o líquido, é necessária a instalação de uma peneira retentora, antes do vertedor. As desvantagens do MBBR estão todas relacionadas com o custo efetivo da instalação e da operação. Por exemplo, para se manter a hidrodinâmica ideal para os suportes e conseguir um bom desempenho do sistema, necessita-se de sistemas especiais de aeração, o que onera os custos de instalação e operação. O gasto energético é significativo e deve ser levado em consideração (Reis, 2007).

A Fig. 9.80 mostra um esquema típico de MBBR para reatores aeróbios. No entanto, o MBBR também pode ser usado em reatores anóxicos, geralmente com o objetivo de se promover a desnitrificação. Neste caso,

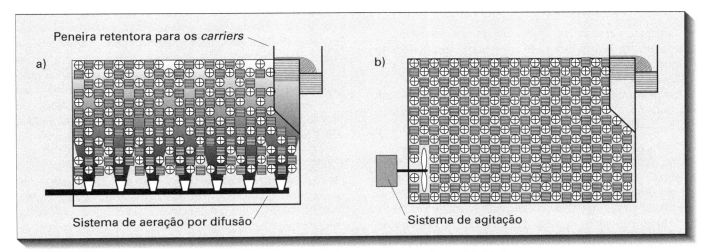

Figura 9.80 Reator MBBR (a) aeróbio, (b) anóxico – Fontes: Johnson (2008) e Odegaard (1994).

haverá apenas um sistema de agitação do meio líquido, que deve estar completamente submerso (ver Fig. 9.80).

Segundo Odegaard *et al.* (2000), o suporte K1 da empresa Kaldnes foi usado nas pesquisas iniciais. Seu comprimento era de 7 mm e o diâmetro de 10 mm, apresentando área específica de 350 m^3/m^2. Esses pesquisadores estudaram a influência do tamanho, formato e área específica dos *carriers*, no processo MBBR. Concluíram que não influenciam no desempenho do processo. É interessante observar que a pesquisa foi iniciada estudando-se tais influências com base em uma mesma taxa diária de aplicação orgânica volumétrica (kg $DQO/m^3 \cdot$ dia), ou seja, carga orgânica relacionada com o volume do reator. Com essa premissa, poderiam ter chegado a uma conclusão errônea de que haveria diferenças de desempenho entre os vários tipos de *carriers* estudados. No entanto, quando passaram a utilizar como referência, não mais a taxa volumétrica e, sim, aquela relacionada com a área superficial efetiva de biofilme nos *carriers* (kg $DQO/m^2 \cdot$ dia), perceberam quase não haver influência desses fatores no desempenho dos reatores MBBRs.

Por causa disso, Odegaard *et al.* (2000), recomendam que os projetos de MBBRs sejam feitos com base na taxa diária de aplicação orgânica superficial, ou seja, aquela relacionada com a área superficial efetiva de fixação dos biofilmes (kg $\cdot DQO/m^2 \cdot$ dia). Os resultados alcançados, na pesquisa conduzida pelos autores citados, indicaram que altas taxas orgânicas poderiam ser utilizadas para remoção da DQO solúvel (eles estudaram taxas na faixa de 0,01 até 0,12 kg $\cdot DQO/m^2 \cdot$ dia). No entanto, ressaltam que a eficiência da sedimentação de sólidos no clarificador secundário também vai decrescendo à medida que se aumentam as taxas aplicadas, sendo, também no MBBR, um fator impeditivo à aplicação de altas taxas orgânicas. No entanto, Broch-Due *et al.* (1994), Rusten *et al.* (1994), *apud* Reis (2007), haviam afirmado que a etapa final seria pouco influenciada pela separação da biomassa, pois nos MBBRs ter-se-ia uma redução de, no mínimo, dez vezes em relação à concentração da biomassa em suspensão.

Segundo Odegaard (2006), os tempos de detenção hidráulico nos MBBRs, quando operados com a finalidade de remoção de matéria orgânica, são baixos (na faixa de 0,25 a 1,5 hora), dependendo da carga orgânica aplicada. A matéria orgânica solúvel é rapidamente degradada e a matéria orgânica particulada é adsorvida ao floco, sofrendo a seguir hidrólise e degradação.

Nos processos aeróbios, a velocidade de transferência de oxigênio para as células microbianas é um fator limitante, que pode determinar a velocidade de conversão biológica. A disponibilidade de oxigênio para os microrganismos depende da sua solubilidade no meio, da transferência de massa, bem como da velocidade com que o oxigênio dissolvido é utilizado. As limitações na transferência de oxigênio tornam os sistemas convencionais de lodos ativados suscetíveis a diversos problemas operacionais, quando submetidos a picos de carga orgânica. Os processos com biofilme, em geral, possuem um potencial maior de depuração da matéria orgânica, que se deve, principalmente, à alta atividade e variedade microbiana existente nesses ambientes. No caso específico do MBBR, além da presença de biofilme nos suportes, a transferência de massa (substrato e oxigênio) entre as fases é facilitada em função do maior contato proporcionado pela dinâmica do reator, que proporciona um maior contato entre os nutrientes, o oxigênio e os microrganismos. Esse maior contato confere ao MBBR a possibilidade de se trabalhar em condições mais adversas, com altas cargas orgânicas de alimentação (Reis, 2007).

Rusten *et al.* (2003), *apud* Reis (2007), estudaram o tratamento de efluentes complexos de uma indústria química e investigaram a aplicação do MBBR submetido a cargas orgânicas na faixa de 2,0 a 4,5 kg $\cdot DQO/m^3 \cdot$ dia. Para tais condições foram registradas eficiências de remoção de DQO_T (DQO total) de 62 a 70% nos MBBRs. Nesse estudo, para uma planta piloto dotada de dois MBBRs operados em paralelo e conjugados em série com um sistema de lodos ativados, foram obtidas remoções globais de DQO_T da ordem de 96% e de 99%. O desempenho dos MBBRs, mesmo submetidos a cargas orgânicas de choque, foi estável e seguro durante todo o período estudado. Com base nesses resultados, foi modificado o processo de tratamento de efluentes da empresa Exxon Chemical Company, em Banton Rouge, Louisiania/USA, incluindo unidades MBBR ao processo.

Segundo Reis (2007), Leiknes *et. al.* (2006) avaliaram um sistema MBBR-MBR (MBBR associado a um biorreator com membranas) e mostraram que é possível operar esse sistema na faixa de cargas volumétricas de 2 a 8 kg $\cdot DQO/m^3 \cdot$ dia. Entretanto, o desempenho do sistema teria sido baixo para cargas próximas a 8 kg $\cdot DQO/m^3 \cdot$ dia. Os autores observaram ainda que, para altos valores de carga volumétrica, o efeito *fouling* (entupimento das membranas) foi acentuado e o atribuíram à presença de substâncias poliméricas extracelulares no meio reacional. Eles ressaltaram como sendo característica particular de cada efluente a maior ou menor geração de substâncias poliméricas extracelulares. Ainda segundo Reis (2007), a presença de substâncias poliméricas extracelulares em sistemas de tratamento biológico, de certo modo, é essencial ao seu próprio funcionamento. Nos lodos ativados, essas substâncias são responsáveis pela estabilidade mecânica dos flocos (Davies *et al.*, 1998) e nos processos com biofilme, a adesão aos suportes se dá com a ativa participação delas, principalmente os polissacarídeos (Cammarota e Sant'Anna, 1998). Vários estudos evidenciaram que na categoria de polissacarídeos extracelulares estão incluídos os seguintes compostos: proteínas, polissacarídeos, lipídeos e ácidos nucleicos (Frolund *et al.*, 1996).

Quanto à manutenção da concentração de oxigênio dissolvido (O_2) no reator, sabe-se que nos processos de lodos ativados, é comum a operação na faixa entre 1,0 e 2,0 mg/L. No entanto, para o MBBR parece haver necessidade de uma maior concentração de O_2 no reator. Nas pesquisas realizadas por Odegaard et al. (2000), foram relatadas concentrações de O_2 bem mais altas (na faixa de 3,5 a 4,5 mg · O_2/L) e numa outra fase do experimento (6,2 a 6,4 mg · O_2/L). Eles concluíram que, para essas faixas de valores estudadas, não houve qualquer influência na taxa de remoção de DQO.

Rusten et al. (2006) afirmam que, em se tratando de esgoto sanitário, a turbulência causada pela alta vazão de ar, necessária para manter em suspensão o meio suporte e sob concentrações de O_2 na faixa de 3,0 mg/L no reator, teria ocorrido a formação de uma camada de biofilme suficientemente fina para impedir a ocorrência de *fouling* no *carrier*. Quando se pretende promover a nitrificação, ainda segundo esses autores, a transformação de nitrogênio amoniacal em nitrato (N_NH_4^+ ⇒ N_NO_3^-) é influenciada pelos seguintes parâmetros: carga orgânica aplicada; concentração de O_2; concentração de nitrogênio amoniacal (N_NH_4^+); temperatura; pH e alcalinidade, no reator. Numa pesquisa conduzida por Hem et al. (1994), para uma temperatura de 15° C e para carga de N_NH_4^+ em excesso, com aplicação de carga orgânica de 0,001 kg de DBO_5/m^2 · dia, eles obtiveram uma transformação de 0,001 kg de N_NH_4^+ para N_NO_3^-, para uma concentração de aproximadamente 5 mg · O_2/L no reator. Para obter a mesma remoção de N_NH_4^+ de 0,001 kg, quando aplicada uma carga orgânica de 0,003 kg · DBO_5/m^2 · dia, teria sido necessário elevar a concentração de O_2 no reator para valores próximos a 8,0 mg/L. Deve-se ressaltar que a temperatura aqui relatada (15° C) está bastante aquém das que ocorrem na maioria das cidades brasileiras. Sabe-se que a atividade microbiológica é significativamente aumentada à medida que se aumenta a temperatura.

Isoldi (1998), estudando a remoção de nitrogênio amoniacal no efluente de uma indústria de beneficiamento de arroz, comentou que as variações do pH, da temperatura e da concentração de nitrogênio amoniacal no efluente influenciam a atividade das bactérias nitrificantes. Acrescenta ainda que a eficácia do processo de nitrificação diminui com a gradual diminuição das concentrações de nitrogênio amoniacal (N_NH_4^+), que vai ocorrendo no meio. Para o autor citado, também a alcalinidade e a concentração de oxigênio dissolvido influenciam na cinética da nitrificação, afirmando que, para o melhor desempenho das bactérias autotróficas nitrificantes, em reatores atuando na faixa de temperaturas entre 28 e 36 °C, a relação DQO:N do meio deve ser menor que 3 e a concentração de O_2 no reator deve ser maior que 3,5 mg/L.

A nitrificação nas ETEs tem seu aspecto positivo, uma vez que evita que ela ocorra no corpo d'água receptor com consequente consumo de oxigênio. No entanto, para a completa remoção do nitrogênio amoniacal, após a etapa de nitrificação, deve obrigatoriamente ocorrer a desnitrificação. A desnitrificação é o fenômeno de redução biológica do nitrato (NO_3^-), tendo como produto final o gás nitrogênio (N_2). O N_2 apresenta baixa solubilidade no meio líquido e, portanto, acaba sendo liberado, na forma de bolhas, para a atmosfera. O N_2 é o principal componente do ar atmosférico (seu reservatório natural), portanto, completa-se assim o ciclo desse nutriente, não causando qualquer preocupação ambiental. A desnitrificação é realizada por bactérias heterotróficas facultativas que, para isso, precisam de uma fonte de carbono para o metabolismo e reprodução. Como se sabe, as bactérias facultativas podem ter como fontes de oxigênio, o O_2 dissolvido na água ou nas moléculas de nitrato. A desnitrificação ocorre quando os níveis de oxigênio dissolvido no meio esgotam-se e o nitrato torna-se a principal fonte de oxigênio para os microrganismos. Assim, o processo só é realizado sob condições anóxicas, ou seja, quando a concentração de oxigênio dissolvido no meio líquido fica abaixo de 0,5 mg/L, de preferência inferior a 0,2 mg/L. Quando as bactérias utilizam o nitrato (NO_3^-) para obter o oxigênio (O_2), ocorre o fenômeno de redução para óxido nitroso (N_2O), e, em seguida, este passa para a forma de nitrogênio gasoso (N_2). Assim, é importante ressaltar que a desnitrificação das águas residuárias só poderá ocorrer se antes houve a nitrificação.

As condições que afetam a eficiência da desnitrificação, no meio líquido, incluem: os níveis de concentração de nitratos, a necessidade do ambiente anóxico, a presença de matéria orgânica, os valores de pH, a temperatura, a alcalinidade e a presença de metais traço. Sabe-se que os organismos que promovem a desnitrificação são menos sensíveis a substâncias químicas tóxicas que os nitrificantes. Estes podem se recuperar de cargas tóxicas mais rapidamente do que os organismos nitrificantes. A fórmula simplificada que descreve a reação de desnitrificação é a seguir apresentada:

$$6 \cdot NO_3^- + 5 \cdot CH_3OH \rightarrow 3 \cdot N_2 + 5 \cdot CO_2 + 7 \cdot H_2O + 6 \cdot OH^-$$

As bactérias que promovem a desnitrificação não crescem sob baixas concentrações de nitrato e na presença de oxigênio dissolvido. A existência de uma fonte de carbono, na equação representada pelo metanol (CH_3OH), também é uma das condições essenciais para a ocorrência da desnitrificação. Essa fonte de carbono pode estar no esgoto bruto, ou em outra fonte suplementar de carbono. A taxa de crescimento das bactérias que promovem a desnitrificação depende do tipo de fonte orgânica presente, sendo maior quando se utiliza metanol ou ácido acético. Uma taxa ligeiramente mais baixa irá ocorrer quando se utiliza esgoto bruto, mas, as menores taxas de crescimento ocorrem quando do se baseiam em fontes de carbono endógenas e sob temperaturas mais baixas. A desnitrificação pode ocorrer na faixa de temperaturas entre 5° e 30 °C, mas sob temperaturas mais altas as taxas de crescimento serão maiores. A faixa ideal para os valores de pH está entre 7,0 e 8,5 (de preferência pH = 8). Sabe-se também, que a desnitrificação é um processo que produz alcalinidade; cerca de 3,0 a 3,6 kg de alcalinidade (como $CaCO_3$) são produzidos por kg de nitrato reduzido. Pode-se perceber também, pela fórmula acima apresentada, que o processo de desnitrificação gera hidróxidos (OH^-), conseguindo, assim, mitigar parcialmente a redução do pH no meio líquido, tendência observada no processo anterior de nitrificação.

Alguns autores investigaram a aplicação do MBBR para a finalidade de desnitrificação. Rodgers e Xin-Min (2004) estudaram a remoção biológica de nitrogênio empregando um reator de leito móvel vertical com biofilme. Para tal, foi utilizado um efluente sintético com concentrações de $N\_NH_4^+$ na faixa de 75 a 136 mg/L e DQO na faixa de 6.000 mg/L. O sistema montado por eles era composto de 6 tanques, em série, e com altas taxas de recirculação entre os tanques. Destes tanques, quatro eram aeróbios (os de ns. 3, 4, 5 e 6) e dois anóxicos (1 e 2). Neste sistema, a remoção de matéria orgânica foi da ordem de 94 a 96% de DQO solúvel e a remoção global de nitrogênio foi de 77 a 88%. Nos tanques anóxicos, a eficiência de desnitrificação foi elevada (de 94 a 98%) e a taxa de desnitrificação por área de suporte ficou na faixa de 0,0029 a 0,0038 kg · $N\_NO_3^-/m^2$.dia. A eficiência de nitrificação nos tanques aeróbios ficou acima de 95%, com taxa máxima por unidade de área de suporte na faixa de 0,0013 a 0,0018 kg · $N\_NH_4^+/m^2$ · dia.

Labelle et al. (2005) estudaram a desnitrificação da água do mar, utilizando um reator MBBR, preenchido com suporte esférico de polietileno, com área superficial específica de 100 m^2/m^3. Utilizaram como fonte de carbono o metanol, variando a relação DQO:N. Obtiveram reduções de $N\_NO_3^-$ de 53 mg/L para 1,7 ± 0,7 mg/L, com taxa de desnitrificação máxima de 0,0177 ± 0,0014 kg · N/m^2 · dia, quando empregada a razão DQO/N de 4,2.

Segundo Reis (2007), apesar da comercialização do processo MBBR ter se tornado cada vez maior, uma vez que já existem cerca de 400 estações de tratamento de efluentes, em grande escala, espalhadas em 22 países de todo mundo, poucos são os estudos relacionados ao desempenho do MBBR sob condições de aplicação de altas cargas orgânicas. No Brasil, até o ano de 2003, o processo já havia sido aplicado em duas grandes estações: na Delphi, em São José dos Campos-SP, e na Ripasa, em Limeira-SP. Nesta última, o MBBR ganhou uma concorrência para a ampliação da capacidade da ETE, principalmente por não demandar mais espaço físico e maiores obras civis. Com a tecnologia MBBR e com pequenas alterações no conceito da ETE, em especial a troca dos aeradores, a ETE dessa indústria de papel aumentou a sua vazão de operação de 2.200 para 3.000 m^3/hora, com incremento da eficiência operacional. Assim, o exemplo anterior ressalta o alerta com relação à necessidade de manter mais altas concentrações de O_2 no reator, quando se adota o sistema MBBR, notadamente quando se deseja promover a nitrificação. No caso de aproveitamento de unidades de lodos ativados existentes; talvez uma ampliação da capacidade de aeração do sistema se torne necessária.

Uma tendência que se observa na Europa, devido à exigência maior da legislação quanto aos teores de fósforo no efluente final, é que o MBBR se apresenta como uma boa alternativa quando combinado com processos de precipitação química (físico-químicos). Na Fig. 9.81, apresenta-se uma configuração típica desse sistema.

Wang et al. (2006) avaliaram um processo combinado de precipitação química (coagulação/floculação) em um MBBR, tratando esgoto sanitário para a remoção de nitrogênio pelo processo denominado de nitrificação e desnitrificação simultâneas (SND) e fósforo por precipitação química. O processo foi conduzido mantendo concentração de O_2 acima de 2,0 mg/L, obtendo-se remoções totais de nitrogênio da ordem de 90%. O suporte utilizado neste sistema era esférico, com área específica de 320 m^2/m^3, o que teria conferido adequadas condições hidrodinâmicas ao sistema. Na precipitação

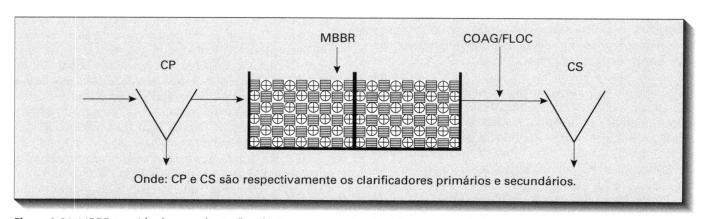

Figura 9.81 MBBR seguido de coagulação/floculação para remoção de fósforo – Fonte: Odegaard (2006).

química, para remoção de fósforo (P), foi utilizado Ferro II na razão de 1:1,3 (P:Fe). As remoções obtidas foram significativas, mostrando ser o sistema proposto viável para futuras aplicações em grande escala.

Luostarinen *et al.* (2006) *apud* Reis (2007) investigaram a remoção de DQO residual e de nitrogênio dos efluentes de um reator anaeróbio operado a baixas temperaturas (efluente 1) e de um efluente de granja de frangos (efluente 2). O sistema era composto de 4 MBBRs em série, operados em batelada sequencial, com e sem aeração. Nos intervalos sem aeração (regime anóxico), agitadores mecânicos eram ativados para manter a homogeneidade no meio líquido. Segundo esses autores, a fase anóxica era atingida 30 a 40 minutos depois de interrompida a aeração, quando se atingia uma concentração de O_2 de 1,0 mg/L. A temperatura operacional média foi de 20° C para o efluente 1 e de 10 °C para o efluente 2. O ciclo operacional para todas as etapas do sistema foi de 1,8 a 2,2 dias. Considerando todo o sistema (UASB + MBBRs) foi obtida uma remoção de matéria orgânica da ordem de 90%; 60 a 70% de nitrogênio total e 80% de fósforo total. Para o efluente de granja de frango houve completa remoção da matéria orgânica, e para todos os reatores, a remoção de nitrogênio variou entre 50 e 60%. Foi observada completa nitrificação, mas a desnitrificação ficou comprometida pela falta de uma fonte de carbono no meio líquido.

Reis (2007), estudando o MBBR com cargas orgânicas aplicadas na faixa aproximada de 4,0 a 9,0 kg.DQO/m^3 · dia, observou que a concentração da biomassa em suspensão no efluente do reator é relativamente baixa, variando de 200 a 400 mg/L na maioria dos regimes investigados. Esses valores obtidos por essa pesquisadora reforçam a tese de que a maioria da biomassa presente no reator encontra-se aderida ao suporte. A relação SSV/SST manteve-se na faixa de 0,8 a 1,0 para todos os regimes, indicando que o lodo em suspensão é pouco mineralizado; isso reforça outra tese de que realmente há necessidade de tratamento do lodo secundário, quando oriundo do MBBR.

Ainda segundo Reis (2007), nas suas pesquisas não foi constatada influência da carga orgânica volumétrica aplicada na produção específica de lodo. Segundo a pesquisadora, alguns trabalhos verificaram essa influência para reatores de leito fluidizado (Tavares, 1992 e Simões, 1994). Nos poucos trabalhos encontrados com utilização de MBBRs, para remoção de matéria orgânica, não foram encontradas referências específicas para o coeficiente de produção de lodo (Y). Os valores de Y obtidos no seu trabalho, para todos os regimes, situaram-se na faixa de 0,4 a 0,6 mg · SSV/mg · DQO removida (com base na DQO solúvel). Os valores de Y obtidos pela pesquisadora situaram-se na mesma faixa encontrada em sistemas de lodos ativados convencionais, ou seja, Y = 0,4 a 0,6 (Metcalf & Eddy, 1991). No entanto, é válido lembrar ainda que, segundo essa pesquisadora, os valores de cargas volumétricas utilizadas em suas pesquisas são muito maiores que as mais altas concentrações recomendadas para se trabalhar em sistemas aeróbios; e ressalta que com esses valores de carga volumétrica possivelmente não se conseguiria operar uma unidade de lodos ativados.

Há uma grande complexidade referente às características dos biofilmes, devido a vários fatores, entre os quais a natureza dos substratos, a diversidade das espécies microbianas presentes no processo e as características do material suporte (Fleming e Wlinder, 2001, *apud* Reis, 2007). Há que se notar também que, embora muitas pesquisas tenham sido feitas, não há conhecimento consolidado sobre os processos com biofilmes. O que se tem na verdade é um grande número de variáveis a serem exploradas, para se obter maior compreensão sobre esse tema. Dessa forma, adotar valores de carga orgânica para estimar o tamanho das unidades, que possam ser comparadas a outros sistemas correlatos, é ainda prematuro. A nosso ver, muitas pesquisas foram conduzidas em escalas piloto e de laboratório, usando esta ou aquela carga orgânica (baixas cargas e altas cargas), mas não se tem ainda muito bem claro que valores poderiam ser adotados para fins de dimensionamento, sem o temor de se estar criando algum outro problema correlacionado, em especial quanto à etapa de sedimentação do lodo. Assim, o exemplo de cálculo a seguir tem apenas o propósito de propor um arranjo seguido de um método de dimensionamento, seguindo em linhas gerais as taxas utilizadas nas pesquisas citadas, que, no entanto devem ser testadas para verificar a sua efetiva eficiência, em especial sob temperaturas mais elevadas, que ocorrem no nosso País.

Exemplo de cálculo 9.22

Dimensionar um sistema constituído de UASB (ver exemplo de cálculo 9.20), seguido de MBBR em série, com a finalidade de remoção de carga orgânica, nitrificação e desnitrificação, com os dados já utilizados no exemplo de cálculo 9.21.

Dados:
Vazão média de final de plano: 40,4 L/s = 145,40 m^3/hora = 3.491,00 m^3/dia

Vazão máxima de final de plano: 72,7 L/s = 261,70 m^3/hora = 6.281,00 m^3/dia

$DBO_{5,20}$ = 275 mg/L = 0,275 kg/m^3 – na entrada da ETE

$DBO_{5,20}$ = 96 mg/L = 0,096 kg/m^3 – na saída do UASB

Serão utilizados dois tanques anóxicos em série, seguidos de dois tanques aeróbios, conforme apresentado no esquema a seguir:

Carga orgânica aplicada no 1° reator aeróbio $C_{org.\ aplic.}$ = 0,03 kg · DBO/m² · dia;

Carga orgânica total = $C_{org.\ total}$ = $Q_0 \cdot S_0$ = 3.491,00 m³/dia × 0,096 kg/m³ = 335,2 kg · DBO/dia.

Área de biofilme necessária $A_{biof.}$ = $C_{org.\ toatal} \div C_{org.\ aplic.}$ = 335,20 ÷ 0,03 = 11.173,00 m²

Será adotada uma área de biofilme de 12.000,00 m².

Admitindo-se um modelo de suporte com $A_{efet.}$ = 200,00 m²/m³, pode-se calcular:

Volume do reator de 1° estágio $V_{reat.}$ = $A_{biof.} \div A_{efet.}$ = 12.000,00 m² ÷ 200,00 m²/m³ = 60,00 m³.

Carga volumétrica resultante $C_{vol.}$ = $C_{org.\ total} \div V_{reat.}$ = 335,20 ÷ 60,00 m³ = 5,6 kg · DBO/m³ · dia

Comparando com o sistema de lodos ativados convencional (exemplo de cálculo 9.7), cuja carga orgânica total é $C_{org.\ total}$ = 3.491,00 m³/dia × 0,1925 kg/m³ = 672 kg · DBO/dia e cujo volume total calculado foi de 960 m³ para o reator, tem-se $C_{vol.}$ = 672 ÷ 960,00 m³ = 0,7 kg · DBO/m³ · dia, ou seja: nas condições acima exposta a carga volumétrica no MBBR seria 8 vezes maior do que no sistema de lodos ativados convencional.

Considerando-se uma profundidade de 5,00 m para os reatores, pode-se calcular a área total ocupada no 1° estágio: $A_{1°\ estag.}$ = $V_{reat.} \div prof.$ = 60,00 m³ ÷ 5,00 m = 12,00 m²;

Considerando-se um percentual de remoção de DBO no 1° estágio de 80 %, pode-se calcular a DBO de saída: DBO$_{saída}$ = (1,0 – 0,8) × 0,096 kg DBO/m³ = 0,019 kg · DBO/m³;

Carga orgânica total para o 2° estágio $C_{org.\ total}$ = $Q_0 \cdot S_0$ = 3.491 m³/dia × 0,019 kg/m³ = 67,0 kg · DBO/dia e ,considerando-se uma carga orgânica aplicada no 2° reator aeróbio $C_{org.\ aplic.}$ = 0,002 kg · DBO/m² · dia; pode-se calcular a área de biofilme necessária:

$A_{biof.}$ = $C_{org.\ total} \div C_{org.\ aplic.}$ = 67,00 ÷ 0,002 = 33.500,00 m²

Será adotada uma área de biofilme de 36.000,00 m².

Admitindo-se um modelo de suporte com $A_{efet.}$ = 200,00 m²/m³, pode-se calcular:

Volume do reator de 2° estágio $V_{reat.}$ = $A_{biof.} \div A_{efet.}$ = 36.000,00 m² ÷ 200,00 m²/m³ = 180,00 m³.

Carga volumétrica resultante $C_{vol.}$ = $C_{org.\ total} \div V_{reat.}$ = 69,80 ÷ 180,00 m³ = 0,39 kg · DBO/m³ · dia

Considerando-se uma profundidade prof = 5,00 m para os reatores, pode-se calcular a área total ocupada no 2° estágio: $A_{2°\ estag.}$ = $V_{reat.} \div prof.$ = 180,00 m³ ÷ 5,00 m = 36,00 m².

Volume total de 1° e 2° estágios = V_{total} = 60,00 + 180,00 = 240,00 m³.

Área total ocupada no 1° e 2° estágios $A_{1°\ e\ 2°\ estag.}$ = 12,00 + 36,00 = 48,00 m². Essa área comparada à área calculada para os lodos ativados convencionais (no exemplo de cálculo 9.7 = 240,00 m²) resulta 5 vezes menor do que a área necessária para lodos ativados convencionais. Deve-se ressaltar que no exemplo de cálculo 9.7 não se previu as etapas de nitrificação/desnitrificação.

O cálculo do tempo de detenção hidráulico total (1° e 2° estágios) mostra um θ_H = $V_{tot.} \div Q_0$ = 240 m³ ÷ 3.491 m³/dia = 0,07 dias = 1,65 horas, bem menor do que o dos lodos ativados convencionais (no exemplo de cálculo 9.7 para a vazão média obteve-se um θ_H = 0,275 dias = 6,6 horas).

O 2° estágio aqui proposto tem a finalidade principal de remoção de nitrogênio amoniacal por meio da nitrificação. No entanto, promove também certa remoção de carga orgânica, que será aqui estimada em 70%. Assim, pode-se calcular a DBO solúvel de saída: DBO$_{saída}$ = (1,0 – 0,7) × 0,019 kg DBO/m³ = 0,006 kg · DBO/m³; o que resultaria numa eficiência percentual de remoção de DBO solúvel no MBBR, da ordem de:

$E = [(S_0 - S_e) \div S_0] \times 100 = [(0,096 - 0,006) \div 0,096] \times 100 = 93,8\%$

E uma eficiência global em termos de DBO solúvel no UASB + MBBR da ordem de:

$E = [(S_0 - S_e) \div S_0] \times 100 = [(0,275 - 0,006) \div 0,275] \times 100 = 97,8\%$

Para dimensionamento dos reatores anóxicos (para desnitrificação) não se têm ainda dados concretos sobre taxas de aplicação, motivo pelo qual não se fará aqui qualquer estimativa para determinação de volumes e áreas de ocupação.

Considerações finais

Como se viu no exemplo de cálculo 9.20, a carga orgânica aplicada no UASB, em se tratando de esgoto sanitário, resulta muito aquém das cargas usuais para esse tipo de reator. Por esse motivo, foi explicitada, na configuração apresentada neste exemplo de cálculo 9.22, a recirculação de todo o lodo retirado do clarificador secundário para o reator UASB. Dessa forma, o lodo a ser descartado sairia somente do UASB. Com essa recirculação poderia se aumentar a carga orgânica aplicada e ao mesmo tempo poderia se conseguir um lodo bem mais estabilizado do que aquele retirado diretamente do clarificador secundário, pois este, como se viu nas pesquisas citadas, precisaria passar por um processo de estabilização.

Deve-se ressaltar, porém, que a recirculação de lodo aumentaria também a taxa de aplicação hidráulica no UASB, além de também propiciar certa desnitrificação nesse reator (cujas consequências para o bom funcionamento do mesmo também teriam que ser analisadas). Enfim, todos esses aspectos teriam que ser analisados no dimensionamento de um sistema parecido com este apresentado.

De acordo com os resultados da pesquisa realizada por Rusten e. al. (2006), deve-se ressaltar que a carga orgânica aplicada no 2° estágio (0,002 kg · DBO/m² · dia), resultaria numa necessidade de O_2 no reator, da ordem de 5,0 mg/L, com a qual se poderia obter uma taxa de remoção de nitrogênio amoniacal da ordem de 0,005 kg · $N\_NH_4^+/m^2$ · dia. Para concentração de O_2 no reator, da ordem de 4,0 mg/L, essa taxa de remoção cairia para cerca de 0,003 kg$N\_NH_4^+/m^2$ · dia, não se devendo utilizar, para esse valor de carga orgânica, concentrações de O_2 menores do que essas citadas. Deve-se ressaltar também que esses valores foram obtidos para temperaturas na faixa de 15 a 20° C.

9.10.3 MBR – Membrane Bioreactor

9.10.3.1 Histórico e principais características do MBR

No início dos anos 1960, a tecnologia de membranas começou a ser comercializada em sistemas de osmose reversa para a dessalinização de água do mar. A partir dos anos 1990, as membranas de microfiltração e de ultrafiltração passaram a ser também empregadas no mercado do saneamento básico. Essa tecnologia ainda é tida como muito dispendiosa pela grande maioria dos especialistas. Porém, o constante aprimoramento dos materiais, aliado ao crescimento do volume de vendas das membranas, vem diminuindo gradativamente o seu custo e viabilizando, em muitos casos, a sua utilização em instalações maiores. Hoje, nos países desenvolvidos, há uma tendência de introdução dos sistemas de membranas nas plantas que ainda utilizam os sistemas convencionais de tratamento, tanto no que se refere ao tratamento de água de abastecimento quanto no tratamento de águas residuárias.

O MBR (Membrane Bioreactor) ou Reator Biológico de Membranas pode ser classificado como um reator híbrido, que combina o tratamento biológico em tanques de lodos ativados, com a separação física dos sólidos, através da filtração por membranas, e que atende satisfatoriamente aos propósitos mencionados nas considerações apresentadas no subitem 9.10. No reator biológico, a matéria orgânica biodegradável é adsorvida ao floco biológico e vai sendo aos poucos mineralizada, enquanto as membranas desempenham o papel de uma barreira física que, retendo os sólidos presentes no reator, permite a obtenção de um líquido filtrado (permeado), de características compatíveis com o tipo de membrana utilizada.

Levando-se em conta o tratamento do esgoto sanitário, podem ser utilizadas membranas de microfiltração ou de ultrafiltração. Quando utilizadas as membranas de ultrafiltração, podem ser retidos os sólidos particulados microscópicos, incluindo bactérias, vírus e partículas coloidais. Na Tab. 9.48 são apresentadas as principais características dos processos de filtração: tipo, diâmetro dos poros, pressões de trabalho aplicáveis para permitir a filtração, além das substâncias que podem ser retidas e as que podem estar presentes no permeado (líquido filtrado).

Para o tratamento do esgoto sanitário, quando utilizadas membranas de ultrafiltração, o líquido assim tratado, além de atender aos padrões de lançamento, pode ainda ser utilizado diretamente como água de reúso não potável. Uma outra vantagem é que, com a utilização das membranas, dispensam-se os problemáticos clarificadores secundários, unidades estas que muitas vezes são difíceis de operar. Sabe-se que, durante a fase de sedimentação do lodo secundário, às vezes podem ocorrer fenômenos já explicitados neste livro, como o *bulking* filamentoso ou o *pin-point-floc*, que são prejudiciais à separação sólido-líquido e que fatalmente causam a deterioração da qualidade do efluente tratado em nível secundário. A Tab. 9.49 apresenta uma série de substâncias e microrganismos, suas faixas de dimensões relativas aproximadas e os processos de separação que podem ser adotados para removê-las de um meio líquido.

Na Fig. 9.82 é apresentada foto de uma membrana, com um aumento de 5.000 ×, cujo diâmetro médio dos poros foi relatado por Viero (2006), como sendo de 0,66 µm.

Existem algumas vantagens adicionais do MBR, quando este é comparado com o sistema convencional de lodos ativados; o MBR permite manter concentrações mais altas de sólidos suspensos voláteis (SSV) no reator.

TABELA 9.48 Filtração: tipos, diâmetro dos poros, pressões de trabalho, substâncias retidas e permeadas

Processos de filtração	Diâmetro dos poros (μm)	Pressões de trabalho (MPa)	Tipos de substâncias retidas/permeadas — Substâncias retidas	Tipos de substâncias retidas/permeadas — Presentes no permeado
Filtros comuns	> 1,0	–	Bactérias (parcial), emulsões oleosas, cistos de giárdia, *cryptosporidium* etc.	–
Microfiltração	0,1 a 10	0,07 a 0,35	Proteínas (parcial) + gorduras + bactérias	Água + sais dissolvidos + lactose + proteínas (parcial) + vírus
Ultrafiltração	0,002 a 0,1	0,17 a 0,85	Lactose (parcial) + proteínas + vírus + bactérias + gorduras	Água + sais dissolvidos + lactose (parcial)
Nanofiltração	0,0005 a 0,02	0,50 a 1,50	Sais dissolvidos (parcial) + lactose + proteínas +vírus + bactérias + gorduras	Água + sais dissolvidos (parcial)
Osmose reversa	0,0001 a 0,003	3,50 a 5,00	Sais dissolvidos + lactose + proteínas + vírus + bactérias + gorduras	Água

Observação: (*)1 μm equivale a 10^{-6} metros; (**) 1 MPa equivale a aproximadamente 10,2 kgf/cm^2.

Fonte: Adaptada de Koch (2004), Hilamatu (2009) e Rabelo (2010).

Viero (2006) reuniu dados de pesquisas realizadas, que trabalharam com valores de concentração de SSV de até 27.000 mg/L. Porém, segundo Lopefegui e Trouvé (2006), é normal operar com valores na faixa de até 12.000 mg/L para membranas submersas, de forma a manter um fluxo médio de operação razoável de 12 L/m$^2 \cdot$ h e de até 35.000 mg/L para módulos externos. Naturalmente tais concentrações de SSV nos reatores MBR devem se adequar ao tipo e sistema de membranas adotado (recomendações do fabricante) para que não venham a causar problemas nos ciclos de filtragem e limpeza das membranas.

Como decorrência disso tudo, pode-se operar os reatores com idades de lodo mais avançadas, resultando numa maior eficiência na remoção da matéria orgânica e possibilitando altos níveis de nitrificação. Viero (2006) reuniu numa tabela pesquisas realizadas com idade do lodo (θ_C), na faixa de 20, 30 e de até 250 dias. Porém Viana (2004), que também reuniu informações de diversos autores, sugeriu uma faixa de valores de θ_C entre 30 e 60 dias nos reatores MBR. Em termos de dimensionamento das unidades, há uma sensível diminuição da área necessária para os reatores MBR, quando comparados com os lodos ativados, e como o MBR dispensa o uso de clarificadores secundários, a área ocupada por essas unidades também deixa de ser necessária, assim como o sistema de bombeamento para recirculação de lodo. Como no caso dos MBBRs, com o MBR também se torna possível ampliar a capacidade de tratamento de unidades já implantadas, sem que se necessite ampliar as áreas já ocupadas.

TABELA 9.49 Substâncias e microrganismos, dimensões relativas e processos de separação

Tipos de substâncias ou microrganismos	Faixa de dimensões relativas (μm)	Processo necessário para separação
Íons metálicos	0,0001 – 0,002	Osmose reversa
Sais dissolvidos	0,0005 – 0,004	Osmose reversa
Lactose (açúcar do leite)	0,0006 – 0,006	Nanofiltração
Corantes sintéticos	0,0007 – 0,007	Nanofiltração
Gelatina	0,003 – 0,09	Nanofiltração (*)
Endotoxina pirogênica	0,003 – 0,2	Nanofiltração (*)
Proteínas do leite	0,007 – 0,2	Ultrafiltração
Vírus	0,009 – 0,09	Ultrafiltração
Sílica coloidal	0,009 – 0,15	Ultrafiltração
Células vermelhas do sangue	0,165 – 12	Microfiltração (**)
Bactérias	0,15 – 16	Microfiltração (**)
Corante índigo blue	0,3 – 3	Microfiltração (**)
Emulsões oleosas	0,9 – 15	Filtro comum
Cistos de giardia	4,5 – 20	Filtro comum
Cryptosporidium	6 – 400	Filtro comum
Cabelo humano	50 – 700	Filtro comum
Micelas de gordura	75 – 900	Filtro comum
Carvão ativado	100 – 3000	Filtro comum

Observação: (*) a ultrafiltração remove apenas parcialmente as substâncias assinaladas; (**) os filtros comuns removem apenas parcialmente as substâncias assinaladas.

Fonte: Adaptada de Koch (2004)

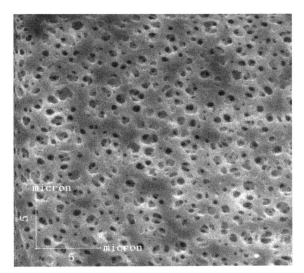

Figura 9.82 Porosidade de uma membrana de MBR (aumento de 5.000 ×) Fonte: Viero (2006).

9.10.3.2 Principais tipos de sistemas MBR

Há uma grande diversidade de fabricantes de membranas para MBR. No entanto, basicamente, cada um deles apresenta um dos dois modelos de instalação mais utilizados: ou são de módulos externos ou modelos de membrana submersas. Na Fig. 9.83 são apresentados os arranjos típicos de cada um desses modelos.

No caso de membranas submersas, os *racks*, contendo um conjunto de membranas de fibras ocas ou mesmo de placas planas, são colocados diretamente nos reatores de lodos ativados ou em unidades separadas, que recebem o líquor de lodos ativados. A extração do permeado é conseguida por meio da aplicação de pressão negativa interna nas membranas, e a limpeza externa das mesmas é promovida por um sistema de aeração, cujo ar sai da base dos racks e sobe, passando junto às paredes externas das membranas. Isso é feito para remover os sólidos que tendem a promover o entupimento dos poros.

Segundo informações extraídas de um vídeo institucional, divulgado por uma das empresas fabricantes desses módulos (Koch Membrane/Puron® MBR), devido ao ambiente agressivo em que essas membranas são operadas, os projetos dos módulos de membrana são muito importantes para o êxito da operação de um MBR. As membranas devem extrair água limpa do líquor (água + flocos biológicos) e, ao mesmo tempo, promover a remoção dos sólidos que tendem a se acumular em torno dos módulos e que podem levar à obstrução das membranas. Assim, uma característica importante de um sistema MBR é um bom e confiável método de remoção desses sólidos, principalmente cabelos e outros materiais fibrosos e também aquele decorrente do *fouling* (crescimento de massa biológica no interior e no entorno dos módulos).

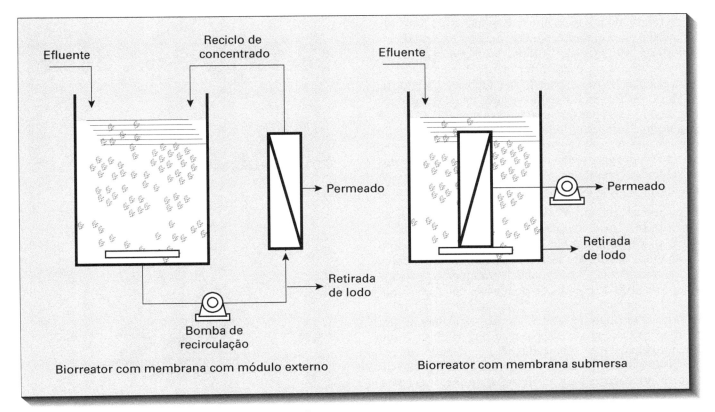

Figura 9.83 Tipos de reatores MBR – Fonte: Viero (2006).

Figura 9.84 Módulo de membranas de cabeça única da Puron® MBR.

O modelo da Puron® MBR consiste de membranas de fibras ocas arranjadas em feixes, colocadas no tanque de tratamento biológico. A água contida no líquor passa do lado de fora das fibras para o seu interior. As fibras possuem poros de aproximadamente 0,05 μm (portanto, dentro da faixa de ultrafiltração), que fornecem uma barreira à passagem dos sólidos em suspensão e das bactérias. Cada feixe de fibras é fixado apenas na cabeça de fundo, podendo se mover livremente ao longo de todo o seu comprimento, sendo que suas extremidades superiores são seladas. Durante a operação normal é aplicado vácuo na parte inferior dos feixes, sendo a água sugada através da parede da membrana, ficando os sólidos no exterior do módulo. A água limpa é sugada, a partir do interior das fibras ocas, para uma única cabeça de sucção. A aeração é feita no centro de cada pacote de fibras, o que garante que os sólidos, tais como os cabelos, materiais fibrosos e os flocos biológicos, sejam carreados para cima, limpando o módulo. Essa empresa fornece módulos em tamanho padrão de 235 m² ou de 500 m².

No modelo da Puron® MBR, os pacotes de fibras ocas são dispostos em fileiras, com as cabeças de fundo ligadas entre si. Várias linhas são montadas em uma moldura de aço inoxidável para criar o módulo. Esses módulos podem ser submersos no tanque de tratamento biológico abaixo do nível do líquido, ou podem ser colocados num tanque específico. Segundo a fabricante, a vantagem de se utilizar um tanque de membranas específico é que o processo biológico e a separação dos sólidos podem ser individualmente otimizados. O líquor pode ser recirculado para as zonas aeróbias (para degradação da matéria orgânica ou para nitrificação) ou anóxicas (para desnitrificação). Na estação de tratamento de esgoto sanitário da cidade de Simmerath (Alemanha), segundo essa fabricante, um sistema MBR está em funcionamento desde 2003, com excelente desempenho e com as membranas originais ainda em perfeitas condições. Na Fig. 9.84 é apresentado um módulo de membrana submersa da empresa Puron® MBR.

Nas fotos da Fig. 9.85, pode-se perceber o mecanismo de injeção de ar na base das membranas, com a finalidade de promover a limpeza de material particulado, que tende a ficar aderido na região dos módulos de membrana submersa. Neste modelo, a parte superior do feixe de membranas é livre, facilitando a saída dos sólidos particulados removidos.

Na Fig. 9.86 é apresentado um módulo de membrana submersa de outra empresa (Mencor®). Este módulo é um pouco diferente do anterior, pois apresenta um modelo de dupla cabeça de fixação das membranas.

Segundo Viero (2006), normalmente, a técnica de operação empregada para manutenção de um fluxo permeado estável, no modelo de MBR submerso e que utiliza fibras ocas, consiste de permeação, obtida por sucção, alternada com retrolavagem, em que uma porção do permeado é bombeada no sentido inverso ao da permeação, como mostra a Fig. 9.87.

Figura 9.85 Mecanismo de limpeza nas membranas submersas da Puron®.

Outras técnicas de tratamento mais recentes

Figura 9.86 Módulo de membranas submersas de dupla cabeça da Mencor®.

Para os sistemas com membranas do tipo fibra oca, segundo o Cirra (2008), *apud* Rabelo (2010), pode-se considerar um custo de investimento de US$ 1.100,00 a US$ 1.700,00 por m² de área de membrana. Devido à complexidade dos módulos, o custo de reposição deste tipo de membrana pode variar de US$ 270,00 a US$ 700,00 por m².

Viero (2006) avaliou o desempenho de um biorreator com membranas submersas (que ela chamou de SMBR), provido de membranas poliméricas do tipo fibra oca (poros médios com 0,66 μm, portanto, na faixa da microfiltração), tratando de forma contínua um efluente sintético simulando esgoto doméstico. Diferentes condições de ciclo de permeação/retrolavagem com ar, com duração de 10 a 30 min. (permeação) e de 30 s (retrolavagem), e tempos de detenção hidráulico (θ_H de 2 a 5 h) foram testados. Na operação com menores tempos de θ_H, houve geração apreciável de lodo. Segundo essa pesquisadora, o emprego de altas concentrações de sólidos (>18.000 mg · SSV/L) pode acarretar uma redução do tempo de uso das membranas no processo e/ou necessidade de aumento da frequência de limpeza química das mesmas.

Ainda segundo Viero (2006), em todas as condições estudadas, o efluente tratado apresentou ausência de turbidez, obtendo-se elevadas remoções de DQO (95-100%) e de COD (92-96%). Em um ensaio de longa duração, as remoções de DQO e COD também foram elevadas (92 e 93%, respectivamente), mesmo durante o período

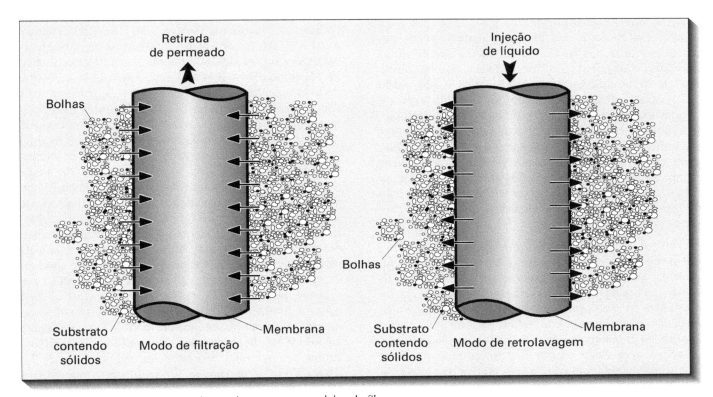

Figura 9.87 Modos de filtração e de retrolavagem nos modelos de fibras ocas.

de operação em que ocorreram choques de biocida. O teor de polissacarídeos no líquido sobrenadante do reator aparentemente contribuiu para a formação de biofilme sobre as fibras. A retrolavagem foi feita com ar, tendo sido eficiente na manutenção do fluxo permeado, mas não foi possível prescindir das limpezas químicas com NaOCl, para remoção de solutos aderidos às membranas.

Em sistemas de MBR, o líquido permeado é o efluente final, que pode ser descartado ou reutilizado. Quando utilizadas membranas com poros na faixa da microfiltração (poros na faixa de 0,1 a 10 µm), pode haver necessidade de um tratamento posterior para utilização como água de reúso, dependendo da qualidade exigida nessa utilização. A operação de retirada do permeado é interrompida para os procedimentos de limpeza *in situ*, que podem variar de acordo com o fabricante, a extensão e o tipo de incrustação. Durante o ciclo de retirada do permeado, as membranas são submetidas a fluxos de bolhas de ar, para minimizar a aderência dos sólidos à superfície de filtração, conforme visto anteriormente. Algumas membranas necessitam de um período de relaxação (interrupção da sucção), para permitir que os sólidos depositados soltem-se da superfície das fibras. Durante a relaxação, a aeração externa não deve ser interrompida, para permitir a movimentação das partículas de biomassa nas vizinhanças da superfície das membranas e também para remoção dos sólidos aderidos à sua superfície. Também pode ser utilizada a retrolavagem, que é feita após um determinado período de operação. Utiliza-se, para isso, ou ar ou o permeado produzido e armazenado no tanque de permeado. Quando utilizado na retrolavagem, o permeado é injetado por dentro das membranas, para reduzir a incrustação das fibras. Ao invés do permeado pode-se utilizar injeção de ar, como foi feito na pesquisa de Viero (2006). Segundo Viana (2004), que estudou o modelo de módulo externo, o MBR vem sendo usado não só para substituir a função dos clarificadores secundários, como também dos difusores. Por exemplo, módulos submersos no tanque de aeração podem ser operados com a seguinte função: enquanto o permeado é extraído por um módulo, o outro é alimentado com ar comprimido para a realização de retrolavagem. Dessa forma, não só a eficiência de transferência de oxigênio é elevada, como também é realizada uma limpeza frequente da membrana.

Um dos maiores problemas dos MBRs, como se sabe, é a incrustação, termo genérico, associado à redução do fluxo permeado nas membranas. Nos MBRs, a incrustação pode ocorrer pela deposição de partículas na superfície da membrana, adsorção de macromoléculas ou células microbianas na superfície (que é a incrustação superficial, também chamada de torta), ou por bloqueio de poros, todos eles causando a diminuição do fluxo permeado pela diminuição da área efetiva de filtração e consequente redução da permeabilidade. Particularmente, a incrustação causada por componentes inorgânicos não é considerada um mecanismo dominante, pois estes compostos são suficientemente pequenos para passarem pelos poros das membranas. No entanto, agregados de macromoléculas, tais como proteínas e polissacarídeos, podem representar uma parcela importante da incrustação, visto que, principalmente a bioincrustação ou *fooling* está relacionada com a formação de biofilme ou adesão de produtos do metabolismo da biomassa à superfície das membranas. De modo geral, os chamados SPEs (substâncias poliméricas extracelulares), que consistem de uma mistura complexa de proteínas, carboidratos, polissacarídeos, DNA, lipídeos e substâncias húmicas, e que são constituintes típicos das matrizes de flocos e de biofilmes, são os principais causadores da bioincrustação (Viero, 2006).

Segundo Viana (2004), o modelo de módulo externo ao reator é operado em fluxo cruzado, ou seja, o líquor escoa paralelamente à superfície da membrana, enquanto o permeado é transportado transversalmente à mesma. A velocidade tangencial no módulo promove a turbulência próxima à membrana necessária, para arrastar as partículas sólidas que tenderiam a se depositar sobre a superfície da mesma. Nesta configuração, o permeado é recuperado normalmente por diferença de pressão positiva gerada pela vazão de circulação do lodo e por uma válvula reguladora de pressão. Pode-se também utilizar uma bomba de sucção conectada à tubulação de recolhimento do permeado, com o objetivo de aumentar o fluxo permeado.

Os reatores acoplados a esses tipos de módulos são caracterizados por altas concentrações de biomassa floculada (Schneider & Tsutiya, 2001). Segundo Thomas *et al.* (2000), *apud* Viero (2006), uma das principais vantagens dos modelos de membrana submersa é o baixo consumo energético quando comparado com o tipo de módulo externo. A energia necessária para produzir vácuo nessas membranas é, normalmente, menor do que para os de módulo externo, que utilizam bombas de recirculação. As membranas dos MBRs com módulo externo podem utilizar elevadas pressões transmembranas (da ordem de 3 bares, que equivalem a 300 kPa), associadas a altas velocidades (alta turbulência), com a finalidade de produzir fluxos permeados maiores do que os obtidos nos MBRs com membranas submersas. Entretanto, os altos fluxos permeados implicam também em maior propensão à redução de fluxo causada pela incrustação das membranas de reatores com módulo externo, o que causa um aumento na resistência à operação de permeação. De acordo com Côté *et al.* (1998) *apud* Schneider & Tsutiya (2001), há alto consumo de energia elétrica nos sistemas de módulo externo (entre 1 a 10 kW/m^3 de permeado). Já os MBRs com módulos submersos têm um consumo de energia na faixa de 0,2 a 0,4 kWh/m^3 de permeado produzido. Segundo o Cirra (2008), para sistemas MBR que utilizam membranas do tipo tubular, pode-se considerar como valor de referência o custo de investimento de US$ 1.000,00 a US$ 1.600,00 por m² de área de membrana. O custo de reposição deste tipo de membrana é um pouco mais baixo do que o tipo de membrana submersa (de cerca de US$ 120,00 a US$ 320,00 por m²).

Na Fig. 9.87 é apresentado um dos modelos de membranas tubulares, usadas no tipo de módulo externo, da empresa Decol. Segundo Stephenson *et al.* (2000), *apud* Viana (2004), a área de membrana por unidade de volume nestes módulos costuma variar de 20 a 30 m²/m³.

Segundo Viana (2004), para pressões relativamente baixas, o fluxo permeado aumenta com o aumento da pressão. Porém, à medida que se aumenta a pressão de operação, o fluxo permeado tende a um patamar, pois o aumento da pressão provoca também o aumento da incrustação na membrana, tendendo a diminuir o fluxo permeado. No entanto, salienta essa pesquisadora que, para se escolher o valor da velocidade tangencial deve ser feita uma análise de custos, visto que a mesma contribui para a obtenção de um fluxo permeado mais elevado, permitindo reduzir a área necessária de membrana para filtrar uma determinada vazão afluente, mas também aumenta o consumo de energia. Segundo essa pesquisadora, uma alternativa para que fluxos mais elevados sejam obtidos, sem a necessidade de se aumentar a velocidade tangencial de líquido, é a injeção de ar na tubulação de alimentação do módulo de membranas. O ar ajudaria a promover a turbulência no módulo e, como é transferido para o tanque de aeração, contribuiria ainda para suprir as necessidades de oxigênio dissolvido no reator. Também contribuiriam para a minimização dos efeitos do crescimento de microrganismos nas membranas técnicas como a oscilação da vazão de alimentação do módulo (e, por consequência, da velocidade tangencial) e a variação cíclica da pressão de alimentação (Xing *et al.*, 2002, *apud* Viana, 2004).

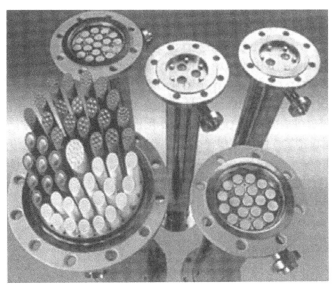

Figura 9.88 Membranas tubulares (módulos externos) Fonte: Decol (2003) *apud* Viana (2004).

De acordo com Tardieu *et al.* (1998), *apud* Viana (2004), fluxos da ordem de 10 a 200 L/m².h podem ser obtidos para pressão transmembrana variando de 0,1 a 3,0 bares (10 a 300 kPa) e velocidade tangencial no módulo na faixa de 0,4 a 7,0 m/s. Segundo os autores, essa grande variabilidade no valor do fluxo está diretamente relacionada à grande variação nas condições hidrodinâmicas de operação.

Um dos grandes entraves à adoção do MBR no Brasil é que as membranas são importadas e o custo das mesmas ainda é considerado alto. No entanto, as membranas usadas por Viana (2004) e posteriormente por Viero (2006) foram desenvolvidas no Laboratório de Processos de Separação com Membranas e Polímeros (PAM) da COPPE/UFRJ. Segundo esses autores, as membranas apresentaram bom desempenho, quando foram aplicadas em biorreatores com membranas (MBR).

Seguem-se os principais resultados e conclusões, relatados por Viana (2004), nas suas pesquisas com MBR tipo módulo externo. Nos testes em batelada, após o ajuste dos valores dos parâmetros estudados, foi possível manter um fluxo permeado em torno de 45 L/m² · h, para uma velocidade tangencial de líquido de 0,30 – 0,35 m/s, pressão transmembrana total de 0,40 – 0,50 bar (40 a 50 kPa), sendo a pressão gerada pela fase líquida de 0,10 – 0,15 bar (10 a 15 kPa) e aquela devida à injeção de ar na tubulação de alimentação do módulo de 0,30 – 0,35 bar (30 a 35 kPa), com velocidade tangencial de ar no módulo de cerca de 3,5 m/s e realização de retrolavagens. Para o sistema operado com os parâmetros já otimizados, a permeabilidade média da membrana ao lodo ativado (para concentração de sólidos suspensos no tanque de aeração em torno de 6.000 – 9.000 mg/L) ficou em torno de 90 – 120 L/m² · h ·bar (o que representa cerca de 12% da permeabilidade obtida com a água limpa).

Ainda segundo Viana (2004), apesar dos problemas operacionais no teste de longa duração em modo contínuo, o fluxo se manteve sempre acima de 27 L/m² · h. Este valor é comparável ao fluxo dos principais biorreatores de membranas comercializados atualmente (Empresas Kubota e Zenon, cujo fluxo médio é de 25 e 30 L/m² · h, respectivamente). A pesquisadora afirma ainda que a otimização dos parâmetros operacionais e a operação adequada do sistema foram fatores importantes para garantir a manutenção do desempenho da membrana. Em um dos primeiros ensaios realizados, o fluxo permeado, após 4 horas de operação, atingiu um valor considerado muito baixo (de 7 L/m² · h), enquanto no ensaio com os valores dos parâmetros já otimizados, manteve-se a operação durante 4 horas, com um fluxo bem maior (de 55 - 60 L/m² · h). Quanto maior a velocidade tangencial do líquor no módulo de membranas, maior a contribuição deste parâmetro para carrear as substâncias que se depositam sobre a superfície da membrana. Porém, para minimizar o consumo energético do sistema, a pesquisadora evitou trabalhar com velocidades elevadas. O valor desta variável foi fixado, após alguns ensaios, em cerca de 0,35 m/s.

O fluxo permeado aumentou consideravelmente com o aumento da intensidade da aeração. A aeração tornou possível operar o sistema a uma pressão transmembrana de 0,40 – 0,50 bar (40 a 50 kPa), sendo que 0,30 – 0,35 bar de pressão foi gerada pela injeção de ar, sem uma queda considerável no valor do fluxo permeado com o tempo, mesmo para uma velocidade tangencial de líquido relativamente baixa (0,30 – 0,35 m/s). Por outro lado, a vazão de ar injetada na linha de alimentação do módulo de membranas foi suficiente para suprir a necessidade de oxigênio dos microrganismos e manter os sólidos em suspensão no tanque de aeração, o que é um fator bastante positivo. A retrolavagem minimizou a queda gradual, mas contínua, do fluxo permeado. Sua maior contribuição para manutenção do fluxo estável foi observada quando o MBR foi operado por um período mais longo, em modo contínuo, e quando ocorreram interrupções na operação do processo. Na operação em modo contínuo, a retrolavagem era iniciada a cada 2 horas, com duração de 2 minutos. Sua frequência, no entanto, pode ser aumentada (usualmente até 1 a cada 30 minutos), podendo ser reduzida sua duração, em geral, duração mínima de 15 segundos (Viana, 2004).

Para condições hidrodinâmicas de operação relativamente adequadas, ou seja: velocidade tangencial de líquido no módulo de 0,34 m/s; velocidade de ar no módulo de 3,76 m/s; pressão promovida pela fase líquida de 0,05 bar e pelo ar de 0,35 bar, a influência da concentração de sólidos suspensos no tanque de aeração (SSTA) sobre o valor do fluxo foi praticamente desprezível. Este teste foi realizado para concentrações variando de 5.000 a 13.000 mg/L. Portanto, conclui Viana (2004) que se pode operar o reator em modo contínuo com concentração de SSTA de 13.000 mg/L, sem afetar o desempenho da membrana.

Viana (2006) relata ainda que o diâmetro médio dos poros da membrana utilizada em suas pesquisas foi de 0,64 µm (portanto, na faixa da microfiltração). Segundo ela, o efluente tratado apresentou sempre qualidade excelente e praticamente constante. Nas análises das amostras do permeado foram obtidos valores de demanda química de oxigênio e concentração de sólidos suspensos sempre menores que 42 mg/L e 1,2 mg/L, respectivamente. A DBO apresentou valores variando de 5,3 mg/L até valores menores que os limites de detecção (≤ 2,0 mg/L). Em todas as amostras verificou-se a ausência de coliformes termotolerantes, *Escherichia coli* e bactérias do grupo *Enterococcus*. Segundo essa pesquisadora, pelas características do permeado, o mesmo pode ser reutilizado para diversos fins que exijam qualidade de água não potável, mas sanitariamente segura, como para irrigação de jardins, lavagem de pisos, descarga dos vasos sanitários etc. Normalmente, para que processos convencionais de tratamento de esgotos atinjam um efluente tratado com a qualidade do permeado obtido neste trabalho é necessário acrescentar um tratamento terciário para desinfecção do mesmo, além de que as áreas para instalação destes tratamentos serem, em geral, significativamente maiores. Por fim, conclui Viana (2004) que a aplicação do MBR para o tratamento de efluentes domésticos é bastante viável, principalmente com a redução que vem ocorrendo nos custos envolvidos para instalação, operação e manutenção de MBR, devido ao melhor desempenho da membrana, ao aumento de sua vida útil e à redução dos custos para sua fabricação.

Exemplo de cálculo 9.23

Fazer o pré-dimensionamento de um sistema MBR, partindo-se do princípio de que este se assemelha a um sistema de aeração prolongada (θ_C na faixa de 30 a 60 dias). Será considerado como pré-tratamento um UASB (ver dados do exemplo de cálculo 9.20). Será ainda considerado um módulo com membranas submersas, com fluxo médio de permeado de 12 L/m² · h e X_V médio no reator de 12.000 mg/L.

Resumo dos dados:

Vazão média de final de plano: Q_0 = 40,4 L/s = 145,40 m³/hora = 3.491,00 m³/dia.

Vazão máxima de final de plano $Q_{máx.}$ = 72,7 L/s = 261,70 m³/hora = 6.281,00 m³/dia

S_0 = 96 mg/L (efluente do UASB) = 0,096 kg/m³;
Y = 0,7 kg · SSV/kg · DBO$_{remov.}$;
θ_C = 45 dias;
X_V = 12.000 mg/L = 12,0 kg/m³;
K_d = 0,09 dia^{-1};
f_b = 0,44 (para obtenção desse fator foi utilizada a expressão 9.22);
S_e = 4,0 mg/L = 0,004 kg/m³.

a) Volume do reator (V_R): Será utilizada a expressão 9.34.

$$V_R = \frac{Y \cdot Q_0 \cdot \theta_C \cdot (S_0 - S_e)}{X_V \cdot [1 + (k_d \cdot f_b \cdot \theta_C)]} =$$
$$= \frac{0,7 \times 3.491 \times 45 \, (0,096 - 0,004)}{12,0 \, [1 + (0,09 \times 0,44 \times 45)]} = 303 \text{ m}^3$$

b) Cálculo da área total ocupada pelos reatores (A_{TR}). Se adotado V_R = 320 m³ e uma profundidade do reator de 5,00 m, a área total (A_{TR}) necessária seria:

$$A_{TR} = \frac{320 \text{ m}^2}{5 \text{ m}} = 64 \text{ m}^2$$

c) Tempos de detenção hidráulicos resultantes (θ_H)

para vazão média

$$\theta_H = \frac{V_R}{Q_0} = \frac{320 \text{ m}^3}{3.491 \text{ m}^3/\text{dia}} = 0,09 \text{ dias} = 2,2 \text{ horas}$$

para vazão máxima

$$\theta_H = \frac{V_R}{Q_0} = \frac{320 \text{ m}^3}{6.281 \text{ m}^3/\text{dia}} = 0,05 \text{ dias} = 1,2 \text{ horas}$$

c) Cálculo da área de membrana necessária (A_M)

$$A_M = \frac{145.440 \text{ L/hora}}{12 \text{ L/m}^2 \cdot \text{hora}} = 12.120 \text{ m}^2 \text{ de membrana}$$

c) Número de módulos (N_M) necessários:

Se adotados módulos com 500 m² de área seriam necessários pelo menos:

$$N_M = \frac{12.120 \text{ m}^2}{500 \text{ m}^2/\text{módulo}} = 24,2 \text{ ou cerca de 24 módulos}$$

Observações finais

Realmente percebe-se que o MBR resulta numa área de ocupação bem menor (cerca de 64 m²), quando comparada aos demais processos até aqui estudados. No entanto, o número de módulos de membranas necessários, neste caso, para um fluxo médio de permeado de 12 L/m² · h (valor característico para membrana submersa), seria de, pelo menos, 24 módulos de 500 m² cada, se considerada a vazão média. Se considerada a vazão máxima no dimensionamento (e talvez o correto seja mesmo fazer isso), o número de módulos seria ainda maior (haveria necessidade de 44 módulos de 500 m² cada).

Naturalmente, se poderia adotar o sistema de módulo externo que permite um fluxo médio de permeado maior do que o de membrana submersa (em média na faixa de 25 a 30 L/m² · hora, dependendo do tipo de membrana utilizado). No caso do exemplo anterior, adotando-se um fluxo de 30 L/m² · hora, a área de membrana cairia para cerca de 4.850 m² para a vazão média e cerca de 8.725 m² para vazão máxima.

9.10.4 BF-MBR – Biofilme - Membrane Bioeactor

Surgiu recentemente um arranjo que combina o MBBR com o MBR, chamado pelos pesquisadores de BF-MBR (Biofilme – Membrane Bioreactor). Neste são colocados os *carriers* no tanque de aeração de um processo de lodos ativados, e num tanque em separado, os módulos de membranas submersas ou mesmo a captação do líquor para os módulos externos. Além de diminuir ainda mais a área necessária ao tratamento, a grande vantagem desse arranjo estaria numa menor concentração de sólidos no efluente a ser filtrado (na faixa de 200 a 400 mg/L, pois a maioria da biomassa está aderida aos *carriers*). Isso estaria facilitando a operação de separação dos sólidos através das membranas (Ivanovic *et al.*, 2006; Leiknes *et al.*, 2006-a, b).

Estudos mais aprofundados sobre a natureza das substâncias responsáveis pelas incrustrações nas membranas, levaram a descobrir que estão na faixa das partículas submicrométricas (ou coloides). Por esse motivo, alguns pesquisadores vêm estudando processos de coagulação/floculação, antecedendo a filtração por membranas. Ivanovic *et al.* (2007), com um arranjo destes, em um sistema BF-MBR, conseguiram aumentar o tamanho médio das partículas para valores da ordem de 0,70 a 0,84 μm, o que teria reduzido em cerca de 40% os sólidos suspensos retidos ao redor da membrana, melhorando as características de separação desses sólidos e aumentando o intervalo de tempo para se fazer as retrolavagens.

9.11 Tabelas-resumo de áreas de ocupação

Ao longo deste livro foram apresentados 23 exemplos de cálculo para as unidades de tratamento de esgoto sanitário. Em todos eles foram estimadas as áreas de ocupação das unidades dimensionadas. Na Tab. 9.50 são apresentadas as áreas de cada unidade, e na Tab. 9.51, a somatória das áreas que compõem cada arranjo específico. Deve-se ressaltar que nessa somatória não estão incluídas áreas necessárias para unidades administrativas e operacionais tais como escritórios, laboratórios, eventuais casas de controle, espaços mortos, bem como as ruas de circulação internas etc. Para contemplar tais necessidades pode-se acrescentar aos valores apresentados na Tab. 9.51 um percentual de aproximadamente 30 %, salvo no caso das lagoas, nas quais poderiam ser aplicados menores percentuais.

A Tab. 9.51 pode ser utilizada, por exemplo, em estudos de planejamento, para uma eventual estimativa preliminar de área de tratamento necessária para qualquer valor de população, bastando multiplicar a população em questão pela área unitária (m²/habitante), acrescida do percentual adequado a cada caso para áreas adicionais.

TABELA 9.50 Áreas estimadas para as diversas unidade de tratamento

Unidade (ver observação)	Área estimada (m²)
Canal de acesso, grade, caixa de areia e medidor de vazão	40
Decantador primário precedendo lodos ativados	80
Decantador primário precedendo filtro biológico	120
Reator de lodos ativados convencional	240
Lodos ativados com aeração prolongada e mistura completa	600
Lodos ativados com aeração prolongada tipo batelada	720
Filtro biológico	260
Reator anaeróbio de fluxo ascendente (UASB)	420
Decantador secundário pós lodos ativados	160
Decantador secundário pós filtro biológico, Biodisco e MBBR	320
Espessador de lodo primário + secundário	120
Digestor de lodos	200
Unidade de desaguamento mecânico de lodo (estimativa)	20
Lagoa aerada	3.000
Lagoa de sedimentação	3.700
Lagoa facultativa primária	52.000
Lagoa facultativa secundária	20.600
Lagoa facultativa terciária	17.600
Sistema australiano: lagoa primária anaeróbia	10.800
Sistema australiano: lagoa secundária facultativa	43.600
Tratamento por escoamento superficial no solo	40.000
RBC (*Rotating Biological Contact*) ou Biodisco	420
MBBR (*Moving Bed Biofilm Reactor*)	48
MBR (*Membrane Bioreactor*)	64

Observação: As áreas de tratamento acima estimadas nos diversos exemplos de cálculo apresentados neste livro são para uma cidade com população de 21.800 habitantes e, para a qual, estimou-se uma vazão média de esgoto sanitário de 40,4 L/s, uma vazão máxima de 72,7 L/s e uma concentração média de DBO de 275 mg/L.

Tabelas resumo de áreas de ocupação

TABELA 9.51 Áreas de ocupação pra os diversos sistemas de tratamento

Sistemas de tratamento	Unidades consideradas (ver Tab. 9.50)	Área total (m²)	Área unitária (m²/hab)
LA convencional	1 + 2 + 4 + 9 + 11 + 12 + 13	860	0,039
LAAP e mistura completa	1 + 5 + 9 + 11 + 13	940	0,043
LAAP em batelada	1 + 6 + 11 + 13	900	0,041
Filtro biológico	1 + 3 + 7 + 10 + 11 + 12 + 13	1.080	0,050
UASB ou filtro anaeróbio de fluxo ascendente	1 + 8 + 13	480 (1)	0,022 (1)
UASB + biodisco	1 + 8 + 10 + 13 + 22	1.220	0,056
UASB + MBBR	1 + 8 + 10 + 13 + 23	848	0,039
UASB + MBR	1 + 8 + 13 + 24	544	0,025
Lagoa aerada + lagoa de sedimentação	1 + 14 + 15	6.740	0,309
Lagoas facultativas: P + S + T	1 + 16 + 17 + 18	90.240	4,139
Sistema australiano: PA + S + T	1 + 19 + 20 + 18	72.040	3,305
Tratamento por escoamento superficial no solo	1 + 21	40.040	1,837

OBSERVAÇÕES:
1. O reator anaeróbio de fluxo ascendente pode ter outras configurações que poderiam diminuir sua área total. No entanto, isoladamente não pode ser adotado na maioria dos casos, isto porque geralmente necessita de um pós-tratamento, uma vez que sua eficiência na remoção da carga orgânica geralmente não atende aos padrões de lançamento.
2. As áreas de cada unidade aqui consideradas foram estimadas nos diversos exemplos de cálculo apresentados neste livro, para uma cidade com população de 21.800 habitantes e, para a qual, estimou-se uma vazão média de esgoto sanitário de 40,4 L/s, uma vazão máxima de 72,7 L/s e uma concentração média de DBO de 275 mg/L. Não estão incluídas áreas para instalações administrativas, laboratórios, espaços mortos, arruamento etc. Pode-se considerar, para efeito de estimativa preliminar (exceto no caso das lagoas), um acréscimo de 30% aos valores apresentados.
3. Como se pode perceber, com exceção do UASB isolado (ver obs. 1), o arranjo que resultou na menor área de ocupação das unidades é o UASB seguido de MBR (cerca de 544 m² ou 0,025 m²/habitante).
4. Exemplo de utilização dos dados desta tabela. Para uma população de 100.000 habitantes poderia se calcular, para o arranjo UASB + MBR, uma área $A_{UASB+MBR}$ = (0,025 x 100.000) x 1,3 = 3.250 m².

Legenda:
    LA = lodo ativado
    LAAP = lodo ativado tipo aeração prolongada
    P = lagoa primária
    PA = lagoa primária anaeróbia
    S = lagoa secundária
    T = lagoa terciária
    UASB = *Upflow Anaerobic Sludge Blanket* ou RAFA = Reator Anaeróbio de Fluxo Ascendente
    MBBR = *Moving Bed Biofilm Reactor* ou reator de leito móvel com biofilme.
    MBR = *Membrane Bioreactor* ou Biorreator com membranas

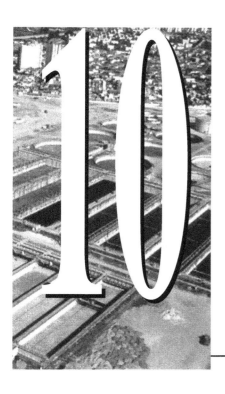

DESINFECÇÃO DE EFLUENTES DAS ETEs

José Tarcísio Ribeiro

10.1 Introdução

10.1.1 Objetivo deste capítulo

O cloro é, sem dúvida, o desinfetante mais comumente utilizado no tratamento da água potável (Sawyer *et al.*, 1994). Hoje, o cloro é empregado como desinfetante primário na maioria das plantas de tratamento de água de abastecimento público, principalmente aquelas cujos mananciais são superficiais, sendo usado como pré-desinfetante em mais de 63% e como pós-desinfetante em mais de 67% dos casos (USEPA, 1997). Este capítulo aborda informações técnicas sobre desinfetantes, não usados tão extensamente como o cloro. Também, onde aplicável, descreve o uso destes desinfetantes como oxidantes e quaisquer implicações a eles associadas.

A Agência de Proteção Ambiental dos Estados Unidos (EPA) encoraja as empresas de saneamento a reexaminar todos os aspectos de suas práticas de desinfecção atuais, para identificar oportunidades de melhoria da qualidade da água final, sem reduzir a proteção antimicrobiana. O objetivo deste capítulo é descrever técnicas de desinfecção e desinfetantes alternativos. Deve-se ressaltar que não se está aqui recomendando às empresas empregarem os desinfetantes e oxidantes examinados neste capítulo, nem defendendo a substituição de um desinfetante ou oxidante por qualquer outro.

10.1.2 Considerações gerais

A cloração vinha sendo o método preferido de desinfecção para a água de abastecimento público e também para as águas residuárias, até que, na década de 1970 descobriu-se que algumas substâncias orgânicas (fenóis, ácidos húmicos e fúlvicos) podem atuar como precursores na formação de trihalometanos (THMs) e outros subprodutos de desinfecção (DBP), suspeitos de serem potencialmente tóxicos. Como resultado, as práticas de desinfecção com cloro foram colocadas sob discussão, e métodos alternativos baseados em outras substâncias químicas ou efeitos físicos (por exemplo, ozônio, ácido peracético, H_2O_2, compostos do bromo, UV etc.) estão sendo ativamente pesquisados. A desinfecção física com luz ultravioleta, reconhecidamente eficaz como bactericida e virucida, recebeu nova atenção em anos recentes, a partir do desenvolvimento da segunda geração de sistemas de UV, que conferiram maior grau de vantagens e confiabilidade a esta tecnologia.

A desinfecção de esgoto bruto e de efluentes é comumente empregada quando os corpos d'água devem ser protegidos, por servirem para usos públicos, tais como recreação em lagos, rios e praias litorâneas muito frequentadas, ou quando reusados para irrigação de produtos agrícolas. Entretanto, a contínua diminuição das fontes de água fresca tem estimulado pesquisas em torno de recursos hídricos não convencionais, tais como efluentes de estações de tratamento de esgotos municipais. Além da irrigação, outros possíveis empregos são como água de resfriamento em processos industriais, recarga de aquífero subterrâneo e a longo prazo, como água potável. Consequentemente, é necessário o desenvolvimento de novos e eficientes métodos de Narkis e Kott (1992). A desinfecção de esgotos sanitários tem sido proposta também como alternativa à construção de longos emissários submarinos (Booth e Lester, 1995).

10.1.3 Uso de desinfetantes como oxidantes químicos

A maioria dos desinfetantes são fortes oxidantes e/ou geram oxidantes como subprodutos (tais como o radical livre hidroxila, (H)), que reagem com compostos orgânicos e inorgânicos presentes na água. Embora o enfoque principal deste capítulo seja a desinfecção, os desinfetantes aqui descritos também são utilizados para outros propósitos em tratamento de água, tais como controle de gosto e odor, melhorar a floculação e controlar organismos incômodos na água.

10.2 Necessidade de desinfecção de águas residuárias

A relação epidemiológica entre as águas e doenças foi sugerida por volta de 1850-1860. No entanto, até o surgimento da teoria de que doenças eram causadas por germes, estabelecida por Pasteur em 1885, não se sabia que a água pudesse transportar organismos causadores de enfermidades. Em 1880-1890, enquanto Londres experimentou a epidemia de cólera da Broad Street Well, o Dr. John Snow conduziu seu agora famoso estudo epidemiológico. O Dr. Snow concluiu que o local foi contaminado por um visitante, portador da doença, que chegou das redondezas. A cólera foi uma das primeiras doenças a ser reconhecida como capaz de ser transmitida pela água. Esta foi provavelmente a primeira epidemia atribuída à reciclagem direta de água não desinfetada. Atualmente, a lista de doenças potencialmente transmissíveis pela água, devido a patogênicos, é consideravelmente maior, e inclui microrganismos bacterianos, virais, parasitários, como pode ser observado nas Tabs. 10.1, 10.2 e 10.3, respectivamente.

A principal causa do surgimento de doenças relacionadas à água potável é a contaminação do sistema de distribuição, por meio de interligações e sifonagens com a água não potável. Porém, a contaminação em sistemas de distribuição normalmente é contida rapidamente e resulta em relativamente poucas enfermidades, quando comparadas com a contaminação de águas de fontes ou falhas no sistema de tratamento. Por exemplo, em 1993 uma erupção de *Cryptosporidiosis* contaminou mais de 400.000 pessoas em Milwaukee, Wisconsin. Este problema foi associado à deterioração na qualidade da água bruta e diminuição simultânea na efetividade do processo de coagulação e filtração (Kramer *et al.*, 1996; Mmackenzie *et al.*, 1994).

Toda água natural abriga comunidades biológicas. Visto que alguns microrganismos podem ser responsáveis por problemas de saúde pública, as características biológicas da água de fonte são um dos parâmetros mais importantes em tratamento da água.

10.2.1 Preocupação com os patogênicos

A Tab. 10.4 mostra os atributos de três grupos de patogênicos que causam preocupação em tratamento da água, isto é bactérias, vírus e protozoários.

10.2.1.1 Bactérias

As bactérias são organismos unicelulares variando em tamanho de 0,1 até 10 μm. As suas formas, componentes, tamanhos e a maneira como elas crescem podem caracterizar a estrutura física da célula bacteriana. As bactérias podem ser agrupadas em quatro categorias: esferoides, bastonetes, bastonetes curvados ou espiralados, e filamentos. *Cocci*, ou bactérias esféricas, têm aproximadamente 1 a 3 μm de diâmetro. Os bacilos (bactérias em forma de bastonetes) são variáveis em tamanho; na faixa de 0,3 até 1,5 μm de largura (ou diâmetro) e de 1 até 10 μm de comprimento. As víbrios, ou bactérias em forma de bastonetes curvados, variam tipicamente em tamanho; de 0,6 até 1 μm de largura (ou diâmetro) e de 2 até 6 μm no comprimento. As espirilas (bactérias espiraladas) podem ser encontradas em comprimentos de até 50 μm, enquanto as filamentosas podem apresentar comprimentos maiores do que 100 μm.

10.2.1.2 Vírus

Os vírus são microrganismos compostos do material genético ácido desoxirribonucleico (DNA) ou ácido ribonucleico (RNA), e uma casca de proteína protetora. Todos são obrigados a parasitar, não têm qualquer forma de metabolismo e são completamente dependentes de células anfitriãs para se multiplicarem. Variam de tamanho na faixa de 0,01 a 0,1 μm, e são espécies muito específicas com respeito às infecções, atacando tipicamente só um tipo de anfitrião. Embora os modos principais de transmissão do vírus e poliovírus da hepatite B sejam por meio de alimentos, contato pessoal ou troca de fluidos da pele, estes podem também ser transmitidos por meio da água potável. Alguns, como o retrovírus (inclusive os do grupo HIV), embora pareçam muito frágeis para transmissão pela água, representam um perigo significativo em termos de saúde pública (Riggs, 1989).

10.2.1.3 Protozoários

Protozoários são microrganismos eucarióticos unicelulares, que utilizam bactérias e outros microrganismos como fonte de alimento. A maioria tem vida livre na natureza e eles podem ser encontrados na água. Porém, várias espécies são parasitárias e vivem de ou em organismos de anfitriões. Os organismos parasitados podem variar desde organismos primitivos, como algas, até organismos altamente complexos, como o ser humano. Várias espécies de protozoários, como se sabe, utilizam o homem como anfitrião, conforme pode ser observado na Tab. 10.5.

10.2.2 Recentes associações de doenças com a água

Nos últimos 40 anos, vários agentes patogênicos, nunca antes associados com doenças de veiculação hídrica, apareceram como tal nos Estados Unidos. Os enteropatogênicos *E. coli* e *Giardia lamblia* foram identifica-

TABELA 10.1 Doenças causadas por bactérias e que podem ser transmitidas pela água

Agente causador	Doença	Sintomas	Habitat
Salmonella typhosa	Febre tifoide	Enxaqueca, náuseas, perda de apetite, constipação ou diarreia, insônia, dor de garganta, bronquite, dor abdominal, hemorragia nasal, febre crescente e calafrios, rubor do rosto e tronco. Período de incubação de 7 a 14 dias.	Fezes e urina do portador ou do doente.
S. paratyphi *S. schottinulleri* *S. hirschfeldi C.*	Febre paratifoide	Infecção generalizada, caracterizada por febre contínua, diarreia, algumas vezes rubor do rosto e tronco. Período de incubação de 1 a 10 dias.	Fezes e urina do portador ou do doente.
Shigella flexneri *Sh. dysenteriae* *Sh. sonei* *Sh. paradysinteriae*	Disenteria bacilar	Diarreia, febre, tenesmo e evacuação líquida frequentemente contendo muco e sangue. Período de incubação de 1 a 7 dias.	Líquidos intestinais de portadores e pessoas infectadas.
Vibrio comma *V. cholerae*	Cólera	Diarreia, vômito, evacuação de líquido, sede, dor, coma. Período de incubação de poucas horas a 5 dias.	Líquidos intestinais e vômito de pessoas infectadas.
Pasteurella tularensis	Tularemia	Mal estar repentino com dores, febre e prostração. Período de incubação de 1 a 10 dias.	Roedores, coelhos, mutucas, cães, raposas, porcos.
Brucella melitensis	Brucelose	Febre irregular, suor, frios, dores musculares.	Tecidos, sangue, mofo, animais infectados.
Pseudomonas pseudomallei	Melioidosis	Diarreia aguda, vômito, febre alta, delírio, mania.	Ratos, gatos, coelhos, cães, cavalos.
Leptospira Icterohemorrhagiae	Leptospirose	Febre, rigidez, enxaquecas, náuseas, dores musculares, vômito, sede, prostração e pode ocorrer icterícia.	Urina e fezes de rato, suíno, cão, gato, camundongo, raposa, ovelha.
Enteropathogenic *E. Coli*	Gastroenterite	Diarreia líquida, náuseas, prostração e desidratação	Fezes do portador

Fontes: Salvato (1972) e Geldreich (1972).

TABELA 10.2 Doenças causadas por enterovírus humanos e que podem ser transmitidas pela água

Grupo	Subgrupo	N. de tipos ou subtipos	Doenças associadas com esses vírus	Mudanças patológicas nos pacientes	Órgãos onde o vírus se multiplica
Enterovírus	Polivírus	3	Paralisia muscular	Destruição dos neuromotores	Mucosa intestinal, medula espinhal, base do cérebro
			Meningite asséptica	Inflamação da meninge	Meninges
			Episódio febril	Viremia e multiplicação viral linfático	Mucosa intestinal e sistema linfático
	Echovirus	34	Meningite asséptica	Inflamação da meninge	Tronco
			Paralisia muscular	Destruição dos neuromotores	Mucosa intestinal, medula espinhal, cérebro
			Síndrome de Guillain-Barres's	Destruição dos neuromotores	Medula espinhal
			Exantema	Dilatação e ruptura de vasos sanguíneos	Pele
			Doenças respiratórias	Invasão viral do parênquima do trato respiratório e inflamações secundárias	Trato respiratório e pulmões, trato gastrintestinal
			Diarreia	Infecção intestinal	Tratos respiratório e gastrintestinal
			Mialgia epidêmica	Ainda não é bem conhecida	–
			Pericardite e miocardite	Invasão viral com inflamações secundárias	Tecidos de pericárdio e do miocárdio
			Hepatite	Invasão das células do parênquima	Fígado
	Coxsackievirus A	>24	Herpangina	Invasão viral de mucosas com inflamações secundárias	Boca
			Faringite linfática aguda	Dor de garganta, lesões na faringe	Nódulos linfáticos e faringe
			Meningite asséptica	Inflamação da meninge	Meninge
			Paralisia muscular	Destruição dos neuromotores	Mucosa intestinal, medula espinhal, base do cérebro
			Erupção cutânea e bolha nas mãos, pés e boca, acompanhadas de febre	Invasão viral das células das mãos, pés e boca	Pele das mãos, dos pés e mucosa da boca
			Doenças respiratórias	Invasão viral do parênquima do trato respiratório e inflamações secundárias	Trato respiratório e pulmões
			Diarreia infantil	Invasão viral das células das mucosas	Mucosa intestinal
			Hepatite	Invasão das células do parênquima	Fígado
	B	6	Pleurodinia	Invasão viral das células dos músculos	Músculos intercostais
			Meningite asséptica	Inflamação da meninge	Meninges
			Paralisia muscular	Destruição de neuromotores	Mucosa intestinal, medula espinhal, base do cérebro
			Meningoencefalite	Invasão viral de células	Meninges e cérebro
			Pericardite, endocardite, miocardite	Invasão viral de células com inflamações secundárias	Tecidos do pericárdio e miocárdio
			Doenças respiratórias	Invasão viral do parênquima do trato respiratório e inflamações secundárias	Trato respiratório e pulmões

TABELA 10.2 Doenças causadas por enterovírus humanos e que podem ser transmitidas pela água (continuação)					
Grupo	Subgrupo	N. de tipos ou subtipos	Doenças associadas com esses vírus	Mudanças patológicas nos pacientes	Órgãos onde o vírus se multiplica
Enterovírus	B	6	Hepatite ou erupção cutânea	Invasão de células do parênquima	Fígado
			Aborto espontâneo	Invasão viral das células vasculares	Placenta
			Diabete insulino-dependente	Invasão viral das células produtoras de insulina	Células de Langerhan's do pâncreas
			Anomalias cardíacas congênitas	Invasão das células musculares	Coração em desenvolvimento
Reovírus		6	Não são bem conhecidas	Não são bem conhecidas	–
Hepatite		>2	Hepatite infecciosa	Invasão das células do parênquima	Fígado
			Hepatite plasmática	Invasão das células do parênquima	Fígado
			Síndrome de Down	Invasão de células	Lóbulo frontal do cérebro, músculos, ossos
Adeno-vírus		31	Doenças respiratórias	Invasão viral do parênquima do trato respiratório e inflamações secundárias	Trato respiratório e pulmões
			Conjuntivite aguda	Invasão viral de células e inflamações secundárias	Células conjuntivas e vasos sanguíneos
			Apendicite aguda	Invasão das células das mucosas	Apêndice e nódulos linfáticos
			Intussuscepção	Invasão viral dos nódulos linfáticos	Nódulos linfáticos intestinais
			Tireoidite subaguda	Invasão viral das células do parênquima	Tireoide
			Sarcoma em hamsters	Sarcoma em hamsters	Células musculares

Fontes: Adaptado de Taylor (1974) e Beneson (1981).

TABELA 10.3 Doenças causadas por parasitas e que podem ser transmitidas pela água		
Agente causador	Doença	Sintomas
Ascaris lumbricoides (lombriga)	Ascaridíase	Vômito, lombrigas vivas nas fezes.
Cryptosporidium muris e parvum	Criptosporidiose	Diarreia aguda, dores abdominais, vômito, e febre baixa. Podem ser uma ameaça à vida de pacientes imunodeficientes.
Entamoeba histolytica	Amebíase	Diarreia alternada com constipação, desinteria crônica com muco e sangue.
Giardia lambia	Giardiase	Diarreia intermitente
Naegleria gruberi	Meningoencefalite amoébica	Morte
Schistosoma mansoni	Schistosomiase	Infecção do fígado e bexiga
Taenia saginata (solitária da carne de boi)	Teníase	Dores abdominais, distúrbios digestivos, perda de peso

Fontes: Geldreich (1972) e Beneson (1981).

dos como responsáveis por surtos de enfermidades, no período entre 1960 e 1970. Os primeiros registros de infecção de humanos pelo *Cryptosporidium* aconteceram por volta de 1975. Nessa mesma época foi registrado pela primeira vez um surto de pneumonia causada por *Legionella pneumophila* (CDC, 1989; Witherell *et alii*, 1988). Recentemente, foram documentadas numerosas doenças propagadas por meio da água, causadas por *E. coli, Giardia Iamblia, Cryptosporidium* e *Legionella pneumophila*.

\multicolumn{5}{	c	}{TABELA 10.4 Atributos de três tipos de patogênicos veiculados pelas águas}
Organismo	Tamanho (µm)	Mobilidade	Focos de origem	Resistência à desinfecção
Bactérias	0,1 a 10	Algumas se movem outras não	Homem e animais, água, e alimentos contaminados	Tipos específicos de esporos têm alta resistência, enquanto as bactérias vegetativas têm baixa resistência
Vírus	0,01 a 0,1	Não se movem	Homem e animais, águas poluídas, e alimentos contaminados	Geralmente são mais resistentes que as bactérias vegetativas.
Protozoários	1 a 20	Alguns se movem outros não	Homem e animais, esgoto, vegetação decaída e água	Mais resistentes que vírus ou bactérias vegetativas

Fontes: Montgomery (1985) e Awwa (1995b).

10.2.2.1 *Escherichia coli*

O primeiro caso documentado de doença nos Estados Unidos, associado com o enteropatogênico *E. coli*, aconteceu nos anos 1960. Vários serotipos de *E. coli* foram implicados como agentes etiológicos responsáveis por doenças em crianças recém-nascidas, geralmente resultantes de contaminação em berçários. Agora, existem várias ocorrências bem documentadas de *E. coli* (*serotypes* 0111:B4 e 0124:B27) associadas com doenças em adultos (Awwa, 1990, e Craun, 1981). Em 1975, o agente etiológico de um grande surto no Crater Lake National Park foi *E. coli* serotipo 06:H16 (Craun, 1981).

10.2.2.2 Giardia lamblia

Semelhante ao *E. coli*, o *Giardia lamblia* foi associado a doenças transmitidas pela água na década de 1960, nos Estados Unidos. *Giardia lamblia* é um protozoário flagelado responsável pela giardíase, uma doença que pode deixar o enfermo desde ligeiramente até extremamente debilitado. O *Giardia* é atualmente um dos patogênicos mais comumente identificados, responsável por surtos de doenças transmitidas pela água. O ciclo de vida do *Giardia* inclui uma fase cística, quando todo o organismo dorme, e é extremamente versátil (o cisto pode sobreviver a algumas condições ambientais extremas). Uma vez ingerido por um animal de sangue quente, o ciclo de vida do *Giardia* continua com a fase pós-cisto. Os cistos são relativamente grandes (8-14 µm) e podem ser eficazmente removidos por filtração, usando-se terras diatomáceas, meio granular, ou membranas.

A giardíase pode ser contraída ingerindo-se cistos presentes na água ou alimentos contaminados, ou ainda por contato direto com matéria fecal. Além do homem, animais selvagens e domésticos foram implicados como anfitriões. Entre 1972 e 1981, 50 surtos de giardíase aconteceram, com mais ou menos 20.000 casos registrados (Craun e Jakubowski, 1986). Atualmente, não existe nenhum método simples e confiável para se analisar cistos de *Giardia* em amostras de água. Os métodos microscópicos para descoberta e enumeração são tediosos e exigem muita habilidade e paciência do examinador. Os cistos de *Giardia* são relativamente resistentes ao cloro, especialmente em valores altos de pH e baixas temperaturas.

\multicolumn{5}{	c	}{TABELA 10.5 Protozoários parasitas do homem}
Protozoário	Anfitrião	Doença	Transmissão	Ocorrência
Acanathamoeba castellannii	Água doce, esgoto, homem e solo	Meningoencefalite amoébica	Entrada no organismo através de feridas, úlceras, e como invasor secundário durante outras infecções	América do Norte
Balantidium coli	Porco, homem	Balantidíase (disenteria)	Água contaminada	A Micronésia foi o único local conhecido onde ocorreu um surto
Cryptosporidium parvum	Animais, homem	Criptosporidiose	Contato pessoa-pessoa ou animais-pessoas, ingestão de água ou alimentos contaminados por matéria fecal, ou contato com superfícies contaminadas por material fecal.	Canadá, Inglaterra e Estados Unidos
Entamoeba histolytica	Homem	Disenteria amoébica	Água contaminada	Surto no leste dos EUA em 1953
Giardia lamblia	Animais, homem	Giardiase	Água contaminada	México, EUA e Rússia
Naegleria fowleri	Solo, água, homem, vegetação decaída	Meningoencefalite amoébica primária	Inalação, com subsequente penetração na nasofaringe; exposição de nadadores em lagos de água doce.	América do Norte

Fontes: Montgomery (1985) e Awwa (1995b).

10.2.2.3 *Cryptosporidium*

O Cryptosporidium é um protozoário semelhante ao *Giardia*. Forma oocistos elásticos, como parte de seu ciclo da vida. Os oocistos são menores que os cistos de *Giardia*, medindo mais ou menos 4-6 µm de diâmetro. Estes oocistos podem sobreviver sob condições adversas até serem ingeridos por um animal de sangue quente, quando então continuam o ciclo de vida.

Devido ao crescimento do número de surtos de criptosporidiose, uma grande quantidade de pesquisas enfocaram o *Cryptosporidium*, nos últimos 10 anos. O interesse médico aumentou por causa da infecção ser ameaçadora para a vida de indivíduos com sistemas imunológicos deprimidos. Como mencionado anteriormente, em 1993, registrou-se o maior surto da doença, de veiculação hídrica, da história dos Estados Unidos, acontecido em Milwaukee e tendo como causador o *Cryptosporidium*. Estima-se que 403.000 pessoas adoeceram, sendo que 4.400 foram hospitalizadas, e 100 morreram.

10.2.2.4 *Legionella pneumophila*

Um surto de pneumonia ocorreu em 1976 na convenção anual da Legião Americana da Pensilvânia. Um total de 221 pessoas foram contaminadas, das quais 35 morreram. A causa da pneumonia não havia sido imediatamente determinada, apesar de uma investigação intensa nos centros de controle da doença. Seis meses depois do incidente, os microbiologistas puderam isolar uma bactéria encontrada nos tecido do pulmão de um dos legionários. A bactéria responsável pelo surto foi declarada distinta das outras bactérias conhecidas e foi batizada de *Legionella pneumophila* (Witherell et al., 1988). Em seguida à descoberta deste organismo, outras Legionellas foram descobertas. Ao todo, 26 espécies de *Legionellas* foram identificadas, e sete são agentes etiológicos para a doença dos legionários (Awwa, 1990).

A doença dos Legionários não parece ter sido transmitida de pessoa para pessoa. Os estudos epidemiológicos mostraram que a doença penetra nos organismos humanos por meio do sistema respiratório. A *Legionella* pode ser inalada, juntamente com gotículas de água de menos de 5 µm de diâmetro, liberadas por instalações como torres de resfriamento, sistemas de água quente de hospitais, e remoinhos de parques aquáticos (Witherell et al., 1988).

10.2.3 Mecanismos de inativação dos patogênicos

Os três mecanismos primários de inativação de patogênicos são:

- destruição ou danificação estrutural da organização celular, pelo ataque aos principais componentes das células, tais como paredes ou função semipermeáveis das membranas;
- interferência com o balanço energético do metabolismo por meio de substratos enzimáticos em combinação com grupos enzimas prostéticas, desse modo produzindo enzimas não funcionais; e
- interferência com a biossíntese e crescimento, impedindo a síntese normal de proteínas, ácidos nucleicos, coenzimas, ou a parede das células.

10.2.4 Fator CT

Um dos mais importantes fatores para determinação ou previsão da eficiência germicida de um desinfetante é o fator CT, uma versão da lei de Chick-Watson (Chick, 1908; Watson, 1908). Esse fator é definido como o produto da concentração residual do desinfetante (C), em mg/L, pelo tempo (T) em minutos, que esse produto fica em contato com a água.

A Tab. 10.6 compara os valores de CT necessários para a inativação de vírus, usando-se cloro, dióxido de cloro, ozônio, cloramina e radiação ultravioleta, sob condições específicas de desinfecção. A Tab. 10.7 mostra os valores de CT para inativação de cistos de *Giardia* usando-se cloro, cloramina, dióxido de cloro e ozônio, sob condições específicas. Os valores de CT mostrados nas Tabs. 10.6 e 10.7 estão baseados numa temperatura da água de 10 °C e valores de pH variando na faixa de 6 a 9. Os valores de CT para a desinfecção com cloro estão baseados na concentração do cloro livre residual. Nota-se que o cloro é menos efetivo quando o valor do pH aumenta de 6 para 9. Além disso, para um dado valor de CT, um baixo valor de C e alto valor de T é mais efetivo que o inverso (ou seja, alto valor de C e baixo valor de T). Para qualquer desinfetante, com o incremento da temperatura, aumenta também a efetividade.

10.3 Desinfecção com cloro

O cloro foi descoberto em 1774, pelo químico sueco Karl Scheele, que o obteve ao fazer reagir o ácido clorídrico com dióxido de manganês. Thomas Northmore foi o primeiro a liquefazer este gás, que foi identificado pela primeira vez como elemento por *Sir* Humphrey Davy. Foi batizado com o nome grego de **cloros**, que quer dizer verde, devido à sua cor característica. Ao redor do ano de 1800, De Morveu, na França e Cruishank, na Inglaterra, o empregaram pela primeira vez como desinfetante geral (Awwa, 1975).

O cloro tem várias características vantajosas, que contribuem para seu largo uso em saneamento. Quatro dos seus atributos são:

- inativação eficaz de uma grande variedade de patogênicos comumente encontrados nas águas;
- deixa um residual na água, que é facilmente medido e controlado;

- é econômico;
- detém um recorde de usos bem-sucedidos, apesar dos perigos associados com sua aplicação e manipulação, especificamente quando no estado gasoso.

10.3.1 Reações químicas do cloro

Quando usado para desinfecção, o cloro é usado numa das três formas: gás, hipoclorito de sódio ou hipoclorito de cálcio. Uma breve descrição das reações é apresentada nos subitens subsequentes.

10.3.1.1 Cloro gasoso

O gás cloro hidrolisa rapidamente na água para formar ácido hipocloroso (HOCl). A equação 10.1 apresenta a sua reação de hidrólise:

$$Cl_{2(g)} + H_2O \rightarrow HOCl + H^+ + Cl^- \qquad (10.1)$$

Pela equação 10.1 pode-se notar que a adição de gás cloro à água reduz o valor do pH da solução, decorrente da liberação de íons hidrogênio (H^+). O ácido hipocloroso é um ácido fraco (pKa em torno de 7,5), significando que ele se dissocia ligeiramente em íons hidrogênio e íons hipoclorito, conforme a equação 10.2.

$$HOCl \leftrightarrow H^+ + OCl^- \qquad (10.2)$$

Para valores de pH entre 6,5 e 8,5, a dissociação apresentada na equação 10.2 é incompleta, e ambas as espécies, HOCl e OCl⁻, estão presentes em certas proporções (White, 1992). Abaixo de 6,5 nenhuma dissociação de HOCl acontece, enquanto acima de 8,5, a dissociação é completa, restando na solução apenas o íon hipoclorito OCl⁻. Como o poder germicida do ácido hipocloroso (HOCl) é muito mais alto do que o do íon hipoclorito (OCl^-), a cloração deve ser feita preferencialmente em valores baixos de pH.

10.3.1.2 Hipoclorito

Além do gás, o cloro está também disponível na forma de hipocloritos, em soluções aquosas, e sólidos anidros. A solução aquosa mais comum é a de hipoclorito de sódio. A forma mais comum de sólido anidro é o hipoclorito de cálcio (White, 1992).

Hipoclorito de sódio. É produzido quando o gás cloro é dissolvido em uma solução de hidróxido de sódio. Este composto normalmente contém 12,5% de cloro disponível (White, 1992). A reação entre o hipoclorito de sódio e a água é representada pela equação 10.3.

$$NaOCl + H_2O \rightarrow HOCl + Na^+ + OH^- \qquad (10.3)$$

A equação 10.3 mostra que o hipoclorito de sódio adicionado à água gera o ácido hipocloroso, de forma similar à hidrólise do gás cloro (equação 10.1). Entre-

TABELA 10.6 Valores de CT para inativação de vírus				
Desinfetante	**Unidade**	\multicolumn{3}{c}{**Valores de CT para as % de inativação**}		
		99,0%	**99,9%**	**99,99%**
Cloro[1]	mg · min/L	3	4	6
Cloramina[2]	mg · min/L	643	1.067	1.491
Dióxido de cloro[3]	mg · min/L	4,2	12,8	25,1
Ozônio	mg · min/L	0,5	0,8	1,0
UV	mW · min/L	21	36	Não disponível

Observações: os valores de CT foram obtidos da AWWA, 1991; 1 valores baseados na temperatura de 10 °C, faixa de pH de 6 a 9, e cloro livre residual de 0,2 a 0,5 mg/L; 2 valores baseados na temperatura de 10 °C e pH de 8; 3 valores baseados na temperatura de 10 °C, faixa de pH de 6 a 9.

TABELA 10.7 Valores de CT para inativação de cistos de Giardia						
Desinfetante	\multicolumn{6}{c}{**Valores de CT (em mg · min./L) para as % de inativação**}						
	68,4 %	**90,0%**	**96,8%**	**99,0%**	**99,7%**	**99,9%**
Cloro[1]	17	35	52	69	87	104
Cloramina[2]	310	615	930	1.230	1.540	1.850
Dióxido de cloro[2]	4	7,7	12	15	19	23
Ozônio	0,23	0,48	0,72	0,95	1,2	1,43

Observações: os valores de CT foram obtidos da AWWA, 1991; 1 valores baseados em concentração de cloro livre residual < 0,4 mg/L, temperatura de 10 °C e pH = 7; 2 valores baseados na temperatura de 10 °C e pH entre 6 e 9.

tanto, diferentemente da hidrólise do cloro, a adição do hipoclorito de sódio libera o íon hidroxila, que aumentará o valor do pH da água.

Hipoclorito de cálcio. Esse produto é formado do precipitado que resulta da dissolução de gás cloro em uma solução de óxido de cálcio e hidróxido de sódio. O hipoclorito de cálcio granular comercial contém, normalmente, apenas 65% de cloro disponível. A reação entre o hipoclorito de cálcio e a água é mostrada na equação 10.4.

$$Ca(OCl)_2 + 2H_2O \rightarrow 2HOCl + Ca^{++} + 2OH^- \quad (10.4)$$

A equação 10.4 mostra que a aplicação de hipoclorito de cálcio na água também produz ácido hipocloroso, semelhantemente à hidrólise do gás cloro (equação 10.1). Da mesma forma que a solução de hipoclorito de sódio, a adição de hipoclorito de cálcio libera íons hidroxila, que aumentarão o valor do pH da água.

10.3.2 Geração de cloro

A geração de cloro *in loco* se tornou recentemente prática. Estes sistemas de geração, usando somente salmoura e energia elétrica, podem ser projetado para proporcionar desinfecção e residuais padrões e podem ser operados a distância. As considerações para geração de cloro incluem custo, concentração de sal produzida, disponibilidade de matérias-primas, e a confiabilidade do processo (Awwa e Asce, 1997).

10.3.2.1 Produção de cloro

O gás cloro pode ser gerado por vários processos, incluindo-se: a eletrólise de salmoura alcalina ou ácido clorídrico, a reação entre cloreto de sódio e ácido nítrico, ou a oxidação de ácido clorídrico. Mais ou menos 70% do cloro produzido nos Estados Unidos é fabricado por meio da eletrólise de salmoura e soluções cáusticas (White, 1992). Visto que o cloro é um produto estável, é geralmente produzido fora das unidades de tratamento, por indústrias químicas particulares. Uma vez produzido, o cloro é engarrafado como gás liquefeito, sob pressão, para entrega em vagões ferroviários, caminhões e navios-tanque, ou em cilindros.

10.3.2.2 Hipoclorito de sódio

Soluções diluídas de hipoclorito de sódio (menos que 1%) podem ser geradas no local, eletroquimicamente a partir de salmoura. Tipicamente, as soluções de hipoclorito de sódio são chamadas de líquidos alvejantes ou água de Javelle e, no Brasil, é conhecido como água de lavadeira. Geralmente, as soluções em escala comercial ou industrial apresentam de 10 a 16% de hipoclorito. A estabilidade da solução de hipoclorito de sódio depende da concentração de hipoclorito, da temperatura de armazenamento, do período de armazenamento (tempo), das impurezas presentes na solução e da exposição à luz. A decomposição do hipoclorito, com o passar do tempo, pode alterar a taxa de alimentação e dosagem, como também produzir subprodutos indesejáveis como íons clorito ou clorato (Gordon *et alii*, 1995). Por causa dos problemas de armazenamento, muitas empresas de saneamento estão investindo na geração de hipoclorito *in loco*, em vez de sua compra de um fabricante ou revendedor (USEPA, 1998b).

10.3.2.3 Hipoclorito de cálcio

Para produzir o hipoclorito de cálcio, o ácido hipocloroso é gerado adicionando-se monóxido de cloro à água, para então neutralizar a solução com uma pasta de cal, criando então uma solução de hipoclorito de cálcio. A água é removida da solução, levando à formação de hipoclorito de cálcio granulado. Geralmente, o produto final contém até 70% de cloro disponível e 4 a 6% de cal. No armazenamento do hipoclorito de cálcio, deve ser levada em consideração principalmente a segurança. Este produto nunca deve ser armazenado onde possa estar sujeito a aquecimento, ou onde o mesmo possa ter contato com material orgânico facilmente oxidável (USEPA, 1998b).

10.3.3 Inativação de patogênicos e eficácia da desinfecção com cloro

10.3.3.1 Mecanismos de inativação

Pesquisas mostraram que o cloro é capaz de produzir efeitos letais nas membranas das células microbiológicas ou próximo delas, bem como afetar o DNA. Nas bactérias, o cloro é considerado como responsável por alterações na respiração celular, transporte, e possivelmente nas atividades do DNA (Haas e Engelbrecht, 1980). A cloração foi identificada como causadora de uma diminuição imediata na utilização de oxigênio tanto pela *Escherichia coli* como pela *Candida parapsilosis*. Os resultados mostraram também que o cloro danifica e provoca vazamentos através da membrana da parede das células, e reduz os níveis de síntese de DNA para *Escherichia coli*, *Candida parapsilosis*, e *Mycobacterium fortuitum*. Esses estudos mostram também que a inativação é relativamente rápida e não depende da reprodução da bactéria (Haas e Engelbrecht, 1980).

10.3.4 Fatores que afetam a eficiência da desinfecção com cloro

Vários fatores ambientais influenciam a eficiência do cloro, inclusive a temperatura da água, valor do pH, tempo de contato, turbulência, turbidez, substâncias interferentes e a concentração de cloro disponível. Em geral, os níveis mais altos de inativação de patogênicos são alcançados com altas concentrações de cloro residual, longos tempos de contato, temperatura da água alta, e boas condições de mistura, combinado com um baixo valor de pH, baixa turbidez, e a ausência de substâncias interferentes. Dos fatores ambientais, os valores do pH e temperatura têm mais impacto na inativação pelo cloro e são examinados a seguir.

pH — A eficiência germicida do ácido hipocloroso (HOCl) é muito mais alta que a do íon hipoclorito (OCl$^-$). A distribuição de espécies de cloro HOCl e OCl$^-$ é determinada pelo valor do pH. Visto que o HOCl é a espécie dominante em pH baixo, a cloração proporciona desinfecção mais efetiva nessas condições. Em altos valores de pH, o OCl$^-$ domina, causando uma diminuição na eficiência da desinfecção.

A eficiência da inativação pelo cloro gasoso e hipoclorito é a mesma sob mesmo valor de pH depois da adição do cloro. Pode-se notar, porém, que a adição de cloro gasoso diminuirá o valor do pH (equação 10.1), enquanto a adição de hipoclorito aumentará o valor do pH da água (equação 10.3 e equação 10.4). Então, sem ajuste do valor desse parâmetro, o cloro gasoso terá eficiência de desinfecção maior que a do hipoclorito.

O impacto do valor do pH sobre a desinfecção com cloro foi demonstrado no campo. Por exemplo, estudos sobre a inativação de vírus mostraram que 50 % mais de tempo de contato é exigido em ambientes com valores de pH 7,0 do que em pH 6,0, quando se deseja alcançar níveis comparáveis de inativação. Estes estudos demonstraram também que um incremento de 7,0 até 8,8 ou 9,0 exige seis vezes o tempo de contato para alcançar o mesmo nível de inativação de vírus (Cullp e Culp, 1974). Embora estes estudos tenham demonstrado uma diminuição na inativação com valores crescentes de pH, alguns estudos mostraram efeito oposto. Um estudo de 1972 reportou que os vírus eram mais sensíveis ao cloro livre em altos do que em baixos valores de pH (Scarpino et al., 1972).

Temperatura — Para as temperaturas típicas ocorrentes nas águas naturais, a inativação de patogênicos aumenta com o aumento destas. Os estudos sobre vírus indicam que o tempo de contato deve ser aumentado para duas a três vezes, para alcançar comparáveis níveis de inativação, quando a temperatura da água estiver abaixo de 10 °C (Clarke et al., 1962).

10.3.5 Eficácia da desinfecção com cloro

Desde sua introdução como desinfetante, numerosas investigações foram conduzidas para determinar a eficácia germicida do cloro. Embora existam diferenças difundidas, na suscetibilidade de vários patogênicos, as dificuldades de desinfecção com cloro são crescentes das bactérias para os vírus e destes para os protozoários.

10.3.5.1 Inativação de bactérias

O cloro é um desinfetante extremamente efetivo para inativação de bactéria. Um estudo conduzido durante os anos 40 investigou os níveis de inativação em função do tempo, para *E. coli*, *Pseudomonas aeruginosa*, *Salmonella typhi*, e *Shigella dysenteriae* (Butterfield et al., 1943). Os resultados do estudo indicaram que o HOCl é mais efetivo que OCl$^-$, para inativação das citadas bactérias. Estes resultados tinham sido confirmados por vários investigadores que concluíram que o HOCl é 70 a 80 vezes mais efetivo que o OCl$^-$, para inativação de bactéria (Culp et al., 1986).

10.3.5.2 Inativação de vírus

O cloro mostrou ser um virucida altamente efetivo. Um dos estudos mais completos sobre vírus foi realizado em 1971, usando água do estuário de Potomac (Liu et al., 1971). Os testes foram executados para determinar a resistência de 20 diferentes vírus entéricos ao cloro livre, sob concentrações constantes de 0,5 mg/L e um valor de pH e temperatura de 7,8 e 2 °C, respectivamente. Nesse estudo, os vírus menos resistentes foram os chamados reovírus, que exigiram apenas 2,7 minutos para alcançar 99,99% de inativação. Os vírus mais resistentes foram os poliovírus, que exigiram mais de 60 minutos para 99,99% de inativação. A variação nos valores de CT, exigidos para se alcançar 99,99% de inativação para todos os 20 vírus, variou entre 1,4 e mais de 30 mg · min/L.

Outros estudos sobre a sobrevivência de vírus foram também realizados (Awwa, 1979). Todos os testes de inativação de vírus nestes estudos foram executados com cloro livre residual de 0,4 mg/L, um valor de pH = 7,0, temperatura de 5 °C, e tempos de contato de 10, 100, ou 1.000 minutos. Os resultados mostraram que, das vinte culturas testadas, somente duas de poliovírus alcançaram 99,99% de inativação depois de 10 minutos (CT = 4 mg · min/L), seis poliovírus alcançaram 99.99% de inativação depois de 100 minutos (CT = 40 mg · min/L), e 11 de 12 poliovírus mais um *Coxsackievirus* (12 de um total de 20 vírus) alcançaram 99,99% de inativação depois de 1.000 minutos (CT = 400 mg · min/L).

10.3.5.3 Inativação de protozoários

O cloro tem mostrado sucesso limitado na inativação de protozoários. Os dados obtidos durante um estudo de 1984 indicaram que a resistência de cistos de *Giardia* foi duas vezes mais alta que a dos enterovírus e mais de três vezes mais alta que a das enterobactérias (Hoff et

Desinfecção com cloro

al., 1984). Os requisitos de CT para inativação de cistos de *Giardia*, quando é usado cloro como desinfetante, foram determinados para vários valores de pH e condições de temperatura (Awwa, 1991). Os valores de CT aumentam em temperaturas baixas e altos valores de pH (veja também a Tab. 10.7).

O cloro tem pequeno impacto sobre os cistos de *Cryptosporidium* quando usado naquelas dosagens relativamente baixas comumente utilizadas em tratamento de água (por exemplo, 5 mg/L). Aproximadamente 40% das remoções 0,2-log (inativações de 99,0%) de *Cryptosporidium* foram alcançadas em valores de CT de 30 e 3600 mg · min/L (Finch *et al.*, 1994). Outro estudo determinou que "nenhuma inativação prática era observada" quando as concentrações de cloro livre variavam de 5 até 80 mg/L em pH 8, com temperatura de 22 °C, e tempos de contato de 48 a 245 minutos (Gyurek *et al.*, 1996). Valores de CT estimados de 3.000 até 4.000 mg · min/L foram necessários para alcançar 1-log (90%) de inativação de *Cryptosporidium* em pH 6,0 e temperatura de 22 °C. Durante esse estudo, uma tentativa em que os oocistos foram expostos a 80 mg/L de cloro livre por 120 minutos conseguiu-se inativação superior a 3-log (99,9%).

10.3.5.4 Curvas de CT

O cloro é considerado um desinfetante forte, efetivo na inativação de bactérias e vírus, e sob certas circunstâncias, de *Giardia*. Por causa da extremamente alta inativação de vírus, os valores de CT são quase sempre direcionados para a inativação de protozoários. Por exemplo, a Fig. 10.1 mostra os valores de CT exigidos para se alcançar entre 0,5 e 3-log (68,4% a 99,9%) de inativação de vírus e *Giardia* (Awwa, 1991). Os valores usuais de dosagem de cloro, para desinfecção de efluentes de sistemas de tratamento de águas residuárias, estão sumarizados na Tab. 10.8.

Os valores de CT para inativação de *Giardia*, para vários valores de pH e temperaturas, em uma dosagem de cloro de 3,0 mg/L são mostrados nas Figs. 10.2 e 10.3. A eficácia da inativação com o cloro livre diminui com o incremento do valor do pH e/ou decréscimo da temperatura.

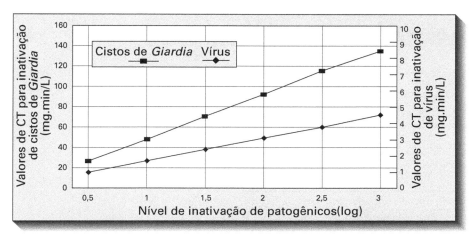

Figura 10.1 Valores de CT necessários para inativação de *Giardia* e vírus com cloro livre. Fonte: Adaptado de USEPA, 1999.

Os valores de CT apresentados nas Figs. 10.2 e 10.3 são baseados em estudos com animais infectados. Os valores de CT variando de 0,5 até de 3-log de inativação (68,4% a 99,9%), em temperaturas de 0,5 e 5 °C foram

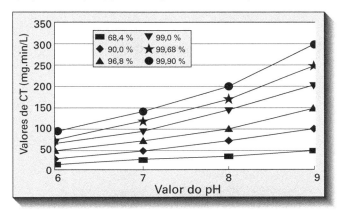

Figura 10.2 Valores de CT p/ inativação de *Giardia* com 3,0 mg/L de cloro livre a 10°C. Fonte: Adaptado de USEPA, 1999.

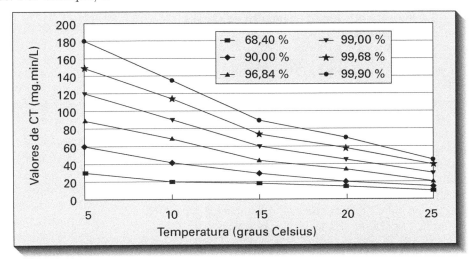

Figura 10.3 Valores de CT para inativação de Giardia com 3,0 mg/L de cloro livre em pH 7,0. Fonte: Adaptado de USEPA, 1999.

TABELA 10.8 Dosagens de cloro para desinfecção de águas residuárias

Efluente de	Dosagem (mg/L)
Água residuária sem tratamento (pré-cloração)	6 - 25
Decantador primário	5 - 20
Precipitação química	3 - 10
Filtro biológico	3 - 10
Lodo ativado	2 - 8
Lodo ativado seguido de filtro	1 - 5

Fonte: Adaptado de Qasim, 1999.

baseados em um modelo multiplicativo, aplicando cinética de primeira ordem para um intervalo de confiança superior a 99%.

Os valores de CT para temperaturas acima de 5 °C foram estimados admitindo-se uma queda pela metade, para cada 10 °C de diminuição de temperatura.

10.3.6 Projeto de sistemas de cloração

Um sistema de cloração, para desinfecção de efluentes de águas residuárias tratadas, consiste de quatro subsistemas independentes:

1. suprimento/armazenamento de cloro e segurança;
2. alimentação e aplicação;
3. mistura e contato;
4. sistemas de controle.

As considerações de projeto de cada sistema são examinadas abaixo (Qasim, 1999).

10.3.6.1 Suprimento/armazenamento de cloro e segurança

Cloro – Pode ser fornecido no estado gasoso ou líquido, em cilindros de 45,4 a 68 kg (100 a 150 libras), cilindros de 907 kg, ou ainda em caminhões-tanque. A escolha do tamanho do recipiente depende dos custos de transporte e manuseio, disponibilidade de espaço, e quantidade a ser usada. O uso de cilindros de 907 kg geralmente é desejável para sistemas que consomem em torno de 180 kg/dia, na forma gasosa, ou 900 kg/dia, na forma líquida. Alguns elementos do sistema de controle dos recipientes de suprimento, de 907 kg, incluem escala, tubulação para entrega do cloro no ponto de uso, medidores de pressão, e guindaste para manipulação dos cilindros.

O armazenamento de cloro e sistemas de manipulação devem ser projetados com o máximo de segurança, porque esse gás é muito venenoso e corrosivo. Algumas considerações importantes de projeto e segurança estão resumidas abaixo (Metcalf e Eddy, 1991; White, 1992).

- O cloro é irritante para o sistema respiratório. É detectável acima de 0,3 ppm (limiar do odor). Causa irritação da garganta, na concentração de 15 ppm, e tosse, falha respiratória, dor no tórax, e possível vômito, em 330 ppm.
- A sala de cloração deve estar próxima do ponto de aplicação.
- O armazenamento de cloro e equipamentos cloradores devem ser alojados em um edifício separado; Senão, deve ser acessível só ao ar livre.
- Deve ser previsto sistema de exaustão/ventilação ao nível do solo, porque o gás cloro é mais pesado que o ar.
- O armazenamento de cloro deve ser separado dos alimentadores e acessórios.
- A sala do clorador deve ter controle de temperatura. Uma temperatura mínima de 21 °C é recomendada. A área de suprimento de cloro deve ser mantida mais refrigerada que o clorador. Porém, a temperatura no ponto de suprimento de cloro não deve estar abaixo de 10 °C.
- Os cilindros não devem ficar expostos diretamente à luz solar, bem como não se deve permitir a transmissão de calor para os mesmos.
- O armazenamento de cloro e sistema de alimentação devem ser protegidos dos riscos de incêndio. Deve existir no local, água disponível para resfriamento dos cilindros no caso de fogo.
- Uma janela deve fornecer luz natural, para que se possa observar o equipamento de cloração. O exaustor/ventilador e máscaras de gás devem estar localizados na entrada do recinto.
- O cloro gasoso e o cloro líquido devem ser conduzidos em tubos de ferro forjado. Soluções aquosas de cloro devem ser conduzidas em tubos de plástico rígido. Deve-se especificar válvulas e tubos próprios para uso com cloro. O cloro líquido tem um coeficiente muito alto de expansão de volume; portanto, em linhas de cloro líquido devem ser previstas câmaras de expansão.
- Quando confinado em um recipiente, o cloro pode sair como um gás, líquido, ou ambos, simultaneamente. O medidor de pressão é, portanto, não um indicador de quantidade de cloro, visto que este é capaz de mudar de estado físico, enquanto o volume é constante. Portanto, cilindros de cloro em uso devem ser colocados em uma plataforma do tipo balança, e a perda de peso deve ser usada para registro das dosagens de cloro. Estão disponíveis no mercado vários tipos de balanças.

- Se a taxa de consumo de cloro líquido for superior a 680 kg/dia, geralmente emprega-se um evaporador.
- Em longas linhas de alimentação e onde as grandes variações de temperatura são esperadas deve-se usar válvula de redução de pressão.

Mais informações sobre critérios de projeto e considerações sobre segurança, para equipamento de manipulação de cloro, podem ser obtidas em White (1992). O Instituto do Cloro fornece padrões para equipamento de manipulação de cloro e procedimentos de segurança (Chlorine Institute, Inc, 1986). Todos os sistemas de cloração devem estar em conformidade com esses padrões.

Um *check-list* de projeto, para armazenamento de recipientes, deve incluir os seguintes itens (White, 1992):

- balança ou célula de carga para pesagem de cilindros;
- amortecedores para recipientes;
- içadores de cilindro;
- filtro de gás de cloro;
- válvula redutora de pressão;
- tanque de expansão de cloro líquido;
- medidores de pressão apropriados para gás e líquidos;
- indicadores de pressão baixa e pressão alta com interruptores para alarmes (alarme de pressão alta é usado só em sistemas líquidos);
- armadilhas de condensados nas entradas para os cloradores;
- cabeçotes com válvulas apropriadas.

O tamanho dos tanques de armazenamento de cloro aumentou em anos recentes. Isto era esperado, em parte, devido aos maiores percursos e entrega por meio de caminhões. A capacidade de um tanque de armazenamento varia de 23.000 kg a 83.000 kg, dependendo se a entrega é por caminhão ou por vagões ferroviários. O tanque deve ser construído de aço ou ferro e deve seguir recomendações incluídas nas diretrizes do Chlorine Institute, Inc, 1986. A pressão teste do tanque deve ser 120% da pressão máxima de trabalho, mas não menos que 1550 kN/m² (225 psi).

O sistema de descarga para o armazenamento deve estar especificamente projetado para cada instalação, mas deve incluir os seguintes itens essenciais (White, 1992; Awwa e Asce, 1990; Qasim, 1999):

- plataforma de descarga;
- tanque de armazenamento protegido da radiação solar;
- dispositivo de pesagem;
- sistema de expansão de ar;
- aspirador hidráulico;
- cabeçotes para gás cloro e líquidos;
- medidores;
- contrapressão e alarmes;
- tanques de expansão;
- conexões flexíveis.

O tubo de alimentação do tanque de armazenamento deve ser schedule-80 (mínimo), aço preto sem costura. Uma espessura extra, deve ser projetada para o tanque, aproximadamente 3 mm, a mais que o código de projeto, para compensar a corrosão (White, 1992; Chlorine Institute Inc, 1986; Awwa e Asce, 1990)

Hipoclorito – O perigo potencial associado ao transporte, armazenamento, e manipulação de cloro gasoso resultou no aumento do uso da solução de hipoclorito. Hipoclorito é um pouco mais caro, degrada durante o armazenamento e pode ser de difícil alimentação. Porém, por razões de segurança, muitas plantas em áreas urbanas usam hipocloritos.

Soluções de hipoclorito de sódio são encontradas em concentrações variando de 1,5 a 15%, em carros-tanque de 4,9 a 7,6 m3. As soluções mais fortes decompõem prontamente por exposição à luz e calor. O hipoclorito de cálcio de teor mais elevado contém pelo menos 70% de cloro disponível. Está disponível em tambores de 45 a 360 kg, como pó, grânulos, ou comprimidos em tabletes ou pelotas. As soluções de hipocloritos devem ser armazenadas em lugares frescos e secos para uma melhor conservação de suas características.

Alimentação e aplicação de cloro – A alimentação de cloro e sistema de aplicação inclui: (1) retirada de cloro, (2) evaporador, (3) válvula de fechamento automático, (4) clorador, (5) sistema ejetor, (6) misturador e contator, e (7) sistema de controle. As informações para projeto sobre estes sistemas são fornecidas a seguir (Qasim, 1999).

Retirada de cloro – Os cilindros de cloro podem fornecer cloro gasoso ou cloro líquido para os cloradores. Se for adotada a retirada de gás, a taxa máxima para um recipiente é 180 kg/dia, em temperatura ambiente. Se a taxa de retirada for de 180 a 680 kg/dia, dois ou mais recipientes devem ser interligados.

Se o cloro for usado dessa maneira, a temperatura do recinto deve ser mantida acima de 18 °C, para fornecer o calor exigido para a evaporação. As taxas de retirada maior que 680 kg/dia devem feitas por via líquida e emprego de evaporadores.

A retirada por via líquida apresenta as seguintes vantagens:

- Não é afetada pela temperatura ambiente, permitindo que o recipiente de armazenamento fique em uma estrutura aberta, apenas protegido da radiação solar.

- Não existe nenhum perigo de ocorrer reliquefação no trecho entre o recipiente e o clorador.
- Menos recipientes precisam ser conectados uma vez que neste caso as taxas de retirada são muito mais altas do que no caso de retirada gasosa.

Evaporadores – Os evaporadores de cloro são geralmente usados quando a taxa de retirada de cloro exceder 680 kg/dia. As capacidades dos evaporadores variam de 180 a 3.600 kg/dia. O evaporador recebe o cloro líquido do recipiente e o transforma na forma gasosa, em uma cavidade pressurizada selada. A cavidade é envolta por um banho de água quente, que fornece o calor para vaporização.

Todos os evaporadores devem ser equipados com um redutor de pressão, uma válvula de fechamento automático, para prevenir que cloro líquido entre no clorador. Um sistema de proteção catódica deve ser instalado, para proteger contra corrosão, e o exterior do banho da água deve ser separado. O tamanho do evaporador pode ser encontrado nos catálogos dos fabricantes de equipamento. Um típico evaporador de cloro é mostrado na Fig. 10.4.

Interruptores automáticos – A previsão de interruptores automáticos de um cilindro até outro deve ser incluída para aumentar a confiabilidade do sistema. Existem dois tipos de interruptores automáticos de sistemas: a vácuo e a pressão. Ambos os tipos trocam o fluxo de cloro de um recipiente até o outro assim que um recipiente se torna vazio. Um cilindro vazio, dotado de sistema interruptor automático, clorador e ejetor são mostrados na Fig.10.5.

Clorador – O clorador recebe o cloro gasoso do recipiente de armazenamento ou evaporador e regula o fluxo para o ejetor. Os diferentes tipos de cloradores são: (1) alimentação direta, (2) de pressão, (3) vácuo distante, e (4) tipo de fluxo sônico.

Um clorador convencional consiste das seguintes unidades: uma válvula redutora de pressão de entrada, um rotâmetro, um orifício de controle de dosagem e uma válvula reguladora de diferencial de vácuo. A força motriz é proveniente do vazio criado pelo ejetor de cloro. A taxa de alimentação varia de 30 até 5.000 kg/dia. A seleção de qualquer tipo de clorador deve ser baseada na taxa de fluxo e tipo de aplicação. Os cloradores são usualmente projetados pelos fabricantes de equipamento, para uma

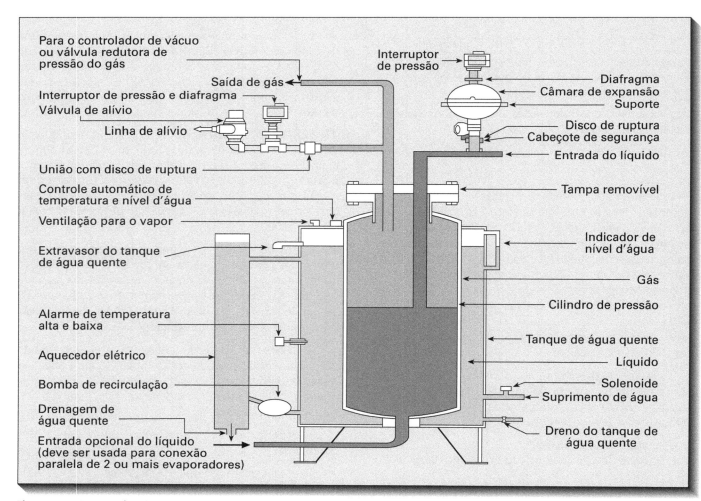

Figura 10.4 Evaporador típico, com sistema de alívio. Fonte: Adaptado de Qasim, 1999.

Desinfecção com cloro

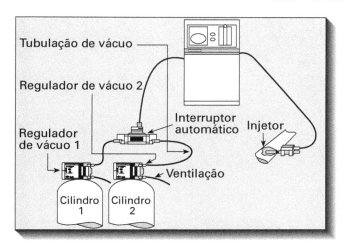

Figura 10.5 Sistema clorador composto e acessórios: interruptor automático usado em cilindros de gás.
Fonte: Adaptado de Qasim, 1999.

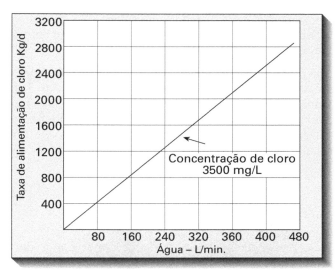

Figura 10.6 Vazão de água no injetor X alimentação de cloro para manter a concentração de 3.500 mg/L.
Fonte: Adaptado de Qasim, 1999.

solução de cloro com concentração de 3.500 mg/L, no ejetor. Os esquemas de controle para cloração variam de simples e manuais, até complexos, com variados graus de automatização. Os fabricantes de equipamentos devem ser consultados para projeto e seleção de cloradores.

Sistema injetor – A alimentação de cloro, o injetor, ou sistema injetor é essencial porque ele fornece a dosagem exigida no ponto de aplicação. Os sistemas de alimentação de cloro são de dois tipos: (1) injeção de gás pressurizado e (2) alimentação a vácuo. A injeção pressurizada pode apresentar riscos de vazamento de gás. Normalmente é usado em pequenas plantas ou em instalações grandes, onde as recomendações de segurança são rigidamente seguidas. Em sistemas de alimentação a vácuo, uma subpressão é aplicada no injetor, para evaporar e mover o gás cloro da fonte de suprimento até o clorador, onde este é misturado com a água e encaminhado para o ponto de aplicação. A quantidade de água deve ser o bastante para (1) manter a concentração de cloro na solução abaixo da saturação, que é de 3.500 mg/L e (2) criar a intensidade de vácuo exigida na linha do clorador e em todos os componentes do sistema de cloração. Os fabricantes de sistemas de cloração fornecem curvas operacionais dos ejetores, que especificam a quantidade de água e a pressão exigida para uma determinada quantidade de cloro a ser aplicado, em função da pressão contrária (Fig. 10.6). Do ejetor, a solução de cloro (na forma de ácido hipocloroso) segue para o ponto onde é aplicadoa na água. Um sistema injetor normalmente inclui os seguintes itens (White, 1992):

- bomba para fornecimento de água e tubulação para o injetor;
- manômetro indicador de pressão da água no injetor;
- injetor;
- tubulação de vácuo do clorador;
- vacuômetro (para injetor instalado em ponto distante);
- tubulação de vácuo do injetor (para injetor localizado em ponto distante);
- tubulação de solução de cloro;
- manômetro indicador da pressão da solução de cloro, localizado imediatamente a jusante do injetor (somente para injetor de secção variável);
- interruptor de pressão da água da solução e alarme de pressão baixa da água;
- medidor de vazão de água da solução;
- interruptor de vácuo e alarme para vácuo alto e baixo;
- manômetro indicador de pressão de retorno para descarga de alívio do injetor.

Uma forte solução de cloro, de até 3.500 mg/L, geralmente é injetada na água. As condições de pressão negativa devem ser evitadas no transporte da solução de cloro, na tubulação a jusante do injetor. Isto pode resultar no indesejável aparecimento de gás cloro no ponto de aplicação. Uma velocidade de saída de 7 a 9 m/s no ponto de injeção proporcionará uma mistura adequada. Uma perda de carga de 2–4 m ajudará a manter a pressão de retorno, no injetor, e desenvolver o efeito jato. Válvulas de checagem e de isolamento para difusores pressurizados são essenciais (Wef e Asce, 1992; White, 1992).

Mistura e contato – A turbulência que provoca a mistura da solução de cloro em águas residuárias, seguida por um adequado período de contato, é essencial para uma efetiva desinfecção.

A solução de cloro é fornecida por meio de um sistema bastante difuso, e então misturado rapidamente por (1) meios mecânicos, (2) defletor ajustável, e (3) ressaltos hidráulicos criados a jusante de um vertedor, medidor Venturi, ou calha Parshall.

Vários tipos de difusores de cloro e misturadores ajustáveis são ilustrados nas Figs. 10.7 e 10.8. Um gradiente de velocidade acima de 400 s^{-1} é suficiente para proporcionar a mistura desejada. O gradiente de velocidade para satisfazer a mistura exigida pode ser calculado por meio da equação 10.5:

$$G = \left(\frac{\gamma h_L}{t\mu}\right)^{1/2} \quad (10.5)$$

onde:
G = gradiente de velocidade (s^{-1});
γ = peso específico da água (N/m^3 - varia com a temperatura – ver Tab. 10.9);
μ = viscosidade absoluta da água (N · s/m^2 - varia com a temperatura – ver Tab. 10.9);
h_L = perda de carga total através dos difusores (m);
t = tempo de detenção (s).

O propósito da câmara de contato é proporcionar o tempo necessário para o desinfetante reduzir o número de organismos a níveis aceitáveis. Os órgãos regulamentadores normalmente especificam esse tempo, que varia na faixa de 15 a 30 minutos; períodos de 15 min. durante vazões de pico são comuns (Metcalf e Eddy, 1991).

Na Figura 10.7, tem-se:
a) injetor simples para tubos de diâmetros pequenos;
b) injetor duplo para tubos de diâmetros pequenos;
c) injetor múltiplo para tubos de diâmetros médios;
d) injetor para tubos de grandes diâmetros;
e) difusor simples, horizontal em canal aberto;
f) difusor simples, vertical, para canal (para canais largos, difusores múltiplos ao longo da largura podem ser usados);
g) típico difusor múltiplo ao longo do comprimento de um canal aberto.

Na Figura 10.8, tem-se:
a) bocal em um tubo ou canal fechado, com mistura por turbulência e difusão natural;
b) a jusante de um vertedor, com mistura natural devido à turbulência;
c) mistura natural em uma calha Parshall;
d) mistura em um tanque com chicanas verticais;
e) mistura no ressalto hidráulico em um canal;
f) mistura por arranjo de anteparos;
g) agitador mecânico em canal aberto;
h) agitador mecânico com anteparos em canal aberto.

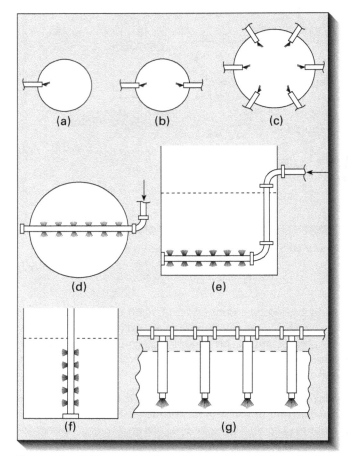

Figura 10.7 Difusores de cloro típicos - Fonte: Adaptado de Qasim, 1999.

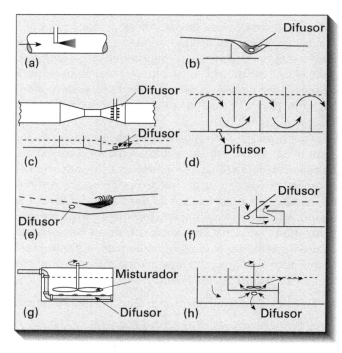

Figura 10.8 Diferentes tipos de misturadores usados para dispersar soluções de cloro em águas residuárias. Fonte: Adaptado de Qasim, 1999.

Desinfecção com cloro

TABELA 10.9 Valores de γ e μ da água × temperatura

Temperatura (°C)	Peso Específico (N/m³)	Viscosidade absoluta (N · s/m²)
0	9.805	$1,791 \times 10^{-3}$
2	9.806	$1,674 \times 10^{-3}$
4	9.807	$1,569 \times 10^{-3}$
5	9.806	$1,517 \times 10^{-3}$
10	9.803	$1,308 \times 10^{-3}$
15	9.797	$1,144 \times 10^{-3}$
20	9.789	$1,005 \times 10^{-3}$
30	9.764	$0,799 \times 10^{-3}$

Fonte: Adaptado de Azevedo Netto (1998).

Os objetivos de projeto são: (1) minimizar curto-circuito e volume morto, (2) maximizar a mistura para melhor desinfecção, e (3) reduzir a sedimentação de sólidos.

A cloração melhora as características de sedimentação dos sólidos, e acumulação destes nos tanques de contato com o cloro, o que frequentemente causa sérios problemas. Os sólidos depositados na câmara de contato acarretam uma diminuição do volume (com diminuição do tempo de contato) e, consequentemente, uma maior demanda de desinfetante. Além disso, o material sedimentado permite o crescimento de organismos anaeróbios. Os gases produzidos nas áreas anaeróbias sobem, carreando os sólidos e causando, ocasionalmente, elevados teores de partículas sólidas no efluente (USEPA, 1990). Em muitos casos foram necessárias mudanças no projeto, a fim de reduzir esse tipo de problema. A aeração, mantendo a velocidade horizontal alta por meio do tanque, equipamentos mecânicos para remoção de sólidos (semelhantes aos dos tanques de sedimentação) e unidades múltiplas, para permitir a retirada de serviço, para remoção de sólidos, têm sido empregados com algum sucesso.

Mais comumente, são empregados nos tanques de contato anteparos longitudinais com duas a quatro passagens no final, para simular um longo canal estreito (cuja relação comprimento : largura = 10:1 ou mais). Dessa forma, obtém-se o regime de um reator do tipo pistão. Entretanto, a falta de mistura e espaços mortos nos cantos resultam em acumulação de sólidos. Cantos arredondados e anteparos adicionais foram sugeridos para melhorar o projeto (Metcalf e Eddy, 1991). Anteparos transversais, com fluxo por cima e por baixo, são também usados. Este tipo de arranjo resulta em boa mistura, porém, a acumulação de sólidos entre os anteparos pode tornar-se um sério problema.

Sistemas de controle – O sistema de cloração deve prever a manutenção de um certo valor de cloro residual, ao final do tempo de contato especificado. Visto que a vazão de águas residuárias é variável e a qualidade do efluente a ser clorado também pode sofrer alterações, a dosagem de cloro deve ser frequentemente ajustada, para fornecer um certo residual.

Em pequenas instalações é usado o controle manual. O operador define a quantidade de cloro residual e então ajusta a taxa de alimentação de solução de cloro. Orifícios de controle, com perdas de carga constante ou bombas de baixa capacidade, são usados para alimentação das soluções de cloro. Frequentemente, bombas de alimentação, de velocidade constante, são programadas para ligar e desligar em intervalos de tempo desejados.

Nas grandes instalações, são usados complexos sistemas automáticos de controle. Sinais de um medidor de vazão (calha Parshall) e/ou analisador de cloro residual são transmitidos para o dosador de cloro para ajustar a taxa de alimentação, a fim de manter um permanente residual de cloro prefixado, para qualquer vazão, como também a qualidade do efluente.

Os alarmes também são considerados parte essencial do sistema de controle. Estes incluem o controle de pressões altas e baixas nos recipientes de cloro, vazamentos de cloro, injetor vazio, temperaturas muito altas ou muito baixas no evaporador a banho-maria, e valores muito altos ou muito baixos de cloro residual.

Muitos tipos de controladores automáticos de cloro residual estão disponíveis no mercado. Um sistema de controle automático de cloração é desejável para situações nas quais tanto a demanda de cloro quanto à vazão de águas residuárias podem variar. O sistema contém um dispositivo de retorno de informações, que monitora vazão e cloro residuais, sendo constituído de: (1) analisador de cloro residual, (2) clorador com válvula automática para gás cloro, (3) sistema de controle para receber ambos os sinais, de vazão e cloro residual, e (4) sistema automático de alimentação de cloro, para manter o cloro residual no valor prefixado. O sistema descrito é apresentado na Fig. 10.9.

10.3.7 Decloração

O cloro reage com muitos compostos orgânicos presentes no efluente e produz indesejáveis substâncias tóxicas. Muitas destas substâncias têm impactos adversos no ambiente aquático em longo prazo (ver seção 10.3.8). Além disso, o cloro residual pode ter efeitos tóxicos sobre os organismos aquáticos. Mesmo em baixas concentrações, o cloro residual pode interferir com os testes de biomonitoramento exigidos para determinar a toxicidade do efluente e para controlar a descarga de contaminantes tóxicos. Portanto, a decloração é a remoção de cloro livre e cloro combinado residual total do efluente. Pode-se notar que decloração não remove os subprodutos tóxicos que já tinham sido produzidos. A decloração é realizada pela reação com agentes redutores, tais como dióxido de enxofre, SO_2, metabisulfito de sódio ($Na_2S_2O_3$), ou carvão ativado. O dióxido de enxofre é o mais comumente usado, em plantas com capacidade para mais de 3.800 m^3/d. O dióxido de enxofre e sistemas de adsorção ao carvão ativado são examinados abaixo, de forma sucinta (Metcalf e Eddy, 1991; White, 1992).

10.3.7.1 Decloração com dióxido de enxofre

O dióxido de enxofre é um efetivo agente redutor para decloração. Sucessivamente remove cloro livre, monocloramina, dicloramina, tricloramina, e compostos poli-n-clorados (Metcalf e Eddy, 1991; USEPA, 1986b). As reações com o cloro livre e cloro combinado são representadas pelas equações 10.6 e 10.7:

$$SO_2 + HOCl + H_2O \to HCl + H_2SO_4 \quad (10.6)$$

$$SO_2 + NH_2Cl + 2H_2O \to NH_4Cl + H_2SO_4 \quad (10.7)$$

A relação estequiométrica em peso, SO_2 e Cl_2 (livre ou combinado residual expresso como Cl_2), nas equações 10.6 e 10.7 é 0,9 : 1. Na prática, uma relação 1,2 : 1 é usada porque o nitrogênio orgânico interfere com a reação de decloração. Uma dosagem de dióxido de enxofre em excesso pode causar desoxigenação do efluente. A reação de desoxigenação é lenta e pode ser expressa pela equação 10.8.

$$2SO_2 + O_2 + 2H_2O \to 2H_2SO_4 \quad (10.8)$$

O dióxido de enxofre é comercialmente disponível, como um gás liquefeito sob pressão, em recipientes de aço de 45, 68, e 907 kg. O suprimento de dióxido de enxofre, armazenamento, sistemas de alimentação, e custos são bem parecidos com os do cloro. Os componentes principais são: a entrega dos cilindros, descarga, armazenamento, balança, dosadores de dióxido de enxofre (sulfonatores), evaporadores, cabeçote, injetores, difusores, tubos interconectadores, válvulas, e alarmes. A diferença principal está na reação instantânea do dióxido de enxofre com cloro e cloraminas. Como resultado, tanques de contato não são necessários. A mistura rápida por 30 a 60 segundos no ponto de aplicação é suficiente para a reação de decloração.

10.3.7.2 Decloração com carvão ativado

Um leito de carvão ativado granular é muito efetivo na remoção, não só de cloro e cloraminas, mas também dos outros subprodutos da cloração. É usado em filtro por gravidade ou por pressão. O pré-tratamento desejável é filtração regular anterior à adsorção ao carvão. A taxa de filtração típica em leito de carvão ativado é de 150 $m^3/m^2 \cdot d$. As reações de decloração, entre o carvão ativado e o cloro residual livre ou combinado, são representadas pelas equações 10.9 e 10.10 (USEPA, 1986b):

$$C + 2Cl_2 + 2H_2O \to 4HCl + CO_2 \quad (10.9)$$

$$C + 2NH_2Cl + 2H_2O \to CO_2 + 2NH_4Cl \quad (10.10)$$

10.3.8 Subprodutos da desinfecção com cloro

Desde 1974 tem chamado a atenção a excessiva presença de compostos organoclorados em águas desinfetadas, ameaçando a saúde tanto do ser humano como dos animais e peixes. A maior preocupação vem da formação dos trihalometanos, produtos presumidamente carcinogênicos. Esses organoclorados poluem o ambiente, não são facilmente biodegradáveis, persistem, e acumulam em sistemas aquáticos e no solo. Há também o perigo de suas possíveis infiltrações e acumulação, como resultado do reúso de esgotos clorados, para irrigação e recarga de aquífero (Narkis e Koot, 1992).

Muitos compostos não são completamente removidos pelos processos convencionais de tratamento de esgoto. Assim, substâncias orgânicas, tais como aminoácidos, fenóis e hidrocarbonetos aromáticos, permanecem no efluente. Sabe-se que os oxidantes químicos, tais como o cloro e o ácido peracético, reagem livremente com

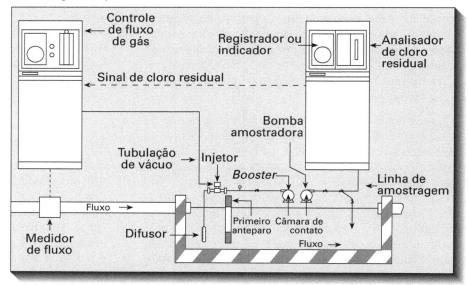

Figura 10.9 Típico controlador automático de cloração. Fonte: Adaptado de Qasim, 1999.

esses contaminantes, para formar outros produtos, mais conhecidos como subprodutos da desinfecção. Tais transformações podem ocorrer por caminhos microbiológicos, químicos ou fotoquímicos.

O uso do ácido peracético (APA) para desinfecção do efluente final das ETEs é muito atraente, porque facilita o tratamento. Há entretanto, referências de que o emprego do APA também pode gerar cloro livre, dando início a transformações químicas em potencial, formando subprodutos organo-halogenados, potencialmente perigosos, similares àqueles que podem ser formados pela aplicação direta do cloro no processo de tratamento (Booth e Lester, 1995).

Essas substâncias químicas podem ser medidas como Halogênios Totais Orgânicos (HTO). A desinfecção de águas com cloro livre pode resultar na formação de uma significativa concentração de outros halogenados, além dos THMs.

Historicamente, substâncias húmicas, derivadas de tecidos vegetais, são as principais precursoras de trihalometanos. Recentemente, surgiram evidências de que essas substâncias, ao reagirem com o cloro livre, podem formar outros compostos não voláteis (Stenstrom e Bauman, 1990). As Figs. 10.10 e 10.11 mostram as concentrações médias de clorofenóis encontradas em efluentes de tratamento de esgoto sanitário, tratados com ácido perclórico, em condições analíticas diferentes, enquanto a Tab. 10.10 agrupa os compostos químicos, tidos como subprodutos da desinfecção de águas contendo matéria orgânica, com cloro (Ono et al., 1991).

10.3.8.1 Toxicidade dos produtos químicos gerados pela desinfecção com cloro

Alguns dos produtos químicos mostrados nas Figs. 10.10 e 10.11 e na Tab. 10.10 são conhecidos como potencialmente carcinogênicos, mutagênicos, genotóxicos, ou teratogênicos. Ono et al. (1991), empregando o umuteste pesquisaram, primeiramente, a genotoxicidade das substâncias químicas classificadas como subprodutos dos processos de cloração. Os principais resultados da genotoxicidade dos produtos químicos testados são mostrados na Tab. 10.11, sendo que alguns são reconhecidamente genotóxicos, para tempos de contato de 16 e 20 horas.

10.4 Desinfecção com ozônio

A desinfecção de efluentes de tratamento de esgotos sanitários com ozônio vem despertando interesse, por causa da preocupação com a formação de organoclorado, toxicidade dos efluentes, e o custo adicional da decloração. O ozônio é um gás instável; portanto, deve

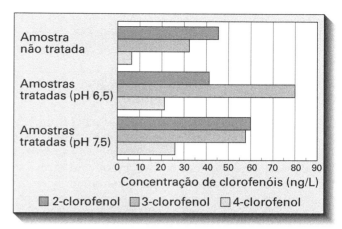

Figura 10.10 Concentrações médias de clorofenóis encontrados em efluentes de tratamento de esgoto sanitário mantidos em contato com ácido perclórico durante 14 h, a 13 °C, sob ação da luz.
Fonte: Adaptada de Booth & Lestrer, 1995.

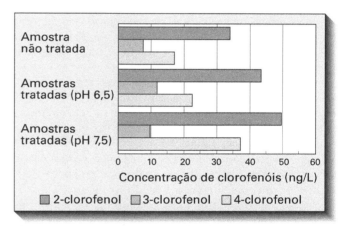

Figura 10.11 Concentrações médias de clorofenóis encontrados em efluentes de tratamento de esgoto sanitário mantidos em contato com ácido perclórico durante 48 h, a 25 °C, no escuro.
Fonte: Adaptada de Booth e Lester, 1995.

TABELA 10.10 Subprodutos dos processos de cloração de águas contendo matéria orgânica		
Clorobenzeno	1,1,1-tricloroetano	1,2-dicloroetano
m-diclorobenzeno	1,1,2-tricloroetano	Tetracloreto de carbono
p-diclorobenzeno	1,2-dicloropropano	Clorofórmio
1,2,4-triclorobenzeno	1,4-diclorobutano	Ácido cloroacético
Tetracloroetileno	Bromofórmio	Ácido dicloroacético
Diclorometano	Tricloroetileno	Ácido tricloroacético
Cloral		

Fonte: Adaptado de Ono et al., 1991,

ser gerado no local. Por causa de seu alto potencial de oxidação, é um poderoso bactericida e virucida e exige um tempo de contato pequeno. A seguir serão apresentadas: a química básica, as propriedades, geração e considerações de projeto para a desinfecção com ozônio.

10.4.1 Reações químicas do ozônio

O ozônio existe como um gás em temperatura ambiente, incolor, com um pungente odor que se pode descobrir prontamente em concentrações tão baixas quanto 0,02 a 0,05 ppm (em volume), que estão abaixo das concentrações de preocupação para com a saúde. É altamente corrosivo e tóxico, atuando como um poderoso oxidante, perdendo apenas para o radical livre hidroxila, dentre as substâncias químicas tipicamente usadas em tratamento de água e águas residuárias. Portanto, é capaz de oxidar muitas combinações orgânicas e inorgânicas presentes nas águas.

O ozônio é pouco solúvel na água. A 20 °C, a sua solubilidade é de apenas 570 mg/L (Kinman, 1975). É, no entanto, um gás mais solúvel em água do que o oxigênio, porém 12 vezes menos solúvel que o cloro. Pesquisas nas áreas de química básica (Hoigné e Bader, 1983a e 1983b; Glaze *et al.*, 1987) mostraram que este produto se decompõe espontaneamente durante o tratamento das águas, por um mecanismo complexo que envolve a geração de radicais livres hidroxila. Estes radicais figuram entre os mais reativos agentes oxidantes em soluções aquosas, com taxas de reação da ordem de 10^{10} a 10^{13} $M^{-1} \cdot s^{-1}$, semelhante às taxas de difusão para solutos tais como hidrocarbonetos aromáticos, compostos não saturados, alcoóis alifáticos e ácido fórmico (Hoigné e Bader, 1976). Por outro lado, a sua meia-vida gira em torno de microssegundos, impedindo, portanto, que suas concentrações alcancem níveis acima de 10^{-12} M (Glaze e Kang, 1988).

Como pode ser observado na Fig. 10.12, o ozônio poder reagir de duas maneiras, em solução aquosa (Hoigné e Bader, 1976):

- oxidação direta dos compostos pelo ozônio molecular $(O_3)_{(aq)}$;
- oxidação de compostos por radicais livres hidroxila, durante a decomposição do ozônio.

A oxidação direta com ozônio aquoso é relativamente lenta (comparada à oxidação com o radical hidroxila), mas sua concentração é relativamente alta. Por outro lado, a reação é rápida, mas a concentração desse radical livre, sob condições normais de ozonização é relativamente pequena. Hoigné e Bader (1976) verificaram que:

- sob condições ácidas, a oxidação direta com ozônio molecular é de importância primária; e
- sob condições que favoreçam a formação do radical hidroxila, tais como alto valor de pH, exposição à radiação UV, ou adição de água oxigenada, essa forma de oxidação começa a dominar.

A decomposição espontânea do ozônio acontece por meio de uma série de passos. O mecanismo exato e as reações associadas não foram ainda estabelecidos, mas têm sido propostos modelos (Hoigné e Bader, 1983a e 1983b; Glaze *et al.*, 1987). Acredita-se que os radicais hidroxilas surjam como um dos produtos intermediários, e podem reagir diretamente com as substâncias presentes nas soluções aquosas.

Na presença de muitos compostos químicos, comumente encontrados em tratamento de água e águas residuárias, a decomposição do ozônio forma radicais livres hidroxila. As demandas de ozônio estão associadas com:

- Reações com matéria orgânica natural (MON). A oxidação da MON conduz à formação de aldeídos, ácidos orgânicos, e aldo- e cetoácidos (Singer, 1992).
- Subprodutos da oxidação da matéria orgânica. Os subprodutos da oxidação da matéria orgânica são geralmente mais fáceis de sofrerem degradação biológica e podem ser medidos como Carbono Orgânico Assimilável (COA) ou Carvão Orgânico Dissolvido Biodegradável (CODB).

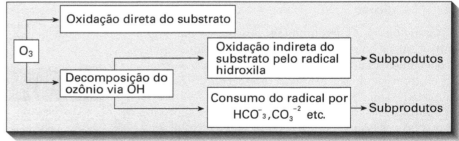

Figura 10.12 Reações de oxidação de compostos durante a ozonização de soluções aquosas. Fonte: Adaptado de USEPA, 1999.

TABELA 10.11 Genotoxicidade medida por meio de umu-teste com cloro			
Tempo de contato (horas)	**Ativação cromossômica**	
	positiva	Negativa
2	m-diclorobenzeno, ácido dicloroacético, ácido tricloroacético e cloral	m-diclorobenzeno, 1,2,4-triclorobenzeno e bromofórmio
16 e 20	m-diclorobenzeno, bromofórmio e clorofórmio	m-diclorobenzeno, 1,2,4-triclorobenzeno, bromofórmio e clorofórmio

Fonte: Ono *et al.*, 1991.

- Compostos Orgânicos Sintéticos (COSs). Alguns COSs podem ser oxidados e mineralizados sob condições favoráveis. Para alcançar a mineralização total, a via oxidativa predominante deve ser a do radical livre hidroxila.

- Oxidação de íon de brometo. A oxidação de íon de brometo conduz à formação de ácido hipobromoso, íon brometo, íon de bromato, compostos orgânicos bromatados e bromoaminas (ver Fig. 10.13).

- Bicarbonato ou íons carbonato, comumente medidos como alcalinidade, consomem o radical hidroxila e formam radicais de carbonato (Staehelin *et al.*, 1984; Glaze e Kang, 1988). Estas reações são de importância para os processos de oxidação avançada.

10.4.2 Geração de Ozônio

Por ser uma molécula instável, o ozônio deve ser gerado no ponto de aplicação. Geralmente é formado pela combinação de um átomo de oxigênio com uma molécula de oxigênio (O_2). Trata-se de uma reação endotérmica que exige uma considerável quantidade de energia.

$$3O_2 \leftrightarrow 2O_3$$

10.4.2.1 Produção de ozônio

Schönbein descobriu a forma de se produzir ozônio sintético através da eletrólise do ácido sulfúrico. Esse gás pode ser produzido de várias maneiras, embora o método denominado **coroa de descarga** predomine, na indústria de geração de ozônio. Também pode ser produzido irradiando-se o oxigênio com luz ultravioleta, por reação eletrolítica e outras tecnologias emergentes, como descrito por Rice (1996).

A coroa de descarga, também conhecida como descarga elétrica silenciosa, consiste em passar um gás contendo oxigênio, através de dois eletrodos separados por dielétrico e um buraco de descarga.

A voltagem é aplicada nos eletrodos, causando um fluxo de elétrons através do buraco de descarga. Estes elétrons fornecem a energia para dissociar as moléculas de oxigênio, levando à formação de ozônio. A Fig. 10.14 mostra um gerador básico de ozônio.

10.4.3 Inativação de patogênicos e eficácia da desinfecção com ozônio

O ozônio tem um alto poder germicida contra uma grande variedade de organismos patogênicos, incluindo-se as bactérias, os protozoários e os vírus. Em vista disto, o O_3 pode ser usado para proporcionar um alto grau de inativação, porém, não pode ser usado como um desinfetante secundário, porque a sua concentração residual decai muito rapidamente. A eficiência da desinfecção com esse produto não é afetada pelo valor do pH (Morris, 1975). Devido à decomposição muito rápida do radical livre hidroxila, uma maior concentração de ozônio deve ser usada em valores de pH mais altos, para se manter a eficiência.

10.4.3.1 Mecanismos de inativação

A inativação de bactérias pelo ozônio é atribuída a uma reação de oxidação (Bringmann, 1954; Chang, 1971). O primeiro ataque parece ser na membrana bacteriana (Giese e Christensen, 1954) diretamente nas glicoproteínas ou glicolipídios (Scott e Lescher, 1963) ou em certos aminoácidos, como o tiptophan (Goldstein e McDonagh, 1975), além de interromper a atividade enzimática das bactérias. Além da membrana e da parede das células, o O_3 pode agir no material nuclear. O ozônio é considerado responsável pela modificação das purinas e pirimidinas dos ácidos nucleicos (Giese e Christensen, 1954; Scott e Lescher, 1963).

O primeiro local da ação para inativação de vírus é no *virion capsid* (uma partícula viral completa, con-

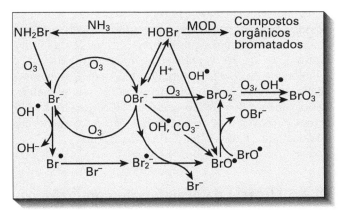

Figura 10.13 Reações entre ozônio e íons brometo podem produzir íon bromato e compostos orgânicos bromatados. Fonte: Adaptado de USEPA, 1999.

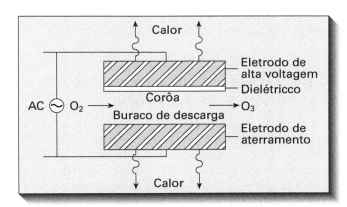

Figura 10.14 Gerador básico de ozônio. Fonte: Adaptado de USEPA, 1999.

sistindo em RNA ou DNA, cercada por uma concha de proteína), particularmente suas proteínas (Cronholm *et al.*, 1976 e Riesser *et al.*, 1976). O ozônio parece modificar o *capsid* viral usado para fixação nas superfícies das células. Altas concentrações de ozônio dissociam o *capsid* completamente. Um pesquisador verificou que o mecanismo de inativação do ácido ribonucleico (RNA) bacteriófago f_2 compreende a liberação do RNA desta partícula depois que sua casca é quebrada em muitos pedaços (Kim *et al.*, 1980). Esta constatação sugere que o O_3 desliga a proteína *capsid*, assim liberando RNA e rompendo a adsorção ao anfitrião pili. Além disso, o RNA desprotegido pode ser secundariamente inativado pelo desinfetante em questão, em uma taxa menor que aquela necessária para o caso do RNA dentro do bacteriófago intacto. O mecanismo para inativação do ácido desoxirribonucleico (DNA) bacteriófago T_4 foi considerado como bastante semelhante à inativação do RNA: a proteína *capsid* é atacada, libera o ácido nucleico, e o DNA é inativado (Sproul *et al.*, 1982). Em contraste, trabalhos mais recentes com o vírus de mosaico do tabaco (TMV) mostram que ozônio tem um efeito específico sobre o RNA. O ozônio foi considerado o responsável pelo ataque à casca de proteína e ao RNA. O RNA danificado liga-se com aminoácidos da casca de proteína. Os autores concluíram que o TMV perde sua infectividade por causa da perda da sua camada de proteína.

A observação microscópica da inativação dos protozoários *Naegleria* e *Acanthamoeba* mostrou que eles foram rapidamente destruídos, e a membrana de célula havia sido danificada (Perrine *et al.*, 1984). Langlais e Perrine (1986) mostraram que o ozônio havia afetado as ligações nos cistos do *Naegleria gruberi*. Dependendo das condições da ozonização, estas ligações estavam completamente removidas ou estavam parcialmente destruídas. Havia sido levantada a hipótese de que o ozônio afeta inicialmente a parede dos cistos de *Giardia muris* cistos, tornando-os mais permeáveis (Wickramanayake, 1984-b). Subsequentemente, o ozônio aquoso penetra no cisto e danifica a membrana do plasma, e penetração adicional de O_3 prejudica o núcleo, os ribossomas, e outros componentes ultraestruturais.

10.4.4 Fatores que afetam a eficiência da desinfecção com ozônio

A taxa de decomposição do ozônio é uma função complexa da temperatura, do valor do pH, da concentração de solutos orgânicos e componentes inorgânicos (Hoigné e Bader, 1975 e 1976). A seguir, serão descritos os efeitos que os valores do pH, da temperatura, e da concentração de materiais em suspensão exercem sobre a taxa de reação do ozônio e sobre a sua capacidade de inativação de patogênicos.

A capacidade de manter uma alta concentração de ozônio aquoso é crítica, do ponto de vista da desinfecção. Isto significa que fatores que aceleram a decomposição do O_3 são indesejáveis para a inativação, porque o residual desse desinfetante desaparece rapidamente e, então, reduz o parâmetro CT, exigindo assim um incremento correspondente de ozônio aplicado, com o consequente aumento dos custos.

Valor do pH – Estudos indicaram que as variações dos valores de pH têm pouco efeito sobre a capacidade do ozônio residual dissolvido de inativar bactérias, tais como *Mycobacteria* e *Actinomycetes* (Farroq, 1976). Uma leve diminuição na eficácia virucida do ozônio residual foi observada com a diminuição do valor desse parâmetro (Roy, 1979), porém, o efeito oposto foi observado por Vaughn *et al.* (1987).

As mudanças na eficácia da desinfecção, em função das variações da acidez, parecem ser causadas pela taxa de decomposição do ozônio. A decomposição desse produto acontece mais rapidamente em soluções aquosas mais alcalinas, e forma vários tipos de oxidantes com diferentes reatividades (Langlais *et al.*, 1991). Testes executados com concentração residual fixa de O_3 e diferentes valores de pH mostraram que o grau de inativação de microrganismos permaneceu virtualmente inalterado (Farooq *et al.*, 1977). Estudos mais recentes indicaram uma queda na inativação de vírus em pHs alcalinos (pH 8 a 9) para poliovírus 1 (Harakeh e Butler, 1984) e rotavírus SA–11 e Wa (Vaughn *et al.*, 1987).

A inativação de cistos de *Giardia muris* foi melhorada quando o pH aumentou de 7 até 9 (Wickramanayake, 1984a). Este fenômeno foi atribuído às possíveis alterações químicas nos cistos, tornando mais fácil a ação do ozônio. Porém, o mesmo estudo mostrou que a inativação de cistos de *Naegleria gruberi* era maior em um pH 9, do que em níveis mais baixos, indicando assim que os efeitos desse parâmetro são específicos para cada organismo.

Temperatura – Com o aumento da temperatura, o ozônio torna-se menos solúvel e menos estável na água (Katzenelson *et al.*, 1974); porém, as taxas de desinfecção e oxidação químicas permanecem relativamente estáveis. Os estudos mostraram que embora o aumento da temperatura de 0° até 30 °C pode reduzir significativamente a solubilidade do ozônio e aumentar sua taxa de decomposição, essa variação não tem virtualmente nenhum efeito na taxa de desinfecção das bactérias (Kinman, 1975). Em outras palavras, a taxa de desinfecção foi considerada relativamente independente da temperatura.

10.4.5 Eficácia da desinfecção com ozônio

Será feita a seguir uma descrição da eficiência da desinfecção com ozônio na inativação de bactérias, vírus e protozoários.

Desinfecção com ozônio

10.4.5.1 Inativação de bactérias

O ozônio é muito efetivo contra as bactérias. Os estudos mostraram os efeitos de pequenas concentrações de O_3 dissolvido (0,6 mg/L) sobre a *E. coli* (Wuhrmann e Meyerath, 1955) e *Legionella pneumophila* (Domingues et al., 1988). No caso da *E. coli*, os níveis foram reduzidos de 4-log (99,99% de remoção) em menos de 1 minuto, com um residual de desinfetante de 9 Lg/L sob temperatura de 12 °C. No caso da *Legionella pneumophila*, a redução foi de 2-log (99,0% de remoção) para um tempo de contato mínimo de 5 minutos e uma concentração de O_3 de 0,21 mg/L. Resultados semelhantes aos obtidos para *E. coli* foram verificados para o *Staphyloccus sp.* e *Pseudomonas fluorescens*. O *Streptococcus faecalis* exigiu um tempo de contato duas vezes mais longo, com a mesma concentração de ozônio dissolvido, enquanto a *Mycobacterium tuberculosis* exigiu um tempo de contato seis vezes maior para se chegar ao mesmo nível de redução da *E. coli*.

Tratando-se de bactérias vegetativas, a *E. coli* é um dos tipos mais sensíveis ao ozônio. Além disso, diferenças significativas foram verificadas entre todos os bacilos gram-negativos, inclusive a *E. coli* e outros patogênicos como *Salmonella*, que são todos sensíveis à inativação pelo ozônio, enquanto que as cocci gram-positivas (*Staphyloccus* e *Streptococcus*), os bacilos gram-positivos (*Bacillus*), e as *Mycobacterias* são as formas mais resistentes. As bactérias de formas *Sporular* são sempre muito mais resistentes à desinfecção com O_3 do que as formas vegetativas (Bablon et al., 1991), mas todos são facilmente destruídos por níveis relativamente baixos de ozônio.

10.4.5.2 Inativação de Vírus

Normalmente, os vírus são mais resistentes ao ozônio do que as bactérias vegetativas, mas menos resistentes que as formas esporulares de *Mycobacteria* (Bablon et al., 1991). As formas mais sensíveis de vírus são os bacteriófagos, estes apresentam pequenas diferenças entre o pólio e o *coxsackie* vírus. A sensibilidade do rotavírus humano ao O_3 é comparável à de *Mycobacteria* e pólio e *coxsackie* vírus (Vaughn et al., 1987).

10.4.5.3 Curvas de CT

Os produtos CT mostrados na Fig. 10.15 basearam-se em estudos de desinfecção usando *Giardia lamblia in vitro*. Esses valores foram obtidos a 5 °C e pH 7, e usados para determinação em outras temperaturas. Também foi aplicado um fator de segurança igual a 2.

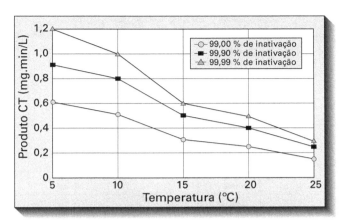

Figura 10.15 Valores de CT pata inativação de cistos de Giardia com ozônio, sob pH de 6 a 9. Fonte: Adaptado de USEPA, 1999.

Os valores de CT mostrados na Fig. 10.16 alcançaram 99,0% de inativação de vírus e foram determinados aplicando-se um fator de segurança para 3 para os dados obtidos de um estudo prévio com poliovírus 1 (Roy et al., 1982). Os valores de CT para 3 e 4-logs (99,9 e 99,99%) de remoção foram derivados, aplicando-se cinética de primeira ordem e admitindo-se o mesmo fator de segurança 3. Os dados foram obtidos em um pH de 7,2 e assumidos para a faixa de valores desse parâmetro entre os valores 6 e 9.

Vários grupos de pesquisadores investigaram a eficiência do ozônio para inativação do oocisto *Cryptosporidium*. A Tab. 10.12 sumariza os valores de CT obtidos para 99% de inativação desse organismo.

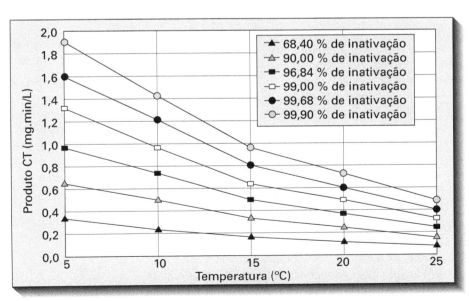

Figura 10.16 Valores de CT para inativação de vírus pelo ozônio (pH 6 a 9). Fonte: Adaptado de USEPA, 1999.

TABELA 10.12 Resumo dos valores inerentes à ozonização exigida para inativação de 99% de oocistos de *Cryptosporidium*

Espécie	Protocolo	Ozônio residual (mg/L)	Tempo de contato (min)	Temperatura (°C)	CT (mg·min/L)	Referência
C. baileyi	Líquido-batelada Ozônio-batelada modificado	0,6 e 0,8	4	25	2,4 - 3,2	Langlais et al., 1990
C. muris	Fluxo contínuo			22 - 25	7,8	Owens et al., 1994
C. parvum	Líquido-batelada	0,50	18	7	9,0	Finch et al., 1994
C. parvum	Ozônio-batelada	0,50	7,8	22	3,9	Finch et al., 1994
C. parvum	Líquido-batelada	0,77	6	Ambiente	4,6	Peeters et al., 1989
C. parvum	Ozônio-batelada	0,51	8	Ambiente	4	Peeters et al., 1989
C. parvum	Líquido-batelada Ozônio-fluxo contínuo	1,0	5 e 10	25	5 - 10	Korich et al., 1990
C. parvum	Fluxo contínuo			22 - 25	5,5	Owens et al., 1994

Fonte: Adaptado de USEPA, 1999.

Os resultados obtidos por esses pesquisadores indicam que o O_3 é um dos desinfetantes mais efetivos para controlar o *Cryptosporidium* (Finch et al., 1994) e que o *Cryptosporidium muris* pode ser ligeiramente mais resistente à ozonização que o *Cryptosporidium parvum* (Owens et al., 1994).

Uma grande variedade de valores de CT foi reportada para o mesmo nível de inativação, principalmente por causa dos diferentes métodos de medidas de *Cryptosporidium* empregados, valor do pH, temperatura e acima de tudo, condições de aplicação do desinfetante.

10.4.6 Projeto de sistema de ozonização

Como mostra a Fig. 10.17, o sistema de ozonização de águas apresenta quatro componentes básicos:
- um subsistema de alimentação de gás,
- um gerador de ozônio,
- um contator de ozônio,
- e um subsistema de destruição de gás.

O subsistema de alimentação de gás fornece oxigênio limpo e seco, para o gerador. O contator transfere o gás rico em ozônio para a água a ser tratada, e assegura tempo de contato para desinfecção (ou outras reações).

A etapa final do processo, ou a destruição de gás, é necessária visto que o ozônio é tóxico nas concentrações usuais para desinfecção. Algumas plantas incluem um sistema de reciclagem, que retorna o gás excedente, rico em ozônio, para a primeira câmara de contato, para reduzir a demanda do desinfetante nas câmaras subsequentes. Alguns sistemas incluem também câmaras de extinção, para remover ozônio residual da solução.

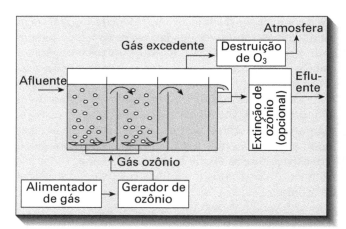

Figura 10.17 Esquema simplificado de um sistema de ozonização - Fonte: Adaptado de USEPA, 1999.

10.4.6.1 Suprimento, armazenamento de produtos químicos e segurança

Os sistemas de alimentação de ozônio podem usar ar, oxigênio de alto grau de pureza ou a mistura dos dois. O oxigênio de alto grau de pureza pode ser adquirido e armazenado no estado líquido, ou pode ser gerado *in situ* por meio de um processo criogênico, por adsorção vibratória a vácuo, ou por adsorção vibratória sob pressão. A geração criogênica de oxigênio é um processo complicado e viável só em sistemas grandes. A adsorção vibratória sob pressão é um processo por meio do qual uma peneira molecular especial é usada para remover seletivamente nitrogênio, gás carbônico, vapor da água, e hidrocarbonetos do ar, produzindo um gás de alimentação rico em oxigênio (80-95% de O_2).

Sistemas de alimentação de oxigênio – Os sistemas de alimentação de oxigênio líquido são relativamente simples, consistindo em um tanque de armazenamento, evaporadores para passagem do estado líquido ao gasoso, filtros para remover impurezas, e reguladores para limitar a pressão do gás fornecido aos geradores de ozônio.

Sistemas de alimentação de ar – Os sistemas de alimentação de ar para geradores de ozônio são bastante complexos, visto que este gás deve estar corretamente condicionado para prevenir dano no gerador, ou seja, deve ser limpo e seco, com um ponto de orvalho de no máximo –62 °F a –80 °F e livres de contaminantes. Os sistemas de pré-tratamento de ar consistem tipicamente de compressores, filtros, secadores, e reguladores de pressão. A Fig. 10.18 é uma representação esquemática de um sistema de grande porte.

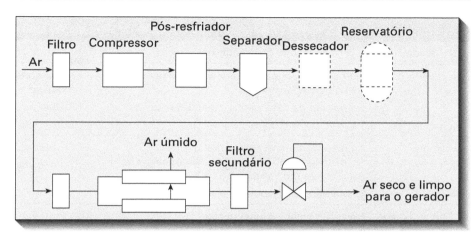

Figura 10.18 Esquema de um sistema de pré-tratamento de ar - Fonte: Adaptado de USEPA, 1999.

As partículas maiores que 1 μm e gotículas de óleo maiores que 0,05 μm devem ser removidas por filtração (Langlais *et al.*, 1991). Se estiverem presentes hidrocarbonetos no gás de alimentação, filtros de carvão ativados granulares devem ser instalados, após os filtros de particulados e de óleo. A remoção da umidade pode ser alcançada tanto por compressão quanto por resfriamento (para sistemas grandes), que abaixam a capacidade de retenção do ar, e por dessecadores, que retiram a umidade do ar por um meio especial. Os dessecadores são necessários para todos os sistemas de prétratamento de ar. As partículas grandes ou pequenas e a umidade provocam a formação de arcos elétricos que danificam os geradores.

Tipicamente, os dessecadores alimentam torres duplas, para permitir regeneração da que estiver saturada, enquanto a outra está em serviço. A umidade é removida do secador por uma fonte de calor externo ou passando-se uma fração (10 a 30%) do ar seco através da torre saturada, em baixa pressão. Para sistemas pequenos, que exigem uso intermitente de ozônio, uma única torre é suficiente, desde que o seu tempo de regeneração seja inferior ao de decomposição do ozônio.

Os sistemas de pré-tratamento de ar podem ser classificados segundo a pressão operacional: ambiente, baixa (menos que 30 psig), média e alta (maiores que 60 psig). A diferença entre os sistemas de baixa e de alta pressão é que os de alta pressão podem usar um secador de baixa caloria. Um compressor desse tipo opera normalmente na faixa dos 100 psig, em vez de 60 psig. Alguns tipos de compressores, com suas respectivas características, são apresentados na Tab. 10.13. Os compressores do tipo recíproco e os de anel líquido são os mais usados nos EUA, particularmente em sistemas pequenos (Dimitriou, 1990).

A Tab. 10.14 apresenta uma comparação das vantagens e desvantagens de cada sistema de alimentação de gás.

TABELA 10.13 Tipos de compressores usados em sistemas de pré-tratamento de ar			
Tipo de compressor	**Pressão**	**Volume**	**Comentários**
Rotatório	Baixa –15 psi	Constante ou variável com a descarga	Comum na Europa
Centrífugo	30 a 100 psi, dependendo do número de estágios	Variável, altos volumes	Média eficiência, custo efetivo em altos volumes
Parafuso rotatório	50 psi (estágio simples) a 100 psi(2 estágios)	Variável com a descarga	Ligeiramente mais eficiente que o rotatório. Solicita aproximadamente 40% da potência máxima quando descarregado, disponível em modelos não lubrificados para grandes capacidades.
Anel líquido	10 a 80 psi	Volume constante	Não requer lubrificação ou resfriador posterior, relativamente ineficiente, comum nos EUA
Turbina	Alta - até 100 psi	Constante ou variável	Relativamente ineficiente, não é comum nos EUA

Fonte : Adaptado de USEPA, 1999.

TABELA 10.14 Comparação entre o sistema de alimentação com ar e com oxigênio puro		
Fonte	Vantagens	Desvantagens
Ar	Normalmente equipamentos de segunda mão Tecnologia aprovada Satisfatório para pequenos e grandes sistemas	Maior consumo de energia por volume de ozônio produzido Requer muitos equipamentos para manipulação do gás Concentrações máximas de ozônio entre 3 e 5%
Oxigênio	Altas concentrações de ozônio (8-14%) Aproximadamente o dobro de concentração de ozônio para um mesmo tipo de gerador Satisfatório para pequenos e grandes sistemas	Preocupações com a segurança Exige materiais resistentes ao oxigênio
Oxigênio líquido	Necessita menos equipamentos Operação e manutenção simples Satisfatório para pequenos e médios sistemas Pode armazenar oxigênio para atender os picos de demanda	Custos variáveis do oxigênio líquido Armazenamento de oxigênio *in situ* (preocupação com a segurança) Perdas de oxigênio líquido armazenado quando não em uso
Geração criogênica de O_2	Equipamentos similares aos do sistema de pré-tratamento de ar Viável para grandes sistemas	Mais complexo que o sistema de oxigênio líquido Requer muitos equipamentos para manipulação do gás
	Pode-se armazenar oxigênio para atender os picos de demanda	Investimento inicial muito alto Operação e manutenção complexas

Fonte: Adaptado de USEPA, 1999.

Geradores de ozônio – A voltagem exigida para produzir ozônio, pela coroa de descarga, é proporcional à pressão que a fonte de gás aplica no gerador, e à largura do buraco de descarga.

Teoricamente, o rendimento mais alto (em termos de ozônio produzido por unidade de área do dielétrico) resultaria de uma voltagem alta, uma frequência alta, uma grande constante dielétrica, e um dielétrico o mais fino possível. Porém, existem limitações práticas para estes parâmetros. Com os aumentos de voltagem, os eletrodos e materiais dielétricos estão mais sujeito a falhas.

Operando em frequências mais altas, produz-se concentração mais alta de ozônio e mais calor, exigindo aumento da refrigeração para prevenir a decomposição do oxidante produzido. Dielétricos finos são mais susceptíveis de serem perfurados durante a manutenção. O projeto de qualquer gerador comercial exige um balanço de rendimento de ozônio com confiabilidade operacional e manutenção reduzida.

Duas configurações geométricas diferentes, para os eletrodos, são usadas em geradores comerciais: cilindros concêntricos e pratos paralelos. A configuração de prato paralelo é comumente usada em geradores pequenos e podem ser resfriados a ar. A Fig. 10.19 mostra o arranjo básico para a configuração cilíndrica. O vidro dielétrico/eletrodo de alta voltagem em geradores comerciais se assemelha a uma lâmpada fluorescente e é comumente chamado de "tubo de gerador".

A maior parte da energia elétrica que alimenta um gerador de ozônio (± 85%) é perdida, na forma de calor (Rice, 1996). Por causa do impacto adverso da temperatura sobre a produção de ozônio, um resfriamento adequado deve ser assegurado, para manter a eficiência do gerador. O calor em excesso é normalmente removido pela água corrente em torno dos eletrodos, que são de aço inoxidável, ligado à terra. Os tubos são dispostos em uma configuração horizontal ou vertical, em uma concha de aço inoxidável, com a água de resfriamento circulante através da mesma. Os geradores de ozônio são classificados segundo a frequência da tensão aplicada nos eletrodos. Geradores com frequência baixa (50 ou 60 Hz) e frequência média (60 a 1.000 Hz) são os mais comumente empregados por empresas de saneamento. Porém, alguns de altas frequências também estão disponíveis.

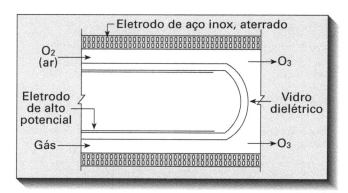

Figura 10.19 Esquema de um eletrodo cilíndrico para geração de ozônio - Fonte: Adaptado de USEPA, 1999.

Na Tab. 10.15 apresenta-se uma comparação dos três tipos de geradores. Os geradores de frequência média são eficientes e podem produzir ozônio com altas concentrações, de forma econômica. No entanto, estes produzem mais calor que os de frequência baixa e exigem um suprimento de energia mais complexo. Nas instalações mais modernas há uma tendência a se utilizar geradores de média ou alta frequência.

Contator de ozônio – Uma vez transferido para a massa líquida, o ozônio dissolvido reage com os componentes orgânicos e inorgânicos, incluindo-se os organismos patogênicos. O gás oxidante não absorvido pela água durante o processo é lançado fora do contator como gás excedente. A transferência de mais que 80% é exigida, para a eficácia da desinfecção com ozônio (DeMers e Renner, 1992). Os métodos mais comuns de dissolução de ozônio incluem:

- borbulhamento através de difusor;
- injetores; e
- agitadores mecânicos do tipo turbina

Câmara de contato com difusor de bolhas – O contactor com difusor de bolhas é usado para dissolução de ozônio no mundo todo (Langlais *et al.*, 1991). Este método oferece as seguintes vantagens: não exige energia adicional, transfere altas taxas de ozônio, possui flexibilidade no processo, simplicidade operacional e nenhuma parte móvel. A Fig. 10.20 ilustra três contatores de ozônio por difusão de bolhas. Esta ilustração mostra uma configuração com fluxo em contracorrente (ozônio e água em direções opostas), uma combinando coincidente/contracorrente, e uma de fluxos coincidente (ozônio e água na mesma direção). O número de estágios pode variar de dois até seis, com a maioria de plantas usando duas ou três câmaras de contato e reação (Langlais *et al.*, 1991).

As câmaras de contato com difusor de bolhas normalmente são construídas com 5,5 a 6,7 metros de profundidade útil, para alcançar de 85 a 95% eficiência na transferência de ozônio. Visto que todo o ozônio não é transferido para a água, as câmaras são cobertas para recolher o gás excedente, que é encaminhado a unidade de destruição de O_3.

As câmaras de contato por borbulhamento usam difusores cerâmicos ou de aço inoxidável no formato de barras ou de discos. Segundo Renner *et al.* (1988), os critérios de projeto para estes difusores incluem os seguintes itens:

- fluxo de gás de 0,014 a 0,11 $N \cdot m^3/min$;
- perda de carga máxima de 0,35 mca;
- permeabilidade de 0,24 a 1,77 $m^3/min \cdot m^2 \cdot cm$ de espessura do difusor; e porosidade de 35 a 45%.

A configuração da câmara deve ser tal que, hidraulicamente, esta se comporte como um reator do tipo pistão. Esta configuração minimizará o volume global do contator, que é determinado juntamente com a dosagem

TABELA 10.15 Comparação dos geradores de ozônio de baixa, média e altas frequências			
Característica	**Frequência**		
	Baixa (50-60 Hz)	**Média (até 1.000 Hz)**	**Alta > 1.000 Hz**
Grau de sofisticação eletrônica	Baixa	Alta	Alta
Pico de voltagem	19,5	11,5	10
Relação *Turn-Down*	5:1	10:1	10:1
Água requerida para resfriamento (L/Kg de ozônio produzido)	4,2 a 8,4	4,2 a 12,5	1,0 a 8,4
Faixa de aplicação (Kg/dia)	227	907	até 907
Concentrações operacionais			
% em peso ar	0,5 a 1,5	1,0 a 2,5	1,0 a 2,5
% em peso oxigênio	2,0 a 5,0	2,0 a 12,0	2,0 a 12,0
Produção ótima de ozônio (em relação à capacidade total do gerador)	60 a 75%	90 a 95%	90 a 95%
Temperatura ótima de resfriamento (°C)	8 a 10	5 a 8	5 a 8
Potência requerida (kW-h/Kg O_3)			
Ar	17,6 a 26,5	17,6 a 26,5	17,6 a 26,5
Oxigênio	8,8 a 13,2	8,8 a 13,2	8,8 a 13,2
Potência requerida pelo sistema de alimentação de ar (kWh/Kg O_3)	11 a 15,4	11 a 15,4	11 a 15,4

Fonte: Adaptado de Rice, 1996, com modificações.

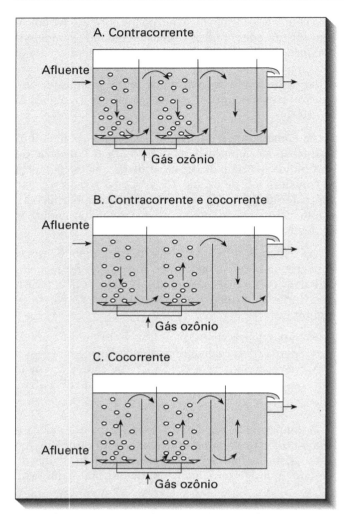

Figura 10.20 Câmaras de contato com borbulhamento de ozônio. Fonte: Adaptado de USEPA, 1999.

de ozônio aplicada e a concentração residual para satisfazer os requisitos de CT para desinfecção.

A Tab. 10.16 resume as vantagens e desvantagens da câmara de contato com borbulhamento (Langlais *et al.*, 1991). O entupimento dos poros dos difusores pode ser um problema quando a aplicação de ozônio for intermitente e/ou quando se deseja a oxidação de ferro e manganês. Pode haver formação de trilhas de bolhas, dependendo do tipo de difusores utilizados e do espaçamento entre eles.

Dissolução com injetor – O método de dissolução de ozônio através de injetor é comumente usado na Europa, Canadá, e nos Estados Unidos (Langlais *et al.*, 1991). O ozônio é injetado em um fluxo de água, sob pressão negativa gerada em um Venturi. Em muitos casos, uma parcela do fluxo total é bombeada, forçando o aumento de pressão e, consequentemente, aumentando o vácuo disponível, para injeção do oxidante. Após receber o ozônio, esta parcela do fluxo é misturada com o remanescente da planta, sob alta turbulência, para aumentar a dispersão do gás. A Fig. 10.21 ilustra dois tipos de sistemas por injeção.

A proporção gás : líquido é um parâmetro chave usada no projeto do sistema injetor. Essa relação deve ser inferior a 500 L/m^3 · min para otimizar a transferência de ozônio (Langlais *et al.*, 1991). Este critério exige normalmente dosagens de ozônio relativamente baixas e concentrações de gás de ozônio acima de 6% em peso (De Mers e Renner, 1992). Altas concentrações deste oxidante podem ser geradas usando-se um gerador de média frequência e/ou oxigênio líquido como gás de alimentação.

Para encontrar os requisitos CT de desinfecção em um reator do tipo pistão, normalmente é exigido um tempo de contato adicional depois do injetor. O volume de contato adicional é determinado junto com a dosagem aplicada e concentração residual de ozônio e estimada. A Tab. 10.17 sumariza as vantagens e desvantagens dos sistemas de contato por injeção (Langlais *et al.*, 1991).

TABELA 10.16 Vantagens e desvantagens da câmara de contato por bolhas

Vantagens	Desvantagens
Nenhuma parte móvel	Tanques de contato fundos
Efetiva transferência de O_3	Trilhas verticais de bolhas
Baixa perda de carga	Manutenção de juntas e tubulações
Simplicidade de operação	

Fonte: Adaptado de USEPA, 1999.

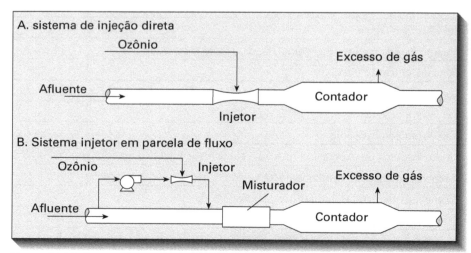

Figura 10.21 Sistemas injetores de ozônio (A) por injeção direta, e (B) com desvio de parcela do fluxo. Fonte: Adaptado de USEPA, 1999.

Desinfecção com ozônio

Contator com misturador tipo turbina – Os misturadores tipo turbina são usados para alimentar o tanque com gás ozônio e misturá-lo com a água. A Fig. 10.22 ilustra um típico contator com turbina. Esse modelo mostra o motor localizado fora da câmara, permitindo o acesso para manutenção. Outros projetos usam uma turbina com motor submerso.

A eficiência do processo de transferência de ozônio através de turbina pode ser superior a 90%. Entretanto, a potência exigida para alcançar essa eficiência é de 4,85 a 5,95 kWh por Kg de desinfetante transferido. A profundidade útil das câmaras com turbina variam de 1,80 a 4,60 m, e nas áreas de dispersão variam de 1,50 a 4,60 m (Dimitriou, 1990).

Da mesma forma que no contator com injetor, o tempo de contato necessário para se obter um CT desejável para a desinfecção pode não estar disponível na câmara da turbina; consequentemente poderá ser necessário um volume adicional. A Tab. 10.18 sumariza as vantagens e desvantagens do contator com turbinas (Langlais *et al.*, 1991).

Condições de segurança em sistemas de ozonização – No que concerne à segurança, deve-se tomar muito cuidado, sugerindo-se aqui que sejam adotadas as práticas que vêm sendo aplicadas para outros oxidantes ao longo dos anos. Isto implica a isolação do sistema de ozonização do restante da planta. Isto não deve ser interpretado como a construção de um edifício separado, bastando que os ambientes sejam separados, com entradas externas, sistemas de aquecimento e ventilação separados, controle de ruído, barulho etc.

Os geradores de ozônio devem ser alojados em lugar fechado, para proteção do ambiente e do pessoal, de um eventual vazamento no caso de mau funcionamento. A ventilação deve ser assegurada para prevenir temperaturas elevadas no recinto do citado equipamento, e para exaustão no caso de um vazamento.

Devem ser previstos espaços adequados para a remoção dos tubos e para as instalações de força. Os sistemas de pré-tratamento de ar tendem a ser barulhentos; por isso, é desejável separá-los dos geradores de ozônio.

As unidades de destruição do gás excedente podem ser localizadas do lado de fora, se as condições climáticas não forem extremas. Se colocadas do lado de dentro, deve-se instalar um detector de ozônio no ambiente. Todos os recintos devem estar corretamente ventilados, aquecidos, ou resfriados para partida e operação dos equipamentos.

Os instrumentos de monitoração contínua devem ser regulados para os níveis de ozônio admissíveis nas salas de equipamentos. Os aparatos de respiração autônoma devem ser localizados em corredores, fora dos locais sujeitos aos perigos ocasionados pelo ozônio. Os níveis de exposição ao ozônio ambiente, que foram propostos por organizações dos EUA, são resumidos a seguir. Os valores máximos recomendados são:

TABELA 10.17 Vantagens e desvantagens dos sistemas contato de ozônio por injeção

Vantagens	Desvantagens
O injetor e o misturador não têm partes móveis	Perda de carga adicional devido ao misturador, o que pode exigir mais bombeamento
Transferência de ozônio bastante efetiva	Capacidade limitada
Profundidade do contactor menor que no caso de difusão por bolhas	Operação mais complexa e custo mais alto

Fonte: Adaptado de Langlais *et al.*, 1991.

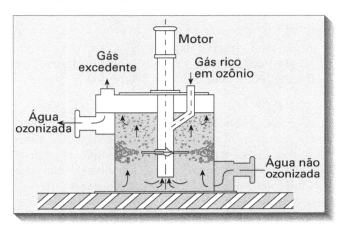

Figura 10.22 Câmara de contato de ozônio com turbina - Fonte: Adaptado de USEPA, 1999.

TABELA 10.18 Vantagens e desvantagens do contactor com turbina

Vantagens	Desvantagens
A transferência do ozônio é aumentada, como resultado de pequenas bolhas, produzidas pela alta turbulência.	Necessita de energia externa
A profundidade da câmara é menor quando comparada ao caso da difusão por bolhas.	O fluxo de gás deve ser mantido constante, sob pena de diminuição da eficiência na transferência.
A turbina pode aspirar o gás excedente, para reúso em outra câmara.	Necessidade de manutenção na turbina e no motor.
Elimina-se a formação das trilhas de bolhas, que ocorrem no caso dos difusores.	

Fonte: Adaptado de USEPA, 1999.

- Occupational Safety and Health Administration – OSHA – A exposição máxima permissível para concentrações de ozônio é de 0,1 mg/L (em volume) para um turno de trabalho de oito horas.

- American National Standards Institute/American Society for testing Materials (ANSI/ASTM). O trabalhador não poderá ser exposto a concentrações de ozônio acima de 0,1 mg/L (em volume) por 8 (oito) horas ou mais, e acima de 0,3 mg/L (em volume) por mais de 10 (dez) minutos.

- American Conference of Government Industrial Hygienists (ACGIH). O nível máximo de ozônio é de 0,1 mg/L (em volume), para uma jornada de oito horas de trabalho/dia ou 40 horas/semana, e 0,3 mg/L (em volume), para exposição de até 15 (quinze) minutos.

- American Industrial Hygiene Association. A concentração máxima para exposição de oito horas é de 0,1 mg/L (em volume).

A exposição prolongada ao ozônio pode prejudicar a sensibilidade de um trabalhador de sentir o cheiro desse gás, em concentrações menores que as críticas. Nunca se deve confiar na percepção humana de um odor, portanto, instrumentação e outros dispositivos devem ser instalados para medir níveis de O_3 no ambiente e, executar as seguintes funções de segurança:

- Disparar um sinal de alarme sempre que o nível de ozônio ambiente atingir 0,1 mg/L (em volume). Os alarmes devem incluir luzes de advertência no painel de controle principal e nas entradas das instalações de ozonização, além de sinais sonoros.

- Disparar um segundo sinal de alarme em níveis de ozônio ambiente de 0,3 mg/L (em volume). Este sinal deve paralisar imediatamente o equipamento de geração de ozônio e iniciar um segundo conjunto de alarmes, visuais e audíveis no painel de controle e nas entradas das instalações de geração. Também deve ser acionado um sistema de ventilação de emergência capaz de esvaziar o recinto dentro de um período de 2 a 3 minutos.

10.4.6.2 Considerações sobre o processo

Visto que o ozônio é um oxidante forte, este reagirá com muitos compostos orgânicos e inorgânicos presentes nas águas e nas águas residuárias. Estas demandas devem ser satisfeitas antes que o O_3 esteja disponível para satisfazer às necessidades da desinfecção. A presença e concentração destas combinações podem ditar a localização para adição do ozônio, dependendo dos objetivos de processo.

10.4.6.3 Necessidade de espaço

O armazenamento de oxigênio líquido está sujeito aos regulamentos dos códigos de edificações e do corpo de bombeiros. Estes regulamentos levam em conta os requisitos espaciais e podem estipular os materiais de construção das estruturas adjacentes. Em geral, a área ocupada por um gerador de ozônio, alimentado a ar, é menor que a exigida por um sistema de cloraminação e de aplicação de dióxido de cloro (ClO_2). No caso do gerador alimentado com oxigênio puro, a área necessária é comparável à do sistema de aplicação de ClO_2, por causa do espaço adicional exigido para armazenamento.

10.4.6.4 Seleção dos materiais

Do gerador ao destruidor de ozônio deve-se empregar materiais resistentes a este oxidante. Se a alimentação do gerador for à base de oxigênio, exige-se, na construção do mesmo, o emprego de materiais capazes de resistir à ação desse gás. A tubulação para o O_2 puro deve ser cuidadosamente limpa após a instalação, o que aumenta o custo de construção. Os materiais para o sistema de pré-tratamento de ar podem ser aqueles normalmente usados para sistemas de ar comprimido.

Langlais *et al.* (1991) recomendam que as tubulações, além da resistência ao O_3, devem resistir também aos dessecantes, visto que pode acontecer algum refluxo e difusão. Se for instalado algum recipiente a jusante do secador de ar, após o regulador de pressão, o mesmo deve ser resistente ao ozônio. As válvulas colocadas antes do gerador devem resistir ao oxigênio também, se este gás, com alto grau de pureza, for o gás de alimentação.

Os materiais resistentes ao ozônio incluem os aços inoxidáveis austeníticos (série 300), vidro e outras cerâmicas, *teflon* e *hypalon*, além de concreto. Os aços inoxidáveis da série 304 podem ser usados para gás de ozônio seco (também para oxigênio), enquanto os da série 316 deverão ser usados na presença de umidade. As condições consideradas úmidas incluem a condensação nos contatores e na unidade de destruição de gás excedente. O *teflon* ou *hypalon* deverão ser usados nas juntas.

As partes de concreto devem ser fabricadas com cimento do Tipo II ou Tipo IV. A prática nos Estados Unidos recomenda um recobrimento de 3 polegadas para prevenir a corrosão pelo ozônio na fase gasosa ou em solução.

As escotilhas para acesso aos contatores devem ser fabricadas de aço inox da série 316, com selos de garantia de resistência ao ozônio.

10.4.6.5 Instrumentação

Nos sistemas de ozonização devem ser previstos instrumentos capazes de proteger tanto os equipamentos quanto o pessoal. Os detectores de ozônio na fase gasosa devem ser instalados nos recintos de geração, onde o gás possa aparecer e onde pessoas estão habitualmente presentes, bem como na saída da unidade de destruição do O_3, para assegurar que a mesma esteja funcionando a contento. Estas unidades devem ser interligadas com os controles do gerador de ozônio, para interrupção do sistema, caso seja detectado excesso do produto no ambiente. Um detector de condensação no gás de alimentação protege o gerador contra a umidade (quando o ar for o gás de alimentação). O fluxo de água para resfriamento também precisa ser controlado, para proteger o gerador contra superaquecimentos e contra pressurização excessiva.

Outros instrumentos podem ser utilizados para monitorar e controlar o processo, embora controles manuais sejam adequados para sistemas pequenos. Todavia, alguns desses sistemas são projetados para operar automaticamente, particularmente em áreas distantes. Os monitores de ozônio podem ser instalados junto com os medidores de vazão do processo, para se determinar a dosagem de O_3 e, consequentemente, controlar a geração do desinfetante.

Esquemas de controle sofisticados podem ser empregados para minimizar o custo de produção e reduzir os requisitos de atenção dos operadores. Muitos sistemas incluem monitoração residual, em vários pontos no contator, para manter nível residual desejado, e prevenir o consumo desnecessário de energia.

10.4.7 Sistema de destruição de gás

A concentração de ozônio no gás excedente de um contator está normalmente bem acima da concentração fatal. Por exemplo, se 90% de eficiência for conseguida na transferência, e o gás de alimentação for constituído de 3% de ozônio, restaram ainda 3.000 ppm. Este excesso deve ser coletado, e transformado em oxigênio molecular (O_2) antes de ser lançado na atmosfera. O O_3 é prontamente destruído em temperatura alta (> 350 °C ou por um catalisador operando acima de 100 °C). A unidade de destruição de ozônio deve ser projetada para reduzir a concentração para 0.1 ppm em volume, limite atualmente estabelecido pela Occupational Safety and Health Administration (OSHA), para exposição de trabalhadores em um turno de oito horas. Um exaustor pode ser usado na saída para auxiliar na retirada do gás do contator, assegurando assim que não ocorrerá fuga de ozônio.

10.4.8 Subprodutos da desinfecção de ETEs com ozônio

Langlais *et al.* (1992) realizaram ensaios de ozonização do efluente da estação de tratamento de esgoto de La Roche sur Yon (França), cujos resultados são apresentados nas Figs. 10.23 a 10.26.

O afluente a essa estação era composto por 60% de esgoto sanitário e 40% de despejos industriais. A caracterização do afluente ao sistema de ozonização (efluente tratado) apresentou 66,0 mg/L de carbono orgânico total (COT); 22,0 mg/L de carbono orgânico dissolvido (COD); 14,0 mg/L de DBO_5 e 3,8 mg/L de nitrogênio orgânico. Foram observados os seguintes fatos durante a ozonização:

- um decréscimo na concentração dos aminoácidos combinados quando se provocava um acréscimo na dosagem do ozônio. Esse decréscimo foi acompanhado de um incremento na concentração de aminoácidos livres (Figs. 10.23 e 10.24);

- um decréscimo na concentração de polissacarídeos e um aumento na de monossacarídeos (Fig. 10.25);

- um decréscimo na concentração de detergentes aniônicos (Fig. 10.26);

Os processos de ozonização de águas contendo matéria orgânica podem gerar os subprodutos mostrados na Tab. 10.19.

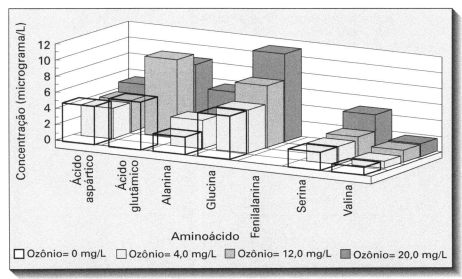

Figura 10.23 Concentrações de aminoácidos livres após ozonização em escala de laboratório. Fonte: Adaptado de Langlais *et al.*, 1992.

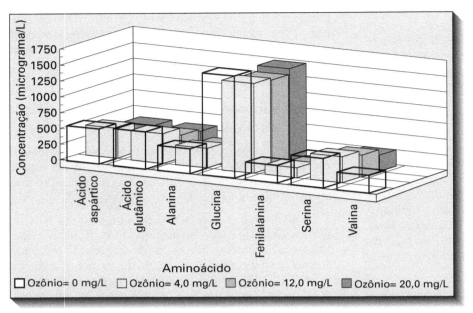

Figura 10.24 Concentrações de aminoácidos combinados após ozonização em escala de laboratório. Fonte: Adaptado de Langlais *et al.*, 1992.

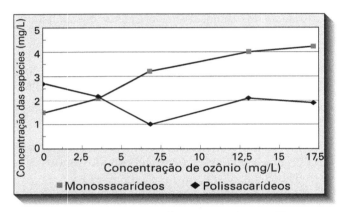

Figura 10.25 Concentrações de mono e polissacarídeos durante a ozonização do efluente. Fonte: Adaptado de Langlais *et al.*, 1992.

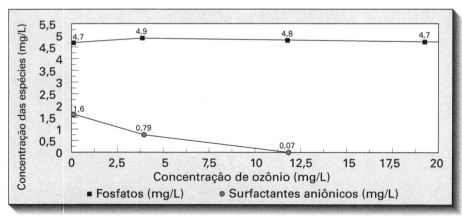

Figura 10.26 Concentrações de detergentes aniônicos e fosfatos durante a ozonização do efluente. Fonte: Adaptado de Langlais *et al.*, 1992.

10.4.8.1 Toxicidade dos subprodutos gerados pela desinfecção de esgoto com ozônio

Alguns dos produtos químicos mostrados na Tab. 10.19 são conhecidos como potencialmente carcinogênicos, mutagênicos, genotóxicos, ou teratogênicos. Ono *et al.* (1991), empregando o umu-teste, pesquisaram, primeiramente, a genotoxicidade das substâncias químicas classificadas como subprodutos de processos de ozonização. Os principais resultados da genotoxicidade dos produtos químicos testados são mostrados na Tab. 10.20, sendo que alguns daqueles produtos químico, são reconhecidamente genotóxicos para tempos de contato de 16 e 20 horas.

Os efeitos dos subprodutos gerados pela ozonização do efluente de tratamento secundário de esgoto sanitários foram investigados por Langlais *et al.*, 1992 (ver Fig. 10.27). Duas categorias de organismos foram selecionados, sendo duas espécies de água doce na primeira categoria, ou sejam, algas verdes (*Scenedesmus subspicatus*) e um peixe (*Brachydanio rerio*). Na outra categoria foi selecionado um crustáceo marinho (*Artemis Nauplli*).

As curvas mostradas na Fig. 10.27 mostram o crescimento do número de algas, em culturas contendo nutrientes em quantidade fixa e efluente em quantidades variáveis. Nesta etapa o efluente não recebeu ozônio, o meio nutriente foi inoculado com 10.000 células e a incubação foi mantida a 20 °C sob iluminação contínua durante 320 horas.

As Figs. 10.28 e 10.29 juntamente com a Tab. 10.21 mostram os resultados obtidos, concernentes às taxas comparativas de crescimento de algas em contato com efluente de tratamento secundário. Nesta etapa o efluente recebeu doses variáveis de ozônio.

10.4.9 Operação e manutenção de sistemas de ozonização

Embora os sistemas de ozonização sejam complexos, utilizam instrumentação sofisticada, o processo torna-se altamente automatizado e muito confiável, exigindo modesto grau de habilidade dos operadores e pouco tempo para operá-lo.

Desinfecção com ozônio

TABELA 10.19 Subprodutos de processos de ozonização de águas contendo material orgânico

Formaldeído	Glioxal	Isoforona
Acetaldeído	Acroleina	Hexanal
Propionaldeído	Benzaldeído	Acetofenona
Furfrol	Ionona	Antraquinona
Acetilacetona	n-valelaldeído	Hidroquinona
Carvone	Isopropilmetilcetona	Ácido oxálico

Fonte: Adaptado de Ono et al., 1991.

TABELA 10.20 Genotoxicidade medida por meio de umu-teste com ozônio

Tempo de contato (h)	Ativação cromossômica	
	Positiva	Negativa
2	Formaldeído, carvone, glioxal, furfrol e acroleina	Formaldeído e ionona
16 e 20	Acetaldeído, glioxal, ionona e acroleína	Glioxal e ionona

Fonte: Adaptado de Ono et al., 1991.

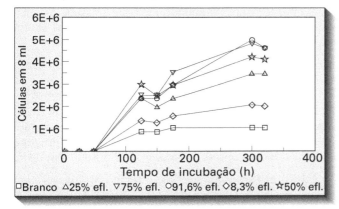

Figura 10.27 Curvas de crescimento da *Scenedesmus subspicatus* em cultura contendo nutrientes e efluente não ozonizado - Fonte: Adaptado de Langlais et al., 1992.

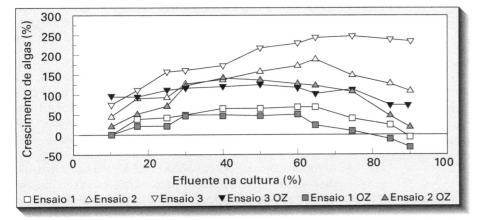

Figura 10.28 Curvas de crescimento da *Scenedesmus subspicatus* em cultura contendo nutrientes e efluente ozonizado - Fonte: Adaptado de Langlais et al., 1992.

A manutenção em geradores de O_3 exige técnicos qualificados. Se na estação de tratamento de esgoto não existir pessoal de manutenção, este trabalho deve ser feito pelo fabricante do equipamento. Os geradores devem ser examinados diariamente, quando em operação. Depois de uma paralisação, deve-se permitir a passagem de ar ou oxigênio secos através do gerador, para assegurar que qualquer umidade tenha sido purgada, antes da energização dos elétrodos.

Ao recomeçar as atividades após longo tempo de paralisação, essa nova partida pode prolongar-se por 12 horas, e normalmente o tempo pode ser mais longo ainda quando o ar for o gás de alimentação. Como alternativa, para se manter a condição seca, um fluxo pequeno de ar isento de umidade pode ser mantido atravessando o equipamento continuamente, quando ele estiver em modo de espera.

Os filtros e dessecantes, em sistemas de pré-tratamento de ar deverão ser periodicamente substituídos, com frequência que depende da qualidade do ar de entrada e do número de horas em operação. Os compressores exigem serviço periódico, dependendo do tipo e do tempo operacional.

Nos tanques de oxigênio líquido devem ser realizados periodicamente testes de pressurização. As tubulações e câmaras de contato devem ser periodicamente inspecionadas, para exame e detecção de vazamentos e corrosão. Os tubos dielétricos devem ser periodicamente limpos. Esta operação deve ser executada quando a eficiência do gerador cair de 10 a 15%.

A limpeza dos tubos é uma operação delicada, visto que esses são frágeis e caro. Um espaço adequado deve ser reservado para a operação de limpeza e para armazenamento de tubos sobressalentes.

10.4.9.1 Estado atual dos métodos analíticos

Durante a operação de um sistema de ozonização são necessárias análises de ozônio tanto na fase líquida como na gasosa, para se determinar: a dosagem a ser aplicada, a eficiência do processo de transferência e o nível residual.

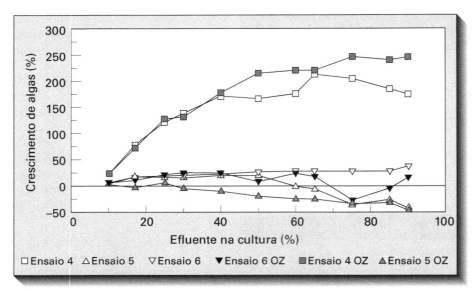

Figura 10.29 Curvas de crescimento da *Scenedesmus subspicatus* em cultura contendo nutrientes e efluente ozonizado - Fonte: Adaptado de Langlais *et al.*, 1992.

O fluxo de gás saindo do gerador de ozônio é monitorado para se determinar a quantidade de O_3 presente, e o gás excedente saindo do contator é monitorado para se determinar a quantidade de ozônio transferida para o líquido.

O efluente desinfetado, saindo do contator, é monitorado para assegurar que valores de CT estejam sendo obedecidos. Além disso, o ar ambiente em qualquer instalação de ozonização deve ser monitorado, para proteção dos trabalhadores, no caso de falhas no sistema.

10.4.9.2 Monitoramento do ozônio na fase gasosa

Os pontos de monitoramento da fase gasosa em um sistema de ozonização, incluem:

- saída do gerador de ozônio;
- gás excedente do contator;
- sistema de destruição de gás excedente; e
- ar ambiente nas áreas de processo.

As faixas de concentrações de ozônio a serem medidas na fase gasosa variam de menos que 0,1 ppm por volume (0,2 mg/m^3 CNPT) no ar ambiente e na saída do destruidor de gás excedente, para 1 a 2% (10 g/m^3 CNPT) na saída de gás excedente do contator, e 15% em peso (200 g/m^3 CNPT) na saída do gerador de ozônio. Os métodos analíticos para monitoramento de ozônio nessa fase incluem:

- absorção de UV;
- método iodométrico;
- quimiluminescência; e
- titulação da fase gasosa.

A Tab. 10.22 apresenta as faixas de trabalho, precisão e exatidão esperadas, nível de habilidade exigido do operador, interferências, e estado atual para análise de ozônio na fase gasosa.

Absorção de radiação UV – O ozônio gasoso absorve luz, na região de comprimento de onda da radiação UV, com um máximo de absorbância em 253,7 µm (Gordon *et al.*, 1992). Os instrumentos para medir ozônio, através da absorção de radiação UV, são fabricados por várias empresas, para detectar concentrações de gás abaixo de 0,5 ppm por volume (1g/m^3 CNPT).

Em geral, esses instrumentos medem a quantidade de luz absorvida, quando nenhum ozônio estiver presente, e a quantia de luz absorvida, quando o ozônio estiver presente. A concentração procurada é a diferença entre as duas leituras, que é diretamente proporcional a quantidade real de O_3 presente. A International Ozone Association (IOA) aceita este procedimento (IOA, 1989).

Método iodométrico – Os procedimentos iodométricos têm sido usados para todas as faixas de concentração de ozônio, encontradas em estações de tratamento de água (Gordon *et al.*, 1992). Isto significa medir o O_3 diretamente no gerador e nas soluções aquosas. Neste método, o gás contendo desinfetante é passado em uma solução aquosa contendo excesso de iodeto de potássio.

Vários materiais agem como interferentes no método iodométrico (Gordon *et al.*, 1992), como por exemplo, os óxidos de nitrogênio (estes podem estar presentes quando ozônio for gerado em ar). Os efeitos desses óxidos podem ser eliminados passando o gás contendo ozônio através de absorventes como permanganato de potássio, que é específico para gases desse óxido. Apesar disso, nenhum método iodométrico é recomendado para a determinação de ozônio em solução, por causa da sua insegurança (Gordon *et al.*, 1989).

Quimiluminescência – Estes métodos podem ser usados para a determinação de baixas concentrações de O_3 na fase gasosa (Gordon *et al.*, 1992). Um dos métodos mais comumente utilizados é o método do etileno, onde o desinfetante pode ser medido usando-se a reação quimiluminescente do ozônio com esse composto químico. Adotado em 1985 pela EPA como seu método de referência, é específico para o O_3 e satisfatório para sua determinação no ar ambiente (McKee *et al.*, 1975). Os instrumentos para ensaios de quimiluminescência são aprovados pela EPA, para monitoração de concentrações desse gás no ambiente na faixa de 0 a 0,5 ou 0

Desinfecção com ozônio

TABELA 10.21 Dosagens de ozônio e concentração de nutrientes nos efluentes testados

Ensaio	Ozônio (mg/L)	DQO (mg/L)	$N\_NH_4^+$ (mg/L)	$N\_NO_3^-$ (mg/L)	$P\_PO_4^{3-}$ (mg/L)	período de incubação (dias)
1	0	51	23,5	0,9	13,4	10
	11,8	34	23,5	1,1	13,7	10
2	0	62	25,9	0,1	–	8
	11,0	48	25,5	0,2	–	8
3	0	63	30,5	0,1	–	13
	11,9	55	32,9	0,3	–	13
4	0	65	36,8	0,02	3,6	12
	7,1	46	36,8	0,04	3,5	12
5	0	135	0,7	0,3	10,2	9
	7,9	43	0,6	0,4	10,4	9
6	0	43	0,2	11,7	6,1	13
	6,6	30	0,2	10,4	6,3	13

Fonte: Adaptado de Langlais *et al.*, 1992.

TABELA 10.22 Características e comparações entre os métodos analíticos para fase gasosa

Tipo de teste	Faixa de trabalho (mg/L)	Exatidão (± %)	Precisão (± %)	Nível de habilidade[1]	Interferentes	Faixa de pH	Testado em campo	Teste automatizado	Status atual
Absorção de radiação UV	0,5-50000	2	2,5	1-2	nenhum	NA	sim	sim	Recomendado
Absorção iodométrica	0,5-100	1-35	1-2	2	SO_2, NO_2	NA	sim	não	Não recomendado
Quimiluminescência	0,0005-1	7	5	1-2	nenhum	NA	sim	sim	Recomendado
Titulação da fase gasosa	0,005-30	8	8,5	2	nenhum	NA	sim	não	Não recomendado

Observação: Nível do operador 1 = mínimo; 2 = bom nível técnico; 3 = químico experiente; NA = não aplicável.

Fonte: Adaptado de Gordon *et al.*, 1992.

a 1 ppm em volume. Com calibração regular, este tipo de instrumento é capaz de fornecer análises confiáveis de qualquer quantidade de ozônio no ar ambiente da planta de ozonização.

Um método alternativo é o da rodamina B/ácido gálico, que evita a manipulação de etileno (Gordon *et al.*, 1992). É consideravelmente mais complexo que o método do etileno, e sua sensibilidade tende a flutuar, mas têm sido desenvolvidos procedimentos para que se possam fazer correções que permitam uma sensibilidade frequente (Van Dijk e Falenberg, 1977). Dado à disponibilidade de etileno e sua aprovação pela EPA, o uso deste para monitoramento deve ser considerado como preferível à rodamina B/ácido gálico.

Titulação gasosa – Dois métodos de titulação da fase gasosa têm sido estudados, como métodos de calibração possíveis para análise e monitoramento do ozônio no ambiente (Gordon *et al.*, 1992). Estes procedimentos são baseados em titulação com óxido nítrico e retitulação com excesso de óxido nítrico (Rehme *et al.*, 1980), porém, ao serem avaliados pela EPA, não foram considerados recomendáveis para o monitoramento de ozônio no ambiente.

10.4.9.3 Monitoramento do ozônio residual na fase líquida

Existem numerosos métodos de monitoração do O_3 em soluções aquosas. Gordon *et al.* (1992) recomendaram os seguintes métodos para analisar ozônio residual:

- método índigo colorimétrico;
- método ACVK (Acid chrome violet K);
- método Bis-(Terpiridina) ferro (II); e
- *stripping* na fase gasosa.

A Tab. 10.23 apresenta as faixas de trabalho, precisão e exatidão esperadas, nível de habilidade exigido do operador, interferências, e o status atual para análise de ozônio residual na fase aquosa.

Método índigo colorimétrico – O método índigo colorimétrico é o único para monitoramento de ozônio residual constante do Standard Methods, 1995. É um método sensível, preciso, rápido, e mais seletivo para o O_3 que outros métodos.

Existem duas variações dessa metodologia: espectrofotométrica e visual. Para o procedimento espectrofotométrico, o limite inferior de detecção é de 2 Lg/L, enquanto para o procedimento visual este limite é de 10 Lg/L.

Água oxigenada, cloro, íon manganês, subprodutos da decomposição de ozônio, e os subprodutos da ozonização de matéria orgânica causam menos interferência com o método índigo colorimétrico que com quaisquer dos outros métodos (Langlais *et al.*, 1991). Porém, o mascaramento do cloro na presença de ozônio pode tornar o método índigo problemático. Na presença de ácido hipobromoso, que pode ser formado durante a ozonização de íons brometo, uma medida precisa não pode ser feita com este método (Standard Methods, 1995).

Método ACVK – O ACVK é prontamente branqueado pelo ozônio, que serve como base para este procedimento espectrofotométrico, reportado por Masschelein *et al.* (1977). O procedimento foi desenvolvido para a medida de ozônio na presença de cloro (Ward e Larder, 1973). As vantagens deste método (Langlais *et al.*, 1991) são:

- sua facilidade de execução e estabilidade da solução de tintura reativa;
- apresenta uma curva de calibração linear na faixa de 0,05 a 1,0 mg/L de ozônio; e
- a falta aparente de interferências de baixos níveis de manganês, cloro ou cloro combinado (até 10 mg/L), peróxidos orgânicos, e outros produtos de oxidação de orgânicos.

Método Bis-(terpiridina)-Fe(II) – A Bis-(terpiridina)-ferro(II) em solução diluída de ácido clorídrico reage com o ozônio, e as mudanças de absorbância são medidas no espectro de 552 µm (Tomiyasu e Gordon, 1984). O único interferente conhecido é o cloro. Porém, interferências de cloro podem ser mascaradas pela adição de ácido malônico. Alternativamente, visto que a reação entre cloro e Bis-(Terpiridina)-Ferro(II) é mais lenta que a reação com ozônio, as medidas espectrofotométricas podem ser executadas logo depois que esse reagente se misturar, para reduzir a interferência do cloro. O dióxido de cloro não interfere (Gordon *et al.*, 1992). As principais vantagens do método Bis-(terpiridina)-ferro(II) são sua falta de interferências, baixo limites de detecção (4 Lg/L), larga faixa de trabalho (até 20 mg/L), excelente reprodutibilidade, e conformidade com o método índigo colorimétrico.

TABELA 10.23 Características e comparações entre os métodos analíticos para fase gasosa

Tipo de teste	Faixa de trabalho (mg/L)	Exatidão (± %)	Precisão (± %)	Nível de habilidade[1]	Interferentes	Faixa de pH	Testado em campo	Teste automatizado	Status atual
Índigo colorimétrico, espectrofotométrico	0,01->0,3	1	0,5	1	Cloro, íons manganês bromo, iodo	2	Não	Sim	Recomendado
Índigo colorimétrico, visual	0,01->0,1	1	0,5	1	Cloro, íons manganês, bromo, iodo	2	Não	Sim	Recomendado
ACVK	0,05-1	NR	NR	1	Íon manganês >1 mg/L Cloro > 10 mg/L	2	Não	Não	Recomendado
Bis(Terpiridina) Fe(II)	0,05-20	2,7	2,1	3	Cloro	<7	Não	Sim	Recomendado

Observação: 1 nível do operador 1 = mínimo; 2 bom nível técnico; 3 químico experiente; NR = não relatado na literatura citada.
Fonte: Adaptado de Gordon *et al.*, 1992.

***Stripping* na fase gasosa** – Neste procedimento indireto, o ozônio residual é removido da solução usando-se um gás inerte. A quantidade de ozônio presente na fase gasosa é então analisada por meio dos métodos analíticos descritos anteriormente. Esta técnica foi desenvolvida para minimizar as complicações causadas pela presença de outros oxidantes na solução. O sucesso deste procedimento depende inicialmente da habilidade da extração do ozônio da fase aquosa, sem qualquer decomposição. Visto que a eficiência do processo de extração do O₃ varia com a temperatura, o pH, e a salinidade, a confiabilidade deste método torna-se suspeita (Langlais *et al.*, 1991).

10.5 Desinfecção com dióxido de cloro (ClO₂)

Desde o início do século XX, quando foi usado pela primeira vez, em uma estância termal em Ostend, Bélgica, o dióxido de cloro ficou conhecido como poderoso desinfetante. Durante a década de 1950, foi introduzido como desinfetante da água potável, visto que apresentou menos propriedades organolépticas que o cloro. Aproximadamente 700 a 900 sistemas públicos de abastecimento de água usam dióxido de cloro para tratar água potável (Hoehn, 1992). O emprego do ClO₂ como tecnologia alternativa ao cloro gasoso foi relatado por Stenstrom e Bauman (1990), Dernat e Poiullot (1992), Narkis e Koot (1992), Booth e Lester (1995).

10.5.1 Reações químicas do dióxido de cloro

10.5.1.1 Potencial de oxidação

O metabolismo de microrganismos e, consequentemente, sua habilidade de sobreviver e se propagar são influenciados pelo potencial redox do meio em que ele vive (USEPA, 1996-b).

O dióxido de cloro é uma combinação neutra de cloro no estado de oxidação +IV. Desinfeta por oxidação, porém não clora. Sua molécula é relativamente pequena, volátil, e altamente enérgica, sendo um radical livre enquanto diluído em soluções aquosas. Em altas concentrações, age violentamente como agente redutor. É estável em solução diluída em recipientes fechados, na ausência de luz (Awwa, 1990). Atua como um oxidante altamente seletivo, devido ao seu mecanismo de transferência de um elétron, sendo assim reduzido a íon clorito ClO_2^- (Hoehn *et al.*, 1996).

O pKa para o íon clorito, no equilíbrio do ácido hipocloroso, é extremamente baixo em valores de pH 1,8. Isto é notavelmente diferente do equilíbrio verificado próximo à neutralidade, o que indica que este íon existirá como a espécie dominante na água. A redução de oxidação de algumas reações são (CRC, 1990):

$$ClO_{2(aq)} + e^- \rightarrow ClO_2^- \quad E° = 0,954V \quad (10.11)$$

Outras importantes meias-reações são:

$$ClO_2^- + 2H_2O + 4e^- \rightarrow Cl^- + 4OH^- \quad E° = 0,76V \quad (10.12)$$

$$ClO_3^- + H_2O + 2e^- \rightarrow ClO_2^- + 2OH^- \quad E° = 0,33V \quad (10.13)$$

$$ClO_3^- + 2H^+ + e^- \rightarrow ClO_2 + H_2O \quad E° = 1,152V \quad (10.14)$$

Na água potável, a reação que gera o íon clorito (ClO_2^-) é predominante, consumindo aproximadamente de 50 a 70% do dióxido de cloro, e o restante do ClO_2 é transformado em clorato (ClO_3^-) e cloreto (Cl^-), segundo Werdehoff e Singer, 1987.

10.5.2 Geração de dióxido de cloro

10.5.2.1 Considerações iniciais

Uma das propriedades físicas mais importantes do dióxido de cloro é a sua alta solubilidade na água. Em contraste com o cloro gasoso, com o ClO_2 na água não ocorre hidrólise, permanecendo esse composto em solução como um gás dissolvido (Aieta e Berg, 1986). É aproximadamente 10 vezes mais solúvel que o cloro (para temperaturas acima de 11 °C), no entanto trata-se de um produto extremamente volátil e pode ser facilmente removido de soluções aquosas diluídas, por meio de aeração mínima ou recarbonatação com gás carbônico. Acima de 11° a 12 °C, o radical livre é encontrado como gás. Essa característica pode afetar a efetividade do dióxido de cloro, visto que na forma gasosa, os radicais livres reagem lentamente. A taxa de reação é de 7 a 10 milhões de vezes mais lenta que a do cloro gasoso hidrolisado (Gates, 1989).

O dióxido de cloro não pode ser comprimido ou armazenado comercialmente como um gás, porque é bastante explosivo quando está sob pressão. Em concentrações acima de 10% (em bases volumétricas) no ar, a sua temperatura de ignição é mais ou menos 130 °C (NSC, 1967). Suas soluções aquosas fortes liberam na atmosfera o ClO_2 gasoso em níveis que podem exceder as concentrações críticas. Alguns geradores mais modernos produzem um suprimento contínuo de dióxido de cloro diluído, na faixa de 100 a 300 mm-Hg (abs), em lugar de uma solução aquosa (NSC, 1997).

A maioria dos geradores comerciais usam clorito de sódio ($NaClO_2$) como substância química precursora para geração do dióxido de cloro. Recentemente, a produção desse oxidante a partir do clorato de sódio ($NaClO_3$), foi introduzida como um método de geração em que o $NaClO_3$ é reduzido por uma mistura de peróxido de hidrogênio concentrado (H_2O_2) e ácido sulfúrico (H_2SO_4) também concentrado.

10.5.2.2 Dióxido de cloro puro

Os geradores de dióxido de cloro são operados para obter a produção máxima (máximo rendimento), com a mínima formação de cloro livre ou outro oxidante. O rendimento especificado para geradores de ClO_2 é geralmente maior que 95%. Além disso, o cloro mensurável, no efluente do equipamento, deve ser inferior a 2% em peso. De acordo com Gordon *et al.* (1990), o rendimento de um gerador pode ser definido como:

$$\text{Rendimento} = \frac{[ClO_2]}{[ClO_2] + [ClO_2^-] + \left(\frac{67,45}{83,45}\right)[ClO_3^-]} \times 100$$

Onde:

$[ClO_2]$ = concentração de dióxido de cloro, mg/L;

$[ClO_2^-]$ = concentração de íons clorito, mg/L;

$[ClO_3^-]$ = concentração de íons clorato, mg/L;

$\left(\frac{67,45}{83,45}\right)$ = relação entre os pesos moleculares de ClO_2^- e ClO_3^-.

Visto que qualquer íon clorito, uma vez no gerador, pode resultar na formação de ClO_2, ClO_2^-, ou ClO_3^-, a pureza da mistura resultante pode ser calculada usando-se as concentrações de cada espécie, por meio de metodologias analíticas apropriadas. A determinação da pureza não exige qualquer medida de fluxo, recuperação de massas, nem métodos baseados em dados de fabricantes, para determinar o rendimento da produção, "rendimento teórico" ou "eficiência".

As estações de tratamento de água ou de águas residuárias que usam dióxido de cloro devem medir o excesso de cloro (como cloro livre disponível) no efluente do gerador, além do ClO_2^-. O cloro livre disponível pode aparecer como falso residual de ClO_2 para propósitos do parâmetro CT, ou resulta na formação de altos valores de subprodutos halogenados. O cloro em excesso é definido como:

Excesso de Cl_2 =

$$= \frac{[Cl_2]}{[ClO_2] + [ClO_2^-] + \left(\frac{67,45}{83,45}\right)[ClO_3^-] \times \frac{70,91}{2 \times 67.745}} \times 100$$

Onde:

$\frac{70,91}{2 \times 67,45}$ = relação entre os pesos moleculares de Cl_2 para ClO_2^-.

A equação a seguir representa a forma mais simples de solucionar os problemas apresentados pelos diferentes métodos de calibração do equipamento, contaminantes do cloro, ou baixa eficiência de conversão do clorito ou clorato em material precursor.

$$\text{Pureza} = \frac{[ClO_2]}{[ClO_2] + [CLD] + [ClO_2^-] + [ClO_3^-]} \times 100$$

onde:
CLD = cloro livre disponível.

10.5.2.3 Métodos de geração de dióxido de cloro

Para aplicações em saneamento, o dióxido de cloro pode ser gerado a partir de soluções de clorito de sódio. As principais reações químicas que acontecem, na maioria dos geradores, já são conhecidas há muito tempo. O ClO_2 pode ser formado por clorito de sódio, que reage com cloro gasoso (Cl_2), ácido hipocloroso (HOCl), ou ácido clorídrico (HCl), como apresentadas nas equações 10.15 a 10.17:

$$2NaClO_2 + Cl_{2(g)} \to 2ClO_{2(g)} + NaCl \quad (10.15)$$

$$2NaClO_2 + NOCl \to 2ClO_{2(g)} + NaCl + NaOH \quad (10.16)$$

$$5NaClO_2 \to 4HCl \to 4ClO_{2(g)} + 5NaCl + 2H_sO \quad (10.17)$$

As reações 10.15, 10.16, e 10.17 explicam como os geradores podem diferir, embora as mesmas substâncias químicas sejam usadas como precursoras, e por que alguns devem ter o valor do pH controlado e outros não. Na maioria dos geradores comerciais, pode haver mais de uma reação acontecendo. Por exemplo, a formação e ação do ácido hipocloroso como um intermediário (formado em soluções aquosas de cloro) obscurece frequentemente a reação global para produção de dióxido de cloro.

A Tab. 10.24 fornece informações sobre alguns tipos de geradores comerciais disponíveis. Os sistemas convencionais provocam a reação do clorito de sódio com um ou outro ácido, cloro aquoso, ou cloro gasoso. As tecnologias emergentes, identificadas na Tab. 10.24, incluem sistemas eletroquímicos, uma matriz de clorito sólido inerte e uma tecnologia baseada em clorato, que usa água oxigenada e ácido sulfúrico concentrados.

10.5.2.4 Geradores comerciais

O método convencional, que utiliza a solução cloro-clorito, gera dióxido de cloro em duas etapas. Primeiro, o gás cloro reage com a água para formar ácido hipocloroso e ácido clorídrico. Estes ácidos reagem com clorito de sódio para formar o ClO_2. A relação entre o clorito de sódio e o ácido hipocloroso deve ser cuidadosamente controlada. Uma alimentação de cloro insuficiente resultará em uma grande quantidade de clorito que não reagirá. A alimentação de cloro em excesso pode resultar na formação de íon clorato, que é um produto da oxidação do dióxido de cloro, e que atualmente ainda não é regulamentado.

Desinfecção com dióxido de cloro (ClO$_2$)

TABELA 10.24 Geradores comerciais de dióxido de cloro

Tipo de gerador	Principais reações (reagentes, subprodutos, reações chave, notas químicas)	Atributos especiais
Ácido clorito	4HCl + 5NaClO$_2$ → 4ClO$_{2(aq)}$ + ClO$_3^-$ Baixo valor de pH Taxa de reação lenta	• Necessita de bomba para alimentação • Produção limite de 11-14 Kg/dia • Rendimento máximo 80%
Cloro aquoso-clorito	Cl$_2$ + H$_2$O → [HOCl/HCl] [HOCl/HCl] + NaCl$_2$ → ClO$_{2(g)}$ + H$^+$/OCl$^-$ + NaOH + ClO$_3^-$ Baixo pH Taxa da reação relativamente lenta	• Excesso de cloro ou ácido para neutralizar o NaOH • Produção limitada a 450 Kg/dia • Rendimento entre 80-92% • Efluente muito corrosivo sob pH baixo (2,8 a 3,5) • Três sistemas de bombeamento (HCl, hipoclorito e água para diluição)
Cloro aquoso recirculado ou *loop* francês	2HOCl + 2NaClO$_2$ → 2ClO$_2$ + Cl$_2$ + 2NaOH Necessidade de Cl$_2$ ou HCl em excesso para neutralizar o NaOH	• Exige concentração de 3 g/L para alcançar eficiência máxima • Produção limitada a 450 Kg/dia • Rendimento de 92 a 98% • Muito corrosivo para as bombas
Cloro gasoso clorito	Cl$_{2(g)}$ + NaClO$_{2(aq)}$ → ClO$_{2(aq)}$ pH neutro Reação rápida Potencial formação de crosta no reator a vácuo devido a dureza da solução estoque	• Produção de 2,3 a 54.000 Kg/dia • Injetor sem bombas • Usa água de diluição • Efluente com pH ≈ 7,0 • Sem excesso de Cl$_2$ • Rendimento de 95 a 99%
Cloro gasoso matriz sólida de clorito	Cl$_{2(g)}$ + NaClO$_{2(s)}$ → ClO$_{2(g)}$ + NaCl Reação rápida Tecnologia nova	• Cl$_2$ diluído com N$_2$ ou ar filtrado para produzir uma concentração de 8% de ClO$_2$ gasoso • Rendimento superior a 99% • Produção máxima de 540 Kg/dia por coluna
Eletroquímico	NaClO$_{2(aq)}$ → ClO$_{2(aq)}$ + e$^-$ Tecnologia nova	• Fluxo de água gelada em contracorrente recebe ClO$_2$ gasoso das células de produção depois dele se difundir através da membrana permeável • O sistema exige fluxo preciso para as necessidades de energia (Lei de Coulomb)
Ácido/peróxido/cloro	2NaClO$_3$ + H$_2$O$_2$ + H$_2$SO$_4$ → 2ClO$_2$ + O$_2$ + NaSO$_4$ + H$_2$O	• Uso de H$_2$O$_2$ e H$_2$SO$_4$ concentrados

Fonte: Adaptado de Gates, 1998.

Solução ácido-clorito – O dióxido de cloro pode ser produzido em geradores de acidificação direta da solução de clorito de sódio. Várias reações estequiométricas foram apresentadas, para tais processos (Gordon *et al.*, 1972). Para o ClO$_2$ ser gerado deste modo, o ácido clorídrico geralmente é o preferido (eq. 10.17).

Solução aquosa de cloro-clorito – o íon clorito (da dissociação de clorito de sódio) reage com o ácido clorídrico e o ácido hipocloroso, para formar o ClO$_2$ num sistema, comumente chamado de reação de sistema convencional (eq. 10.15). A Fig. 10.30 mostra um gerador de dióxido de cloro típico, usando solução aquosa de cloro-clorito (De Mers e Renner, 1992).

Se o gás cloro e os íons clorito puderem reagir sob condições ideais (não formados normalmente em sistemas do tipo cloro aquoso), o valor resultante do pH do efluente pode estar perto de 7. Para utilizar completamente a solução de clorito de sódio, o mais caro dos dois ingredientes, emprega-se frequentemente cloro em excesso. Esta técnica abaixa o valor do pH e induz a reação a completar-se. A reação é mais rápida que no método da solução ácido-clorito, mas muito mais lenta que nos outros métodos comerciais, descritos a seguir.

Cloro aquoso reciclado ou "*loop* francês" – Neste processo, mostrado na Fig. 10.31, o gás cloro é injetado em um circuito fechado onde a água recircula continuamente. Isto elimina a necessidade de um grande excesso de gás Cl$_2$ para alimentação do gerador, visto que o cloro molecular se dissolverá na água de alimentação, e deste modo mantendo-a com um baixo nível de pH, condição esta que resulta em rendimentos altos de geração de dióxido de cloro (mais de 95%) (Thompson, 1989). O cloro presente no efluente do gerador pode reagir com ClO$_2$, para formar clorato, se o armazenamento do lote for muito longo. Os geradores desse tipo são de difícil operação, devido ao sistema de partida e controle de alimentação de clorito de sódio, de alimentação de cloro (rotâmetros), e o de recirculação (bomba). Os projetos mais novos incorporam um segundo tanque para armazenamento contínuo de cloro aquoso, deste modo removendo muitos destes *start-up* ou dificuldades de recirculação.

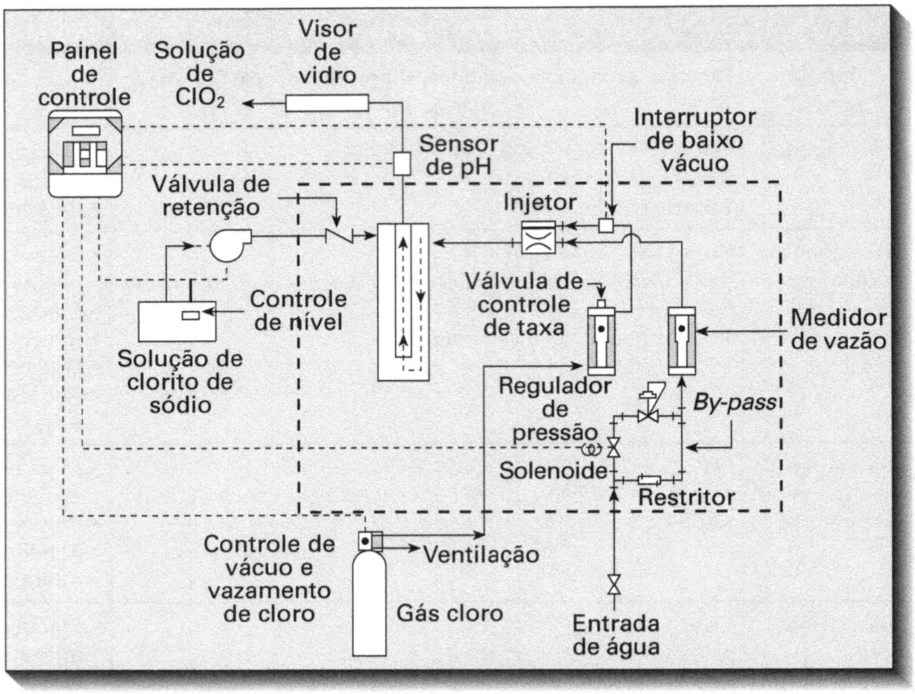

Solução gasosa cloro-clorito – A solução de clorito de sódio pode ser "vaporizada" e reagir, sob vácuo, com cloro gasoso molecular. Este processo usa os reagentes não diluídos e é muito mais rápido que o método da solução cloro-clorito (Pitochelli, 1995). As taxas de produção são mais facilmente ajustadas, e alguns sistemas têm produzido mais de 27.000 Kg/dia.

O método do ácido-hipoclorito de sódio-clorito de sódio para gerar dióxido de cloro é usado quando o gás cloro não está disponível. Primeiro, o hipoclorito de sódio é combinado com ácido clorídrico ou outro ácido para formar ácido hipocloroso. O clorito de sódio é então adicionado a esta mistura.

10.5.2.5 Efeitos do valor do pH na geração de dióxido de cloro

Se o ácido hipocloroso é formado, um dos subprodutos de sua reação, com o clorito de sódio em solução, é o hidróxido de sódio. Visto que o NaOH é também um estabilizador comum das soluções estoque de clorito de sódio, o valor resultante do pH da mistura pode ser muito alto. Um alto valor de pH diminui a velocidade de formação de dióxido de cloro.

Em soluções aquosas de cloro, com valor do pH muito baixo, o ácido cloroso (e não o íon clorito) pode ser diretamente oxidado a dióxido de cloro, como pode ser observado na reação 10.18. Nestas condições, restos de cloro gasoso dissolvido na água, em concentrações mais altas que a ocorrência normal, a reação 10.15 pode ocorrer.

$$2HClO_2 + HOCl \rightarrow HCl + H_2O + 2ClO_2 \qquad (10.18)$$

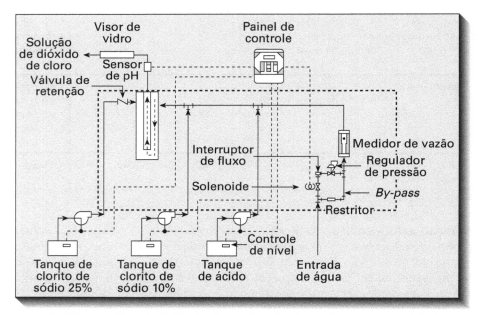

Figura 10.30 Geração convencional de dióxido de cloro, pelo método cloro-clorito.
Fonte: Adaptado DeMers & Renner, 1992.

Figura 10.31 Geração de dióxido de cloro pelo método do cloro aquoso reciclado.
Fonte: Adaptado de DeMers & Renner, 1992.

10.5.3 Inativação de patogênicos e eficácia da desinfecção

Em tratamentos de água de abastecimento e de águas residuárias o dióxido de cloro tem várias vantagens sobre o cloro e outros desinfetantes. Em contraste com o cloro, os residuais de ClO_2 permanecem em sua forma molecular nos valores de pH normalmente encontrados nas águas naturais (Roberts *et al.*, 1980). Seus mecanismos de desinfecção não estão bem compreendidos, mas parecem variar de acordo com o tipo de microrganismo.

10.5.3.1 Mecanismos de inativação

Danos físicos para as células bacterianas ou carapaças virais não foram observados nas baixas concentrações de dióxido de cloro, costumeiramente usadas para desinfecção de águas. Portanto, os estudos concentraram-se principalmente em dois mecanismos sutis que levam à inativação de microrganismos: reações químicas específicas entre o dióxido de cloro e as biomoléculas e os efeitos do dióxido de cloro sobre as funções fisiológicas.

No primeiro mecanismo de desinfecção, o dióxido de cloro reage prontamente com os aminoácidos: cisteína, triptophan e tirosina, mas não com o ácido ribonucleico viral (RNA) (Noss et al., 1983; Olivieri et al., 1985). Desta pesquisa, foi concluído que o ClO_2 inativou vírus alterando as proteínas da casca viral. Entretanto, esse oxidante reage com o RNA dos poliovírus, prejudicando sua síntese (Alvarez e O'Brien, 1982). Também foram verificadas suas reações com ácidos graxos livres (Ghandbari et al., 1983). Até agora, está obscuro se o modo primário de inativação por meio do ClO_2 atua nas estruturas periféricas ou ácidos nucleicos. Talvez as reações em ambas as regiões contribuam para a inativação de patogênicos.

O segundo mecanismo de desinfecção tem enfoque nos efeitos do dióxido de cloro sobre as funções fisiológicas. Acreditava-se que o mecanismo primário para inativação era o rompimento das proteínas de síntese (Bernarde et al., 1967a). Porém, estudos mais antigos reportaram que a inibição dessas proteínas não poderia ser o mecanismo primário (Roller et al., 1980). Um estudo mais recente reportou que o ClO_2 rompeu a permeabilidade da membrana exterior (Aieta e Berg, 1986). Os resultados desse estudo encontram sustentação nos veredictos de Olivieri et al. (1985) e Ghandbari et al. (1983), cujas afirmações dão conta de que as proteínas da membrana exterior e os lipídios estavam suficientemente alterados pelo dióxido de cloro, para aumentar a permeabilidade.

10.5.4 Fatores que afetam a eficiência da desinfecção com ClO_2

Foram conduzidos estudos para determinar os efeitos do valor do pH, da temperatura e dos materiais em suspensão, sobre a eficiência da desinfecção com dióxido de cloro. A seguir são apresentados, de forma resumida, os efeitos desses parâmetros sobre a inativação de patogênicos.

Valor do pH – Estudos mostraram que o valor do pH tem muito menos efeito sobre a inativação de patogênicos com o ClO_2 do que com o cloro, nos casos dos vírus e cistos, para a faixa de valores entre 6,0 e 8,5. Diferentemente do cloro, as pesquisas com o dióxido de cloro mostraram que o grau de inativação do poliovírus 1 (Scarpino et al., 1979) e cistos de Naegleria gruberi (Chen et al., 1984) aumentam com a redução da acidez da solução aquosa.

Os resultados de estudos da inativação de E. coli são inconclusivos. Segundo Bernarde et al. (1967a), o grau de inativação com o dióxido de cloro aumenta com o aumento do valor do pH. Entretanto, Ridenour e Ingols, (1947) haviam declarado que a atividade bactericida do ClO_2 não era afetada por valores de pH situados na faixa de 6,0 a 10,0.

Um estudo recente com Cryptosporidium mostrou que a inativação do oocisto, usando dióxido de cloro, acontecia mais rapidamente em pH 8,0 do que 6,0. Para um mesmo valor de CT, o nível de inativação em pH 8,0 era aproximadamente duas vezes maior que em pH 6,0 (Le Chevallier et al., 1997).

Outro estudo mostrou o aumento da eficácia desse desinfetante para inativação de Giardia, em níveis mais altos de alcalinidade, concluindo que isto pode ser resultante de alterações físicas e químicas na estrutura dos cistos, em vez de efeitos do pH sobre a desprotonização do dióxido de cloro (Liyanage et al., 1997). Mais pesquisas são necessárias para esclarecer como o pH impacta a efetividade do ClO_2.

Temperatura – Semelhantemente ao cloro, a eficiência da desinfecção com o dióxido de cloro também diminui com o decréscimo da temperatura (Ridenour e Ingols, 1947). Esta afirmação é sustentada pelos dados de Chen et al. (1984), que podem ser vistos na Fig. 10.32, para inativação de cistos de Naegleria gruberi. A curva mostra o valor de CT exigido para se alcançar 99% de inativação, para a faixa de temperaturas entre 5 e 30 °C.

Em um estudo mais recente, Le Chevallier et al. (1997) afirmaram que, ao reduzir-se a temperatura de 20 °C para 10 °C, reduz-se a efetividade da desinfecção com dióxido de cloro, no caso do Cryptosporidium, em 40%, resultados esses semelhantes aos relatados para Giardia e vírus. Gregory et al. (1998) declararam que, até sob condições mais favoráveis (ou seja, em um pH de 8,5), doses exigidas para se alcançar 2-log (99,0%) de inativação do Cryptosporidium não pareceu ser uma alternativa possível com o dióxido de cloro, exigindo doses maiores que 3,0 mg/L, com um tempo de detenção de 60 minutos. Em níveis neutros de pH, as doses exigidas podem ser superiores a 20 mg/L.

Sólidos em suspensão – Os sólidos suspensos e a agregação dos patogênicos afetam a eficiência da desinfecção com dióxido de cloro. A inativação teve uma redução de aproximadamente 11%, quando as soluções apresentavam valores de turbidez menor do que 5 uT

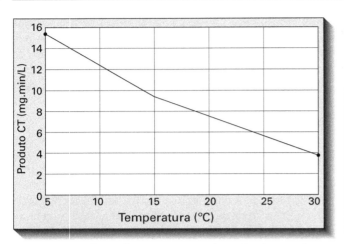

Figura 10.32 Efeitos da temperatura sobre a inativação de cistos de *N. Gruberi* em pH 7. Fonte: Adaptado de USEPA, 1999.

e de 25% para turbidez entre 5 e 17 uT (Chen *et al.*, 1984).

Estudos de laboratório, com poliovírus 1, em soluções contendo agregados, principalmente virais, levaram 2,7 vezes mais tempo para alcançar a inativação com o ClO_2, do que apenas com os vírus (Brigano *et al.*, 1978). Chen *et al.* (1984) também declararam que as aglomerações de cistos de *Naegleria gruberi* eram mais resistentes ao dióxido de cloro do que os cistos não aglomerados ou quando as aglomerações eram de tamanho menor.

10.5.5 Eficácia da desinfecção com dióxido de cloro

Várias investigações foram feitas para determinar a eficácia da ação germicida do dióxido de cloro desde sua introdução, em 1944, como um desinfetante para água potável. A maioria das investigações foi executada fazendo-se uma comparação com o cloro. Alguns estudos compararam dióxido de cloro e ozônio. Os resultados demonstraram que o ClO_2 é um desinfetante mais efetivo que o cloro, mas é menos efetivo que o ozônio.

10.5.5.1 Inativação de bactérias

Os dados quantitativos foram publicados na década de 1940, demonstrando a eficácia do dióxido de cloro como um bactericida. Em geral, o ClO_2 tinha sido pesquisado para se verificar se este era igual ou superior ao cloro em uma mesma dosagem de massa. Ficou demonstrado que, até na presença de sólidos suspensos, o dióxido de cloro era efetivo contra *E. coli* e *Bacillus anthracoides* em dosagens na faixa de 1 a 5 mg/L (Trakhtman, 1949). Ridenour *et al.* (1949) reportaram que um residual de ClO_2 inferior a 1 mg/L foi efetivo contra *Eberthella typhosum*, *Shigella dysenteriae*, e *Salmonella paratyphi B*. Sob condições semelhantes de pH e temperatura um residual ligeiramente maior foi exigido para a inativação de *Pseudomonas aeruginosa* e *Staphylococcus aureus*.

O dióxido de cloro mostrou-se mais efetivo que o cloro na inativação dos esporos de *B. subtilis*, *B. mesentericus*, e *B. megatherium* (Ridenour *et al.*, 1949). Além disso, esse desinfetante mostrou ter a mesma ou até mais efetividade que o Cl_2 na inativação da *Salmonella typhosa* e *S. paratyphi* (Bedulivich *et al.*, 1954). No início da década de 1960 várias contribuições importantes foram feitas por Bernarde *et al.* (1967a e 1967b). Foi verificado que o ClO_2 era mais efetivo que o cloro na desinfecção de efluentes de esgotos, e a velocidade da inativação foi considerada como rápida.

Uma investigação abrangente do dióxido de cloro como desinfetante foi realizada por Roberts *et al.* (1980). A investigação foi levada a efeito usando-se o efluente secundário de três diferentes estações de tratamento de esgotos. Um dos objetivos era determinar as relações entre dosagens e tempos de contato com a eficiência bactericida. As dosagens de 2, 5, e 10 mg/L de dióxido de cloro foram comparadas com iguais quantidades de cloro. Os tempos de contato selecionados foram 5, 15 e 30 minutos. Os resultados da investigação são apresentados na Fig. 10.33.

O dióxido de cloro demonstrou uma inativação de coliformes mais rápida do que o cloro, no tempo de contato de 5 minutos e maiores concentrações. Entretanto, após 30 minutos, o ClO_2 foi igual ou levemente menos eficiente que o Cl_2, como bactericida.

Olivieri *et al.* (1984) estudaram a efetividade do dióxido de cloro e do cloro residual na inativação de coliformes totais e do vírus *bacteriófago f_2*, em esgoto introduzido num sistema de distribuição de água. O ClO_2 residual inicial, entre 0,85 e 0,95 mg/L, resultou em uma inativação média de 2,8-log dos coliformes totais e uma inativação média de 4,4-log do vírus f_2, para um tempo de contato acima de 240 minutos.

10.5.5.2 Inativação de vírus

O dióxido de cloro mostrou ser um efetivo virucida. Os estudos de laboratório mostraram que a eficiência da inativação melhora quando os vírus não estão agregados. Foi relatado em 1946 que o ClO_2 inativou o vírus da poliomielite (Ridenour e Ingols, 1946).

Outros estudos verificaram estes mesmos resultados para o poliovírus 1 (Cronier *et al.*, 1978) e para o vírus *coxsackie* A9. Em valores de pH > 7 (onde o íon hipoclorito é a espécie predominante), o ClO_2 foi considerado superior ao cloro na inativação de numerosos vírus, tais como o *echovirus* 7, *coxsackie B_3*, e *sendaivirus* (Smith e Mcvey, 1973). Sobsey (1988) determinou um valor de CT baseado em um estudo sobre o vírus da hepatite

Desinfecção com dióxido de cloro (ClO₂)

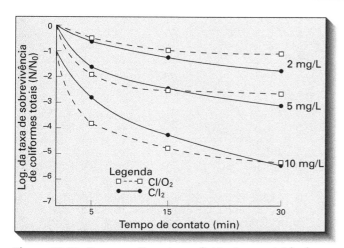

Figura 10.33 Comparação entre a eficiência germicida do dióxido de cloro e do cloro. Fonte: Adaptado de USEPA, 1999.

A, da família HM-175. O estudo mostrou uma inativação de 4-log (99,99%), para valores de CT inferiores a 35, quando sob temperatura de 5 °C e um CT menor que 10, para uma temperatura de 25 °C.

10.5.5.3 Inativação de protozoários

O dióxido de cloro mostrou igual ou maior eficiência que o cloro na inativação de *Giardia*. Baseados em 60 minutos de tempo de contato, doses de ClO₂, na faixa de 1,5 a 2 mg/L são capazes de proporcionar 3-log (99,9%) de inativação desse organismo, em temperaturas que vão de 1 °C a 25 °C e valores de pH de 6 e 9 (Hofmann *et al.*, 1997).

Dependendo da temperatura e do valor do pH, o *Cryptosporidium* mostrou ser de 8 a 16 vezes mais resistentes ao ClO₂ que a *Giardia* (Hofmann *et al.*, 1997). Embora alguns oocistos de *Cryptosporidium* tenham subsistido, um grupo de investigadores afirmou que um tempo de contato de 30 minutos, com 0,22 mg/L desse desinfetante pode reduzir significativamente a infectividade do oocisto (Peeters *et al.*, 1989). Por outro lado, outros investigadores declararam que valores de CT na faixa de 60 a 80 mg · min/L são necessários para se conseguir de 1 a 1,5-log de inativação (Korich *et al.*, 1990; Ransome *et al.*, 1993).

Finch *et al.* (1995) relataram que os valores de CT para 1-log de inativação estavam na faixa de 27 a 30 mg · min/L. Para 2-log de inativação, o valor de CT era aproximadamente 40 mg · min/L, e 70 mg · min/L para 3-log. Finch *et al.* (1997) verificaram 3-log de inativação de oocistos de *Cryptosporidium*, com dióxido de cloro nas concentrações iniciais de 2,7 e 3,3 mg/L, para um tempo de contato de 120 minutos, em pH 8,0 e sob temperatura de 22 °C.

Chen *et al.* (1985) e Sproul *et al.* (1983) investigaram a inativação de cistos de *Naegleria gruberi* pelo dióxido de cloro. Ambos os estudos concluíram que o ClO₂ é um desinfetante excelente contra cistos, e que é melhor ou igual ao cloro em termos de inativação. O ClO₂ superou o Cl₂ para valores mais altos de pH. Contudo, os autores fizeram a ressalva de que o produto CT exigido para se obter 2-log era muito mais alto que o normalmente empregado para tratamento de água naquela época.

10.5.5.4 Valores do produto CT

Os valores de CT para inativação de *Giardia* e vírus são mostrados nas Figs. 10.34 e 10.35, respectivamente. Os dados da Fig. 10.34 foram baseados em desinfecção realizada *in vitro*, com *Giardia muris*. A média dos valores de CT para 2-log de remoção foi extrapolada, usando-se cinética de 1ª ordem multiplicada por um fator de segurança 1,5, para se obter os valores de CT para outros níveis de inativação. Devido à quantidade limitada de dados disponíveis em valores de pH diferentes de 7, os mesmos valores de CT são usados para todos os pHs. Visto que o dióxido de cloro é mais efetivo em pH 9 do que em pH 7, os CTs apresentados na Fig. 10.34 são mais conservativos para pHs mais altos. Um fator de segurança mais baixo foi usado para derivar os valores de CT para o ClO₂ do que para o ozônio, devido ao fato que os valores relativos ao dióxido de cloro foram derivados de estudos com *Giardia muris*, que são mais resistentes que a *Giardia lamblia*.

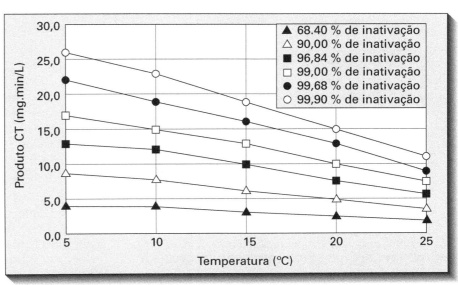

Figura 10.34 Valores de CT para inativação de cistos de *Giardia* com dióxido de cloro. Fonte: Adaptado de Awwa, 1991.

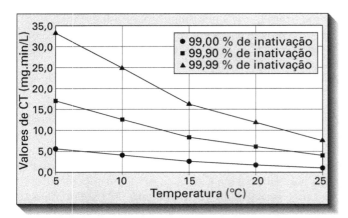

Figura 10.35 Valores de CT para inativação de vírus com dióxido de cloro. Fonte: Adaptado de Awwa, 1991.

Os valores de CT mostrados na Fig. 10.35 foram obtidos aplicando-se um fator de segurança 2 à média dos valores derivados dos estudos com vírus da hepatite A, da família HM-175 (Sobsey, 1988). Os valores de CT, para temperaturas diferentes de 5 °C, foram derivados aplicando-se uma redução à metade para cada 10 °C de aumento na temperatura.

As Figs. 10.36 e 10.37 mostram a relação entre o produto CT e o log da inativação do *Cryptosporidium* para temperaturas de 20° e 10 °C, respectivamente, e pHs de 6 e 8. Os valores de CT apresentados nessas duas figuras indicam que o oocisto foi inativado mais rapidamente em valores de pH 8 do que sob pH 6, e que a temperatura causa impacto na eficiência da desinfecção com o dióxido de cloro. Reduzindo-se a temperatura de 20° para 10 °C, reduz-se a efetividade de desinfecção em 40%.

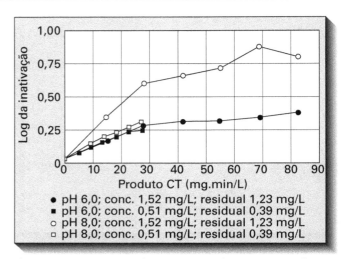

Figura 10.37 Inativação do *Cryptosporidium parvum* pelo dióxido de cloro, a 10°C. Fonte: Adaptado de Le Chevallier *et al.*, 1996.

10.5.6 Projeto de gerador de dióxido de cloro

Os geradores de dióxido de cloro são relativamente simples combinações de câmaras. Os reatores estão frequentemente com o núcleo cheio (fragmentos de *teflon*, cerâmicos ou anéis), para gerar turbulência hidráulica. Uma válvula na descarga do gerador é aconselhável, para permitir a coleta de amostras, visando à monitoração do processo de geração.

10.5.6.1 Suprimento, armazenamento de produtos químicos e segurança

Tanques de fibra de vidro reforçada com poliéster ou de polietileno de alta densidade, sem isolamento térmico interno ou sondas de calor, são os recomendados para armazenamento de soluções de clorito de sódio com concentrações de 25 a 38%.

As bombas de transferência devem ser do tipo centrífugas, de aço inoxidável 316, fibra de vidro, *hypalon*, com as partes molhadas de *teflon*, ou resina epóxi. Essas bombas devem ser equipadas com duplo selo mecânico. O material recomendado para a tubulação é o CPVC, embora tubos de vinil éster ou sistemas de *teflon* sejam aceitáveis. Tubulações de aço-carbono e aço inoxidável não são recomendadas.

Dependendo do porte do sistema, o clorito de sódio pode ser comprado em recipientes de 200 litros, embalagens não retornáveis de 1.000 litros, ou a granel. Uma provisão de armazenamento para 30 dias pode facilmente ser encontrada para sistemas pequenos, usando-se tambores de 200 litros, que pesam 272 kg cada. Deve-se prever equipamentos que permitam que uma pessoa possa facilmente manusear um tambor.

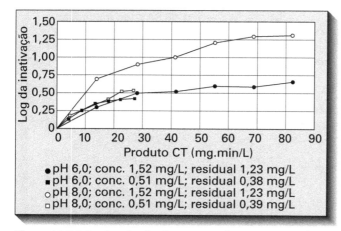

Figura 10.36 Inativação do *Cryptosporidium parvum* pelo dióxido de cloro, a 20°C. Fonte: Adaptado de Le Chevallier *et al.*, 1996

Os sistemas de armazenamento de dióxido de cloro devem incluir tipicamente o seguinte:

- Armazenamento e alimentação em um espaço exclusivo.
- Uso de materiais não combustíveis, tal como o concreto, para a construção.
- Armazenamento em recipientes limpos, fechados, e não translúcidos. A exposição à luz solar, radiação UV, ou calor excessivo reduzem a efetividade do produto.
- Evitar armazenamento e manipulação de combustíveis ou materiais reativos, como ácidos ou materiais orgânicos, na área reservada ao clorito de sódio.
- Uma barreira secundária para as áreas de armazenamento e manipulação, para facilitar a recuperação no caso de derramamento.
- Abastecimento de água próximo às áreas de armazenamento e manipulação para limpeza.
- O uso de material inerte, quando em contato com os oxidantes e/ou soluções ácidas envolvidas com os sistemas de dióxido de cloro.
- Os tanques de armazenamento devem ter as aberturas para fora da área.
- Ventilação adequada e monitoração do ar.
- Máscaras de gás e kits de primeiros socorros fora das áreas químicas.
- Reator com vidro visor de vidro se ele não for feito de material transparente.
- Monitoração de fluxo em todas linhas de alimentação de substância química, linhas da água de diluição e linhas de solução de dióxido de cloro.
- A água de diluição não deve ser excessivamente dura, a fim de evitar depósitos de cálcio. Deve-se manter o valor do pH dessa água próximo do neutro.
- Verificação frequente, *in loco*, da efetividade das soluções químicas, para se ter o controle da eficiência do processo.

O contato do ar com soluções de dióxido de cloro deve ser controlado, para limitar o perigo de explosões. As concentrações de ClO_2 no ar, acima de 8 a 10% em volume, devem ser evitadas. Dois métodos podem ser aplicados; operação sob vácuo ou armazenamento sob pressões positivas mais altas (45 a 75 psig), para prevenir formação de gás ClO_2 no espaço superior do recipiente. Os tanques contendo ClO_2 devem estar adequadamente ventilados, para a atmosfera.

As bombas de alimentação da solução de clorito de sódio são comumente do tipo diafragma, para melhor controle do fluxo. Se forem usadas bombas centrífugas, o único material aceitável é o *teflon*. Se for necessária a lubrificação, devem ser usadas quantidades mínimas de lubrificantes resistentes ao fogo. Os motores das bombas devem ser totalmente blindados, fan-refrigerados. As linhas de água para os selos mecânicos devem ter um indicador de pressão e válvula de estrangulamento no lado de saída. São recomendados dispositivos visuais para verificação do fluxo de água. Cada bomba deve possuir uma câmara de calibração.

Os tubos transportando clorito de sódio devem ter apoios suficientes para minimizar risco de fadiga nas articulações. Conexões flexíveis para as bombas devem também ser instaladas, para minimizar risco de danos provocados por vibrações. Os tubos devem ter inclinação para pontos de drenagem, providos de válvulas em pontos estratégicos para uma eficiente limpeza e drenagem. A água de serviço para lavagem das linhas de alimentação deve ser introduzida somente através de conexões temporárias, protegidas por uma válvula de retenção. As linhas da água de serviço devem incluir válvulas de parada para checagem.

As vazões devem ser frequentemente monitoradas por meio de medidores magnéticos, fluxômetros de massa, ou rotâmetros, para controles mais precisos. Deve-se sempre tomar precauções para evitar refluxos. O clorito de sódio é extremamente reativo, especialmente na forma seca, devendo ser protegido das condições potencialmente explosivas.

As soluções de dióxido de cloro com concentrações abaixo de 10 g/L não produzirão pressões de vapor suficientemente altas para apresentar perigo de explosão, sob as condições de pressão e temperatura da maioria dos ambientes. Em tratamento da água, as concentrações das soluções de ClO_2 raramente excedem 4 g/L, para temperaturas inferiores a 40 °C. Se as temperaturas excederem 50 °C, os tanques de armazenamento devem estar adequadamente ventilados, devido a possíveis níveis mais altos de ClO_2. Como água potável é normalmente usada como água de serviço, estas condições raramente são encontradas.

10.5.6.2 Considerações sobre o processo

Como o ácido hipocloroso é formado sob condições ácidas, baixando-se as concentrações ótimas dos reagentes precursores, aumentará também indesejavelmente os níveis de clorato no gerador, conforme a equação 10.19. Assim, se a alimentação do precursor for insuficiente ou a quantidade de água de diluição for alta, prevalecerá o clorato. Estas limitações explicam por que a maioria dos geradores usam soluções de clorito a 25%. Soluções mais fortes de clorito de sódio (por exemplo, 37%) são também mais suscetíveis à cristalização ou estratificação em temperaturas ambientes, em torno dos 25 °C.

$$\{Cl_2O_2\} + H_2O \rightarrow ClO_3^- + Cl^- + 2H^+ \quad (10.19)$$

Devido aos efeitos de diluição, alguns sistemas funcionam melhor como "reator batelada", que produz altas concentrações de dióxido de cloro, em lugar de "reatores contínuos", que produzem concentrações mais baixas (<1 g/L de dióxido de cloro). As soluções são bombeadas e armazenadas em tanque. A recirculação evita frequentemente o armazenamento da solução gerada por prazo superior a 24 horas.

Os sistemas do tipo *loop* podem obter altas taxas de conversão, caso o cloro se apresente sempre em abundância. O excesso desse elemento químico permite o mecanismo de reação do cloro molecular (descrito anteriormente). O baixo valor do pH da mistura minimiza também a formação de OH^-, conforme mostra a equação 10.16. Essas soluções podem ainda ser contaminadas com mais cloro, para o necessário direcionamento da conversão de íons clorito, mas não com o mesmo grau, dos sistemas de cloro aquoso simples, quando operado sob diluição. Os geradores desse tipo trabalham melhor em alta capacidade, desde que o íon clorito esteja mais disponível neste modo de produção.

Os geradores que usam o método convencional ou métodos avançados à base de ácidos produzem dióxido de cloro através do intermediário $\{Cl_2O_2\}$, desde que concentrações relativamente altas de reagente (acima de 20-30 g/L) sejam mantidas na câmara de reação, anterior à diluição. Os geradores do tipo fase de vapor, *loop* e clorito sólido, que minimizam as condições de diluição da reação aquosa, podem obter altas eficiências, impedindo qualquer reação dos íons clorito, nas etapas mais lentas. Isto é conseguido estabelecendo-se condições que forçam a reação imediata entre ClO_2^- e fase gasosa ou cloro molecular, uma centena de vezes mais rápida que a hidrólise do Cl_2. Isto essencialmente minimiza o impacto do mecanismo competitivo da hidrólise do cloro ou a acidificação do gás $[ClO_2 : Cl_2]$, e previne a reação direta entre o ácido hipocloroso e o íon clorito.

Em todos os geradores, grandes quantidades de Cl_2 em excesso podem resultar na desoxidação do clorito e formar clorato em solução aquosa, conforme a equação 10.20. As taxas de alimentação dos precursores químicos para os geradores devem sempre ser ajustadas às recomendações que os acompanham, notadamente no caso de fluxo contínuo, com sistemas de injeção direta de gás. A recalibração destes sistemas às vezes precisa ser realizada no local, caso o clorito de sódio não esteja na concentração correta, ou se dispositivos de controle de fluxo tiverem sido substituídos.

$$ClO_2^- + Cl_2 + H_2O \rightarrow ClO_3^- + 2Cl^- + 2H^+ \quad (10.20)$$

Se soluções aquosas de cloro são misturadas com as soluções de alimentação contendo clorito de sódio, os seguintes mecanismos são dominantes e podem afetar as taxas de formação de dióxido de cloro:

- gás cloro reage com a água para formar ácido hipocloroso e clorídrico, em vez de reagir diretamente com clorito para formar dióxido de cloro. Tanto a água como o clorito competem simultaneamente para combinar-se com a molécula de Cl_2, conforme demonstra-se nas equações 10.15 a 10.17.

- íon clorato é formado segundo as equações 10.19, 10.21 e 10.22.

$$\{Cl_2O_2\} + HOCl \rightarrow ClO_3^- + 2Cl^- + H^+ \quad (10.21)$$

$$\{Cl_2O_2\} + 3HOCl + H_2O \rightarrow 2ClO_3^- + 5H^+ + 3Cl^- \quad (10.22)$$

- apenas 4 mols de dióxido de cloro são obtidos de 5 mols de clorito sódio, via reação de acidificação direta (Eq. 10.17). Isto pode se tornar importante em baixos valores de pH e altos níveis de íon cloreto.

O lado prático de tudo isto é que diferentes geradores operam sob condições ótimas diferentes. Por exemplo, as colunas dos reatores não devem estar continuamente inundadas com a água, em sistemas de fase de vapor. É a principal razão para que colunas de reatores dos geradores baseados em clorito seco não devem ficar molhadas. A superdiluição dos reagentes precursores abaixará eficiências da conversão devido à formação preferencial de clorato ao em vez de dióxido de cloro.

A geração do tipo batelada deve ser sempre executada com máxima concentração de ClO_2, sendo ajustada na bomba (localizada a jusante do reator no tanque de batelada). As variações nas concentrações de dióxido de cloro nos tanques irão ser assim minimizadas. Além disso, a calibração da bomba não precisará incluir uma larga faixa de níveis de dióxido de cloro. Para os geradores mais novos, que usam cloro gasoso e clorito de sódio seco na matriz inerte, pequenas quantidades de água na mistura não interferem significativamente com a reação $Cl_2 : ClO_2$. Estes pequenos traços de água permitem exposição contínua de ClO_2^- nas superfícies inertes dentro da coluna do reator.

10.5.6.3 Potência necessária para os geradores

As necessidades de energia para o gerador são semelhantes às dos sistemas de cloração. Todos os geradores (9 a 5.400 Kg/dia) podem ser acionados com 120 volts-ampère monofásico a 480 volts-ampère trifásico. A demanda de potência variará baseada na pressão da água disponível para operar o Venturi. Potências fracionárias podem ser exigidas pelas bombas dosadoras, dependendo da configuração do sistema.

10.5.7 Destruição do dióxido de cloro

A destruição do dióxido de cloro ocorre por decomposição fotoquímica. Dessa forma, a luz solar pode aumentar as concentrações de clorato em tanques de armazenamento descobertos, contendo água com residual de dióxido de cloro. A exposição à luz ultravioleta também modifica as reações potenciais entre o ClO_2 e o íon brometo.

A decloração de águas residuárias, desinfetadas com dióxido de cloro, pode ser conseguida com o emprego de dióxido de enxofre. Segundo Metcalf e Eddy (1991), as reações que eliminam o ClO_2 da solução podem ser expressas por:

$$SO_2 + H_2O \to H_2SO_3 \quad (10.23)$$

$$5H_2SO_3 + 2ClO_2 + H_2O \to 5H_2SO_4 + 2HCl \quad (10.24)$$

Pela equação 10.24, verifica-se que são necessários 2,5 mg de dióxido de enxofre para cada miligrama de dióxido de cloro residual. Na prática, normalmente são usados 2,7 mg/mg.

10.5.8 Subprodutos da desinfecção com dióxido de cloro

Os subprodutos do uso de dióxido de cloro como desinfetante incluem o clorito, o clorato, e subprodutos orgânicos. Examina-se a seguir a formação destes subprodutos e os métodos para sua redução ou remoção.

10.5.8.1 Produção de clorito e clorato

Clorito e clorato são gerados em proporções variáveis, como produtos finais da produção de dióxido de cloro e sua subsequente degradação. Os principais fatores que afetam as concentrações de ClO_2, ClO_2^- e ClO_3^- no efluente final são:

- a relação dosagem aplicada/demanda de oxidante;
- proporções das misturas de clorito de sódio e cloro durante a geração de dióxido de cloro;
- a exposição da água contendo dióxido de cloro à luz solar;
- as reações entre Cl_2 e ClO_2^-, se cloro livre é usado para manutenção de residual no efluente;
- níveis de clorato na solução estoque de clorito de sódio.

A reação incompleta ou a adição não estequiométrica dos reagentes clorito de sódio e cloro podem resultar em clorito no fluxo de alimentação de dióxido de cloro. Soluções de ClO_2 são estáveis sob baixa ou nenhuma demanda de oxidante. A quantidade de clorato produzido durante o processo de geração de ClO_2 é maior com a adição de cloro em excesso. Um baixo ou alto valor do pH também pode aumentar a quantidade de ClO_3^- durante o processo de geração de dióxido de cloro.

As numerosas substâncias inorgânicas e as massas biológicas encontradas nas águas residuárias reagirão com o dióxido de cloro (Noack e Doerr, 1977). Íons cloreto e clorito são as espécies dominantes, que surgem destas reações, embora o clorato possa aparecer, por uma variedade de razões (Gordon et al., 1990; Werdehoff e Singer, 1987).

As imediatas reações redox, envolvendo material orgânico natural, desempenham o papel dominante na decomposição do dióxido de cloro em clorito (Werdehoff e Singer, 1987). O íon clorito é geralmente o produto primário, da redução do ClO_2. A sua distribuição, bem como a do clorato, é influenciada pelo valor do pH e luz solar. Da aplicação de 2 mg/L de ClO_2 é esperada produção de 1 a 1,4 mg/L de ClO_2^- (Singer, 1992).

O íon clorito é relativamente estável na presença de material orgânico, mas pode ser oxidado a clorato pelo cloro livre se este for adicionado como desinfetante secundário, de acordo com a equação 10.25 (Singer e O'Neil, 1987).

$$ClO_2^- + OCl^- \to ClO_3^- + Cl^- \quad (10.25)$$

Portanto, o clorato é produzido por meio da reação entre o clorito residual e o cloro livre, durante a desinfecção secundária. Além disso, o dióxido de cloro também é desprotonado sob condições altamente alcalinas (pH > 9), formando clorito e clorato de acordo com a equação 10.26.

$$2ClO_2 + 2OH^- \to ClO_2^- + ClO_3^- + H_2O \quad (10.26)$$

Em processos de tratamento que exigem alta alcalinidade, como abrandamento, o dióxido de cloro deve ser adicionado depois que o valor do pH tenha sido abaixado (Aieta et al., 1984).

10.5.8.2 Subprodutos orgânicos produzidos pelo dióxido de cloro

O dióxido de cloro produz geralmente alguns subprodutos orgânicos. Porém, Singer (1992) notou que a formação de substâncias orgânicas não halogenadas, a partir do ClO_2, não foi ainda adequadamente pesquisada. Espera-se que esse oxidante produza os mesmos tipos compostos, que são gerados através da ozonização. A aplicação de dióxido de cloro não produz THMs e produz só uma quantia pequena de halogenados orgânicos totais (HOT) (Werdehoff e Singer, 1987).

10.5.8.3 Toxicidade dos produtos químicos gerados pela desinfecção com ClO_2

A Tab. 10.25 mostra os dados conhecidos, referentes à toxicidade do dióxido de cloro e do íon clorito (ClO_2^-) para organismos marinhos.

TABELA 10.25 Toxicidade do dióxido de cloro e do íon clorito sobre organismos marinhos		
Espécie considerada	ClO_2 (mg/L)	ClO_2^- (mg/L)
Daphnia	0,3 - 0,4 (24 h)	20 (24 h)
Danios	0,3 - 0,4 (24 h)	450 (24 h)
Fathed minnows	0,02	
Carassius auratus	2 (33 h)	
Mugil cephalus	1 (1,44 h)	
Salina nitida	> 8	

Fonte: Dernat & Pouillot, 1992.

10.5.9 Operação e manutenção de sistemas de dióxido de cloro

Um sistema manual de alimentação de dióxido de cloro pode ser usado onde a dosagem desse composto seja constante. As substâncias químicas reagentes são manualmente ajustadas, para a quantidade de ClO_2 desejado, em uma relação estequiométrica preparada para o rendimento máximo. Alguns sistemas geradores podem produzir soluções 95% puras, mas esse grau pode variar quando a taxa de alimentação for mudada. A capacidade de rejeição pode ser limitada pela precisão do dispositivo de controle de fluxo, normalmente 20% da capacidade. A alcalinidade da água utilizada no preparo das soluções, condições operacionais, e valor do pH também podem afetar o rendimento. A proporção das substâncias químicas reagentes devem estar habitualmente ajustadas para operação ótima.

Os geradores podem ser fornecidos com controle automatizado, para permitir variações nas taxas de alimentação de ClO_2, baseadas nas flutuações de vazão (fluxo compassado) e demanda de oxidante (controle residual). A modulação automática dos geradores, para encontrar o ponto de trabalho de acordo com a demanda, varia de acordo com o fabricante. Geralmente, o vácuo e a combinação dos sistemas são limitadas pelos requisitos hidráulicos do Venturi e as condições ótimas de reação. Uma bomba dosadora de substância química ou sistema injetor é então usado com um sistema de produção em batelada, para controlar a dosagem aplicada de dióxido de cloro.

Comumente, as soluções de clorito de sódio são usadas a 25% ou menos. A principal preocupação quanto à segurança, no que concerne às soluções de $NaClO_2$, é a não liberação intencional e descontrolada de altos níveis de ClO_2. Tais níveis podem se aproximar das concentrações de detonação ou conflagração, por acidificação acidental.

A solução estoque de ácido, usada por alguns dos geradores, é apenas uma das fontes de acidificação química acidental. A mistura acidental com grandes quantidades de qualquer agente redutor ou material oxidável (como carvão ativado em pó ou solventes inflamáveis) representa também um perigo significativo. A norma Awwa B303-95(a) inclui uma relação de alguns desses materiais (Awwa, 1995a).

Outra preocupação quanto à manipulação e armazenamento de soluções de clorito de sódio é a sua cristalização, que acontece como resultado de temperaturas baixas e/ou concentrações mais altas. A cristalização obstruirá tubulações, válvulas, e outros equipamentos. Também não se deve permitir a evaporação dessa solução. Quando seco, este produto pode inflamar-se, em contato com materiais combustíveis, e resultar em uma explosão de vapor, se for usada muita água e técnicas inadequadas para extinguir tal fogo. Como a temperatura do $NaClO_2$ em chamas está ao redor de 2.200 °C, a água rapidamente gera muito vapor.

A decomposição térmica do clorito de sódio, em temperaturas altas, libera oxigênio molecular, sendo necessárias técnicas apropriadas para extinção das chamas e fechamento dos recipientes contendo grandes quantidades de material seco, em combustão.

A estratificação do clorito de sódio em tanques de armazenamento também pode acontecer e influenciar o rendimento da geração de dióxido de cloro. Se a estratificação acontecer em grandes tanques, haverá variações de densidade, até que o material seja remisturado. No caso de tanques estratificados, o gerador de ClO_2 recebe excesso de clorito do fundo do recipiente, que terá material mais opaco.

Embora não seja frequente, tal estratificação não é aparente e pode permanecer despercebida pelos operadores, a menos que o desempenho do gerador seja frequentemente avaliado. Se a estratificação ou a cristalização acontece nos caminhões de entrega a granel, toda a carga deve ser aquecida antes do descarregamento, de forma que o produto possa ser remisturado. Os operadores devem estar cientes da possibilidade de estratificação e cristalização durante a entrega. O clorito de sódio está comercialmente disponível em solução a 38 ou 25%. Suas propriedades químicas e físicas são apresentadas na Tab. 10.26.

Para sistemas de manuseio de solução a 38%, os tanques de armazenamento, tubulações e bombas exigirão isolação térmica. A solução a 25% não exige qualquer proteção especial, exceto em climas frios.

A produção de 1,0 kg de dióxido de cloro exige 0,5 kg de cloro e 1,35 kg de clorito de sódio puro. O cloro gasoso está disponível com quase 100% de pureza química. O dispositivo de medição de fluxo de gás apresenta uma precisão de ± 5% da capacidade total. Por exemplo, para um fluxo de 45,35 kg/dia, a tubulação deve permitir de 10,7 a 11,9 Kg de cloro, se o fluxo nominal deste for de 11,3 Kg/dia (i.e., 11,3 ± 5%).

Desinfecção com dióxido de cloro (ClO$_2$)

TABELA 10.26 Propriedades do clorito de sódio comercial			
Produto	Solução a 25%	Solução a 25%
Clorito de sódio, em (%) NaClO$_2$	38	25
Cloreto de sódio, em (%) NaCl	1,5 - 7,5	1 - 4,5
Ingredientes inertes, mistura de outros sais de sódio (%)	3 - 4	3 - 4
Água (%)	55 - 61	68 - 74
Aparência	Ligeiramente opaca, amarelo pálido	Clara, amarelo pálido
Densidade a 35 °C (kg/litro)	1,36	1,21
Ponto de cristalização (°C)	25	–7

Fonte: Adaptado de USEPA, 1999.

Soluções de dióxido de cloro puro (aparência de âmbar muito escuro e oleoso) são muito perigosas e passíveis de detonação, se expostas a materiais oxidáveis ou vapores, ou até mesmo a luzes brilhantes. Estas soluções são extremamente incomuns, exceto talvez em sistemas muito específicos, em escala de laboratório, usando tanto a solução de clorito de sódio como a de misturas ácidas concentradas. Tais métodos de geração, em laboratório, não são recomendados para os analistas ou operadores pouco experientes. Esse pessoal, quando sem experiência, não deve misturar ácido forte e soluções fortes de clorito de sódio, a menos que estejam familiarizados com o método de extração purgável, para NaClO$_2$ e possuam uma instalação seguramente projetada para isso.

10.5.9.1 *Status* dos métodos analíticos

Além dos requisitos de monitoração que se aplicam, não importando o desinfetante usado, a legislação sobre desinfetante e subprodutos da desinfecção exige que aqueles sistemas que usam o ClO$_2$ para desinfecção ou oxidação devem monitorar também seu sistema de dióxido de cloro e clorito.

Para monitoração do dióxido de cloro, deve-se usar um dos dois métodos especificados no Standard Methods for the Examination of Water and Wastewater: (1) DPD, Standard Method 4.500–ClO$_2$–D, ou (2) Método amperométrico II, Standard Method 4.500 ClO$_2$–E. Onde houver a aprovação das autoridades, pode-se medir também as concentrações residuais desse desinfetante, usando kit colorimétrico DPD.

Para monitoramento de cloritos, deve-se usar um dos três métodos especificados: (1) Titulação amperométrica, Standard Method 4.500 ClO$_2$–E, (2) Íon Cromatografia, Método EPA 300.0, ou (3) Íon Cromatografia, Método EPA 300.1. Os detalhes destes procedimentos analíticos podem ser encontrados em:

- Standard Methods for the Examination of Water and Wastewater, 19th Edition, American Public Hearth Association, 1995.
- Methods for the Determination of Inorganic Substances in Environmental Samples. USEPA. 1993. EPA/600/R-93/100.
- USEPA Method 300.1, Determination of Inorganic Anions in Drinking Water by Ion Chromatography, Revision 1.0. USEPA. 1997. EPA/600/R-98/118.

A Tab. 10.27 resume os métodos analíticos aprovados para determinação de dióxido de cloro e clorito, e fornece algumas informações adicionais.

10.6 Permanganato de potássio

O permanganato de potássio (KMnO$_4$) é usado principalmente para controlar gosto e odores, remover cor, controle de crescimento biológico em estações de tratamento, e remover ferro e manganês. Em um papel secundário, esse produto pode ser útil no controle da formação de THMs e outros subprodutos da desinfecção, oxidando os precursores e reduzindo a demanda por outros desinfetantes (Hazen e Sawyer, 1992). Embora o KMnO$_4$ apresente grande potencial para ser usado como oxidante, é um desinfetante pobre.

10.6.1 Reações químicas envolvendo o permanganato de potássio

10.6.1.1 Potencial de oxidação

O permanganato de potássio é altamente reativo sob as condições encontradas nos processos de tratamento de água. Oxida uma larga variedade de substâncias inorgânicas e orgânicas. O KMnO$_4$ (Mn^{7+}) é reduzido a MnO$_2$ (Mn^{4+}), dióxido de manganês, que precipita (Hazen e Sawyer, 1992). Todas as reações são exotérmicas. Sob condições ácidas as meias-reações de oxidação são (CRC, 1990):

$$MnO_4^- + 4H^+ + 3e^- \rightarrow MnO_2 + 2H_2O \qquad E° = 1,68V \tag{10.27}$$

$$MnO_4^- + 8H^+ + 5e^- \rightarrow Mn^{2+} + 4H_2O \qquad E° = 1.15V \tag{10.28}$$

Sob condições alcalinas, a meia-reação é (CRC, 1990):

$$MnO_4^- + 2H_2O + 3e^- \rightarrow MnO_2 + 4OH^- \qquad E° = 0,60V \tag{10.29}$$

TABELA 10.27 Métodos analíticos para o dióxido de cloro e compostos relacionados			
Método	Base	Interferentes	Limites
Kit colorimétrico DPD (SM-4500- ClO$_2$ G)	Produto de oxidação colorido. O uso de comparação visual de cor não é recomendado. Usar instrumento de detecção.	Mn$_2^+$, Cl$_2$; outros oxidantes	> 0,1 mg/L
Colorimétrico DPD-glicina (SM 4500- ClO$_2$ D)	Produto colorido, Cl$_2$ livre é mascarado com glicina na forma de ácido cloroaminoacético.	ClO$_2^-$ lentamente; outros oxidantes	> 0,1 mg/L
Titrimétrico DPD-FAS (SM 4500- ClO$_2$D)	DPD colorido com FAS padrão até desaparecer a cor vermelha.	Ferro e outros oxidantes	> 0,1 mg/L
Amperométrico 5 estágios (SM 4500- ClO$_2$ E)	Oxidação de I$^-$; controle de pH e purga de gás. Necessário analista experiente.	Satisfatório para a solução de ClO$_2$ gerada	0,1 - 0,5 mg/L; ClO$_3^-$ 0,5 mg/L
Íon cromatografia (EPA 300.0 ou 300.1)	Deve ser usada coluna AS9 ext. padrão e supressão.	Nenhum outro oxidante. Cloraminas, ClO$_2^-$; OCl$^-$ e HOCl não detectáveis	0,05 mg/L
Amperométrico 2 estágios (SM 4500- ClO$_2$ E)	Oxidação de I$^-$; controle de pH Aperfeiçoável com base no controle de dosagem. Método prático.	Cu^{2+}, Mn^{2+}, NO^{2-}	> 0,1 mg/L

Fonte: Adaptado de USEPA, 1999.

10.6.1.2 Habilidade de formar residual

Não é desejável manter um residual de KMnO$_4$, por causa de sua propensão em deixar a água cor-de-rosa.

10.6.2 Geração de permanganato de potássio

O permanganato de potássio só é fornecido na forma seca. Uma solução de KMnO$_4$ concentrado (tipicamente 1 a 4%) é gerada *in loco* para as aplicações necessárias; a solução apresenta cor rosa ou purpúrea. O KMnO$_4$ tem um peso específico de aproximadamente 1.600 Kg/m^3 e sua solubilidade na água é 6,4 g/mL a 20 °C.

Dependendo da quantidade de permanganato exigida, estas soluções podem ser preparadas em batelada, usando-se tanques de dissolução e armazenamento, com agitadores mecânicos e bombas dosadoras. Os sistemas maiores incluirão um alimentador de produto químico a seco, silo de armazenamento e coletor de pó, configurados para fornecer automaticamente o material para o preparo da solução.

O custo do KMnO$_4$ varia de $ 3,3 até $ 4,4 por kg (custos de 1997, nos EUA), dependendo da quantidade solicitada. As embalagens para transporte são normalmente baldes ou tambores. O produto apresenta vários graus de pureza. O permanganato puro não é higroscópico, mas os de graus analíticos absorverão alguma umidade e terão uma propensão para formar bolos. Para sistemas usando alimentadores de produtos químicos a secos, pode-se usar aditivos anti-*cakings* (Hazen e Sawyer, 1992).

Por ser um oxidante forte, o KMnO$_4$ deve ser cuidadosamente manipulado durante o preparo da solução de alimentação. Nenhum subproduto é gerado ao se fazer a solução, porém, seus cristais podem causar sérios danos aos olhos, além de serem irritante para a pele e narinas, e pode ser fatal se ingerido. Como tal, os procedimentos de manipulação incluem o uso de óculos e máscara de proteção.

10.6.3 Inativação de patogênicos e eficiência da desinfecção

O permanganato de potássio é um reagente extensamente usado como oxidante, nos processos de tratamento de água. Embora não seja considerado um desinfetante primário, KMnO$_4$ tem um papel na estratégia de desinfecção, servindo como uma alternativa à pré--cloração ou outro oxidante, quando a oxidação química é desejada para controle de cor, gosto e odor, e algas.

10.6.3.1 Mecanismos de inativação

A atuação do permanganato na inativação de patogênicos ocorre na oxidação direta das células ou destruição de enzimas específicas (Webber e Posselt, 1972). Do mesmo modo, o íon MnO$_4^-$ ataca uma grande variedade de microrganismos, como bactérias, fungos, vírus, e algas.

A aplicação de permanganato resulta na precipitação de dióxido de manganês. Este mecanismo representa um método adicional para a remoção de microrganismos (Cleasby *et al.*, 1964). Em forma coloidal, o dióxido

demada exterior formada pelo grupo OH. Estes grupos são capazes de adsorver espécies e partículas eletricamente carregadas, além de moléculas neutras (Posselt et al., 1967). Desta forma, os microrganismos podem ser adsorvidos nos coloides e sedimentarem.

10.6.4 Fatores que afetam a eficiência da desinfecção com permanganato de potássio

A eficiência da inativação depende da concentração da solução de permanganato, tempo de contato, temperatura, valor do pH, e presença de outros materiais oxidáveis.

Valor do pH. As condições alcalinas aumentam a capacidade do $KMnO_4$, para oxidar material orgânico; porém, o oposto é verdade para seu poder de desinfecção. Normalmente, o permanganato de potássio é um melhor biocida sob condições ácidas que sob condições alcalinas (Cleasby et al., 1964 e Wagner, 1951). Resultados de um estudo realizado em 1964 indicaram que o permanganato era geralmente mais efetivo contra o *E. coli* em valores baixos de pH, alcançando uma remoção superior a 99,0%, sob um pH de 5,9 e uma temperatura da água, tanto de 0° quanto de 20 °C (Cleasby et al., 1964). De fato, Cleasby afirmou que o valor do pH é o principal fator que afeta a efetividade da desinfecção com esse composto. Além disso, um estudo realizado na Universidade do Arizona mostrou que esse desinfetante pode inativar a *Legionella pneumophila* mais rapidamente em pH 6,0 que em pH 8,0 (Yahya et al., 1990a).

Estes resultados são consistentes com os anteriormente observados, relativo aos efeitos do pH no desempenho antisséptico de produtos comerciais (Hazen e Sawyer, 1992). Em geral, baseados nos resultados limitados desses estudos, pode-se dizer que a efetividade da desinfecção com permanganato aumenta com o aumento da acidez.

Temperatura — As temperaturas mais altas aumentam ligeiramente a ação bactericida do permanganato de potássio. Os resultados de um estudo realizado com um poliovírus mostraram que a desativação é aumentada para temperaturas mais altas (Lund, 1963). Estes resultados são consistentes com resultados obtidos para inativação de *E. coli*. (Cleasby et al., 1964).

Compostos orgânicos e inorgânicos dissolvidos. A presença de compostos orgânicos ou inorgânicos na água reduz a efetividade da desinfecção porque uma parcela do permanganato aplicado será consumido na oxidação desses materiais. O $KMnO_4$ oxida uma grande variedade de substâncias inorgânicas e orgânicas, na faixa de valores de pH de 4 a 9. Sob essas condições, o ferro e manganês são oxidados e precipitam, e a maioria dos contaminantes que causam odores e sabor, como fenóis e algas, são prontamente degradados (Hazen e Sawyer, 1992).

10.6.5 Eficácia da desinfecção com permanganato de potássio

Várias investigações foram executadas para determinar a capacidade relativa do permanganato de potássio como um desinfetante. Os subitens seguintes trazem uma descrição da sua eficiência para desinfecção, com respeito a bactéria, vírus e protozoários.

10.6.5.1 Inativação de bactéria

Altas dosagens foram exigidas, para se conseguir uma completa inativação de bactérias, em três estudos. A primeira pesquisa mostrou que foi necessária uma concentração de 2,5 mg/L, para a completa inativação de coliformes (Le Strat, 1944). Neste estudo, amostras de água do Rio Marne receberam $KMnO_4$ em concentrações de 0 a 2,5 mg/L. Em seguida, as amostras foram colocadas em um recinto escuro, por 2 horas, em uma temperatura permanente de 19,8 °C.

Banerjea (1950) investigou a efetividade do permanganato como desinfetante, sobre vários microrganismos patogênicos. Foram alvos desse estudo o *Vibrio cholerae*, *Salm. typheu*, e *Bact. flexner*. Os resultados indicaram que eram necessárias dosagens de 20 mg/L e tempos de contato de 24 horas, para desativar estes patogênicos; ainda assim, a ausência completa de *Salm. typhi* ou *Bact. flexner* não era segura, até que a concentração do $KMnO_4$ tornasse a água cor-de-rosa.

Os resultados de um estudo conduzido em 1976 no Las Vegas Water District/Southern Nevada System, com águas do Lago Mead, mostrou que a remoção completa de coliformes era obtida com dosagens de 1, 2, 3, 4, 5, e 6 mg/L (Hazen e Sawyer, 1992). Os tempos de contato de 30 minutos foram aplicados com as concentrações de 1 e 2 mg/L, e 10 minutos para dosagens mais altas.

10.6.5.2 Inativação de vírus

O permanganato de potássio mostrou-se efetivo contra certos vírus. Uma dose de 50 mg/L desse produto e um tempo de contato de 2 horas foram exigidos para inativação de poliovírus (grupo MVA) (Hazen e Sawyer, 1992). Uma concentração de 5,0 mg/L e um tempo de contato de 33 minutos foram necessários para se obter 90% de inativação do poliovírus tipo 1 (Yahya et al., 1990b). Os testes mostraram uma taxa de inativação significativamente mais alta a 2 °C do que a 7 °C, porém, não existia nenhuma diferença significante nessas taxas, em pH 6,0 e pH 8,0.

As dosagens desse oxidante, de 0,5 até 5 mg/L, foram capazes de obter pelo menos 99,0% de inativação do vírus *bacteriófago MS-2*, com a *E. coli* como a bactéria anfitriã (Yahya et al., 1989). Os resultados mostraram que em pH 6,0 e 8,0 foram necessários pelo menos 52 minutos de tempo de contato e um residual de 0,5 mg/L. Com um residual de 5,0 mg/L, aproximadamente 7 e 13 minutos foram os tempos exigidos para se alcançar os mesmos resultados nesses dois valores de pH. Estes resultados contradizem os estudos anteriormente citados, que afirmam que o $KMnO_4$ se torna mais efetivo com a diminuição do pH.

10.6.5.3 Inativação de protozoários

Nenhuma informação pertinente à inativação de protozoários pelo permanganato de potássio está disponível na literatura. Porém, baseados nos outros desinfetantes examinados, esses organismos são significativamente mais resistentes que os vírus. Portanto, é provável que as dosagens e os tempos de contato exigidos para sua inativação seriam impraticáveis.

10.6.5.4 Curvas de CT

A Tab. 10.28 mostra os valores de CT para a inativação do *bacteriófago MS-2*. Estes dados foram fornecidos como uma indicação do potencial do permanganato de potássio. Esses valores são um pouco inconsistentes e não incluem um fator de segurança, e não devem ser usados para estabelecer os requisitos de CT.

Um estudo investigou, em 1990, valores de CT para inativação de *Legionella pneumophila*. Os valores para 99% (2-log) de inativação desse microrganismo em pH 6,0 foi 42,7 mg · min/L (dosagem de 1,0 mg/L e 42,7 minutos de tempo de contato) e 41,0 mg · min/L (dosagem de 5,0 mg/L e 8,2 minutos de tempo de contato) (Yahya *et al.*, 1990a).

10.6.6 Projeto de sistema de permanganato

Os espaços necessários para os equipamentos variam, dependendo do tipo e tamanho do sistema de alimentação. No caso de alimentação a seco exige-se mais ou menos metade da área ocupada pelos sistemas batelada, porque estes têm geralmente dois tanques de dissolução. Porém, os requisitos de espaço vertical são maiores para alimentação a seco, porque os silos de armazenamento e o coletor de pó são instalados acima do alimentador seco (Kawamura, 1991).

10.6.6.1 Suprimento, armazenamento de produtos químicos e segurança

O permanganato de potássio da marca Cairox® está disponível em baldes de 25 kg, barris de 50 kg, cilindros metálicos de 150 kg e contêineres de 1.500 kg. O armazenamento de $KMnO_4$ deve ser separado de substâncias químicas orgânicas, como polímeros e carvão ativado. Causa irritação, é prejudicial se ingerido ou inalado. Em contato com materiais combustíveis, materiais inflamáveis, ou metais pulverizados pode causar fogo ou violenta explosão. Em contato com ácido clorídrico libera gás cloro, pode se decompor se exposto a temperaturas superiores a 150 °C. Portanto, deve ser evitado o contato com os olhos, pele, roupas, e os recipientes de armazenamento devem ser firmemente fechados (Carus Chemical Company, 2001).

As mãos devem ser completamente lavadas depois da sua manipulação. No caso de fogo, deve-se combatê-lo com bastante água, e no caso de derramamento, o produto deve ser removido e a área de derramamento lavada com a água. (Baker Inc, 1996).

Meios de combate ao fogo. Nenhuma substância química seca, gás carbônico ou halon deve ser empregada; somente água. Para incêndios maiores, o fogo deve ser combatido por meio da inundação da área, com o lançamento de água de longe (1993 Emergency Response Guidebook RSPA P 5800.6). Os recipientes contendo o $KMnO_4$ devem ser removidos da área do sinistro, caso isto possa ser feito sem riscos. Água fria deve ser espargida sobre as embalagens expostas às chamas até bem depois destas terem sido apagadas. Para incêndios de grandes proporções em áreas de carga, estes devem ser combatidos com mangueiras e esguichos; se isto for impossível, a área deve ser evacuada, até uma distância de 750 metros (Fischer Scientific Corporation, 1996).

10.6.7 Remoção do residual de manganês

Ao utilizar permanganato de potássio, devem ser tomadas precauções para se prevenir a superdosagem, visto que haverá íon manganês em excesso no efluente. Uma dosagem apropriada deve assegurar que todo o permanganato seja reduzido (i.e., formando MnO_2). O sinergismo entre o permanganato de potássio e o carvão ativado em pó (CAP), na dosagem inicialmente experimentada por Ribeiro (1998), mostrou-se bastante eficaz para as concentrações de oxidante variáveis entre 1,4 mg/L e 2,5 mg/L durante a realização de ensaios de

TABELA 10.28 Valores de CT para 99,0% de inativação do MS-2 com permanganato de potássio

Residual (mg/L)	pH 6,0 (mg · min/L)	pH 8,0 (mg · min/L)
0,5	27,4 (a)	26,1 (a)
1,5	32,0 (a)	50,9 (b)
2	–	53,5 (c)
5	63,8 (a)	35,5 (c)

Observação: as letras representam diferentes condições experimentais.

Fonte: Adaptado de Usep, 1990.

remoção de ácidos húmicos. Entretanto, os teores de residual de manganês presentes na solução ficaram acima do desejável. Ao ser aumentada a dosagem do CAP para 10,0 mg/L, 15,0 mg/L e 20,0 mg/L, e mantida fixa a do oxidante em 1,0 mg/L, a combinação desses produtos não só removeu totalmente o material húmico, como também reduziu o remanescente de manganês a valores de concentrações bem abaixo dos aceitáveis.

Para as dosagens de permanganato de potássio variando entre 1,0 e 2,0 mg/L, o valor do pH de coagulação resultou em 7,8, enquanto para as maiores que 2,0 mg/L, em 7,3. Isto ocorreu porque o oxidante em excesso deve degenerar a superfície das partículas de carvão ativado, diminuindo assim sua capacidade adsorsiva, conforme resultados semelhantes obtidos por Najm *et al.* (1991).

10.6.8 Subprodutos da desinfecção/oxidação com permanganato de potássio

De acordo com a USEPA (1999), diversos estudos já foram conduzidos em estações de tratamento de água de abastecimento, para avaliar a eficiência do $KMnO_4$ em substituição ao cloro, na etapa de pré-cloração, como forma de se reduzir a produção de THMs. Entretanto, não há literatura disponível a respeito de subprodutos gerados pelo permanganato de potássio, quando este é empregado com oxidante/desinfetante em processos de tratamento de água.

10.6.9 Operação e manutenção de sistemas de permanganato de potássio

As reações de oxidação de compostos inorgânicos com permanganato de potássio são rápidas, enquanto aquelas envolvendo substâncias orgânicas exigem um alto grau de estereosseletividade (Carus Chemical Company, 2001). Na Tab. 10.29 são apresentados alguns compostos à base de permanganato. A solubilidade desses compostos varia com a temperatura ambiente e decresce com o incremento do número atômico do cátion, sendo de 900 g/L para o $NaMnO_4$, 60 g/L para o $KMnO_4$ e 2,5 g/L para o $CsMnO_4$.

O íon permanganato não é termodinamicamente estável, formando lentamente dióxido de manganês, quando em solução aquosa, conforme a equação 10.30.

$$4MnO_4^- + 4H^+ \rightarrow 4MnO_2 + 2H_2O + 3O_2\uparrow \quad (10.30)$$

A solubilidade do permanganato de potássio, em função da temperatura da água, pode ser determinada segundo a equação 10.31.

$$S_{ol} = 30{,}55 + 0{,}7967\,T + 0{,}0392\,T^2 \quad (10.31)$$

onde:

T = temperatura da solução, em graus centígrados.

Em recintos onde o ar possa transportar cristais de $KMnO_4$, deve-se usar óculos de proteção, luvas de borracha ou plástico e respirador. A roupa normal que cobre braços e pernas e um avental de borracha ou plástico são trajes satisfatórios. Deve-se também manter a área de trabalho sempre ventilada.

A aplicação de $KMnO_4$ geralmente é feita como uma solução, em concentrações que variam de 1 a 4%. Deve-se usar os mesmos tipos de equipamentos de proteção pessoal, citados no parágrafo anterior, quando trabalhando com soluções de permanganato.

Nas superfícies frequentemente expostas ao permanganato podem aparecer manchas marrons, de dióxido de manganês, como produto de sua decomposição natural. Estas manchas são inofensivas e podem ser removidas usando-se uma solução composta de 3 partes de água oxigenada a 3%, 4 partes de vinagre a 5%, e 3 partes de água de torneira. No caso de remoção de mancha na pele, a parte do corpo atingida deve ser lavada com água em excesso até que aquela desapareça. Não se deve usar esta solução se a pele se tornar vermelha ou irritada, ou em tecidos sensíveis como os dos olhos, membranas mucosas, feridas abertas, ou queimaduras.

Primeiros socorros – O tratamento de primeiros socorros, em caso de contato com os olhos, envolve a lavagem do órgão com água durante pelo menos 15 minutos. Nunca se deve tentar neutralizar quimicamente o permanganato. A pele, quando contaminada, deve ser lavada com água imediatamente. No caso de inalação, deve-se remover a pessoa para fora da área contaminada para que a mesma possa respirar ar fresco e administrar oxigênio se for preciso. No caso de ingestão acidental, deve-se fornecer grandes quantidades da água se a pessoa estiver consciente.

10.6.9.1 Status dos métodos analíticos

Manganês – O método espectrométrico de absorção atômica, o método de absorção atômica eletrotérmico e o método do plasma duplamente indutivo permitem a determinação direta desse metal com aceitável sensibilidade. Dos vários métodos colorimétricos, o do persulfato é o preferido, porque o uso de íon mercúrio pode controlar a interferência do íon cloreto. (Standard Methods, 1998).

TABELA 10.29 Compostos à base de permanganato e suas respectivas fórmulas

Composto	Fórmula
Ácido permangânico	$HMnO_4$
Permanganato de potássio	$KMnO_4$
Permanganato de sódio	$NaMnO_4$
Permanganato de Césio	$CsMnO_4$

Fonte: Adaptado de Carus Chemical Company, 2001.

Permanganato de potássio – A espectrofotometria é o método preferido para a medida de permanganato (Standard Methods, 1998). A turbidez e o dióxido de manganês interferem na determinação das concentrações de permanganato, assim como outros produtos causadores de cor. A Tab. 10.30 mostra os limites de detecção do $KMnO_4$, sendo que diluições poderão ser necessárias, em função da concentração inicial.

10.7 Cloraminas

O potencial desinfetante das combinações cloro-amoníaco ou cloraminas foi identificado no início de 1900. O uso de cloraminas foi considerado depois de se observar que desinfecção por cloro acontecia em duas fases distintas. Durante a fase inicial, a demanda é rápida, causando o desaparecimento do cloro disponível livre. Porém, quando amoníaco está presente, a ação bactericida pode continuar, embora o cloro livre residual tenha se dissipado. A fase de desinfecção subsequente acontece pela ação das cloraminas inorgânicas.

10.7.1 Reações químicas envolvendo as cloraminas

As cloraminas são formadas pela reação de amoníaco com cloro aquoso (HOCl). Inicialmente, esses compostos foram usados para controle de gosto e odor. Porém, logo foi verificado que as cloraminas são mais estáveis que o cloro livre e, consequentemente, declarado como sendo efetivas para se controlar o ressurgimento bacteriano. Como resultado, as cloraminas foram regularmente usadas entre os anos 1930 e 1940 para desinfecção. Porém, devido a uma escassez de amoníaco durante a Segunda Guerra Mundial, a popularidade da cloroamoniação declinou.

10.7.1.1 Equilíbrio, cinética, e propriedades físico-químicas

As cloraminas são formadas a partir da reação de cloro e amoníaco. A mistura que resulta pode conter monocloraminas (NH_2Cl), dicloraminas ($NHCl_2$), ou tricloreto de nitrogênio (NCl_3). Quando o cloro é disperso na água, acontece uma rápida hidrólise, de acordo com a reação representada pela equação 10.32.

$$Cl_2 + H_2O \rightarrow HOCl + H^+ + Cl^- \quad (10.32)$$

A constante de equilíbrio (K_{eq}) para esta reação a 25 °C é $3,94 \times 10^4 \, M^{-1}$. O ácido hipocloroso (HOCl) é um ácido fraco que dissocia conforme a equação 10.33.

$$HOCl \Rightarrow OCl^- + H^+ \quad pK_a = 7,6 \quad (10.33)$$

As proporções relativas de HOCl e OCl^- são dependentes do pH. Em soluções aquosas com valores do pH entre 7,0 e 8,5, o HOCl reage rapidamente com amoníaco para formar cloraminas inorgânicas em uma série de reações (White, 1992). As estequiometrias simplificadas das reações cloro-amoníaco são mostradas nas equações 10.34 a 10.36.

$$NH_3 + HOCl \rightarrow NH_2Cl + H_2O \quad \text{(monocloramina)} \quad (10.34)$$

$$NH_2Cl + HOCl \rightarrow NHCl_2 + H_2O \quad \text{(dicloramina)} \quad (10.35)$$

$$NHCl_2 + HOCl \rightarrow NCl_3 + H_2O \quad \text{(tricloreto de nitrogênio)} \quad (10.36)$$

Estas reações ocorrem simultaneamente, são dependentes principalmente do valor do pH e podem ser controladas pela relação Cl_2 : N. A temperatura e o tempo de contato também influem. A Fig 10.38 mostra as relações típicas entre as espécies de cloraminas em várias relações Cl_2 : N, para valores de pHs variando de 6,5 a 8,5. Essa figura mostra que a formação de monocloramina é predominante quando a relação Cl_2 : N for menor que 5 : 1 em peso. Aumentando-se a relação Cl_2 : N aplicado de 5:1 até 7,6 : 1, acontece o que se costuma chamar de ponto de ruptura, reduzindo o nível de cloro residual para um mínimo. A cloração no ponto de ruptura resulta na formação de gás nitrogênio, nitrato, e cloreto de nitrogênio. Em relações Cl_2 : N acima de 7,6 : 1 aparecem cloro livre e tricloreto de nitrogênio. A Fig 10.39 mostra a relação entre as espécies de cloraminas

TABELA 10.30 Limites de detecção do permanganato de potássio		
Comprimento da célula (cm)	Faixa de detecção (mg $KMnO_4$/L)	Absorbância esperada para uma solução contendo 1 mg/L de $KMnO_4$
1	0,5 - 100	0,016
2,5	0,2 - 25	0,039
5	0,1 - 20	0,078

Fonte: Adaptado do Standard Methods, 1998.

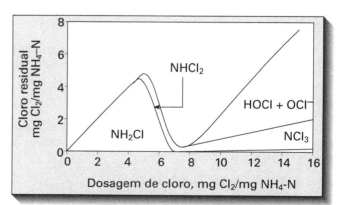

Figura 10.38 Curvas teóricas do ponto de ruptura. Fonte: Adaptado de USEPA, 1999.

Cloraminas

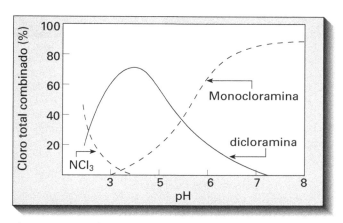

Figura 10.39 Relação entre as espécies de cloraminas em função do valor do pH. Fonte: Adaptado de Palin, 1950.

em função dos valores do pH (Palin, 1950). Pode-se observar nesta figura que a dicloramina se torna uma espécie dominante em baixos valores de pH.

Para evitar reações no ponto de ruptura, deve-se manter a relação Cl_2 : N entre 3 e 5, em peso. Um valor de 6 para essa relação seria bom para a desinfecção, mas é difícil de manter uma operação estável nesse ponto da curva. Uma relação Cl_2 : N = 4 é aceita como ótima para cloraminação.

Além disso, após o período de um dia, sem qualquer modificação de pH ou da relação Cl_2 : N, a monocloramina degradará lentamente, formando dicloramina até atingir a proporção de 43% de NH_2Cl e 57% de $NHCl_2$. A dicloramina é relativamente instável na presença de HOCl.

10.7.2 Geração de cloraminas

As cloraminas são formadas pela reação do ácido hipocloroso e amoníaco, de acordo com as equações 10.34 a 10.36. A Tab. 10.31 resume as dosagens teóricas de cloro e amoníaco, baseadas nestas fórmulas. A monocloramina é a espécie para a desinfecção de água potável por causa dos problemas de gosto e odor associados com as dicloraminas e com o NCl_3. Para assegurar que estas combinações não sejam formadas, prática comum é limitar a relação cloro : amoníaco a 3 : 1. Porém, por causa de problemas como a nitrificação e crescimento de biofilmes, que podem ser causados por excesso de amoníaco, a prática atual é usar uma relação Cl_2 : N na faixa de 3 : 1 a 5 : 1, com um valor típico de 4 : 1.

A taxa de reação de formação da monocloramina é sensível ao valor do pH. A Tab. 10.32 mostra os tempos de reação para a formação desse composto a 25 °C, utilizando uma relação cloro : amônia de 3:1 (White, 1992).

10.7.2.1 Cloro e instalações de alimentação

A Tab. 10.33 resume os métodos comumente usados para adição de cloro, inclusive suas precauções quanto à segurança e custos.

10.7.2.2 Amônia e instalações de alimentação

A maioria das instalações de alimentação desse composto químico usam tanto o amoníaco anidro (gasoso) ou amoníaco líquido. Entretanto, por ser o amoníaco anidro um gás em temperatura e pressão ambiente, é comumente armazenado e transportado na forma líquida, em recipientes sob pressão. Nesta fase, o produto é altamente solúvel na água. As instalações de armazenamento e equipamento de manipulação devem ser mantidos secos (Dennis *et al.*, 1991).

Amônia anidra – O amoníaco anidro é armazenado em cilindros portáteis ou tanques estacionários. Os cilindros portáteis são semelhantes a cilindros de cloro e estão disponíveis em tamanhos que comportam 45, 68, e 363 kg (Dennis *et al.*, 1991). Os cilindros são testados para uma pressão de serviço de no mínimo 480 psi. Os tanques estacionários são vasos com capacidade para 3.780 litros, que podem ser usados *in loco*. Os tanques de armazenamento podem ser localizados em lugar fechado ou ao ar livre, e devem ser testados sob uma pressão de trabalho de no mínimo 250 psi (válvulas e acessórios nos tanques devem

TABELA 10.31 Dosagem de cloro requerida para a reação $NH_3 - Cl_2$

Reação	mg Cl_2/mg NH_3
Monocloramina (NH_2Cl)	4,2
Dicloramina ($NHCl_2$)	8,4
Tricloreto de nitrogênio (NCl_3)	12,5
Nitrogênio (N_2)	6,3
Nitrato (NO_3)	16,7

Fonte: Awwa e Asce, 1990.

TABELA 10.32 Tempo para conversão de 99% de cloro a monocloramina

pH	Tempo (segundos)
2	421
4	147
7	0,2
8,3	0,069
12	33,2

Fonte: Adaptado de USEPA, 1999.

TABELA 10.33 Métodos para adição de cloro

Método	Descrição	Precauções	Custo (nos EUA)
Cloro gasoso	O gás cloro é entregue em recipientes, que vão dos cilindros de 68 Kg a vagões ferroviários de 90 ton. cilindros de 68 Kg a vagões ferroviários de 90 ton. Cilindros de uma tonelada são comumente usados. O equipamento de alimentação consiste num dispositivo bomba/injetor para criar vácuo, e um controlador automático de fluxo de gás. O gás pode ser diretamente extraído do recipiente de armazenamento ou ser gerado por um evaporador. Um esquema de sistema de alimentação de cloro gasoso é mostrado na Fig. 10.40.	O cloro gasoso é classificado pelo Uniform Fire Code como um oxidante altamente tóxico. Novas instalações de cloro gasoso devem ser projetadas com purificadores de gás e ar para capturar e neutralizar qualquer vazamento de gás. Devem ser preparados planos de prevenção de risco. Equipamentos de segurança pessoal e treinamento devem ser fornecidos aos operadores.	O custo de cloro líquido está na faixa de US$ 0,176 a US$ 0,441 por kg, conforme a quantidade adquirida.
Hipoclorito de sódio	O hipoclorito de sódio pode ser adquirido em tambores de 200 litros a caminhões-tanque com capacidade de 17.000 litros. Os grandes volumes podem ser armazenados em tanques de fibra de vidro ou plástico. A solução é aplicada diretamente no fluxo do processo. Um esquema típico de sistema de alimentação de hipoclorito é mostrado na Fig. 10.41.	A solução de hipoclorito é tóxica e classificada como perigosa. As instalações de armazenamento devem ser projetadas com retenção secundária.	O custo é de US$ 1,322 a US$ 2,20 por kg de Cl_2.

Fonte: Adaptado de USEPA, 1999.

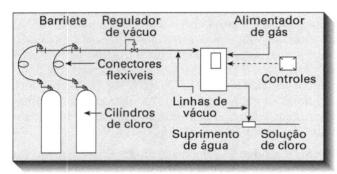

Figura 10.40 Sistema de alimentação de cloro gasoso. Fonte: Adaptado de USEPA, 1999.

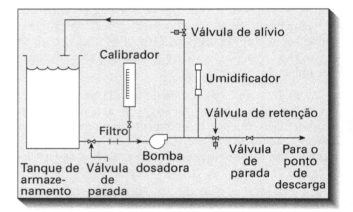

Figura 10.41 Sistema de alimentação de hipoclorito. Fonte: Adaptada de USEPA, 1999.

ser testados para pressão de trabalho de no mínimo 300 psi). Quando instalados ao ar livre devem ser protegidos das temperaturas extremas (maiores que 52 °C e menores que –2 °C) (Dennis *et al.*, 1991). Em climas mais mornos, devem ser pintados de branco e protegidos da luz solar. Em climas mais frios, o tanque deve ser revestido externamente para evitar a perda de calor e, assim, prevenir dificuldades na vaporização de amoníaco.

O amoníaco anidro é aplicado usando-se um amoniador, ou seja, unidade modular autossuficiente com uma válvula redutora de pressão, medidor de fluxo de gás, válvula controladora de taxa de alimentação, e miscelâneos para controlar o fluxo de amoníaco. Quando são necessárias grandes quantidades de gás amoníaco, são empregados também evaporadores. Também devem ser empregados dispositivos de segurança, que evitem a entrada de água no amoniador.

O amoníaco anidro normalmente é aplicado por alimentação direta ou por solução. O método por alimentação direta é geralmente usado quando o fluxo do processo tiver uma pressão baixa, e a taxa de alimentação é inferior a 450 Kg/dia. O amoníaco é retirado do tanque de armazenamento sob alta pressão (por exemplo, 200 psi), e injetado diretamente no fluxo do processo em baixa pressão, 15 psi. A pressão do tanque é reduzida, por uma válvula, para aproximadamente 40 psi, e então por outra válvula no amoniador. Os pontos típicos de aplicação estão localizados em canais e bacias abertas. A Fig. 10.42 mostra um esquema de um sistema direto de alimentação de amoníaco.

O método de alimentação por solução é geralmente usado onde os sistemas de alimentação direta não são adequados. Por exemplo, taxa de alimentação de amoníaco maior que 450 Kg/dia ou onde a pressão de fluxo do processo é alta (Dennis *et al.*, 1991). Esse tipo de aplicação é semelhante ao sistema de alimentação de cloro a

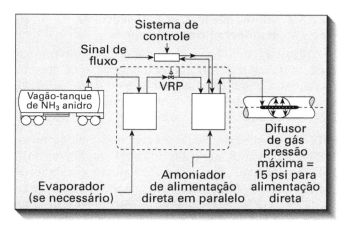

Figura 10.42 Sistema de alimentação direta com amônia anidra. Fonte: Adaptado de USEPA, 1999.

vácuo. A pressão do tanque de suprimento é reduzida por uma válvula, para criar vácuo. Um extrator é usado para retirar amoníaco do amoniador, onde este é dissolvido em um fluxo de água, e bombeado para o fluxo do processo. Os amoniadores estão disponíveis na capacidade de até 1.800 Kg/dia e podem operar em pressões de descarga de até 100 psi (Dennis *et al.*, 1991). A água deve ter dureza menor que 29 mg/L de $CaCO_3$, caso contrário, a adição do amoníaco pode gerar precipitados que obstruirão o extrator e o ponto de aplicação. A Fig 10.43 mostra um esquema de um sistema de alimentação de solução.

Amônia aquosa – O amoníaco aquoso é produzido dissolvendo-se amoníaco anidro em água deionizada ou abrandada. Esta forma de amoníaco é transportada em caminhões ou tubulação de aço revestida com polietileno. Os revestimentos de plástico não são recomendados, visto que eles tendem a perder sua forma sob a pressão exercida por esse produto. O amoníaco aquoso é armazenado em tanques de aço ou fibra de vidro, sob baixa pressão. Temperaturas excessivas produzirão gás amoníaco, e, portanto, cada tanque de armazenamento deve ser equipado com um dispositivo de captura desse gás.

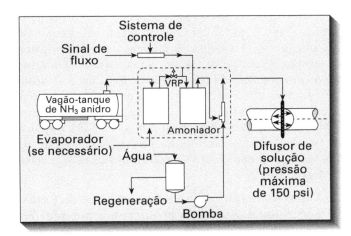

Figura 10.43 Sistema de alimentação de solução de amônia. Fonte: Adaptado de USEPA, 1999.

Os sistemas de alimentação de amoníaco aquoso são semelhantes a outros sistemas de alimentação de produtos químicos no estado líquido. Eles exigem um tanque de armazenamento, bombas dosadoras de substância química, válvula de alívio, umidificador pulsante, medidores de fluxo. As bombas de alimentação são do tipo deslocamento positivo ou tipo de cavidade progressiva. Estas devem ser colocadas bem próximas ao tanque de armazenamento para minimizar a vaporização de amoníaco na tubulação (Dennis *et al.*, 1991). A bomba deve ser projetada para compensar as flutuações da temperatura ambiente, diferentes soluções de amoníaco aquoso, e variações na relação cloro:amoníaco (Skadsen, 1993). Quando amoníaco aquoso for aplicado, é exigida uma mistura completa para reduzir a formação de dicloramina a NCl_3. A Fig 10.44 mostra um esquema para um sistema de alimentação do amoníaco.

Tubos e válvulas – Para amoníaco anidro, os materiais das tubulações para ambos os sistemas de alimentação de solução são aço inoxidável, PVC, e ferro preto. Os tubos de aço inoxidável ou ferro preto são usados para altas pressões (maior que 15 psi). O tubo de PVC é usado somente nos trechos de baixa pressão do sistema de alimentação, depois do amoniador. Para amoníaco aquoso, deve-se usar tubos de PVC, devido à natureza corrosiva dessa solução (Dennis *et al.*, 1991).

Medidas de segurança para instalações de geração de cloramina – Numa instalação de cloraminação devem ser tomadas algumas providências de segurança para prevenir a formação de NCl_3 e a vaporização de amoníaco em temperaturas ambientes. A possível formação de tricloreto de nitrogênio em unidades de cloraminação deve ser considerada quando se seleciona o local para as instalações de armazenamento de amoníaco e cloro.

Dennis *et al.* (1991) fornecem informações detalhadas sobre providências de segurança para essas instalações. O gás cloro e o gás amoníaco nunca devem ser armazenados no mesmo recinto. Os pontos de aplicação de gás amoníaco devem ser localizados pelo menos 1,5 metros de distância das linhas de solução de alimentação

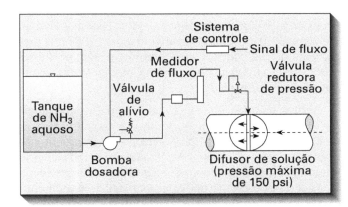

Figura 10.44 Sistema de alimentação de amônia aquosa. Fonte: Adaptado de USEPA, 1999.

de cloro. O amoníaco anidro é mais leve que o ar, assim, qualquer vazamento de vapor subirá depressa. Sob pressão, a amônia anidra é líquida. Grandes quantidades de calor são absorvidas quando os líquidos pressurizados reverterem para gás.

Se os tanques de armazenamento e/ou equipamento de alimentação estiverem instalados em lugar fechado, dispositivos de ventilação devem ser localizados em pontos altos do recinto. As taxas de ventilação variarão dependendo dos requisitos das autoridades locais. É recomendável que o volume de ar do ambiente seja renovado no mínimo 6 vezes por minuto. Os tanques de armazenamento de gás amoníaco devem ser protegidos de luz solar direta ou fontes diretas de calor (acima de 52 °C), a fim de evitar aumentos de pressão no mesmo (Dennis et al., 1991), caso contrário, o gás amoníaco pode ser lançado na atmosfera através das válvulas de alívio. Em regiões quentes, os tanques ao ar livre devem ser cobertos com um abrigo ou equipados com um sistema irrigador, para controle de temperatura. Onde as emissões de amoníaco são preocupantes, pode ser exigido o controle de fumaça.

10.7.3 Inativação de patogênicos e eficiência da desinfecção com cloraminas

Além da desinfecção, as cloraminas têm sido usadas para controlar gostos e odores, desde 1918 (Hazen e Sawyer, 1992), além de oferecer a vantagem de fornecer um residual mais estável. Porém, por causa de sua relativamente fraca propriedade desinfetante, para inativação de vírus e protozoários patogênicos, raramente são usadas como um desinfetante primário, a não ser que os tempos de contato sejam longos.

10.7.3.1 Mecanismos de inativação

Os mecanismos pelos quais as cloraminas inativam os microrganismos foram menos estudados quando comparadas ao cloro. Um estudo de inativação de *E. coli* pelas cloraminas concluiu que a monocloramina reage prontamente com quatro aminoácidos: cisteína, cistina, metionina e triptophan (Jacangelo et al., 1987). O mecanismo de inativação pelas cloraminas está, portanto, relacionado à inibição de proteínas, mediante processos tais como o da respiração.

Alguns estudos foram executados para determinar o mecanismo de inativação viral. O passo inicial para destruição do *bacteriófago f$_2$* envolveu o fragmento de RNA (Olivieri et al., 1980). Porém, o mecanismo primário para inativação de poliovírus pelas cloraminas envolveu a casca de proteína (Fujioka et al., 1983). Semelhante ao cloro livre, o mecanismo de inativação viral pelas cloraminas pode ser dependente de fatores tais como tipo de vírus e concentração de desinfetante.

10.7.3.2 Fatores que afetam a eficiência da desinfecção com cloraminas

Vários estudos foram executados para determinar o efeito do valor do pH, da temperatura, e compostos orgânicos e inorgânicos na efetividade da desinfecção com cloraminas. A seguir é mostrado um resumo de como estes parâmetros influem na inativação de patogênicos.

pH – Se, na desinfecção, o pH tem mais influência sobre os organismos que sobre o desinfetante, por outro lado também pode causar impacto sobre a eficiência da destruição de patogênicos, visto que interfere na distribuição das espécies de cloraminas. Os estudos indicaram que a eficácia da desinfecção com monocloramina e dicloramina não é igual. Um estudo mostrou que as propriedades bactericidas da dicloramina eram superiores às da monocloramina (Esposito, 1974). Porém, o valor do pH pode ser um fator importante porque suas flutuações podem alterar a resposta fisiológica dos organismos (Hoff e Geldreich, 1981). Outros estudos mostraram que a monocloramina é superior à dicloramina no que se relaciona a capacidade virucida (Dorn, 1974; Esposito, 1974; Olivieri et al., 1980). Algumas evidências sugerem que as soluções contendo aproximadamente concentrações iguais de monocloramina e dicloramina podem ser mais microbiocidas que aquelas contendo só monocloramina ou dicloramina (Weber e Levine, 1944).

Temperatura – De forma semelhante à maioria dos desinfetantes examinados neste capítulo, a eficiência da inativação bactericida e viral das cloraminas aumenta com a temperatura crescente. Além disso, a eficiência diminui dramaticamente sob condições de alto pH e temperaturas baixas. Por exemplo, a inativação de *E. coli* é aproximadamente 60 vezes mais lenta em pH 9,5 e temperaturas de 2 a 6 °C que em pH 7 e temperaturas entre 20 e 25 °C (Wolfe et al., 1984). Resultados semelhantes foram obtidos para inativação do *poliovírus* 1 (Kelley e Sanderson, 1958).

Nitrogênio orgânico e outros compostos – Além do amoníaco, o cloro livre reage com compostos orgânicos nitrogenados para formar uma variedade de cloraminas orgânicas. As cloraminas orgânicas são subprodutos indesejáveis, porque apresentam pequena ou nenhuma atividade microbicida (Feng, 1966). Estudos indicaram que o cloro reage mais rapidamente com os amino-compostos do que com o amoníaco (Weil e Morris, 1949; Morris, 1967; Margerum et al., 1978) e que cloro pode ser transferido das cloraminas inorgânicas para os amino-compostos (Margerum et al., 1978; Isaac e Morris, 1980),

Várias outras reações que desviam cloro da formação de cloraminas podem acontecer. Estas reações podem incluir oxidação de ferro, manganês, e outros inorgânicos ,tais como sulfeto de hidrogênio (Hazen e Sawyer, 1992).

10.7.4 Eficácia da desinfecção

As cloraminas são desinfetantes relativamente fracos para inativação de vírus e protozoários. Como consequência, é extremamente difícil de encontrar os critérios de "CT" para desinfecção primária de *Giardia* e vírus usando cloraminas, porque são necessários tempos de contato muito longos. Porém, em virtude da habilidade das cloraminas para fornecer um residual estável, esta forma de desinfecção parece ser viável. Os subitens seguintes descrevem a eficiência da desinfecção com cloraminas nos casos de inativação de bactérias, vírus e protozoários.

10.7.4.1 Inativação de bactérias

Uma série de experiências foi iniciada por volta de 1945, para determinar a efetividade bactericida relativa do cloro livre e cloraminas inorgânicas. Os resultados destas experiências mostraram finalmente que, sob condições de laboratório, o cloro livre inativou bactérias entéricas muito mais rapidamente do que as cloraminas (Wattie e Butterfield, 1944). Nesses experimentos, uma concentração de monocloramina de 0,3 mg/L necessitou de 240 minutos de tempo de contato para alcançar 99,9% de inativação de *E. Coli*, enquanto a exposição a 0,14 mg/L ao cloro livre (Cl_2) exigiu apenas 5 minutos, para alcançar o mesmo nível de inativação, à mesma temperatura e pH.

10.7.4.2 Inativação de vírus

De acordo com Kabler *et al.* (1960) e o National Research Council (1980), todos os estudos conduzidos antes de 1944, que compararam o potencial virucida do cloro livre e do cloro combinado, eram inexatos, porque as experiências falharam ao distinguir claramente essas espécies, e também porque foram empregadas águas com alta demanda de Cl_2.

A maioria das experiências realizadas após 1945 mostrou que as cloraminas inorgânicas exigem concentrações muito mais altas e tempos de contato consideravelmente mais longos que o cloro livre, para alcançar níveis comparáveis de inativação de vírus. As experiências mostraram que eram exigidos tempos de contato entre 2 e 8 horas, e concentrações entre 0,67 a 1,0 mg de cloraminas, para alcançar inativação superior a 99% de poliovírus 1 (Mahoney e MK500), poliovírus 2 (MEF), poliovírus 3 (Sackett), *coxsackievírus* B1, e *coxsackievírus* B5 (EA80) (Kelley e Sanderson, 1958 e 1960). Em contraste, 0,2 a 0,35 mg/L de Cl_2 livre exigiram de 4 a 16 minutos de tempo de contato, para alcançar níveis comparáveis de inativação, sob as mesmas condições.

10.7.4.3 Inativação de protozoários

Das três formas predominantes de patogênicos (bactérias, vírus e protozoários), os estudos mostraram que os oocistos de protozoários são normalmente os mais resistentes à desinfecção. Os estudos indicaram que o cloro livre é um desinfetante mais efetivo que as cloraminas para inativação de oocistos (Chang e Fair, 1941; Chang, 1944; Stringr e Kruse, 1970). Foram necessárias concentrações de cloraminas de 8 mg/L para 99% de inativação do *Entamoeba histolytica*, enquanto apenas 3 mg/L de cloro livre eram exigidos para se obter o mesmo grau de inativação (Stringer e Kruse, 1970). O tempos de contato para ambos os desinfetantes foram de 10 minutos.

10.7.4.4 Valores de CT

Os valores de CT para se conseguir a inativação de *Giardia* e vírus usando cloraminas são mostrados nas Tabs. 10.34 e 10.35, respectivamente. Os valores contidos nestas tabelas foram obtidos do Guidance Manual for Compliance with Filtration and Disinfection Requeriments for Public Water Systems Using Surface Water Sources (Awwa, 1991).

Os valores de CT mostrados a Tab. 10.34 são baseados em estudos de desinfecção usando cistos de *Giardia lamblia in vitro*. Os valores de CT mostrados na Tab. 10.35 foram baseados em dados usando cloraminas pré-formadas em pH 8. Nenhum fator de segurança foi aplicado aos dados de laboratório usados para derivar os valores de CT, apresentados nas Tabs. 10.34 e 10.35, visto que a cloraminação no campo é mais efetiva que usando-se cloraminas pré-formadas, em virtude da degradação da monocloramina com o tempo, e da presença de algum cloro livre, quando formam-se as cloraminas.

10.7.5 Formação de subprodutos da desinfecção com cloraminas

A efetividade das cloraminas para controlar a produção de subprodutos da desinfecção depende de uma variedade de fatores, notavelmente da relação cloro:amoníaco, o ponto de aplicação do amoníaco em relação ao cloro, a extensão da mistura, e pH.

As monocloraminas (NH_2Cl) não produzem subprodutos da desinfecção em quantidades significativas, embora algum ácido dicloroacético possa ser formado, e a formação de cloreto de cianogênio seja maior que com cloro livre (Jacangelo *et al.*, 1989; Smith *et al.*, 1993; Cowman e Singer, 1994). A inabilidade para se misturar cloro e amoníaco instantaneamente permite que o Cl_2 possa reagir antes da formação completa de cloraminas, além de permitir que a monocloramina lentamente seja hidrolisada e libere cloro para a solução aquosa. Assim, as

TABELA 10.34 Valores de CT para inativação de cistos de Giardia usando-se cloraminas

Inativação (%)	Temperatura (°C) (mg · min/L)				
	5	10	15	20	25
68,4	365	310	250	185	125
90,0	735	615	500	370	250
96,8	1.100	930	750	550	375
99,0	1.470	1.230	1.000	735	500
99,7	1.830	1.540	1.250	915	625
99,9	2.200	1.850	1.500	1.100	750

Observação: Os valores mostrados neste quadro são baseados na faixa de pH variando entre 6 e 9.
Fonte: Awwa, 1991.

TABELA 10.35 Valores de CT para inativação de vírus usando-se cloraminas

Inativação (%)	Temperatura (°C) (mg · min/L)				
	5	10	15	20	25
99,00	857	643	428	321	214
99,90	1423	1067	712	534	356
99,99	1988	1491	994	746	497

Awwa, 1991.

reações de halogenação acontecem até mesmo quando a monocloramina for formada anteriormente à sua adição no processo de tratamento (Rice e Gomez-Taylor, 1986). A mais íntima relação cloroamônia está no ponto de ruptura, com a maior formação de subprodutos (Speed et al., 1987). Além de controlar a formação de subprodutos, a cloraminação resulta em concentrações mais baixas de várias outras espécies de organo-halogenados, gerados a partir do cloro livre, com exceção do cloreto de cianogênio (Krasner et al., 1989; Jacangelo et al., 1989). A produção aumentada de cloreto de cianogênio é observada quando a monocloramina for usada como um desinfetante secundário em vez do cloro livre.

A aplicação de cloraminas resulta na formação de material orgânico clorado, embora isso aconteça em um grau muito menor que de uma dose equivalente de cloro livre. Pouco se sabe sobre a natureza destes subprodutos, a não ser que eles são mais hidrófilos e maiores em tamanho molecular que os organo-halogenados produzidos pelo cloro livre (Jensen et al., 1985; Singer, 1993).

10.7.6 Status dos métodos analíticos

10.7.6.1 Monitoração de cloraminas

Os métodos usados para medida de cloro residual são adaptados para as cloraminas. O DBPR promulgado em 16 de dezembro de 1998 (63 FR 69390) estabelece três métodos analíticos aceitáveis por medir residual de cloraminas (cloro combinado). Estes métodos são apresentados no 40 CFR § 141.131(c) e incluem:

• titulação amperométrica (Standard Method 4500-C1 D e ASTM Method D 1253-86);

• DPD Titrimétrico (Standard Method 4500-C1 F); e

• DPD Colorimétrico (Standard Method 4500-C1 G).

10.7.6.2 Titulação amperométrica

A titulação amperométrica é um método extensivamente utilizado em laboratórios de saneamento (Gordon et al., 1992). Este método é capaz de distinguir as três formas mais comuns de cloro, isto é cloro/ácido hipocloroso/íon hipoclorito, monocloramina, e dicloramina, desde que as formas combinadas não estejam presentes em concentrações superiores a mais ou menos 2 mg/L (como Cl_2). Para concentrações mais altas, é exigida diluição das amostras, mas a diferenciação ainda é possível (Aoki, 1989).

Este método é um padrão de comparação para a determinação de cloro livre ou combinado. Não é um método muito afetado por agentes oxidantes comuns, variações de temperatura, turbidez, e cor (Standard Method, 1995). Exige um grau maior de habilidade que o método colorimétrico. A diferenciação de cloro livre, monocloramina, e dicloramina são possíveis pelo controle da concentração de iodeto de potássio (KI) e do valor do pH, durante a análise.

Vários métodos podem ser usados para medir as espécies de cloro, utilizando a titulação amperométrica (Gordon et al., 1992). O limite mais baixo de detecção destes métodos varia, dependendo da instrumentação empregada e do tipo de amostra de água analisada. O limite mais baixo de detecção para os tituladores amperométricos comerciais é de mais ou menos 30 mg/L como Cl_2 (Sugam, 1983).

A Tab. 10.36 mostra as faixas de trabalho, precisão e exatidão esperada, nível de habilidade exigido do operador, interferências, e o status atual dos métodos amperométricos para análise de monocloraminas.

TABELA 10.36 Características e comparações dos métodos analíticos para monocloraminas[a]					
Tipo de teste	Titulação amperométrica, forward	Titulação amperométrica, Back	DPD colorimétrico titulação ferrosa	DPD colorimétrico
Faixa de trabalho (mg/L)	0,1 - 10	0,1 - 10	0,01 - 10	0,01 - 10
Exatidão esperada (± %)	NR	NR	NR	NR
Precisão esperada (± %)	0-10	NR	2 - 7	5 - 75
Grau de habilidade[b]	2	2	1	1
Interferências	Dicloramina; NCl_3	Dicloramina; NCl_3	Dicloramina; NCl_3; Espécies oxidantes	Dicloramina; NCl_3; Espécies oxidantes
Faixa de pH	Depende	Depende	Requer tampão	Requer tampão
Teste no campo	S	S	N	S
Teste automatizado	S	S	N	N
Status atual	Recomendado	Recomendado	Recomendado teste de laboratório	Recomendado teste de campo

Notas: a) Alguns trabalhos atuais foram executados para determinação seletiva de cloraminas. Os valores reportados são de estudos que tiveram objetivos diferentes da determinação seletiva de cloraminas; b) níveis de habilidade de Operador: 1 = mínimo, 2 = bom técnico, 3 = químico experiente NR = não reportado em literatura.

Fonte: Gordon et al, 1992.

10.7.6.3 Métodos colorimétricos

Ao longo dos anos, numerosos métodos colori-métricos foram desenvolvidos para medir cloro livre e combinado em soluções aquosas (Gordon et al., 1992). Muitos destes métodos não são recomendados. Dois dos métodos colorimétricos listados no Standard Methods (1995) são métodos de DPD. Além disso, o método colorimétrico LCV, modificado por Whittle e Lapteff (1974) pode ser usado para medir espécie de cloro livre e combinado.

Os métodos de DPD são operacionalmente mais simples para determinação de cloro livre que a titulação amperométrica (Standard Methods, 1995).

No método de LCV modificado por Whittle e Lapteff (1974), a concentração máxima de cloro que pode ser determinada, sem diluição da amostra, é 10 mg/L como Cl_2.

10.7.7 Interferências de desinfetantes

O cloro livre pode interferir na medição de monocloramina, desde que o método use o nível de cloro livre na determinação de monocloramina. Muitos agentes oxidantes fortes interferem na medida do cloro livre em todos os métodos de determinação da monocloramina, inclusive bromo, dióxido de cloro, iodo, permanganato, água oxigenada e ozônio. Porém, a forma reduzida destes elementos (íon brometo, íon cloreto, íon iodeto, íon manganoso e oxigênio) não interferem.

Agentes redutores, tais como combinações férreas, sulfeto de hidrogênio, e material orgânico oxidável, geralmente não interferem (Standard Methods, 1995).

10.7.7.1 Titulação amperométrica

Os métodos de titulação amperométrica não são afetados por concentrações de dicloramina na faixa de 9 mg/L como Cl_2, na determinação do cloro livre. O NCl_3, se presente, pode reagir parcialmente com o cloro livre. O método amperométrico medirá cloramina orgânica como cloro livre, monocloramina, ou dicloramina, dependendo da atividade do cloro na amostra orgânica (Standard Methods, 1995).

A dicloramina pode interferir também com a medida de monocloramina e cloro livre (Marks et al., 1951). A presença de íon iodeto pode ser um problema severo se a vidraria do titulador não for cuidadosamente lavada entre as determinações (Johnson, 1978).

Dióxido de manganês, uma interferência comum na maioria dos procedimentos analíticos para determinação de cloro, não interfere na medição amperométrica de cloro livre (Bongers et al., 1977). Porém, por causa de sua reação com íon iodeto, adicionado durante a análise, o MnO_2 interfere com as medidas amperométricas das formas combinadas de cloro, tais como a monocloramina (Johnson, 1978).

10.7.7.2 Método colorimétrico

A cor e a turbidez das amostras podem interferir em todos os procedimentos colorimétricos. No métodos DPD, altas concentrações de monocloramina interferem com a determinação de cloro livre, a menos que sejam adicionados arsenito ou tioacetimida. Além disso, os métodos de DPD são sujeitos à interferência por espécies do manganês, a menos que compensados por um branco (Standard Methods, 1995).

Os métodos de DPD não são alterados por dicloramina, nas concentrações na faixa de 0 a 9 mg/L como Cl_2, na determinação de cloro livre. O tricloreto de nitrogênio, se presente, pode reagir parcialmente como cloro livre. A extensão desta interferência nos métodos de DPD não parece ser significativa (Standard Methods, 1995).

No método colorimétrico LCV, Whittle e Lapteff (1974) reportaram que a dicloramina não interferiu com a medição de monocloramina.

10.8 Ozônio/peróxido de hidrogênio (peroxona)

Os processos de oxidação avançada geram radicais livres hidroxila, altamente reativos, que oxidam várias substâncias presentes na água. Como examinado em 10.4, esses radicais são produzidos durante a decomposição espontânea do ozônio. Acelerando-se a taxa de decomposição do ozônio, a concentração de hidroxila é elevada, o que aumenta a taxa de oxidação.

Vários métodos são usados para aumentar a decomposição do ozônio e produzir altas concentrações de radicais hidroxila. Um dos métodos mais comuns é a adição de água oxigenada à água ozonizada, método esse comumente chamado de peroxona.

O Metropolitan Water District of Southern California (MWDSC) conduziu extensas pesquisas usando peroxona para controlar matéria orgânica e oxidar compostos causadores de gosto e odor (por exemplo, geosmin e 2-metilisoborneol [MIB]), ao mesmo tempo em que fornecia níveis suficientes de ozônio molecular para garantir valores de CT para desinfecção primária. Este capítulo enfoca peroxona como desinfetante, porém resultados semelhantes são esperados de outros processos de oxidação avançada, tais como ozônio/UV, ozônio em alto pH, H_2O_2/UV, além de outras combinações.

Um aspecto importante no uso da peroxona como desinfetante é que o processo não fornece um residual mensurável. Portanto, não é possível de calcular valores de CT, como é feito quando utilizado outros desinfetantes. Enquanto nenhum crédito pode ser atribuído aos radicais livres hidroxila, porque eles não podem ser diretamente medidos, algum crédito pode ser considerado para qualquer ozônio detectado em sistemas de peroxona. A peroxona proporciona inativação de patogênicos, como examinado neste capítulo, mas valores equivalentes de CT ou métodos de dimensionamento de equipamento não são abordados.

10.8.1 Reações químicas envolvendo peroxona

O ciclo de decomposição do ozônio é semelhante aquele examinado no item 10.4. Porém, a água oxigenada adicionada ou a radiação ultravioleta acelera a decomposição do O_3 e aumentam a concentração de radicais hidroxila. Adicionando-se H_2O_2, a produção de radicais livres é de 1 mol de hidroxila por mol de ozônio.

Semelhante à discussão sobre o ozônio no item 10.4, a oxidação com peroxona acontece devido a duas reações (Hoigné e Bader, 1978):

- oxidação direta dos compostos por ozônio aquoso ($O_{3(aq)}$); e
- oxidação de compostos radicais hidroxila produzidos pela decomposição do ozônio.

As duas reações de oxidação competem pelo substrato (compostos a oxidar). A cinética da oxidação direta com ozônio molecular é relativamente lenta (10^{-5} – 10^7 $M^{-1}s^{-1}$), quando comparada à da oxidação com hidroxila (10^{12} – 10^{14} $M^{-1}s^{-1}$), mas a concentração de ozônio é relativamente alta. Por outro lado, os radicais hidroxila são muito mais reativos, mas sua concentração sob condições normais de ozonização é relativamente pequena.

Uma diferença importante entre o processo de ozonização e o processo com peroxona é que o primeiro está fortemente baseado na oxidação direta por meio de ozônio aquoso, enquanto o segundo depende principalmente da oxidação com radical hidroxila.

No processo com peroxona, o ozônio residual é pequeno, pois a água oxigenada acelera muito a sua decomposição. Porém, a oxidação alcançada pela hidroxila excede em muito o valor da oxidação proporcionada pelo ozônio, porque esse radical é muito mais reativo. O resultado é que a oxidação é mais reativa e muito mais rápida no processo com peroxona comparado ao processo de ozônio molecular. Porém, visto que um ozônio residual é exigido para se determinar o valor de CT para desinfecção, a peroxona não pode ser considerada apropriada como um pré-desinfetante. Os potenciais de oxidação do radical hidroxila e ozônio são apresentados nas equações 10.37 a 10.39.

$OH^- + e^- \rightarrow OH^+$ $\quad\quad E° = +2,8V \quad (10.37)$

$O_3 + 2H^+ + 2e^- \rightarrow O_2 + H_2O \quad E° = +2,07V \quad (10.38)$

$O_3 + H_2O + 2e^- \rightarrow O_2 + OH^+ \quad E° = +1,24V \quad (10.39)$

Além de ter um potencial de oxidação mais alto que ozônio, o radical hidroxila é também muito mais reativo, aproximando-se da taxa de difusão de solutos tais como hidrocarbonetos aromáticos, compostos insaturados, alcoóis alifáticos e ácido fórmico (Hoigné e Bader, 1976).

10.8.1.1 Reações de oxidação

Por ser muito mais efetiva que a oxidação direta com ozônio, a oxidação com radicais livres hidroxila tem sido usada extensivamente para tratar compostos orgânicos difíceis de oxidar, tais como os causadores de gosto e odor, os organoclorados (por exemplo, geosmin, MIB, compostos fenólicos, tricloroetileno [TCE], e percloroetileno [PCE]).

Nem o ozônio nem a peroxona destroem significativamente o COT. A peroxona oxidará os orgânicos e produzirá subprodutos semelhantes àqueles apontados na ozonização; isto é, aldeídos, cetonas, águas oxigenadas, íon bromato, e orgânicos biodegradáveis (MWDSC e JMM, 1992). Porém, com peroxona, a biodegradabilidade da água (não as combinações orgânicas) aumenta, por tornar "uma parcela do COT" mais fácil de remover em filtros biologicamente ativos.

A peroxona conquistou um nicho nos compostos orgânicos de difícil tratamento, tais como geosmin e MIB (Pereira et al., 1996; Ferguson et al., 1990). Além disso, peroxona e outros processos de oxidação avançada têm-se mostrado efetivos em oxidar compostos halogenados, tais como 1-dicloropropano, tricloroetileno, 1-cloropentano, e 1,2-dicloroetano (Masten e Hoigné, 1992; Aieta et al., 1988; Glaze e Kang, 1988). O radical hidroxila reagirá também com compostos alifáticos mais refratários, tais como alcoóis e ácidos de cadeia pequena (Chutny e Kucera, 1974).

A relação ótima peróxido:ozônio, para maximizar a taxa de reação do radical hidroxila, pode ser determinada para uma aplicação específica. Por exemplo, a relação ótima peróxido:ozônio, para oxidação de TCE e PCE em uma água subterrânea, foi determinada como sendo 0,5 em peso (Glaze e Kang, 1988). Testes mostraram que TCE exigiu dosagens de ozônio mais baixas para a mesma porcentagem de remoção quando comparada ao PCE.

10.8.1.2 Reações com outros parâmetros de qualidade da água

O valor do pH e a alcalinidade de bicarbonato desempenham um papel importante na efetividade da peroxona (Glaze e Kang, 1988). Este papel está relacionado principalmente à competição do bicarbonato e carbonato para reagir com radicais hidroxila no caso de alta alcalinidade, e o carbonato em altos níveis de pH. Água oxigenada em excesso também pode limitar a formação do radical hidroxila e reduzir a efetividade da peroxona.

A turbidez não parece ter influência na efetividade da peroxona, assim como também esse oxidante parece não remover a turbidez. Tobiason et al. (1992) estudaram o impacto da pré-oxidação em filtração e concluiram que não houve melhora na turbidez do efluente.

10.8.1.3 Comparação entre o ozônio e a peroxona

A diferença-chave entre o ozônio e a peroxona está no modo de oxidação primária; isto é, oxidação direta ou oxidação pelo radical hidroxila. As reatividades dessas combinações criam um efeito diferente nas reações com os componentes presentes na água e, desse modo, a efetividade da desinfecção. A Tab. 10.37 resume as principais diferenças entre o ozônio e a peroxona, no que diz respeito às suas aplicações em tratamento de águas.

10.8.2 Geração de peroxona

O processo que usa peroxona requer um sistema de geração de ozônio, como descrito no item 10.4, e um sistema de alimentação de peróxido de hidrogênio. O processo envolve dois passos essenciais: dissolução de ozônio e adição da água oxigenada. A água oxigenada pode ser adicionada depois do ozônio (desse modo, as reações de oxidação e a desinfecção acontecem primeiro), ou antes do ozônio (usar água oxigenada como pré-oxidante, seguida das reações pelos radicais hidroxila), ou simultaneamente. A adição de água oxigenada seguida de ozônio é o melhor caminho para se operar o sistema, porém não se pode obter um valor de CT, a menos que o ozônio residual seja suficientemente alto. Há dois efeitos principais da junção de ozônio com água oxigenada (Diguet et al., 1985):

- A eficiência da oxidação é aumentada pela transformação de moléculas de ozônio em radicais hidroxila.

- A transferência de ozônio da fase gasosa até o líquido é melhorada devido a um aumento na sua taxa de reação.

A operação mais eficiente é adicionar ozônio primeiro, para se obter o parâmetro de desinfecção "CT", seguindo-se a adição da água oxigenada.

A ozonização pode ser descrita como acontecendo em duas fases. Na primeira fase, o ozônio destrói rapidamente a demanda inicial por oxidante, assim aumentando a sua taxa de transferência da fase gasosa, para a solução. A adição de radicais livres hidroxila na primeira fase deve ser minimizada, visto que a água oxigenada compete com as moléculas de ozônio reativo (demanda inicial). Na segunda fase, o material orgânico é oxidado, de forma muito mais lenta que na primeira fase. Adicionando-se água oxigenada durante a segunda fase, torna-se possível elevar a eficiência global da oxidação, porque a reação da água oxigenada com ozônio produz hidroxila, que aumenta as taxas das reações químicas. Na prática, a adição de água oxigenada na segunda fase da ozonização pode ser feita injetando H_2O_2 na segunda cavidade de um contator de ozônio (Duguet et al., 1985).

O consumo de energia pelo processo da peroxona inclui aquela para geração e aplicação de ozônio, e para

TABELA 10.37 Comparação entre a oxidação com ozônio e com peroxona		
Processo	**Ozônio**	**Peroxona**
Taxa de decomposição do ozônio	Decomposição normal, produzindo radical hidroxila como produto intermediário	Decomposição acelerada do ozônio, aumentando a concentração de radicais hidroxila em relação ao ozônio isoladamente
Ozônio residual	5 - 10 minutos	Muito curto, devido à rapidez da reação
Caminho da oxidação	Oxidação direta pelo ozônio molecular	Oxidação primariamente pelo radical hidroxila
Habilidade em oxidar ferro e manganês	Excelente	Menos efetiva
Habilidade em oxidar compostos responsáveis por gosto e odor	Variável	Boa, o radical hidroxila é mais reativo que o ozônio.
Habilidade em oxidar compostos organoclorados	Pobre	Boa, o radical hidroxila é mais reativo que o ozônio.
Habilidade na desinfecção	Excelente	Boa, porém o sistema só pode ser dimensionado pelo parâmetro CT se tiver ozônio residual mensurável.
Habilidade para se detectar residual, para monitoramento da desinfecção	Boa	Pobre, não se pode calcular o parâmetro CT.

Fonte: Adaptado de USEPA, 1999.

as bombas dosadoras de peróxido de hidrogênio. A adição de água oxigenada não exige mais treinamento de um operador que qualquer outro sistema de alimentação química de líquidos. Os sistemas devem ser diariamente inspecionados para operação e para verificação de vazamentos. Os volumes de armazenamento também devem ser diariamente conferidos para assegurar que a água oxigenada disponível é suficiente, e para monitorar o uso.

10.8.3 Inativação de patogênicos

Tanto a peroxona como outros processos de oxidação avançada provaram ser iguais ou mais efetivos que o ozônio, na inativação de patogênicos.

10.8.3.1 Mecanismos de inativação

As experiências indicaram que, longos tempos de contato e altas concentrações de água oxigenada são exigidos para inativação de bactérias e vírus (Lund, 1963; Yoshe-Purer e Eylan, 1968; Mentel e Schmidt, 1973). Para alcançar 99% de inativação de poliovírus foram necessárias doses de água oxigenada de 3.000 mg/L por 360 minutos ou 15.000 mg/L por 24 minutos. Baseados nestes resultados, quando a combinação de água oxigenada e ozônio é usada, a causa primária para inativação de patogênicos é atribuída ao O_3.

Como descrito em 10.4, o modo de ação de ozônio em microrganismos não é bem entendido. Alguns estudos em bactérias sugerem que o ozônio altera as proteínas e ligações não saturadas dos ácidos graxos, na membrana das células (Scott e Lescher, 1963; Pryor et al., 1983), enquanto outros estudos sugerem que o ozônio pode contaminar o ácido desoxirribonucleico (DNA) nas células (Hamelin e Chung, 1974; Ojrogge e Kernan, 1983; Ishizaki et al., 1987). A inativação de vírus foi reportada como estando relacionada ao ataque à casca da proteína pelo ozônio (Riesser et al., 1977). Poucas informações foram publicadas a respeito do modo de ação do ozônio em oocistos de protozoários. Porém, alguns pesquisadores sugeriram que o ozônio causa alterações na estrutura dos oocistos (Wickramanayake, 1984a; Wallis et al., 1990).

O debate relativo ao modo primário de ação dos radicais livres hidroxila continua. Alguns pesquisadores acreditam que a desinfecção é resultado da reação direta do ozônio (Hoigné e Bader 1975; Hoigné e Bader, 1978), enquanto outros acreditam que o radical hidroxila é o mais importante na desinfecção (Dahi, 1976; Bancroft et al., 1984). Os estudos usando água oxigenada e ozônio mostraram que a desinfecção de águas contendo E. coli é menos efetiva quando a relação peróxido : ozônio fica acima de 0,2 mg/mg (Wolfe et al., 1989a; Wolfe et al., 1989b). A diminuição da desinfecção foi atribuída ao baixo residual de ozônio, associado à a alta taxa de peróxido, o que indica que a reação direta do ozônio é um mecanismo importante para inativação de patogênicos.

10.8.3.2 Eficácia da desinfecção com peroxona

Alguns estudos indicaram que a efetividade da desinfecção com peroxona e com ozônio são comparáveis (Wolfe et al. 1989b; Ferguson et al. 1990; Scott et al. 1992). Um estudo conduzido por Ferguson et al. (1990) comparou a capacidade de inativação de patogênicos, desses dois produtos, usando *colifages MS-2* e *f 2*, bem como *E. coli* e bactérias heterotróficas. Os *colifages f 2* e *MS-2* eram comparáveis, em sua resistência, ao ozônio e peroxona. Nenhuma diferença na inativação desses dois organismos eram aparentes quando a relação peróxido : ozônio era variada de 0 até 0,3. Os resultados do estudo com *E. coli* e as bactérias heterotróficas mostraram que a peroxona e o ozônio apresentaram inativação comparáveis.

A Tab. 10.38 lista os valores de CT para inativação de cistos de *Giardia muris*, pelo ozônio e pela peroxona, em outro estudo realizado pelo MWDSC. Os tempos de contato usados para calcular os valores de CT foram baseados em 10% e 50% de traçador radioativo tendo atravessado o contator. As concentrações de ozônio usadas para se obter o parâmetro CT foram baseadas no ozônio residual. Os resultados destes estudos sugerem que a peroxona é ligeiramente mais potente que o ozônio, baseando-se no fato de que os valores de CT para o ozônio foram maiores. Porém, pelo fato de que o ozônio se decompõe mais rapidamente na presença de água oxigenada, podem ser necessárias dosagens de ozônio mais altas, para alcançar residuais comparáveis. Além disso, o uso de ozônio residual para calcular o produto CT para peroxona não pode levar em conta outras espécies oxidantes, que podem ter capacidade desinfetante.

10.8.4 Subprodutos da desinfecção

Os principais subprodutos associados com a peroxona são semelhantes àqueles produzidos durante a ozonização, listados na Tab. 10.19. Outros subprodutos podem ser formados de reações com radicais hidroxila. A peroxona não forma organo-halogenados quando participando em reações de oxidação/redução, com matéria orgânica natural. Porém, se íons brometo estiverem presentes nas águas podem ser formados subprodutos halogenados. Semelhante ao ozônio, o principal benefício de se usar peroxona para controlar a formação de THM, está ligado ao fato de que se elimina a necessidade de pré-cloração, permitindo-se doses mais baixas de cloro livre ou de cloraminas, a serem aplicadas mais tarde no processo, depois que os precursores tenham sido removidos por coagulação, sedimentação e/ou filtração. Porém a peroxona não reduz o potencial de formação de subprodutos da desinfecção.

Um estudo do MWDSC mostrou que o uso de peroxona/cloro resultou em concentrações de THM 10 a 38% maior que o uso de ozônio/cloro. Porém, as concentrações de THM das águas desinfetadas com peroxona/cloraminas e ozônio/cloraminas eram semelhantes (Ferguson et al., 1990).

Com o uso de peroxona, como desinfetante primário e cloraminas, como desinfetante secundário, pode-se controlar satisfatoriamente a formação de subprodutos da desinfecção, se íons brometo não estiverem presentes e o parâmetro CT for adequadamente estabelecido. No caso da oxidação/desinfecção com ozônio, a formação de íons bromato é uma preocupação. A reação de oxidação de íon brometo (Br^-) a íon hipobromito (BrO^-) e íon bromito (BrO_2^-), e, subsequentemente, a íon bromato (BrO_3^-), acontece em decorrência da reação direta com o ozônio (Pereira et al., 1996).

10.8.5 Status dos métodos analíticos

A água oxigenada em solução reage com ozônio em última instância para formar água e oxigênio. Consequentemente, a presença simultânea de ambos os oxidantes é aceita como sendo passageira (Masschelein et al., 1977). O item 10.4 resume os métodos analíticos para o ozônio, que podem ser usados para monitoração de ozônio/hidrogênio residual. Este item apresenta o *status* dos métodos analíticos somente para água oxigenada.

10.8.5.1 Monitoramento da água oxigenada

O Standard Methods (1995) não lista os procedimentos para se medir água oxigenada. Gordon et al. (1992) lista vários métodos para análise de água oxigenada, inclusive:

- métodos titulométricos;
- métodos colorimétricos; e
- método da peroxidase.

A Tab. 10.39 mostra a faixa de trabalho, precisão, exatidão, nível de habilidade exigida do operador, interferências e status atual para análise de água oxigenada.

TABELA 10.38 Valores de CT (mg · min/L) para inativação de *Giardia muris*

Inativação	Ozônio $C_1T_1^a$	Ozônio $C_2T_2^a$	Peroxona[b] $C_1T_1^a$	Peroxona $C_2T_2^a$
90%	1,6	2,8	1,2	2,6
99%	3,4	5,4	2,6	5,2

Observação: resultados para 14°C. a) C_1, ozônio residual; C_2 (dose de ozônio + ozônio residual) ÷ 2; T_1 e T_2 tempo em minutos para se alcançar 10% e 50% respectivamente, de traçador tendo atravessado o contactor. b) Relação H_2O_2/O_3 igual a 0,2 para todos os resultados.

Fonte: Adaptada de Wolfe et al., 1989b.

TABELA 10.39 Características e comparações dos métodos analíticos de peróxido de hidrogênio						
Tipo de teste	Titulação iodométrica	Titulação com permanganato	Colorimétrico, titânio IV	Colorimétrico, leuco à base de fenolftaleína	Colorimétrico, cobalto III/HCO$_3^-$	HRP[b]
Faixa de trabalho (mg/L)	>10	0,1 - 100	0,1 - 5	0,005 - 0,1	0,01 - 1	$10^{-8} - 10^{-5}$
Exatidão (%)	±5	±5	NR	NR	NR	NR
Precisão (%)	±5	±5	NR	NR	NR	NR
Nível de habilidade[a]	2	2	2	2	2	2
Interferências	Espécies oxidantes	Espécies oxidantes	Ozônio	Ozônio	Ozônio	Outros peróxidos, Ozônio
Faixa de pH	Ácido	Ácido	Ácido	Neutro	Neutro	4,5 - 5,5
Teste de campo	S	S	S	S	S	N
Teste automatizado	N	N	N	S	S	S
Status atual	Recomendado	Recomendado	Não recomendado	Não recomendado	Não recomendado	Recomendado

a) Nível de habilidade do operador 1= mínimo; 2 = bom técnico; 3 = químico experiente; b) Este método não pode ser usado em águas tratadas com peroxona, onde a concentração de peróxido de hidrogênio for significativamente alta. NR = Não reportado na literatura citada pela fonte de referência.

Fonte: Adaptada de Gordon et al., 1992.

10.8.5.1.1 Métodos de titulação

Dois métodos de titulação estão disponíveis para a análise de água oxigenada; isto é, iodométrico e permanganato. As precauções para a titulação iodométrica incluem a volatilidade do iodo, interferências dos metais tais como ferro, cobre, níquel, e cromo, e descoloração dos pontos finais da titulação (Gordon et al., 1992). As substâncias orgânicas e inorgânicas que reagem com permanganato interferem com a titulação com este oxidante. A titulação de água oxigenada com íons permanganato ou iodeto não é suficientemente sensível para determinar concentrações residuais (Masschelein et al., 1977).

10.8.5.1.2 Métodos colorimétricos

O método mais difundido para determinação colorimétrica de água oxigenada é aquele baseado na oxidação de um sal de titânio (IV) (Masschelein et al., 1977). É formado um complexo amarelo, medido por absorção em 410 ηm. Em uma base qualitativa, ozônio e persulfatos não produzem o mesmo complexo colorido.

A oxidação da fenolftaleína é usada como um teste qualitativo para água oxigenada (Dukes e Hydier, 1964). A sensibilidade e precisão do método é suficiente na faixa entre 5 e 100 mg/L. Em determinados níveis, este método analítico é impraticável para se medir o residual de H_2O_2. Também, a instabilidade da cor obtida torna o método menos satisfatório para uso manual. Dados de interferência não estão disponíveis, mas é esperado que outros oxidantes interfiram (Gordon et al., 1992).

A oxidação de cobalto (II) e bicarbonato na presença de água oxigenada produz um complexo carbonato-cobaltado (III) (Masschelein et al., 1977). Este complexo tem faixas de absorção em 260, 440, e 635 ηm. A faixa de 260 ηm tem sido muito usada para a medida de água oxigenada. Um limite de detecção de 0,01 mg/L foi reportado (Masschelein et al., 1977). As interferências ópticas são causadas por 100 mg/L de nitrato e 1 mg/L de íons clorito. Outros agentes oxidantes interferem com este método tal como qualquer composto com uma absorção em 260 ηm (Gordon et al., 1992).

10.8.5.1.3 Método da peroxidase

Vários métodos incorporam as reações químicas entre peroxidase e água oxigenada. A peroxidase derivada de Horseradish (HRP) é usada mais frequentemente. O procedimento do 7-hidroxi-6-metoxicou-marin é um dos mais extensamente aceitos métodos fluorescentes para determinação de baixos níveis de água oxigenada utilizando HRP (Gordon et al., 1992). Novamente, nenhuma informação está disponível em relação às interferências.

10.8.6 Considerações operacionais

A água oxigenada é um forte oxidante e o contato com a pele deve ser evitado. Os tanques de armazenamento devem possuir barragens de contenção para o caso de possíveis derramamentos. A dupla retenção deve ser considerada para se minimizar o risco de exposição do pessoal da estação. Os recipientes de armazenamento podem explodir na presença de calor extremo ou fogo.

10.8.6.1 Considerações do processo

Os impactos do processo da peroxona são semelhantes àqueles descritos para o ozônio no item 10.4. Na presença de outros oxidantes, a propensão para transformar carbono orgânico em uma forma mais biodegradável pode ser aumentada com a adição de água oxigenada.

10.8.6.2 Requisitos de espaço

As bombas dosadoras, usadas para adição de água oxigenada, devem ser alojadas com espaço adequado ao redor de cada uma, para facilitar o acesso à manutenção. Estas bombas geralmente não são muito grandes, portanto, os espaços exigidos não são significativos.

A área de armazenamento pode variar de pequena, onde a água oxigenada é acondicionada em cilindros, até parques com grandes tanques, se o fluxo da planta é grande. Como mencionado anteriormente, devem ser previstas barreiras secundárias de retenção. A água oxigenada tem um ponto de congelamento mais baixo que água.

10.8.6.3 Materiais

A água oxigenada pode ser armazenada em cilindros ou tanques de polietileno. Sua densidade é 1,39 para água oxigenada a 50%, que deve ser considerada no projeto das paredes de tanque. Os materiais aceitáveis para tubulações de água oxigenada incluem o aço inoxidável 316, o polietileno, o CPVC, e o Teflon. Anéis de vedação devem ser de *teflon*, porque borracha natural, *hypalon* e EPDM não são resistentes à água oxigenada. As bombas dosadoras devem ser construídas de materiais resistentes à H_2O_2.

A água oxigenada pode ser adquirida de fornecedores de produtos químicos e é comercialmente disponível em concentrações de 35, 50, e 75%. O preço depende da concentração e da quantidade. Pode ser armazenada no local, mas deteriora gradualmente com o passar do tempo, até quando armazenada corretamente. Pode se deteriorar rapidamente se exposta ao calor ou a certos materiais.

10.9 Radiação ultravioleta

Diferentemente da maioria dos desinfetantes, a radiação ultravioleta (UV) não provoca a inativação de microrganismos por interação química. Esta inativa organismos por absorção da luz, que causa uma reação fotoquímica, alterando componentes moleculares essenciais para as funções das células. Como os seus raios penetram na parede das células do microrganismo, a energia interfere nos ácidos nucleicos e outros componentes vitais, resultando em danos ou morte. Existe ampla evidência para concluir que se dosagens suficientes de energia UV alcançam os organismos, qualquer grau de desinfecção pode ser conseguido. Porém, existem algumas preocupações relativas à saúde pública com respeito à sua eficiência global para desinfetar água.

Baseada na pesquisa da literatura disponível, parece que, embora excepcional para desinfecção de microrganismos tais como bactérias e vírus, as doses de UV exigidas para inativar protozoários tais como *Giardia* e *Cryptosporidium* são várias vezes mais altas que para bactérias e vírus (White, 1992; DeMers e Renner, 1992). Como resultado, é frequentemente empregada junto com ozônio e/ou água oxigenada, para aumentar a efetividade, ou na desinfecção de águas subterrâneas, onde a *Giardia* e o *Cryptosporidium* raramente aparecem.

10.9.1 Química da radiação UV (fotoquímica)

10.9.1.1 Radiação UV

A radiação UV rapidamente se dissipa na água, por ser absorvida ou refletida pelo material presente na solução. Este processo é atraente do ponto de vista de formação de subprodutos da desinfecção. Porém, um desinfetante químico secundário é exigido, caso seja necessário manter um residual.

As ondas eletromagnéticas da radiação UV são encontradas na faixa de 100 a 400 ηm (entre os raios X e espectros visíveis da luz). A divisão da radiação UV pode ser classificada como UV-vácuo (100-200 ηm), UV-C (200-280 ηm), UV-B (280-315 ηm) e UV-A (315-400 ηm). Os efeitos germicidas ótimos estão na faixa entre 245 e 285 ηm. Na desinfecção com UV utiliza-se qualquer lâmpada de baixa pressão que emita energia em um comprimento de onda de 253,7 ηm; lâmpadas de média pressão que emitam energia em comprimentos de onda de 180 até 1.370 ηm; ou lâmpadas que emitam outros comprimentos de onda de alta intensidade e de maneira pulsante.

10.9.1.2 Reações da desinfecção com radiação UV

O grau de destruição ou inativação de microrganismos está diretamente relacionado à dose de radiação UV, e pode ser calculada por meio da equação 10.40.

$$D = I \times t \qquad (10.40)$$

onde:
D = dose de radiação UV, mW ×s/cm^2;
I = intensidade, mW/cm^2;
t = tempo de exposição, s.

Pesquisas indicam que quando os microrganismos ficam expostos à radiação UV, uma fração permanente da população viva é inativada durante cada incremento progressivo de tempo. Esta relação dose-resposta para o efeito germicida indica que a alta intensidade de energia UV, em um pequeno período de tempo, acarreta a mesma mortandade que uma intensidade menor em um período de tempo proporcionalmente mais longo.

A dose de UV exigida para uma efetiva inativação é determinada por dados específicos locais, relativo à qualidade do efluente e a remoção exigida. Baseando-se numa cinética de 1ª ordem, a sobrevivência dos microrganismos pode ser calculada em função da dose versus tempo de contato (White, 1992; USEPA, 1996a). Para altas remoções, a concentração restante de organismos parece estar relacionada somente à dose e qualidade da água, e não depende da densidade inicial de microrganismos. Tchobanoglous (1997) sugeriu a relação entre sobrevivência de coliformes e dose de UV, representada pela equação 10.41.

$$N = f \times D^n \qquad (10.41)$$

onde:
N = densidade de coliformes no efluente/100 mL;
D = dose de UV, mW × s/cm^2;
n = coeficiente empírico relacionado à dosagem;
f = fator empírico de qualidade do efluente que reflete a presença de partículas, cor etc.

10.9.1.3 Variáveis do processo

Visto que a radiação UV é energia na forma de ondas eletromagnéticas, sua efetividade não é limitada por parâmetros de qualidade química da água. Por exemplo, parece que os valores de pH, temperatura, alcalinidade e carbono inorgânico total não interferem na efetividade global da desinfecção (Awwa e Ase, 1990). Porém, a dureza pode causar problemas para a limpeza e manutenção das lâmpadas. A presença ou adição de oxidantes (por exemplo, ozônio e/ou água oxigenada) aumenta a efetividade da radiação UV. A presença de alguns materiais dissolvidos ou em suspensão podem proteger microrganismos. Por exemplo, ferro, sulfitos, nitritos e fenóis absorvem luz UV (DeMers e Renner, 1992). Consequentemente, o coeficiente de absorbância é um sintoma desta demanda, e cada água apresenta um determinado valor. Como resultado, os parâmetros de projeto variam para cada água e devem ser empiricamente determinados para cada caso.

A demanda de radiação UV pela água é medida por meio de um espectrofotômetro configurado em um comprimento de onda de 254 ηm, usando uma célula de 1 cm de espessura. A medida resultante representa a absorção de energia por unidade de profundidade, ou absorbância. O percentual de transmitância é um parâmetro comumente usado para se verificar a conveniência do emprego de radiação UV para desinfecção. O percentual de transmitância é determinado a partir da absorbância (A) pela equação 10.42.

$$\% \text{ Transmitância} = 100 \times 10^{-A} \qquad (10.42)$$

A Tab. 10.40 apresenta as medidas correspondentes de absorbância e percentagem de transmitância medidas para várias qualidades de água.

Ondas contínuas de radiação UV, em doses e comprimentos de onda geralmente empregadas em tratamento de águas, não alteram significativamente as características químicas nem provocam interações significativas com quaisquer das substâncias químicas presentes na água (USEPA, 1996a). Além disso, a radiação UV não produz um residual. Como resultado, a formação de THM ou de outros subprodutos da desinfecção é mínima.

10.9.2 Geração de radiação UV

A produção de radiação UV exige eletricidade para as lâmpadas. As lâmpadas usadas em desinfecção consistem em um tubo de quartzo com um gás inerte, tal como o argônio e pequenas quantidades de mercúrio.

10.9.2.1 Lâmpadas de UV

As lâmpadas de UV operam quase do mesmo modo que as lâmpadas fluorescentes. A radiação UV é emitida por um fluxo de elétrons que atravessa vapor de mercúrio ionizado. A diferença entre essas duas lâmpadas é que a lâmpada fluorescente é coberta com fósforo, que converte a radiação UV em luz visível (White, 1992).

Tanto as lâmpadas de baixa como as de média pressão estão disponíveis para desinfecção. As de baixa pressão emitem energia em um comprimento de onda de 253,7 ηm, enquanto as de média pressão de 180 até 1.370 ηm. A intensidade das lâmpadas de média pressão é muito maior que as de baixa pressão. Desse modo, menos

TABELA 10.40 Qualidade da água parâmetros associados com radiação UV

Qualidade de água	Absorbância (unidade/cm)	Transmitância (%)
Excelente	0,022	95
Boa	0,071	85
Regular	0,125	75

Fonte: Adaptado de DeMers & Renner, 1992.

lâmpadas desse tipo são exigidas para uma dosagem equivalente. Para sistemas pequenos, uma única lâmpada de média pressão pode ser suficiente. Embora ambos os tipos de lâmpadas trabalhem igualmente bem para inativação de organismos, as de baixa pressão são recomendadas para sistemas pequenos, por causa da confiabilidade associada com múltiplas lâmpadas (DeMers e Renner, 1992), ao invés de uma única de média pressão, e para operação adequada durante os ciclos de limpeza.

As especificações recomendadas para lâmpadas de baixa pressão (DeMers e Renner, 1992) incluem:

- quartzo livre de ozônio;
- partida instantânea (demora mínima no *startup*);
- projetada para resistir a choques e vibrações.

As lâmpadas de baixa pressão são inseridas em uma camisa de quartzo para separar a água da superfície da luminária. Isto é necessário para manter a temperatura operacional da superfície da luminária próxima de 40 °C. Embora as camisas de *teflon* sejam uma alternativa, as de quartzo absorvem somente 5% da radiação UV, enquanto as de *teflon* absorvem 35% (Combs e McGuire, 1989).

10.9.2.2 Estabilizadores

Os estabilizadores controlam a potência das lâmpadas de UV. Devem operar em temperaturas abaixo de 60°C, para prevenir falhas prematuras (White, 1992). Dois tipos de estabilizadores são comumente usados, isto é, eletrônicos e eletromagnéticos. Os eletrônicos operam em uma frequência muito mais alta que os eletromagnéticos, resultando em temperaturas operacionais mais baixas, usam menos energia, produzem menos calor, e têm vida útil mais longa (DeMers e Renner, 1992).

Os critérios para seleção de estabilizadores incluem (DeMers e Renner, 1992):

- devem estar aprovados por laboratório de certificação;
- compatibilidade com lâmpadas de UV; e
- possibilidade de serem colocados em localização distante, para evitar contato com umidade.

10.9.2.3 Projeto de reator de UV

Os reatores convencionais UV estão disponíveis em dois tipos; isto é, vaso fechado e canal aberto. Para aplicações em água potável, o do tipo vaso fechado é geralmente preferido, pelas seguintes razões (USEPA, 1996a):

- ocupam menos espaço;
- poluição minimizada dos materiais aerotransportados;
- exposição mínima de pessoas à radiação UV; e
- projeto modular para simplicidade da instalação.

A Fig. 10.45 mostra um reator de UV convencional fechado. Este reator é capaz de fornecer dosagens de radiação adequadas para inativar bactérias e vírus, porém, é incapaz de fornecer as dosagens mais altas exigidas para cistos de protozoários. Para aumentar a dosagem, deve-se aumentar o número de lâmpadas de UV e/ou o tempo de exposição.

As características adicionais dos projetos para sistemas de desinfecção por UV convencionais incluem:

- sensores para monitorar qualquer perda de intensidade de saída das lâmpadas de UV;
- alarmes e paralisadores dos sistemas;
- ciclos de limpeza automática ou manual; e
- sistemas de telemetria para as instalações distantes.

Além de sistemas convencionais de UV, dois outros processos estão sendo atualmente avaliados para desinfecção:

- micropeneiração/UV; e
- UV pulsante.

Ambos professam fornecer doses de radiação UV suficientes para inativar cistos de *Giardia* e oocistos de *Cryptosporidium*.

10.9.3 Considerações sobre o projeto hidráulico

Os principais elementos que devem ser considerados no projeto hidráulico de um reator fechado de UV são: dispersão, turbulência, volume efetivo, distribuição do tempo de residência e taxa de fluxo (USEPA, 1996a).

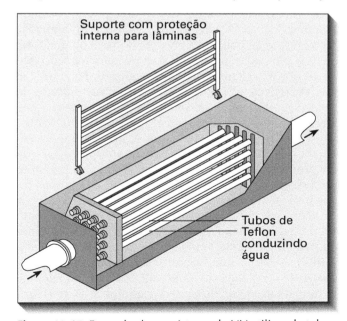

Figura 10.45 Exemplo de um sistema de UV utilizando tubos de Teflon®. Fonte: Adaptada de Qasim, 1999.

10.9.3.1 Dispersão

O reator de UV ideal é do tipo *plug flow*, onde é assumido que as partículas de água saem na descarga na mesma sequência que entraram, em cada elemento de massa, com mesmo de tempo detenção hidráulica. Um reator desse tipo é constituído de um longo tanque, com grande comprimento em relação à largura, em que a dispersão é mínima (USEPA 1996a).

10.9.3.2 Turbulência

Além das características de um *plug flow*, o reator de UV ideal tem um escoamento turbulento na direção do fluxo, que elimina as zonas mortas. Este padrão de fluxo turbulento promove a aplicação uniforme de radiação UV. Um aspecto negativo de ter um padrão de fluxo turbulento é que ocorre alguma dispersão. Técnicas tais como o emprego de placas perfuradas podem contornar os conflitos de características entre *plug flow* e turbulência (USEPA, 1996a).

10.9.4 Projetos emergentes de reator de UV

Duas tecnologias emergentes para projeto de reator de UV são examinadas abaixo. Todos os testes destes dois tipos de sistemas foram realizados em condições de laboratório e de campo. Ambas precisam demonstrar sua eficácia e aplicabilidade em escala real nas operações de tratamento.

10.9.4.1 Micropeneiramento/UV

Esta unidade consiste em duas calhas de tratamento, cada uma contendo uma tela metálica de porosidade nominal de 2 ηm. Cada lado da tela tem três lâmpadas de mercúrio de baixa pressão e 85 watts, com um total de seis lâmpadas por filtro. A dose mínima teórica é de 14,6 mW × s/cm², no comprimento de onda de 254 ηm. O sistema é projetado para capturar [o]ocisto de *Cryptosporidium* na primeira tela. O primeiro ciclo é configurado para estabelecer a dose de UV. O fluxo dentro da primeira calha é, então, invertido, e na segunda tela os [o]ocistos são presos até que a dose de UV prefixada seja alcançada. Usando válvulas, o padrão de fluxo pode ser regulado para assegurar que os [o]ocistos sejam temporariamente capturados em ambos os filtros, de forma que eles fiquem expostos à dose total de UV prefixada, que é totalmente independente da vazão a ser tratada (Clancy *et al.*, 1997). Johnson (1997) declarou que tal sistema é capaz de alcançar doses de UV totais de 8.000 mW × s/cm², suficientes para inativar cistos de *Giardia* e [o]ocistos de *Cryptosporidium*. Uma desvantagem deste tipo de reator é a perda de carga (até 19 mca), por conta da pequena abertura (2 ηm) da tela.

10.9.4.2 UV pulsante

No reator de UV pulsante, capacitores armazenam e liberam eletricidade em pulsações para *flash* de xenônio no centro de tubos de 2 polegadas de diâmetro. A unidade é projetada para fornecer pulsos com duração de microssegundos (1 a 30 hertz). Com cada pulso, os tubos emitem *flash* de alta intensidade, radiação de larga faixa, inclusive radiação UV germicida.

10.9.5 Inativação de patogênicos e eficiência da desinfecção

Ao contrário da maioria dos desinfetantes, a radiação UV é um processo físico que exige um tempo de contato da ordem de segundos para realizar a inativação de patogênicos (Sobotka, 1993). Como qualquer desinfetante, esse tipo de radiação tem suas limitações. Por exemplo, em virtude de ser um processo físico de desinfecção, não há um residual para controlar a proliferação posterior de microrganismos.

10.9.5.1 Mecanismo de inativação

A radiação UV é eficiente na inativação de bactérias vegetativas e certas formas de esporos, vírus, e outros microrganismos patogênicos. A radiação eletromagnética, nos comprimentos de onda de 240 até 280 nanômetros (ηm), inativa eficazmente microrganismos, por danos irreparáveis provocados no seu ácido nucleico. O comprimento de onda mais potente para danificar o ácido desoxirribonucleico (DNA) é aproximadamente 254 ηm (Wolfe, 1990). Outros comprimentos de onda de radiação UV, tal como 200 ηm, têm mostrado picos de absorbância em soluções aquosas contendo DNA (von Sonntag e Schuchmann, 1992); porém, não existe nenhuma aplicação prática para inativação de microrganismos no comprimento de onda variando de 190 até 210 ηm (USEPA, 1996a).

Os efeitos germicidas da luz UV envolvem danos fotoquímicos no RNA e DNA, dentro dos microrganismos. Os ácidos nucleicos dos microrganismos são os mais importantes absorvedores de energia no comprimento de onda de 240 a 280 ηm (Jagger, 1967). O DNA e RNA carregam as informações genéticas necessárias para a reprodução; dessa forma, os danos para qualquer uma dessas substâncias pode esterilizar eficazmente o organismo. Esses danos resultam frequentemente da dimerização das moléculas de pirimidina. A cistosina (presente tanto no DNA como no RNA), a timina (presente apenas no DNA) e o uracil (presente apenas no RNA) são os três tipos principais de moléculas de pirimidina. A replicação do ácido nucleico se torna muito difícil uma vez que as moléculas de pirimidina são vinculadas, devido à forma helicoidal do DNA (Snider *et al.*, 1991). Além disso, se a replicação acontecer, as células mutantes serão impossibilitadas de reproduzir (USEPA, 1996a). Na Fig. 10.46 é esquematizada a inativação germicida propiciada pela radiação UV.

Dois fenômenos importantes, quando a radiação UV é usada para desinfecção, são o mecanismo de reparação e a capacidade de fotorreativação de certos organismos expostos à radiação, sob específicos comprimentos de onda. Sob certas condições, alguns organismos são capazes de reparar o DNA danificado e tornarem-se ativos novamente. A fotorreativação acontece como consequência do efeito catalítico em comprimentos de onda da luz solar visível, fora da faixa de desinfecção efetiva. A extensão de reativação varia de organismo para organismo. Os indicadores de coliformes e alguns patogênicos bacterianos como a *Shigella* exibem o mecanismo de fotorreativação; porém, vírus (exceto quando eles infectaram uma célula do anfitrião, que é propriamente o fotorreativo) e outros tipos de bactérias não podem fotorreativar (USEPA, 1980; USEPA, 1986a; Hazen e Sawyer, 1992). Por causa dos danos ao DNA tenderem a se tornar irreversíveis com o passar do tempo, existe um período crítico durante o qual a fotorreativação pode acontecer. Para minimizar o efeito de fotorreativação, o contator de radiação deve ser projetado para proteger o fluxo da luz solar, imediatamente após a desinfecção.

10.9.6 Efeitos ambientais

Para alcançar a inativação, a radiação UV deve penetrar no microrganismo. Portanto, qualquer coisa que interfira nessa ação diminuirá a eficiência de desinfecção. Scheible e Bassell (1981) e Yip e Konasewich (1972) reportaram que o valor do pH não teve nenhum efeito na desinfecção com UV. Os já conhecidos fatores que diminuem a eficiência de desinfecção com UV são:

- presença de substâncias químicas e filmes biológicos que se depositam na superfície das lâmpadas de UV;
- compostos orgânicos e inorgânicos dissolvidos;
- agregação de microrganismos;
- cor e turbidez; e
- curto-circuito no fluxo de água no contator.

10.9.6.1 Filmes químicos e compostos orgânicos e inorgânicos dissolvidos

A acumulação de sólidos sobre a superfície das luminárias de UV pode reduzir a intensidade da radiação aplicada e, consequentemente, a eficiência da desinfecção. Além de biofilmes causados por materiais orgânicos, têm sido relatadas a formação de incrustações de cálcio, magnésio, e ferro (DeMers e Renner, 1992). Águas contendo altas concentrações de ferro, dureza, sulfeto de hidrogênio e compostos orgânicos são mais suscetíveis

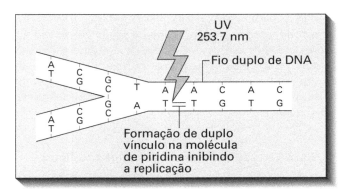

Figura 10.46 Inativação germicida através da radiação UV. Fonte: Tchobanoglous, 1997.

à formação de uma película fina nas superfícies das unidades, que diminuem gradualmente a intensidade da radiação UV aplicada. É possível que isto aconteça se estiverem presentes na solução substâncias orgânicas dissolvidas e concentrações inorgânicas acima dos seguintes limites (DeMers e Renner, 1992):

- ferro maior que 0,1 mg/L;
- dureza maior que 140 mg/L; e
- sulfeto de hidrogênio maior que 0,2 mg/L.

A Fig. 10.47 mostra a dosagem de radiação UV exigida para inativação do *colifages MS*-2 em duas plantas piloto. Snicer *et al.* (1996) concluiram que a explicação possível para dose de radiação UV mais alta para o mesmo grau de inativação, exigida na planta 2 pode ser atribuída à concentração de ferro, que estava na faixa de 0,45 a 0,65 mg/L.

Uma grande variedade de substâncias químicas podem diminuir a transmissão de radiação UV (Yip e Konasewich, 1972), incluindo os ácidos húmicos, compostos

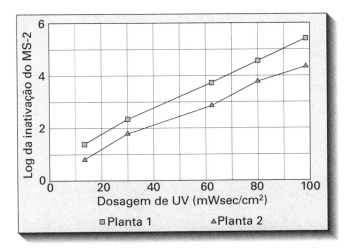

Figura 10.47 Dosagem de radiação UV para inativação do *colifágio MS*-2. Fonte: Adaptado de Snicer *et al.*, 1996.

fenólicos e sulfonatos de lignina (Snider et al., 1991), bem como cromo, cobalto, cobre, e níquel. Também foi reportado que agentes causadores de cor, tais como Orzan S, chá, e extrato de folhas, reduzem a intensidade da radiação UV dentro do contator (Huff, 1965). Além disso, ferro, sulfitos, nitritos e fenóis podem absorver UV (DeMers e Renner, 1992).

10.9.6.2 Agregação de microrganismos e turbidez

Partículas servindo de abrigo a bactérias e outros patogênicos podem reduzir a eficiência da desinfecção, protegendo-os parcialmente da radiação UV, conforme ilustra a Fig. 10.48. Semelhantemente às partículas causadoras de turbidez, a agregação de microrganismos também pode afetar a eficiência da desinfecção, por abrigar patogênicos dentro dos agregados.

10.9.6.3 Geometria do reator e curto-circuito

A geometria do interior do contator de radiação UV (que determina o espaçamento entre lâmpadas) pode criar áreas mortas onde a desinfecção torna-se inadequada (Hazen e Sawyer, 1992). Uma importante consideração para melhorar a desinfecção é minimizar a quantidade de espaços mortos, onde a exposição à luz UV pode ser limitada. As condições de escoamento de um reator do tipo *plug flow* devem ser mantidas no contator; porém, alguma turbulência deve ser criada entre as luminárias para favorecer a mistura radial. Dessa maneira, o fluxo pode estar uniformemente distribuído através das regiões de intensidade variada de UV, permitindo a completa exposição à radiação disponível (Hazen e Sawyer, 1992). Como mencionado anteriormente, os sistemas de UV fornecem tempos de contato da ordem de segundos. Dessa forma, é extremamente importante que a configuração do sistema limite a ocorrência de curto-circuito.

10.9.7 Eficácia da desinfecção

A desinfecção com radiação UV tem sido considerada adequada para inativação de bactérias e vírus. A maioria das bactérias e vírus exigem dosagens de UV relativamente baixas, tipicamente na faixa de 2 a 6 mW · s/cm^2 para 90% de inativação. Os [o]ocistos de protozoários, em particular *Giardia* e *Cryptosporidium*, são consideravelmente mais resistentes à radiação UV que outros microrganismos. Os resultados de vários estudos investigando a habilidade de UV para inativar bactéria, vírus, e protozoários são descritos nos itens seguintes.

10.9.7.1 Inativação de bactérias e vírus

As doses de radiação UV exigidas para inativação de bactérias e vírus são relativamente baixas. Um estudo determinou que essa radiação era comparável à cloração para inativação de bactérias heterotróficas (Kruithof et al., 1989).

Um estudo da capacidade da radiação UV e do cloro livre, para desinfetar uma água subterrânea contendo vírus, mostrou que a radiação é um virucida mais potente que o Cl_2 livre, mesmo depois que o residual desse elemento químico ter sido aumentado para 1,25 mg/L em um tempo de contato de 18 minutos (Slade et al., 1986). A dose de UV usada neste estudo era 25 mW · s/cm^2.

A Tab. 10.41 apresenta os resultados de um estudo mais recente, de uma planta piloto (Snicer et al., 1996). Como pode ser observado, as diferentes doses de radiação UV, para obter-se o mesmo nível de inativação, são decorrentes das características da água, que afetam dramaticamente a eficiência da desinfecção. Os autores acreditam que a concentração mais alta de ferro nas águas da planta piloto 2 (Fig. 10.47) interferiram com a radiação UV ou influenciaram na agregação das partículas virais de MS-2. Snicer et al. (1996) compararam também a suscetibilidade do MS-2 para com o vírus da hepatite A, poliovírus, e rotavírus, para 10 fontes de águas subterrâneas. Os resultados indicaram que o MS-2 mostrou ser aproximadamente 2 a 3 vezes mais resistente à desinfecção com radiação UV que os três vírus patogênicos para os seres humanos.

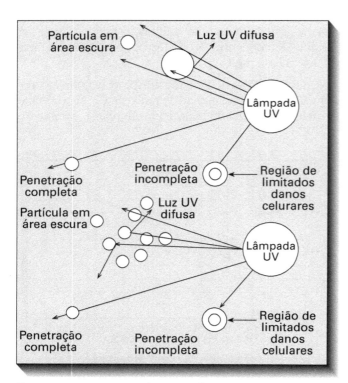

Figura 10.48 Interações das partículas que comprometem a eficiência da desinfecção com radiação UV. Fonte: Tchobanoglous, 1997.

Radiação ultravioleta

TABELA 10.41 Doses de radiação UV necessárias para inativação do MS-2

Log da inativação do MS-2	Planta piloto 1 (mW · s/cm²)	Planta piloto 2 (mW · s/cm²)
1	3,9	15,3
2	25,3	39,3
3	46,7	63,3
4	68,0	87,4
5	89,5	111,4
6	111,0	135,5

Fonte: Adaptada de Snicer et al., 1996.

10.9.7.2 Inativação de protozoários

Embora os protozoários sejam considerados resistentes à radiação UV, estudos recentes mostraram que a luz ultravioleta é capaz de inativá-los. Porém, os resultados indicam que estes organismos exigem uma dose muito mais alta que outros patogênicos. Menos de 80% dos cistos de *Giardia lamblia* foram inativados sob dosagens de UV de 63 mW · s/cm² (Rice e Hoff, 1981). A inativação de 90% dos cistos de *Giardia muris* foi obtida quando a dose de UV foi aumentada para 82 mW · s/cm² (Carlson et al., 1982).

Para alcançar a inativação de 99% dos cistos de *Giardia muris*, foram necessárias doses de radiação UV acima de 121 mW · s/cm². Karanis et al. (1992) examinaram a capacidade de desinfecção de luz ultravioleta contra os cistos de *Giardia lamblia* extraídos tanto de animais como de humanos. Ambos os grupos sofreram uma redução de 99% sob doses de UV de 180 mW · s/cm². Dois importantes fatores a considerar na determinação das doses necessárias para inativação de *Giardia* são a origem do parasita e a fase de crescimento do microrganismo, conforme pode ser observado na Fig. 10.49. A Fig. 10.50 mostra os resultados de um estudo de inativação de *Acanthamoeba rhysodes*, realizado em 1992. Estes dados mostram que a idade do protozoário pode influir na dose exigida para alcançar um nível desejado de inativação.

Os resultados de recentes estudos mostram um potencial para inativação de [o]ocistos de *Cryptosporidium parvum*, usando desinfecção com radiação ultravioleta leve. Uma redução de 99 a 99,9% desses organismos foi alcançada usando um sistema de luz ultravioleta de baixa pressão, com uma intensidade mínima teórica de 14,58 mW/cm² e um tempo de contato de 10 minutos (dose de ultravioleta de 8.748 mW · s/cm²) (Campbell et al., 1995). A combinação do filtro e sistema de UV descrito por Johnson (1997) é capaz de fornecer doses tão altas quanto 8.000 mWs/cm², suficiente para alcançar a inativação de 99% de *Cryptosporidium*.

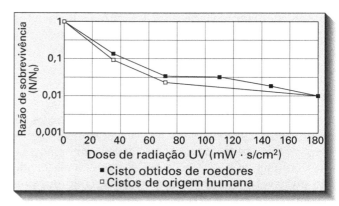

Figura 10.49 Dose de radiação UV necessária para inativação de cistos de *Giardia lamblia* obtidos de duas diferentes origens - Fonte: Adaptado de Karanis et al., 1992.

Um processo de UV pulsante, que proporcionou uma dose mínima de 1900 mWs/cm² para qualquer partícula dentro do reator, alcançou uma inativação de 99,9% de [o]ocisto de *Cryptosporidium* (Clancy et al., 1997). Neste estudo, o tempo de residência no reator foi de 4,7 segundos e a unidade foi operada para fornecer 46,5 pulsos por volume (10 Hz). Cada pulsação transfere cerca de 41 mW · s/cm².

10.9.8 Subprodutos da desinfecção com radiação UV

Diferentemente de outros desinfetantes, a radiação UV não inativa microrganismos por reação química. Porém, esse tipo de radiação causa uma reação foto-química no RNA e no DNA do organismo. A literatura sugere que radiação UV aplicada na água possa resultar na formação de ozônio ou radicais oxidantes (Ellis e Wells, 1941; Murov, 1973). Por causa disto, existe in-

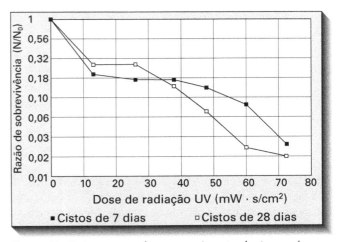

Figura 10.50 Impactos sobre o crescimento da *A. rysodes* nas dosagens requeridas para se alcançar a desativação. Fonte: Adaptado de Karanis et al., 1992.

teresse em determinar se a luz UV forma subprodutos semelhantes àqueles formados por ozonização ou aos processos oxidativos avançados.

10.9.8.1 Água subterrânea

Malley *et al.*, (1995) analisaram a presença de aldeídos e cetonas em 20 amostras de águas subterrâneas, antes e após submetê-las à radiação UV. Só uma amostra, que continha 24 mg/L de carbono orgânico dissolvido não purgável e era altamente colorida, continha subprodutos de desinfecção depois da exposição à citada radiação. Análises cromatográficas (GC-ECD) antes e após a aplicação da radiação, para as outras 19 amostras de água, mostraram significativas alterações ou picos desconhecidos depois da exposição da amostra a essa forma de energia.

Malley *et al.* (1995) também determinaram a influência da radiação UV na formação de subprodutos durante a subsequente cloração. Para examinar estes efeitos, as 20 amostras de água foram submetidas a um Sistema Simulado de Distribuição (SSD) testes de subprodutos da desinfecção com cloro, antes e após o uso da radiação UV. Os dados indicam que radiação UV não alterou significativamente a formação de subprodutos pelo cloro, nas águas estudadas.

Para examinar os efeitos da variação das dosagens de UV sobre formação de subprodutos, seis novas amostras da mesma água (Malley *et al.*, 1995) foram submetidas às dosagens de UV de 60, 130, e 200 mWs/cm^2. Neste caso, não foram formados subprodutos por radiação UV para quaisquer das águas testadas, em quaisquer das dosagens. Uma comparação dos cromatogramas obtidos antes e depois do emprego da radiação UV, e para cada dosagem, não mostrou nenhuma diferença ou aparecimento significante de picos desconhecidos.

10.9.8.2 Água de superfície

A radiação UV pode produzir níveis baixos de formaldeído na maioria das águas de superfície (Malley *et al.*, 1995). As concentrações mais altas dessa espécie de aldeído, até 14 mg/L, foram observadas em águas tratadas com radiação UV, considerando que níveis de traço (1 a 2 µg/L) foram encontrados em aplicações de UV em águas convencionalmente tratadas. Visto que a formação de formadeído foi também observada para uma das amostras de água subterrânea, parece que a aplicação de radiação UV nas águas contendo substâncias húmicas resultará em níveis baixos de formação desse composto. O exame cromatográfico das amostras da água de superfície antes e depois da aplicação de radiação UV não mostrou nenhuma outra modulação significante nos cromatogramas GC-ECD.

Por causa das demandas de cloro das águas de superfície, dosagens de cloro mais altas foram exigidas para os postos de desinfecção seguida de radiação UV. Isto resultou em concentrações de subprodutos maiores que nas águas subterrâneas estudadas (Malley *et al.*, 1995). Porém, o efeito global de radiação UV sobre a formação de subprodutos foi insignificante. Como nos estudos da água subterrânea, a radiação UV não alterou significativamente a concentração total ou a especiação dos subprodutos de desinfecção (por exemplo, THMs, HAA5, Hans, ou HKs).

10.9.8.3 Formação de subprodutos com cloração e cloraminação seguidas de radiação UV

Os resultados de pesquisas sugerem que radiação UV não forma diretamente subprodutos ou altere as suas concentrações ou espécies na pós-desinfecção (Malley *et al.*, 1995). Porém, questionar se radiação UV influencia a taxa de formação de subprodutos na pós-desinfecção é importante. Vários estudos têm abordado essa questão. Duas águas de superfície que produziram concentrações significantes de uma larga variedade de subprodutos, em testes prévios, foram escolhidas como amostras. Com o cloro residual cuidadosamente monitorado, para assegurar que eles eram consistentes para amostras pré-UV e pós-UV, os resultados das experiências sugeriram que radiação de UV não alterou significativamente a taxa de formação de subprodutos.

Os estudos foram conduzidos apenas para determinar a taxa de formação de subprodutos extraíveis de uma amostra da água de superfície para variados valores de pH. Os resultados mostraram que a radiação UV não afetou a taxa de formação de clorofórmio sob pH 8,0 (Malley *et al.*, 1995). Semelhantemente, não ocorreu alteração na taxa de formação de subprodutos sob pH 5,0. Em pH 8,0, o clorofórmio foi o único subproduto extraível descoberto, enquanto em pH 5.0 eram formados o clorofórmio, o bromodiclorometano, o clorodibromometano, e 1,1,1 tricloroacetona.

Os efeitos da radiação UV na taxa de formação de subprodutos após a cloraminação também foram testados neste estudo, usando uma amostra de água da superfície (Malley *et al.*, 1995). Clorofórmio, ácido tricloroacético, dicloroacetonitrila (em níveis baixos), e cloreto de cianogênio (em níveis baixos) foram os únicos subprodutos descobertos. O clorofórmio era o único composto formado em pH 8,0, e sua taxa de formação não era alterada pela radiação UV. Em pH 5,0, eram formados clorofórmio e dicloroacetonitrila, mas suas taxas de formação permaneciam inalteradas pela radiação UV. Os dados mostraram que os efeitos da luz UV na formação de cloreto de cianogênio, em pH 8,0 e pH 5,0, não tiveram nenhuma tendência significativa.

10.9.9 Status dos métodos analíticos

A radiação UV não deixa nenhum desinfetante residual. Portanto, algum desinfetante químico secundário deve ser adicionado, caso seja necessário proteger o corpo receptor contra a proliferação de coliformes.

10.9.9.1 Monitoração da radiação ultravioleta gerada

A intensidade da luz ultravioleta de 253,7 ηm (o comprimento de onda predominante emitido por lâmpadas de vapor de mercúrio de baixa pressão) é o parâmetro usado para monitorar a saída do sistema de desinfecção com UV (Snider et al., 1991). A taxa de desinfecção está diretamente relacionada à intensidade média da luz UV. Visto que as sondas de intensidade de UV só podem monitorar um único ponto, não existe nenhum modo prático para medir a intensidade média de um sistema de UV no campo, pelo operador.

A intensidade média depende das três dimensões geométricas da lâmpada. Scheublee (1985) desenvolveu um modelo matemático que calcula a intensidade em qualquer ponto dentro do reator de UV. Este método é usado para estimativa da intensidade média emitida por qualquer unidade específica. Os fabricantes de sistema de desinfecção por radiação UV usam este método para projetar o sistema.

Os sensores de intensidade de UV são fotodiodos apropriadamente filtrados para monitorar a intensidade da luminária somente na faixa germicida (DeMers e Renner, 1992). Um mínimo de dois sensores, localizados no centro de cada luminária, para cada reator, são recomendados como parte do sistema de controles e instrumentação. White (1992) recomenda instalar os sensores na parede da câmara de desinfecção no ponto de maior distância entre os tubos.

Os sensores de UV devem monitorar continuamente a intensidade da radiação produzida no banco de luminárias, e devem ser calibrados no campo, em função da geometria das lâmpadas. Além disso, devem fornecer uma "advertência de baixo nível de saída" de UV e um "alarme de saída muito baixo" de UV, ajustável no campo.

Desempenho de sensores de radiação ultravioleta: para testar o desempenho dos sensores eletrônicos, Snicer et al. (1996) colocaram um único sensor de UV, desse tipo, no centro de um gerador. O aparelho converteu a energia da radiação ultravioleta em um sinal eletrônico, que foi usado para indicar desempenho do sistema. Os resultados iniciais indicaram que o sensor instalado originalmente com os dois geradores de UV tendeu a um decréscimo de desempenho com o decorrer do tempo. Os sensores originais, na instalação piloto, eram irregulares e apresentavam uma tendência descendente de desempenho após 6 meses de operação. Estas perdas de desempenho não podiam ser atribuídas ao envelhecimento das lâmpadas. Além disso, os valores observados não correlacionaram bem com o desempenho do sistema real. Depois da operação destes sensores por 6 meses, o fabricante foi consultado e um novo tipo de sensor foi instalado em ambas as plantas piloto. O novo sensor foi projetado especificamente para solucionar os problemas encontrados durante os 6 meses iniciais do estudo. As novas propriedades incorporadas aos sensores funcionaram constantemente e as informações colhidas mostraram correlação com a inativação real do *colifágio MS-2*.

Interferências sobre a desinfecção: os sólidos suspensos podem ser o parâmetro de qualidade do efluente mais importante, no que diz respeito aos impactos sobre a medição de intensidade de radiação UV. As partículas podem abrigar bactérias e assim protegê-las parcialmente da ação da luz UV. As partículas podem ser completamente penetradas, parcialmente penetradas, ou difundir a luz UV (Fig. 10.48). Não são todas as partículas na água que podem absorver esse tipo de radiação. YIP e Konasewich (1972) listaram muitas substâncias químicas que interferem com a transmissão de UV em 253,7 ηm, inclusive compostos fenólicos, ácidos húmicos, e ferro férrico.

10.9.10 Considerações operacionais

A prova em planta piloto é recomendada para determinar a eficiência e suficiência de desinfecção com radiação UV, para uma qualidade específica de água. O teste de eficiência é feito injetando-se microrganismos selecionados, para se determinar taxas de sobrevivência. O Padrão 55 da National Science Foundation's para sistemas de tratamento com radiação ultravioleta recomenda que esse tipo de desinfecção não deve ser usado se a transmitância for menor que 75% (NSF, 1991).

Como examinado previamente, alguns componentes que interferem adversamente com a performance da desinfecção com UV, tanto difundindo e/ou absorvendo radiação, são: o ferro, cromo, cobre, cobalto, sulfitos, e nitritos. Deve-se tomar cuidado com processos químicos anteriores à desinfecção para minimizar concentrações crescentes destes componentes.

10.9.10.1 Operação dos equipamentos

As instalações de desinfecção com luz UV devem ser projetadas para fornecer flexibilidade em vazões variáveis. Para pequenas vazões, um único reator deve ser capaz de atender a toda a faixa de variação destas. Um segundo reator com capacidade igual ao primeiro deve ser previsto, para o caso do primeiro precisar ser tirado de serviço. Para grandes vazões, devem ser previstos múltiplos reatores, para se evitar sobrecarga hidráulica. Devem ser previstas válvulas nas tubulações que interligam os reatores, para permitir o isolamento um do outro. Também deve ser previsto um sistema de drenagem positiva, para remover água de dentro um reator quando ele for tirado de serviço.

Envelhecimento das luminárias de UV: a emissão de radiação UV pelas lâmpadas diminui com o tempo. Dois fatores que afetam seu desempenho são: as luminárias vão-se tornando opacas por causa da própria radiação que emitem; e, falha dos eletrodos, visto que estes progressivamente se deterioram toda vez que a luminária é ligada/desligada. A frequência com que estas são ligadas/desligadas determinará o seu envelhecimento prematuro ou não. A expectativa de vida útil para as lâmpadas de baixa pressão é de aproximadamente 8.800 horas.

Incrustações nas camisas de quartzo: as incrustações nas camisas de quartzo reduzem a quantidade de radiação de UV que alcança o efluente. Sua transmissibilidade é maior do que 90% quando nova e limpa. Com o passar do tempo, a superfície da camisa de quartzo que está em contato com a água começa a ser recoberta por materiais orgânicos e inorgânicos (por exemplo, ferro, cálcio, lodo), causando uma redução da transmissibilidade (USEPA, 1996a).

10.9.10.2 Manutenção dos equipamentos

Substituição de luminária de UV: um espaço adequado deve ser assegurado em torno do perímetro dos reatores para permitir acesso para manutenção e substituição de luminárias de UV.

Limpeza das camisas de quartzo: a limpeza das camisas de quartzo pode ser realizada por meios físicos ou químicos. As alternativas físicas incluem:

- alavanca mecânica automática;
- dispositivos ultrassônicos;
- lavagem com água sob alta pressão; e
- jato de ar comprimido.

As substâncias químicas limpadoras incluem ácidos sulfúrico ou clorídrico. Um reator de UV deve possuir um ou mais sistemas de limpeza física, com provisão para uma substância química ocasional.

Miscelâneos: a efetiva manutenção de um sistema de UV envolverá:

- exames médicos periódicos para o pessoal da operação;
- calibração de intensidade para sensibilidade; e
- inspeção e/ou limpeza do interior do reator.

10.9.10.3 Reserva de energia

A geração de radiação UV exige eletricidade para os transformadores eletrônicos, que por sua vez fornecem potência às luminárias. Visto que a desinfecção poderá ser de importância extrema, o sistema de UV deve permanecer em serviço durante os períodos de falha de potência primária. Um sistema de alimentação de energia duplo ou um gerador auxiliar são recomendáveis para se alcançar a confiabilidade desejada. Cada lâmpada de pressão UV exige aproximadamente 100 watts.

ASPECTOS DA UTILIZAÇÃO DE CORPOS D'ÁGUA QUE RECEBEM ESGOTO SANITÁRIO NA IRRIGAÇÃO DE CULTURAS AGRÍCOLAS

Dirceu D'Alkmin Telles

11.1 Introdução

Em inúmeras regiões do nosso planeta, as disponibilidades hídricas de qualidade estão sendo superadas pelas demandas.

Milhões de pessoas e de animais morrem anualmente por falta de água, indústrias não podem desenvolver normalmente suas atividades. A explosão no crescimento das populações e as expansões, descontroladas e equivocadas, das ações agrícolas e industriais trouxeram consigo a degradação dos recursos hídricos. Há hoje um consenso dos especialistas da necessidade de racionalizar o uso da água, procurar formas de reúso e de recuperação da qualidade dos recursos hídricos.

Em todas as partes do mundo, o uso agrícola da água ocupa um lugar de destaque. A Tab. 11.1 apresenta a evolução, em âmbito mundial, do uso da água nos últimos 100 anos, notando-se que atualmente 66% da água é destinada ao aproveitamento agrícola. Além do que, o uso agrícola é um uso consuntivo, ou seja, a água não poderá ser utilizada a jusante, já que é evapotranspirada pelas culturas, indo se incorporar ao vapor-d'água da atmosfera.

À medida que os recursos hídricos vão se tornando escassos mais se buscam maneiras para a reutilização da água disponível. Um dos primeiros procedimentos que se considera é o reaproveitamento para fins agrícolas, por ser este o maior consumidor de água em muitos lugares.

O uso da água para fins agrícolas, em determinadas situações, é pouco exigente com referência à sua qualidade. A prática agrícola se satisfaz, em muitos casos, com padrões baixos de qualidade da água. Em determinadas condições, chega mesmo a recuperá-la. Dessa forma, a utilização na agricultura de corpos d'água que recebem lançamentos de esgoto sanitário vem, a cada dia, se expandindo.

	TABELA 11.1 Evolução do consumo de água em âmbito mundial (km³/ano)							
Tipos de uso	Evolução ao longo do tempo						
	1900	1920	1940	1960	1980	2000*	2020**
Doméstico	–	–	–	30	250	500	850
Industrial	30	45	100	350	750	1.350	1.900
Agrícola	500	705	1.000	1.580	2.400	3.600	4.300
Total	530	750	1.100	1.960	3.400	5.450	7.050

Observação: (-) sem dados (*) estimativa (**) previsão. Fonte: Padilha (1999).

No Brasil, a demanda de água para irrigação equivale a dois terços do total. Sua distribuição espacial é apresentada na Tab. 11.2. Em algumas regiões do nosso país, as demandas de água já superaram as disponibilidades e, portanto, uma das soluções para superar os déficits é utilizar, na agricultura, águas que receberam esgoto sanitário, tratado ou simplesmente diluído.

O desenvolvimento de uma cultura está intimamente relacionado à disponibilidade de água, ao solo e ao clima da região. A água é elemento fundamental ao metabolismo vegetal, pois participa ativamente do processo de absorção radicular e da reação de fotossíntese. A planta, contudo, transfere para a atmosfera aproximadamente 98% da quantidade de água que retira do solo.

A utilização de corpos d'água, que recebem efluentes domésticos, na irrigação é prática antiga e frequente nas regiões próximas aos centros urbanos. Esta prática pode, porém, acarretar doenças de veiculação hídrica, principalmente quando aplicada no cultivo de verduras que são consumidas *in natura*.

A aplicação no solo constitui uma das práticas pioneiras de tratamento ou de disposição final de esgotos sanitários. De acordo com Bastos (1999), as "fazendas de esgotos", como ficaram conhecidas as primeiras experiências na Inglaterra, no início do século XIX, logo se espalharam por toda Europa e Estados Unidos. Um dos mais significativos e antigos exemplos é o da cidade de Melbourne, na Austrália, onde um sistema, em operação desde 1897, recebe atualmente a contribuição de 510 milhões de litros por dia em uma área de 10.850 hectares. A Tab. 11.3 mostra que 61,9% do reaproveitamento das águas municipais nos Estados Unidos é destinado a irrigação, 31,7% para as indústrias, 5,0% para recarga subterrânea e os restantes 1,4% para outros usos.

As primeiras experiências tiveram como objetivo apenas o tratamento de esgotos, mas logo surgiu o interesse pela irrigação, com a finalidade de viabilizar a produção agrícola.

Com o desenvolvimento da microbiologia sanitária e as crescentes preocupações com a saúde pública, esta possibilidade se tornou desaconselhável nos meados do século XX.

Diversos fatores vieram contribuir para que, mais recentemente, o interesse pela irrigação utilizando corpos d'água que recebem esgoto fosse renovado:

- avanço do conhecimento sobre o potencial e as limitações do reúso agrícola e suas vantagens;
- controle da poluição;
- racionalização do uso da água;
- economia de fertilizantes;
- reciclagem de nutrientes;
- aumento da produção agrícola;
- cobrança pelo uso da água e pelo lançamento de esgotos.

As mais diversas situações ocorrem, desde o reúso controlado, muitas vezes como parte de planos e programas governamentais até os exemplos sem nenhum controle ou planejamento com a eminência de sérios riscos de saúde pública.

Um exemplo do primeiro caso é o Estado de Israel, que vem acelerando suas pesquisas com utilização de águas que recebem esgoto sanitário na agricultura, pois prevê que, em 2015, 70% da água a ela destinada terá esta origem. Naquele país, atualmente, toda água de uso agrícola é água doce. Eles também desenvolvem pesquisas destinadas a produzir culturas pouco sensíveis a águas de má qualidade.

11.1.1 Composição do esgoto sanitário e aspectos agrícolas

Uma observação superficial da composição dos esgotos sanitários pode levar à conclusão da insignificância dos impactos ambientais advindos da disposição final de esgotos não tratados, ou pela inexistência de problemas decorrentes da sua utilização agrícola. Uma análise mais detalhada revela, porém, os potenciais e as limitações para sua utilização na irrigação agrícola.

Os esgotos sanitários apresentam teores de macro e de micronutrientes suficientes para atender a uma grande parte das culturas. Por outro lado, essas águas

Introdução

TABELA 11.2 Áreas irrigadas e demandas de água para irrigação, por região e por estado no Brasil (2003 / 2004)

Estado/região	Área irrigada (hectares)	Demanda específica (L/s · hectare)	Vazão demandada (m³/s)	% sobre total
Paraná	72.240	0,209	15,10	1,39
Rio Grande do Sul	1.086.000	0,228	247,61	22,77
Santa Catarina	143.420	0,228	32,70	3,01
Região Sul	**1.301.660**	–	**295,41**	**27,16**
Espírito Santo	98.750	0,253	24,98	2,30
Minas Gerais	350.200	0,304	106,46	9,79
Rio Janeiro	39.330	0,304	11,96	1,10
São Paulo	499.800	0,296	147,94	13,60
Região Sudeste	**988.080**	–	**291,34**	**26,79**
Alagoas	75.080	0,455	34,16	3,14
Bahia	292.330	0,455	133,01	12,23
Ceará	76.140	0,507	38,60	3,55
Maranhão	48.240	0,38	18,33	1,69
Paraíba	48.600	0,455	22,11	2,03
Pernambuco	98.480	0,532	52,39	4,82
Piauí	26.780	0,507	13,58	1,25
Rio Grande do Norte	18.220	0,507	9,24	0,85
Sergipe	48.970	0,455	22,28	2,05
Região Nordeste	**732.840**	–	**343,71**	**31,60**
Distrito Federal	12.010	0,380	4,56	0,42
Goiás	197.700	0,380	75,13	6,91
Mato Grosso	18.530	0,380	7,04	0,65
Mato Grosso do Sul	89.970	0,380	34,19	3,14
Região Centro Oeste	**318.210**	–	**120,92**	**11,12**
Acre	730	0,304	0,22	0,02
Amapá	2.070	0,304	0,63	0,06
Amazonas	1.920	0,304	0,58	0,05
Pará	7.480	0,304	2,27	0,21
Rondônia	4.920	0,380	1,87	0,17
Roraima	9.210	0,304	2,80	0,26
Tocantins	73.350	0,380	27,87	2,56
Região Norte	**99.680**	–	**36,25**	**3,33**
BRASIL	3.440.470	–	1087,63	100,00

Fontes: Áreas irrigadas: Christofidis 2007, Demandas específicas: Telles e Domingues 2006

TABELA 11.3 Projetos de reúso de águas municipais nos Estados Unidos

Categoria	Número de projetos	Água reaproveitada ×10³ m³/dia	% do total
Irrigação total	470	1.589,9	61,9
Agricultura	150	753,3	29,3
Gramados e bosques	60	124,9	4,9
Não definidos	260	711,7	27,7
Industrial total	29	813,9	31,7
Processos	(*)	249,9	9,7
Refrigeração	(*)	537,5	20,9
Alimentação de caldeiras	(*)	26,5	1,1
Recarga subterrânea	11	128,7	5,0
Outros (recreação etc.)	26	37,8	1,4
Total	536	2.570,3	100,0

Observação: (*) Dados não disponíveis.
Fonte: Metcalf e Eddy (1991).

As características dos efluentes de esgoto estão também ligadas ao processo de tratamento usado. A Tab. 11.4 apresenta resumidamente a caracterização dos efluentes, tendo em vista seu aproveitamento na agricultura.

De acordo com von Sperling (1996-a), as características dos efluentes estão associadas ao processo de tratamento empregado. Sólidos e sais dissolvidos praticamente não são removidos por processo convencional de tratamento. Processos biológicos, bem operados, podem atingir eficiência de 90% na remoção de matéria orgânica e sólidos em suspensão. Os macronutrientes, como nitrogênio e fósforo, poderão ser transformados por meio da nitrificação em processos aeróbios, e de desnitrificação em processos anaeróbios.

podem conter de 200 a 400 mg/L de sais e cerca de 300 mg/L de sólidos dissolvidos inorgânicos. Assim, a irrigação das culturas por meio de corpos d'água que recebem lançamentos de esgotos sanitários pode ser considerada uma "fertirrigação" com água salina, com eventuais teores elevados de sódio e cloretos. O boro, tóxico para diversas culturas, é encontrado no esgoto sanitário oriundo da utilização do sabão em pó e outros produtos de limpeza.

11.1.2 Potencial fertilizante e limitações

Os nutrientes contidos em águas recuperadas, oriundas de efluentes urbanos, têm valor potencial para produções agrícolas e desenvolvimento de campos gra-

TABELA 11.4 Caracterização resumida de efluentes com vistas à utilização agrícola

Parâmetro	Unidade	Esgoto bruto (1)	Efluente primário (2)	Efluente secundário (filtro biológico)(2)	Efluente secundário (3)	Efluente de lagoa de estabilização (2)
Condutividade elétrica	(dS/m)	–	1,3	1,4	0,7 - 0,9	1,5
Alcalinidade	(mg/L CaCO₃)	100 - 170	421,0	303,5	–	372,0
(pH)	–	7,0	6,80	6,6	7,0 - 7,2	8,2
SST	(mg/L)	200 - 400	90,0	32,0	–	36,2
SDT	(mg/L)	500 - 700	660	646	–	1.140
DBO	(mg/L)	250 - 300	195	82	–	44,2
DQO	(mg/L)	500 - 700	400	212	–	92,6
N-total	(mg/L)	35 - 70	47,4	34,9	–	30,2
P-total	(mg/L)	5 - 25	10,9	14,0	13 - 19	14,6
K	(mg/L)	–	31,4	32,7	–	36,8
Na	(mg/L)	–	119,6	128,9	–	142,5
Ca	(mg/L)	–	54,6	55,6	–	74,0
Mg	(mg/L)	–	34,5	34,9	–	32,2
Cl	(mg/L)	20 - 50	155,0	155,0	2,0 - 3,3	166,9
B	(mg/L)	–	1,1	1,2	–	1,5

Observação: (1) valores típicos; (2) valores referentes a um estudo de caso; (3) compilação de diversos efluentes utilizados para irrigação.
Fonte: Bastos (1999).

Introdução

TABELA 11.5 Dados comparativos de produtividade agrícola (em t/ha) com uso de diferentes tipos de água na irrigação

Cultura	Água + N. P. K.	Efluente Primário	Efluente de Lagoa de estabilização	Efluente secundário
Trigo	2,70	3,45	3,45	S.D.
Batata	17,16	20,78	22,31	S.D.
Algodão	1,71	2,30	2,41	S.D.
Sorgo	9,10	8,70	S.D.	8,60
Milho	8,10	8,90	S.D.	8,60
Girassol	1,90	2,20	S.D.	2,30

Fonte: Bastos (1999).

mados. Os nutrientes, potencialmente disponíveis, mais importantes para as culturas e para o desenvolvimento de gramados são: o nitrogênio, o fósforo e, ocasionalmente, o potássio, o zinco, o boro e o enxofre.

Verifica-se que com a utilização de corpos d'água, contendo esgoto sanitário, poderá não haver falta de nutrientes, possibilitando boa produtividade agrícola, sem gastos com fertilizantes.

O nutriente mais benéfico e mais frequente nestas águas é o nitrogênio. Por outro lado, excesso de nutrientes pode vir a causar problemas se excederem à necessidade dos cultivos e gramados. O nitrogênio é importante na parte inicial e intermediária do processo vegetativo da planta. Em quantidades superiores às necessárias, nos períodos finais de desenvolvimento de certas plantas, pode provocar um excessivo desenvolvimento vegetativo, retardando ou evitando o amadurecimento, ou ainda prejudicando a qualidade da produção.

Considerando-se uma contribuição *per capita* de esgoto sanitário na faixa de 150 a 200 litros por habitante por dia e uma demanda de água para irrigação de 1.000 a 2.000 mm por ano, constata-se que o "esgoto produzido por uma pessoa" é suficiente para irrigar uma área de 30 a 70 metros quadrados. Em outras palavras, a população de uma cidade de 50.000 habitantes produziria "água fertilizada" para atender à irrigação de cerca de 200 hectares. Como o efluente contém cerca de 15 a 35 miligramas de nitrogênio, de 5 a 10 mg de fósforo e cerca de 20 mg de potássio por litro, pode-se atingir taxas de aplicação de nutrientes de 150 a 700 kg de nitrogênio, 50 a 200 kg de fósforo e 200 a 400 kg de potássio, por hectare.

Dentro de normas restritas e controladas, o aproveitamento de águas que recebem esgotos, tratados ou não, apresenta resultados significativos em ganho de produtividade, como apresentado na Tab. 11.5.

Esta combinação de economia com produtividade exige um manejo adequado, para se evitar o excesso de nutrientes que, como já mencionado é prejudicial. Diversas culturas são sensíveis ao nitrogênio em excesso, que pode provocar queda da produção e ou da qualidade do produto. Bastos (1999) aponta os seguintes exemplos:

- irrigação com uso de corpos d'água contendo esgoto sanitário em beterraba e algodão. Houve aumento de produtividade, mas a qualidade dos produtos caiu;

- aumento das produtividades do milho, girassol e sorgo, mas a maturação do girassol foi mais lenta.

A aplicação de nitrogênio em excesso pode também provocar a lixiviação de nitratos e a contaminação do lençol subterrâneo.

O reconhecimento de que o uso de corpos d'água que recebem esgoto sanitário, na irrigação das culturas, envolve sérios riscos para a saúde é praticamente unânime. Porém, persistem controvérsias quanto à definição dos riscos aceitáveis, ou seja, quanto aos padrões de qualidade e graus de tratamentos requeridos para a garantia da saúde pública.

Com base em critérios epidemiológicos e do conhecimento da eficiência dos processos de tratamento de esgotos a OMS – Organização Mundial da Saúde, adotam-se as recomendações apresentadas na Tab. 11.6.

Os Estados Unidos e Israel, entre outros países, no entretanto adotam padrões bem mais restritivos.

Pode-se concluir afirmando que, tendo em vista o potencial e as limitações da irrigação de culturas com águas provenientes de esgotos sanitários, tratados ou não, é necessário o manejo adequado e controlado, não devendo assumir caráter proibitivo.

Com referência ao aspecto sanitário, obedecidas as recomendações, não há maiores restrições. As experiências disponíveis indicam que padrões flexíveis, como os da OMS, apresentam-se como medidas necessárias e suficientes para a minimização dos riscos de saúde, Bastos (1999).

11.1.3 Tratamento natural

Considera-se como tratamento natural o lançamento de um esgoto sanitário (diluído ou parcialmente tratado) que atravessa superficialmente uma área adequada (geralmente várzeas), onde se desenvolvem plantas específicas que absorvem os nutrientes, de forma que a água, ao sair desse ambiente, estará em condições de ser utilizada, para determinadas finalidades.

É entendido também, como tratamento natural, o lançamento de um esgoto sanitário (diluído ou parcialmente

TABELA 11.6 Recomendações da OMS sobre a qualidade microbiológica de águas que recebem esgoto sanitário, quando empregadas na agricultura (1)

Categoria	Tipo de irrigação e cultura	Grupos de risco	Nematoides intestinais (2)	Coliformes fecais (3)	Processo de tratamento
A	Culturas para serem consumidas cruas, campos de esporte, parques e jardins (4)	Consumidores, agricultores, público em geral	≤ 1	≤ 1.000 (4)	Lagoas de estabilização em série, ou tratamento equivalente em termos de remoção de patogênicos
B	Cereais, plantas têxteis, forrageiras, pastagens, árvores(5)	Agricultores	≤ 1	sem recomendação	Lagoas de estabilização com 8-10 dias de tempo de detenção ou remoção equivalente de helmintos e coliformes fecais
C	Irrigação localizada de plantas da categoria B, na ausência de riscos para os agricultores		Não aplicável	Não aplicável	Pré-tratamento de acordo com o método de irrigação, no mínimo sedimentação primária

Observações: 1. Em casos específicos, as presentes recomendações devem ser adaptadas a fatores locais de ordem ambiental, sociocultural e epidemiológica. 2. *Ascaris, Trichuris, Necator* e *Ancylostoma*: média aritmética do número de ovos por litro. 3. Média geométrica do número de CF- coliformes fecais, por 100 mL, durante o período de irrigação. 4. Para parques e jardins onde o acesso de público é permitido: 2,00 CF/100 mL. 5. No caso de árvores frutíferas, a irrigação deve terminar duas semanas antes da colheita e nenhum fruto deve ser apanhado do chão. Irrigação por aspersão não deve ser empregada.

Fonte: OMS (1989).

tratado) em áreas com solos adequados, ou em várzeas, de forma que parte da água e nutrientes contidos são aproveitados no desenvolvimento das plantas, e a parte que infiltra profundamente no solo é por ele "filtrada", indo reabastecer o lençol freático, sem poluí-lo.

Desenvolvimentos recentes na tecnologia de tratamento natural têm resultado numa aceitação crescente do processo. Este tipo de reaproveitamento é especialmente recomendado para regiões onde a água é escassa ou muito disputada.

Atualmente, no mundo todo, a água é reutilizada não somente para irrigação dos cultivos, mas também para suprimento de várzeas, para propiciar o crescimento de árvores, na recuperação e na formação de campos gramados.

Os álamos (choupos) estão sendo usados como "defensores naturais", para remover a amônia e outros nutrientes do efluente da estação de tratamento de esgoto na cidade de Woodburn, Oregon – EUA, desde 1995, em um projeto piloto que trata cerca de 0,22 m³/s.

Desde 1985, a cidade de Santa Rosa, Califórnia – EUA, por meio de um sistema de tratamento natural, utiliza águas que receberam esgoto sanitário na irrigação agrícola, de cinturão verde, de campos de golfe, parques municipais e escolas.

Desde 1997, a cidade de Fênix, Arizona - EUA, faz o tratamento natural das águas, com o esgoto da cidade, no Projeto de Várzeas Criadas Três Rios e realiza pesquisa sobre a recuperação das águas e solos naturalmente danificados. Têm como objetivos secundários: melhorar o habitat selvagem, a educação ambiental e a recreação.

11.2 Agricultura irrigada: métodos e características

Para a aplicação da água às plantas, diversos métodos de irrigação são utilizados, e a maneira mais aceita de classificá-los baseia-se na forma como a água é colocada à disposição da planta.

Assim os métodos de irrigação se dividem em:

- por superfície (superficial);
- por aspersão;
- localizada;
- subterrânea.

Os valores das eficiências médias dos principais métodos de irrigação estão na Tab. 11.21, localizada no fim deste capítulo.

11.2.1 Irrigação por superfície (superficial)

A irrigação superficial ou por superfície é aquela na qual a condução da água no sistema de distribuição até qualquer ponto de infiltração, dentro da parcela a ser irrigada, é feita diretamente sobre a superfície do solo.

Durante o processo de infiltração, a água pode permanecer acumulada sobre a superfície do solo, acumulada e movimentada sobre a superfície do solo ou somente movimentada sobre a superfície do solo. É também conhecida por irrigação por gravidade.

Os sistemas de irrigação por superfície se adaptam à maioria das culturas, aos diferentes tipos de solo (com exceção dos arenosos) e necessitam de topografia favorável, exigindo, mesmo assim, a sistematização do terreno.

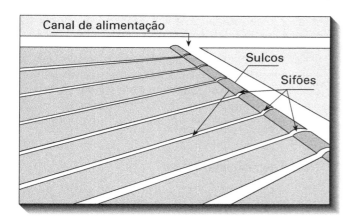

Figura 11.1 Irrigação por sulcos.

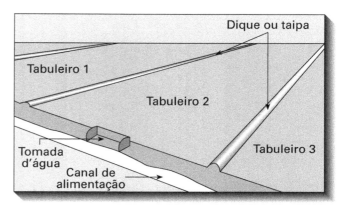

Figura 11.2 Esquema de irrigação superficial por inundação.

Existem 3 (três) tipos de irrigação por superfície:
- por sulcos;
- por inundação;
- por faixas.

a) *Irrigação superficial por sulcos*

A irrigação superficial por sulcos consiste em conduzir a água em pequenos sulcos abertos no solo, localizados paralelamente à linha de plantas, durante o tempo necessário para umedecer o solo compreendido na zona das raízes. (Fig. 11.1)

Em contraste com outros métodos, a irrigação por sulcos não molha toda a superfície do solo, pois, normalmente, umedece de 30 a 80% da superfície total, diminuindo assim as perdas por evaporação.

b) *Irrigação superficial por inundação*

A irrigação superficial por inundação consiste em cobrir o terreno com uma lâmina de água (Fig. 11.2). O terreno é dividido em tabuleiros que são limitados pelas taipas (pequenos diques). O cultivo e a irrigação se desenvolverão em cada tabuleiro (maracha).

É um dos métodos de irrigação mais simples e mais usados no mundo, e o que melhor se adapta à cultura do arroz. Com manejo intermitente, pode ser usado na maioria das culturas.

O sistema de inundação (permanente ou temporário) adapta-se bem a uma topografia plana e uniforme e solos com infiltração moderada e reduzida.

- Inundação permanente: é aquela em que a lâmina de água é mantida sobre o terreno durante o ciclo da cultura, sendo retirada somente no estágio da maturação à colheita. Usada com predominância no Brasil.

- Inundação temporária: aplica-se no tabuleiro um volume de água correspondente à lâmina bruta de irrigação, a qual se infiltra no terreno. Novo volume de água será aplicado no tabuleiro quando decorrer o turno de irrigação.

c) *Irrigação superficial por faixas*

A irrigação por faixas consiste na implantação de faixas no terreno com pouca ou nenhuma declividade transversal, mas com certa declividade longitudinal, compreendidas entre diques (taipas) paralelos que são irrigados com água se movimentando do canal de alimentação para o dreno (ou seja, no sentido da declividade longitudinal).

Enquanto na irrigação por inundação a submersão se faz em áreas essencialmente em nível, na irrigação por faixa os diques têm a função de somente orientar o movimento de lâmina d'água, no sentido do comprimento da faixa, que apresenta uma declividade.

11.2.2 Irrigação por aspersão

Neste método, um jato de água é lançado, com pressão adequada, para cima e para o lado, sendo fracionado mecanicamente num emissor (aspersor, orifício, bocal ou *spray*), de forma a ser distribuído uniformemente, em pequenas gotas sobre uma área circular do terreno.

O método de irrigação por aspersão apresenta uma variedade enorme de tipos de equipamentos, desde o mais simples, como canos perfurados, até os mais complexos, como os sistemas mecanizados de funcionamento totalmente automático.

Os sistemas de irrigação por aspersão podem ser subdivididos em dois grupos:

1.º Grupo - aspersão convencional:
   fixo · semifixo · móvel

2.º Grupo - aspersão mecanizada:
   autopropelido · montagem direta · pivô central.

No primeiro grupo, as mudanças de posição no terreno (quando ocorrerem) são efetuadas manualmente. Por outro lado, no grupo dos sistemas de aspersão mecanizada, existe a participação de um equipamento mecânico de certo porte (uma máquina), para efetuar a distribuição da água.

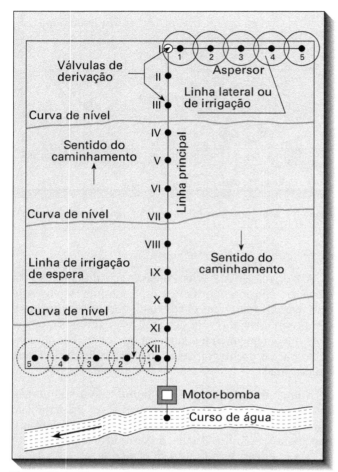

Figura 11.3 Sistema de aspersão convencional (do tipo semifixo).

11.2.2.1 Aspersão convencional

Um sistema convencional é dito móvel, fixo ou semifixo em função de movimentação ou não, total ou parcial, de seus componentes. Quando há movimentação de aspersores e ou tubulações, ela é feita manualmente (Fig. 11.3).

O sistema convencional móvel (ou portátil), como o próprio nome sugere, tem seus componentes possíveis de serem mudados de local, isto é, não são fixos. Tal sistema é constituído de conjunto motobomba, linha ou tubulação principal ou mestra, linha ou tubulação secundária ou de irrigação ou ainda ramal, que dispõem de tubos de subida, unindo a tubulação ao aspersor.

No sistema convencional fixo (permanente), os componentes são fixos, isto é, permanentes numa mesma gleba e posição. Nesse caso, tanto as linhas principais como as linhas de irrigação podem ser enterradas. É evidentemente necessário instalar linhas de irrigação para cada posição.

O sistema convencional semifixo (ou semiportátil) é aquele em que somente parte dos componentes podem ser deslocados do local. Em geral, os sistemas de aspersão semifixo sempre têm a linha de irrigação portátil, sendo fixos o conjunto motobomba e a linha principal.

11.2.2.2 Aspersão mecanizada

Um sistema de irrigação por aspersão é dito mecanizado quando as mudanças de posição dos emissores (aspersores) e ou tubulações são feitas por meio de um equipamento mecânico. Os tipos mais utilizados:

- autopropelido;
- pivô central;
- montagem direta.

a) *Autopropelido*

São sistemas basicamente de dois tipos: com cabo de tração (v. Fig. 11.4) e carretel enrolador, sem cabo de tração (v. Fig. 11.5).

No autopropelido com cabo de tração (Fig. 11.4), um conjunto motobomba mantém a água sob pressão em uma tubulação que cruza o centro da área a ser irrigada. Nessa tubulação, são colocados hidrantes que fornecerão água para as posições de funcionamento do conjunto autopropelido. A mangueira é conectada e estendida. Um cabo de aço é colocado em sentido oposto e fixado no final. À medida que este vai sendo enrolado, o equipamento caminha automaticamente e continuamente, irrigando uma faixa. No final do percurso será mudado para a posição seguinte. Um aspersor de grande alcance (tipo canhão) distribui a água em círculo, deixando um setor (semelhante a uma fatia de queijo) sem molhar à

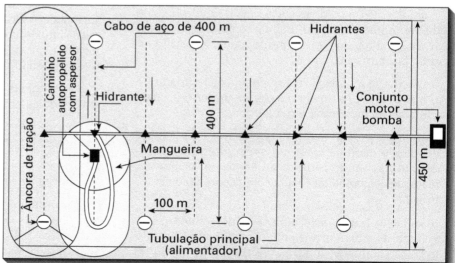

Figura 11.4 Sistema autopropelido (com cabo de tração).

sua frente enquanto o equipamento (carrinho) caminha impulsionado pela pressão da água (turbina, pistão ou torniquete) e tracionado por um cabo de aço ancorado no final da linha.

No carretel enrolador, o deslocamento faz-se por tração do próprio tubo de alimentação. Este tubo é do tipo semirrígido, fabricado em polietileno de média densidade e vai sendo enrolado em um tambor de grande diâmetro. O aspersor é montado em um carrinho na extremidade do tubo. O esforço de tração exercido sobre o tubo pode ser grande, sobretudo no início da irrigação (Fig. 11.5).

b) *Pivô central*

O pivô central é um sistema que opera em círculo, a uma velocidade constante. É indicado para irrigação de grandes superfícies, reduz substancialmente a necessidade de mão de obra e permite, ainda, mediante equipamentos adicionais, a aplicação de fertilizantes e defensivos solúveis (Fig. 11.6).

A água chega à base do pivô (ponto de pivô no centro do círculo) através de uma adutora e de um conjunto motobomba. Saindo da base do pivô, a tubulação de distribuição é mantida normalmente a cerca de 2,70 m do solo por torres equipadas de rodas pneumáticas distanciadas entre si de até 40 metros. Aspersores ou *sprays* colocados ou pendurados na tubulação distribuem a água no solo. As torres são dotadas individualmente de um sistema propulsor (motor de 1 ou 1,5 c.v.) o que possibilita o giro do conjunto ao redor da base do pivô. Um sistema eletrônico garante o perfeito alinhamento das torres.

Apesar de irrigar grandes áreas, o equipamento opera bem em condições desfavoráveis de topografia, com declividade de até 12%, segundo os fabricantes.

c) *Montagem Direta*

É semelhante ao sistema autopropelido, só que elimina a mangueira, utilizando-se de tubulações ou canais (canaletas), em nível, que recebem água da tubulação adutora. O "montagem" carrega consigo o motor, o reservatório de combustível e a bomba. O sistema pode funcionar com ou sem extensões. Este tipo de equipamento tem sido muito utilizado nas plantações de cana-de-açúcar, fazendo a distribuição do vinhoto (vinhaça) junto com a água da irrigação, mas é utilizável também em outras culturas.

Normalmente, a tubulação adutora corta a área a ser irrigada em aclive, atingindo a parte mais elevada do terreno. A cada 100 metros coloca-se um registro de onde será tomada a água para os canais. Com a utilização da montagem direta com extensão estes canais poderiam estar espaçados em até 500 metros.

11.2.3 Irrigação localizada

A irrigação localizada tem por princípio a aplicação d'água molhando apenas uma parte do solo ocupada pelo sistema radicular das plantas.

A água é conduzida por extensa rede de tubulações em baixa pressão, até próximo ao pé da planta, ou da região a ser umedecida, à qual é fornecida através dos emissores, de tal forma que a umidade do solo seja mantida próxima à capacidade de campo. O emissor, além de distribuir uniformemente a água, deve também dissipar a pressão da mesma, de acordo com os princípios de cada um dos tipos de irrigação localizada.

As principais culturas para as quais se utiliza o sistema de irrigação localizada em nosso país são: abacate, abacaxi, acerola, ameixa, ameixa carmesim, ata, banana, cacau, café, cana-de-açúcar, caqui, coco, crisântemo, ervilha, figo, flores, goiaba, graviola, horticultura, laranja, limão, maçã, mamão, maracujá, melão, morango, murcote, nectarina, olericultura, pera, pêssego, pimenta-do-reino, tomate e uva.

Neste método, o solo funciona como um pequeno reservatório de armazenamento, mas sem reduzir a oferta de água à planta. É uma irrigação de alta frequência. Molha-se praticamente apenas a zona útil do sistema radicular da planta. O tipo de solo tem papel preponderante na infiltração da água e na formação do bulbo úmido.

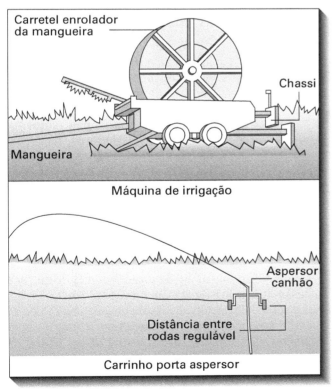

Figura 11.5 Sistema autopropelido tipo carretel enrolador (sem cabo de tração).

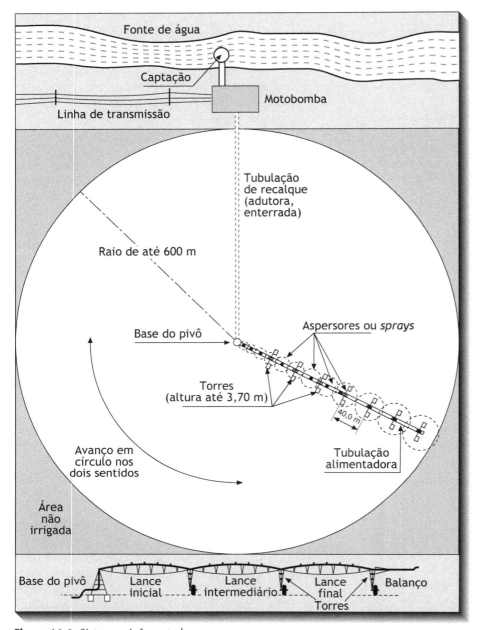

Figura 11.6 Sistema pivô central.

e com baixas pressões (desde o mínimo de 1 mca no gotejamento até um limite máximo de 30 mca na microaspersão).

Devido à sua característica de colocar água apenas junto ao pé da planta, a irrigação localizada é a que propicia menores riscos a saúde, tanto do irrigante como do consumidor, quando se usam águas de qualidade duvidosa. Como o sistema é composto por emissores com pequenos orifícios para passagem da água, filtros, extensas tubulações e complexos acessórios impõem muitas limitações no tocante à qualidade da água (Tab. 11.7).

Os principais tipos de irrigação localizada em uso no Brasil são:

- gotejamento (gotejo);
- microaspersão;
- tubo perfurado.

Pertencem também a este tipo de irrigação:

- jato pulsante;
- xique-xique;
- cápsulas porosas.

a) *Gotejamento*

Na irrigação por gotejamento, a água é levada até ao pé da planta ou a um cocho úmido por uma extensa rede de tubulação fixa e de baixa pressão. A liberação da água para o solo é feita pontualmente através de gotejadores, na forma de gotas e em vazões reduzidas, na faixa de 1 a 10 litros por hora por gotejador (Fig. 11.7).

Deve ser indicada para culturas de alto retorno econômico. É um sistema que permite alta eficiência na distribuição da água (em média 90 a 95%), economizando água e energia. Sua aplicação vem crescendo rapidamente.

O volume de solo molhado é muito menor do que nos outros métodos de irrigação, por gravidade ou aspersão. Entretanto, o desenvolvimento de um sistema radicular bastante ativo compensa a redução do volume de solo molhado.

Em se tratando de irrigação localizada, não se molha áreas sem culturas e/ou áreas não necessárias, facilitando o uso simultâneo de fertilizante com a água da irrigação, ou mais precisamente a "fertirrigação".

A irrigação localizada se fundamenta na passagem de pequena vazão em orifícios de diâmetro reduzido, localizados em estruturas especiais chamadas de emissores. Faz parte do sistema um dispositivo de filtragem da água para que não ocorra entupimento dos emissores. Os emissores são adaptados ou fazem parte de tubulações de polietileno, colocados ligeiramente acima, junto ou imediatamente abaixo da superfície do solo. O tipo de emissor define, na prática, o tipo de irrigação localizada (gotejador/gotejamento, microaspersor/microaspersão etc.).

Os emissores colocam a água em uma região junto ao pé da planta, visando irrigar apenas a região das raízes das plantas. Esses emissores trabalham com pequenas vazões (de um, alguns, ou dezenas de litros por hora)

TABELA 11.7 Restrições de uso nos sistemas de irrigação localizada, em função da qualidade da água

Parâmetros	Unidades	Grau de restrição de uso		
		Nenhuma	Ligeira a moderada	Severa
Físicos				
Sólidos em suspensão	mg/L	< 50	50 - 100	> 100
Químicos				
pH		< 7,0	7,0 - 8,0	> 8,0
Sólidos solúveis	mg/L	< 500	500 - 2.000	> 2.000
Manganês	mg/L	< 0,1	0,1 - 1,5	> 1,5
Ferro	mg/L	< 0,1	0,1 - 1,5	> 1,5
Ácido sulfídrico	mg/L	< 0,5	0,5 - 2,0	> 2,0
Biológicos				
Populações bacterianas	n. máx./mL	< 10.000	10.000 - 50.000	> 50.000

Fonte: Ayers (1991).

b) *Microaspersão*

Na microaspersão, a água é localmente aspergida pelos microaspersores em pequenos círculos (ou setores) junto ao pé da planta (Fig. 11.8).

A condução é feita por rede fixa e extensa de tubos até os microaspersores que operam com baixas pressões, na faixa de 10 a 30 mca (metros de coluna d'água). As vazões (20 a 120 L/h) e as áreas molhadas por cada microaspersor são superiores às dos gotejadores.

No sistema de irrigação por microaspersão, a maior velocidade de água reduz a sedimentação das partículas coloidais nas paredes dos tubos, diminuindo o entupimento do sistema. A seção de saída d'água, geralmente maior que a do sistema de gotejamento, permite o emprego de filtros mais simples, apenas de telas metálicas, dispensando, portanto, os de areia.

c) *Tubos perfurados*

No sistema de tubos perfurados (de câmara simples ou dupla) não existem emissores. Essas funções são desempenhadas pelos orifícios ou poros. A perfuração dos tubos deve ser feita com muita precisão, e, mesmo nestas condições, a variação de vazão de um para outro orifício é relativamente grande. As agressões provocadas pelo calor e outros fatores podem alterar negativamente e de forma considerável a uniformidade das vazões de irrigação.

O *layout* do sistema de irrigação por tubos perfurados é semelhante aos demais de irrigação localizada. Usado sem fertirrigação e sem automatização pode ter um custo bem acessível, mas a uniformidade, na distribuição da água ao longo da linha de irrigação, é bem menor que no gotejamento e microaspersão.

11.2.4 Irrigação subterrânea

A irrigação subterrânea é aquela cuja aplicação de água é feita no interior do solo por um dos dois processos:

- de elevação do nível do lençol freático;
- de aplicação da água no interior do solo.

O primeiro sistema de irrigação subterrânea consiste na elevação do nível do lençol freático para propiciar umidade adequada ao sistema radicular das plantas. É muito utilizado em projetos de drenagem de várzeas na cultura de arroz.

Nesse sistema, o lençol freático deve ser mantido a uma profundidade tal que determine boa combinação entre umidade e ar, na zona radicular. Este método de irrigação funciona como um processo inverso à drenagem. Os drenos têm seus fluxos de água normais controlados para provocar a elevação do nível desse lençol. É por meio desse controle de fluxo que se mantém o nível do lençol a profundidades adequadas à utilização das plantas, sem injuriá-las.

No caso do sistema de aplicação da água no interior do solo, ela é feita através de tubos perfurados, manilhas porosas ou dispositivos permeáveis instalados à pequena profundidade. Quando são utilizados tubos perfurados para a rega subterrânea, o problema mais grave com o qual se depara é com as raízes

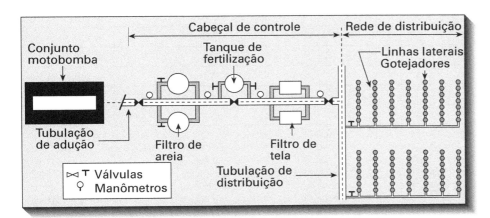

Figura 11.7 Esquema de sistema de irrigação localizada (gotejamento).

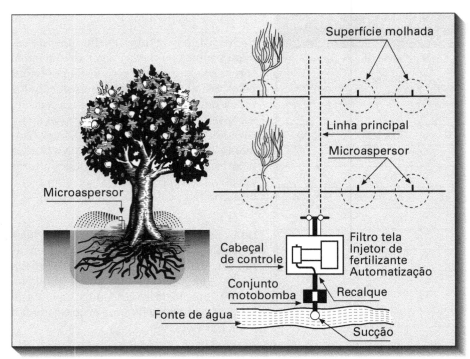

Figura 11.8 Esquema de um sistema de irrigação localizada (microaspersão).

11.3 A qualidade da água e a agricultura

A qualidade da água pode ser avaliada por uma ou mais características físicas, químicas ou biológicas. Usos específicos podem ter diferentes requisitos de qualidade. Assim, por exemplo, a água de um determinado manancial pode ser considerada de boa qualidade para determinado sistema de irrigação ou cultura e inadequada para outras situações. Observar Tab. 11.8.

Existem numerosos guias para uso das águas segundo sua utilização específica; porém, não para as condições e especificidades da agricultura de nosso País.

O exame da qualidade de água para agricultura irrigada deve levar, principalmente, em consideração:

que se desenvolvem em direção a fonte d'água, que vêm provocar o entupimento das perfurações. Esses tubos são colocados mecanicamente no solo por um sulcador, podendo também ser retirado mecanicamente.

1) efeitos no solo e sobre o desenvolvimento da cultura;
2) efeitos sobre os equipamentos;
3) efeitos sobre a saúde do irrigante e do consumidor de produtos irrigados.

TABELA 11.8 Problemas potenciais relacionados com a água de irrigação

Parâmetro	Unidade	Nenhum	Médio	Severo
(pH)	–	5,5 - 7,0	<5,5 ou > 7,0	<4,5 ou > 8,0
C.E.[1]	(dS/m)	0,5 - 0,75	0,75 - 3,0	> 3,0
Total sólidos solúveis	(mg/L)	325 - 480	480 - 1920	> 1920
Bicarbonatos	(mg/L)	< 40	40 - 180	> 180
Sódio	(mg/L)	< 70	70 - 180[2]	> 200[3]
Cálcio	(mg/L)	20 - 100	100 - 200[3]	> 200
Magnésio	(mg/L)	< 63	> 63[3]	
RAS[4]	-	< 3	3 - 6	> 6,0
Boro	(mg/L)	< 0,5	0,5 - 2,0	> 2,0
Cloro	(mg/L)	< 70	70 - 300	> 300
Flúor[5]	(mg/L)	< 0,25	0,25 - 1,0	> 1,0
Ferro[6]	(mg/L)	< 0,2	0,2 - 0,4	> 0,4
Nitrogênio[7]	(mg/L)	< 5,0	5 - 30	>30

Observações: 1) C.E. = condutividade elétrica. Valores inferiores a 0,5 são satisfatórios se a água tiver suficiente cálcio; caso contrário pode haver problemas de permeabilidade de certos solos. 2) Menos severo se o potássio estiver presente em igual quantidade ou em plantas tolerantes ao sódio. 3) Grande quantidade de cálcio ou magnésio aumenta a precipitação de fósforo. Não injete fósforo na água de irrigação com mais de 120 mg/L de cálcio antes de reduzir o pH da água. 4) RAS = Relação de adsorção de sódio, calculada pela seguinte expressão: $Na/[(Ca + Mg)/2]^{1/2}$, em que Na, Ca e Mg são expressos em (meq/L). 5) Valores significativos para as culturas sensíveis ao flúor. 6) Valores superiores a 0,2 mg/L podem causar manchas nas plantas. Concentrações maiores que 0,4 mg/L podem formar sedimentos se for usado cloro. 7) Soma de nitrato e amônio. Valores maiores que 5,0 mg/L podem estimular crescimento de algas em represas. Valores maiores que 30,0 mg/L podem retardar a maturação e diminuir o conteúdo de açúcar em plantas sensíveis.

Fonte: Bernardo, 1989, Vitti e Boaretto, 1994.

11.3.1 Efeitos no solo e sobre o desenvolvimento da cultura

11.3.1.1 Salinidade

A presença de sais em excesso (salinidade), oriundos do próprio solo ou da água, reduz a disponibilidade da água para as plantas a tal ponto, que afeta seus rendimentos.

As culturas não respondem da mesma forma à salinidade: algumas produzem rendimentos aceitáveis a níveis altos de salinidade e outras são sensíveis a níveis relativamente baixos. A tolerância à salinidade de algumas plantas pode ser observada na Tab. 11.9.

11.3.1.2 Infiltração

Teores relativamente altos de sódio, ou baixos de cálcio no solo e na água, reduzem a velocidade com que a água de irrigação penetra no solo. Esta redução pode alcançar magnitude tal, que as raízes das plantas não recebem água suficientemente e, como consequência, haverá um mau desenvolvimento e má produção da cultura.

Os fatores da qualidade da água que podem influir na infiltração são os teores totais de sais e o teor de sódio em relação aos teores de cálcio e magnésio.

A relação de adsorção de sódio – RAS da água é expressa por:

$$RAS = Na/[(Ca + Mg)/2]^{1/2}$$

onde:
Na = teor de sódio na água de irrigação (meq/L);
Ca = teor corrigido de cálcio na água de irrigação (meq/L);
Mg = teor de magnésio na água de irrigação (meq/L);

A infiltração, em geral, aumenta com a salinidade e diminui com a redução desta, ou com o aumento no teor de sódio em relação ao cálcio e magnésio (RAS). Dessa forma, para avaliar o efeito final da qualidade da água, devem-se considerar estes dois fatores.

11.3.1.3 Toxicidade

Os problemas de toxicidade surgem quando certos constituintes (íons) do solo ou da água são absorvidos pelas plantas e acumulados em seus tecidos em concentrações suficientemente altas para provocar danos e reduzir seus rendimentos.

A magnitude desses danos depende da quantidade de íons absorvidos e da sensibilidade das plantas. As culturas perenes são as mais sensíveis. Os danos se manifestam como queimaduras nas bordas das folhas e clorose na área internervural e, se a acumulação de íons chegar a ser suficientemente elevada, produz-se redução significativa nos rendimentos.

As culturas anuais são mais tolerantes e, por conseguinte, não são afetadas por concentrações baixas desses elementos. Entretanto, todas as culturas sofrerão danos e chegarão a morrer, se as concentrações forem suficientemente altas.

Os íons de maior toxicidade são: o cloreto, o sódio e o boro. Os problemas de toxicidade, frequentemente, complicam e complementam os problemas de salinidade e de infiltração.

a) *Cloreto*

A toxicidade provocada pelo íon cloreto contido na água de irrigação é a mais frequente. Os danos começam a se manifestar nas pontas das folhas, caminhando ao longo das bordas seguindo até a necrose. Pode-se utilizar, análise foliar para confirmar a toxicidade.

A sensibilidade das culturas ao cloreto é variável. As fruteiras, por exemplo, começam a mostrar sintomas de danos à concentração de 0,3% de cloreto, em base de peso seco. A toxicidade do cloreto também pode ocorrer por absorção direta através das folhas das culturas irrigadas por aspersão (Tab. 11.10).

b) *Sódio*

A toxicidade do sódio é mais difícil de diagnosticar que a do cloreto. Os sintomas típicos do sódio aparecem em forma de queimaduras ou necroses ao longo das bordas.

Entre as culturas sensíveis encontram-se as fruteiras de folhas caducas, os citros, as fruteiras de caroço, o abacateiro e os feijões. Para as culturas arbóreas, o limite tóxico na folha é atingido em concentrações acima de 0,25 a 0,50% de sódio em base de peso seco.

c) *Boro*

O boro, em quantidades relativamente pequenas, é um elemento essencial para o desenvolvimento das plantas, porém se torna tóxico quando ultrapassa certos níveis. A sua toxicidade pode afetar praticamente todas as culturas, porém a faixa de tolerância é muito ampla. Os sintomas geralmente aparecem como manchas amarelas ou secas, nas bordas e ápices das folhas mais velhas (Tab. 11.11).

Os sintomas de toxicidade na maioria das culturas aparecem quando a concentração foliar de boro excede 250 a 300 mg/kg de matéria seca. No entanto, nem todas as culturas sensíveis acumulam boro em suas folhas. As

TABELA 11.9 Tolerância à salinidade das culturas e seu rendimento potencial em função da salinidade do solo ou da água (CEes e CEa em dS/m)

Tipos de culturas	100% CEes	100% CEa	90% CEes	90% CEa	75% CEes	75% CEa	50% CEes	50% CEa	0% CEes	0% CEa
Extensivas										
Algodoeiro	7,7	5,1	9,6	6,4	13,0	8,4	17,0	12,0	27,0	18,0
Sorgo	6,8	4,5	7,4	5,0	8,4	5,6	9,9	6,7	13,	8,7
Trigo	6,0	4,0	7,4	4,9	9,5	6,3	13,0	8,7	20,0	13,0
Soja	5,0	3,3	5,5	3,7	6,3	4,2	7,5	5,0	10,0	6,7
Caupi	4,9	3,3	5,7	3,8	7,0	4,7	9,1	6,0	13,0	8,8
Arroz	3,3	2,2	3,8	2,6	5,1	3,4	7,2	4,8	11,0	7,4
Amendoim	3,2	2,1	3,5	2,4	4,1	2,7	4,9	3,3	6,6	4,4
Cana-de-açúcar	1,7	1,1	3,4	2,3	5,9	4,0	10,0	6,8	19,0	12,0
Milho	1,7	1,1	2,5	1,7	3,8	2,5	5,9	3,9	10,0	6,2
Feijão	1,0	0,7	0,5	1,0	2,3	1,5	3,6	2,4	6,3	4,2
Hortaliças										
Beterraba	4,0	2,7	5,1	3,4	6,8	4,5	9,6	6,4	15,0	10,0
Abobrinha	3,2	2,1	3,8	2,6	4,8	3,2	6,3	4,2	9,4	6,3
Tomateiro	2,5	1,7	3,5	2,3	5,0	3,4	7,6	5,0	13,0	8,4
Pepino	2,5	1,7	3,3	2,2	4,4	2,9	6,3	4,2	10,0	6,8
Espinafre	2,0	1,3	3,3	2,2	5,3	3,5	8,6	5,7	15,0	10,0
Repolho	1,8	1,2	2,8	1,9	4,4	2,9	7,0	4,6	12,0	8,1
Batata	1,7	1,1	2,5	1,7	3,8	2,5	5,9	3,9	10,0	6,7
Milho-doce	1,7	1,1	2,5	1,7	3,8	2,5	5,9	3,9	10,0	6,7
Pimentão	1,5	1,0	2,2	1,5	3,3	2,2	5,1	3,4	8,6	5,8
Alface	1,3	0,9	2,1	1,4	3,2	2,1	5,1	3,4	9,0	6,0
Cebola	1,2	0,8	1,8	1,2	2,8	1,8	4,3	2,9	7,4	5,0
Cenoura	1,0	0,7	1,7	1,1	2,8	1,9	4,6	3,0	8,1	5,4
Forrageiras										
Agropiro alto	7,5	5,0	9,9	6,6	13,0	9,0	19,0	13,0	31,0	21,0
Cevada forrageira	6,0	4,0	7,4	4,9	9,5	6,4	13,0	8,7	20,	13,0
Azevém	5,6	3,7	6,9	4,6	8,9	5,9	12,0	8,1	19,0	13,0
Ervilhaca	3,0	2,0	3,9	2,6	5,3	3,5	7,6	5,0	12,0	8,1
Alfafa	2,0	1,3	3,4	2,2	5,4	3,6	8,8	5,9	16,0	10,0
Capim-mimoso	2,0	1,3	3,2	2,1	5,0	3,3	8,0	5,3	14,0	10,0
Milho forrageiro	1,8	1,2	3,2	2,1	5,2	3,5	8,6	5,7	15,0	10,0
Fruteiras										
Tamareira	4,0	2,7	6,8	4,5	11,0	7,3	18,0	12,0	32,0	21,0
Grape-fruit	1,8	1,2	2,4	1,6	3,4	2,2	4,9	3,3	8,0	5,4
Laranjeira	1,7	1,1	2,4	1,6	3,3	2,2	4,8	3,2	8,0	5,3
Pessegueiro	1,7	1,1	2,2	1,5	2,9	1,9	4,1	2,7	6,6	4,3
Ameixeira	1,5	1,0	2,1	1,4	2,9	1,9	4,3	2,9	7,1	4,7
Amoreira	1,5	1,0	2,0	1,3	2,6	1,8	3,8	2,5	6,0	4,0
Morangueiro	1,0	0,7	1,3	0,9	1,8	1,2	2,5	1,7	4,0	2,7

Fonte: Telles, 1995.

TABELA 11.10 Tolerância ao cloreto de alguns porta-enxertos e variedades de fruteiras (meq/L)

Porta-enxerto	Nível máximo permissível de cloretos
Abacateiro	5,0
Citros	6,7 - 16,6
Videira	20,0 - 27,0
Fruteiras de caroço	5,0 - 17,0
Variedades	
Amoreira	3,3 - 6,7
Videira	6,7 - 13,3
Morangueiro	3,3 - 5,0

Fonte: Mass (1984).

fruteiras de caroço (pessegueiro, ameixeira, amendoeira, etc.) e algumas rosáceas (macieira, pereira e outras) são facilmente afetadas por boro, mas não acumulam boro suficiente em suas folhas para que a análise foliar permita um diagnóstico confiável.

11.3.1.4 Outros problemas

Vários outros problemas são observados no cultivos, conforme a cultura e o elemento presente na água de irrigação. A Tab. 11.12 resume essas relações.

Altas concentrações de nitrogênio provocam o excessivo crescimento vegetativo, o retardamento na maturação das culturas e sua tendência ao acamamento. Manchas nas folhas e nos frutos podem ser devidas à aplicação de água com altos teores de bicarbonato, gesso ou ferro por aspersão associadas às águas de pH anormal.

11.3.2 - Efeitos sobre os equipamentos

A capacidade que uma água possui, seja para remover, seja para depositar o carbonato de cálcio, é muito importante para o material usado nos equipamentos de irrigação.

Certas águas apresentam uma tendência a corroer quimicamente os tubos de distribuição de água, os rotores da bomba, ou ainda alargar os orifícios dos aspersores. Essas águas são ditas agressivas ou corrosivas.

Outras águas apresentam a propriedade de depositar uma escama de cal e de sílica, bem como de outros materiais dentro dos tubos. Tal tipo de água é incrustante, tendo como consequência a redução da vazão de água nas tubulações, a incrustação dos rotores da bomba e o entupimento dos orifícios dos microaspersores ou gotejadores.

Tanto a corrosão como a incrustação podem ser bastante prejudiciais para a irrigação, por isso é sempre conveniente fazer uma análise dessas propriedades da água, para definir o material dos equipamentos e o sistema de irrigação mais adequados. A qualidade da água pode ser definida pelo Índice de Saturação (IS) que determina o equilíbrio de carbonato.

TABELA 11.11 Tolerância relativa de determinadas culturas ao boro (mg/L)

Muito sensíveis (< 0,5)				
Limoeiro	Amoreira-preta			
Sensíveis (0,5 - 0,75)				
Abacateiro	Pomelo	Laranjeira	Pessegueiro	Ameixeira
Caquizeiro	Figueira	Videira	Nogueira	Caupi
Cebola	Nogueira-pecã	Damasqueiro		
Sensíveis (0,75 - 1,00)				
Alho	Batata	Trigo	Girassol	Gergelim
Tremoço	Morangueiro	Feijão	Fava	Amendoim
Moderadamente sensíveis (1,0 - 2,0)				
Pimentão	Ervilha	Rabanete	Pepino	Cenoura
Moderadamente tolerantes (2,0 - 4,0)				
Alface	Repolho	Aipo	Nabo	Aveia
Milho	Alcachofra	Fumo	Abóbora	Melão
Tolerantes (4,0 - 6,0)				
Sorgo	Tomateiro	Salsa	Beterraba	
Muito tolerantes (6,0 - 15,0)				
Algodoeiro	Aspargo			

Fonte: Mass (1984).

O Índice de Saturação é definido como:

$$I_S = pH - pHs$$

pH - potencial hidrogeniônico real da amostra a 25 °C;

pHs - é a concentração de íons de hidrogênio associada com o equilíbrio do carbonato; em outros termos, o pHs é considerado como o valor que a água teria caso não formasse nem dissolvesse escamas;

$I_S > 0$, positivo, indica uma água supersaturada de carbonato de cálcio, portanto, incrustante.

$I_S = 0$, significa que a água está em equilíbrio com relação ao $CaCO_3$ e não forma nem dissolve escamas;

$I < 0$, negativo, indica uma água sub-saturada de $CaCO_3$ dissolvendo escamas, portanto, corrosiva ou agressiva.

11.3.3 Efeitos sobre a saúde

Nas regiões onde existem riscos de enfermidades transmissíveis por vetores tais como: malária, filariose linfática, encefalites, esquistossomose e outras, conhece-se bem o impacto que podem ter os projetos de irrigação na proliferação de vetores e na saúde humana.

TABELA 11.12 Concentrações máximas recomendadas de elementos na água usada na irrigação

Elemento	Concentração máxima mg/L	Considerações
Alumínio	5,0	A produtividade pode ser nula em solos ácidos (pH < 5,5).
Arsênio	0,10	A toxicidade para as plantas varia muito, desde 12 mg/L, para grama do Sudão, até menos de 0,05 mg/L para o arroz.
Berílio	0,10	A toxicidade para as plantas varia muito, desde 5 mg/L, para couve/repolho, até menos de 0,05 mg/L para feijão (arbóreo).
Cádmio	0,010	Tóxico para feijão, beterraba, nabo, cebola, mesmo em baixas concentrações de 0,1 mg/L em soluções nutrientes. São recomendados limites conservadores, pois é potencialmente cumulativo nas plantas e nos solos e pode ser pernicioso para o homem.
Chumbo	5,00	Pode inibir o crescimento de plantas para ensilagem, quando em muito altas concentrações.
Cobalto	0,050	Tóxico para o tomateiro desde 0,1 mg/L em soluções nutrientes. Sua toxicidade pode ser anulada em solos neutros e alcalinos.
Cobre	0,20	Tóxico para numerosas plantas desde 0,1 mg/L em soluções nutrientes.
Cromo	0,10	São recomendados limites conservadores devido à falta de conhecimento sobre sua ação tóxica sobre as culturas.
Flúor	1,0	Inativo em solos neutros e alcalinos.
Ferro	5,0	Não é tóxico em solos arejados, mas pode contribuir para a acidificação dos solos e para a perda dos essenciais fósforo e molibdênio disponíveis. Aspersão alta pode resultar em significativos depósitos nas plantas, equipamento e edificações.
Lítio	2,5	Tolerado pela maioria das culturas, mesmo em concentrações superiores a 5,0 mg/L; móvel nos solos. Tóxico para citros em baixas soluções (> 0,075 mg/L). Atua de maneira semelhante ao boro.
Manganês	0,20	Tóxico para numerosas culturas desde algumas dezenas de mg até algumas mg/L, mas usualmente apenas em solos ácidos.
Molibdênio	0,010	Não é tóxico para as plantas em concentrações normais no solo e na água. Pode ser tóxico para pastagens, se a forrageira se desenvolve em solos com altos níveis de molibdênio disponível.
Níquel	0,20	Tóxico para numerosas culturas em concentrações de 0,5 a 1,0 mg/L; sua toxidade é reduzida em condições de pH neutro ou alcalino.
Selênio	0,020	Tóxico para as plantas, mesmo em baixas concentrações de 0,025 mg/L. Tóxico para pastagens, se a forrageira se desenvolve em solos com níveis relativamente altos de selênio adicional. É elemento essencial para os animais, mas em muito baixas concentrações.
Vanádio	0,10	Tóxico para muitas plantas, mesmo em relativamente baixas concentrações.
Zinco	2,0	Tóxico para muitas plantas em variadas concentrações. Toxidade reduzida em pH> 6,0 e em solos de textura fina ou orgânicos.

Fonte: Metcalf e Eddy (1991).

Direta ou indiretamente, a qualidade da água pode fomentar a presença de vetores de doenças nas seguintes formas:

- criando condições que favoreçam a presença de água livre nos campos (em tempo e extensão);
- exigindo o uso de métodos de irrigação que necessitam maior tempo de aplicação, ou maior área;
- modificando a flora ou a fauna aquática; e
- influindo diretamente na composição das populações dos vetores.

Os problemas de infiltração derivados da qualidade da água ocasionam o prolongamento do tempo durante o qual as águas de irrigação e de chuva permanecem sobre o solo. Este prolongamento fomenta a proliferação de vetores e é, muitas vezes, suficiente para completar seu ciclo biológico.

O desenvolvimento de plantas aquáticas nos drenos, estimulado pelo excesso de fertilizantes nitrogenados, ou nos de irrigação, onde se misturam as águas de irrigação com o escoamento de outros campos ou com as águas residuais, favorece a proliferação de vetores como insetos e caracóis.

O uso de pesticidas e inseticidas químicos no controle de vetores pode dar lugar à maior degradação da qualidade da água e criar problemas em seu uso para outros fins. Exemplo disto são os danos aos peixes cultivados, ou a deterioração das águas domésticas, as quais em muitos países em desenvolvimento são captadas diretamente das águas de irrigação, com o mínimo ou nenhum tratamento prévio.

Os caracóis são bastante tolerantes à qualidade das águas usadas na irrigação. O cálcio favorece o desenvolvimento dos caracóis, enquanto os valores baixos de pH os inibem. Os caracóis têm preferência por águas que contêm sedimentos e também pelas contaminadas, até certo nível, por substâncias orgânicas. Quando esta contaminação se deve aos resíduos domésticos, o risco da esquistossomose é evidente nas regiões endêmicas.

11.4 Utilização na agricultura irrigada

11.4.1 Uso na irrigação de águas que recebem esgotos sanitários

Quando se estuda o uso de corpos d'água que recebem efluentes domésticos, tratados ou não, para a irrigação, deve-se primeiro avaliar suas características microbianas e bioquímicas segundo as normas de saúde pública, tendo em consideração o tipo de cultura, o solo, o sistema de irrigação e a forma em que se consumirá o produto. Somente depois de verificar que estas águas reúnem as condições especificadas pelas normas de saúde, deve-se considerar a avaliação em termos de seus componentes químicos.

No Brasil, o aspecto sanitário de água de irrigação está diretamente ligado, principalmente, com duas principais doenças: a esquistossomose e a verminose. A contaminação por esquistossomose ocorre, principalmente, com o agricultor irrigante que mantém contato com a água; a verminose, com os usuários, por meio de consumo de produtos irrigados em que a água de irrigação entre o contato direto com o produto consumido *in natura* (verduras).

A irrigação com essas águas pode contaminar o ar, os solos, as plantas e áreas vizinhas aos campos irrigados. A magnitude desta contaminação depende do tratamento dessas águas, das condições climáticas predominantes, da cultura irrigada e do próprio sistema de irrigação.

A irrigação subterrânea (tubulações perfuradas enterradas) e a irrigação por gotejamento são os métodos mais seguros e os que apresentam menores riscos de contaminação.

A irrigação por sulcos, em condições adequadas, pode ser aplicada, para não contaminar o ar ou a parte superior das plantas.

A irrigação por aspersão tem maior potencial de provocar a contaminação microbiana do ar e das culturas devido à ação do vento.

As limitações para a utilização de águas residuárias na agricultura de maneira alguma se apresentam como impeditivas, podem ser superadas por meio de manejo agrícola adequado, que também é necessário na irrigação com águas "limpas".

A partir da determinação detalhada das características das águas residuárias, dos solos e da cultura, deve-se efetuar um estudo de sua viabilidade, escolhendo o método de irrigação que melhor se encaixa nas condições do caso. Consultar Tab. 11.13.

Bons exemplos de utilização na agricultura irrigada de corpos d'água que recebem esgotos sanitários são apresentados na Tab. 11.14.

11.4.2 Recomendações e critérios

A Organização Mundial de Saúde – OMS chegou à conclusão de que o tratamento primário das águas que recebem esgotos sanitários é suficiente para sua utilização na irrigação de culturas que não sejam de consumo humano direto.

Já o tratamento secundário e, provavelmente, a desinfeção e filtração são considerados necessários quando estas águas forem utilizadas na irrigação das culturas para consumo direto. Detalhes na Tab. 11.15.

Alguns países dispõem de diretrizes e/ou normas para o uso de efluentes na agricultura, geralmente fixando critérios para as características bacteriológicas das águas e às vezes o tratamento necessário. Como exemplo pode-se citar:

- os Critérios do Estado da Califórnia, nos EUA, apresentados na Tab. 11.16;
- as Diretrizes de Engelberg – Suíça, apresentadas na Tab. 11.17;
- as Normas para o Estado de Israel, apresentadas na Tab. 11.18;
- as definições de risco para irrigação em regiões áridas do Peru, apresentadas na Tab. 11.19; e
- na Tab. 11.20, as concentrações máximas recomendadas, também para o Peru.

No Brasil, a legislação que trata da classificação das águas é a Resolução Conama 357, de 17 mar. 2005. Sob o enfoque da irrigação são a ela destinadas:

As águas doces (salinidade inferior a 5‰) pelo Art. 4:

Classe 1 ... d) à irrigação de hortaliças que são consumidas cruas e de frutas que se desenvolvem rentes ao solo e que sejam ingeridas cruas sem remoção de película;

Classe 2 ... d) à irrigação de hortaliças, plantas frutíferas e de parques, jardins, campos de esportes e lazer, com os quais o público possa vir a ter contato direto;

Classe 3 ... b) à irrigação de culturas arbóreas, cerealíferas e forrageiras.

As águas salobras (salinidade entre 5‰ e 30‰) pelo Art. 6:

Classe 1 ... e) à irrigação de hortaliças que são consumidas cruas e de frutas que se desenvolvam rentes ao solo e que sejam ingeridas cruas sem remoção de película, e à irrigação de parques, jardins, campos de esporte e lazer, com os quais o público possa vir a ter contato direto.

TABELA 11.13 Orientações quanto aos riscos e consequências sobre a utilização de águas que recebem esgotos sanitários conforme os métodos de irrigação e suas características

Método	Características	Riscos/consequências
Inundação	Água estacionada no tabuleiro enquanto infiltra	Mau cheiro e aspecto. Atração e desenvolvimento de moscas e vetores
	Muito contato do irrigante com a água	Risco de contaminação do irrigante.
Sulcos	Água caminha lentamente nos sulcos enquanto infiltra	Mau cheiro e aspecto. Atração e desenvolvimento de moscas e vetores
	Contato do irrigante com a água de irrigação	Risco de contaminação do irrigante
Aspersão (todos)	Água é lançada para o ar, caindo em pequenas gotas sobre as plantas.	Risco de contaminação do ar, das partes superiores das plantas e dos frutos. Quanto mais forte o vento e maiores o alcance e altura do jato, maiores serão os efeitos.
	Presença de materiais metálicos e de componentes móveis	Possibilidade de corrosão das partes metálicas e de obstrução na movimentação dos emissores.
Microaspersão	A água é aspergida em pequenos círculos junto ao pé das plantas.	Risco da contaminação do irrigante, das plantas e frutos é mínimo.
	O sistema geralmente envolve filtração da água e orifícios com pequenos diâmetros dos emissores.	Pode haver entupimento dos orifícios, devido a sólidos em suspensão e algas, exigindo maiores cuidados na manutenção dos filtros(*)
Gotejamento	A água é colocada, em gotas junto ao pé das plantas	Praticamente não há risco da contaminação do irrigante, das plantas e frutos
	O sistema envolve filtragem da água e orifícios com pequenos diâmetros dos emissores.	Prováveis problemas com os filtros e com entupimentos dos emissores, prejudicando a distribuição da água.(*)
Subterrânea: elevação do nível do lençol freático	A água caminha lentamente nos canais para elevação do nível d'água.	Mau cheiro e aspecto. Atração e desenvolvimento de moscas e vetores
	Contato do irrigante com a água de irrigação	Contaminação do irrigante
Subterrânea: aplicação da água no interior do solo	A água é "injetada" no solo através de tubulações enterradas porosas ou perfuradas.	Praticamente não há riscos de contaminação do irrigante, das plantas e frutos. Problemas com fechamento dos poros e furos.

(*) Medidas preventivas e corretivas contra entupimentos incluem filtros de areia, de tela com autolavagem, cloração e descargas periódicas para lavagem das linhas laterais.

Observação

As águas citadas deverão obedecer às condições e aos padrões explicitados nos seguintes Artigos da Resolução Conama 357/2005:

Águas doces: Classe 1 - Art. 14
Classe 2 - Art. 15
Classe 3 - Art. 16
Águas salobras: Classe 1 - Art. 21

TABELA 11.14 Áreas irrigadas com efluentes de estações de tratamento; culturas desenvolvidas e parâmetros de qualidade da água

Local	Fresno Califórnia - EUA	Braunschweig Rep. Federal da Alemanha	Bakersfield Califórnia - EUA	Distrito Regional de Toulumne Califórnia - EUA	Santa Rosa Califórnia - EUA	Calistoga Califórnia - EUA
Área irrigada hectares	275 públicos e 1.350 particulares	300 por aspersão	2.250	500	1.600	* por aspersão
Principais culturas	Milho, algodão, cevada, alfafa, videira, sorgo e feijão	Batata, cereais de inverno, aveia trigo e beterraba	Milho, cevada, alfafa, sorgo e pastos	Pastos e outras culturas forrageiras	Milho para silos, capim, aveia e outras para alimento de inverno	Campo de golfe
CEa dS/m	1,55	1,11	0,88	0,35	0,31 / 0,70	*
pH	*	7,1	7,0	*	* / *	*
Ca meq/L	7,0	4,0	2,3	1,2	1,3 / 2,0	*
Mg Meq/L	2,0	2,8	0,4	0,9	1,3 / 1,6	*
Na Meq/L	8,5	3,4	4,7	1,2	0,4 / 3,9	*
K meq/L	*	0,8	0,7	0,0	0,0 / 0,3	*
Cl meq/L	2,2	3,6	3,0	1,2	0,1 / 3,3	*
Observações	Fora do período de irrigação, toda água percola para abastecer o aquífero subterrâneo e posterior uso na irrigação.	Não apresentam problemas. Chuvas e excesso de irrigação controlam a salinidade.	Em áreas com alta salinidade, os agricultores cultivam arroz inundado.	As águas não apresentam problemas de qualidade e a concentração de oligoelementos é inferior aos níveis requeridos.	Segundo os agricultores, a água fornece dois terços dos nutrientes que as culturas necessitam.	Águas com excesso de boro. Cortes rentes da grama evitaram problemas ao gramado.

Observação: * Dados não disponíveis. Fonte: Ayers e Wescot (1991).

TABELA 11.15 Tratamentos recomendados pela OMS para reaproveitamento de águas na irrigação

Requisitos	Tipos de culturas		
	De consumo indireto	Consumidas cozidas	Consumidas cruas
Critério de saúde	1 + 4	2 + 4	3 + 4
Tratamento primário	(x x x)	(x x x)	(x x x)
Tratamento secundário	(x x x)	(x x x)	(x x x)
Filtragem em areia ou método equivalente		(+)	(+)
Desinfecção		(+)	(x x x)

Critérios de saúde: 1. Livre de sólidos grandes: eliminação significativa de ovos de parasitas. 2. Igual ao item 1, porém com eliminação significativa de bactérias. 3. Não são permitidos mais de 100 organismos coliformes em 100 mL, em 80% das amostras. 4. Não são permitidos elementos químicos que deixam resíduos indesejáveis nas culturas.
Observação: Para satisfazer os requisitos de saúde, os tratamentos marcados com (xxx) são essenciais; além disso, podem ser necessários, às vezes, os tratamentos marcados com (+).

Fonte: Telles (1995).

TABELA 11.16 Critérios para recuperação de águas, que recebem esgotos sanitários, para irrigação no Estado da Califórnia - EUA

Tipos de culturas	Tratamentos mínimos requeridos			Número total de coliformes em 100 mL. Amostragem diária
	Primário	Secundário + desinfecção	Secundário com coagulação filtragem e desinfecção	
Forrageiras	X			Sem exigências
Sementeiras	X			Sem exigências
Culturas que são consumidas cruas, cuja irrigação é feita por superfície.		X		2,2
Culturas que são consumidas cruas, cuja irrigação é feita por aspersão.			X	2,2
Culturas que são consumidas após processamento (cozidas), cuja irrigação é feita por superfície.	X			Sem exigências
Culturas que são consumidas após processamento (cozidas), cuja irrigação é feita por aspersão.		X		23,0
Campos de golfe, cemitérios e autoestradas		X		23,0
Parques, playgrounds e campos escolares			X	2,2

Fonte: Metcalf e Eddy (1991).

TABELA 11.17 Diretrizes de qualidade microbiológica para a reutilização de águas servidas em irrigação. — "Diretrizes de Engelberg (Suíça)"[1]

Processo de reutilização	Nematoides intestinais[2] número médio de ovos viáveis p/L	Coliformes fecais Média geométrica do NMP por 100 mL
Irrigação sem restrições[3] Irrigação de árvores e de cultivos industriais forrageiras, frutíferas[4] e pastagens[5]	1	Não aplicável
Irrigação com restrições Irrigação de hortaliças consumidas cruas e de campos esportivos e parques[6]	1	100[7]

Observações: (1) Em casos específicos, as diretrizes poderão ser alteradas, levando-se em conta fatores locais, epidemiológicos, socioculturais e hidrogeológicos; (2) *Ascaris, Trichiuris e Anchilostomas*; (3) Em todos os casos é exigido um tratamento mínimo, equivalente a pelo menos 1 dia em lagoa anaeróbia, seguido de 5 dias em lagoa facultativa ou seu equivalente; (4) A irrigação deverá cessar duas semanas antes da colheita e não devem ser recolhidas frutas caídas ao solo; (5) A irrigação deverá cessar por 5 dias em lagoa facultativa ou seu equivalente; (6) Fatores epidemiológicos locais poderão determinar regras mais rigorosas para a irrigação de gramados de uso público, especialmente em hotéis de turismo; (7) Se as hortaliças forem consumidas sempre cozidas, essa norma pode ser menos rigorosa.

Fonte: Libhaber (1985).

A utilização na agricultura irrigada

TABELA 11.18 Normas para irrigação com efluentes de águas servidas tratadas — no Estado de Israel

Requisitos de qualidade dos efluentes, tratamentos exigidos e distâncias de áreas residenciais e estradas pavimentadas	Principais cultivos e categorias associadas			
	A	B	C	D
	Cultivos industriais	Forragem verde	Frutas e verduras p/processamento	Todos os cultivos sem restrição
	Algodão, beterraba açucareira, cereais, feno e bosques	Azeitonas, amendoim, banana, amêndoas e nozes	Verduras cozidas, frutas e verduras descascadas[3]	Inclusive os consumidos *in natura*, parques e praças
Qualidade dos efluentes[1]				
DBO_5 total (mg/L)	60[2]	45[2]	35	15
DBO_5 dissolvido (mg/L)	—	—	20	10
Sólidos suspensos (mg/L)	50	40	30	15
OD (mg/L)	0,5	0,5	0,5	12 (80%)
Coliformes (NMP/100 mL)	—	—	250	2,2 (50%)
Cloro residual (mg/L)	—	—	0,15	0,5
Tratamento exigido				
Filtração com areia[4]	—	—	—	exigida
Cloração (tempo mínimo de contato em minutos)	—	—	60	120
Distâncias (metros)				
de áreas residenciais	300	250	—	—
de estradas pavimentadas	30	25	—	—

Observações: (1) Todos os valores se referem a um percentual de 80%, exceto para coliformes totais na categoria D, onde também há especificações para 50%; (2) Não é aplicável para efluente de lagoa de estabilização com tempo de retenção superior a 15 dias; (3) A irrigação deve ser suspensa duas semanas antes da colheita.

Fonte: Ministério da Saúde Pública de Israel.

TABELA 11.19 Definições de riscos para a saúde pública, em função da qualidade dos efluentes tratados, utilizados na irrigação das diversas categorias de cultivos – Zonas áridas, em Lima, no Peru

Especificações	Categoria de cultivos		
	A	B	C
Definições de cultivos e restrições	Não destinados ao consumo humano (ex. algodão). São processados por calor ou dessecação antes do consumo humano (grãos oleaginosos). Hortaliças e frutas produzidas exclusivamente para enlatados ou outro tipo de processamento que destrói os patógenos. Forrageiros ou outros para alimentação animal que são dessecados antes do consumo. Parques em áreas cercadas sem acesso ao público (viveiros, bosques)	Pastagens e forrageiras para consumo fresco pelos animais. Cultivos para consumo humano que não tem contato direto como efluente, descartando os produtos caídos no chão (ex.: pepino, frutas) irrigados por inundação ou gotejamento. Cultivos para consumo humano que são habitualmente cozidos (ex.: batata, berinjela, beterraba). Cultivos para consumo humano que são consumidos crus, porém sem casca (ex.: melancia, melão, banana, amendoim, nozes).	Todo cultivo para consumo humano, irrigado com efluentes, que habitualmente é consumido cru (ex.: alface, tomate, cenoura ou fruta irrigada por aspersão antes da colheita).
Nível de risco quando se irriga com efluente de baixa qualidade	Baixo	Intermediário	Alto
Qualidade requerida do efluente para evitar riscos à saúde pública	Baixa	Intermediária	Alta

Fonte: Libhaber (1985).

TABELA 11.20 Recomendações de concentrações máximas para irrigação sem restrições, evitando efeitos negativos para os cultivos e solos — Peru

Parâmetros	Unidades	Cultivos sensíveis	Cultivos resistentes
pH	–	6,0-8,5	6,0-8,5
Amônio	(mg/L) N—NH$_4$	30	35
Nitrogênio total	(mg/L) N	40	50
CE (Cond. Elétrica)	(mmho/cm)	2	3
Boro	(mg/L) B	0,75	2,5
Cloretos	(mg/L) Cl	210	250
Sulfato	(mg/L) SO$_4$	300	500
RAS	%	10	15
Ferro	(mg/L) Fe	5	5
Cobre	(mg/L) Cu	0,2	0,2
Manganês	(mg/L) Mn	0,2	0,2
Zinco	(mg/L) Zn	2,0	2,0
Chumbo	mg/L) Pb	5,0	5,0
Cádmio	(mg/L) Cd	0,01	0,01
Arsênio	mg/L) As	0,1	0,1
Cobalto	(mg/L) Co	0,05	0,05
Níquel	(mg/L) Ni	0,2	0,2
Cromo	(mg/L) Cr	0,1	0,1

Fonte: Libhaber (1985).

TABELA 11.21 Eficiência média dos principais métodos de irrigação na aplicação da água

Método	Condicionante	Eficiência média
Sulcos de infiltração	Sulcos longos e/ou solos arenosos	0,45
	Solo e comprimento adequados	0,65
Inundação (tabuleiros)	Solo arenoso – lençol profundo	0,40
	Solo argiloso – lençol superficial	0,60
Aspersão convencional	Sob ação de vento	0,50
	Com ventos leves ou sem	0,75
Autopropelido/montagem direta	Sob ação de vento	0,50
	Com ventos leves ou sem	0,75
Pivô central	Vento/condições razoáveis	0,75
	Em condições favoráveis	0,85
Microaspersão	Condições razoáveis	0,80
	Em condições favoráveis	0,90
Gotejamento	Condições razoáveis	0,85
	Em condições favoráveis	0,95
Tubos perfurados	Perfuração manual	0,65
	Em condições favoráveis	0,80

Fonte: Telles (2002)

CONTROLE DE ODORES EM SISTEMAS DE ESGOTO SANITÁRIO

José Tarcísio Ribeiro

12.1 Introdução

Apesar de nosso olfato não ser muito desenvolvido quando comparado à maioria das espécies animais, não se pode desprezar a importância que a percepção olfativa tem para o ser humano. Nosso sentido olfativo é muito especializado – as células olfativas são capazes de perceber substâncias especiais, mesmo que só haja um milionésimo de miligramas destas substâncias em um metro cúbico de ar. Quando está ligado às emoções, é o mais eficaz de todos os sentidos, isto porque está intimamente conectado ao sistema nervoso central, diretamente associado aos estados emocionais. O aroma é também muito importante para o ser humano, pois possuímos a chamada "memória olfativa", que nos capacita a associar aromas a situações vividas anteriormente. Quando se sente um aroma novamente, é possível reviver certas experiências e emoções (FHGG, 2001).

De acordo com Cudmore e Tipler (1994), Menz (1995) e Watts (1993), odor é uma sensação associada a uma variedade de combinações que, quando presente em concentrações suficientemente altas no ar, provoca respostas nos indivíduos expostos. Tal como no caso do barulho, uma sensação pode causar ou não um efeito adverso desagradável, dependendo geralmente de vários fatores que interagem entre si, tais como intensidade e características típicas dos impactos odorantes, como também outros fatores sociais e ambientais. Sabe-se que os indivíduos em geral exibem uma grande variação estatística na sensibilidade fisiológica perante os odores, sendo que algumas pessoas são pelo menos 100 (não raro 1.000 vezes) mais sensíveis que outras.

12.2 Causas dos odores

Odores em esgotos sanitários, segundo Metcalf e Eddy (1991), geralmente são causados por gases produzidos durante a decomposição da matéria orgânica nele presente ou por substâncias despejadas na rede coletora. O esgoto fresco tem um odor um pouco desagradável, menos objetável que o odor de um esgoto em processo de decomposição anaeróbia. O principal componente de um esgoto séptico é o gás sulfídrico (H_2S), produzido por microrganismos anaeróbios, que reduzem os sulfatos a sulfetos. Efluentes industriais podem conter tanto compostos odorantes como compostos que os produzem durante o processo de tratamento de esgoto.

Os compostos malcheirosos (odorantes), associados com biossólidos, adubos, e outros materiais orgânicos são as emissões voláteis geradas a partir das substâncias químicas e pela decomposição microbiana de nutrientes orgânicos (USEPA e USDA, 2000).

12.3 Efeitos dos odores

Segundo a USEPA e USDA (2000), os odorantes, quando inalados, interagem com o sentido do olfato e as pessoas percebem o odor. A sensibilidade individual para a qualidade e intensidade de um odorante pode variar significativamente, e esta variabilidade ocorre em diferentes experimentos, de respostas sensórias, por indivíduos que inalam as mesmas quantias e tipos de combinações.

A importância dos odores em baixas concentrações, para o ser humano, está relacionada principalmente com a tensão psicológica que eles produzem, em vez de danos que eles possam acarretar para o organismo. Odores ofensivos podem causar falta de apetite, baixo consumo de água, respiração prejudicada, náuseas, vômito, e perturbação mental. Em situações extremas, odores ofensivos podem levar à deterioração pessoal e da autoestima da comunidade, interferindo no relacionamento humano, desencorajando investimento de capital, baixo status socioeconômico, e inibindo o crescimento. Estes problemas podem resultar em uma depreciação dos valores das propriedades, queda na arrecadação de impostos e vendas (Metcalf e Eddy,1991).

De acordo com Bradley (2001), os odores podem afetar a reprodução em muitos animais, tais como ratos, pássaros, e no caso dos seres humanos pode influenciar no ciclo menstrual de uma mulher.

12.3.1 Efeitos crônicos dos odores

Os efeitos crônicos dos odores resultam da exposição a repetidos impactos causados por odores objetáveis ou ofensivos, por um longo período de tempo. Em muitas situações, ele é de natureza repetitiva, e seu efeito acumulado é o problema, considerando que eventos individuais não são necessariamente significativos. O significado ambiental dos efeitos associados é uma função dos fatores de Fidol, explicados detalhadamente no item 12.6 (Wattas, 1993). A exposição crônica resulta frequentemente de emissões de processos que podem ser contínuos ou periódicos quanto à natureza. Os padrões de vento no local geralmente controlam o significado dos impactos odorantes em localizações diferentes (Cudmore e Dons, 2000).

12.3.2 Efeitos agudos dos odores

Tal como para os incômodos causados por barulho ou pó, existem também aquelas ocasiões nas quais um único odor é tão forte ou agudo que se torna inaceitável, ou causa um efeito adverso. Isto independe do fato desse evento acontecer com baixa frequência, como, por exemplo, duas vezes por ano. O termo "efeito agudo de odor" relaciona-se ao efeito adverso, devido ao curto prazo de exposição a um odor censurável ou ofensivo. Tais circunstâncias surgem tipicamente de emissões de processo anormal ou atividades infrequentes que emitem uma grande quantidade de odor no ar, por um período limitado de tempo. Um exemplo típico desse problema é a lagoa aeróbia de tratamento de esgoto. Esses tipos de emissões odorantes estão frequentemente (mas não sempre) relacionados às rotinas operacionais (Cudmore e Dons, 2000).

12.4 Diretrizes para avaliação de odores

Segundo Cudmore e Dons (2000), um roteiro para o controle de emissão de odores, para as autoridades e indústrias, pode ser a abordagem usada para se avaliar os efeitos potenciais dos odores, durante os testes de aceitação, ou quando do monitoramento da submissão das condições dos odores. Não existe qualquer diretriz bem fundada para determinar se acontecerão efeitos adversos significativos, "agudos" ou "crônicos". A incerteza que resulta da falta de interpretação quantitativa dos efeitos adversos dos odores podem, em última instância, impor riscos demasiados para se investir na melhoria operacional. Essa situação persistirá até que assuntos fundamentais sejam abordados, como os descritos a seguir:

a) *indicadores apropriados*, baseados nas respostas da população, para os efeitos dos odores censuráveis ou ofensivos;

b) *limites para estes indicadores*, que informem em que ponto os odores ofensivos ou censuráveis são prováveis causadores de efeitos ambientais adversos.

Até que tal política seja formulada, não poderá haver nenhuma base comum para a especificação de diretrizes para avaliação de odores, inclusive diretrizes de pesquisas ou concentrações, com base na comunidade. São recomendados ambos os valores, de indicador e limites apropriados referidos em (a) e (b).

Fica patente que as "reclamações" são um indicador apropriado de incômodo e que qualquer reclamação pode indicar efeitos adversos. Esta abordagem pode funcionar bem onde exista uma área residencial significativa circundante. Porém, reclamações apenas contra a frequência dos odores não são um forte indicador do verdadeiro significado do efeito-odor, que podem ser aplicados a uma grande variedade de situações. Porém, isto não justifica descartar uso da frequência das reclamações, para a implementação de um programa de monitoração mais rigoroso (Brown e Cudmore, 1996).

As pesquisas concernentes ao aborrecimento da população oferecem um forte indicador de efeitos crônicos e agudos decorrentes dos odores. Tal como para avaliar os efeitos do barulho, o "aborrecimento da população" é medido diretamente por meio de uma pesquisa junto à comunidade, que fornece uma base consistente para o desenvolvimento e o refinamento das diretrizes para o controle das concentrações de odores. Essas diretrizes podem então ser utilizadas com razoável confiança para se avaliar os efeitos potenciais de uma operação proposta (Katestone Scientific PTY LTD, 1995).

12.4.1 Avaliações pelo poder público

As autoridades devem adotar frequentemente a política de que as emissões de odores não devem apresentar razões para serem censuradas. Embora a frase "...até certo ponto é provável que isto cause um efeito adverso" seja frequentemente ausente. Na realidade tenta-se avaliar a extensão e o significado dos impactos dos odores. Essas políticas podem dar a impressão de que, quando em visita a um local, um fiscal pode rapidamente avaliar o fator Fidol e, dessa forma, se as emissões de odores estão ou não causando efeitos adversos. Isto não é possível, a menos que o odor específico seja de intensidade e duração suficientes para causar um efeito adverso agudo, que possa ser avaliado a partir das observações de um único incidente (Menz, 1995).

Na maioria dos casos, eventos que ocorrem uma única vez não são suficientes para se tomar qualquer medida, nem são eles devido a qualquer problema óbvio no local. Em última instância, o fiscal precisa confiar no *feedback* da comunidade, para determinar se a frequência, bem como se intensidades contínuas dos odores estão causando impactos adversos. As observações únicas de um evento odorífero, por fiscais são limitadas em sua utilidade, aos casos envolvendo impactos agudos fortes. Porém, o problema está frequentemente relacionado à frequência e duração dos impactos de odores reconhecíveis (efeitos crônicos dos odores).

Deve-se considerar também que às vezes são criadas falsas expectativas, relativas ao nível de proteção, que se pode fornecer para uma comunidade, tais como quando "...nenhum efeito censurável ou ofensivo existir, na opinião de um fiscal...". Tais condições, segundo o RMA – Resource Management Act (1991), da Nova Zelândia, não parecem consistentes, pois não impedem necessariamente a ocorrência de odores ofensivos ou censuráveis, em concentrações tais, que sua presença não venha a causar efeitos ambientais adversos.

12.4.2 Feedback da comunidade

O *feedback* da comunidade, na forma de reclamações ou levantamento de opiniões (incluindo aborrecimento por odores), fornece uma indicação direta da extensão dos efeitos das emissões odorantes. Porém, até que ponto os efeitos adversos podem ser julgados por terem acontecido não é claro, com a exclusão dos dados da pesquisa de aborrecimento provável de odor. Além disso, não existe um direcionamento claro sobre os métodos de pesquisa apropriados para serem utilizados em determinadas situações. Vários métodos existem, inclusive registros diários de reclamação de odor e pesquisas de opinião na comunidade sobre aborrecimento por odores (Lincolm Environmental, 1997).

Segundo Willhite e Dydek (1991), a maioria das avaliações de odores são executadas para prevenir ou mitigar reclamações. Questionado se o limite de detecção do odor é o mesmo nível de incômodo, um nível que geraria reclamações, os autores notaram que as pessoas reclamarão, em geral, quando for alcançado aproximadamente quatro vezes o limiar. Eles notaram também que o nível em que as pessoas reclamam difere para odor desagradável e agradável. Neste caso, substâncias químicas com odor desagradável tiveram um nível de reclamação de aproximadamente três vezes o limiar, mas no caso de odor agradável, não era reconhecido como um incômodo até que os níveis do ambiente excedessem cinco vezes o limite de percepção.

12.5 Classificação dos odores

Ao longo dos anos, várias tentativas têm sido feitas para classificar odores de uma maneira mais sistemática. As categorias principais de odores ofensivos e os compostos envolvidos estão listados na Tab. 12.1. Esses compostos podem ser encontrados ou podem se desenvolver no esgoto sanitário, dependendo das condições locais.

Já o *n*-butil mercaptana é um líquido incolor, inflamável e tem um forte odor de alho. É usado como um solvente, e um odorante para gás natural. Pessoas expostas a concentrações de n-butil mercaptana relataram que o nível de odor prontamente perceptível para esta substância está entre 0.1 e 1 ppm, embora o seu limiar esteja significativamente abaixo destes valores, ou seja, de 0.001 até 0.0001 ppm (Osha, 2001).

12.6 Concentração e caracterização de odores

Cudmore e Dons (2000) explicam que o termo concentração de odor dá a impressão de uma quantidade absoluta, quando de fato esses valores são sempre múltiplos da concentração absoluta que pode ser detectada, conhecida como concentração limiar de odor. Além disso, esta relação para o ar odorífero é sempre determinada por amostragem, estabelecendo-se quantas partes de ar puro precisam ser adicionadas (isto é, quanta diluição com ar fresco é exigida) para fazer com que o odor na amostra original seja apenas percebido. Essa quantidade de ar puro é frequentemente chamada de número de diluições para o limiar (NDL) ou diluições para o limite (D/L). Os europeus definiram o termo unidades de odor (UO). Esta definição significa que um ar odorífero com uma concentração de 100 UO/m^3 exige 100 diluições com ar puro para que seu odor seja apenas percebido. Dessa forma, unidades de concentração como (UO/m^3), (N/L), ou (NDL) são todas equivalentes, isto é, um fator de diluição para alcançar um limite de detecção. Assim, todas essas unidades de concentração representam concentrações relativas de odores. Além disso, esse limite de concentração não é frequentemente conhecido, em condições absolutas como microgramas por metro cúbico ($\mu g/m^3$) (Dutch Norm NVN 2820, 1995).

Ainda segundo Cudmore e Dons (2000), o conceito de concentração relativa de odor pode parecer óbvio. Porém, a interpretação é difícil de ser feita, pelo fato de a concentração limite ter uma natureza passageira e depender muito da metodologia. Por exemplo, a concentração média ($\mu g/m^3$) que indivíduos podem tipicamente "somente perceber", de um composto químico e por conseguinte seu odor, está fortemente influenciada por vários fatores, incluindo:

- o dispositivo usado para diluição;
- a maneira com que as amostras de ar diluído são apresentadas para as pessoas;
- a ordem dos fatores de diluição progressiva ascendente, concentrações descendentes;
- o ambiente onde o teste é aplicado;
- o tipo de resposta dada;
- a taxa de fluxo total de ar apresentado para o nariz; e
- os critérios usados para definir quando o limiar foi alcançado.

Pope e Diosey (2001) explicam que o limite de detecção pode ser definido como a mais baixa concentração de uma substância que pode ser descoberta, acima de uma amostra em branco, por um painel de odor. O limite de reconhecimento, entretanto, é a concentração mais baixa de uma substância que pode ser reconhecida baseada no caractere do odor. Os limiares dos odores, no caso de combinações específicas, têm sido geralmente obtidos em laboratório e representam a concentração em que uma combinação pode ser descoberta por uma pessoa. Esses valores-limite, exemplificados na Tab. 12.2, podem variar extensamente para uma dada população e um dado odor. O H_2S, por exemplo, tem um limiar de odor que varia de 1 ppb até 130 ppb.

A concentração limite de detecção de um composto químico no ar está, deste modo, relacionadas em primeiro lugar, à metodologia usada.

TABELA 12.1 Compostos odoríferos associados com esgoto não tratado		
Composto odorante	**Fórmula química**	**Odor**
Aminas	CH_3NH_2, $(CH_3)_3H$	Peixe
Amônia	NH_3	Amoniacal
Diaminas	$NH_2(CH_2)4NH_2$, $NH_2(CH_2)_5NH_2$	Carne em decomposição
Sulfeto de hidrogênio	H_2S	Ovo podre
Mercaptanas (metil e etil)	CH_3SH, $CH_3(CH_2)SH$	Repolho em decomposição
Mercaptanas (butil e crotil)	$(CH_3)_3CSH$, $CH_3(CH_2)_3SH$	Desagradável
Sulfetos orgânicos	$(CH_3)_2S$, $(C_6H_5)_2S$	Repolho podre
Escatol	C_9H_9N	Matéria fecal

Fonte: Adaptado de Metcalf & Eddy, 1991.

Quatro parâmetros independentes, mostrados na Tab. 12.3, são exigidos para uma completa caracterização de um odor: caráter, detectabilidade, hedônico, e intensidade.

Segundo Cudmore e Tipler (1994) Menz (1995) e Watts (1993), os fatores que definem o Fidol relacionam ao padrão de odor os impactos ao ambiente onde estes acontecem. O Fidol descreve principalmente o caráter do odor, mas não são medidas diretas dos efeitos adversos (como aborrecimento de população etc.) desses impactos. Então a ênfase colocada nesse fator, em pesquisas sociais, não é sempre uma eficiente aproximação. Por exemplo, o conhecimento desses parâmetros não permite necessariamente uma avaliação definitiva de efeitos adversos. Isso ocorre porque não existe nenhuma equação ou mesmo regras simples que nos permitam calcular alguns critérios desses fatores. Isso indica apenas a probabilidade de ocorrerem efeitos adversos. Isso não diminui a importância de tais fatores, pois estes podem ditar até que ponto odores censuráveis ou ofensivos afetam os indivíduos e estas informações podem ser utilizadas para ajudar a estabelecer juízo. Os fatores são sumarizados e discutidos como segue:

Frequência;
Intensidade;
Duração;
Ofensividade;
Localização.

A *frequência* de exposição ao odor simplesmente se refere à frequência com que o evento odorante acontece. É uma função das variações de emissões de odor ao longo do tempo, e das condições meteorológicas na área em torno da fonte.

TABELA 12.3 Fatores que devem ser considerados para a caracterização completa de um odor

Fator	Descrição
Caráter	Relaciona as associações mentais feitas pelas pessoas ao sentirem o odor; a determinação pode ser bastante subjetiva.
Detectabilidade	O número de diluições exigidas para se reduzir um odor ao mínimo que se pode detectar.
Hedônico	A relativa agradabilidade ou desagradabilidade do odor sentido pelas pessoas
Intensidade	A força do odor; normalmente medida pelo olfatômetro de butanol, ou calculada por diluições até o limiar.

Fonte: Adaptado de Metcalf e Eddy, 1991.

A *intensidade* do odor se refere à percepção individual de sua força e não considera seu caráter, ou qualidade. A relação entre a força percebida (ou intensidade) de um odor e a concentração de massa global dos compostos químicos combinados ($\mu g/m^3$), ou concentração de odor (UO/m^3), têm geralmente um formato de potência.

A *duração* de eventos odorantes é controlada principalmente por condições meteorológicas, embora variações nas emissões de odor possam ser também importantes, para fontes que variam em intensidade, quando isso não ocorre apenas em períodos de tempo pequenos.

A *ofensividade* é uma descrição intrínseca qualitativa do caráter agradável/desagradável subjacente de um odor. A definição exata pode se tornar confusa (como "tons hedônicos"), pois isto está frequentemente relacionado à concentração, intensidade e etc. Para este parâmetro ser independente e distinguível dos outros, deve ser relacionado ao caráter intrínseco do odor, que é geralmente independente da concentração.

A *localização* é uma consideração essencial quando se avalia a probabilidade de ocorrerem efeitos adversos provenientes dos odores. As pessoas que trabalham em ambientes industriais são geralmente menos sensíveis a odores que as pessoas dentro de suas residências.

TABELA 12.2 Limiar de odor dos compostos odoríferos associados com esgoto não tratado

Composto	Fórmula química	Limiar de odor (ppmV) Detecção	Limiar de odor (ppmV) Reconhecimento
Amônia	NH_3	17	37
Cloro	Cl_2	0,080	0,314
Dimetil sulfeto	$(CH_3)_2S$	0,001	0,001
Difenil sulfeto	$(C_6H_5)_2S$	0,0001	0,0021
Etil mercaptanas	CH_3CH_2SH	0,0003	0,001
Sulfeto de hidrogênio	H_2S	< 0,00021	0,00047
Indol	C_8H_7N	0,0001	–
Metilamina	CH_3NH_2	4,7	–
Metil mercaptanas	CH_3SH	0,0005	0,001
Escatol	C_9H_9N	0,001	0,019

Observação: ppmV = partes por milhão em volume.

Fonte: Adaptado de Metcalf e Eddy, 1991.

12.7 Medição de odores

Odores podem ser medidos por métodos sensórios, e concentrações de odorantes específicas podem ser medidas por métodos instrumentais. Sob condições cuidadosamente controladas, as medições sensórias (organolépticas) de odores pelo sistema olfativo humano podem fornecer informações mais significativas e confiáveis. Portanto, o método sensório é frequentemente usado para se medir os odores que emanam das instalações de tratamento de esgoto (Metcalf e Eddy, 1991).

12.7.1 Métodos sensórios para medição de odores

Segundo Metcalf e Eddy (1991), no método sensório frequentemente um grupo de pessoas é exposto a um painel de odores, que tenham sido diluídos com ar livre de odor, e o número de diluições exigidas para reduzir um odor à Concentração Mínima Detectável (CMD) são anotadas. A concentração de odor que se pode detectar é reportada como as diluições para CMD, chamadas comumente D/L (diluições para limiar). Desse modo, se quatro volumes de ar diluído devem ser adicionados para 1 volume da unidade de ar amostrado, para reduzir o odorante para seu CMD, a concentração de odor é reportada como quatro diluições CMD. Outra terminologia que comumente se costumava usar para medir a intensidade do odor é ED_{50}. O valor do ED_{50} representa o número de vezes que uma amostra de ar odorífero deve ser diluído antes que 50% das pessoas possam detectar um odor apenas na amostra diluída. Os detalhes do procedimento desse teste podem ser vistos em ASTM E679-79.

O CEN (1995) considera o uso de painéis para avaliações de odores, um abuso significativo da tecnologia olfatométrica. O uso correto desta tecnologia envolve a geração de dados de concentração de odor repetíveis de uma determinada fonte. Só assim isto pode então ser usado como uma ferramenta de pesquisa ou avaliação. Porém, a determinação sensória do limiar de concentração pode estar sujeita a vários erros. Adaptação, sinergismo, subjetividade e modificação da amostra são os erros principais, descritos na Tab. 12.4. Para evitar erros de modificação da amostra durante o armazenamento em recipientes de coleta, foram desenvolvidos olfatômetros para medir odores em sua fonte, sem usar recipientes de amostragem.

De acordo com Cudmore e Dons (2000), outro uso potencialmente enganoso da olfatometria é a prática exercida na Nova Zelândia, de aplicar o procedimento de seleção de pessoas com o n-butanol e subsequente certificação de tais pessoas como tendo um "nariz calibrado". Esse procedimento é útil para assegurar que os fiscais não tenham o sistema olfativo inerte, ou altamente sensível. Porém, indivíduos que podem descobrir n-butanol dentro de limites de concentração específicos não são mais capacitados de avaliar a intensidade, ou o caráter de um odor ambiental, do que indivíduos para os quais o limite de detecção do n-butanol não se ajuste dentro de algum padrão arbitrário.

O limite de odor de uma amostra de água ou de esgoto é determinado diluindo-se a amostra com a água livre de odor. O "Número de Limiar do Odor" (NLO) corresponde à maior diluição da amostra com a água livre de odor, em que um odor é apenas perceptível. O volume de amostra recomendado é 200 mL. O valor numérico do NLO é determinado como segue:

$$NLO = \frac{A+B}{A} \qquad (12.1)$$

onde:
A = mL de amostra; e
B = mL de água livre de odor.

O odor que emana da amostra líquida é determinado com grupos de pessoas (utilizando o painel de odor), como discutido anteriormente. Detalhes para este procedimento foram aprovados pelo Standard Methods Committee em 1985, e podem ser verificados no Standard Methods, 1989.

12.7.2 Métodos instrumentais para medição de odores

No que se relaciona à medida instrumental de odores, o método de diluição olfatométrica com ar fornece uma reprodutibilidade para se medir os limites de concentração de odores. Os equipamentos usados para análise de odores incluem (1) olfatômetro triangular de escolha dinâmica, (2) *butanol wheel*[*], e (3) o odorímetro.

A comunidade europeia desenvolveu um padrão para procedimentos olfatométricos, baseado no método original holandês. Os holandeses são pioneiros no desenvolvimento da olfatometria no campo ambiental. No início de 1990, a Nova Zelândia revisou os procedimentos holandeses, e aqueles métodos menos detalhados, baseados no sim/não usados em outros países, e tem desde então seguido o desenvolvimento europeu. Os órgãos de padronização da Austrália e da Nova Zelândia estão agora trabalhando juntamente, no desenvolvimento de uma medida padrão comum para odores, com base nos procedimentos europeus, com algumas modificações secundárias (Cudmore e Dons, 2000).

O olfatômetro triangular habilita o operador a introduzir a amostra em diferentes concentrações nos seis

---
[*] Butanol Wheel é um aparato similar ao olfatômetro usado para medir a intensidade (força) de um odor por método comparativo.

Controle de odores

TABELA 12.4 Tipos de erros na pesquisa sensória de odores	
Tipo de erro	**Descrição**
Adaptação	Quando as pessoas são expostas continuamente a um odor de fundo, ficam impossibilitadas de descobrir a presença daquele odor em baixas concentrações. Quando removido o odor de fundo, o sistema olfativo dessas pessoas deverá se recuperar rapidamente. Em última instância, um indivíduo com o sistema olfativo adaptado estará impossibilitado de descobrir a presença de um odor ao qual se adaptou.
Modificação da amostra	Tanto a concentração como a composição de gases e vapores odoríferos podem ser modificados em recipientes de coleta de amostra e em dispositivos de detecção. Para minimizar os problemas associados com modificações das amostras, o período de armazenamento deve ser minimizado ou eliminado. O mínimo de contato deve ser permitido com quaisquer superfícies reativas.
Subjetividade	Quando o indivíduo tiver conhecimento da presença de um odor, erros fortuitos podem ser introduzidos nas medidas sensórias. Frequentemente, o conhecimento do odor pode ser deduzido de outros sinais sensórios como som, visão, ou toque.
Sinergismo	Quando mais de um odorante está presente em uma amostra, tem sido observado que é possível, para um sujeito, exibir um aumento de sensibilidade para um dado odor, por causa da presença de outro odor.

Fonte: Adaptado de Metcalf e Eddy, 1991.

recipientes que podem ser observados na Fig. 12.1. Em cada recipiente, duas aberturas contêm ar purificado e uma contém uma amostra diluída. Seis relações de diluição são comumente usadas, variado de 4.500 até 15×.

As relações de diluição mais altas podem ser alcançadas usando-se um filtro de carvão. Todas as amostras diluídas e o branco são continuamente introduzidos nos recipientes do equipamento, a uma vazão de cerca de 500 mL/min. Cada membro do painel de odor (normalmente seis) cheira então cada uma das três aberturas e seleciona uma que acredita conter a amostra. O butanol *wheel* é um dispositivo usado para medir a intensidade do odor, contra uma escala, contendo várias concentrações de butanol. Um odorímetro, que pode ser visto na Fig. 12-2, é um dispositivo portátil, no qual o ar malcheiroso passa através de orifícios graduados e é misturado com ar previamente purificado com carvão ativado. O odorímetro é muito útil no campo, para se fazer determinações de odores, nas áreas circundantes a uma estação de tratamento. Frequentemente, um laboratório móvel em um veículo do tipo furgão, que contém vários tipos de olfatômetros e equipamentos analíticos, é usado para determinações de campo.

Frequentemente, é desejável conhecer as combinações específicas responsáveis por odores. Embora a cromatografia gasosa tenha sido usada com sucesso para este propósito, isto não têm sido observado quando se trata da descoberta e quantificação de odores derivados de redes coletoras, instalações de tratamento, e de disposição final de esgotos. O equipamento desenvolvido e que se mostrou eficaz na análise química de odores é o espectrômetro de massa quadrúpole. Os tipos de combinações que podem ser identificadas incluem amônia, aminoácidos, e combinações orgânicas voláteis.

12.8 Controle de odores

Os odores têm sido apontados como a primeira preocupação do público, relativa à implantação de instalações de tratamento de esgotos (Patterson *et al.*, 1984). Nos

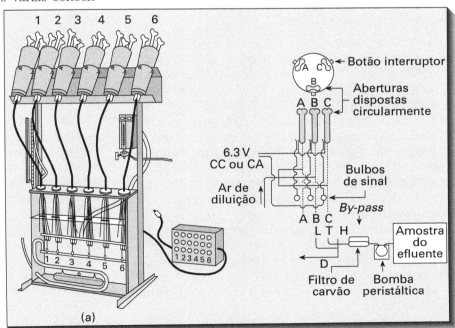

Figura 12.1 Olfatômetro triangular de escolha dinâmica : (a) esquemático e (b) diagrama de fluxo. Fonte: Adaptado de Metcalf e Eddy, 1991.

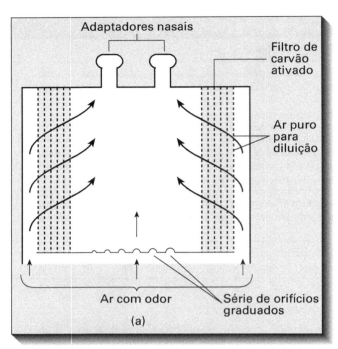

Figura 12.2 Desenho esquemático de um odorímetro portátil. Fonte: Adaptado de Metcalf e Eddy, 1991.

últimos anos, o controle de odores se tornou a principal consideração no projeto e operação das redes coletoras, tratamento e disposição final de esgoto, especialmente com respeito à aceitação pública destas instalações. Em muitos locais, projetos foram rejeitados por causa do medo dos odores. Devido à importância dos odores no campo do tratamento de esgoto, é oportuno considerar os efeitos que eles produzem, como eles são detectados, e sua caracterização e medida.

Segundo Metcalf e Eddy (1991), em estações de tratamento de esgoto, as principais fontes de odores são de (1) esgoto séptico, contendo sulfeto de hidrogênio e outras combinações odoríferas, (2) despejos industriais no sistema de coleta, (3) grades e caixa de areia, (4) escuma em decantadores primários, (5) processos de tratamento biológico organicamente sobrecarregados, (6) lodo de adensadores, (7) operação de queimadores de gás com temperaturas inferiores às ótimas, (8) instalações de condicionamento e desidratação de lodo, (9) incineradores de lodo, (10) lodo digerido em leitos de secagem, e (11) operações de compostagem de lodo. Este capítulo descreverá algumas das medidas gerais para controle de odores e faz uma revisão de alguns dos métodos usados para tratar odores na forma gasosa. Informações adicionais sobre métodos para controle de odores podem ser encontradas em ASCE (1989) e USEPA (1985-b).

12.8.1 Critérios de projeto para minimização de odores

Com um bom detalhamento de projeto, tais como: o uso de entradas submersas, carga apropriada no processo, restrição de fontes de odores, combustão de gases em temperaturas apropriadas, e boa rotina operacional interna, o desenvolvimento rotineiro de odores em estações de tratamento pode ser minimizado. Deve-se também reconhecer, porém, aqueles odores que se desenvolvem ocasionalmente. Quando eles se fizerem presentes, é importante que medidas imediatas sejam tomadas para controlá-los. Frequentemente, isto envolverá mudanças operacionais ou a adição de substâncias químicas, tais como cloro, água oxigenada, cal, ou ozônio. Em casos onde as instalações de tratamento são localizadas em áreas urbanas, pode ser necessário cobrir algumas das unidades de tratamento, tais como o pré-tratamento, decantadores primários, e adensadores de lodo. Onde são usadas coberturas, os gases aprisionados devem ser coletados e tratados. O método específico de tratamento dependerá das características das combinações odoríferas. Os exemplos de distâncias usadas pela cidade de New York são apresentados na Tab. 12.5 (Metcalf e Eddy, 1991).

Os estudos devem identificar o tipo e magnitude da fonte, características de dispersão meteorológica, e tipo de desenvolvimento adjacente.

Nas instalações de tratamento, com problemas crônicos de odor, as medidas mitigadoras podem incluir (1) mudanças operacionais para melhorar o tratamento ou eliminar as fontes, (2) controle do esgoto lançado no sistema de coleta, e (3) aplicação de produtos químicos na fase líquida. A aplicação de produtos químicos e os controles físicos para a fase gasosa são discutidos nos subitens seguintes.

12.8.2 Mudanças operacionais

As mudanças operacionais que podem ser instituídas incluem: (1) redução do carregamento do processo, (2) aumento da taxa de aeração em processos de tratamento biológico, (3) aumento da capacidade de tratamento da estação pela operação de unidades em *stand by*, (4) redução da estocagem de sólidos e de lodo, (5) aumento da frequência de bombeamento de lodo e escuma, (6) adição de cloro nos adensadores de lodo, (7) redução da turbulência devida às quedaslivres, controlando os níveis de água, (8) controle dos aerossóis, (9) aumento da frequência de disposição do material gradeado e sedimentado nas caixas de areia, (10) limpeza das acumulações odoríferas com maior frequência.

12.8.3 Controle de descargas no sistema de coleta

O controle de lançamento de esgoto no sistema de coleta pode ser realizado por meio de: (1) adoção de medidas restritivas para lançamento de despejos, (2) exigência de pré-tratamento para efluentes industriais e (3) equalização das vazões na fonte.

12.8.4 Controle de odores na fase líquida

A redução dos odores da fase líquida pode ser obtida por meio: (1) da manutenção das condições aeróbias, aumentando a taxa de aeração para adicionar oxigênio ou adição de peróxido de hidrogênio ao longo dos condutos forçados; (2) do controle do crescimento microbiano anaeróbio por desinfecção ou variação do valor do pH; (3) da oxidação dos compostos odoríferos por produtos químicos; e (4) do controle de turbulência. Para informações detalhadas sobre a ocorrência, efeito, e controle de transformações biológicas, podem ser consultados Metcalf e Eddy (1991).

12.9 Tratamento de gases odoríferos

Os principais processos para tratamento de gases odoríferos podem ser classificados em físicos, biológicos, e químicos. Os principais métodos dentro de cada categoria estão resumidos na Tab. 12.6. Dois dos métodos mais comuns para tratamento de odores, ou lavadores químicos e carvão ativado, são ilustrados nas Figs. 12-3 e 12-4 respectivamente.

O carvão ativado é comumente usado para controle de odores (Fig. 12.3). Este produto tem diferentes taxas de adsorção para substâncias diferentes. Pode ser efetivo em remover sulfeto de hidrogênio e na redução de odorantes orgânicos. Também tem sido verificado que a remoção de odores depende da concentração de hidrocarbonetos no gás odorante. Parece que os hidrocarbonetos são adsorvidos preferencialmente antes de compostos como o H_2S. A composição dos gases odoríferos a serem tratados dever ser definida ao se optar pelo uso de carvão ativado. A vida útil do leito de carvão é limitada e, portanto, o produto deve ser regenerado ou substituído regularmente para uma contínua remoção de odores. Às vezes são usados sistemas de dois estágios,

TABELA 12.5 Distâncias mínimas sugeridas para unidades de tratamento para retenção de odores

Unidades do processo de tratamento	Distância (m)
Tanque de sedimentação	125
Filtro biológico	125
Tanque de aeração	150
Lagoa aerada	300
Digestor de lodo (aeróbio ou anaeróbio)	150
Unidades de manipulação de lodo	
Leito de secagem descoberto	150
Leito de secagem coberto	125
Tanques de acumulação de lodo	300
Tanques adensadores de lodo	300
Filtro a vácuo	150
Oxidação úmida	500
Leito de recarga de efluente	250
Efluente de filtro secundário	
Aberto	150
Fechado	60
Tratamento avançado de esgoto	
Efluente de filtro terciário	
Aberto	90
Fechado	60
Desnitrificação	90
Lagoa de polimento	150
Disposição no solo	150

Fonte: Metcalf e Eddy (1991).

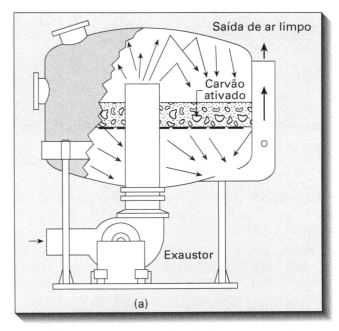

Figura 12.3 Sistema de controle de odores com carvão ativado. Fonte: Adaptada de Metcalf e Eddy, 1991.

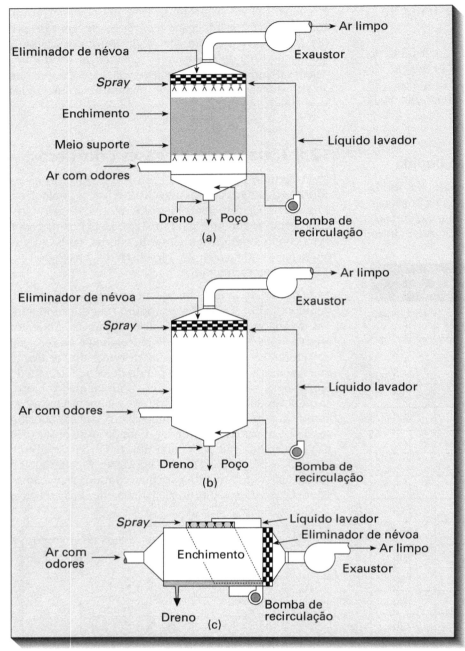

Figura 12.4 Típicos sistemas lavadores de gases: (a) torre de contracorrente; (b) câmara de *spray*; (c) lavador transversal. Fonte: Adaptada de Metcalf e Eddy, 1991.

Os oxidantes comumente usados são soluções de cloro (particularmente o hipoclorito de sódio) e de permanganato de potássio. O hidróxido de sódio também é usado em sistemas onde o H_2S apresenta altas concentrações. Nos lavadores à base de hipoclorito pode ser esperada a remoção de gases odoríferos oxidáveis quando as concentrações de outros gases forem mínimas. As eficiências de remoção típicas são reportadas na Tab. 12.7.

Nos casos em que as concentrações de compostos odoríferos nos exaustores de gás dos lavadores ainda estão em níveis acima de desejáveis, frequentemente são usados lavadores de múltiplos estágios. O projeto de um sistema de lavador úmido deve incluir (1) determinação das características e volumes de gás para ser tratado, (2) definição das necessidades de exaustores para o gás tratado, (3) seleção de um líquido baseado na natureza e concentração química das combinações odoríferas a serem removidas e (4) realização de teste em escala piloto para determinar os critérios de projeto e desempenho.

Um método de controle biológico de odores consiste no uso de um solo ou filtro misto (Fig. 12.5). Neste sistema, um meio sólido umedecido, tal como um solo ou um composto de lodo, fornece a superfície de contato para as reações microbiológicas que oxidam os odorantes. O teor de umidade e a temperatura são condições ambientais importantes para a atividade dos microrganismos. Os tempos de residência do ar contaminado são frequentemente de 15 a 30 segundos, ou mais longos neste sistema. Alturas da camada de solo de até 3 m têm sido usadas e o carregamento adotado tem sido de 0,61 $m^3/m^2 \cdot$ min., para uma concentração de H_2S de 20 mg/L (ASCE, 1989).

O método específico de controle de odores a ser aplicado variará com as condições locais. Porém, tendo em vista que as medidas de controle são caras, o custo de se fazer mudanças de processo ou modificações nas instalações, para eliminar odores deve sempre ser avaliado e comparado ao custo de várias alternativas de controle de odores, antes de sua adoção ser sugerida.

com o primeiro estágio sendo um lavador úmido, seguido por carvão ativado. Um sistema deste tipo prolonga a vida útil do carvão.

Melhorias têm sido feitas nos projetos de lavadores químicos a fim de aumentar a eficiência da remoção de odores e para reduzir seus níveis nas descargas. Os tipos de lavadores a úmido incluem torres de contracorrente, câmara de névoa e lavadores transversais (Fig. 12.4). O objetivo básico de cada tipo é proporcionar contato entre ar, água, e substâncias químicas (se usadas), permitindo a oxidação ou carreamento das combinações odoríferas.

Oxidação química de compostos odoríferos

TABELA 12.6 Métodos para controle de gases odorantes encontrados em sistemas de tratamento de esgoto	
Método	Descrição e/ou aplicação
Físico	
Retenção	Instalação de coberturas, capuzes coletores, e emprego de equipamentos para conter e dirigir os gases odoríferos para o sistema de disposição ou tratamento.
Diluição com ar livre de odor	Gases podem ser misturados com ar fresco, para reduzir os valores das unidades de odor. Alternativamente, gases podem ser descarregados através de altas chaminés para alcançar diluição e dispersão atmosférica.
Combustão	Odores gasosos podem ser eliminados por combustão em temperaturas variando de 1.200 até 1.500 °F (650 a 815 °C). Gases podem ser queimados junto com sólidos de estações de tratamento ou separadamente em um incinerador.
Adsorção ao carvão ativado	Gases odoríferos podem ser passados através de leitos de carvão ativado para remover odores. A regeneração do carvão pode ser usada para reduzir custos.
Adsorção em areia, solo	Gases odoríferos podem ser passados através de areia, solo, ou leito composto. Os gases odoríferos de estações elevatórias podem ser injetados nos solos circundantes ou em leitos de areia ou terra. Os gases odoríferos captados das unidades de tratamento podem ser passados através de leitos mistos.
Injeção de oxigênio	A injeção de oxigênio (ar ou oxigênio puro) no esgoto, para controlar o desenvolvimento de condições anaeróbias, tem-se mostrado efetiva.
Agentes mascarantes	Odores de perfume podem ser pulverizados na forma de névoas finas, próximo às unidades de processo, para se sobreporem ou mascararem odores desagradáveis. Em alguns casos, o odor do agente mascarante piora o odor original. A efetividade dos agentes mascarantes é limitada.
Lavadores tipo torres	Gases odoríferos podem ser passados através de lavadores especialmente projetados para remover odores. Algum tipo de substância química ou agente biológico é normalmente usado junto com a torre.
Químico	
Lavadores com vários álcalis	Os gases odoríferos podem ser passados através de torres de lavagem especialmente projetadas para remover odores. Se o nível de gás carbônico for alto, os custos podem ser proibitivos.
Oxidação química	Oxidação de compostos odorantes em esgotos é um dos métodos mais comuns que se usa no controle de odor. Cloro, ozônio, água oxigenada e permanganato de potássio estão entre os oxidantes usados. O cloro limita também o desenvolvimento de camadas de limo.
Precipitação química	A precipitação química se refere à precipitação de sulfetos com sais metálicos, especialmente ferro.
Biológico	
Filtros biológicos ou reatores de lodo ativado	Os gases odoríferos podem ser passados através de filtros biológicos ou usados como ar de processo para tanques de aeração de lodo ativado, para remover compostos odoríferos.
Torre de remoção biológica especial	Torres especialmente projetadas podem ser usadas para remover combinações odoríferas. Tipicamente, essas torres são preenchidas com núcleo de plásticos de vários tipos em que o crescimento biológico pode ser mantido.

Fonte: Adaptado de USEPA, 1985-b.

12.10 Oxidação química de compostos odoríferos

As substâncias produtoras de odor, que podem ser encontradas no esgoto doméstico e no lodo, bem como algumas originadas de pequenas indústrias associadas com o meio urbano, estão listadas na Tab. 12.8, de forma mais ampla do que nas Tabs. 12.1 e 12.2.

12.10.1 Oxidação química do gás sulfídrico

O enxofre está presente nos excretos humanos, e sulfatos são encontrados na maioria dos corpos d'água. No esgoto doméstico, o enxofre está normalmente presente na forma de sulfatos e sulfitos inorgânicos, ou sulfetos orgânicos (como mercaptanas, tioéteres e dissulfetos), pela produção de gases ou vapores por bactérias anaeróbias ou facultativas. A presença de sulfetos nos esgotos é geralmente ocasionada pela redução bacteriológica dos sulfatos. Os sulfetos só se formam no esgoto com a ausência total do oxigênio. Os sulfatos são reduzidos pela bactéria *Desulfovibrio Desulfuricans* (Gasi *et al.*, 1984):

$$SO_4^{2-} + 2C + 2H_2O \Leftrightarrow 2HCO_3 + H_2S$$

O sulfeto produzido é resultante de um equilíbrio de íons:

$$H_2S \Leftrightarrow HS^- + H^+$$

Ainda de acordo com GASI *et al.*, (1984), o sulfeto forma-se tanto no líquido quanto no limo resultante de deposição nas paredes das tubulações. A porcentagem de influência dos dois meios na formação do H_2S é discutível, havendo discordância entre pesquisadores. Há uma tendência em se fixar em 50% para cada situação. Deve-se registrar a importância de uma velocidade marginal dos esgotos, para se ter uma lavagem das paredes dos coletores e interceptores. O H_2S formado é muito instável, sofrendo influência do pH, conforme pode ser observado na Fig. 12.6.

Na Tab. 12.9 são apresentados os compostos que reagem e os que não reagem com o $KMnO_4$, enquanto na Tab. 12.10 são apresentadas diversas reações químicas que destroem o H_2S. São usados como oxidantes nessas reações o peróxido de hidrogênio, o gás cloro, o hipoclorito de sódio, o clorito de sódio, o ar, os sais de ferro, o oxigênio, os nitratos, o permanganato de potássio e o álcalis.

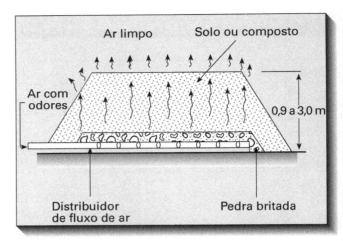

Figura 12.5 Filtro de solo/composto para controle de odores. Fonte: Adaptada de Metcalf e Eddy, 1991.

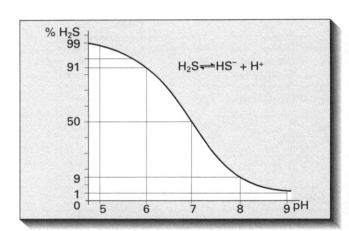

Figura 12.6 Teor de H_2S em função do pH do esgoto. Fonte: Adaptada de Gasi *et al.*, 1984.

TABELA 12.7 Efetividade dos lavadores úmidos à base de hipoclorito para remoção de vários gases odoríferos

Gás	Eficiência de remoção esperada, (%)
Sulfeto de hidrogênio	98
Amônia	98
Dióxido de enxofre	95
Mercaptanas	90
Outros compostos oxidáveis	70 - 90

Fonte: Adaptado de USEPA, 1985-b.

Oxidação química de compostos odoríficos

TABELA 12.8 Substâncias odoríferas encontradas no esgoto sanitário

Substância	Característica do odor	Limiar do odor (ppm)	Início da percepção (ppm)	Início do reconhecimento (ppm)	Adsorção por carvão ativado (%)
Aldeído acético	Cheiro irritante	0,0040	—	0,21	7
Alil mercaptana	Alho, café	0,00005	0,016	—	—
Amônia	Azedo penetrante	0,0370	—	46,8	1 - 2
Amilmercaptana	Desagradável, pútrido	0,0003	—	—	—
Bencil mercaptana	Desagradável, forte	0,00019	—	—	—
Butilamina	Azedo, parecido com amônia	—	—	0,24	—
Cadaverina	Pútrido, carne deteriorada	—	—	—	—
Cloro	Acentuado, sufocante	0,0100	0,01	0,314	—
Clorofenol	Remédio, fenólico	0,00018	—	—	—
2-buteno mercaptana	desagradável	0,000029	0,07	—	—
Dibutilamina	Peixe	0,0160	—	—	—
Diisopropilamina	Peixe	0,0035	—	0,085	—
Dimetilamina	Pútrido, peixe	0,0470	—	0,047	—
Dimetil sulfeto	Vegetais em decomposição	0,0010	—	0,001	—
Difenil sulfeto	Desagradável	0,000048	—	0,0021	—
Etilamina	Amoniacal	0,8300	—	0,830	—
Etil mercaptana	Repolho deteriorado	0,00019	0,0026	0,001	23
Gás sulfídrico	Ovo podre	0,000470	—	0,0047	3
Indol	Fecal, nauseante	—	—	—	25
Metilamina	Peixe podre	0,0210	—	0,021	—
Metilmercaptana	Repolho podre	0,0011	—	0,0021	20
Ozona	Irritante acima de 2 ppm	0,0010	0,5	—	—
Propil mercaptana	Desagradável	0,000075	0,024	—	25
Putrecina	Pútrido, nauseante	—	—	—	25
Piridina	Irritante, desagradável	0,0037	—	—	25
Escatol	Fecal, nauseante	0,0012	0,223	0,470	25
Dióxido de enxofre	Irritante pungente	0,0090	—	—	10
Terc-butil mercaptana	Desagradável	0,00008	—	—	—
Tiocresol	Rançoso	0,0001	0,019	—	—
Tiofenol	pútrido	0,000062	0,014	0,280	—
Tristilamina	Amoniacal, peixe	0,0800	—	—	—

Fonte: Adaptado de WPCF, 1979.

TABELA 12.9 Compostos odorosos que reagem e não reagem com KMnO₄

Compostos que reagem	Demanda de KMnO₄ (kg de KMnO₄/Kg de composto)	Compostos que não reagem
Alifáticos		
Formaldeídos	7,0	Acetona
Acetaldeído	12,0	Dipropilcetona
Acoleína	13,1	Metilisobutilcetona
		m-butanol
		Metiletilcetona
		Cloreto de metileno
Compostos aromáticos		
Benzaldeídos	15,9	Benzeno
Estileno	20,2	Tolueno
Fenol	15,7	Penta clorofenol
o-cresol	16,6	
o-clorofenol	10,7	
m-clorofenol	10,7	
p-clorofenol	10,7	
Compostos que contêm nitrogênio		
Dimetilamina	14,0	Nitrobenzeno
Trimetilamina	16,0	Piridina
Monoetanolamina	8,6	
Trietanolamina	10,6	
Putrecina	13,1	
Cadaverina	14,4	
Indol	15,7	
Escatol	16,4	
Compostos sulfurosos		
Dimetil sulfeto	3,4	Dissulfeto de carbono
Dimetil dissulfeto	5,6	
Tiofeno	16,3	
Sulfeto dietílico	2,3	
Dissulfeto dietílico	4,3	
Compostos inorgânicos		
Gás cianídrico	3,9	Amônia
Gás sulfídrico	12,4	Monóxido de carbono
Óxido nitroso	5,3	
Dióxido de enxofre	1,6	

Fonte: Adaptado de Gasi *et al.*, 1984.

Oxidação química de compostos odoríficos 543

TABELA 12.10 Produtos químicos para controle de gás sulfídrico em sistemas de esgotos sanitários

	Produto/Descrição	Mecanismo de controle dos odores	Reações químicas	Dosagem kg/kg H$_2$S
H$_2$O$_2$	O peróxido de hidrogênio (H$_2$O$_2$) é um produto líquido encontrado em soluções de 35% a 50%. Está disponível em recipientes de 189 a 1.184 litros ou em carregamentos de 1.890 a 75.600 litros. Também estão disponíveis espécies sólidas de peróxido (percarbonato de sódio e peróxido de cálcio)	Oxida H$_2$S Retarda a septicidade, (adicionando oxigênio dissolvido) Promove a bio-oxidação de odorantes orgânicos	pH neutro/ácido: H$_2$S + H$_2$O$_2$ → S + 2H$_2$O pH alcalino: S$_2^-$ + 2O$_2$ → SO$_4^{2-}$ Degradação: 2 H$_2$O$_2$ → O$_2$ + 2H$_2$O	pH neutro e ácido: teórica: 1,0 prática: 1,2 a 1,5 pH alcalino: teórica: 4,0 prática: 4,5 a 5,0 Degradação: teórica: 4,0 prática: 2 a 8
Gás cloro	O gás cloro é fornecido em cilindros pressurizados de 45 kg a uma tonelada, ou em vagões de 4.536 a 9.072 kg	Oxida H$_2$S e odorantes orgânicos Inibe o crescimento de biofilmes (em altas dosagens)	H$_2$S + 4Cl$_2$ + 4H$_2$O → H$_2$SO$_4$ + 8HCl	Teórica: 8,8 Prática: 8 a 15
Hipoclorito de sódio	É uma forma líquida de cloro, mantido em solução pela incorporação de hidróxido de sódio. Soluções de 12 a 15% podem ser encontradas em recipientes de 3,78 a 1.134 litros, e remessas de 15.120 a 75.600 litros. Dependendo da temperatura ambiente, sua meia-vida varia de 2 a 6 meses.	Oxida H$_2$S e odorantes orgânicos Inibe o crescimento de biofilmes	H$_2$S + 4NaOCl → H$_2$SO$_4$ + 4NaCl	Teórica: 8,8 Prática: 8 a 15

TABELA 12.10 Produtos químicos para controle de gás sulfídrico em sistemas ... (*continuação*)

	Aplicações	Vantagens	Desvantagens	Notas importantes
H_2O_2	Coletores-tronco (< 3 a 4 horas de detenção) Tubulações de recalque (< 1-2 horas de detenção) Chegada das estações de tratamento de esgoto Processamento de sólidos Esgoto séptico e chorume de resíduos sólidos Lavadores de gases Reservatórios de água e lagoas	Alta seletividade em direção ao H_2S Adiciona oxigênio dissolvido retardando a septicidade a jusante Não produz nenhum subproduto prejudicial Extenso histórico de uso Aplicável em unidades de nitrificação e redução de DBO Sistemas de alimentação simples Baixas taxas de alimentação (tanques de armazenamento pequenos)	Altas dosagens são necessárias para efetividades superiores a 2 horas Odores de origem orgânica exigem bio-oxidação imediata A reação pode necessitar de vários minutos (sem catálise) A classificação de oxidante pode restringir a aplicação a alguns locais	O peróxido de hidrogênio é uma das alternativas mais crescentes devido ao seu custo, efetividade e compatibilidade ambiental
Gás cloro	Redes coletoras (preventiva) Final de condutos forçados (corretiva) Chegada das estações de tratamento de esgoto Fluxos de recirculação Esgoto séptico e chorume de resíduos sólidos	Reação rápida Destruição de odores causados por matéria orgânica Propriedades bactericidas Reage com amônia retardando a geração de sufetos a jusante Extenso histórico de uso	Consumido pela NH_3 Exige medidas de segurança e cuidados na manipulação Forma subprodutos (emissões de VOC) Odor de cloro em caso de superdosagem As dosagens altas precisam ser reduzidas a jusante do ponto de geração de odor Potencial para inibição do biotratamento Corrosivo para equipamento de infraestrutura	O cloro perde a preferência como produto para controle de odor em função das exigências de segurança, cuidados na manipulação transporte e armazenamento (exige um extenso plano de administração de risco para quantidades acima de 900 kg)
Hipoclorito de sódio	Redes coletoras (para prevenir odores a jusante) Saída de condutos forçados (para destruir odores preexistentes) Chegada das estações de tratamento de esgoto Fluxos de recirculação Esgoto séptico e chorume de resíduos sólidos	Reação rápida Destrói odorantes orgânicos Inibe o crescimento de biofilme Reage com a amônia fornecendo residual para controle de H_2S Extenso histórico de aplicações	Consumido pela amônia presente na água Vida útil relativamente curta Forma subprodutos clorados (emissão de VOC) São necessárias altas dosagens para suprimir a geração de odores a jusante Potencial de inibição de biotratamento Suas propriedades perigosas podem restringir o uso em alguns pontos	

TABELA 12.10 Produtos químicos para controle de gás sulfídrico em sistemas ... (continuação)

	Produto/Descrição	Mecanismo de controle dos odores	Reações químicas	Dosagem kg/kg H$_2$S
Clorito de sódio	Clorito de sódio (NaClO$_2$) normalmente é comercializado em solução 25%, tanto em tambores de 200 litros ou caminhões tanque de 15.000 litros	Oxida H$_2$S e odorantes orgânicos	pH neutro ácido: 2H$_2$S + NaClO$_2$ → 2S + HCl + NaOH + H$_2$O pH alcalino: S$_2^-$ + 2 NaClO$_2$ → SO$_4^{2-}$ + 2NaCl	pH alcalino: teórica: 3,0 prática: 3-5 pH neutro ácido: teórica: 3,0 prática: 3-10
Ar	O ar é injetado na água usando-se um difusor, tipo Venturi, ou aparato de pulverização	Retarda a septicidade (adiciona oxigênio dissolvido) Ajuda a remover odores da água Promove bio-oxidação de H$_2$S e odores de origem orgânica	Não aplicável	Não aplicável
Sais de ferro	Sais de ferro podem ser encontrados em soluções contendo de 5 a 12% de ferro ferroso ou ferro férrico. São comercializados em embalagens de 208 ou 1.134 litros ou carregamentos de 15.120 a 75.600 litros	Sais ferrosos precipitam o H$_2$S Sais férricos tanto podem precipitar como oxidar o H$_2$S	Sais ferrosos: H$_2$S + FeCl$_2$ → FeS + 2HCl Sais férricos: 3H$_2$S + 2 FeCl$_3$ → S + 2FeS + 6HCl	Sais férricos: teórica: 1,1 prática: 1,3 a 8 Sais ferrosos: teórica: 1,7 prática: 2 a 8

TABELA 12.10 Produtos químicos para controle de gás sulfídrico em sistemas ... (continuação)

	Aplicações	Vantagens	Desvantagens	Notas importantes
Clorito de sódio	Final de coletores Esgoto séptico e chorume de resíduos sólidos Unidades de tratamento da fase sólida Lagoas e recirculações Precursor para geração de ClO_2	Sistemas simples de alimentação Reação relativamente rápida Nenhuma formação de subprodutos indesejáveis Eficiente reação com o H_2S	Experiências industriais limitadas Custo alto Melhor aplicado como um corretivo (para destruir odores realmente presentes) A capacidade de oxidação pode restringir a dose a determinados locais	O uso do clorito de sódio tem maior utilidade em processamento de sólidos, onde sua reação é rápida com compostos orgânicos odorantes
Ar	Processos de tratamento biológico Condutos forçados (com tempo de detenção <1 hora) Poço de sucção	Baixo custo operacional Facilmente implementável	Compressores e tubulação de ar comprimido Volatiliza odores na atmosfera A dissolução é ineficiente, e solubilidade de oxigênio limitada	Mais apropriado para prevenir a formação de odores em tanques e bacias. Devido à solubilidade limitada do O_2, é raramente apropriado para prevenir septicidade em tubulações
Sais de ferro	Condutos livres Condutos forçados Digestores anaeróbios Unidades de processamento de sólidos Linhas de transferência de sólidos	Extenso histórico de usos Sistema simples de alimentação Efetivo para controles de longa duração Pode ajudar nos processos de clarificação Auxilia na remoção de fosfatos e controle de hidrofostafos Não é afetado pela elevação das taxas de oxigênio	Remove O_2 dissolvido presente na água Precipita os sedimentáveis em esgotos de baixa velocidade Forma filmes de ferro nas paredes dos tubos e sensores dos instrumentos Inefetivo para odorantes orgânicos Difícil de alcançar baixos limites de sulfetos (depende do pH) Não destrói sulfetos (H_2S pode volatilizar em baixo valor de pH) Altas dosagens podem carrear sólidos dos clarificadores Produção de sólidos (> 3 kg/kg de sulfeto) incrementa os custos de processamento e disposição final	Sais de ferro podem ser usados sinergicamente com oxidantes tais como o H_2O_2

Oxidação química de compostos odoríficos

TABELA 12.10 Produtos químicos para controle de gás sulfídrico em sistemas ... (*continuação*)

	Produto/Descrição	Mecanismo de controle dos odores	Reações químicas	Dosagem kg/kg H_2S
Oxigênio	Pode ser produzido no local (como um gás) ou adquirido/armazenado (como um líquido pressurizado) em recipientes de 11 a 13.600 kg	Retarda a septicidade (adiciona O_2 dissolvido) Oxida sulfetos (aumentada por catálise de metal) Promove bio-oxidação de H_2S e odorantes orgânicos	pH neutro ácido $2H_2S + O_2 \rightarrow 2S + 2H_2O$ pH alcalino $S^{2-} + 2O_2 \rightarrow SO_4^{2-}$	pH neutro ácido: teórica: 0,5 prática: >5 pH alcalino: teórica: 2,0 prática: >5
Nitratos	Os nitratos estão disponíveis na forma granular ou líquida, como um sal de cálcio ou sódio. O produto granular é encontrado em embalagens de 45 a 900 kg. O produto solubilizado é a forma mais comumente usada, e está disponível a granel, em remessas de 7.570 a 15.140 litros	Retarda a septicidade Promove a bio-oxidação do H_2S e de odorantes orgânicos	Prevenção: $8/5\ NO_3 \rightarrow 4/5\ N_2 + [2O_2]$ Bio-oxidação: $5H_2S + 8NO_3 \rightarrow$ $5SO_4^{2-} + 4N_2 + 4H_2O + 2H^+$	Prevenção: teórica: 3,0 prática: 3 a 10 Bio-oxidação: teórica: 3,0 prática: 3 a 5
Permanganato de potássio	Permanganato de potássio ($KMnO_4$) é um produto granular disponível em embalagens de 25 ou 50 kg, caixas de 1.814 kh, e remessas de até 18.143 kg.	Oxida H_2S e odorantes orgânicos	pH neutro ácido: $3H_2S + 2KMnO_4 \rightarrow$ $3S + 2MNO_2$ pH alcalino: $3S^{2-} + 8KMnO_4 \rightarrow$ $3SO_4^{2-} + 8MnO_2$	pH neutro ácido: teórica: 3,1 prática: 4 a 5 pH alcalino: teórica: 12,4 prática: 12 a 15
Álcalis	Os dois álcalis mais comumente usados, $Mg(OH)_2$ e $NaOH$, são aplicados na forma de suspensão e solução respectivamente	Solubiliza o H_2S Inibe o biocrescimento (retardando a geração de odores)	H_2 (volátil) $+ OH^- \rightarrow$ HS^- (não volátil) $+ H_2O$	mg/L de OH^- pH 8 = 50 pH 9 = 150 H_2S removido pH 8 = 75% pH 9 = 95%

TABELA 12.10 Produtos químicos para controle de gás sulfídrico em sistemas ... (*continuação*)

	Aplicações	Vantagens	Desvantagens	Notas importantes
Oxigênio	Processos de tratamento biológico (aeróbio) Condutos forçados (tempo de retenção < 1 a 2 horas) Sifões invertidos Tanques de retenção	É possível atingir altos níveis de oxigênio dissolvido Custo relativamente baixo	A dissolução eficiente de oxigênio na água exige pressurização Armazenamento e manuseio significantes	A injeção de oxigênio proporciona maiores níveis de OD que a injeção de ar, e é particularmente efetiva na economia de energia. Seu uso é mais comum na Europa do que nos E.U.A.
Nitratos	Condutos forçados Condutos livres Esgoto séptico e chorume de resíduos sólidos	Sistema simples de alimentação Efetivo para longos períodos de controle Não é um material perigoso É possível a redução da DBO É prático para o controle de baixos níveis de H_2S	Ineficiente para linhas por gravidade O gás N_2 resultante (ou o NO_3 residual) podem apresentar problemas a jusante Os custos para prevenção podem ser excessivos em tubulações com longo tempo de detenção Bio-oxidação pode requerer várias horas	A solução de nitrato é a única, dentre as técnicas alternativas de tratamento que não oferece riscos
Permanganato de potássio	Finais de redes coletoras Esgoto séptico e chorume de resíduos sólidos Processamento de sólidos Lagos Recirculações	Reações rápidas Efetivo para odorantes orgânicos	Custo alto. Não deixa residual Sistema de alimentação complexo Produção de sólidos é superior a 1,36 kg/kg de sulfeto A classificação do oxidante pode restringir os pontos de aplicação	O $KMnO_4$ é mais empregado em processo de tratamento de sólidos, no qual sua reação com odorantes orgânicos é rápida
Álcalis	Redes coletoras contendo altos níveis de sulfeto (> 10 mg/L) Lavadores de gases Lagoas Processamento de sólidos	Reação rápida. Proporciona controle por longo tempo Os custos não são afetados pelas concentrações de sulfeto Inibe geração de sulfeto a jusante A alcalinidade residual pode aumentar a eficiência dos processos de biotratamento $Mg(OH)_2$ não é um produto químico perigoso quando tamponado (tipicamente em pH 8,5 -9)	Aplicabilidade limitada (tipicamente sem custo efetivo para níveis de H_2S > 10 mg/L) Pode mudar ou piorar os odores Remoção de baixos níveis de H_2S pode tornar o custo proibitivo Não destrói sulfeto, acontecerá volatilização se o pH for neutralizado NaOH é uma substância química perigosa	O uso de hidróxido de magnésio para controle de odores está sob patente de US Patent held by Premier Services Corp

REFERÊNCIAS BIBLIOGRÁFICAS

ABNT – Associação Brasileira de Normas Técnicas. NBR 7229 *Projeto, construção e operação de sistemas de tanques sépticos*. Rio de Janeiro: ABNT, 1993.

NBR 9648 – *Estudo de concepção de sistemas de esgoto sanitário - Procedimento*. Rio de Janeiro: ABNT, 1986.

NBR 9649 – *Projeto de redes coletoras de esgoto sanitário - Procedimento*. Rio de Janeiro: ABNT, 1986.

NBR 9800 – *Critérios para lançamento de efluentes líquidos industriais no sistema coletor público de esgoto sanitário - Procedimento*. Rio de Janeiro: ABNT, 1987.

NBR 10004 – *Resíduos sólidos - Classificação*. Rio de Janeiro: ABNT, 1987.

NBR 12207 – *Projeto de interceptores de esgoto sanitário - Procedimento*. Rio de Janeiro: ABNT, 1989a.

NBR 12008 – *Projeto de estações elevatórias de esgoto sanitário - Procedimento*. Rio de Janeiro: ABNT, 1989b

NBR 12209 – *Projeto de estações de tratamento de esgoto sanitário - Procedimento*. Rio de Janeiro: ABNT, 1990.

NBR 13030 – *Plano de recuperação de áreas degradadas pela atividade de mineração*. Rio de Janeiro: ABNT, 1993.

ADAS, Melhem. *Panorama Geográfico do Brasil: Aspectos físicos, humanos e econômicos*. São Paulo: Moderna, 1980.

AFINI Jr., DBO *per capita*. In.: *Rev. DAE. v. 49* n.156, jul.-set. 1989.

AGUNWAMBA, J. C. *et al*. Prediction of the dispersion number in waste stabilization ponds. In: *Water Research, 26*. (85), 1992.

AIETA, E. M. *et al*. Determination of Chlorine Dioxide, Chlorine and Chlorate in Water. *Journal of American Water Works Association. v. 76*, n. 1, p. 64-70, 1984.

_____ e BERG, J. D. A Review of Chlorine Dioxide in Drinking Water Treatment. *Journal of American Water Works Association. v. 78*, n. 6, p. 62-72, 1986.

_____ *et al*. Advanced Oxidation Processes for Treating Groundwater Contaminated with TCE and PCE: Pilot-Scale Evaluations. *Journal of American Water Works Association. v. 88* n. 5, p. 64-72, 1988.

ALLEMAN, James E. e BERMAN, Neil A. Constructive sludge management: Biobrick In.: *Journal of Environmental Engineering, v.110*, n. 2, April 1984.

ALÉM SOBRINHO, P.; RODRIGUES, M. M. Contribuição ao projeto de sistemas de lagoas aeradas para o tratamento de esgotos domésticos. In.: *Rev.DAE* (128): 45-62 São Paulo, 1982.

ALÉM SOBRINHO, P.. Estudo dos fatores que influem no processo de lodos ativados – determinação de parâmetros de projeto para esgotos predominantemente domésticos. In.: *Rev. DAE*, 132 mar. 1983a, p.49-85.

_____ Tratamento de esgotos domésticos através de filtros biológicos de alta taxa. Comparação experimental de meios suporte de biomassa. In: *Rev. DAE* n. 135. dez. 1983b, p. 58-78.

_____ *Tratamento de Águas Residuárias*. São Paulo: Escola Politécnica da USP, 1993 (notas de aula).

ALEXANDER, M. *Introduction to Soil*. 2. ed., New York: John Wiley & Sons, 1961. 467p.

ALMEIDA Jr., A. F. *Elementos de anatomia e fisiologia humanas*. 44. ed. São Paulo: Nacional. 1985. 362p.

ALMEIDA, S. A. S.; MUJERIEGO, R. Lodo de esgoto – Processos e equipamentos disponíveis no Brasil para secagem mecânica In: *Rev. Constr. Pesada*. n. 83, p. 90-97, dez 1977.

ALVAREZ, M. E.; O'BRIEN, R. T. Mechanism of Inactivation of Poliovirus by Chlorine Dioxide and Iodine. *Appl. Envir. Microbiol*. n. 44, p. 1064, 1982.

ANDRADE NETO, C. O. *Sistemas simples para tratamento de esgotos sanitários: experiência brasileira*. Rio de Janeiro, ABES, 1997, 301p.

ANDREAZZA, A. M. P. Qualidade das águas na legislação ambiental brasileira In.: Qualidade de águas continentais no MERCOSUL, ABRH, public. n. 02, dez. 1994, 420p.

ANDREOLI, C. V.; PEGORINI, E. S.; FREGADOLLI, P e CASTRO, L. A. R. de. Diagnóstico do potencial dos solos da região de Maringá para disposição final de lodo gerado nos sistemas de tratamento de esgoto do município. In.: *SANARE, v.13* n. 13 p. 40-50, jan-jun. 2000.

ANGLIAN WATER. *Manual of Good Practice for Utilization of Sewage Sludge in Agriculture* 2nd Rev. United Kingdom out., 1991, 53p.

AOKI, T. Continuous Flow Method For Simultaneous Determination Of Monochloramine, Dichloramine, and Free Chlorine: Application To a Water Purification Plant. *Environ. Sci. Technol*. n. 23, p 46-50, 1989.

ARCEIVALA, S. J. *Wastewater treatment and disposal*, New York : Marcel Dekker, 1981, 892p.

ASCE (American Society of Civil Engineers). *Sulfide in Wastewater Collection and Treatment System*, ASCE Manuals and Reports on Engineering Practice n. 69, 1989.

AWWA. *Water Quality and Treatment*, McGraw-Hill Book Company, New York, 1975.

_____ *Committee, Viruses in Drinking Water*. Journal of American Water Works Association. v. *71*, n. 8, p. 441, 1979.

_____ & ASCE (American Water Works Association e American Society of Civil Engineers). *Water Treatment Plant Design*. Second edition, McGraw-Hill, Inc., New York, NY, 1990.

AWWA. *Water Quality and Treatment*. F.W. Pontius (editor). McGraw-Hill, New York, NY. 1990.

_____ *Guidance Manual for Compliance with the Filtration and Disinfection Requirements for Public Works Systems using Surface Water Sources*. 1991.

_____ *AWWA Standard B303-95: Sodium Chloride*. 1995a.

_____ *Problem Organisms in Water: Identification and Treatment*. AWWA, Denver, CO. 1995b.

_____ e ASCE. *Water Treatment Plant Design*. McGraw-Hill, New York, NY. 1997.

AYERS, R. S. e WESTCOT, D. W. (1991) *A qualidade da água na agricultura*. Campina Grande: UFPB. 218p. (Estudos FAO: Irrigação e Drenagem, 29 revisado I).

AZEVEDO NETTO, J.M. e HESS, M.L. Tratamento de Águas Residuárias, Separata da *Revista DAE*. 1970. 218p.

_____ *et al*. *Sistemas de Esgotos Sanitários*, São Paulo, FHSPUSP, 1973.

_____ Juntas de tubos cerâmicos, In: *Revista DAE*, n. 106, 1976.

_____ Cronologia do Abastecimento de Água (até 1970) In: *Revista DAE v.44*, n. 137, p. 106-111, jun. 1984.

_____ *et al*. *Técnica de Abastecimento e Tratamento de Água*, São Paulo, CETESB-ASCETESB, 1987.

_____ *et al*. *Manual de Hidráulica*, 8. ed. São Paulo: Blucher, 1998, 670p.

BABLON, G., *et al*. *Practical Application of Ozone: Principles and Case Studies*. Ozone in Water Treatment Application and Engineering. AWWARF. 1991.

BAKER INC, J.T.*Material safety data sheet*.222 Red School Lane, Phillipsburg, nj 08865, 1996. Disponível em: <http://www.soilchem.ag.ohio-state.edu/webdoug/MSDS/potassium%20permanganate.pdf>, acessado em 21 ago. 2001.

BANCROFT, K.P. *et al*.Ozonation and Oxidation Competition Values. *Water Research*, *v18*, p. 473, 1984.

BANERJEA, R. *The Use of Potassium Permanganate in the Disinfection of Water*. Ind. Med. Gaz. n. 85, p. 214-219, 1950.

BASSO, L. A. (1995). A qualidade das águas de drenagem e rios receptores do perímetro de irrigação de Bardenas. Espanha. In: *Congr. Bras. de Engenharia Agrícola. XXIV*. SBEA/UFV. Viçosa, MG.

BASTOS, R. K. X. (1999) Fertirrigação com águas residuárias. In: *Fertirrigação: citros, flores, hortaliças*. FOLEGATTI, M. V. (coord) Livraria e Editora Agropecuária, Guaíba, RS, 279-291p.

BATALHA, B. H. L. Fossa Séptica In.:*Rev. Engenharia* n. 455, p. 10-24. 1986.

BEDULIVICH, T. S. *et al*. Use of Chlorine Dioxide in Purification of Water. *Chemical Abstracts*. n. 48, p. 2953, 1954.

BENESON, A. S. Control of Communicable Diseases in Man. *American Public Health Association*. 1981.

BENN, F. R e Mc. AULIFFE, C. A. *Química e Poluição*. Tradução por PITOMBO, L. R. M. e MASSARO, S. Rio de Janeiro, LTC, 1981. Tradução de Chemistry and Pollution".

BERNARDE, M. A. *et al*. Kinetics and Mechanism of Bacterial Disinfection by Chlorine Dioxide. *J. Appl. Microbiol*. v. *15*, n. 2, p. 257, 1967a.

_____ Chlorine Dioxide Disinfection Temperature Effects. *J. Appl. Bacteriol*. v. *30*, n. 1, p. 159, 1967b.

BERNARDO. S. (1989) *Manual de Irrigação*. 5. ed. Viçosa, MG: Imprensa Universitária. 596p.

BERTOLDI, M., VALLINI, G. e PERA, A. Technological Aspects of Composting Including Modelling and Microbiology. In: GASSER, J.K.R. (ed). *Composting of agricultural and other wastes* U.K.: Galliards, mar. 1984. p.27-41.

BEVAN, E.V. e REES, B. T. "*Sewers*", Chapman e Hall, Londres, 1949.

BONGERS, L. H. *et al*. *Bromine Chloride-An Alternative To Chlorine For Fouling Control in Condenser Cooling Systems*. EPA 600/7-77-053, Washington, D.C., 1977.

BOOTH, R. A. e LESTER, J. N. (Environ. and Water Resour. Eng. Sect., Dep. Civ. Eng., Imperial Coll. Sci., Technol. and Med., London SW7 2BU, UK) The potential formation of halogenated by-products during peracetic acid treatment of final sewage effluent. *Water Res*. v. *29*, n. 7, p. 1793-1801, 1995.

BOTAFOGO, Fernando. O imperador e os esgotos do Rio, In: *Rev. Engenharia* ano IX, n. 07, jul.-set.1998, p.23.

BOWER, H.; IDELOVITCH, E. (1987) *Quality requeriments for irrigation sewage water*. In: Journal of Irrigation and Drainage Engineering. Proceedings of the American Society of Civil Engineers, *v.113*, n. 4, p. 510-535.

BRADLEY, D. It's enough to make a Chicken Run – Reactive Report, Chemistry Web Magazine. disponível em: <*http://www.acdlabs.com/webzine/10/10_3.html*>, acessado em 30/05/2001.

BRANCO, Samuel Murgel *Hidrobiologia Aplicada à Engenharia Sanitária* 2. ed. São Paulo, CETESB, 1978, 620p.

BRASIL. Lei Federal n. 9.433, de 08 de janeiro de 1997. Institui a Política e Sistema Nacional de Gerenciamento de Recursos Hídricos.

BRIDLE, T. R. e CAMPBELL, H. W. Conversion of sewage sludge to liquid fuel. In.: *Proceedings of 7th Annual AQTE Conference* : Montreal, Quebec, 1984.

BRIGANO, F. A. *et al*. Effect of Particulates on Inactivation of Enteroviruses in Water by Chlorine Dioxide Progress in Wastewater Disinfection Technology — Proceedings of the National Symposium, Albert D. Venosa, ed.; EPA-600/9-79-018, Cincinnati, OH, 1978.

BRINGMANN, G. Determination of the Lethal Activity of Chlorine and Ozone on E. coli. Z.*f., Hygiene*. n. 139, p. 130-139, 1954.

BROCH-DUE, A., ANDERSEN, R., OPHEIM, B., , "Treatment of integrated newsprint mill wastewater in moving bed biofilm reactors. In: Wat. Sci. Tech. v. 35, n. 2/3, 1997, p.173-180.

Referências bibliográficas

BROSCH, C.D., ALVARINHO, S.B. e SOUZA, H.R. Produção de agregado leve a partir de lodo de esgoto. In: *Revista DAE* n. 104, p. 53-58, 1976.

BROWN, J. e CUDMORE, R. S. *Odour Nuisance From Composting Operations*, Proceedings of the Institute of Professional Engineers NZ (IPENZ) Solid Waste Management Conference, Dunedin, October, 1996.

BROWN, L. C.; BARNWELL Jr., T. O. *Computer program documentation for the enhanced stream water quality model QUAL2E-UNCAS*. Report EPA/600/3-87/007, U.S. Environmental Protection agency, Athens, Georgia, USA, 1987.

BUTTERFIELD, C.T. et al. *Public Health* Rep. n. 58, p. 1837, 1943.

CABRAL, B. *Direito Administrativo – Tema*: Água Caderno legislativo n. 001 - 1997.

CAMMAROTA, M. C. e SANT'ANNA Jr., G. L. Metabolic blocking of exopolysacharides synthesis: effects on microbial adhesion and biofilm accumulation, In: Biotechnology Letters, v. 20, n. 1, 1998, p. 1-4.

CAMPBELL, A. T., et al. Inactivation of Oocysts of Cryptosporidium parvum by Ultraviolet Radiation. *Water Research*. v. *29*. n. 11 p 2583, 1995.

CARLSON, D. A., et al. *Project Summary: Ultraviolet Disinfection of Water for Small Water Supplies*. Office of Research and Development, U.S. Environmental Protection Agency; Cincinnati, OH, EPA/600/S2-85/092, 1982.

CARUS CHEMICAL COMPANY. CAIROX (Potassium Permanganate. *Disponível em <http: //www.caruschem.com/CXPOTPER.HTM>*, acessado em 07/03/2001.

CAVALCANTI, T. B. G. *Técnicas para o controle bacteriológico da água*, São Paulo, FATEC-SP, monografia para o Curso de Especialização em Tecnologias Ambientais, da Faculdade de Tecnologia de São Paulo, 1999, 41p.

CDC (Centers for Disease Control). Assessing the Public Threat Associated with Waterborne Cryptosporidiosis: Report of a Workshop. *Journal of American Water Works Association*. v. *80*, n.2, p. 88, 1989.

CEN – Committee European de Normalization, *Odour concentration measurement by dynamic olfactometry*. Document 064/e, CEN TC264/WG2 'ODOURS', 1995.

CETESB – Cia de Tecnologia e Saneamento Ambiental. Condições de funcionamento de sete lagoas de estabilização no Estado de São Paulo. São Paulo: SABESP. *Revista DAE*, 41 pp. 55-74, 1981.

_____ *Coliformes fecais - Determinação pela Técnica da Membrana Filtrante*. São Paulo - CETESB, Norma Técnica L-5221, 1984.

_____ *Operação e manutenção de lagoas anaeróbias e facultativas*. São Paulo: CETESB. Série Manuais. 1989, 91p.

_____ Série documentos: *Legislação Federal – Controle da Poluição Ambiental*. São Paulo, CETESB, 1991b.

_____ Série Manuais: *Opções para tratamento de esgotos de pequenas comunidades*. São Paulo, CETESB, 1990, 35p.

_____ Série Relatórios: Relatórios de qualidade das águas interiores do Estado de São Paulo, 1978 a 1997. São Paulo, 1978 a 2003.

_____ Série Relatórios: Relatório de Qualidade das Águas Interiores do Estado de São Paulo. São Paulo : CETESB, 1993. (Dados de 1992).

_____ Série Relatórios: Relatório de Qualidade das Águas Interiores do Estado de São Paulo. São Paulo : CETESB, 2008. Disponível em formato digital em <www.cetesb.sp.gov.br/agua/rios/publicações.asp>. Acesso em 10/02/2010.

_____ Série Relatórios: *Relatório de Qualidade das Águas Interiores do Estado de São Paulo*, 1995. São Paulo, CETESB, 1995-a 286p.

_____ Série documentos: *Legislação Estadual – Controle da Poluição Ambiental*. São Paulo, CETESB, 1995b.

_____ Série relatórios: *Relatórios de qualidade das águas interiores do Estado de São Paulo*. São Paulo: CETESB de 1976 a 1996.

_____ *Técnica de Análises Bacteriológicas da Água – Membrana Filtrante*, São Paulo, CETESB, 1991a.

_____ *Tratamento de efluentes líquidos de galvanoplastias*. São Paulo: CETESB-FSPUSP. In.: Curso de Especialização em Engenharia de Controle da Poluição Ambiental. 1997. 42 p. (apostila).

CHANG, S. L.; FAIR, G. M. Viability and Destruction of the Cysts of Entamoeba histolytica. *Journal of American Water Works Association*. v. *33*, n.º 10, p 1705, 1941.

CHANG, S. L. Studies on Entamoeba histolytica 3. Destruction of Cysts of Entamoeba histolytica by Hypochlorite Solution, Chloramines in Tap Water and Gaseous Chlorine in Tap Water of Varying Degrees of Pollution War Med. v. *5*, n. 46, 1944.

_____ Modern Concept of Disinfection. *Journal Sanit. Engin. Division*. n. 97, p. 689-707, 1971.

CHAPMAN, T. G. Groundwater flow to trenches and wellpoints, In: *Journal of the Institution of Engineers*, Austrália, oct./nov. 1956.

CHAPRA, S. C. *Surface water quality modeling*. Colorado, USA : Mac Graw Hill, 1997, 843p.

_____ e RUNKEL, R. L. Modeling impact o storage zones on stream dissolved oxygen. In.: *Journal of environmental engineering* v. *125*. n.5 p.415-419, maio 1999.

CH$_2$M HILL. (2000) *Water reuse experience: Statement of qualifications*. Edição não impressa. CH2M HILL Serviços de Engenharia Ltda. Preparado para a SABESP. São Paulo, SP.

CHEN, Y. S. R. et al. *Inactivation of Naegleria Gruberi cysts by Chlorine Dioxide*. EPA Grant R808150-02-0, Department of Civil Engineering, Ohio State University, 1984.

CHERNICHARO, Carlos Augusto de Lemos. *Princípios do tratamento biológico de águas residuárias*. v. 5 *Tratamentos Anaeróbios*. DESA-UFMG. 1997. 246 p.

CHIAVERINI, Vicente. *Aços e ferros fundidos*. 7.ª ed. São Paulo: ABM. 1996. 599p.

_____ *Inactivation of Naegleria gruberi Cysts by Chlorine Dioxide*. Water Res. v. *19*, n. 6, p. 783, 1985.

CHICK, H. Investigation of the Laws of Disinfection. *J. Hygiene*. n. 8, p. 92, 1908.

CHLORINE INSTITUTE, INC. *Chlorine Institute Manual*. 6th Edition, The Chlorine Institute, Washington, D.C. 1986.

CHUTNY, B. e KUCERA, J. High Energy Radiation-induced Synthesis of Organic Compounds. I. Introduction Isomerization and Carbon-Skeleton Changes, Radiation Synthesis in Aqueous Solutions. *Rad. Res. Rev.* n. 5 p.1-54, 1974.

CHRISTOFIDIS D. Agricultura irrigada sustentável no semi-árido e no Rio Grande do Norte. *Revista Irrigação e Tecnologia Moderna – ITEM.* n. 74/75, 2. trim/2007. Brasília. ABID. 2007.

CIRRA-USP – Centro Internacional de Referência em Reúso de Água da Universidade de São Paulo. Curso de separação por membranas para o tratamento de água e efluentes industriais e domésticos. São Paulo, 10 mar. 2008.

CLANCY, J. L. et al. *Inactivation of Cryptosporidium parvum Oocysts in Water Using Ultraviolet Light.* Conference proceedings, AWWA International Symposium on Cryptosporidium and Cryptosporidiosis, Newport Beach, CA., 1997.

CLARKE, N. A. et al. *Human Enteric Viruses in Water, Source, Survival, and Removability.* International Conference on Water Pollution Research. Landar. 1962.

CLEASBY, J. L. et al. *Effectiveness of Potassium Permanganate for Disinfection.* n. 56, p. 466-474, 1964.

COMBS, R. e McGUIRE, P. Back to Basics - The Use of Ultraviolet Light for Microbial Control. *Ultrapure Water Journal.* v. 6, n. 4, p. 62-68, 1989.

CONAMA - 20 (1986). *Resolução CONAMA n. 20 de 18 de junho de 1986.* CONSELHO NACIONAL DO MEIO AMBIENTE. Publicada no D. O. U. de 30/07/86.

CORAUCCI FILHO, B. *Tratamento de Esgotos Domésticos no Solo pelo Método do Escoamento Superficial.* USP. 1991. vol.I 400p. Tese (doutorado, Escola Politécnica da USP). 1991.

COUILLARD, D. e SHUCAI, Z. Bacterial Leaching of Heavy Metals from Sewage Sludge for Agricultural Application. In: *Wat. Air and Soil Poll.* v.23, n. 1-2, p. 67-80, maio 1992.

COWMAN, G. A. e SINGER, P. C. 1994. *Effect of Bromide Ion on Haloacetic Acid Speciation Resulting from Chlorination and Chloramination of Humic Extracts.* Conference proceedings, AWWA Annual Conference, New York, NY, 1994.

CRAUN, G. F. Outbreaks of Waterborne Disease in the United States. *Journal of American Water Works Association.* v. 73, n. 7, p. 360, 1981.

CRAUN, G. F. e JAKUBOWSKI, W. *Status of Waterborne Giardiasis Outbreaks and Monitoring Methods.* American Water Resources Association, Water Related Health Issue Symp., Atlanta, GA. November. 1986.

CRC. *Handbook of Chemistry and Physics*, seventy-first edition. D. L. Lide (editor). CRC Press, Boca Raton, FL. 1990.

CRONHOLM, L. S. et al. Enteric Virus Survival in Package Plants and the Upgrading of the Small Treatment Plants Using Ozone. *Research Report* n. 98, Water Resources Research Institute, University of Kentucky, Lexington, KY, 1976.

CRONIER, S. et al. *Water Chlorination. Environmental Impact and Health Effects*, v. 2, R. L. Jolley, et al. (editors) Ann Arbor Science Publishers, Inc. Ann Arbor, MI, 1978.

CUDMORE, R. S. e TIPLER, C. J. M. *Odour Nuisance* "Porch. of Odour Measurement and Regulation Workshop", Lincoln University, New Zealand, 1994.

CUDMORE, R. S e DONS, A. *Environmental Standards For Industrial Odor: A Recommended Approach for New Zealand*, Report No. A028-01, Tower Building, n. 1 Brynley Street P O BOX 16-489 Hornby, Christchurch, New Zeland, 2000.

CULP, G. L. e CULP, R. L. *New Concepts in Water Purification.* Van Nostrand Reinhold Company, New York, NY. 1974.

CULP, G. L. et al. *Handbook of Public Water Systems.* Van Nostrand Reinhold, New York, NY. 1986.

DALTRO FILHO, J. A tecnologia da digestão anaeróbia para o tratamento de despejos líquidos, In.: *Revista DAE*, n. 167, jan.-fev. 1992 pp.1-4.

DAEE – Departamento de Águas e Energia Elétrica do Estado de São Paulo. Redução de Custos Beneficia Obras no Tietê. In.: *Revista Águas e Energia Elétrica*. pp.13-25, out. 1998.

_____ DAEE realiza obras com apoio das prefeituras In.: *Revista Águas e Energia Elétrica* n. 19. pp. 13-15, fev. 2000a.

_____ Esgotamento Sanitário – Prioridade numa administração municipal. In.: *Revista Águas e Energia Elétrica* n. 19. pp.46-51, fev. 2000-b.

DAHI, E. Physicochemical Aspects of Disinfection of Water by Means of Ultrasound and Ozone. *Water Res.* n. 10, p. 677, 1976.

DAVIES, D. G., PARSEK, M. R., PEARSON, J. P., IGLEWSKI, B.H., COSTERTON, J. W. e GREENBERG, E. P. The involvement of cell-to-cell signals in the development of a bacterial biofil. In: Science, v. 280, 1998, pp. 295-298.

DEGRÉMONT. *Water treatment Handbook*, 6. ed. v.2. Lavoisier Publishing Inc. 1991. 1459p.

DELLA NINA, Eduardo. *Construção de redes urbanas de esgotos.* Rio de Janeiro: SEDEGRA: USAID, 1966. 228p.

DE LA TORRE, I. e GOMA, G. Characterization of anaerobic microbial culture with high acidogenic activity. In.: *Biotechnology and Bioengineering*, 23, p. 185-199, 1981.

DeMERS, L. D. e RENNER, R. C. *Alternative Disinfection Technologies For Small Drinking Water Systems.* AWWARF, 1992.

DENNIS, J. P. et al. *Practical Aspects of Implementing Chloramines.* Conference proceedings, AWWA Annual Conference, Philadelphia, PA. 1991.

DERNAT, M. e POUILLOT, M. Theoretical and Practical Approach to the Disinfection of Municipal Waste Water Using Chlorine Dioxide. *Water Science and Technology WSTED4*, v. 25, n. 12, p 145-154, 1992.

DI BERNARDO, Luiz *Métodos e Técnicas de Tratamento de Água.* v. I, Rio de Janeiro: ABES, 1993, 496p.

DICK, R. I. Gravity thickening of sewage sludges. In: *Water Pollution Control*, 71, pp. 368-378, 1972.

DIMITRIOU, M. A. (editor). *Design Guidance Manual for Ozone Systems.* International Ozone Association, Norwalk, CN. 1990.

DOMINGUES, E. L. et al. Effects of Three Oxidizing Biocides on *Legionella pneumophila*, Serogroup 1. *Appl. Environ. Microbiol.* n. 40, p. 11-30, 1988.

DORN, J. M. *A Comparative Study of Disinfection on Viruses and Bacteria by Monochloramine.* Master's thesis, Univ. Cincinnati, Ohio, 1974.

Referências bibliográficas

DUGUET, J. et al. Improvement in the Effectiveness of Ozonation of Drinking Water Through the Use of Hydrogen Peroxide. *Ozone Sci. Engrg. v. 7*, n. 3, p. 241-258, 1985.

DUKES, E. K. e HYDIER, M. L. Determination Of Peroxide By Automated Chemistry. *Anal. Chem.* n. 36, p. 1689-1690, 1964.

DUTCH NORM NVN 2820. *Odour concentration measurement using an olfactometer*, 1995.

EASTMAN, J.A. e FERGUSON, J. F. Solubilization of particulate organic carbon during the acid phase of anaerobic digestion. In.: *Journal W.P.C.F. v.53* n. 3 p.352-366. Mar/1981.

EIGER, S. Apostila da disciplina: Dispersão de poluentes em rios e estuários, PHD - 735. São Paulo: Escola Politécnica da Universidade de São Paulo – Departamento de Engenharia Hidráulica e Sanitária, 1997.

ELLIS, C. e WELLS, A. A. *The Chemical Action of Ultraviolet Rays*. Reinhold Publishing Co., New York, NY, 1941.

EMBRAPA – Empresa Brasileira de Pesquisa Agropecuária *Atlas do Meio Ambiente do Brasil*. 2. ed. Brasília, 1996, 160p.

ECKENFELDER Jr., W. W. *Principles of water quality management*. Boston, CBI. 1980, 717p.

EMMERICH, W.E., LUND, L.J., PAGE, A.L. e CHANG, A.C. Movement of Heavy Metals in Sewage Sludge-treated Soils. In: *J. Env. Qual. v.11*, n. 2, p. 174-178, 1982.

ESPOSITO, M. P. *The Inactivation of Viruses in Water by Dichloramine*. Master's thesis, Univ. Cincinnati, Ohio. 1974.

FAROOQ, S. *Kinetics of Inactivation of Yeasts and Acid-Fast Organisms with Ozone*. Ph. D. Thesis, University of Illinois at Urbana-Champaign, IL. 1976.

_____ et al. The Effect of Ozone Bubbles on Disinfection. *Progr. Water Ozone Sci. Eng. v. 9*, n. 2, p. 233, 1977.

FENG, T. H. Behavior of Organic Chloramines. *J. Water Pollution Control Fed. v. 38*, n. 4, p. 614, 1966.

FERGUSON, D. W. et al. Comparing Peroxone an Ozone for Controlling Taste and Odor Compounds, Disinfection Byproducts, and Microorganisms. *Journal of American Water Works Association. v. 82*, n. 4, p. 181, 1990.

FHGG – Farmácia Homeopática Galileu Galilei. Aromaterapia. Disponível em: <http://www.homeopatiagalileu.hpg.com.br/aromaterapia.html>, acessado em 30/05/2001.

FIELDS, M. e AGARDY, F. J. Oxigen Toxicity in digesters. In.: *Proceedings of 26th Purdue Industrial Waste Conference*. p. 284-293. 1971.

FIGUEIREDO, Roberto Feijó de. *Notas de aula da disciplina Processos de Tratamento de Esgotos*. FEC-UNICAMP, 1992.

FINCH, G. R. et al. *Ozone and Chlorine Inactivation of Cryptosporidium*. Conference proceedings, Water Quality Technology Conference, Part II, San Francisco, CA. 1994.

_____ *Effect of Disinfectants and Cryptosporidium and Giardia*. Third International Symposium on Chlorine Dioxide: Drinking Water, Process Water, and Wastewater Issues, 1995.

_____ *Effects of Chlorine Dioxide Preconditioning on Inactivation of Cryptosporidium by Free Chlorine and Monochloramine: Process Design Requirements*. Proceedings 1996 Water Quality Technology Conference; Part II. Boston, MA, 1997.

FISCHER, H. B. et al. *Mixing in inland and coastal waters*. New York: Academic Press, Inc., 1979. 483p.

FRÓES, C. V. e VON SPERLING, M. Método simplificado para a determinação da velocidade de sedimentação com base no IVL – Índice volumétrico do lodo. In: *18. Congresso Brasileiro de Engenharia Sanitária e Ambiental*. Salvador: ABES, set. 1995.

FROLUND, B., PALMGREN, R., KEIDING, K. Extraction of extracellular polymers from activated sludge using a cátion exchange resin. In: Water Research, v. 30, n. 8, 1996, pp. 1749-1758.

FSC (Fisher Scientific Corporation). *Material Safety Data Sheet Potassium Permanganate*,1996. Disponível em <http://www.mineralgly.bris.ac.uk/safety/msds/kmno4.htm>, acessado em 21/08/2001.

FUJIOKA, R. S. et al. *Mechanism of Chloramine Inactivation of Poliovirus: A Concern for Regulators*. Water Chlorination: Environmental Impacts and Health Affects, v. 4, R. L. Jolley, et al. (editor). Ann Arbor Science Publishers, Inc., Ann Arbor, MI., 1983.

FUNDAÇÃO CARGIL. *Micronutrientes*. Campinas: Fundação Cargil, 1982. 124p.

FUNDAÇÃO SEADE: Fundação Sistema Estadual de Análise de Dados. Perfil Regional da RMSP (Região Metropolitana de São Paulo). Atualizado em abril de 2009, disponível em <www.planejamento.sp.gov.br/des/textos8/RMSP.pdf.> Acesso em 12/02/2010.

GARCEZ, L. N. *Elementos de mecânica dos fluidos, Hidráulica Geral*, São Paulo: Blucher, 1960.

GASI, T. M. T. et al. Controle de odores em sistemas de esgotos. *Revista DAE v. 44*, n. 137, p. 122-143, 1984.

GATES, D. J. *Chlorine Dioxide Generation Technology and Mythology*. Conference proceedings, Advances in Water Analysis and Treatment, AWWA, Philadelphia, PA, 1989.

_____ *The Chlorine Dioxide Handbook; Water Disinfection Series*. AWWA Publishing, Denver, CO, 1998.

GELDREICH, E. E. *Water Pollution Microbiology*. R. Mitchell (editor). John Wiley & Sons, New York, NY. 1972.

GHANDBARI, E. H., et al. *Reactions of Chlorine and Chlorine Dioxide with Free Fatty Acids, Fatty Acid Esters, and Triglycerides*. Water Chlorination: Environmental Impact and Health Effects, R. L. Jolley, et al. (editors), Lewis, Chelsea, MI, 1983.

GIESE, A. C. e CHRISTENSEN, E. Effects of Ozone on Organisms. *Physiol. Zool.* n. 27, p. 101, 1954.

GLAZE, W. H. et al. The Chemistry of Water Treatment Processes Involving Ozone, Hydrogen Peroxide, and Ultraviolet Radiation. *Ozone Sci. Eng. v. 9*, n. 4, p. 335, 1987.

GLAZE, W. H. e KANG, J-W. Advanced Oxidation Processes for Treating Groundwater Contaminated With TCE and PCE: Laboratory Studies. *Journal of American Water Works Association v. 88*, n. 5, p. 57-63, 1988.

GOLDSTEIN, B. D. e McDONAGH, E. M. Effect of Ozone on Cell Membrane Protein Fluorescence I. in vitro Studies Utilizing the Red Cell Membrane. *Environ. Res.* n. 9, p. 179-186, 1975.

GONÇALVES, Ricardo Franci et. al. Pós-tratamento de efluentes de reatores anaeróbios por reatores com biofilme. In: Carlos Augusto Lemos Chernicharo. (Org.). Pós-tratamento de efluentes de reatores anaeróbios. 1. ed. cap. 4, Belo Horizonte: FINEP, 2001, p. 171-278.

GONDIM, J.C.C. *Valos de Oxidação Aplicados a Esgotos Domésticos*. São Paulo: CETESB, 1976. 137p.

GONENÇ, I.E. e HARREMÖES, P. Nitrification in rotating disc systems – I: Criteria for transition from oxygen to ammonia rate limitation, Water Research, n. 19, 1985, pp. 1119-1127.

GONENÇ, I.E. e HARREMÖES, P. Nitrification in rotating disc systems – II: Criteria for simultaneous mineralization and nitrification, Water Research, n. 24, 1990, pp. 499-505

GORDON, G. et al. *The Chemistry of Chlorine Dioxide*. Progress in Organic Chemistry, vol. 15. S.J. Lippaer (editor). Wiley Interscience, New York, NY, 1972.

_____ Limitations of the Iodometric Determination of Ozone. *Journal of American Water Works Association*. v. 81, n. 6, p. 72-76, 1989.

_____ Minimizing Chlorite Ion and Chlorate Ion in Water Treated with Chlorine Dioxide. *Journal of American Water Works Association* v. 82, n. 4, p. 160-165, 1990.

_____*Disinfectant Residual Measurement Methods*. Second Edition. AWWARF e AWWA, Denver, CO., 1992.

_____ *Minimizing Chlorate Ion Formation in Drinking Water when Hypochlorite Ion is the Chlorinating Agent*. AWWA-AWWARF, Denver, CO. 1995.

GRADY, C.P. L. e LIM, H. *Biological wastewater treatment: Theory and application*. Marcel Dekker, New York., 1980.

GREGORY, D. e CARLSON, K. *Applicability of Chlorine Dioxide for Cryptosporidium Inactivation*. Proceedings 1998 Water Quality Technology Conference, San Diego, CA, 1998.

GROVE, G.W. Use Land Farming for Oily Waste Disposal. In: *Hydroc. Process*. p.138-140 maio 1978.

GYÜRÉK, L. L. et al. *Disinfection of Cryptosporidium Parvum Using Single and Sequential Application of Ozone and Chlorine Species*. Conference proceedings, AWWA Water Quality Technology Conference, Boston, MA. 1996.

HAAS, C. N. e ENGELBRECHT, R. S. Physiological Alterations of Vegetative Microorganisms Resulting from Aqueous Chlorination. *J. Water Pollution Control Fed*. v. 52, n. 7, p. 1976, 1980.

HAMELIN, C. e CHUNG, Y. S. Optimal Conditions for Mutagenesis by Ozone in Escherichia coli K12. *Mutation Res*. n. 24, p. 271, 1974.

HARAKEH, M. S. e BUTLER, M. Factors Influencing the Ozone Inactivation of Enteric Viruses in Effluent. *Ozone Sci. Engrg*. n.6, p. 235-243, 1984.

HAZEN e SAWYER. *Disinfection Alternatives for Safe Drinking Water*. Van Nostrand Reinhold, New York, NY, 1992.

HEM, I. J.; RUSTEN, B.; ODEGAARD, H. Nitrification in a moving bed biofilm reactor. In: Water Research, 28 (6). 1994, pp. 1425-1433.

HEMPHILL, B. Rules and Options for Sludge Disposal In: *Water Engineering and Management v.139*, n. 2, p.24-26, feb. 1992.

HILAMATU, Celso Massayuki. Biorreator à membrana (MBR) para tratamento de efluentes. 40p. Monografia (Especialização em Tecnologias Ambientais) – Faculdade de Tecnologia de São Paulo. CEETEPS/UNESP. São Paulo. 2009. Orientador: Dr. Ariovaldo Nuvolari.

HIRSCHFELD, Henrique. *Planejamento com PERT-CPM*. São Paulo: ATLAS, 1991.

HOEHN, R. C. *Chlorine Dioxide Use in Water Treatment: Key Issues. Conference proceedings, Chlorine Dioxide: Drinking Water Issues*: Second International Symposium. Houston, TX, 1992.

_____ *et al. Considerations for Chlorine Dioxide Treatment of Drinking Water*. Conference proceedings, AWWA Water Quality Technology Conference, Boston, MA, 1996.

HOFF, J. C. e GELDREICH, E. E. Comparison of the Biocidal Efficiency of Alternative Disinfectants. *Journal of American Water Works Association*. v. 73, n. 1, p. 40, 1981.

_____ *et al. Disinfection and the Control of Waterborne Giardiasis*. Conference proceedings, ASCE Specialty Conference. 1984.

HOFMAN, R. et al. *Chlorite Formation When Disinfecting Drinking Water to Giardia Inactivation Requirements Using Chlorine Dioxide*. Conference proceedings, ASCE/CSCE Conference, Edmonton, Alberta, July, 1997.

HOIGNÉ, J. e BADER, H. Ozonation of Water: Role of Hydroxyl Radicals as Oxidizing Intermediates. *Science*. v. 190 n. 4216, p. 782, 1975.

_____ Role of Hydroxyl Radical Reactions in Ozonation Processes in Aqueous Solutions, *Water Res*. n. 10, p. 377, 1976.

_____ Ozone Initiated Oxidations of Solutes in Wastewater: A Reaction Kinetic Approach. *Progress Water Technol*. v.10, n. 516, p. 657, 1978.

_____ Rate Constants of Reaction of Ozone with Organic and Inorganic Compounds in Water – I. Non-dissociating Organic Compounds. *Water Res*. n. 17, 173-183, 1983a.

_____ Rate Constants of Reaction of Ozone with Organic and Inorganic Compounds in Water – II. Dissociating Organic Compounds. *Water Res*. n. 17, p.185-194, 1983b.

HORAN, N. J. *Biological wastewater treatment systems. Theory and operation*. John Wiley e Sons, Chichester, 1990, 310p.

HUBERMAN, Leo. *História da Riqueza do Homem*. Rio de Janeiro, Zahar Edit., 1976.

HUDSON, R.G. Manual do engenheiro. Rio de Janeiro: LTC, 1973. Tradução da 2. ed. de The Engineers Manual. New York: John Willey and Sons.

HUFF, C. B. Study of Ultraviolet Disinfection of Water and Factors in Treatment Efficiency. *Public Health Reports*. v. 80, n. 8, p. 695-705, 1965.

IAWPRC. Activated sludge model n. 1 *IAWPRC Scientific and Thecnical Reports* n. 1. 1987.

IBAMA – Instituto Brasileiro de Meio Ambiente e de Recursos Naturais Renováveis. *Diretrizes e pesquisa aplicada ao planejamento e gestão ambiental*. Brasília: IBAMA, 1995. 101p.

Referências bibliográficas

IBGE – Instituto Brasileiro de Geografia e Estatística - Centro de Documentação e Disseminação de Informações. *O Brasil em números*. Rio de Janeiro, IBGE, 1992, 213p.

IBGE. MINISTÉRIO DO PLANEJAMENTO E COORDENAÇÃO GERAL. SUPERINTENDENCIA DE CARTOGRAFIA. Região Sudeste do Brasil. Folhas: Campo Limpo, Jundiaí, Indaiatuba, Salto. Escala: 1: 50.000, 1973.

IOA (International Ozone Association). *Photometric Measurement of Low Ozone Concentrations in the Gas Phase*. Standardisation Committee-Europe. 1989.

ISAAC, R. A. e MORRIS, J. C. *Rates of Transfer of Active Chlorine Between Nitrogenous Substances*. Water Chlorination: Environmental Impact and Health Affects, v. 3. R.L. Jolley (editor). Ann Arbor Science Publishers, Inc., Ann Arbor, MI., 1980.

ISHIZAKI, K. et al. Effect of Ozone on Plasmid DNA of Esherichia coli In Situ. *Water Res. v. 21*, n. 7, p. 823, 1987.

ISOLDI, L. A. Remoção de nitrogênio de águas residuárias da industrialização de arroz por tecnologias performantes. Pelotas, Tese (Doutorado em Biotecnologia) – Centro de Biotecnologia (CENBIOT), Universidade Federal de Pelotas. 1998.

IVANOVIC, I.; LEIKNES, T., e ODEGAARD, H. Influence of loading rates on production and characteristics of retentate from a biofilm membrane bioreactor (BF-MBR). In: Desalination, v. 199, 2006, pp. 490-492.

IVANOVIC, I.; LEIKNES, T. e ODEGAARD, H. Fouling control by reduction of submicron particles in a BF-MBR with an integrated flocculation zone in the membrane reactor Accepted for presentation at IWA Specialist Conference Particle separation 2007, 9-12 Jul. 2007,Toulouse, France.

JACANGELO, J. G. et al. *Mechanism of Inactivation of Microorganisms by Combined Chlorine*. AWWA Research Foundation, Denver, CO., 1987.

_____ Impact of Ozonation on the Formation and Control of Disinfection Byproducts in Drinking Water. *Journal of American Water Works Association v. 81*, n. 8, p. 74, 1989.

JAGGER, J. *Introduction to Research in Ultraviolet Photobiology*. Prentice-Hall Inc., Englewood Cliffs, NJ, 1967.

JEFFERI, G . H. et al. *Análise química quantitativa*. Tradução do Vogel's Textbook of Quantitative Chemical Analysis, 6. ed. Rio de Janeiro, Edit. Guanabara Koogan, 1992.

JENSEN, J. et al. Effect of Monochloramine on Isolated Fulvic Acid. *Org. Geochem. v. 8*, n. 1, p. 71, 1985.

JOHNSON, Chandler H. Biorreatores de Leito Móvel (MBBR – Moving Bed Biofilm Reactors). Palestra apresentada na 14ª Audiência de Inovação da SABESP. 2008. Disponível em: <http://www.sabesp.com.br/CalandraWeb/CalandraRedirect/?temp=5&proj=sabesp&pub=T&comp=Imprensa&docid=A8A582A86DFE04B3832574F2005862BA&db=>. Acesso em 13/05/2010.

JOHNSON, J. D. *Measurement and Persistence of Chlorine Residuals Natural Waters*. In Water Chlorination: Environmental Impact and Health Effects. R.L. Jolley (editor). Ann Arbor Science Publishers, Inc., Ann Arbor, MI. 1:37-63. 1978.

JOHNSON, R. C. Getting the Jump on Cryptosporidium with UV. *Opflow. v. 23*, n. 10, 1997.

JORDÃO, E. P. e PESSOA, C. A. *Tratamento de Esgotos Domésticos*. 3. ed. ABES - RJ, 1995.

KABLER, P. W., et al. Viricidal Efficiency of Disinfectants in Water. *Public Health Repts. v. 76*, n. 7, p. 565, 1960.

KAMIYAMA, H. Lodo Ativado por Batelada (LAB): Suas Vantagens no Tratamento de Esgotos das Comunidades de Médio e Pequeno Porte (Parte 1). In: *Revista DAE-SABESP* n. 157, p. 218-221, out-dez 1989.

_____ Lodo Ativado por Batelada (LAB): Suas Vantagens no Tratamento de Esgotos das Comunidades de Médio e Pequeno Porte. Parte 2. In: *Revista DAE-SABESP* n. 159, p. 1-4, set-out.1990.

_____ Lodo Ativado por Batelada: Um Processo Econômico para o Tratamento de Esgotos em Estações de Grande Porte In: *Revista DAE-SABESP* n. 165, p.1-7, mai.-jun. 1992.

KARANIS, P. et al. UV Sensitivity of Protozoan Parasites. *J. Water Supply Res. Technol. Aqua. v. 41*, n. 2, p. 95, 1992.

KATESTONE SCIENTIFIC PTY Ltd, QLD, *The Evaluation of Peak-to-Mean Ratios for Odour Assessments*, Australia, 1995.

KATZENELSON, E. et al. Inactivation Kinetics of Viruses and Bacteria in Water by Use of Ozone. *Journal of American Water Works Association*. n. 66, p. 725-729, 1974.

KAWANO, Mauricy e HANDA, Rosangela M. Filtros biológicos e biodiscos. 2008. Disponível em <www.unicentro.br/graduacao/deamb/semana-estudos/pdf>. Acesso em 03/05/2010.

KAWAI, Hideo et al. Estabelecimento de critérios para dimensionamento de lagoa de estabilização. In: *Revista DAE*, n. 132, mar/1983.

KAWAMURA, S. *Integrated Design of Water Treatment Facilities*. John Wiley e Sons, Inc., New York, NY, 1991.

KELLEY, S. M. e SANDERSON, W. W. The Affect of Chlorine in Water on Enteric Viruses. *Amer. Jour. Publ. Health*. n. 48, p. 1323, 1958.

_____ The Effect of Chlorine in Water on Enteric Viruses 2, The Effect of Combined Chlorine on Poliomyelitis and Coxsackie Viruses. *American Journal Public Health. v. 50*, n. 1, p. 14, 1960.

KELMAN, J. Gerenciamento de recursos hídricos parte I: outorga. In: XII SIMPÓSIO BRASILEIRO DE RECURSOS HÍDRICOS, 1997, Vitória, ES., 16-20, nov., 1997. Anais do XII Simpósio Brasileiro de Recursos hídricos. Tema: Bases técnicas para a implementação dos sistemas de gestão de recursos hídricos. São Paulo: ABRH, 1997. v. 1 p. 123-128.

KHAN, A. W. e TROTTIER, T. M. Effect of sulfur-containing compounds on anaerobic degradation of cellulose to methane by mixed cultures obtained from sewage sludge. In.: *Applied and environmental microbiology. v.35* n. 6 , p.1027-1034, jun/1978.

KHRAMENKOV, S.V., Practice of Wastewater Sludge - Utilization in the City of Moscow. In: *Efluent Treatment and Waste Disposal*. ICE, 1990. p.331-338.

KIEHL, Edmar José. *Fertilizantes orgânicos*. São Paulo : Agronômica Ceres, 1985. 492p.

_____ *Fertilizantes organo-minerais*. Piracicaba - SP : Edição do próprio autor. 1993. 189p.

KIM, C. K. et al. Mechanism of Ozone Inactivation of Bacteriophage f2. *Appl. Environ. Microbiol.* n. 39, p. 210-218, 1980.

KINMAN, R. N. Water and Wastewater Disinfection with Ozone: A Critical Review. *Crit. Rev. Environ. Contr.* n. 5 p. 141-152, 1975.

KLEIN, S. A. *Monitoring for LAS in Northern California Sludge Digesters.* Berkeley. SERL Report n. 69-9, University of California, Berkeley, dez. 1969, 36 p.

KOCH MEMBRANE SYSTEMS. Table of relative size of common materials and separation process. 2004 Disponível em <www.kochmembrane.com/sep.mf/html>. Acesso em 27/05/2010.

KORICH, D. G. et al. Effects of Ozone, Chlorine Dioxide, Chlorine, and Monochloramine on *Cryptosporidium parvum* oocyst Viability. *Appl. Environ. Microbiol.* n. 56, p. 1423-1428, 1990.

KRAMER, M. H. et al. Waterborne Disease: 1993 and 1994. *Journal of American Water Works Association.* v. 88, n. 3, p. 66-80, 1996.

KRASNER, S. W. et al. The Occurrence of Disinfection Byproducts in U.S. Drinking Water. *Journal of American Water Works Association* v. 81, n. 8, p. 41, 1989.

KRUITHOF, J. C. et al. *Summaries, WASSER BERLIN '89*; International Ozone Association, European Committee, Paris, 1989.

LABELLE, M. A.; JUTEAU, P.; JOLICOEUR, M.; VILLEMUR, R., PARENT, S., e COMEAU, Y. Seawater denitrification in a closed mesocosm by a submerged moving bed biofilm reactor. In: Water Research, v. 39, n. 14, 2005, pp. 3409-3417.

LANGLAIS, B. e PERRINE, D. Action of Ozone on Trophozoites and Free Amoeba Cysts, Whether Pathogenic of Not. *Ozone Sci. Engrg. v. 8*, n. 3, p. 187-198, 1986.

LANGLAIS, B., et al. *New Developments: Ozone in Water and Wastewater Treatment. The CT Value Concept for Evaluation of Disinfection Process Efficiency; Particular Case of Ozonation for Inactivation of Some Protozoa, Free-Living Amoeba and Cryptosporidium.* Presented at the Int. Ozone Assn. Pan-American Conference, Shreveport, Louisiana, March 27- 29. 1990.

_____ *Ozone in Drinking Water Treatment: Application and Engineering.* AWWARF and Lewis Publishers, Boca Raton, FL. 1991.

_____ Study of the Nature of the By-products Formed and the Risks of Toxicity when Disinfecting a Secondary Effluent with Ozone. *Water Science and Technology WSTED4, v. 25*, n. 12, p. 135-143, 1992.

LAWRENCE, A. W. e Mc CARTY, P. L. The role of sulfide in preventing heavy metal toxicity in anaerobic treatment. In.: *Journal WPCF. v.37* n. 3 pp.392-406. mar. 1965.

Le CHEVALLIER, M. W. et al. *Chlorine Dioxide for Control of Cryptosporidium and Disinfection Byproducts.* Conference proceedings, AWWA Water Quality Technology Conference, Boston, Massachusetts, 1996.

_____ *Chlorine Dioxide for Control of Cryptosporidium and Disinfection Byproducts.* Conference Proceedings, 1996 AWWA Water Quality Technology Conference Part II, Boston, Massachusetts, 1997.

LEIKNES, TorOve.; BOLT, H.; ENGMANN, M. e ODEGAARD, H. Assessment of membrane reactor design in the performance of a hybrid biofilm membrane bioreactor (BF-MBR). In: Desalination, v. 199, 2006-a, pp 328-330.

LEIKNES, T.; BOLT, H.; ENGMANN, M. e ODEGAARD, H.:Investigating the effect of colloids on the performance of a biofilm membrane bioreactor for treatment of municipal wastewater" In: Water SA, vol 32(5), 2006-b, pp. 708-714.

LEIKNES, TorOve. e Odegaard, H. The development of a biofilm membrane bioreactor. In: Desalination, 202, 2006, pp.135-143.

LEONARDS, G. A. *Foundation Engineering*, Nova York, McGraw Hill Book, Co, 1962, 1136p.

Le STRAT. Comparison des pouvoirs sterilisants du permanganate de potasses et de l'eau de javel a l'egard d'eaux contaminees. *Ann. Hygiene*, 1944.

LETTINGA, G. HULSHOF, P. L. W. e ZEEMAN, G. Biological wastewater treatment: Wageningen Agricultural University, jan. 1996. (notas de aula).

LIBHABER, M. et al. (1985). *Reuse of water for irrigation of arid zones of Lima - Peru. Feasibility study prepared for SEDAPAL and BID.* TAHAL Report n. 04/85/21. Lima, Peru.

LINCOLN ENVIRONMENTAL. *Guidelines for Community Odour Assessment.* Report n. 2706/1 1997.

LINGLE, J. W. e HERMANN, E. R. Mercury in anaerobic sludge digestion. In.: *Journal WPCF, v.47.* n. 3. p.466-471, mar/1975.

LIU, O. C., et al. *Relative Resistance of Twenty Human Enteric Viruses to Free Chlorine. Virus and Water Quality: Occurrence and Control.* Conference Proceedings, thirteenth Water Quality Conference, University of Illinois, Urbana-Champaign, 1971.

LIYANAGE, L. R. J. et al. Effects of Aqueous Chlorine and Oxychlorine Compounds on Cryptosporidium Parvum Oocysts. *Environ. Sci. e Tech. v. 31*, n. 7, p. 1992-1994, 1997.

LOPEFEGUI, Javier. e TROUVÉ, Emmanuel. Critérios técnico-econômicos para la implantación de la tecnologia de bioreactores de membrana. Assistência tecnológica medioambiental S.A. 2006. 15p. Disponível em< http//www.atmsa.com/pdf/seleccion proceso MBR.pdf>. Acesso em 27 maio 2010.

LUCARELLI, Drausio L. et al. *Bombas e Sistemas de Recalque*, São Paulo: CETESB, 1974. 272p.

LUND, E. *Significance of Oxidation in Chemical Interaction of Polioviruses.* Arch. Ges. Virusdorsch. *v. 12*, n. 5, p. 648-660, 1963.

LUOSTARINEN, S., LUSTE, S., VALENTIN, L., RINTALA, J. Nitrogen removal from on-site treated anaerobic efluents using intermittently aerated moving bed biofilm reactors at low temperatures. In: Water Research, v. 40, n. 8, 2006, pp. 1607-1615.

MACHADO, P. A. L. *Direito ambiental brasileiro.* São Paulo: Malheiros, 1992. 606p.

_____ Avaliação de impacto ambiental e direito ambiental no Brasil. In.: L.E. Sanchez (org.) *Avaliação de impacto ambiental: situação atual e perspectivas.* São Paulo: EPUSP, 1993 p.49-54.

Referências bibliográficas

MACKENZIE, W. R. et al. A Massive Outbreak in Milwaukee of Cryptosporidium Infection Transmitted Through the Public Water Supply. *New England J. of Medicine. v. 331*, n. 3, p. 161, 1994.

MALLEY JR, J. P, et al. *Evaluations of Byproducts by Treatment of Groundwaters With Ultraviolet Irradiation*. AWWARF and AWWA, Denver, CO., 1995.

MARA, D. D. e SILVA, S. A. *Tratamentos biológicos de águas residuárias: lagoas de estabilização*. Rio de Janeiro: ABES. 1979. 140p.

MARA, D. D.; CAIRNCROSS, S. (1989) *Guidelines for the safe use of wastewater and excreta in agriculture and aquaculture*. Genebra, Suiça. World Health Organization. 187p.

MARAIS, G.v.R. e EKAMA, G. A. The activated sludge process. Part I - Steady state behaviour. *Water S.A.*, 2 (4), Oct. 1976. P. 164-200.

MARECOS DO MONTE, M. H. F. ; SILVA E SOUZA, M. G.; SILVA NEVES, A, (1989) Effects on soil and crops of irrigation with primary and secondary effluentes. In: *Wat. Sci. and Tecn, v.21*, n 6-7, p.427-434.

MARGERUM, D. W. et al. *Chlorination and the Formation of N-Chloro Compounds in Water Treatment*. Organometals and Organometalloids: Occurrence and Fate in the Environment. R. F. Brinckman and J. M. Bellama (editors). ACS (American Cancer Society), Washington, D.C, 1978.

MARKS, H. C. et al. Determination of Residual Chlorine Compounds *Journal of American Water Works Association*, n. 43, p. 201-207,1951.

MASSCHELEIN, W. et al. Spectrophotometric Determination Of Residual Hydrogen Peroxide. *Water Sewage Works*, p. 69-72, 1977.

MASTEN, S. J. e HOIGNÉ, J. Comparison of Ozone and Hydroxyl Radical-Induced Oxidation of Chlorinated Hydrocarbons in Water. *Ozone Sci. Engrg. v.14*, n. 3, p. 197-214, 1992.

MASS, E. V. (1984) Salt tolerance of plants. In: CHRISTIE, B. R. (ed.). *The handbook of plant science in agriculture*. Boca Raton, Flida. CRC Press.

MATTHEWS, P. J. Sewage Sludge Disposal in the UK: A New Challenge for the Next Twenty Years In: *J. IWEM* n. 6, p. 551-559, out. 1992.

_____ Land Application of Sewage Sludge – The Latest U.K. Perspective. *International Symposium on Land Application of Organics (ISOLAO)*, Tokyo, Japan Jul. 1995.

McCARTY, P. L. e McKINNEY, R. E. Volatile acid toxicity in anaerobic digestion. In.: *Journal WPCF*, *v.33*, n. 3, p. 223-232, 1961.

_____ e BROSSEAU, M. H. Effect of high individual volatile acids on anaerobic treatment. In.: *Proceedings of 18th Purdue Industrial Waste Conference*, p. 283-296, 1963.

_____ Anaerobic waste treatment fundamentals – Part Three: Toxic materials and their control. In.: *Public Works*. p. 91-94, nov./1964.

_____ Anaerobic waste treatment fundamentals – Parte 2 - Environmental requirement and control. In.: *Public works*, 123-126, out. 1964.

McGARRY, M. G. e PESCOD, M. B. *Stabilization ponds design criteria for tropical Asia, Waste treatment lagoons*; In: Proc. 2nd Int. Symp. Kansas City, Missouri, EUA, 1970.

McKEE, H. C. et al. *Collaborative Study of Reference Method for Measurement of Photochemical Oxidants in the Atmosphere*. EPA EPA-650/4-75-016, Washington, D.C. February. 1975.

MENDES THAME, A, C. (org.) (2000) *A cobrança pelo uso da água*. São Paulo, SP: Ed. Melhoramentos. 254p.

MENTEL, R. e SCHMIDT, J. *Investigations of Rhinoviruse Inactivation by Hydrogen Peroxide*. Acta Virol. n.17, p. 351, 1973.

MENZ – Ministry for the Environment of New Zealand. *Odour Management - under the Resource Management Act.*, 1995;

METCALF, L. e EDDY, H. P. *Tratamiento y Depuración de las Águas Residuales*. Tradução de Wastewater Engineering: Collection, Treatment and Disposal, Barcelona, Espanha: Labor, 1977. 837p.

_____ *Wastewater Engineering - Treatment, Disposal and Reuse*, 3. ed. Tchobanoglous, G (ed.), Singapore, Mc. Graw Hill, 1991. 1334p.

MICROSOFT. *Project 98 – passo a passo*. São Paulo: Makron Books, 1998.

MIGNONE, N. A. *Anaerobic digestion of municipal wastewater sludges*. Cincinati, Ohio, EUA: USEPA. 45268, mar. 1978. 49p.

MILANEZ, A. I. *Adubação orgânica - Nova síntese e novo caminho para a agricultura*. São Paulo: Ícone, 1994. 104p.

MINISTÉRIO DO TRABALHO. *Higiene e Segurança do Trabalho – Lei 6514 de 22/12/78*. 45. ed. São Paulo: Atlas, 2000.

MIYASAKA, S. Reciclagem, agricultura e meio ambiente - Perspectivas para o futuro. In.: *Reciclagem, agricultura e meio ambiente. Encontro Nacional*. CATI - Campinas, SP. 21 a 23 nov. 1995 pp. 1-14.

MONTGOMERY, J. M. Water *Treatment Principles and Design*. John Wiley e Sons, New York, NY. 1985.

MOREIRA, I. V. D. A experiência brasileira em avaliação de impacto ambiental. In: L. E. Sanchez (org.) *Avaliação de impacto ambiental: situação atual e perspectivas*. São Paulo: EPUSP, 1993. P.39-46.

MORRIS, J. C. Kinetics of Reactions Between Aqueous Chlorine and Nitrogen Compounds. In.: *Principles and Applications of Water Chemistry*. S.D. Faust and J.V. Hunter (editor). John Wiley e Sons, New York, NY, 1967.

_____ Aspects of the Quantitative Assessment of Germicidal Efficiency. In.: *Disinfection: Water and Wastewater*. J. D. Johnson (editor). Ann Arbor Science Publishers, Inc., Ann Arbor, MI. 1975.

MOSEY, F. E. Assessment of the maximum concentration of heavy metal in crude sewage sludge which will not inhibit the anaerobic digestion of sludge. In.: *Water Pollution Control*, v. 75. n. 1 p.10-20. 1976.

MUROV, S. L. *Handbook of Photochemistry*. Marcel Dekker, New York, NY. 1973.

MWDSC e JMM (Metropolitan Water District of Southern California and James M. Montgomery Consulting Engineers). *Pilot Scale Evaluation of Ozone and Peroxone* AWWARF and AWWA, Denver, CO., 1992.

NAJM, I. N. et al. Using Powdered activeted carbon: a critical review, *Journal American Water Works Association*, v. *83*, n. 1, p. 65-76, 1991.

NARKIS, N. e KOTT, Y. Comparison between Chlorine Dioxide and Chlorine for Use as a Disinfectant of Wastewater Effluents *Water Science and Technology WSTED4*, v. *26*, n. 7-8, p. 1483-1492, 1992.

NEUFELD, R. D. et al. Anaerobic phenol biokinetics. In.: *Journal WPCF*. v.*52*. n. 9. p. 2367-2377, set. 1980.

NOACK, M. G. e DOERR, R. L. *Reactions of Chlorine, Chlorine Dioxide and Mixtures of Humic Acid: An Interim Report*. Conference proceedings, Second Conference on the Environmental Impact of Water Chlorination. R. L. Jolley, H. Gorchev, e D. Heyward (eds.), Gatlinburg, TN. 1977.

NOSS, C. I. et al. *Reactivity of Chlorine Dioxide with Nucleic Acids and Proteins*. Water Chlorination: Environmental Impact and Health Effects. R. L. Jolley, et al. (eds.), Lewis Publishers, Chelsea, MI, 1983.

NRC (National Research Council). *Drinking Water and Health*, v. *2*. National Academy Press, Washington, D.C., 1980.

NSC (National Safety Council) *Accident prevention manual for business and industry: administration e programs*. Laing, P. M., ed. 11th ed. Itasca, 1997.

NSF (National Science Foundation). *NSF Standard 55: Ultraviolet Water Treatment Systems*. National Sanitation Foundation, Ann Arbor, MI. 1991.

NUVOLARI, Ariovaldo. *Aplicação de lodo de esgotos municipais no solo: Ensaios de respirometria para avaliar a estabilidade do lodo*. Campinas: Universidade de Campinas (Dissertação de mestrado), 1996. 158p.

NUVOLARI, Ariovaldo. *Inertização de lodo de esgoto em tijolos cerâmicos maciços: aspectos tecnológicos e ambientais*. Campinas, Faculdade de Engenharia, Universidade Estadual de Campinas, 2002, xxi, 138 p. Tese (Doutorado em Saneamento).

ODEGAARD, H. Innovations in wastewater treatment: The moving bed biofilm process. In: Wat. Sci. Tech., v. 53, n. 9, 2006, pp. 17-33.

ODEGAARD, H., GISVOLD, B. and STRICKLAND, J. The influence of carrier size and shape in the moving bed biofilm process. In: Wat. Sci. Tech. Vol. 41, No 4-5, pp 383-392, 2000.

ODEGAARD, H., RUSTEN, B. and SILJUDALEN, J. The development of the moving bed biofilm process – from idea to commercial product. Proc. WEC/EWPCA/IWEM Speciality Conference, INNOVATION 2000, Cambridge, UK, 7-10. Jul. 1998.

ODEGAARD, H., RUSTEN, B., WESTRUM, T.: "A new moving bed biofilm reactor - Applications and results. In: Wat.Sci.Tech. v. 29, n. 10-11, pp 157-165, 1994.

OHLROGGE, J. B. e KERNAN, T. P. Toxicity of Activated Oxygen: Lack of Dependence on Membrane Fatty Acid Composition. *Biochemical and Biophysical Research Communications*. v. *113*, n. 1, p. 301, 1983.

OLIVIERI, V. P. et al. *Reaction of Chlorine and Chloramines with Nucleic Acids Under Disinfection Conditions*. Water Chlorination: Environmental Impact and Health Affects, v. 3. R.J. Jolley (editor), Ann Arbor Science Publishers, Inc., Ann Arbor, MI., 1980.

_____ *Stability and Effectiveness of Chlorine Disinfectants in Water Distribution Systems*. USEPA, Cincinnati, OH, 1984.

_____ *Mode of Action of Chlorine Dioxide on Selected Viruses*. Water Chlorination: Environmental Impact and Health Effects. R. L. Jolley, et al. (eds.), Lewis, Chelsea, MI, 1985.

OMS. (1989) *Directrices sanitarias sobre el uso de aguas residuales en agricultura y acuicultura*. Genebra. Organização Mundial da Saúde. 90p. (Serie Informes Tecnicos, 78).

ONO, Y. et al. The Evaluation of Genotoxicity Using DNA Repairing Test for Chemicals Produced in Chlorination and Ozonation Processes *Water Science and Technology WSTED4*, v. *23*, n. 1/3, p. 329-338, 1991.

ORHON, D., ARTAN, N. *Modelling of activated sludge systems*. Lancaster EUA : Technomic Publishing, 1994. 589p.

OSHA – Occupational Safety and Health Administration. Comments from the June 19, 1988 Final Rule on Air Contaminants Project extracted from 54FR2324 et. seq. This rule was remanded by the U.S. Circuit Court of Appeals and the limits are not currently in force. U. S. Department of Labor. Disponível em <http://www.osha.gov/>. Acessado em: 30/05/2001.

OWENS, J. H., et al. *Pilot-Scale Ozone Inactivation of Cryptosporidium and Giardia*. Conference proceedings, Water Quality Technology Conference, Part II, San Francisco, CA. 1994.

PADILLA, W. (1999) El uso de la fertirrigacion en cultivos de flores en latinoamerica. In: Fertirrigação: citros, flores, hortaliças. FOLEGATTI, M. V. (coord) Livraria e Editora Agropecuária, Guaiba, RS. 355-392p.

PAES LEME, F., *Planejamento e Projeto dos Sistemas Urbanos de Esgotos Sanitários*, CETESB, São Paulo, 1977.

PAGANINI, Wanderley da Silva. A identidade de um rio de contrastes: o Tietê e seus múltiplos usos. 2. ed. São Paulo: ABES, AESABESP, 2008, 256p.

PALIN, A. A Study of the Chloro Derivatives of Ammonia. *Water and Water Engineering*. n. 54, p. 248-258. 1950.

PATTERSON, R. G. et al. *Odor Controls For Sewage Treatment Facilities*, presented at the 77th Annual Meeting of the Air Pollution Control Association, San Francisco, 1984.

PEETERS, J. E. et al. Effect of Disinfection of Drinking Water with Ozone or Chlorine Dioxide on Survival of Cryptosporidium parvum oocysts. *Appl. Environ. Microbiol*. n. 5, p. 1519-1522, 1989.

PEGORARO, Luiz Sergio. *Projeto Tietê*, São Paulo, Gráfica Estadão, s/d 357p.

PEIXOTO, João Batista. *O grande desafio da explosão demográfica*. Rio de Janeiro, Biblioteca do Exército, 1978.

PEREIRA, G. et al. *A Simplified Kinetic Model for Predicting Peroxone Performance for Geosmin Removal in Full-Scale Processes*. Conference proceedings, AWWA Water Quality Technology Conference; Part I. New Orleans, LA, 1996.

Referências bibliográficas

PEREIRA NETO, J. T. Reciclagem de resíduos orgânicos (compostagem). In.: *Reciclagem, agricultura e meio ambiente. Encontro Nacional.* CATI - Campinas, SP. 21 a 23 nov. 1995. pp. 55-80.

PERRINE, D. et al. Action d lozenge sur les Trophozoites d'Amibes Libres Pathogens ou Non. *Bull Soc. Frnac. Parasitol.* n. 3, p. 81, 1984.

PITOCHELLI, A. *Chlorine Dioxide Generation Chemistry.* Conference proceedings, Third International Symposium, Chlorine Dioxide: Drinking Water, Process Water, and Wastewater Issues. New Orleans, LA, 1995.

POLPRASERT, C. e BATTARAI, K. K. Dispersion model for waste stabilization ponds. In: *J. Env. Div. ASCE*, 111, p. 45, 1985.

POPE, R. J. e DIOSEY, P. Dispersion of odours: models and methods. Disponível em: <http://www.nywea.org/302140.html>, acessado em: 30/05/2001.

PORTO, M. Sistemas de Gestão da Qualidade das Águas: Uma Proposta para o Caso Brasileiro. São Paulo, 2002. 131p. Tese (Livre Docência). Escola Politécnica da Universidade de São Paulo – Departamento de Engenharia Hidráulica e Sanitária.

PORTO, M. Notas de aula da disciplina "Qualidade da Água", PHD – 5004 – Departamento de Engenharia Hidráulica e Sanitária – EDUSP, 1997.

PORTO, R. L. et al. *Hidrologia Ambiental.* Organizado por Porto, R. L. São Paulo : EDUSP/ABRH. Coleção ABRH de recursos hídricos. *v. 3.* 1991. 411p.

POSSELT, H. S. et al. *The Surface Chemistry of Hydrous Manganese Dioxide.* Presented at meeting of Water, Air, and Waste Chemistry Division, American Chemical Society, Bar Harbor, FL, April. 1967.

PRYOR, W. A. et al. *Mechanisms for the Reaction of Ozone with Biological Molecules: The Source of the Toxic Effects of Ozone.* Advances in Modern Environmental Toxicology. M.G. Mustafa and M.A. Mehlman (editors). Ann Arbor Science Publishers, Ann Arbor, MI., 1983.

PURON® MBR – Vídeo institucional. s/d.

QASIN, Syed R. *Wastewater Treatment Plants - Planning, design and operation.* 2. ed. Lancaster, Pennsylvania, USA Technomic Publishing Company, 1999, 1107p.

RABELO, Everson Viana. Biorreator de membranas para tratamento de efluentes.. 58p. Monografia (Especialização em Tecnologias Ambientais) – Faculdade de Tecnologia de São Paulo. CEETEPS/UNESP. São Paulo. 2010. Orientador: Dr. Ariovaldo Nuvolari.

RANSOME, M. E. et al. Effect of Disinfectants on the Viability of *Cryptosporidium parvum* Oocysts. Water Supply. *v. 11*, n. 1, p. 103-117, 1993.

RAWN, A. W., What cost leaking manhole (demais dados não referenciados no documento original).

REHME, K. A. et al. *Evaluation of Ozone Calibration Procedures*, EPA-600/S4-80-050, EPA, Washington, D.C, February. 1980.

REICHARDT, K. *Processos de Transferência no Sistema Solo-Planta-Atmosfera.* 4. ed. Campinas: Fundação CARGILL, 1985. 466p.

REIS, Gelma Gonçalves dos. Influência da carga orgânica no desempenho de reatores de leito móvel com biofilme (MBBR). Rio de Janeiro: Dissertação: Mestrado em Engenharia Química. Universidade Federal do Rio de Janeiro. 2007. 134p.

RENNER, R. C. et al. Ozone in Water Treatment -The Designer's Role. *Ozone Science. Engrg. v. 10*, n. 1, p. 55-87, 1988.

REVISTA ENGENHARIA - Reportagem - Avanços Firmes (com realismo) In: *Rev. Engenharia* ano 55, n.º 527/1998.

RIBEIRO, J. T. *Estudo de remoção de precursores de THMs para águas de abastecimento*, Campinas: 1998 Dissertação de Mestrado, Faculdade de Engenharia Civil, UNICAMP, 1998.

RICE, E. W. e HOFF, J. C. Inactivation of Giardia lamblia Cysts by Ultraviolet Irradiation. *Appl. Environ. Microbiol.* n. 42, p. 546-547, 1981.

RICE, R. e GOMEZ-TAYLOR, M. Occurrence of By-Products of Strong Oxidants Reating with Drinking Water Contaminants - Scope of the Problem. *Environ. Health Perspectives.* n. 69, p. 31, 1986.

RICE, R. G. *Ozone Reference Guide.* Electric Power Research Institute, St. Louis, MO. 1996.

RIDENOUR, G. M., e INGOLS, R. S. Inactivation of Poliomyelitis Virus by Free Chlorine. *Amer. Public Health.* n. 36, p. 639, 1946.

_____ Bactericidal Properties of Chlorine Dioxide. *Journal of American Water Works Association*, n. 39, 1947.

_____ et al. Sporicidal Properties of Chlorine Dioxide. *Water e Sewage Works. v. 96*, n. 8, p. 279, 1949;

RIESSER, V. W., et al. *Possible Mechanisms of Poliovirus Inactivation by Ozone.* Forum on Ozone Disinfection, E. G. Fochtman, R.G. Rice, and M.E. Browning (editors), pp. 186-192, International Ozone Institute, Syracuse, NY. 1976.

_____ *Possible Mechanisms for Poliovirus Inactivation by Ozone.* Forum on Ozone Disinfection. E.G. Fochtman, et al. (eds.). International Ozone Institute Cleveland, OH.,1977.

RIGGS, J. L. Aids Transmission in Drinking Water: No Threat. *Journal of American Water Works Association. v. 81*, n. 9, p. 69, 1989.

ROBERTS, P. V. et al. *Chlorine Dioxide for Wastewater Disinfection: A Feasibility Evaluation.* Stanford University Technical Report 251. October, 1980.

RODGERS, M. e XIN-MIN, Z. Biological nitrogen removal using a vertically moving biofilm system. In: Bioresource Technology, v. 93, n. 3, 2004, pp. 313-319.

RODRIGUES, R. B. Documentação pessoal da metodologia de balanço de vazão de diluição para lançamento de efluentes e cobrança pelo uso da água – O modelo RM1. São Paulo, 1998.

RODRIGUES, R. B. Documentação pessoal da metodologia de balanço de cargas para lançamento de efluentes e enquadramento – O modelo RM2. São Paulo, 2000.

RODRIGUES, R. B. *Metodologia de apoio à concessão de outorga para lançamento de efluentes e cobrança pelo uso da água - O modelo RM1.* São Paulo, 2000. 140p. Dissertação (mestrado). Escola Politécnica da Universidade de São Paulo. Departamento de Engenharia Hidráulica e Sanitária.

RODRIGUES, R. B. Relatório Técnico do Projeto "AlocServer – Sistema de Enquadramento, Planejamento e Gestão de Corpos

Hídricos". Fundação de Amparo à Pesquisa do Estado de São Paulo (FAPESP). Processo 2004/14296-0. São Paulo, 2006.

RODRIGUES, R. B. Relatório Técnico do Projeto "AlocServer – Sistema de Enquadramento, Planejamento e Gestão de Corpos Hídricos". Fundação de Amparo à Pesquisa do Estado de São Paulo (FAPESP). Processo 2004/14296-0. São Paulo, 2008.

RODRIGUES, R. B. Relatório Técnico do Projeto "AlocServer – Sistema de Enquadramento, Planejamento e Gestão de Corpos Hídricos". Fundação de Amparo à Pesquisa do Estado de São Paulo (FAPESP). Processo 2004/14296-0. São Paulo, 2009.

RODRIGUES, R. B. Relatório Técnico do Projeto "Integração do Sistema AlocServer ao Sistema Nacional de Informações sobre Recursos Hídricos e Projeto Piloto de Aplicação à Bacia do Rio Paraíba do Sul". Fundação de Amparo à Pesquisa do Estado de São Paulo (FAPESP). Processo 2008/58143-3-0. São Paulo, 2010.

RODRIGUES, R. B. SSD RB – Sistema de suporte a decisão proposto para a gestão quali-quantitativa dos processos de outorga e cobrança pelo uso da água. São Paulo, 2005. 155p. Tese (Doutorado). Escola Politécnica da Universidade de São Paulo – Departamento de Engenharia Hidráulica e Sanitária.

RODRIGUES, R. B.; PORTO, M. Modelagem do sistema de suporte à decisão QUAL2R-2 para os processos de outorga e cobrança pelo uso da água - Integração dos modelos QUAL2E, RM1 e MODSIMP32. In: XIV SIMPÓSIO BRASILEIRO DE RECURSOS HÍDRICOS e do V SIMPÓSIO DE HIDRÁULICA E RECURSOS HÍDRICOS DOS PAÍSES DE LÍNGUA OFICIAL PORT-GUESA, SE., 25-29, nov./2001. *Anais do XIV Simpósio Brasileiro de Recursos Hídricos e V Simpósio de Hidráulica e Recursos Hídricos dos Países de Língua Oficial Portuguesa*. Tema: gestão de recursos hídricos: o desafio da prática. São Paulo: ABRH/APRH, 2001a.

RODRIGUES, R. B.; PORTO, M. Modelo matemático proposto para auxílio nos processos de outorga e cobrança pelo uso da água. In: XIII SIMPÓSIO BRASILEIRO DE RECURSOS HÍ-DRICOS, Belo Horizonte, MG., nov.-dez., 1999. *Anais do XIII Simpósio Brasileiro de Recursos Hídricos. Tema: Água em quantidade e qualidade: o desafio do próximo milênio*. São Paulo: ABRH, 1999. p. 92.

_____ Modelo matemático proposto para quantificação da massa de poluentes em rios – Modelo RM2. In: XIV SIMPÓSIO BRASILEIRO DE RECURSOS HÍDRICOS e do V SIMPÓSIO DE HIDRÁULICA E RECURSOS HÍDRICOS DOS PAÍSES DE LÍNGUA OFICIAL PORTUGUESA, SE., 25-29, nov. 2001. *Anais do XIV Simpósio Brasileiro de Recursos Hídricos e V Simpósio de Hidráulica e Recursos Hídricos dos Países de Língua Oficial Portuguesa*. Tema: gestão de recursos hídricos: o desafio da prática. São Paulo: ABRH/APRH, 2001b.

_____ Análise Comparativa de Metodologias de Apoio para os Processos de Concessão de Outorga para Lança-mento de Efluentes e Cobrança pelo Uso da Água. In: XIV SIMPÓSIO BRASILEIRO DE RECURSOS HÍDRICOS e do V SIMPÓSIO DE HIDRÁULICA E RECURSOS HÍDRICOS DOS PAÍSES DE LÍNGUA OFICIAL PORTUGUESA, SE., 25-29, nov. 2001. *Anais do XIV Simpósio Brasileiro de Recursos Hídricos e V Simpósio de Hidráulica e Recursos Hídricos dos Países de Língua Oficial Portuguesa*. Tema: gestão de recursos hídricos: o desafio da prática. São Paulo: ABRH/APRH, 2001c.

ROLLER, S. D. *et al*. Mode of Bacterial Inactivation by Chlorine Dioxide. *Water Res*. n. 14, p. 635, 1980.

ROSA, Vanessa Mariano. Tratamento de águas residuárias com reatores de leito móvel – sistema MBBR. 43p. Monografia (Especialização em Tecnologias Ambientais) – Faculdade de Tecnologia de São Paulo. CEETEPS/UNESP. São Paulo. 2008. Orientador: Dr. Ariovaldo Nuvolari.

ROY, D. *Inactivation of Enteroviruses by Ozone*. Ph.D. Thesis, University of Illinois at Urbana-Champaign. 1979.

_____ *et al*. Comparative Inactivation of Six Enteroviruses by Ozone. *Journal of American Water Works Association*. v. 74, n. 12, p. 660, 1982.

RUSSEL, John Blair *Química Geral*, 2. ed. São Paulo, Makron Books, 1994;

RUSTEN, B., MATSSON, E., BROCH-DUE, A., WESTRUM, T. Treatment of pulp and paper industry wastewater in novel moving bed biofilm reactors. In: Wat. Sci. Tech. v. 30, n. 3, 1994, pp. 161-171.

RUSTEN, Bjorn; EIKEBROKK, Bjornar; ULGENES, Yngve e LYGREN, Eivind. Design and operation of the Kaldnes moving bed biofilm reactors. In: Aquacultural Engineering, 34, 2006, pp. 322-331.

SABESP – Cia de Saneamento Básico do Estado de São Paulo. Concorrência pública GE/SABESP n. 14.002/93 cap. IV *Especificações Técnicas de Serviços para elaboração dos planos de ação intermediário e de longo prazo para a disposição final e/ou aproveitamento dos lodos das estações de tratamento de esgotos (ETE's) de Barueri, Suzano, ABC, Parque Novo Mundo e São Miguel* – Rev. 1, 1993.

_____ Esgotamento e disposição final do lodo das estações de tratamento de esgotos do Estado de São Paulo. In.: *Revista Engenhária Sanitária e Ambiental, v2*. n. 2 abr/jun/1997.

_____ Avanço - 2. etapa do Projeto Tietê - Novo ciclo In.: *Revista Ligação*, ano II, n. 06, set-out/1999, p. 7.

SABESP – Diretoria Metropolitana – Unidade de Negócio de Tratamento de Esgotos da Metropolitana. Experiência no tratamento de esgotos em grandes centros urbanos – Caso RMSP. Set 2007. Disponível em <www.ipen.br/conteudo/upload/200710101735310.sabesp-keiko.pdf. Acesso em 12/02/2010>.

SAMPAIO, José Carlos de Arruda. *PCMAT – Programa de condições e meio ambiente do trabalho na indústria da construção*. São Paulo: SINDUSCON: PINI, 1998.

SÁNCHEZ, L.E. Avaliação de Impacto Ambiental: Conceitos e Métodos. São Paulo: Oficina de Textos, 2006.

SANCHEZ, L. E. O processo de avaliação de impacto ambiental, seus papéis e funções. In: Governo do Estado de São Paulo. Coordenadoria de Planejamento Ambiental. *A efetividade do processo de avaliação de impacto ambiental no Estado de São Paulo: uma análise a partir de estudos de caso*. SMA--SP, 1995. p. 13-19.

SANTIAGO, Vania Maria Junqueira, *et. al*. Nitrificação em biodisco. In: Anais do 19. Congresso Brasileiro de Engenharia Sanitária pp. 958-970 – Foz de Iguaçu, PR: ABES, 1997.

SANTOS, Hilton Felício dos. Unidade Produtora de Fertilizante de Vila Leopoldina In: *Revista DAE v.49*, n. 157, p.222:229, out.-dez 1989.

_____ *Uso agrícola do lodo das estações de tratamento de esgotos sanitários (ETEs): Subsídios para elaboração de um norma brasileira*. São Paulo: Universidade Mackenzie, (Dissertação de Mestrado), 74p. 1996.

_____ e TSUTIYA, Milton Tomoyuki. Aproveitamento e disposição final do lodo de estações de tratamento do Estado de São Paulo. In.: *Revista Engenharia Sanitária e Ambiental*. v.2. n. 2. abr.-jun. 1997.

SANTRY Jr., I. W. "Infiltration in Sanitary sewers", *Journal W.P.C.F.*, v. 36, n. 10, out. 1964.

SALVATO, J. A. *Environmental Engineering and Sanitation*. 2. edition, John Wiley e Sons, New York, NY. 1972.

SAWYER, C.N. e McCARTY, P.L. *Chemistry for Environmental Engineering* 3. ed. Singapura: McGraw Hill, 1978, 532p.

SAWYER, C. N. et al. *Chemistry for Environmental Engineering*. 4. ed. McGraw Hill, Inc., New York, NY. 1994.

SECRETARIA DE RECURSOS HÍDRICOS, SANEAMENTO E OBRAS. Banco de Dados Fluviométricos do Estado de São Paulo (Atualizados até 1997). Elaborado por Fundação Centro Tecnológico de Hidráulica – FCTH. Convênio DAEE – USP, 1999.

SECRETARIA DE RECURSOS HÍDRICOS, SANEAMENTO E OBRAS. Banco de Dados Pluviométricos do Estado de São Paulo (Atualizados até 1997). Elaborado por Fundação Centro Tecnológico de Hidráulica – FCTH. Convênio DAEE – USP, 1999.

SCARPINO, P. V. et al. A Comparative Study of the Inactivation of Viruses in Water by Chlorine. *Water Research*. n. 6, p. 959, 1972.

SCARPINO P. V. et al. *A Comparative Study of the Inactivation of Viruses in Water by Chlorine*. Water Research. v. 6, p. 959-965, 1972.

SCHEIBLE, O. K. e BASSELL, C. D. *Ultraviolet Disinfection Of A Secondary Wastewater Treatment Plant Effluent*. EPA-600/2-81-152, PB81-242125, U.S. Environmental Protection Agency; Cincinnati, OH, 1981.

SCHEIBLE, O. K. Development of a Rationally Based Design Protocol for the Ultraviolet Light Disinfection Process. *Journal Water Pollution Control Federation*, v. 59, n. 1, p. 25-31, 1985.

SCHNEIDER, R.P.; TSUTIYA, M.T. Membranas filtrantes para o tratamento de água, esgoto e água de reúso. São Paulo: ABES, 2001. 234p.

SCOTT, D. B. N. e LESHER, E. C. Effect of Ozone on Survival and Permeability of Escherichia coli. *J. Bacteriology*. n. 85, p. 567, 1963.

SCOTT, K. N., et al. Pilot-Plant-Scale Ozone and Peroxone Disinfection of Giardia muris Seeded Into Surface Water Supplies. *Ozone Sci. Engrg*. v. 14, n. 1, p. 71, 1992.

SILVESTRE, Pascoal. *Hidráulica Geral* 2. reimpr. Rio de Janeiro: LTC. 1982, 316p.

SINGER, P. C. e O'NEIL, W. K. Technical Note: The Formation of Chlorate from the Reaction of Chlorine and Chlorite in Dilute Aqueous Solution. *Journal of American Water Works Association*. v. 79, n. 11, p. 75, 1987.

SINGER, P. C. *Formation and Characterization of Disinfection Byproducts*. Presented at the First International Conference on the Safety of Water Disinfection: Balancing Chemical and Microbial Risks, 1992.

_____ *Trihalomethanes and Other Byproducts Formed From the Chlorination of Drinking Water*. National Academy of Engineering Symposium on Environmental Regulation: Accommodating Changes in Scientific, Technical, or Economic Information, Washington, D.C.,1993.

SHELEF, G. (1991) Wastewater reclamation and water resources management in Israel. In: *Water Science and Tecnology*, v.24, n. 9, p.251-265.

SILVA, S. A. e MARA, D. D. *Tratamentos biológicos de águas residuárias : Lagoas de estabilização*. Rio de Janeiro: ABES. 1979. 140p.

SKADSEN, J. Nitrification in a Distribution System. *Journal of American Water Works Association*. v. 95, n. 103, 1993;

SLADE, J. S. et al. Disinfection of Chlorine Resistant Enteroviruses in Ground Water by Ultraviolet Radiation. *Water Sci. Technol*. v.189, n. 10, p. 115-123, 1986.

SMA – Secretaria do Meio Ambiente do Estado de São Paulo. *Estudo de impacto ambiental - EIA, Relatório de impacto ambiental – RIMA: manual de orientação*. São Paulo: SMA-SP, 1989. 48p.

SMITH, M. E. et al. *The Impact of Ozonation and Coagulation on DBP Formation in Raw Waters*. Conference proceedings, AWWA Annual Conference, San Antonio, TX., 1993.

SMITH, J. E. e MCVEY, J. L. *Virus Inactivation by Chlorine Dioxide and Its Application to Storm Water Overflow*. Proceeding, ACS annual meeting. v. 13, n. 2, p. 177, 1973.

SNELLING, D. P. Ressurecting the dead anaerobic digester. In.: *Water e Sewage Works*, 126. p. 66-68, 1979.

SNICER, G. A. et al. *Evaluation of Ultraviolet Technology in Drinking Water Treatment*. Presented at AWWA Water Quality Technology Conference, Boston, MA., 1996.

SNIDER, K. E. et al. *Evaluation of Ultraviolet Disinfection For Wastewater Reuse Applications In California*. Department of Civil Engineering, University of California, Davis, 1991.

SOBOTKA, J. The Efficiency of Water Treatment and Disinfection by Means of Ultraviolet Radiation. *Water Sci. Technol*. v. 27, n. 3-4, p343-346, 1993.

SOBSEY, M. *Detection and Chlorine Disinfection of Hepatitis A in Water*. CR-813-024, EPA Quarterly Report, December, 1988.

SOUBES, M. Microbiologia de la digestion anaerobia. In. Anais III - Taller e Seminário Latinoamericano : Tratamento anaerobio de aguas residuales. Montevideo - Uruguay. 1994. pp. 15-28.

SOUZA, Marcos E. *Influência simultânea de elevadas concentrações de metais pesados e cianetos na digestão anaeróbia*. São Paulo. EPUSP, 1982. 192p. (Dissertação de mestrado).

_____ Fatores que influenciam a digestão anaeróbia. In.: *Revista DAE*. v.44 n. 137. p.88-94 jun/1984.

SPEED, M. A., et al. Treatment Alternatives for Controlling Chlorinated Organic Contaminants. In: *Drinking Water*. EPA/60012-87/011, Washington, D.C., 1987.

SPROUL, O. J. et al. The Mechanism of Ozone Inactivation of Waterborne Viruses. *Water Science Technology*, n. 14, p. 303-314, 1982.

_____ Comparison of Chlorine and Chlorine Dioxide for Inactivation of Amoebic Cyst. *Envir. Technol. Letters*. n. 4, p. 335, 1983.

STAEHELIN, J. et al. Ozone Decomposition in Water Studies by Pulse Radiolysis. 2 OH and HO4 as Chain Intermediates. *J. Phys. Chem.* n. 88, p. 5999-6004, 1984.

STANDARD METHODS. *Standard Methods for the Examination of Water and Wastewater*, nineteenth edition, Franson, M.H., Eaton, A.D., Clesceri, L.S., and Greenberg, A.E., (editors). APHA (American Public Health Association), AWWA, and Water Environment Federation, Washington D.C., 1995.

_____ 20th edition, Franson, M.H., Eaton, A.D., Clesceri, L.S., and Greenberg, A.E., (editors). APHA, AWWA, and WEF, Washington D.C., 1998.

STEEL, E. W. *Abastecimento de Água e Sistema de Esgotos*, Rio de Janeiro, USAID, 1966.

STEINLE, E. Sludge Treatment and Disposal Systems for Rural Areas in Germany In: *Wat. Sci. Tech.* v.27, n. 9, p.159-171. 1993.

STENSTROM, M. K. e BAUMAN, L. C. (California Univ) Removal of Organohalogens and Organohalogen Precursors in Reclaimed Wastewater I. *Water Research WATRAG*, v. 24, n. 8, p. 949-955, 1990.

STRAUSS, H.; BLUMENTHAL, U. J. (1989) *Human waste use in agriculture and aquaculture. Utilization practices and health perspectives*. In: International Reference Centre for Waste Disposal - Suiça. (Report, 8/89).

STREETER, H. W.; PHELPS, E. B. A study of the natural purification of Ohio River. *Public Health Bulletin* 146: U.S. Public Health Service, Washington, 1925.

STRINGER, R. e KRUSE, C. W. *Amoebic Cysticidal Properties of Halogens*. Conference proceedings, National Specialty Conference on Disinfection, ASCE, New York.1970.

SUGAM, R. *Chlorine Analysis: Perspectives For Compliance Monitoring*. Water Chlorination, Environmental Impact and Health Effects. R.L. Jolley, et al. (ed.). Ann Arbor Science Publishers, Ann Arbor, MI., 1983.

TAY, Joo-Hwa. Bricks manufactured from sludge. In: *Journal of Environmental Engineering*, v. 113, n. 2, april, 1986.

_____ e SHOW, kuan-Yeow. Properties of cement made from sludge. In.: *Journal of Environmental Engineering*, v.117, n.º 2, march/april, 1991.

_____, YIP, Woon-Kwong e SHOW, Kuan-Yeow. *Clay blended sludge as lightweight aggregate concrete materials*. In.: *Journal of environmental engineering*. v.117. n. 6. p.834-844, nov.-dec.1991.

TARDIEU, E., GRASMICK, A., GEAUGEY, V. Hydrodynamic Control of Bioparticle Deposition in a MBR Applied to Wastewater Treatment. In: Journal of Membrane Science, v. 147, 1998. pp. 01-12.

TAYLOR, F. B. Viruses – What is Their Significance in Water Supplies. *Journal of American Water Works Association*. n.º 66, p. 306, 1974.

TCHOBANOGLOUS, G. T. *UV Disinfection: An Update*. Presented at Sacramento Municipal Utilities District Electrotechnology Seminar Series. Sacramento, CA, 1997.

_____ e SCHROEDER, E. D. *Water quality*. Califórnia, USA: Addison-Wesley, 1985. 768p.

TELLES, D. A. (1995). *A qualidade da água na agricultura*. Boletim Técnico - FATEC/SP, n. 2, set/95. São Paulo - SP. 16p.

_____ (2002) Água na agricultura e pecuária. In: *Águas doces no Brasil*. REBOUÇAS, A. C; BRAGA, B. e TUNDISI, J.C. (coordenadores). 2. ed. IEA/USP. São Paulo: Escrituras Editora. 305-337p.

_____ Água na agricultura e pecuária. In: REBOUÇAS A.C.; BRAGA B. e TUNDISI J.C. (org.). Águas doces no Brasil: capital ecológico, uso e conservação. 2. ed. São Paulo: Escrituras Editora. 2002, 703p.

_____ (1998). Irrigação: princípios, métodos e dimensionamento. In: *Manual de hidráulica*. AZEVEDO NETTO, J. M. et alli. Cap. 20, 8. ed. atualizada. São Paulo: Blucher. 605-650p.

TELLES D. A e DOMINGUES A. F. Água na agricultura e pecuária. In REBOUÇAS A.C.; BRAGA B. e TUNDISI J.C. (org.). Águas doces no Brasil: capital ecológico, uso e conservação. 3. ed. São Paulo: Escrituras Editora. 2006, 746p.

THOMANN, R.; MUELLER, J. A. *Principles of surface water quality modeling and control*. New York, US : Harper Collins Publishers Inc. 1987. 644p.

THOMPSON, A. L. *Practical Considerations for Application of Chlorine Dioxide in Municipal Water Systems*. Conference proceedings, Chlorine Dioxide Workshop. AWWARF, CMA, EPA. Denver, CO, 1989.

TOBIASON, J. E. et al. Pilot Study of the Effects of Ozone and Peroxone on In-Line Direct Filtration. *Journal of American Water Works Association*, v. 84, n. 12, p. 72-84, 1992.

TOMIYASU, H. e GORDON, G. Colorimetric Determination of Ozone in Water Based on Reaction with Bis-(terpyridine)-iron(II). *Analytical Chem*. n. 56, p. 752-754, 1984.

TRAKHTMAN, N. N. Chlorine Dioxide in Water Disinfection. *Chemical Abstracts*. n. 43, p. 1508, 1949.

TSUTIYA, M. T. e ALÉM SOBRINHO, P. *Coleta e transporte de esgoto sanitário*. São Paulo: DEHS-EPUSP, 1999. 548p.

USEPA (U. S. Environmental Protection Agency). *Technologies for Upgrading Existing and Designing New Drinking Water Treatment Facilities*. EPA/625/4-89/023, Office Drinking Water, 1980.

_____ *Process Design Manual - Land Application of Municipal Sludge*. Cincinatti OH-45268 – EPA – 625/1-83.016. Oct. 1983.

_____ *Rates, constants e kinetics - Formulation in surface water quality modeling*. 2. ed. Report n. EPA/600/3-85/040. Environmental Research Laboratory, 1985a.

_____ *Design Manual, Odor and Corrosion Control in Sanitary Sewerage Systems and Treatment Plants*, EPA/6251-85/018, 1985b.

_____ *Test Methods for Evaluating Solid Waste* 3. ed. v. I - Sec. A. Rev. 0 – SW-846, Set. 1986a.

Referências bibliográficas

_____ *Design Manual: Municipal Wastewater Disinfection.* EPA/625/1-86/021, Office of Research and Development, Water Engineering Research Laboratory, Center for Environmental Research Information, Cincinati, OH, 1986b.

_____ *Water Quality Criteria*, Report EPA. Environmental Research Laboratory, 1989a.

_____ Review of EPA Sewage Sludge Technical Regulations In: *Journal WPCF* v. 61, n. 7, p.1206-1213, jul. 1989b.

_____ *Technologies for Upgrading Existing or Designing New Drinking Water Treatment Facilities*, EPA/625/4-89/023, Technology Transfer, Cincinati, OH, 1990.

_____ *CFR – 40 – PART 503 - Standards for the Use or Disposal of Sewage Sludge* – Federal Register v. 58 1993.

_____ *QUAL2E windows interface user's guide.* Report n. EPA/823/B/95/003. Environmental Research Laboratory, set. 1995.

_____ *Ultraviolet Light Disinfection Technology in Drinking Water Application - An Overview.* EPA 811-R-96-002, Office of Ground Water and Drinking Water, 1996a.

_____ *Drinking Water Regulations and Health Advisories.* EPA 822-B-96-002, Out. 1996b.

_____ *National Primary Drinking Water Regulations: Disinfectants and Disinfection Byproducts; Notice of Data Availability; Proposed Rule.* Federal Register. 62(212):59387-59484. Nov. 3, 1997.

_____ *Technologies and Costs for Control of Disinfection Byproducts.* Prepared by Malcolm Pirnie, Inc for U.S. Environmental Protection Agency, Office of Ground Water and Drinking Water, PB93-162998. 1998b.

_____ *Guidance Manual Alternative Disinfectants and Oxidants.* EPA 815-R-99-014, Office Water, 1999.

_____ e USDA (U.S. Environmental Protection Agency e U.S. Department of Agriculture Agricultural Research Service Beltsville, MD). *Guide to Field Storage of Biosolids and Other Organic By-Products Used in Agriculture and for Soil Resource Management, Office of Wastewater Management* (4204), EPA/832-B-00-007, July 2000.

USPEROXIDE. H2S Odor and Corrosion Control. Municipal wastewater Peroxide Applications. Disponível em: <http://www.H$_2$O$_2$.com/applications/municipal-wastewater.html>, Acessado em: 22/08/2001.

VAN BUUREN, J. J. L., FRIJNS, J. A. G. e LETTINGA, G. *Wastewater treatment and reuse in developing countries.* Wageningen Agricultural University. 1995.

VAN DIJK, J. F. M. e FALKENBERG, R. A. *The Determination of Ozone Using the Reaction with Rhodamine B/Gallic Acid.* Presented at Third Ozone World Congress sponsored by the IOA, Paris, France, May. 1977.

VAN GUNTEN, U. e HOIGNÉ, J. *Ozonation of Bromide-Containing Waters: Bromate Formation through Ozone and Hydroxyl Radicals.* Disinfection By-Products in Water Treatment, Minear, R.A. and G.L. Amy (editors). CRC Press, Inc., Boca Raton, FL, 1996.

VAN HAANDEL, A. C., LETTINGA, G. *Tratamento anaeróbio de esgotos.* Um manual para regiões de clima quente. 1994.

VAN VELSEN, A. F. M. Adaptation of methanogenic sludge to high ammonia-nitrogen concentrations. In.: *Water Research.* v.13. n. 10. p.995-999. oct.1979.

VARGAS, M. *Introdução à Mecânica dos Solos.* São Paulo: Mc Graw Hill, 1977. 509p.

VAUGHN, J. M. et al. Inactivation of Human and Simian Rotaviruses by Ozone. *Appl. Environment. Microbiol.* n. 53, p. 2218-2221, 1987.

VEGA Lei n. 9605/98 – A lei do Meio Ambiente In.: *Encarte especial da Revista Saneamento Ambiental* n. 49 p. 1-7 1998.

VERLAG – Equipamentos industriais – Catálogo digital disponível em <www.verlag.com.br>. Acesso em 03/05/2010.

VERZUH, Eric. *The fast forward MBA in project management.* USA: John Wiley and sons, 1999.

VIANA, Priscilla Zuconi. Biorreator com membrana aplicada ao tratamento de esgotos domésticos: Avaliação do desempenho de módulos com membranas com circulação externa. Dissertação: Mestrado em Engenharia Civil. Universidade Federal do Rio de Janeiro. 2004.

VIDAL, W. L. Aperfeiçoamentos hidráulicos no projeto de lagoas de estabilização visando redução da área de tratamento: uma aplicação prática. In: *Congresso Brasileiro de Engenharia Sanitária e Ambiental*, 12. Camboriú, SC, ABES, nov. 1993.

VIEIRA, S. M. M. e SOBRINHO, P. A. Resultado de operação e recomendações para o projeto de sistema de decanto-digestor e filtro anaeróbio para tratamento de esgotos sanitários In.: *Revista DAE*, n. 44 (135), p.7-51 dez. 1983.

VIERO, Aline Furlanetto. Avaliação do desempenho de um biorreator com membranas submersas para tratamento de efluente. Tese. doutorado em engenharia química. Universidade Federal do Rio de Janeiro. 2006. 174p. Disponível em <http://teses.ufrj.b/COPPE_D/AlineFurlanettoViero.pdf>. Acesso em 27/05/2010.

VIESSMAN Jr., W. e HAMMER, M.J. Chap. 13 – Processing of Sludges In: *Water Supply and Pollution Control.* 4. ed. N.Y.: Harper e Row, 1985. p.609-661.

VINCENT, A.J. e CRITCHLEY, R.F. A Review of Sewage Sludge Treatment and Disposal in Europe. In: BRUCE, A. (ed.) *Sewage Sludge Stabilisation and Disinfection.* Chichester U.K.: 1984. p.550-580.

VINCENT, S. Consulting the population. Definition and methodological questions. Great Whale Environmental Assessment: Backfround Paper n. 10, *Great Whale Public Review Support Office*, Montréal, 1994, 85p.

VISSER, A. Anaerobic treatment of sulphate containing waste water. In.: *International course on anaerobic treatment.* Wageningen Agricultural University/IHE Delft. Wageningen, jul. 1995.

VITTI, G. C.; BOARETTO, A, E. (coord) (1994) *Fertilizantes fluídos.* Associação Brasileira para Pesquisa da Potassa. Piracicaba, SP. 343p.

VON SONNTAG, C. e SCHUCHMANN, H. UV Disinfection of Drinking Water and By-Product Formation – Some Basic Considerations. J. Water SRT-Aqua. v. 41, n. 2, p. 67-74, 1992.

VON SPERLING, Marcos. *Princípios do Tratamento Biológico de Águas Residuárias: v. 1 – Introdução à qualidade das águas e ao tratamento de esgotos*, 2. ed. Belo Horizonte, DESA – Departamento de Engenharia Sanitária e Ambiental da UFMG – Universidade Federal de Minas Gerais, 1996a, 243p.

_____ *Princípios do Tratamento Biológico de Águas Residuárias: v. 2 – Princípios básicos do tratamento de esgotos*, Belo Horizonte, DESA: UFMG. 1996b, 211p.

_____ *Princípios do Tratamento Biológico de Águas Residuárias: v.3 – Lagoas de estabilização*. Belo Horizonte, DESA : UFMG. 1996c, 134p.

_____ *Princípios do Tratamento Biológico de Águas Residuárias: v. 4 – Lodos ativados* Belo Horizonte, DESA: UFMG. 1997. 416p.

_____ Análise dos padrões brasileiros de qualidade dos corpos d'água e de lançamento de efluentes líquidos In.: *RBRH – Rev. Bras. Rec. Hídricos v.3* n. 1 Jan.-mar/1998 pp.111-132.

WAGNER, R. R. *Studies on the Inactivation of Influenza Virus*. Yale J. Biol. Med. pp. 288-298, 1951.

WALLIS, P. M. et al. *Inactivation of Giardia Cysts in Pilot Plant Using Chlorine Dioxide and Ozone*. Conference proceedings, AWWA Water Quality Technology Conference, Philadelphia, PA, 1990.

WANG, X. J., XIA, S. Q., CHEN, L., ZHAO, J. F., RENAULT, N. J., CHOVELON, J. M. Nutrients removal from municipal wastewater by chemical precipitation in a moving bed biofilm reactor, Process Biochemistry, v. 41, n. 4, 2006, pp. 824-828

WARD, S. B. e LARDER, D. W. The Determination of Ozone in the Presence of Chlorine. *Water Treatment Examination*. n. 22, p. 222-229, 1973.

WATSON, H. E. A Note on the Variation of the Rate of Disinfection With Change in the Concentration of the Disinfectant. *J. Hygiene*, n. 8, p. 538, 1908.

WATTIE, E. e BUTTERFIELD, C. T. Relative Resistance of Escherichia coli and Eberthella typhosa to Chlorine and Chloramines. *Public Health Repts*. n. 59, p.1661, 1944.

WATTS, P.J. *Towards a new regulatory definition of odour nuisance*. Journal of the Air e Waste Management Association, Pittsburgh, USA, 1993.

WEBBER, W. J. e POSSELT, H. S. *Disinfection: Physicochemical Processes in Water Quality Control*. W. J. Webber (editor). John Wiley e Sons, New York, NY. 1972.

WEBER, G. R. e LEVINE, M. Factors Affecting the Germicidal Efficiency of Chlorine and Chloramine. *Amer. J. Public Health* n. 32, p. 719, 1944.

WEF (Water Environment Federation) Design Manual of Wastewater Treatment Plants: v. I, Cap. 12 – Manual of Practice n. 8 – 1992, 829 p.

WEF (Water Environment Federation) Joint Task Force e ASCE (American Society of Civil Engineers). *Design of Municipal Wastewater Treatment Plants*, MOP/8, Water Environment Federation, v. I and II, Alexandria, VA, 1992.

WEIL, I. e MORRIS, J. C. Kinetic Studies on the Chloramines. The Rates of Formation of Monochloramine, N-Chlormethylamine and N-Chlordimethylamine. *Journal American Chemical Soc*. n. 71, p. 1664, 1949.

WERDEHOFF, K. S, e SINGER, P. C. Chlorine Dioxide Effects on THMFP, TOXFP and the Formation of Inorganic By--Products. *Journal of American Water Works Association*. v. 79, n. 9, p. 107, 1987.

WILLHITE, M. T. e DYDEK, S. T. *Use of Odor Thresholds for Predicting Off-Property Odor Impacts*, in Recent Developments and Current Practices in Odor Regulations, Controls and Technology. Transactions of the Air e Waste Management Association, 1991.

WHITE, G. C. *Handbook of Chlorination and Alternative Disinfectants*. Van Nostrand Reinhold, New York, NY. 1992.

WHITTLE, G. P. e LAPTEFF, A., Jr. *New Analytical Techniques For The Study Of Water Disinfection*. Chemistry of Water Supply, Treatment, and Distribution. A.J. Rubin (editor) Ann Arbor Science Publishers, Inc., Ann Arbor, MI., 1974.

WICKRAMANAYAKE, G. B., et al. Inactivation of Naegleria and Giardia cysts in Water by Ozonation. *J. Water Pollution Control Fed. v. 56*, n. 8, p. 983-988, 1984a.

_____ *Kinetics and Mechanism of Ozone Inactivation of Protozoan Cysts*. Ph.D dissertation, Ohio State University, Columbus, OH. 1984c.

WILSON, F. *Design calculations in wastewater treatment*. London: E e F.N. Spon. 221p. 1981.

WITHERELL, L. E. et al. Investigation of Legionella Pneumophila in Drinking Water. Journal of American Water Works Association. v. 80, n. 2, p. 88-93, 1988.

WOLFE, R. L. et al. Inorganic Chloramines as Drinking Water Disinfectant: A Review. *Journal of American Water Works Association. v. 76*, n. 5, p. 74-88, 1984.

_____ Disinfection of Model Indicator Organisms in a Drinking Water Pilot Plant by Using Peroxone. *Appl. Environ. Microbiol*. n. 55, p. 2230, 1989a.

_____ Inactivation of *Giardia muris* and Indicator Organisms Seeded in Surface Water Supplies by Peroxone and Ozone. *Environ. Sci. Technol. v.23*, n. 6, p. 774, 1989b.

_____ Ultraviolet Disinfection of Potable Water. *Environ. Sci. Tech. v. 24*, n. 6, p. 768-773, 1990.

WPCF (Water Pollution Control Federation). *Operation of Wastewater Treatment Plants - Manual of Practice* n. 11, p. 419, 1976.

_____ *Wastewater Treatment Plant Design*, Manual of Practice n. 08, 1977.

_____ *Odor Control for WasteWater Facilities*. Manual of Practice n. 22, Lancaster, Pa, Lancaster Press, 1979.

WUHRMANN, K. e MEYRATH, J. The Bactericidal Action of Ozone Solution. Schweitz. *J. Allgen. Pathol. Bakteriol*. n. 18, p. 1060, 1955.

YAHYA, M. T. et al. Evaluation of Potassium Permanganate for the Inactivation of MS-2 in Water Systems. *J. Environ. Sci. Health. v. 34*, n. 8, p. 979-989, 1989.

_____ *Inactivation of poliovirus type 1 by Potassium Permanganate*. University of Arizona Preliminary Research Report, Tucson, AZ., 1990a.

_____ *Inactivation of Legionella pneumophila by Potassium Permanganate*. Environ. Technol. n.° 11, p. 657-662, 1990b.

XING, C. H.; WEN, X. H.; QIAN, Y. *et al.*, 2002, Fouling and Cleaning of Microfiltration Membrane in Municipal Wastewater Reclamation, In: Wat. Sci. Tech. v. 47, n. 1, pp. 263-270.

YANEZ, F. *Lagunas de estabilizacion. Teoria, diseño y mantenimiento*. Cuenca, Equador : ETAPA, 1993, 421p.

YANG, J. *et al*. The response of methane fermentation to cyanide and chloroform. In.: *Progress Water Techonology*, 12. p.977-989, 1980.

YIP, R. W. e KONASEWICH, D. E. Ultraviolet Sterilization Of Water - Its Potential And Limitations. *Water Pollut. Control (Canada)*. n. 14, p. 14-18, 1972.

YOSHE-PURER, Y. e EYLAN, E. Disinfection of Water by Hydrogen Peroxide. *Health Lab Sci*. n. 5, 1968.

ZICKEFOOSE, C. e HAYES, R. B. J. *Operations manual: Anaerobic sludge digestions. U.S. Environmental Protection Agency, Washington D.C. EPA-430/9-76-001, February 1976.*